现代
林产化学工程

第三卷

3

蒋剑春
储富祥
勇　强　主编
周永红

ADVANCED
CHEMICAL
PROCESSING
OF
FOREST PRODUCTS

化学工业出版社
·北京·

内 容 简 介

《现代林产化学工程》是对我国林产化学工程领域的一次系统性总结，全面介绍了近年来我国林产化学加工研究与应用领域所取得的新技术、新成果与新方法。

本书分为三卷，共十三篇九十三章，在概述我国林产化工现状、发展情况以及最新发展前沿的基础上，依次详细介绍了木材化学、植物纤维水解、热解与活性炭、制浆造纸、松脂化学、林源提取物、木本油脂化学、生物质能源、生物基高分子材料、木质纤维素生物加工、林副特产资源化学、污染防治与装备等内容，重点介绍了林产化工涉及的原料理化性质、转化过程反应机理、加工工艺和装备、产品及其应用等。其内容深刻反映了我国林产化学工程的时代特点和技术前沿，具有很强的系统性、先进性和指导性。

本书可为林产化学工程领域从事科研、教育、生产、设计、规划等方面工作的科技和管理人员提供参考，也可作为科研院校相关专业师生的学习材料。

图书在版编目（CIP）数据

现代林产化学工程. 第三卷 / 蒋剑春等主编.
北京：化学工业出版社，2024. 11. -- ISBN 978-7-122-
45972-5
　 I. TS6
中国国家版本馆 CIP 数据核字第 20247FS611 号

责任编辑：张　艳　刘　军　　　　　　　　　　　文字编辑：林　丹　丁海蓉
责任校对：刘　一　　　　　　　　　　　　　　　装帧设计：王晓宇

出版发行：化学工业出版社（北京市东城区青年湖南街 13 号　邮政编码 100011）
印　　装：北京建宏印刷有限公司
787mm×1092mm　1/16　印张 51¾　字数 1405 千字　　2025 年 1 月北京第 1 版第 1 次印刷

购书咨询：010-64518888　　　　　　　　　　　　售后服务：010-64518899
网　　址：http://www.cip.com.cn
凡购买本书，如有缺损质量问题，本社销售中心负责调换。

定　　价：450.00 元　　　　　　　　　　　　　　　　　版权所有　违者必究

《现代林产化学工程》

编写人员名单

名誉主编　宋湛谦

主　　编　蒋剑春　储富祥　勇　强　周永红

副主编　房桂干　付玉杰　许　凤　王　飞　刘守新

编写人员（按姓名汉语拼音排序）

毕良武	薄采颖	蔡政汉	曹引梅	陈　超	陈翠霞	陈登宇	陈　健	陈　洁
陈尚钘	陈务平	陈玉平	陈玉湘	程增会	储富祥	戴　燕	邓拥军	丁海阳
丁来保	丁少军	范一民	房桂干	冯国东	冯君锋	付玉杰	高　宏	高　强
高勤卫	高士帅	高振华	苟进胜	谷　文	郭　娟	韩春蕊	韩　卿	韩善明
胡立红	胡　云	华　赞	黄　彪	黄曹兴	黄立新	黄六莲	黄耀兵	黄元波
霍淑平	吉兴香	贾普友	姜　岷	蒋建新	蒋剑春	焦　健	焦　骄	金　灿
金立维	金永灿	孔振武	旷春桃	赖晨欢	李昌珠	李红斌	李凯凯	李　梅
李明飞	李培旺	李　琦	李守海	李淑君	李　伟	李湘洲	李　鑫	李　迅
李妍妍	李　铮	梁　龙	廖圣良	林冠烽	林　鹿	刘承果	刘大刚	刘丹阳
刘贵锋	刘　鹤	刘军利	刘　亮	刘　朋	刘汝宽	刘守庆	刘守新	刘思思
刘玉鹏	卢新成	罗金岳	罗　猛	马建锋	马艳丽	马玉峰	梅海波	南静娅
聂小安	欧阳嘉	潘　晖	潘　政	盘爱享	彭　锋	彭密军	彭　胜	齐志文
钱学仁	饶小平	任世学	商士斌	尚倩倩	沈葵忠	沈明贵	施英乔	时君友
司红燕	宋国强	孙　昊	孙　康	孙　勇	孙云娟	谭卫红	檀俊利	田中建
童国林	汪咏梅	汪钟凯	王　傲	王成章	王春鹏	王　丹	王德超	王　飞
王基夫	王　婧	王　静	王　奎	王　垄	王石发	王雪松	王永贵	王占军
王志宏	王宗德	温明宇	吴国民	吴　珽	夏建陵	谢普军	徐俊明	徐士超
徐　徐	徐　勇	许　凤	许利娜	许　玉	许玉芝	薛兴颖	严幼贤	杨　清
杨晓慧	杨艳红	杨益琴	殷亚方	应　浩	勇　强	游婷婷	游艳芝	于雪莹
俞　娟	曾宪海	张代晖	张海波	张　弘	张军华	张　坤	张亮亮	张　猛
张　娜	张　胜	张　谖	张　伟	张旭晖	张学铭	张　逊	张　瑜	赵春建
赵林果	赵振东	郑　华	郑云武	郑兆娟	郑志锋	周　昊	周建斌	周　军
周　鑫	周永红	朱　凯	庄长福	左　淼	左宋林			

序一

森林蕴藏着丰富的可再生碳资源。2022年全球森林资源面积40.6亿公顷，森林覆盖率30.6%，森林蓄积量4310亿立方米，碳储量高达6620亿吨，人均森林面积0.52公顷。2022年我国森林面积2.31亿公顷，森林覆盖率24.02%，森林蓄积量194.93亿立方米，林木植被总碳储量107.23亿吨。林业产业是规模最大的绿色经济体，对推进林业现代化建设具有不可替代的作用，2023年全国林业产业总值超9.2万亿元。

林产化学工业是以木质和非木质等林业资源为主要原料，通过物理、化学或生物化学等技术方法制取人民生活和国民经济发展所需产品的加工制造业，是林产工业的重要组成部分。进入21世纪，面对资源、能源、环境等可持续发展问题，资源天然、可再生的林产化学工业成为继煤化工、石油化工和天然气化工之后的重要化工行业之一。随着物理、化学、生物等学科的发展，以及信息技术、生物技术、新材料技术和新能源技术在林产化学工业中的应用，林产化学加工已形成木质和非木质资源化学与利用两大方向，研究领域和产业发展方向不断拓展。

2012年以来，中国林产化学工业已迈入转型发展新阶段，技术创新逐步从"跟跑""并跑"向"领跑"转变。突出原始创新导向，面向绿色化、功能化和高端化产品创制开展理论研究和方法创新；突出绿色低碳高效，攻克林产资源全质高效高值利用、生产过程清洁节能等核心关键技术难关，构筑现代林产化学工业低碳技术体系，大幅提升资源综合利用效率和生物基低碳产品供给能力；充分挖掘和利用林产资源中蕴含的天然活性物质，创新药、食、饲及加工副产物综合利用新技术与新模式，增强高品质、多功能绿色林产品供给能力。与此同时，传统林产化学加工工程学科不断与林学、能源科学、高分子科学、食品科学、生物技术等学科深度交叉融合，推动产业变革和绿色高质量发展，微波辐射、超临界流体、等离子体、超声、膜过程耦合、微化工等高新技术的应用，为林产资源的加工利用发展带来新活力。面向国家重大战略需求，以"资源利用高效化、产品开发高端化、转化过程低碳化、生产技术清洁化、机械装备自动化"为总体发展思路，加快原始创新与核心关键技术突破，将为抢占林业资源利用科技与产业竞争新优势提供保障。以科技创新催生新产业，加速形成新质生产力，增强发展新动能。

受蒋剑春院士委托，为本书作序，初看书稿之余，欣然领命。该书由蒋剑春院士领衔、汇聚了国内200余位长期从事林产化学加工的权威专家和学者多年科研经验和最新研究成果，是一部综合性的林产化学加工领域的大型科技图书，内容丰富，涵盖了我国林产化学加工领域的主要方向，系统介绍了相关原料理化性质、转化过程反应机理、加工工艺和设备、产品及其应用等，论述了现代林产化学加工工程的发展成效、发展水平和发展趋势，具有重要的参考价值和实用价值。我真诚希望，通过该书的出版发行，加快林产化学工程基础知识和科技成果的传播，为林产化学工程领域从事科研、教育、生产、设计、规划、管理等方面工作的科技人员提供业务指导，吸引更多专家、学者加入到林产化学加工领域的科学研究中来，为林产化学工业高质量发展作出更大的贡献。

中国工程院院士　东北林业大学教授

2024年6月

序二

自古至今，森林与人类发展息息相关，是具有全球意义的宝贵财富，是人类赖以生存的基础资源。纵观世界林业发展历程，人类对森林的利用经历了从单一的初级利用到多元化利用，再到经济、环境和社会效益并重的可持续利用。数千年来，森林源源不断地为人类社会发展提供丰富的能源、食品、材料、药材等。联合国粮农组织等机构发布的资料显示，目前全球有约41.7亿人居住在距森林5公里范围内，约35亿至57.6亿人将非木材林产品用于自用或维持生计，近10亿人直接依靠森林资源维持生计。

发展森林资源的优势之一是不与粮争地，在满足经济社会发展和人民群众美好生活需求方面，森林资源具有不可替代的独特优势和巨大潜力。在可预见的未来，绿色可持续发展是新一轮全球经济发展的主旋律。森林资源作为储量巨大、低碳可再生的重要自然资源，已经成为地球上重要的自然资本与战略资源，在人类可持续发展和全球绿色发展中持续发挥着巨大的基础性作用；其高效利用仍将在粮油安全、能源安全、资源安全，以及增加就业、巩固拓展脱贫攻坚成果等方面发挥重要的作用。

在兼顾生态保护与合理利用的前提下，加快我国传统林业产业向森林食品、林源药物、林源饲料、林业生物基材料等新兴产业转型升级，将生态优势转化为发展优势，更好地架起"绿水青山"与"金山银山"之间的桥梁，让绿水青山产生更多的自然财富、经济财富，是我国林草事业高质量发展的重要途径。

我国自开启工业化进程以来，工业化水平实现了从工业化初期到工业化后期的历史性飞跃，基本经济国情实现了从落后的农业大国向世界性工业大国的历史性转变。经过数代林化人的努力，我国林产化学工业也同国家整体工业一样取得了令人瞩目的巨大进步，如在活性炭、清洁制浆等研究和应用领域，整体水平已居世界前沿。作为不可或缺的重要基础性原料，林产化学加工产品几乎涉及了食品、医药、电子、能源、化工等国民经济所有行业。

科技领域的发展潜力无限，对于人类社会的进步起着关键作用。目前，不同学科、技术、应用、产业之间互相渗透已成常态，智能制造和先进材料等领域的竞争进一步加剧，传统工业过程和产品持续向低碳、高效绿色工业与环境友好型新产品转变，从而促使我国林化产业必须关注产业转型中的问题和挑战，加快创新引领，确保科技真正成为林化产业进步的引擎。

面对林产化学加工工程的发展现状与趋势，为了及时总结、更好地指导并探索适合我国国情的林化发展道路，中国工程院院士、中国林业科学研究院林产化学工业研究所研究员蒋剑春等为主编，汇聚国内林产化学工程学科多位研究和教学专家，历经数年，编著了《现代林产化学工程》。

该书系统、全面地总结了我国林产化学工程的发展历史、研究现状与发展趋势。全书紧扣当前林产化工国内外发展趋势与最新成果，着力体现"现代"特点，注重当前林化领域拓展与延伸，并对未来发展进行了展望。该书结构严谨，针对性强，覆盖面广，充分反映了林化人一如既往的严谨求实、精益求精、追求极致的科学态度。

该书的出版，必将为林产化工行业的科研、教学等提供重要参考；对促进森林资源培育和林产化学加工上下游紧密结合具有战略指导意义，让育种者新品种创制的目标更加明确，让森林资源培育的目标产物更加清晰，进而更好地促进全产业链绿色加工增值。拜读书稿，点滴感悟，聊作为序。值该书付梓之际，也很高兴推荐给同行专家和莘莘学子阅读参考。

中国工程院院士　中国林业科学研究院研究员

2024 年 6 月

序三

林产资源是丰富而宝贵的可再生资源，在人类社会的发展中发挥重要作用。利用现代技术可将木质和非木质林业生物质资源转化成人类生产生活所需要的各类重要产品。由此发展起来的林产化学工业已成为重要产业，是现代化工行业的重要组成部分。鉴于林产原料的丰富性与复杂性，以及转化过程与产品的多样性，现代林产化学工业不断融合各领域新兴科学技术，已成为一个不断发展的跨行业、跨门类、多学科交叉的产业，其应用领域向新能源、新材料、绿色化学品、功能食品、生物医药等新兴产业不断拓展。现代林产化学工业作为支撑社会经济绿色发展的重要产业，对于妥善解决经济、资源与环境三者之间的矛盾，实现人类社会可持续发展和"碳达峰""碳中和"目标十分重要。在我国，现代林产化学工业对于绿色可持续发展、生态文明建设、健康中国建设、乡村振兴等具有不可替代的作用。

随着科学技术的快速发展，现代林产化学工业与林学、能源环境、材料科学、化学化工、生物技术等多学科深度交叉融合，林产化学品向高值化、多元化、功能化、绿色化和低碳化等方向发展，新原理、新方法、新工艺、新技术、新设备不断涌现，相关知识更新迅速。因此，对林产化学工程领域的发展历史、现状和发展趋势进行归纳总结、分析和研究十分必要。《现代林产化学工程》系统介绍了林产资源的种类与理化性质、转化过程与反应机理、产品的提取分离、加工工艺和装备、产品及其应用等，归纳总结了我国现代林产化学工业的发展历程、发展现状与发展趋势，全面介绍了现代林产化学工业所涉及的木材化学、植物纤维水解、热解与活性炭、制浆造纸、松脂化学、林源提取物、木本油脂化学、生物质能源、生物基高分子材料、木质纤维素生物加工、林副特产资源化学、污染防治与装备等内容，并介绍了相关领域的国内外最新进展。

该大型科技图书在蒋剑春院士和编委会的组织协调下，国内多位相关领域的知名专家、学者参与撰稿，具有权威性、综合性、前瞻性，同时包含许多新观点、新思路，对林产化学工程领域的广大科技工作者、政府部门管理人员、企业家、教师、学生等具有重要的参考价值。我相信，此专著的出版对我国现代林产化学工业的高质量发展具有重要而深远的意义。

中国科学院院士　中国科学院化学研究所研究员

2024 年 6 月

前言

林产化学工程是以木质和非木质林业生物质资源为对象，以林学、木材学、化学、材料学、化学工程与技术等学科的知识为基础，研究人民生活和国民经济发展所需产品生产过程共同规律的一门应用学科，所形成的加工制造产业称为林产化学工业。现代林产化学工程是在传统林产化学加工工程学科基础上，融合现代科学技术，向新能源、新材料和生物医药等新兴产业拓展的交叉学科，具有生产过程绿色低碳、产品多元、国民经济不可或缺的特点，是实现我国"碳达峰""碳中和"战略目标的重要途径，也是促进我国经济社会绿色发展的重要循环经济产业。

森林资源是林产化学工业的物质基础，是自然界陆地上规模最大的可再生资源。2022年全球森林资源面积40.6亿公顷。我国森林面积2.31亿公顷，居全球第五位，其中人工林面积世界第一，森林覆盖率24.02%，林木植被总碳储量107.23亿吨。我国是世界上木本植物资源最丰富的国家之一，已发现木本植物115科320属8000种以上，其中乔木树种2000余种，灌木6000余种，约占全球树种资源种类的1/3，分布广泛，可利用总量巨大。林产化学工业是一个跨门类、跨行业、多学科交叉的产业，是森林资源高效可持续利用的重要途径和国民经济发展的重要基础性、民生性产业。林产化学工业以其资源的天然性、可再生性和化学结构特异性等特点，成为继煤炭、石油、天然气化工之后现代化工行业的重要组成部分之一。随着生态文明建设、乡村振兴、健康中国、"碳达峰"与"碳中和"等国家战略不断深入实施，林产化学工业将在国民经济和社会发展中发挥越来越重要的作用。

在人类历史发展进程中积累了许多关于林产品化学利用的知识和经验。中国四大发明中，造纸术、火药和印刷术都离不开林产化工技术；造纸利用木质纤维，火药主要成分含木炭，印刷术利用松香作为黏结剂。松香、松节油、单宁、生漆、桐油、白蜡、色素等林化产品的应用也有悠久的历史。传统林产化学工业主要包括木材热解、木材水解、制浆造纸等为主的木质资源化学加工，以及包括松脂、栲胶、木本油脂、香料、精油、树木寄生昆虫等为主的非木质资源化学加工。代表性产品有木炭、活性炭、纸浆、松香、单宁、栲胶、糠醛、木本油脂、生漆、木蜡、紫胶等，广泛应用于化工、轻工、能源、材料、食品、医药、饲料、环保和军工等领域。进入21世纪，随着生物、纳米、新型催化等前沿技术的快速发展与交叉融合，林产化学品正向高值化、功能化、绿色化和低碳化等方向发展，林产化学加工工业领域由木材制浆造纸、树木提取物加工、木材热解和气化、木材水解和林副特产品的化学加工利用等传统领域向生物质能源、生物基材料与化学品、生物活性成分利用等综合高效利用领域拓展。当前，我国松香、木质活性炭、栲胶、木材制浆造纸均已实现机械化、规模化连续生产，产量和出口贸易额居世界前列；大容量储能活性炭、高品质液体燃料、功能生物基材料、林源生物医药、林源饲料添加剂等新产品的创制，为林产化工产业注入新的活力，成为产业高质量发展新的增长点。

随着科学技术的发展，林产化学加工生产过程由传统的小规模、间歇式、劳动密集型为主的模式，向规模化、连续化、自动化和智能化等工业生产模式转变；产品由粗加工向高值化、功能化、多元化精深加工拓展。林产资源全质高效高值利用、生产过程绿色低碳是林产化学工业高质量发展的必然趋势，生物质能源、生物基材料与化学品、药食饲用林产品等加工利用成为现代林产化学工业的重要发展方向。随着新技术、新方法、新设备的不断涌现和知识快速更新，编著一套综合全面且内容新颖的林产化学工程科技专著，显得尤为重要。

《现代林产化学工程》共十三篇九十三章，分为三卷出版。第一卷包括总论、木材化学、植物纤维水解、热解与活性炭、制浆造纸；第二卷包括松脂化学、林源提取物、木本油脂化学、生物质能源；第三卷包括生物基高分子材料、木质纤维生物加工、林副特产资源化学、污染防治与装备。

衷心感谢中国工程院院士、中国林业科学研究院林产化学工业研究所研究员宋湛谦，中国林业科学研究院林产化学工业研究所研究员沈兆邦，南京林业大学教授余世袁、安鑫南、曾韬，东北林业大学教授方桂珍等在本书编写过程中的指导和帮助。《现代林产化学工程》的出版，是全体编写和编辑出版人员紧密合作和辛勤劳动的结果。在本书出版之际，谨对所有为本书出版作出贡献的专家学者表示诚挚的感谢！

由于参与编写人员较多，涉及内容较广，加上知识的局限，难免还存在文字风格、论述深度和学术见解等方面的差异，甚至不妥之处。对此，敬请读者批评指正。

2024 年 8 月

总篇目

第十篇
生物基高分子材料

本篇编写人员名单

主　　编　储富祥　中国林业科学研究院

编写人员（按姓名汉语拼音排序）

薄采颖　中国林业科学研究院林产化学工业研究所

陈　健　中国林业科学研究院林产化学工业研究所

程增会　中国林业科学研究院林产化学工业研究所

储富祥　中国林业科学研究院

范一民　南京林业大学

冯国东　中国林业科学研究院林产化学工业研究所

高　强　北京林业大学

高勤卫　南京林业大学

高士帅　中国林业科学研究院林产化学工业研究所

高振华　东北林业大学

苟进胜　北京林业大学

韩春蕊　北京林业大学

胡立红　中国林业科学研究院林产化学工业研究所

华　赞　安徽农业大学

霍淑平　中国林业科学研究院林产化学工业研究所

金　灿　中国林业科学研究院林产化学工业研究所

金立维　中国林业科学研究院林产化学工业研究所

孔振武　中国林业科学研究院林产化学工业研究所

李守海　中国林业科学研究院林产化学工业研究所

刘大刚　南京信息工程大学

刘贵锋　中国林业科学研究院林产化学工业研究所

刘　亮　南京林业大学

马玉峰　南京林业大学

南静娅　中国林业科学研究院林产化学工业研究所

尚倩倩　中国林业科学研究院林产化学工业研究所

时君友　北华大学

汪钟凯　安徽农业大学

王春鹏　中国林业科学研究院林产化学工业研究所

王基夫　中国林业科学研究院林产化学工业研究所

王永贵　东北林业大学

温明宇　北华大学

吴国民　中国林业科学研究院林产化学工业研究所

许玉芝　中国林业科学研究院林产化学工业研究所

严幼贤　安徽农业大学

杨晓慧　中国林业科学研究院林产化学工业研究所

俞　娟　南京林业大学

张代晖　中国林业科学研究院林产化学工业研究所

张　猛　中国林业科学研究院林产化学工业研究所

张　伟　北京林业大学

目 录

第一章　绪论

第一节　发展背景及条件

生物基高分子材料是利用可再生生物质原料（淀粉类、藻类、油脂类、纤维类资源以及废弃物等），通过生物、化学以及物理等方法制造的新型高分子材料，主要包括可降解材料（淀粉基可降解材料、木质纤维基可降解材料等）、生物塑料、生物质热固性树脂（酚醛树脂、环氧树脂、聚氨酯等）、生物基功能材料、生物基纳米材料（纳米纤维素、纳米甲壳素等）、生物基仿生材料、生物基木材胶黏剂等产品。生物基高分子材料发展的主要目标是最大限度地替代石油基塑料、钢材、水泥、矿产资源等不可再生材料，具有绿色、环境友好、原料可再生等特性。

一、发展背景

由于资源约束、气候危机等情况，低碳经济与绿色经济成为许多国家和地区或国际组织的可持续发展战略，世界各国都在通过多种手段积极推动和促进生物基合成材料的发展[1-3]。我国在 2006 年制定了《国家中长期科学和技术发展规划纲要（2006—2020 年）》（国务院 2006）（以下简称《纲要》）。《纲要》把农林生物质综合开发利用作为优先主题，强调要重点研究开发生物质能以及生物基新材料和化工产品等生产关键技术。美国国会在 2000 年通过了《生物质研发法案》，并提出了《生物质技术路线图》，2020 年生物基材料及化学品替代率达到 25%。日本在《生物技术战略大纲》中明确提出，到 2020 年要使日本消耗的所有塑料的 20% 来自可再生资源。2010 年德国发布的《2030 年国家生物经济研究战略》，旨在发展可持续生物经济，以遵循自然物质循环以及通过高价值的可再生产品提高国家竞争力。欧盟的研究与创新框架计划——"地平线 2020"（Horizon 2020）中将生物基产业联合经营（BBI JU）计划列为 5 项联合技术计划之一，2018 年将 2012 年发布的生物经济发展战略进行了升级，为推动欧洲经济发展向循环和低碳经济转型，促进绿色经济发展，进一步扩大生物基产品市场，支持高质量生物基产品的大范围商业化。英国、俄罗斯、韩国、巴西、印度、南非等各个国家制订的各类发展规划中也涉及了生物基材料制造领域。我国在《国家中长期科学和技术发展规划纲要（2006—2020 年）》《促进生物产业加快发展的若干政策》《"十三五"国家科技创新规划》等多个规划与产业政策中明确加快推进以生物能源、生物基产品和生物质原料为主要内容的生物质产业科技创新与快速发展。2014 年，由国家发展和改革委员会（简称国家发展改革委）联合多部门推动了《生物基材料重大创新发展工程实施方案》，批复了天津、深圳、武汉、长春 4 个城市生物基材料产业发展实施方案，为产业链集群式发展奠定基础。我国在 2015 年发布的《中国制造 2025》中强调全面推行绿色制造，在新材料产业中"做好超导材料、纳米材料、石墨烯、生物基材料等战略前沿材料提前布局和研制""加快基础材料升级换代"，在高分子材料中列出的生物基合成材料、生物基轻工材料项目内容包括新型生物基增塑剂合成及应用、生物基聚氨酯制备、生物基聚酯制备、生物法制备基础化工原料等关键技术，重点发展聚乳酸（PLA）、聚丁二酸丁二酯（PBS）、聚对苯二甲酸二元醇酯［聚对苯二甲酸乙二醇酯（PET）、聚对苯二甲酸丙二醇酯（PTT）］、聚羟基烷酸（PHA）、聚酰胺（PA）等产品，为生物基材料产业制造发展指明了方向。

二、发展条件

1. 原料条件

生物基高分子材料的主要原料来源于各种生物质资源。我国农作物秸秆等资源量每年约8.2亿吨[4]，可供利用的秸秆资源量每年约3.4亿吨，可供利用的稻谷壳、甘蔗渣等农产品加工剩余物每年约6000万吨。

（1）林业剩余物　全国现有林地面积3.04亿公顷，可供利用的主要是薪炭林、林业"三剩物"、木材加工剩余物等，每年约3.5亿吨。根据第八次森林资源清查资料，中国薪炭林、用材林及特殊经济林等森林在生产和采伐过程中可获得9.24亿吨林木生物质资源，其中可作为能源利用的林木剩余物约2.64亿吨。在可收集的林业废弃物中，采伐、抚育、间伐剩余物占主导地位，年产量可达3.30亿吨，灌木林平茬剩余物1.85亿吨，经济林抚育剩余物1.48亿吨。

（2）能源植物　适合人工种植的能源作物（植物）有30多种，资源潜力可满足年产5000万吨生物基材料的原料需求。

2. 市场条件

生物基高分子材料是新材料产业发展的重要部分，市场需求广阔。根据Occams Research发布的研究报告，预测2021年全球生物基化学品和高分子材料产值为150亿美元。美国农业部2015年发布了《美国生物基产业的经济影响力分析》报告，统计美国生物基产业约3690亿美元，围绕生物基产业2013年增加了约400万就业岗位。中国国家统计局、商务部等数据显示，2017年中国合成树脂产量达8226.7万吨，产量同比增长7.0%；合成纤维超4000万吨，同比增长5%；涂料2036万吨，同比增长12.38%；胶黏剂超300万吨；全国高分子材料年产量超1.5亿吨，其中生物基材料在550万吨左右。2020年，西欧生物降解材料产量为16.7万吨等；截至2021年5月，中国可降解塑料年涉及产能977.2万吨，已投产产能47.85万吨，在建产能206.38万吨，拟建产能723万吨。美国农业部2018年发布更新的《美国生物基产业的经济影响力分析》报告显示，美国生物基产业2016年直接经济效益由2014年约1270亿美元增长到1570亿美元，其中生物基塑料等高分子材料和化学品近200亿美元，直接从事生物基产业的从业人员约168万。近年来，发达国家纷纷出台相关法律法规促进生物基材料的发展和使用，如美国的优先采购生物基产品计划、日本的生物基材料2020计划、澳大利亚的可持续包装计划等[5]。

3. 现有政策

生物基高分子材料是生物制造的重要目标，是生物产业发展的重点产品领域。《"十二五"国家战略性新兴产业发展规划》（国务院2012）中明确提出"以培育生物基材料、发展生物化工产业和做强现代发酵产业为重点，大力推进合成生物学、基因工程、酶工程、发酵工程技术和装备创新。突破非粮原料与纤维素转化关键技术，培育发展生物醇、酸、酯等生物基有机化工原材料，推进生物塑料、生物纤维等生物材料产业化"。明确要求"生物基产品在工业化学品中的比重大幅提高。聚乳酸、聚丁二酸丁二酯等有机化工原料与工业生物材料等品种实现十万吨级规模化生产"。规划中还提出了重大政策，要求"制定生物基产品认定机制与财政补贴、税收优惠政策"。"十二五"期间，生物基材料日益得到国家重视。2012年，科技部颁布出台了《生物基材料产业科技发展"十二五"专项规划》，国家发展改革委发布了《生物产业发展"十二五"规划》，组织实施生物基产品发展行动计划，加快推动生物基材料、生物基化学品、新型发酵产品的产业化与推广应用；组织实施生物工艺应用示范行动计划，大力推动绿色生物工艺在化工、轻工、冶金及能源领域的应用示范，促进生物制造产业规模化发展。生物基产品和生物技术工艺对石油化工原料及传统化学工艺的替代取得重大进展，发酵产业的国际竞争力显著提高。

2021 年 3 月 25 日，美国正式推出《美国塑料公约》，获得包括可口可乐、联合利华、安姆科等在内的 60 多个签署方的一致支持，确保到 2025 年所有塑料包装都将 100% 可重复使用，可回收或可堆肥，塑料包装中可回收成分或以负责任方式获取的生物基成分的平均比例达到 30%。

2021 年 2 月 2 日，国务院发布《国务院关于加快建立健全绿色低碳循环发展经济体系的指导意见》（国发〔2021〕4 号），确立建立健全绿色低碳循环发展经济体系，促进经济社会发展全面绿色转型，是解决我国资源环境生态问题的基础之策。2021 年 12 月 3 日，工业和信息化部印发《“十四五”工业绿色发展规划》，提出到 2025 年，碳排放强度持续下降，单位工业增加值二氧化碳排放降低 18%，推广万种绿色产品，绿色环保产业产值达到 11 万亿元，将发展聚乳酸、聚丁二酸丁二醇酯、聚羟基烷酸、聚有机酸复合材料、椰油酰氨基酸等生物基材料作为工业碳达峰推进工程。2021 年 12 月 8 日，国家发展改革委发布《国家发展改革委办公厅 商务部办公厅 国家邮政局办公室关于组织开展可循环快递包装规模化应用试点的通知》，探索形成一批可复制、可推广、可持续的可循环快递包装规模化应用模式。中国邮政将可降解包装袋和生物降解胶带纳入一级采购目录，强化采购管控，2022 年底在北京等 6 省（市）停用不可降解塑料包装物，2025 年在全国全面禁用不可降解包装制品。因此，推动生物基高分子材料的规模化发展与应用将有利于环境改善和经济协调发展，对于加快培育战略性新兴产业、促进我国绿色经济增长、落实国家低碳经济战略、促进农工融合与乡村振兴具有重大意义。

同时，相关支持政策还有采用废弃农林剩余物为原料的产品增值税即征即退、关于发展生物能源和生物化工财税扶持政策的实施意见以及部分高技术产业免税，这些支持政策对生物基高分子材料领域产业的发展起到了一定的促进作用。“十四五”期间，我国还将加快建立生物基产品的认证机制，研究制定生物基产品消费的市场鼓励政策，研究农业原料对工业领域的配给制度。

第二节　技术及产业现状分析

一、基础研究

根据我国生物基高分子材料的发展特点，可以将中国生物基高分子材料的研究和产业化发展分为三个阶段：第一阶段是 20 世纪 80 年代初，为技术引进和试验阶段，主要发现生物基聚酯类型及单体制备方法，探索木质素改性酚醛、脲醛树脂胶黏剂的制备方法，解决强极性木质纤维材料与弱极性塑料材料界面相容性问题。第二阶段是 20 世纪 80 年代中期至 20 世纪末，为国家开始投资、积极开展研究阶段，开发第二代淀粉基塑料和生物基聚酯塑料，建立生物基热固性树脂制备技术体系，形成了一定规模的挤出成型、注射成型等加工制造体系。第三阶段是 21 世纪以来的发展阶段，通过挤出或注塑得到淀粉基可降解塑料，形成木塑复合材料基础理论和应用技术体系，实现生物基聚酯的功能化，生物基热固性树脂技术趋于系统化和多样化，研发生物基功能材料性能调控和定向应用关键技术，建立生物基纳米材料的制备技术体系，完善生物基纳米材料功能化衍生的基础理论并开展生物基纳米材料功能化应用的关键技术集成。我国生物基高分子材料的基础研究已取得长足进展，形成了具有中国特色的生物基高分子材料基础理论及应用技术体系，主要包括反应机理、制备工艺、产品的应用研究等方面。在反应机理方面，着重研究了聚合过程中的链增长方式、引发速率与链增长速率的关系，多元共聚高分子结构设计，生物-化学催化转化等机理；在制备工艺方面，初步形成了生物基高分子材料制备技术体系，主要包括原料预处理技术、分子水平的活化与接枝技术、材料成型加工技术、树脂化技术、生物基功能材料分子重组与功能交叉技术、生物基材料纳米化技术等[6]。目前生物基高分子材料的应用研究主要集中在轻工、能源、高分子材料、建材等工业领域。

　　生物基高分子材料的研发涉及生物、化学、化工、农业、林业、材料、制造等学科体系，已形成较完善的研发学科体系。我国从事生物基高分子材料的主要研究机构有国内一流高校30所、一流科研院所10所、国家重点实验室11家、国家工程实验室5家、国家工程中心3家、国家工程技术研究中心6家以及其他省部级研究平台30家，从事生物基高分子材料研发的企业50多家，详见表10-1-1。

表 10-1-1　我国从事生物基高分子材料研究的主要机构

类别	主要研究机构
科研院所	中国林业科学研究院林产化学工业研究所、中国科学院广州能源研究所、中国科学院青岛生物能源与过程研究所、中国科学院广州化学所等
高校	清华大学、北京化工大学、浙江大学、东北林业大学、南京林业大学、北京林业大学、安徽农业大学、华南理工大学、华东理工大学、南京工业大学、天津大学、南京大学等
企业	浙江海正生物材料股份有限公司、武汉华丽环保科技有限公司、安徽森泰塑木新材料有限公司、福建元力活性炭股份有限公司、安徽帝元生物科技有限公司、青岛琅琊台集团股份有限公司等

二、技术特色

　　近年来，我国以秸秆、林业废弃物、非粮能源植物等农林生物质资源替代化石原料，突破了生物基高分子材料开发过程中的生物合成、化学合成改性及树脂化、复合成型等关键技术，初步建立了生物基高分子材料制备技术体系，主要包括淀粉和木质纤维基可降解材料技术、生物塑料技术、生物基热固性树脂技术、生物基功能材料技术、生物基纳米材料技术、生物基仿生材料技术、生物基木材胶黏剂技术等，总体技术水平与国际发展同步。

　　（1）淀粉和木质纤维基可降解材料技术　以淀粉和木质纤维生物质资源替代化石原料，通过高直链淀粉的改性、淀粉的塑化接枝改性、反应挤出、功能化产品设计等关键技术，开发出了以淀粉和木质纤维可降解材料为主的环保型生物基材料[7]。

　　（2）生物塑料技术　通过研究二元酸、二元醇及羟基酸的发酵工艺，开发了基于木质纤维的非粮路线；在稀土催化剂基础上，将有机催化体系应用于内酯开环聚合；在生物基聚酯的终端制品和产品开发应用方面开发了薄膜、泡沫和纤维材料。

　　（3）生物基热固性树脂技术　通过化学液化、催化降解、化学改性等方法提高了木材、秸秆、油脂等生物质原料的反应活性，建立了生物质原料预处理技术体系；通过定向缩聚、功能化、环氧化、互穿网络等树脂化技术，制备了环保型酚醛树脂、生物基环氧树脂、生物基聚氨酯[8,9]；通过研究双组分固化体系、可控发泡及协调阻燃等技术，将生物热固性树脂应用于木材加工、建筑保温、涂料等领域中。

　　（4）生物基功能材料技术　以木质纤维的主要成分纤维素、木质素和半纤维素为原料，通过物理法（如新溶剂体系下的纤维素再生与分子重组、与其他功能材料共混合复合等）和化学法（如将木质纤维素上的羟基进行改性，引入功能性官能团或高分子），赋予木质纤维光、电、磁等功能，构建基于木质纤维的生物质基功能材料。

　　（5）生物基纳米材料技术　以木质纤维等农林生物质为原料，通过化学法、物理法、生物法或结合法等方法分离得到纳米尺度范围内的纤维素纳米聚集体。其粒径大小一般在 $1\sim100nm$ 之间，能够在水溶液中稳定分散，具有纳米尺寸效应、优良的机械性能和可生物降解性，为进一步开发性能优异的高值化工业材料、生物医药材料及纳米复合材料提供基础平台。

（6）生物基仿生材料技术 以农林生物质资源为原料，对生物材料微结构进行模仿，制备出具有与生物材料相当性能的仿生材料。利用新的理念、设计与构成，赋予木材全新的功能或刺激-响应性能。此外，纤维素、甲壳素、植物油脂等众多生物质资源被广泛应用于仿生弹性体、仿生皮肤、仿生贝壳、仿生光子材料等的研发，赋予生物质资源更高的附加值。

（7）生物基木材胶黏剂技术 木质素、单宁、淀粉、蛋白质等生物质资源越来越多地应用于木材胶黏剂的改性，开发制备适合木材工业使用的环保型、高性能生物基木材胶黏剂[10]。生物质改性酚醛树脂胶黏剂、生物质改性脲醛树脂胶黏剂、生物质改性乳液胶黏剂等的应用重点是生物质原料对石化原料的替代；淀粉基胶黏剂和蛋白质基胶黏剂的研究与应用，重点是发展非甲醛系列胶黏剂，提高木材胶黏剂和人造板的环保等级。

三、产业现状和问题

1. 产业现状

全球生物基高分子材料产业整体处于实验室研发向工业化生产和规模应用过渡阶段，尤其是淀粉基塑料、木塑复合材料、生物质聚氨酯、生物基纤维等大宗工业材料产品的规模产业技术不断突破，推动了全球生物基高分子材料的商业化进程。

在欧美等发达国家，生物基高分子材料已逐步形成以大企业、大集团为主导地位的产业布局。如表 10-1-2 所示，目前美国 Nature Works、德国 BASF 和德国 Novofibre 等公司都建立万吨级生产规模。生物基高分子材料产业布局欧美等国家以大企业、大集团为主导地位的，我国主要以中小企业为主体，产业规模小，产品竞争力较差。

表 10-1-2　国内外生物基材料典型企业生产规模对比

生物基材料产品	国外典型企业规模	国内典型企业规模
聚乳酸(PLA)	美国 Nature Works 公司 年产 14 万吨规模的 PLA	浙江海正集团 年产 4.5 吨规模的 PLA
聚羟基脂肪酸酯(PHA)	美国 Metabolix 公司 年产 5 万吨规模的 PHA	天津国韵生物 年产 1 万吨规模的 PHA
聚丁酸丁二酯(PBS)	德国 BASF 公司 年产 7.4 万吨规模的 PBS	山东汇盈 年产 2.5 万吨规模的 PBS
二氧化碳共聚物(PPC)	美国 Novomer 公司 年产 7 万吨规模的 PPC	江苏中科金龙 年产 1.5 万吨规模的 PPC
木塑复合材料	美国 Trex 公司 年产 30 万吨木塑材料制品	安徽森泰 年产 8 万吨木塑材料制品
麦秸秆人造板	德国 Novofibre 公司 年产 6 万立方米定向结构麦秸秆	烟台万华 年产 20 万立方米麦秸秆

国内生物基材料的产业规模见表 10-1-3。

表 10-1-3　国内生物基材料的产业规模

生物基材料产品	产业规模
聚羟基脂肪酸酯（PHA）	已建成年产 1 万吨生产线
二氧化碳共聚物（PPC）	年产能 1 万吨
聚乳酸（PLA）	年产能 5 万吨，正在建设年产 15 万吨规模生产线
聚丁酸丁二酯（PBS）	已建成 7.5 万吨年产能，正在建设年产 10 万吨规模生产线
聚乙二醇酸（PGA）	正在建设年产 5 万吨规模生产线
木塑复合材料	年产能 80 万吨
麦秸秆人造板	已建成年产 60 万立方米规模生产线

2. 产业存在的问题

目前，我国生物基高分子材料产业的热点主要集中在：可降解生物塑料，如 PLA、PHA、PTT、PBS 等；聚酯、聚醚多元醇节能保温材料；生物基木材胶黏剂，如生物质改性酚醛/脲醛树脂胶黏剂、淀粉胶黏剂、蛋白胶黏剂、乳液胶黏剂等；生物基功能材料，如再生纤维素膜材料、气凝胶、水凝胶、吸附材料、过滤材料等；生物基纳米材料，如纳米纤维素、纳米木质素和纳米甲壳素等。产业发展趋势主要表现在采用"清洁节能"的低碳生产方式，综合全质高效利用生物质资源，加强新技术和新产品开发，开展技术革新实现绿色生产等方面。

与发达国家相比，我国生物基高分子材料产业无论是在技术与产品上还是在产业的规模和水平上都存在一定的差距。主要问题表现在：一是大部分产品与石油基材料相比成本较高，导致产品市场竞争力不强；二是核心关键技术滞后，缺乏非粮丁二酸、乳酸、异戊二烯等核心菌种技术；三是生物基高分子材料产品门类多，规模小且分布散。

第三节　技术及产业发展趋势

生物基高分子材料作为石油基材料的升级替代产品，正朝着以绿色资源化利用为特征的高效、高附加值、定向转化、功能化、综合利用、环境友好化、标准化等方向发展。

一、技术发展趋势

立足国内外生物基高分子材料技术发展现状，以高品质、高价值材料制造以及石化资源的有效替代为目标，全面考虑资源可持续供给体系，以高新技术与核心技术研究开发为手段，匹配成熟的生物基材料转化技术，统筹协调生物基材料科技与产业发展过程中的基础科学问题、前沿技术、核心关键技术、技术集成与示范以及科技产业研发平台建设，为促进我国生物基材料产业发展提供强有力的科技支撑和示范。

（1）淀粉和木质纤维基可降解材料技术　全淀粉可控降解产品，特别是降解速度可控的地膜材料、包装材料等是未来 5～10 年内的主要发展方向。进一步改善材料的力学性能、耐水性能、耐吸湿性和阻隔性能，提高材料的热稳定性和降低生产成本，研制规模化高效生产淀粉基材料的生产设备，将是发展的主要趋势。淀粉、木质纤维的物理化学改性研究、加工工艺研究以及相应专用助剂的开发，都将带来重大的经济效益。

（2）生物塑料技术　针对我国聚酯类生物基塑料产业存在单体制备成本高、产品高附加值化等问题，未来的技术趋势是研发连续的、无灭菌的、利用廉价混合碳源的 PHA 生产技术，以获得廉价的 PHA 材料，增加与石油基塑料的竞争力。开发带有高附加值功能的 PHA 材料，满足一些高附加值的应用，扩大 PHA 的应用领域；开发 D-乳酸的聚合物 PDLA，使之与 L-乳酸的聚合物 PLLA 共混后形成 PLA 立体复合物，具有更好的耐热性和力学性能。同时，通过新技术的应用大幅度降低 D-乳酸的制造成本，研发更好地合成聚合物 PDLA 的技术；PBS 由琥珀酸和 1,4-丁二醇缩聚形成，生物法生产 1,4-丁二醇的技术，将使琥珀酸和 1,4-丁二醇都能廉价地用微生物转化的方法从葡萄糖中获得。通过聚 ω-氨基酸的微生物制造技术以及高分子量生物聚酯（PBS、PLA、PEIT）的化学聚合技术，建立生物聚酯的新型加工成型工艺以及环境降解性能和安全性评价体系。

（3）生物基热固性树脂技术　随着石油资源价格的连续攀升和树脂化技术的不断成熟，生物基热固性树脂已进入了产业化示范和市场化起步阶段。生物基热固性树脂的研究和开发应用取得了长足的进步。重点研究木质素官能团反应活性分析及全质化利用、低成本环保型木质素降解及转化技术[12,13]；开发研究阻燃型木质素酚醛泡沫保温材料制备技术；解决生物基环氧树脂、聚氨酯的功能化、衍生化改性技术，以及生物基热固性树脂的分子结构与功能特性的协同控制技术；突破生物基聚氨酯产品大规模生产技术，以及生物基聚氨酯协同阻燃和节能保温性能开发与应用技术。这些均是生物基热固性树脂技术的主要发展趋势。基于木质素炼制从小分子酚类到生物基树脂的链条式利用技术及高效催化转化技术的突破，将成为木质素在生物基材料中高值化和高比例使用的重要技术支撑[14-16]。

（4）生物基功能材料技术　木质纤维原料作为一种价廉、易得、储量丰富、可再生的生物质材料，其功能化及高附加值化研究一直受国内外关注。通过利用木材（竹材）自身纤维结构特色与其他功能材料复合或通过化学改性的方式引入功能性基团，木质纤维素被赋予光、电、磁、吸附、分离、催化等新的功能，并极大地拓宽了其应用领域。随着木质纤维高效、环境友好的新技术和新工艺的研究水平的提高，以天然的生物质（如木材、竹材等）、农林加工废弃物（如秸秆、甘蔗渣、木屑等）制备的功能材料将得到进一步开发与应用。分子结构设计技术与纳米、生命科学等学科的交叉和融合将进一步促进生物基功能材料研究的发展[17,18]。

（5）生物基纳米材料技术　从木质纤维资源高值化利用角度出发，木质纤维纳米化技术已经进入产业化示范和市场化的起步阶段。但是，目前国内的生物基纳米材料产业化示范较少。因此，需要从制备技术上突破高能耗的瓶颈，发展生物基纳米材料高效制备技术和复合技术，解决其产业化制备的技术难题。另外，生物基纳米材料的应用研究仍然停留在实验室研发阶段，实际增值效果不明显。需要进一步强化生物基纳米材料功能化衍生研究，拓展生物基纳米材料功能化的实际应用领域；建立生物基纳米材料制备与功能化衍生一体化的产业化示范技术[19-21]。

（6）生物基仿生材料技术　近年来，材料技术、纳米技术和生物技术的发展推动了仿生材料领域的进步，生物基仿生材料技术也逐渐获得发展。以纤维素、木质素、甲壳素、蛋白质、天然橡胶为原料的皮肤仿生材料技术、蜘蛛丝仿生材料技术、木材仿生材料技术、贝壳仿生材料技术初步得到建立。当前，对生物基仿生材料的研究仍处于起步阶段，需要进一步完善现有生物基仿生材料技术，开发新型生物基仿生材料技术。需要将生物基仿生材料技术与市场相结合，开发商业化产品，解决实际问题。

（7）生物基木材胶黏剂技术　重点开展单宁、木质素对苯酚的替代的生物基酚醛树脂胶黏剂的制备技术研究，形成了基于生物炼制副产物利用的生物基胶黏剂的制备和应用生产示范技术；近年来，基于大豆蛋白的生物基胶黏剂在纤维板、刨花板的连续平压规模生产中的应用取得突破性进展，开发了新型无醛纤维板、无醛刨花板和无醛胶合板，推动了人造板的无醛产品规模化生产和应用。

二、产业发展趋势

在各国政府的支持下，生物基高分子材料产业快速发展，塑料、化纤、橡胶、尼龙以及许多大宗的传统石油化工产品，正在不断地被来自可再生资源的生物基产品所替代，生物基高分子材料产业已进入从实验室走向市场的转折点。当前，生物基高分子材料产业总的发展趋势主要表现在：a.产品成本不断下降，材料性能不断提高，对传统石化材料的竞争力不断增强。1,3-丙二醇、3-羟基丙酸、丁二酸、异丁醇、异戊醇等传统石油化工产品的生物法路线，已经或即将取得对石油路线的竞争优势，PHA、PBS、PLA等新型生物基材料呈现快速发展态势，生物合成橡胶概念轮胎已被推出，尼龙66纤维、树脂、聚氨酯泡沫塑料的生物路线即将取得突破。b.生物基材料正在从高端的功能性材料、医用材料向大宗生物基工业材料转移。市场成长最快的是与现有石化材料类似的产品，如PET、PE（聚乙烯）、PP（聚丙烯）等。c.产业规模化，如以可持续发展、可生物合成、环境友好为特征的PLA、PHA和PBS产品已实现一定规模的生产。d.产品多元化，如聚酯或聚醚多元醇节能保温材料、生物基表面活性剂、生物基塑料助剂、木塑功能性复合材料、生物基胶黏剂、高性能树脂等产品不断扩展。

参考文献

[1] 石元春. 试论全生物质农业. 科技导报，2016，34（13）：11-14.

[2] 贾敬敦，马隆龙，等. 生物质能源产业科技创新发展战略. 北京：化学工业出版社，2014.

[3] 董建华. 写在《高分子通报》30周年. 高分子通报，2019（1）：1-8.

[4] 彭卫东，单宏业. 农作物秸秆综合利用110问. 北京：中国农业科学技术出版社，2013.

[5] 杨礼通，陈大明，于建荣. 生物基材料产业专利态势分析. 生物产业技术，2016（2）：73-79.

[6] 储富祥，王春鹏，孔振武，等. 生物基高分子新材料. 北京：科学出版社，2021.

[7] 翁云宣，王垒，吴丽珍，等. 国内淀粉基塑料现状. 生物产业技术，2012（3）：17-21.

[8] Auvergne R, Caillol S, David G, et al. Biobased thermosetting epoxy: Present and future. Chemical Reviews, 2014, 114 (2): 1082-1115.

[9] Ragauskas A J, Beckham G T, Biddy M J, et al. Lignin valorization: improving lignin processing in the biorefinery. Science, 2014, 344 (6185): 1246843.

[10] 储富祥，王春鹏，等. 新型木材胶黏剂. 北京：化学工业出版社，2019.

[11] 陈国强，陈学思，徐军，等. 发展环境友好型生物基材料. 新材料产业，2010（3）：54-62.

[12] Liu Y, Deak N, Wang Z, et al. Tunable and functional deep eutectic solvents for lignocellulose valorization. Nature Communications, 2021, 12 (1): 1-15.

[13] Wu X, Fan X, Xie S, et al. Solar energy-driven lignin-first approach to full utilization of lignocellulosic bio-mass under mild conditions. Nature Catalysis, 2018, 1 (10): 772-780.

[14] Liao Y, Koelewijn S F, Van den Bossche G, et al. A sustainable wood biorefinery for low-carbon footprint chemicals production. Science, 2020, 367 (6484): 1385-1390.

[15] Upton B M, Kasko A M. Strategies for the conversion of lignin to high-value polymeric materials: Review and perspective. Chemical Reviews, 2016, 116 (4): 2275-2306.

[16] Sun Z, Fridrich B, de Santi A, et al. Bright side of lignin depolymerization: Toward new platform chemicals. Chemical Reviews, 2018, 118 (2): 614-678.

[17] Liu Y, Deak N, Wang Z, et al. Tunable and functional deep eutectic solvents for lignocellulose valoriza-tion. Nature Communications, 2021, 12 (1): 1-15.

[18] Tardy B L, Mattos B D, Otoni C G, et al. Deconstruction and reassembly of renewable polymers and biocolloids into next generation structured materials. Chemical Reviews, 2021, 121 (22): 14088-14188.

[19] Li T, Li S X, Kong W, et al. A nanofluidic ion regulation membrane with aligned cellulose nanofibers. Science

Advances，2019，5 (2)：eaau4238.

[20] Ates B，Koytepe S，Ulu A，et al. Chemistry，structures，and advanced applications of nanocomposites from biorenewable resources. Chemical Reviews，2020，120 (17)：9304-9362.

[21] Zhu H，Luo W，Ciesielski P N，et al. Wood-derived materials for green electronics，biological devices，and energy applications. Chemical Reviews，2016，116 (16)：9305-9374.

（南静娅，储富祥）

第二章 淀粉和木质纤维基可降解材料

第一节 淀粉基可降解材料

开发完全生物可降解的塑料可缓解目前由塑料制品带来的环境污染问题，而且可使塑料行业摆脱对石油资源的依赖，是真正减少塑料垃圾、保护生态平衡以及开辟新的塑料原料的重要途径，目前可降解塑料尤其是生物降解塑料已成为全世界塑料行业的聚焦热点[1-3]。淀粉是制备可降解材料的优良原料，其中热塑性淀粉、改性淀粉及其复合材料在生物可降解材料领域愈来愈受到重视。淀粉是一种重要的多糖类物质，是葡萄糖的高聚体，主要组成的分子式可以表示为 $(C_6H_{10}O_5)_n$，可从小麦、大米、玉米、马铃薯、红薯等农作物中提取得到，亦可从野生橡实、木薯和葛根等富含淀粉的林业生物质中提取得到。淀粉资源主要作为食品工业的原料，可制成葡萄糖、凉粉、粉皮、粉丝、白酒等，还可以作为发展畜牧业的饲料，淀粉还可广泛应用于化工、医药、纺织、造纸等工业中，但不同来源的淀粉其化学和物理性质存在一定的差异。与农业类淀粉相比，林业类淀粉种类更加繁多，且大多为野生资源。最常见的经济型林业淀粉主要为栗属淀粉，如板栗、茅栗、锥栗等。常见的野生林业淀粉资源主要有果实类和根茎类两大类，野生果实类林业淀粉资源如甜槠、苦槠、绵槠、青冈、麻栎、栓皮栎、槲栎、田菁、马棘、芡实、铁树籽等，根茎类林业淀粉资源有木薯、葛根、野百合、土茯苓、贯丛、魔芋、蕉芋等，两类总共有 100 多种。

野生橡实、木薯和葛根等作为重要的野生林业淀粉资源，其中含有一些难以去除的毒素，支链淀粉含量过高难以消化吸收，用于食品加工行业受到一定限制，是制备非粮淀粉基化学品和生物基材料的重要选择。但跟农业淀粉相比，林业淀粉的体量相对较少，成分复杂，其分布相对广泛，难以形成规模化、集中化种植，其采收、加工成本相对较高，难以大面积种植。故而应用于工业中的淀粉大多仍是选用农业类淀粉资源。淀粉由支链淀粉和直链淀粉组成，白色粉末状固体，微观形态呈颗粒状，分子内存在大量的氢键，一般存在 15%～45% 的结晶。单独的淀粉不具备可塑性，这主要是因为其分解温度与玻璃化转变温度非常接近。

一、热塑性淀粉

（一）热塑性淀粉材料概况

在高温和高剪切力作用下，当向淀粉中加入小分子塑化剂时，淀粉分子间的氢键体系被破坏，并形成了塑化剂与淀粉分子链段之间更强的氢键体系，淀粉分子链段的运动能力得到加强，此时形成的新复合体系的玻璃化转变温度大大降低，并表现出一定的热可塑性，此复合体系即是热塑性淀粉（TPS）材料[4]。

天然淀粉和化学改性的淀粉均可用于热塑性淀粉的制备。塑化剂中含有的羟基、胺基或酰胺基等基团能与淀粉中羟基形成新的氢键体系，常用的塑化剂包括乙二醇、甘油（丙三醇）、木糖醇、山梨醇、乙醇胺、尿素、甲酰胺、乙酰胺等[5]。常见塑化剂与淀粉形成氢键的能力的顺序为：尿素＞甲酰胺＞乙酰胺＞甘油。淀粉塑化后，原颗粒内部氢键减弱，结晶状态和颗粒形态改变，这些变化可通过傅里叶红外光谱分析和 X 射线衍射分析等进行分析。淀粉颗粒在热塑性加工过程中，与原淀粉颗粒相比，复合体系的氢键体系发生了很大转变，在红外谱图上淀粉基团吸收峰波数发生变化，氢键吸收峰向低场移动，说明塑化剂与淀粉之间形成了更强的氢键体系，但过多塑化剂的加入会降低淀粉与塑化剂之间的氢键作用，故而在淀粉颗粒的热塑性加工过程中要合理地控制塑化剂的添加量，才能得到综合性能优异的热塑性淀粉材料[6]。

X 射线衍射分析表明，原淀粉具有典型的 A 型结晶，A 型结晶是一种分子链排列较紧密的双螺旋结构，A 型衍射结晶峰为 $2\theta=15.0°$、$17.2°$、$18.0°$、$23.2°$。淀粉颗粒在经过热塑性加工后呈现为均一的连续相，原淀粉中的 A 型结晶峰减弱或消失。受热塑性加工条件和不同塑化剂的影响，有时会出现 V 型和 E 型结晶。V 型结晶结构的 X 射线衍射分析中 2θ 为 $13.5°$ 和 $20.8°$ 两处的峰最为明显。E 型结晶是 V 型结晶的亚稳态变体，它一般是在低湿含量和高温条件下形成的。在露天放置过程中，随着 TPS 材料对空气中水分的吸收，E 型结晶逐渐变为稳定的 V 型结晶结构。V 型和 E 型结晶结构体系与 A 型结晶结构体系相比，其结晶度大大降低，此体系可实现其在分解前微晶的熔融。

不同种类的塑化剂对热塑性淀粉材料的力学性能所产生的影响是不同的。相同质量配比下，当使用丙三醇作为塑化剂时，制得的 TPS 材料通常比较柔软，其断裂伸长率较大，拉伸强度较小。而以尿素作为塑化剂制得的 TPS 材料则表现出硬而脆的力学性能，断裂伸长率较小，拉伸强度较大。以二亚乙基二甲酰胺为塑化剂制得的 TPS 材料不仅力学性能优异，且耐水性也极大地改善，但高昂的价格限制了其进一步的广泛应用。

木薯淀粉及其变性淀粉也是制备生物基可降解材料的良好原料。杨丽英等[7]研究了不同增塑体系的木薯淀粉基复合材料的综合性能，选用氯化铵、尿素、山梨醇、蔗糖、山梨醇酯 60、甘氨酸和酪氨酸等不同增塑剂，研究其对基础混合物（木薯淀粉：聚己内酯＝1：1）物理性能和降解性能的影响，研究发现除酪氨酸外，各增塑复合体系均能有效地降低混合物的熔体黏度，其中山梨醇酯 60 和氯化铵最有效。尿素和氯化铵在添加量为 30％ 时能显著提高基础混合物的断裂伸长率，而酪氨酸在添加量为 30％ 时能明显提高共混体系的抗张强度。李守海等[6]详细研究了林业淀粉资源橡实淀粉基 TPS 材料的特性，以橡实淀粉和不同塑化剂为原料，采用共挤出塑化法制备了不同的热塑性橡实淀粉（TPAS）。分析了乙二醇、丙三醇、乙醇胺、二乙醇胺、三乙醇胺 5 种不同塑化剂对 TPAS 材料的力学性能、吸水性能、热性能的影响。研究表明：TPAS 材料具有较强的吸水性和吸湿性。TPAS 材料的力学性能因塑化剂种类和含量的不同以及吸湿性的不同而存在较大差异。

塑化剂的含量对 TPS 材料的力学性能会产生线性影响。一般情况下，随着复合体系中塑化剂含量的增加，TPS 材料的拉伸强度逐渐降低，而断裂伸长率却逐渐增大。TPS 体系中直链淀粉与支链淀粉的含量也会影响 TPS 材料的力学性能。当体系中直链淀粉含量增大时，TPS 材料的玻璃化转变温度明显降低。众所周知，若材料的玻璃化转变温度降低，势必导致材料的模量和拉伸强度的降低以及断裂伸长率的增加。因此，随着体系中直链淀粉含量的增加，TPS 材料的柔韧性会相应提高。

由于淀粉和塑化剂都是亲水性物质，因此 TPS 材料具有一定的吸湿性和吸水性。此外，由于水亦可用作 TPS 材料的塑化剂，且水的含量对 TPS 材料性能的影响较大，因此水在 TPS 材料的制备过程中起着至关重要的作用。对甘油增塑的 TPS 材料的研究表明：当体系中水含量小于 9％ 时，TPS 材料常温下为玻璃态；当复合体系中水含量为 9％～15％ 时，TPS 材料具有较好的韧性和断裂伸长率；当复合体系中水含量大于 15％ 时，TPS 材料变得柔软，拉伸强度下降。

对于 TPS 材料而言，需要特别注意的是淀粉回生现象容易使 TPS 材料老化变脆并失去应用价值。这主要是由于复合体系中的支链淀粉重结晶并引起淀粉的回生。当塑化剂中含有酰胺基团时，如尿素和甲酰胺，可以很好地抑制 TPS 材料的回生现象。一般情况下，塑化剂与淀粉材料间形成氢键的能力越强，TPS 材料的耐回生性能越好。

（二）改性热塑性淀粉材料

1. 热塑性改性淀粉材料

对天然淀粉进行疏水改性后得到淀粉衍生物，用其制得的 TPS 材料的力学性能和耐水性可得到显著改善。淀粉的疏水改性方法在后面的内容中会详细介绍。淀粉酯和淀粉醚是最常见的两大类疏水型改性淀粉衍生物，取代度达到一定程度，甚至不需要加入小分子塑化剂，亦可使淀粉材料达到增塑效果。乙酰化是制备淀粉酯的常见方法，随着取代度的增加，热塑性淀粉酯材料的玻璃化转变温度随之降低。当取代度大于 1.7 时，热塑性淀粉酯材料的玻璃化转变温度几乎不再变化，材料的热塑性加工也将容易进行。同时，随着淀粉酯化度的提高，热塑性淀粉酯材料的耐水性呈现出明显增强现象。磷酸化改性淀粉可用于热塑性淀粉薄膜的制备，相比于未改性的热塑性淀粉膜材料，这种膜材料的热稳定性较低，容易被淀粉细菌酶降解，能广泛运用于可生物降解的塑料袋领域。以改性淀粉制备改性 TPS 材料，其耐水性和力学性能均能得到有效改善，但淀粉改性时所用有机溶剂可能会增加产物提纯分离的难度，也会使 TPS 材料的制备成本相应增加。

2. 纤维素增强热塑性淀粉材料

纤维素是地球上最丰富的天然高分子有机物之一，与淀粉结构类似，可完全降解成对环境无害的小分子，且与一些材料尤其是极性基质材料相容性较好，因此可用作某些材料的增强剂，以便改善材料的性能。纤维素可直接与 TPS 材料共混，纤维素和淀粉的相互作用会导致淀粉运动能力的下降。将纤维素嵌入淀粉基质中，纤维素增强 TPS 复合物材料的模量和强度均增大，热稳定性提高，玻璃化转变温度升高，且耐老化性能良好。随着纤维素添加量的增加，纤维素增强 TPS 复合材料的拉伸强度随之增大，且在纤维素添加量达到 40%（质量分数）时，其拉伸强度是纯 TPS 的 3 倍。此外，随着纤维素中纤维长度的增加，复合物材料的增强效果更加明显。普通塑化剂添加量的增加会使 TPS 材料的降解率降低，而纤维素添加量的增加可有助于改善材料的降解率。

3. 蒙脱石增强热塑性淀粉材料

蒙脱石基纳米复合材料具有强度高、模量高、热稳定性强等优良特性。可将 TPS 材料和蒙脱石进行纳米级复合制备出性能优异的复合型 TPS 材料。此种复合材料需要大量的增塑剂来提高 TPS 的流动性，使其能够更好地进入硅酸盐层内。但是，过量的增塑剂会使材料的力学性能变差。将淀粉先增塑再与蒙脱石共混所制备的复合物材料较脆，而将淀粉与蒙脱石共混后再加入增塑剂所制备的复合物材料具有较好的力学性能。

4. 其他天然材料增强热塑性淀粉材料

其他天然材料，如海藻酸钠、酪蛋白酸钠、果胶等，均可使 TPS 材料的力学性能和耐水性得到有效改善，所制得的 TPS 材料可用于食品包装领域，其中果胶/淀粉/甘油（PSG）复合材料可充当洗涤剂和杀虫剂的外包装材料、药物胶囊外壳材料及调料的包装袋等。

5. 淀粉与可生物降解聚合物的复合材料

TPS 材料本身的力学性能和耐水性较差，改性 TPS 材料也会涉及一系列问题，如有机溶剂毒性强、难分离、成本高等，将淀粉与可生物降解聚合物共混可改善 TPS 材料的性能。此外，可生物降解的聚合物比传统塑料成本高，若将淀粉与可生物降解的聚合物共混，则可有效降低生产成本。目前已经商品化的聚酯/淀粉复合材料在市场上已取得了较大的成功。此部分内容在后面会详细介绍。

TPS 材料经改性后性能得到有效改善，材料成本、添加物分散性、相容性等问题还需进一步解决，故 TPS 材料还不能完全替代合成聚合物材料，尚有待开展系统的应用基础研究。为提高 TPS 材料的使用性能、降低生产成本，TPS 材料的应用基础研究主要有以下几方面：a. 研究开发新型增容剂使复合型 TPS 材料的相容性得到解决，提高材料性能；b. 开发新型的淀粉塑化剂，使 TPS 材料的综合性能得到改善；c. 开发新的生产工艺和加工技术，降低生产成本。

二、淀粉改性

天然淀粉亦具有易腐败、易老化、可溶性差、热稳定性差等缺陷，在工业上制备材料或其他化学品时，其应用受到了很大限制。近年来，越来越多的研究人员将淀粉进行改性，使淀粉具备一些特殊的性质，以拓展其应用范围。淀粉的改性主要为物理法改性和化学法改性[8]。

（一）物理法改性

淀粉的物理法改性是指通过热、机械力、物理场等物理作用对淀粉进行改性。物理改性的方法主要有电离放射线处理、热处理、球磨处理、挤压处理、微波处理、超声波处理等[9]。物理改性可明显改善天然淀粉的诸多物化性质，扩大淀粉基产品的应用范围。较化学改性方法相比，物理法改性的过程中未添加任何有害物质，因此此方法可用于制备安全可靠的淀粉食品添加剂。淀粉的物理法改性具有广阔的应用前景，同时各种现代高新技术的日益成熟也为淀粉的物理法改性提供了新的发展方向。

（二）化学法改性

淀粉分子上带有大量的羟基和糖苷键，是化学反应的活性中心。淀粉的化学法改性主要分为酸改性、氧化改性、糊精化、交联改性和酯化醚化改性[8]。

1. 酸改性

酸改性淀粉是在一定温度下将淀粉浆液置于无机酸环境中处理而制备得到的。酸改性法对 α-葡聚糖的水解有很强的调控作用，使淀粉的黏度降低，其特性黏度可降低为原淀粉的 20% 左右，因此酸改性淀粉又被称为"酸变稀"淀粉。酸改性淀粉流动性较好，且随着处理程度的加深流动性加大。目前，常见的酸处理方法有湿法、半干法和非水溶剂法。酸改性淀粉的分子量较低，且具有低黏度、可形成凝胶等特性，应用广泛，如在食品工业中用作软糖、淀粉果冻的添加剂，在造纸工业中纸张表面施淀粉胶后可提高其适印性等。

2. 氧化改性

氧化改性是目前改性淀粉工业中常用的方法之一，是将淀粉经一系列不同的氧化剂处理后形成变性淀粉。淀粉分子上的葡萄糖在氧化剂作用下，葡萄糖单元上 C6 位的伯羟基、C2 与 C3 位的仲羟基被氧化成醛基或羧基。醛基或羧基的存在使得氧化淀粉比原淀粉的黏合性大大提高，同时也阻止了分子中的氢键形成，从而使得氧化淀粉具有易糊化、凝沉性弱、成膜性好等优点。常用氧化剂有次氯酸钠、过氧化物、高锰酸钾等。氧化淀粉在食品工业中可用作低黏度增稠剂，也可在造纸工业中用作施胶剂和胶黏剂，大大改善纸张的印刷适印性，提高纸张强度和纸张生产效率。

3. 糊精化

在干燥的环境中，淀粉通过热转换可以获得 3 种类型的糊精，即白糊精、黄糊精和英国胶（British gum）。糊精黏度低、流动性好，在黏结剂领域用途广泛，如黏合剂、结合剂、色素增稠剂和包衣及包胶囊剂等。另外，糊精还可用作发酵培养的底物、水泥硬化延缓剂等。

4. 交联改性

交联改性是淀粉分子中 C2 位的羟基与多官能团交联剂发生反应，将不同的淀粉分子链交联起来得到改性淀粉。淀粉的羟基可与交联剂发生醚化或酯化反应，常用的交联剂有三氯氧磷、偏磷酸三钠、丙烯醛和环氧氯丙烷等，交联改性淀粉可应用于食品、医药、纺织、造纸等工业领域。

5. 酯化醚化改性

在淀粉的分子链上引入一些官能团，可以有效地降低糊化温度，并且赋予淀粉许多改性前不具有的性质。经酯化或醚化改性的淀粉被广泛用于食品、造纸、纺织、日化、医药等领域。常见的稳定取代的淀粉有醋酸酯淀粉、磷酸酯淀粉、辛基琥珀酸钠盐淀粉、羟丙基化淀粉醚等。

化学法改性是应用最广的方法，它从分子层面改变了淀粉的结构，从根本上改变了天然淀粉的性质，极大地扩宽了淀粉的应用范围。目前常见的改性淀粉多为低取代度改性物，越来越多的研究关注于高取代度改性淀粉和在淀粉上引入新的基团。

（三）改性淀粉的用途

天然淀粉在性质上存在很大缺陷，尚不能满足各种特殊应用的需要。改性淀粉在一定程度上弥补了天然淀粉水溶性差、乳化能力和胶凝能力低、稳定性不足等缺点，从而更广泛地应用于各种工业生产中。

1. 制革淀粉

制革淀粉是淀粉通过氧化作用后得到的双醛淀粉，是一种多醛基化合物，可以与皮革中蛋白质的胺基、亚胺基发生交联反应，因此可用来鞣革。此外，改性淀粉还可以作为制革产业中的填充剂和涂饰剂。酶降解的淀粉可与乙烯基类单体接枝聚合得到一种性能优异的改性淀粉复鞣剂，此种复鞣剂性能优异、成本低廉。聚氨酯等与淀粉进行接枝共聚得到的产品可用于合成革涂饰，能改善革的柔软性、透水汽性、手感、物理机械性能等。改性淀粉在鞣制方面的应用可以极大地减轻环境污染，其生物可降解性和环境友好性符合目前生态制革的发展需求。未来淀粉改性产物在制革工业中将发挥至关重要的作用。

2. 造纸淀粉

造纸淀粉及其改性产品广泛应用于造纸工业。淀粉是造纸工业消耗最大的产品之一，淀粉及其改性产品在造纸过程中的用量仅次于纤维素和矿物填料，全球的造纸工业每年大约需要 500 万吨淀粉。在造纸工业中，淀粉及其衍生物可用作造纸湿部的添加剂，起到增强、助滤、助留的作用，用于纸张表面施胶时能提高纸张表面强度和改善印刷性能，也可提高涂布加工纸的印刷效果等。

3. 淀粉改性絮凝剂

淀粉改性絮凝剂主要分为阳离子淀粉改性絮凝剂、阴离子淀粉改性絮凝剂、两性淀粉改性絮凝剂和淀粉接枝共聚絮凝剂。目前，我国在淀粉改性絮凝剂方面的研究已取得了较好的成果。淀粉改性絮凝剂的研究与开发主要着眼于其链节单元上的游离羟基，它的合成通常是通过淀粉上羟基的酯化、醚化和氧化等方法实现的[10]。

（1）阳离子淀粉改性絮凝剂 阳离子淀粉是由淀粉与阳离子试剂发生反应而制得的，阳离子淀粉改性絮凝剂可以与水中微粒起电荷中和及吸附架桥作用，使微粒脱稳、絮凝，有助于沉降和过滤脱水。因此，阳离子改性淀粉絮凝剂对白土、矿石、煤、纤维、污水的淤渣及淤泥悬浮液等带负电的悬浮物都有很好的絮凝作用，同时阳离子淀粉使用的pH范围宽、用量少。

（2）阴离子淀粉改性絮凝剂 阴离子淀粉主要采用酯化、交联等方法制得，阴离子改性淀粉絮凝剂在重金属废水处理、矿物浮选等方面有着广泛的应用。常见的阴离子型絮凝剂有淀粉磷酸酯、淀粉黄原酸酯等。淀粉磷酸酯是一类性能良好的阴离子型絮凝剂，可适用于污水处理、浮选矿、细煤粉回收等。淀粉黄原酸酯可用于电镀、采矿、黄铜冶炼等工业废水重金属离子的去除，如对镍、镉、铜、汞、铬等金属离子的脱除效果良好，且其使用条件宽松，用量也比较少。

（3）两性淀粉改性絮凝剂 两性淀粉改性絮凝剂是同时具有阳离子和阴离子特征基团的改性淀粉。可通过淀粉与阴、阳离子基团反应而制备，阴离子基团一般为羧基、膦酰基和磺酸基，阳离子基团一般为季铵盐基团。两性淀粉改性絮凝剂能同时发挥其不同基团的絮凝吸附作用，具备单一的阴离子或阳离子淀粉没有的性质。近年来，两性淀粉改性絮凝剂可用于阴、阳离子共存的体系，且抗酸、碱、盐性好，在染料废水脱色、污泥脱水、金属离子螯合剂等方面取得了较好的应用。

（4）淀粉接枝共聚絮凝剂 淀粉的接枝共聚物一般是通过引发剂或辐射引发进行自由基聚合反应合成得到的。目前研究最多的是淀粉接枝丙烯酰胺絮凝剂。除此之外，常见的接枝单体还有丙烯、甲基丙烯酸甲酯、丙烯酸酯、苯乙烯、丙烯酸、丁二烯等。常用的引发剂有过氧化物、偶氮化物等。淀粉接枝共聚絮凝剂有比其他絮凝剂更大的表面积，有独特的性能优势，可用于油田废水、印染污水、废纸脱墨废水、牛奶污水、造纸污水等处理中。

4. 医学用途

淀粉具有良好的溶胀性、溶解性、凝胶作用、流变性和被酶消化等特性，更重要的是具有良好的生物降解性和生物相容性。因此，淀粉及其改性产物在医疗卫生方面有很高的利用价值。为了改善淀粉的这些性能，要将淀粉进行官能团改性或用等离子体处理，也可以将淀粉改性后与其他材料共混。淀粉及其衍生物可用作药物缓释剂和组织工程支架。淀粉可以制备药物缓释剂，其分子上的羟基可用来携带药物，减缓药物的释放。淀粉通过物理、化学改性和与其他可降解高分子材料的复合，有望制备组织工程支架、医用的可降解纤维、整形修复材料等。

林业淀粉中的木薯淀粉亦是制备改性淀粉的良好原料，它展现了诸多优异的综合性能，各个行业内的专家分别开展了深入研究，开发了多种木薯淀粉基改性淀粉，广泛应用于食品、化妆品、化工、造纸、胶黏剂、纺织、高分子材料等行业。如低黏度的木薯酸解淀粉具有优良的逆转性及胶凝能力，广泛应用于胶质化糖果中，例如果冻和口香糖。木薯淀粉糊精可作为胶黏剂广泛应用于黏结瓦楞纸板胶合板、标签和信封等。低黏度木薯氧化淀粉可在造纸行业中作为表面施胶剂以提高纸张强度，还可改善其印刷和书写性。改性木薯淀粉在纺织工业中被用作上浆剂以硬化和保护纱线，并提高纺织效率；用作整理剂可改善布料的手感滑爽度；用作增色剂可获得清晰、耐磨的印花布料。木薯原淀粉和变性木薯淀粉还可用作药片生产的增量剂、黏结剂和崩解剂。

近年来，我国的淀粉改性技术迅速发展，新的变性淀粉产品不断涌现。两性淀粉和多元改性淀粉具有比单一改性产品更优越的使用性能，受到各行业的关注和青睐。改性淀粉今后的发展将趋于品种多样化、功能复合化[11-13]。

三、淀粉/聚酯复合材料

为确保体系的完全可降解性，选用完全生物可降解的聚酯与淀粉进行共混复合。自 Griffin 于 1973 年首次获得有关淀粉填充塑料的专利以来，淀粉基生物质降解材料受到广泛关注，并得到迅速发展。目前已开发了与聚乳酸（PLA）[14-16]、聚己内酯（PCL）[17,18]、聚酯丙烯酸酯（PEA）[19]、聚 β-羟丁酸酯（PHB）[20]、聚丁二酸丁二醇酯（PBS）[21] 等聚酯共混的多种完全生物可降解复合材料。但基于对粮食安全的考虑，各国纷纷颁布相关规定禁止以粮食为原料开展工业化项目，粮食短缺问题已经引起社会学家和科学工作者的共同关注，以非粮淀粉资源为原料的生物质高分子材料的开发已愈来愈受到重视。

1. 淀粉/聚己内酯复合材料

PCL 是近年来国内外研究较多的一种热塑性聚酯[22]。PCL 是一种部分结晶的脂肪族聚酯，其结构重复单元上的五个非极性亚甲基使得 PCL 具有优异的柔韧性和加工性，而且酯基的存在使其具有良好的生物相容性，特别是在许多微生物的作用下能完全生物降解。将其与淀粉复合不但可以明显改善淀粉基材料的疏水性和加工性等性能，而且可确保体系的完全可降解性。较早的研究是将淀粉和 PCL 直接共混，由于疏水性的 PCL 与亲水性的淀粉之间的界面结合力太弱，共混后淀粉在 PCL 中的分散性较差，制备的共混材料的性能亦相对较差。对共混双组分进行化学改性或添加适量的相容剂以增加其界面相容性，可制得性能优良的淀粉/PCL 复合材料[23]。

在制备热塑性淀粉（TPS）的复合材料时，如 TPS/PCL 复合材料多采用甘油作为淀粉的塑化剂，甘油在化学品市场上占据较大份额，广泛应用于食品、药品和保健品，甘油与其他塑化剂相比，价格低廉，产量较高，增塑效果优良[5]。采用甘油和水的混合物作为小麦淀粉的塑化剂制备出 TPS 后与 PCL 复合，制备出的复合材料在 PCL 含量较低的情况下，亦能明显改善 TPS 材料低弹性、高湿度灵敏性、高收缩性的弱点。Gáspár 等[24] 采用甘油作为塑化剂制备出 TPS 后与 PCL 复合，复合材料的力学性能并未得到提高，酶降解性能亦有所降低，但复合材料的疏水性能得到明显改善。采用山梨醇和甘油作为淀粉的塑化剂制备的 TPS 亦具有较高的疏水性。另外，木糖醇和甘露醇等多元醇对淀粉亦具有不同的增塑效果。另外，许多常见的糖类、酸酐类、胺类和酯类亦适合作为淀粉的塑化剂，如木糖、果糖、葡萄糖、乙醇胺等，对此许多学者作了相应研究。李守海等[6] 以林业淀粉橡实淀粉为原料制备了热塑性橡实淀粉（TPAS）/聚己内酯（PCL）二元复合材料。研究表明，与乙醇胺和三乙醇胺增塑复合体系相比，丙三醇增塑复合体系（GTPAS）的力学性能明显优越，TPAS 基复合材料的力学性能要优于热塑性橡实果仁基复合材料，橡实淀粉基复合材料的力学性能接近玉米淀粉基复合材料，复合材料的吸湿性大大影响材料的力学性能。

为增强淀粉与 PCL 的相容性，亦可对淀粉或 PCL 进行化学改性，以增强两相界面间的相容性，国内外工作者为此做了大量的研究[25]。目前应用于淀粉的改性手段主要有氧化、酯化、醚化、胺化、交联和接枝等。改性后的淀粉分子单元上的羟基为其他基团覆盖，减弱分子链间氢键的作用，与 PCL 的相容性可得到明显改善。将淀粉三醋酸酯（酯化度 DS＝3）溶于二氯甲烷中制成淀粉基材料的涂饰剂，可明显提高淀粉基材料的疏水性能，当基体中含有一定量的淀粉醋酸酯时，即使将其浸入水中也不会产生涂层与基体分离的现象。冀玲芳等[26] 采用增塑普通淀粉、增塑乙酰化淀粉与 PCL 进行熔融共混复合，制备出完全生物可降解的塑料。在增塑乙酰化淀粉/PCL 共混复合体系中，酯基的引入大大削弱了淀粉分子链间羟基的缔合，起到了类似"内增塑"作用，从而可使共混体系的断裂伸长率相对于常规 TPS/PCL 共混体系提高约 50%，乙酰化后淀粉的自由羟基数目减少，加之淀粉酯碳链本身的疏水特性，从而使得共混体系具有优异的疏水性能，淀粉乙酰化后共混体系的相容性及熔体流动性可得到明显改善，但其生物降解性会略微有所下降。

目前，用热塑性单体接枝淀粉改善复合体系相容性的技术已得到深入的研究。常见的热塑性单体主要有丙烯酸酯、丙烯腈、甲基丙烯酸酯、马来酸二乙酯等，此类接枝淀粉可直接与PCL进行共混复合，也可以作为相容剂来提高淀粉与聚乙烯等其他高聚物的相容性。但淀粉的接枝改性工艺比较复杂，生产成本偏高，而且有的接枝产物会使淀粉颗粒增大，不利于工业化生产。PCL的接枝共聚改性亦能改善与淀粉的相容性，增强两相间的相互作用力，制备出的复合材料的性能大大优于简单的机械共混材料。Kim 等[27]将甲基丙烯酸缩水甘油酯（GMA）与PCL反应制得PCL-g-GMA接枝共聚物，可作为淀粉与PCL共混复合材料的相容剂，接枝基团GMA上的环氧基可与淀粉和塑化剂的羟基形成醚键连接，从而使其具有优异的增强效果。Sugih 等[28]不但制备了PCL-g-GMA接枝共聚物，而且还将马来酸二乙酯（DEM）接枝到PCL上制得PCL-g-DEM接枝共聚物，研究发现采用制备的接枝共聚物作为淀粉/PCL复合体系的相容剂，能明显改善复合材料的力学性能。

淀粉-g-PCL可作为淀粉/PCL共混体系的相容剂，能较好地分散于共混体系中，降低两相的界面张力（图10-2-1），增强淀粉和PCL体系的界面黏结性[29]。采用 Sn（Oct）$_2$作为催化剂，淀粉与己内酯单体进行接枝共聚反应制备淀粉-g-PCL。也可采用离子液体1-烯丙基-3-甲基咪唑氯化物（[AMIM]Cl）作为反应介质，Sn(Oct)$_2$作为催化剂进行开环接枝聚合制备淀粉-g-PCL，接枝效率可达到24.42%。

另外，在淀粉/PCL共混体系中加入第三组分，如聚乙二醇（PEG）、乙烯-丙烯酸共聚物（EAA）、乙烯-醋酸乙烯酯（EVA）、聚乳酸（PLA）、蒙脱土等，可明显改善淀粉与PCL的相容性或其他一些性能，并制得适合各种用途的淀粉/PCL复合材料。

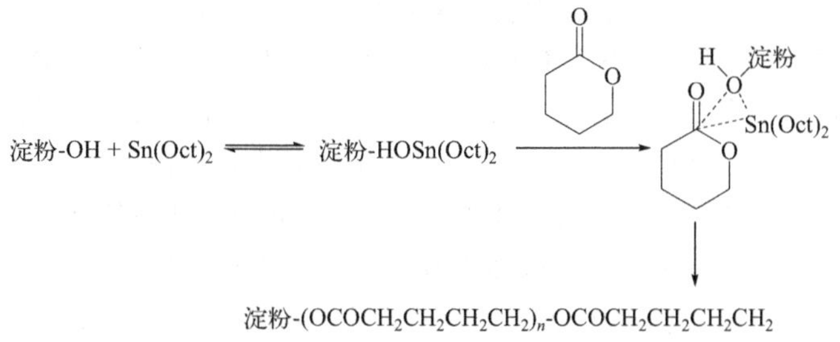

淀粉-OH + Sn(Oct)$_2$ ⇌ 淀粉-HOSn(Oct)$_2$ ⟶

淀粉-(OCOCH$_2$CH$_2$CH$_2$CH$_2$)$_n$-OCOCH$_2$CH$_2$CH$_2$CH$_2$

图 10-2-1　淀粉-g-PCL 共聚物的合成

2. 淀粉/聚乳酸复合材料

聚乳酸（PLA）是线性脂肪族热塑性聚酯，被认为是最具使用前景的脂肪族聚酯，已广泛用于医学领域如手术缝合线、骨科固定材料、药物缓释和组织培养等中[30]。聚乳酸亦是一种能部分结晶的聚合物，能与许多聚合物形成热力学相容或部分相容的共混体系。聚乳酸中单体乳酸主要来源于农业经济作物淀粉发酵的产物，聚乳酸具有良好的生物相容性，并可生物降解。但由于聚乳酸价格居高不下，故很难普及使用。将聚乳酸与淀粉进行共混后可保证体系具有良好的力学性能、疏水性能和生物可降解性能。与淀粉/PCL复合材料类似，较早的研究仍是将淀粉颗粒直接填充于 PLA 基体中以降低成本。但制得的复合材料的综合性能与纯 PLA 相比明显劣化。李守海等[1]制备的橡实淀粉/聚乳酸（PLA）复合材料与玉米淀粉基复合材料相比，具有更为优异的力学性能，复合材料的相容性也显著提高，这可能是由于橡实淀粉加工过程中游离出的单宁酸等组分提高了复合材料各组分之间的界面相容性。聚乳酸与淀粉共混体系中最主要的问题仍是疏水性的聚乳酸与亲水性的淀粉之间的界面结合力太弱，即两者相容性较差[31,32]。目前，改进淀粉/PLA复合材料相容性的方法通常是引入第三相以降低聚乳酸和淀粉之间的界面能，促进扩散并提高PLA和淀粉两相间的黏合力。

增塑剂的添加能够在一定程度上提高淀粉与聚乳酸分子链间的界面结合力，改善两者的相容性，不同增塑复合体系的材料具有不同的理化性能。Martin等[30]以甘油和水共同塑化后的TPS与PLA共混制得复合材料，随TPS含量的逐渐增加，PLA和TPS的玻璃化转变温度（T_g）逐渐相互靠近，表明两相之间存在一定的相容性；而采用纯淀粉填充PLA时，PLA的热性能几乎未受淀粉的影响。乙酰柠檬酸三乙酯（AC）、聚乙二醇（PEG）、柠檬酸三乙酯（TC）、聚丙二醇（PPG）和山梨醇等大分子增塑剂亦会对淀粉/PLA复合体系产生不同的影响[33]。诸多研究表明丙三醇的添加能有效降低淀粉与PLA之间的界面张力，提高两相的分散性和相容性。

某些相容剂能够在熔融共混过程中与淀粉或PLA发生反应，通过原位接枝或嵌段共聚等反应方式生成一些新的共聚物，可用来改善两相界面的相容性。所采用的制备工艺为共聚物的生成与共混同步完成的"一步法"。例如在共混过程中添加一定量的赖氨酸二异氰酸酯（LDI）、4,4-二苯基甲烷二异氰酸酯（MDI）或六亚甲基二异氰酸酯（HDI）能明显改善共混体系的相容性，这几种二异氰酸酯能在聚乳酸的羰基和淀粉分子的羟基之间产生化学键合，生成PLA和淀粉的接枝共聚物，显著增强两相间的结合力，提高复合材料的拉伸性能和耐水性能。

马来酸酐（MAH）作为一种常用的反应型相容剂，已广泛应用于玻璃纤维、滑石等极性填料填充非极性聚烯烃塑料的复合体系中，在挤出共混复合过程中，添加极其少量的MAH即可明显提高复合材料的力学性能。另外，采用丙二酸酐对PLA进行接枝改性后亦能提高共混物界面的黏合力并提高其力学性能。与淀粉/PCL复合材料类似，将PLA接枝丙烯酸酯、丙烯腈、甲基丙烯酸酯等单体后再与淀粉共混，共混体系的综合性能亦可得到明显改善。

在淀粉和PLA挤出共混过程中，添加一定量的环氧树脂亦可明显提高复合体系的力学性能，这是由于环氧树脂中含有比较活泼的环氧基团和羟基，在高温、高剪切力作用下可与淀粉的羟基及PLA的羧基发生反应，使共混物具有较高的内聚力，从而使得复合材料具有优异的力学性能[34]。另外，在制备淀粉/PLA共混材料时，采用偶联剂处理亦是重要的增容方法之一[35]，常用的偶联剂有硅烷类、钛酸酯类和铝酸酯类等几大类，偶联剂分子两端的亲水和亲油基团可分别同极性的淀粉和非极性的PLA产生良好的亲和性，在两者之间形成某种连接从而起到界面黏结作用。

3. 淀粉/PBS复合材料

聚丁二酸丁二醇酯（PBS）具有优良的生物可降解性能，主要用于生产包装瓶、薄膜、堆肥袋和快餐餐具等[36]。PBS具有优良的可加工性能，可在传统的塑料加工设备上生产膜、片和带等。PBS制品具有优良的耐热性，如一次性餐具，可盛装冷食和热食，而PLA一次性餐具只能盛装冷食。PBS的结晶度高达40%~60%，其生物降解速率较慢，断裂伸长率为300%左右，由此可见，PBS的韧性远优于PLA。通过共聚改性可降低PBS的结晶度，提高其生物降解速率和断裂伸长率。目前工业化生产PBS的单体（丁二酸和1,4-丁二醇）基本均来自石油产品。日本三菱化学和味之素公司现正开发一种生化工艺，以玉米淀粉为原料制取1,4-丁二酸，用完全源自可再生资源的单体生产PBS即将成为现实。

PBS与淀粉进行共混后亦能制得性能优异的复合材料。目前国内对淀粉/PBS复合材料的研究仍以增塑改性为主，与制备PCL/淀粉、PLA/淀粉复合材料的方法类似。马涛等[37]将PBS、乙酰化淀粉及增塑剂等其他加工助剂按一定比例混合后在开放式炼塑机中混炼制得的复合材料具有优异的力学性能和降解性能。李陶等[38]制备了 TPS 与 PBS 的复合材料，产品具有优异的力学性能和降解性能。

第二节　木质纤维基可降解材料

一、纤维素基复合材料

（一）纤维素内塑化材料

纤维素内塑化材料就是通过接枝或化学修饰引入柔性基团使其内部塑化，从而抑制或克服在材料加工和使用过程中的增塑剂迁移（流失）问题，提高材料的性能[39]。短链的改性纤维素酯或混合酯是最为常见的纤维素内塑化材料，如醋酸纤维素（CA）、醋酸丙酸纤维素（CAP）、醋酸丁酸纤维素（CAB）等已得到了广泛应用，如在薄膜、片材等领域中[40]。但现有商品化的纤维素酯类作为内塑化材料都有一个内在的缺点，即其热熔温度和分解温度相差较小，因而大多数情况下都要使用增塑剂来加宽其加工温度。到目前为止，已筛选出很多有效地用于纤维素酯类的增塑剂，如用于 CA 的柠檬酸三乙酯和适用于 CAP 的己二酸二辛酯等。然而，增塑剂在材料的加工和使用过程中容易出现渗漏或挥发，导致材料的性能发生改变。

通过接枝上不同类型的单体，可在保留纤维素或纤维素衍生物固有特性的基础上，赋予其可紫外光固化、温度敏感性等。作为一种重要的纤维素衍生物，醋酸纤维素被接枝上不同的长链大分子而具有内塑性。

1.纤维素接枝聚己内酯（PCL）共聚改性内塑化材料

内酯的开环接枝是较常用的方法之一，尤其对聚己内酯（PCL）接枝的研究最为活跃。PCL是一种部分结晶的脂肪族聚酯，其结构重复单元上的五个非极性亚甲基使得 PCL 具有很好的柔性和加工性，而且酯基的存在使其具有生物相容性，特别是在许多微生物的作用下能完全生物降解[41]。

PCL 与醋酸纤维素的接枝反应（图 10-2-2）最早见于 Daicel 化学公司的日本专利[42]，接枝了聚己内酯的纤维素醋酸酯的熔融温度降低，分解温度升高，从而使该材料具有较好的热稳定性、较宽的熔融温度范围以及良好的可成型性和透明性，可用于制造薄膜和片材等。该公司进一步把己内酯和丙交酯[43]共同接枝到二取代的纤维素醋酸酯或其类似衍生物上，得到了可生物降解和具有加工性能的纤维素材料。Natoco 涂料公司把己内酯接枝到部分取代的纤维素醋酸酯或纤维素醋酸丁酸酯上，再与甲硅烷基化合物反应，由此得到的材料具有良好的耐候性。Rhodia 公司用己内酯接枝纤维素醋酸酯，所得产物的熔点降低至 180℃，可直接用于熔融纺丝。

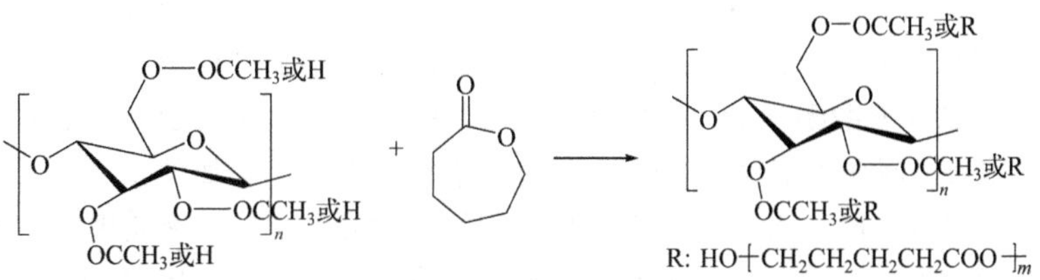

图 10-2-2　醋酸纤维素与己内酯的接枝反应

为了高效地得到所需性能的产物，使用合适的催化剂是一种常用的手段。Yoshioka[44]研究小组以辛酸锡为催化剂，在 10~30min 内得到 ε-己内酯和丙交酯与 CA 的嵌段接枝共聚物，通过高分辨率核磁共振谱发现，接枝侧链中己内酯与丙交酯选择性分布，所得产物浇铸成型得到透明模具。而后通过醋酸纤维素与己内酯、有机改性硅酸盐同时聚合对该接枝产品进一步功能化，产物可用于制备层状硅酸盐纳米复合材料。

由高聚物结构分析所得到的信息可作为高分子产品的设计、加工和应用的向导[45]。运用动态热机械分析发现 PCL 与纤维素衍生物的接枝数量对产物的玻璃化转变温度和次级转变温度有明显的影响，通过调节聚己内酯的接枝量可获得具有不同塑化性能的产品。

2. 纤维素接枝聚乳酸（PLA）共聚改性内塑化材料

聚乳酸（PLA）是一类重要的可生物降解材料，对人体无毒无害，可在体内及自然环境中逐渐降解，最终成为 CO_2 和 H_2O，已被用于食品防腐包装材料中。将 PLA 接枝到纤维素或其衍生物上近年已有报道，其接枝反应方程式见图 10-2-3。

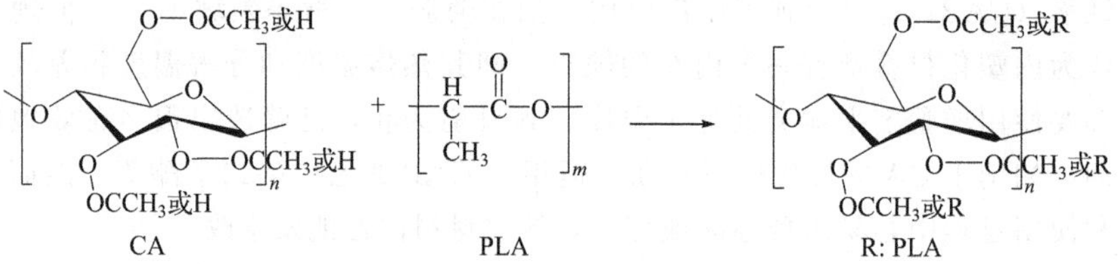

图 10-2-3　醋酸纤维素与聚乳酸的接枝反应

Toray 工业公司介绍了一种把乳酸接枝到纤维素醋酸酯上来制备热塑性纤维素醋酸酯内塑化材料的技术，但仍需另加少量增塑剂。Teramoto 等[46]研究了在二甲基亚砜体系中，通过共聚或开环共聚方法来制备 PLA 与二醋酸纤维素（CDA）的接枝共聚物，所得到的 CDA-g-PLA 的玻璃化转变温度（T_g）从原料 CDA 的 202℃降到 60℃左右，与 PLA 均聚物的 T_g（62℃）基本相当；接枝产物在 180~220℃下通过熔融成型所得的薄片，断裂伸长率为 55%，拉伸强度为 50MPa，杨氏模量为 84MPa。

3. 纤维素接枝聚乙二醇（PEG）改性内塑化材料

聚乙二醇（PEG）两端具有羟基，常作为制备柔性或塑化性优越的高分子材料的改性剂。同时，数均分子量（M_n）高达 20000 的聚乙二醇仍有较好的降解性能。用 PEG 改性醋酸纤维素主要集中于接枝工艺和应用研究。研究发现醋酸纤维素与 PEG 具有较高的光引发接枝能力，而 Cheng 等[47]则采用两阶段工艺研究了醋酸丙酸纤维素与聚乙二醇的接枝反应。PEG 相变熔高、热滞后效应低，作为固-液相变材料可用于能量贮存和温度控制领域，但在使用过程中须使用容器密封包装以防止液体泄漏，故其应用受到限制。而 PEG-g-CDA 接枝共聚物由于 CDA 作为骨架材料起到支撑和对 PEG 的束缚作用，该产物具有较高的相变熔和很好的热稳定性，在高于 PEG 相变温度时仍保持固态，是一种新型的固-固相变材料。用 PEG 改性醋酸纤维素早期采用较多的是甲苯-2,4-二异氰酸酯（TDI）作为交联剂，后来人们改用毒性相对较小的 1,6-己二异氰酸酯（HDI）作为中间介质把聚乙二醇接枝到二醋酸纤维素上，如图 10-2-4 所示。由于 HDI 分子中含有 6 个亚甲基链段，比 TDI 具有更好的柔性和耐光稳定性，因此用 HDI 作交联剂的产物色泽更浅，久置也不易变质，且比前者有更好的热稳定性。另外，PEG 衍生物聚乙二醇单甲醚与醋酸纤维素的接枝共聚内塑化材料也出现在相变材料的研究文献中。

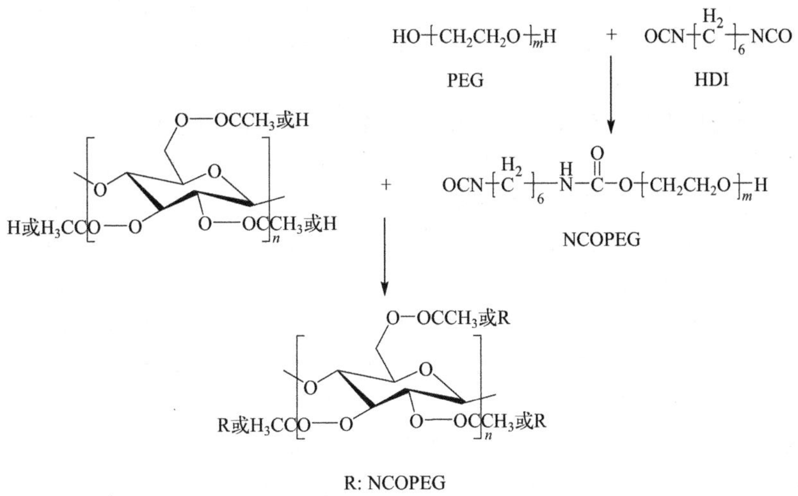

图 10-2-4　醋酸纤维素与聚乙二醇的接枝反应

4. 纤维素接枝长链脂肪酸改性内塑化材料

长链脂肪酸纤维素酯（碳数大于4）的加工温度低、机械强度高以及在非极性溶剂中的溶解性能优良，与疏水性聚合物有很好的相容性，而且在不需要增塑剂的情况下即能加工成型。同时，纤维素材料本身优良的可降解性和长链脂肪酯键的酶可依附性，有利于消除废弃用品对环境的污染，使其在生物降解塑料及其他高性能材料方面具有极大的应用前景。因此，采用酰氯、酸酐或脂肪酸等与纤维素反应，合成出较长碳链的脂肪酸纤维素酯也是一种较为可行的对纤维素进行内增塑改性的方法。

在传统的合成方法下，由于空间位阻和基团极性等原因，羧酸链长大于 C_5 时已很难进行纤维素酯化反应。这些长链脂肪酸酐与纤维素的反应速度缓慢，且在酰化过程中还存在纤维素的降解，多数文献主要集中在材料合成方法的改进上。根据反应介质的不同，这些方法可以分为多相法（异相法）和均相法（溶液法）两类。

（1）长链脂肪酸纤维素酯内塑化材料的多相法制备　长链脂肪酸纤维素酯最早的合成方法是在多相介质中完成的，它通过纤维素在吡啶存在下与酰氯反应制得（图 10-2-5）。

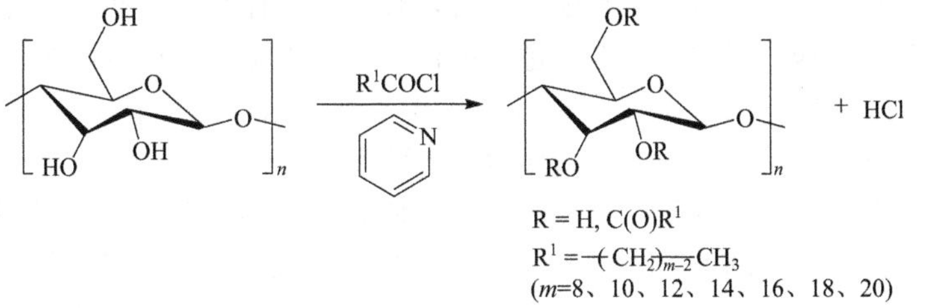

$R = H, C(O)R^1$
$R^1 = -(CH_2)_{m-2}CH_3$
(m=8、10、12、14、16、18、20)

图 10-2-5　吡啶-酰氯法合成长链纤维素脂肪酸酯

该方法中吡啶的作用在于中和酯化反应生成的副产物 HCl，推动反应向右进行，使反应程度更加完全，并可防止产物中纤维素主链发生酸降解。另外，三乙胺也可作为敷酸剂用于相同的目的。

在脂肪酸的衍生物中，酰氯的反应性能是最强的，对于反应性能较差的纤维素来说，酰氯往往是人们首选的酰化剂。然而，使用酰氯却明显存在下列缺陷：a. 酰氯成品需要另外制备，成本较高；b.酰氯的腐蚀性强、毒性大，并且非常容易因吸潮而失去活性；c.在纤维素的酰化过程中由于生成 HCl，很容易导致纤维素主链骨架的降解。鉴于此，许多研究者开始探索避免使用酰氯的合成方法。

采用脂肪酸加共反应剂的方法最早是由 Arni 等在 1961 年实现的。借助共反应剂与脂肪酸形成一种更具活性的反应中间体，它在形成的同时与纤维素发生反应，将长的支链接枝到纤维素的分子链上。他们采用的共反应剂为三氟乙酸酐（TFA）。1989 年，Shimizu 等人将甲苯磺酰氯（TsCl）作为共反应试剂在 DMF 分散介质中进行纤维素的酯化反应，当 TsCl 和脂肪酸与纤维素葡萄糖苷单元每个羟基的物质的量之比为 2：1 时，能取得最佳的反应效果。他们还通过 IR（红外光谱）和 ^{1}H-NMR（核磁共振氢谱）分析了酯化反应的机理，但没有给出 DS 的具体数据，只是 IR 光谱表明纤维素已被完全取代或接近全取代。而 2000 年，Jandura 等[48]又对吡啶存在下的甲苯磺酰氯（TsCl）和硬脂酸及其他长链酸生成混合酸酐的纤维素异相酯化进行了试验，结果却只得到 DS 在 0.1～1.0 范围内的长链纤维素酯。Vaca-Garcia 等[49]以硫酸为催化剂、乙酸酐为共反应剂研究了纤维素的酯化反应，但发现在此种条件下，很难对纤维素进行长链酯化，结果只能得到最大 DS 为 0.66 的纤维素辛酸酯。Matsumura 等把木浆纤维和 Lyocell 纤维与对甲苯磺酸/己酸酐在环己烷基的非溶胀介质中反应，产物在 155～170℃下可热压成薄片，并运用 X-射线衍射法和原子力显微镜法对制备的纤维素纳米复合材料进行了研究。这些较低取代度的长链纤维素酯不能用于制备透明的热塑性材料，但可作为表面改性纤维使用，或是与其他塑料结合用作不透明材料的改性剂。由这些文献报道可见，多相法存在反应不稳定和难以控制的缺陷。

为了提高反应效率，Tao 等[50]采用抽真空的办法将酯化反应中产生的 HCl 排除于反应系统之外，从而消除了 HCl 对反应及产物的不利影响，并避免了有毒溶剂的使用。但该反应体系对真空度的要求较高，反应温度的控制也比较严格。他们还考察了纤维素棕榈酸酯的合成，对取代度随反应时间、温度以及配料比的变化规律进行了研究，指出酯化反应速率是由化学反应控制而不受试剂在纤维素大分子结构中扩散的影响。除去反应中生成的小分子的另一种有效途径是向反应系统中鼓入惰性气体，实验室常用的为廉价氮气。氮气气流能带走酯化反应产生的 HCl，打破了反应平衡，进而提高了产物得率。Thiebaud 等[51]对这一途径作了系统研究，以正辛酰氯为样品，考察了氮气流速、反应温度、时间以及辛酰氯加入量对产物质量得率的影响，得到了优化的反应条件。在后续的研究报道中，他们对纤维素在酯化前后的结晶性能、热性能以及疏水性等进行了考察，结果显示酯化反应对于纤维素而言是一种解结晶过程，由于部分晶体结构遭到破坏，产物热塑性得到了加强。同时，其热稳定性和疏水性也获得了显著提高。尽管如此，进行非均相反应，纤维素原料须进行酸活化，由于位阻及极性问题，反应须消耗大量的酸酐或酰氯，且反应时间较长，反应过程中纤维素酯一般会发生降解，使得反应效率极低（DS=0.1～1.0），因此该方法更适用于纤维素的表面改性。

在纤维素长链脂肪酸酯的多相合成体系中采用催化剂也是加速反应的一种有效途径。Edgar 等采用 Ti 化合物为催化剂合成了纤维素酯，在分散体系如酰胺或尿素基稀释液中，纤维素与酰化试剂如酰氯、酸酐等反应，经过 Ti 化合物的催化作用，生成了一系列长链脂肪酸纤维素酯（见图 10-2-6）。该体系有明显的优点：不受原料限制，能够利用 α-纤维素含量少、分子量低的纤维素原料，可以制取高分子质量的纤维素酯，而且可以灵活控制产物的取代度。同时，该方法合成的产物具有无需后续的水解反应而能溶解在普通溶剂中或进行热加工，与短链的纤维素酯相比，这些部分取代的长链纤维素脂肪酸酯在不加增塑剂时也能获得较好的热塑性和机械性能，见表 10-2-1。

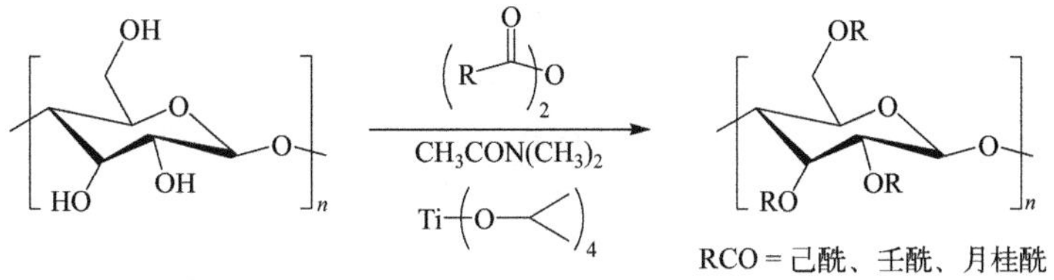

图 10-2-6　Ti/DMAc 法合成长链脂肪酸纤维素酯

RCO = 己酰、壬酰、月桂酰

表 10-2-1　长链纤维素酯与增塑后常规纤维素酯的热/机械性能比较

原料	取代度	增塑剂含量/%	黏度/(Pa·s)	玻璃化转变温度/℃	弯曲模量/MPa
纤维素醋酸酯	2.50	28	1702	107	2000
纤维素醋酸丙酸酯	2.60	20	934	125	1930
纤维素醋酸己酸酯	0.75	0	206	137	2120
纤维素醋酸壬酸酯	0.70	0	137	129	690
	1.35	0	7	110	

表 10-2-1 中数据已明确显示，通过选择合适的取代度及酯链基团，材料的弯曲模量与添加了增塑剂的短链纤维素酯基本相当。在相同温度下，长链脂肪酸纤维素酯材料的熔融黏度比短链取代的要低，而它们的弯曲模量基本相等。这表明内增塑作用是较为有效的，它能赋予长链纤维素酯较低的加工温度。此外，长链纤维素酯的主要性质，如长链纤维素酯的 T_g 和弯曲模量均与溶解性参数成线性关系。因而，在共聚物合成前，就可以对长链纤维素酯的基本结构和性质进行预测与设计。

（2）长链脂肪酸纤维素酯内塑化材料的均相法制备　1981 年，Turbak 和 McCormick 几乎同时申请了纤维素溶解在 DMAc/LiCl 体系中的专利，进而激发了针对离子溶液的各种学术研究。由于其良好的贮存稳定性和溶解能力，离子溶液可以作为一种很好的纤维素纺丝和成膜溶剂，同时也为均相合成纤维素衍生物提供了可能。由于反应在均相反应条件下进行，可直接得到所需取代度（DS）的纤维素酯，且产物无需进一步做水解处理就能进行溶解和加工。自 1987 年 McCormick 等利用 LiCl/DMAc 溶剂体系制备了纤维素脂肪酸酯以来，纤维素在此体系中表现出较为宽泛的反应性，并已合成出一系列酯类衍生物，但长链纤维素酯的合成则相对困难，许多研究者试图采取不同的合成途径来解决问题（见图 10-2-7）。

二环己基碳二亚胺（DCC）在蛋白质化学改性中经常作为胺类化合物和羧酸的偶合剂，但在聚合物改性中并不为人们所常用。Samaranayake 和 Glasser 尝试把它作为合成长链纤维素脂肪酸酯的共反应剂。在 DCC/4-吡咯烷吡啶（PP）体系中，DCC 能将羧酸转化为羧酸酐，PP 则将生成的酸酐转化为更具反应活性的物质，该物质与醇羟基反应得到酯化产物。该体系的突出优点在于避免了使用诸如吡啶、三乙胺等高挥发性稀释剂，而且酯化反应在中性条件下进行，避免了硫酸、甲基苯磺酸等酸性催化剂的使用。

Morooka 等[52]采用三氟乙酸酐和羧酸在 LiCl/DMAc 体系中生成混合酸酐来制备长链纤维素脂肪酸酯内塑化材料，反应条件较为温和，但没有提供 DS 数据。Vala-Garcia 等于 1998 年使用乙酸酐作为共反应剂在纤维素的 LiCl/DMAc 溶液中制备纤维素高级脂肪酸和醋酸的混合酯，并用 ^{1}H-NMR 和 MS 验证了反应机理。在此反应体系中，这些方法几乎能得到所有取代度的纤维素长链烷基酯（LCCEs），且纤维素主链仅发生极少量的降解。

由于采用传统的加热方式，且酯化过程中随着纤维素分子中非极性长链烷基的引入改变了

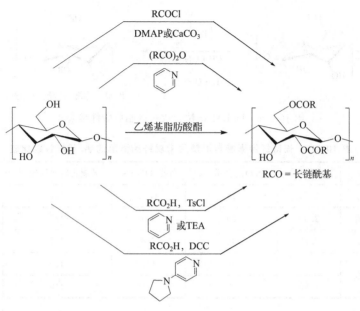

图 10-2-7　均相法合成长链纤维素脂肪酸酯

原纤维素在 LiCl/DMAc 中的溶解性，部分纤维素酯化产物从溶液中析出，反应体系在后期变为非均相体系，致使反应需要较长时间。Krausz 课题组的 Stagé 等[53]采用微波辐射使反应时间从几个小时、几十分钟缩短到 1min，他们考察了酰化剂、催化剂用量对产物 DS 的影响，系统研究了纤维素月桂酸酯的机械性能、热性质等与 DS 的关系，并在此基础上确定了最佳的工艺条件，得到了具有生物降解性能的塑料膜。结果表明当产物的 DS＝1.9 时，其机械性能最优，但与通常的聚乙烯膜包装材料的性能相比仍有很大差距。Joly 等[54]则在此基础上把催化剂改为无毒的无机盐类 CaCO₃、Na₂CO₃，结果获得与有机催化剂同样的催化效果，并且由于它们与酯化副产物 HCl 生成的是盐、水和二氧化碳，很容易在产物纯化过程中除去，简化了工艺。另外，他们还改进了纤维素酯的提纯方法，由运用传统的有机溶剂如甲醇、氯仿分别通过连续的沉淀、溶解过程来提纯产物，改为使用 0.4mol/L 的 NaHCO₃ 水溶液沉淀、洗涤一次，再用热水冲洗两次的方法来完成，获得同样的效果。

充分利用天然原料或废弃物也是纤维素内塑化材料的研究方向之一。Wang 等[55]采用天然大豆油作为酰化剂的来源，合成出了 DS 为 0.8、1.7 和 2.7 的纤维素高级脂肪酸酯，并通过挤出工艺获得纤维素内塑化薄膜材料，其拉伸强度随着 DS 的增大从 2.0MPa 减小为 0.8MPa，而断裂伸长率则从 6.9％增大为 17.2％。在 Joly 等[54]的实验中利用锯屑合成出了不同取代度的纤维素月桂酸酯，该材料的最大断裂伸长率与低密度聚乙烯相当。而 Memmi 等[56]则以农业废弃物为原料，对其进行酸解或碱化处理后再用脂肪酸酰氯酯化，最后得到可应用的纤维素内塑化材料。

（二）可降解聚酯与纤维素的复合材料

将纤维素及其衍生物与其他可生物降解的天然高分子材料共混是得到纤维素基可降解复合材料的有效途径。其中，最为常见的材料是细菌脂肪族聚酯，其合成方法是利用细菌将糖类等生物质原料进行生物转化，合成类脂肪族聚酯包括聚羟基丁酸酯（PHB）、聚羟基丁酸酯-co-戊酸酯（PHBV）、聚四亚甲基戊二酸酯（PTG）、聚四亚甲基琥珀酸酯（PTS）等，这些聚酯大多与纤维素衍生物的相容性较好，是很有希望的共混改性材料。

聚羟基丁酸酯（PHB）与醋酸丙酸纤维素（CAP）、醋酸丁酸纤维素（CAB）通过熔化混合方式可制备透明、稳定、均质的复合膜材料，共混物的玻璃化温度（T_g）随着聚酯成分的增加而有规律地下降，表明混合物中的两相是完全混溶的。除了 T_g 具有较强的组分依赖性外，共混物在较低的温度下还观察到了与低 T_g 组分活动化相关的松弛作用。X 射线衍射分析证明了纤维素酯和聚酯的非晶部分排列在聚酯的结晶层间。当共混物中 CAB 含量增加时，PHB 的结晶度和熔融温度降低，可同时改善其硬度与韧性，材料的断裂伸长率从 2.2% 增加到 7.3%。当纤维素衍生物的分子量较小时，共混物中的聚酯所表现出来的次级松弛温度基本与其纯物质一样，而采用较大分子量的纤维素衍生物与聚酯共混时，聚酯的次级松弛温度反而降低了，这种混合物在单向拉伸时表现出了低模量与高韧性[57,58]。

Buchanan 等对 CAP 与合成脂肪族聚酯混合物的结构和性能进行了研究，核磁共振碳谱（^{13}C-NMR）和凝胶渗透色谱法（GPC）的结果显示纤维素酯与合成聚酯在热共混过程中没有发生酯交换作用，其分子量及分布无明显变化。聚四亚甲基戊二酸酯（PTG）和聚四亚甲基琥珀酸酯（PTS）在 10%~40% 范围内与 CAP 热混合后，与相应的 CAP 和小分子增塑剂混合物相比具有明显较高的抗张强度、弯曲模量和较大的硬度值。

通过堆肥制作及评估包括不同取代度的纤维素酯与合成脂肪族聚酯混合物的生物降解性。在不同时间间隔内从堆肥中取样，进行 GPC、扫描电镜（SEM）和核磁共振碳谱（^{13}C-NMR）分析并测定其重量损失，结果表明高取代度的纤维素酯化物与聚酯的混溶性良好，但降解很少，而低取代度的纤维素酯化物与聚酯虽都降解，但相容性不足，这说明取代度是影响纤维素基复合材料综合性能的重要因素。

二、植物纤维基复合材料

天然植物纤维/热塑性树脂复合材料是将植物纤维和塑料有机结合，兼顾了植物纤维和塑料的双重特性，具有优良的物理性能和化学稳定性，也具有热塑性塑料的加工性，容易成型，可用一般的塑料加工工艺进行成型加工。天然植物纤维包括木粉、稻糠、秸秆和蔗渣等种类，它们的主要化学成分是纤维素、半纤维素和木质素，其中纤维素分子链刚性和极性都很大，且高度结晶并取向，能赋予复合材料较高的模量、拉伸强度和弯曲强度。这类填料成本低廉，填充到塑料基体中既可改善其性能又可降低其成本[59]。

天然植物纤维/热塑性树脂复合材料按树脂基体降解性能的不同可分为非降解的木塑复合材料和完全生物可降解天然植物纤维/聚酯复合材料。

1. 木塑复合材料（WPS）

目前工业上最常见的天然植物纤维/热塑性树脂复合材料是木塑复合材料。木塑复合材料是以木质纤维素为主要原料，与热塑性塑料通过不同加工方法制成的复合材料。木质纤维素部分最初选用木材，现在多为木粉、稻壳、秸秆等天然植物纤维，起着填充和增强作用。而常规木塑复合材料的热塑性基体材料则多选用热塑性的聚乙烯（PE）、聚丙烯（PP）等聚烯烃树脂和聚氯乙烯（PVC）、聚苯乙烯（PS）等树脂，用其制备的复合材料具有优良的力学强度、尺寸稳定性和耐候性，是优良的建筑材料，非常适用于制作园林景观，但其较低的生物可降解性大大限制了其进一步拓展应用。

无论选用何种基体树脂，木塑复合材料中植物纤维由于含有大量的极性羟基和酚羟基官能团而具有较强的亲水性，它与木塑复合材料中具有疏水性的非极性基体树脂相容性较差，界面黏结力较弱。对木塑复合材料的研究热点主要集中于提高植物纤维和聚合物树脂之间的界面黏结性能，改善两者之间的相容性，如添加适量的相容剂、偶联剂或植物纤维表面改性剂等。采用酰氯、酸酐等酰基化试剂处理木质填料后，木质填料表面强极性的羟基可与酰基化试剂反应生成极性较弱的酯基，复合材料两相之间的界面相容性可得到一定改善。

塑料基体在复合材料中起到黏结填料和传递应力的作用，其性质对复合材料的性能起着决定性作用。以聚乙烯（PE）、聚丙烯（PP）、聚氯乙烯（PVC）等塑料为基体的木塑复合材料在市场中占据着较大份额。此类复合材料耐用、寿命长，有类似木质外观，比纯塑料硬度高；比木材稳定性好，不会产生裂缝、翘曲，无木材节疤、斜纹；不怕虫蛀，耐老化，耐腐蚀，吸水性小；有类似于木材的加工性能，可锯、可刨、可粘接、可涂漆、可用钉子或螺栓连接固定，产品规格外形可根据用户要求调整，灵活性大，产品废料能重复使用或回收再利用。

偶联剂分子中的亲水基团可与木粉表面产生相互作用，亲油基团可与树脂产生相互作用，从而增强木粉和聚烯烃类树脂的相容性。偶联剂对木塑复合材料的改性效果与其添加量有很大关系，当偶联剂在木粉表面形成均匀的单分子层时对复合材料的增容改性效果最好。偶联剂用量过少，不足以覆盖所有填料表面，不能充分改善两相的界面相容性；偶联剂用量过多，则会造成多余的偶联剂富集在两相界面，削弱两相间的黏合强度。

提高木塑复合材料相容性的主要方法就是添加一定量的相容剂，应用于木塑复合材料的相容剂主要是带有酸酐基团和羧基的高分子树脂。此类相容剂主要有两类：极性单体和非极性烯烃单体形成的二元或三元共聚物，如乙烯-醋酸乙烯共聚物（EVA）、乙烯-丙烯酸酯共聚物（EAA）等；接枝了极性单体的热塑性弹性体或聚烯烃的接枝共聚物，如聚乙烯接枝马来酸酐共聚物、聚丙烯接枝马来酸酐共聚物等。相容剂所带酸酐基团和羧基能与木粉表面的羟基发生反应，而其非极性或弱极性的高分子链能与树脂较好地相容，从而增加木塑间的相容性。相容剂的添加量存在一个最佳值，添加量过低不能充分发挥其相容作用，添加量过高则由于相容剂本身的力学性能较差会造成复合材料的力学性能降低。相容剂最佳添加量与相容剂种类、基体材料、填料种类及其粒径和形态等因素有关。

2. 完全生物可降解天然植物纤维/聚酯复合材料

完全生物可降解天然植物纤维/聚酯复合材料是将天然植物纤维与完全生物可降解的聚酯进行共混复合，其中聚乳酸（PLA）是最常见的可降解基体树脂。在天然植物纤维与聚乳酸制备的生物质复合材料中，采用的天然植物纤维材料主要有麻蕉、黄麻、大麻、亚麻、剑麻等麻类材料及木材、竹材等[60,61]。将 PLA 或 PBS 与可再生的天然植物纤维复合后可制备出性价比高、环境友好的复合材料，是拓宽和提升原材料应用价值及领域的重要研究方向之一。

Oksman 等研究了用亚麻纤维与 PLA 制备复合材料的可行性，并用双螺杆挤出法制备了亚麻纤维含量分别为 30% 和 40% 的复合材料，与聚丙烯/亚麻纤维复合材料相比，PLA/亚麻纤维复合材料易于挤出和注塑加工，且具有优异的力学性能，其拉伸强度分别达到 53MPa（30% Flax）、44MPa（40% Flax），且加入 5% ～15% 的增塑剂（如醋酸甘油酯、三醋酸甘油酯）时，材料的力学性能无任何增强，反而存在一定程度上的减弱，此种复合材料可应用于制造汽车面板。

Zini 等对层压法与共混捏合法 2 种方法制备的亚麻/聚乳酸复合材料进行研究，结果表明层压法制备的复合材料具有更高的力学性能。Lee 采用熔融捏合-热压方法制备出竹纤维/PLA 和竹纤维/PBS 复合材料，复合材料的拉伸强度均随竹纤维含量的增加而下降。Lee 等在马来酸酐酯化竹纤维对竹纤维/PLA 复合材料的吸水性研究的基础上，对其复合材料的热流变和结晶行为进行了研究。马来酸酐酯化竹纤维对复合材料的熔点及结晶温度有一定影响，复合材料中 PLA 的晶核尺寸随着马来酸酐酯化竹纤维的加入而逐渐变小。Finkenstadt 等以 PLA 为基体材料、制糖用甜菜渣（SBP）为填充物，采用双螺杆共混复合加工的方法制备了 SBP/PLA 复合材料，该复合材料的力学性能高于 Nicolais-Narkis 修正方程的预测值，这表明糖用甜菜渣与基体 PLA 两相之间存在一定的界面黏结性，PLA/SBP 复合材料具有一般聚酯类塑料的特性，可作为 PLA 廉价的替代品。Finkenstadt 又采用甘油、山梨醇作为糖用甜菜渣的增塑剂，在 SBP/PLA 比值为 30/70 的复合体系中，增塑剂添加量为糖用甜菜渣质量的 25％时，复合材料的拉伸强度略微降低，而断裂伸长率则有所提高，且甘油比山梨醇更适合作为体系的增塑剂，当复合材料中添加相当于甜菜渣质量 40％的甘油时，SBP 与 PLA 形成较好的相容体系，该材料可用于制造包装箱、容器和轻型建筑材料。

Graupner 等采用模压法制备棉纤维与聚乳酸复合材料，以木质素作为棉纤维与聚乳酸复合材料的黏合增强剂，与纯 PLA 相比，其拉伸性能提高 9％、弹性模量提高 19％、抗冲击性能则降低约 17％，接近洋麻纤维增强聚乳酸复合材料的拉伸性能。Graupner 等还采用洋麻、大麻、棉花和 lyocell（莱赛尔）纤维与聚乳酸纤维经分梳辊混合纺织后，用多层叠加的层压方法经热压成型制得多层复合材料，并研究了不同纤维组分和配比对复合材料性能的影响，发现洋麻和大麻纤维复合材料的拉伸强度与弹性模量较高，而棉纤维复合材料的抗冲击性能较为优异。Ochi 采用模压法制备了洋麻纤维单向增强聚乳酸复合材料，随洋麻纤维含量的提高，复合材料的力学性能逐渐提高，70％纤维含量的复合材料的拉伸强度高达 233MPa、挠曲强度高达 254MPa，与纯 PLA 相比性能均大幅提升。该复合材料也具有优异的降解性能，经 4 周堆肥降解后其失重率达 38％。

Takatani 等采用醋酸纤维素、丙酸纤维素、丁酸纤维素、戊酸纤维素、己酸纤维素、月桂酸纤维素等多种纤维素酯作为相容剂，采用亨舍尔混合机在 180℃、1500r/min 条件下制备了木粉/PLA 复合材料，采用醋酸纤维素（DS=2.4）作为体系的相容剂时，添加量为 6％（木粉/PLA=80/20）最有利于提高体系的静曲强度和弹性模量。Petinakis 等采用 MDI 作为木粉/聚乳酸复合材料的相容剂，MDI 添加量为木粉添加量的 1％时有助于提高复合体系的拉伸强度、抗冲击强度和弹性模量，SEM 和电子探针分析表明 MDI 的加入改善了木粉和聚乳酸的界面相容性。Nyambo 等[62]利用聚乳酸接枝马来酸酐共聚物（PLA-g-MAH）对 PLA/小麦秸秆共混体系进行增容研究，发现 PLA-g-MAH 能很好地改善复合材料的界面相容性，增容复合材料的拉伸强度和弯曲强度分别提升了近 20％和 14％。Liu 等[63]利用有机蒙脱土（OMMT）对 PLA/WF 复合材料进行插层改性，结果发现利用 0.5％质量分数的 OMMT 对共混体系进行改性后，材料的耐水性和力学强度都有了较明显的提高；OMMT 的添加量过高时，容易发生团聚，对材料的强度不利。Qiang 等[64]利用 PHA 对 PLA/WF（木质纤维）复合材料进行增韧研究，通过添加 PHA 后，共混体系的拉伸强度降低，但是抗冲击强度有明显的提升。当 WF 含量为 15％～35％时材料的韧性提高幅度较大，SEM 结果显示体系由脆性断裂向韧性断裂转变，但是 PHA 在热稳定性上对体系有一定的影响。Woothikanokkhan 等[65]以过氧化氢为引发剂制备了聚乳酸接枝马来淀粉（PLA-g-MTPS）接枝物用以增容 PLA/TPS 复合材料，结果表明接枝物能有效地提高复合材料的力学性能和加工性能，尤其是当 TPS 的含量较高时其增容现象更加明显。赵楠等[66]利用熔融接枝法制备了 PBS-g-GMA 接枝物用于增容 PLA/PBS 复合材料，发现当 PBS/BPO（过氧化苯甲酰）/GMA（甲基丙烯酸缩水甘油酯）的质量比为 100/0.5/6 时，接枝物的接枝率可达 2.81％。将接枝物添加到 PLA/PBS 复合材料中，发现与未增容的共混物相比，材料的断裂伸长率从 8.6％提升至 64％左右，材料的模量从 2.44GPa 降低至 2.18GPa，PBS-g-GMA 能较好地改善共混物的相容性。周庭等[67]通过往 PLA/PBS 共混体系中添加过氧化二异丙苯（DCP）和过氧化苯甲酰（BPO）引发剂进行反应增容，结果发现加入引发剂后共混体系相结构均匀细化，未加入引发剂时共混体系的结构呈现海岛现象，加入引发剂后材料转变为连续相结构，共混体系的相容性得到了改善。

利用螺杆挤出机对聚合物的挤出加工过程，完成物料输送、熔融混合、熔体加压、高温反应、副产物的排除、熔体的输送和挤出成型等系列单元操作，是一种理想高效的利用聚合物熔体进行熔融反应加工的方法。Choi 等[68]通过熔融接枝法将丙烯酸-聚乙二醇酯（PEGA）接枝到 PLA 骨架上用于改善 PLA 的韧性。核磁共振和红外测试表明 PEGA 在 PLA 上的成功接枝；DSC 测试显示 PLA 在改性后玻璃化转变温度降低了近 20℃，材料的杨氏模量也发生较大幅度的降低，但是材料的断裂伸长率从 4.7% 提高至 17.9%，提高了近 380%。PEGA 由于具备较长的分子链段，在 PLA 分子链接枝后可对 PLA 骨架产生内增塑的作用，从而提高了材料的塑性。Hassouna 等[69]利用马来酸酐-聚乳酸与柠檬酸三丁酯增塑剂进行熔融接枝得到的接枝物的塑性有非常明显的提升，PLA 的玻璃化转变温度出现剧烈的下降。材料在经 6 个月的降解后没有出现相分离现象。Corre 等[70]对 PLA 进行熔融环氧化扩链，利用 PLA 端点处的羟基与环氧基进行开环，从而对改性后 PLA 的加工剪切黏度进行提高。结果发现随着 PLA 扩链程度的提高，PLA 熔体的剪切黏度增大。

小分子化合物对生物质原料改性的方法有偶联剂改性、酯化改性、醚化改性等。常用的偶联剂种类主要有硅烷偶联剂、铝酸酯偶联剂、钛酸酯偶联剂、异氰酸酯偶联剂及复合偶联剂。不论何种偶联剂，基本作用原理都是通过其分子上两种性质的基团分别亲和两相原本不相容或难相容的物质，从而在两相之间架起相互作用的桥梁。硅烷偶联剂增容天然纤维基热塑性复合材料的研究较多[71,72]。Duan 等[73]对 PLA 用偶联剂乙烯基三甲氧基硅烷（VTMS）进行溶液法自由基接枝得到偶联化改性的 PLA，用 γ-缩水甘油醚氧基丙基三乙氧基硅烷（GPTMS）表面处理废皮纤维，然后用改性 PLA 和改性废皮纤维通过溶液共混法制备复合材料，该复合材料界面结合力获得改善，力学性能提高显著。这个改性方法是对复合材料中 PLA 的整体改性，改性 PLA 当作主体聚合物与废皮纤维复合，而不是用作增容添加剂。Kang 等[74]使用 γ-胺丙基三乙氧基硅烷分别处理竹纤维和碱处理竹纤维，然后将改性竹纤维与 PLA 熔融共混，两种方法改性的竹纤维都能使复合材料的力学强度明显提升，PLA 与竹纤维的界面相容性显著改善。

对生物质原料进行表面接枝聚合物改性可以较为有效地提高聚合物与生物质原料的相容性[75,76]。接枝的方法主要有三种[77]：a.“接枝到……”法，预先制备含有活性官能团的聚合物，直接与生物质原料上的羟基、胺基或改性后的活性官能团反应，实现直接接枝；b.“从……接枝”法，从生物质原料上的活性位点或引入的新位点出发，引发单体聚合，实现接枝；c.“通过……接枝”法，将生物质原料作为大分子单体使用，与小分子单体共聚从而实现接枝。Lönnberg 等[78]使用 ε-己内酯在微纤纤维素上接枝了 PCL 链段，然后用改性微纤纤维素片材与 PCL 片材制备层压复合材料，发现这种双层层压材料的界面强度和剥离能随着 PCL 的接枝链段长度的增加而增大，显示出界面层相容性的提高。铈的硝酸盐或硫酸盐可氧化纤维素等生物质原料上呈还原性的羟基，在羟基上原位生成活性自由基，引发乙烯基单体在生物质原料表面的接枝聚合。Deng 等[79]以硝酸铈铵（CAN）与微晶纤维素（MCC）为氧化还原体系制备 MCC 接枝聚甲基丙烯酸甲酯（MCC-g-PMMA），将其和天然橡胶复合。与未改性的 MCC 相比，MCC-g-PMMA 增强的天然橡胶在拉伸强度、断裂伸长率和撕裂强度等方面均有一定程度的提高。依据相同的原理，不同的接枝单体（如苯乙烯、丙烯腈、甲基丙烯酸酯等）都可实现对纤维素、淀粉、木粉等生物质原料的接枝共聚改性。

通过使用柔韧性的聚合物与之共混，可以较为方便地改善 PLA/生物质基复合材料的柔韧性。Afrifah 等[80]使用乙烯-丙烯酸酯共聚物（EAC）增韧 PLA/木粉复合材料，当木粉用量在 10%（质量分数）时，复合材料具有最佳的韧度。Taib 等[81]使用 EAC 抗冲改性剂增韧 PLA/洋麻纤维复合材料，研究表明，随着 EAC 用量的增加，复合材料的拉伸强度和拉伸模量都呈现下降趋势，而断裂伸长率和缺口冲击强度都呈增大趋势。Qiang 等[82]使用线性低密度聚乙烯

（LLDPE）对 PLA/木粉复合材料直接共混增韧改性，LLDPE 的添加能提高复合材料的断裂伸长率，但复合材料的拉伸强度明显下降。Liu 等[83]使用聚乙二醇（PEG）和二苯基甲烷二异氰酸酯（MDI）反应共混增韧 PLA，使 PLA 在共混时与柔性聚合物 PEG 发生扩链反应，增韧效果良好。Wang 等[84]利用过氧化苯甲酰和叔丁基过氧化苯甲酸酯作为引发剂通过熔融接枝制备了 PLA-g-GMA，并利用其对 PLA/竹粉材料进行了增容研究，元素分析和红外光谱的测试都证明了 GMA 在 PLA 上的成功接枝。李冰等[85]使用乙烯-醋酸乙烯共聚物（EVA）、乙烯-辛烯共聚物接枝马来酸酐（POE-g-MAH）和乙烯-辛烯共聚物接枝甲基丙烯酸缩水甘油酯（POE-g-GMA）几种增韧剂对 PLA/木粉复合材料进行改性，结果表明，使用前两种增韧剂对 PLA/木粉复合材料的增韧效果不明显，而使用 POE-g-GMA 增韧的效果较好，当 PLA/WF/POE-g-GMA 的质量比为 80/20/20 时，缺口冲击强度约 9kJ/m²，比未加增韧剂的复合材料的缺口冲击强度提升超过两倍。

另外，PBS 基植物纤维复合材料在可降解木塑复合材料领域仍占有一定市场，与聚乳酸基木塑复合材料类似，PBS 基复合材料的填料仍然以麻类为主，许多相关的科研机构为此开展了深入的研究。再者，采用林业果壳纤维与聚酯进行共混复合可制备得到一类新型的完全生物可降解天然植物纤维/聚酯复合材料，材料具有优异的力学性能和疏水性，并可实现果壳的全质化利用，大大提高林业复合材料产品的附加值。

参考文献

[1] Giordano G G, Chevezbarrios P, Refojo M F, et al. Biodegradation and tissue reaction to intravitreous biodegradable poly (D, L-lactic-co-glycolic) acid microspheres. Current Eye Research, 2016, 14 (9): 761-768.

[2] Koning G J M D, Bilsen H M M V, Lemstra P J, et al. A biodegradable rubber by crosslinking poly (hydroxyalkanoate) from Pseudomonas oleovorans. Polymer, 2017, 35 (10): 2090-2097.

[3] Watson B M, Kasper F K, Engel P S, et al. Synthesis and characterization of injectable, biodegradable, phosphate-containing, chemically cross-Linkable, thermoresponsive macromers for bone tissue engineering. Biomacromolecules, 2016, 15 (5): 1788-1796.

[4] 杨晋辉, 于九皋, 马骁飞. 热塑性淀粉的制备, 性质及应用研究进展. 高分子通报, 2006 (11): 78-84.

[5] 石锐, 丁涛, 刘全勇, 等. 甘油含量对热塑性淀粉结构及性能的影响. 塑料, 2006, 35 (1): 44-49.

[6] 李守海. 橡实基复合高分子材料的制备与性能研究. 北京: 中国林业科学研究院, 2011.

[7] 杨丽英, Sriroth K. 增塑剂对淀粉/聚己内酯基共混合物的物理性能和生物降解能力的影响. 大连工业大学学报, 2002, 21 (2): 89-95.

[8] 龚彦铭, 王慧桂, 但卫华, 等. 改性淀粉的研究现状与进展. 中国皮革, 2009 (5): 46-49, 53.

[9] 赵丹, 陈宁, 孙明明, 等. 物理改性淀粉的研究进展. 广州化工, 2015 (4): 9-11.

[10] 顾学芳, 田澍, 张其平, 等. 两性高分子絮凝剂的合成与应用研究. 江苏化工, 2006 (29): 17-19.

[11] 曹玮. 新型淀粉螯合剂的制备及对 Cd (Ⅱ) 吸附性能的研究. 天津: 天津工业大学, 2016.

[12] 宁杏芳. 改性木薯淀粉重金属螯合剂的合成及其应用. 南宁: 广西大学, 2013.

[13] 叶易春, 但卫华, 曾睿, 等. 淀粉基可生物降解纤维的研究进展. 材料导报, 2006 (1): 81-83.

[14] Wu D, Hakkarainen M. Recycling PLA to multifunctional oligomeric compatibilizers for PLA/starch composites. European Polymer Journal, 2015, 64: 126-137.

[15] Hao M, Wu H, Zhu Z. In situ reactive interfacial compatibilization of polylactide/sisal fiber biocomposites via melt-blending with an epoxy-functionalized terpolymer elastomer. RSC Advances, 2017, 7 (51): 32399-32412.

[16] Xi Y, Finne-Wistrand A, Hakkarainen M. Improved dispersion of grafted starch granules leads to lower water resistance for starch-g-PLA/PLA composites. Composites Science & Technology, 2013, 86 (24): 149-156.

[17] Vinícius D O A, Maria D F V M. Composites of polycaprolactone with cellulose fibers: Morphological and mechanical evaluation. Macromolecular Symposia, 2016, 367 (1): 101-112.

[18] Boumail A, Salmieri S, Klimas E, et al. Characterization of trilayer antimicrobial diffusion films (ADFs) based on

methylcellulose-polycaprolactone composites. Journal of Agricultural & Food Chemistry，2013，61（4）：811-821.

[19] Hosur M，Maroju H，Jeelani S. Comparative studies on the mechanical and thermo-mechanical performance of flax fiber reinforced polyester and polyester-biopolymer blend resins. Advanced Materials Research，2013，747：399-402.

[20] Smith M，Paleri D M，Abdelwahab M，et al. Sustainable composites from poly（3-hydroxybutyrate）（PHB）bioplastic and agave natural fibre. Green Chemistry，2020，22：3906-3916.

[21] Jang J H，Lee S H，Kim N H. Effect of pMDI as coupling agent on the properties of microfibrillated cellulose-reinforced PBS nanocomposite. Journal of the Korean Wood Science & Technology，2014，42（4）：483-490.

[22] 贺爱军. 降解塑料的开发进展. 化工新型材料，2002，30（3）：1-6.

[23] 李守海，储富祥，王春鹏，等. 淀粉/聚己内酯复合材料的研究进展. 现代化工，2009（S2）：5.

[24] Gáspár M，Benkö Z，Dogossy G，et al. Reducing water absorption in compostable starch-based plastics. Polymer Degradation & Stability，2005，90（3）：563-569.

[25] 柳滢春. 增塑剂用量对交联淀粉-聚己内酯共混材料性能的影响. 化工生产与技术，2008，15（1）：23-25.

[26] 冀玲芳，李树材. 乙酰化淀粉/聚己内酯共混物的制备和性能研究. 塑料工业，2005，33（1）：55-57.

[27] Kim C H，Cho K Y，Park J K. Reactive blends of gelatinized starch and polycaprolactone-g-glycidyl methacrylate. Journal of Applied Polymer Science，2010，81（6）：1507-1516.

[28] Sugih A K，Drijfhout J P，Picchioni F，et al. Synthesis and properties of reactive interfacial agents for polycaprolactone-starch blends. Journal of Applied Polymer Science，2010，114（4）：2315-2326.

[29] Kweon D K，Cha D S，Park H J，et al. Starch-g-polycaprolactone copolymerization using diisocyanate intermediates and thermal characteristics of the copolymers. Journal of Applied Polymer Science，2015，78（5）：986-993.

[30] Martin O，Avérous L. Poly（lactic acid）：Plasticization and properties of biodegradable multiphase systems. Polymer，2001，42（14）：6209-6219.

[31] Jacobsen S，Fritz H G. Filling of poly（lactic acid）with native starch. Polymer Engineering & Science，1996，36（22）：2799-2804.

[32] Koh J J，Zhang X，He C. Fully biodegradable poly（lactic acid）/starch blends：A review of toughening strategies. International Journal of Biological Macromolecules，2018，109：99-113.

[33] 沈一丁，赖小娟. 聚乙二醇改性淀粉/聚乳酸薄膜的结构与性质研究. 现代化工，2006，26（5）：35-37.

[34] 李申，周晔，任天斌，等. 聚乳酸/淀粉复合材料的制备及性能研究. 塑料，2006，35（4）：7-11.

[35] 李勇锋，陆冲，程树军，等. 钛酸四丁酯增韧改性聚乳酸/淀粉共混材料. 功能高分子学报，2007，19（3）：304-308.

[36] Zeng J B，Jiao L，Li Y D，et al. Bio-based blends of starch and poly（butylene succinate）with improved miscibility，mechanical properties，and reduced water absorption. Carbohydrate Polymers，2011，83（2）：762-768.

[37] 马涛，于大海. 乙酰化淀粉/PBS制备生物降解塑料的研究. 食品工业，2010（2）：4-6.

[38] 李陶，李辉章，曾建兵，等. 热塑性淀粉/PBS共混物的微生物降解性研究. 化学研究与应用，2009，21（7）：994-997.

[39] 许玉芝. 内塑化纤维素酯的制备、性能和结构研究. 北京：中国林业科学研究院，2009.

[40] 许玉芝，王春鹏，储富祥. 纤维素内塑化技术研究进展. 高分子材料科学与工程，2008，24（9）：19-22.

[41] 殷敬华，莫志深. 现代高分子物理学. 北京：科学出版社，2001.

[42] Mano J F，Koniarova D，Reis R L. Thermal properties of thermoplastic starch/synthetic polymer blends with potential biomedical applicability. Journal of Materials Science：Materials in Medicine，2003，14（2）：127-135.

[43] 李娜，谢建军，曾念，等. 胶合板用SDS改性大豆分离蛋白胶粘剂的制备及性能. 中南林业大学科技学报，2012，32（1）：88-93.

[44] Yoshioka M，Hagiwara N，Shiraishi N. Thermoplasticization of cellulose acetates by grafting of cyclic esters. Cellulose，1999，6（3）：193-212.

[45] 杨睿，汪昆华，周啸，等. 聚合物近代仪器分析. 3版. 北京：清华大学出版社，2000.

[46] Teramoto Y，Nishio Y. Cellulose diacetate-graft-poly（lactic acid）s：Synthesis of wide-ranging compositions and their thermal and mechanical properties. Polymer，2003，44（9）：2701-2709.

[47] Cheng G，Wang T，Zhao Q，et al. Preparation of cellulose acetate butyrate and poly（ethylene glycol）copolymer to blend with poly（3-hydroxybutyrate）. Journal of Applied Polymer Science，2010，100（2）：1471-1478.

［48］ Jandura P, Kokta B V, Riedl B. Fibrous long-chain organic acid cellulose esters and their characterization by diffuse reflectance FTIR spectroscopy, solid-state CP/MAS 13C-NMR, and X-ray diffraction. Journal of Applied Polymer Science, 2000, 78 (7): 1354-1365.

［49］ Vaca-Garcia C, Borredon M. Solvent-free fatty acylation of cellulose and lignocellulosic wastes. Part 2: reactions with fatty acids. Bioresource Technology, 1999, 70 (2): 135-142.

［50］ Kwatra H S, Caruthers J M, Tao B Y. Synthesis of long chain fatty acids esterified onto cellulose via the vacuum-acid chloride process. Industrial & Engineering Chemistry Research, 1992, 31 (12): 2647-2651.

［51］ Thiebaud S, Borredon M. Solvent-free wood esterification with fatty acid chlorides. Bioresource Technology, 1995, 52 (2): 169-173.

［52］ Morooka T, Norimoto M, Yamada T, et al. Dielectric properties of cellulose acylates. J Appl Polym Sci, 1984, 29 (12): 3981-3990.

［53］ Satgé C, Granet R, Verneuil B, et al. Synthesis and properties of biodegradable plastic films obtained by microwave-assisted cellulose acylation in homogeneous phase. Comptes Rendus Chimie, 2004, 7 (2): 135-142.

［54］ Joly N, Granet R, Branland P, et al. New methods for acylation of pure and sawdust-extracted cellulose by fatty acid derivatives— Thermal and mechanical analyses of cellulose-based plastic films. Journal of Applied Polymer Science, 2005, 97 (3): 1266-1278.

［55］ Wang P, Tao B Y. Synthesis and characterization of long-chain fatty acid cellulose ester (FACE). Journal of Applied Polymer Science, 2010, 52 (6): 755-761.

［56］ Memmi A, Granet R, Gahbiche M A, et al. Fatty esters of cellulose from olive pomace and barley bran: Improved mechanical properties by metathesis crosslinking. Journal of Applied Polymer Science, 2006, 101 (101): 751-755.

［57］ Wang T, Cheng G, Ma S, et al. Crystallization behavior, mechanical properties, and environmental biodegradability of poly (β-hydroxybutyrate) /cellulose acetate butyrate blends. Journal of Applied Polymer Science, 2010, 89 (8): 2116-2122.

［58］ Yamaguchi M, Arakawa K. Control of structure and mechanical properties for binary blends of poly(3-hydroxybutyrate) and cellulose derivative. Journal of Applied Polymer Science, 2010, 103 (5): 3447-3452.

［59］ 金立维. 木质纤维基热塑性高分子可降解材料的制备、结构与性能研究. 北京：中国林业科学研究院，2010.

［60］ 谢振华. PLA-g-GMA 的制备及其对 PLA/木粉复合材料性能的影响. 北京：中国林业科学研究院，2015.

［61］ 张燕，李守海，黄坤，等. 可降解聚乳酸/天然植物纤维复合材料的研究进展. 工程塑料应用，2012，40 (5): 102-106.

［62］ Nyambo C, Mohanty A K, Misra M. Effect of maleated compatibilizer on performance of PLA/wheat straw-based green composites. Macromolecular Materials & Engineering, 2011, 296 (8): 710-718.

［63］ Liu R, Luo S, Cao J, et al. Characterization of organo-montmorillonite (OMMT) modified wood flour and properties of its composites with poly (lactic acid). Composites Part A, 2013, 51 (12): 33-42.

［64］ Qiang T, Yu D, Gao H. Wood flour/polylactide biocomposites toughened with polyhydroxyalkanoates. Journal of Applied Polymer Science, 2012, 124 (3): 1831-1839.

［65］ Wootthikanokkhan J, Kasemwananimit P, Sombatsompop N, et al. Preparation of modified starch-grafted poly (lactic acid) and a study on compatibilizing efficacy of the copolymers in poly (lactic acid) /thermoplastic starch blends. Journal of Applied Polymer Science, 2012, 126 (S1): E389-E396.

［66］ 赵楠，揣成智，王彪. PBS-g-GMA 对 PLA/PBS 共混体系的增容性. 高分子材料科学与工程，2012，27 (11): 65-68.

［67］ 周庭，胡晶莹，周涛，等. 过氧化物对 PBS/PLA 共混物反应性增容研究. 塑料工业，2012，40 (4): 96-98.

［68］ Choi K M, Choi M C, Han D H, et al. Plasticization of poly (lactic acid) (PLA) through chemical grafting of poly (ethylene glycol) (PEG) via in situ reactive blending. European Polymer Journal, 2013, 49 (8): 2356-2364.

［69］ Hassouna F, Raquez J M, Addiego F, et al. New development on plasticized poly (lactide): Chemical grafting of citrate on PLA by reactive extrusion. European Polymer Journal, 2012, 48 (2): 404-415.

［70］ Corre Y M, Duchet J, Reignier J, et al. Melt strengthening of poly (lactic acid) through reactive extrusion with epoxy-functionalized chains. Rheologica Acta, 2011, 50 (7-8): 613-629.

［71］ Thakur M K, Gupta R K, Thakur V K. Surface modification of cellulose using silane coupling agent. Carbohydr

Polym，2014，111（1）：849-855.

［72］Xie Y，Hill C A S，Xiao Z，et al. Silane coupling agents used for natural fiber/polymer composites：A review. Composites Part A，2010，41（7）：806-819.

［73］Duan J K，Fan C X，Li Y，et al. Preparation and characterization of the covalent-integrated poly（lactic acid）and scrap leather fiber composites. Journal of Shanghai Jiaotong University（Science），2012，17（5）：586-592.

［74］Kang J T，Kim S H. Improvement in the mechanical properties of polylactide and bamboo fiber biocomposites by fiber surface modification. Macromolecular Research，2011，19（8）：789-796.

［75］Carlmark A，Larsson E，Malmström E. Grafting of cellulose by ring-opening polymerisation -A review. European Polymer Journal，2012，48（10）：1646-1659.

［76］Goffin A L，Raquez J M，Duquesne E，et al. From interfacial ring-opening polymerization to melt processing of cellulose nanowhisker-filled polylactide-based nanocomposites. Biomacromolecules，2011，12（7）：2456-2465.

［77］蔡杰. 纤维素科学与材料. 北京：化学工业出版社，2015.

［78］Lönnberg H，Fogelström L，Zhou Q，et al. Investigation of the graft length impact on the interfacial toughness in a cellulose/poly（-caprolactone）bilayer laminate. Composites Science and Technology，2011，71（1）：9-12.

［79］Deng F，Ge X，Zhang Y，et al. Synthesis and characterization of microcrystalline cellulose-graft-poly（methyl methacrylate）copolymers and their application as rubber reinforcements. Journal of Applied Polymer Science，2015，132（41）.

［80］Afrifah K A，Matuana L M. Fracture toughness of poly（lactic acid）/ ethylene acrylate copolymer/wood-flour composite ternary blends. Polymer International，2013，62（7）：1053-1058.

［81］Taib R M，Hassan H M，Ishak Z A M. Mechanical and morphological properties of polylactic acid/kenaf bast fiber composites toughened with an impact modifier. Polymer-Plastics Technology and Engineering，2014，53（2）：199-206.

［82］Qiang T，Yu D M，Wang Y Z，et al. Polylactide-based wood plastic composites modified with linear low density polyethylene. Journal of Macromolecular Science：Part D-Reviews in Polymer Processing，2013，52（2）：149-156.

［83］Liu G C，He Y S，Zeng J B，et al. In situ formed crosslinked polyurethane toughened polylactide. Polymer Chemistry，2014，5（7）：2530-2539.

［84］Wang Y N，Weng Y X，Wang L. Characterization of interfacial compatility of polylactic acid and bamboo flour（PLA/BF）in biocomposites. Polymer Testing，2014，36：119-125.

［85］李冰，董蓉，高磊，等. 聚乳酸木塑复合材料的增韧及结晶性能. 高分子材料科学与工程，2011，27（2）：33-36.

（李守海，许玉芝，金立维）

第三章　生物塑料

第一节　聚乳酸

石油基高分子材料在自然环境中一般不可降解，大量的塑料垃圾不仅造成严重的环境问题，也可能以微塑料形式进入食物链，严重威胁人类的健康，而采用生物可降解塑料或生物基塑料代替石油基塑料是缓解废旧塑料问题的最佳途径[1, 2]。聚乳酸（PLA）是一类典型的生物基热塑性聚酯，其原料乳酸可以通过小麦、玉米、稻谷和甜菜等发酵生产，来源广泛。聚乳酸在自然界环境中可以被多种微生物或动植物体内的酶降解，最终形成水和二氧化碳，不污染环境。因此，聚乳酸因其优良的力学性能、可降解性与原料再生性被称为"第21世纪的聚合物"[3-5]，可以替代石油基聚合物，广泛应用于绿色包装材料、医用生物材料、纤维织物、发泡材料等领域[5-7]，已经成为发展前景最好的可生物降解聚合物材料之一。

一、聚乳酸的合成

聚乳酸的单体是乳酸或丙交酯。乳酸又称为 α-羟基丙酸或 2-羟基丙酸，其分子中含有一个手性碳原子，因此具有 L-乳酸（L-lactic acid）与 D-乳酸（D-lactic acid）两种旋光异构体，而消旋的 D,L-乳酸则含有等物质的量的 L-乳酸与 D-乳酸。L-乳酸自然存在于动物和人体组织以及各种食物（肉、奶制品、泡菜、啤酒等）中，作为肌肉组织（譬如心肌）的能源。丙交酯是乳酸的二聚体，包括 L-丙交酯（L-lactide）、D-丙交酯（D-lactide）和内消旋丙交酯（meso-lactide），而外消旋丙交酯（rac-lactide）则是由等物质的量的 L-丙交酯和 D-丙交酯混合而成的。乳酸和丙交酯的分子结构如图 10-3-1 所示。乳酸主要采用糖类发酵法生产，通过筛选发酵菌生产高纯度的 L-乳酸或 D-乳酸。乳酸也可以采用化学合成法生产。

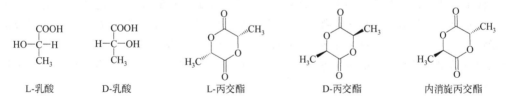

图 10-3-1　不同构型的乳酸和丙交酯的结构

聚乳酸具有聚 L-乳酸（PLLA）和聚 D-乳酸（PDLA）、聚 D, L-乳酸（PDLLA）等异构体。PLLA 与 PDLA 为光学对映体，具有高光学活性，都可以形成同质结晶（HC），结晶度约 40%，具有 α、β、γ 和 α' 晶型[8,9]，熔点约 170℃。PDLA 与 PLLA 共混可以制备立构复合聚乳酸（sc-PLA），sc-PLA 具有立构复合结晶（SC）结构，熔点为 220℃[10,11]。PDLLA 包括无规（r-PDLLA）和立构嵌段（sb-PDLLA）两类，一般是消旋的，其中 r-PDLLA 不能结晶，而 sb-PDLLA 分子链中含有 L-型链段和 D-型链段，可以形成 SC 结构。纯 PLA 材料存在以下性能缺陷：a.表面亲水性差，生物相容性较差；b.聚乳酸在体内降解产生乳酸，乳酸若不能及时排出，将导致肌体组织发生炎症；c.PLLA 拉伸强度较高，断裂伸长率较低，抗冲击性较差；d.PLLA

结晶速率较慢，一般加工过程生产的 PLLA 材料是低结晶度或无定形的，这类材料热变形温度较低，在其 T_g（约 60℃）以上时软化。因此，人们往往采用共聚改性来改善 PLLA 性能，聚乳酸及其共聚物的合成方法分为直接聚合法和开环聚合法两种[5]。

1. 乳酸直接聚合

直接聚合法又称一步法，以乳酸为原料合成聚乳酸。乳酸分子具有—OH 和—COOH 官能团，既可发生乳酸分子间的酯化反应，也可与其他分子的官能团反应，即乳酸—OH 和—COOH 是 PLA 合成、改性的基础。乳酸分子在高温、高真空条件下进行酯化反应，脱水缩聚生成 PLA[12,13]，见图 10-3-2。Carothers 等[14]在 1932 年最先采用直接法合成了低分子量的 PLA。在缩聚过程中存在游离酸、水、聚酯及丙交酯的动态平衡（图 10-3-2），PLA 与水发生水解反应从而分解或解聚，乳酸低聚物在高温、高真空条件下容易裂解生成丙交酯，这导致聚乳酸分子量低且分布宽。因此，直接缩聚法的应用和发展受到了限制，目前主要用于合成低分子量 PLA 及其共聚物，可以用作药物释放系统和合成嵌段共聚物的预聚物，也可作为高分子量聚合物的增塑剂。

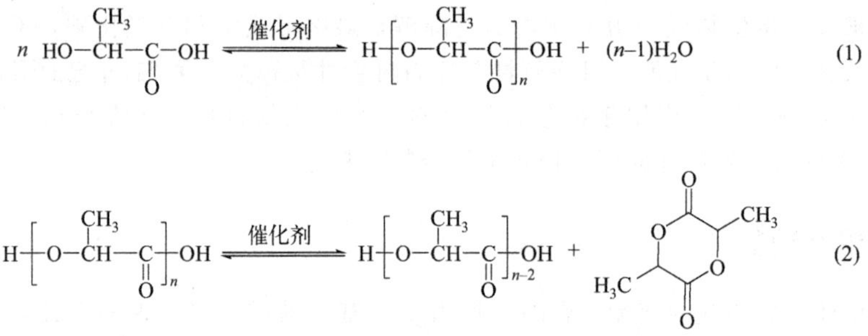

$$n\ \text{HO—CH—C—OH} \xrightarrow{\text{催化剂}} \text{H—[O—CH—C]}_n\text{—OH} + (n-1)\text{H}_2\text{O} \qquad (1)$$

$$\text{H—[O—CH—C]}_n\text{—OH} \xrightarrow{\text{催化剂}} \text{H—[O—CH—C]}_{n-2}\text{—OH} + \text{丙交酯} \qquad (2)$$

图 10-3-2　乳酸直接缩聚反应式及其反应平衡

在直接缩聚反应中，若要合成分子量高的聚合物，必须不断打破游离酸、水、聚乳酸和丙交酯之间的动态平衡，使反应朝着生成聚合物的方向进行。直接缩聚工艺有三个技术难点，即小分子副产物水的有效脱除、动力学控制和生成丙交酯的解聚反应的抑制[15]。直接聚合法按照聚合实施方法可以分为溶液聚合法、熔融聚合法和熔融-固相聚合法等。熔融聚合法是指体系在熔融状态下通过乳酸的缩聚反应合成聚乳酸的方法。该方法成本低、成品率高、产物分子量较低。溶液聚合法是在反应体系中加入高沸点有机溶剂（如二苯醚），溶剂能够溶解乳酸、聚乳酸，并与水形成共沸物，通过共沸回流从反应体系中脱除水，促进聚合反应。溶液聚合法消耗大量溶剂，而且产物需要脱除溶剂，这可能造成环境污染和增加成本。熔融-固相聚合法是乳酸首先熔融缩聚合成低分子量预聚物，然后预聚物在固体状态下进一步聚合生成更高分子量的 PLA，但该方法反应时间较长[16]。

2. 丙交酯开环聚合

开环聚合（ring-open polymerization，ROP）源于 1932 年，Carothers 发现六元环酯类可以进行 ROP 得到聚合物[14]。丙交酯开环聚合法又称二步法，丙交酯通过 ROP 合成 PLA，如图 10-3-3（a）所示。开环聚合法首先将乳酸脱水缩合生成低聚物，在催化剂和高温高真空下，使其解聚生成丙交酯[17]，丙交酯重结晶提纯后，在催化剂或引发剂作用下，开环聚合生成 PLA。ROP 聚合时间较短，可生成分子量高、分布窄的 PLA，一直是研究的重点，也是现阶段 PLA 主要的工业生产方法[18-20]。丙交酯开环聚合按照其聚合机理分类包括阳离子开环聚合、阴离子开环聚合和配位开环聚合 3 类，可以采用本体聚合或溶液聚合工艺。大规模商用 PLA 塑料通常是以丙交酯为原料，以有机锡盐为引发剂，采用间接法熔融聚合生产的。

早期的丙交酯开环聚合一般属于阳离子和阴离子开环聚合机理，但目前丙交酯开环聚合研究主要集中于配位开环聚合领域，而且已经实现工业化生产。丙交酯阳离子开环聚合的引发剂一般分为四类，即质子酸（如 RSO_3H 等）、Lewis（路易斯）酸及其水合物［如 $SnCl_2 \cdot 2H_2O$、$SnCl_4$、$SnBr_4$、$Al_3(SO_4)_2$ 等］、烷基化试剂（如 $CF_3SO_3CH_3$、$BuMgCl$ 等）以及金属氧化物（如 MgO、PbO 等）。在进行丙交酯阳离子开环聚合时，引发剂所产生的阳离子首先与丙交酯单体中的氧原子反应形成氧鎓离子，然后单体烷氧键断裂、开环形成酰基正离子增长中心，其他单体继续进攻正离子中心进行链增长，最终制得聚乳酸[18]，但是聚乳酸分子量较低，且丙交酯与其他单体难以进行阳离子开环共聚。在丙交酯阳离子聚合中，在手性碳原子上进行链增长反应，容易形成外消旋结构，而且分子链消旋程度随反应温度的升高而增加，但反应速率降低。丙交酯进行阴离子开环聚合时，引发剂的阴离子亲核进攻丙交酯的羰基碳，丙交酯酰氧键断裂形成活性中心内酯阴离子并引发链增长，最终得到聚乳酸。丙交酯阴离子开环聚合的引发剂一般为强碱（如碱金属醇盐、丁基锂等）和弱碱（如三异丙基乙醇钇）。丙交酯阴离子聚合反应速度快，产率较高，产物的外消旋现象较少，分子链结构规整，但聚合物分子量的提高受到一定的限制。阴离子聚合采用 Na 盐和 K 盐引发剂时只能得到低分子量或中等分子量的聚乳酸，但是采用丁基锂和冠醚组成的复合引发剂则可以得到高分子量产物[18]，只是 Li^+ 的毒性导致其无法用于医用材料领域，这些均限制了丙交酯阴离子聚合的发展。

丙交酯配位开环聚合是目前国内外应用最广、研究最多的一种聚乳酸合成方法，所得聚乳酸的分子量和力学强度都比较高。在进行配位开环聚合时，丙交酯以羰基氧与引发剂的金属原子形成配位，其酰氧键在配位键上进行链增长，如图 10-3-3(b) 所示[21]。丙交酯配位开环聚合的引发剂大致可分为 5 类：a. 烷基或芳基金属化合物，如 $MgBu_2$、$SnBu_4$、$SnPh_4$、$CdEt_2$ 等；b. 烷氧基金属化合物，如 $SnMe_2(MeO)_2$、异丙醇铝［$Al(OiPr)_3$］等；c. 羧酸盐，如 $Zn(CH_3CHOHCOO)_2$ 和异辛酸亚锡［$Sn(Oct)_2$］等；d. 金属氧化物和卤化物，如 Sb_2O_3、ZnO、SnO；e. 金属络合物，如铁、钴、镍、锌、铷、钇等乙酰基丙酮金属络合物。Kricheldorf 等[21]发现含金属-氧键的化合物若带有空 p 或空 d 轨道则可作为内酯配位聚合的引发剂，单体首先与其空轨道络合，然后单体酰氧键断裂并引发链增长。铝醇盐［如 $Al(OiPr)_3$］和锌铝双金属醇盐等有机铝引发剂可以高效合成脂肪族聚酯，如聚己内酯、PLA 和聚乙醇酸等。金属羧酸盐也可以用作丙交酯、己内酯等内酯开环聚合的引发剂，其中异辛酸亚锡［$Sn(Oct)_2$］是公认的高效催化剂，可以制备高分子量的聚内酯。$Sn(Oct)_2$ 是美国食品药品监督管理局（FDA）批准的食品添加剂，对人体无害。$Sn(Oct)_2$ 可溶于熔融的丙交酯中，催化丙交酯的本体聚合反应，产物光学活性高，可用于组织工程所需的聚乳酸及其共聚物的制备。普遍认为异辛酸亚锡是催化剂，真正的引发剂是体系内痕量的羟基类物质，所以制备高分子量的聚乳酸需要高纯度丙交酯。图 10-3-4 所示的是聚乳酸开环聚合反应装置与聚乳酸片材成型装置。

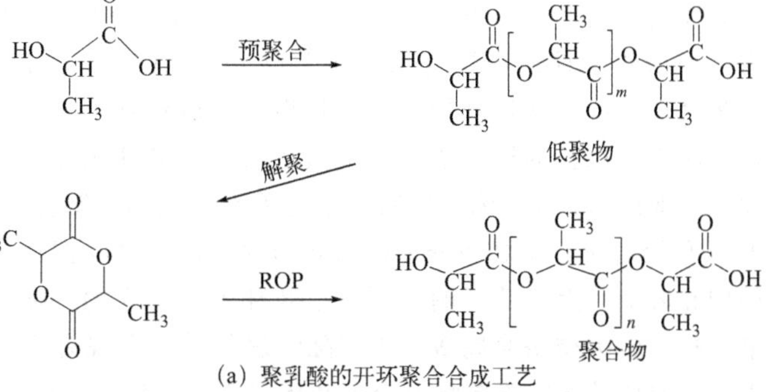

(a) 聚乳酸的开环聚合合成工艺

图 10-3-3

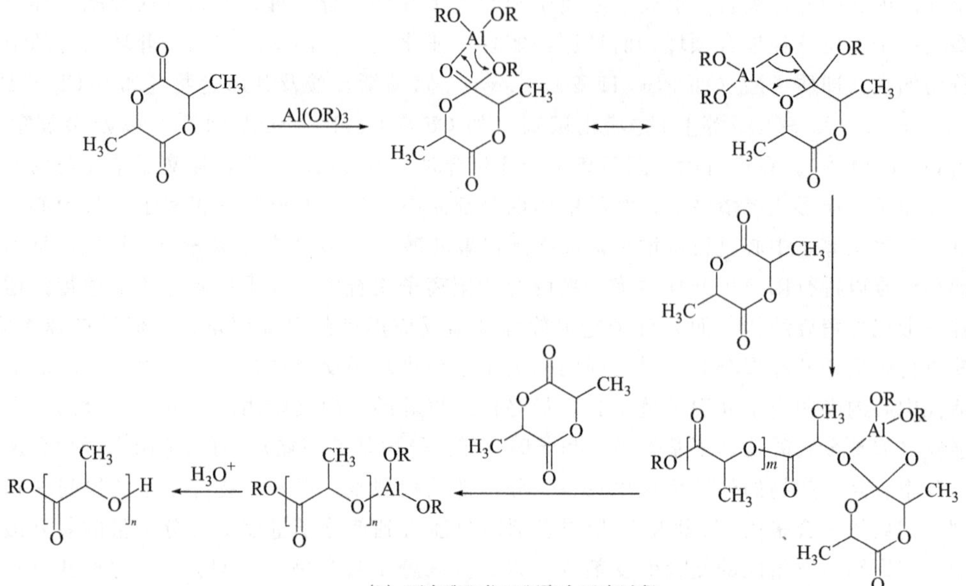

（b）丙交酯配位开环聚合反应过程

图 10-3-3　聚乳酸的开环聚合合成工艺与配位开环聚合反应过程

图 10-3-4　聚乳酸开环聚合反应装置（a）与聚乳酸片材成型装置（b）

3. 聚乳酸立构控制聚合

聚合物的组成与立体化学对其聚集态结构具有决定性作用，PLLA、PDLA 和嵌段 PDLLA 都具有立构规整结构，均为热塑性结晶聚合物，而无规 PDLLA 和交替 PDLLA 均为非晶聚合物。聚乳酸的立构控制聚合（或立构选择聚合、可控聚合）以消旋单体为原料，通过手性催化剂的立构调控作用，合成立构规整的聚乳酸。聚乳酸的可控聚合主要集中在外消旋的 rac-丙交酯的立构选择聚合领域，即以 rac-丙交酯为原料，采用手性催化剂，制备立构规整 PLA 及其共聚物[18]。在立构选择开环聚合中，聚乳酸分子链的立构规整性主要受催化剂的电子效应和空间位阻效应、反应物结构和溶剂等因素的影响。丙交酯开环聚合的立构选择性催化剂主要包括金属醇盐、有机金属络合物、席夫碱络合物等[22-24]。陈学思等[25,26]发现有机金属络合物中心金属种类和数量、配体骨架、取代基等因素影响丙交酯开环聚合的立构选择性，Salen 铝系络合物催化 rac-丙交酯偏向于制备全同规整聚乳酸，而多核金属络合物的协同作用可以同时提高催化活性和立体选择性。开环聚合需要高纯 rac-丙交酯，成本高，污染大，且所得的立构嵌段聚乳酸的 D-链段和 L-链段较短，不能形成完美的立构复合结晶结构。与丙交酯立构控制开环聚合相比，采用 D,L-乳酸的立构控制聚合制备 PLLA、PDLA 和立构嵌段 PLA，可以有效地减少污染，降低成本。Fukushima 等[27] 和 Chen 等[28] 分别采用 D-乳酸和 L-乳酸制备 PLLA 与 PDLA 低聚物，两种低聚物再在 $SnCl_2$/对甲苯磺酸（TSA）催化下熔融/固相共聚，制备立构嵌段聚乳酸。但是该研究并非消旋 D,L-乳酸的立体选择性聚合。高勤卫和董晓等以消旋的 D,L-乳酸为原料进行立构选择性聚合，合成较高光学活性的聚 L-乳酸和消旋的嵌段聚 D,L-乳酸[29,30]。单组分催化剂（如锡粉、氯化亚锡、异辛酸亚锡、TSA、萘磺酸、萘二磺酸等）不具有立构控制作用，所得的聚乳酸为消旋的无规聚合物，而亚锡盐/苯（萘）磺酸双组分催化体系具有一定的立构控制作用，可以进行立构选择聚合，合成较高光学活性的聚 L-乳酸，其光学纯度大于 90%[31-34]。但是，亚锡盐/苯（萘）磺酸催化的立构控制聚合所得的聚乳酸分子量较低，而且无法完全消除聚乳酸的消旋现象，导致 PLLA 中存在 D-乳酸单元，降低了材料性能。因此，他们利用 PLLA 与 PDLA 链的立构复合作用制备了聚乳酸及聚乳酸-葡萄糖共聚物的立构复合物[35-37]，可以有效提高聚乳酸材料的综合性能。

我国乳酸产量居世界前列，但石油资源匮乏。丙交酯和其他内酯的开环聚合是合成脂肪族聚酯较为有效的方法。利用 D,L-乳酸的立构选择聚合合成高光学活性的聚乳酸、立构嵌段聚乳酸材料，可以降低产品成本，减少污染，提高产品性能，缓解我国石油危机，解决高分子废弃物的污染问题，符合低碳、环保和国家可持续发展战略的要求。

二、聚乳酸的性能与改性

聚乳酸性能与其分子链的立构规整性、分子量和结晶度等因素有关，聚 L-乳酸的性能参数如表 10-3-1 所示[38-40]。聚乳酸的加工温度为 170~230℃，可用挤出、注射、纺丝、双轴拉伸、吹膜、压片等方式加工。由于 PLA 熔体对温度敏感，成型温度范围窄。PLA 在高温下易分解，加工温度大于熔融温度时，PLA 分子量降低得更明显，且产品成型后收缩较大，这些都加大了其加工难度。因此，纯 PLLA 性能一般很难满足工业生产和社会生活的需求，通过改性方法来改善 PLLA 性能已成为研究热点。聚乳酸的改性方法包括化学改性和物理改性。化学改性一般采用共聚、扩链、交联、表面改性等方式来提高聚乳酸性能；而物理改性一般是采用共混合复合方式，在保持聚乳酸可降解性的前提下，提高其他性能，拓展聚乳酸的应用领域。

表 10-3-1　聚 L-乳酸的性能参数

性能指标	数值	性能指标	数值
密度/(g/cm^3)	1.25~1.29	拉伸强度/MPa	44~68
玻璃化转变温度/℃	55~65	断裂伸长率/%	4.0~7.0
熔融温度/℃	160~170	屈服强度/MPa	53~70
结晶度/%	10~40	弯曲强度/MPa	88~119
熔融热/(J/g)	81~93.7	冲击强度/(J/m)	150~350
熔融指数/(g/10min)	0.2~2.0	洛氏硬度	76~88
热变形温度/℃	50~61	维卡软化点/℃	59

注：熔融指数的测定条件为 190℃、1.2kg。

（一）聚乳酸物理改性

1. 聚乳酸共混改性

聚乳酸共混改性是指将聚乳酸与其他聚合物采用物理混合的方式制备新材料的方法。共混改性改变了聚乳酸的聚集态结构，在保留聚乳酸原有性能的基础上赋予其新性能，而且工艺简单，成本低，广泛应用于聚乳酸材料体系。两个具有相同组成但不同立体构型的聚合物之间可以形成立构复合结晶（SC）结构，PLA 及其共聚物的立构复合物展现出优异性能，已经成为研究热点[19,36-38]。将光学对映体 PLLA 与 PDLA 共混，可以形成立构复合聚乳酸（sc-PLA），sc-PLA 具有 SC 结构，而 PLLA 或 PDLA 为同质结晶（HC）结构，聚乳酸 SC 结构可以比 HC 更有效地提高材料的力学性能、耐水解性能和耐热性能等[37-40]。sc-PLA 的熔点约为 230℃（比 PLLA 熔点高约 50℃），与聚对苯二甲酸丁二醇酯（PBT）工程塑料相当。sc-PLA 的热变形温度（HDT）约 160~170℃，其拉伸强度和断裂伸长率均比 PLLA 有较大提高，可应用于工程塑料领域[10,41]。sc-PLA 聚集态结构的主要影响因素包括 PLA 分子量、光学纯度、共混比例、链结构、助剂和加工条件等。当 PLLA/PDLA 共混物中至少一个组分的分子量较小时，共混物更容易形成 SC 结晶；而高分子量的 PLLA 与高分子量的 PDLA 共混时，体系中可能同时形成 HC 结晶和 SC 结晶，而且主要形成 HC 结晶。而 sb-PLA 分子链中同时具有 PLLA 和 PDLA 链段，由于邻近效应，PLLA 与 PDLA 链段容易实现分子尺度上的混合，促进形成 SC 结晶。sb-PLA 能够克服 PLLA 与 PDLA 共混不均的缺陷，形成完美的立体络合结晶结构，其材料性能比 PLLA 更优异[41-43]。PLA 共聚物中 PLLA 和 PDLA 链段能够形成立构复合结晶，在线性 PLA 链段中引入少量共聚单体时，能有效地提高共混体系中高分子量 PLLA/PDLA 中 SC 结晶含量[44]。引入共聚单元后，SC 结晶的含量在熔融结晶过程中显著提高[45]。以部分醋酸酯化的纤维素为大分子引发剂，可以生成梳状的 PLLA 共聚物与 PDLA 共聚物，具有梳状结构的 PLLA/PDLA 共混体系更容易生成 SC 结晶，并且结晶速率增加。梳状结构的优势体现在 PLLA 和 PDLA 之间更容易交错地排列，可以促进 L-链段和 D-链段间的成核[46]。

可用于聚乳酸共混改性的聚合物包括天然高分子化合物（如淀粉、纤维素及其衍生物、壳聚糖、肝素、天然橡胶、生物聚酯[3,6,46]等）和合成高分子化合物［如聚乙二醇（PEG）、聚乙烯醇（PVA）、聚丙烯（PP）、丙烯酸树脂、聚乙醇酸、聚己内酯（PCL）和聚 3-羟基丁酸-co-4-羟基丁酸酯等][45,47]。柔性可降解材料如聚己二酸丁二酯-苯二甲酸丁二酯（PBAT）、聚丁二酸丁二酯（PBS）和聚己内酯等可以改善其脆性，但也降低了其力学强度和热变形温度，而刚性大的聚合物如聚碳酸酯和尼龙 6 等共混改性 PLA 时，缺点是引入了不可降解的聚合物，二者的相容性也较差。聚乳酸与超支化聚酰胺酯熔融共混，所得的改性聚乳酸材料结晶度降低，韧性显著增加，其他力学性能也得到了改善[48]。聚 L-乳酸与聚丙烯（PP）熔融共混时，以马来酸酐接枝聚丙烯作为增容剂，提高了共混体系中 PLLA 与 PP 两组分的相容性，PP 促进了 PLLA 结晶，提高了 PLLA/PP 体系熔体的强度，共混物的发泡行为得到改善[49]。聚乳酸与淀粉共混时，其界面结合力很差，制品脆性大且对湿度敏感，若以马来酸酐作为淀粉/PLA 共混体系的反应性增容剂，则淀粉/PLA 共混材料的界面相容性提高[50,51]。在聚乳酸中加入增塑剂，PLA 可能形成理想聚集态结构，这可以显著降低 PLA 玻璃化转变温度和拉伸强度，提高聚乳酸加工性能，极大地增强 PLA 的韧性和耐冲击性，达到增韧改性的目的。PLA 常用的增塑剂包括聚乙二醇及其柠檬酸酯、丙三醇、乳酸酯（如乳酸乙酯）、丁酸甘油酯和柠檬酸甘油酯等低分子化合物[7,52]。

2. 聚乳酸复合改性

聚乳酸复合改性是针对聚乳酸的性能缺陷，利用其他材料的优势性能改善聚乳酸材料原有性能并可能获得更好的性能，目前研究最多的是 PLA 与纤维材料及无机颗粒的复合改性[53]。天然植物纤维是自然界中储量最丰富的天然高分子材料，具有比强度和比刚度高的显著特性，在原料成本、纤维特性、可加工性等方面也具有不可比拟的优势。由植物纤维增强所得的聚乳酸复合材料属于"绿色复合材料"，能够改善聚乳酸自身性能缺陷，降低成本，节约资源。聚乳酸增强所用的植物纤维主要包括木纤维、竹纤维、麻纤维、农作物秸秆纤维，也包括蔗渣、椰壳纤维、香蕉纤维、茶粉和中药渣等加工副产物类植物纤维[54,55]。PLA 复合材料常用的合成纤维包括尼龙纤维、碳纤维和芳纶纤维等，例如将连续芳纶纤维（Kevlar）增强的聚乳酸复合材料采用熔融沉积成型打印工艺制备三维（3D）打印样品，样品的拉伸性能得到极大的提高[56]。连续 PLA 纤维可以增强多孔 PCL 基质从而制备一种新型骨再生复合材料，宏观孔隙率决定了该复合材料的结构及其生物学性能[47]。聚乳酸与无机物粒子复合改性时，无机粒子可能改变聚乳酸的结晶性，并改善其力学性能和热性能，如采用羟基磷灰石、纳米 SiO_2、氧化锌、蒙脱土、纳米氮化铝、碳纳米管等对聚乳酸进行复合改性[57-59]。纳米羟基磷灰石增强的聚乳酸可以利用热致相分离法制备聚乳酸纳米复合材料支架，该支架呈三维网状结构，力学性能更优[60]。

　　总之，聚乳酸的物理改性方法简单，操作容易，成本低，但是共混改性和复合改性一般难以达到分子水平的混合，其均匀性和稳定性差。而聚乳酸的化学改性可以实现聚乳酸改性材料结构与性能的均匀性和稳定性。

（二）聚乳酸化学改性

　　聚乳酸的化学改性一般是由乳酸或丙交酯与其他单体共聚制备乳酸共聚物，而乳酸共聚物一般包括嵌段共聚物、无规共聚物、接枝共聚物、网状共聚物或星形共聚物等类型。通过调控共聚单体种类及其配比不仅可以控制共聚物中不同链段的尺寸和含量，也可能得到功能化的共聚物分子链，改善聚乳酸材料性能[61,62]。共聚改性在聚乳酸分子链中引入了其他单体结构单元，改变了其分子链结构，对聚乳酸材料的改性更彻底，能够显著改善其降解性能、生物相容性、力学性能及加工性能等。

　　聚乳酸共聚单体一般是含有—OH、—COOH、—NH₂ 等官能团的有机小分子化合物（如胺类、醇类等）。聚乳酸嵌段改性和接枝改性一般可以采用加成聚合法、缩聚法和力化学合成法三种方法进行。加成聚合法需要带有活性端基的聚合物和单体，而缩聚法则需要聚合物带有可以相互反应的端基官能团，这两种制备方法的优点在于活性位置和浓度已知、链段的长度和排列位置可控、共聚物所受的均聚物污染最小。加成聚合法所得的嵌段共聚物一般具有三种结构，即 A_m—B_n、A_m—B_n—A_m、$\overline{(A_m-B_n)_x}$，而缩聚法只能得到 $\overline{(A_m-B_n)_x}$ 型嵌段共聚物。由于两相嵌段共聚物在熔融时仍部分保留两相形态，所以两嵌段共聚物的加工要比三嵌段或多嵌段共聚物容易得多。力化学合成法是指聚合物通过机械力使得均聚物分子链断裂形成端基自由基，端基自由基再相互反应形成嵌段共聚物，即可通过塑炼、挤出、研磨、粉碎合成嵌段共聚物。接枝共聚改性聚合物按照最终产物分子链结构，可以分为结构可控和结构不可控两种，共聚改性方法可分为活性接枝共聚、大分子单体接枝聚合、大分子偶联、链转移和辐射接枝共聚等。

　　聚乳酸与其他分子在交联剂的作用下可以交联改性从而生成网状聚合物，常用的交联剂主要包括酸酐、多异氰酸酯等多官能团的化合物。Akesson 等[61]通过聚乳酸与甲基丙烯酸酐反应将端羟基功能化并合成了四臂星形聚乳酸，该星形聚乳酸与线型 PLA 相比，其力学性能显著提高。聚乳酸扩链改性是通过 PLA 链端基与扩链剂之间的化学反应，将 PLA 分子链连接起来形成更大聚合度的聚合物，同时在 PLA 分子链中引入扩链剂单元。PLA 常用的扩链剂包括酸酐、酰胺、环氧化物、异氰酸酯等双官能团化合物。扩链改性可以改善 PLA 材料的生物相容性、力学性能和热稳定性等，也可能使 PLA 具有特殊功能。Cohn 等[62]先合成了 PLA-PCL-PLA 三嵌段共聚物，该嵌段共聚物用己二异氰酸酯扩链后，其生物性能和降解性能得到有效提升。聚乳酸表面改性主要包括表面化学改性、表面接枝、等离子体表面改性等，通过改变 PLA 表面的物理化学性质提高 PLA 表面极性、内聚能密度及阻隔能力。Tenn 等[63] 对 PLA 薄膜进行等离子体表面处理，不仅显著提高了 PLA 薄膜的阻隔性，薄膜亲水性也得到了一定程度的优化。

三、聚乳酸的应用

聚乳酸产品除具有良好的生物降解性、生物相容性、光泽度、透明性、手感和耐热性以外，还具有一定的耐菌性、阻燃性和抗紫外线性，可生产包装材料、涂料、薄膜、泡沫塑料、纤维等，因此用途十分广泛，用于纺织、建筑、农业、林业、造纸和医疗卫生等领域。

1. 聚乳酸在生物医药领域的应用

聚乳酸具有独特的生物降解性、生物相容性、热加工性、环境友好性、潜在的生物可吸收性等特性，在生物医药领域扮演着越来越重要的角色，广泛用于生物医学材料中，包括药物控制释放体系、骨科组织工程材料、手术缝合线等。

药物的控制释放是为了满足精密给药的要求而发展起来的新型给药方法，可以实现药物的定时、定量和定点释放等，已经应用在癌症治疗、眼科、心血管疾病、计划生育等领域。药物控释体系是以生物降解材料为载体，将药物或其他生物活性物质负载于载体上而得到的。人们通过调控载体材料在体内的降解速率，进而控制其负载的药物的释放速率，使得药物的疗效达到最佳。药物控释制剂也可以有效地解决药物半衰期短、稳定性差、毒副作用大等缺陷。聚乳酸及其共聚物作为控释药物载体可以制备药物胶囊和囊膜材料，拓宽给药途径。聚乳酸药物微囊可以控制药物持续地定量释放以维持血药浓度相对平稳，这不但降低了药物集中释放与吸收对人体的刺激性及毒副作用，也可以提高药物利用率，减少了病人用药量和服药次数，例如全反式维甲酸以乳酸-乙醇酸共聚物为载体制成的药物微球具有明显的缓释作用。此外，聚乳酸也可用作酶制剂和生物制品的囊膜材料以控制药物剂量平稳释放[64]。

骨科临床上一般采用不锈钢和钛合金材料作为治疗骨折与骨缺损等疾病的内置材料。生物降解高分子材料用作骨科内固定材料，在创伤愈合过程中缓慢降解，同时组织细胞在材料上生长成组织或器官，避免了二次手术对患者产生的身体上的痛苦和经济上的负担。PLA 是骨组织工程中的优选材料之一，在硬骨组织再生、软骨组织再生、人造皮肤、神经修复等方面均可作为细胞生长载体[65,66]。聚乳酸及其共聚物制成的骨钉、骨固定板等已经在各类骨折的治疗中得到广泛应用，在骨折痊愈后不需要手术取出，从而大大减轻患者的痛苦。聚乳酸作为骨修复材料，除了其优良的生物相容性、生物可降解性和可吸收性等性能以外，还必须具有足够的力学强度，尤其是在降解过程中要维持一定的力学强度直至骨折愈合。由于骨折内固定材料对初始力学强度有严格的要求，仅有 PLA 和聚乙醇酸（PGA）适合制作骨折内固定制品。自增强 PGA材料的初始弯曲强度大于 300MPa，但在降解过程中其力学强度快速降低，约 8～14 周基本上失去力学强度，因此它一般不能在皮质骨或承重骨骨折内固定中使用，但可用于松质骨骨折内固定。因为 PLA 分子链结构单元比 PGA 的结构单元多了一个疏水的甲基，PLA 的降解速度比PGA 减小 10%～30%，PLA 增强材料综合性能好，其初始弯曲强度大于 200MPa。目前 PLA 骨科材料的主要研究热点是以 PLA 及其共聚物的复合材料制备骨固定产品[67]。

聚乳酸缝合线具有生物降解性，随着伤口的愈合缓慢降解并被吸收，无需二次手术。PLA缝合线目前尚需解决下列问题。首先是缝合线的机械强度和缝线操作性能有待提高。以聚乳酸共聚物取代聚乳酸均聚物制备的缝合线具有对机体无毒性、组织反应极小、操作性好和柔性好等优势。其次是高光学活性聚乳酸的合成。高光学活性聚乳酸结晶度高、机械强度大、拉伸比大、收缩率低,比无定形 PDLLA 更适用于制作缝合线。最后是 PLA 缝合线的多功能化。在 PLA 中掺入非甾体抗炎药,其缝合线具有抑制局部炎症和异物排斥反应的作用。而在 PLA 中加入骨胶原、低分子量 PLA 或其他增塑剂,其缝合线韧性提高、降解速率可调[68,69]。

2. 聚乳酸在包装材料方面的应用

聚乳酸具有良好的力学性能,适用于吹塑成型和挤出成型等各种热塑加工方法,可用于加工从工业到民用的各种塑料制品。聚乳酸有良好的防潮、耐油脂和密闭性,在食品包装领域可以替代传统包装材料,其独特的环保性也使得 PLA 在未来包装材料领域必将占据重要地位。PLA 制品表面光洁、透明度高,因此可以取代聚苯乙烯和聚对苯二甲酸乙二醇酯用于食品包装,例如用作水果、生鲜和熟食等商品的包装盒。此外,聚乳酸也可以用作食品、果蔬和鲜花等商品的薄膜包装材料,或用于制作饮料和食用油等商品的包装瓶[70]。PLA 容器已经达到了德国和欧盟标准,对咖啡、茶、可乐等液体的抗污渍能力尤为突出。聚乳酸在常温下性能稳定,但在温度高于 55℃或富氧及微生物的作用下会自动分解,使用后能被自然界中微生物完全降解为二氧化碳和水,如聚乳酸食品杯只需 60 天就可以完全降解,真正达到了生态和经济双重效益[69]。

3. 聚乳酸在纺织领域的应用

PLA 纤维是一种重要的绿色纤维,该纤维及其织物均已经实现了工业化生产,可以替代石油基合成纤维,经济效益和环境效益俱佳。PLA 纤维可以在标准热塑性纺丝设备上加工,熔体温度通常为 200~240℃,但在熔融纺丝过程中存在热降解问题。此外,与 PET 纤维相比,PLA 纤维染色难度较大。聚乳酸纤维属于高强、中伸、低模的纤维材料,其拉伸强度和断裂伸长率与涤纶和尼龙纤维相似,且回弹性好,抗皱性优,手感柔软,有利于纺织和产品后加工。聚乳酸纤维兼有天然纤维和合成纤维的特点,如吸湿排汗均匀、快干、阻燃性低、烟尘小、热散发小、无毒性、熔点低、回弹性好、折射指数低、色彩鲜艳、不滋长细菌和气味保留指数低等。聚乳酸织物具有良好的悬垂性和手感,穿着舒适,并具有耐穿、抗皱、抗紫外线、导湿和释放人体气味等特性,是极佳的高级休闲服饰和优质舒适运动服的面料。PLA 因为其优越的综合性能、原料可再生性、完全可生物降解性等,可取代 PET 纤维材料。表 10-3-2 比较了 PLA 与 PET 作为服装材料的关键性能。PLA 无纺布可用作室内装饰品、一次性服装、遮阳篷、女性卫生用品、尿布和组织工程材料等的材料。将静电纺 PLA 纳米纤维分别直接纺制在水刺非织造布和熔喷非织造布上,制成 PLA 纳米/非织造布复合材料,其过滤效率得到很大提升。PLA 纤维能够耐干洗剂及其他一些有机溶剂,但不耐酸碱。PLA 纤维脆性大,其韧性低于棉麻和毛等天然纤维,PLA 的化学改性和共混改性可以改进其纺丝工艺,同时也有利于改善纤维性能[68,71]。

表 10-3-2　PLA 与 PET 作为服装材料的关键性能比较

性能	PLA	PET
湿度控制	毛细现象很好	毛细现象好
亲水性	接触角为 75.3°; 回潮率为 0.4%~0.6%	接触角为 82.2°; 回潮率为 0.2%~0.4%
可燃性	火焰移开后燃烧 2min	火焰移开后燃烧 6min
弹性	10%应变有 64%的回复	10%应变有 51%的回复
悬垂性/手感	好	差
光泽	很高到低	中等到低
抗皱性	优良	好

总之，聚乳酸是一类前景广阔的绿色高分子材料，然而居高不下的成本及性能缺陷限制了其实际应用的领域。随着由玉米葡萄糖发酵制备乳酸技术、PLA合成与加工技术的发展，PLA的价格可望有较大幅度的下降。根据其性能缺陷以及具体的使用性能要求，采用适当的物理和化学方法对其进行改性，聚乳酸的热稳定性、疏水性、脆性、耐冲击强度、降解周期等可得到改善，这些将为聚乳酸能被更好地应用提供有力保障。

第二节　聚乙醇酸

聚乙醇酸（PGA）又称为聚羟基乙酸或聚乙交酯，是结构最简单的线型脂肪族聚酯。PGA最早由Carothers在20世纪30年代合成，不过早期的聚乙醇酸一般是由乙醇酸缩聚得到的较低分子量的产物，其力学性能差。在众多可生物降解、人体可吸收的高分子材料中，PGA是最早商品化的一种材料[72]。聚乙醇酸在体内可以降解为羟基乙酸，参与体内代谢，最早被制成可吸收缝合线，继而开发了其他医学材料的用途，如药物控制释放系统、整形手术的固定支架。此外，PGA还可用于单（多）层软包装材料（如饮料瓶、收缩薄膜、热压成型的容器和PGA复合纸等）及农用降解薄膜等领域[73]。

一、聚乙醇酸的合成

聚乙醇酸的单体是乙醇酸，乙醇酸又称羟基乙酸、甘醇酸，是结构最简单的α-羟基酸，可以合成环状内酯。乙醇酸、乙交酯和聚乙醇酸的分子结构如图10-3-5所示。乙醇酸在自然界中主要存在于蔬菜和水果中，如

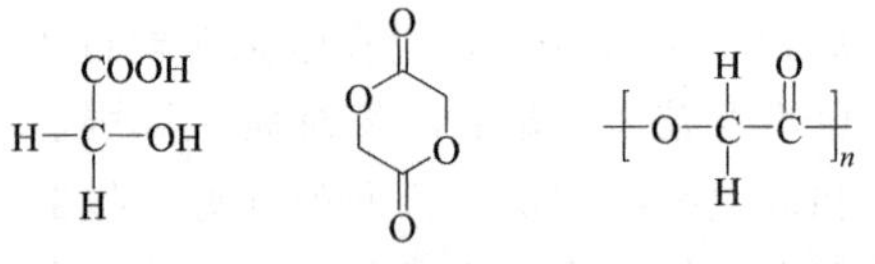

图10-3-5　乙醇酸、乙交酯与聚乙醇酸的分子结构

甘蔗、甜菜、菠萝、未成熟葡萄及海藻中，分离提纯难度很大。乙醇酸工业合成方法包括氯乙酸水解法、羟基乙腈水解法、甲醛羰基化法、乙二醇选择性氧化法、乙二醛催化歧化法、草酸电还原法、海藻残渣水热液化法、生物法等[72-75]。乙醇酸的工业生产目前主要采用甲醛羰基化法，其原料甲醛可以由生物甲醇氧化制备。生物法尚未实现工业化，包括微生物腈水解酶或脱氢酶水解羟基乙腈法、葡萄糖酸杆菌生物转化乙二醇法等方法，具有条件温和、反应专一性、高选择性、产物纯度高、环境友好等优点，符合绿色发展方向。

聚乙醇酸一般可以采用乙交酯开环聚合和乙醇酸直接聚合两种方法制备。直接缩聚法由乙醇酸缩聚制备PGA［如图10-3-6（1）所示］，工艺简单，但PGA分子量低且分布宽，易降解，产品性能不能满足生物医学的需要。乙醇酸采用熔融/固相缩聚可能得到高分子量PGA，但其分子量不容易控制[74,75]。高分子量PGA通常采用乙交酯开环聚合法制备，即首先由乙醇酸合成环状乙交酯，然后乙交酯开环聚合生成PGA［如图10-3-6（2）所示］[72,76]。乙交酯开环聚合引发剂对聚合反应的影响巨大，乙交酯开环聚合引发剂包括阳离子引发剂、阴离子引发剂和配位开环聚合引发剂三类[77,78]。乙交酯阳离子引发剂主要是质子酸（如羧酸、对甲苯磺酸、CF_3SO_3H等）和Lewis酸（如$SnCl_2$、$SnCl_4$、$TiCl_4$、SbF_2和CF_3SO_3Me等），只能引发乙交酯的本体聚合得到低分子量PGA。乙交酯阴离子引发剂一般为BzOK、PhOK、tBuOK及BuLi等强碱，可引发乙交酯的溶液聚合或本体聚合，反应速率快，但易发生副反应，这不利于制备高分子量PGA。乙交酯配位开环聚合引发剂包括金属有机盐（如异辛酸亚锡）、烷基金属化合物（如二乙基或二丁基锌、三乙基或三异丁基铝等）、烷氧基金属化合物［如$Al(OPr-i)_3$、二乙氧基或二异丁基锌、$Sn(OEt)_2$等］、双金属引发体系［如$ZnEt_2-Al(OPr-i)_3$］等，其中异辛酸亚锡

是常用的聚乙醇酸引发剂。乙交酯开环聚合引发剂是研究热点，引发剂性能需要满足活性高、反应条件温和、可调控分子量及其分布、对人体无毒性等要求。

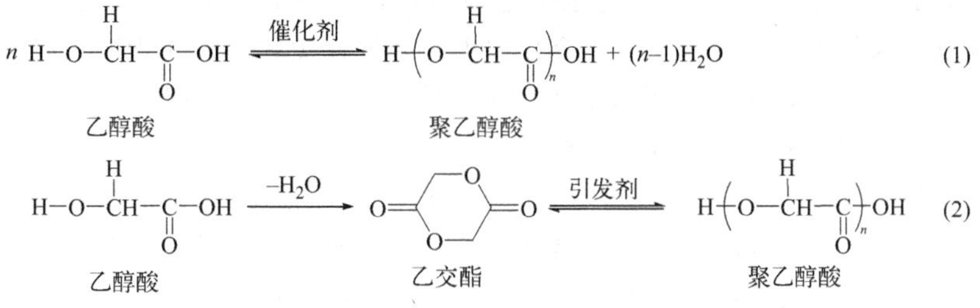

图 10-3-6　聚乙醇酸直接聚合与开环聚合反应式

二、聚乙醇酸的性能与改性

聚乙醇酸具有规整的线型分子链结构，容易结晶，结晶度高，力学强度好，其熔点（T_m）约 224℃、玻璃化转变温度（T_g）约 36℃。聚乙醇酸目前重要的应用领域是医用生物可吸收材料。聚乙醇酸材料不仅具有优良的力学性能、生物安全性和可靠性，还能够通过功能化获得特定的生物结构和生物功能，在植入体内后可以充分调动和发挥机体自我修复与完善的能力，促进受损的人体组织或器官的重构和修复。聚乙醇酸的生物降解过程首先是分子链上的酯键发生水解反应，断链生成低聚物片段，然后酶催化降解低聚物，并最终形成 CO_2 和 H_2O 等产物。聚乙醇酸在体内降解为羟基乙酸，羟基乙酸容易参与体内代谢，即使没有特定酶的作用也可以完全降解。聚乙醇酸具有良好的生物降解性和生物相容性，但也存在结晶度高、熔点高、加工成型困难等缺陷，这引起人们的广泛关注。人们对聚乙醇酸进行共混与共聚改性，改善其力学性能、降解性能及其他物化性能，以拓展其应用领域。

1. 聚乙醇酸共混改性

PGA 采用酚醛树脂共混改性，可以改善材料的耐水解性，并且材料疏水性好，可以加工成型薄膜、容器和拉伸片材等产品。在聚乙醇酸树脂内添加磷酸酯类热稳定剂和受阻酚类酸化抑制剂，可以提高 PGA 材料的防变色性能和抗水解性能。在 PGA 中添加少量的芳香族聚酯可以显著改善 PGA 材料的耐湿稳定性和熔融加工性。PGA 树脂与 PET 瓶片树脂和有机磷酸酯热稳定剂共混可以制备氧阻隔芯层树脂，该树脂具有很好的气体阻隔性与加工性能。片状石墨改性的 PGA 树脂的结晶温度从 135℃提高至 175℃，其加工性能显著提高。PGA 和 PLA 共混合金的力学性能较差，PLA 和 PGA 产生相分离，加入扩链剂对合金进行扩链改性，可以改善 PLA 和 PGA 的相容性，提高共混物的力学性能[79]。

2. 聚乙醇酸共聚改性

聚乙醇酸的共聚单体包括 ε-己内酯、丙交酯、聚乙二醇、二氧环己酮、6-甲基-2,5-二羟基吗啉、2-氢-2-氧-1,3,2-二氧磷杂环己烷等[77]，乙交酯与共聚单体可以形成二元或三元共聚体系。乙交酯/己内酯共聚物兼有聚乙交酯和聚己内酯两种材料的优势性能，而且其载体材料的通透性好，可以制备长效药物。聚乙丙交酯具有聚乙交酯和聚丙交酯材料的综合性能，如巴斯夫公司采用开环聚合法生产聚乙丙交酯，其结晶性大大降低，力学性能改善，生物降解速度也得以提高。采用乙二醇改性乙交酯/己内酯共聚物可以制备三嵌段共聚物，该嵌段共聚物由于引入了亲水的乙二醇链段而亲水性较好。低分子量的乙交酯/丙交酯/聚乙二醇三嵌段共聚物可溶于水并形成可逆凝胶，以其制备药物控释体系时，其疏水性链段和亲水性链段可以增加药物在载体中的溶解度和稳定性，人们也可以通过改变共聚物的疏水性/亲水性嵌段含量、分子量和多分散性等参数调节药物释放速率[80]。乙交酯、丙交酯与己内酯共聚所得的三元共聚物不仅保持了原单一聚酯材料的生物降解性和生物相容性，也具有优良的力学性能。乙交酯-二氧环己酮共聚物加工性能优良，因其力学性能、生物相容性和生物降解性优异可以作为医用缝合线原料，不仅提高了缝合线的柔顺性，还缩短了线的吸收期。将乙交酯与聚 6-甲基-2,5-二羟基吗啉共聚，共聚物分子链含有亲水性酰胺基团和易水解的酯基基团，其结晶性能下降，降解速率提高。聚丙烯酸甲酯分子链上可以接枝聚乙醇酸链段合成支化共聚物，且共聚物的性能受到其化学组成与支链尺寸的调控。乙醇酸-磷酸酯共聚物无毒且生物相容性好，以其作为载体制备生物可降解药物控释系统，药物对细胞膜的通透性以及细胞对药物的胞饮能力都得到增强。

三、聚乙醇酸的应用

聚乙醇酸及其改性材料具有良好的生物降解性、生物相容性、耐热性、阻气性和机械强度，主要应用在生物医学材料、环境材料和包装材料等领域。

聚乙醇酸及其改性材料不仅能够满足医用材料对其生物相容性（包括血液相容性和组织相容性）的要求，而且其理化性能、生物安全性和可靠性等也能够满足使用要求，在医学领域具有广泛应用。PGA 医用缝合线具有较好的初始拉伸强度，能够满足缝孔强度要求，而且它在人体内随伤口愈合逐步分解并被吸收，无需再次拆除，在缝合处理人体深部的伤口时特别有优势。聚乙醇酸的分子量大于 10000 时即可以用作缝合线材料，但是其强度不能满足人体组织修复材料的要求，用作骨折修复材料或其他内固定物材料时需要更大分子量的 PGA。PGA 纤维材料一般平均分子量为 20000～145000，其分子链排列具有方向性，增强了纤维强度，而自增强聚乙醇酸的力学强度一般为其母体的 2～3 倍或更高。聚乙醇酸和聚乙丙交酯（PLGA）手术缝合线自 1970 年以来获得了广泛应用，如 PGA 熔纺纤维编织而成的 Dexon 纤维、商品名为 Vicryl 的 PLGA 缝合线（乙交酯和丙交酯的比例为 9∶1），这些缝合线的强度高于纯 PGA 缝合线。Maxon 可吸收缝合线是由聚乙醇酸与三亚甲基碳酸酯共聚物制备的产品，其初始拉伸强度和结节强度均高于聚丙烯缝合线与尼龙缝合线。此外，Maxon 缝合线的强度衰减速率低，在体内 28 天后其强度降为 59% 的初始强度，而纯聚乙醇酸缝合线在体内 14 天后其强度降低一半以上。

聚乙醇酸及其共聚物是常用的药物控释制剂的基材，药物控释体系不仅能够拓宽给药途径，也能够减少给药次数和给药量，消除药物对人体器官和组织（特别是肝和肾）的毒副作用。聚乙丙交酯无毒，生物降解性和生物相容性良好，而且与细胞具有一定的相互作用能力。聚乙丙交酯已经用于多肽和蛋白类药物、抗癌药物、戒毒药物、免疫药物、避孕药物以及促进组织再生药物等控制释放体系[80]，如胰岛素 PLGA 双层缓释片和孕酮的 PLGA 缓释胶囊等产品。聚乙丙交酯可以制备支撑材料，可移植上器官组织的生长细胞用于组织修复。聚乙醇酸和聚乳酸共混物棒材、聚乙丙交酯纤维增强聚乳酸骨板可用于骨折内固定[81]。聚四氟乙烯纤维编织物或无纺布可以在心脏外科和血管外科中用于缺损部位或脆弱部分的补强与止血，但可能会有轻微炎症，这时需取出聚四氟乙烯埋入材料才能治愈。由于 PGA 或 PLGA 具有良好的生物降解性，可避免上述炎症问题，它们已经替代聚四氟乙烯，在肺纵隔、内脏、脊柱及腹壁等患处的被覆、补强与填补等治疗过程中广泛使用。

聚乙醇酸具有突出的气体阻隔性，其对氧气和水蒸气的阻隔性是聚对苯二甲酸乙二醇酯（PET）的 100 倍和 PLA 的 1000 倍。在环境温度改变时，PGA 依然能够保持优异的气体阻隔性。因此，PGA 可以用作各类饮料和防腐食品的包装材料，例如在 PET 多层饮料瓶中使用 PGA 阻隔芯层后，PET 的用量减少了 20%，也降低了包装成本。聚乙醇酸也可能取代农业中广泛使用的通用塑料产品，PGA可用作农药缓释体系以控制除草剂的释放速度，而机械性能良好的乙醇酸共聚物则有望作为农用薄膜产品，聚乙醇酸及其共聚物还可用作林业用材、土壤与沙漠绿化的保水材料等。聚乙醇酸农膜最显著的优势是其废弃物在环境中可自动降解，不会污染土地和水源，而目前大量使用的聚乙烯膜和聚氯乙烯膜则容易造成环境污染。

第三节　聚羟基脂肪酸酯

生物聚酯是由微生物发酵或者植物培养生产的一类聚酯材料的总称，可以通过微生物的大规模发酵制备。生物聚酯结构多样，其中聚羟基脂肪酸酯或聚羟基烷酸酯（polyhydroxyalkanoates，PHA）是微生物体内合成的羟基脂肪酸的线性聚酯，分子量范围从几万到数百万[82]。Lemolgne于1926年最早发现巨大芽孢杆菌（*Bacillus megaterium*）能够合成聚3-羟基丁酸酯（PHB），且PHA具有超过150种单体，其分子链结构通式如图10-3-7所示，侧链R基团和主链单体链长"*m*"均可变化。PHA可能是均聚物或共聚物，且天然微生物合成的共聚PHA一般为无规共聚物。由于微生物代谢的影响，有些单体无法合成对应的均聚物，例如以长链脂肪酸作为底物时，微生物会通过脂肪酸代谢来减少脂肪酸碳链长度，其合成的PHA是由不同碳链长度单体形成的无规共聚物。

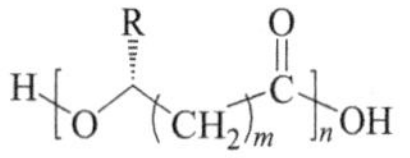

PHA根据单体碳原子数分为短链PHA和中长链PHA两类[83]。短链PHA的单体由3～5个碳原子组成，如3-羟基丁酸酯（3-hydroxybutyrate，3HB）、4-羟基丁酸酯（4-hydroxybutyrate，4HB）等。中长链PHA的单体由6～14个碳原子组成，如3-羟基己酸酯

图10-3-7　PHA的结构通式

（3-hydroxyhexanoate，HHx）、羟基辛酸酯（hydroxyoctanoate，HO）等。只有少数PHA大规模生产成功，PHA工业化生产已经经历了四代产品的更新换代。第一代商业化的PHA是聚3-羟基丁酸酯（PHB），它具有与聚丙烯类似的热塑性，但脆性和较差的热稳定性限制了它的工业应用。第二代热塑性PHA为由混合碳源培养微生物生产的3-羟基丁酸-3-羟基戊酸共聚酯（PHBV）。3-羟基丁酸-3-羟基己酸共聚酯（PHBHHx）是第三代PHA，具有比PHB更好的柔韧性。第四代PHA是3-羟基丁酸-4-羟基丁酸共聚酯（P3HB4HB），可以通过调节共聚单体比例，得到不同性能的材料等。

PHA具有良好的机械性能、生物相容性、可生物降解性、气体和液体阻隔性、压电性等性能，是不可生物降解石油基聚合物的替代品，已用于薄膜、泡沫、纤维、食品添加剂、医疗植入物、药物传递载体、控释材料、用于组织再生的医疗支架、生物燃料以及动物饲料等领域。

一、聚羟基脂肪酸酯的生物合成

PHA是微生物在过量碳源和有限营养条件下积累羟基烷酸盐的聚合物。在自然环境中微生物在碳源过剩时能储备干燥菌体质量5%～20%的PHB，而在碳源过量、限制氮和磷用量等条件下，其PHB含量可以达到细胞干重的70%～80%。大多数微生物只能合成某一类PHA，其单体的碳原子数差异与PHA聚合酶的底物特异性息息相关。PHA的生产过程是首先细菌发酵，再经过破壁、分离、提取等操作得到PHA。常用PHA提取方法有溶剂萃取法、化学试剂法、机械破碎法和酶法，其中以溶剂萃取法为主。PHA也可以化学合成，主要有酯交换法和内酯配位开环聚合法。化学合成法虽然技术成熟，但其原料昂贵，副反应多，产物复杂且分子量较低，生产效率低。因此，PHA目前主要采用微生物发酵生产，但是生产成本高，研究人员采用混合菌发酵、极端微生物发酵、基因工程等技术降低发酵原料和发酵过程的成本，提高细菌的PHA

合成能力和积累效率以降低 PHA 生产成本。

迄今为止，已经在包括光能自养菌、化能自养菌和异养菌在内的 300 多种微生物细胞内发现 PHA[84]。一些细菌在碳源过剩、缺少氮和磷元素、低氧和经受紫外辐射等生长条件下可以合成并储存 PHA，这些细菌包括罗尔斯通菌属（Ralstonia）、肠杆菌属（Enterobacter）、产碱杆菌属（Alcaligenes）、贪铜菌属（Cupriavidus）、假单胞菌属（Pseudomonas）和红杆菌属（Rhodobacter）等，而某些蓝藻和嗜盐菌在合适的环境下也能积累 PHA。PHA 生产菌应该具备菌体生长迅速、能利用廉价碳源、高产 PHA 的特性，真养产碱杆菌（A. eutrophus）是研究最多的 PHB 生产菌种。PHA 的单体为羟酰基辅酶 A，微生物合成 PHA 一般包括羟酰基辅酶 A 的合成及其聚合反应两个步骤，即微生物首先进行碳源代谢合成羟酰基辅酶 A，然后羟酰基辅酶 A 在聚合酶的催化作用下聚合生成 PHA。微生物合成 PHA 所需的碳源包括挥发性脂肪酸和糖类等在内的所有可代谢的碳源。因为有些羟酰基辅酶 A 单体不能直接经过微生物代谢过程合成，这些单体需要外源添加分子结构相关的底物，再经过微生物转化产生所需要的单体。此外，结构不相关的碳源也能通过天然存在的或者人工构建的生物合成途径产生所需的 PHA 单体。Cuprividus necator 菌种以粗甘油作为碳源可以生产 PHB，而以果糖和 1,4-二丁醇作为 2 种碳源则可以生产共聚物 P（3HB-co-4HB），且共聚物的 3HB/4HB 比例受碳源比的影响[85]。

PHA 生产必须大规模进行，以降低生产成本。工业上目前主要是利用野生型微生物的纯菌和重组型微生物的纯菌进行发酵生产 PHA，PHA 积累量最高可达微生物干重的 90%。但是纯菌发酵工艺需要无菌环境和稳定、均一的底物，这导致 PHA 的生产成本远高于石化制品。在极端的发酵条件（如较高温度、较高盐含量等）下，大多数微生物不能繁殖，极端微生物（如嗜盐菌和嗜热菌）能够在开放的不灭菌和连续发酵过程中产生 PHA，这样可以简化生产过程，降低生产成本。与纯菌发酵相比，混合菌种发酵可以利用低值农林废弃物、活性污泥等低成本碳源，无需灭菌，作为一种更为廉价的生产 PHA 的方法得到了广泛关注。多种革兰氏阳性菌和革兰氏阴性菌在自然界中可以形成混合菌群，并具备合成 PHA 的能力，因此这些混合菌群的发酵生产无需严格的无菌环境，可以使用廉价碳源原料在开放环境中发酵[85]。因此，混合菌法生产 PHA 在降低生产成本方面具有明显优势，通过改变碳源和进料方式可以改变 PHA 组成、平均分子量、结晶度和其他物理特性，混合菌产生的 PHA 的复杂性增加了其纯化的难度，提取 PHA 和恢复发酵液中微生物生物量的成本较高。

基因表达调控和基因编辑技术已用于提升微生物 PHA 合成效率。大肠杆菌（Escherichia coli）是最佳的 PHB 基因重组受体菌株，重组大肠杆菌（E. coli）具有生长迅速、代谢途径多样等优势，其胞内无 PHA 降解酶，显著提升了细胞生长速率和 PHA 合成速率，PHA 易提取和纯化，产物无损失[86]。酵母菌［如毕赤酵母（P. pastoris）、酿酒酵母（S. cerevisiae）、陆地酵母（A. adeninivorans）和解脂酵母（Y. lipolytica）等］是基因工程最理想的表达宿主，具有遗传操作简单、外源基因拷贝数高等优势，但重组酵母菌的 PHA 所占细胞干重一般小于 7.06%。转基因植物（如转基因烟草、谷物、甘蔗和棉花等）可以利用大气中的二氧化碳和阳光合成 PHA，不需要另外提供碳源，减少 PHA 成本，但转基因植物中 PHA 的含量相对较低[84]。与微生物发酵工艺相比，转基因植物产品的获取及其 PHA 的提取比较简单。

二、聚羟基脂肪酸酯的性能与改性

PHA 的物理性能主要取决于单体组成、共聚单体比例、主链的侧基及相邻酯键的间距等因素。短链 PHA 大多数有较高结晶度，表现出硬而强的塑料特性，而中长链 PHA 结晶度很低，表现出软而韧的弹性体特征，如 PHB 为 α 螺旋结构结晶，结晶度为 55%～80%，熔点为

180℃。PHA是微生物的胞内碳源和能源储存物质，可以生物降解，许多微生物能够分解利用PHA。PHA环境降解主要在微生物分泌的胞外酶的作用下进行，受到分子链结构、聚集态结构、环境类型、微生物种群及活力、水分、温度等因素的影响。PHA在生物体内的胞内降解是在PHA解聚酶的作用下分解形成低聚物或单体，而PHA的胞外降解则包括无酶参与的酯键水解反应或在胞外PHA解聚酶作用下的分解反应两种机理。PHA在人体内的最终降解产物是3-羟基脂肪酸，且3-羟基脂肪酸是人体血液中的普通代谢物，对人体无任何毒副作用。此外，PHA还具有光学活性、压电性、抗潮性、低透气性等。但每一类PHA目前都存在一些性能缺陷或热加工问题，需要进行生物改性、化学改性或物理改性[87,88]。

1. 聚3-羟基丁酸酯（PHB）的生物改性

微生物在发酵合成PHA时，如果采用不同碳源和不同的发酵条件，则合成的PHA分子链中将含有不同的羟基脂肪酸结构单元，得到PHA共聚物，即实现对PHA的生物改性。PHA生物改性是从分子链结构上对PHA材料进行改性，达到改善PHA材料性能的目的[89]。PHB是聚羟基烷酸酯的典型代表，具有优良的生物相容性和生物降解性。PHB具有规整的线型分子链结构，因此其结晶能力强，力学性能好，但是高结晶度的PHB材料脆性大、断裂伸长率低。此外，PHB的熔点（约180℃）与分解温度（约190～200℃）较为接近，这导致PHB在熔融加工时容易热降解，使其成型加工的难度增加。PHB的这些缺陷在很大程度上限制了其应用范围。采用生物改性的方法在PHB分子链上引入其他羟基脂肪酸的结构单元，共聚单元破坏了分子链的规整性，因而共聚酯的结晶能力和结晶度下降，这将降低材料的熔点而提高其加工性能，也改善了材料的韧性。

2. 聚羟基脂肪酸酯的化学改性

PHA的接枝共聚与嵌段共聚是常用的化学改性PHA的方法，也是提高PHA综合性能的主要手段。PHB主链上接枝顺丁烯二酸酐链段可以得到接枝共聚物，虽然接枝共聚物的分子量降低了，但是其热稳定性却有较大幅度的提高，例如其热分解温度提高了42.2℃[90,91]。将甲基丙烯酸缩水甘油酯（GMA）接枝到3-羟基丁酸-3-羟基戊酸共聚酯（PHBV）主链上，GMA支链影响PHBV链段运动，并对PHBV结晶产生成核效应。PHB与聚己内酯（PCL）在熔融状态下能够发生酯交换反应，制备PCL-PHB多嵌段共聚物，该嵌段共聚物的结晶行为随酯交换量增加而发生较大变化，且热稳定性提高。

3. 聚羟基脂肪酸酯的物理改性

在PHA的物理改性中，共混改性是较为常见的方法之一，可弥补PHA性能的不足。PHA共混体系依据其共混组分的降解性能可分为全生物降解性共混物和可解体性共混物两类。PHB的可解体性共混物使用非降解性聚合物作为共混组分，如聚醋酸乙烯酯、聚偏氟乙烯、聚甲基丙烯酸甲酯、乙丙橡胶和乙烯-醋酸乙烯酯共聚物等。PHB可解体性共混物的PHB组分可以降解，而非降解组分则分散成极微小颗粒并在自然界中长期存在，将给环境带来污染。全生物降解性PHB共混物的共混组分为可降解聚合物，如纤维素酯、聚氧化乙烯（PEO）、聚丁二酸丁二醇酯（PBS）、聚碳酸亚丙酯（PPC）、聚对苯二甲酸-己二酸-丁二酯（PBAT）、聚乳酸（PLA）和其他PHA等[92,93]。PHB全生物降解性共混物在自然环境中能够完全降解，从根本上解决了废旧塑料引起的环境污染问题，因而它是可降解材料的发展方向。PEO/PHB共混可降低加工温度，提高共混材料的冲击强度。PHB/PBS共混物的拉伸强度和韧性提升，断裂伸长率可达400%。PHBV共混改性时，PPC的加入可使PHBV结晶能力降低、结晶尺寸和结晶度变小，而PBAT的加入可抑制PHBV的结晶过程，大幅度提高PHBV的断裂伸长率和冲击强度。使用PLLA共混改性PHB，可以明显提高共混薄膜的结晶性能。而同时使用PLLA和PEO共混改性 PHB，共混物的力学性能和降解速率得到了改善。PHBV/PLA 共混材料的熔体弹性明显提升，PLA/PPC/PHBV 共混膜具有较高的综合力学性能。采用纤维素纳米纤维增强 PLA/PHB 共混物，聚羟基丁酸酯的力学性能和热稳定性显著提高。通过木醋杆菌和富营养拉尔夫氏菌共培养方法，原位同时产生了细菌纤维素（BC）和聚羟基丁酸酯，制备 BC/PHB 复合材料，该复合材料是连接 PHB 颗粒的 BC 纤维网络，可以作为有毒铜离子的吸附剂[93]。甘油、季戊四醇及 PEG200 等小分子物质加入 PHA 中，可提高 PHA 塑化性能和吸湿性，加速 PHB 的热降解[94]。2-乙酰柠檬酸三丁酯和聚 3-羟基辛酸酯（PHO）均可以增韧 PHB，且 PHO 增韧的 PHB 具有更好的热稳定性，其薄膜具有更好的柔韧性[95]。

三、聚羟基脂肪酸酯的应用

PHA 不仅具有生物可降解性和生物相容性，还具有独特的可提高微生物抗逆性的性能，其他性能也能够与传统塑料媲美，因此可以广泛应用于医学、农业和包装业等领域。

PHA 具有良好的生物降解性、生物相容性和支持细胞生长等性能，已被用于组织工程、植入材料、药物缓释、医疗保健等领域[96]。特别是 PHA 具有支持细胞生长的性能，能够提供多种组织、器官细胞生长的环境，且其降解产物大多在动物体内存在，没有致癌性。美国 Tepha 公司使用 P4HB 生产了可吸收缝合线，该缝合线在 2007 年取得美国食品药品监督管理局（FDA）认证，获准进入市场，标志着 PHA 材料开始实际的医学应用。PHA 可应用在医用缝线、控释载体、防粘连膜、组织修复/再生装置、修复支架、神经导管及伤口敷料等方面。

PHA 可用作药物、激素、杀虫剂和除草剂等产品的可降解载体，通过溶剂挥发的方法制备成纳米微球、纤维和微胶囊等产品，实现这些物质的可控释放。聚乙二醇（PEG）改性 PHB 共聚物制备抗癌多肽载药纳米粒子，可以使肿瘤体积降低。PHB 和其他 PHA 可以制备组织工程支架，其应用领域涉及心血管、骨、软骨、神经导管、食管和皮肤等[97-99]，但 PHB 用作骨折内固定材料时存在降解时间长的问题。组织工程材料也可采用 PHBV 支架材料、羟基磷灰石/PHB 复合材料、聚醚/PHB 复合材料、PHBHHx/PHB 复合材料等。由 PHA 及其共聚物和共混物制成的多孔内膜、实心外膜及血管支架等产品不仅生物相容性好、抗凝血性和细胞黏附性优异，而且其降解速度比较适中。PHA 薄膜一般采用溶液模压、旋转成膜、热压成膜以及挤出等成型方法生产，可应用于农业、航海和医学材料领域。PHBV 薄膜植入肌肉内，在植入区内未出现肿胀或组织坏死。3-羟基丁酸-3-辛酸共聚酯薄膜在小鼠组织内呈现异常惰性，与周围组织无粘连。PHBV 可以由嗜盐古菌发酵合成，它不仅细胞相容性好，有利于成纤维细胞和成骨细胞在其表面黏附和生长，也显示出优异的抗菌性能。

PHB 是生物合成的可降解材料，原料可再生，从环境保护和碳循环角度来看，比其他降解材料有环保优势。PHA 的力学性能与石油基塑料相似，因此它可作为绿色包装材料，例如饮料瓶、塑料袋、收缩包装膜等。与其他生物聚合物相比，PHB 膜对水和氧气具有良好的阻隔性能，且 PHBV 膜比 PHB 膜具有更好的气体阻隔性能，CO_2 和 O_2 只能缓慢地扩散，所以无需添加抗氧剂，因而在食品包装领域具有较好的发展前景。PHA 可作为农药和贵重药物的包埋剂，成为药物和农药长期缓慢释放的控释系统，也可用于制备一些农用材料，如多用膜、移植用苗钵、荒地绿化的保湿基材等。PHB 在动物肠道内能降解为短链脂肪酸，可以用于水产养殖，不仅能提供营养物质，促进水产动物生长，而且能营造酸性环境，从而抑制有害菌的生长、增强水产动物免疫力。带磺酸基的 PHA 具有良好的热加工性能、分散性和导电稳定性，可用于受电荷控制（例如光电转换、静电控制或电磁转换等）的记录过程或记录设备。

总之，PHA 是一类非常有前途的聚合物，相比于其他生物塑料（如聚乳酸），它有更好的阻隔性能和机械强度，但是商用 PHA 成本高、市场供应有限，工业化微生物发酵生产 PHA 往往需要精制的原料，这些因素限制了 PHA 的推广应用。为了高值资源化利用巨量的生物废弃物和提高环境保护程度，人们更加关注通过细菌基因改造生产 PHA、混菌发酵生产 PHA、以各种生物废弃物为原料生产 PHA 等研究领域，以降低 PHA 的生产成本，提高 PHA 的工业可持续性和商业化。采用"绿色塑料"PHA 替代传统石油基塑料，不仅可以解决废旧塑料的污染问题，保护环境，也能减少化石资源的消耗，实现人类的可持续发展。

第四节　聚二元酸二醇酯

可降解性塑料已经取得了很大进展，但仍存在回收技术、再生产品、提取天然高分子材料及其共混材料、残留物的污染物质对环境的影响等方面的问题。因此，以聚二元酸二醇酯为代表的可生物降解的新型合成脂肪族聚酯有可能成为 21 世纪的一种"绿色材料"。

一、聚二元酸二醇酯的合成

聚二元酸二醇酯一般通过二元酸 HOOC—R^1—COOH 与二元醇 HO—R^2—OH 的缩合聚合得到，其重复单元是—OC—R^1—COO—R^2—O—。作为普通的结构材料，聚合物必须是耐热的，二元醇及二元酸的选择是合成聚二元酸二醇酯类可生物降解材料的关键。聚二元酸二醇酯主要包括聚草酸乙二醇酯、聚草酸丁二醇酯、聚草酸新戊二醇酯、聚丁二酸乙二醇酯 [poly(ethylene succinate)，PES]、聚丁二酸丁二醇酯 [poly(butylene succinate)，PBS]、聚己二酸-对苯二甲酸丁二醇酯 [poly(butylene adipate-co-terephthalate)，PBAT] 等。生物降解性聚酯的制备主要有微生物发酵法、缩合聚合法及开环聚合法等，而聚二元酸二醇酯主要采用缩合聚合法制备。缩合聚合法一般由具有不同官能团（如羟基和羧基）的单体之间通过酯化反应，脱除小分子副产物从而制备聚酯，通常适合于二元酸、二元醇及其衍生物之间的聚合，此方法工艺简单，是制备高分子量聚酯的常用方法。

PBS 和 PES 是常见的化学合成生物降解聚酯，一般采用直接酯化法和酯交换法等缩聚反应制备，也可以采用扩链法提高聚合物的分子量[100]。PES 酯交换法的原料为丁二酸二甲酯和乙二醇，而 PBS 酯交换法的原料为丁二酸二甲酯和 1,4-丁二醇。酯交换反应以丁二酸二甲酯为原料，虽然丁二酸二甲酯成本较高，但是其副产物甲醇沸点低，聚合过程中容易脱除，有利于合成高分子量的聚合物。在聚合过程中需要分离和回收甲醇，避免引发安全和环境问题。

PBS 的直接酯化法以丁二酸和 1,4-丁二醇为原料直接合成得到聚合物，其副产物为水，不会污染环境，成本较低，因此该方法备受青睐。在直接酯化聚合过程中，首先采用过量 1,4-丁二醇与丁二酸进行酯化反应制备以 1,4-丁二醇封端的低分子量预聚物，然后预聚物在高温和高真空条件下酯化得到高分子量 PBS，同时脱除副产物 1,4-丁二醇。为了脱除副产物 1,4-丁二醇，缩聚反应后期的聚合温度往往超过 220℃。但是在高温和高真空条件下，聚合体系也容易发生脱羧、热降解和热氧化等副反应，这导致了聚酯分子量降低、分子量分布增大、聚酯的颜色加深，因此 PBS 的性能和外观无法满足要求，其成型加工也受到影响，限制了 PBS 产品的生产与使用。采用对苯二甲酸、1,6-己二酸和 1,4-丁二醇为原料可以直接酯化合成 PBAT 型生物可降解聚酯[101,102]，这提高了原料利用率，避免了甲醇副产物的生成，有效降低了原料及三废处理成本。扩链法是指通过扩链剂官能团与聚酯端基之间的反应将聚酯分子链连接起来，则聚酯的分子链长度增加，分子量增大。聚酯扩链剂是一类具有高活性双官能团的低分子量化合物，包括羟基加成型扩链剂和羧基加成型扩链剂两种。羟基加成型扩链剂含有能与聚酯的端羟基反应的官能团（例如二元酰胺、二元酰氯、酸酐和二异氰酸酯等），而羧基加成型扩链剂含有能与聚酯的端羧基反应的官能团（例如二环氧化物和二噁唑啉等）。扩链反应对聚酯分子量的提高效果明显，工艺简单，引起人们的广泛关注。扩链反应不仅可以在聚酯缩聚釜中进行，也可以在熔融纺丝或挤出等成型过程中完成。

二、聚二元酸二醇酯的性能与改性

作为聚二元酸二醇酯的典型代表，聚丁二酸丁二醇酯（PBS）是一种半结晶型聚合物，其密度为 $1.27g/cm^3$、熔点为 $140℃$、分解温度为 $300℃$、玻璃化转变温度为 $-32℃$、结晶度为 $30\%\sim60\%$。PBS 是一种全生物可降解高分子材料，具有良好的生物相容性和生物可吸收性，在细菌或酶的催化作用下，最终可降解为二氧化碳和水等无毒无害的物质。但 PBS 还存在熔体强度低、降解速率慢和冲击强度差等性能缺陷，其材料性能仍然需要进一步提高[100]。

PBS 在制备泡沫塑料时，因其熔体强度低而存在气泡过大、泡孔塌陷和串泡等缺陷，一般通过形成交联结构抑制气泡的过度增长，控制气泡尺寸，从而解决上述问题。PBS 交联的实施方法包括辐射交联、紫外线交联、过氧化物交联、硅烷交联和其他交联反应等。对 PBS 进行辐射处理，PBS 不仅可以发生交联反应，也可能发生降解。采用过氧化物引发 PBS 交联反应时，PBS 也容易发生降解反应。使用紫外线引发 PBS 交联反应则可以有效地减少 PBS 的降解。聚丁二酸丁二酯的共聚改性可以在更宽范围内调节聚合物性能，共聚单体包括己二酸、富马酸、丙二醇、己二醇等，已报道的共聚物包括 PBS-对苯二甲酸丁二醇酯共聚物、PLA-PBS 共聚物和其他功能性 PBS 共聚物等[100-102]。PBS 嵌段共聚与无规共聚可能破坏分子链规整性，降低结晶链段长度。PBS 嵌段共聚物保留了 PBS 和其他共聚组分均聚物的特性，改性的结晶聚合物仍然能够维持其熔点基本不变。PBS 可以与聚醚或其他聚醚合成嵌段共聚物，而聚醚链段柔性大、亲水性好，其在 PBS 嵌段共聚物中的引入是提高材料生物降解速率的有效途径。通过大分子反应在生物降解性聚酯中引入功能化链段，可达到对 PBS 进行功能化和亲水性改善的目的，最常见的此类大分子是聚乙二醇。采用扩链方法可以制备多嵌段 PBS 共聚物（如 PLA-PBS-PLA 三嵌段共聚物和 PEG-PBS-PEG 多嵌段共聚物等），这些共聚物能够自组装，其材料力学性能优良。

聚丁二酸乙二醇（PES）主要通过共聚、共混和复合等方法进行改性[103]。聚丁二酸乙二醇酯-丁二酸丁二醇酯是无规共聚结构，其热稳定性好，但结晶能力比 PES 差。在 PES 与 PBS 共混物中，PES 和 PBS 部分相容，含量多的组分呈现连续相，含量少的组分呈现分散相，PES 和 PBS 的晶体结构不变，PBS 结晶能力随着 PES 含量的增加先变弱后增强，而 PES 的结晶能力一直变强。PES 中加入少量有机或无机粒子，可制备 PES 基纳米复合材料。在 PES/有机修饰蒙脱土纳米复合材料中，有机修饰蒙脱土随机地分散在 PES 基体中，明显提高了基体的结晶速率和热稳定性。PBAT 型聚酯兼具聚己二酸丁二醇酯良好的断裂伸长率与延展性以及聚对苯二甲酸丁二醇酯的抗冲击性与耐热性，在自然条件下短时间内可以完全降解为水、二氧化碳及其他生物质等。

三、聚二元酸二醇酯的应用

以聚二元酸二醇酯为代表的可生物降解的新型合成脂肪族聚酯可能成为一种应用前景广阔的绿色材料[104]。PBS 综合性能优异，性价比合理，可用于生物医用材料、包装材料、薄膜材料、控制释放材料等领域[105]。与 PLA 和 PHA 等降解塑料相比，PBS 的成本较低，低至 PLA 和 PHA 成本的 1/3 左右。PBS 的耐热性好（其热变形温度约 $100℃$），而其他生物降解塑料的耐热性则较差。PBS 具有与聚丙烯或者丙烯腈-丁二烯-苯乙烯共聚物相似的机械性能，其加工性能非常好，目前是降解塑料中加工性能最好的，可以使用通用的塑料成型设备进行加工。因为国产 PBS 的分子量偏低，其力学性能不足，这限制了国内 PBS 材料的使用。PBAT 及其共混物综合性能优良，能够用于注塑产品、薄膜材料和包装材料等产品中，但 PBAT 大规模应用的主要制约因素依然是其与传统聚乙烯等塑料相比时所存在的低性能与高价格[106]。

第五节　异山梨醇聚合物

山梨糖醇被认为是生物精炼厂中最重要的平台分子之一，可以通过碳水化合物的氢化反应方便地制备山梨糖醇。山梨醇（分子式为 $C_6H_{14}O_6$）可以通过葡萄糖加氢还原其醛基为羟基来获得，是一种在食品、日化、医药等行业广泛应用的化工原料。我国具有世界最大的山梨醇产能和产量，每年出口大量的山梨醇产品。异山梨糖醇作为山梨糖醇的增值衍生物之一，由于其手性中心和刚性分子结构，在化妆品、高分子材料、药物和表面活性剂等领域具有大量的商业及工业应用[107]。异山梨醇是山梨醇脱除二分子水分后的衍生物，其分子式为 $C_6H_{10}O_4$，可以应用在医药、化妆品和高分子材料等领域。异山梨醇是一种有效的渗透性口服脱水利尿药，国外已用于临床。异山梨醇是制备 Span 类表面活性剂和 Tween 类表面活性剂的重要中间体，其硝基和甲基衍生物在商业上也有很重要的地位。异山梨醇因其特殊的手性，可用于合成液晶材料。异山梨醇含有羟基官能团，可以与聚酯、聚醚、聚碳酸酯和聚氨酯等进行共聚反应，所得共聚物的耐温性能和抗冲性能均得到显著提高[108,109]。聚对苯二甲酸乙二酯（PET）与异山梨醇共聚，可提高聚合物的玻璃化转变温度和强度。异山梨醇虽已较早实现工业化，但由于其纯度较低且生产成本高而较少用于合成高分子化合物。然而，异山梨醇的生产工艺和分离技术近年来不断改进，其成本逐渐下降，异山梨醇作为生物基聚合物的单体也成为研究热点[110]。

一、异山梨醇聚合物的合成

异山梨醇聚合物的分子链中含有异山梨醇结构单元，其主要单体为异山梨醇。异山梨醇、异甘露醇和异艾杜醇都属于 1,4：3,6-二缩水己六醇的同分异构体（见图 10-3-8）。1,4：3,6-二缩水己六醇是由两个顺式-稠环四氢呋喃环以 120° 夹角组成的手性刚性分子，具有 V 型结构。异山梨醇含有一个外羟基和一个内羟基，其内羟基因分子内氢键作用而具有较低的活性。

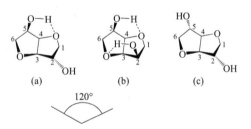

图 10-3-8　1,4：3,6-二缩水己六醇的结构
（a）异山梨醇；（b）异甘露醇；（c）异艾杜醇

1. 异山梨醇的合成

异山梨醇的合成是一个多步骤的过程[110]，如图 10-3-9 所示为纤维素转化为异山梨醇的合成路线。纤维素或淀粉等多糖原料通过水解反应制备葡萄糖，葡萄糖再进行催化加氢反应还原生成山梨醇，山梨醇脱除一个分子的水合成了失水山梨醇后，再进一步脱水得到异山梨醇。纤维素转换生产二失水山梨醇（如异山梨醇和异甘露醇等）的技术已经实现了工业化生产。纤维素在氯化锌水溶液中的溶解和酸催化转换过程是连续进行的，没有中间物的分离步骤，产品易回收。山梨醇催化脱水反应可以在均相体系和异相体系中进行，反应体系在使用硫酸和磷酸等质子酸作催化剂时为均相体系，而反应体系在采用金属氧化物、水不溶性金属盐、杂多酸、沸石分子筛和酸性离子交换树脂等固体酸催化剂时则为异相体系。异山梨醇合成的主要影响因素包括催化剂、反应温度、反应时间以及溶剂等，山梨醇一次脱水反应机制对其二次脱水反应也具

有显著的影响。高性能固体酸（如硫酸盐、磷酸盐、杂多酸盐、离子交换树脂和沸石分子筛等）是新型环境友好型催化剂，在催化山梨醇脱水反应时具有选择性高、易分离回收、可重复利用等优点，但其催化选择性依然有待于提高，还存在副产物多和制备繁杂等不足之处。

2. 异山梨醇聚合物的合成

异山梨醇是葡萄糖加氢、脱水的产物，具有较高的热稳定性、生物降解性和全无毒性等性能。它是一种生物质环状二元醇单体，可以合成具有刚性结构单元的异山梨醇聚合物，如聚碳酸酯、聚氨酯等[108,109,111]。异山梨醇聚合物可能具有光学活性，而且因为异山梨醇刚性大，异山梨醇聚合物具有较高的玻璃化转变温度。异山梨醇可以取代双酚 A，与碳酸二苯酯熔融缩聚制备异山梨醇型聚碳酸酯，其玻璃化转变温度为 144℃[108]。异山梨醇、直链脂肪族二元醇（如丁二醇和辛二醇等）和碳酸二苯酯进行熔融缩聚，可以制备异山梨醇/脂肪族二醇共聚碳酸酯，共聚碳酸酯的 T_g 下降，但产品力学性能得到改善[109]。

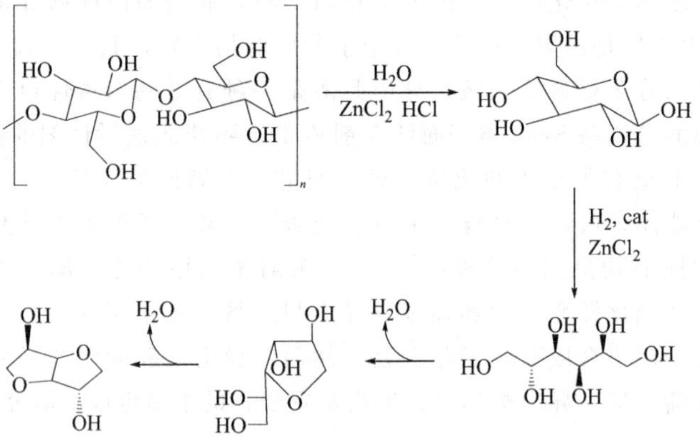

图 10-3-9 由纤维素转化合成异山梨醇的工艺路线

二、异山梨醇聚合物的性能与改性

异山梨醇共聚改性聚酯、聚醚、聚氨酯和聚碳酸酯等聚合物时，所得的共聚物的玻璃化转变温度、透明度和力学性能等均得到显著改善[111]。异山梨醇具有 V 型桥环结构，在用于脂肪族聚酯改性时能有效提高共聚酯分子链的刚性。异山梨醇基共聚酯在自然环境下容易被微生物降解，与热固性树脂的共混物具有更高的黏度，这类共混物性能优异。异山梨醇聚合物中含有手性基团，其材料具有独特的光学性质，是一种性能优良的光学塑料，可制造光学薄膜和片材、光盘基材、光学仪器、棱镜反射器和光纤产品等。在采用异山梨醇共聚改性聚对苯二甲酸乙二醇酯制备聚对苯二甲酸乙二醇-异山梨醇酯共聚物时[112]，开发了锑基双金属催化体系，提高了异山梨醇的反应活性，减少聚合物变色。采用异山梨醇共聚改性聚对苯二甲酸丙二醇酯（PTT），所得的异山梨醇-PTT 共聚物的加工性能和力学性能优良，同时具有生物可降解性，它是一种具有开发前景的 PTT 改性材料，可以用于薄膜、纺织品及饮料瓶等领域。以生物质共聚改性的方法制备改造非降解高分子材料，制备可生物降解高分子材料，可以有效地解决废弃塑料的污染问题。总之，异山梨醇是一类产量大、价格低廉的聚合物单体，这有利于大规模生产高性能的异山梨醇聚合物材料，拓展生物降解材料的应用领域。

三、异山梨醇聚合物的应用

异山梨醇改性聚酯在新型阻燃材料方面有许多应用。由异山梨醇和苯基膦酰二氯直接缩聚合成的聚膦酸酯可以作为聚乳酸的阻燃剂[113]，含有 5％、10％和 15％聚膦酸酯的聚乳酸材料具有优良的阻燃性能，该共混物的火焰熄灭机理是在气相中释放相关磷基自由基。异山梨醇改性聚酯也可以用于涂料领域。以丁二酸、异山梨醇和 2,3-丁二醇或 1,3-丙二醇（其中异山梨醇的用量为 60％～70％）合成共聚酯，该聚酯可用于制备透明无色的粉末涂料[114]，涂层性能优良，具有较高的玻璃化转变温度、耐溶剂性、耐冲击性和硬度。

第六节　生物基聚酰胺

聚酰胺（polyamide，PA）是分子链主链中含有酰胺基团的线性聚合物的总称，其最早的工业产品是合成纤维，商品名为尼龙，因此现在常用尼龙代指聚酰胺。聚酰胺塑料是在聚酰胺纤维基础上发展起来的，也是五大通用工程塑料中生产最早、产量最大、品种最多、用途最广的品种。尼龙作为大用量的工程塑料，广泛用于机械制造、化工设备、汽车部件、家用电器、纺织工业和航空航天等领域，成为各行业中不可缺少的结构材料，其主要特点为机械强度高、韧性好、自润滑性与耐摩擦性好、耐热性优良、电绝缘性优异、耐候性好、吸水性大等。PA 产业目前主要的发展方向是工程塑料，同时为了 PA 行业可持续发展，人们不断促进 PA 产业的绿色环保，研发生物基聚酰胺和功能化聚酰胺。

生物基聚酰胺的商业开发以及工业化生产的时间比其他生物基高分子材料更早。美国杜邦公司在 1941 年工业化生产了聚酰胺-610（PA610）产品，法国 Atochem 公司在 1950 年工业化生产了聚酰胺-11（PA11），而我国上海赛璐珞厂则于 1961 年实现了聚酰胺-1010（PA1010）的工业化生产。在 20 世纪后期，随着 PA 单体生产技术的提高，单体种类不断增加，其成本极大降低，因此人们不断研发新型 PA 产品，提升产品性能，扩大 PA 应用范围。生物基聚酰胺与同类型的石油基聚酰胺的性能没有差别，完全可以替代石油基尼龙产品，可以减少石油基聚酰胺对资源的消耗，具有绿色环保的优势。

一、生物基聚酰胺的合成

按国际上的分类标准，聚酰胺分为完全生物基、部分生物基和石化基三类。完全生物基聚酰胺的单体完全是由生物质原料合成的，例如 PA11、PA1010、PA4、PA46、PA6 和 PA56 等。部分生物基聚酰胺的一种单体是由生物质原料合成的，而另一种单体则是石化原料合成的，例如 PA410、PA610、PA1012 和聚对苯二甲酰癸二胺（PA10T）等。石化基聚酰胺的单体则是全部由石油原料合成。目前聚酰胺主要是石油基产品，而已经实现工业生产的生物基聚酰胺包括 PA410、PA610、PA1010、PA1012、PA11 和 PA10T 等品种。生物基聚酰胺的研究起始于 20 世纪 40 年代，迄今为止已有数十种完全生物基和部分生物基聚酰胺材料。依据 PA 单体的生物质来源分类，生物基聚酰胺的合成工艺路线主要包括油脂路线和多糖路线两种[115]。

1. 生物基聚酰胺油脂路线

生物基聚酰胺的油脂路线是指以天然油脂为原料转化制备聚酰胺的单体并合成生物基聚酰胺，天然油脂包括动植物油脂（如橄榄油、蓖麻油和棕榈油等），其中蓖麻油是最常用的油脂。蓖麻油为大戟科植物蓖麻的种子经榨取并精制得到的植物油，是不可食用油脂。蓖麻油是一种不挥发性非干性油，主要成分为复合三酸甘油酯，形成甘油酯的有机酸包括蓖麻酸、油酸和亚油酸。蓖麻油可以替代石化产品用作涂料、胶黏剂和塑料的原料，被称为"绿色石油"[116]。蓖麻油水解制备蓖麻酸、油酸和亚油酸，这些长碳链酸再经裂解转化得到聚酰胺的单体（例如氨基羧酸、二元酸和二元胺等），然后再聚合制备生物基聚酰胺。聚酰胺的油脂路线不仅绿色环保，而且不需要消耗粮食资源，竞争优势明显。

生物基聚酰胺-11（PA11）的单体为 ω-氨基十一酸，而 ω-氨基十一酸是以蓖麻油为原料合成的。蓖麻油中的三酸甘油酯与甲醇可以发生醇解反应，生成蓖麻酸甲酯。蓖麻酸甲酯在500℃下裂解合成十一碳烯酸甲酯，并水解得到十一碳烯酸。十一碳烯酸在过氧化物作用下与溴化氢进行加成反应生成溴代十一烷酸，溴代酸与氨水反应生成 ω-氨基十一酸。生物基 PA12 的单体是 12-氨基十二酸。12-氨基十二酸也是以蓖麻油为原料合成的，首先以蓖麻油为原料转化合成十一碳烯酸甲酯，然后十一碳烯酸甲酯与丙烯腈在催化剂钌的作用下进行复分解反应及还原反应合成氨基十二烷基甲酯，再水解生成 12-氨基十二酸[117]。

以油脂路线也可以制备生物基 PA1010、PA1012、PA610、PA410、PA10T、不饱和生物基 PA。油酸或葵花籽油发酵制得十八碳烯二酸，可与二元胺聚合成不饱和 PA。二元胺单体与二元酸缩合制备出不同的生物基 PA，二元胺单体的链长对 PA 性能起决定性作用。生物基 PA610 的单体是己二胺与葵二酸，其中己二胺是以石化产品丁二烯或丙烯为原料合成的，而葵二酸则是以蓖麻油为原料合成的，即 PA610 中约有 60% 的碳源于生物质。虽然葵二酸的产率较低，但蓖麻油转化为葵二酸的合成路线仍具备一定优势。生物基 PA69 的单体为壬二酸和己二胺，壬二酸是以油酸为原料，采用高锰酸钾氧化工艺、铬酸氧化裂解工艺或臭氧分解工艺制备的。油酸是不饱和十八碳烯酸，源于大多数动植物油脂（如橄榄油、蓖麻油和棕榈果油等）。生物基 PA410 是由葵二酸与丁二胺缩聚得到的，其中葵二酸以蓖麻油为原料合成。葵二酸经过腈化和胺化后可得到葵二胺，葵二酸、十二碳二酸、对苯二甲酸分别与葵二胺进行缩聚反应，则可以制备生物基 PA1010、生物基 PA1012 和生物基 PA10T[116]。

2. 生物基聚酰胺多糖路线

生物基聚酰胺的多糖路线是指以糖类为初始原料制备生物基聚酰胺，其中糖类原料包括纤维素、淀粉和葡萄糖等。葡萄糖是自然界分布最广的一种单糖，也可以由淀粉（如玉米淀粉和马铃薯淀粉等）、纤维素或其他多糖通过水解制备。目前通过葡萄糖转化制备聚酰胺单体及其聚合物的工艺较成熟，部分生物基 PA 产品已经工业化生产[118]。己二酸是一类重要的聚酰胺单体，可以用来聚合制备 PA66、PA56 和 PA46，因此以生物质原料采用生物合成技术制备己二酸的研究已经成为 PA66 和 PA46 的研究热点。葡萄糖经过恶臭假单胞菌（P. putida）KT2440 的代谢作用可以生成顺，顺-己二烯二酸并加氢还原生成己二酸，而重组大肠杆菌也可以代谢葡萄糖制备生物基己二酸。纤维素酸解生成的乙酰丙酸经过氢化、脱水和酯交换反应生成戊烯酸甲酯，再加成和水解得到己二酸。己二酸与以石油路径生产的己二胺和丁二胺缩聚，可以制成部分生物基 PA66 和 PA46[118,119]。生物基己二酸经腈化和胺化后可得到生物基己二胺，而生物基丁二酸经腈化和胺化后则生成生物基丁二胺，最终可制得完全生物基 PA46 和 PA66。己二酸采用石化原料合成时，需要消耗大量能源和化工原料，生产效率低，相比之下，生物法合成己二酸的工艺路线具有较大的优势。

己内酰胺是 PA6 的单体，而葡萄糖或纤维素经过发酵可以得到纯度 99.9% 以上的己内酰胺。氨基丁酸是 PA4 的单体，可以由多糖类生物质制备。多糖发酵得到的谷氨酸在谷氨酸脱羧酶的作用下转化生产氨基丁酸，氨基丁酸在高压下缩聚得到生物基 PA4。

二、生物基聚酰胺的性能与改性

无论是生物基聚酰胺还是石油基聚酰胺，同一类的聚酰胺除了单体来源不同以外，其性能基本相同。生物基聚酰胺-66 由己二胺和己二酸缩聚制得的结晶聚合物，具有耐热性好（熔点约260℃）、力学性能优良、耐油及化学品、硬度大和自润滑等优点。生物基 PA6 由氨基己酸缩聚制备的结晶聚合物，其理化性能与 PA66 类似，耐热性好（熔点约 220℃，低于 PA66），但其抗冲击性、抗溶解性和吸湿性更强。生物基 PA11 为半晶聚合物，具有力学性能优良、吸水率低、耐应力开裂性、耐动态疲劳性、耐磨性好、耐化学品等优点[120,121]。生物基 PA1010 为半结晶聚合物，熔点和热变形温度高，吸水性低于 PA66 和 PA6，耐磨性和自润滑性与 PA6 相当，具有高机械强度和较高的尺寸稳定性，其电绝缘性和耐菌性较好。PA1010 和聚丙烯共混体系中加入空心玻璃微珠与马来酸酐接枝聚丙烯界面增容剂可以制备低密度、力学性能优异的轻量化复合材料。PA1012 的力学性能、热性能和电性能与 PA11 相似，但是其韧性更高、吸水性更低和耐低温性更好。PA610 的性能介于 PA6 和 PA66 之间，而 PA410 结晶度高，力学性能优异，耐热性更好（熔点约 250℃）。而以生物基丁二胺为原料可以制备半芳香聚酰胺 PA4T 及其与 PA410 的共聚物，改善 PA410 性能[116]。PA10T 综合性能优异，吸水率比 PA6、PA66、PA6T 及 PA9T 都低，而略高于 PA11 和 PA12，其尺寸稳定性好于 PA46、PA6T 及 PA9T 等高温尼龙品种。PA10T 的耐热性更好，其玻璃化转变温度为 135℃，熔点高达 316℃，玻纤增强的 PA10T 热变形温度高于 290℃。在聚对苯二甲酸与癸二胺聚合体系中引入 2,5-呋喃二甲酸进行共聚合，可以制备耐高温聚对苯二甲酰癸二胺/聚呋喃二甲酰癸二胺共聚物，该共聚物比 PA10T 具有更高的生物基含量，产品性能优良[115]。

三、生物基聚酰胺的应用

生物基聚酰胺自研发至今，国际上有多家企业推出了各自开发的产品，并应用在相关领域。生物基 PA11 为蓖麻油基产品，已经由法国阿科玛进行工业生产，其管材可承受的压力大、气体阻隔性能好，可以替代金属管和高密度聚乙烯（HDPE）管用作天然气输送管道，大幅度降低了甲烷的泄漏。PA11 作为采油管道的管内压力保护层，可以提高油管的抗压、载荷及防腐性能。高密度填料改性 PA11 可以提高材料的韧性和强度，改性 PA11 可用于笔记本电脑和手机配件。日本东洋纺与阿科玛合作，以蓖麻油为原料生产了多种部分生物基聚酰胺。这些生物基聚酰胺所用的生物原料用量为 30%～70%，具有高熔点和低吸水性，耐热性和尺寸稳定性好，可用于制造汽车部件及 LED（发光二极管）电子部件。

蓖麻油基 PA610 具有出色的机械性能、耐热性能（熔点约 215℃）、耐化学品性能和气体阻隔性，吸水率低，可以制造液控与气动控制的软管和发动机的供油管。而法国罗地亚公司蓖麻生产的蓖麻油基聚酰胺（technyl exten）特别适合制备注塑产品，如碱性电池材料、汽车部件和燃油分供管等。生物基聚邻苯二甲酰胺具有较好的成型加工性能，其吸水性低，在高湿度环境中依然能够保持优良的机械性能和尺寸稳定性，其制品适合在湿度大的环境中使用。使用杜邦公司生产的生物基聚酰胺（商品名为 Zytel RS1010）制备的柴油发动机燃料管已经在菲亚特汽车中得到应用。

我国在 1958 年率先合成了生物基 PA1010，然后又利用石油精炼的副产物制备二元酸，也开发了多糖经微生物发酵制备二元酸的合成工艺。PA1010 成本低，自润滑性、耐磨性和耐油性好，机械强度高，广泛用于机械零件和化工设备部件等。部分生物基 PA10T 的二胺碳链较长，其分子链的柔性大，因而其结晶速率和结晶度高，可以快速成型加工各种电子元器件（例如 LED 反射支架和连接器等）。近年来我国生物基聚酰胺的研究与生产取得巨大的进展，但是与欧美发达国家相比依然存在较大的差距。因此，为了促进我国生物基聚酰胺产业的发展和提高我国新材料产业的竞争力，我国需要加快开发具有自主知识产权的高性能生物基聚酰胺材料。

总之，聚酰胺是一种用途广泛的高分子材料，主要应用于纤维制造业和结构材料的领域，如机械设备、汽车制造、航空航天、家具行业、通信器材、电子电器、武器装备和体育用品等领域。生物基 PA 以生物质为起始原料，我国生物质资源丰富，开发和应用生物基 PA 将能有效地缓解聚酰胺产业造成的能源和资源压力，为节能减排和可持续发展提供有力保障。

第七节　呋喃基聚合物

2004 年美国能源部确定了 30 种生物基来源的平台化合物，作为石油基产品的潜在替换物。其中，呋喃类单体，包括糠醛（furfural）和 5-羟甲基糠醛 [5-hydroxymethylfurfural，HMF]，与其他十二种化合物被列为最有可能实现石油基替代的生物基平台化合物（图 10-3-10）。酸催化糖类水解后再脱水是制备呋喃类单体的一个主要反应过程。由于呋喃环具有芳香性，它被认为是石油基平台化合物中的苯环系列的替代物，因此被广泛应用在聚酯等生物基高分子的合成当中。目前中国是最大的糠醛生产地，约占总产量的 70% 左右。而 5-羟甲基糠醛由于稳定性较差以及难分离，成本问题是目前限制其广泛应用的一个主要因素[122]。糠醛可以与苯酚、丙酮、尿素、腰果酚和木质素等反应制备糠醛苯酚树脂与糠醛丙酮树脂。糠醇是重要的糠醛衍生物，其呋喃环能进行可逆的狄尔斯-阿尔德反应，可以制备功能化材料或可自愈材料。近年来，糠醛、5-羟甲基糠醛及其衍生物作为生物基高分子材料的芳环单体而被广泛研究，呋喃基芳香族聚合物（如聚酯、聚氨酯和聚酰胺等）越来越受到关注。

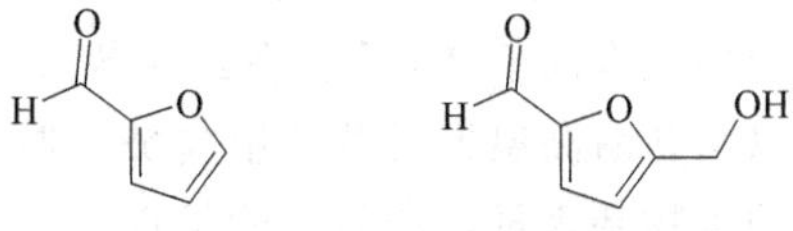

图 10-3-10　糠醛（furfural）以及 5-羟甲基糠醛（HMF）的化学结构式

一、呋喃基聚合物的合成

糠醛是一种可由半纤维素转化得到的重要平台化合物，它不仅可作为工业合成原料和溶剂，而且可继续通过衍生化转化为多种 $C_4 \sim C_5$ 的高值化学品，如糠醇、呋喃二甲酸、2-甲基呋喃、2-甲基四氢呋喃和 1-戊醇等，已被广泛用于医药、化工、能源等领域。因此，糠醛及其高值下游化学品的开发利用研究具有广阔前景。我国是世界上主要的糠醛生产国和出口国，目前糠醛生产能力接近 30 万 t/a。并且呋喃类树脂等糠醛下游产品市场需求量的日益增加，必将进一步刺激糠醛产量提升。但目前糠醛工业生产存在产率低、生产工艺落后、环境污染重等问题，已经无法满足以提升环境质量新时期下糠醛产业发展的要求。因此，开发高效、绿色的糠醛生产制备技术，发展高附加值糠醛下游产品，拓宽糠醛应用领域，对推动我国糠醛产业发展具有重要现实意义。

（一）呋喃类单体的合成

5-羟甲基糠醛（HMF）具有很好的化学反应活性，分子中的羟甲基和醛基使其具有醛、醇、芳香化合物、顺式烯烃和双官能团二烯类化合物的特点，通过加氢、氧化脱氢、酯化、卤化、聚合、水解等反应可以衍生为一系列具有广泛工业应用的化合物（包括医药、树脂、燃料添加剂等），可替代石油来源的苯类大宗化学品，因此具有广泛的经济和社会意义。图 10-3-11 展示了当前应用在材料领域中的几种重要的 5-羟甲基糠醛衍生物。其中 2,5-呋喃二甲酸（2,5-FDCA）由刚性的呋喃环和 2 个对称的羧基组成，是一种重要的聚酯合成单体，也是当前的研究热点。根据原料来源分类，2,5-FDCA 的合成主要可以分为五条路线，包括糠酸歧化路线、呋喃酰基化路线、己糖二酸环化路线、二甘醇酸环化路线以及 HMF 氧化路线[122]。其中以 HMF 为原料，将其醛基和羟甲基氧化为羧基，即可合成 2,5-FDCA。

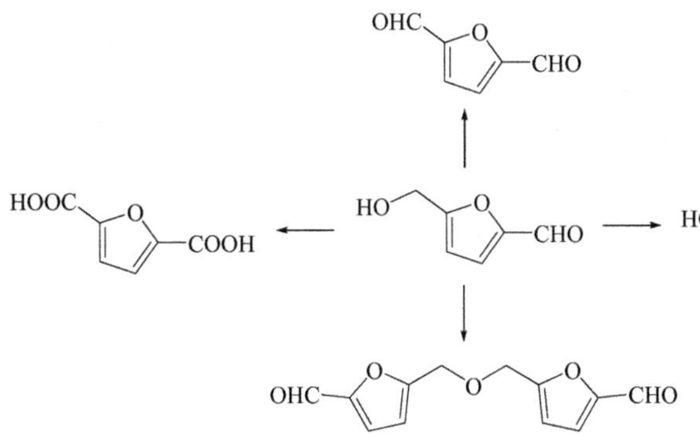

图 10-3-11　5-羟甲基糠醛及其衍生物

（二）呋喃基聚合物的合成

当前，基于 HMF 及其衍生物的聚合物的研究日益增加，这不仅归因于 HMF 具有可持续性和活泼的化学性质，且与其聚合物的独特性质密切相关。HMF 衍生物聚合物的制备主要通过化学方法进行，利用酶催化途径的研究最近也有报道。目前可用于制备聚合物的 HMF 衍生物主要包括 2,5-二羟甲基呋喃（BHF）、2,5-呋喃二甲醛（DFF）和 2,5-呋喃二甲酸（FDCA），这些呋喃类单体可以用于制备聚酯、聚酰胺和其他聚合物[123]。

1. 呋喃二甲酸基聚合物

由于存在两个羧酸基团，FDCA 及其衍生物已用于合成（共）聚酯、聚酰胺、环氧树脂、聚（酯-氨酯）和其他聚合物等，其中（共）聚酯及其共聚物的研究报道较多，例如热致聚酯、光降解聚酯、支化聚酯、线性和交联聚酯酰胺等[123-129]。在 FDCA 聚酯中，聚 2,5-呋喃二甲酸乙二醇酯（PEF）和聚 2,5-呋喃二甲酸丁二醇酯（PBF）的研究最全面，因为其结构与工程塑料聚对苯二甲酸乙二醇酯（PET）非常相似。聚 2,5-呋喃二甲酸乙二醇酯（PEF）可由呋喃二甲酸（或酯类）和乙二醇（EG）通过缩聚反应制备（如图 10-3-12 所示），是一类潜在的替代 PET 的重要产品，它在热稳定性、机械性能和阻隔性方面表现出了更加优异的性能。PEF 聚合的主要影响因素包括单体原料、反应温度和催化剂，聚合单体采用 2,5-呋喃二甲酸二甲酯（DMFD），而不是 FDCA，因为较高的聚合温度（超过 250℃）往往会导致 FDCA 脱羧、聚合物变色和产率较低等问题[123,124]。此外，锡盐催化剂有助于提高 PEF 分子量。PEF 的其他合成路线还包括钛酸四丁酯作为催化剂催化的直接酯化、基于环状 FDCA 的单体的开环聚合以及熔融/固相聚合等。

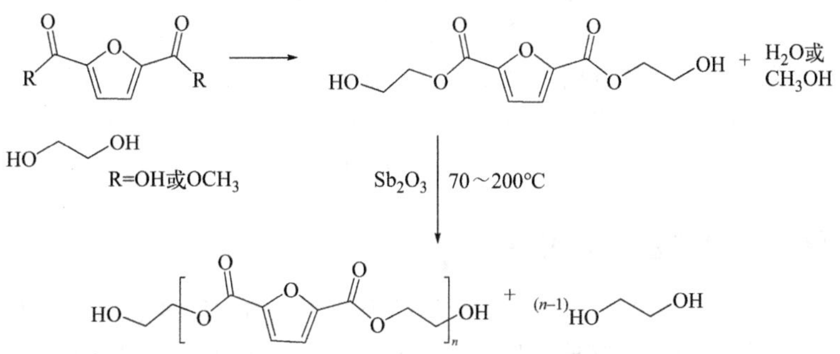

图 10-3-12　聚 2,5-呋喃二甲酸乙二醇酯的合成

2. 2,5-二羟甲基呋喃基聚合物

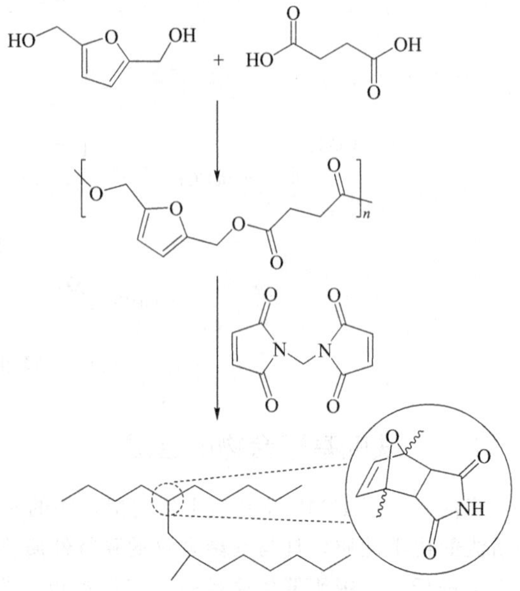

2,5-二羟甲基呋喃（BHF）是 HMF 的重要衍生物，作为一种生物基二醇主要用于制备聚酯、聚氨酯和热固性聚合物，而且利用 BHF 制备共聚物也是当前的研究热点。此外，BHF 的呋喃环可以发生 Diels-Alder 反应赋予了其制备功能聚合物的可能性。Yoshie 等[130]制备了 2,5-二羟甲基呋喃基自修复聚酯（图 10-3-13），通过呋喃基和马来酰亚氨基团之间发生可逆的 Diels-Alder 反应实现自修复能力。双马来酰亚胺交联剂的选择是设计自修复聚合物的关键因素，具有长链段结构的柔性双马来酰亚胺有助于自修复行为，而刚性交联剂则能够降低自修复效率。随着交联剂与聚酯的物质的量之比变化，聚酯的玻璃化转变温度从 1.8℃ 升高到 9.6℃，通过改变聚合物的 T_g 可以合成具有多种形状记忆特征的聚合物膜。此外，通过控制

图 10-3-13 2,5-二羟甲基呋喃基自修复聚酯的制备

交联剂用量可以调节聚合物的机械性能，当交联剂与聚酯的比例为 1∶2 时，自修复材料的杨氏模量、拉伸强度和断裂伸长率分别为 1230MPa、19.2MPa 和 101%。BHF 基聚氨酯泡沫通过 Diels-Alder 反应可以实现材料表面功能化。BHF 衍生物 2,5-双（环氧乙烷基甲氧基）甲基呋喃（BOF）可作为环氧树脂的可再生单体，与 2,5-双（2-环氧乙烷基甲氧基）甲基苯（BOB）相比，BOF 单体为低黏度液体。BOF 基环氧树脂的 T_g 和储能模量均高于 BOB 基环氧树脂，其中呋喃环的刚性以及固化过程中羟基与呋喃环中的氧原子之间形成的氢键作用可能是导致其性能提高的潜在原因。

3. 2,5-呋喃二甲醛基聚合物

尽管利用 HMF 或其他天然资源制备 2,5-呋喃二甲醛（DFF）是当前一个研究方向，但 DFF 制备聚合物的例子相对较少。DFF 与尿素在 110℃ 下发生缩聚反应可获得呋喃基脲醛树脂[131]，DFF 的一个醛基可与两个尿素分子缩合，该树脂不溶于水和常见的有机溶剂，但在 45℃ 下微溶于二甲基亚砜（DMSO）和二甲基甲酰胺（DMF），而 DFF 与芳香族二胺或脂肪族二胺聚合可以制备含有席夫碱结构的聚合物[132]。DFF 与芳香族二胺缩聚可以制备呋喃基多孔有机骨架（FOF）[133]，FOF 在 N_2 中热稳定性高达 300℃，其晶体结构和多孔形态受到单体的影响，DFF 与非线性二胺缩聚形成非晶聚合物，而与线性二胺则形成结晶聚合物。FOF 刚性分子结构限制了固态状态下分子链的空间高效堆积，从而产生了多孔结构，同时存在微孔和中孔结构。DFF 和间苯二胺缩聚制备的呋喃基聚酰胺多孔有机骨架（DPOF）的比表面积和孔体积分别为 830m^2/g 和 2.10cm^3/g，与储气有关的 CO_2 吸附能力为 77.0mg/g。

二、呋喃基聚合物的性能与改性

聚 2,5-呋喃二甲酸乙二醇酯（PEF）是半结晶聚合物，结构刚度和呋喃环非线性旋转轴等因素导致其结晶过程的时间尺度较长，其 T_g 为 80℃，熔点为 215℃，在 300℃ 时热稳定，其杨氏模量和最大应力分别为 2450MPa 和 67MPa，这些性能与 PET 类似。FDCA 共聚酯可通过加入一种以上脂肪族二醇或引入其他二酸单体来制备。因此，聚合物的性能受共聚单体的比例和

结构的影响，可有效调控其生物降解性、热性能、机械性能和阻隔性能等。FDCA 与芳香族二胺可以通过直接缩聚和界面聚合制备聚酰胺，这些呋喃-芳族聚酰胺是无定形聚合物，具有规则的结构、高分子量、高 T_g（＞180℃）和良好的热稳定性（热分解温度 T_d 约为 400℃）。作为基于生物质的 Kevlar 类似物，基于 FDCA 的芳族聚酰胺在大多数有机溶剂中显示出良好的耐化学性以及改善的溶解性。呋喃-芳族聚酰胺的无定形结构与呋喃-脂肪族聚酰胺的结晶现象不同，使用芳香族二胺可能导致更刚性结构、更高内聚能密度，尽管呋喃聚酰胺的总氢键密度低于脂肪族聚酰胺，但 FDCA 聚酰胺具有更高的玻璃化转变温度和机械性能。FDCA 中的氧原子与酰胺氢形成分子内氢键，从而影响分子间氢键形成。芳香族二胺的结构变化可有效调节呋喃-芳族聚酰胺的热性能和机械性能。Gandini 等[124]发现聚 2,5-呋喃二甲酸乙二醇酯-2,5-呋喃二甲酸-1,3-丙二醇酯（PEF-PPF）在丙二醇含量为 76% 时，其热性能与 PEF 相似。Ma 等[125]研究了乙二醇（EG）和 1,4-丁二醇（BD）与 FDCA 的反应活性以及相应共聚酯（PEF-PBF）的溶解度。BD 在聚合过程中显示出比 EG 更高的反应活性，PEF-PBF 难溶于四氢呋喃、甲苯和氯仿，微溶于热 DMSO，溶于 TFA 中。Wu 与 Dubois 等[126-128]通过直接酯化缩聚制备了聚丁二酸丁二醇酯-呋喃二甲酸丁二醇酯（PBS-PBF），PBS-PBF 组成影响了其在有机溶剂中的溶解度，高 FDCA 含量［超过 80%（摩尔分数）］的 PBS-PBF 在氯仿、庚烷和甲醇中的溶解性较差，但在 50℃下可溶于热的 1,1,2,2-四氯乙烷中。PBS-PBF 在 180 天内 90% 共聚酯可生物降解。聚己二酸丁二醇酯-呋喃二甲酸丁二醇酯（PBA-PBF）的 $T_{d,5\%}$（聚合物在进行热性能测试时，加热过程中样品质量损失为 5% 时的温度）和 T_d 最大值分别为 388℃ 和 430℃，其 T_g 随着 FDCA 摩尔分数的增加而增加。FDCA 降低了 PBA 的结晶度，PBA-PBF 聚集态结构从半结晶变为无定形，然后变为半结晶。少量 FDCA［低于 10%（摩尔分数）］有利于脂肪酶对 PBA-PBF 的降解。聚乳酸由于其生物降解性和生物相容性而广泛用于包装和生物医学领域。以 Sb_2O_3 为催化剂制备的 PEF-PLA 共聚物的 M_w（重均分子量）为 6900～9000，其降解性显著优于 PEF，且 PEF-PLA 中含有 8%（摩尔分数）的乳酰单元时，其 T_g 和 $T_{d,5\%}$ 值分别提高到 76℃ 和 324℃。通过两步缩聚法可以合成更高 M_w 的 PEF-PLA，且改变 PEF 与 PLA 的物质的量之比可有效调节其 T_g 和 $T_{d,5\%}$。利用 FDCA 改性 PET 形成共聚酯（PET-PEF）可以增加 PET 的生物基含量，但是共聚酯的溶解度较差。含 20%（摩尔分数）呋喃基的 PET-PEF 是半结晶聚合物，其 T_g 为 62.4℃、T_c（结晶温度）为 125℃、T_m（结晶的熔融温度）为 220℃，具有与 PET 类似的热性能。

三、呋喃基聚合物的应用

目前，以糠醛为原料制备的聚合物主要为糠醛树脂及糠醇树脂等，这些树脂主要用作胶黏剂、清漆、胶泥、层压模压塑料制品等，特别可用作铸造砂芯胶黏剂、耐腐蚀涂料、管道衬里与阀门、泵件、原子能工业的耐放射性材料等。许多新型呋喃树脂具有黏度低、强度高、固化收缩率小、防腐性能强、固化时间短、成本低、合成工艺简单、含氮量低、游离醛低等特点，可作为油气田固砂剂、呋喃树脂玻璃钢、呋喃树脂胶泥、呋喃树脂石墨制品等。由呋喃树脂、固化剂、原砂等原料混合自行硬化成的呋喃树脂自硬砂，在铸造行业中的应用不断增加。5-羟甲基糠醛及其衍生物基聚酯的热点应用方向为饮料与食品包装。此外，呋喃基聚酯纤维及纺织品也正在开发中，此类纤维的染色性优异。

总之，随着 5-HMF 产率的提高、呋喃基聚合物的合成与改性技术的日益成熟以及对其结构与性能认识的深入，呋喃基聚合物将有效弥补现有生物基脂肪族聚酯和石油基芳香族聚酯之间的性能鸿沟，从而在包装、纺织等领域实现部分替代。

参考文献

［1］Arias-Andres M，Kluemper U，Rojas-Jimenez K，et al. Microplastic pollution increases gene exchange in aquatic ecosystems. Environmental Pollution，2018，237（JUN）：253-261.

［2］Rydz J，Sikorska W，Kyulavska M，et al. Polyester-based（bio）degradable polymers as environmentally friendly materials for sustainable development. International Journal of Molecular Sciences，2014，16（1）：564-596.

［3］Shayan M，Azizi H，Ghasemi I，et al. Effect of modified starch and nanoclay particles on biodegradability and mechanical properties of cross-linked poly lactic acid. Carbohydrate Polymers，2015，124：237-244.

［4］张国栋，杨纪元，冯新德，等. 聚乳酸的研究进展. 化学进展，2000，12（1）：89-102.

［5］Farah S，Anderson D G，Langer R. Physical and mechanical properties of PLA，and their functions in widespread applications—A comprehensive review. Advanced Drug Delivery Reviews，2016，107（S1）：367-392.

［6］Li P，Guo H，Yang K，et al. Nanoarchitectonics composites of thermoplastic starch and montmorillonite modified with low molecular weight polylactic acid. Journal of Nanoscience and Nanotechnology，2020，20（5）：2955-2963.

［7］Nagarajan V，Mohanty A K，Misra M. Perspective on polylactic acid（PLA）based sustainable materials for durable applications：Focus on toughness and heat resistance. ACS Sustainable Chem Eng，2016，4（6）：2899-2916.

［8］Hoogsteen W，Postema A R，Pennings A J，et al. Crystal structure，conformation，and morphology of solution-spun poly(l-lactide) fibers. Macromolecules，1990，23（2）：634-642.

［9］Cartier L，Okihara T，Ikada Y，et al. Epitaxial crystallization and crystalline polymorphism of polylactides. Polymer，2000，41（25）：8909-8919.

［10］韩理理. 聚乳酸的立构复合结晶调控及其高熔点材料制备. 杭州：浙江大学，2016.

［11］Li Y，Li Q，Yang G，et al. Evaluation of thermal resistance and mechanical properties of injected molded stereocomplex of poly（l-lactic acid）and poly（d-lactic acid）with various molecular weights. Advances in Polymer Technology，2018，37（6）：1674-1681.

［12］Achmad F，Yamane K，Quan S，et al. Synthesis of polylactic acid by direct polycondensation under vacuum without catalysts，solvents and initiators. Chemical Engineering Journal，2009，151（1-3）：342-350.

［13］Nagahata R，Sano D，Suzuki H，et al. Microwave-assisted single-step synthesis of poly（lactic acid）by direct polycondensation of lactic acid. Macromolecular Rapid Communications，2010，28（4）：437-442.

［14］Carothers W H，Dorough G L，Natta F. Studies of polymerization and ring formation. Ⅹ. the reversible polymerization of six-membered cyclic esters. Journal of the American Chemical Society，1932，54（2）：761-772.

［15］Lim L T，Auras R，Rubino M. Processing technologies for poly（lactic acid）. Progress in Polymer Science，2008，33（8）：820-852.

［16］Chen G X，Kim H S，Kim E S，et al. Synthesis of high-molecular-weight poly（l-lactic acid）through the direct condensation polymerization of l-lactic acid in bulk state. European Polymer Journal，2006，42（2）：468-472.

［17］Park H W，Chang Y K. Economically efficient synthesis of lactide using a solid catalyst. Organic Process Research & Development，2017，21（12）：1980-1984.

［18］Kricheldorf H R. Syntheses and application of polylactides. Chemosphere，2001，43（1）：49-54.

［19］Thomas C. Stereocontrolled ring-opening polymerization of cyclic esters：Synthesis of new polyester microstructures. Chemical Society Reviews，2009，39（1）：165-173.

［20］Itzinger R，Schwarzinger C，Paulik C. Investigation of the influence of impurities on the ring-opening polymerisation of L-Lactide from biogenous feedstock. Journal of Polymer Research，2020，27（12）：383.

［21］Kricheldorf H R，Berl M，Scharnagl N. Poly（lactones）9. Polymerization mechanism of metal alkoxide initiated polymerizations of lactide and various lactones. Macromolecules，1988，21（2）：286-293.

［22］Spassky N，Wisniewski M，Pluta C，et al. Highly stereoelective polymerization of rac-(D，L)-lactide with a chiral schiffs base/aluminium alkoxide initiator. Macromolecular Chemistry and Physics，1996，197（9）：2627-2637.

［23］Amass A J，N′Goala K，Tighe B J，et al. Polylactic acids produced from L- and DL-lactic acid anhydrosulfite：Stereochemical aspects. Polymer，1999，40（18）：5073-5078.

［24］Nomura N，Ishii R，Yamamoto Y，et al. Stereoselective ring-opening polymerization of a racemic lactide by using achiral Salen-and Homosalen-aluminum complexes. Chemistry-A European Journal，2007，13（16）：4433-4451.

[25] Tang Z H，Chen X S，Yang Y K，et al. Stereoselective polymerization of rac-lactide with a bulky aluminum/Schiff base complex. Journal of Polymer Science Part A Polymer Chemistry，2004，42（23）：5974-5982.

[26] 周延川，张涵，段然龙，等. 丙交酯立体选择性聚合研究进展. 中国科学：化学，2020，50（7）：806-815.

[27] Fukushima K，Kimura Y. An efficient solid-state polycondensation method for synthesizing stereocomplexed poly（lactic acid）s with high molecular weight. Journal of Polymer Science Part A Polymer Chemistry，2010，46（11）：3714-3722.

[28] Chen D，Li J，Ren J. Crystal and thermal properties of PLLA/PDLA blends synthesized by direct melt polycondensation. Journal of Polymers & the Environment，2011，19（3）：574-581.

[29] 高勤卫，李明子，董晓. D，L-乳酸的立构选择性聚合. 南京林业大学学报（自然科学版），2008，32（3）：43-47.

[30] 高勤卫，李明子，董晓. 聚乳酸立构选择性聚合的研究进展. 现代化工，2007，27（10）：20-24.

[31] Gao Q W，Lan P，Shao H L，et al. Direct synthesis with melt polycondensation and microstructure analysis of poly（L-lactic acid-co-glycolic acid）. Polymer Journal，2002，34（11）：786-793.

[32] 董晓. 聚乳酸的立构选择性聚合研究. 南京：南京林业大学，2007.

[33] 高勤卫，李明子，董晓. 立构选择性催化剂对 D,L-乳酸聚合物微结构的影响. 化工新型材料，2009，37（2）：52-54.

[34] 高勤卫，何刚，李明子，等. 氯化亚锡/萘二磺酸对 D,L-乳酸聚合物微结构的影响. 南京林业大学学报（自然科学版），2009，33（3）：111-115.

[35] 曹丹，明伟，祁俐燕，等. 含葡萄糖基聚乳酸立构复合物的制备及其性能研究. 林产化学与工业，2018，38（5）：17-22.

[36] Qi L Y，Zhu Q J，Cao D，et al. Preparation and properties of stereocomplex of poly（lactic acid）and its amphiphilic copolymers containing glucose groups. Polymers，2020，12（4）：760.

[37] Zhu Q J，Chang K X，Qi L Y，et al. Surface modification of poly（L-lactic acid）through stereocomplexation with enantiomeric poly（D-lactic acid）and its copolymer. Polymers，2021，13（11）：1757.

[38] Quynh T M，Mitomo H，Zhao L，et al. Properties of a poly（L-lactic acid）/poly（D-lactic acid）stereocomplex and the stereocomplex crosslinked with triallyl isocyanurate by irradiation. Journal of Applied Polymer Science，2008，110（4）：2358-2365.

[39] Fukushima K，Kimura Y. Stereocomplexed polylactides（Neo-PLA）as high-performance bio-based polymers：Their formation，properties，and application. Polymer International，2006，55（6）：626-642.

[40] Sarasua J R，Arraiza A L，Balerdi P，et al. Crystallization and thermal behaviour of optically pure polylactides and their blends. Journal of Materials Science，2005，40（8）：1855-1862.

[41] Kakuta M，Hirata M，Kimura Y. Stereoblock polylactides as high-performance bio-based polymers. Polymer Reviews，2009，49（2）：107-140.

[42] Fukushima K，Hirata M，Kimura Y. Synthesis and characterization of stereoblock poly（lactic acid）s with nonequivalent D/L sequence ratios. Macromolecules，2007，40（9）：3049-3055.

[43] Okihara T，Tsuji M，Kawaguchi A，et al. Crystal structure of stereocomplex of poly（L-lactide）and poly（D-lactide）. Journal of Macromolecular Science Part B，2012，30（1-2）：119-140.

[44] Slivniak R，Domb A J. Stereocomplexes of enantiomeric lactic acid and sebacic acid ester-anhydride triblock copolymers. Biomacromolecules，2002，3（4）：754-760.

[45] Purnama P，Jung Y，Kim S H. Stereocomplexation of poly（l-lactide）and random copolymer poly（d-lactide-co-ε-caprolactone）to enhance melt stability. Macromolecules，2012，45（9）：4012-4014.

[46] Bao J，Han L，Shan G，et al. Preferential stereocomplex crystallization in enantiomeric blends of cellulose acetate-g-poly（lactic acid）s with comblike topology. Journal of Physical Chemistry B，2015，119（39）：12689-12698.

[47] Salerno A，Guarino V，Oliviero O，et al. Bio-safe processing of polylactic-co-caprolactone and polylactic acid blends to fabricate fibrous porous scaffolds for in vitro mesenchymal stem cells adhesion and proliferation. Materials Science and Engineering C，2016，63（6）：512-521.

[48] 张伟，张瑜. 超支化聚酰胺酯对聚乳酸增韧改性的研究. 合成纤维，2008，37（11）：9-11，16.

[49] 王青松，王向东，刘伟，等. 聚乳酸/聚丙烯共混体系的制备及其发泡行为研究. 中国塑料，2013，27（2）：80-85.

[50] Park J W，Lee D J，Yoo E S，et al. Biodegradable polymer blends of poly（lactic acid）and starch. Korea Polymer Journal，1999，7（2）：93-101.

[51] 左迎峰，吴义强，顾继友，等. MAH 改性方法对淀粉/聚乳酸界面相容性的影响. 材料导报，2017，31（16）：41-45.

[52] 陈杰，胡荣荣，陆祉巡，等. 聚乳酸增韧改性研究进展. 塑料科技，2019，47（3）：116-121.

[53] Rajpurohit S R，Dave H K. Flexural strength of fused filament fabricated（FFF）PLA parts on an open-source 3D printer. Advances in Manufacturing，2018，6（4）：430-441.

[54] Wu H，Hao M. Strengthening and toughening of polylactide/sisal fiber biocomposites via in-situ reaction with epoxy-functionalized oligomer and poly（butylene-adipate-terephthalate）. Polymers，2019，11（11）：1747.

[55] 胡建鹏，邢东，郭明辉. 植物纤维增强聚乳酸可生物降解复合材料研究动态. 西南林业大学学报（自然科学），2020，40（3）：180-188.

[56] 刘良强，肖学良，董科，等. 3D打印连续芳纶纤维增强聚乳酸复合材料的拉伸性能研究. 塑料工业，2019，47（12）：27-30，61.

[57] 张越. 共混改性聚乳酸复合材料的制备与结构性能研究. 无锡：江南大学，2014.

[58] Balakrishnan H，Hassan A，Wahit M U，et al. Novel toughened polylactic acid nanocomposite：Mechanical，thermal and morphological properties. Materials & Design，2010，31（7）：3289-3298.

[59] Hesami M，Jalali-Arani A. Investigation of miscibility and phase structure of a novel blend of poly（lactic acid）（PLA）/acrylic rubber（ACM）and its nanocomposite with nanosilica. Journal of Applied Polymer Science，2017，134（46）：45499.

[60] 汪学军，宋国君，楼涛，等. 聚乳酸/纳米羟基磷灰石复合纳米纤维支架的制备与表征. 化工进展，2009，28（4）：669-672.

[61] Akesson D，Skrifvars M，Seppala J，et al. Synthesis and characterization of a lactic acid-based thermoset resin suitable for structural composites and coatings. Journal of Applied Polymer Science，2010，115（1）：480-486.

[62] Cohn D，Salomon A H. Designing biodegradable multiblock PCL/PLA thermoplastic elastomers. Biomaterials，2005，26（15）：2297-2305.

[63] Tenn N，Follain N，Fatyeyeva K，et al. Impact of hydrophobic plasma treatments on the barrier properties of poly（lactic acid）films. RSC Advances，2014，4（11）：5626-5637.

[64] 任杰，宋金星. 聚乳酸及其共聚物在缓释药物中的研究及应用. 同济大学学报（自然科学版），2003，31（9）：1054-1058.

[65] Bessho K，Carnes D L，Cavin R，et al. Experimental studies on bone induction using low-molecular-weight poly(DL-lactide-co-glycolide) as a carrier for recombinant human bone morphogenetic protein-2. Journal of Biomedical Materials Research，2002，61（1）：61-65.

[66] Fernandes J S，Rui L R，Pires R A. Wetspun poly-L-(lactic acid)-borosilicate bioactive glass scaffolds for guided bone regeneration. Material Science and Engineering C-Materials for Biological Applications 2017，71：252-259.

[67] Wang X，Zhang G，Qi F，et al. Enhanced bone regeneration using an insulin-loaded nano-hydroxyapatite/collagen/PLGA composite scaffold. International Journal of Nano-medicine，2018，13：117-127.

[68] 梁宁宁，熊祖江，王锐，等. 聚乳酸纤维的制备及性能研究进展. 合成纤维工业，2016，39（1）：42-47.

[69] Castro-Aguirre E，Iniguez-Franco F，Samsudin H，et al. Poly（lactic acid）—Mass production，processing，industrial applications，and end of life. Advanced Drug Delivery Reviews，2016，107（S1）：333-366.

[70] 李晓芳. 基于草莓自发气调包装的聚乳酸薄膜的气体透过性的调节. 呼和浩特：内蒙古农业大学，2017.

[71] 仇兆波，王树根. 聚乳酸纤维/涤纶染色色光差异性研究. 纺织学报，2014，35（2）：43-46.

[72] 王晓静，魏琦峰，任秀莲. 乙醇酸和聚乙醇酸的制备与分离研究进展. 化工进展，2018，37（9）：3577-3584.

[73] Shawe S，Buchanan F，Harkin-Jones E，et al. A study on the rate of degradation of the bioabsorbable polymer polyglycolic acid（PGA）. Journal of Materials Science，2006，41（15）：4832-4838.

[74] Göktürk E，Pemba A G，Miller S A. Polyglycolic acid from the direct polymerization of renewable C1 feedstocks. Polymer Chemistry，2015，6（21）：3918-3925.

[75] 崔爱军，陆卫良，王泽云，等. 熔融/固相缩聚法合成聚乙醇酸及其性能表征. 高分子通报，2013（2）：73-78.

[76] Kister G，Cassanas G，Vert M. Morphology of poly(glycolic acid) by IR and Raman spectroscopies. Spectrochimica Acta Part A Molecular & Biomolecular Spectroscopy，1997，53（9）：1399-1403.

[77] Pandey R，Sharma A，Zahoor A，et al. Poly(DL-lactide-co-glycolide) nanoparticle-based inhalable sustained drug delivery system for experimental tuberculosis. Journal of Antimicrobial Chemotherapy，2003，52（6）：981-986.

［78］ Yamane K，Sato H，Ichikawa Y，et al. Development of an industrial production technology for high-molecular-weight polyglycolic acid. Polymer Journal，2014，46（11）：769-775.

［79］ 乔虎，张胜，谷晓昱，等. 聚乳酸/聚乙醇酸共混合金界面改性研究. 工程塑料应用，2020，48（1）：8-12.

［80］ 段友容，张志荣，唐永刚，等. mPEG-PLGA-mPEG 纳米粒的体外降解规律的研究. 生物医学工程学杂志，2004，21（6）：921-925.

［81］ Félix Lanao R P，Jonker A M，Wolke J G C，et al. Physicochemical properties and applications of poly（lactic-co-glycolic acid）for use in bone regeneration. Tissue Eng Part B Rev，2013，19（4）：380-390.

［82］ Chen G Q，Patel M K. Plastics derived from biological sources：Present and future-A technical and environmental review. Chemical Reviews，2011，112（4）：2082-2099.

［83］ Choi S Y，Cho I J，Lee Y，et al. Microbial polyhydroxyalkanoates and nonnatural polyesters. Advanced Materials，2020，32（35）：1907138.

［84］ Reddy C，Ghai R，Rashmi，et al. Polyhydroxyalkanoates：An overview. Bioresour Technol，2003，87（2）：137-146.

［85］ Getachew A，Woldesenbet F. Production of biodegradable plastic by polyhydroxy-butyrate（PHB）accumulating bacteria using low cost agricultural waste material. BMC Research Notes，2016，9（1）：509.

［86］ Jung H R，Yang S Y，Moon Y M，et al. Construction of efficient platform escherichia coli strains for polyhydroxyalkanoate production by engineering branched pathway. Polymers，2019，11（3）：509.

［87］ Aydemir D，Gardner D J. Biopolymer blends of polyhydroxybutyrate and polylactic acid reinforced with cellulose nanofibrils. Carbohydrate Polymers，2020，250：116867.

［88］ Raza Z A，Khalil S，Abid S. Recent progress in development and chemical modification of poly（hydroxybutyrate）-based blends for potential medical applications. International Journal of Biological Macromolecules，2020，160：77-100.

［89］ 陈国强. 微生物聚羟基脂肪酸酯的应用新进展. 中国材料进展，2012，31（2）：7-15.

［90］ Lim J，You M，Li J，et al. Emerging bone tissue engineering via polyhydroxyalkanoate（PHA）-based scaffolds. Materials Science and Engineering C，2017，79：917-929.

［91］ Jendrossek D，Pfeiffer D. New insights in the formation of polyhydroxyalkanoate granules（carbonosomes）and novel functions of poly（3-hydroxybutyrate）. Environmental Microbiology，2014，16（8）：235-237.

［92］ Anjum A，Zuber M，Zia K M，et al. Microbial production of polyhydroxyalkanoates（PHAs）and its copolymers：A review of recent advancements. International Journal of Biological Macromolecules，2016，89：161-174.

［93］ Ding R，Hu S，Xu M，et al. The facile and controllable synthesis of a bacterial cellulose/ polyhydroxybutyrate composite by co-culturing gluconacetobacter xylinus and ralstonia eutropha. Carbohydrate Polymers，2021，252：117137.

［94］ Castilho L R，Mitchell D A，Freire D. Production of polyhydroxyalkanoates（PHAs）from waste materials and by-products by submerged and solid-state fermentation. Bioresource Technology，2009，100（23）：5996-6009.

［95］ Frone A N，Nicolae C A，Eremia M C，et al. Low molecular weight and polymeric modifiers as toughening agents in poly（3-hydroxybutyrate）films. Polymers，2020，12（11）：2446.

［96］ Lukasiewicz B，Basnett P，Nigmatullin R，et al. Binary polyhydroxyalkanoate systems for soft tissue engineering. Acta Biomaterialia，2018，71：225-234.

［97］ Volova T，Shishatskaya E，Sevastianov V，et al. Results of biomedical investigations of PHB and PHB/PHV fibers. Biochemical Engineering Journal，2003，16（2）：125-133.

［98］ Kavitha G，Rengasamy R，Inbakandan D. Polyhydroxybutyrate production from marine source and its application. International Journal of Biological Macromolecules，2018，111：102-108.

［99］ Pakalapati H，Chang C-K，Show P L，et al. Development of polyhydroxyalkanoates production from waste feedstocks and applications. Journal of Bioscience &. Bioengineering，2018，126（3）：282-292.

［100］ 高明. PBS 基生物降解材料的制备、性能及降解性研究. 北京：北京化工大学，2004.

［101］ 郝超，张长远，季菁华. 聚己二酸-对苯二甲酸丁二醇酯型生物可降解聚酯的合成与交联改性研究. 化学世界，2018，59（3）：154-159.

［102］ 古隆，兰建武，石坤，等. 对苯二甲酸/己二酸/丁二醇共聚酯的合成与表征. 工程塑料应用，2016，44（10）：32-35，61.

［103］Oishi A，Zhang M，Nakayama K，et al. Synthesis of poly（butylene succinate）and poly（ethylene succinate）including diglycollate moiety. Polymer Journal，2006，38（7）：710-715.

［104］Leja K，Lewandowicz G. Polymer biodegradation and biodegradable polymers-A review. Polish Journal of Environmental Studies，2010，19（2）：255-266.

［105］Ghaffarian V，Mousavi S M，Bahreini M，et al. Biodegradation of cellulose acetate/poly（butylene succinate）membrane. International Journal of Environmental Science and Technology，2017，14（6）：1197-1208.

［106］Witt U，Einig T，Yamamoto M，et al. Biodegradation of aliphatic-aromatic copolyesters：Evaluation of the final biodegradability and ecotoxicological impact of degradation intermediates. Chemosphere，2001，44（2）：289-299.

［107］朱建良，吴振兴. 生物法制备山梨醇的研究进展. 化工时刊，2006，20（5）：47-51.

［108］沈陶，周同心，王涛，等. 异山梨醇型聚碳酸酯的合成工艺研究. 现代化工，2017，37（8）：158-161.

［109］陈柳，魏永梅，王涛，等. 异山梨醇型聚碳酸酯的共聚改性研究. 现代化工，2018，38（8）：136-140.

［110］朱虹，李春虎，牟新东. 异山梨醇的制备及应用研究进展. 现代化工，2011，31（S1）：68-71.

［111］封东廷，单玉华，王超，等. 生物质聚异山梨醇碳酸酯的合成方法及其性能研究. 化工新型材料，2018，46（10）：187-189，194.

［112］Bersot J C，Jacquel N，Saint-Loup R，et al. Efficiency increase of poly（ethylene terephthalate-co-isosorbide terephthalate）synthesis using bimetallic catalytic systems. Macromolecular Chemistry & Physics，2011，212（19）：2114-2120.

［113］Mauldin T C，Zammarano M，Gilman J W，et al. Synthesis and characterization of isosorbide-based polyphosphonates as biobased flame-retardants. Polymer Chemistry，2014，5（17）：5139-5146.

［114］Gandini A，Lacerda T M. From monomers to polymers from renewable resources：Recent advances. Progress in Polymer Science，2015，48：1-39.

［115］李秀峥，李澜鹏，曹长海，等. 生物基聚酰胺及其单体研究进展. 工程塑料应用，2018，46（7）：138-141，145.

［116］黄正强，崔喆，张鹤鸣，等. 生物基聚酰胺研究进展. 生物工程学报，2016（6）：761-774.

［117］Oliver-Ortega H，Llop M F，Espinach F X，et al. Study of the flexural modulus of lignocellulosic fibers reinforced bio-based polyamide11 green composites. Composites Part B：Engineering，2018，152：126-132.

［118］Wroblewska A，Zych A，Thiyagarajan S，et al. Towards sugar-derived polyamides as environmentally friendly materials. Polymer Chemistry，2015，6（22）：4133-4143.

［119］Kind S，Neubauer S，Becker J，et al. From zero to hero—Production of bio-based nylon from renewable resources using engineered corynebacterium glutamicum. Metabolic Engineering，2014，25：113-123.

［120］Mudiyanselage A Y，Viamajala S，Varanasi S，et al. Simple ring-closing metathesis approach for synthesis of PA11，12，and 13 precursors from oleic acid. ACS Sustainable Chemistry & Engineering，2014，2（12）：2831-2836.

［121］Martino L，Basilissi L，Farina H，et al. Bio-based polyamide 11：Synthesis，rheology and solid-state properties of star structures. European Polymer Journal，2014，59：69-77.

［122］van Putten R-J，van der Waal J C，de Jong E，et al. Hydroxymethylfurfural，a versatile platform chemical made from renewable resources. Chemical Reviews，2013，113（3）：1499-1597.

［123］Gubbels E，Jasinska-Walc L，Noordover B，et al. Linear and branched polyester resins based on dimethyl-2，5-furandicarboxylate for coating applications. European Polymer Journal，2013，49（10）：3188-3198.

［124］Gomes M，Gandini A，Silvestre A J D，et al. Synthesis and characterization of poly（2，5-furan dicarboxylate）s based on a variety of diols. Journal of Polymer Science，Part A：Polymer Chememistry，2011，49（17）：3759-3768.

［125］Ma J，Yu X，Xu J，et al. Synthesis and crystallinity of poly（butylene 2，5-furandicarboxylate）. Polymer，2012，53（19）：4145-4151.

［126］Wu L，Mincheva R，Xu Y，et al. High molecular weight poly（butylene succinate-co-butylene furandicarboxylate）copolyesters：From catalyzed polycondensation reaction to thermomechanical properties. Biomacromolecules，2012，13（9）：2973-2981.

［127］Peng S，Wu B，Wu L，et al. Hydrolytic degradation of biobased poly（butylene succinate-co-furandicarboxylate）and poly（butylene adipate-co-furandicarboxylate）copolyesters under mild conditions. Journal of Applied Polymer Science，2017，134（15）：44674.

［128］Peng S，Bu Z，Wu L，et al. High molecular weight poly（butylene succinate-co-furandicarboxylate）with 10 mol%

of BF unit：Synthesis，crystallization-melting behavior and mechanical properties. European Polymer Journal，2017，96：248-255.

[129] 李立博，苏坤梅，李振环. 呋喃基聚合物的研究进展. 石油化工，2017，46（8）：1080-1088.

[130] Yoshie N，Yoshida S，Matsuoka K. Self-healing of biobased furan polymers：Recovery of high mechanical strength by mild heating. Polymer Degradation and Stability，2019，161：13-18.

[131] Amarasekara A S，Green D，Williams L. Renewable resources based polymers：Synthesis and characterization of 2，5-diformylfuran-urea resin. European Polymer Journal，2009，45（2）：595-598.

[132] Hui Z，Gandini A. Polymeric schiff bases bearing furan moieties. European Polymer Journal，1992，28（12）：1461-1469.

[133] Ma J，Wang M，Du Z，et al. Synthesis and properties of furan-based imine-linked porous organic frameworks. Polymer Chemistry，2012，3（9）：2340-2346.

（高勤卫，张代晖）

第四章　生物质酚醛树脂

第一节　木质素酚醛树脂

木质素是重要的天然酚类物质，是主要由愈创木基（G-木质素）、紫丁香基（S-木质素）和对羟基苯丙烷（H-木质素）三种基本结构单元通过醚键和碳碳键连接而成的高分子多酚类芳香族化合物[1]。木质素在酚醛泡沫中的应用主要有化学改性木质素共聚改性树脂、未改性木质素共聚改性树脂和木质素共混改性泡沫三种方式。

一、化学改性木质素对树脂的共聚改性

1. 常压苯酚液化木质素

树皮粉和果壳粉中含有丰富的木质素，由于木质素的基本结构单元和苯酚相似，采用苯酚液化可溶出树皮粉或果壳粉中大部分的木质素。以浓硫酸作催化剂苯酚液化树皮粉，当液化物进行树脂化反应[2]80min 时，发泡效果较好：表观密度为 $0.11kg/m^3$，压缩强度为 2.8MPa，属于密度中等强度发泡材料。但在反应 80min 后，黏度急剧上升，几乎达到旋转黏度计无法测定的程度。

以浓硫酸作催化剂，对核桃壳粉进行苯酚液化，液化产物在弱碱性条件下与甲醛在 80℃ 下反应 2h，制备可发性酚醛树脂[3]。吐温-80 作表面活性剂、盐酸作固化剂、二异丙醚作发泡剂，在 70℃ 下发泡，泡沫材料具有良好的力学性能和均匀的泡孔结构。

工业木质素经浓硫酸催化酚化后，替代苯酚 30％ 制备的木质素酚醛泡沫性能较好[4]，其压缩强度和弯曲强度分别为 0.21MPa 和 0.15MPa，吸水率为 6.92％，氧指数为 38.2％，热导率为 $0.030W/(m \cdot K)$，属于难燃型高效保温材料。

木质素磺酸钙在浓盐酸催化酚化下，可得到反应活性提高的木质素酚化液（木质素磺酸盐为苯酚用量的 50％），向该体系中直接加入液体甲醛就可制备发泡酚醛树脂和泡沫[5]。与传统的酚醛泡沫塑料（PF）相比，改性泡沫塑料的热导率降低为 $0.032W/(m \cdot K)$，压缩强度由原来的 0.07MPa 提高到 0.11MPa，泡沫性能得到了提高。

工业木质素也可以进行碱性酚化，将木质素、苯酚和碱性催化剂加入反应器中对木质素进行酚化降解处理[6]。加入甲醛溶液、多聚甲醛和间苯二酚得到高活性木质素基酚醛树脂，改性树脂经固化成型制备的泡沫材料力学性能好，压缩强度为 172.1kPa，弯曲强度为 254.6kPa，分别比未添加木质素的泡沫强度提高了 10.5％ 和 22.1％；掉渣率为 19.1％，比未改性的泡沫降低了 22.8％。

新型固体酸 HZSM-5 可以催化酚化酶水解木质素（EHL），经 Py-GCMS 和 2D-NMR 分析，苯酚通过亲核反应引入 Cα 位置，并且酸性条件可以抑制木质素缩合，处理后的木质素酚羟基含量和与甲醛的反应性都得到显著提升。经处理的木质素可代替 50％（质量分数）苯酚制备隔热和抗压强度性能良好的酚醛泡沫[7]。

2. 高压苯酚液化木质素

将玉米芯木质素加入高温高压反应釜中[8]，在苯酚和磷酸作用下，250℃、4MPa下酚化2h，二酚环化合物含量显著增加。高温高压酚化木质素改性酚醛泡沫的热导率小于0.026W/(m·K)，掉渣率小于8.8%，明显低于木质素未酚化改性、低温酚化改性和普通的酚醛泡沫。

硬木木质素在200～300℃/1～5MPa下获得的解聚产物（DHL，$M_w \approx 2000$）可替代苯酚30%～50%（质量分数）制备发泡树脂和木质素基泡沫，热导率为0.033～0.040W/(m·K)，在低于200℃的温度下具有优异的热稳定性，可用作保温和耐火材料[9]。

3. 生物酶法改性木质素

木质素可通过生物酶法降解[10]，生物酶法得到的改性木质素与苯酚、碱性催化剂和水，通过分步加入多聚甲醛反应得到的酚醛树脂[pH值为8.3，固体含量（质量分数）为76%，黏度为2130cP（1cP=10^{-3}Pa·s），凝胶时间（150℃）为75s]，具有凝胶时间短、活性高、游离甲醛低等优点。酶法改性木质素制备酚醛泡沫具有操作简便、绿色环保的优点，其热导率、压缩强度和弯曲强度都得到了改善。

4. 化学降解改性木质素

采用双氧水可实现中低温降解木质素，可得到高含量C_3木质素基木质素降解产物。木质素重均分子量由原来的19605降到2966，与甲醛反应活性提高50%以上，甲醇溶解部分各类C_3木质素基酚类化合物的总含量高达42.54%[11]。采用液体甲醛替代苯酚20%，制备性能良好的木质素改性酚醛泡沫。

以正硅酸四乙酯为硅源、苯酚为分散剂制备纳米二氧化硅[12]。该纳米体系与甲醛的反应活性较苯酚和甲醛的反应活性提高了70.7%，与化学降解木质素协同改性发泡酚醛树脂，没有高温阶段且中温阶段时间缩短，酚醛泡沫综合性能明显改善。泡沫（纳米二氧化硅占酚醛树脂质量的0.5%，化学降解木质素替代苯酚20%，60～65kg/m³）的压缩强度达到0.32MPa[13]。

二、未改性木质素对树脂的共聚改性

以生物炼制木质素为原料[14]，部分替代苯酚，与甲醛溶液、多聚甲醛、苯酚反应，在NaOH碱性催化剂作用下，通过逐步共聚，碱用量越大，可发性树脂中游离苯酚、甲醛含量越低，所制备泡沫的压缩强度也越高。

利用碱木质素替代部分苯酚制备酚醛树脂发泡材料[15]。原竹纤维经硅烷偶联剂KH550表面改性后，可提高泡孔壁的韧性，对碱木质素-酚醛泡沫的压缩强度、弯曲强度和表面粉化度具有促进作用。改性原竹纤维加入量为4%时，泡沫增效效果最佳，其压缩强度、弯曲强度分别比对应未增强泡沫提高了23.78%和26.31%，表面粉化度降低了24.75%。

以从纤维素乙醇残渣中采用溶剂法提取得到的酶解木质素为原料[16]，与苯酚、甲醛在碱性条件下共聚，经过真空脱水，得到可发性酶解木质素基酚醛树脂，酶解木质素对苯酚的替代率最高可达20%，制备的酚醛泡沫材料的绝热性能较好。

以玉米秸秆丁醇发酵残渣为原料[17]，其中酶解木质素含量≥70%（质量分数），与苯酚、多聚甲醛在碱性条件下逐步共聚，不脱水直接制备固含量在75%以上的可发性木质素基酚醛树脂，得到的酚醛泡沫塑料泡孔均匀致密，热释放速率为0.57kW/m²，烟灰产率只为9.6m²/m²，峰值CO产量仅为1.86kg/kg。

对玉米秸秆汽爆处理后，通过碱溶解分离的木质素浓缩至固体含量为30%[18]，加入一定比例的苯酚和液体甲醛，反应后经旋蒸脱水即为可发性酚醛树脂。得到的泡沫的热导率低于

0.025W/(m·K)，燃烧过程并无滴落或熔融现象，离火即熄，泡沫表面能够形成炭膜，阻止进一步燃烧，具有较好的阻燃性能。

水热耦合高沸醇提取工艺可以解决高沸醇提取木质素工艺效率低、含糖量过高导致的品质差等不足[19]。核桃壳首先经水热预处理，再用1,4-丁二醇提取，木质素提取率比单独使用1,4-丁二醇提取高约14.66%，乙醇和碱相结合可使核桃壳中98.98%的木质素溶解。当木质素添加量为10%时泡沫压缩强度最好（0.10MPa），较未添加木质素的泡沫压缩强度提高了38.88%。

玉米秸秆碱木质素提纯后直接替代苯酚[20]，在碱性条件下与甲醛发生缩合反应合成酚醛树脂及泡沫，当木质素替代量为20%时泡沫具有最大的残炭率54.60%，表面粉化程度由13.73%降低至3.48%，吸水率由3.73%降低至1.92%。

三、木质素对泡沫的共混改性

对木质纤维表面进行碱与（或）偶联剂复合改性，可提高泡沫力学性能[21]。处理后的纤维复合泡沫的强度较未处理纤维复合泡沫有不同程度的提高，尤其以氢氧化钠与硅烷偶联剂A-171复合处理方法和硅烷偶联剂KH-792处理方法处理后的纤维复合泡沫的各项性能较优。

通过超滤和纳滤方法将分级的木质素与可发型酚醛树脂直接共混制备酚醛泡沫保温材料[22]，分级木质素分子量分布窄，可大幅提高酚醛泡沫保温材料制品中的木质素含量，经分级木质素填充的酚醛泡沫保温材料的力学性能、热稳定性和抗紫外老化性能都得到了相应提高。

四、工程化应用

中国林业科学研究院（林科院）林产化学工业研究所（林化所）周永红团队针对传统木质素在发泡酚醛树脂应用上存在黏度大、活性低的技术瓶颈，结合木质素分子结构和发泡树脂制备工艺特征，创新了木质素改性酚醛泡沫制备技术。开发出非苯酚介质木质素定向降解为C_3小分子酚类化合物形成技术、高选择性催化加成技术、高邻位低黏度木质素改性发泡树脂制备等关键技术，在此基础上，集成创新了木质素改性酚醛泡沫流水线生产技术（工艺技术参数见表10-4-1至表10-4-4）。成功开发的绿色降解工艺，不经任何分离提纯直接与苯酚和多聚甲醛进行高邻位加成缩聚，整个过程无任何污染，没有废水产生。在山东、常州、辽宁和徐州等地推广生产了7cm、11cm、15cm和20cm等不同厚度的泡沫（图10-4-1），板材热导率在0.022W/(m·K)以下，拉拔强度达到0.1MPa以上，密度43～50kg/m³，产品颜色浅、泡孔细密，便于切割和施工运输。木质素的C_3支链解决了泡沫的脆性问题，填补了国内木质素酚醛泡沫流水线生产的技术市场空白，可应用于地铁、地暖和中央空调等领域。

表 10-4-1　发泡配方

原料	用量/g
木质素酚醛树脂	100
发泡剂	8～12
表面活性剂	3～5
固化剂	8～12
其他助剂	3～5

表 10-4-2 木质素发泡酚醛树脂技术指标

性能	指标
外观	黑色黏稠均相液体
黏度(25℃)/(mPa·s)	3000~6000
游离酚/%	<4.2
游离醛/%	<1.5
活性/℃	80~85

表 10-4-3 流水线工艺集成技术

性能	指标
上链板温度/℃	62~65
下链板温度/℃	65~68
链板速度/(m/min)	5~7
链板间距/(m/min)	8~12
浇注头喷料速度/(kg/min)	7~8
A料泵压头/MPa	0.7
B料泵压头/MPa	0.7

表 10-4-4 木质素酚醛泡沫技术指标

性能	指标
氧指数/%	大于
热导率/[W(m·K)]	<0.022
压缩强度/MPa	>0.15
弯曲强度/MPa	>0.32
吸水率/%	<6.0
尺寸稳定性/%	<0.33

反应釜　　　　　树脂出料　　　　　层压机入口

层压机出口　　　　　A料共混　　　　　产品

图 10-4-1 流水线照片

第二节　其他生物质酚醛树脂

由于石油资源的不可再生、不可持续和不可生物降解的特性，以及人类对环境保护的日益重视，国内外研究学者开始致力于研发性能更加优异、价格低廉且环保的改性酚醛树脂。目前用于制备改性酚醛树脂的生物基原料主要有腰果酚、植物油、生物质液化/热裂解生物油、单宁及栲胶等。

一、腰果酚酚醛树脂

腰果酚是腰果壳油的主要成分，分子链中含有酚羟基，羟基间位有 15 个长链碳原子，结构如图 10-4-2 所示。其中饱和长烷烃支链结构约占 3%，单烯、双烯和三烯结构分别占 34%、22% 和 41%。特殊的化学结构赋予了腰果酚独特的化学性质，使得腰果酚既能表现出苯环的刚性，又能表现出长链烷烃的柔韧性[23-27]。因此，腰果酚常被用来替代苯酚制备酚醛树脂。

腰果酚酚醛树脂的合成反应一般分为两步，首先是腰果酚与甲醛发生加成反应生成一元羟甲基腰果酚，一元羟甲基腰果酚在适当的条件下继续发生加成反应，生成二元及多羟基腰果酚；随后是缩聚反应，缩聚反应因反应条件不同，产物也不相同，

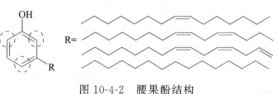

图 10-4-2　腰果酚结构

可发生在羟甲基腰果酚与腰果酚之间，也可发生在各个羟甲基腰果酚之间。生成的树脂的结构及特性最终取决于腰果酚与醛的物质的量之比、催化剂的酸碱性等。

根据所用催化剂酸碱性不同，腰果酚酚醛树脂可分为热固性腰果酚酚醛树脂和热塑性腰果酚酚醛树脂两大类。

（一）热固性腰果酚酚醛树脂

热固性腰果酚酚醛树脂是在碱性催化剂的条件下合成的。常用的催化剂为 NaOH、氨水、Ba(OH)$_2$、Mg(OH)$_2$、叔胺等。酚/醛（物质的量之比）<1。热固性腰果酚酚醛树脂的生产工艺一般采用直接混酚法，即将苯酚、腰果酚/改性腰果酚、甲醛按照一定的比例同时投入反应设备中，在碱性催化剂存在的条件下进行反应，生成热固性腰果酚酚醛树脂。

1. 共混改性合成热固性腰果酚酚醛树脂

用腰果酚直接替代部分苯酚合成热固性腰果酚酚醛树脂，进而制备复合材料、酚醛泡沫，可有效降低成本，并且制备的材料显示出较好的力学性能。用腰果酚直接替代部分苯酚合成热固性腰果酚酚醛树脂[28]，并与碳化硅复配，制备了腰果酚改性酚醛树脂复合材料。研究发现，当腰果酚替代苯酚量为 15% 时，改性酚醛树脂基复合材料的综合力学性能最优：拉伸强度为 6.95MPa，弯曲强度为 10.22MPa，压缩强度为 45.79MPa。中国林业科学研究院林产化学工业研究所周永红课题组用腰果酚替代部分苯酚与固体甲醛，在氢氧化钠为催化剂的条件下，反应合成腰果酚酚醛树脂，进而制备改性酚醛泡沫。结果表明：用腰果酚可以增韧酚醛泡沫，改善了酚醛泡沫的力学性能，并且降低了生产成本。

2. 改性腰果酚合成热固性腰果酚酚醛树脂

中国林业科学研究院林产化学工业研究所周永红课题组研究发现，随着腰果酚含量的增加，

腰果酚改性树脂分子量增大，黏度急剧增加，流动性差，后续操作不便[29]。在此基础上先将腰果酚侧链上的双键氧化成邻二醇结构，合成羟基化腰果酚，并代替部分苯酚与固体甲醛反应合成甲阶酚醛树脂，进而羟基化腰果酚制备改性酚醛泡沫[30]。研究结果表明，当羟基化腰果酚对苯酚的替代量达到 20% 时，羟基化腰果酚改性的酚醛泡沫比纯酚醛泡沫的压缩强度提高了 61%，达到了 0.22MPa；羟基化腰果酚对苯酚的替代量为 5% 时，羟基化腰果酚改性酚醛泡沫的弯曲强度达到最大值，为 0.34MPa，比纯酚醛泡沫的弯曲强度提高了 95%。他们同时开展了在腰果酚分子结构上引入磷和硅等阻燃元素的研究，制备了阻燃腰果酚热固性酚醛树脂，进而制备了力学性能和阻燃性能都得到提高的阻燃腰果酚酚醛泡沫[31]。

（二）热塑性腰果酚酚醛树脂

热塑性腰果酚酚醛树脂一般是在酸性催化剂存在的条件下，酚/醛（物质的量之比）>1 时合成的，常用的催化剂为硫酸、对甲苯磺酸、磷酸、草酸等。生成的树脂主要是线型或者少量支化的缩聚物，主要以亚甲基键相连，是可溶可熔的酚醛树脂。

热塑性腰果酚酚醛树脂可采用以下途径合成：a.直接混酚法，即将苯酚、腰果酚、甲醛按照一定的比例同时投入反应设备中，在酸性催化剂存在的条件下进行反应，反应温度控制在 95~100℃，反应时间为 1.5~2.5h，然后真空脱水达到一定黏度。b.双酚法，腰果酚与苯酚在酸性条件下生成双酚，然后再和甲醛、苯酚反应。c.预聚法，苯酚和甲醛先反应生成小分子量的黏度较小的苯酚甲醛树脂预聚物，然后再加入腰果酚，使其与苯酚甲醛树脂预聚物反应[32]。热塑性腰果酚酚醛树脂具有高温柔顺性较好、在溶剂中有溶解性、与橡胶相容性好、分解后残渣的摩擦性好等优势。

二、植物油酚醛树脂

植物油是从植物的果实、种子、胚芽中得到的油脂，是由不饱和脂肪酸和甘油化合而成的化合物，如豆油、花生油、亚麻油、蓖麻油、菜籽油等。植物油的主要成分是直链高级脂肪酸和甘油生成的酯，脂肪酸除软脂酸、硬脂酸和油酸外，还含有多种不饱和酸，如芥酸、桐油酸、蓖麻油酸等。在酚醛树脂的改性中，广泛应用的主要是不饱和脂肪酸，如桐油[33]、大豆油[34]、亚麻油[35]等。其分子中的双键可通过酚化[36]（如图 10-4-3 所示）、环氧化[37]、酯化、加成等[38,39]成为聚合物结构的一部分，并使改性后酚醛树脂呈现出互穿聚合物网络结构，从而达到改善酚醛树脂性能（柔韧性、耐水性和耐摩擦性等）的目的。

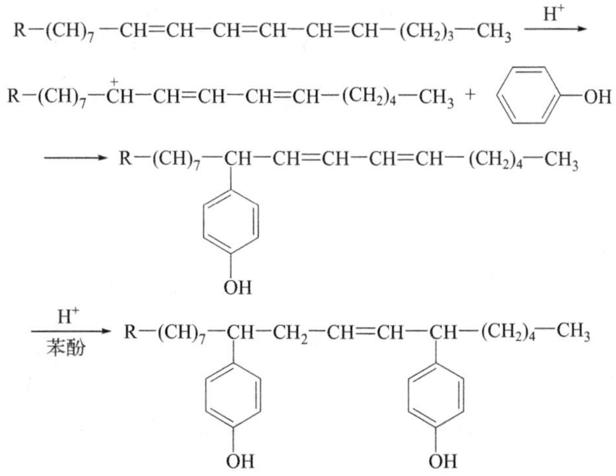

图 10-4-3　桐油酚化改性

酚醛树脂含大量的酚羟基和苯环等刚性基团，因此具有易吸潮、产品易变色、脆性大和保质期短等缺点，而植物油具有长链烷基，可以有效提升酚醛树脂的力学性能，增加韧性并降低吸水性，从而拓宽了酚醛树脂的应用领域。而且植物油价格价廉、可再生，可节约成本，也是实现酚醛树脂环保性生产的重要因素。植物油改性酚醛树脂可应用于各行各业，目前主要集中于摩擦材料、油墨、线路覆铜板和层压板等材料的树脂基体领域[40]。

三、生物质液化/热裂解生物油酚醛树脂

农林生物质主要由纤维素、半纤维素和木质素等组成[41]。大量纤维素晶体结构的存在，使生物质溶解性差、反应活性低、可塑性差，因此，生物质液化是生物质大规模利用的有效方法之一。生物质液化是指在较低的温度（100～250℃）和反应性有机溶剂等条件下，将生物质转化为具有较高反应活性液态小分子的热化学反应过程，液化产物可作为化工原料或燃料以替代石油基产品，减少化石能源的消耗，因此，液化技术已发展成制备生物基材料的一种重要途径[42]。

生物质的液化方法大体上主要有以下几类：a.有机介质液化；b.超临界液化；c.高压液化等。有机介质主要有苯酚、多元醇、水、醇、碳酸酯等，苯酚作为常用液化剂，具有亲核试剂的作用，在液化反应过程中可引起醚键的断裂和环氧化合物的开环。苯酚除作为溶剂以外，还可与一些活性分子反应使之具有酚类的性质[43]。

在没有催化剂的条件下，用苯酚直接液化纤维素的反应中间产物主要包括5-羟甲基糠醛（HMF）、葡萄糖和低聚糖（如图10-4-4所示）。由此推断，纤维素苯酚液化在高温湿热条件下首先降解为低聚糖，而后又继续降解成葡萄糖，HMF则是葡萄糖经连续脱水后的产物[44]。该产物的形成也许导致其自身的聚合以及苯酚的反应，进一步的反应还可能产生交联的网状高分子化合物[43]。

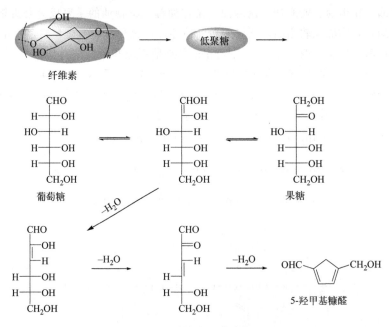

图10-4-4　纤维素液化降解机理

对木质素的模型化合物愈创木基甘油-β-愈创木基醚（GG）的苯酚液化的研究发现，在酸性条件下，GG C-α 首先脱水产生苄基正离子，再与苯酚发生亲电取代，然后 β-O-4 键发生均相裂解，与降解的愈创木酚或苯酚反应产生了苯鎓离子，其将会继续发生反应（主要是与酚反应，包含少量的环化反应）产生一系列相应的酚化产物（如图 10-4-5 所示），基本上为愈创木酚化合物和各种松柏醇的酚化产物，如二苯基丙烯、苯基香豆酮、苯基香豆满等。另外，苯酚可参与反应，对抑制缩合反应具有重要的作用[45]。

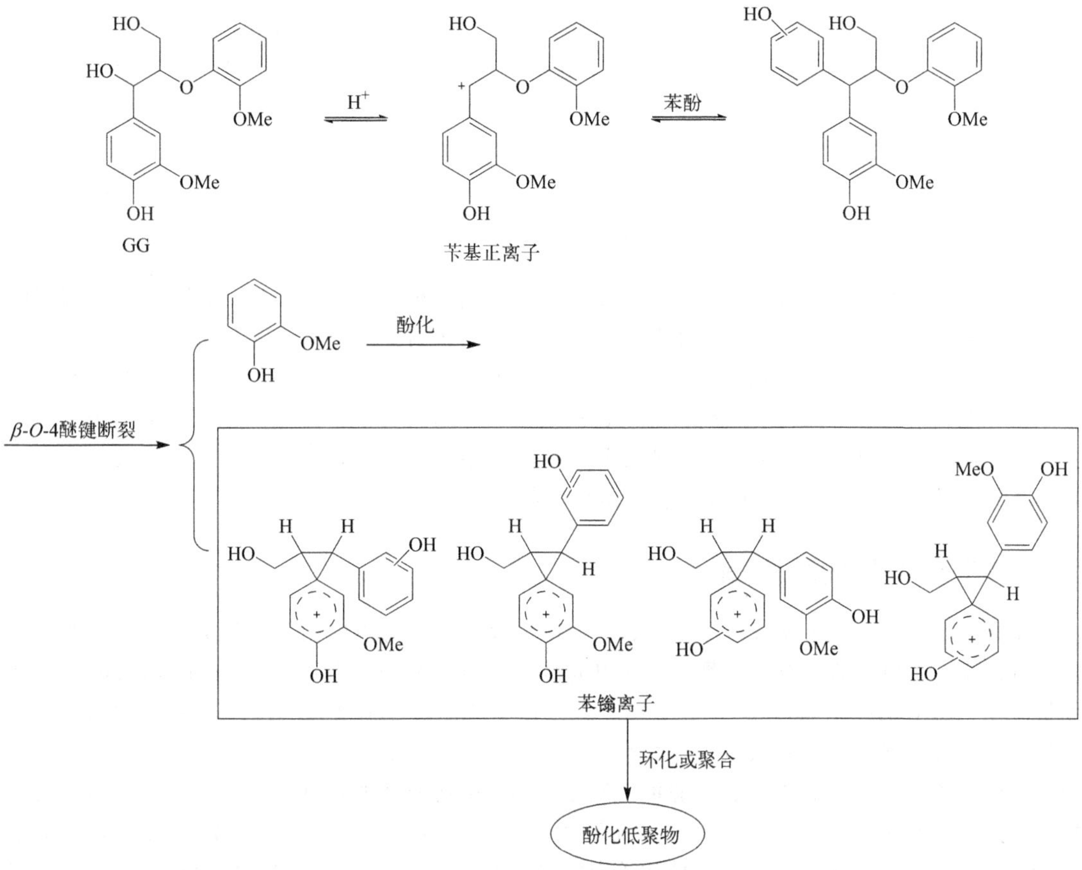

图 10-4-5　木质素模型物 GG 酸性苯酚液化的反应路径[45]

木质材料苯酚液化过程中，木质素大分子发生解聚产生部分低分子量的酚类物质。苯酚液化产物可用于制造改性酚醛树脂，包括热固性酚醛树脂和热塑性酚醛树脂，前者主要用于胶黏剂的制备，后者常用于模压材料、碳纤维的制备。与常规酚醛树脂胶黏剂相比，改性树脂具有更好的生物降解性和环境相容性；用木材苯酚液化产物制作的酚醛树脂泡沫材料，也可制作保温隔热的功能性材料，用于建筑业等。

生物质有效利用的另一个方法是热裂解制备生物油。热裂解液化是指生物质在缺氧环境中，在 $475 \sim 625$℃ 的中等反应温度、$10^3 \sim 10^5$℃/s 的高升温速率和极短气相停留时间（一般小于 2s）的条件下直接催化或者非催化加热分解，并经快速冷凝得到主产物生物油及副产物炭和清洁燃气（不可冷凝气体）[46]。该过程具有反应时间短、热解速度快，原料适应性强，精准的温度控制，升温速率快、气体停留时间短，热解产物以生物油为主，产油率最高可达 80% 等特点[46]。

木质素热裂解反应见图 10-4-6。

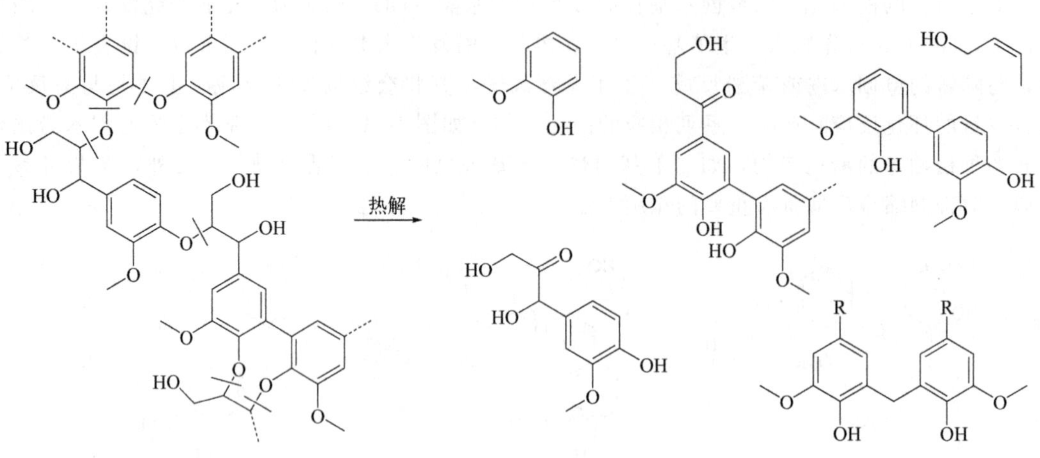

图 10-4-6 木质素热裂解反应[47]

生物质热裂解生物油制备酚醛树脂又称为生物油-酚醛树脂，国内外对于生物油-酚醛树脂的研究始于 20 世纪 80 年代，主要包含生物油提纯分离产物制备酚醛树脂和利用生物油原油制备酚醛树脂[46]。生物油提纯分离产物制备的酚醛树脂的胶合性能可以达到商用酚醛树脂水平，但生物油提取精制存在生产成本较高、工艺过程复杂、溶剂回收率不高等问题，并不利于实际生产操作。而利用生物油原油直接替代苯酚制备酚醛树脂则生产工艺相对简单，而且最大限度地提高生物油的利用率，较大限度地降低酚醛树脂的成本[46]。

四、单宁和栲胶酚醛树脂

植物单宁，又名鞣质或植物鞣质，是一类广泛存在于植物体内的天然酚类物质，是产量仅次于纤维素、木质素的生物质资源[48]。按其化学结构可以分为缩合单宁（condensed tannin）和水解单宁（hydrolysable tannin）（如图 10-4-7 所示）。缩合单宁属于 C_6-C_3-C_6 结构型多酚，是以黄烷-3-醇（棓儿茶素、表儿茶素、儿茶素）为基本结构单元的缩合物，如落叶松单宁、黑荆树单宁、杨梅单宁、茶单宁等[49]。水解单宁属于 C_6-C_1 结构型多酚，以没食子酸和鞣花酸为结构单元，是倍酸及其衍生物与葡萄糖或多元醇主要通过酯键形成的化合物，如五倍子酸（gallic acid）、塔拉单宁、橡碗单宁等[49]。植物单宁的多元酚结构赋予它一系列独特的化学活性和生理活性，如蛋白质络合、离子吸附、抗氧化、抑菌等[50]。另外，单宁也用于高分子材料改性，它赋予高分子材料许多新的特性及用途[51]。

水解单宁分子结构中含有的酯键易被酸、碱和酶等水解，从而失去单宁的特性。通常，水解类单宁反应位点低，与甲醛的反应能力差，故苯酚的替代量较小且其产量有限，利用其作为化学原料资源的经济意义并不大[52]。近来有报道利用水解单宁或栲胶对 PF 进行改性，可获得较好的效果[53]。在南非，人们已成功用黑荆树栲胶代替苯酚和间苯二酚制备了木材胶黏剂，并且产品年消耗量约 1 万吨[54]。马来西亚利用相思树皮的单宁与酚醛共聚，形成胶合板黏合剂，单宁增强了树脂的刚性和热稳定性。而我国利用单宁取代部分苯酚，制备了单宁改性酚醛泡沫，当单宁用量为苯酚质量的 3% 时，改性酚醛泡沫的甲醛释放量最低，达到了人造板 E1 标准，而且泡沫的压缩强度、冲击强度、粉化率、极限氧指数等综合性能最好[55]。与纯酚醛泡沫相比，单宁改性酚醛泡沫的力学性能有所提升，脆性明显改善，阻燃性能显著提高。

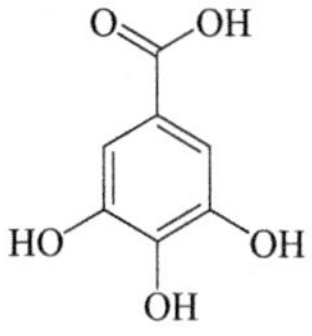

图 10-4-7　单宁组成成分的化学结构

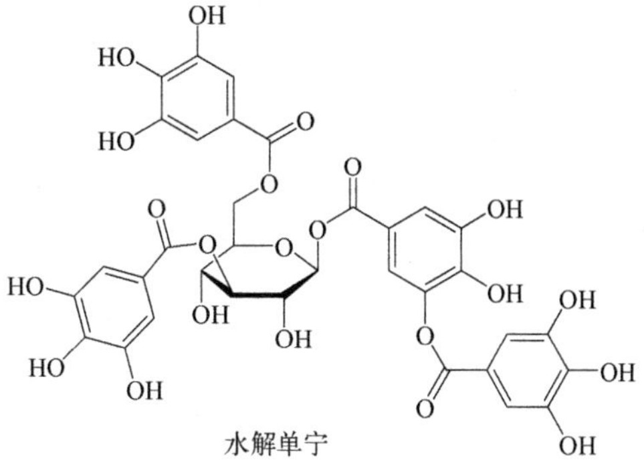

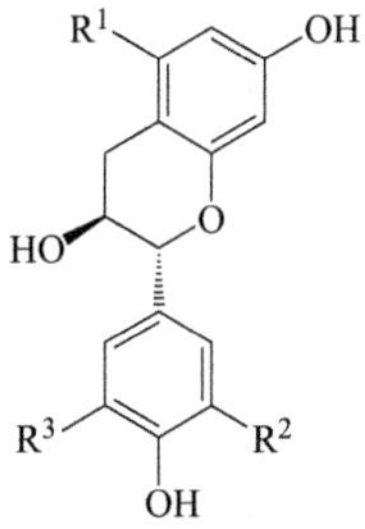

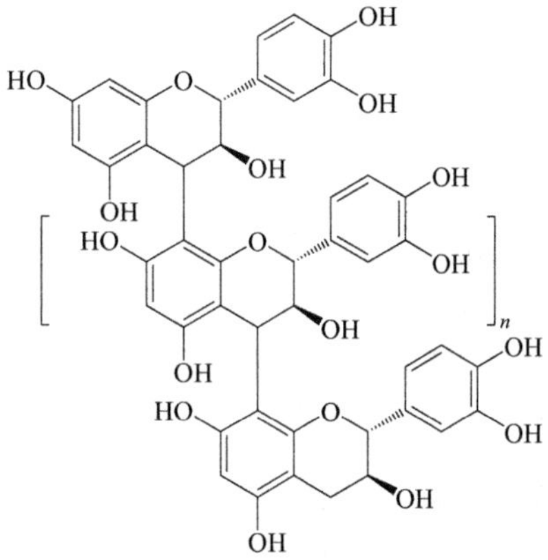

参考文献

[1] Lima M M D S, Borsali R. Rodlike cellulose microcrystals：Structure，properties，and applications. Macromol Rapid Commun，2004，25（7）：771-787.

[2] 张文博，牛敏，孙丁阳. 意大利杨树皮苯酚液化物制备酚醛发泡材料. 林产化学与工料，2009，29（B10）：129-132.

[3] Huang Y B，Zheng Z F，Pan H，et al. Phenolic foam from liquefied products of walnut shell in phenol. Advanced Materials Research，2011：236-238，241-246.

[4] 李红标. 木质素酚醛树脂的合成及其发泡研究. 郑州：郑州大学，2015.

[5] 吴强林，方红霞，丁运生，等. 木质素基酚醛树脂泡沫塑料的结构与性能研究. 工程塑料应用，2012，40（11）：69-73.

[6] 陈日清，刘娟，夏成龙，等. 酚化木质素改性可发性间苯二酚-苯酚-甲醛树脂及制备方法：CN 104892877B. 2015-09-09.

[7] Wang G，Liu X，Zhang J，et al. One-pot lignin depolymerization and activation by solid acid catalytic phenolation for lightweight phenolic foam preparation. Industrial Crops and Products，2018，124：216-225.

[8] 姜晓文，刁桂芝，王娟，等. 高温高压酚化木质素改性酚醛泡沫性. 新型建筑材料，2014，9：69-74.

[9] Li B，Wang Y，Mahmood N，et al. Preparation of bio-based phenol formaldehyde foams using depolymerized hydrolysis lignin. Industrial Crops and Products，2017，97：409-416.

[10] 朱晨杰，高成，应汉杰，等. 一种酶法改性木质素制备酚醛泡沫的制备方法：CN 111234455B. 2021-05-11.

[11] 胡立红. 木质素酚醛泡沫保温材料的制备与性能研究. 北京：中国林业科学研究院，2012.

[12] Guo Y J，Hu L H，Jia P Y，et al. Enhancement of thermal stabilityand chemical reactivity of phenolic resin ameliorated by nanoSiO$_2$. Korean Journal of Chemical Engineering，2017，35（1）：298-302.

[13] Guo Y J，Hu L H，Cai Y B，et al. Mechanial property of lignin-modified phenolic foam enhanced by nano-SiO$_2$ via a novel method. Chemical Papers，2018，72（3）：763-767.

［14］张伟. 生物炼制木质素基酚醛树脂的制备与应用. 北京：中国林业科学研究院，2013.

［15］庄晓伟. 碱木质素改性以及原竹纤维增强酚醛泡沫材料制备与性能研究. 北京：中国林业科学研究院，2013.

［16］程贤甦. 酶解木质素或它的衍生物改性酚醛发泡材料及其制备方法：CN 101269930B. 2008-09-24.

［17］储富祥，许玉芝. 发泡用木质素甲阶酚醛树脂及其制备方法：CN 101985492B. 2011-03-16.

［18］王冠华. 秸秆汽爆炼制木质素制备酚醛泡沫材料. 生物工程学报，2014，30（6）：901-910.

［19］常森林. 核桃壳木质素提取及制备酚醛树脂泡沫的研究. 北京：中国科学院大学（中国科学院过程工程研究所），2017.

［20］周方浪，郑志锋，杨静，等. 木质素基酚醛树脂泡沫的制备及性能研究. 林产化学与工业，2018，38（6）：103-109.

［21］马玉峰. 轻质阻燃酚醛泡沫材料的制备与构效关系研究. 北京：中国林业科学研究院，2013.

［22］应汉杰，邓彤，朱晨杰，等. 分级木质素在制备酚醛泡沫保温材料中的应用：CN 107974037B. 2018-05-01.

［23］Perdriau S，Harder S，Heeres H J，et al. Selective conversion of polyenes to monoenes by RuCl（3）-catalyzed transfer hydrogenation：The case of cashew nutshell liquid. Chem Sus Chem，2012，5（12）：2427-2434.

［24］Puchot L，Verge P，Fouquet T，et al. Breaking the symmetry of dibenzoxazines：A paradigm to tailor the design of bio-based thermosets. Green Chemistry，2016，18（11）：3346-3353.

［25］Ma H X，Li J J，Qiu J J，et al. Renewable cardanol-based star-shaped prepolymer containing a phosphazene core as a potential biobased green fire-retardant coating. ACS Sustainable Chemistry & Engineering，2016，5（1）：350-359.

［26］Cal E，Maffezzoli A，Mele G，et al. Synthesis of a novel cardanol-based benzoxazine monomer and environmentally sustainable production of polymers and bio-composites. Green Chemistry，2007，9（7）：754-759.

［27］Srivastava R，Srivastava D. Mechanical，chemical，and curing characteristics of cardanol-furfural-based novolac resin for application in green coatings. Journal of Coatings Technology and Research，2015，12（2）：303-311.

［28］葛铁军，胡晓岐，王东奇. 酚醛树脂基耐磨复合材料的改性及性能. 塑料，2020，49（2）：69-72，84.

［29］刘瑞杰. 腰果酚改性酚醛泡沫的制备与性能研究. 北京：中国林业科学研究院，2013.

［30］梁兵川. 羟基化腰果酚改性酚醛泡沫的制备与性能研究. 北京：中国林业科学研究院，2016.

［31］Bo C，Hu L，Chen Y，et al. Synthesis of a novel cardanol-based compound and environmentally sustainable production of phenolic foam. Journal of Materials Science，2018，53（15）：10784-10797.

［32］吴培熙，王强. 槚如酚改性酚醛树脂的合成及在半金属摩阻材料中应用的研究. 河北工学院学报，1986（1）：44-57.

［33］范友华，刘小燕，陈泽君，等. 桐油基改性树脂研究进展. 湖南林业科技，2014，41（2）：56-64.

［34］司徒粤，胡剑峰，黄洪，等. 环氧大豆油扩链内增韧酚醛树脂的合成与应用. 华南理工大学学报（自然科学版），2007，35（7）：99-104.

［35］袁新华，陈敏，邵美秀，等. 摩阻材料用亚麻油改性酚醛树脂的研究. 高分子材料科学与工程，2006，22（6）：181-183.

［36］余钢，吕彭孙. 桐油改性酚醛树脂的研究：合成，机理与结构表征. 林产化学与工业，1994，14（4）：23-30.

［37］Situ Y，Hu J，Huang H，et al. Synthesis，properties and application of a novel epoxidized soybean oil-toughened phenolic resin. Chinese Journal of Chemical Engineering，2007，15（3）：418-423.

［38］商士斌，周永红，王丹，等. 桐油酰亚胺酚醛树脂耐热性研究. 林产化学与工业，2005，25（10）：27-30.

［39］李屹，姚进，周元康，等. 复合改性酚醛树脂及其在摩擦材料中的应用. 非金属矿，2005，28（4）：57-58.

［40］宋金梅，田谋锋，王稳，等. 植物油改性酚醛树脂的研究现状. 玻璃钢/复合材料，2016，266（4）：93-97.

［41］Demirbas A. Biofuels sources，biofuel policy，biofuel economy and global biofuel projections. Energy Conversion and Management，2008，49（8）：2106-2116.

［42］朱显超. 五种生物质微波辅助液化工艺及特性研究. 北京：中国林业科学研究院，2013.

［43］原建龙. 利用苯酚液化落叶松树皮制备树皮基胶黏剂及其表征研究. 黑龙江：东北林业大学，2009.

［44］Yamada T，Ono H. Characterization of the products resulting from ethylene glycol liquefaction of cellulose. Journal of Wood Science，2001，47（6）：458-464.

［45］Lin L，Yao Y，Shiraishi N. Liquefaction Mechanism of β-O-4 Lignin Model Compound in the Presence of Phenol under Acid Catalysis. Part 1. Identification of the Reaction Products. Holzforschung，2001，55（6）：617-624.

［46］佟立成. 生物质热裂解液化制备酚醛树脂关键技术研究. 北京：北京林业大学，2012.

［47］王文亮. 木质生物质热裂解定向调控酚类化合物研究. 北京：北京林业大学，2016.

［48］石碧，狄莹. 植物多酚. 北京：科学出版社，2000.

［49］郭林新，马养民，强涛涛，等. 植物单宁的结构改性研究进展. 化工学报，2021，72（5）：2448-2464.

［50］Carn F，Guyot S，Baron A，et al. Structural properties of colloidal complexes between condensed tannins and polysaccharide hyaluronan. Biomacromolecules，2012，13（3）：751-759.

［51］Celzard A，Szczurek A，Jana P，et al. Latest progresses in the preparation of tannin-based cellular solids. Journal of Cellular Plastics，2014，51（1）：89-102.

［52］汪田野，全金程，刘应良，等. 酚醛树脂研究新进展. 高分子通报，2014，12：39-46.

［53］覃族，吴志平，陈茜文. 单宁改性酚醛树脂胶粘剂研究进展. 中国胶粘剂，2016，25（2）：52-56.

［54］伍忠萌. 林产精细化学品工艺学. 北京：中国林业出版社，2002.

［55］姜兆欣，陈嘉兴，张先行，等. 基于生物质单宁的低甲醛释放量酚醛泡沫制备与性能. 工程塑料应用，2020，48（5）：137-142.

（胡立红，薄采颖，杨晓慧）

第五章　生物质环氧树脂

第一节　松脂基环氧树脂

　　松脂是松树或松类树干的分泌物，加工后可以得到松香和松节油。松香是一类同分异构体树脂酸混合物的总称，分子结构中含有稠脂环以及不饱和双键、羧基等基团。通过两个反应活性中心（羧基和双键）可在松香分子结构中引入多种化学元素或基团，实现改性和化学深加工利用，提高松香产品的附加值。松节油的主要成分是 α-蒎烯和 β-蒎烯，含有 C_{10} 或 C_{15} 分子骨架的多元环、桥环、羧基及环内外双键等，具有活泼的化学反应性质，可发生氧化、还原、异构、重排、加成及氢转移等化学反应，是重要的天然化工原材料，在合成香料及其他功能性物质方面起着十分重要的作用[1]。目前，利用松节油开发的合成香料及其他功能产品已有上百种。同时，松节油也是一种廉价的溶剂。松香、松节油的高值化深加工利用已成为国内外研究的热点和发展方向。

　　利用松香、松节油特有的稠脂环、桥环骨架分子结构以及羧基、双键的活性，经化学反应可合成多种松香基、松节油基的新型生物质环氧树脂。

　　利用松香树脂酸的羧基和双键与马来酸酐、丙烯酸、环氧氯丙烷等反应可以合成松香基环氧树脂（图 10-5-1）。

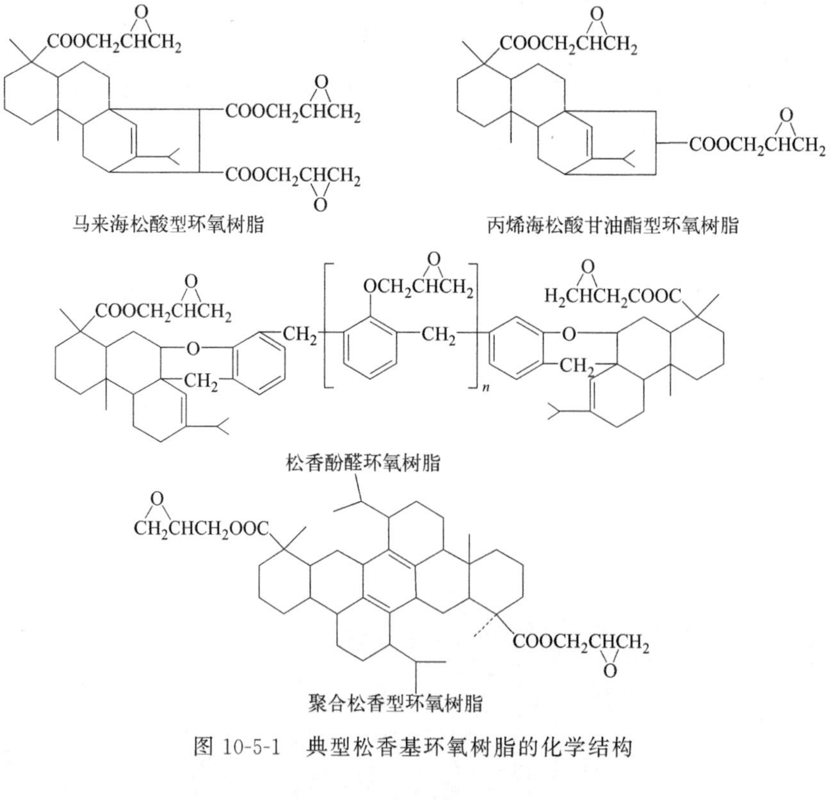

图 10-5-1　典型松香基环氧树脂的化学结构

利用松节油分子结构中的双键与马来酸酐、环氧氯丙烷等反应可以合成松节油基环氧树脂（图 10-5-2）。

萜烯基环氧树脂

氢化萜烯基环氧树脂

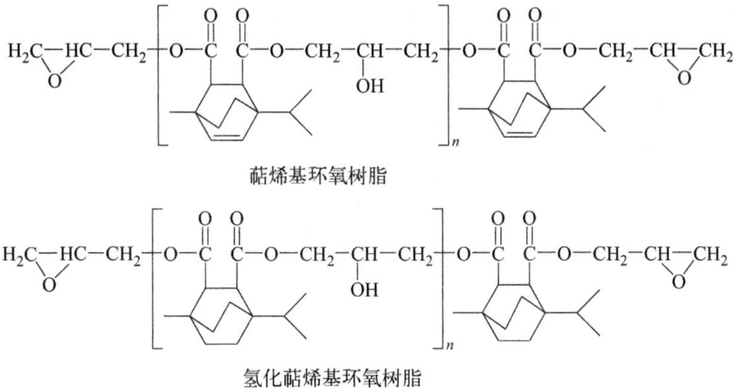

图 10-5-2　典型松节油基环氧树脂的化学结构

一、松香基环氧树脂

1. 合成方法

典型的松香基环氧树脂是由松香与马来酸酐加成合成马来海松酸酐（MPA），再由马来海松酸酐或其衍生物与环氧氯丙烷反应合成松香基环氧树脂（图 10-5-3）。

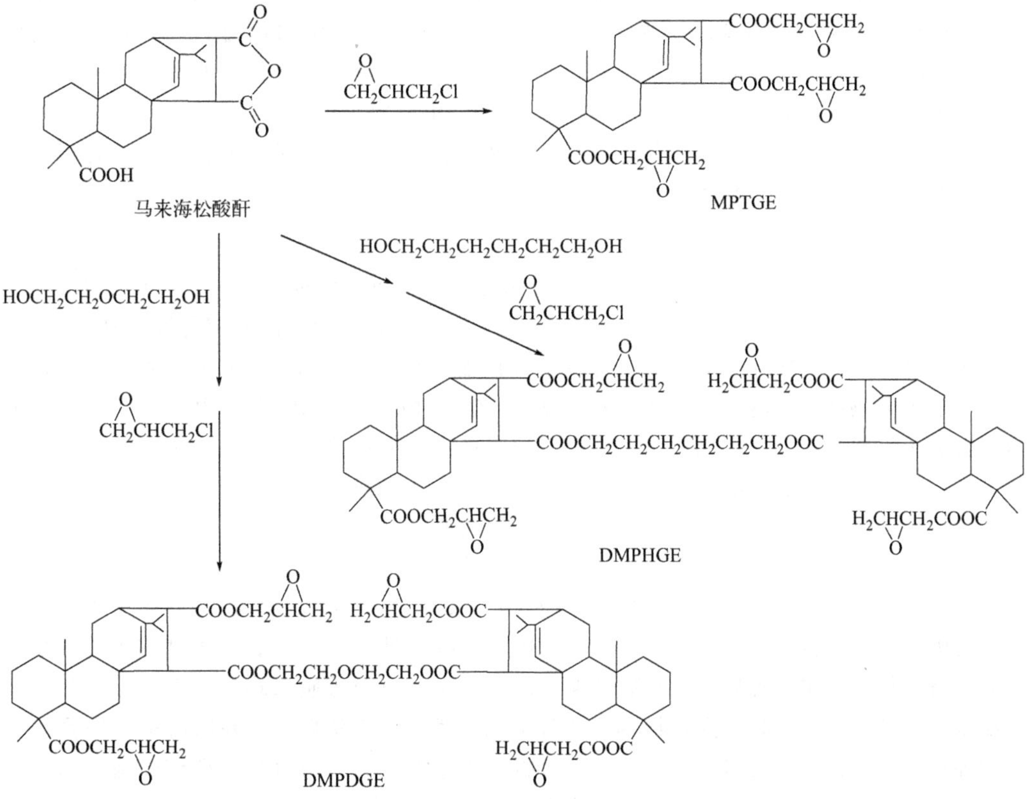

图 10-5-3　松香基环氧树脂的合成反应

MPTGE：马来海松酸缩水甘油酯型环氧树脂；DMPHGE：二马来海松酸己二醇酯缩水甘油酯型环氧树脂；
DMPDGE：二马来海松酸二甘醇酯缩水甘油酯型环氧树脂

上述三种环氧树脂的主要理化性能指标见表10-5-1。

表 10-5-1　三种松香基环氧树脂的主要理化性能指标

环氧树脂	环氧值/(mol/100g)	软化点/℃	酸值/(mg/g)
马来海松酸缩水甘油酯型环氧树脂(MPTGE)	0.20	55.0	0.26
二马来海松酸己二醇酯缩水甘油型环氧树脂(DMPHGE)	0.10	51.3	0.53
二马来海松酸二甘醇酯缩水甘油酯型环氧树脂(DMPDGE)	0.10	54.6	0.40

2. 固化物性能

（1）耐热性能　松香基环氧树脂固化物的耐热性能与环氧树脂、固化剂的化学结构以及固化物的固化程度密切相关。对于桐油酸酐（TOA）、改性桐油酸酐（TOAA）固化剂，上述三种松香基环氧树脂（MPTGE、DMPHGE、DMPDGE）固化物的耐热性能与双酚A型环氧树脂E-44相近；对于萜烯马来酸酐（TMA）及4,4′-二氨基二苯砜（DDS）固化剂，三种松香基环氧树脂固化物的耐热性能均低于双酚A型环氧树脂E-44；而对于四氢苯酐（THPA）固化剂，MPTGE固化物的耐热性能明显高于其他几种环氧树脂。因为松香基环氧树脂是一类多脂环结构的环氧树脂，分子结构中存在一定的空间位阻，与位阻效应小的固化剂（TOA、TOAA、THPA、DDS）固化可形成较好的交联网状结构，表现出优良的耐热性能；而与位阻效应大的固化剂TMA（含桥环萜烯结构的酸酐）固化难以充分交联形成网状结构，因而耐热性能偏低。

（2）力学性能　松香基环氧树脂与酸酐类固化剂在180℃下固化5h后涂膜的力学性能与环氧树脂及固化剂相关。采用THPA固化时，三种松香基环氧树脂固化物的各项力学性能均较好；MPTGE采用不同固化剂固化后也表现出优良的力学性能，耐热性、冲击强度等性能甚至超过了双酚A型环氧树脂E-44固化物；DMPDGE采用TOA及DDS固化后漆膜的冲击强度与柔韧性稍差。研究表明，通过选择合适的固化剂及固化条件，松香基环氧树脂可具有与双酚A型环氧树脂相当的优良力学性能。

3. 研究进展

20世纪70年代，P. Penczek等[2]首次由马来松香与环氧氯丙烷在30%KOH水溶液中反应合成了马来松香环氧树脂。该环氧树脂具有与双酚A型环氧树脂相似的理化性质和力学性能。孔振武等[3]由马来海松酸酐及其衍生物合成了多种松香基环氧树脂，与酸酐的固化物具有优良的力学性能及耐热性能。赵丽等[4]以马来海松酸三缩水甘油酯（MPTGE）和马来海松酸为主要原料，合成了松香基超支化环氧树脂。刘海峰等[5]用丙烯酸松香分别与1,4-丁二醇二缩水甘油醚和1,6-己二醇二缩水甘油醚反应合成了松香基环氧树脂预聚体，通过稠脂环萜烯刚性结构与直链脂肪柔性链段的结合，克服了初级松香类环氧树脂韧性差的问题。C. Mantzaridis等[6]利用松香二聚体合成了分子结构中含有两个松香稠环结构的环氧树脂，并研究了与异佛尔酮二胺的固化反应及固化物的热力学性能。Wang等[7]利用$LiAlH_4$将松香树脂酸的羧基还原成羟基，再与环氧溴丙烷反应制备了松香基缩水甘油醚型环氧树脂（图10-5-4），比松香基缩水甘油酯型环氧树脂具有更优异的耐水解稳定性和耐热性。Li等[8]用脱氢松香胺与环氧氯丙烷反应制备了松香基缩水甘油胺型环氧树脂，固化物具有优异的耐热性能。黄活阳等[9]利用卤素与松香基的稠环双键加成合成了具有一定阻燃性能的环氧树脂。邓莲丽等[10]以有机硅改性松香基乙二醇二缩水甘油醚，提高了松香基环氧树脂的力学性能、阻燃性和耐热性。

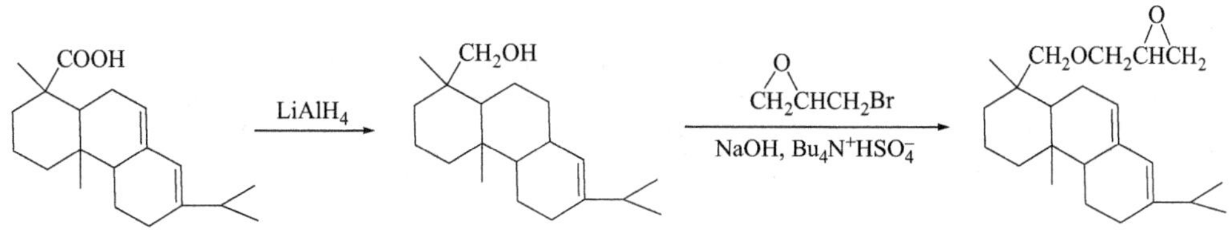

图 10-5-4 松香基缩水甘油醚型环氧树脂的合成反应

二、松节油基环氧树脂

1. 合成方法

典型的松节油基环氧树脂是由松节油主要成分 α-蒎烯或合成樟脑副产物双戊烯与马来酸酐的加成物萜烯马来酸酐（TMA）或其氢化产物氢化萜烯马来酸酐（HTMA）与环氧氯丙烷反应合成的（图 10-5-5）。

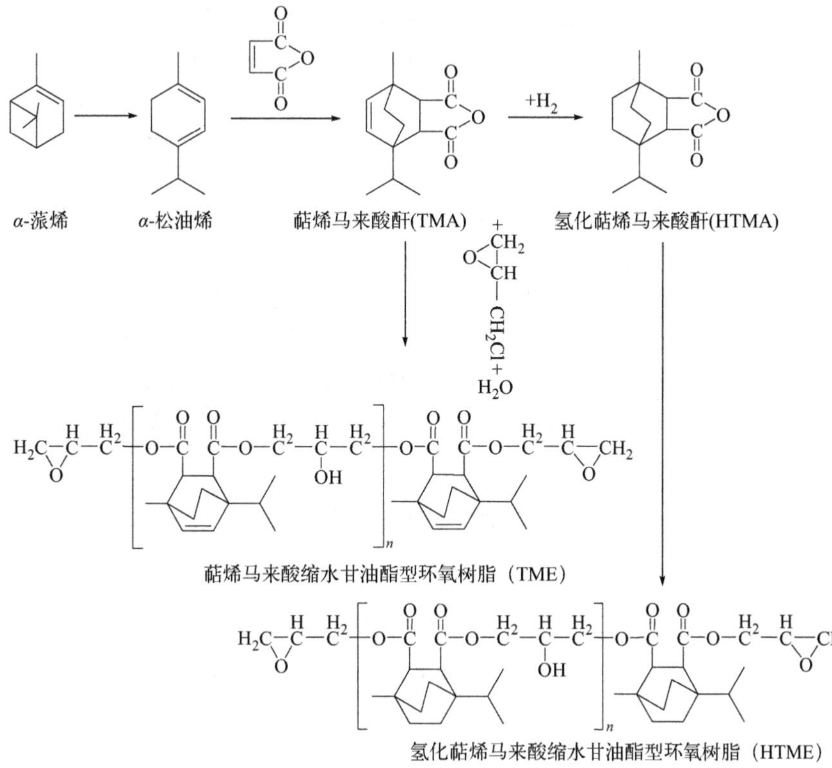

图 10-5-5 松节油基环氧树脂的合成路线

松节油基环氧树脂为浅黄色至黄色透明黏稠液体，环氧值 $0.35 \sim 0.39$ mol/100g，黏度约 1750mPa·s（50℃），酸值＜0.5mg/g。

2. 固化物性能

比较松节油基环氧树脂与普通双酚 A 型环氧树脂 E-44 固化产物的力学性能（表 10-5-2）发现，氢化萜烯马来酸酐缩水甘油酯型环氧树脂（HTME）固化物的力学性能与通用环氧树脂 E-44 固化物相近；与萜烯马来酸酐缩水甘油酯型环氧树脂（TME）的固化物相比，HTME 固化物的冲击强度稍差，而弯曲强度较好。

表 10-5-2　松节油基环氧树脂固化物的力学性能

环氧树脂	冲击强度/(kJ/m²)	弯曲强度/MPa
TME	11.2	101.1
HTME	10.4	110.2
E-44	10.8	118.3

3. 研究进展

20 世纪 70 年代，国外就有将松节油的环氧化物用作环氧树脂活性稀释剂的报道。添加松节油环氧化物的环氧树脂固化物具有优良的弹性、耐磨性及耐溶剂等性能。在国内，也有利用松节油经过氧化反应合成脂环族环氧树脂的报道，如 269 环氧活性稀释剂（国外同类产品牌号为 UnoxE-poxide269）。该脂环族环氧树脂是一种高沸点、低黏度、微黄色透明液体，工艺性能好，固化物具有较高的热变形温度、耐候性能。松节油的主要成分 α-蒎烯经高锰酸钾、次氯酸钠氧化可得到蒎酸，利用蒎酸可以合成蒎酸基缩水甘油酯型环氧树脂（图 10-5-6）[11]。α-蒎烯经催化异构为双戊烯，可与马来酸酐经 Diels-Alder 反应生成萜烯-马来酸酐加成物（TMA）[12-15]。20 世纪 70 年代，T. Matynia[16] 用 TMA 合成了萜烯马来酸酐缩水甘油酯型环氧树脂（TME）。20 世纪 80 年代，高南等[17,18] 研究了 TMA 合成环氧树脂及固化物的性能。该环氧树脂固化物具有良好的绝缘及力学性能。2000 年以后，吴国民等[19,20] 将 TMA 氢化制备了氢化萜烯-马来酸酐加成物（HTMA），再与环氧氯丙烷反应合成了含有饱和桥环结构的氢化萜烯基环氧树脂（HTME），由于分子结构中不含双键，固化物具有优异的耐候性能。萜烯与苯酚的加成物和环氧氯丙烷反应可合成萜烯苯酚型环氧树脂（图 10-5-7）。陈慧宗等[21,22] 由工业双戊烯、苯酚与环氧氯丙烷反应合成了双戊烯苯酚型环氧树脂。该环氧树脂应用于涂料中，涂层具有比 E-12 型环氧树脂更为优异的防结皮、耐盐水性能。有机聚硅醚改性的双戊烯苯酚型环氧树脂不仅黏合力强、收缩性小、稳定性好，且耐高温、抗氧化，涂层具有绝缘、耐温、防潮等特性[23]。

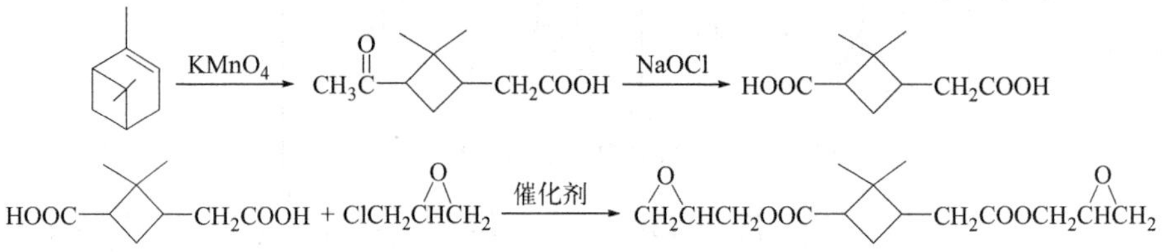

图 10-5-6　蒎酸基缩水甘油酯环氧树脂的合成路线

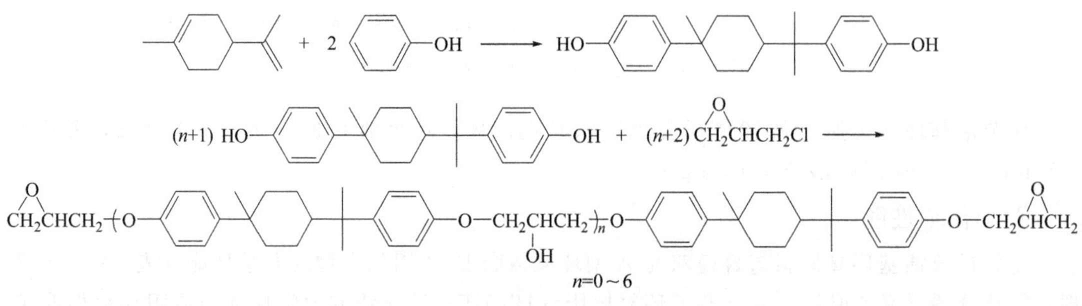

图 10-5-7　萜烯苯酚型环氧树脂的合成路线

第二节　油脂基环氧树脂

植物油脂的主要成分是高级脂肪酸三甘油酯，其脂肪酸主要是油酸、亚油酸、棕榈酸、硬脂酸等，分子结构中通常含有 3～4 个不饱和双键，具有较强的化学反应活性，可通过氢化、氧化、加成、环氧化等反应引入活性官能团，制备的改性植物油广泛应用于生物基化学品及材料等领域[24-26]。其中，通过环氧化反应制备的环氧植物油不仅可作为润滑剂[27,28]、稳定剂[29]、增塑剂[30,31]及各种材料的助剂[32,33]，还可作为新型生物质环氧树脂单体，具有广阔的应用前景，已成为生物基材料领域研究的热点[34-36]。

一、环氧植物油

1.环氧植物油的制备

环氧植物油的制备原料主要有大豆油、棕榈油、蓖麻油、菜籽油等，其中大豆油最为常用。环氧植物油的生产大多采用 Prileschajew 反应，即在酸催化作用下，乙酸、甲酸等有机酸被过氧化氢（H_2O_2）氧化为过氧有机酸，进而氧化植物油分子结构中的双键得到环氧植物油（图 10-5-8）[37]。环氧植物油的制备方法通常分为预先制备法和原位制备法两种。预先制备法是在酸催化下，有机酸（甲酸或乙酸）与 H_2O_2 反应生成过氧有机酸，再应用于植物油环氧化反应；原位制备法是过氧有机酸生成与环氧化反应同时进行，即在植物油、有机酸和酸性催化剂体系中滴加 H_2O_2，即时生成过氧有机酸应用于植物油环氧化。原位制备法周期短、副产物少，而且消除了过氧有机酸使用带来的安全隐患，是目前工业上生产环氧植物油的主要方法。

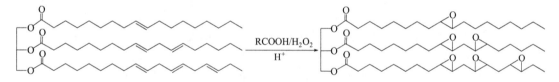

图 10-5-8　植物油的环氧化反应[37]

硝酸、硫酸、盐酸等液体酸是植物油环氧化常用的催化剂。Bakthavachalam 等[38]、Goud 等[39]、Dinda 等[40]以 H_2O_2 为氧化剂、甲酸为氧载体分别研究了硫酸、硝酸、盐酸、磷酸等液体酸对植物油环氧化反应的影响，结果表明，硫酸具有较好的催化效果，紫苏籽油双键转化率可达 88％。Paciorek-Sadowska 等[41]以 H_2O_2 为氧化剂、乙酸为氧载体研究了硫酸催化对月见草籽油环氧化反应的影响，实现了月见草籽油中双键等量转化为环氧基团。Turco 等[42]以磷酸为催化剂、H_2O_2 为氧化剂、甲酸为氧载体实现了非食用油石竹籽油的环氧化。尽管硫酸、盐酸等液体酸催化法是植物油环氧化的常用方法，但该法存在以下缺点：a.增加反应体系酸性能够提高过氧酸的生成速率，但酸性环境易使环氧基团开环，从而使产物环氧基团含量降低，副产物增加；b.硫酸、盐酸等液体酸腐蚀性较强，易造成设备腐蚀和安全隐患；c.生产过程产生大量污水，造成环境污染。因此，开发新型催化反应体系成为近年来植物油环氧化研究的发展方向。

离子交换树脂、分子筛、氧化铝、金属配合物等非均相催化剂具有易分离、可循环使用等优点，在植物油环氧化领域具有广泛应用。Goud 等[37]以酸性离子交换树脂为催化剂、H_2O_2 为氧化剂研究了甲酸、乙酸作为氧载体对麻风树油环氧化反应的影响，结果表明，酸性离子交换树脂可有效催化麻风树油环氧化，且甲酸作为氧载体具有较好的催化反应效果。Sinadinovic-Fišer 等[43]以离子交换树脂为催化剂、H_2O_2 为氧化剂、乙酸为氧载体研究了大豆油环氧化反应的动力学，建立了大豆油环氧化反应动力学模型。Sahoo 等[44]以离子交换树脂为催化剂、H_2O_2 为氧化剂、乙酸为氧载体实现了蓖麻油及蓖麻油甲酯的环氧化，研究发现，离子交换树脂可催化蓖麻油及蓖麻油甲酯中的双键完全发生环氧化反应。Rios 等[45]以叔丁基过氧化氢为氧化剂研究了 Ti/SiO_2 负载催化剂对植物油环氧化反应的影响，结果表明，此类催化剂对植物油环氧化反应表现出较高的选择性，双键环氧化转化率可达 95% 以上，且催化剂具有良好的稳定性和可回收性，可多次循环使用。Farias 等[46]以叔丁基过氧化氢为氧化剂研究了过渡金属 Mo(VI) 配合物对大豆油环氧化反应的影响，结果表明，此类催化剂亦具有较高的催化选择性，双键环氧化转化率可达 77% 以上。

酶催化反应条件温和、产物转化率高，且生成的环氧植物油不会开环生成副产物，因而受到植物油环氧化研究领域的广泛关注。Sun 等[47]以酶为催化剂、H_2O_2 为氧化剂、硬脂酸为氧载体成功实现无患子油环氧化，双键环氧化转化率达 93%。Klaas 等[48]以 H_2O_2 为氧化剂研究了酶（Novozym® 435）对葵花籽油、大豆油、亚麻籽油等植物油环氧化反应的催化作用，结果表明，酶催化剂对植物油双键环氧化反应具有良好的催化选择性，双键环氧化转化率可达 90% 以上。

2. 环氧植物油的应用

环氧植物油作为环氧树脂单体，可与胺、酸、酸酐等发生固化反应制备植物油基环氧树脂聚合物材料。Stemmelen 等[49]以葡萄籽油脂肪酸制备二元胺，并应用于环氧亚麻籽油固化反应，研究表明，该固化剂具有较高的反应活性，得到的环氧树脂固化物具有良好的热稳定性和机械力学性能。Sahoo 等[50]将环氧亚麻油和环氧蓖麻油分别与柠檬酸固化得到全生物基环氧树脂材料，结果表明，环氧亚麻油固化得到的环氧树脂材料具有较高的拉伸强度，而环氧蓖麻油固化得到的环氧树脂材料则具有较好的柔韧性和断裂伸长率。Ding 等[51]考察了线型二羧酸固化剂碳链长度（$C_6 \sim C_{18}$）对亚麻油环氧树脂固化物热力学性能的影响，研究发现，随着固化剂碳链长度的增加，材料的玻璃化转变温度、拉伸强度、杨氏模量、断裂伸长率逐渐降低，热稳定性逐渐升高。Jian 等[52]以不同分子链长的端羧基尼龙 1010 与环氧大豆油发生固化反应制备得到全植物油基环氧树脂材料，材料的拉伸强度、杨氏模量、断裂伸长率及耐热性能随着碳链长度的增加逐渐增强。España 等[53]以顺丁烯二酸酐为固化剂与环氧大豆油反应制备了生物基聚合物材料，研究发现，环氧大豆油环氧基团与酸酐按物质的量之比 1∶1 固化时所得材料具有较好的力学性能。Wang 等[54]将环氧大豆油与酸酐固化制得大豆油环氧树脂固化物，发现提高环氧大豆油中环氧基团含量可有效提高材料的力学性能。Tsujimoto 等[55]将甲基六氢苯酐分别与环氧大豆油、环氧亚麻籽油反应得到油脂基环氧树脂固化物，其中，环氧亚麻籽油固化得到的材料具有较好的形状记忆功能和力学性能。

环氧植物油可作为助剂应用于高分子材料。Park 等[56]研究了环氧蓖麻油改性对双酚 A 环氧树脂材料性能的影响。结果表明，随着环氧蓖麻油用量的增加，所得材料的玻璃化转变温度、储能模量逐渐降低；当环氧蓖麻油用量为 10% 时，材料具有较好的热稳定性和力学性能。Feng 等[57]将环氧亚麻籽油与双酚 A 环氧树脂共混后固化制备形状记忆材料。研究发现，随着环氧亚麻籽油含量的增加，材料的形状恢复速率降低；当环氧亚麻籽油含量为 20%（质量分数）时，材料具有较好的力学性能和形状记忆功能。Khundamri 等[58]将山竹果单宁环氧树脂与环氧大豆油共混后固化制备环氧树脂泡沫材料，发现随着山竹果单宁环氧树脂含量的增加，泡沫材料的密度、压缩强度及玻璃化转变温度逐渐升高。Tsujimoto 等[59,60]将环氧大豆油与聚乳酸共混固化，得到具有形状记忆功能的聚合物材料，与纯大豆油环氧树脂或聚乳酸材料相比，复合材料具有较好的拉伸强度和断裂伸长率。此外，环氧大豆油与聚己内酯共混固化得到的聚合物材料同样具有良好的形状记忆功能，且加入环氧大豆油可有效降低聚己内酯的结晶度。Zhao 等[61]研究了环氧大豆油改性对聚丁二酸丁二酯材料性能的影响，结果表明，当环氧大豆油质量添加量为 5％时，复合材料断裂伸长率可达纯聚丁二酸丁二酯材料的 15 倍。Chen 等[62]发现环氧蓖麻油用作聚氯乙烯材料的增塑剂可有效提高材料的热稳定性和柔韧性，复合材料的断裂伸长率可达332％以上。

环氧植物油可与有机硅、石墨、纤维素等复合制备油脂基环氧树脂复合材料，在提高材料热力学性能的同时赋予它一定的功能特性。Lamm 等[63]将纤维素纳米晶须（CNCs）接枝改性的环氧大豆油与酸酐固化，制备得到具有热、化学响应的形状记忆环氧树脂材料，通过控制 CNCs添加量、环氧树脂与酸酐固化剂比例等因素，有效调节了材料的热力学性能。Tsujimoto 等[64]以纤维素超细纤维改性环氧大豆油得到的环氧树脂材料具有良好的热稳定性和力学性能，杨氏模量和拉伸强度分别达到 2500MPa、59MPa。Luca 等[65,66]采用四乙氧基硅烷等有机硅材料改性环氧蓖麻油制备有机-无机杂化环氧树脂材料，结果表明，有机硅改性后材料的硬度、拉伸强度、粘接性及耐腐蚀性与改性前相比均有所提高。Liu 等[67]研究了纳米黏土改性对大豆油环氧树脂聚合物材料性能的影响。研究发现，随着纳米黏土含量的增加，材料的储能模量、拉伸强度逐渐升高；当纳米黏土质量分数大于 8％时，其在聚合物材料中的团聚作用导致材料力学性能降低。Gogoi 等[68]研究了膨胀石墨改性对麻风树油环氧树脂聚合物材料性能的影响，结果表明，膨胀石墨改性所得材料具有良好的阻燃性能，且热稳定性和力学性能与改性前相比明显提高。

二、植物油脂肪酸环氧树脂

1. 植物油脂肪酸环氧树脂的制备

植物油脂肪酸环氧树脂的制备通常有以下两种方法。

① 先将植物油环氧化为环氧植物油，再与醇进行酯交换反应，可制备植物油脂肪酸环氧树脂。该方法反应条件温和、酯交换反应彻底，反应前后环氧基团无开环现象发生，且通过调整反应中醇的种类可以得到不同的植物油脂肪酸环氧树脂（图 10-5-9）。

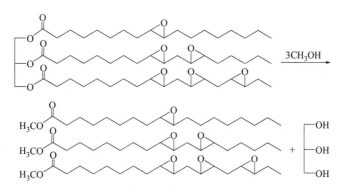

图 10-5-9　酯交换反应制备植物油脂肪酸环氧树脂

② 将植物油脂肪酸或植物油脂肪酸酯直接环氧化制备植物油脂肪酸环氧树脂（图 10-5-10）。

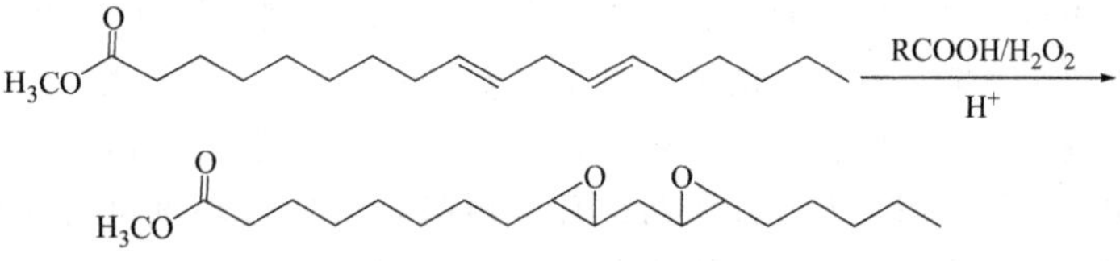

图 10-5-10　不饱和脂肪酸酯环氧化制备植物油脂肪酸环氧树脂

目前，植物油脂肪酸环氧树脂的制备主要采用第二种方法，大多以硫酸、磷酸、浓盐酸等强酸为催化剂，以 H_2O_2 为氧载体进行环氧化反应，但强酸腐蚀性较强，易造成设备损坏。此外，生产过程中产生的大量污水也对环境造成极大危害。因此，寻求合适的催化反应体系仍是目前研究的重点。Cai 等[69]以磺酸功能化酸性离子液体为催化剂、过氧甲酸为氧载体将脂肪酸甲酯环氧化，发现磺酸功能化酸性离子液体具有良好的催化反应效果，环氧化反应效率明显高于硫酸催化。Guidotti 等[70]以分子筛为催化剂、叔丁基过氧化氢为氧化剂将葵花籽油、香菜油、蓖麻油、大豆油等的脂肪酸甲酯成功转化为环氧脂肪酸甲酯，该反应体系对蓖麻油、大豆油脂肪酸甲酯的环氧化反应具有较高的反应活性及选择性。Satyarthi 等[71]研究了氧化铝负载ⅥB 族金属氧化物对大豆油、大豆油甲酯、油酸甲酯环氧化反应的影响，研究发现，15% MoO_x/Al_2O_3 具有较高的催化反应活性，且该催化剂与反应体系易分离，极大地提高了催化剂的可循环利用性。Chen 等[72]研究了 Mn(Ⅱ) 配合物催化作用下双氧水对葵花籽油、核桃油、亚麻籽油等植物油以及油酸、油酸甲酯等不饱和脂肪酸、不饱和脂肪酸酯环氧化反应的影响，结果发现，Mn(Ⅱ) 催化剂具有良好的催化反应效果，低用量（0.1%）作用下反应物中环氧基团转化率可达 90% 以上。

酶催化具有高效、专一、反应条件温和等优点，在植物油脂肪酸环氧树脂的制备方面得到广泛应用。Sustaita-Rodríguez 等[73]以 H_2O_2 为氧化剂、脂肪酶为催化剂研究了月桂酸氧载体对橄榄油、葡萄籽油、鳄梨油等油酸甲酯环氧化反应的影响，发现酶催化作用下油酸甲酯中双键可等量转化为环氧基团。Zhang 等[74]以酶为催化剂研究了 H_2O_2 用量、反应温度、时间等因素对无患子脂肪酸环氧化反应的影响，结果表明，在无溶剂条件下，念珠菌属脂肪酶 99-125 具有良好的催化反应效果，无患子脂肪酸中环氧基团转化率可达 83%。Silva 等[75]以 H_2O_2 为氧源考察了 9 种脂肪酶在不同亲/疏水性离子液体中催化油酸甲酯环氧化反应的效率，研究发现，脂肪酶的种类、反应时间、离子液体反应介质的亲疏水性等因素对环氧化反应的转化率和选择性起决定性作用。Abdullah 等[76]研究了脂肪酶 Novo 435 催化对亚油酸环氧化反应的影响，发现该脂肪酶不仅能够高效催化不饱和脂肪酸的环氧化反应，而且具有较强的选择性，可定向转化不饱和脂肪酸中的双键。

2. 植物油脂肪酸环氧树脂的应用

植物油脂肪酸环氧树脂可与胺、酸酐等固化剂反应制备环氧树脂聚合物材料。Pan 等[77,78]用大豆油、亚麻籽油、红花籽油等的脂肪酸蔗糖酯制备了植物油脂肪酸环氧树脂，研究发现，该类环氧树脂与酸酐固化得到的聚合物材料具有较高的玻璃化转变温度和良好的力学性能，有望应用于涂料领域。Torron 等[79]用大豆油脂肪酸、亚麻籽油脂肪酸制备了具有不同官能度的植物油脂肪酸环氧树脂，并采用阳离子聚合得到高分子材料，考察了环氧基团含量对材料性能的影响，结果表明，随着植物油脂肪酸环氧树脂中环氧基团含量的增加，材料的玻璃化转变温度逐渐升高。Kruijff 等[80]用妥尔油脂肪酸制备脂肪酸环氧树脂，并将其与酸酐固化，考察了酸酐对材料性能的影响，研究发现，与十二烷基琥珀酸酐相比，甲基四氢苯酐、甲基纳迪克酸酐固化得到的聚合物材料具有较好的力学性能和较高的玻璃化转变温度。Sahoo 等[44]将蓖麻油脂肪酸环氧树脂作为活性稀释剂与双酚 A 环氧树脂共混，然后与氨基腰果酚反应制备了环氧树脂材料，研究了稀释剂用量对材料性能的影响，结果表明，当稀释剂添加量为 10%～30%（质量分数）时，所得环氧树脂材料具有较好的力学性能和热稳定性能。Wang 等[81]以大豆油脂肪酸环氧树脂、亚麻籽油脂肪酸环氧树脂为活性稀释剂与双酚 A 环氧树脂共混，比较了二者对环氧树脂材料性能的影响，结果表明，大豆油脂肪酸环氧树脂与双酚 A 环氧树脂具有较好的相容性，材料的热稳定性和力学性能均优于亚麻籽油脂肪酸环氧树脂。

植物油脂肪酸环氧树脂可替代邻苯二甲酸酯类化合物作为环保型增塑剂。Jia 等[82] 比较了大豆油脂肪酸环氧树脂和邻苯二甲酸酯类增塑剂对 PVC 材料性能的影响，结果表明，与邻苯二甲酸酯类增塑剂相比，大豆油脂肪酸环氧树脂作为增塑剂制备的 PVC 薄膜具有较好的耐析出和耐热性能。Li 等[83] 将桐油脂肪酸环氧树脂作为 PVC 增塑剂，形成的 PVC 制品耐析出和热稳定性能均优于以对苯二甲酸二辛酯为增塑剂制备的材料。Li 等[84] 将环氧梓油脂肪酸酯用作 PVC 增塑剂，与邻苯二甲酸酯类增塑剂相比，由环氧植物油脂肪酸酯得到的 PVC 材料具有较低的玻璃化转变温度和较高的断裂伸长率。Faria-Machado 等[85] 考察了环氧大米油脂肪酸酯环氧化程度对 PVC 材料增塑效果的影响，发现提高环氧大米油脂肪酸酯环氧化程度，有利于提高 PVC 制品的塑化效率。

植物油脂肪酸环氧树脂具有优良的润滑性能，可作为环境友好型润滑油。Sharma 等[86] 研究发现，与不饱和脂肪酸甲酯相比，环氧脂肪酸甲酯有良好的稳定性，且环氧油酸甲酯、环氧亚油酸甲酯和环氧亚麻酸甲酯的低温冷流特性均优于环氧大豆油，在润滑油领域具有良好的应用前景。Kamalakar 等[87] 用娑罗树油制备了环氧娑罗树油脂肪酸异辛酯，并对其润滑性能进行了评价，结果表明，环氧娑罗树油脂肪酸异辛酯具有黏度大、闪点高、热氧化稳定性好等优点。

综上所述，油脂基环氧树脂作为一类重要的植物油基化学品，特别是作为一种环保型高分子合成材料，已越来越受到国内外的广泛关注。我国油料资源丰富，但环氧植物油相关研究起步较晚，发展较慢，与欧美发达国家研究水平及潜在的市场供需尚存在差距。因此，在开发新型、高效、绿色且廉价的油脂基环氧树脂制备用催化反应体系的基础上，加强材料的改性、应用等基础性研究，对于实现植物油化学品的高附加值利用，促进我国植物油产业向绿色化发展，具有重要的经济和社会意义。

第三节　天然酚类环氧树脂

一、木质素基环氧树脂

木质素是自然界中储量仅次于纤维素的多酚类天然高分子[88]。工业木质素主要来源于制浆造纸以及生物质精炼过程，由于分子结构与组成复杂、物理化学性质不活泼、难溶于常用有机溶剂等原因，至今尚未能得到充分利用[89]，不仅造成资源极大浪费，同时也增加了环境负担。木质素经分子结构的化学改性可提高反应活性，拓展应用领域。这不仅可实现木质素资源的有效利用，同时对造纸污染物排放与环境治理、能源利用具有重要的现实意义[90]。

木质素中含有酚羟基、醇羟基、羧基等活性基团（图 10-5-11），为木质素应用于环氧树脂提供了有效途径[91]。木质素应用于环氧树脂的方法主要有 3 种[92]：a. 与环氧树脂共混改性；b. 直接环氧化合成环氧树脂；c. 改性后环氧化合成环氧树脂。

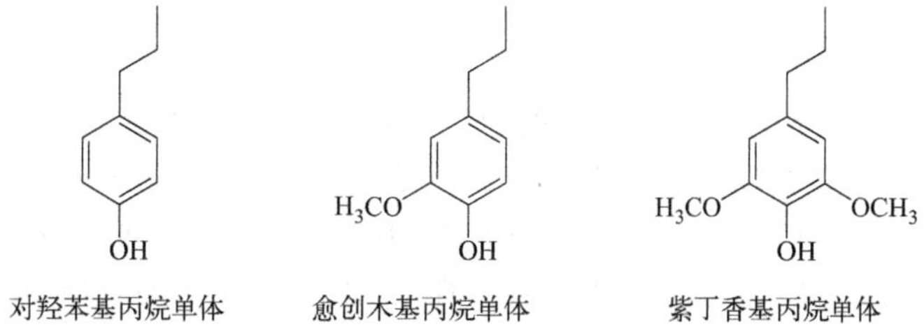

图 10-5-11　木质素的三种基本结构

（一）木质素共混改性环氧树脂

将木质素与环氧树脂共混应用于复合材料、黏合剂，可有效降低成本，拓展木质素资源在环氧树脂中的应用途径。Feldman 等[93]将质量分数为 $10\%\sim40\%$ 的硫酸盐木质素与双酚 A 型环氧树脂、胺类固化剂共混，分别在室温和 $100℃$ 下固化。研究表明，随着硫酸盐木质素用量的增加，固化反应的活化能随之增大；木质素在较高的固化温度下才能与胺类固化剂发生反应；在木质素质量分数 20%、固化温度 $100℃$ 时，胶黏剂剪切强度达到最大。Kong 等[94]将玉米秸秆酶解木质素和环氧树脂共混后与聚酰胺交联固化制得一种木质素改性环氧树脂胶黏剂。研究发现，加入木质素前后的胶黏剂在 $23℃$ 下的剪切强度分别为 18.76MPa、15.32MPa，$80℃$ 下的剪切强度分别为 2.19MPa、2.03MPa；DSC 分析发现，加入木质素前后的胶黏剂活化能分别为41.26kJ/mol、60.93kJ/mol，表明木质素能够促进环氧树脂胶黏剂固化。

（二）木质素直接环氧化合成环氧树脂

将木质素与环氧氯丙烷在碱溶液中反应可以合成木质素基环氧树脂。Sasaki 等[95]由竹木质素与环氧氯丙烷反应合成了木质素基环氧树脂（环氧当量 332.8g/mol），与 2-氰乙基-2-乙基-4-甲基咪唑的固化物表现出较好的热稳定性。林玮等[96]由高沸醇木质素、双酚 A 与环氧氯丙烷反应合成了木质素基环氧树脂，研究发现，木质素的添加量对环氧树脂的环氧值、黏度、耐溶剂及热稳定性有明显影响。Asada 等[97]以不同木材（雪松、桉树和竹子）的木质素与环氧氯丙烷反应合成了 4 种木质素基环氧树脂，研究发现，该环氧树脂固化物的热稳定性高于传统环氧树脂 EP828。胡春平等[98]利用麦草碱木质素与环氧氯丙烷反应合成了一种木质素基环氧树脂。

（三）改性木质素合成环氧树脂

木质素难溶于常用的有机溶剂，分子结构中醇羟基、酚羟基等活性基团含量低且存在空间位阻效应，直接环氧化合成的环氧树脂环氧值较低。因此，通常需要对木质素做适当的化学改性（如酚化、氢解、烷氧基化和酯化等），再应用于合成环氧树脂。

1. 酚化改性合成环氧树脂

木质素酚化改性是通过在木质素分子结构中苯环的 α-碳原子上引入酚羟基，增加木质素的活性位点，从而提高木质素的反应活性[99]。酚化后的木质素更易与环氧氯丙烷反应合成环氧树脂。Feng 等[100]采用苯酚改性乙酸木质素，再与环氧氯丙烷反应合成了木质素基环氧树脂。将此环氧树脂与 E-44 环氧树脂、三乙烯四胺混合制得的胶黏剂在木质素基环氧树脂质量分数为 20% 时剪切强度最大为 7.7MPa，但胶黏剂的吸水性随着木质素基环氧树脂含量的增加而增大。Huo 等[101]将木质素在腰果酚中液化后合成了一种腰果酚/木质素复合酚醛型环氧树脂，该环氧树脂与甲基四氢苯酐、N,N-二甲基苄胺按质量比 100∶14∶1 混合的固化体系，经差示扫描量热法（DSC）分析测定固化反应活化能为 51.85kJ/mol。

2. 丙氧基化改性合成环氧树脂

木质素中的酚羟基或醇羟基可与环氧丙烷反应生成羟丙基化木质素，改性后分子结构中含有大量的醚键（C—O—C）、碳碳键（C—C）和羟基，提高了木质素的反应活性和溶解性，从而更易进行环氧化反应。Hofmann 等[102]采用环氧丙烷改性木质素再与环氧氯丙烷反应，并经溶剂沉淀法得到性能优良的环氧树脂，且固化物性能受空间位阻影响较小。叶菊娣等[103]用环氧丙烷及丙二醇改性纯化的麦草碱木质素反应得到丙氧基化木质素，再在三氟化硼乙醚催化下与环氧氯丙烷反应合成了木质素基环氧树脂。木质素经丙氧基化改性后碳链增长，醇羟基含量明显增加，从而反应活性提高，更易于合成环氧树脂。

3. 酯化改性合成环氧树脂

木质素中的酚羟基或醇羟基在催化剂作用下可与酸酐反应合成木质素-酸酐的预聚体，进一步环氧化可以获得木质素基环氧树脂。Hirose 等[104]将木质素与丁二酸酐和二甲基苯胺反应，再与二羧酸及乙二醇二缩水甘油醚反应生成木质素基环氧树脂。改性后的木质素基环氧树脂固化物交联密度增加，玻璃化转变温度随木质素含量的增加而升高。

4. 其他方法改性合成环氧树脂

Ferdosian 等[105,106]用 Ru/C 催化木质素氢解，将氢解后的木质素环氧化合成了环氧树脂，研究表明，木质素氢解后分子结构中酚羟基含量明显增加，反应活性得到提高，更易与环氧氯丙烷反应合成环氧树脂。Mansouri 等[107]用制浆废液中的碱木质素与甲醛和乙二醛反应得到羟甲基化木质素，再与环氧氯丙烷反应获得木质素基环氧树脂，研究表明，该环氧树脂具有较好的热稳定性。

二、腰果酚基环氧树脂

腰果酚是一种分子结构中含有长链烷烃（$-C_{15}H_{25\sim31}$）的天然酚类化合物（图 10-5-12）[108]，既具有芳香族化合物耐高温的特征和脂肪族化合物良好的柔韧性以及优异的憎水性、低渗透性和自干性等特性，又具有酚类化合物的性质[109]。腰果酚可替代酚类石化原料合成许多具有特殊功能的化学品及高分子材料。

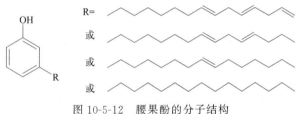

图 10-5-12　腰果酚的分子结构

腰果酚基环氧树脂主要分为腰果酚缩水甘油醚和腰果酚醛环氧树脂两大类。

（一）腰果酚缩水甘油醚

腰果酚缩水甘油醚的合成方法主要有酚羟基环氧化、侧链双键环氧化、酚羟基与侧链双键均环氧化等。

1. 酚羟基环氧化

利用腰果酚与环氧氯丙烷在碱作用下反应可制备得到腰果酚缩水甘油醚［图 10-5-13(**1**)］[110]，产物具有较低的黏度，可作为环氧稀释剂、增韧剂与双酚 A 环氧树脂复配降低固化体系的黏度，改进制备工艺，改善产品性能，可用作高品质环氧地坪和食品级环氧涂料的稀释剂，以及用于环氧灌封料、浇注料、胶黏剂、绝缘浸渍漆等环氧树脂类材料中。Gour 等[111]利用腰果酚制备了一种双官能度腰果酚缩水甘油醚［图 10-5-13(**2**)］，并作为增韧稀释剂用于环氧酚醛树脂涂料中。腰果酚缩水甘油醚与基体树脂具有较好的相容性，可以显著改善涂料的耐刮擦性及耐磨性，并具有优异的耐化学药品性能，在工业应用方面有很大的发展潜力。Yao 等[112]用 2-巯基乙醇与腰果酚侧链的双键发生点击化学反应得到了腰果酚基硫醇（CS），再与环氧氯丙烷反应合成了一种新型腰果酚基环氧增塑剂（CEP，环氧值 0.32mol/100g）。CEP 对 PVC 膜具有良好的增韧效果，并可提高 PVC 膜的热稳定性。霍淑平等[113]用有机硅改性腰果酚合成了一种低黏度腰果酚含硅缩水甘油醚［SCGE，图 10-5-13（**3**）］，对 E-51 环氧树脂具有显著的稀释、增韧效果，同时可显著提高固化物的冲击强度与拉伸强度。

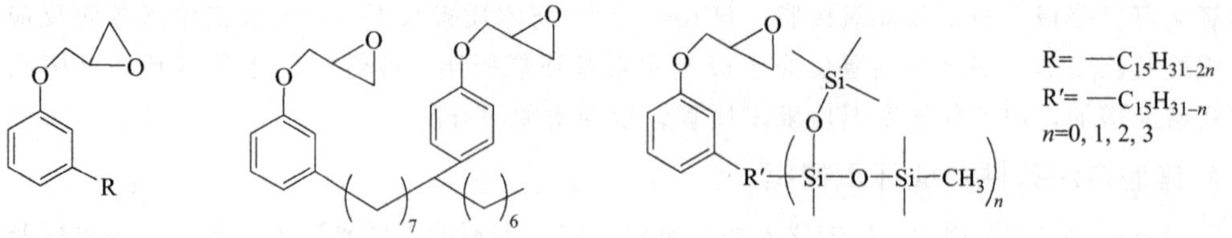

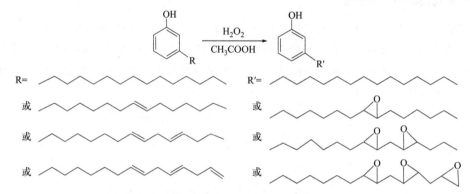

(1)　　　　　　　**(2)**　　　　　　　**(3)**

图 10-5-13　腰果酚缩水甘油醚的合成

2. 侧链双键环氧化

Kumar 等[109]利用腰果酚经过氧乙酸催化侧链不饱和双键环氧化，获得一种腰果酚环氧化物（图 10-5-14）。

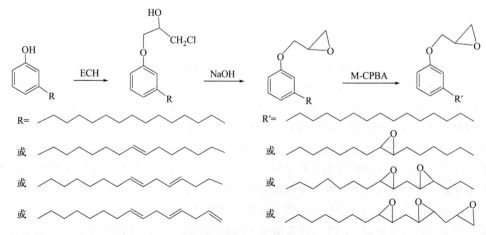

图 10-5-14　侧链氧化腰果酚环氧化物的合成

3. 酚羟基与侧链双键均环氧化

Chen 等[114]利用腰果酚与环氧氯丙烷在碱作用下反应合成腰果酚缩水甘油醚，然后再采用间氯过氧苯甲酸（M-CPBA）催化侧链双键进一步环氧化合成了一种高环氧值的腰果酚缩水甘油醚（图 10-5-15）。

图 10-5-15　侧链腰果酚含硅缩水甘油醚的合成路线

（二）腰果酚醛环氧树脂

腰果酚醛环氧树脂是由腰果酚与甲醛缩聚合成腰果酚醛树脂后，再与环氧氯丙烷反应得到的，兼具酚醛树脂和环氧树脂的优点。霍淑平等[115]用腰果酚与甲醛反应合成了腰果酚醛树脂，再利用双氧水氧化侧链双键合成了一种高环氧值的腰果酚醛环氧树脂（图 10-5-16）。

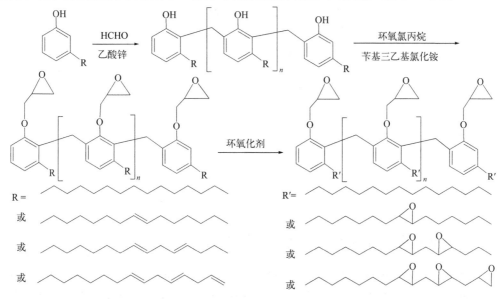

图 10-5-16　高环氧值腰果酚醛环氧树脂的合成路线

Srivastava 等[116]利用腰果酚与糠醛反应合成了一种腰果酚糠醛树脂，再与环氧氯丙烷反应合成了一种新型腰果酚糠醛环氧树脂（图 10-5-17）。研究表明，在腰果酚与糠醛的物质的量之比为 1∶0.8 时，腰果酚糠醛环氧树脂与二氨基二苯基甲烷的固化物性能最好。

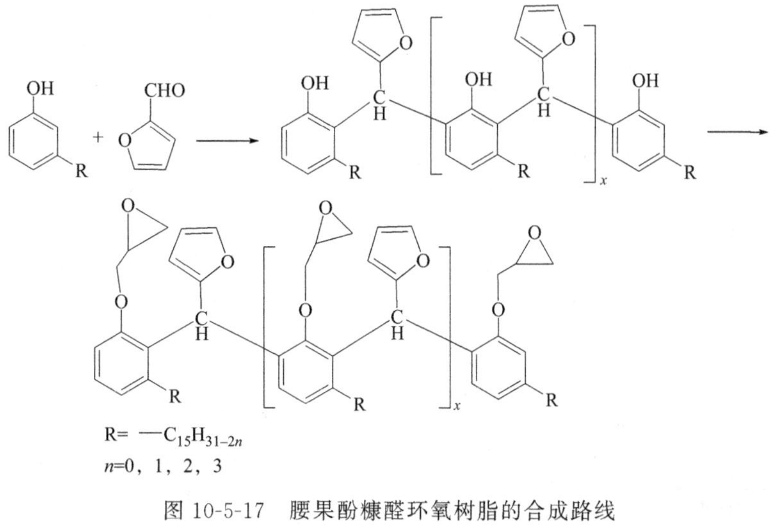

R= ——$C_{15}H_{31-2n}$
n=0，1，2，3

图 10-5-17　腰果酚糠醛环氧树脂的合成路线

Huo 等[117]利用七甲基三硅氧烷（HMTS）对腰果酚醛环氧树脂的侧链双键环氧化制备了一种含硅腰果酚醛环氧树脂（SCNER，图 10-5-18）。SCNER 的环氧值为 0.08mol/100g，25℃下的黏度为 83.26mPa·s，对双酚 A 环氧树脂具有显著的增韧、稀释效果。

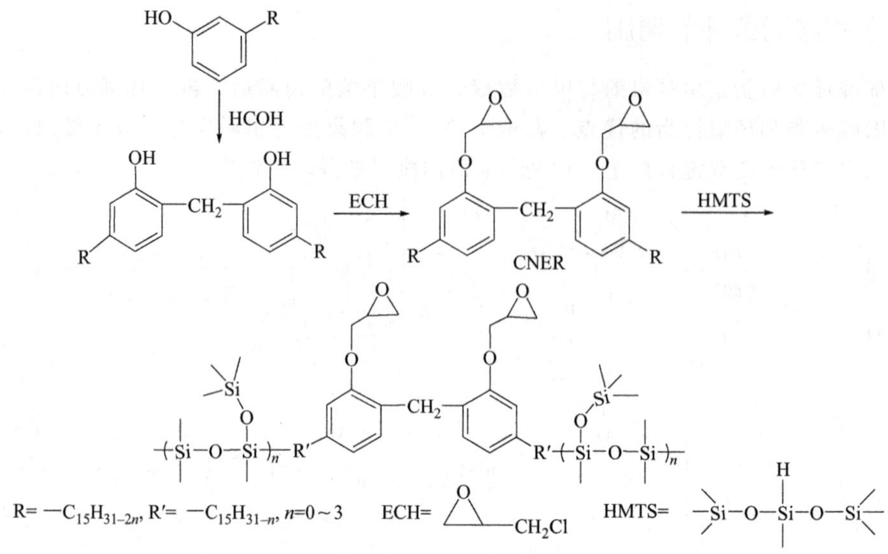

图 10-5-18　含硅腰果酚醛环氧树脂的合成路线

（三）其他方法改性的腰果酚基环氧树脂

Kathalewar 等[118]利用腰果酚合成了一种新型环氧树脂（环氧当量 210～220mg/eq，图 10-5-19），可改善双酚 A 环氧树脂（DGEBPA）涂料的硬度、耐冲击性、耐化学性和耐腐蚀性等性能。冯卫炜等[119]以羟乙基腰果酚、柠檬酸三乙酯、六亚甲基二异氰酸酯（HDI）及异佛尔酮二异氰酸酯（IPDI）为原料合成了一种六臂型腰果酚基环氧树脂。该环氧树脂与甲基六氢苯酐（MeHHPA）的固化物具有优良的力学性能，拉伸强度最大可达到 35.3MPa。

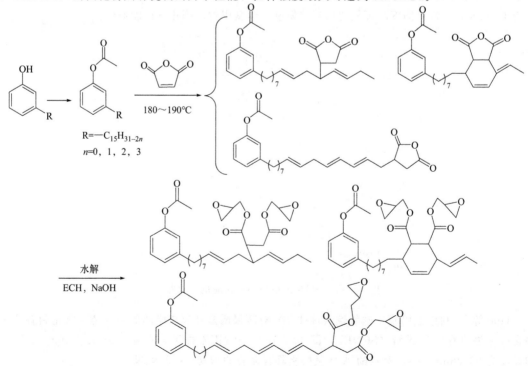

图 10-5-19　新型腰果酚基环氧树脂的合成路线

三、没食子酸基环氧树脂

没食子酸分子结构中含有芳香环及 1 个羧基、3 个羟基，可用于制备多官能度环氧树脂，固化后的材料具有较高的交联密度和优良的力学性能。孔振武等[120]用没食子酸与环氧氯丙烷反应合成了没食子酸基环氧树脂（图 10-5-20）。Patil 等[121]采用相同的方法合成了没食子酸基环氧树脂，并与多元胺反应应用于环氧树脂涂料，具有良好的热力学性能和耐化学腐蚀性。

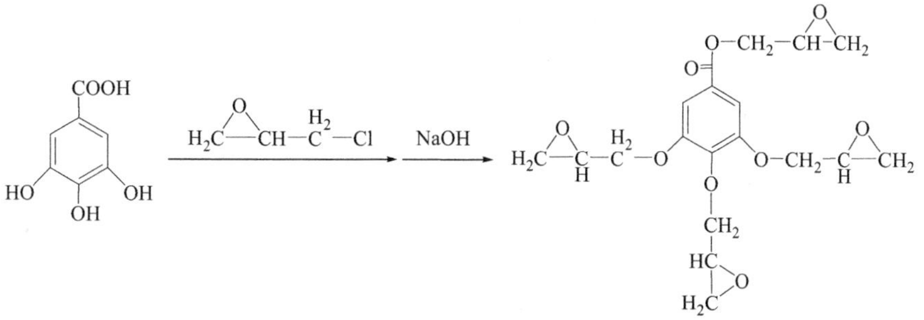

图 10-5-20 没食子酸基环氧树脂的合成（一）

没食子酸还可与溴丙烯反应制备含有不饱和双键的没食子酸衍生物，并通过双键环氧化反应制备没食子酸基环氧树脂（图 10-5-21），具有可与双酚 A 环氧树脂相媲美的性能[122-124]。Gao 等[125,126]研究了氧化石墨烯、碳纳米管等无机纳米粒子改性对没食子酸基环氧树脂性能的影响，结果表明，氧化石墨烯、碳纳米管改性后，没食子酸基环氧树脂材料的热稳定性、力学性能与改性前相比均有所提高。Cao 等[127,128]采用石墨烯、碳纳米管改性没食子酸基环氧树脂，并应用于双酚 A 环氧树脂改性，固化后的材料具有良好的力学、导热及导电性能。

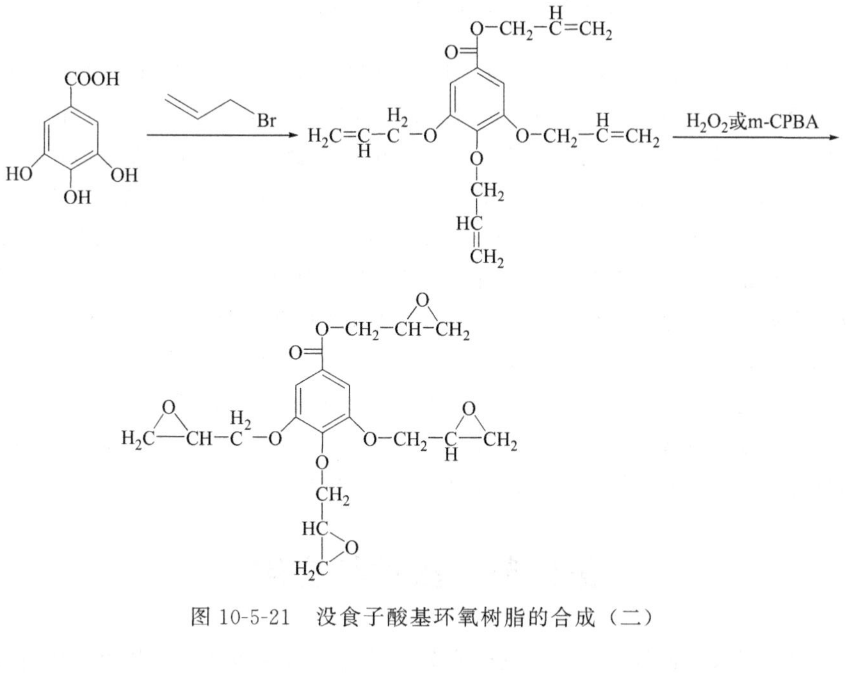

图 10-5-21 没食子酸基环氧树脂的合成（二）

四、漆酚基环氧树脂

漆酚是生漆的主要成膜物质，具有独特的邻苯二酚化学结构（图 10-5-22）。漆酚的酚羟基与环氧氯丙烷反应可以制备漆酚基环氧树脂（图 10-5-23）。

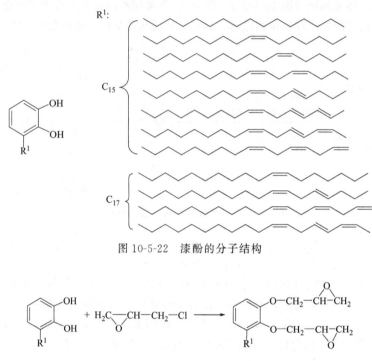

图 10-5-22　漆酚的分子结构

图 10-5-23　漆酚基环氧树脂的合成路线

陈文和等[129]将漆酚与环氧氯丙烷反应合成了漆酚基环氧树脂，应用于生漆涂料的涂膜透明、颜色浅，与多种颜料有很好的调和性，并保持了生漆的基本特性。郑燕玉等[130]由漆酚与环氧氯丙烷反应合成了漆酚基环氧树脂，再与聚乙二醇 800 合成了漆酚基乳化剂，并用于制备稳定的水包油（O/W）型生漆乳液。方传杰等[131]以漆酚和环氧氯丙烷为原料，采用两步法制备了漆酚基环氧树脂（环氧值 0.3mol/100g，黏度 12.8mPa·s），与二乙烯三胺固化得到的漆膜硬度为 H，并具有良好的抗弯曲、耐冲击、附着力与光泽度等性能。夏建荣等[132]以漆酚基环氧树脂与丙烯酸反应合成了漆酚基环氧丙烯酸酯，可用于快速光固化涂料中。李松标等[133]在环氧树脂改性漆酚的基础上，进一步将亲水性扩链剂接枝到漆酚环氧树脂中，制备出一种可自乳化的水性漆酚环氧树脂，配制的涂料具有良好的力学性能和耐碱性能。孙祥玲等[134]将萜烯基环氧树脂与漆酚基环氧树脂复合并经羟基化亲水改性，合成了一系列漆酚/萜烯复合改性的多元醇乳液，再与多异氰酸酯配合，得到了漆酚/萜烯复合改性的水性聚氨酯。

第四节　改性与应用

利用环氧基团的反应活性可以在环氧树脂分子结构中引入多种活性基团，从而获得环氧树脂衍生物，有效提升其性能，丰富并拓展其应用领域。例如，利用含末端羟基的化合物与环氧树脂反应可得到聚合物基多元醇衍生物，应用于聚氨酯材料中；由 CO_2 与环氧树脂反应，可得到环碳酸酯衍生物，再与胺类化合物反应可形成具有抗菌活性的季铵盐及非异氰酸酯聚合物材料；天然纤维与环氧树脂复合还可形成具有优异性能的生物基复合材料。

一、生物质环氧树脂改性双组分水性聚氨酯

水性涂料以水为分散介质，不含或少含挥发性有机物（VOC），具有不燃、无毒、节能、环保等优点。双组分水性聚氨酯由含羟基（—OH）的水性多元醇组分和含异氰酸酯基（—NCO）的多异氰酸酯组分组成，具有优良的水分散稳定性，可取代双组分溶剂型聚氨酯，广泛应用于汽车、木器、塑料、工业维护等诸多领域的表面涂装和防护，成为国内外涂料研究的热点[135]。目前，水性多元醇的合成原料大多为传统化石资源。生物质资源具有来源丰富、可再生、可生物降解、环境相容等优势，可替代化石资源作为环境友好高分子材料，是解决人类生存与发展对石油、煤炭等化石资源的过度依赖和实现可持续绿色发展的重要途径[136,137]。

以松节油或双戊烯为原料合成的萜烯基环氧树脂经化学改性可生成含有独特桥脂环结构的水性萜烯基环氧树脂多元醇衍生物（图 10-5-24～图 10-5-26），再与聚异氰酸酯交联固化可获得性能优异的双组分水性环氧树脂（EP）/聚氨酯（PU）复合聚合物，使环氧树脂的刚性、耐热性、耐化学性等优异性能与聚氨酯的弹性、柔韧性以及水性体系的低污染性、安全性有机结合，从而实现环氧树脂与聚氨酯在水性体系中的复合改性[138-142]。

复合聚合物的性能与多元醇结构密切相关。在水性萜烯基环氧树脂多元醇中，非离子型多元醇交联体系的干燥速度慢；阴、阳离子型多元醇因分子结构中的叔胺基团具有自催化作用，交联体系干燥速度快。水性萜烯基环氧树脂多元醇与异氰酸酯交联形成的涂层具有较好的光泽度、力学性能以及耐热、耐污、抗粘连等性能。阴离子型多元醇因分子结构中含有苯环，形成的涂层光泽度、硬度最高。水性多元醇因分子结构中含有极性的亲水基团，涂层的耐水性能稍差。该双组分水性聚氨酯体系随着异氰酸酯基与羟基物质的量之比的增加，交联反应速度降低，涂层的干燥时间延长，硬度、耐水、耐热性能增强。

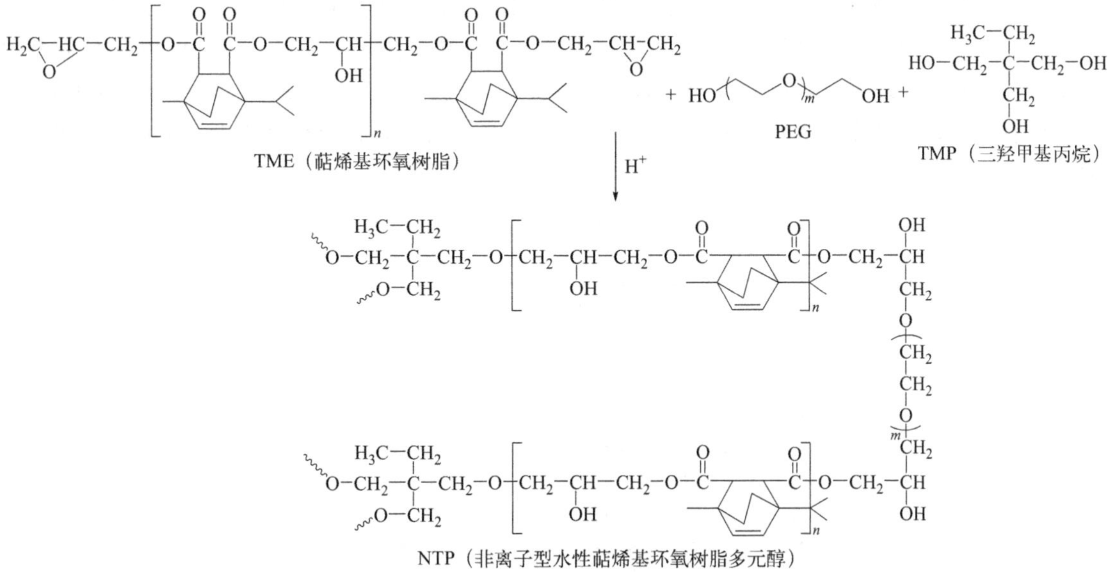

图 10-5-24　非离子型水性萜烯基环氧树脂多元醇的合成路线

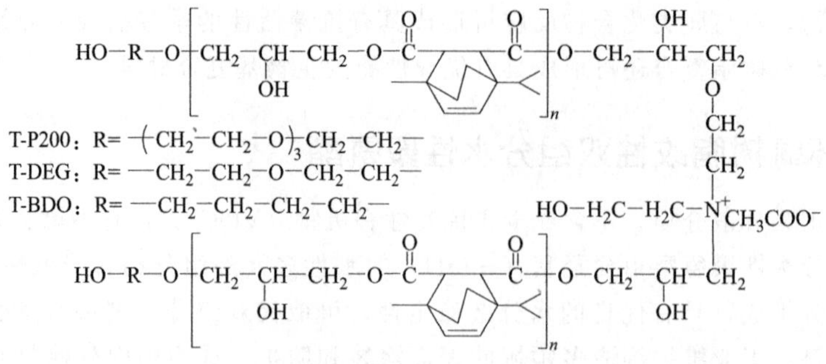

图 10-5-25　阳离子型水性萜烯基环氧树脂多元醇的化学结构

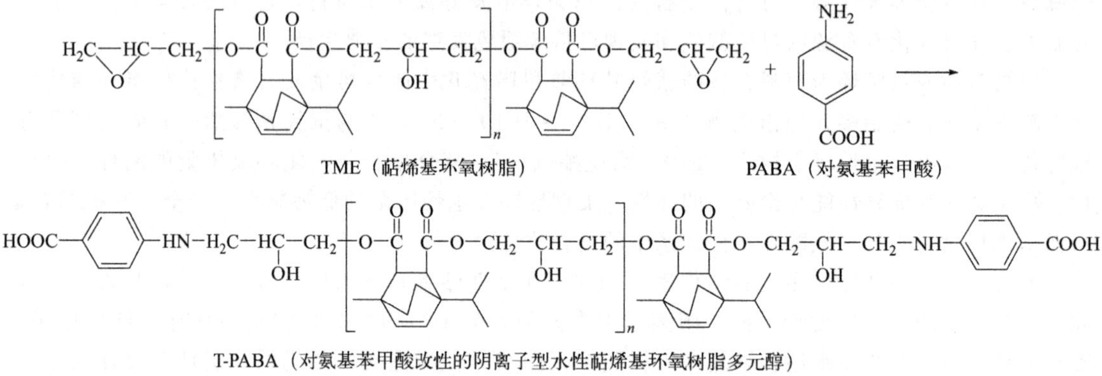

图 10-5-26　阴离子型水性萜烯基环氧树脂多元醇的合成路线

二、生物质环碳酸酯及其衍生物

环碳酸酯是一种重要的化工中间体，在纺织、印染、高分子材料、药物及精细化学品合成等方面具有广泛应用[143]。环碳酸酯的合成方法主要有酯交换法、光气法、环氧化物与 CO_2 环加成法等。其中，环氧化物与 CO_2 环加成法最受关注，该方法不仅可实现 CO_2 的资源化利用、减小温室效应，而且除产物外无小分子化合物生成，环境友好，符合绿色化学及可持续发展的要求[144,145]（图 10-5-27）。

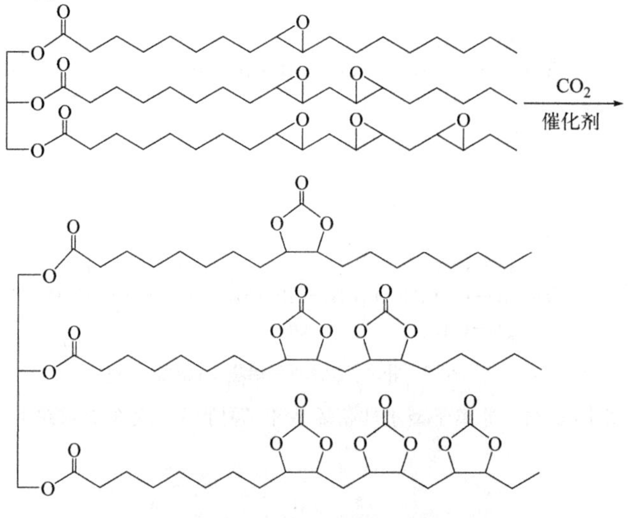

图 10-5-27　植物油环碳酸酯的合成

工业上制备环碳酸酯主要以季铵盐（如四丁基溴化铵 TBAB）和碱金属卤化物（如 KI）为催化剂。但该类催化剂在高温、高压条件下才具有较高的催化反应活性。因此，开发温和、高效的催化体系是环碳酸酯合成研究的热点。近年来，金属氧化物、金属有机络合物、离子交换树脂、负载型或功能性离子液体等新型催化体系不断出现，使环碳酸酯的合成工艺日趋完善[146-148]。

近年来，随着能源和环境问题的日益突出，基于可再生资源环碳酸酯化合物的合成与应用研究逐渐成为国内外关注及研究的热点[149-151]，并以油脂基环碳酸酯的合成与应用研究居多。Jalilian 等[152]将环氧大豆油与 CO_2 反应制备了大豆油环碳酸酯，再与氨基乙醇反应合成了含有氨基甲酸酯链段的新型生物质多元醇，应用于聚氨酯绝缘漆包线具有良好的绝缘性能。Zhang 等[153]将环氧棉籽油与 CO_2 在四丁基溴化铵催化作用下反应制备了棉籽油环碳酸酯，发现该化合物在极端压力条件下具有良好的抗磨损和减阻性能，可替代传统矿物油用作润滑油。Täufer 等[154]将环氧脂肪酸甲酯与 CO_2 反应合成了脂肪酸甲酯环碳酸酯，再与氨基化合物反应制备了氨基甲酸酯，研究了该类化合物作为抗磨添加剂在润滑油中的应用。Poussard 等[155]用环氧大豆油与 CO_2 反应制备了大豆油环碳酸酯，并与胺类固化剂反应制备了非异氰酸酯聚氨酯（NIPU，图 10-5-28），考察了反应温度、胺固化剂结构及用量对 NIPU 材料热力学性能的影响。Panchireddy 等[156]以大豆油环碳酸酯为原料与氨基化合物反应制备了大豆油基 NIPU，经官能化二氧化硅、氧化锌改性后 NIPU 材料的黏附力提高了 172%，对铝和不锈钢基体的剪切强度分别可达 11.3MPa、10.1MPa。Bähr 等[157]分别以亚麻籽油、大豆油为原料合成了环碳酸酯，并将二者以不同比例混合，然后与胺固化剂反应制备了植物油脂基 NIPU，研究了不同配比对 NIPU 合成及性能的影响。Malik 等[158]用环氧芥花油与 CO_2 反应制备了芥花油环碳酸酯，再与氨基化合物反应制备的芥花油 NIPU 具有良好的热稳定性，拉伸强度可达 8.0MPa。Doley 等[159]用环氧葵花籽油与 CO_2 反应制备了葵花籽油环碳酸酯，再用异佛尔酮二胺、乙二胺固化得到的 NIPU 材料具有良好的热力学性能及耐化学腐蚀性，而二乙烯三胺固化得到的 NIPU 材料则具有较高的断裂伸长率。Doley 等[160]还将葵花籽油环碳酸酯与胺固化剂反应制备的 NIPU 进一步用环氧树脂改性制备了杂化 NIPU 材料，发现在环氧树脂质量分数为 30% 时，材料具有较好的力学性能。Pérez-Sena 等[161]用油酸甲酯环氧化合物与 CO_2 反应制备了油酸甲酯基环碳酸酯，再与氨基化合物反应制备了油酸甲酯基 NIPU，重点考察了环碳酸酯与氨基化合物的交联反应动力学。Boyer 等[162]用环氧化油酸甲酯制备二官能度环碳酸酯，再与二元胺反应制备的热塑性 NIPU 材料的分子量可达 13500，玻璃化转变温度在 -15℃ 左右。

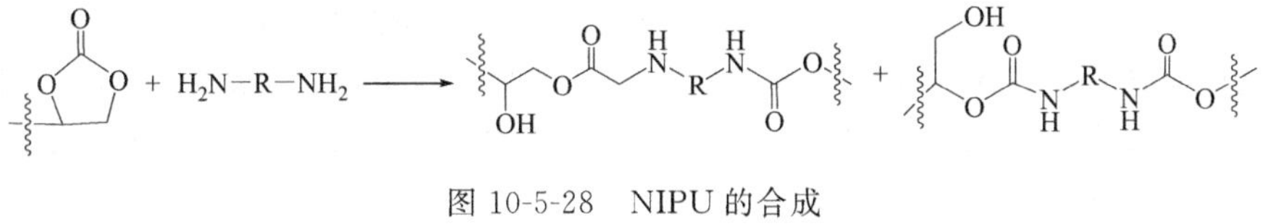

图 10-5-28　NIPU 的合成

然而，油脂基环碳酸酯中环碳酸酯基团位于分子链内部，不仅降低了环碳酸酯的合成反应效率，而且影响环碳酸酯化合物的反应活性。因此，具有较高反应活性生物质环碳酸酯的合成与应用研究逐渐受到了广泛关注。Bähr 等[163]用柠檬烯环氧化合物与 CO_2 反应制备二官能度环碳酸酯，再与不同结构氨基化合物反应制备了热塑性、热固性 NIPU 聚合物材料，结果表明，增加氨基化合物官能度可有效提高 NIPU 材料的硬度及玻璃化转变温度。Kathalewar 等[164]用腰果酚缩水甘油醚二聚体与 CO_2 反应制备了腰果酚环碳酸酯，再与不同胺类固化剂反应制备了 NIPU，并考察了胺类固化剂结构对 NIPU 涂膜性能的影响。Schmidt 等[165]用山梨醇缩水甘油醚

与 CO_2 反应制备了山梨醇环碳酸酯，再与氨基化合物交联制备了山梨醇 NIPU，研究表明，异佛尔酮二胺固化得到的 NIPU 材料具有良好的热力学性能，玻璃化转变温度可达 180℃，杨氏模量可达 4000MPa。Zhang 等[166]以生物基平台化合物呋喃二甲酸为原料制备环碳酸酯，再与氨基化合物反应制备了 NIPU，考察了胺固化剂化学结构对材料玻璃化转变温度及热稳定性能的影响。Fache 等[167]、Janvier 等[168]分别以香草醛、阿魏酸、丁香酚等木质素模型化合物为原料制备了环碳酸酯，再与氨基化合物反应制备的生物质 NIPU 具有较高的玻璃化转变温度和良好的热稳定性。Liu 等[169,170]用松香、松节油等林业可再生资源制备了生物质环碳酸酯，再与氨基化合物反应制备了含有氨基甲酸酯链段的新型季铵盐衍生物，通过交联共聚引入聚氨酯，可赋予材料良好的抗菌性能。此外，该科研团队还将松香、松节油、没食子酸、甘油等生物质环碳酸酯与胺固化剂反应制备了 NIPU，并采用官能化多面体低聚倍半硅氧烷（POSS）、聚有机硅氧烷等有机硅材料复合改性，有效提高了 NIPU 材料的耐水、耐热及力学性能[171-175]。

综上所述，在生物质基环碳酸酯的合成与应用研究方面已取得一定进展，但离工业化应用尚有很大差距。因此，在不断开发新原料及合成技术的基础上，开展生物质环碳酸酯的应用研究，不仅可为生物质资源的高附加值、绿色化利用开辟新的途径，而且可减小温室气体 CO_2 排放对环境造成的影响，对改善生态环境具有重要的社会和经济意义。

三、天然植物纤维/环氧树脂复合材料

利用生物质可再生资源开发高性能环境友好型绿色复合材料是全球新材料领域的重点发展方向。传统环氧树脂复合材料通常以碳纤维、玻璃纤维、矿物纤维等为增强体，但存在资源短缺、能源浪费、回收困难及环境污染等问题。天然植物纤维具有原料来源广、资源可再生、生物可降解等突出优点，可全部或部分替代碳纤维、玻璃纤维等广泛应用于复合材料[176,177]。与玻璃纤维复合材料相比，天然植物纤维/环氧树脂复合材料具有轻质、隔声和绿色环保等优势，广泛应用于交通、建筑、园林、运动器材等领域[178]。开发低成本、轻质高强的天然植物纤维/环氧树脂复合材料，对生物质资源的高效利用以及新材料产业的可持续发展具有重要意义。

1. 基体树脂

天然植物纤维/环氧树脂复合材料的基体树脂及固化剂通常选择黏度小、固化温度适中、适用期长的环氧树脂与固化剂组成的树脂体系。低黏度的基体树脂体系有利于增强纤维的有效浸润；中低温固化主要限于天然植物纤维的热稳定性，当温度超过 160℃时，天然植物纤维开始分解，导致纤维性能下降；适用期长可适应复合材料的成型工艺要求。应用于复合材料的基体环氧树脂主要有 3 类：双酚 A 型环氧树脂、改性双酚 A 型环氧树脂及生物质环氧树脂。目前，研究较多的基体树脂是双酚 A 型环氧树脂（E-51、E-44 等），也可以是双酚 A 型环氧树脂与聚酯等的复合树脂。天然植物纤维增强环氧树脂复合材料基体树脂体系主要是环氧树脂/胺类体系、环氧树脂/酸酐类体系。

2. 增强体纤维

用于复合材料增强体的天然植物纤维主要分为木材纤维和非木材纤维，主要形式有纳米晶须、纳米纤丝、粉体、短切纤维、纱线、纤维毡和织造纤维等。

常用于增强体的韧皮纤维有亚麻、黄麻、大麻、洋麻等。Pinto 等[179]采用真空浸渍方法制备黄麻纤维增强环氧树脂板，降低了复合材料的空隙率，提高了复合材料的力学性能。在木材纤维方面，陈健等[180]将杨木枝桠材通过机械粉碎法及化学机械浆法制备了杨木粉、杨木纤维，并与环氧树脂、酸酐固化剂经热压成型制备了木材纤维增强环氧树脂复合材料。木材纤维经改性后与环氧树脂具有良好的界面相容性，制备的环氧树脂复合材料性能与短切玻璃纤维增强环氧树脂复合材料相当。叶纤维主要有茭白削纤维、棕榈糖叶纤维、香蕉纤维、剑麻和新西兰麻纤维等。Sumaila 等[181]研究了不同长度香蕉纤维增强环氧树脂复合材料的性能。结果显示，复合材料的吸湿率、空隙率和压缩强度随纤维长度的增加而增强；拉伸强度、拉伸模量和断裂伸长率在纤维长度为 15mm 时达到最大值，分别为 67.2MPa、653.1MPa 和 5.9%。种子纤维主要包括棉纤维、木棉纤维和椰壳纤维等。茎秆纤维也是常用的增强体，包括竹纤维、蔗渣纤维和秸秆纤维等。Lu 等[182]将竹纤维素纤维与环氧树脂复合，复合材料的拉伸强度与断裂伸长率均得到提高。此外，α-纤维素纤维、微原纤化纤维素纤维、纳米纤维素、纤维素纳米晶须增强复合材料也成为近年来的研究热点。Peng 等[183]利用纳米纤维素增强环氧树脂，结果表明纳米纤维素经表面改性且添加量（质量分数）为 5% 时，复合材料的力学性能显著提高，杨氏模量、拉伸强度和断裂强度分别提高了 23%、29% 和 56%。

3. 天然植物纤维表界面改性

天然植物纤维表面含有大量羟基等极性基团，分子链内及分子链间存在很强的氢键作用，具有较强的极性和吸湿性，导致与非极性树脂复合时界面相容性、黏结性差，在环氧树脂复合材料领域的应用受到制约。通常采用物理、化学或复合改性方法对天然植物纤维进行表面处理，以降低纤维的表面自由能和极性，增强与基体树脂的界面相容性、浸润性，从而提高复合材料的综合性能。目前，天然植物纤维表面改性的主要方法有物理法（机械研磨、碱处理、蒸汽爆破、热处理、微波处理及高能辐射等）、化学法（酯化、醚化、接枝共聚、偶联剂改性等）和复合法等。Islam 等[184]采用 5% NaOH 和 2% Na_2SO_3 水溶液在 120℃下处理工业大麻 1h，水洗烘干后将纤维与环氧树脂复合，结果表明，碱处理后增加了纤维与基体间的界面剪切强度，同时复合材料的拉伸强度、杨氏模量和断裂伸长率均得到提高。陈健等[180]以桐马酸酐甲酯改性杨木纤维为增强体、双酚 A 缩水甘油醚型环氧树脂为基体树脂制备了复合材料，改性后的杨木纤维表面疏水性及它与环氧树脂基体界面相容性得到明显提高，复合材料的冲击强度、弯曲强度分别达到 7.95kJ/m^2 与 55.42MPa。Lu 等[185]用硅烷偶联剂和钛酸酯偶联剂对微纤化纤维素纤维进行表面处理，改性后纤维由亲水性变为疏水性，其中经钛酸酯偶联剂改性的纤维素微纤维表现出较强的疏水性，且改性后纤维素微纤维与环氧树脂基体间的界面结合力得到有效提高，复合材料获得优异的机械性能。天然植物纤维的化学改性方法应根据不同的树脂基体选择。环氧树脂基体多采用双官能团或多官能团的化学试剂进行改性处理，例如酸酐类或二异氰酸酯类[186]，主要利用分子一端活性基团与纤维表面的羟基以共价键连接，另一端活性基团则参与环氧树脂的固化交联反应，形成强的共价键连接，从而获得性能优良的纤维增强复合材料。

4. 复合材料成型工艺

纤维增强复合材料的成型工艺包括手糊成型、模压成型、拉挤成型、模塑传递成型、缠绕成型等。模压成型生产效率高，易于实现机械化生产，产品质量高；缺点是模具设计与制造投资较高，产品形式受模具限制。模塑传递成型是利用压力将树脂胶液注入模腔，并与纤维浸渍、固化成型，适用于液态树脂成型。植物纤维因来源广泛、组成复杂、尺寸不均匀等特点，在复合材料加工成型时需要根据纤维的形态以及基体树脂的特性选择合适的成型方法。对于长纤维、织造布和无纺布形态的植物纤维，复合材料成型工艺主要以手糊成型和树脂模塑传递成型为主。增强体为粉体或短切纤维时多选择模压成型。

5. 天然植物纤维复合材料的应用

天然植物纤维复合材料在电子通信、车辆、建筑及装饰、包装等领域应用广泛[187]。随着技术的发展，天然植物纤维增强复合材料亦已开始应用于汽车外部承力构件，如底部护板、前保险杠等；同时由于低密度、环境友好等特点，被用于制作飞机内饰件，如隔板、地板和天花板等。此外，天然纤维增强复合材料也可用于露天公共设施、体育运动器材以及乐器等上。

利用生物质资源开发高性能复合材料是能源替代和可持续发展的重要途径，天然植物纤维环氧树脂复合材料的发展为农林生物质资源的高效和高附加值利用提供了新的途径。加快农林生物质工程的技术开发和产业示范，对社会主义新农村建设、促进节能减排、保护生态环境具有重大战略意义。

参考文献

[1] 程芝. 天然树脂生产工艺学. 2版. 北京：中国林业出版社，1996.

[2] Penczek P，Matynia T. Glycidyl esters of maleopimaric acid as cycloaliphatic epoxy resins. Polimery，1974，19：609-612.

[3] 孔振武，王定选. 马来海松酸环氧树脂的结构与性能表征. 林产化学与工业，1994（s1）：31-35.

[4] 赵丽，谢晖，黄莉，等. 松香基超支化环氧树脂的合成及性能研究. 热固性树脂，2013，28（2）：1-5.

[5] 刘海峰，沈敏敏，张卡，等. 松香基环氧树脂的合成及性能研究. 精细化工，2010，27（9）：922-925.

[6] Mantzaridis C，Brocas A L，Llevot A，et al. Rosin acid oligomers as precursors of DGEBA-free epoxy resins. Green Chemistry，2013，15（11）：3091-3098.

[7] Wang H，Liu B，Liu X，et al. Synthesis of biobased epoxy and curing agents using rosin and the study of cure reactions. Green Chemistry，2008，10（11）：1190-1196.

[8] Li C，Liu X，Zhu J，et al. Synthesis，characterization of a rosin-based epoxy monomer and its comparison with a petroleum-based counterpart. Journal of Macromolecular Science，Part A：Pure and Aplied Chemistry，2013，50（3）：321-329.

[9] 黄活阳，哈成勇，马一静，等. 有机硅改性甲醛松香环氧树脂的制备与性能研究. 化学建材，2009，25（5）：19-21.

[10] 邓莲丽，沈敏敏，于静，等. 有机硅改性松香基环氧树脂的制备及阻燃性能. 化工学报，2012，63（1）：307-313.

[11] 万嵘，曹玲. 蒎酸二缩水甘油酯的合成. 热固性树脂，1998，13（3）：3-10.

[12] 高南，孟佳伦，王秋萍，等. α-蒎烯-马来酸酐加成物及其应用的研究. 林产化学与工业，1986，6（2）：9-18.

[13] 高南，金其良，黄晨，等. 液态萜-马来酸酐（TM）固化环氧树脂性能的研究. 应用科学学报，1991，9（1）：79-85.

[14] 哈成勇，肖永华，何云莲，等. 双戊烯合成萜马加成物的研究. 广州化学，1995（1）：31-35.

[15] 林中祥，王阿法，马吉玲. 碘催化双戊烯合成萜烯马来酐加合物. 林产化工通讯，1996，30（4）：11-12.

[16] Matynia T. Properties of cycloaliphatic epoxy resins of glycidyl ester types - 2. Derivative of colophony. Polimery，1975，20：7-9.

[17] 高南，戴金山，王抑洪，等. α-蒎烯环氧树脂涂料. 涂料工业，1978（6）：10-13.

[18] 高南，金其良，王明渭，等. 萜烯酯型环氧树脂合成及其性能的研究. 上海科技大学学报，1990（1）：57-61.

[19] 吴国民，孔振武，储富祥. 氢化萜烯马来酸酐合成环氧树脂的研究. 林产化学与工业，2007，27（3）：57-62.

[20] 吴国民，孔振武，储富祥，等. 氢化萜烯酯型环氧树脂固化反应表征与机械性能研究. 林产化学与工业，2007，27（4）：21-26.

[21] 陈慧宗. DPP环氧树脂的固化反应研究. 中国胶粘剂，1996，5（5）：17-21.

[22] 朱柳生，陈慧宗，李希成. DPP环氧树脂的合成及其DSC研究. 江西师范大学学报（自然科学版），1991，15（4）：327-333.

[23] 陈慧宗，朱柳生，李希成. 一种新型有机聚硅醚改性环氧树脂的合成和应用. 化学世界，1993（11）：545-548.

[24] Zhang C，Garrison T F，Madbouly S A，et al. Recent advances in vegetable oil-based polymers and their composites. Progress in Polymer Science，2017，71：91-143.

[25] Mosiewicki M A，Aranguren M I. Recent developments in plant oil based functional materials. Polymer International，2016，65（1）：28-38.

[26] Xia Y，Larock R C. Vegetable oil-based polymeric materials：Synthesis，properties，and applications. Green Chemistry，2010，12（11）：1893-1909.

[27] Adhvaryu A，Erhan S Z，Erhan S Z. Epoxidized soybean oil as a potential source of high-temperature lubricants. Industrial Crops & Products，2002，15（3）：247-254.

[28] Hwang H S，Erhan S Z. Synthetic lubricant basestocks from epoxidized soybean oil and Guerbet alcohols. Industrial

Crops & Products，2006，23（3）：311-317.

[29] Okieimen F E. Studies in the utilization of epoxidized vegetable oils as thermal stabilizer for polyvinyl chloride. Industrial Crops and Products，2002，15（1）：71-75.

[30] Bueno-Ferrer C，Garrigos M C，Jimenez A. Characterization and thermal stability of poly（vinyl chloride）plasticized with epoxidized soybean oil for food packaging. Polymer Degradation & Stability，2010，95（11）：2207-2212.

[31] Hosney H，Nadiem B，Ashour I，et al. Epoxidized vegetable oil and bio-based materials as PVC plasticizer. Journal of Applied Polymer Science，2018，135（20）：46270.

[32] Fernandes F C，Kirwan K，Lehane D，et al. Epoxy resin blends and composites from waste vegetable oil. European Polymer Journal，2017，89：449-460.

[33] Möller J，Kuncho C N，Schmidt D F，et al. Rheological studies of high-performance bio-epoxies for use in fiber-reinforced composite resin infusion. Industrial & Engineering Chemistry Research，2017，56（10）：2673-2679.

[34] Kumar S，Krishnan S，Mohanty S，et al. Synthesis and characterization of petroleum and biobased epoxy resins：A review. Polymer International，2018，67（7）：815-839.

[35] Ma S，Li T，Liu X，et al. Research progress on bio-based thermosetting resins. Polymer International，2016，65（2）：164-173.

[36] Sienkiewicz A，Czub P. Synthesis of high-molecular weight biobased epoxy resins：Determination of the course of the process by MALDI-TOF mass spectrometry. ACS Sustainable Chemistry & Engineering，2018，6（5）：6084-6093.

[37] Goud V V，Patwardhan A V，Dinda S，et al. Kinetics of epoxidation of jatropha oil with peroxyacetic and peroxyformic acid catalysed by acidic ion exchange resin. Chemical Engineering Science，2007，62（15）：4065-4076.

[38] Bakthavachalam K A，Beyene S D，Varsha G，et al. Green epoxy synthesized from Perilla frutescens：A study on epoxidation and oxirane cleavage kinetics of high-linolenic oil. Industrial Crops and Products，2018，123：25-34.

[39] Goud V V，Patwardhan A V，Pradhan N C. Studies on the epoxidation of mahua oil（Madhumica indica）by hydrogen peroxide. Bioresource Technology，2006，97（12）：1365-1371.

[40] Dinda S，Patwardhan A V，Goud V V，et al. Epoxidation of cottonseed oil by aqueous hydrogen peroxide catalysed by liquid inorganic acids. Bioresource Technology，2008，99（9）：3737-3744.

[41] Paciorek-Sadowska J，Borowicz M，Czupryński B，et al. Oenothera biennis seed oil as an alternative raw material for production of bio-polyol for rigid polyurethane-polyisocyanurate foams. Industrial Crops and Products，2018，126：208-217.

[42] Turco R，Tesser R，Cucciolito M E，et al. Cynara cardunculus biomass recovery：An eco-sustainable，nonedible resource of vegetable oil for the production of poly（lactic acid）bioplasticizers. ACS Sustainable Chemistry & Engineering，2019，7（4）：4069-4077.

[43] Sinadinović-Fišer S，Janković M，Petrović Z S. Kinetics of in situ epoxidation of soybean oil in bulk catalyzed by ion exchange resin. Journal of the American Oil Chemists' Society，2001，78（7）：725-731.

[44] Sahoo S K，Khandelwal V，Manik G. Renewable approach to synthesize highly toughened bio-epoxy from castor oil derivative-epoxy methyl ricinoleate and cured with bio-renewable phenalkamine. Industrial & Engineering Chemistry Research，2018，57（33）：11323-11334.

[45] Rios L A，Weckes P，Schuster H，et al. Mesoporous and amorphous Ti-silicas on the epoxidation of vegetable oils. Journal of Catalysis，2005，232（1）：19-26.

[46] Farias M，Martinelli M，Rolim G K. Immobilized molybdenum acetylacetonate complex on montmorillonite K-10 as catalyst for epoxidation of vegetable oils. Applied Catalysis A General，2011，403（1-2）：119-127.

[47] Sun S，Ke X，Cui L，et al. Enzymatic epoxidation of Sapindus mukorossi seed oil by perstearic acid optimized using response surface methodology. Industrial Crops & Products 2011，33（3）：676-682.

[48] Klaas M R，Warwel S. Complete and partial epoxidation of plant oils by lipase-catalyzed perhydrolysis. Industrial Crops & Products，1999，9（2）：125-132.

[49] Stemmelen M，Lapinte V，Habas J P，et al. Plant oil-based epoxy resins from fatty diamines and epoxidized vegetable oil. European Polymer Journal，2015，68：536-545.

[50] Sahoo S K，Khandelwal V，Manik G. Development of completely bio-based epoxy networks derived from epoxidized linseed and castor oil cured with citric acid. Polymers for Advanced Technologies，2018，29（7）：2080-2090.

[51] Ding C，Shuttleworth P S，Makin S，et al．New insights into the curing of epoxidized linseed oil with dicarboxylic acids．Green Chemistry，2015，17（7）：4000-4008．

[52] Jian X，An X，Li Y，et al．All plant oil derived epoxy thermosets with excellent comprehensive properties．Macromolecules，2017，50（15）：5729-5738．

[53] España J M，Sánchez-Nacher L，Boronat T，et al．Properties of biobased epoxy resins from epoxidized soybean oil（ESBO）cured with maleic anhydride（MA）．Journal of the American Oil Chemists' Society，2012，89（11）：2067-2075．

[54] Wang Z，Yuan L，Ganewatta M S，et al．Plant oil-derived epoxy polymers toward sustainable biobased thermosets．Macromolecular Rapid Communications，2017，38（11）：1700009．

[55] Tsujimoto T，Takeshita K，Uyama H．Bio-based epoxy resins from epoxidized plant oils and their shape memory behaviors．Journal of the American Oil Chemists' Society，2016，93（12）：1663-1669．

[56] Park S J，Jin F L，Lee J R．Effect of biodegradable epoxidized castor oil on physicochemical and mechanical properties of epoxy resins．Macromolecular Chemistry & Physics，2004，205（15）：2048-2054．

[57] Feng Y，Yang H，Man L，et al．Biobased thiol-epoxy shape memory networks from gallic acid and vegetable oils．European Polymer Journal，2018，112：619-628．

[58] Khundamri N，Aouf C，Fulcrand H，et al．Bio-based flexible epoxy foam synthesized from epoxidized soybean oil and epoxidized mangosteen tannin．Industrial Crops and Products，2019，128：556-565．

[59] Tsujimoto T，Takayama T，Uyama H．Biodegradable shape memory polymeric material from epoxidized soybean oil and polycaprolactone．Polymers，2015，7（10）：2165-2174．

[60] Tsujimoto T，Uyama H．Full biobased polymeric material from plant oil and poly（lactic acid）with a shape memory property．ACS Sustainable Chemistry & Engineering，2014，2（8）：2057-2062．

[61] Zhao Y，Qu J，Feng Y，et al．Mechanical and thermal properties of epoxidized soybean oil plasticized polybutylene succinate blends．Polymers for Advanced Technologies，2012，23（3）：632-638．

[62] Chen J，Liu Z，Wang K，et al．Epoxidized castor oil-based diglycidyl-phthalate plasticizer：Synthesis and thermal stabilizing effects on poly（vinyl chloride）．Journal of Applied Polymer Science，2019，136（9）：47142．

[63] Lamm M E，Wang Z，Zhou J，et al．Sustainable epoxy resins derived from plant oils with thermo-and chemo-responsive shape memory behavior．Polymer，2018，144：121-127．

[64] Tsujimoto T，Ohta E，Uyama H，et al．Biocomposites from epoxidized soybean oil and cellulose ultrafine fibers．Journal of Network Polymer，2011，32（2）：78-82．

[65] Luca M，Martinelli M，Jacobi M M，et al．Ceramer coatings from castor oil or epoxidized castor oil and tetraethoxysilane．Journal of the American Oil Chemists' Society，2006，83（2）：147-151．

[66] Bechi D M，Luca M A D，Martinelli M，et al．Organic-inorganic coatings based on epoxidized castor oil with APTES/TIP and TEOS/TIP．Progress in Organic Coatings，2013，76（4）：736-742．

[67] Liu Z，Erhan S Z，Xu J．Preparation，characterization and mechanical properties of epoxidized soybean oil/clay nanocomposites．Polymer，2005，46（23）：10119-10127．

[68] Gogoi P，Boruah M，Bora C，et al．Jatropha curcas oil based alkyd/epoxy resin/expanded graphite（EG）reinforced bio-composite：Evaluation of the thermal，mechanical and flame retardancy properties．Progress in Organic Coatings，2014，77（1）：87-93．

[69] Cai S，Wang L．Epoxidation of unsaturated fatty acid methyl esters in the presence of SO_3H-functional Bronsted acidic ionic liquid as catalyst．Chinese Journal of Chemical Engineering，2011，19（1）：57-63．

[70] Guidotti M，Ravasio N，Psaro R，et al．Epoxidation of unsaturated FAMEs obtained from vegetable source over Ti（Ⅳ）-grafted silica catalysts：A comparison between ordered and non-ordered mesoporous materials．Journal of Molecular Catalysis A Chemical，2006，250(1-2)：218-225．

[71] Satyarthi J K，Srinivas D．Selective epoxidation of methyl soyate over alumina-supported group Ⅵ metal oxide catalysts．Applied Catalysis A General，2011，401（1-2）：189-198．

[72] Chen J M，Beaufort M L，Lucas G，et al．Highly efficient epoxidation of vegetable oils catalyzed by a manganese complex with hydrogen peroxide and acetic acid．Green Chemistry，2019，21（9）：2436-2447．

[73] Sustaita-Rodríguez A，Ramos-Sánchez V，Camacho-Dávila A A，et al．Lipase catalyzed epoxidation of fatty acid

methyl esters derived from unsaturated vegetable oils in absence of carboxylic acid. Chemistry Central Journal，2018，12（1）：39.

［74］Zhang X，Wan X，Cao H，et al. Chemo-enzymatic epoxidation of Sapindus mukurossi fatty acids catalyzed with Candida sp. 99-125 lipase in a solvent-free system. Industrial Crops and Products，2017，98：10-18.

［75］Silva W，Lapis A，Suarez P，et al. Enzyme-mediated epoxidation of methyl oleate supported by imidazolium-based ionic liquids. Journal of Molecular Catalysis B Enzymatic，2011，68（1）：98-103.

［76］Abdullah B M，Salih N，Salimon J. Optimization of the chemoenzymatic mono-epoxidation of linoleic acid using D-optimal design. Journal of Saudi Chemical Society，2014，18（3）：276-287.

［77］Pan X，Sengupta P，Webster D C. High biobased content epoxy-anhydride thermosets from epoxidized sucrose esters of fatty acids. Biomacromolecules，2011，12（6）：2416-2428.

［78］Pan X，Sengupta P，Webster D C. Novel biobased epoxy compounds：Epoxidized sucrose esters of fatty acids. Green Chemistry，2011，13（4）：965-975.

［79］Torron S，Semlitsch S，Martinelle M，et al. Biocatalytic synthesis of epoxy resins from fatty acids as a versatile route for the formation of polymer thermosets with tunable properties. Biomacromolecules，2016，17（12）：4003-4010.

［80］Kruijff G H M，Goschler T，Derwich L，et al. Biobased epoxy resin by electrochemical modification of Tall oil fatty acids. ACS Sustainable Chemistry & Engineering，2019，7（12）：10855-10864.

［81］Wang R，Schuman T P. Vegetable oil-derived epoxy monomers and polymer blends：A comparative study with review. Express Polymer Letters，2013，7（3）：272-292.

［82］Jia P，Zhang M，Hu L，et al. Green plasticizers derived from soybean oil for poly（vinyl chloride）as a renewable resource material. Korean Journal of Chemical Engineering，2016，33（3）：1080-1087.

［83］Li M，Li S，Xia J，et al. Tung oil based plasticizer and auxiliary stabilizer for poly（vinyl chloride）. Materials & Design，2017，122：366-375.

［84］Li K，Nie X，Jiang J. Plasticizing effect of epoxidized fatty acid ester and a math model of plasticizer. Journal of Biobased Materials and Bioenergy，2020，14（1）：9-19.

［85］Faria-Machado A，Silva M，Vieira M，et al. Epoxidation of modified natural plasticizer obtained from rice fatty acids and application on polyvinylchloride films. Journal of Applied Polymer Science，2013，127（5）：3543-3549.

［86］Sharma B K，Doll K M，Erhan S Z. Oxidation, friction reducing, and low temperature properties of epoxy fatty acid methyl esters. Green Chemistry，2007，9（5）：469-474.

［87］Kamalakar K，Manoj G，Prasad R，et al. Influence of structural modification on lubricant properties of sal fat-based lubricant base stocks. Industrial Crops & Products，2015，76：456-466.

［88］杨淑蕙. 植物纤维化学. 3版. 北京：中国轻工业出版社，2006.

［89］蒋挺大. 木质素. 2版. 北京：化学工业出版社，2009.

［90］Kumar S，Samal S K，Mohanty S，et al. Recent development of biobased epoxy resins：A review. Polymer Plastics Technology & Engineering，2018，57（3）：133-155.

［91］Watkins D，Nuruddin M，Hosur M，et al. Extraction and characterization of lignin from different biomass resources. Journal of Materials Research & Technology，2015，4（1）：26-32.

［92］Naseem A，Tabasum S，Zia K M，et al. Lignin-derivatives based polymers，blends and composites：A review. International Journal of Biological Macromolecules，2016，93：296-313.

［93］Feldman D，Banu D，Luchian C，et al. Epoxy-lignin blends：Correlation between polymer interaction and curing temperature. Journal of Applied Polymer Science，1991，42（5）：1307-1318.

［94］Kong X，Xu Z，Guan L，et al. Study on polyblending epoxy resin adhesive with lignin I-curing temperature. International Journal of Adhesion & Adhesives，2014，48：75-79.

［95］Sasaki C，Wanaka M，Takagi H，et al. Evaluation of epoxy resins synthesized from steam-exploded bamboo lignin. Industrial Crops & Products，2013，43：757-761.

［96］林玮，程贤甦. 高沸醇木质素环氧树脂的合成与性能研究. 纤维素科学与技术，2007，15（2）：8-12.

［97］Asada C，Basnet S，Otsuka M，et al. Epoxy resin synthesis using low molecular weight lignin separated from various lignocellulosic materials. International Journal of Biological Macromolecules，2015，74：413-419.

［98］胡春平，方桂珍，王献玲，等. 麦草碱木质素基环氧树脂的合成. 东北林业大学学报，2007，35（4）：53-55.

[99] Ouyang X，Lin Z，Yang D，et al. Chemical modification of lignin assisted by microwave irradiation. Holzforschung，2011，65（5）：697-701.

[100] Feng P，Chen F. Preparation and characterization of acetic acid lignin-based epoxy blends. Bioresources，2012，7（3）：2860-2870.

[101] Huo S，Wu G，Chen J，et al. Curing kinetics of lignin and cardanol based novolac epoxy resin with methyl tetrahydrophthalic anhydride. Thermochim Acta，2014，587：18-23.

[102] Hofmann K，Glasser W. Engineering plastics from lignin：Network formation of lignin-based epoxy resins. Macromolecular Chemistry and Physics，1994，195（1）：65-80.

[103] 叶菊娣，洪建国. 改性木质素合成环氧树脂的研究. 纤维素科学与技术，2007，15（4）：28-32.

[104] Hirose S，Hatakeyama T，Hatakeyama H. Curing and glass transition of epoxy resins from ester-carboxylic acid derivatives of mono- and disaccharides，and alcoholysis lignin. Macromolecular Symposia，2005，224（1）：343-354.

[105] Ferdosian F，Yuan Z，Anderson M，et al. Chemically modified lignin through epoxidation and its thermal properties. Orthopedic Journal of China，2012，2（4）：11-15.

[106] Ferdosian F，Yuan Z，Anderson M，et al. Synthesis of lignin-based epoxy resins：Optimization of reaction parameters using response surface methodology. RSC Advances，2014，4（60）：31745-31753.

[107] Mansouri N，Yuan Q，Huang F. Synthesis and characterization of kraft lignin-based epoxy resins. Bioresources，2011，6（3）：2492-2503.

[108] Balachandran V S，Jadhav S R，Vemula P K，et al. Recent advances in cardanol chemistry in a nut-shell：From a nut to nanomaterials. Chemical Society Reviews，2013，44（20）：427-438.

[109] Kumar P P，Paramashivappa R，Vithayathil P J，et al. Process for isolation of cardanol from tech-nical cashew（Anacardium occidentale L.）nut shell liquid. Journal of Agricultural and Food Chemistry，2002，50（16）：4705-4708.

[110] Baroncini E A，Yadav S K，Palmese G R，et al. Recent advances in bio-based epoxy resins and bio-based epoxy curing agents. Journal of Applied Polymer Science，2016，133（45）：44103-44121.

[111] Gour R S，Raut K G，Badiger M V. Flexible epoxy novolac coatings：Use of cardanol-based flexi-bilizers. Journal of Applied Polymer Science，2017，134（23）：44920-44931.

[112] Yao L，Chen Q，Xu W，et al. Preparation of cardanol based epoxy plasticizer by click chemistry and its action on poly（vinyl chloride）. Journal of Applied Polymer Science，2017，134（23）：44890-44896.

[113] 霍淑平，陈健，刘贵锋，等. 腰果酚含硅缩水甘油醚改性环氧树脂的性能研究. 热固性树脂，2017，32（5）：1-5.

[114] Chen J，Nie X，Liu Z，et al. Synthesis and application of polyepoxide cardanol glycidyl ether as biobased polyepoxide reactive diluent for epoxy resin. ACS Sustainable Chemistry & Engineering，2015，3（11）：1164-1171.

[115] 霍淑平，孔振武，陈健，等. 腰果酚酚醛环氧树脂的合成与表征. 林产化学与工业，2012，32（6）：41-46.

[116] Srivastava R，Srivastava D. Preparation and thermo-mechanical characterization of novel epoxy resins using renewable resource materials. Journal of Polymers & the Environment，2015，23（3）：1-11.

[117] Huo S，Ma H，Liu G，et al. Synthesis and properties of organosilicon-grafted cardanol novo-lac epoxy resin as a novel biobased reactive diluent and toughening agent. ACS Omega，2018，3（12）：16403-16408.

[118] Kathalewar M，Sabnis A. Epoxy resin from cardanol as partial replacement of bisphenol-A-based epoxy for coating application. Journal of Coatings Technology & Research，2014，11（4）：601-618.

[119] 冯卫炜，阎敬灵，刘仁. 多臂型腰果酚基环氧树脂的制备及固化物性能. 热固性树脂，2015，30（5）：14-19.

[120] 孔振武，黄焕，尤志良，等. 没食子酸合成多酚型环氧树脂的研究. 林产化学与工业，2005，25（1）：33-36.

[121] Patil D M，Phalak G A，Mhaske S T. Synthesis of bio-based epoxy resin from gallic acid with various epoxy equivalent weights and its effects on coating properties. Journal of Coatings Technology & Research，2017，14（2）：355-365.

[122] Aouf C，Lecomte J M，Villeneuve P，et al. Chemo-enzymatic functionalization of gallic and vanillic acids：Synthesis of bio-based epoxy resins prepolymers. Green Chemistry，2012，14（8）：2328-2336.

[123] Aouf C，Nouailhas H，Fache M，et al. Multi-functionalization of gallic acid：Synthesis of a novel bio-based epoxy resin. European Polymer Journal，2013，49（6）：1185-1195.

[124] Antonella T，Jeanette M，Michele C，et al. Synthesis，curing and properties of an epoxy resin derived from gallic

acid. Bioresources，2017，13（1）：632-645.

［125］Chen S，Lv S，Hou G，et al. Mechanical and thermal properties of biphenyldiol formaldehyde resin/gallic acid epoxy composites enhanced by graphene oxide. Journal of Applied Polymer Science，2015，132（41）：42637.

［126］Hou G，Na L，Han H，et al. Preparation and thermal properties of bio-based gallic acid epoxy/carbon nanotubes composites by cationic ring-opening reaction. Polymer Composites，2016，37（10）：3093-3102.

［127］Cao L，Liu X，Na H，et al. How a bio-based epoxy monomer enhanced the properties of diglycidyl ether of bisphenol A（DGEBA）/ graphene composites. Journal of Materials Chemistry A，2013，1（16）：5081-5088.

［128］Cao L，Liu X，Li C，et al. The role of a biobased epoxy monomer in the preparation of diglycidyl ether of bisphenol A/MWCNT composites. Polymer Composites，2015，38（8）：1640-1645.

［129］陈文和，吴伟忠，叶百慧. 浅色生漆的研制与应用. 林产化学与工业，1985，5（4）：24-31.

［130］郑燕玉，胡炳环，林金火. 漆酚基乳化剂（UE8）的制备及性能研究. 林产化学与工业，2007，27（3）：81-84.

［131］方传杰，王成章，周昊. 漆酚缩水甘油醚的合成研究. 热固性树脂，2017，32（3）：6-12.

［132］夏建荣，徐艳莲，林金火，等. 漆酚基环氧丙烯酸酯的合成. 合成化学，2007，15（6）：685-688.

［133］李松标，魏铭，丁方煜，等. 水性漆酚环氧乳液的制备及其性能研究. 武汉理工大学学报，2016，38（11）：19-25.

［134］孙祥玲，吴国民，孔振武. 漆酚改性萜烯基多元醇乳液的制备及其聚氨酯膜性能. 涂料工业，2014，44（7）：30-35.

［135］Wicks Z W，Wicks D A，Rosthauser J W. Two package waterborne urethane systems. Progress in Organic Coatings，2002，44（2）：161-183.

［136］Farmer T J，Comerford J W，Pellis A，et al. Post-polymerization modification of bio-based polymers：Maximizing the high functionality of polymers derived from biomass. Polymer International，2018，67（7）：775-789.

［137］Kumar R，Sharma R K，Singh A P. Grafted cellulose：A bio-based polymer for durable applications. Polymer Bulletin，2018，75（5）：2213-2242.

［138］Wu G，Kong Z，Chen J，et al. Preparation and properties of nonionic polyol dispersion from terpinene-maleic ester-type epoxy resin. Journal of Applied Polymer Science，2011，120（1）：579-585.

［139］Wu G，Kong Z，Chen J，et al. Preparation and properties of waterborne polyurethane/epoxy resin composite coating from anionic terpene-based polyol dispersion. Progress in Organic Coatings，2014，77（2）：315-321.

［140］Wu G，Liu D，Chen J，et al. Preparation and properties of super hydrophobic films from siloxane-modified two-component waterborne polyurethane and hydrophobic nano SiO_2. Progress in Organic Coatings，2019，127：80-87.

［141］Wu G，Kong Z，Chen J，et al. Crosslinking reaction and properties of two-component waterborne polyurethane from terpene-maleic ester type epoxy resin. Journal of Applied Polymer Science，2013，128（1）：132-138.

［142］Liu D，Wu G，Kong Z. Preparation and characterization of a polydimethylsiloxane-modified，epoxy-resin-based polyol dispersion and its crosslinked films. Journal of Applied Polymer Science，2017，134（1）：44342.

［143］Webster D C. Cyclic carbonate functional polymers and their applications. Progress in Organic Coatings，2003，47（1）：77-86.

［144］Sakakura T，Choi J C，Yasuda H. Transformation of carbon dioxide. Chemical Reviews，2007，38（36）：2365-2387.

［145］Rokicki G. Aliphatic cyclic carbonates and spiroorthocarbonates as monomers. Progress in Polymer Science，2000，25（2）：259-342.

［146］Bobbink F D，Van Muyden A P，Dyson P J. En route to CO_2-containing renewable materials：Catalytic synthesis of polycarbonates and non-isocyanate polyhydroxyurethanes derived from cyclic carbonates. Chemical Communications，2019，55（10）：1360-1373.

［147］Martin C，Fiorani G，Kleij A W. Recent advances in the catalytic preparation of cyclic organic carbonates. ACS Catalysis，2015，5（2）：1353-1370.

［148］Alves M，Grignard B，Mereau R，et al. Organocatalyzed coupling of carbon dioxide with epoxides for the synthesis of cyclic carbonates：Catalyst design and mechanistic studies. Catalysis Science & Technology，2017，2017，13（7）：2651-2684.

［149］储富祥. 生物质基高分子新材料——能源替代的重要方向. 生物质化学工程，2006，40（S1）：21-23.

［150］Zhang H，Liu H，Yue J. Organic carbonates from natural sources. Chemical Reviews，2014，114（1）：883-898.

［151］Mazurek-Budzyńska M M，Rokicki G，Drzewicz M，et al. Bis（cyclic carbonate）based on d-mannitol, d-sorbitol and di （trimethylolpropane）in the synthesis of non-isocyanate poly（carbonate-urethane）s. European Polymer Journal，2016，84（3）：799-811.

[152] Jalilian M，Yeganeh H，Haghighi M N. Preparation and characterization of polyurethane electrical insulating coatings derived from novel soybean oil-based polyol. Polymers for Advanced Technologies，2010，21（2）：118-127.

[153] Zhang L，Luo Y，Hou Z，et al. Synthesis of carbonated cotton seed oil and its application as lubricating base oil. Journal of the American Oil Chemists' Society，2014，91（1）：143-150.

[154] Täufer A，Vogt M，Schäffner B，et al. Fatty ester-based hydroxy carbamates-Synthesis and investigation as lubricant additives. European Journal of Lipid Science and Technology，2018，120（11）：1800147

[155] Poussard L，Mariage J，Grignard B，et al. Non-isocyanate polyurethanes from carbonated soybean oil using monomeric or oligomeric diamines to achieve thermosets or thermoplastics. Macromolecules，2016，49（6）：2162-2171.

[156] Panchireddy S，Grignard B，Thomassin J M，et al. Bio-based poly（hydroxyurethane）glues for metal substrates. Polymer Chemistry，2018，9（19）：2650-2659.

[157] Bähr M，Mülhaupt R. Linseed and soybean oil-based polyurethanes prepared via the non-isocyanate route and catalytic carbon dioxide conversion. Green Chemistry，2012，14（2）：483-489.

[158] Malik M，Kaur R. Synthesis of NIPU by the carbonation of canola oil using highly efficient 5，10，15-tris（pentafluorophenyl）corrolato-manganese（Ⅲ）complex as novel catalyst. Polymers for Advanced Technologies，2018，29（3）：1078-1085.

[159] Doley S，Dolui S K. Solvent and catalyst-free synthesis of sunflower oil based polyurethane through non-isocyanate route and its coatings properties. European Polymer Journal，2018，102：161-168.

[160] Doley S，Sarmah A，Sarkar C，et al. In situ development of bio-based polyurethane-blend-epoxy hybrid materials and their nanocomposites with modified graphene oxide via non-isocyanate route. Polymer International，2018，67（8）：1062-1069

[161] Pérez-Sena W Y，Cai X，Kebir N，et al. Aminolysis of cyclic-carbonate vegetable oils as a non-isocyanate route for the synthesis of polyurethane：A kinetic and thermal study. Chemical Engineering Journal，2018，346：271-280.

[162] Boyer A，Cloutet E，Tassaing T，et al. Solubility in CO_2 and carbonation studies of epoxidized fatty acid diesters：Towards novel precursors for polyurethane synthesis. Green Chemistry，2012，12（12）：2205-2213.

[163] Bähr M，Bitto A，Mülhaupt R. Cyclic limonene dicarbonate as a new monomer for non-isocyanate oligo-and polyurethanes（NIPU）based upon terpenes. Green Chemistry，2012，14（5）：1447-1454.

[164] Kathalewar M，Sabnis A，D'Mello D. Isocyanate free polyurethanes from new CNSL based bis-cyclic carbonate and its application in coatings. European Polymer Journal，2014，57：99-108.

[165] Schmidt S，Göppert N E，Bruchmann B，et al. Liquid sorbitol ether carbonate as intermediate for rigid and segmented non-isocyanate polyhydroxyurethane thermosets. European Polymer Journal，2017，94：136-142.

[166] Zhang L，Luo X，Qin Y，et al. A novel 2,5-furandicarboxylic acid-based bis（cyclic carbonate）for the synthesis of biobased non-isocyanate polyurethanes. RSC Advances，2016，7（1）：37-46.

[167] Fache M，Darroman E，Besse V，et al. Vanillin，a promising biobased building-block for monomer synthesis. Green Chemistry，2014，16（4）：1987-1998.

[168] Janvier M，Ducrot P H，Allais F. Isocyanate-free synthesis and characterization of renewable poly（hydroxy）urethanes from syringaresinol. ACS Sustainable Chemistry & Engineering，2017，5（10）：8648-8656.

[169] Liu G，Wu G，Jin C，et al. Preparation and antimicrobial activity of terpene-based polyurethane coatings with carbamate group-containing quaternary ammonium salts. Progress in Organic Coatings，2015，80：150-155.

[170] Liu G，Chen C，Wu G，et al. Preparation and antimicrobial activity of rosin-based carbamate group-containing quaternary ammonium salt derivatives. Bioresources，2013，8（3）：4218-4226.

[171] Liu G，Wu G，Chen J，Kong Z. Synthesis，modification and properties of rosin-based non-isocyanate polyurethanes coatings. Progress in Organic Coatings，2016，101：461-467.

[172] Liu G，Wu G，Chen J，et al. Synthesis and properties of POSS-containing gallic acid-based non-isocyanate polyurethanes coatings. Polymer Degradation and Stability，2015，121：247-252.

[173] 刘贵锋，金灿，吴国民，等. 有机硅改性丙三醇非异氰酸酯聚氨酯研究. 热固性树脂，2018，33（2）：1-6.

[174] 刘贵锋，吴国民，孔振武. POSS改性萜烯基非异氰酸酯聚氨酯的制备及性能研究. 林产化学与工业，2017，37 (3)：31-37.

[175] 刘贵锋，吴国民，陈健，等. 有机硅改性没食子酸非异氰酸酯聚氨酯的制备及性能研究. 林产化学与工业，2018，38 (1)：39-46.

[176] 鲁博，张林文，曾竟成. 天然纤维复合材料. 北京：化学工业出版社，2005.

[177] 克列阿索夫 (Klyosov A A). 木塑复合材料. 王伟宏，宋永明，高华，译. 北京：科学出版社，2010.

[178] 张晓明，刘雄亚. 纤维增强热塑性复合材料及其应用. 北京：化学工业出版社，2007.

[179] Pinto M A，Chalivendra V B，Yong K K，et al. Evaluation of surface treatment and fabrication methods for jute fiber/epoxy laminar composites. Polymer Composites，2014，35 (2)：310-317.

[180] 陈健，孔振武，焦健，等. 桐马酸酐甲酯改性杨木纤维增强环氧树脂复合材料性能研究. 林产化学与工业，2011，31 (6)：25-28.

[181] Sumaila M，Amber I，Bawa M. Effect of fiber length on the physical and mechanical properties of random oreinted, nonwoven short banana (musa balbisiana) fibre/epoxy composite. Advances in Natural and Applied Sciences，2013，2 (1)：39-49.

[182] Lu T，Jiang M，Jiang Z，et al. Effect of surface modification of bamboo cellulose fibers on mechical properties of cellulose/epoxy composites. Composites Part B：Engineering，2013，51：28-34.

[183] Peng S X，Shrestha S，Yoo Y，et al. Enhanced dispersion and properties of a two-component epoxy nanocomposite using surface modified cellulose nanocrystals. Polymer，2017，112：359-368.

[184] Islam M S，Pickering K L. Influence of alkali treatment on the interfacial bond strength of industrial hemp fibre reinforced epoxy composites：Effect of variation from the ideal stoicheometric ratio of epoxy resin to curing agent. Advanced Materials Research，2007，29-30：319-322.

[185] Lu J，Askeland P，Drzal L T. Surface modification of microfibrillated cellulose for epoxy composite applications. Polymer，2008，49 (5)：1285-1296.

[186] Naceur B M，Alessandro G. Surface modification of cellulose fibres. Polimeros，2005，15 (2)：114-121.

[187] Faruk O，Bledzki A K，Fink H P，et al. Biocomposites reinforced with natural fibers：2000—2010. Progress in Polymer Science，2012，37 (11)：1552-1596.

（孔振武，吴国民，刘贵锋，霍淑平，陈健）

第六章　生物质聚氨酯

第一节　松香基聚氨酯

一、松香基多元醇的制备

松香含有三环菲骨架刚性结构，具有刚性大、耐热性好等特点。松香是由多种树脂酸、少量脂肪酸和中性物质组成的复杂混合物，松香中的酸性物质占 90％ 左右，中性物质占 5％～10％。树脂酸是一类分子式为 $C_{19}H_{29}COOH$ 的物质的总称，它们是具有三环菲骨架的含有两个双键的一元酸。常见树脂酸因烷基和双键位置的不同可分为 3 类，即枞酸型树脂酸、海松酸型和异海松酸树脂酸、二环型树脂酸（或称劳丹型酸）。

多元醇是指一类具有多羟基官能度，并且具有一定的黏度和分子量的物质，而松香为一元酸，要想把松香引入多元醇的分子链中，就要对松香分子结构进行设计和修饰，通过对树脂酸分子结构上的活性中心（双键或羧基）改性来增加反应活性基团，制备得到多官能度的多元醇。

1. 基于羧基改性制备多元醇

通过羧基与小分子多元醇发生酯化反应，利用醇上的羟基或直接利用羧基与环氧化物发生加成反应生成松香多元醇酯。松香中的叔羧基位阻大、活化能高，进行酯化或环氧化加成反应时需要相对苛刻的反应条件。常用的小分子多元醇有甘油、季戊四醇、丙二醇、乙二醇等。

2. 基于双键改性制备多元醇

① 通过树脂酸双键与马来酸酐、富马酸、丙烯酸、甲醛等进行加成反应，然后再进行酯化反应合成松香酯多元醇。松香中的树脂酸除左旋海松酸外，都不能直接与马来酸酐、富马酸、丙烯酸和甲醛发生加成反应，但枞酸、新枞酸和长叶松酸在加热条件下可异构为更稳定的左旋海松酸，能发生 Diels-Alder 反应。马来海松酸酐酯化条件苛刻，松香酯化的催化剂同样适用于马来海松酸酐酯化。曾韬等[1]研究了碱土金属氧化物 MgO、ZnO 和过渡金属硫酸盐 $Zr(SO_4)_4 \cdot 4H_2O$、$Ce(SO_4)_4 \cdot 4H_2O$ 以及它们的不同组合催化马来松香与甘油的酯化反应，发现 MgO 催化效果最好。反应方程式如下。

松香与马来酸酐加成：

松香与富马酸加成：

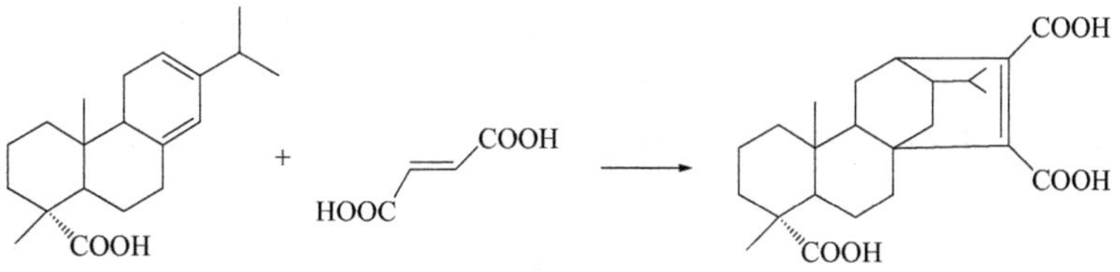

松香与丙烯酸加成：

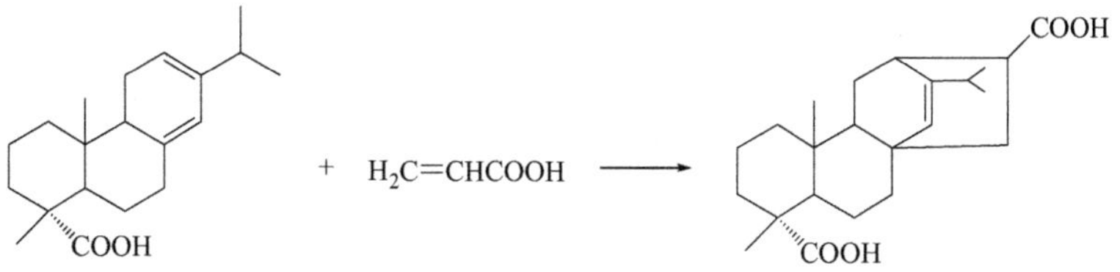

松香与甲醛加成：

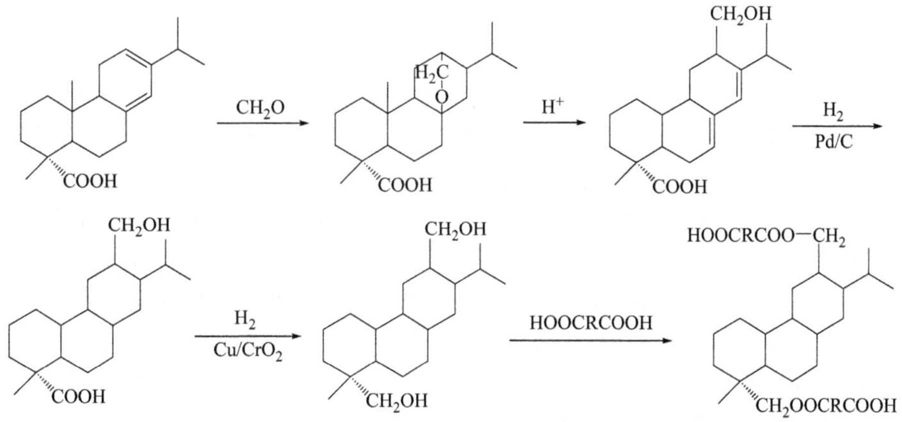

② 松香在适当的条件下发生自聚合生成聚合松香，聚合反应的产物大部分是不均匀的二聚体。松香聚合反应的中心是共轭双键，羧基在反应前后没有变化，生成的不同结构的二聚体中都含有两个羧基。杨艳平[2]以歧化松香为原料合成了两种可聚合松香基丙烯酰胺单体，通过DSC研究了单体的聚合过程和反应动力学，为可聚合松香基丙烯酰胺单体在高分子材料上的应用提供了依据。聚合方式有酸催化聚合和热聚合两类，热聚合是松香在惰性气体的保护下于300℃下减压蒸馏，酸催化在有机溶剂中进行。目前国内聚合松香多采用硫酸催化。聚合松香具有软化点高、色泽浅、不结晶、抗氧化性好、酸值低以及在有机溶剂中黏度大等特点。松香二聚体合成工艺如下[3]：

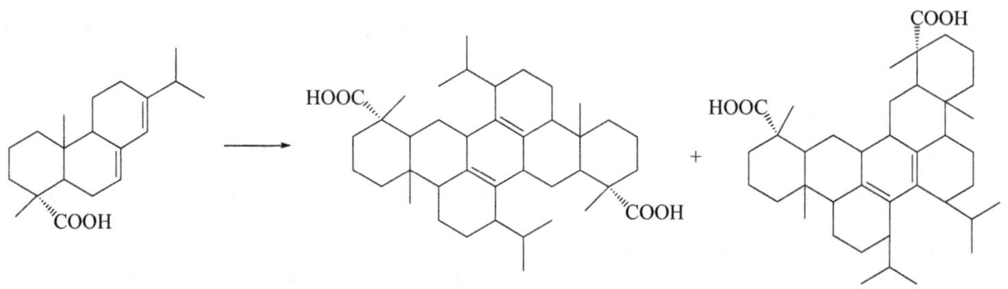

松香二聚体

3. 聚酯多元醇合成工艺

常用的松香基聚酯多元醇的合成工艺有三种，即真空熔融法、熔融通气法和共沸蒸馏法[4,5]。

（1）真空熔融法　羧酸与二元醇在反应釜中加热熔融，于 120～150℃时通氮气反应生成水，逐步蒸出水，釜内生成低分子量的聚酯混合物。随着水分的蒸出，釜内温度逐渐升高，在 170～230℃下开始抽真空，当真空度达 5000Pa 时，逐渐将过量的二元醇和少量的副产物以及少量反应残留水一起蒸出。

（2）熔融通气法　将惰性气体氮气、二氧化碳等鼓泡通入羧酸和二元醇的混合物中，以除去反应生成的水。采用此工艺时，二元醇的损失量大于真空熔融法，所以在投料时要考虑到这部分物料的损失。

（3）共沸蒸馏法　该工艺的特点是依据溶剂与水沸腾原理，利用惰性溶剂回流带水，使水不断蒸出和冷却分离出来。一般采用甲苯和二甲苯为溶剂，在常压下，较低温度 130～145℃下进行回流脱水。

二、松香基聚氨酯材料的制备与性能

1. 松香基聚氨酯泡沫

中国林科院林化所张跃冬等[5-8]报道了由马来海松酸合成耐热的马来海松酸酯多元醇，并以马来海松酸酯多元醇与适量聚醚多元醇 635 混合作为多元醇组分制备了硬质聚氨酯泡沫塑料（硬泡），并研究了马来海松酸酯多元醇结构对泡沫塑料力学性能及耐热性的影响。比较了各种硬泡之间热性能的差异，重点讨论了酯多元醇结构对硬泡耐热性的影响。将松香的三元菲环骨架结构引入聚氨酯硬泡中，明显地提高了材料的耐热性和尺寸稳定性，耐高温达 200℃以上。热重分析表明，最终泡沫材料的热稳定性与酯多元醇的结构密切相关，低温阶段的热失重主要是由酯多元醇部分引起的，而高温阶段的热分解则主要是由异氰酸酯部分控制的。合成酯多元醇所用原料二醇的分子量越小，最终硬泡的耐热性就越好。Zhang 等[9]向聚氨酯主链中引入松香基聚酯多元醇，合成了一种硬质互穿网络的聚氨酯泡沫，并加入环氧树脂进一步提高交联位点的数量。经扫描电镜发现，聚合物的玻璃化转变区发生偏移且明显变宽，松香的加入不仅降低了环氧树脂的脆性，还提高了聚合物整体的热稳定性。Zhang 等[10]以丙三醇和羟甲基松香为原料，与环氧乙烷、环氧丙烷在碱催化下合成了一种耐高温型松香基聚醚多元醇，并进一步利用松香基聚醚多元醇制备了松香基硬质聚氨酯泡沫，研究发现，松香基的引入提高了聚氨酯泡沫塑料（PUF）的耐热性；利用苯甲醛、苯胺和 9,10-二氢-9-氧杂-10-磷杂菲-10-氧化物（DOPO）合成了一种新型磷-氮阻燃剂（DOPO-BA），用该阻燃剂改性可提升松香基 PUF 的阻燃性能。

中国林科院林化所宋兴等[11]以枞酸为原料，通过中间体富马海松酸三酰胺，采用非光气法合成了富马海松酸三酰基异氰酸酯，并利用异氰酸酯单体制备了聚氨酯泡沫塑料，研究了富马海松酸三酰基异氰酸酯的发泡行为及其添加量对泡沫塑料性能的影响。富马海松酸三酰基异氰酸酯的反应活性不及市售异氰酸酯 PAPI，随着富马海松酸三酰基异氰酸酯加入量的增大，泡沫塑料孔径变大。泡沫塑料密度及压缩强度受泡孔变大与松香三元菲环刚性结构的双重影响，密度测试结果表明，富马海松酸三酰基异氰酸酯添加量达到 10% 后，聚氨酯泡沫塑料密度与未添加时相当，其后，随着添加量的升高，聚氨酯泡沫塑料的密度逐渐升高。压缩强度测试结果表明，富马海松酸三酰基异氰酸酯添加量达到 20% 后，聚氨酯泡沫塑料的压缩强度高于未添加时泡沫塑料的压缩强度，其后，随着添加量的升高，聚氨酯泡沫塑料的压缩强度逐渐升高。热重分析表明，富马海松酸三酰基异氰酸酯的加入，提高了聚氨酯泡沫塑料的耐热性，添加量越高，泡沫塑料的耐热性越高。Jin 等[12]先将乙二醇与马来松香反应制备了马来海松酸聚酯多元醇，再与异氰酸酯反应，得到了与商业聚氨酯泡沫发泡方式类似的松香改性聚氨酯泡沫，研究发现：高温分解时松香改性聚氨酯热传导性差、反应活化能高及耐热性好。Zhang 等[13]以松香、小分子二元醇、蔗糖聚醚、多苯基多次甲基多异氰酸酯为原料经酯化等反应将松香添加到聚氨酯中，得到具有良好耐热性和机械强度的松香改性聚氨酯泡沫塑料。中国林科院林化所张猛等[14]以羟甲基松香和丙三醇为起始化合物与环氧丙烷和环氧乙烷进行嵌段缩聚反应得到不同羟甲基松香含量和不同环氧链节的松香聚醚多元醇，并用该多元醇与异氰酸酯反应制备了松香基硬质聚氨酯泡沫，结果表明松香环状结构的引入提高了多元醇的反应活性和泡沫材料的耐热性。松香聚醚多元醇分子结构中含有酯键和醚键，并可以控制醚氧键的长度，兼具了两者的优点。Szabat等[15]用枞酸型树脂酸（含量＞97％）与季戊四醇、山梨醇发生酯化反应，然后再与环氧丙烷发生开环反应，制备了羟值（以 KOH 计）分别为 207mg/g 和 640mg/g 的聚酯-聚醚多元醇，而后与二苯基甲烷二异氰酸酯（MDI）、发泡剂、表面活性剂和催化剂混合制备了聚氨酯硬泡，密度为 32kg/m³，其闭孔率为 91.3％；另外，由季戊四醇聚酯-聚醚多元醇与山梨醇聚酯-聚醚多元醇按质量比 1∶1 混合发泡，得到密度 24kg/m³、闭孔率 91.7％的硬泡。抚顺佳化聚氨酯有限公司的李金彪发明的专利涉及一种利用天然材料制聚醚多元醇的方法：在催化剂作用下，直接以天然羧酸和多元醇为起始剂，与环氧化物开环聚合制备含有羧酸酯基团的聚醚多元醇[16]。张猛等[17]以生物质资源松香为原料与甲醛、环氧丙烷、环氧乙烷反应合成新型松香聚醚多元醇，并对产物进行结构鉴定和性能测试，同时对产物的耐热性进行了研究。分别以松香聚醚多元醇、马来松香酯多元醇和工业聚醚 4110 为原料制备硬质聚氨酯泡沫塑料，结果表明：多元醇反应活性顺序为马来松香酯多元醇＞松香聚醚多元醇＞工业聚醚 4110；三种聚氨酯泡沫的热解活化能分别为 89.17kJ/mol、82.66kJ/mol 和 57.65kJ/mol。研究结果表明松香环状结构的引入提高了多元醇的反应活性和泡沫材料的耐热性。中国林科院林化所周永红团队[18]开发了一种用于硬质聚氨酯泡沫的结构阻燃型松香基多元醇的制备方法。由松香经环氧化反应之后再与磷酸二乙酯开环得到阻燃松香衍生物单体，最后和环氧乙烷或环氧丙烷发生开环聚合反应制得结构阻燃型松香基多元醇。利用环氧开环反应把阻燃磷酸酯基团引入松香结构中，合成了结构阻燃型松香基多元醇，降低了阻燃的成本，其多元醇结构中含有可调控的酯键和醚键，和市售聚酯、聚醚多元醇混溶性较好；且反应活性较高，磷含量高达 8.0％；用其制备的阻燃型聚氨酯泡沫，氧指数可达到 24％～27％，具有燃烧时制品不滴液、保持形状、烟密度小等优点，在建筑保温、管道运输等一些特殊的场合具有广泛的应用前景。中国林科院林化所拥有的松香基聚酯多元醇制备技术在江苏强林生物能源材料有限公司进行了产业化示范，并建成了年产 5000 吨松香聚酯多元醇的生产线，目前产品质量稳定。

2. 松香基聚氨酯涂料

用松香改性的醇酸树脂多元醇制备的聚氨酯涂料，不仅成膜干燥速度快，而且可增加漆膜的附着力，减少漆膜起皱，提高漆膜的光泽、耐热性及耐水、耐腐蚀性能，并改善了漆膜的硬度和柔韧性。综合利用树脂酸分子中的羧基和双键进行改性已是越来越多人的共识。林跃华等[19]用天然松香与二元醇、二元酸和甲苯二异氰酸酯（TDI）合成了不饱和聚氨酯树脂，再加入稀释剂苯乙烯配制成家具涂料。涂料具有表干时间短、丰满度高、透明性佳、不易塌陷等特点，产品性能优异，提高了家具涂装的档次，具有很高的装饰性，是有前途的家具涂料。不同二元醇对合成树脂家具涂料的性能影响较大，其中乙二醇型的聚酯家具涂料具有优良的抗冲击性、硬度较高、附着力好、固化收缩率低等。谢晖等[20,21]先制备富马海松酸，利用加成、酯化及聚合等方式将富马海松酸引入水性聚氨酯主链结构中，再采用乳液聚合技术将松香与聚氨酯、丙烯酸酯、环氧树脂等有机结合，分别制备富马海松酸改性聚氨酯与丙烯酸酯、环氧树脂等，稠合多脂环结构的富马海松酸提高了水性聚氨酯材料的抗水性能、硬度和耐热性，解决了普通水性聚氨酯存在的问题，得到综合性能优异的聚氨酯复合材料。刘鹤等[22,23]以马来海松酸聚酯多元醇、甲苯二异氰酸酯为原料采用丙酮法制备了马来海松酸改性水性聚氨酯，将马来海松酸引入聚氨酯主链结构中增强了聚氨酯的机械力学性、耐热性、耐水性等。刘鹤还研究了以环氧树脂和富马海松酸聚酯多元醇为原料制备环氧树脂复合富马海松酸改性水性聚氨酯复合漆膜，结果表明该复合漆膜具有优良的耐水性、力学性、耐溶剂性等性能。Si 等[24]使用马来松香酸制备了新型的双组分水性聚氨酯（WPU），用马来海松酸作为原料与松香多元醇合成制备 WPU，从而引入松香的三元结构，使得新型 WPU 膜的热稳定性、耐水性、光泽度、铅笔硬度和耐乙醇性均得到了提高。

以聚酯多元醇为基础的树脂材料，通常具有力学性能好、耐油等特点。聚酯多元醇内聚能大，与其他原料组分的互溶性差。南京化工大学的谢晖等人用丙烯海松酸代替己二酸与乙二醇、二甘醇、1,4-丁二醇进行缩聚反应合成聚酯多元醇，测定了聚酯多元醇的分子量、羟值、聚合度、官能度及黏度等理化参数，由该多元醇制备的聚氨酯涂料漆膜，其耐腐蚀性、耐热性和耐水性等性能得到提高[25,26]。同时，他们还研究了丙烯海松酸与不同二元醇的缩聚反应。通过对产物性能进行测试，认为其可作为具有良好的光泽、耐热性及耐水性的水溶性树脂，可用于制备水性油墨[27]。

Ma 等[28]以聚己内酯二醇（PCL）为软段、1,4-丁二醇为小分子扩链剂与异佛尔酮二异氰酸酯（IPDI）反应，合成了聚己内酯 PU（PCL-PU），与一定比例的松香以及防污剂物理共混，合成了一系列环境友好型海洋防污涂料。对比发现，松香赋予复合涂层更好的抗污染性能，提高了防污剂的长期释放率，同时赋予了涂层在海水中的自抛光性能。松香和 PCL 都具备生物可降解性，避免了涂料对海洋环境的污染。徐鑫梦等[29]采用松香与聚丙二醇缩水甘油醚反应得到松香改性聚醚二醇（RPG），再与六亚甲基二异氰酸酯（HDI）、二羟甲基丙酸（DMPA）、1,4-丁二醇（BDO）和三羟甲基丙烷（TMP）反应制备了水性松香基聚氨酯分散体（RWPUD），与亲水改性多异氰酸酯固化剂 XP 2655 组成水性双组分松香基聚氨酯（2k-RWPU）涂料，其漆膜摆杆硬度达到 0.63，60°光泽 145.7，附着力 1 级，柔韧性 1mm，冲击强度正反均为 50kg/cm，耐水性达到 48h。

3. 松香基聚氨酯胶黏剂

李强等[30]以聚酯多元醇、4,4-二苯基甲烷二异氰酸酯（MDI）和液态松香增黏树脂等为主要原料，采用本体聚合法制备了反应型 PU-HMPSA（聚氨酯热熔压敏胶）。反应型 PU-HMPSA 具有压敏性和一定的初始剥离强度，可制成 PSA（压敏胶）胶带制品，粘接后经湿气固化，剥离强度明显提高。PU-HMPSA 的综合性能相对最好，其初黏力为 14♯（钢球）、初始 180°剥离强度为 22N/25mm、最终 180°剥离强度为 75N/25mm 和玻璃化转变温度为−32.61℃。以 2,4-二异氰酸酯、松香和亚硫酸氢钠为原料合成松香型造纸施胶剂，将此种施胶剂应用于施胶中，相比于传统的松香施胶，此种松香型施胶剂是一种自乳化型施胶剂，不需外加乳化剂，pH 的变化对施胶效果无明显影响，施胶效果好，对纸张具有显著的增强作用。李文等[31]以马来松香、聚乙二醇和 2,4-甲苯二异氰酸酯为主要原料，以酒石酸为亲水单体，KH550 作封端剂和改性剂，制备仿中性高分散松香化聚氨酯施胶剂。该松香基聚氨酯乳液可直接自身离子化，形成高分散乳液。红外光谱和扫描电镜（SEM）等测试结果表明，KH550 已接枝到 WPU 体系中，乳化剂稳定性良好，纸张拒水性显著提高。阴离子水性聚氨酯可以实现松香胶浆内施胶和表面施胶的双重应用。

第二节　植物油基聚氨酯

一、植物油基多元醇的制备

目前，国内外植物油多元醇的开发已取得重大突破，如巴斯夫、陶氏、拜耳等公司已经在开展植物油多元醇项目的研发和应用。我国的植物油多元醇产业发展相对缓慢，仅有少数企业成功开发了植物油多元醇，如我国上海中科合臣股份有限公司和山东莱州金田化工有限公司等已制成大豆油多元醇，广州海玛公司以环氧大豆油为原料制备出不同羟值和官能度的植物油多元醇市售产品，并已建成年产10万吨大豆油多元醇生产示范线。

制备植物油多元醇是通过对植物油中的双键和酯基官能团进行各种改性反应，如环氧羟基化、酯交换、加氢甲酰化、胺解、臭氧分解及其他改性方法。表10-6-1总结了植物油改性方法及植物油基多元醇的性质[32]。

表 10-6-1　植物油改性方法及植物油基多元醇的性质

改性方法	改性步骤	羟基归属	羟基数目	羟值/(mg/g)	分子质量/(g/mol)
环氧羟基化	2	仲羟基	3～4	150～200	900～1100
酯交换	1	伯羟基	2	250～300	350～400
加氢甲酰化	2	伯羟基	>4	>200	900～1100
胺解	2	伯羟基	2	50～150	500～1200
臭氧分解	2	伯羟基	3	200～300	500～700

1. 环氧化及环氧化开环反应

环氧化已成为碳碳双键官能化最常用的方法之一，利用过氧化氢对植物油分子中的碳碳双键进行环氧化，然后再羟基化得到植物油多元醇。按环氧化过程中有无羧酸存在，环氧化过程分为过氧羧酸氧化法和无羧酸催化氧化法。

（1）过氧羧酸氧化法[33]　是先将有机羧酸与双氧水在催化剂的作用下生成过氧酸氧化剂，再与植物油进行环氧化反应生成环氧植物油。环氧化反应过程中过酸的生成方式有原位生成或预制：a.让有机羧酸与双氧水作用生成过氧羧酸，然后将过氧羧酸滴加到植物油中进行环氧化反应。b.将植物油和有机羧酸加入反应容器中，再滴加双氧水进行环氧化反应。过氧羧酸氧化法[34]需在酸性催化剂的条件下进行，最常用的无机酸催化剂有磷酸、硫酸、盐酸和这些酸的盐，如硫酸氢钠。有机酸催化剂有磺酸、马来酸、富马酸和草酸。催化剂用量为过氧化氢-环氧化体系总质量的 $0.5\%\sim5\%$，反应也可在碱性环境中使用碱金属盐（例如乙酸钠和磷酸钠）作为催化剂进行。强酸性阳离子交换树脂也是一种常用的催化剂。

（2）无羧酸催化氧化法　主要有两种，一种利用过渡金属作为催化剂[35]、过氧化氢作为氧化剂直接对植物油进行环氧化反应，制备环氧化植物油。过渡金属作为催化剂可以显著提高反应产率、产物选择性以及反应速率。过渡金属催化剂主要有钨、钛、铼、铝及钼等的配合物。另一种是植物油与双氧水在固定脂肪酶、植物过氧酶等酶的催化作用下生成过氧植物油，然后过氧植物油通过"自动环氧化"反应生成环氧植物油[36,37]。

（3）环氧化开环　环氧化植物油的环氧乙烷基团可与含活泼氢的化合物发生开环反应，常用于开环反应的试剂主要有乙醇、胺、羧酸、卤代酸和含有活泼氢的其他物质或天然的脂肪酸。

周祥顺等[38]以氟硼酸为催化剂，使环氧化后的葵花籽油与甲醇发生开环反应合成羟值为190mg KOH/g 的葵花籽油多元醇。由环氧化开环反应制备的植物油多元醇的性质取决于原料和开环试剂的类型等因素，如由较高不饱和度的植物油经环氧羟基化得到的植物油多元醇具有较高的羟基官能度。图 10-6-1 为环氧大豆油以甲醇作开环剂发生的开环反应示意图。表 10-6-2 为使用不同开环试剂制备的大豆油多元醇的性质[39]。

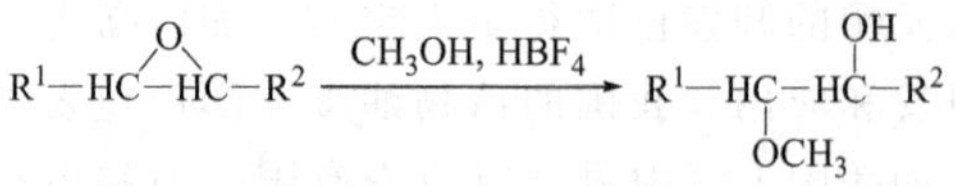

$$R^1—HC\underset{\text{O}}{\overset{}{\diagdown\diagup}}HC—R^2 \xrightarrow{\text{CH}_3\text{OH, HBF}_4} R^1—HC\underset{\text{OCH}_3}{\overset{\text{OH}}{|\qquad|}}HC—R^2$$

图 10-6-1　环氧大豆油开环反应示意图

表 10-6-2　使用不同开环试剂制备的大豆油多元醇的性质

开环试剂	多元醇性质					
	羟值/(mg/g)	羟基类型	酸值/(mg/g)	平均官能度	黏度/(Pa·s)	分子量/(g/mol)
甲醇	199	仲羟基	—	3.7	12(25℃)	1053
	180	仲羟基	—	—	0.6(45℃)	—
	148～174	仲羟基	—	2.6～3.2	—	1001～1025①
乙二醇	253	伯、仲羟基	—	—	1(45℃)	—
	187～226	伯、仲羟基	—	3.4～4.2	—	1005～1038①
丙二醇	289	伯、仲羟基	—	—	1(45℃)	—
	211～237	伯、仲羟基	—	3.8～4.6	—	1010～1084①
乳酸	210①	仲羟基	—	4.2	—	1120
	171①	仲羟基	3.6	5.3	47②	1738①
乙醇酸	203①	伯、仲羟基	2.6	4.9	221②	1352①
乙酸	188①	仲羟基	1.8	4.3	55②	1281①
甲酸	104～162	仲羟基	1.8～2.5	1.9～3.2	3～10(30℃)	1027～1086
亚油酸	76～112	仲羟基	4～25	—	1.4～2.8(22℃)	—
蓖麻油酸	152～163	仲羟基	5～16	—	7.7～9.4(22℃)	—
盐酸	197	仲羟基	—	3.8	Grease③	1071
磷酸	153～253	仲羟基	1.4～48	12.8～17.5①	3.2～5.3	3870～4700
氢气	212～225	仲羟基	—	3.5～3.8	Grease③	938～947

① 计算值。
② 温度未报道。
③ 室温。

2. 酯交换

植物油酯交换是指甘油酯烷氧基之间发生的互换反应，又称为醇解反应。酯交换反应是一个平衡反应，催化剂的存在加速反应到达平衡。为了获得更高的产量，通常醇是过量的。催化剂存在的条件下将植物油通过酯交换反应转化为多元醇，催化剂主要有有机碱和无机碱，如甲醇盐[40]CH_3ONa、$(CH_3O)_2Ca$、CH_3OK，碱[41]$NaOH$、$Ca(OH)_2$，金属氧化物 CaO 等，酶也可以作为植物油酯交换反应的催化剂。影响酯交换反应的因素有催化剂类型、醇油比、温度和植物油本身的游离脂肪酸含量[42]。酯交换反应是制备植物油多元醇较为简单的方法，常用于植物油酯交换反应的醇主要有甘油、季戊四醇和三乙醇胺等。植物油与多羟基醇反应制备的多元醇是甘油单酯、甘油二酯和甘油三酯的混合物，已有报道以甘油作为醇解试剂时，产物中单甘油酯含量可达 48.3%～90.1%，羟值为 90～183mg/g。M. Kirpluks 等[43]用菜籽油多元醇分别与二乙二醇（DEG）、三乙醇胺（TEA）和二乙醇胺（DEA）进行酯交换，得到高反应性和高官能度的多元醇，多元醇官能度为 3.6～5.8，羟值为 417～635mg/g。图 10-6-2 是大豆油在 CH_3ONa 催化条件下与甘油发生酯交换反应的示意图。

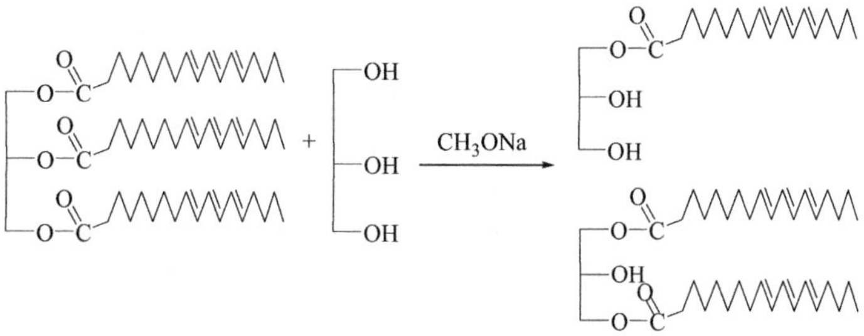

图 10-6-2　酯交换反应

3. 加氢甲酰化及氢化

植物油与一氧化碳和氢气在铑或钴基催化剂催化条件下反应，在碳碳双键处引入醛基，然后进行还原反应引入羟甲基[44]。该过程中植物油通过加氢甲酰化几乎定量转化为多元醇[45]。加氢甲酰化是一种有效的方法，反应后可使催化剂和产物分离并回收催化剂。分离出的醛可转化为新型多元醇、多胺、多元羧酸或聚缩官能团单体。铑或钴基催化剂是植物油加氢甲酰化常用的催化剂。钴作催化剂时产物收率为 67%，使用铑基催化剂的产物收率可达 95%[46]。由铑基催化剂催化获得的多元醇比钴基催化剂催化所得的多元醇具有更高的羟值和官能度。然而铑基催化剂昂贵，且只在加氢甲酰化过程中起催化作用，氢化反应需采用兰尼镍催化剂。钴基催化剂在甲酰化和氢化过程中均起催化作用。Petrovic 等[47]以大豆油为原料，采用钴或铑基催化剂，通过加氢甲酰化反应合成含有多个支链的伯羟基多元醇。图 10-6-3 是植物油加氢甲酰化及氢化反应示意图。

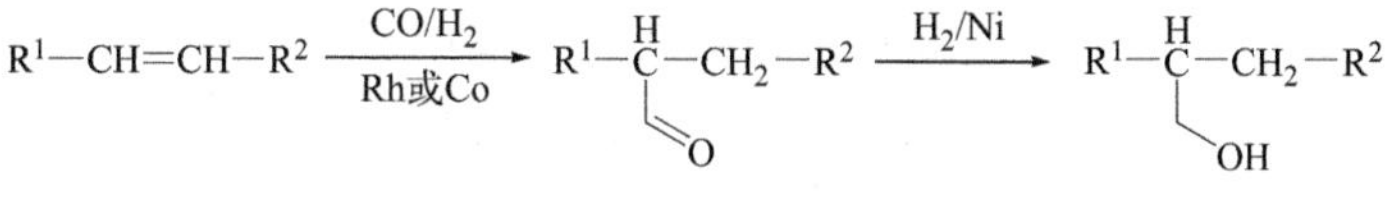

图 10-6-3　植物油加氢甲酰化及氢化反应

4. 胺解法

植物油的脂肪酸或者脂肪酸酯能与胺类物质发生酰胺化反应。胺与植物油发生酰胺化反应能将植物油转化为多元醇，用于生产聚氨酯泡沫和涂料，且酰胺化能在较低温度下进行。Terada 等[48]发现棕榈酸和癸胺在 160℃反应温度下，以六水氯化铁作为催化剂反应得到酰胺化产物，收率 90% 左右。通过与单乙醇胺、二乙醇胺、乙氧基化物和 PEG 烷醇酰胺等含羟基的胺类物质单体反应，可制得功能化脂肪链烷醇酰胺。由于脂肪酸链的引入，以脂肪链烷醇酰胺作为原料得到的聚氨酯材料在很大程度上具有生物降解性和环境友好性。植物油和二乙醇胺反应得到含有羟基的酰胺，如图 10-6-4 所示。

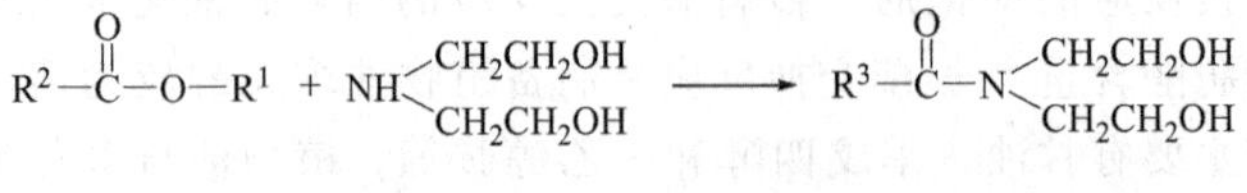

图 10-6-4　酰胺化反应示意图

5. 臭氧分解

植物油的臭氧分解通常包括两个步骤，首先在植物油的不饱和位点处形成臭氧化物，由臭氧化物分解的醛和羧酸经催化剂兰尼镍还原后得到含伯羟基的多元醇，多元醇的官能度取决于植物油的脂肪酸组。1 个不饱和双键可以产生 1 个羟基，故经臭氧分解得到的植物油多元醇的平均羟基数不低于 3。双键裂解产生部分具有低分子量的醇，例如壬醇、1,3-丙二醇、已醇等[49]。在不同的臭氧分解条件下可制备具有不同羟值和酸值的菜籽油多元醇，羟值为 152～260mg/g，酸值为 2～52mg/g。多元醇具有较高的酸值是由于臭氧化过程中生成羧酸，且该羧酸不能被还原成醇。在催化剂 NaOH 催化条件下，臭氧通过植物油与乙二醇或甘油的溶液后生成末端含有羟基的多元醇[50]。该反应涉及臭氧与碳碳双键的反应，醇与植物油的臭氧化物中间体形成酯键，产生具有末端羟基的聚酯多元醇。图 10-6-5 为臭氧分解反应示意图。

$$R^1-CH=CH-R^2 \xrightarrow[(2)\ H_2/\text{催化剂}]{(1)\ O_3} R^1-CH_2-OH+R^2-CH_2-OH$$

图 10-6-5　臭氧分解反应示意图

6. 其他改性方法

除上述方法以外，还有酶水解和硫醇烯偶联反应等改性方法应用于植物油制备多元醇中。植物油的微生物转化是获得多元醇的一个新渠道，利用假丝酵母脂肪酶、洋葱伯克氏菌和青霉菌等水解植物油获得植物油多元醇用于生产聚氨酯材料。该方法的优点是减少化学试剂的使用，反应温度低，所得的多元醇分子量较高，缺点是反应时间长。硫醇-烯烃偶联反应作为一类有效的 Click（点击）反应，以其简洁、快速、高效、高选择性的特点为制备高性能植物油多元醇开辟了新的道路。硫醇-烯偶联法指硫醇与碳碳双键发生加成反应，反应机理涉及链式自由基加成。由紫外线（UV）引发硫醇与植物油脂肪酸链中的碳碳双键发生加成反应制备多元醇，其中 2-硫基乙醇为常见的硫醇单体。在植物油及其衍生物的硫化-烯偶联过程中有副反应发生，但多数副产物含有羟基官能团且可以与异氰酸酯反应。目前大多数硫醇-烯偶联法生成的多元醇来源于植物油脂肪酸或植物油脂肪酸酯，Caillol 等[51]利用 UV 引发菜籽油与 2-硫基乙醇发生偶联反应制得的多元醇的羟值为 200mg/g，酸值为 2.5mg/g，羟基的平均官能度为 3.6。图 10-6-6 是大豆油与 2-硫基乙醇的 Click 反应示意图。

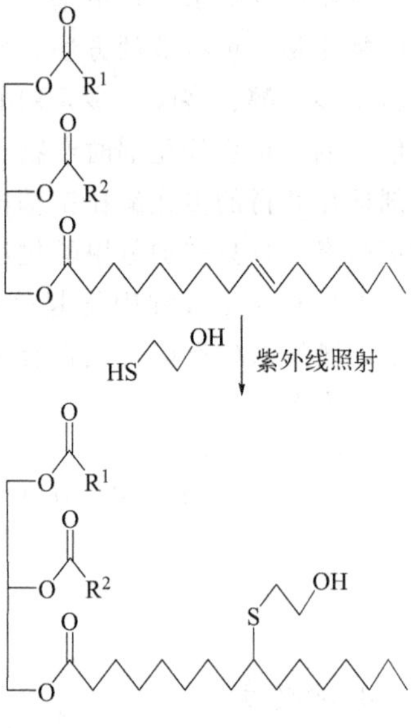

图 10-6-6　大豆油与 2-硫基乙醇的 Click 反应示意图

二、植物油基聚氨酯材料的制备与性能

用于制备聚氨酯材料的植物油有蓖麻油、大豆油、棕榈油、葡萄籽油、麻风树油、菜籽油、

棉籽油、桐油、葵花籽油等。植物油多元醇可与异氰酸酯直接聚合形成聚氨酯材料，材料的机械性能不但可与相应的石油基多元醇合成材料媲美，耐热性和热氧化性也得到增强，广泛用于制作各种聚氨酯制品，如涂料、泡沫和胶黏剂等。

1. 植物油基聚氨酯涂料

聚氨酯涂料是以聚氨酯树脂为主要成膜物质的涂料，其主要原料是异氰酸酯与多羟基化合物（聚醚或聚酯）。聚氨酯涂层中除含有大量极性氨酯基外，有些还含有酯、醚、不饱和油脂双键、脲基、缩二脲和脲基甲酸酯等基团，聚氨酯原料以及配方具有多样性，使得聚氨酯涂料具有优异的性能。植物油具有价格低廉、通用性好、生物降解性等优点，且植物油基聚氨酯通常表现出优异的疏水性能。随着环境保护要求的日益严格，各国政府对涂料中挥发性有机物（VOC）含量的限制越来越严格，因此低 VOC 涂料研究愈加受到广泛的关注。水性聚氨酯涂料（WPU）正逐渐取代溶剂型聚氨酯涂料，WPU 与溶剂型聚氨酯相比无毒、安全、不易燃。聚氨酯涂料的制备方法有丙酮法、预聚物混合法和热熔分散法等。丙酮法和预聚物混合法被广泛应用于聚氨酯涂料和黏合剂的制备。水性聚氨酯分散体系是一种双相胶体系统，其中聚氨酯分散在液相（连续相）中。尺寸为 20～200nm 的颗粒具有高表面能，在水的蒸发过程中易于成膜，颗粒的粒径及其分散程度是影响乳液体系稳定性的主要因素。影响水性聚氨酯涂料性质的因素有加料速率、温度、pH 值、剪切速率等。

蓖麻油自身含有羟基，可以作为天然多元醇制备聚氨酯涂料。蓖麻油含有的长链脂肪酸链改善了涂膜的防水特性、韧性和耐酸性。涂膜的性能可通过调控反应条件如蓖麻油的量、扩链剂等获得。蓖麻油的羟基在分子链上的均匀分布使得制得的聚氨酯具有均匀的网络结构，采用蓖麻油替代聚醚/聚酯多元醇制备聚氨酯不仅提高了聚氨酯交联度，还使其具有良好的耐化学性和耐热性。Yeganeh 等[52]以聚乙二醇（PEG）和蓖麻油为原料合成了新型聚氨酯绝缘涂料，发现随着多羟基化合物羟值的降低，聚合物交联密度也随之降低。Larock 等发现由蓖麻油合成的水性聚氨酯的涂膜具有更高的断裂强度和韧性，这主要是由于蓖麻油中羟基均匀分布，同时还发现由具有较高不饱和度的植物油制备的聚氨酯涂膜的模量、韧性和断裂强度都得到增强。Valero 等[53]采用甘油、三羟甲基丙烷或季戊四醇与蓖麻油发生酯交换反应，在蓖麻油分子链上引入更多的羟基，得到蓖麻油多元醇，使得聚氨酯薄膜的热性能和机械性能得到改善。周应萍等[54]用植物油合成的常温交联水性聚氨酯涂料，不仅具有较好的耐候性，还具有水性涂料无污染的优点，是一种环境友好型涂料，不仅可作为水性内外墙涂料，也可作为木器装饰涂料及植物印染涂料。Chang 等[55]用改性的亚麻油合成水性聚氨酯，然后将水性木质涂料通过不同的固化方法固化，结果表明使用 UV/空气双固化工艺制备的膜，其耐久性、耐光性和黏附性比用单独的 UV 固化的涂层更好。亚麻子油基水性聚氨酯涂料具有成为高效率、高性能和环保的家具涂料的潜力。Bullermann 等[56]用菜籽油多元醇合成了水性聚氨酯分散体，植物油多元醇的疏水特性使得植物油基聚氨酯膜的耐水性和耐溶剂性好。同时，聚氨酯膜的耐化学性和硬度与石油基聚氨酯膜相近。以上工作为合成可再生聚氨酯涂料提供了新的可能性以及应用领域。

2. 植物油基聚氨酯泡沫

目前利用植物油多元醇与异氰酸酯反应制备聚氨酯泡沫塑料的技术越来越成熟，用量也在不断扩大。聚氨酯泡沫的制备方法有：a. 两步发泡法，又称预聚体法。第一步是使用过量的异氰酸酯与多元醇反应，得到端基为—NCO 基团的预聚体。第二步是将得到的预聚体与其他助剂混合，如水、催化剂、表面活性剂等，最终得到 PU 泡沫材料。b. 半预聚体法。第一步是将少量的多元醇与全部异氰酸酯反应得到预聚体，此条件下得到的预聚体要比两步法得到的预聚体的黏度小得多。第二步是将得到的预聚体与剩余的多元醇、水和其他助剂混合反应，从而得到聚氨酯泡沫。c. 一步发泡法。该法是将经过严格计量的异氰酸酯、多元醇及其他助剂（混合白料）混合均匀后，再倒入提前称量好的异氰酸酯（黑料），得到混合均匀的 PU 泡沫体。

由于大多数植物油不含有可与异氰酸酯反应的羟基，对植物油进行改性获得多元醇是制备聚氨酯泡沫的第一步。植物油多元醇因具有柔性的脂肪酸链，成为制备软质聚氨酯泡沫的首选原料，其羟值一般为 200mg/g 或更低。C. S. Sipaut 等[57]报道制备聚氨酯泡沫的植物油多元醇的羟值最小值为 57~69mg/g，重均分子量为 15325~19320g/mol。植物油多元醇与石油基多元醇混合时充当高分子量的交联剂，使得聚氨酯泡沫的刚性和承载能力增强，但伸长率和撕裂强度降低。蓖麻油（CO）结构中含有可直接与多异氰酸酯反应的羟基，Wang 等[58]将蓖麻油和石油基多元醇按一定比例混合制备不同蓖麻油含量的软质聚氨酯泡沫，蓖麻油的比重影响聚氨酯泡沫的性能。通过改变蓖麻油含量可得到具有最低平均泡孔尺寸、最大接触角、最低吸水率、最大拉伸模量、最佳压缩弹性、最低断裂伸长率的蓖麻油基聚氨酯泡沫。Q. F. Li 等[59]通过蓖麻油与甘油酯的交换反应得到羟值为 400mg/g 的蓖麻油多元醇（COP），将 COP 和石油基多元醇按比例混合，再与异氰酸酯反应制备硬质聚氨酯泡沫，COP 在混合物中的比重影响泡沫的发泡速率、压缩强度、尺寸稳定性和泡沫形态。Vinicius 等[60]对大豆油和蓖麻油改性得到羟值为 393~477mg/g、具有较低黏度和分子质量的多元醇，利用改性大豆油和蓖麻油制备用作保温材料的硬质聚氨酯泡沫，泡沫的表观密度为（50±6）kg/m³，压缩强度约为 200kPa。Altuna 等[61]使用大豆油基多元醇和商用的亚甲基二苯基二异氰酸酯制备硬质聚氨酯泡沫，考察甘油和水的含量对泡沫形态与力学性能的影响，发现含水量较高的刚性聚氨酯泡沫的泡孔较大且方向不均，密度较低。该材料压缩模量约为 2.5~20MPa，剪切应力最低为 55kPa，密度为 54~143kg/m³。Prasanth K. S. Pillai 等[62]使用 1-丁烯改性的棕榈油多元醇（PMTAG）制备硬质和软质聚氨酯泡沫，棕榈油基聚氨酯泡沫的热稳定性与其他植物油基聚氨酯泡沫的性能相当，初始降解温度为 253℃。由 1-丁烯改性的棕榈油多元醇与异氰酸酯反应制备的聚氨酯泡沫显示出优异的柔韧性且泡沫压缩恢复率大于 90%，压缩强度为 2.6MPa，高于未改性的棕榈油多元醇或高度不饱和的大豆油、菜籽油多元醇制备的聚氨酯泡沫。Mirna A. Mosiewicki 等[63]利用二乙二醇与环氧化菜籽油开环合成的菜籽油多元醇（ROPO）制备聚氨酯泡沫，添加少量甘油作为羟基组分，水作为发泡剂，微/纳米纤维素作为增韧剂。甘油使得聚氨酯泡沫的模量和屈服应力增加，微/纳米纤维素使得聚氨酯泡沫在低温下的模量增加。Piotr Rojek 等[64]研究了菜籽油多元醇对聚氨酯泡沫的力学性能、弹性、表观密度和泡沫泡孔结构的影响，发现低官能度和羟值的菜籽油多元醇合成的聚氨酯泡沫具有更高的拉伸强度、压缩强度以及优异的泡孔结构。

3. 植物油基聚氨酯胶黏剂

聚氨酯胶黏剂对木材、纸张、金属、陶瓷、泡沫塑料等许多材料均具有很好的粘接性，并且优良的韧性使其可应用于软硬材料之间的黏合。含有羟基的植物油如蓖麻油经化学改性制备的植物油多元醇均可作为制备聚氨酯胶黏剂的原料。蓖麻油由于含有大量的蓖麻油酸且属于天然多元醇，成为合成聚氨酯胶黏剂的原料，可以用于生产木材黏合剂、水性黏合剂、热熔胶和 UV 固化黏合剂等。

Keyur 等[65]发现由蓖麻油多元醇制得的 PU 胶黏剂的黏合强度比市售胶黏剂高 10 倍。Desai 等[66]也发现以菜籽油多元醇为原料合成的聚氨酯胶黏剂的黏合强度优于三种市售胶黏剂。Gurunathan 等[67]报道了添加蓖麻油能使 PU 胶黏剂的拉伸强度、断裂伸长率和热稳定性得到提高，但蓖麻油的仲羟基在聚氨酯形成过程中产生空间位阻效应，导致 PU 的结构不规则，固化率低。采用环氧化、酯交换、酰胺化或者醇解等方法对蓖麻油进行改性得到羟值增大的蓖麻油多元醇，该多元醇可以有效改善聚氨酯网络的交联密度和刚度。Choi 等[68]和 Badri 等[69]分别研究了以大豆油多元醇和棕榈油多元醇为原料合成植物油基 PU 胶黏剂，该胶黏剂的黏结强度和耐水解性都优于商用 PU 胶黏剂，主要是因为由植物油多元醇合成的 PU 能够阻止水分子的渗透，从而抑制聚氨酯结构中的氨甲基酸酯键的水解。Petrovic 等[49] 利用环氧化菜籽油开环制备的菜籽油多元醇与异氰酸酯反应制备 PU 胶黏剂，该胶黏剂在热水中具有优异的耐受性。利用臭氧分解法制得的植物油多元醇制备 PU 胶黏剂，植物油多元醇的羟基为伯羟基，在使用过程中，PU 胶黏剂具有非常短的凝胶时间，导致在施胶过程中，PU 胶黏剂的溶液黏度过大，不易在基材上均匀铺展。采用环氧化开环得到的植物油多元醇制备的 PU 黏合剂的凝胶时间满足施胶要求。

第三节　其他生物质基聚氨酯

一、木质纤维素基聚氨酯

1. 纤维素液化多元醇

纤维素结晶度高，化学活性不高，难以直接利用，液化是大量利用木质纤维素的有效方法之一。通过高温、高压或溶剂作用，将固态植物高分子转化为活性基团更多、分子量更小的液态产物。这些小分子物质一方面可与自身继续反应，另一方面也可与液化溶剂发生反应，生成复杂的生物质或液化剂的衍生物，这些衍生物都富含羟基，可用来合成聚氨酯及其他高分子材料。纤维素的液化方法主要有高温高压液化法、生物降解液化法、超临界液化法和常压溶剂液化法。目前研究较多的为常压溶剂液化法，选择合适的溶剂，在催化剂作用下，可以实现木质纤维素在常压和较低的温度（150～180℃）下的液化，该方法对设备和能耗的要求低，被认为是最有发展前景的液化方法。目前广泛采用的液化试剂主要为多元醇。

以木质纤维的多元醇液化产物为原料制备聚氨酯时，多采用不同分子量的聚乙二醇为液化剂。聚乙二醇是制备聚氨酯的常用原料，木质纤维在其中降解后所得产物无需分离便可直接与异氰酸酯反应制备聚氨酯。除了聚乙二醇（PEG-400、PEG-600、PEG-1000）外，乙二醇、丙三醇及其混合溶剂也常被用来作为液化试剂。此外，环碳酸盐溶液如碳酸乙烯酯和碳酸丙烯酯，因为热分解时产生乙二醇，也常被用作木质纤维的液化试剂。

使用多元醇对木质纤维进行液化时，催化剂起到至关重要的作用。无催化剂存在时，木质纤维几乎不能被液化[70,71]。木质纤维多元醇液化时所用的催化剂主要有强酸、弱酸和氢氧化钠[72]。以氢氧化钠为催化剂时，主要利用氢氧化钠对纤维素结晶区的溶胀作用，破坏纤维素结晶结构从而促进其溶解。但纤维素中的糖苷键在温度较低时对碱液比较稳定，只有当温度超过170℃时，糖苷键才会断裂引起纤维素聚合度降低，最终导致纤维素的溶解。由于氢氧化钠作为催化剂时需在高温下进行反应，需使用密封的耐压反应管，对设备要求较高，不利于推广应用。酸催化可以在常压和较低温度下反应。强酸催化剂主要有高氯酸、苯磺酸、盐酸和硫酸等，催化效果以硫酸最好。聚乙二醇作液化试剂时，加入少量小分子多羟基化合物如乙二醇、甘油等作为辅助液化试剂可以抑制缩合反应的发生，进而提高液化效果。Kurimoto 等[73] 在聚乙二醇中混入丙三醇，用混合多元醇作液化试剂，结果发现丙三醇的加入可以降低残渣率，有效抑制缩合反应。Hassan 等[74] 以 PEG-400 单独作为液化试剂液化蔗渣和棉花秸秆时残渣率高达 19% 和20%，而加入少量甘油后，残渣率大大降低。戈进杰等[75] 在用 PEG-400 液化甘蔗渣时，也发现加入一定量的甘油对液化反应有明显的促进作用，并能有效地阻止缩合反应的进行，降低液化物黏度，并可改善体系的生物降解性。但在液化玉米棒时，与甘油相比，一缩二乙二醇（DEG）

的加入使液化效果更为明显。

2. 纤维素液化产物制备聚氨酯材料

多元醇液化纤维类生物质后，得到的主要是纤维类生物质醇解产物，由于纤维类生物质的主化学组成结构中和多元醇液化剂中均含有羟基结构，可以和异氰酸酯反应制备性能优良且具有生物降解性的聚氨酯材料。目前常合成的材料有聚氨酯黏合剂、聚氨酯膜材料和聚氨酯泡沫。

目前用于制备聚氨酯的木质纤维材料中研究较多的主要有木纤维、甘蔗渣、竹粉等。以木材为原料制备聚氨酯的研究最为广泛。Kurimoto 等[76]以针叶材和阔叶材各三种为原料，研究了木材种类对聚氨酯薄膜力学性能的影响，将原料在含有10%丙三醇的体系中液化，液化产物与亚甲基二苯基二异氰酸酯在二氯甲烷中共聚，然后通过浇铸法制得聚氨酯薄膜，结果表明聚氨酯薄膜的力学性能随树种的变化而不同。

甘蔗渣是制糖业的废料，将其液化制备生物质聚氨酯是近年来研究的热点。Hernandez 等[77]利用乙酰化作用保护蔗糖部分羟基得到一元醇、二元醇，与异氰酸酯反应合成了可生物降解聚氨酯。戈进杰等[71]用 PEG-400 液化甘蔗渣得到聚醚酯多元醇，用其合成的聚氨酯不仅具有低成本、高回弹性和高阻燃性的优点，还具有良好的土壤微生物降解性。魏超等[78]对蔗渣进行球磨预处理后，通过控制单因素实验法探究甘蔗渣液化过程，采用催化溶剂热液化法，在聚乙二醇 200/甘油液化体系中成功地将膨化后的甘蔗渣液化，并用自制的甘蔗渣液化产物部分替代聚醚多元醇制备出仿轻木聚氨酯泡沫。添加 40% 的液化产物的泡沫性能最好，极限氧指数为 26.6%，压缩强度为 14.1MPa，热导率为 0.0231W/(m·K)。庞浩等[79,80]将甘蔗渣热化学液化后，合成了以甘蔗渣多元醇为原料的硬质聚氨酯泡沫。研究发现，甘蔗渣多元醇与异氰酸酯反应的活化能比普通的聚酯或聚醚多元醇大得多，制备过程中需要选择高活性催化剂或增大催化剂用量。杨小旭等[81]以 PEG-400、乙二醇、甘油等多元醇作为液化剂，以硫酸为催化剂，研究了竹粉一次性加入和分步加入的液化效果，结果发现，PEG-400、乙二醇、甘油等多元醇均能有效地液化竹粉，分步加料可减少液化试剂使用量，PEG/甘油体系中的液化残渣率最佳可控制在 10% 以内，同时液化产物还具有良好的流动性，羟值为 230～310mg/g，可用于聚氨酯胶黏剂的制备。此外，玉米秸秆、麻纤维、芦苇纤维和废纸等均可液化，可用于合成可降解的聚氨酯材料。

3. 纳米纤维素增强聚氨酯材料

近年来，除了纤维素液化处理作为聚氨酯的合成原料外，以纤维素纤维为填料增强聚氨酯材料的研究日益增多。Bicerano 等[82]研究了不同长宽比的细菌纤维素微纤维对聚氨酯弹性体力学性能的影响，发现高长径比的纤维素微纤维对聚氨酯弹性体材料的杨氏模量和拉伸强度具有更好的增强效果。长度为 500～600μm、宽度为 20～200μm 的绿藻类纤维素纤维被用来增强聚氨酯泡沫复合材料，添加的干纤维含量为 5%～10% 时，其力学性能达到最大值[83]。来源于植物类的纤维素纤维也被用于合成增强型聚氨酯材料，纤维素纤维能够增强聚氨酯材料的原理主要是纤维表面的羟基和聚氨酯基体之间形成了强氢键作用[84]。

纳米纤维素是从纤维素中提取出来的具有高结晶度和棒状结构的纳米材料，长度在几百纳米，宽度在几十纳米，具有高比表面积、高力学性能和低热膨胀系数等特性，近年来被广泛用作增强相合成聚氨酯复合材料。与纤维素长纤维（长度 1～2mm）相比，纳米纤维素（长 450～900nm，宽 20～40nm）对聚氨酯弹性体具有更好的增强效果[85]。纤维素纤维的加入仅可有限地增强弹性体材料的拉伸模量，而使其拉伸强度和断裂伸长率降低；纳米纤维素的加入则可以显著改善材料的拉伸性能，这可能是由于纳米纤维素在聚氨酯基体材料中具有更好的分散性。微米级的纤维素纤维粒径大，易于团聚，在聚氨酯基体中分散性差，虽然能够提高材料的热稳定性，但会降低聚氨酯材料的力学性能[86]。

纳米纤维素的添加量对材料的力学性能具有较大影响。Marcovich 等合成了纳米纤维素增强的热塑型聚氨酯材料，首先将纳米纤维素二甲基甲酰胺悬浮液与多元醇均匀混合并蒸发掉溶剂，然后与异氰酸酯混合，倒入模具中成型和固化得到聚氨酯复合材料。与纯聚氨酯材料相比，当纳米纤维素的负载量为 0.5% 时，聚氨酯复合材料的拉伸模量显著提高，继续增加纳米纤维素的负载量至 2.5% 和 5.0% 时，其拉伸模量增长不明显[87]。而聚氨酯复合材料的蠕变性能随着纳米纤维素含量的增加而减小，当加入 1%（质量分数）纳米纤维素时，其拉伸模量增加约 53%，而蠕变性能降低约 36%[88]。纳米纤维素的加入有利于聚氨酯基体中软、硬段链的相分离变化，导致结晶相的溶化温度向上偏移，杨氏模量增加，断裂变形减小[88,89]。Cao 等合成了纳米纤维素增强的水性聚氨酯材料[90,91]。首先合成了聚己酸内酯基水性聚氨酯，随后加入纳米纤维素，搅拌形成均匀的悬浮液，随后置于四氟乙烯模具中固化成型。结果显示纳米纤维素均匀地分散在聚氨酯基体中，且复合材料表面的强氢键作用使其在基底上具有强的附着力[90]。Cao 等进一步利用聚氨酯对纳米纤维素进行改性，并合成了纳米聚氨酯复合材料。聚氨酯主链在纳米纤维素表面上形成结晶区，同时促进纳米复合材料中聚己酸乙酯的结晶，这种重结晶现象容易诱导填充物和基体之间形成不断的连续相，从而显著增强界面黏合性，有助于提高复合材料的热稳定性和力学性能。另外，通过分子间氢键作用形成纳米纤维素二维网状结构也是纳米复合材料性能提升的重要原因[90]。Li 等[92]合成了纳米纤维素增强聚氨酯硬泡材料。在纳米纤维素改性的聚氨酯泡沫材料中有均匀分布的闭合孔胞，平均孔胞尺寸大约为 350μm，并且随着纳米纤维素负载量的增加而减小。纳米纤维素羟基基团与异氰酸根基团相互间的化学作用可以提高聚氨酯泡沫的玻璃化转变温度，并且能够增强纳米复合材料的力学性能。

与传统的纳米级填充物相比，纳米纤维素具有来源广、可再生、生物降解性、水解过程简单、较高的内在强度和模量，以及合适的长宽比和反应活性等特征。纳米纤维素对聚氨酯材料的增强作用主要是通过纳米纤维素和聚合物基质之间的交联反应与氢键作用实现的。与其他的无机填充物相比，纳米纤维素可以有效改善其力学和热稳定性。

二、天然酚类聚氨酯

（一）天然酚基多元醇的制备

1. 木质素基多元醇的制备

木质素含有丰富的醇羟基和酚羟基，可以直接使用或经化学改性后使用，部分替代多元醇作为合成聚氨酯的原料。不过，酚羟基的反应活性比较低，因此通常对木质素进行改性以增加木质素中醇羟基的含量，增加其反应活性。Gong 等[93]用苯酚对木质素进行酚化改性，提高了木质素的活性官能团数量。通过调节木质素和苯酚的比例，进一步与聚乙烯吡咯烷酮水溶液混合反应，制得的胶黏剂剪切强度最高可达 1.7MPa。Glasser 等[94]用木质素与马来酸酐反应生成共聚物，而后用环氧丙烷与共聚物反应，得到羟丙基化改性木质素，将酚羟基转化为醇羟基，提高了其在有机溶剂中的溶解度。

2. 腰果酚基多元醇的制备

Ionescu 等[95]用 1,3-N-羟乙基噁唑烷与腰果酚反应，然后进行丙氧基化，制备生物基 Mannich 多元醇。该多元醇黏度低，可制得具有良好物理机械和阻燃性能的硬质聚氨酯泡沫。Shrestha 等[96]用环氧丙烷与腰果酚反应封闭酚羟基，得到丙氧基化腰果酚，而后加入 2-巯基乙醇进行硫醇-烯反应，得到基于腰果酚的多元醇。Wang 等[97]利用硫醇-烯/硫代环氧双重反应，制备出基于腰果酚的多元醇。随着多元醇羟基数的增加，基于腰果酚的 PU 交联密度增加，PU 的弹性模量、拉伸强度和硬度均提高。腰果酚基多元醇也可以用环氧氯丙烷、缩水甘油醚等与腰果酚反应，然后水解制得[98]。

（二）天然酚基聚氨酯材料的制备与性能

1. 木质素基聚氨酯材料

王鹏等[99]用乙酸木质素代替部分聚乙二醇合成聚氨酯，与传统纯聚乙二醇型聚氨酯膜相比，添加木质素的聚氨酯膜的玻璃化转变温度提高，但强度和伸长率有所降低。相似地，利用从桉木片中成功提取的乙酸木质素部分代替聚乙二醇进行发泡获得聚氨酯泡沫，发现含乙酸木质素的聚氨酯泡沫的热分解温度稍低于不含木质素的泡沫样品。利用乙酸木质素，采用溶液浇铸法可以制备具有良好弹性和热稳定性的聚氨酯薄膜。也可以利用乙酸木质素合成热稳定性得到提高的聚氨酯水凝胶。

用木质素对聚氨酯泡沫进行改性，可以使改性后的泡沫泡孔结构完整，泡孔大小均匀，压缩强度可达到商用聚氨酯泡沫标准。Hatakeyama 等[100]将木质素溶解在聚氧化乙烯二醇中，而后与二异氰酸酯反应，制备出聚氨酯泡沫材料，发现随着木质素含量的增加，聚氨酯的玻璃化转变温度和压缩强度都会增加，但热分解温度会降低。Luo 等[101]用木质素作反应填料增强大豆油基聚氨酯泡沫，发现聚氨酯泡沫的密度随木质素含量的增加而增加，在木质素含量 10％时其强度最高。刘丽丽等[102]用一步发泡法合成出碱木质素基聚氨酯泡沫，测得泡沫的起始分解温度为 250℃，热导率为 0.0249W/(m·K)，有良好的保温性能。

吴耿云等[103]直接利用高沸醇木质素替代部分聚醚二元醇与甲苯二异氰酸酯反应合成聚氨酯。木质素含量（质量分数）低于 10％时，聚氨酯有良好的弹性，但拉伸强度低于 10MPa；木质素含量在 15％～25％时，拉伸强度提高到 16MPa，且其溶胀质量增加率降到 84％以下。高沸醇木质素的引入明显改善了聚氨酯的耐溶剂性能和耐热性。靳帆等[104]用麦草碱木质素、多苯基甲烷多异氰酸酯和分子量不同的两种聚乙二醇合成出碱木质素聚氨酯薄膜，发现，麦草碱木质素的加入提高了聚氨酯薄膜的固化程度，改善了热稳定性。Zhang 等[105]利用从蓖麻籽中提取的木质素与聚氨酯预聚体反应制备出聚氨酯薄膜，研究发现，木质素含量达到 2.8％时，其拉伸强度和断裂伸长率比未添加木质素的聚氨酯膜高 2 倍。任龙芳等[106]用碱木质素对水性聚氨酯改性，制备出木质素改性聚氨酯膜，当木质素含量（质量分数）为 0.75％时，聚氨酯的耐水性及热稳定性明显提高。Avelin 等[107]以椰壳醇木质素、聚乙二醇 PEG-400 和甲苯二异氰酸酯为原料，通过无溶剂聚合的方法合成了聚氨酯材料。研究显示，当木质素混合的质量分数为 25％时，材料的机械性能达到最佳；进一步提高木质素的质量分数，材料的应力和弹性模量下降，机械性能较差。Ciobanu 等[108]将木质素与异氰酸酯封端的聚氨酯预聚物混合，制备出木质素聚氨酯薄膜，添加 4.2％木质素的聚氨酯膜的拉伸强度和断裂伸长率分别增加了 370％和 160％。Xu 等[109]利用木质素作为填料和交联剂制备了木质素改性的聚氨酯弹性体。与空白样进行比较，加入 1％木质素后，样品的初始分解温度由 288.7℃提高至 310.4℃，热稳定性明显提升。Chahar 等[110]用木质素与甲苯二异氰酸酯反应制备了一系列胶黏剂，研究木质素含量对剪切强度和玻璃化转变温度的影响，研究发现木质素含量 50％时，其剪切强度和玻璃化转变温度最大。

2. 腰果酚基聚氨酯材料

以腰果酚基多元醇为原料制得的聚氨酯涂料与常规的丙烯酸-聚氨酯涂料相比，表现出优异的机械、化学、热和防腐蚀性能。Suresh 等[111]用腰果酚基二醇充当扩链剂，改性聚氨酯分散体。研究表明腰果酚二醇增加了聚氨酯薄膜的柔韧性、热稳定性、伸长率和疏水性，同时发现用腰果酚基多元醇可制得泡孔结构均匀的聚氨酯泡沫。

Zhang 等[112]用腰果酚、多聚甲醛、三聚氰胺进行反应，制得腰果酚衍生的 Mannich 碱，然后与环氧丙烷反应制得腰果酚基多元醇，而后与多异氰酸酯反应，以环戊烷为发泡剂，得到阻燃生物基硬质聚氨酯泡沫。Huo 等[113]用环氧氯丙烷对腰果酚进行环氧化改性，而后与二乙醇胺反应，得到腰果酚基多元醇。然后在无催化剂的条件下与多苯基多亚甲基异氰酸酯（PAPI）反应，制得泡沫孔规则、孔壁透明的腰果酚基聚氨酯泡沫。她们又用七甲基三硅氧烷硅烷化不饱和侧链，用有机硅接枝的腰果酚基多元醇制得具有高压缩强度和热稳定性的生物基聚氨酯泡沫。Hu 等[114]以腰果酚为原料，通过丙烯酸化和环氧化合成了基于腰果酚的丙烯酸酯（CA）稀释剂用于改性聚氨酯丙烯酸酯树脂，通过引入 CA，增强了树脂的热稳定性和疏水性。

3. 多酚类聚氨酯材料

儿茶酚（邻苯二酚）类化合物广泛存在于生物组织中，如：多种植物特别是橡树、栗树中含有大量的单宁，漆树中含有漆酚，还有植物中的黄酮类化合物等都含有大量的儿茶酚基团；动物体内多巴胺也是含有儿茶酚基团的化合物。将含儿茶酚基团的多酚类化合物引入聚氨酯分子结构中可以得到多种功能性聚氨酯材料。Panchireddy 等[115]通过三环碳酸酯、六甲基二胺和多巴胺的无溶剂加聚制备出新型多羟基聚氨酯（PHU）热固性黏合剂，并系统地研究了多巴胺含量对产物性能的影响，研究发现加入 3.9%（摩尔分数）多巴胺可使产物杨氏模量增加233%，极限拉伸强度增加196%，从而使 PHU 具有优异的黏合性能。研究人员将 N,N 双 2-羟乙基玉米油脂肪酰胺（HECFA）和儿茶酚通过缩聚反应制备聚醚酰胺树脂（CPETA），而后利用 CPETA 的游离羟基和 IPDI 在室温下固化合成出环保聚氨酯涂料，涂层表现出良好的划痕硬度、柔韧性、光泽和耐腐蚀性能。Sun 等[116]用功能化分子赖氨酸-多巴胺（LDA）作扩链剂，合成出一种新型水性聚氨酯（PU-LDA），新型的 PU-LDA 可以用作黏合剂水凝胶。Chen 等[117]通过单宁和聚氨酯预聚物中的异氰酸酯反应，成功合成了含有可水解单宁的新型功能性 PU，并以单宁中含有的儿茶酚基团作作 Ag（Ⅰ）的还原剂形成 Ag（0），制备聚氨酯/银纳米颗粒复合物，含 Ag 纳米颗粒的 PU 表现出显著的抑菌作用。相似地，Gogoi 等[118]利用单宁酸和聚氨酯预聚物中的异氰酸酯反应，得到的产物再与三乙胺反应，合成出超支化水性聚氨酯（WHPU）。WHPU 表现出优异的热稳定性和机械性能，并有良好的抗氧化活性和细胞相容性。Kim 等[119]用 IPDI、聚乙二醇、DMPA 和乙二胺合成一系列具有漆酚的水性聚氨酯-脲（PUU）分散体，研究发现随着漆酚浓度的增加，漆酚/PUU 膜变硬，柔韧性降低。Hong 等[120]合成基于漆酚和腰果酚的新型抗菌 PU 泡沫材料，制备的材料具有良好的机械及抑菌性能。

如今，石油等不可再生资源的枯竭和日益严重的环境问题，迫使人们寻找可再生能源来替代石油等不可再生资源。生物质资源因总量大、对环境友好受到人们的重视，其中天然酚是重要的生物质资源之一。各国科研人员已经在天然酚的基础上合成出一些聚氨酯材料，但是天然酚基聚氨酯的性能与石油基聚氨酯还有较大差距，因此还需要提高天然酚基聚氨酯的性能。生物质基多元醇还不能完全取代石油基多元醇，比如木质素基多元醇只能部分取代石油基多元醇来合成聚氨酯，还不能完全用木质素基多元醇来合成聚氨酯。但天然酚基聚氨酯对环境友好，符合未来的发展方向，有巨大的应用潜力，相信随着研究的不断深入，天然酚基聚氨酯能够得到广泛的应用。

参考文献

[1] 曾韬，刘玉鹏，梁静谊. 固体酸碱催化马来松香酯化反应. 林产化工通讯，2001，35（6）：18-21.

[2] 杨艳平. 松香基丙烯酰胺单体的制备及应用研究. 中国林业科学研究院，2017.

[3] 王宏晓，商士斌，宋湛谦，等. 松香基多元醇的合成及其应用. 生物质化学工程，2007，41（6）：32-36.

［4］ 刘泓铭. 松香改性聚醚二醇的合成及其在聚氨酯涂料中的应用. 桂林：桂林理工大学，2019.

［5］ 司红燕，商士斌，廖圣良，等. 水可分散型松香基聚酯多元醇的制备及耐热性研究. 林产化学与工业，2016，36（1）：42-48.

［6］ 张跃冬，商士斌，张晓艳，等. 松香改性硬质聚氨酯泡沫塑料耐热性研究（Ⅰ）——松香酯多元醇结构对其耐热性的影响. 林产化学与工业，1995，15（3）：1-6.

［7］ 张跃冬，商士斌，张晓艳，等. 松香改性硬质聚氨酯泡沫塑料耐热性研究（Ⅱ）——泡沫组成对耐热性的影响. 林产化学与工业，1995，15（4）：1-7.

［8］ Zhang Y D，Shang S B，Zhang X Y，et al. Influence of the composition of rosin-based rigid polyurethane foams on their thermal stability. Journal of applied polymer science，1996，59（7）：1167-1171.

［9］ Zhang Y，Hourston D J. Rigid interpenetrating polymer network foams prepared from a rosin-based polyurethane and an epoxy resin. Journal of Applied Polymer Science，2015，69（2）：271-281.

［10］ Zhang M，Luo，Z Y，et al. Effects of a novel phosphorus-nitrogen flame retardant on rosin-based rigid polyurethane foam. Polym Degrad Stabil，2015，120（-）：427-434.

［11］ 宋兴. 松香多异氰酸酯的合成及应用研究. 生物质化学工程，2012，46（3）：60-61.

［12］ Jin J F，Chen Y L，Wang D N，et al. Structures and physical properties of rigid polyurethane foam prepared with rosin-based polyol. Journal of applied polymer science，2002，84（3）：598-604.

［13］ Zhang M，Zhang L Q，Zhou Y H. Preparation and characterization of polyurethane foams from modified rosin-based polyether polyol. Advanced Materials Research. Trans Tech Publ，2014：727-730.

［14］ 张猛，郭晓昕，周永红，等. 新型松香聚醚多元醇的合成及耐热性研究. 热固性树脂，2010，1.

［15］ Szabat J F. Polyurethanes from a rosin acid polyether-ester. Google Patents，1966.

［16］ 李金彪 于江，梁国强. 一种聚醚多元醇的制备方法：CN200510046581.3，2007.

［17］ 张猛，周永红，胡立红，等. 松香基硬质聚氨酯泡沫塑料的制备及热稳定性研究. 热固性树脂，2010，25（5）：37-40.

［18］ 张猛，周永红，郑敏睿，等. 用于硬质聚氨酯泡沫的结构阻燃型松香基多元醇及其制备方法和应用：CN201610941336.7，2019.

［19］ 林跃华，龙清平，聂建华. 高性能 PU/UP 不饱和聚酯家具涂料的研制. 山东化工，2017，46（5）：24-26.

［20］ 徐海波，谢晖，黄莉，等. 光-热双固化水性聚氨酯丙烯酸酯的涂膜性能. 南京工业大学学报（自然科学版），2016，38（1）：39-44.

［21］ 徐徐，曹晓琴，邢蓥滢，等. Iboma 共聚改性水性聚氨酯的合成及其性能研究. 南京林业大学学报（自然科学版），2016，40（1）：104-110.

［22］ 刘鹤，徐徐，商士斌. 马来海松酸改性水性聚氨酯的制备及性能研究. 林产化学与工业，2013，33（3）：38-42.

［23］ 刘鹤，徐徐，商士斌，等. 环氧树脂复合富马海松酸改性水性聚氨酯的合成及性能研究. 林产化学与工业，2015，34（5）：122-126.

［24］ Si H Y，Liu H，Shang S B，et al. Maleopimaric acid-modified two-component waterborne polyurethane for coating applications. Journal of Applied Polymer Science，2016，133（15）：43292.

［25］ 谢晖，程芝. 丙烯海松酸型聚氨酯涂料的研制. 林产化学与工业，1998，18（3）：67-73.

［26］ 谢晖，程芝. 丙烯海松酸聚氧乙烯聚醚多元醇的合成研究. 林产化学与工业，2000，20（1）：27-32.

［27］ 谢晖，商士斌，王定选. 水溶性丙烯海松酸聚酯的合成及性能研究. 林产化学与工业，2001，21（1）：51-55.

［28］ Qian P Y，Ma C. Environmentally friendly anti-fouling coatings based on both antifouling polymers and natural products. 14th Pacific Polymer Conference，2015.

［29］ 徐鑫梦，刘泓铭，余彩莉，等. 水性松香基聚氨酯分散体的制备及其双组分 WPU 涂料. 聚氨酯工业，2020，35（5）：18-21.

［30］ 李强，严明，林中祥. 反应型聚氨酯热熔压敏胶的研制. 中国胶粘剂，2014，23（4）：33-37.

［31］ 李文，唐星华，张爱琴，等. 松香基水性聚氨酯施胶剂的制备及其应用. 现代化工，2015（10）：118-121.

［32］ Ahmad S M. Polyurethanes from vegetable oils and applications：A review. Journal of Polymer Research，2018，25（8）：184.

［33］ Alagi P，Hong S C. Vegetable oil-based polyols for sustainable polyurethanes. Macromolecular Research，2015，23（12）：1079-1086.

［34］ Campanella A，Fontanini C，Baltanás M A. High yield epoxidation of fatty acid methyl esters with performic acid generated in situ. Chemical Engineering Journal，2008，144（3）：466-475.

［35］Datta J，Gowińska E. Chemical modifications of natural oils and examples of their usage for polyurethane synthesis. Journal of Elastomers & Plastics，2012，46（1）：33-42.

［36］Guidotti M，Ravasio N，Psaro R，et al. Epoxidation of unsaturated FAMEs obtained from vegetable source over Ti（Ⅳ）-grafted silica catalysts：A comparison between ordered and non-ordered mesoporous materials. Journal of Molecular Catalysis A Chemical，2006，250（1-2）：218-225.

［37］Warwel S，Mrg K. Chemoenzymatic epoxidation of unsaturated carboxylic acids. Journal of Molecular Catalysis B Enzymatic，1995，1（1）：29-35.

［38］周祥顺. 葵花籽油多元醇的合成工艺研究. 天津：天津大学，2009.

［39］Zhang C Q，Madbouly S A，Kessler M R. Biobased polyurethanes prepared from different vegetable oils. ACS applied materials & interfaces，2015，7（2）：1226-1233.

［40］Li Y，Luo X，Hu S. Bio-based polyols and polyurethanes. Bio-based Polyols and Polyurethanes，2015.

［41］Chuayjuljit S，Maungchareon A，Saravari O. Preparation and properties of palm oil-based rigid polyurethane nanocomposite foams. Journal of Reinforced Plastics & Composites，2010，29（2）：218-225.

［42］Campanella A，Bonnaillie L M，Wool R P. Polyurethane foams from soyoilb-ased polyols. Journal of Applied Polymer Science，2009，112（4）：2567-2578.

［43］Kirpluks M，Kalnbunde D，Benes H，et al. Natural oil based highly functional polyols as feedstock for rigid polyurethane foam thermal insulation. Industrial Crops and Products，2018，122：627-636.

［44］Tanaka R，Hirose S，Hatakeyama H. Preparation and characterization of polyurethane foams using a palm oil-based polyol. Bioresource Technology，2008，99（9）：3810-3816.

［45］Martin C A，Sanders A W，Lysenko，Z，et al. Polyurethanes made from hydroxyl-containing fatty acid amides. US Patent Application，2009，11（996）：505.

［46］Guo A，Demydov D，Zhang W，et al. Polyols and polyurethanes from hydroformylation of soybean oil. Journal of Polymers and the Environment，2002，10（1-2）：49-52.

［47］Petrovic Z S，Guo A，Javni I，et al. Polyurethane networks from polyols obtained by hydroformylation of soybean oil. Polymer International，2008，57（2）：275-281.

［48］Terada Y，Leda N，Komura K，et al. Multivalent metal salts as versatile catalysts for the amidation of long-chain aliphatic acids with aliphatic amines. Synthesis-Stuttgart，2008（15）：2318-2320.

［49］Petrovic Z S，Zhang W，Javni I. Structure and properties of polyurethanes prepared from triglyceride polyols by ozonolysis. Biomacromolecules，2005，6（2）：713-719.

［50］Benecke H P，Vijayendran B R，Garbark D B，et al. Low cost and highly reactive biobased polyols：A co-product of the emerging biorefinery economy. Clean-Soil Air Water，2008，36（8）：694-699.

［51］Caillol S，Desroches M，Carlotti S，et al. Synthesis of new polyurethanes from vegetable oil by thiol-ene coupling. Green Materials，2013，1（5）：16-26.

［52］Yeganeh H，Shamekhi M A. Novel polyurethane insulating coatings based on polyhydroxyl compounds，derived from glycolysed pet and castor oil. Journal of Applied Polymer ence，2010，99（3）：1222-1233.

［53］Valero M F，Pulido J E，Hernandez Juan C，et al. Preparation and properties of polyurethanes based on castor oil chemically modified with yucca starch glycoside. Journal of Elastomers & Plastics，2009.

［54］周应萍，崔锦峰，杨保平，等. 植物油醇解制备聚氨酯水分散体. 涂料工业，2005（7）：12-15，62.

［55］Chang C W，Lu K T. Linseed-oil-based waterborne UV/air dual-cured wood coatings. Progress in Organic Coatings，2013，76（7-8）：1024-1031.

［56］Bullermann J，Friebel S，Salthammer T，et al. Novel polyurethane dispersions based on renewable raw materials-stability studies by variations of dmpa content and degree of neutralisation. Progress in Organic Coatings，2013，76（4）：609-615.

［57］Sipaut C S，Murni S，Saalah S，et al. Synthesis and characterization of polyols from refined cooking oil for polyurethane foam formation. Cellular Polymers，2012，31（1）：19-37.

［58］Wang C，Zheng Y D，Xie Y J，et al. Synthesis of bio-castor oil polyurethane flexible foams and the influence of biotic component on their performance. Journal of Polymer Research，2015，22（8）.

［59］ Li Q F，Feng Y L，Wang J W，et al. Preparation and properties of rigid polyurethane foam based on modified castor oil. Plastics Rubber and Composites，2016，45（1）：16-21.

［60］ Veronese V B，Menger R K，Forte M M de C，et al. Rigid polyurethane foam based on modified vegetable oil. Journal of Applied Polymer Science，2011，120（1）：530-537.

［61］ Altuna F I，Fernandez-d'A B，Angeles C M，et al. Synthesis and characterization of polyurethane rigid foams from soybean oil-based polyol and glycerol. Journal of Renewable Materials，2016，4（4）：275-284.

［62］ Pillai P K S，Li S J，Bouzidi L，et al. Metathesized palm oil polyol for the preparation of improved bio-based rigid and flexible polyurethane foams. Industrial Crops and Products，2016，83：568-576.

［63］ Mosiewicki M A，Casado U，Marcovich N E，et al. Polyurethanes from tung oil：Polymer characterization and composites. Polymer Engineering and Science，2009，49（4）：685-692.

［64］ Rojek P，Prociak A. Effect of different rapeseed，oil-based polyols on mechanical properties of flexible polyurethane foams. Journal of Applied Polymer Science，2012，125（4）：2936-2945.

［65］ Somani K P，Kansara S S，Patel N K，et al. Castor oil based polyurethane adhesives for wood-to-wood bonding. International Journal of Adhesion and Adhesives，2003，23（4）：269-275.

［66］ Desai S D，Emanuel A L，Sinha V K. Biomaterial based polyurethane adhesive for bonding rubber and wood joints. Journal of Polymer Research，2003，10（4）：275-281.

［67］ Gurunathan T，Mohanty S，Nayak S K. Isocyanate terminated castor oil-based polyurethane prepolymer：Synthesis and characterization. Progress in Organic Coatings，2015，80：39-48.

［68］ Woo C S，Wan S D，Lim Young Don，et al. Synthesis and properties of multihydroxy soybean oil from soybean oil and polymeric methylene-diphenyl-4,4'-diisocyanate/multihydroxy soybean oil polyurethane adhesive to wood. Journal of Applied Polymer Science，2011，121（2）：764-769.

［69］ Badri K H，Ujar A H，Othman Z，et al. Shear strength of wood to wood adhesive based on palm kernel oil. Journal of Applied Polymer Science，2006，100（3）：1759-1764.

［70］ Collins M N，Nechifor M，F Tanasă，et al. Valorization of lignin in polymer and composite systems for advanced engineering applications-A review. International Journal of Biological Macromolecules，2019，131：828-849.

［71］ 戈进杰，吴睿，邓葆力，等. 基于甘蔗渣的生物降解材料研究（i）甘蔗渣的液化反应和聚醚酯多元醇的制备. 高分子材料科学与工程，2003（2）：194-198.

［72］ 郑丹丹，阮榕生，刘玉环，等. 木质纤维素的催化热化学液化. 农产品加工学刊，2005（2）：17-21.

［73］ Kurimoto Y，Shirakawa K，Yoshioka M，et al. Liquefaction of untreated wood with polyhydric alcohols and its application to polyurethane foams. Fri Bull，1992.

［74］ Hassan E，Shukry N. Polyhydric alcohol liquefaction of some lignocellulosic agricultural residues. Industrial Crops and Products，2008，27（1）：33-38.

［75］ 戈进杰，张志楠，徐江涛. 基于玉米棒的环境友好材料研究（i）玉米棒的液化反应及植物多元醇的制备. 高分子材料科学与工程，2003，19（3）：194-197.

［76］ Kurimoto Y，Koizumi A，Doi S，et al. Wood species effects on the characteristics of liquefied wood and the properties of polyurethane films prepared from the liquefied wood. Biomass & Bioenergy，2001，21（5）：381-390.

［77］ Hernandez A，Bermello A，Reyna M，et al. Polyol production based on partially substituted sucrose. ICIDCA sobre los Derivados dela Cana de Azucar，2004，38（3）：29-33.

［78］ 魏超. 甘蔗渣催化液化制备聚醚多元醇及其应用. 长春：长春工业大学，2021.

［79］ 庞浩，柳雨生，廖兵，等. 甘蔗渣多元醇制备聚氨酯硬泡的研究. 林产化学与工业，2006，26（2）：57-60.

［80］ 许晶玮，庞浩，颜永斌，等. 以甘蔗渣为原料的聚氨酯合成反应动力学. 高分子材料科学与工程，2007（6）：50-52，56.

［81］ 杨小旭，庞浩，张容丽，等. 竹粉在多元醇中热化学液化的研究. 聚氨酯工业，2008（5）：16-19.

［82］ Bicerano J，Brewbaker J L. Reinforcement of polyurethane elastomers with microfibres having varying aspect ratios. Journal of the Chemical Society Faraday Transactions，1995，91（16）：2507-2513.

［83］ Johnson M，Shivkumar S. Filamentous green algae additions to isocyanate based foams. Journal of Applied Polymer Science，2004，93（5）：2469-2477.

［84］ Silva M C，Silva G G. A new composite from cellulose industrial waste and elastomeric polyurethane. Journal of

Applied Polymer Science，2005，98（1）：336-340.

［85］ Wu Q，Henriksson M，Liu X，et al. A high strength nanocomposite based on microcrystalline cellulose and polyurethane. Biomacromolecules，2008，8（12）：3687-3692.

［86］ Mosiewicki M A，Casado U，Marcovich N E，et al. Polyurethanes from tung oil：Polymer characterization and composites. Polymer Engineering & Science，2010，49（4）：685-692.

［87］ Postek M T，Vladar A，Dagata J，et al. Development of the metrology and imaging of cellulose nanocrystals. Measurement Science and Technology，2011，22（2）：024005.

［88］ Auad M L，Contos V S，Nutt S，et al. Characterization of nanocellulose- reinforced shape memory polyurethanes. Polymer International，2010，57（4）：651-659.

［89］ Auad M L，Mosiewicki M A，Richardson T，et al. Nanocomposites made from cellulose nanocrystals and tailored segmented polyurethanes. Journal of Applied Polymer ence，2010，115（2）：1215-1225.

［90］ Cao X，Dong H，Li C M. New nanocomposite materials reinforced with flax cellulose nanocrystals in waterborne polyurethane. Biomacromolecules，2007，8（3）：899-904.

［91］ Cao X，Habibi Y，Lucia L A. One-pot polymerization，surface grafting，and processing of waterborne polyurethane-cellulose nanocrystal nanocomposites. Journal of Materials Chemistry，2009，19：7137-7145.

［92］ Li Y，Ren H F，Ragauskas A J. Rigid polyurethane foam/cellulose whisker nanocomposites：Preparation，characterization，and properties. Journal of Nanoscience and Nanotechnology，2011，11（8）：6904-6911.

［93］ Gong X，Liu T，Yu S，et al. The preparation and performance of a novel lignin-based adhesive without formaldehyde. Industrial Crops and Products，2020，153：112593.

［94］ Glasser W G，Barnett C A，Rials T G，et al. Engineering plastics from lignin ⅱ. Characterization of hydroxyalkyl lignin derivatives. Journal of Applied Polymer ence，2010，29（5）：1815-1830.

［95］ Ionescu M，Wan X，Bilic N，et al. Polyols and rigid polyurethane foams from cashew nut shell liquid. Journal of Polymers & the Environment，2012，20（3）：647-658.

［96］ Shrestha M L，Ionescu M，Wan X，et al. Biobased aromatic-aliphatic polyols from cardanol by thermal thiol-ene reaction. Journal of Renewable Materials，2018，6（1）：87-101.

［97］ Wang H，Zhou Q. Synthesis of cardanol-based polyols via thiol-ene/thiol-epoxy dual click-reactions and thermosetting polyurethanes therefrom. ACS Sustainable Chemistry & Engineering，2018，6：12088-12095.

［98］ Patel C J，Mannari V. Air-drying bio-based polyurethane dispersion from cardanol：Synthesis and characterization of coatings. Progress in Organic Coatings，2014，77（5）：997-1006.

［99］ 王鹏，谢益民，敖日格勒，等. 含乙酸木质素的聚氨酯的合成及其特性的研究. 林产化学与工业，2004，24（2）：6-10.

［100］ Hatakeyama H，Asano Y，Hirose S，et al. Rigid polyurethane foams containing kraft lignin and lignosulfonic acid in the molecular chain. Proceeding of the Pulp and Paper Research Conference，2001，1：38-41.

［101］ Luo X，Mohanty A，Misra M. Lignin as a reactive reinforcing filler for water-blown rigid biofoam composites from soy oil-based polyurethane. Industrial Crops & Products，2013，47：13-19.

［102］ 刘丽丽，李长玉，朱传勇，等. 碱木质素基聚氨酯泡沫塑料的制备和性能表征. 黑龙江工程学院学报，2008（3）：72-74.

［103］ 吴耿云，程贤甦，杨相玺. 高沸醇木质素聚氨酯的合成及其性能. 精细化工，2006，23（2）：165.

［104］ 靳帆，刘志明，方桂珍，等. 木质素聚氨酯薄膜合成条件及性能的研究. 生物质化学工程，2007（4）：27-30.

［105］ Zhang L，Huang J. Effects of nitrolignin on mechanical properties of polyurethane-nitrolignin films. Journal of Applied Polymer Science，2001，80（8）：1213-1219.

［106］ 任龙芳，贺齐齐，强涛涛，等. 木质素改性水性聚氨酯胶膜的制备与性能. 高分子材料科学与工程，2016，32（10）：143-148.

［107］ Avelin F，Almeid S L，Duart E B，et al. Thermal and mechanical properties of coconut shell lignin-based polyurethanes synthesized by solvent-free polymerization. Journal of Materials Science，2018，53：1470-1486.

［108］ Ciobanu C，Ungureanu M，Ignat L，et al. Properties of lignin-polyurethane films prepared by casting method. Industrial Crops & Products，2004，20（2）：231-2416.

［109］ Xu C A，Chen G，Tan Z，et al. Evaluation of cytotoxicity in vitro and properties of polysiloxane-based polyurethane/lignin elastomers. Reactive & Functional Polymers, 2020, 149: 104514.1-104514.13.

[110] Chahar S, Dastidar M G, Choudhary V, et al. Synthesis and characterisation of polyurethanes derived from waste black liquor lignin. Journal of Adhesion Science and Technology, 2004, 18 (2): 169-179.

[111] Suresh K I, Kishanprasad V S. Synthesis, structure, and properties of novel polyols from cardanol and developed polyurethanes. Industrial & Engineering Chemistry Research, 2005, 44 (13): 4504-4512.

[112] Zhang M, Zhang J W, Chen S G, et al. Synthesis and fire properties of rigid polyurethane foams made from a polyol derived from melamine and cardanol. Polymer Degradation and Stability, 2014, 110: 27-34.

[113] Huo S P, Jin C, Liu G F, et al. Preparation and properties of biobased autocatalytic polyols and their polyurethane foams. Polymer Degradation and Stability, 2019, 159: 62-69.

[114] Hu Y, Shang Q Q, Tang J J, et al. Use of cardanol-based acrylate as reactive diluent in uv-curable castor oil-based polyurethane acrylate resins. Industrial Crops and Products, 2018, 117: 295-302.

[115] Panchireddy S, Grignard B, Thomassin J M, et al. Catechol containing polyhydroxyurethanes as high-performance coatings and adhesives. Acs Sustainable Chemistry & Engineering, 2018, 6 (11): 14936-14944.

[116] Sun P Y, Wang J, Yao X, et al. Facile preparation of mussel-inspired polyurethane hydrogel and its rapid curing behavior. Acs Applied Materials & Interfaces, 2014, 6 (15): 12495-12504.

[117] Chen J, Peng Y, Zheng Z, et al. Silver-releasing and antibacterial activities of polyphenol-based polyurethanes. Journal of Applied Polymer Science, 2015, 132 (4): 41394.

[118] Gogoi S, Karak N. Biobased biodegradable waterborne hyperbranched polyurethane as an ecofriendly sustainable material. Acs Sustainable Chemistry & Engineering, 2014, 2 (12): 2730-2738.

[119] Kim H S, Yeum J H, Choi S W, et al. Urushiol/polyurethane-urea dispersions and their film properties. Progress in Organic Coatings, 2009, 65 (3): 341-347.

[120] Hong C H, Kim H S, Park H H, et al. Development of antimicrobial polyurethane foam for automotive seat modified by urushiol. Polymer-Korea, 2006, 30 (5): 402-406.

（张猛，冯国东，尚倩倩）

第七章　纳米纤维素

第一节　纳米纤维素的定义、分类及制备方法

一、纳米纤维素的定义和分类

纤维素是自然界中储量最丰富的天然高分子，可以从多种生物质原料中分离生产。自古以来，含有纤维素的木材或其他植物纤维原料通常被用作燃料、建筑材料、纺织材料和纸张等信息储存介体。约 150 年前，纤维素才被用作化工原料生产一系列日用化工制品。改性纤维素或纤维素衍生物已应用于生活中的方方面面，如：甲基纤维素具有良好的黏合性和保水性，常用于建筑材料中[1]；羧甲基纤维素具有增稠、保水和乳化等作用，广泛应用于石油、医药、纺织行业[2]。目前，全球纤维素年产量约为 1000 亿吨[3]，对纤维素进行全方面深层次的开发利用对人类社会的可持续发展具有重要意义。纳米纤维素是一种新兴的纤维素材料，具备可再生性、生物降解性和纳米材料的高比表面积、高强度、高反应活性等特性。并且随着生产技术的发展，纳米纤维素也越来越多地受到研究人员的青睐。

1. 纳米纤维素的定义

纳米纤维素（nanocellulose）通常表示直径（或宽度）在 100nm 以内的纤维素纤维。从结构上来看，纤维素是由葡萄糖单体通过 β-1,4-糖苷键连接组成的天然高分子，分子式为 $(C_6H_{10}O_5)_n$。相邻葡萄糖分子在轴向 180° 螺旋对应，连接形成不对称的葡聚糖链，链两端分别为含半缩醛基团的还原端和含羟基的非还原端。葡聚糖链上游离羟基的氢原子与相邻羟基上的氧原子之间形成分子内/间氢键作用，稳定纤维素的分子结构。通常，在植物纤维原料中，大约 36 个葡聚糖链通过范德华力和分子内或分子间氢键相互聚集组成直径 3～5nm、截面近似于正方形的原纤丝。一定数量的原纤丝聚集组合形成包含结晶区和无定形区结构的微纤丝，微纤丝与半纤维素、木质素、果胶等黏合组成细胞壁结构。如图 10-7-1 所示，纤维素在生物合成过程中天然存在着直径在 100nm 以下的结构单元，通过尺度细化处理可从纤维素原料中剥离得到纳米纤维素。

理论上，不同来源的纤维素原料都具有转变为纳米纤维素的潜力。其中木材是储量最丰富的纤维素原料，现代工业已经发展出从原料收集、加工处理到木质素和半纤维素去除等一系列成熟的纤维素纸浆生产工艺。纸浆作为最简单易得的纤维素原料，已被广泛应用于纳米纤维素的制备[4]。农作物，包括棉花、麻类、麦秸、马铃薯块茎、甜菜浆和水果等，同样是纳米纤维素的重要来源，已有研究从多种农作物纤维原料中成功地剥离出纳米纤维素。森林废弃物和不可食用的农作物废弃物，如树皮、稻秸秆等，也可以作为制备纳米纤维素的原料。被囊动物是一类小型海洋动物，大量分布于各大海域，是已知唯一生产纤维素微纤维的动物，其外壳由蛋白质基质和纤维素微纤维组成，也可以作为纳米纤维素的来源之一。部分藻类的细胞壁内也含有纤维素微纤维，大多数绿藻的纤维素生物合成过程类似，微纤维结构也具有很高的相似度，因此常用于纳米纤维素的研究[5]。除了动植物来源之外，纤维素可以由部分细菌在胞外分泌，即细菌纤维素（bacterial cellulose，BC）。其中，研究最多、生产效率最高的菌种是一种产乙酸

的革兰氏阴性菌株，即葡萄糖醋酸杆菌。

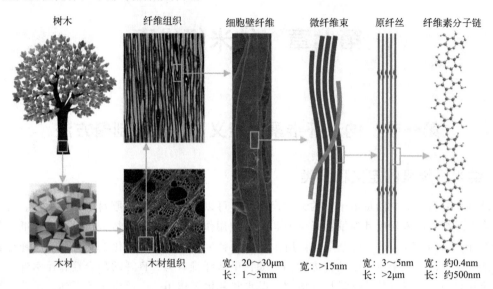

| 树木 | 纤维组织 | 细胞壁纤维 | 微纤维束 | 原纤丝 | 纤维素分子链 |

| 木材 | 木材组织 | 宽：20~30μm
长：1~3mm | 宽：>15nm | 宽：3~5nm
长：>2μm | 宽：约0.4nm
长：约500nm |

图 10-7-1　树木的多层次结构示意图

2. 纳米纤维素的分类

纳米纤维素的多样性主要受两个因素影响：a. 纤维素的生物合成过程，这取决于纤维素的来源；b. 纳米纤维素的制备工艺，包括预处理和解离过程。根据纤维素的物化性质，纤维素纤维轴向上结构疏松的无定形区更易发生解离，结构致密的结晶区得以保留，纳米级结晶区的棒状碎片即为纤维素纳米晶（cellulose nanocrystal，CNC）。另外，在机械剪切的作用下，纤维素纤维发生剥离，分散为小尺度的纳米级纤维，即纤维素纳米纤维（cellulose nanofiber/cellulose nanofibril，CNF）。此外，一些细菌能通过自身的代谢作用将单糖生物合成为纳米尺度的纤维素纤维，即细菌纤维素（bacterial cellulose，BC）。因此，综合纳米纤维素的来源及制备方法，本节将对 CNC、CNF 和 BC 分别进行阐述。

（1）CNC　1950 年，Rånby 和 Ribi 首次通过硫酸水解木材和棉纤维素制备出稳定的 CNC 悬浮液，CNC 的长度为 50~60nm，直径为 5~10nm[6]。此后，诸多研究人员对 CNC 的制备工艺进行了深入的系统性研究。CNC 通常由纤维素纸浆经过酸水解或酶水解制备。当进行酸水解时，相对于结构紧密的结晶区，无定形区纤维素的水解速度更快，纤维素微纤维在无定形区首先发生降解，形成棒状纳米晶须。在酸水解过程中，天然纤维素的聚合度（DP）一开始迅速降低，之后达到平衡，即使在长时间水解过程中也保持不变，即所谓的平衡 DP（LODP）。一般认为 LODP 与纤维的晶体尺寸相关，不同来源的纤维素的 LODP 数值不同，水解棉的 LODP 值约为 250，苎麻纤维约为 300，漂白木浆为 140~200。相比于酸水解，生物酶水解方法对环境的污染更小，且对纤维素没有改性作用，未来具有较为广阔的应用前景。CNC 的尺寸形态随纤维素原料和制备条件而变化，一般宽度达到纳米级，而长度从几十纳米到几百纳米不等。图 10-7-2（a）为典型的 CNC 形态结构。研究显示，CNC 的杨氏模量在 130GPa 至 250GPa 之间，该值接近于模拟的天然纤维素晶体（模量约为 167.5GPa）[7]。

（2）CNF　不同于 CNC，CNF 主要为纤维素纤维剥离分解后形成的结构性原纤丝，其长度达到微米级，直径范围为 2~100nm，典型的形态如图 10-7-2（b）所示。CNF 的长径比高、比表面积大，纤维表面具有较强的氢键结合能力，因此具有优异的刚性网络结构成型性能。CNF 水相分散液具有类似凝胶的特性，即使在低浓度条件下也具有较高的黏度和明显的假塑性以及触变性。自 20 世纪 80 年代应用高压均质的方法从木材纤维原料中成功制备出 CNF 后[8]，不同机械处理工艺被应用于制备 CNF，其中主要的工艺技术为均质化、微射流和超细研磨。由于单纯的机械处理对能源的消耗巨大，酶或化学预处理结合机械处理的制备工艺被开发。纤维素原料来源对 CNF 的形态特征影响较大，且初生细胞壁纤维制得的 CNF 通常比次生细胞壁纤维分离得到的 CNF 更加细长。

（3）BC　与常用的机械或化学-机械分离方法不同，BC 由特定细菌通过生物合成并组成微纤维束向细胞外分泌。生产 BC 的菌种包括木醋杆菌属、土壤杆菌属、产碱杆菌属、假单胞菌属和根瘤菌属中的部分菌种，其中葡萄糖醋酸杆菌为常用菌种[9]。在特定培养条件下，细菌在含有碳源和氮源的水性培养基中产生由 2～4nm 的纳米纤维随机组装成的直径低于 100nm 的 BC，BC 在液体培养基面以约 97％含水量的凝胶形式存在，保护细菌免受紫外线、真菌、酵母等干扰[10]。图 10-7-2（c）为典型的 BC 网络结构。独特的纳米结构赋予 BC 优异的物理和机械性能，如高孔隙率、高弹性模量（约 78GPa）、高结晶度（高达 84％～89％）和高长径比。与来自植物的纤维素相比，BC 具有更强的保水能力、更高的聚合度（高达 8000）和更致密的网状网络。BC 由低分子糖聚合后直接分泌，具有相对更高的纯度，处理工艺更加简化，因此具有巨大的工业应用潜力。同时，调整培养条件可以直接调节细菌合成 BC 的代谢过程，改变 BC 的形态结构和结晶度[11-13]。

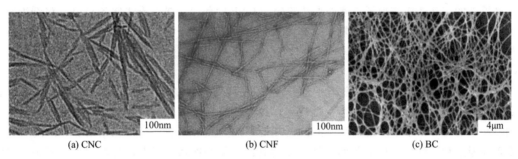

| (a) CNC | (b) CNF | (c) BC |

图 10-7-2　不同形态的纳米纤维素

二、纳米纤维素的制备

纳米纤维素的制备分为两种途径。一种是自上而下（top-down）途径，从天然纤维素原料出发，将纤维素纤维逐步解离为纳米纤维素，解离方法和预处理工艺是影响纳米纤维素形态的主要因素。另一种是自下而上（bottom-up）途径，即从分子层面进行纤维素的组装，主要包括微生物合成和静电纺丝处理。

1. 自上而下（top-down）途径

（1）机械处理　历史上最先应用于制备纳米纤维素的方法是单纯的机械处理，主要包括高压均质、超细研磨、球磨和高强度超声分散等。

高压均质机是制备 CNF 的典型设备，在高速高压条件下，纤维在通过均质阀的微小间隙过程中受到强烈的剪切力和急剧压降产生的冲击力的共同作用实现纤丝化，解离为 CNF。Turbak 等人在 1983 年首次报道了应用高压均质机将质量浓度为 2％的纤维素木浆悬浮液制成直径小于 100nm 的 CNF 的方法。其后，高压均质机被广泛用于不同纤维素原料的 CNF 的制备，纤维的纤丝化程度取决于施加的压力和均质化处理的循环次数。由于纤维素纸浆纤维的高压均质化处理中通常需重复该过程若干次以增加纤丝化程度，均质化过程的能耗可高达 252MJ/kg。除了能耗高外，高压均质的另一个主要缺陷就是当使用长纤维作为原料时，机器容易发生堵塞[14]。

另一种常用的 CNF 制备方法为超细研磨。超细研磨机利用转子和定子的研磨过程产生的高冲击力和摩擦力分解纤维素的多层次结构，生产具有纳米尺度的 CNF。超细研磨机一般配有两个陶瓷无孔研磨盘，调节上下磨盘之间的间隙可控制剥离纤维的尺寸，磨盘间隙越小，CNF 的得率越高。超细研磨机易于组装、拆卸和清洁，加工过程中不会产生堵塞，可以制备高浓度的 CNF 水相分散液。对比高压均质工艺，超细研磨工艺只要更少的循环次数就能有效制备 CNF。然而，该方法会造成纤维素降解并降低 CNF 的长度，对 CNF 的物理性质和复合材料应用有负面影响。

随着技术的发展，不同机械处理制备方法被不断开拓。例如球磨法制备 CNF，当球磨机筒体运行旋转时，空心圆柱形容器中研磨体（例如陶瓷球体、金属球体或氧化锆球体）相互之间的高能碰撞作用造成纤维解离。Zhang 等人研究了球磨机处理漂白软木牛皮纸浆水悬浮液制备 CNF 的可行性，发现研磨球体的大小对纳米纤维素的形态（纳米纤维或纳米颗粒）具有决定性影响[15]。双螺杆挤出法制备 CNF，通过两个同向旋转啮合螺杆的挤压作用实现纤维素的纤丝化。其主要优点是可以实现高固含量（25％～40％）CNF 样品的制备，在运输和储存方面具有非常明显的优势，是一种极具潜力的 CNF 规模生产的工艺方法。冷冻研磨方法制备 CNF，应用液氮冷冻含水溶胀的纤维素纤维，然后将冰冻纤维研磨粉碎，在剪切力和冲击力的作用下，通过冰晶对纤维施加压力破坏纤维素结构制备 CNF。液体冲撞法制备 CNF，在高压下利用两股纤维素悬浮液的相互碰撞实现纤维素的湿法粉碎和 CNF 的释放。微射流法制备 CNF，将纤维浆料加速运输到出口贮存器，在出口附近的 Z 形压力腔中实现对纤维素悬浮液的高压处理，纤维经过相互之间强烈的碰撞和冲击分离成 CNF。此外，高强度超声处理和蒸汽爆破也被证明可实现 CNF 的有效制备。

（2）预处理结合机械处理　随着纳米纤维研究的发展，纳米纤维素工业化生产的需求日益强烈。但是在纳米纤维素的机械制备过程中，高能耗始终是限制其工业化的主要障碍。由于高压均质和微射流等技术中纤维素悬浮液的循环处理次数直接影响能量消耗的多少，因此可在机械处理前通过对纤维素进行简单的预处理以达到减少循环次数、降低能耗的目的。其中，对纤维素材料进行适度水解和表面修饰均能产生较为可观的作用。

① 酸水解预处理。无机酸水解是制备 CNC 最常用的方法，典型的机制是强酸侵入松散的纤维素无定形区，破坏 β-1,4-糖苷键，导致无定形区水解，结构紧密的结晶区阻止了酸的进一步渗透且得以保留，如图 10-7-3 所示。

硫酸是最常使用的无机酸，在水解过程中对纤维素的部分羟基产生酯化作用从而实现磺化修饰。由于磺酸基团使 CNC 表面产生负电荷，CNC 分散液具有良好的

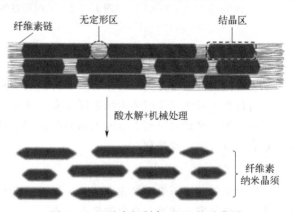

图 10-7-3　酸水解制备 CNC 的示意图

稳定性。通常，水解过程使用的硫酸质量浓度为 60％～65％，反应温度为 40～50℃，反应时间为 30～60min。由于强酸会对纤维素造成过度降解，CNC 的得率相对较低。降低硫酸浓度并延长反应时间可以显著提高 CNC 的得率，通过优化硫酸水解条件，以棉浆为原料制备 CNC 的得率可提高至 63.8％[16]。

盐酸是另一种常用于制备 CNC 的无机酸。典型的酸水解过程中，盐酸浓度为 2.5～6.0mol/L，反应温度为回流温度（60～120℃），反应时间是 2～4h[17,18]。由于盐酸水解制备的 CNC 表面缺

乏电荷，CNC 水分散液稳定性相对较差，较易出现絮凝。磷酸属于中强酸（$pK_a=2.12$），同样可以用于制备具有高热稳定性并稳定分散的 CNC[19]。

与传统的无机酸水解法相比，固体酸水解法条件温和，对设备腐蚀性低，可循环使用，并且 CNC 的得率更高。但是由于酸性较弱，水解过程的反应效率低，反应时间长，因此目前应用固体酸水解法制备 CNC 仍处于实验室研究阶段。有机酸也可用于水解制备 CNC，具有温和、可回收、环境友好且腐蚀性低等优点。然而，由于有机酸的弱酸性，为了提高水解效率，反应过程需要更高的温度和更长的时间。

② 酶水解预处理。在自然界中，降解纤维素的酶类并不是单一的酶系，而是一系列纤维素酶，包括外切葡聚糖酶（纤维二糖水解酶）、内切葡聚糖酶和葡萄糖苷酶，酶系组分之间表现出强烈的协同效应[20]。其中内切葡聚糖酶可随机切断纤维素纤维的非晶区，通过控制酶系组分和处理条件可以产生与酸水解相似的作用。酶水解预处理在温和的条件下对纤维素的高选择性水解作用，使纤维产生孔洞、表面剥落和细纤维化，有利于纤维素的纳米纤维化，可有效降低后续机械处理过程中的能耗。

③ TEMPO（2,2,6,6-四甲基哌啶氧化物）催化氧化预处理。由于酸水解过程不可避免地会对设备产生腐蚀作用，并且产生大量的废酸和其他污染物，生产成本较高。而纤维素酶也存在成本高、回收困难的缺陷。目前，一种温和高效的预处理方式，即 TEMPO 催化氧化，具有较大的应用潜力。自 De Nooy 等人深入研究 TEMPO 体系对醇类及多糖类的选择性氧化之后[21,22]，这种技术逐渐被应用于纤维素的氧化。TEMPO 可以高选择性地将纤维素纤维表面的 C6 羟基氧化成醛基或羧基[23]。在 TEMPO 催化氧化过程中，稳定的纤维内氢键网络遭到破坏，纤维素的刚性结构被削弱。同时，由于羧基基团的大量引入，相邻纤维素纤维之间产生静电排斥力，在一定的机械剪切（超声波处理、高速机械搅拌等）作用下，纤维更易解离形成纳米纤维素。与单纯的高压均质处理相比，TEMPO 催化氧化预处理将能量消耗量从 700～1400MJ/kg 显著降低至 7MJ/kg 以下[24]。

最经典的 TEMPO 催化氧化体系是 TEMPO/NaBr/NaClO 体系，具体的氧化机理如图 10-7-4 所示。TEMPO 与 NaBr 在整个体系中起催化剂的作用，在氧化过程中形成循环。氧化过程对纤维素无定形区有一定程度的降解，但不影响结构稳定的结晶区，氧化纤维素的得率高达 95% 以上。相对于酸水解，TEMPO 催化氧化具有反应条件温和、氧化效果可控和氧化产物得率高等优点。该体系被广泛应用于不同天然纤维素材料的氧化改性，比如黄麻、竹浆、甘蔗渣、松树纸浆和甜菜等，改性纤维素在机械处理后可成功转变为直径 3～20nm、长度达到微米级的 CNF。

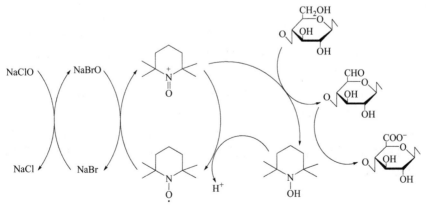

图 10-7-4　TEMPO/NaBr/NaClO 体系选择性氧化纤维素的机理示意图

由于 TEMPO/NaBr/NaClO 氧化体系在碱性条件下进行，在氧化过程中会不可避免地产生 β-消除反应，造成氧化纤维素的聚合度下降。因此，Isogai 团队开发报道了新的 TEMPO/NaClO/NaClO$_2$ 氧化体系[25,26]，该体系的反应原理与 TEMPO/NaBr/NaClO 氧化体系相似，TEMPO 在其中仍然起催化剂的作用，主要氧化剂是 NaClO$_2$，反应在中性或弱酸性环境中进行。TEMPO/NaClO/NaClO$_2$ 氧化体系对纤维素几乎没有降解作用，氧化纤维素的聚合度保持不变。但是，该体系的氧化效率相对较低，即使延长反应时间，提高反应温度，氧化纤维素的羧基含量仅能达到 0.8mmol/g[27,28]。

此外，TEMPO 电介导反应体系、4-乙酰氨基-TEMPO 氧化体系和 TEMPO/漆酶/O$_2$ 氧化体系也被陆续报道。相对于传统的 TEMPO/NaBr/NaClO 体系，虽然新型氧化体系也能成功将羧基引入纤维素纤维表面，但是需要更长的反应时间或更高的反应温度[27,29-31]。

④ 高碘酸盐/亚氯酸盐氧化预处理。高碘酸盐/亚氯酸盐氧化体系可以将纤维素的仲羟基转变为羧基，提高纤维之间的静电排斥力，进而提高后续机械处理中的分解效率[32]。尽管在氧化过程中，吡喃葡萄糖环被打开，但并没有对 CNF 的力学强度造成影响[33]。

⑤ 羧甲基化预处理。纤维素上的羟基在强碱性条件下可以与 1-氯乙酸反应，产生羧甲基化纤维素，经过高压均质处理后可有效分离为宽度 5～15nm、长度约 1μm 的 CNF[34]。经过羧甲基化处理后，纤维素样品通过微射流器所需的能耗仅为 7.92MJ/kg，相比于未预处理纤维素样品的 19.8MJ/kg，能耗明显降低[35]。

⑥ 其他预处理方法。纤维素的季铵化预处理可有效地将阳离子引入纤维素的表面，季铵盐阳离子之间的静电排斥力提高了纤维素的纤丝化效率。研究表明，阳离子化纤维素制备的 CNF 薄膜具有显著的抗菌性能，可以应用于伤口愈合、食品包装和组织工程等[35]。此外，离子液体和低共熔溶剂也可用于纤维素的预处理，结合机械处理可有效制备 CNF[36,37]。

2. 自下而上（bottom-up）途径

自下而上（bottom-up）途径包括微生物合成和静电纺丝，前者将在后文中详细介绍，在此不加赘述。静电纺丝的原理是将高电压施加到聚合物溶液液滴上，当液滴表面处的电荷克服液滴的表面张力时，细射流从液滴伸长至接地电极，如图 10-7-5 所示。CNF 的直径和形态受多种因素影响，包括溶液组成、施加电压、接收器距离和接收器类型等。

常用于静电纺丝制备 CNF 的纤维素溶剂包括 NMMO（甲基吗啉氧化物）/H$_2$O、LiCl/DMAc（二甲基乙酰胺）、离子液体和乙二胺/盐[38-41]。纤

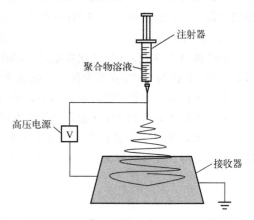

图 10-7-5　典型的接地式静电纺丝装置

维素的 NMMO/H$_2$O 溶液通过静电纺丝将纤维收集在水浴中，随着过量溶剂扩散到水相，溶液凝结形成直径为 250～750nm 的细纤维。LiCl/DMAc 溶剂中 DMAc 组分可在静电纺丝过程中蒸发，而 LiCl 盐组分却难以去除。因此选择先蒸发 DMAc，然后将 LiCl 扩散到水浴中的方式制备 CNF。此外，纤维素衍生物的溶液也可通过静电纺丝处理制备 CNF，比如醋酸纤维素、羟丙基纤维素和羧甲基纤维素等[42-44]。

第二节 纳米纤维素的化学改性

一、非共价化学改性

纳米纤维素的非共价表面修饰是指通过亲疏水相互作用、静电相互作用、氢键或范德华力将化合物或聚电解质引入纳米纤维素表面，从而实现纳米纤维素的表面化学改性（图10-7-6）。Heux等[45]利用具有烷基酚尾的磷酸酯类表面活性剂对CNC进行改性。表面活性剂分子在CNC表面形成约15Å的包覆薄层，提升了CNC在非极性溶剂的分散性能。Bondeson和Oksman[46]利用名为Beycostat AB09（阴离子表面活性剂）的乙氧基化壬基酚酸性磷酸酯改性CNC，促进了CNC对聚乳酸（PLA）的增强效果。含有长烷基、苯基、缩水甘油基和二烯丙基的季铵盐可用于纳米纤维素的非共价改性[47]。例如，将具有不同链长的双链阳离子表面活性剂（十六烷基三甲基-溴化铵、十二烷基-溴化铵和二十六烷基溴化铵）通过溶液混合吸附在CNF上，可显著提高纳米纤维素薄膜的防水性[48]。此外，通过模拟天然木质素-碳水化合物复合物的策略，将木葡聚糖寡糖-聚（乙二醇）-聚苯乙烯三嵌段共聚物吸附到CNC的表面上，也可有效改善CNC在非极性溶剂中的分散性能[49]。

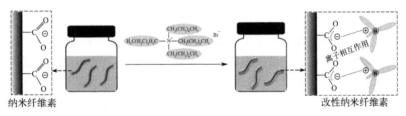

图10-7-6 典型的纳米纤维素物理吸附非共价改性示意图

除了简单的物理吸附外，层层自组装技术也是纳米纤维素非共价功能化修饰的重要方法。一般主要采用简单的浸渍法，也可采用旋涂法实现。Wägberg等人采用层层自组装技术对CNF进行改性，制备了具有不同颜色的纳米纤维素薄膜。此外，还可在层层自组装过程中引入Ag或ZnO纳米颗粒，从而赋予纳米纤维素优异的抗菌性能[50,51]。

TEMPO催化氧化制备的CNF表面上存在大量的C6-羧基，可以进行离子交换，为其非共价的表面修饰提供了便利[52]。研究表明，CNF薄膜中C6-羧酸基团的抗衡离子与Ca^{2+}、Mg^{2+}、Al^{3+}和Fe^{3+}进行离子交换后，得到的纳米纤维素薄膜具有良好的湿润性，即使在高的湿度条件下，该薄膜仍然具有良好的阻氧性能[53]。

二、共价化学改性

纳米纤维素的共价化学改性主要是利用纳米纤维素表面的活性羟基或羧基进行化学反应，实现纳米纤维素的表面功能化衍生。共价化学改性可分为在纤维素表面与小分子进行磺化、氧化、酯化、醚化、硅烷化、氨基甲酸酯化、酰胺化等反应的小分子化学改性方法和在纤维素表面引入功能性高分子链的大分子接枝改性法两种（图10-7-7）[54]。此外，从纳米纤维素的还原端基对纳米纤维素进行功能化衍生也逐渐成为纳米纤维素功能化研究的热点[55]。

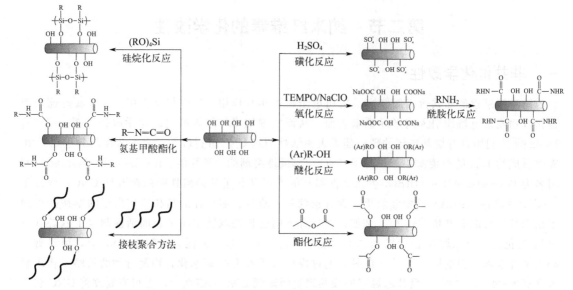

图 10-7-7　纳米纤维素共价化学改性示意图

1. 小分子化学改性

（1）磺化　浓硫酸既能催化纤维素的水解，又能使纤维素表面的羟基生成硫酸盐半酯。纳米纤维素的磺化程度由水解时间、温度和硫酸浓度等因素决定，但难以精确控制硫酸盐基团的量。硫酸盐基团能够有效稳定 CNC 分散液，但也会在一定程度上损害 CNC 的热稳定性[56]。通过氢氧化钠中和的方法，或者采用硫酸和盐酸进行组合水解制备纳米纤维素，可提高 CNC 的热稳定性[57]。

（2）TEMPO 催化氧化　TEMPO 催化氧化可作为一种预处理手段促进纳米纤维的分离，已被成功应用于各种不同来源纤维素的纳米纤维的制备。日本东京大学的 Isogai 教授团队在这一领域进行了开拓性的研究工作。利用 TEMPO 催化氧化技术还可以在 CNC 表面上引入稳定的负电荷，以提高其在水中的分散稳定性。研究表明，在纳米纤维素表面引入羧酸钠基团还有利于它们在非质子有机溶剂［如 DMAc、DMF、DMI（1,3-二甲基-2-咪唑啉酮）和 NMP（N-甲基吡咯烷酮）］中的分散[58]。

（3）酯化　纳米纤维素的乙酰化改性是经典的纤维素酯化改性方法。纳米纤维素的乙酰化通常以乙酸酐为酯化剂，以干燥的乙酸与硫酸或高氯酸为催化剂。Sassi 和 Chanzy 根据反应过程中是否存在溶胀稀释剂提出了乙酰化的两种主要机制，即非均相法和均相法[59]。在非均相法的工艺过程中，在乙酰化纤维素不溶的反应介质中加入甲苯等稀释剂，可促进纳米纤维素的高度乙酰化，并保留其原始形貌。在均相酯化过程中，纳米纤维素表面的乙酰化侧链可以溶解在反应介质中，因此，纳米纤维素在乙酰化后会发生明显的形态变化。近年来，以醋酸酐为酰基供体，利用黑曲霉脂肪酶也可对纳米纤维素进行乙酰化改性[60]。与化学乙酰化［接触角（33±3）°］相比，酶乙酰化的 CNF 具有更高的疏水性［接触角（84±9）°］。此外，乙酰化也可作为 CNF 机械加工之前的化学预处理，有助于提高 CNF 的制备效率。

（4）醚化　通常用氢氧化物水溶液（主要是氢氧化钠）活化纤维，并用一氯乙酸或其钠盐将纳米纤维素的羟基转化为羧甲基实现醚化反应。醚化还可在纳米纤维素表面引入阳离子电荷（例如环氧丙基三甲基氯化铵），并可作为一种化学预处理方法，促进纳米纤维素的低能耗生产。例如，在对纤维素纤维进行机械剪切之前，将纤维素纸浆与环氧丙基三甲基氯化铵（EPTMAC）

或氯化胆碱氯化物进行醚化反应，可显著提高纳米纤维素的生产效率[61]。但反应中涉及有毒卤代烃反应物，所得的纳米纤维素甚至比原来更亲水，使其在非极性介质中的应用受限。

（5）硅烷化　硅烷表面改性是提高纳米纤维素表面疏水性的重要方法[62]。改性后 CNC 可分散于低极性有机溶剂四氢呋喃（THF）中。但若硅烷化程度过高，纳米纤维素晶体核内部的纤维链也被硅烷化改性，导致晶体裂变而改变相应形貌结构。Zhang 等采用硅烷化改性 CNF 制备了具有优异柔性、疏水性和亲油性的纳米纤维素海绵材料。这些材料具有良好的选择性和回收性，可用于除去水中泄漏的十二烷[63]。

（6）氨基甲酸酯化　氨基甲酸酯化是异氰酸酯与纳米纤维素表面的羟基反应，进而形成氨基甲酸酯键的过程。例如，CNC 和/或 CNF 与过量异氰酸正十八烷基在 100～110℃ 条件下反应 30min 后，可有效提高它们的疏水性[64]。蓖麻油也可与异氰酸酯部分功能化后再连接到 CNC 表面，CNC 在此改性过程中仍然保留其原始形貌[65]。此外，采用 1,6-六亚甲基二异氰酸酯（HDI）对 CNC 改性后，可有效提高 CNC 在聚氨酯弹性体中的分散性能，促进其与硬链段聚合物的物理结合，增强其刚度和尺寸稳定性[66]。

（7）酰胺化　大多数酰胺化反应主要利用的是纳米纤维素表面的羧基。一般纳米纤维素的酰胺化反应是通过碳二亚胺活化反应实现的，N-乙基-N-（3-二甲基氨基丙基）碳二亚胺盐酸盐（EDC）是最常用的碳二亚胺衍生物，N-羟基琥珀酰亚胺（NHS）可以防止不稳定的中间体 O-酰基异脲重排成稳定的 N-酰基脲。纳米纤维素底物发生酰胺化反应时，适宜的 pH 值范围为 7～10。酰胺化改性过程中纳米纤维素固有的形态和结晶性质不受影响。目前，多种胺衍生物如 4-氨基-TEMPO、苄胺、己胺、十二烷胺和聚醚胺均可接枝到 CNC 或 CNF 上[67]。

2. 接枝改性

纳米纤维素表面的接枝可以通过"接枝到表面法（grafting onto）""从表面接枝法（grafting from）""大单体聚合法（grafting through）"3 种方法实现（图 10-7-8）。"接枝到表面法"是将预合成的聚合物链（带有活性端基）连接到纳米纤维素表面。该聚合物侧链在接枝前可以被完全表征，从而可控制所得材料的性能。然而，在接枝反应中，由于空间位阻的存在，接枝到表面的方法通常只能得到表面接枝密度较小的纳米纤维素材料。"从表面接枝法"可以提高聚合物在表面上的接枝密度。这种方法主要利用纳米纤维素的表面羟基作为引发位点，通过开环聚合（ROP）或传统自由基聚合技术从纳米纤维素表面进行原位生长修饰；也可改性纳米纤维素的表面羟基引入特定的引发剂位点，再利用活性自由基聚合技术如原子转移自由基聚合（ATRP）、可逆-加成断裂链转移聚合（RAFT）和氮氧稳定自由基聚合（NMP）等对纳米纤维素进行接枝改性。"大单体聚合法"则主要是在纳米纤维素表面引入不饱和双键官能团，进而与共聚单体进行接枝聚合。在这些方法中，"从表面接枝法"在纳米纤维素的表面接枝共聚修饰中应用最普遍。此外，还原端接枝纳米纤维素的方法也被成功应用于纳米纤维素的接枝改性中。

（1）从表面接枝法（grafting from）

①开环聚合。开环聚合（ROP）是由内酯、二内酯、内酰胺、环碳酸酯、环醚和噁唑啉类等环状单体合成聚合物的一种常用技术。其中内酯和二内酯的 ROP 可以由—OH 基团引发。因此，它们是纳米纤维素表面改性的理想选择。这种聚合过程也被称为表面引发的 ROP（SI-ROP）。锡（Ⅱ）2-乙基己酸酯 [Sn(Oct)₂] 是二内酯 SI-ROP 最常用的催化剂[68-72]。甲苯、离子液体（1-烯丙基-3-甲基咪唑氯化铵，[AMIM]Cl）和 DMSO 是纳米纤维素开环聚合改性的常用溶剂[73,74]。一般反应温度在 80～130℃ 之间，反应时间通常为 24h。

②传统自由基聚合。表面引发自由基聚合（SI-FRP）是在纳米纤维素表面接枝乙烯基聚合物最常用的方法之一。聚合反应由引发剂激活，在 CNC 表面生成反应性自由基，进而单体从反

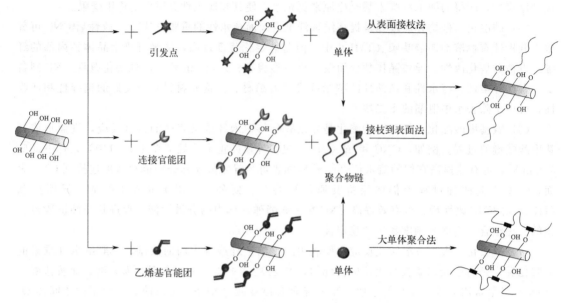

图 10-7-8　纳米纤维素表面接枝的 3 种路径

应性自由基连接到增长链上[75]。例如在热引发剂中，过硫酸钾（KPS）因其自由基的稳定性和与水溶液的相容性，被广泛应用在 CNC 表面接枝中。自由基温度范围为 60～70℃。除了通过热均裂分解过氧化氢形成自由基之外，过硫酸盐引发剂也可以在还原剂存在的情况下生成自由基，如硫的含氧酸盐（亚硫酸盐、亚硫酸氢、硫代硫酸盐、偏亚硫酸氢盐和连二硫酸盐等）、有机酸（如抗坏血酸）和金属离子（如 Fe^{2+} 或 Ag^{3+}）[76]。这种引发剂体系的主要优点是，聚合反应可以在温和的条件下进行，不需要加热就可以促进自由基的形成，从而减少副反应，同时获得高产率的高分子量聚合物。一般来说，通过 SI-FRP 改性 CNC 的主要缺点是接枝效率低，溶液中存在大量的游离（未附着）均聚物。

③ 可控自由基聚合。表面引发的可控自由基聚合（SI-CRP）是一种高效的纳米纤维素接枝共聚改性的方法，可精确地控制聚合物的结构、组成、分子量和接枝密度[77]。根据纳米纤维素表面连接的引发剂类型不同，SI-CRP 可分为表面原子转移自由基聚合（SI-ATRP）、表面可逆加成断裂链转移聚合（SI-RAFT）和表面引发的氮氧稳定自由基聚合（SI-NMP）等（图 10-7-9）。

a. 原子转移自由基聚合（ATRP）。在所有的 SI-CRP 技术中，SI-ATRP 是最常用的 CNC 表面接枝改性的活性自由基聚合方法。ATRP 法是在休眠种和增殖种之间建立一种动态平衡，使游离基浓度处于极低状态，迫使不可逆终止反应被降到最低程度从而降低自由基浓度，最小化终止反应[78]。可逆失活是通过在金属配合物［大多数情况下以铜为基础，例如溴化亚铜和 N，N，N，N，N-五甲基二乙烯三胺（CuBr/PMDETA）］和增殖种之间交换卤素原子（Br 或 Cl）实现的。因此，最终聚合物中存在残余金属的问题。可以通过电子转移［A(R)GET］ATRP 在原位（再）生成 Cu(Ⅰ)，将催化体系所需的量降低到 10^{-6} 级别[79]。此外，单电子转移活性自由基聚合（SET LRP）也可有效降低纳米纤维素接枝共聚物中残余金属量[80]。

纳米纤维素 ATRP 引发剂的制备是实现纳米纤维素 ATRP 改性的首要步骤。通常是在溶剂（THF 或 DMF）中使 2-溴异丁酰溴（BiBB）与纳米纤维素表面上—OH 反应，而三乙胺和 2-甲氨基吡啶常作为催化剂。通过反应时间和引入 BiBB 的量来调控纳米纤维素表面的引发点密度[81]。此外，也可在纳米纤维素气凝胶上先经化学气相沉积，使其部分疏水，然后与 BiBB 在液

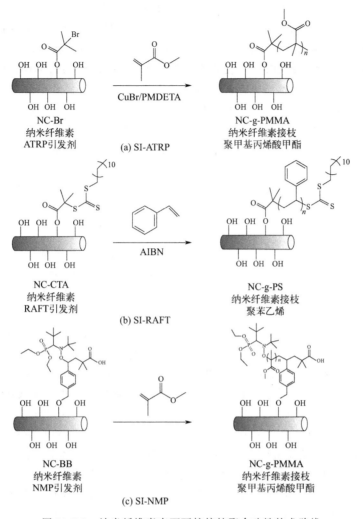

(a) SI-ATRP

(b) SI-RAFT

(c) SI-NMP

图 10-7-9　纳米纤维素表面可控接枝聚合改性技术路线

相中反应提高纳米纤维素表面的引发点密度[82-87]。在 SI-ATRP 改性纳米纤维素研究中，使用牺牲引发剂（即添加到反应介质中的自由引发剂，通常为 EBiB、乙烷 α-溴代异丁酸）是监控聚合过程的重要方法。并且该方法有助于通过增加反应中铜（Ⅱ）钝化剂的浓度，更好地实现对接枝共聚物的可控调控[83,88-93]。目前，纳米纤维素大分子引发剂已被用于苯乙烯、（甲基）丙烯酸或丙烯酰胺基单体接枝聚合反应中。多种功能性聚合物链均可被接枝到纳米纤维素的表面，如中性聚苯乙烯[88,89]、聚［烷基（甲基）丙烯酸酯］[86,90]、阳离子聚［氨基（烷基）甲基丙烯酸酯/甲基丙烯酰胺］[84,94]或阴离子聚苯乙烯磺酸盐[94]、聚丙烯酸［通过水解聚丙烯酸叔丁酯（PtBA）获得］[91,92]，以及热敏聚合物，如聚 N-异丙基丙烯酰胺链（PNIPAM）[82,87,94]、聚甲基丙烯酸二甲氨基乙酯（PDMAEMA）[93,95-97]、聚（N-乙烯基己内酰胺）（PNVC）[98]或聚［（寡聚乙二醇）甲基醚丙烯酸酯］（POEGMEMA）[99,100]。

　　b. 可逆加成断裂链转移聚合（RAFT）。可逆加成断裂链转移聚合（RAFT）涉及可逆链转移过程，除自由基引发剂［偶氮二异丁腈（AIBN）］外，还需要在链转移剂（CTAs）存在下进行。二硫代氨基甲酸盐、二硫代碳酸盐或二硫酯是常用的 CTAs。这些 CTAs 同时含有 R-和 Z-基团，主要通过加成、断裂和链转移反应，实现对分子量和分散性的控制。在 RAFT 聚合过程中，自由基与 CTA 或单体发生可逆反应。因此，S-RAFT 聚合改性首先需要在纳米纤维素表面上预先固定 CTA，其中 R-基团是最常用的基团。Zeinali 等最早报道了利用 S-RAFT 修饰 CNC 的研究。与游离（共）聚合物相比，由于表面链约束，CNC 接枝聚合物表现出更高的 T_g[101]。采用聚甲基丙烯酸羟乙酯（PHEMA）交联乙二醇二甲基丙烯酸酯（EGDMA）涂覆 CNC，以增加 CNC 表面的—OH 基团含量，然后进一步在其表面固定 S-(硫代苯甲酰巯基)酸制备 CNC-CTA，最后，利用 RAFT 技术还可实现 PNIPAM-block-PAA 链对 CNC 的高密度接枝修饰。

c. 氮氧稳定自由基聚合（NMP）。与 Cu 介导的 SI-CRP 类似，表面引发的氮氧化物介导聚合（SI-NMP）在机理上依赖于一个失活种（氮氧化物自由基）对增殖聚合物链的可逆"活化-失活"。烷氧胺，如 TEMPO 和 n-叔丁基-N-［1-二乙基膦(2,2-二甲基丙基)］硝基氧化物（DEPN）是 SI-NMP 中最常用的两种氮氧化物自由基。Roeder 等[102]首次报道了利用 SI-NMP 对 CNC 进行接枝改性。首先用 4-(二乙氧基膦基)-2,2,5,5-四甲基-3-偶氮杂环己烷-N-氧（又称阻凝剂）功能化 CNC，然后在牺牲引发剂存在下在 CNC 表面接枝了聚（甲基）丙烯酸甲酯（PMA 和 PMMA），接枝率为 75%～80%（质量分数）。随后多种甲基丙烯酰胺类聚合物如 DMAEMA、DEAEMA 和 N-［3-(二甲氨基)丙基］甲基丙烯酰胺（DMAPMAM）等也被成功地接枝到 CNC 表面[103]。然而，CNC 上 SI-NMP 的动力学研究较少，有待进一步深入研究。

（2）接枝到表面法（grafting onto）　点击化学是实现聚合物链与纳米纤维素接枝的重要方法。Benkaddour 等[104]以 1-(3-二甲氨基丙基)-3-乙基碳二亚胺盐酸盐/N-羟基丁二酰亚胺（EDC/NHS）为活化体系，将丙炔胺的氨基与 CNF 的羧基偶联，制备了含有炔基的 CNF。同时，聚己内酯（PCL）通过两个步骤转化为叠氮化-PCL，即 PCL 的甲苯磺酸化（PCL-OTs）和利用叠氮化钠亲核置换将 PCL-OTs 转化为叠氮化-PCL。最后，在催化剂 CuSO4·5H2O 和抗坏血酸存在下，用 Cu(Ⅰ)催化叠氮-炔环加成反应，将叠氮基—PCL 接枝到炔基—CNF 上。硫醇-烯介导的点击反应也已被成功应用于纳米纤维素的接枝改性中。具体的接枝过程可将硫醇官能化的硅烷引入 CNF 膜的表面上，然后利用光化学点击接枝含有烯封端的分子，反之亦然[105]。

（3）从纳米纤维素还原端接枝改性　单个纤维素链中包含非还原性末端和还原性末端。在一定条件下，纤维素的还原端可以在醛和环半缩醛之间可逆地转换。因此通过醛选择性修饰还原端，再从纳米纤维素还原端对其进行接枝改性制备含有端系聚合链的纳米纤维素基功能材料。与具有规整侧链刷状结构的纳米纤维素接枝共聚物相比，含有端系聚合物链的纳米纤维素接枝共聚物在纳米材料自组装方面更具优势[106-108]。Zoppe 等[94]报道了采用 α-溴代异丁酰基的 SI-ATRP 引发剂对纳米纤维素的端基进行功能化的研究（图 10-7-10），并成功实现了从 CNC 的还原性端基上接枝多种聚合物。但不是所有的 CNC 都能被功能化，因此，从纳米纤维素还原端接枝改性还需要进一步深入研究。

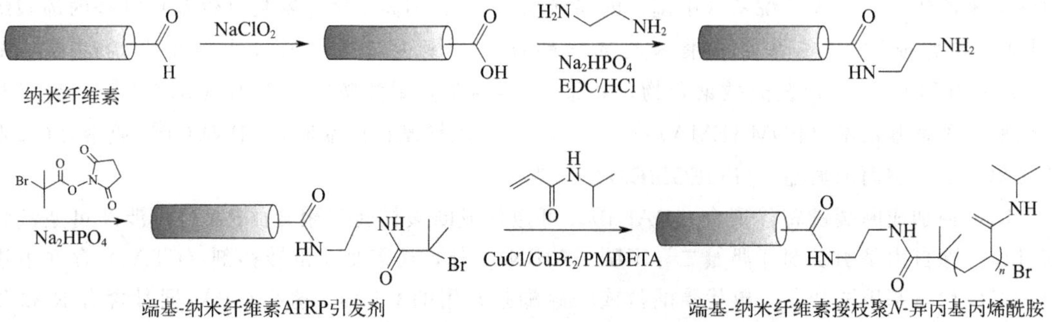

图 10-7-10　从纳米纤维素还原端接枝聚合路线

第三节　纳米纤维素的应用

一、生物医药材料

近年来，纳米纤维素在生物医学方面的应用优势愈发明显[109-113]。纳米纤维素被发现具有独特的生物活性，用混合了纳米纤维素的葡萄糖和三油酸甘油酯投喂小鼠，小鼠体内血糖、胰岛素、葡萄糖依赖性促胰岛素多肽和甘油三酯的含量在小鼠摄入纳米纤维素 10min 后显著下降，并且实验发现羧基含量和纤维径向比分别达到 1.2mmol/g 和 120 的纳米纤维素具有最好的效果[113]。Valo 研究了纳米纤维素在药物缓释上的应用[109]，发现纳米纤维素基质在制备和储存过程中能有效保护药物纳米颗粒。当特定的纤维素结合区与疏水蛋白融合时，100nm 左右的药物纳米颗粒可以与纳米纤维素在悬浮液中储存超过 10 个月。

纳米纤维素复合凝胶被发现可以用作良好的医用植入材料。纳米纤维素基复合水凝胶因其足够的溶胀比，可以在体内植入情况下有效恢复原始的环状结构，并且纳米纤维素的加入能有效增强复合水凝胶的力学性能，使其可以作为髓核植入物，从而用于恢复椎间盘的高度[110]。纳米纤维素还可用于制造人造韧带或肌腱替代物的纳米复合支架材料。该纳米复合支架材料具有良好的细胞相容性，并且其机械性能达到甚至超过天然韧带和肌腱。例如由纳米纤维素复合制备的纳米纤维素基增强的胶原基植入支架，纳米纤维素作为增强剂在不影响胶原的生物相容性和安全性的同时，使其具有更好的机械性能和尺寸稳定性[111,112]。

二、环境材料

纳米纤维素薄膜因其致密的网络结构可直接用作与环境相关的净化膜。该滤膜的孔径小于大多数纳米粒子，可过滤无机纳米颗粒、细菌和病毒等[114]。滤膜孔径和孔隙率可通过交联、热压和减小膜厚度等进行优化[115,116]。纳米纤维素还可以与其他材料如氧化石墨烯和丝素蛋白结合形成净水膜。据报道，丝素蛋白能沿着纳米纤维素的直线段自组装形成特殊的"烤肉串"纳米结构 [图 10-7-11 （a) 和 （b)][117]。该结构形成的纳米多孔膜具有较高的水通量，最高可达 $3.5 \times 10^4 L/(h \cdot m^2 \cdot bar)$，同时还可以截留各种有机分子和金属离子[117]。

纳米纤维素衍生材料也可用于油/水分离。基于纳米纤维素衍生材料制备的气凝胶/泡沫具有较高的孔隙率和丰富的羟基，具有超亲水性。在油/水分离过程中，水能快速扩散并自动渗透，孔隙充满水使得油滴与纳米纤维素衍生材料表面的接触面积减少[118]。这种效果对油起排斥作用，从而实现油水分离。纳米纤维素/壳聚糖纳米复合泡沫用于油/水分离，该复合材料的水通量达到 $3.8L/(m^2 \cdot s)$，对于 300mL 煤油/水混合物 （体积分数 40%)，整个分离过程 60s 就能完成，并且所有的油都能被有效截留。纳米纤维素衍生的炭气凝胶具有超强的吸收率和疏水性，可用于吸附有机溶剂和油类[119,120]，吸附量可达自身重量的 7422～22356 倍[120]。基于细菌纤维素衍生物的炭气凝胶对有机污染物和油类的吸附量能达到自身重量的 106～312 倍 [图 10-7-11 （c)]。此外，纳米纤维素基炭气凝胶具有良好的热稳定性和较强的机械性能，在极端条件下仍能保持优异的吸收率，且回收方便 （如压缩、燃烧、蒸馏)[120,121]。

图 10-7-11 纳米纤维素基复合材料在环境方面的应用
（a）"烤肉串"结构的纳米纤维素/丝素蛋白复合材料的微观形貌；
（b）纳米纤维素/丝素蛋白复合材料的自组装机理图；
（c）基于细菌纤维素衍生的碳气凝胶对有机污染物和油类的吸附

三、能量储存与转换材料

近年来，纳米纤维素在能量储存和转换领域的应用引起了研究工作者的强烈关注，已被广泛应用于超级电容器、锂电子电池、锂硫电池、钠离子电池和太阳能电池中。纳米纤维素通过与活性电化学材料结合，如碳纳米管、石墨烯、导电聚合物，利用真空过滤、溶液混合、原位聚合、逐层自组装、烘箱干燥、冷冻干燥和超临界干燥等技术制备纳米复合材料[122-125]。共价交联的纳米纤维素气凝胶可以通过逐层组装沉积碳纳米管电极和分离器构建出三维储能材料[126]。纳米纤维素气凝胶壁按第一电极、分离器和第二电极的顺序沉积，逐渐增厚。目前，一系列纳米纤维素基超级电容器已被成功制备，例如可逆压缩的三维（3D）超级电容器、由六氰酸铜嵌入离子阴极和碳纳米管阳极组成 3D 混合电池。这些装置运行稳定，无短路现象，且可弯曲、可压缩。

此外，纳米纤维素还可与活性材料集成，制备基于薄膜/薄片的储能装置。基于单元化分离器/电极组装系统设计了一种全新的电池，该系统由纳米纤维素分离膜和仅由碳纳米管网状电极活性材料制备的电极组成 [图 10-7-12（a）和（b）][127]。在上述系统中，纳米纤维素分离膜有助于实现紧密的键控/分离器界面，赋予材料柔韧性和安全性，而堆叠的阳极和阴极分离器/电极组件确保了优良的电化学性能。通过组装纳米纤维素隔膜与纳米纤维素/碳纳米管混合电极[128]，可制备一种可重复充电的纸电池。该电池具有超高的能量密度和折叠性 [图 10-7-12（c）和（d）]。

此外，还可通过热解法将纳米纤维素转变成碳材料应用于电极的制备。该碳材料具有极低的表观密度、高比表面积和高电导率[120,129]，可以通过活化、杂原子掺杂或活化材料装饰进一步得到功能化碳材料。

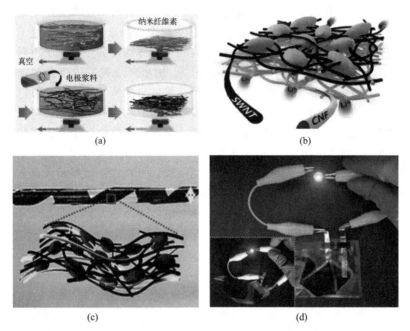

图 10-7-12　基于纤维素纳米纤维衍生的复合纸在能量储存上的应用

（a）单元化 SEA 整体制造的过程示意图；（b）由组合 SEA 配置的 h-nanomat 电池的示意图；

（c）CM 电极 CNF/CNT 混合异质网结构示意图；

（d）纸鹤异 HN 细胞（Ⅰ）和纸鹤 HN 细胞（Ⅱ）（内嵌图）电化学活性的数码照片

　　纳米纤维素衍生的碳材料已被应用于各种储能装置的电极中，如锂离子电池、锂硫电池、钠离子电池[130,131]。在新兴的太阳能电池领域，纳米纤维素材料也具有良好的应用前景[132]。纳米纤维素制备的纳米纸具有较大的光散射，增加了光路长度，使活性层的光吸收增加［图 10-7-13（a）][133]。采用纳米纤维素与银纳米线结合制备的太阳能电池具有较好的透明性和导电性，并且显示出 3.2% 的高功率转换率[134]。由于纳米纤维素与银纳米线之间的高亲和力与高纠缠度，制备的透明纳米纸保持了高导电的特性，不管被折叠与否都能产生电能。基于光学透明纳米纤维素基板也能制备太阳能电池［图 10-7-13（b）]。该太阳能电池在黑暗的情况下仍保持良好的整流性能，功率转换效率达到 2.7%，在室温下可以方便地实现分离和回收。

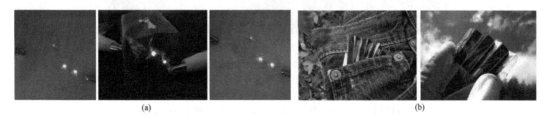

图 10-7-13　基于纤维素纳米纤维/纤维素纳米晶衍生的复合材料在能源转换上的应用

（a）在透明纳米纤维纸上使用可折叠透明和导电银纳米线；

（b）基于可折叠和轻质透明导电纳米纤维纸的便携式纸张太阳能电池

四、传感器材料

　　生物传感器是一种通过检测环境中各种分子（小分子、大分子和生物分子）来保护人类健康的设备，已被应用于预防污染、保健和生物医学等方面。如监测人类健康（比如葡萄糖和胆固醇）的家用化学传感器和用于植入物与假体的生物相容性材料都是典型的生物传感器的应用实例[135]。由于人们对生物传感器的需求量增加，传感器市场预计年增长率超过10%。

　　柔性超薄基板能够集成到人体中，可用作体内的生物传感器和生物电子材料，在制造持久的生理和健康监测设备方面具有潜在的应用前景[136]。纳米纤维素基传感器具有制造和操作简便、力学性能和渗透性能优良等优点。例如，将大豆蛋白与纳米纤维素交联可以制备出具有灵活机电性能的坚固薄膜，并用于传感。纳米纤维素材料的多孔性和亲水性使得复合材料对液体和气体都具有高度渗透性，从而能够将进入底层的分析物质高效地以垂直方式传输到上面的传感电子设备，缩短了分析物的传送时间（图10-7-14）[137]。并且只要简单地润湿纳米纤维素薄片就能轻易地将其从基板上剥离，并重新连接到任何表面，可以在一个基板上制作多个装置。纳米纤维素/聚乙烯吡咯烷酮复合膜也可作为传感器，此复合膜具有发光的特性，可以高效区分相似的有机溶剂[138]。

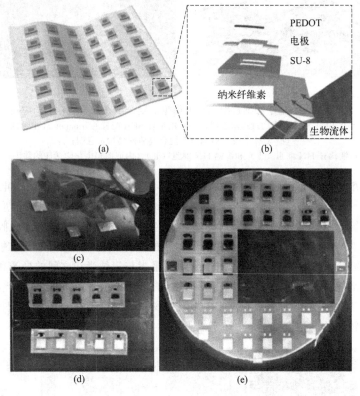

图10-7-14　生物电子标记和叠层的原理
（a）由含有多个有机电化学晶体管的纳米纤维素薄片组成的生物电子贴花的图解说明；
（b）单个有机电化学晶体管贴花的扩展原理图；（c）制作后从基板玻璃晶片上除去贴花；
（d）玻璃上叠层有机电化学晶体管贴片；（e）被剥离的原始晶片

　　基于纳米纤维素的有机/无机杂化纳米复合材料对不同分析物（包括气体、生物标记物、药物、蛋白质、DNA、病原体以及有毒和有害化合物）的生物或非生物传感具有重要意义。功能化的纳米纤维素具有胶体性质，利用此特性可将纳米纤维素与生物分子蛋白相互作用[139]。将银纳米颗粒涂覆在纳米纤维素上，以获得用于检测农药的表面增强共振光谱（SERS）平台[140]。在SERS平台中，金属的存在通过表面等离子体共振效应增强了典型的弱拉曼信号。这是因为纳米纤维素/银混合物形成的3D纤维网络能够增强表面粗糙度[141,142]。

　　用TEMPO催化氧化CNF制备的水凝胶负载荧光碳量子点可以实现在不改变激发波长或发

射波长的情况下，增强荧光信号的强度，并已被用于检测漆酶的荧光猝灭[143]。与没有纳米纤维素的水凝胶中的碳量子点分散性相比，纳米纤维素水凝胶中碳量子点的分散效果更好，这是由于载体和荧光团表面良好的相互作用。此外，利用 TEMPO 氧化 CNF 制备的平衡感应生物分子-藻蓝蛋白生物传感器，可用于检测铜离子[144]。

五、光学材料

纳米纤维素由于较强的机械性能、较好的热稳定性能和小尺寸等特点，在光学领域具有广阔的应用前景。纳米纤维素可通过致密堆积使其间隔小到能够避免光的散射，制备透明的纳米纤维素薄膜[145,146]。纳米纤维素的直径越大所制备的薄膜的光学透明性越低，这是因为小尺寸的纳米纤维素填充密度更高，对可见光的传输阻力较低。纳米纤维素膜的机械性能主要由纳米纤维素的尺寸、聚合度、孔隙率和水分等参数决定[147]。研究发现 TEMPO 氧化法制备的 CNF 薄膜的厚度为 $20\mu m$ 时，在 600nm 波长处的光透过率能超过 75%。研究者还制备了一种基于细菌纤维素的纳米纤维素复合膜材料 [图 10-7-15（a）]。在该复合材料中，整个细菌纤维素网络系统填充透明树脂，与纯树脂相比，细菌纤维素的添加量为 70% 时只降低 8% 的透光率，但该复合材料具有更低的热膨胀系数和较高的机械强度。以平均宽度为 15nm 的木质纳米纤维素制备的薄膜在 600nm 波长下透光率为 71.6%，同时其模量达到 13GPa，强度达到 223MPa，热膨胀系数仅有 $8.5mg/(L \cdot K)$ [图 10-7-15（b）][148]。此外，纳米纤维素薄膜还可通过沉积电致发光层制备有机发光二极管面板 [图 10-7-15（c）和（d）][146,149,150]。

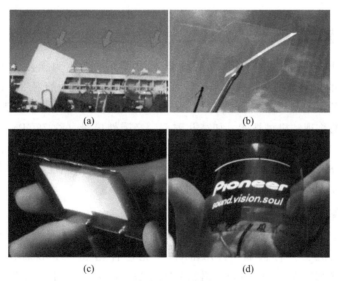

图 10-7-15　基于纳米纤维素材料的光学应用

（a）透明柔性细菌纤维素/聚合物复合材料的数码照片；（b）$60\mu m$ 厚的透明柔性纳米纤维素片的数码照片；（c）复合有细菌纤维素的有机发光二极管；（d）基于纳米纤维素复合的有机发光二极管

六、催化材料

在催化领域，人们越来越注重催化方法的环保性。金属和金属氧化物纳米颗粒已被用于废水净化、生物燃料生产中长链脂肪酸的酯化和化学生产中的催化剂中。例如，Ag、Au、Pd、Pt、Cu、Ru、Cu-Pd 和 CuO-纳米纤维素杂化复合材料均被用于催化领域[151-153]。利用 Pd 纳米颗粒在还原过程中对 CNC 的功能化，使 CNC 能够用于催化加氢和 Heck 偶联反应[154]。相对于

Al_2O_3、碳载体，CNC 具有更高的活性，且 Pd 的需求量较少，转化率可达 90%，同时纳米纤维素的表面也能参与催化反应。通过双交联 CNF，γ-环氧丙氧基丙基三甲氧基硅烷和聚多巴胺制备的 CNF 海绵可作为 Pd 纳米颗粒的载体，已被成功用于非均相 Suzuli 和 Heck 交叉偶联反应[155]。这种可回收催化剂能很容易地从反应混合物中分离出来并重复使用，而且 Pd 的浸出可以忽略不计。与传统聚合物负载金属纳米颗粒相比，这种新型材料具有优良的周转频率，贵金属利用效率高。这是因为纳米颗粒粒径的分散性以及对载体表面的覆盖度均得到改善[155]。由于纳米纤维素表面与底物之间存在多个氢键结合，Pd 功能化的 CNC 在酮加氢反应过程中能诱导对映体的选择性（高达 65% 对映体过量）[156]。TEMPO 催化氧化的 CNF 是铜离子点击反应制备功能材料的理想载体[157]。此外，纳米纤维素还可以通过结合银、磁铁矿和金纳米颗粒制备出具有良好催化活性的复合材料[158,159]。

尽管纳米纤维素材料具有各种优异的性能，但是如何实现纳米纤维素基材料的功能（如传感、过滤、催化）稳定性与可降解性，其综合性能及生物相容性的提升与平衡等仍然是未来研究的难点。此外，由于在植物细胞壁中纤维素与木质素、半纤维素或其他材料的紧密交联，生物质预处理是去除所有非纤维素材料必不可少的步骤。然而，这种预处理通常操作复杂，条件苛刻或者需要消耗有毒有害化学品且产生污染废水。如何实现纳米纤维素的高效制备仍然是实现纳米纤维素高值化应用的关键问题。

第四节　其他生物质纳米纤维

一、细菌纤维素

细菌纤维素（BC）是由微生物合成的纤维素的总称，也称为微生物纤维素（microbial cellulose）[160]。BC 的化学结构和组成与植物纤维素相同，但 BC 是由直径 3~4nm 的原纤丝组合成的 40~60nm 粗的微纳纤维组成的三维网络结构，因此两者的性质差别较大[161]。独特的纳米结构赋予 BC 优异的物理和机械性能，如高孔隙率、高弹性模量（约 78GPa）、高结晶度（高达 84%~89%）和高长径比（大于 50）。与来自植物的纤维素相比，BC 具有更强的保水能力、更高的聚合度（高达 8000）和更致密的网状网络，以及相对更高的纯度，不需要化学处理来去除木质素和半纤维素，处理工艺更加简化，工业应用潜力巨大。

1. 细菌纤维素的制备

常见的能够生产细菌纤维素的细菌主要为 9 种好氧细菌，分别是醋酸菌属（*Acetobactor*）、根瘤菌属（*Rhizobium*）、气杆菌属（*Aerobaerer*）、无色杆菌属（*Ahromobaerer*）、八叠球菌属（*Sarcsna*）、产碱杆菌属（*Alcalligenes*）、固氮菌属（*Azorobaerer*）、土壤杆菌属（*Grobaererium*）和假单胞菌属（*Pseudomounas*）。其中，醋酸菌属的木醋杆菌属（*Acetobacter xylinum* 或 *Gluconacetobacter xylinum*）由于具有适应性强、原料普适性广和纤维产量高等优点已被普遍用于科研与生产实践中。

（1）合成机制　细菌纤维素的生物合成过程涉及单酶、复合催化及调节蛋白等，是一个相当复杂且精密的过程。简单地可以将细菌纤维素的生物合成过程分为聚合、分泌、组装和结晶四个高度耦合的过程。图 10-7-16 是木醋杆菌将葡萄糖聚合转化为细菌纤维素链的四个步骤：

① 在葡萄糖激酶的作用下，葡萄糖转化为 6-磷酸-葡萄糖；

② 在磷酸葡萄糖异构酶作用下，6-磷酸-葡萄糖转化为 1-磷酸-葡萄糖；

③ 在焦磷酸化酶作用下，1-磷酸-葡萄糖转化成尿苷二磷酸葡萄糖，这是合成纤维素的直接

前体物质；

④ 在细胞膜上，在膜结合蛋白纤维素合成酶作用下，尿苷二磷酸葡萄糖合成 β-1,4-葡萄糖苷链，再经聚合形成细菌纤维素。这一步中纤维素合成酶是细菌纤维素生物合成途径中的关键酶。

（2）影响细菌纤维素生产的主要因素

细菌纤维素的产量受培养基成分、培养温度、pH 值、溶氧参数和发酵方式等参数

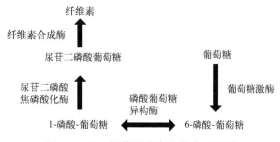

图 10-7-16　细菌纤维素生物合成途径

影响。目前，碳源的研究主要集中在寻找廉价广泛的原料方面。农林废弃物或副产物如椰子水、腐烂水果、杨木水解液、麦秆水解液等均可作为原料用于发酵制备细菌纤维素[162]。氮源是细胞新陈代谢过程中的重要组分，也是微生物合成细菌纤维素所必要的。玉米浆已被证实是细菌纤维素发酵的优良氮源[163,164]。此外，乙醇、琼脂、海藻酸钠、羧甲基纤维素、维生素、木质素磺酸盐等添加物对菌体生长或合成纤维素也有一定的促进作用[165-168]。最适宜产细菌纤维素的培养温度为 25～30℃。培养温度会影响细菌纤维素的晶型。当培养温度为 4℃时，与传统天然纤维素 I 型结构不同，所获得的细菌纤维素的结晶结构是纤维素 II 型。最适宜产细菌纤维素的 pH 值范围为 4.0～6.0 之间。由于细菌纤维素的合成需要氧气，且产细菌纤维素的细菌也是好氧菌，因此细菌纤维素产量与菌体的生长间存在竞争平衡点。一般培养液中含氧量较高时，细菌纤维素的产量较低[169]。相较于动态发酵，静态发酵产细菌纤维素的研究更加成熟。可通过摇瓶或浅盘静置培养制备具有多孔网状结构的凝胶状细菌纤维素膜。

2. 细菌纤维素的改性

细菌纤维素的改性主要分为生物改性和化学改性 2 种。生物改性指在细菌纤维素合成过程中，通过对发酵体系进行调控，从而实现对细菌纤维素结构和性能的调控[170]；化学改性则是直接对分离提纯后的细菌纤维素进行表面修饰改性，从而赋予细菌纤维素新的性能[171]。

（1）生物改性　在细菌纤维素合成前或合成过程中可通过培养条件（搅拌、碳源、助剂）的改变，调控细菌纤维素的组成和微观形貌。在生产过程中，添加物的存在会影响发酵细菌的细胞生长，从而影响细菌纤维素的产量、结构、形态和物理性质。以木葡糖酸醋杆菌为生产菌株为例，采用单因素法对液体发酵生产细菌纤维素的发酵条件（氮源、碳源、初始 pH 值、种龄、接种量和静态发酵周期）进行优化探索，获得菌株最高产量为 11.49g/L，约是优化前的 5 倍，产物属于 I 型纤维素。研究表明：在生物发酵前，在培养基中定向添加功能因子可以有效改变细菌纤维素膜的微观结构和性能，在培养基中添加羧甲基纤维素可以有效改善细菌纤维素的孔隙结构和含水量；添加荧光增白剂后，细菌纤维素的结晶度下降；添加一定量的萘啶酸和氯霉素，细菌纤维素的纤维丝带变宽，杨氏模量明显增强；而添加壳聚糖后，细菌纤维素复合膜具有良好的抗菌性。

（2）化学改性　虽然生物改性细菌纤维素具有绿色环保的优点，但由于发酵条件限制，可用于改性的添加剂也受限。相比较而言，化学改性细菌纤维素的普适性更强。通常，由于细菌纤维素与植物纤维素的化学结构相似，因此植物纤维素的化学改性方法比如羧甲基化、乙酰化、交联化和接枝改性等也适用于细菌纤维素的化学改性，详细的化学改性方法可参考本章第二节内容。改性后的细菌纤维素具有良好的疏水性、高的离子吸附容量和良好的透明度，同时还保留了细菌纤维素本身独特的三维纳米纤维网络和优异的机械性能，为拓宽细菌纤维素的应用研究奠定基础[171]。

3. 细菌纤维素的应用

细菌纤维素作为一种新型环境友好型生物基可降解纳米材料，具备高保水性、高比表面积、流变性和生物相容性等优点，已被广泛应用于食品辅料、药物输送、组织工程等诸多领域[170,172]。通过有机或无机复合还可进一步拓展细菌纤维素在包装材料、热响应材料、导电材料和屏蔽材料等领域的应用。

（1）食品领域　由于其悬浮、增稠、保水、稳定、膨胀和流动的特性，细菌纤维素已经被证实是一种很有潜力的低热量膨胀成分，可用于不同形式的新型功能食品，例如粉状凝胶和碎泡沫，促进了其在食品工业上的应用。1992年，细菌纤维素被美国药品食品监督管理局（FDA）鉴定为"广泛安全"，并已被成功应用于菲律宾的传统点心 Nata de coco 中[173]。目前，细菌纤维素在食品工业中的主要应用包括食品原料、添加剂、包装材料、输送系统、酶和细胞固定剂[174]。

（2）复合增强领域　细菌纤维素可以与亲水性或疏水性的生物聚合物相互作用。近20年来，已有大量研究报道了细菌纤维素增强生物聚合物（聚乳酸、纤维素纤维、琼脂、热塑淀粉）的制备和表征方法，以及利用天然橡胶、壳聚糖、聚己内酯、羟基磷灰石等生物基聚合物增强细菌纤维素的生物复合材料的相关研究。与亲水性生物聚合物相比，细菌纤维素的高含水量导致与疏水性生物聚合物的相容性较差。细菌纤维素增强后，复合生物材料的力学性能明显提升，在组织工程、创面敷料、口腔种植体、人工血管、手术补片、骨填充、心脏瓣膜、人工软骨等绿色复合材料领域具有重要应用意义[175]。

（3）生物医药领域　细菌纤维素由于具有独特的生物适应性和无过敏反应，以及良好的机械韧性，在治疗皮肤损伤、组织工程支架、人工血管、药物缓释载体等方面用途广泛[176-179]。然而，细菌纤维素在皮肤和骨组织工程中的应用研究常致力于提高其附加值上，且目前仍主要处于实验室阶段，用于临床实践的细菌纤维素产品少之又少，且主要以创伤和烧伤敷料的产品形式存在，例如 Dermafill、Bioprocess、Biofill 和 Suprasorb。此外，也有一些细菌纤维素基产品如 Gengiflex 可以用于根组织的修复，SyntheCel 可以用作硬脑膜的替代品，Basyc 可以用作冠状动脉搭桥手术中的血管植入物。截至目前，市面上已经出现了大量基于细菌纤维素的面膜产品，但由于良率低、成本高，价格相较于其他面膜产品要贵很多。现阶段的生物医学应用中，虽然基于细菌纤维素的商业产品很少，但相信在科学家们的共同努力下，细菌纤维素作为一种优良的可再生纳米材料的潜力将得以充分地开发，在临床治疗中将广泛应用[180]。

二、几丁质纳米纤维

1. 几丁质的简介

1811年，法国南锡的植物园主管昂利·巴康诺特意外发现在真菌中有一种不溶于硫酸的物质，也就是几丁质（又称为甲壳素）[181]，其分子链由乙酰氨基葡萄糖和氨基葡萄糖通过 β-1,4-糖苷键组成。在自然界中，几丁质通常以节肢动物或者甲壳动物如虾、蟹的外骨骼组成成分存在，或者参与形成真菌的细胞壁等，因此几丁质也被认为是一种动物源纤维[182]。在节肢动物体内它的结构通常更复杂，与蛋白质、无机盐复合形成坚硬的结构，作为大部分的外骨骼材料。如图 10-7-17 所示，以虾壳为例[183]，由微观到宏观结构，几丁质分子首先形成长链的几丁质分子链，几丁质分子链之间相互紧密连接进一步组合成高度结晶的直径为 3nm 左右的几丁质微纤丝。这些几丁质微纤丝被蛋白质包裹并进一步组装成直径在 100nm 左右的几丁质/蛋白质复合纳米纤维，而这些复合纤维进一步相互包裹缠绕从而形成更大尺寸的纤维束。这些纤维束通过与蛋白质和钙质等相互嵌合形成扭曲的胶合板结构。这种高级结构在宏观层面上再次组装分别形成内角质、外表皮及上皮层的结构。除了虾壳蟹壳外，在其他节肢动物标本中也存在着这种结构[183-189]。正是这种自下而上层层组装的高级结构使几丁质具有自上而下解离出几丁质纳米纤维的潜力。

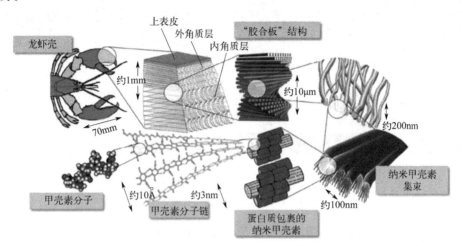

图 10-7-17　以美国龙虾（*H. americanus*）为例的虾壳外骨骼微观与宏观组成图（1Å＝10^{-10} m）

2. 几丁质纳米纤维的制备

（1）机械处理法　机械处理，如粉碎处理、高压均质处理、超声处理等方法或这些方法组合的处理技术已成功应用于几丁质纳米纤维的制备中。以"Star Burst system（星爆法）"为例，在 2012 年 Ifuku 等采用"星爆法"成功制备出宽度在 16～19nm 的几丁质纳米纤维。并且，随着处理次数增加制备得到的几丁质纳米纤维宽度逐渐下降；与中性条件下制备的几丁质纳米纤维相比，酸性条件下制备出的几丁质纳米纤维宽度明显更细[190]。相比于强度更大的粉碎以及匀浆/超声处理等，在机械处理的方法中微射流技术是一种更为温和的处理方法。Mushi 等以虾壳为原料，在微射流处理 10 次后制备出了宽度约 3nm、长度约 1μm 的几丁质纳米纤维[191]。但到目前为止，高能耗仍是纯机械处理方法制备几丁质纳米纤维的主要缺点。因此，化学法或者结合化学处理的机械法制备几丁质纳米纤维的方法越来越多地被报道。

（2）酸水解法　无论是对于几丁质还是对于纤维素，酸水解都是一种广泛使用的制备纳米纤维的方法，它的主要机理是切断几丁质或者纤维素微纤中的非晶区，保留结晶区以得到纳米尺度的纤维或者晶须。对于几丁质，酸水解的一般步骤是将纯化后的几丁质原料分散在强酸溶液中（如 3mol/L 盐酸），在沸点以下处理一定时间（通常为 3h）后以去离子水稀释并终止反应。最终通过一系列的离心、过滤和透析等步骤去除残留的酸液，进一步以匀浆或者超声等机械手段处理制备几丁质纳米纤维，在机械处理过程中也通常添加醋酸等酸性介质［质子化几丁质表面的氨基（—NH$_3^+$）］以提高几丁质纳米纤维得率。但是由于酸水解处理的强降解特性，往往只能制备径向比较低的纳米晶须，如图 10-7-18 所示，并且几丁质纳米纤维的得率也不高[181]。

（3）部分脱乙酰法　在 2010 年范一民等报道了一种制备正电性几丁质纳米纤维的方法。与其他方法相比，该法的主要特点是将纯化的几丁质经碱处理，部分脱除乙酰基活化表面氨基以使几丁质带有更强的正电特性。伴随在酸性条件下匀浆超声处理成功制备得到尺度为（6.2±1.1）nm 宽、（250±140）nm 长的几丁质纳米纤维，如图 10-7-19（a）所示。与其他方法相比，部分脱乙酰法最大的特点在于制备了可以在酸性条件下分散的正电性几丁质纳米纤维[192]。

（4）TEMPO 催化氧化法　由于几丁质与纤维素结构上的高度相似性，几丁质纳米纤维也

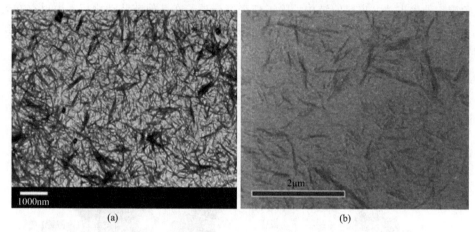

(a)　　　　　　　　　　　　　　　　(b)

图 10-7-18　酸水解制备纳米几丁质的投射电镜形貌图
(a) 纯酸解法；(b) 酸水解＋机械处理法

可以通过 TEMPO 催化氧化法得到。范一民等成功采用 TEMPO 催化氧化法制备出了宽 10～15nm、长 270nm 左右的纳米晶须，如图 10-7-19（b）所示。与 TEMPO 催化氧化纤维素相似，TEMPO 氧化活化几丁质表面的羟基形成负电性羧基，并在机械分散的过程中有效地防止了几丁质纳米晶须的团聚进而形成稳定的分散液。但是与 TEMPO 催化氧化纤维素相比，TEMPO 催化氧化法制备的几丁质纳米纤维长度明显偏小[193]。

（5）离子液体处理法　离子液体通常被定义成在 100℃ 以下熔融的盐类。在传统的有机溶剂或者水溶剂不起作用的情况下，离子液体通常可作为一种替代溶解或者溶胀生物材料的溶剂系统。类似于纤维素，几丁质也被证明是可以通过离子液体处理溶胀形成胶状的物质。2009 年 Prasad 等报道了一种利用 1-烯丙基-3-甲基咪唑溴盐（AMIMBr）在 100℃ 条件下处理 4h 制备胶状几丁质的方法，随着几丁质固含量的增加，胶状几丁质的黏度也明显增加[194]。通过乙醇凝固浴的进一步再生处理，该胶状的几丁质也能在超声辅助下成功制备出宽 20～60nm、长至几百纳米的几丁质纳米纤维，如图 10-7-19（c）所示[195]。除了溶胀几丁质外，离子液体也能溶解几丁质并通过进一步的静电纺丝处理制备得到几丁质纳米纤维材料[196]。

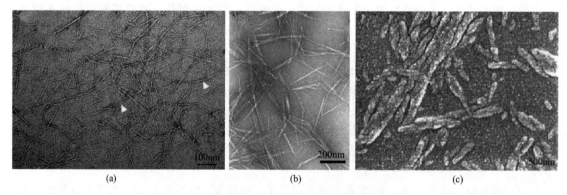

(a)　　　　　　　　　　(b)　　　　　　　　　　(c)

图 10-7-19　表面修饰预处理制备的纳米几丁质的形貌图
(a) 部分脱乙酰；(b) TEMPO 催化氧化；(c) 离子液体处理

（6）静电纺丝　目前通过静电纺丝法制备几丁质纳米纤维主要是将几丁质溶解于高毒性溶剂如六氟异丙醇（HFIP）或者强酸溶剂如甲磺酸（MSA）等中实现的[197]。一般还需要经过以下任一方法克服几丁质的高分子量特性：a. Co[60] 伽马射线辐射处理；b. 微波辐射处理；c. 超声处理[198]。静电纺丝法制备的几丁质纳米纤维通常具有 100～200nm 的宽度，微波辅助处理的几丁质纳米纤维能达到更低的宽度（约 8nm)[199]。

（7）模具浇筑 2011 年，Zhong 等以 HFIP 为溶剂溶解几丁质，并以此为"几丁质纳米纤维油墨"（"chitin nanofiber ink"），采用喷枪、模板为工具"印刷"出宽度在 3nm 左右的几丁质纳米纤维，如图 10-7-20 所示[197]。根据模具形状，不同形态的几丁质纳米纤维都可以用这种模具自组装的方法制备。但是有毒溶剂 HFIP 的使用仍然极大地限制了此种模具法制备几丁质纳米纤维的应用。

图 10-7-20　模具浇筑法制备几丁质纳米纤维的方法示意图

3. 几丁质纳米纤维的应用

几丁质纳米纤维独特的性质，如可再生、可生物降解、小尺寸、低密度、大比表面积、高反应活性、生物相容性和低细胞毒性使其在生物医学、食品包装、污染物治理以及复合增强材料等方面具有广泛的应用前景。

（1）材料增强 几丁质纳米纤维由于固有的高结晶度、刚性以及生物活性，已经被广泛应用于各种材料的增强。由于几丁质纳米纤维天然亲水的特性，目前大部分工作都是将几丁质纳米纤维与亲水性材料如聚己内酯、壳聚糖、淀粉、聚乙烯醇等进行复合研究。例如几丁质纳米纤维增强的壳聚糖薄膜，其拉伸强度可以达到 122.8MPa，为纯壳聚糖膜的 2.5 倍[181]。

（2）乳化增稠 几丁质纳米纤维表面丰富的氨基及其所带来的强静电斥力使得几丁质纳米纤维具有稳定乳液的能力。以玉米油为原料，对几丁质纳米纤维进行均质处理可以得到水包油乳液，并且能稳定一个月以上。同时，几丁质纳米纤维表面丰富的氨基还使其具有一定的抗菌能力[200]。

（3）储能导电 生物质纳米纤维材料由于良好的电解液浸润性、高热稳定性、高机械强度以及低廉的价格，在电池隔膜应用方面具有潜在应用价值，通过氰基修饰的几丁质纳米纤维隔膜的离子电导率和锂离子迁移数分别达到 0.45mS/cm 和 0.62[201]。由于几丁质纳米纤维凝胶具有独特的三维纳米网络结构，其还可与碳纳米管或者碳纳米纤维相互贯穿形成互穿网络结构，为复合材料提供有效的电子传输路径，在相同配比条件下，凝胶状的几丁质纳米纤维/多壁碳纳米管复合材料的电导率比薄膜状的复合材料提高 2 倍以上[202]。

（4）生物医药 几丁质纳米纤维凝胶网络的多孔性也为其药物缓释性能提供了结构基础，研究人员以微乳液作为药物模型发现，包载于几丁质纳米纤维凝胶内的微乳液可在 60h 左右实现接近 100％的释放率。同时通过小鼠灌胃实验发现，几丁质纳米纤维还有明显的减肥降脂性能，在生物保健方面具有潜在的应用前景[203]。

三、丝素蛋白纳米纤维

1. 丝素蛋白的简介

除了纤维素、几丁质这两类天然的多糖基高分子外，动物丝也是大自然赋予人类的蕴藏极为丰富的蛋白基高分子之一。与众多的天然高分子材料相比，动物丝作为特殊的天然蛋白质纤维，完美地兼顾了强度与韧性间的平衡。动物丝来源广泛，主要来源于 30000 多种蜘蛛和 113000 多种鳞翅目昆虫，蜘蛛（*Nephila clavipes and Araneus diadematus*）牵引丝、家蚕（*Bombyx mori*）蚕茧丝和野生蚕（*Antheraea pernyi and Samia cynthia ricini*）蚕茧丝是目前研究最广泛的天然动物丝纤维，其中以桑蚕丝利用最早、产量最大。通常，一颗蚕茧中可连续获得直径 10～25mm、长度 1000～1600m 的丝纤维[204]。

蚕茧纤维一般由占总质量约 70% 的丝素蛋白、25% 的丝胶蛋白和 5% 左右的杂质所组成[205]。而丝素蛋白和丝胶蛋白均为无特定生物活性的纤维性蛋白质，由多种氨基酸组成（具体见表 10-7-1），主要组分是甘氨酸、丙氨酸和丝氨酸[206]。此外，丝素蛋白的二级结构主要为 β-折叠，且经过聚集，最终形成疏水的"物理交联点"，从而使得蚕丝具有不溶于水的特性。

表 10-7-1　天然桑蚕和柞蚕丝蛋白中的主要氨基酸组成

氨基酸	天然桑蚕丝蛋白	天然柞蚕丝蛋白	氨基酸	天然桑蚕丝蛋白	天然柞蚕丝蛋白
天冬氨酸	2.40	5.11	蛋氨酸	0.10	0.00
苏氨酸	1.60	0.44	异亮氨酸	0.60	0.43
丝氨酸	12.30	10.58	亮氨酸	0.50	0.44
谷氨酸	1.20	0.90	酪氨酸	5.00	5.47
脯氨酸	0.70	0.30	苯丙氨酸	0.70	0.37
甘氨酸	43.50	29.81	组氨酸	0.20	0.80
丙氨酸	28.00	42.27	赖氨酸	0.50	0.13
半胱氨酸	0.10	0.00	精氨酸	0.60	2.55
缬氨酸	2.30	0.88			

蚕丝截面通常呈扁平或椭圆形，主要由两根平均直径约 $10\mu m$ 的丝素蛋白纤维组成。作为蚕丝的核心纤维，丝素蛋白对蚕丝的强度和韧性起到了决定性的作用。而丝胶蛋白作为丝素蛋白的外层包覆成分不具备力学强度，且较容易溶于水。因此，在研究过程中，通常利用其具有较好水溶性的特点将其与丝素蛋白纤维分离。

在当今人类面临着石油及其他不可持续资源日渐枯竭的危机和环保观念逐渐增强的趋势下，可再生的天然高分子资源的开发和利用显得尤为重要。除了在传统纺织领域的应用外，动物丝作为大自然馈赠的无毒无害、可生物降解的蛋白材料，其应用逐渐拓宽至组织工程支架、药物缓释等生物医用材料领域。与纤维素、几丁质等天然高分子材料一样，动物丝纤维也是由从纳米尺度跨越到宏观尺度的复杂层级结构组成[207]，这些层次分明的微观结构赋予其特殊且优异的综合力学性能，而丝素蛋白纳米纤维则是动物丝纤维中最关键的纳米结构之一。丝素蛋白纳米纤维可以进一步形成约 20～200nm 的微纤维，进而形成动物丝纤维。

2. 丝素蛋白纳米纤维的制备

（1）"自上而下"制备策略[208]　丝素蛋白分子链由于大量链间氢键而得以稳定。因此，在水和大多数有机溶剂中，动物丝仅润胀而不溶解。若想将丝素蛋白从天然的宏观结构转变为多种性状的新材料，以应对不同应用领域的需求，溶解是关键且必不可少的一步。在这一过程中，溶剂既要有破坏 β-折叠结构的能力，又要避免分子链的过度降解。鉴于此，无机盐体系（LiBr 水溶液、$CaCl_2$/乙醇/水溶液）、有机盐体系（N-甲基-N-氧化吗啉、含卤离子的离子液体）以及有机溶剂体系（六氟异丙醇、水合六氟丙酮）已成功溶解丝素蛋白溶液并衍生出多样的丝素蛋白基新材料。

　　从保留天然动物丝素蛋白层级结构出发，在微米或纳米尺度上直接剥离丝素蛋白纳米纤维以完全保留天然蛋白的特性，已经成为构建丝素蛋白基材料的又一热点方向。采用超声技术，如 900～1000W、30～45min 的超高强度超声，可制备出直径 25～120nm 的天然丝素蛋白纳米材料 [图 10-7-21（a）]。通过将脱胶丝部分溶解在盐-甲酸体系中，可获得直径 20～200nm 的纳米纤维 [图 10-7-21（b）]。所获得的丝素蛋白纳米纤维既可以制备成高强度薄膜，又可以通过静电纺丝制备高质量的丝素蛋白纳米纤维。受到溶剂剥离石墨烯方法的启发，通过结合化学处理（六氟异丙醇部分溶解）和物理分散（超声波分散），开发出一种在单一丝素蛋白纳米纤维水平上直接剥离的新策略。该方法首先将脱胶丝纤维浸入六氟异丙醇溶液中，并将混合物在 60℃ 环境中密封 24h，使六氟异丙醇逐渐渗透到丝纤维中，并从丝纤维的缺口和两端开始部分溶解。随后，将这一过程获得的微纤维在 $120\mu m$ 振幅和 20kHz 频率下超声分散 1h，可直接剥离出直径（20±5）nm、长度 300～500nm 的单根丝素蛋白纳米纤维 [图 10-7-21（c）]。采用低强度超声辅助酸水解的工艺[209]，可从天然丝纤维中提取出长度（306±107）nm 和直径 4～18nm 的纳米纤维 [图 10-7-21（d）]。所获得的纳米纤维在 pH 值为 3 和 7～10 的水相分散环境下可稳定存在至少 30 天。采用蛋白变性低共熔溶剂体系（尿素/盐酸胍）[210]，也可实现丝素蛋白纳米纤维的分离，通过调控剥离过程中的温度、离心速率及超声强度等条件，可得到直径 20～100nm、长度 0.3～$10\mu m$ 的纳米纤维 [图 10-7-21（e）]。尽管上述制备方法均可获得尺寸不尽相同的天然丝素蛋白纳米纤维，但皆有其固有的局限性，一种绿色、环保、高效且易分散加工的制备方法，仍需不懈探索。

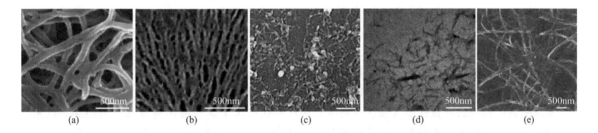

图 10-7-21　"自上而下"策略制备的丝素蛋白纳米纤维形貌特征
（a）高强度超声法制备的桑蚕丝素蛋白纳米纤维扫描电镜图；（b）甲酸/CaCl$_2$ 溶解体系制备的桑蚕丝素蛋白纳米纤维扫描电镜图；（c）液态剥离法制备的桑蚕丝素蛋白纳米纤维扫描电镜图；（d）酸水解法制备的桑蚕丝素蛋白纳米纤维透射电镜图；（e）低共熔溶剂法制备的桑蚕丝素蛋白纳米纤维扫描电镜图

　　（2）"自下而上"制备策略[208]　　相较于其他天然高分子而言，丝素蛋白的特色在于高度有序的一级结构（由高度重复的亲疏水结构域组成），这使得丝素蛋白具有固有且强烈的自组装成高级复杂结构的驱动力。通过"成核依赖"的聚集机制，在"干燥-溶解"后的再生丝素蛋白溶液中，再生丝素蛋白溶液可组装成具有 β-折叠结构的纳米纤维分散液，透明不絮聚，且可稳定存放数月[211] [图 10-7-22（a）]。外界刺激，如电场、pH、离子、机械剪切力、超声波处理、加热和乙醇溶解等都可触发丝素蛋白的自组装过程，诱导丝素蛋白构象发生转变。其中常用的方法是使用热诱导法和乙醇诱导法以加快丝素蛋白的自组装过程。研究发现，质量浓度低于 0.3% 的丝素蛋白溶液在 60℃ 下孵育 7 天 [图 10-7-22（b）] 或在体积浓度为 7% 的乙醇水溶液中诱导 1～2 天 [图 10-7-22（c）]，可以自发组装成具有串珠状结构的细长纳米纤维（直径 3～4nm，长 $1\mu m$）。不仅如此，无机纳米材料也能诱导和调节丝素蛋白的自组装。例如，丝素蛋白纳米纤维可以直接生长在单个还原氧化石墨烯纳米片层的表面。再生出的丝素蛋白纳米纤维可以完全覆盖纳米片层，提供柔软且亲水的表面，并促进其在水溶液中稳定分散 [图 10-7-22（d）]，且可以通过对丝素蛋白纳米纤维进行化学修饰赋予还原氧化石墨烯更多样的功能。

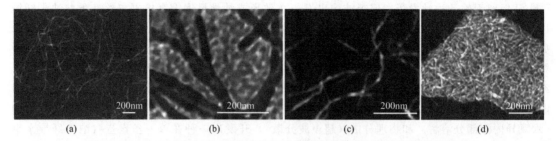

(a)　　　　　　　　(b)　　　　　　　　(c)　　　　　　　　(d)

图 10-7-22　"自下而上"制备策略组装获得的丝素蛋白纳米纤维形貌特征

(a) 质量浓度 0.03％丝素蛋白溶液"成核依赖"自组装产生桑蚕丝素蛋白纳米纤维扫描电子显微镜图；
(b) 加热诱导丝素蛋白自组装产生桑蚕丝素蛋白纳米纤维原子力显微镜图；(c) 体积浓度 7％乙醇诱导丝素蛋白自组装产生桑蚕丝素蛋白纳米纤维原子力显微镜图；(d) 丝素蛋白在还原氧化石墨烯表面自组装的原子力显微镜图

3. 丝素蛋白纳米纤维的应用

作为具有良好生物相容性、生物降解性、可修饰性和其他若干特殊性质的蛋白质，动物丝及其蛋白的应用正在从传统的纺织领域向具有高附加值和广阔前景的仿生材料、生物医用材料及光电材料等诸多先进领域拓展。

(1) 丝素蛋白溶液　丝素蛋白溶液对剪切力十分敏感，是一种天然的大分子乳化剂。换言之，再生丝素蛋白可在疏水液体和水的混合溶液中发挥表面活性剂的作用，从而促进乳液生成，且该乳液大部分相当稳定[212]。有趣的是，再生丝素蛋白水溶液还具有一定的还原能力，在一定 pH 值及浓度的再生丝素蛋白溶液中，滴加氯金酸溶液并缓慢搅拌，可以形成大小约为 15nm 的金纳米颗粒，且外层均匀地被再生丝素蛋白所包覆，成为具有典型核-壳结构的金/丝素蛋白复合粒子。同样地，也可以从硝酸银中还原得到 10mm 左右的均匀分散的银纳米颗粒。

(2) 丝素蛋白纳米纤维薄膜[208]　丝素蛋白纳米纤维通常以高含水量的分散液形式存在，由于固含量低，溶剂蒸发法制备的薄膜往往过于脆而难以应用，幸运的是，丝素蛋白纳米纤维具有较长的长度及较高的机械强度，可以承受真空抽滤干燥从而制备成薄膜。且研究发现，由真空抽滤制备的薄膜的机械性能（强度、刚度及韧性）往往优于通过溶剂蒸发法制备的膜。丝素蛋白纳米纤维薄膜不仅透明度高，亦可吸附多种染料；通过绘制导电的电路，可以达到电子元器件的功能化应用，在湿度传感器和电子皮肤领域，具有广阔应用前景。

(3) 丝素蛋白纳米纤维凝胶[208]　通常在储存过程中，由于 β-折叠晶区的"物理交联点"作用以及分子间的疏水相互作用和氢键作用，再生丝素蛋白水溶液可逐渐转变为凝胶态。因此，丝素蛋白纳米纤维另一有趣的应用是可作为可注射水凝胶用于细胞治疗、组织工程等再生医学。与传统的水凝胶相比，可注射的水凝胶可以填充任意形状的缺损组织，同时也减少了手术的创伤和病人的不适。并且可将药物和细胞掺入水凝胶中，以达到治疗的效果。此外，水凝胶中的三维网络结构对营养物质、代谢物和细胞间化学信号分子等具有极高的渗透性。这些凝胶已成功作为细胞和抗癌药物的负载载体，用于持续且稳定的药物递送中。

(4) 丝素蛋白纳米纤维支架（海绵）[213]　在组织工程中，多孔海绵支架对细胞附着、增殖和迁移，以及营养物质和废物运输十分重要。在使用致孔剂、气体发泡或冷冻干燥等方式处理后，可以成功制备丝素蛋白纳米纤维基多孔海绵。研究发现，可利用细胞在多孔三维丝素蛋白海绵上生长以形成多种组织。例如，可利用丝素蛋白海绵修复大鼠股骨缺损；采用孔径为 900μm 的多孔海绵，在成骨培养基中，人骨髓间充质干细胞分化 28 天后观察到与骨小梁相似的结构。在组织工程中，生物支架一方面为保持组织形状提供力学支撑，另一方面为细胞黏附、分化和增殖提供场所，引导受损组织再生。丝素蛋白支架因优越的生物相容性和降解性成为一种理想的组织工程支架材料来源。

参考文献

［1］Kato T，Yokoyama M M，Takahashi A. Melting temperatures of thermally reversible gels Ⅳ. Methyl cellulose-water gels. Colloid &. Polymer Science，1978，256（1）：15-21.

［2］Biswal D R，Singh R P. Characterisation of carboxymethyl cellulose and polyacrylamide graft copolymer. Carbohydr Polym，2004，57（4）：379-387.

［3］Lima M M D S，Borsali R. Rodlike cellulose microcrystals：Structure，properties，and applications. Macromol Rapid Commun，2004，25（7）：771-787.

［4］Bhatnagar A，Sain M. Processing of cellulose nanofiber-reinforced composites. J Reinf Plast Compos，2005，24（12）：1259-1268.

［5］Melvir R S，Drexel H C. Characteristics of unique HBr-hydrolyzed cellulose nanocrystals from freshwater green algae（Cladophora rupestris）and its reinforcement in starch -based film. Carbohydr Polym，2017，169：315-323.

［6］Rånby B G，Ribi E. Über den feinbau der zellulose. Experientia，1950，6（1）：12-14.

［7］Tashiro K，Kobayashi M. Theoretical evaluation of three-dimensional elastic constants of native and regenerated celluloses：Role of hydrogen bonds. Polymer，1991，32（8）：1516-1526.

［8］Frank T A，William S F，Rover S K. Suspensions containing microfibrillated cullulose，and process for their preparation：EP0051230. 1984-07-04.

［9］Barud H S，Barrios C，Regiani T，et al. Self-supported silver nanoparticles containing bacterial cellulose membranes. Mater Sci Eng C，2008，28（4）：515-518.

［10］Jonas R，Farah L F. Production and application of microbial cellulose. Polym Degrad Stab，1998，59（1-3）：101-106.

［11］Juntaro J，Pommet M，Kalinka G，et al. Creating hierarchical structures in renewable composites by attaching bacterial cellulose onto sisal fibers. Adv Mater，2008，20（16）：3122-3126.

［12］Evans B R，O'Neill H M，Malyvanh V P，et al. Palladium-bacterial cellulose membranes for fuel cells. Biosens Bioelectron，2003，18（7）：917-923.

［13］Carvalho T，Guedes G，Sousa F L，et al. Latest advances on bacterial cellulose based materials for wound healing，delivery systems and tissue engineering. Biotechnol J，2019，14（12）：1900059.

［14］Spence K L，Venditti R A，Rojas O J，et al. The effect of chemical composition on microfibrillar cellulose films from wood pulps：Water interactions and physical properties for packaging applications. Cellulose，2010，17（4）：835-848.

［15］Zhang L，Tsuzuki T，Wang X. Preparation of cellulose nanofiber from softwood pulp by ball milling. Cellulose，2015，22（3）：1729-1741.

［16］Fan J S，Li Y-h. Maximizing the yield of nanocrystalline cellulose from cotton pulp fiber. Carbohydr Polym，2012，88（4）：1184-1188.

［17］Araki J，Wada M，Kuga S，et al. Flow properties of microcrystalline cellulose suspension prepared by acid treatment of native cellulose. Colloids Surf A，1998，142（1）：75-82.

［18］Yu H，Qin Z，Liang B，et al. Facile extraction of thermally stable cellulose nanocrystals with a high yield of 93％ through hydrochloric acid hydrolysis under hydrothermal conditions. J Mater Chem A，2013，1：3938-3944.

［19］Espinosa S C，Kuhnt T，Foster E J，et al. Isolation of thermally stable cellulose nanocrystals by phosphoric acid hydrolysis. Biomacromolecules，2013，14（4）：1223-1230.

［20］Henriksson M，Henriksson G，Berglund L A，et al. An environmentally friendly method for enzyme-assisted preparation of microfibrillated cellulose（MFC）nanofibers. Eur Polym J，2007，43（8）：3434-3441.

［21］Nooy A E J D，Besemer A C，Bekkum H V. Highly selective tempo mediated oxidation of primary alcohol groups in polysaccharides. Recueil des Travaux Chimiques des Pays-Bas，1994，113（3）：165-166.

［22］Nooy A E J D，Besemer A C，Bekkum H V. ChemInform abstract：The use of stable organic nitroxyl radicals for the oxidation of primary and secondary alcohols. Cheminform，2010，28（11）.

［23］Saito T，Kimura S，Nishiyama Y，et al. Cellulose nanofibers prepared by TEMPO-mediated oxidation of native cellulose. Biomacromolecules，2007，8（8）：2485-2491.

［24］Isogai A，Saito T，Fukuzumi H. TEMPO-oxidized cellulose nanofibers. Nanoscale，2011，3（1）：71-85.

［25］Hirota M，Tamura N，Saito T，et al. Oxidation of regenerated cellulose with NaClO$_2$ catalyzed by TEMPO and

NaClO under acid-neutral conditions. Carbohydr Polym，2009，78（2）：330-335.

[26] Saito T，Hirota M，Tamura N，et al. Individualization of nano-sized plant cellulose fibrils by direct surface carboxylation using TEMPO catalyst under neutral conditions. Biomacromolecules，2009，10（7）：1992-1996.

[27] Saito T，Hirota M，Tamura N，et al. Oxidation of bleached wood pulp by TEMPO/NaClO/NaClO$_2$ system：Effect of the oxidation conditions on carboxylate content and degree of polymerization. J Wood Sci，2010，56（3）：227-232.

[28] Chaabouni O，Boufi S. Cellulose nanofibrils/polyvinyl acetate nanocomposite adhesives with improved mechanical properties . Carbohydrate Polymers，2017，156：64-70.

[29] Hirota M，Tamura N，Saito T，et al. CelluloseⅡ nanoelements prepared from fully mercerized，partially mercerized and regenerated celluloses by 4-acetamido-TEMPO/NaClO/NaClO$_2$ oxidation. Cellulose，2012，19（2）：435-442.

[30] Isogai T，Saito T，Isogai A. Wood cellulose nanofibrils prepared by TEMPO electro-mediated oxidation. Cellulose，2011，18（2）：421-431.

[31] Jiang J，Ye W，Liu L，et al. Cellulose nanofibers prepared using the TEMPO/laccase/O$_2$ system. Biomacromolecules，2016，18（1）：288-294.

[32] Kim U J，Kuga S. Ion-exchange chromatography by dicarboxyl cellulose gel. J Chromatogr A，2001，919（1）：29-37.

[33] Liimatainen H，Ezekiel N，Sliz R，et al. High-strength nanocellulose-talc hybrid barrier films. ACS Appl Mater Inter，2013，5（24）：13412-13418.

[34] Wågberg L，Decher G，Norgren M，et al. The build-up of polyelectrolyte multilayers of microfibrillated cellulose and cationic polyelectrolytes. Langmuir，2008，24（3）：784-795.

[35] Taipale T，Österberg M，Nykänen A，et al. Effect of microfibrillated cellulose and fines on the drainage of kraft pulp suspension and paper strength. Cellulose，2010，17（5）：1005-1020.

[36] Li J，Wei X，Wang Q，et al. Homogeneous isolation of nanocellulose from sugarcane bagasse by high pressure homogenization. Carbohydr Polym，2012，90（4）：1609-1613.

[37] Li P，Sirviö J A，Haapala A，et al. Cellulose nanofibrils from nonderivatizing urea-based deep eutectic solvent pretreatments. ACS Appl Mater Inter，2017，9（3）：2846-2855.

[38] Huang Z H，Kang F，Zheng Y P，et al. Adsorption of trace polar methy-ethyl-ketone and non-polar benzene vapors on viscose rayon-based activated carbon fibers. Carbon，2002，40（8）：1363-1367.

[39] Kulpinski P. Cellulose nanofibers prepared by the N-methylmorpholine-N-oxide method. J Appl Polym Sci，2005，98（4）：1855-1859.

[40] Xiao M，Frey M W. Study of cellulose/ethylene diamine/salt systems. Cellulose，2009，16（3）：381-391.

[41] Yun G Y，Kim H S，Kim J，et al. Study on the effect of aligned cellulose film to the performance of electro-active paper actuator. Sens Actuators A，2013，141（2）：530-535.

[42] Aytac Z，Sen H S，Durgun E，et al. Sulfisoxazole/cyclodextrin inclusion complex incorporated in electrospun hydroxypropyl cellulose nanofibers as drug delivery system. Colloids Surf B，2015，128：331-338.

[43] Liu H，Hsieh Y-L. Ultrafine fibrous cellulose membranes from electrospinning of cellulose acetate. J Polym Sci Part B，2002，40（18）：2119-2129.

[44] Shi D，Wang F，Lan T，et al. Convenient fabrication of carboxymethyl cellulose electrospun nanofibers functionalized with silver nanoparticles. Cellulose，2016，23（3）：1899-1909.

[45] Heux L，Chauve G，Bonini C. Nonflocculating and chiral-nematic self-ordering of cellulose microcrystals suspensions in nonpolar solvents. Langmuir，2000，16（21）：8210-8212.

[46] Bondeson D，Oksman K. Dispersion and characteristics of surfactant modified cellulose whiskers nanocomposites. Composite Interfaces，2012，14（7-9）：617-630.

[47] Salajková M，Berglund L A，Zhou Q. Hydrophobic cellulose nanocrystals modified with quaternary ammonium salts. Journal of Materials Chemistry，2012，22（37）：19798-19805.

[48] Xhanari K，Syverud K，Chinga-Carrasco G，et al. Reduction of water wettability of nanofibrillated cellulose by adsorption of cationic surfactants. Cellulose，2010，18（2）：257-270.

[49] Zhou Q，Brumer H，Teeri T T. Self-organization of cellulose nanocrystals adsorbed with xyloglucan oligosaccharide-poly(ethylene glycol)-polystyrene triblock opolymer. Macromolecules，2009，42（15）：5430-5432.

［50］Martins N C T，Freire C S R，Neto C P，et al．Antibacterial paper based on composite coatings of nanofibrillated cellulose and ZnO．Colloids and Surfaces A：Physicochemical and Engineering Aspects，2013，417：111-119．

［51］Martins N C T，Freire C S R，Pinto R J B，et al．Electrostatic assembly of Ag nanoparticles onto nanofibrillated cellulose for antibacterial paper products．Cellulose，2012，19（4）：1425-1436．

［52］Isogai A，Hänninen T，Fujisawa S，et al．Catalytic oxidation of cellulose with nitroxyl radicals under aqueous conditions．Progress in Polymer Science，2018，86：122-148．

［53］Shimizu M，Saito T，Isogai A．Water-resistant and high oxygen-barrier nanocellulose films with interfibrillar cross-linkages formed through multivalent metal ions．Journal of Membrane Science，2016，500：1-7．

［54］Habibi Y．Key advances in the chemical modification of nanocelluloses．Chem Soc Rev，2014，43（5）：1519-1542．

［55］Heise K，Delepierre G，King A，et al．Chemical modification of cellulose nanocrystal reducing end-groups．Angewandte Chemie，2020，

［56］Roman M，Winter W T．Effect of sulfate groups from sulfuric acid hydrolysis on the thermal degradation behavior of bacterial cellulose．Biomacromolecules，2004，5（5）：1671-1677．

［57］Wang N，Ding E，Cheng R．Thermal degradation behaviors of spherical cellulose nanocrystals with sulfate groups．Polymer，2007，48（12）：3486-3493．

［58］Okita Y，Fujisawa S，Saito T，et al．TEMPO-oxidized cellulose nanofibrils dispersed in organic solvents．Biomacromolecules，2010，12（2）：518-522．

［59］Sassi J-F，Chanzy H．Ultrastructural aspects of the acetylation of cellulose．Cellulose，1995，2（2）：111-127．

［60］Bozic M，Vivod V，Kavcic S，et al．New findings about the lipase acetylation of nanofibrillated cellulose using acetic anhydride as acyl donor．Carbohydr Polym，2015，125：340-351．

［61］Olszewska A，Eronen P，Johansson L-S，et al．The behaviour of cationic nanofibrillar cellulose in aqueous media．Cellulose，2011，18（5）：1213-1226．

［62］Moon R J，Martini A，Nairn J，et al．Cellulose nanomaterials review：Structure，properties and nanocomposites．Chem Soc Rev，2011，40（7）：3941-3994．

［63］Zhang Z，Sèbe G，Rentsch D，et al．Ultralightweight and flexible silylated nanocellulose sponges for the selective removal of oil from water．Chemistry of Materials，2014，26（8）：2659-2668．

［64］Siqueira G，Bras J，Follain N，et al．Thermal and mechanical properties of bio-nanocomposites reinforced by Luffa cylindrica cellulose nanocrystals．Carbohydr Polym，2013，91（2）：711-717．

［65］Shang W，Huang J，Luo H，et al．Hydrophobic modification of cellulose nanocrystal via covalently grafting of castor oil．Cellulose，2013，20（1）：179-190．

［66］Rueda L，Fernández d'Arlas B，Zhou Q，et al．Isocyanate-rich cellulose nanocrystals and their selective insertion in elastomeric polyurethane．Composites Science and Technology，2011，71（16）：1953-1960．

［67］Lasseuguette E．Grafting onto microfibrils of native cellulose．Cellulose，2008，15（4）：571-580．

［68］Bellani C F，Pollet E，Hebraud A，et al．Morphological，thermal，and mechanical properties of poly（ε-caprolactone）poly（ε-caprolactone）-grafted-cellulose nanocrystals mats produced by electrospinning．Journal of Applied Polymer Science，2016，133（21）：43445．

［69］Peltzer M，Pei A，Zhou Q，et al．Surface modification of cellulose nanocrystals by grafting with poly（lactic acid）．Polymer International，2014，63（6）：1056-1062．

［70］Lizundia E，Fortunati E，Dominici F，et al．PLLA-grafted cellulose nanocrystals：Role of the CNC content and grafting on the PLA bionanocomposite film properties．Carbohydr Polym，2016，142：105-113．

［71］Muiruri J K，Liu S，Teo W S，et al．Highly biodegradable and tough polylactic acid-cellulose nanocrystal composite．ACS Sustainable Chemistry & Engineering，2017，5（5）：3929-3937．

［72］Ma P，Jiang L，Xu P，et al．Rapid stereocomplexation between enantiomeric comb-shaped cellulose-g-poly（l-lactide）nanohybrids and poly（d-lactide）from the melt．Biomacromolecules，2015，16（11）：3723-3729．

［73］Chen J，Wu D，Tam K C，et al．Effect of surface modification of cellulose nanocrystal on nonisothermal crystallization of poly（β-hydroxybutyrate）composites．Carbohydrate Polymers，2017，157：1821-1829．

［74］Braun B，Dorgan J R，Hollingsworth L O．Supra-molecular ecobionanocomposites based on polylactide and cellulosic nanowhiskers：Synthesis and properties．Biomacromolecules，2012，13（7）：2013-2019．

[75] Odian G. Principles of polymerization. John Wiley & Sons, 2004.

[76] Sarac A S. Redox polymerization. Progress in Polymer Science, 1999, 24 (8): 1149-1204.

[77] Zoppe J O, Ataman N C, Mocny P, et al. Surface-initiated controlled radical polymerization: State-of-the-art, opportunities, and challenges in surface and interface engineering with polymer brushes. Chemical Reviews, 2017, 117 (3): 1105-1318.

[78] Matyjaszewski K. Atom transfer radical polymerization (ATRP): Current status and future perspectives. Macromolecules, 2012, 45 (10): 4015-4039.

[79] Bai L, Zhang L, Cheng Z, et al. Activators generated by electron transfer for atom transfer radical polymerization: Recent advances in catalyst and polymer chemistry. Polymer Chemistry, 2012, 3 (10): 2685-2697.

[80] Lligadas G, Grama S, Percec V. SET-LRP platform to practice, develop and invent. Biomacromolecules, 2017, 18 (10).

[81] Xiuli C, Lin H, Hao-Jan S, et al. Stimuli-responsive nanocomposite: potential injectable embolization agent. Macromolecular Rapid Communications, 2014, 35 (5): 579-584.

[82] Hemraz U D, Lu A, Sunasee R, et al. Structure of poly (N-isopropylacrylamide) brushes and steric stability of their grafted cellulose nanocrystal dispersions. Journal of Colloid & Interface Science, 2014, 430: 157-165.

[83] Wu W, Huang F, Pan S, et al. Thermo-responsive and fluorescent cellulose nanocrystals grafted with polymer brushes. Journal of Materials Chemistry A, 2015, 3 (5): 1995-2005.

[84] Hemraz U D, Campbell K A, Burdick J S, et al. Cationic poly (2-aminoethylmethacrylate) and poly N-(2-aminoethylmethacrylamide) modified cellulose nanocrystals: Synthesis, characterization, and cytotoxicity. Biomacromolecules, 2015, 16 (1): 319-325.

[85] Wang Z, Zhang Y, Yuan L, et al. Biomass approach toward robust, sustainable, multiple-shape-memory materials. Acs Macro Letters, 2016, 5 (5): 602-606.

[86] Hatton F L, Kedzior S A, Cranston E D, et al. Grafting-from cellulose nanocrystals via photoinduced Cu-mediated reversible-deactivation radical polymerization. Carbohydrate Polymers, 2017, 157: 1033.

[87] Zoppe J O, Habibi Y, Rojas O J, et al. Poly (N-isopropylacrylamide) brushes grafted from cellulose nanocrystals via surface-initiated single-electron transfer living radical polymerization. Biomacromolecules, 2010, 11 (10): 2683-2691.

[88] Yin Y, Tian X, Jiang X, et al. Modification of cellulose nanocrystal via SI-ATRP of styrene and the mechanism of its reinforcement of polymethylmethacrylate. Carbohydrate Polymers, 2016, 142: 206-212.

[89] Gaelle M, Lindy H, Wim T. Cellulose nanocrystals grafted with polystyrene chains through surface-initiated atom transfer radical polymerization (SI-ATRP). Langmuir the Acs Journal of Surfaces & Colloids, 2009, 25 (14): 8280-8286.

[90] Juan Y, Chunpeng W, Jifu W, et al. In situ development of self-reinforced cellulose nanocrystals based thermoplastic elastomers by atom transfer radical polymerization. Carbohydrate Polymers, 2016, 141: 143-150.

[91] Majoinen J, Walther A, McKee J R, et al. Polyelectrolyte brushes grafted from cellulose nanocrystals using Cu-mediated surface-initiated controlled radical polymerization. Biomacromolecules, 2011, 12 (8): 2997-3006.

[92] Malho J M, Morits M, Löbling T I, et al. Rod-like nanoparticles with striped and helical topography. Acs Macro Letters, 2016, 5 (10): 1185-1190.

[93] Henna R, Mckee J R, Eero K, et al. Cationic polymer brush-modified cellulose nanocrystals for high-affinity virus binding. Nanoscale, 2014, 6 (20): 11871-11881.

[94] Zoppe J O, Dupire A V M, Lachat T G G, et al. Cellulose nanocrystals with tethered polymer chains: chemically patchy versus uniform decoration. ACS Macro Letters, 2017, 6 (9): 892-897.

[95] Yi J, Xu Q, Zhang X, et al. Temperature-induced chiral nematic phase changes of suspensions of poly (N , N -dimethylaminoethyl methacrylate) -grafted cellulose nanocrystals. Cellulose, 2009, 16 (6): 989-997.

[96] Mckee J R, Appel E A, Seitsonen J, et al. Healable, stable and stiff hydrogels: Combining conflicting properties using dynamic and selective three-component recognition with reinforcing cellulose nanorods. Advanced Functional Materials, 2014, 24 (18): 2706-2713.

[97] Arredondo J, Jessop P G, Champagne P, et al. Synthesis of carbon dioxide responsive cellulose nanocrystals by surface-initiated Cu(0)-mediated polymerisation. Green Chemistry, 2017, 19 (17): 4141-4152.

［98］ Zhang J，Wu Q，Li M-C，et al. Thermoresponsive copolymer poly（N-vinylcaprolactam）grafted cellulose nanocrystals：Synthesis，structure，and properties. ACS Sustainable Chemistry & Engineering，2017，5（8）：7439-7447.

［99］ Grishkewich N，Akhlaghi S P，Yao Z，et al. Cellulose nanocrystal-poly（oligo（ethylene glycol）methacrylate）brushes with tunable LCSTs. Carbohydr Polym，2016，144：215-222.

［100］ Zhang X，Zhang J，Dong L，et al. Thermoresponsive poly［poly(ethylene glycol) methylacrylate］s grafted cellulose nanocrystals through SI-ATRP polymerization. Cellulose，2017，24（10）：4189-4203.

［101］ Zeinali E，Haddadi-Asl V，Roghani-Mamaqani H. Nanocrystalline cellulose grafted random copolymers of N-isopropylacrylamide and acrylic acid synthesized by RAFT polymerization：Effect of different acrylic acid contents on LCST behavior. RSC Advances，2014，4（59）：31428-31442.

［102］ Roeder R D，Garcia-Valdez O，Whitney R A，et al. Graft modification of cellulose nanocrystals via nitroxide-mediated polymerisation. Polymer Chemistry，2016，7（41）：6383-6390.

［103］ Garcia-Valdez O，Brescacin T，Arredondo J，et al. Grafting CO_2-responsive polymers from cellulose nanocrystals via nitroxide-mediated polymerisation. Polymer Chemistry，2017，8（28）：4124-4131.

［104］ Benkaddour A，Jradi K，Robert S，et al. Grafting of polycaprolactone on oxidized nanocelluloses by click chemistry. Nanomaterials，2013，3（1）：141-157.

［105］ Tingaut P，Hauert R，Zimmermann T. Highly efficient and straightforward functionalization of cellulose films with thiol-ene click chemistry. Journal of Materials Chemistry，2011，21（40）：16066.

［106］ Kontturi E，Laaksonen P，Linder M B，et al. Advanced materials through assembly of nanocelluloses. Advanced Materials，2018，30（24）：1703779.

［107］ Lin F，Cousin F，Putaux J-L，et al. Temperature-controlled star-shaped cellulose nanocrystal assemblies resulting from asymmetric polymer grafting. ACS Macro Letters，2019，8（4）：345-351.

［108］ Sipahi-Saǧlam E，Gelbrich M，Gruber E. Topochemically modified cellulose. Cellulose，2003，10（3）：237-250.

［109］ Valo H，Kovalainen M，Laaksonen P，et al. Immobilization of protein-coated drug nanoparticles in nanofibrillar cellulose matrices-enhanced stability and release. J Control Release，2011，156（3）：390-397.

［110］ Borges A C，Eyholzer C，Duc F，et al. Nanofibrillated cellulose composite hydrogel for the replacement of the nucleus pulposus. Acta Biomater，2011，7（9）：3412-3421.

［111］ Mathew A P，Oksman K，Pierron D，et al. Fibrous cellulose nanocomposite scaffolds prepared by partial dissolution for potential use as ligament or tendon substitutes. Carbohydrate Polymers，2012，87（3）：2291-2298.

［112］ Mathew A P，Oksman K，Pierron D，et al. Crosslinked fibrous composites based on cellulose nanofibers and collagen with in situ pH induced fibrillation. Cellulose，2011，19（1）：139-150.

［113］ Shimotoyodome A，Suzuki J，Kumamoto Y，et al. Regulation of postprandial blood metabolic variables by TEMPO-oxidized cellulose nanofibers. Biomacromolecules，2011，12（10）：3812-3818.

［114］ Metreveli G，Wagberg L，Emmoth E，et al. A size-exclusion nanocellulose filter paper for virus removal. Adv Healthc Mater，2014，3（10）：1546-1550.

［115］ Quellmalz A，Mihranyan A. Citric acid cross-linked nanocellulose-based paper for size-exclusion nanofiltration. ACS Biomaterials Science & Engineering，2015，1（4）：271-276.

［116］ Gustafsson S，Mihranyan A. Strategies for tailoring the pore-size distribution of virus retention filter papers. ACS Appl Mater Interfaces，2016，8（22）：13759-13767.

［117］ Xiong R，Kim H S，Zhang S，et al. Template-guided assembly of silk fibroin on cellulose nanofibers for robust nanostructures with ultrafast water transport. ACS Nano，2017，11（12）：12008-12019.

［118］ Wang Y，Uetani K，Liu S，et al. Multifunctional bionanocomposite foams with a chitosan matrix reinforced by nanofibrillated cellulose. ChemNanoMat，2017，3（2）：98-108.

［119］ Wu Z Y，Li C，Liang H W，et al. Ultralight，flexible，and fire-resistant carbon nanofiber aerogels from bacterial cellulose. Angew Chem Int Ed Engl，2013，52（10）：2925-2929.

［120］ Chen W，Zhang Q，Uetani K，et al. Sustainable carbon aerogels derived from nanofibrillated cellulose as high-performance absorption materials. Advanced Materials Interfaces，2016，3（10）：1600004.

［121］ Wu Z Y，Li C，Liang H W，et al. Carbon nanofiber aerogels for emergent cleanup of oil spillage and chemical leakage under harsh conditions. Sci Rep，2014，4：4079.

[122] Niu Q，Gao K，Shao Z. Cellulose nanofiber/single-walled carbon nanotube hybrid non-woven macrofiber mats as novel wearable supercapacitors with excellent stability，tailorability and reliability. Nanoscale，2014，6（8）：4083-4088.

[123] Wang Z，Tammela P，Huo J，et al. Solution-processed poly（3,4-ethylenedioxythiophene）nanocomposite paper electrodes for high-capacitance flexible supercapacitors. Journal of Materials Chemistry A，2016，4（5）：1714-1722.

[124] Wang Z，Tammela P，Zhang P，et al. Efficient high active mass paper-based energy-storage devices containing free-standing additive-less polypyrrole-nanocellulose electrodes. J Mater Chem A，2014，2（21）：7711-7716.

[125] Wang H，Bian L，Zhou P，et al. Core-sheath structured bacterial cellulose/polypyrrole nanocomposites with excellent conductivity as supercapacitors. J Mater Chem A，2013，1（3）：578-584.

[126] Nystrom G，Marais A，Karabulut E，et al. Self-assembled three-dimensional and compressible interdigitated thin-film supercapacitors and batteries. Nat Commun，2015，6：7259.

[127] Choi K H，Cho S J，Chun S J，et al. Heterolayered，one-dimensional nanobuilding block mat batteries. Nano Lett，2014，14（10）：5677-5686.

[128] Cho S-J，Choi K-H，Yoo J-T，et al. Hetero-nanonet rechargeable paper batteries：Toward ultrahigh energy density and origami foldability. Advanced Functional Materials，2015，25（38）：6029-6040.

[129] Liang H W，Guan Q F，Zhu Z，et al. Highly conductive and stretchable conductors fabricated from bacterial cellulose. NPG Asia Materials，2012，4（6）：e19.

[130] Pang Q，Tang J，Huang H，et al. A nitrogen and sulfur dual-doped carbon derived from polyrhodanine@cellulose for advanced lithium-sulfur batteries. Adv Mater，2015，27（39）：6021-6028.

[131] Torlopov M A，Udoratina E V，Martakov I S，et al. Cellulose nanocrystals prepared in H3PW12O40-acetic acid system. Cellulose，2017，24（5）：2153-2162.

[132] Zhou Y，Fuentes-Hernandez C，Khan T M，et al. Recyclable organic solar cells on cellulose nanocrystal substrates. Sci Rep，2013，3：1536.

[133] Hu L，Zheng G，Yao J，et al. Transparent and conductive paper from nanocellulose fibers. Energy Environ Sci，2013，6（2）：513-518.

[134] Nogi M，Karakawa M，Komoda N，et al. Transparent conductive nanofiber paper for foldable solar cells. Sci Rep，2015，5：17254.

[135] Golmohammadi H，Morales-Narváez E，Naghdi T，et al. Nanocellulose in sensing and biosensing. Chemistry of Materials，2017，29（13）：5426-5446.

[136] Yuen J D，Walper S A，Melde B J，et al. Electrolyte-sensing transistor decals enabled by ultrathin microbial nanocellulose. Sci Rep，2017，7：40867.

[137] Xie D Y，Qian D，Song F，et al. A fully biobased encapsulant constructed of soy protein and cellulose nanocrystals for flexible electromechanical sensing. ACS Sustainable Chemistry & Engineering，2017，5（8）：7063-7070.

[138] Gao Y，Jin Z. Iridescent chiral nematic cellulose nanocrystal/polyvinylpyrrolidone nanocomposite films for distinguishing similar organic solvents. ACS Sustainable Chemistry & Engineering，2018，6（5）：6192-6202.

[139] Lombardo S，Eyley S，Schutz C，et al. Thermodynamic study of the interaction of bovine serum albumin and amino acids with cellulose nanocrystals. Langmuir，2017，33（22）：5473-5481.

[140] Liou P，Nayigiziki F X，Kong F，et al. Cellulose nanofibers coated with silver nanoparticles as a SERS platform for detection of pesticides in apples. Carbohydr Polym，2017，157：643-650.

[141] Li Z，Yao C，Wang F，et al. Cellulose nanofiber-templated three-dimension TiO$_2$ hierarchical nanowire network for photoelectrochemical photoanode. Nanotechnology，2014，25（50）：504005.

[142] Gardner D J，Oporto G S，Mills R，et al. Adhesion and surface issues in cellulose and nanocellulose. Journal of Adhesion Science and Technology，2008，22（5-6）：545-567.

[143] Ruiz-Palomero C，Benitez-Martinez S，Soriano M L，et al. Fluorescent nanocellulosic hydrogels based on graphene quantum dots for sensing laccase. Anal Chim Acta，2017，974：93-99.

[144] Weishaupt R，Siqueira G，Schubert M，et al. A protein-nanocellulose paper for sensing copper ions at the nano- to micromolar level. Advanced Functional Materials，2017，27（4）：1604291.

［145］Okahisa Y，Abe K，Nogi M，et al. Effects of delignification in the production of plant-based cellulose nanofibers for optically transparent nanocomposites. Composites Science and Technology，2011，71（10）：1342-1347.

［146］Okahisa Y，Yoshida A，Miyaguchi S，et al. Optically transparent wood-cellulose nanocomposite as a base substrate for flexible organic light-emitting diode displays. Composites Science and Technology，2009，69（11-12）：1958-1961.

［147］Benítez A J，Walther A. Cellulose nanofibril nanopapers and bioinspired nanocomposites：A review to understand the mechanical property space. Journal of Materials Chemistry A，2017，5（31）：16003-16024.

［148］Nogi M，Iwamoto S，Nakagaito A N，et al. Optically transparent nanofiber paper. Advanced Materials，2009，21（16）：1595-1598.

［149］Yano H，Sugiyama J，Nakagaito A N，et al. Optically transparent composites reinforced with networks of bacterial nanofibers. Advanced Materials，2005，17（2）：153-155.

［150］Nogi M，Yano H. Transparent nanocomposites based on cellulose produced by bacteria offer potential innovation in the electronics device industry. Advanced Materials，2008，20（10）：1849-1852.

［151］Jiang T，Liu L，Yao J. In situ deposition of silver nanoparticles on the cotton fabrics. Fibers and Polymers，2011，12（5）：620-625.

［152］Pinto R J，Daina S，Sadocco P，et al. Antibacterial activity of nanocomposites of copper and cellulose. Biomed Res Int，2013，2013：280512.

［153］Sun D，Yang J，Li J，et al. Novel Pd-Cu/bacterial cellulose nanofibers：Preparation and excellent performance in catalytic denitrification. Applied Surface Science，2010，256（7）：2241-2244.

［154］Cirtiu C M，Dunlop-Brière A F，Moores A. Cellulose nanocrystallites as an efficient support for nanoparticles of palladium：Application for catalytichydrogenation and Heck coupling under mild conditions. Green Chem，2011，13（2）：288-291.

［155］Li Y，Xu L，Xu B，et al. Cellulose sponge supported palladium nanoparticles as recyclable cross-coupling catalysts. ACS Appl Mater Interfaces，2017，9（20）：17155-17162.

［156］Kaushik M，Basu K，Benoit C，et al. Cellulose nanocrystals as chiral inducers：Enantioselective catalysis and transmission electron microscopy 3D characterization. J Am Chem Soc，2015，137（19）：6124-6127.

［157］Koga H，Azetsu A，Tokunaga E，et al. Topological loading of Cu（Ⅰ）catalysts onto crystalline cellulose nanofibrils for the Huisgen click reaction. Journal of Materials Chemistry，2012，22（12）：5538.

［158］El-Nahas A M，Salaheldin T A，Zaki T，et al. Functionalized cellulose-magnetite nanocomposite catalysts for efficient biodiesel production. Chemical Engineering Journal，2017，322：167-180.

［159］An X，Long Y，Ni Y. Cellulose nanocrystal/hexadecyltrimethylammonium bromide/silver nanoparticle composite as a catalyst for reduction of 4-nitrophenol. Carbohydr Polym，2017，156：253-258.

［160］陈竞，冯蕾，杨新平. 细菌纤维素的制备和应用研究进展. 纤维素科学与技术，2014，22（2）：58-63.

［161］Kose R，Mitani I，Kasai W，et al. "Nanocellulose" as a single nanofiber prepared from pellicle secreted by gluconacetobacter xylinus using aqueous counter collision. Biomacromolecules，2011，12（3）：716-720.

［162］钱子俊. 木醋杆菌发酵制备细菌纤维素的工艺研究. 南京：南京林业大学，2018.

［163］Noro N，Sugano Y，Shoda M. Utilization of the buffering capacity of corn steep liquor in bacterial cellulose production by Acetobacter xylinum. Applied Microbiology ＆ Biotechnology，2004，64（2）：199-205.

［164］Jung H I，Lee O M，Jeong J H，et al. Production and characterization of cellulose by Acetobacter sp. V6 using a cost-effective molasses-corn steep liquor medium. Appl Biochem Biotechnol，2010，162（2）：486-497.

［165］Park J K，Jung J Y，Park Y H. Cellulose production by Gluconacetobacter hansenii in a medium containing ethanol. Biotechnology Letters，2003，25（24）：2055-2059.

［166］Bae S，Sugano Y，Shoda M. Improvement of bacterial cellulose production by addition of agar in a jar fermentor. Journal of Bioscience ＆ Bioengineering，2004，97（1）：33-38.

［167］Keshk S，Sameshima K. Influence of lignosulfonate on crystal structure and productivity of bacterial cellulose in a static culture. Enzyme and Microbial Technology，2006，40（1）：4-8.

［168］Keshk S M. Vitamin C enhances bacterial cellulose production in Gluconacetobacter xylinus. Carbohydr Polym，2014，99：98-100.

[169] Chao Y, Sugano Y, Shoda M. Bacterial cellulose production under oxygen-enriched air at different fructose concentrations in a 50-liter, internal-loop airlift reactor. Applied Microbiology & Biotechnology, 2001, 55 (6): 673-679.

[170] Sulaeva I, Henniges U, Rosenau T, et al. Bacterial cellulose as a material for wound treatment: Properties and modifications. A review. Biotechnology Advances, 2015, 33 (8): 1547-1571.

[171] Hu W, Chen S, Yang J, et al. Functionalized bacterial cellulose derivatives and nanocomposites. Carbohydrate Polymers, 2014, 101: 1043-1060.

[172] Abeer M M, Mohd Amin M C I, Martin C. A review of bacterial cellulose-based drug delivery systems: Their biochemistry, current approaches and future prospects. Journal of Pharmacy and Pharmacology, 2014, 66 (8): 1047-1061.

[173] Iguchi M, Yamanaka S, Budhiono A. Bacterial cellulose—a masterpiece of nature's arts. J Mater Sci, 2000, 35 (2): 261-270.

[174] Lin D, Liu Z, Shen R, et al. Bacterial cellulose in food industry: Current research and future prospects. International Journal of Biological Macromolecules, 2020, 158: 1007-1019.

[175] Pandit A, Kumar R. A review on production, characterization and application of bacterial cellulose and its biocomposites. Journal of Polymers and the Environment, 2021, 29 (9): 2738-2755.

[176] Zhang H Y, Yan X J, Jiang Y, et al. Development and characteristic of bacterial cellulose for antimicrobial wound dressing. Advanced Materials Research, 2010, 152-153: 978-987.

[177] Klemm D, Schumann D, Udhardt U, et al. Bacterial synthesized cellulose—artificial blood vessels for microsurgery. Progress in Polymer Science, 2001, 26 (9): 1561-1603.

[178] Almeida I F, Pereira T, Silva N H, et al. Bacterial cellulose membranes as drug delivery systems: An in vivo skin compatibility study. Eur J Pharm Biopharm, 2014, 86 (3): 332-336.

[179] 黄芳, 黄琳, 杨光. 一种新型布洛芬-细菌纤维素膜透皮缓释系统. 武汉大学学报（理学版）, 2015, 61 (1): 99-102.

[180] Pang M, Huang Y, Meng F, et al. Application of bacterial cellulose in skin and bone tissue engineering. European Polymer Journal, 2020, 122: 109365.

[181] Salaberria A M, Labidi J, Fernandes S C M. Different routes to turn chitin into stunning nanoobjects. European Polymer Journal, 2015, 68: 503-515.

[182] Wan A C A, Tai B C U. CHITIN-A promising biomaterial for tissue engineering and stem cell technologies. Biotechnology Advances, 2013, 31 (8): 1776-1785.

[183] Raabe D, Sachs C, Romano P. The crustacean exoskeleton as an example of a structurally and mechanically graded biological nanocomposite material. Acta Materialia, 2005, 53 (15): 4281-4292.

[184] Nikolov S, Fabritius H, Petrov M, et al. Robustness and optimal use of design principles of arthropod exoskeletons studied by ab initio-based multiscale simulations. Journal of the Mechanical Behavior of Biomedical Materials, 2011, 4 (2): 129-145.

[185] Weiss I M, Schonitzer V. The distribution of chitin in larval shells of the bivalve mollusk Mytilus galloprovincialis. Journal of Structural Biology, 2006, 153 (3): 264-277.

[186] Lhadi S, Ahzi S, Remond Y, et al. Effects of homogenization technique and introduction of interfaces in a multiscale approach to predict the elastic properties of arthropod cuticle. Journal of the Mechanical Behavior of Biomedical Materials, 2013, 23: 103-116.

[187] Romano P, Fabritius H, Raabe D. The exoskeleton of the lobster Homarus americanus as an example of a smart anisotropic biological material. Acta Biomaterialia, 2007, 3 (3): 301-309.

[188] Raabe D, Romano P, Sachs C, et al. Microstructure and crystallographic texture of the chitin-protein network in the biological composite material of the exoskeleton of the lobster Homarus americanus. Materials Science and Engineering a-Structural Materials Properties Microstructure and Processing, 2006, 421 (1-2): 143-153.

[189] Merzendorfer H, Zimoch L. Chitin metabolism in insects: structure, function and regulation of chitin synthases and chitinases. Journal of Experimental Biology, 2003, 206 (24): 4393-4412.

[190] Ifuku S, Yamada K, Morimoto M, et al. Nanofibrillation of dry chitin powder by star burst system. Journal of

Nanomaterials，2012，7.

［191］Mushi N E，Butchosa N，Salajkova M，et al. Nanostructured membranes based on native chitin nanofibers prepared by mild process. Carbohydrate Polymers，2014，112：255-263.

［192］Fan Y M，Saito T，Isogai A. Individual chitin nano-whiskers prepared from partially deacetylated alpha-chitin by fibril surface cationization. Carbohydrate Polymers，2010，79（4）：1046-1051.

［193］Fan Y，Saito T，Isogai A. Chitin nanocrystals prepared by TEMPO-mediated oxidation of alpha-chitin. Biomacromolecules，2008，9（1）：192-198.

［194］Prasad K，Murakami M，Kaneko Y，et al. Weak gel of chitin with ionic liquid, 1-allyl-3-methylimidazolium bromide. International Journal of Biological Macromolecules，2009，45（3）：221-225.

［195］Kadokawa J，Takegawa A，Mine S，et al. Preparation of chitin nanowhiskers using an ionic liquid and their composite materials with poly（vinyl alcohol）. Carbohydrate Polymers，2011，84（4）：1408-1412.

［196］Barber P S，Griggs C S，Bonner J R，et al. Electrospinning of chitin nanofibers directly from an ionic liquid extract of shrimp shells. Green Chemistry，2013，15（3）：601-607.

［197］Zhong C，Kapetanovic A，Deng Y X，et al. A chitin nanofiber ink for airbrushing, replica molding, and microcontact printing of self-assembled macro-, micro-, and nanostructures. Advanced Materials，2011，23（41）：4776-4781.

［198］Tura V，Tofoleanu F，Mangalagm I，et al. Electrospinning of gelatin/chitin composite nanofibers. Journal of Optoelectronics and Advanced Materials，2008，10（12）：3505-3511.

［199］Min B M，Lee S W，Lim J N，et al. Chitin and chitosan nanofibers：Electrospinning of chitin and deacetylation of chitin nanofibers. Polymer，2004，45（21）：7137-7142.

［200］Tzoumaki M V，Moschakis T，Kiosseoglou V，et al. Oil-in-water emulsions stabilized by chitin nanocrystal particles. Food Hydrocolloids，2011，25（6）：1521-1529.

［201］Zhang T W，Chen J L，Tian T，et al. Sustainable separators for high-performance lithium Ion batteries enabled by chemical modifications. Advanced Functional Materials，2019，29（28）：1902023.

［202］Chuchu C，Chuang Y，Suiyi L，et al. A three-dimensionally chitin nanofiber/carbon nanotube hydrogel network for foldable conductive paper. Carbohydrate Polymers，2015，134：309-313.

［203］Ye W，Liu L，Yu J，et al. Hypolipidemic activities of partially deacetylatedα-chitin nanofibers/nanowhiskers in mice. Food & Nutrition Research，2018，62.

［204］Heslot H. Aritificial fibrous proteins：A review. Biochimie，1998，80（1）：19-31.

［205］Thiel B L，Kunkel D D，Viney C. Physical and chemical microstructure of spider dragline：A study by analytical transmission electron microscopy. Peptide Science，1994，34（8）：1089-1097.

［206］Tsukada M，Freddi G，Gotoh Y，et al. Physical and chemical properties of tussah silk fibroin films. Journal of Polymer Science Part B，1994，32（8）：1407-1412.

［207］Wegst U G K，Bai H，Saiz E，et al. Bioinspired structural materials. Nature Materials，2015，14（1）：23-36.

［208］Ling S，Chen W，Fan Y，et al. Biopolymer nanofibrils：Structure, modeling, preparation, and applications. Prog Polym Sci，2018，85：1-56.

［209］Hu Y，Yu J，Liu L，et al. Preparation of natural amphoteric silk nanofibers by acid hydrolysis. Journal of Materials Chemistry B，2019，7（9）：1450-1459.

［210］Tan X，Zhao W，Mu T. Controllable exfoliation of natural silk fibers into nanofibrils by protein denaturant deep eutectic solvent：Nanofibrous strategy for multifunctional membranes. Green Chemistry，2018：3625-3633.

［211］Bai S，Liu S，Zhang C，et al. Controllable transition of silk fibroin nanostructures：An insight into in vitro silk self-assembly process. Acta Biomaterialia，2013，9（8）：7806-7813.

［212］Wang L，Xie H，Qiao X，et al. Interfacial rheology of natural silk fibroin at air/water and oil/water interfaces. Langmuir the Acs Journal of Surfaces & Colloids，2011，28（1）：459-467.

［213］Vepari C，Kaplan D L. Silk as a biomaterial. Progress in polymer science，2007，32（8-9）：991-1007.

（范一民，俞娟，刘亮）

第八章　生物基木材胶黏剂

第一节　生物质改性酚醛树脂胶黏剂

一、木质素改性酚醛树脂（PF）胶黏剂

木质素是由对-香豆醇、紫丁香醇、芥子醇三种单体在一系列生物酶催化作用下经过复杂的生化合成得到的具有高度枝化结构的三维无定形高分子，分子结构如图10-8-1所示[1]。木质素主要由愈创木基、紫丁香基和对羟苯基丙烷三种结构单元构成，这些结构单元之间通过醚键（α-O-4、β-O-4、4-O-5）和碳碳键（C-C）连接而成，木质素分子含有芳香基、酚羟基、醇羟基、羰基、甲氧基、羧基、共轭双键等众多基团，具有一定的化学活性和生物活性。

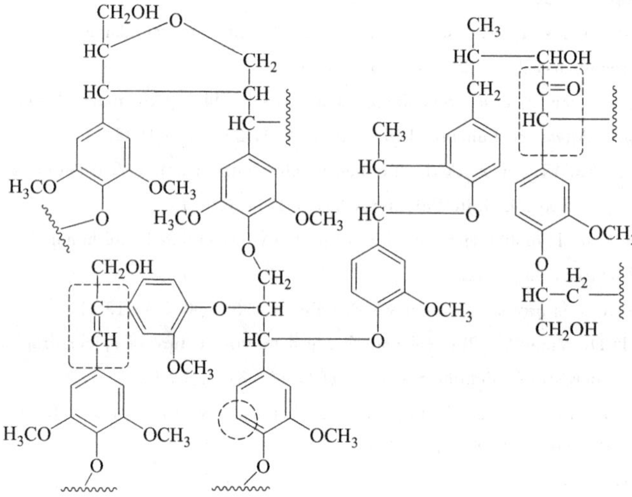

图 10-8-1　木质素的典型分子结构

木质素苯环上未被取代的活泼氢、酚羟基和侧链上的醇羟基具有较高的反应活性，可广泛用在合成生物质基高分子材料过程中替代或部分替代石油基原料。例如，木质素酚环上未被取代的酚羟基邻位或对位可与甲醛进行羟甲基化及缩聚反应，因而可以部分替代苯酚，制备木质素改性酚醛树脂胶黏剂。

如图10-8-2所示[2]，木质素主要参与酚醛树脂羟甲基化和共缩聚反应过程。木质素酚羟基通过电子诱导效应活化邻位氢原子可与甲醛发生羟甲基化加成反应，生成羟甲基。在碱性条件下羟甲基化木质素与羟甲基苯酚之间发生共缩聚反应，失去水或甲醛等小分子，形成亚甲基醚键和亚甲基键，从而得到共缩聚树脂。

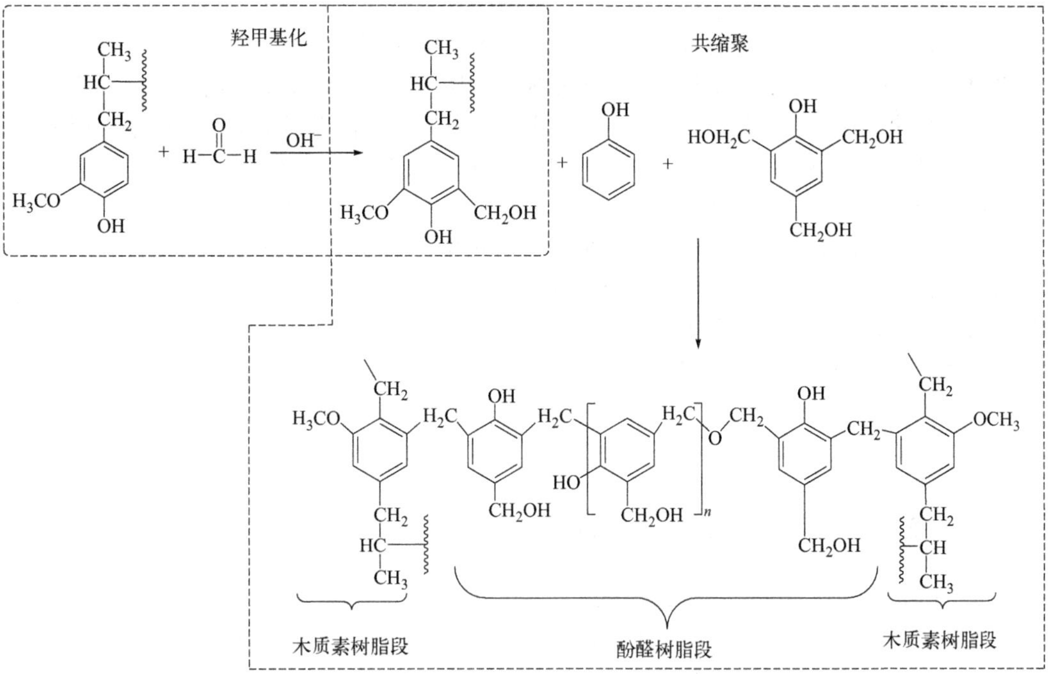

图 10-8-2　木质素-苯酚-甲醛共缩聚树脂制备的主要化学步骤

此外，可采用羟甲基化、酚化、脱甲基化等化学改性方法增加活性基团（如羟甲基、酚羟基、醇羟基等）的数量，提高木质素与苯酚、甲醛的共聚反应活性，提高木质素改性酚醛树脂胶黏剂的综合性能。不同种类木质素改性酚醛树脂胶黏剂的性能如表 10-8-1 所示。

表 10-8-1　不同种类木质素改性酚醛树脂胶黏剂的性能

原料	木质素对苯酚替代率/%	应用	机械强度/MPa	参考文献	备注
酶解木质素	20	胶合板	1.8（湿胶合强度）	[3]	
纤维素乙醇木质素	30	胶合板	1.39（胶合强度）	[4]	
酶解木质素	50	胶合板	I 类板	[5]	
造纸碱木质素	50	胶合板	0.9（胶合强度）	[6]	木质素羟甲基化处理
木质素磺酸盐	68	刨花板	0.21（内结合强度）	[7]	
碱木质素	28	胶合板	1.1（湿胶合强度）	[8]	
木质素磺酸盐	50	刨花板	20.6（湿静曲强度）	[8]	
乙酸木质素	40	胶合板	0.8（湿胶合强度）	[8]	木质素酚化处理
酶解木质素	70	胶合板	1.65（胶合强度）	[9]	
有机溶剂木质素	25	胶合板	1.6（湿胶合强度）	[10]	
碱木质素	60	胶合板	I 类板	[11]	木质素脱甲基化处理

二、单宁改性酚醛树脂胶黏剂

单宁改性酚醛树脂主要以凝缩类单宁为主，凝缩类单宁主要来源于黑荆树、坚木、云杉及落叶松等树种的抽提物，其分子结构中的酚羟基提高了其与甲醛和苯酚的共缩聚反应活性[12-16]。

但单宁中的糖类和树胶等非单宁成分不参与共聚反应，致使单宁改性酚醛树脂有黏度大、交联度低、耐湿性差、对木材的渗透力差、与甲醛反应活性高、适用期短等不足。

20 世纪 70 年代初，中国林业科学研究院林产化学工业研究所以福建南靖黑荆树栲胶为原料，合成了单宁改性酚醛树脂，并于 1989 年用 10％多聚甲醛作黑荆单宁改性酚醛树脂的交联剂，成功压制了室外型胶合板。20 世纪 90 年代初，南京林业大学和牙克石某栲胶厂合作成功用60％落叶松树皮栲胶代替苯酚制成的单宁改性酚醛树脂，应用于胶合板生产。易钊[17] 采用落叶松单宁制备单宁改性酚醛树脂胶黏剂，结果表明：共混胶黏剂的胶合强度随着落叶松单宁解聚产物对酚醛树脂替代率的提高而逐渐降低，当单宁解聚产物对酚醛树脂替代率为 30％时，制备的胶合板的胶合强度仍然满足 I 类胶合板强度标准要求。曾丹[18] 采用落叶松树皮粉（T）与尿素（U）改性酚醛树脂胶黏剂（PTUF）压制胶合板，结果表明：最佳方案为 F/PT＝0.8，且U/PT＝20％和 40％时制备的 PTUF 胶黏剂的效果最优，制备的胶合板胶合强度满足 I 类胶合板的强度标准要求，甲醛释放量符合 E_0 级要求。

三、其他生物质改性酚醛树脂胶黏剂

1. 生物质焦油改性酚醛树脂胶黏剂

生物质焦油是一种黑色黏稠的有机混合物，含 10％～20％的酚类化合物，包括苯酚、甲醛、二甲酚、邻苯二酚、愈创木酚及其衍生物等[19,20]。以焦油替代部分价格较高的苯酚，对于酚醛树脂胶黏剂的合成有一定的适宜性[21,22]。不同种类生物质焦油改性酚醛树脂胶黏剂的性能如表10-8-2 所示。

表 10-8-2 不同种类生物质焦油改性酚醛树脂胶黏剂的性能

原料	生物质焦油对苯酚替代率/％	应用	胶合强度/MPa	参考文献
落叶松快速热解生物油	45		0.93	[23]
棉秆和竹焦油	19.2		≥0.7	[24,25]
木焦油	10		3.08	[26]
木焦油	15	胶合板	1.54	[27]
竹焦油	50		≥0.70	[28]
木焦油	20		1.79	[29]
落叶松树皮热解油	40		1.32	[30]

2. 生物质液化产物改性酚醛树脂胶黏剂

木质材料苯酚液化过程中，木质素大分子部分断裂，会生成一部分酚类物质；液化中间产物和残留的苯酚溶剂均可用作制备树脂的原料。在用苯酚液化产物制备树脂的过程中，甲醛不仅与残留的苯酚反应，而且与带有活性官能团的液化产物，尤其是分子量较小的木质素、纤维素液化产物也会发生反应[31]。生物质液化产物制备木材用酚醛树脂的工艺一般为：将生物质的液化产物由酸性调为碱性，与甲醛发生羟甲基化和缩聚反应合成酚醛树脂。碱的加入不仅可以催化酚醛树脂化，而且可以改善生物质液化产物的水溶性。生物质液化产物的性质、甲醛与苯酚的物质的量之比、催化剂的用量、反应温度和反应时间等因素对树脂的性能均有影响。秦特夫等[32] 详细研究了液化产物中残渣过滤与否及甲醛与苯酚的物质的量之比对液化产物改性酚醛树脂性能的影响，实验发现木材液化产物中的残渣对改性树脂的性能有一定程度的影响，残渣含量高时，影响较大，而残渣含量低时，影响较小。当甲醛与苯酚的物质的量之比为1.5和1.8时，利用含11.0%残渣的杉木液化产物和含16.5%残渣的杨树液化产物制备了性能优良的改性酚醛树脂。郑志锋等[33]利用核桃壳苯酚液化产物制备的改性酚醛树脂胶黏剂能够满足混凝土模板用胶合板生产的要求，且其性能与胶合板用纯酚醛树脂胶黏剂相当。Roslan等[34]用油棕丝苯酚液化产物制备了胶合强度满足JIS K-6852要求的改性酚醛树脂。

第二节　生物质改性脲醛树脂胶黏剂

一、生物质共聚改性脲醛树脂胶黏剂

生物质对脲醛树脂的共聚改性通常借助于生物质大分子中的功能基团与脲醛低聚物或者甲醛的反应实现。前者的反应类型通常为生物质功能基团的取代、接枝和扩链反应，其反应产物与尿素-甲醛缩聚产物共混实现改性；后者则是单体与单体之间通过取代、缩合和加成等反应，分子量逐步增加，直接形成特定共聚组成和分子结构，并赋予共聚产物预设性能。

1. 淀粉共聚改性脲醛树脂胶黏剂

淀粉是由葡萄糖单元通过 α-D-(1,4)-糖苷键和 α-D-(1,6)-糖苷键连接形成的大分子线性或支化聚合物，淀粉及其衍生物中含有丰富的—OH、C=O和—COOH基团，能与脲醛树脂体系中的—NH$_2$、—CH$_2$OH及游离甲醛等反应，可用于脲醛树脂的共聚合改性。然而，淀粉分子含有大量的支链结构，具有半结晶特性，使得淀粉分子团聚呈现颗粒状结构，常温下不溶于一般溶剂。为了获得良好的共聚改性效果，通常对淀粉进行水解、氧化和酶解等预处理，破坏其结晶结构，充分暴露活性基团[35]，以提高改性脲醛树脂体系的交联密度，进而提高板材的胶合强度，降低板材的生产成本。刘波等[36]将玉米淀粉通过烯基酸酐预处理，后与丙烯酰胺接枝共聚，用于脲醛树脂的改性，研究发现新型可交联淀粉胶黏剂在热压过程中可与脲醛树脂发生交联反应，提高了脲醛树脂体系的交联密度，进而提高板材的胶合强度，降低了中密度纤维板的生产成本。其配方及板材性能见表10-8-3。

表 10-8-3　淀粉改性脲醛树脂的配方及中密度纤维板性能[36]

脲醛树脂/可交联淀粉(质量比)	施胶量/%	密度/(kg/m^3)	含水率/%	内结合强度/MPa	吸水厚度膨胀率/%	静曲强度/MPa	弹性模量/MPa	甲醛释放量/(mg/100g)
	12	736±10	5.00±0.63	0.65±0.04	8.11±1.5	30.82±0.89	2910±55	26.0±1.7
50.5:1	13	737±14	5.24±0.35	0.80±0.03	7.03±1.4	32.10±1.14	2927±125	27.5±0.8
	14	735±12	5.30±0.48	0.83±0.05	6.95±1.1	33.45±1.07	3100±86	26.2±1.2

2. 木质素共聚改性脲醛树脂胶黏剂

木质素能用于脲醛树脂共聚合改性的根本原因在于其分子结构中的苯丙烷单元含有可与甲醛及羟甲基发生反应的活性位点。早期多采用木质素直接共混的方式改性脲醛树脂。但是，木质素反应活性较低且与脲醛树脂的相容性较差，当其添加量超过一定量时，树脂因交联不充分而使得胶合性能严重下降，导致木质素利用率较低，胶合性能难以满足要求。为了提高木质素的反应活性，将木质素在碱性条件下先进行羟甲基化或者在酸性条件下进行酚化处理，然后再与尿素、甲醛进行共聚反应。木质素共聚改性脲醛树脂可以避免共混改性的不足。沙金鑫[37]首先通过羟甲基化改性木质素，制备木质素改性脲醛树脂胶黏剂，当木质素替代甲醛10%（质量分数）时，胶合强度最大为 1.42MPa，优于纯脲醛树脂的胶合强度（0.89MPa）；取代量为 30%（质量分数）时，其胶合强度为 0.94MPa，游离甲醛为 0.3%（质量分数），固含量为 56.7%（质量分数），pH 9.15，均达到国家标准 Ⅱ 类胶合板的要求。

二、生物质增量改性脲醛树脂胶黏剂

增量改性是指在已合成的脲醛树脂胶黏剂中添加增量剂或填料，改善其工艺使用性或其他性能的改性方法。使用生物质材料对脲醛树脂胶黏剂的增量改性属于共混改性的一种。常用的生物质增量剂或填料类型有：a.小麦粉、黑麦粉、木薯粉和大豆粉等含淀粉增量剂；b.甲基纤维素、乙基纤维素和羟甲基纤维素等含可溶性纤维素类增量剂；c.大豆粉、血和血粉等含蛋白质类增量剂[38]。这些高分子量的生物质增量剂成本通常低于脲醛树脂，因此，增量改性一般都能降低胶黏剂成本，同时由于生物质具有良好的吸水保水特性，使涂胶后胶层保持一定水分并增加初始黏度，从而可以改善胶液的流动性、润湿性和挂胶性，提高板坯预压性能，便于板坯运输和热压机自动装板。此外，生物质增量剂还可以调节树脂在木材等多孔性材料中的渗透性能，从而避免出现透胶问题，保障树脂在木材中形成胶钉，使胶接更牢固。

豆粉、血粉和面粉等生物质增量剂富含蛋白质，其分子中高活性的氨基能与甲醛反应，从而达到捕捉甲醛的效果[39]。木薯粉、高粱粉、马铃薯粉、米粉和大豆粉需加热才能成糊状，进而才能达到增稠、增黏效果[40]。小麦粉是良好的脲醛树脂增量剂，不仅可提高胶黏剂的预压性能等工艺性能，还能减少透胶和分层鼓泡等缺陷的发生。

与增量剂不同，填料一般不具黏性或稍带黏性，且不能成糊状，通常是可分散在胶液中但不溶于水的粉状物质，通过吸附、吸胀胶液中的自由水提高胶液黏度，同时能够降低成本。另外，填料是细小、颗粒状的不溶物质，能堵塞木材细胞的孔隙，防止胶液渗入木材孔隙，因此通常能够改善透胶问题。常用的生物质填料主要源于木材（如木粉、树皮粉等）、果壳（如椰子壳粉、核桃壳粉和花生壳粉等）、农作物加工剩余物（如玉米芯粉、稻壳粉等）和竹材（如竹粉）等。

增量剂或填料的添加量，需根据树脂本身黏度大小及胶接制品的质量要求等具体情况来决定。添加量一般占树脂量的 5%～30%。增量剂或填料的添加量越多，树脂用量占比就越少，可显著降低用胶成本。但过多地添加增量剂或填料，树脂的固化时间会延长，树脂的胶合强度及耐水性能也会降低。所以必须在确保胶接质量的前提下确定增量剂或填料的添加量。

第三节　淀粉基胶黏剂

一、氧化淀粉胶黏剂

1.氧化淀粉胶黏剂的制备原理

淀粉分子结构中的羟基和糖苷键是参与化学反应的主要活性基团。羟基通过氧化、取代等化学反应，生成淀粉衍生物；而糖苷键则发生断裂反应，使得淀粉分子链变短，分子发生降解。通过化学改性改善了淀粉的性能，拓宽了淀粉的用途。

氧化淀粉是指在酸、碱或中性介质中，淀粉发生氧化作用，淀粉结构中的羟基氧化为羰基或羧基所得的产品[41]。氧化淀粉具有胶液透明度好、固含量高、黏度低、粘接力强、流动性好、不易凝胶等优点。常用的氧化剂包括重铬酸盐、过氧化氢、高锰酸钾和次氯酸盐等，工业生产中最常用的氧化剂为次氯酸盐。

2. 氧化淀粉胶黏剂的制备过程及性能控制

氧化淀粉的基本生产过程是：淀粉→调浆→氧化（次氯酸钠、双氧水、高锰酸钾、过氧化钠、高碘酸钠）→糊化（氢氧化钠）→还原（硼砂）→稀释→产品。氧化淀粉胶黏剂的一般生产方法有碱糊法、糊精法和主体载体法。

黏度是氧化淀粉重要的工艺参数之一，过高的黏度会造成涂胶量增大、成本增加、生产效率降低、涂胶困难、拉丝严重、胶层变厚、胶合制品品质降低等问题。按照对氧化淀粉胶黏剂的影响大小排列，影响因素主要有：a. 淀粉的氧化时间。在其他条件不变的情况下，随着氧化时间的增长，羟基的氧化程度和分子链断裂程度逐渐增加，淀粉的黏度随之降低。b. 固含量。氧化淀粉胶黏剂的黏度随着固含量的增加而急剧增大，从而影响氧化淀粉胶黏剂的性能。c. 氢氧化钠（NaOH）用量。NaOH 可使氧化淀粉发生糊化反应，淀粉大分子发生溶胀。随着 NaOH 用量的逐渐增加，氧化淀粉胶黏剂的黏度迅速增大，达到峰值后，则缓慢下降。d. 硼砂用量。硼砂可与淀粉产生络合作用，四个淀粉原子络合一个硼原子，从而形成立体交联网状结构大分子，增加了胶黏剂的内聚力和黏度，使得氧化淀粉胶黏剂出现憎水效果。随着硼砂添加量的增加，氧化淀粉胶黏剂的黏度随之上升，且上升速度越来越快，最终形成黏弹体失去流动性。e. 温度。氧化淀粉胶黏剂的黏度受温度影响较大，在不同季节由于温度的差异，氧化淀粉胶黏剂的黏度变化较大。在实际生产中，需根据季节和温度变化调整制胶配方和氧化淀粉胶黏剂保存温度。

二、酯化淀粉胶黏剂

（一）酯化淀粉胶黏剂的制备原理

酯化淀粉是通过无机酸或有机酸与淀粉分子结构中的羟基发生酯化反应，淀粉经过酯化改性后，其葡萄糖单元上的羟基被酯化剂所取代，改变了原淀粉的双螺旋结构，削弱了淀粉分子间的氢键作用，在分解前实现微晶的熔融，从而使淀粉胶黏剂的粘接性能和疏水性能得到改善，从而使酯化淀粉具备热塑性加工的可能性[42]。

根据发生酯化反应的酸种类不同，酯化淀粉分成淀粉有机酸酯和淀粉无机酸酯两大类。淀粉有机酸酯常见的有淀粉醋酸酯、淀粉黄原酸酯、淀粉烯基琥珀酸酯、淀粉氨基甲酸酯（尿素淀粉）、淀粉乙酰乙酸酯等；淀粉无机酸酯常见的有淀粉磷酸一酯、淀粉磷酸二酯、淀粉磷酸三酯和淀粉硫酸酯等[43]。对于上述酸酯所需要的酯化物质，大致可分为磷酸类物质、二元酸和脲醛类物质 3 大类。

（二）酯化淀粉胶黏剂的制备工艺

1. 磷酸酯化玉米淀粉胶黏剂

将一定量的磷酸盐溶解后，加入玉米淀粉，充分搅拌使其混合分散均匀，制成淀粉浆，调节 pH 值至 5.0，在 65℃下反应 20min，用 NaOH 调节 pH 值在 8.0 左右，使反应终止。静置淀粉浆，移去上层清液，加入适量水洗涤淀粉浆，回收上清液以及洗涤液，以备重复利用。在淀粉浆中加入一定量的水，搅拌均匀后，边搅拌边缓慢加入 NaOH 溶液，至淀粉糊化为止（糊化温度 70℃），即制得磷酸酯化玉米淀粉胶黏剂。

2. 二元酸酯化玉米淀粉胶黏剂

将适量的玉米淀粉按比例与经恒湿处理后的马来酸酐（MA）置于高速搅拌器中反应

30min，将反应产物配制成一定质量分数的淀粉水溶液，然后转移至四口烧瓶中，边搅拌边升温，当温度升至80℃时，用NaOH溶液将体系pH值调至7.5～8.5，30min后分别将占干基淀粉质量分数6%的聚乙烯醇和2%的过硫酸铵溶液（质量分数10%）加入四口烧瓶中。用盐酸将体系pH值调至3～4，保持1h。降温至55℃，加入占干基淀粉质量分数0.2%的四硼酸钠，保持30min，降温出料，即得酯化玉米淀粉胶黏剂。

3. 脲醛酯化淀粉胶黏剂

（1）淀粉胶黏剂的制备　向装有40%淀粉乳的三口烧瓶中加入0.7%的氢氧化钠，升温至50℃；加入5%的过氧化氢，反应1h后用三乙醇胺中和，保持50℃；将2%的碳酸钠和3%的醋酸乙烯酯加入三口烧瓶中，反应1h后中和，加水调节固体含量为20%；然后升温到85℃，经30min糊化后即得改性淀粉胶黏剂。

（2）脲醛酯化淀粉胶黏剂的制备　按配方将脲醛树脂加入上述改性淀粉胶黏剂中，混合均匀，使用前用磷酸二氢铵将胶黏剂的pH值调至5～6。

（三）酯化淀粉木材胶黏剂的研究与应用

磷酸酯化淀粉具有良好的粘接性，便于运输、贮存的特点，广泛应用于木材加工行业。脲醛酯化改性淀粉胶黏剂耐水性良好，可用于木制品生产、纸制品粘接等。制备常温固化型淀粉基木材胶黏剂多采用干法酯化淀粉与多异氰酸酯预聚物交联的方法。为了提高淀粉胶黏剂的耐水特性，可采用长链大分子（十二烷基琥珀酸酐）改性淀粉，赋予改性淀粉一定的疏水性，但长链大分子改性淀粉时，由于其空间位阻大，反应程度较低[44]。

三、接枝共聚淀粉胶黏剂

1. 接枝共聚淀粉胶黏剂的合成机理

接枝共聚淀粉胶黏剂是通过淀粉链上产生的初级自由基引发接枝单体发生接枝共聚反应制得的，高聚物分子链接枝到淀粉分子链上，从而对淀粉胶黏剂的性能进行改性[45]。接枝共聚淀粉胶黏剂的性能受到主链与支链的长度和数量、组成和结构的影响。鉴于淀粉链间易发生氢键缔合作用，淀粉需经降解处理后再进行接枝共聚反应，以避免凝胶反应的发生，聚乙烯醇、聚丙烯酰胺和环氧氯丙烷等是常用的接枝共聚试剂[46]。接枝共聚淀粉胶黏剂的种类包括双醛淀粉木材胶黏剂、淀粉-丙烯酸酯类胶黏剂、改性异氰酸酯淀粉胶黏剂等。

2. 接枝共聚淀粉胶黏剂的制备工艺

在反应釜内加入聚乙烯醇、甲醛、盐酸等进行缩醛反应，制得聚乙烯醇缩甲醛液备用；向装有玉米淀粉分散液的反应釜内添加适量的过氧化氢和氢氧化钠水溶液；50℃下反应1h后中和，升温糊化；调节pH值为11；加入酯化助剂，反应1～2h后中和；添加聚乙烯醇甲醛溶液，搅拌均匀，结束反应。

3. 接枝共聚淀粉木材胶黏剂的研究与应用

通过接枝共聚改性淀粉既保留了淀粉自身的特性，又赋予淀粉分子链一定的疏水性，其耐水性和力学强度等性能都得到提升。Wu等[47]将乙酸乙烯酯和丙烯酸丁酯接枝共聚单体在过硫酸铵的引发作用下接枝到玉米淀粉骨架上，制备的改性淀粉木材胶黏剂具有绿色、性能优越、成本低等优点。

四、淀粉基水性高分子异氰酸酯（API）木材胶黏剂

1. 淀粉基 API 胶黏剂的制备原理

首先利用化学方法将淀粉改性形成变性淀粉，与 API 胶黏剂中主剂的主要成分按照一定比例配合使用，然后加入交联剂异氰酸酯，在主剂与交联剂相互作用下生成具有三维交联体型结构的淀粉基 API 胶黏剂。淀粉基 API 胶黏剂既能够改善淀粉胶黏剂的缺点，使其耐水性和胶接性能均得到了提高，又降低了纯 API 胶黏剂的成本，使淀粉基 API 胶黏剂能更加广泛地应用于木材加工行业[48]。

2. 淀粉基 API 木材胶黏剂的研究与应用

在实际应用中如何保证调胶后淀粉胶黏剂有较长的活性期是淀粉基 API 胶黏剂需要解决的问题。二异氰酸酯的异氰酸根具有很高的反应活性，与淀粉胶黏剂主剂快速交联反应导致适用期短，无法满足实际生产的要求[49]。目前，常采用含活泼氢的单官能度化合物作封端剂，暂时性保护氰酸根，封闭后的二异氰酸酯在常温下性能稳定，活性周期较长。在热压过程中，高温使得封端剂解封，重新释放出异氰酸根与淀粉胶黏剂主剂和木材结构中的活性基团交联固化，展现出优异的胶合性能和耐水性能。东北林业大学通过酯化、接枝等方法制备了非粮木薯淀粉基木材胶黏剂与异氰酸酯交联反应，制备了Ⅱ类胶合板用异氰酸酯改性淀粉胶黏剂[50]。时君友等将异氰酸酯与过硫酸铵氧化改性的玉米淀粉反应，制备了淀粉基 API 木材胶黏剂，其制备的胶合板的性能及优化的配方如表 10-8-4 和表 10-8-5 所示[49]。

表 10-8-4　热压型不同用途的淀粉基水性高分子异氰酸酯胶黏剂制备的胶合板的性能

序号	A 质量分数 35% 的淀粉乳/g	B 质量分数 30% 的乙二酸/g	C 质量分数 8% 的聚乙二醇/g	D PMDI/%	空白	拉剪强度/MPa		
						Ⅰ、Ⅱ类 常态	Ⅱ类热水 浸渍	Ⅰ类反复 煮沸
1	1(55)	1(10)	1(15)	1(15)	1	1.22	1.41	1.06
2	1	2(15)	2(20)	2(12)	2	1.31	1.31	1.01
3	1	3(20)	3(25)	3(8)	3	1.39	1.26	1.04
4	1	4(25)	4(30)	4(6)	4	1.36	1.22	0.89
5	2(60)	1	2	3	4	1.46	1.15	1.02
6	2	2	1	4	3	1.41	1.09	0.95
7	2	3	4	1	2	1.52	1.32	1.21
8	2	4	3	2	1	1.56	1.24	1.14
9	3(65)	1	3	4	2	1.47	1.13	0.92
10	3	2	4	3	1	1.43	1.18	0.97
11	3	3	1	2	4	1.34	1.23	1.12
12	3	4	2	1	3	1.39	1.28	1.05
13	4(70)	1	4	2	3	1.38	1.16	1.04
14	4	2	3	1	4	1.44	1.21	1.01
15	4	3	2	4	1	1.32	1.07	0.96
16	4	4	1	3	2	1.37	1.11	0.93

注：表中括号内数值是淀粉基 API 胶黏剂中主剂各组分和交联剂的添加量（g）。

表 10-8-5　热压型不同用途的淀粉基水性高分子异氰酸酯胶黏剂优化配方质量配比

用途	变性淀粉（质量分数35%）/g	乙二酸（质量分数30%）/g	聚乙烯醇（质量分数8%）/g	PMDI/%
Ⅰ、Ⅱ类常态	60	25	25	8
Ⅱ类热水浸渍	55	20	30	8
Ⅰ类反复煮沸	60	20	25	12

第四节　蛋白基胶黏剂

一、蛋白基胶黏剂的制备与改性

（一）蛋白质分子变性

通过物理改性、酸碱改性、表面活性剂改性、脲改性等改性方法破坏蛋白质复杂的四级结构，暴露蛋白质分子内部非极性基团，使其具有一定的疏水能力，从而提高大豆蛋白胶黏剂耐水性。

物理改性方法主要包括高温、冷冻、高压、紫外线、X射线等，通过破坏蛋白质分子二、三、四级结构和分子间的聚集方式，暴露分子内部非极性基团[51]。

大豆蛋白分子常用碱作为变性剂，少量的碱即可使蛋白质四级结构破坏，若碱过量，则可使蛋白质水解，分子长链发生破坏，溶解度提高，蛋白质表面疏水基团明显增多，对胶接强度和耐水性能提高较为显著[52]。若碱浓度过高，则会导致大豆蛋白降解过度，从而影响强度，同时也会使木材表面变色[53]。

酸性介质则会改变蛋白质构象。在酸性条件下，大豆蛋白和球蛋白解离为亚基及多肽链，从而提高了蛋白质的溶解性和表面疏水性。有些酸也可以与大豆蛋白分子发生交联改性，使制备的大豆蛋白基胶黏剂的性能得到大幅度提高。

表面活性剂能降低藏于蛋白质内部的非极性侧链从疏水端转移到水介质中的自由能，改性后蛋白质外翻的疏水端可与表面活性剂的疏水基团相互作用形成胶束，增加蛋白胶黏剂疏水性[53]。常用的改性表面活性剂主要有十二烷基硫酸钠和十二烷基苯磺酸钠。

蛋白质分子结构中的羟基可与脲素分子结构中的氧原子和氢原子相互作用，导致蛋白质分子内氢键断裂，蛋白质的二级结构遭到破坏，使得蛋白质内部的疏水基团暴露出来，提高了其耐水性能。蛋白质变性程度与脲素浓度呈线性正相关性，但过高的脲素浓度，会减少蛋白质二级结构，导致胶合强度下降；同时过量的脲素可与水分子形成氢键，水更易渗透至蛋白质内部，进一步降低了胶合强度。经脲素改性的大豆蛋白分子常以无规则卷曲的状态存在，通常这种变性是不完全的，未变性的蛋白质结构可通过二硫键进行稳定。

（二）蛋白质接枝改性

1. 烯基类单体接枝改性蛋白质胶黏剂

烯类单体分子结构中的双键可与蛋白质分子发生接枝反应，以引入活性基团至蛋白质胶黏剂体系中，从而提高蛋白质分子的反应活性。Qin[54]利用疏水性甲基丙烯酸缩水甘油酯（GMA）接枝改性酶处理的豆粕，制备接枝改性的蛋白质胶黏剂，该胶黏剂固化过程中环氧基团与蛋白质上氨基或者羧酸基团反应，形成交联结构，提高了胶黏剂的耐水胶接性能。Kaith等[55]将甲基丙烯酸乙酯（EMA）在维生素 C-过硫酸钾（KPS）的引发作用下接枝到大豆蛋白分子骨架上，当 EMA 接枝率达 134.12％时，与未改性大豆蛋白胶黏剂相比，改性后的胶黏剂的吸水率降低了 54％。

2. 疏水酸类接枝改性蛋白质胶黏剂

通过羧基与氨基反应可将疏水性的酸类接枝到蛋白质分子骨架上，以提高蛋白质胶黏剂的疏水性能。Liu 等[56]将不溶于水，且含有较长烷基链的十一碳烯酸接枝到大豆蛋白分子骨架上，改性大豆蛋白胶黏剂的耐水胶合强度提高了 35％～62％。

3. 酸酐类单体接枝改性蛋白质胶黏剂

通过酰胺化和酯化反应可将酸酐类单体接枝到蛋白质分子骨架上。Liu 等[57]通过接枝，在大豆分离蛋白上引入 MA，再与聚乙烯亚胺（PEI）共混，固化时，PEI 的氨基与马来酸酯反应生成马来酰胺，并通过迈克尔加成反应与马来酰胺的 C＝C 键反应。Qi 等[58]将具有油性和疏水性长链烷的 2-辛烯-1-琥珀酸酐（OSA）接枝到大豆蛋白分子骨架上，以提高胶黏剂的黏附性和疏水性，OSA 浓度为 3.5％时，与未改性胶黏剂（1.8MPa）相比，改性胶黏剂压制的两层胶合板的耐水胶合强度提高至 3.2MPa。

（三）蛋白质交联改性

1. 环氧类蛋白质交联剂

通过开环反应可将环氧交联剂与蛋白质形成交联网状结构，以提高蛋白胶黏剂耐水性，并且胶黏剂的交联结构可通过环氧化合物结构进行调控，以实现调控改性大豆蛋白胶黏剂性能的目的。研究发现，具有刚性环状结构（苯环、海因环、三嗪环等）的环氧类交联剂可有效提高大豆蛋白胶黏剂的耐水胶接性能，改性效果显著。

2. 羟甲基类蛋白质交联剂

蛋白质分子结构中的羟基和氨基等活性基团可与改性剂中的羟甲基发生反应，且羟甲基也会发生自聚反应，从而形成改性剂自交联和蛋白质交联的双网络结构，增加了体系的交联密度，提高了胶黏剂的耐水性能。常用的含羟甲基的蛋白质交联剂主要有低物质的量之比的三聚氰胺改性脲醛树脂、三聚氰胺甲醛树脂、酚醛树脂预聚物等。

3. 异氰酸酯类蛋白质交联剂

异氰酸基不仅可与大豆蛋白上氨基等活性基团发生交联反应，增加胶黏剂的交联密度，而且可与木材上羟基反应形成共价键，提高胶黏剂与木材的界面结合力，从而提高大豆蛋白胶黏剂的耐水性能[59]。

（四）纳米填料增强改性

纳米材料粒径小、比表面积大、强度高、韧性好等，可与基质形成较强的相互作用，因此可以显著提高胶黏剂的力学性能。作为增强填料，纳米材料可阻碍基体树脂裂隙的产生和扩展，同时通过表面修饰，纳米填料可与大豆蛋白形成交联结构，均可提高大豆蛋白胶黏剂的耐水胶接性能。

（五）互穿网络增强改性

Luo 等[60]采用丙烯酸乳液和环氧化物交联改性大豆蛋白胶黏剂形成互穿网络结构，在环氧化物改性大豆蛋白胶黏剂体系中丙烯酸乳液加入量为 8％时，制备的胶合板的干、湿强度分别提高了 44％和 47.9％，胶合强度分别达到 1.80MPa 和 1.05MPa，胶黏剂的膜裂痕消失，固化后胶黏剂的韧性显著提高。Gao[61]利用聚乙二醇二丙烯酸酯（PEGDA）与大豆蛋白形成互穿网络结构，当 PEGDA 添加量为 4％时，制备的胶合板的胶合强度提高了 14.2％，达到 0.9MPa。

（六）多糖改性

豆粕作为低成本原料被广泛应用于大豆蛋白胶黏剂的制备中，但豆粕含有 40％～55％的蛋白质和 30％～40％的大豆多糖，大豆多糖分子中含有大量的亲水性羟基，易吸水或溶于水，反应活性低，难以与蛋白交联剂反应形成网络结构，对大豆蛋白胶黏剂的耐水胶接性能产生不利影响。因此，通过封闭多糖表面极性基团或者接枝改性提高多糖与交联剂的反应活性，形成的交联网络密度更高，可有效提高胶黏剂的耐水胶接性能。

二、蛋白基胶黏剂的典型配方及应用

蛋白基胶黏剂主要在木材加工领域应用，蛋白类胶黏剂，尤其是植物蛋白胶黏剂以其可再生、原料丰富、环保、在生产和使用上的便利性突显其发展潜力。但是大豆蛋白胶黏剂存在耐水性能差、黏度高、固体含量低、工艺性差等缺点，制约了其工业化应用。近年来，广大科研工作者主要针对大豆蛋白胶黏剂耐水胶接性能差的问题，采用化学方法提高大豆蛋白胶黏剂胶接性能取得了较好的研究成效，有效地提高了大豆蛋白胶黏剂耐水胶接性能，降低了胶黏剂黏度，提高了其工艺性能，已成功应用于胶合板、细木工板、纤维板、刨花板的生产。

1.双组分豆粕胶黏剂在中密度纤维板上的应用

王利军等[62]研究了双组分豆粕基胶黏剂，组分 1 为实验室自制的复合改性溶液，组分 2 为大豆豆粕粉（粗蛋白含量≥50％，60～120 目，含水率≤13％），并制备中密度纤维板，其配方和板材性能如表 10-8-6 所示[62]。

表 10-8-6　蛋白质胶黏剂的配方及中密度纤维板性能

组分 1 添加量/(kg/m³)	组分 2 添加量/(kg/m³)	密度/(kg/m³)	内结合强度/MPa	24h 吸水膨胀率/％
100		759.2	0.85	12.57
120		763.1	0.94	13.24
140	60	760.6	1.00	11.19
160		764.5	1.10	12.22
	50	770.5	0.80	12.35
100	60	779.2	0.85	12.16
	70	791.9	0.82	13.52
	80	745.0	0.85	14.47

2.双组分豆粕胶黏剂在无醛纤维板上的应用

中国林业科学研究院林产化学工业研究所储富祥团队以豆粕粉为固体组分，以水溶性大分子和多官能度无机物为液体组分，构建了双组分豆粕胶黏剂制备技术，解决了高黏度豆粕胶黏剂体系施胶难的问题。联合广西丰林人造板有限公司开发了豆粕胶无醛纤维板连续平压制造技术，建立了年产 15 万立方米、热压因子 6～8s/mm 的豆粕胶无醛中密度纤维板连续平压生产线（见图 10-8-3），实现了双组分豆粕胶黏剂和豆粕胶无醛中密度纤维板规模化绿色制造与应用，填补了国内外无醛纤维板高效规模化制造空白；创建了双组分豆粕胶黏剂及普通型、儿童家具型和吸声型等豆粕胶无醛中密度纤维板系列新产品（图10-8-4），产品性能及指标要求如表10-8-7所示。

图 10-8-3　年产 15 万立方米豆粕胶无醛中密度纤维板连续平压生产线

图 10-8-4　豆粕胶无醛中密度纤维板半成品及样品

表 10-8-7　豆粕胶无醛纤维板产品性能及指标要求

性能指标	密度/(g/cm³)	内结合强度/MPa	吸水厚度膨胀率/%	静曲强度/MPa	弹性模量/MPa	甲醛释放量/(mg/m³)	TVOC释放率(72h)/[mg/(m²·h)]	挥发性有机污染物释放量/(μg/m³)
普通型	0.72	0.53	3.3	28.4	2890	未检出	—	—
儿童家具型	0.78	0.85	4.1	35.3	3560	未检出	0.11	23.8(A⁺)
吸声型	0.71	0.67	3.6	28.2	2990	0.006	—	—
标准规定值	0.65～0.88	≥0.45	≤12.0	≥24.0	≥2300	≤0.03	≤0.50	≤1000(A⁺)

注：密度、内结合强度、吸水厚度膨胀率、静曲强度、弹性模量等指标参照 GB/T 11718—2021；甲醛释放量（1m³气候箱法）、总挥发性有机化合物（TVOC）释放率（72h）参照 T/CNFPIA 3002—2018；挥发性有机污染物释放量参照法国 2011-321 号法令。

3.高初黏性豆粕胶黏剂在无醛刨花板上的应用

围绕刨花板生产中先干燥后施胶、表层胶黏剂需高初黏性、芯层胶黏剂需高固化速度的生产工艺特点，中国林业科学研究院林产化学工业研究所储富祥团队以豆粕为原料，通过豆粕复杂结构改性、流变特性调控等技术，研发了刨花板用高初黏性豆粕胶黏剂，解决了传统木材胶黏剂潜在甲醛释放和现有无醛胶黏剂难以连续化生产的难题。联合广西丰林木业集团股份有限公司建立了年产 30 万立方米、热压因子 6～8s/mm 的无醛刨花板连续平压生产线（图 10-8-5），实现了无醛刨花板的高效、稳定连续化生产；创制了无醛刨花板新产品（图 10-8-6），产品性能及指标要求如表 10-8-8 所示。

图 10-8-5　年产 30 万立方米无醛刨花板连续平压　　图 10-8-6　无醛刨花板半成品及样品
生产线

表 10-8-8　无醛刨花板产品性能及指标要求

性能指标	检测值	标准规定值
密度/(g/cm³)	0.63	0.60～0.70
内胶合强度/MPa	0.47	≥0.35
表面胶合强度/MPa	1.09	≥0.80
静曲强度/MPa	13.7	≥11.0
弹性模量/MPa	2760	≥1600
2h 吸水厚度膨胀率/%	0.9	≤8.0
握螺钉力/N	板面:≥900 板边:≥600	板面:1270 板边:770
甲醛释放量/(mg/m³)	未检出	≤0.03
TVOC 释放率(72h)/[mg/(m²·h)]	0.09	≤0.50
挥发性有机污染物释放量/(μg/m³)	31.4(A⁺)	<1000(A⁺)

注：密度、内胶合强度、表面胶合强度、2h 吸水厚度膨胀率、静曲强度、弹性模量、握螺钉力等指标参照 GB/T 4897—2015；甲醛释放量（1m³ 气候箱法）、TVOC 释放率（72h）参照 T/CNFPIA 3002—2018；挥发性有机污染物释放量参照法国 2011-321 号法令。

第五节　生物质改性乳液胶黏剂

一、生物质共聚改性乳液胶黏剂

选择生物质基的材料与石油基单体共聚，是制备生物质共聚改性乳液胶黏剂最直接有效的改性方法，并可提高改性乳液的性能。

（一）淀粉共聚改性乳液胶黏剂

1. 淀粉接枝丙烯酸酯乳液

淀粉与丙烯酸酯类单体的共聚反应常以过硫酸盐作引发剂，通过氧化还原引发接枝聚合具有较好的效果[63]。使用过硫酸钾与铈盐复合引发体系制备酶水解的淀粉接枝聚（丙烯酸丁酯-甲基丙烯酸甲酯）共聚物，采用种子无皂乳液聚合的方法，接枝得到的共聚物乳液能够用于纸张粘接，可改善纸张的抗折性和抗拣选性，同时不影响纸张的其他性能。

引发剂的选择会严重影响淀粉与苯乙烯乳液的聚合反应。在淀粉与苯乙烯接枝共聚时，铈离子引发体系不具引发性，但当苯乙烯与甲基丙烯酸甲酯、丙烯腈等其他活性单体混合使用时，又具引发性，可进行接枝共聚反应。而选择其他类型的引发剂便可引发制备淀粉苯乙烯接枝共聚物。

2. 淀粉共聚改性聚醋酸乙烯酯乳液

淀粉共聚改性聚醋酸乙烯酯乳液是在引发剂作用下，淀粉与醋酸乙烯酯单体发生接枝共聚反应制备的共聚乳液。通过共聚改性，乳液的稳定性、干燥速度和初始粘接强度均得到提高。但淀粉分子结构中大量羟基基团的存在，降低了乳液的耐水性。因此需要对工艺配方进行优化，或在体系中引入添加剂等，提高共聚乳液粘接强度的同时不降低其耐水性。朱晓飞等[64]将淀粉接枝聚醋酸乙烯酯乳液与水性聚氨酯乳液通过互穿网络技术对胶黏剂进行改性，胶黏剂的初黏性、粘接强度和耐水性均得到提高。碱处理淀粉与醋酸乙烯酯的接枝效果较好。研究发现，在淀粉和醋酸乙烯接枝反应体系中引入甲基丙烯酸甲酯（MMA）有助于提高乳液的黏结强度。李敏等[65]先用醋酸酐与玉米淀粉进行酯化反应，再与PVA混合，最后引入醋酸乙烯单体和引发剂完成接枝共聚反应。研究发现，所制备的淀粉基胶黏剂的黏度随着乙酰化度增加呈现降低的趋势，胶合强度则呈现先升高后下降的趋向。

（二）松香共聚改性乳液胶黏剂

松香共聚改性乳液胶黏剂一般是先将松香及其衍生物修饰成可聚合的松香基单体，然后经均聚或与其他单体共聚得到改性乳液胶黏剂。可聚合松香基衍生物是一类疏水性物质，因而采用常规的乳液聚合方法无法制备出可聚合松香-丙烯酸酯复合乳液。细乳液聚合是一种可以直接将松香类衍生物引入丙烯酸乳液中的方法。采用氧化还原引发体系可避免聚合过程中松香类衍生物降低丙烯酸酯转化率及聚合物分子量的问题[66]。

（三）大豆蛋白共聚改性乳液胶黏剂

采用大豆蛋白通过化学手段改性乳液胶黏剂，可提高胶黏剂的耐水性和粘接强度。大豆蛋白共聚常用的单体有丙烯酸酯类、醋酸乙烯酯类等，将大豆蛋白的高强度和乳液的耐水性相结合，制备性能优良的大豆蛋白共聚改性乳液胶黏剂。采用丙烯酸甲酯与大豆蛋白发生共聚反应，并在共聚乳液中加入固化剂，所制得的改性大豆蛋白胶黏剂的胶合强度较好，压制的胶合板符合国家Ⅱ类板的要求[67]。采用超声分散细乳液聚合法制备大豆蛋白丙烯酸酯复合胶乳液，可使丙烯酸酯单体包裹大豆蛋白，形成粒径为50～500nm的纳米级反应器，从而共聚制备高性能可降解生物胶黏剂。

（四）纳米纤维素共聚改性乳液胶黏剂

纳米纤维素改性乳液胶黏剂的制备方法主要分为物理共混法、接枝共聚法和Pickering乳液聚合法三种方法。接枝共聚法是将聚合物通过共价键连接的方法接枝到纳米纤维素表面，目前，通过接枝聚合制备纳米纤维素-聚合物乳液胶黏剂的方法主要有自由基聚合法、原子转移自由基聚合法、氮氧稳定自由基聚合法和可逆加成断裂链转移聚合法。Pickering乳液聚合法是利用固体粒子作稳定剂的一类无皂乳液聚合，由于纳米纤维素来源广泛、无毒、性能优异，利用纳米纤维素作 Pickering 稳定剂形成稳定乳状液的研究逐渐受到研究者的广泛关注。

（五）植物油脂共聚改性乳液胶黏剂

大豆油[68]、蓖麻油[69]、桐油[70]和葵花籽油等植物油脂常被用于提高乳液胶黏剂的耐水性能和胶合性能。Ethem Kaya 等[71]利用大豆油衍生的大分子单体与 MMA 进行共聚得到生物质改性丙烯酸酯乳液，大分子单体的用量对乳液的玻璃化转变温度和最低成膜温度均有影响，可促进胶黏剂低温成膜，并且成膜时能够产生交联。桐油的高不饱和度以及双键的共轭效应使其具有干燥快、附着力好、耐热、耐酸碱、聚合快等特性，是一种优良的干性油，主要用于制备油漆和清漆等材料。基于桐油本身所具有的这些优点，将其用于乳液聚合，会对乳液的成膜性、胶膜耐水性等性能产生一定的影响。

二、生物质共混改性乳液胶黏剂

1. 淀粉共混改性乳液胶黏剂

淀粉共混改性乳液胶黏剂就是将淀粉或者配好的淀粉乳加入乳液中混合均匀制得的。这种方法具有工艺简单、操作方便等优点，用这种方法制备改性乳液胶黏剂，可以提高乳液的固含量，降低生产成本，缩短初干时间，提高了产品的可降解性。但是由于淀粉的内聚强度较差，淀粉含量超过一定比例后将使粘接强度下降。聚醋酸乙烯酯乳液与熟化淀粉共混在木材胶黏剂中应用广泛。物理共混主要解决淀粉与乳液胶黏剂的相容性问题，否则会发生相分离导致改性的失败。为克服淀粉改性乳液胶黏剂体系黏度大、添加量低的问题，一般采取的策略是降低直链淀粉和支链淀粉的分子量。

利用酯化反应制备的玉米淀粉乳液用于改性 API 胶黏剂，制备的二层胶合板的理化性能指标均满足国家标准的要求，而且制品无甲醛等有害物质释放[72]。

淀粉颗粒可以用于稳定 Pickering 乳液，但原淀粉颗粒表面性质较差，一般不适合用于稳定油水界面，需要经过表面（物理/化学）疏水修饰，才能成为良好的 Pickering 稳定剂。淀粉与PVA 都属于多羟基化合物，因此淀粉可替代或部分替代 PVA，用作 PVAc 乳液聚合的保护胶体，但过多的羟基对乳液耐水性是不利的。将淀粉颗粒制备成纳米粒子，采用原位聚合的方法将淀粉填充在乳液粒子内部也是淀粉共混改性的一类。

2. 纤维素共混改性乳液胶黏剂

共混改性乳液胶黏剂中常用的纤维素主要有纤维素醚和纳米纤维素，在乳液胶黏剂中可以用作稳定剂、增稠剂[73]、流变助剂及增强添加剂等。

在丙烯酸酯或 PVAc 等的木材胶黏剂中加入具有较高硬度的纤维素纳米纤维（CNF）或纳米纤维素晶体（CNC），可明显改善乳液胶黏剂成膜后的硬度，提高木材胶黏剂的胶接强度和在潮湿环境中的耐久性。在 CNC 取代 CNF 改性 PVAc 胶黏剂中，当 CNC 质量分数为 3％（相对胶黏剂质量而言）时，改性 PVAc 木材胶黏剂与未改性胶黏剂相比，前者不仅具有较高的干态胶合强度和湿态胶合强度，而且明显改善了耐候性。Ons Chaabouni 等[74]将 CNF 与水基的聚醋酸乙烯酯乳液进行简单共混，研究了不同 CNF 添加量（1％～10％）对乳液胶黏剂的影响，发现随着 CNF 加入量的增大，乳液胶黏剂的黏度增大，并且干态胶合强度与湿态胶合强度均增大，CNF 的加入显著提高了 PVA 乳液胶黏剂的耐水性。

3. 大豆蛋白共混改性乳液胶黏剂

与共聚改性相比，共混改性是一种方便且有效制备改性乳液胶黏剂的方法，将大豆蛋白与乳液胶黏剂共混能够提高复合胶黏剂的耐水性和粘接强度。Wang 等[75]利用大豆蛋白与丙烯酸酯乳液直接共混，采用中和聚丙烯酸的方法促进大豆蛋白与乳液的相容性。通过加入 MDI 作为交联剂，胶合板胶合强度明显提高。两亲性的大豆蛋白可以扩散、吸附并稳定油水界面，因而具有良好的乳化能力，这也是大豆蛋白最重要的功能之一。大豆蛋白可以用于稳定乳液胶体体系，在乳液单体液滴表面形成一个黏弹性吸附层，从而可以得到稳定的乳液胶黏剂。在乳液聚合过程中，大豆蛋白可作为分散稳定剂使用，研究发现热处理后的大豆分离蛋白纳米颗粒作为 Pickering 乳液的稳定剂，得到的乳液具有很好的冻融稳定性[76]。

参考文献

[1] Rodrigues P P C, Borges da S E A, Rodrigues A E. Insights into oxidative conversion of lignin to high-added-value phenolic aldehydes. Industrial & Engineering Chemistry Research, 2010, 50 (2): 741-748.

[2] Alonso M, Oliet M, Dominguez J, et al. Thermal degradation of lignin-phenol-formaldehyde and phenol-formaldehyde resol resins: structural changes, thermal stability, and kinetics. Journal of Thermal Analysis and Calorimetry, 2011, 105 (1): 349-356.

[3] Jin Y, Cheng X, Zheng Z. Preparation and characterization of phenol-formaldehyde adhesives modified with enzymatic hydrolysis lignin. Bioresource Technology, 2010, 101 (6): 2046-2048.

[4] 柴瑜，徐文彪，时君友. 纤维素乙醇木质素改性酚醛树脂胶黏剂的初步研究. 林产工业，2015，42 (6): 38-40.

[5] Zhang W, Ma Y, Wang C, et al. Preparation and properties of lignin-phenol-formaldehyde resins based on different biorefinery residues of agricultural biomass. Industrial Crops and Products, 2013, 43: 326-333.

[6] 穆有炳，王春鹏，赵临五，等. E0 级碱木质素-酚醛复合胶粘剂的研究. 现代化工，2008，28 (S2): 221-224.

[7] Mansouri N E E, Pizzi A, Salvado J. Lignin-based polycondensation resins for wood adhesives. Journal of Applied Polymer Science, 2007, 103 (3): 1690-1699.

[8] Lee W J, Chang K C, Tseng I M. Properties of phenol-formaldehyde resins prepared from phenol-liquefied lignin. Journal of Applied Polymer Science, 2012, 124 (6): 4782-4788.

[9] 陈艳艳，常杰，范娟. 秸秆酶解木质素制备木材胶黏剂工艺. 化工进展，2011，30 (S1): 306-312.

[10] Cheng S, Yuan Z, Leitch M, et al. Highly efficient de-polymerization of organosolv lignin using a catalytic hydrothermal process and production of phenolic resins/adhesives with the depolymerized lignin as a substitute for phenol at a high substitution ratio. Industrial Crops and Products, 2013, 44: 315-322.

[11] Wu S, Zhan H. Characteristics of demethylated wheat straw soda lignin and its utilization in lignin-based phenolic formaldehyde resins. Cellulose Chemistry and Technology, 2001, 35 (3): 253-262.

[12] Zhao L, Cao B, Wang F, et al. Chinese wattle tannin adhesives suitable for producing exterior grade plywood in China. Holz als Roh-und Werkstoff, 1994, 52 (2): 113-118.

[13] Zhao L, Cao B, Wang F, et al. Factory trials of Chinese wattle tannin adhesives for antislip plywood. Holz als Roh-und Werkstoff, 1996, 54 (2): 89-91.

[14] 王锋，赵临五，曹葆卓，等. 单宁胶用活性酚醛树脂交联剂的研究. 林产化学与工业，1996，16 (1): 20-26.

[15] 雷洪，杜官本. 生物质木材胶黏剂的研究进展. 林业科技开发，2012，26 (3): 7-11.

[16] Dalton L. Tannin-formaldehyde resins as adhesives for wood. Australia: Commonwealth Scientific and Industrial Organization, 1950.

[17] 易钊. 改性酚醛树脂胶黏剂制备与表征. 北京：北京林业大学，2016.

[18] 曾丹. 落叶松树皮粉-尿素-改性酚醛树脂胶黏剂（PTUF）制备和性能研究. 南京：南京林业大学，2015.

[19] Prauchner M J, Pasa V M, Molhallem N D, et al. Structural evolution of Eucalyptus tar pitch-based carbons during carbonization. Biomass and Bioenergy, 2005, 28 (1): 53-61.

[20] 王素兰，张全国，李继红. 生物质焦油及其馏分的成分分析. 太阳能学报，2006 (7): 647-651.

[21] Mazela B. Fungicidal value of wood tar from pyrolysis of treated wood. Waste Management, 2007, 27 (4): 461-465.

[22] Qiao W, Song Y, Huda M, et al. Development of carbon precursor from bamboo tar. Carbon, 2005, 43 (14): 3021-3025.

[23] 李晓娟，常建民，范东斌，等. 落叶松生物油-酚醛树脂胶粘剂的研制及性能研究. 粘接，2009，11: 61-63.

［24］周建斌，张合玲，邓丛静，等. 棉秆焦油替代苯酚合成酚醛树脂胶粘剂的研究. 中国胶粘剂，2008（6）：23-26.

［25］周建斌，张合玲，邓丛静，等. 竹焦油替代苯酚合成酚醛树脂胶黏剂的研究. 生物质化学工程，2008，42（2）：8-10.

［26］李林，张鹏远. 木焦油部分替代苯酚合成酚醛树脂胶粘剂的研究. 粘接，2009，30（12）：59-63.

［27］张琪，常建民，许守强，等. 木焦油改性生物油-酚醛树脂胶粘剂的工艺条件研究. 中国胶粘剂，2012，21（6）：19-22.

［28］张继宗，伊江平，姚思旭，等. 高替代率竹焦油酚醛树脂的合成工艺研究. 中国胶粘剂，2012，21（5）：1-4.

［29］边轶，刘石彩，简相坤. 白松木成型燃料热解焦油用于合成酚醛树脂胶黏剂的研究. 太阳能学报，2015，36（6）：1377-1382.

［30］严玉涛，张世锋，李建章，等. 落叶松树皮热解油替代部分苯酚合成酚醛树脂胶的研究. 木材工业，2013，27（4）：13-16.

［31］Maldas D，Shiraishi N，Harada Y. Phenolic resol resin adhesives prepared from alkali-catalyzed liquefied phenolated wood and used to bond hardwood. Journal of Adhesion Science and Technology，1997，11（3）：305-316.

［32］秦特夫，罗蓓，李改云. 人工林木材的苯酚液化及树脂化研究 Ⅱ. 液化木基酚醛树脂的制备和性能表征. 木材工业，2006，20（5）：8-10.

［33］郑志锋，邹局春，刘本安，等. 核桃壳液化产物制备木材胶粘剂的研究. 粘接，2007，28（4）：1-3.

［34］Roslan R，Zakaria S，Chia C H，et al. Physico-mechanical properties of resol phenolic adhesives derived from liquefaction of oil palm empty fruit bunch fibres. Industrial Crops and Products，2014，62：119-124.

［35］Kim J R，Netravali A N. Self-healing starch-based 'green' thermoset resin. Polymer，2017，117：150-159.

［36］刘波，鲍洪玲，李建章，等. 新型可交联淀粉胶黏剂对 UF 树脂性能影响及生产试验研究. 中国人造板，2015（4）：8-11.

［37］沙金鑫. 木质素基脲醛树脂的制备及应用性能研究. 长春：吉林大学，2017.

［38］顾继友. 胶黏剂与涂料. 北京：中国林业出版社，2012.

［39］Liu M，Wang Y，Wu Y，et al. "Greener" adhesives composed of urea-formaldehyde resin and cottonseed meal for wood-based composites. Journal of Cleaner Production，2018，187：361-371.

［40］Park B D，Ayrilmis N，Kwon J H，et al. Effect of microfibrillated cellulose addition on thermal properties of three grades of urea-formaldehyde resin. International Journal of Adhesion and Adhesives，2017，72：75-79.

［41］谢文娟. 改性淀粉胶黏剂的研究概况及展望. 化学与粘合，2008，30（2）：52-54.

［42］左迎峰. 干法酯化淀粉/聚乳酸复合材料相容性及其性能研究. 哈尔滨：东北林业大学，2014.

［43］李春胜，杨红霞. 酯化淀粉及其应用. 食品研究与开发，2005，26（6）：84-87.

［44］Liu X，Lv S，Jiang Y，et al. Effects of alkali treatment on the properties of WF/PLA composites. Journal of Adhesion Science and Technology，2017，31（10）：1151-1161.

［45］周庆. 淀粉基木材胶黏剂的合成及应用. 合肥：合肥工业大学，2012.

［46］张雷娜. 乙烯基类单体复合改性淀粉的合成及其应用. 合肥：合肥工业大学，2012.

［47］Wu Y B，Lv C F，Han M N. Synthesis and performance study of polybasic starch graft copolymerization function materials in Advanced materials research. Trans Tech Publ，2009.

［48］王淑敏，时君友，徐文彪. 淀粉基 API 木材胶黏剂制备与表征. 林产工业，2015（5）：15-18.

［49］陈晓波，时君友，顾继友. 热压型淀粉基水性异氰酸酯木材胶黏剂的研制. 东北林业大学学报，2008，36（7）：78-80.

［50］时君友，王垚. 淀粉基水性异氰酸酯木材胶黏剂老化机理研究. 南京林业大学学报（自然科学版），2010，34（2）：81-84.

［51］王金双，赵继红，刘永德. 大豆基胶黏剂的研究进展. 绿色科技，2018（16）：190-191.

［52］吴志刚，雷洪，杜官本. 大豆蛋白基胶黏剂研究与应用现状. 粮食与油脂，2015，28（11）：1-5.

［53］张亚慧，于文吉. 大豆蛋白胶粘剂在木材工业中的研究与应用. 高分子材料科学与工程，2008，24（5）：20-23.

［54］Qin Z. Glycidyl methacrylate grafted onto enzyme-treated soybean meal adhesive with improved wet shear strength. Bioresources，2014，8（4）：5369-5379.

［55］Kaith B S，Jindal R，Bhatia J K. Morphological and thermal evaluation of soy protein concentrate on graft copolymerization with ethylmethacrylate. Journal of Applied Polymer Science，2011，120（4）：2183-2190.

［56］Liu H，Li C，Sun X S. Improved water resistance in undecylenic acid (UA)-modified soy protein isolate (SPI)-based adhesives. Industrial Crops and Products，2015，74：577-584.

［57］ Liu Y，Li K. Development and characterization of adhesives from soy protein for bonding wood. International Journal of Adhesion and Adhesives，2007，27（1）：59-67.

［58］ Qi G，Li N，Wang D，et al. Physicochemical properties of soy protein adhesives modified by 2-octen-1-ylsuccinic anhydride. Industrial Crops and Products，2013，46：165-172.

［59］ Luo J L，Luo J，Li X N，et al. Effects of polyisocyanate on properties and pot life of epoxy resin cross-linked soybean meal-based bioadhesive. Journal of Applied Polymer Science，2016，133（17）：43362.

［60］ Luo J L，Luo J，Li X N，et al. Toughening improvement to a soybean meal-based bioadhesive using an interpenetrating acrylic emulsion network. Journal of Materials Science，2016，51（20）：9330-9341.

［61］ Gao Q. Preparation of wood adhesives based on soybean meal modified with PEGDA as a crosslinker and viscosity reducer. Bioresources，2013，8（4）：5380-5391.

［62］ 王利军，南静娅，许玉芝，等. 双组份豆粕基中密度纤维板的制备及性能研究. 林产工业，2016，43（5）：15-18，29.

［63］ Cheng S，Zhao Y，Wu Y. Surfactant-free hybrid latexes from enzymatically hydrolyzed starch and poly（butyl acrylate-methyl methacrylate）for paper coating. Progress in Organic Coatings，2018，118：40-47.

［64］ 朱晓飞，姜迪，张龙. 淀粉 IPN 型环保胶粘剂的合成. 中国胶粘剂，2008，17（3）：13-17.

［65］ 李敏，苏涛，郭立强，等. 淀粉醋酸酯与醋酸乙烯接枝共聚制备白乳胶. 中国胶粘剂，2005，14（10）：24-26.

［66］ 王基夫. 可聚合松香基单体的合成、表征和应用研究. 北京：中国林业科学研究院，2009.

［67］ 赵艳，陈浩，李增旭，等. 大豆蛋白丙烯酸酯共聚物及压制胶合板工艺参数研究. 北华大学学报（自然科学版），2016，17（2）：275-277.

［68］ Kingsley K，Shevchuk O，Demchuk Z，et al. The features of emulsion copolymerization for plant oil-based vinyl monomers and styrene. Industrial Crops and Products，2017，109：274-280.

［69］ Badia A，Movellan J，Barandiaran M J，et al. High biobased content latexes for development of sustainable pressure sensitive adhesives. Industrial & Engineering Chemistry Research，2018，57（43）：14509-14516.

［70］ 蒲侠，张兴华. 桐油衍生物/苯乙烯无皂乳液聚合动力学研究. 安徽农业科学，2010，38（23）：12927-12929.

［71］ Kaya E，Mendon S K，Delatte D，et al. Emulsion copolymerization of vegetable oil macromonomers possessing both acrylic and allylic functionalities. Macromolecular Symposia，2013，324（1）：95-106.

［72］ 时君友，王淑敏. 玉米淀粉改性 API 胶研究. 中国胶粘剂，2006，15（1）：35-37.

［73］ 王思浦，黎秉环，许凯，等. 改性羟甲基羟丙基纤维素在苯丙乳液中的增稠性研究. 纤维素科学与技术，1999（4）：8-13.

［74］ Chaabouni O，Boufi S. Cellulose nanofibrils/polyvinyl acetate nanocomposite adhesives with improved mechanical properties. Carbohydrate Polymers，2017，156：64-70.

［75］ Wang F，Wang J，Chu F，et al. Combinations of soy protein and polyacrylate emulsions as wood adhesives. International Journal of Adhesion and Adhesives，2018，82：160-165.

［76］ Zhu X F，Zheng J，Liu F，et al. Freeze-thaw stability of Pickering emulsions stabilized by soy protein nanoparticles. Influence of ionic strength before or after emulsification，Food Hydrocolloids，2018，74：37-45.

（王春鹏，马玉峰，时君友，温明宇，高强，高振华，程增会）

第九章　生物基高分子新材料

第一节　功能吸附材料

一、离子吸附材料

1. 重金属离子吸附材料

现代工业的不断发展以及废水的不合理排放，导致水体中重金属离子污染问题日益恶化。铅（Pb）、镉（Cd）、汞（Hg）、铬（Cr）等高毒性重金属离子含量超标的废水通过水体、土壤、食物链等进入生物体内并不断富集，时刻威胁着人类健康和社会发展。与一般污染物不同，重金属离子很难被降解，如何降低和消除重金属离子污染并有效回收重金属资源是当今社会面临的重要挑战。研究开发吸附容量大、吸附效率高的绿色、低成本吸附材料是目前该领域国内外研究的重点方向。

纤维素是一种结晶度较高、不溶于水的天然高分子，常以粉状、片状、膜及纤维状等形式出现，可广泛用作基质材料。未改性的纤维素有很弱的离子吸附性能，通常需要对纤维素进行酯化、氧化、醚化等化学改性。在纤维素骨架结构上引入可吸附、螯合金属离子的功能基团，从而提高其吸附性能[1]。Gil 等以丝光处理后的甘蔗渣纤维素为原料，经酯化改性制备了纤维素吸附材料，其对水体中 Cu^{2+}、Cd^{2+} 和 Pb^{2+} 的最大吸附容量分别达到 185.2mg/g、256.4mg/g 和 500mg/g[2]。刘宏治等以竹浆为原料，制备了含巯基的纳纤化纤维素吸附材料，该材料对 Hg^{2+} 的最大吸附容量可达 718.5mg/g，吸附过程为吸热过程，且该吸附材料具有良好的可再生性[3]。潘远凤等从甘蔗中提取纤维素原料，制备了含羧基、黄原酸钠的交联型纤维素基吸附材料，该吸附材料对水体中 Pb^{2+}、Cu^{2+} 和 Zn^{2+} 的吸附容量分别达到 558.9mg/g、446.2mg/g 和 363.3mg/g，吸附作用主要包括螯合作用、离子交换和静电作用[4]。

与传统吸附材料相比，木质素吸附材料具有吸附适应性广、再生能力强、来源广泛且价格低廉等优势。不同的分离工艺得到的木质素的物理、化学性质往往差异较大，对重金属离子的吸附性能也有所差异。Demirbas 等发现从杨木中提取的碱木质素对 Cd^{2+}、Pb^{2+} 的吸附容量可达 7.5mg/g 和 9.0mg/g，最大去除率分别为 95％ 和 95.8％[5]。Karthikeyan 等研究了不同硫酸盐木质素、有机可溶木质素对水中 Cu^{2+} 和 Cd^{2+} 的吸附性能，离子吸附容量排序：软木硫酸盐木质素＞硬木硫酸盐木质素＞硬木有机可溶木质素＞软木有机可溶木质素[6]。由于木质素对重金属离子的吸附容量较低，通常需要对木质素进行改性处理以提高其对重金属离子的吸附性能[7]。广西大学李志礼等利用两步法对碱木质素进行改性，制备多孔状的木质素黄原酸酯（LXR）[8]。研究表明，LXR 对 Pb^{2+} 的吸附容量为 64.9mg/g，对 Pb^{2+} 的去除率可达 93.5％。葛圆圆等以环氧氯丙烷为交联剂制备了海藻酸钠-木质素磺酸盐复合微球[9]，在 pH＝5.0、30℃ 条件下，复合微球对 Pb^{2+} 的吸附容量为 27.1mg/g，这种微球可当作吸附柱固定床使用。

金灿、孔振武等利用巯基-炔基点击反应创制了三氮唑-木质素基 Cd^{2+} 吸附材料 LBA（图 10-9-1）[10]。研究发现，LBA 对水相中 Cd^{2+} 的吸附容量可达 71mg/g；同时，LBA 对 Cd^{2+} 具有优异的吸附选择性（选择性系数 $k＝2.06$），离子选择性吸附机理遵循软硬酸碱理论和空间效应。该课题组还利用巯基-烯基点击反应制备新型半胱氨酸-木质素基离子吸附材料CFL[11]。CFL对Cu^{2+}和Pb^{2+}的最大吸附容量可达68.7mg/g和55.5mg/g，较木质素基材料分别提高了12.5倍和7.6倍，吸附性能优于活性炭、离子交换树脂等常见吸附材料。

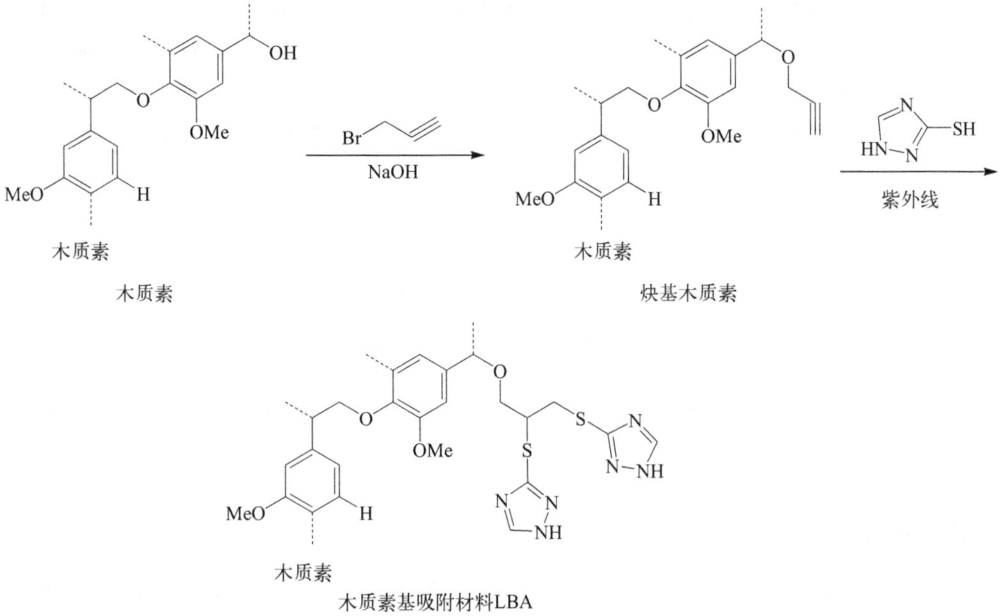

图10-9-1　木质素基离子吸附材料LBA的制备

随着半纤维素均相改性技术的发展，半纤维素衍生物在重金属吸附方面也得到了更多关注[12]。孙润仓等制备了木聚糖型半纤维素基大孔水凝胶材料，发现该材料对水体中Pd^{2+}、Cd^{2+}和Zn^{2+}的最大吸附容量分别达到859mg/g、495mg/g和274mg/g，吸附材料可经多次再生使用，对重金属离子的去除率无明显下降[13]。

2. 阴离子吸附材料

水体中的污染物有一部分以阴离子形态存在于环境中，例如磷酸盐（PO_4^{3-}）、硝酸盐（NO_3^-）等会引起水体富营养化，高氯酸盐（ClO_4^-）对人体具有慢性毒性，重金属型铬酸盐（CrO_4^{2-}）、亚砷酸盐（AsO_3^{3-}）等高毒性的阴离子盐可致癌致畸变。这些阴离子污染物对水生态环境及人体健康具有直接或潜在的危害。

高宝玉等以甘蔗渣纤维素为原料，制备了季铵盐型纤维素基吸附材料QA-SB。将QA-SB材料用作吸附柱固定床填充物，在Cl^-和NO_3^-共存条件下，对水体和土壤中无机磷阴离子[$H_xPO_4^{(3-x)-}$]的吸附容量为18.9~21.4mg/g。吸附过程为放热过程，经4次吸附/脱附循环使用后，QA-SB的吸附效率仍保持在94.5%[14]。吴敏、黄勇等以木浆纤维素为原料，通过氧化、胺化改性制备氨基改性纤维素吸附材料，该吸附材料对水体中F^-、$Cr_2O_7^{2-}$和AsO_4^{3-}3种阴离子具有较高的吸附能力，可快速达到吸附平衡[15]。

罗学刚等研究了聚乙烯醇-木质素（碱法制浆）复合吸附材料PVA/QL的制备及其对NO_3^-的吸附性能。在pH=2的条件下，PVA/QL对溶液中NO_3^-的去除率大于90%，吸附后可经NaOH洗涤再生使用[16]。刘晓欢等制备Zr(Ⅳ)-丁醇木质纤维残渣复合吸附材料（LBR-Zr），发现LBR-Zr材料对PO_4^{3-}的吸附容量为8.8mg/g，吸附过程符合准二级吸附动力学、Freundlich和Temkin模型[17]。

二、有机污染物吸附材料

染料、抗生素、酚类等有机物因在工业、医药、农业等行业的广泛应用而被引入生态环境中。这些有机物在环境中长期富集会对生态环境发展、人类及动植物生命体健康造成严重危害。张俐娜等将磁性 Fe_2O_3 纳米粒子和活性炭嵌入纤维素网络中得到复合吸附材料，实现了对水体中甲基橙和亚甲基蓝染料的吸附，吸附过程符合准二级吸附动力学模型，吸附材料经脱附后可再生使用[18]。姚菊明等以桑树枝为原料制备了多孔型纤维素基吸附材料，吸附材料对水体中双组分的阴离子型染料酸性-93 和阳离子型染料亚甲基蓝的吸附容量可达 1372mg/g，经 3 次脱附再生后的吸附效率仍大于 60％[19]。

Fatehi 等制备了阳离子型软木硫酸盐木质素基吸附材料，可有效吸附水体中的雷马唑亮紫-5R、活性黑-5 和直接黄-50 等染料[20]。张学铭等研究了自制 Fe_3O_4-木质素磁性复合微球对有机染料的吸附性能，结果显示对亚甲基蓝和罗丹明-B 的吸附容量可达 31.2mg/g 和 17.6mg/g[21]。Lima 等制备了螯合铝（CML-Al）和锰（CML-Mn）的羧甲基木质素基吸附材料，对水体中普施安蓝 MX-R 的吸附容量分别为 73.5mg/g 和 55.2mg/g，经 4 次吸附/脱附后材料的吸附率仍保持 98.3％ 和 98.1％[22]。

三、吸油材料

石油运输和开采过程中的溢油事故频繁发生，给海洋生态环境造成极大的破坏。同时，含油污或非极性有机物的工业废水污染也严重威胁到生态环境和人类健康。因此，开发高效、低成本的绿色吸油材料备受关注，成为减少石油基材料使用、缓解能源危机和环境保护方面的热点研究方向之一。

Duong 等以废纸回收纤维素为原料制备出高孔隙率的纤维素气凝胶，研究发现改性气凝胶展现出优良的亲油性和高吸附速率，对 Ruby、Te Giac Trang 和 Rang Dong 三种原油的吸附量分别达到 18.4g/g、18.5g/g 和 20.5g/g[23]。孙庆丰等以离子液体为溶剂从废报纸中提取纤维素，制备出再生纤维素气凝胶，对不同油类和有机溶剂的吸附能力为自身重量的 12～22 倍，如对废弃油污、食用油和氯仿的吸附容量分别为 24g/g、16g/g 和 22g/g。然而，经吸附-挤压后，材料二次吸油能力降至 1g/g，这是由于气凝胶多孔结构在挤压过程中坍塌[24]。

王朝阳等制备了超轻、超疏水和超亲脂型木质素基气凝胶材料，材料具有高孔隙率和低密度（6.4mg/cm³）。气凝胶对豆油、葵花油、甲苯和氯仿等具有优异的吸附性能，最高可吸附自身重量 217 倍或自身体积 99％ 的油类或有机溶剂，且在 5 次吸附/挤压后气凝胶材料仍保持 59.5％ 吸附率[25]。潘勤敏等制备了接枝氧化石墨烯和十八烷基胺的木质素基聚氨酯泡沫 LPU-Rgo-ODA，其水接触角可达 152°，具有优异的疏水和亲脂性能。泡沫材料可吸附自身重量 26～28 倍的原油、机油、煤油和氯仿等油类或有机溶剂，优于商用聚丙烯吸附材料。材料可经 20 次吸附/挤压循环使用，仍保持优异的吸油性能[26]。

第二节　生物基凝胶材料

一、生物基水凝胶

生物基水凝胶是生物基分子或微/纳粒子在一定条件下通过物理或化学交联形成的具有三维空间网络结构的特殊胶体分散体系。物理交联是指通过疏水相互作用、离子相互作用、氢键、金属配位作用、π-π共轭等作用形成微晶、胶束、螺旋、缠结等各向异性区，从而将基质交联形成水凝胶。化学交联主要通过高分子-小分子交联剂、高分子-高分子交联剂、微/纳粒子-小分子交联剂、微/纳粒子-高分子交联剂等方式或其组合进行化学交联，构筑三维水凝胶网络。

1. 纤维素基水凝胶

纤维素基水凝胶是由纤维素分子、纳米纤维素或纤维素衍生物单独或与其他物质复合形成的水凝胶。纯纤维素物理交联水凝胶的制备通常通过溶解和物理交联两步完成[27]。纤维素分子链由于强氢键相互作用形成结晶区，很难溶解在一般的有机溶剂中。因此，纤维素的溶解是纯纤维素物理水凝胶制备的关键。传统用于水凝胶制备的纤维素的溶解主要通过极性复合溶解体系来完成，包括甲基吗啉氧化物[28]、二甲基乙酰胺/氯化锂[29]、四丁基氟化铵/二甲基亚砜[30]等。近年来，一些新型溶剂体系，如离子液体[31,32]、碱/尿素（或硫脲）低温溶解体系[33]等，受到了越来越多的关注。

纤维素分子链中含有大量羟基，可通过酯化、醚化、氧化、接枝共聚等方法衍生化改性，为纤维素或其衍生物水凝胶的制备提供了条件。由于其优良的水溶性，甲基纤维素、羟丙基纤维素、羟丙基甲基纤维素、羟乙基纤维素和羧甲基纤维素等多种纤维素醚被广泛应用于纤维素基水凝胶的制备[27,33-35]。与纤维素醚相比，只有少数几种纤维素酯，如醋酸纤维素，具有合成水凝胶的潜力[36]。酯化反应被应用于纤维素化学交联水凝胶的制备。1,2,3,4-丁烷四羧酸二酐、乙二胺四乙酸二酐、富马酸、琥珀酰酐、柠檬酸等均可作为交联剂，通过酯化反应合成化学交联纤维素基水凝胶（表10-9-1）。除小分子改性交联外，以纤维素或纤维素衍生物表面活性基团为接枝点，在纤维素骨架上接枝聚合物也广泛应用于纤维素基水凝胶的研究中。目前，纤维素接枝共聚改性的方法主要有离子型聚合、开环聚合、普通自由基聚合、原子转移自由基聚合等[37,38]。纳米纤维素也可以通过物理交联或化学交联形成具有大比表面积、独特力学性能和纳米效应的纳米纤维素基水凝胶[39-43]。

表 10-9-1　纤维素基水凝胶酯化反应交联剂

交联剂或聚合单体	纤维素原料	性能特点及应用	参考文献
1,2,3,4-丁烷四羧酸二酐	微晶纤维素、木浆	超高吸水性能	[44-46]
乙二胺四乙酸二酐	醋酸纤维素	合成方法简便，可作为保湿、缓释材料	[36,47]
富马酸	羧甲基纤维素钠盐、羧甲基纤维素、羟乙基纤维素	具有 pH、离子浓度响应性能，可用于刺激响应型药物缓释材料中	[48-50]
琥珀酰酐	棉花、微晶纤维素	超高吸水性能	[51]
柠檬酸	羟乙基纤维素、羧甲基纤维素钠盐、羧甲基纤维素、羟丙基甲基纤维素	药物缓释、伤口敷料	[52-55]

2. 壳聚糖基水凝胶

壳聚糖含有的氨基和乙酰氨基具有离子化能力，可通过离子静电作用和氢键作用等物理交联构筑壳聚糖物理凝胶[56]。在酸性条件下，壳聚糖分子中氨基质子化后带有正电，可与带负电的分子或离子通过正负离子间的静电相互作用形成水凝胶。柠檬酸钠、三聚磷酸盐、β-甘油磷酸盐等可作为物理交联剂，提高壳聚糖水凝胶的强度[57-61]。除小分子外，多种天然和合成高分子（如海藻酸钠[62]、聚乙烯醇[63]和聚乙二醇[64]等）也可用于壳聚糖复合物理水凝胶的制备中。Rassu 等[62]利用壳聚糖氨基与海藻酸钠羧基之间的静电作用制备了壳聚糖/海藻酸钠复合水凝胶。壳聚糖及其衍生物富含羟基和氨基，可通过化学交联、接枝改性等方法制备功能性水凝胶。壳聚糖分子链上的羟基可通过酯化、醚化等交联反应构筑凝胶网络结构。Duan 等[65]分别以壳聚糖、纤维素/羧甲基纤维素为原料，以表氯醇为交联剂，制备了壳聚糖预水凝胶和纤维素/羧甲基纤维素预水凝胶。此外，戊二醛、丙二醛、京尼平等交联剂可与壳聚糖分子中的氨基发生化学作用形成共价交联水凝胶。聚乙二醇可通过化学改性在两端引入环氧基、醛基等功能基团，作为高分子交联剂，应用于壳聚糖水凝胶的交联固化[66]。

3. 其他生物基水凝胶

生物基水凝胶不仅限于纤维素类和壳聚糖类，蛋白质、淀粉、海藻酸盐等天然高分子均可通过物理交联或化学交联的方式构筑生物基水凝胶。多肽和蛋白质具有良好的生物相容性、可降解性、生物活性、自组装特性以及官能团多样性，被广泛应用于生物基水凝胶的制备。多肽和蛋白质既可以通过氨基酸单元侧基之间的自组装[67-69]，也可以通过活性基团之间的可控化学反应[70-72]，实现凝胶化。淀粉基水凝胶主要通过与其他高分子接枝共聚形成交联凝胶网络结构。Maity[73]等将淀粉与丙烯酸/丙烯酰胺/二羧酸衣康酸接枝共聚后，通过 N,N'-亚甲基双（丙烯酰胺）交联构建了淀粉基水凝胶三维网络。海藻酸钠可以在温和的条件下与多价阳离子通过静电作用形成水凝胶。通过 Ca^{2+} 置换静电作用交联形成的海藻酸基水凝胶的含水量可达 $90\% \sim 95\%$，其中 Ca^{2+} 的含量显著影响水凝胶的稳定性能[74,75]。此外，海藻酸钠分子链中的羧基也可以通过化学交联或接枝共聚制备共价交联化学水凝胶[76,77]。Chen 等[78]通过氢键作用和动态席夫碱反应实现了多巴胺接枝改性氧化海藻酸钠和聚丙烯酰胺之间的物理和化学交联。物理和化学协同交联作用显著提高了该海藻酸钠基复合水凝胶的机械性能，其抗张强度和拉伸性能分别高达 $0.109MPa$ 和 2550%，同时赋予了该水凝胶优异的自愈合能力。

4. 生物基水凝胶的应用

生物基水凝胶具有良好的生物相容性和生物活性等优点，广泛应用于药物缓释载体、组织工程等生物医学领域。药物的封装和缓释体系是目前生物基水凝胶的研究热点之一。通过物理包埋或化学吸附等技术，将酶、药物、抗原等被载物负载到水凝胶三维网络结构中。药物在自身扩散作用、外部环境刺激和水凝胶溶胀或降解等多重作用下，以所需速率缓慢地释放或可控释放，从而大大提高药物的利用率[79]。通过在水凝胶体系中引入刺激响应结构，使凝胶网络结构可逆转化，可有效调控水凝胶结构中的药物释放[80]。Zhao 等[81]用羧甲基壳聚糖（CMCh）和无定形磷酸钙（ACP）制备了一种新型纳米粒子复合水凝胶（CMCh-ACP 水凝胶）。以 CMCh-ACP 水凝胶为工程支架用于间充质干细胞再生，研究表明该复合水凝胶显著提高了骨成形蛋白的骨再生效率和成熟度，同时抑制了长期异位成骨模型中的骨吸收过程。生物基水凝胶在伤口敷料、抗菌材料等方面同样具有广泛的应用潜力。生物基水凝胶作为敷料具有柔软、弹性好、透气透水、无毒、低黏附性等优点，能够提供伤口愈合的适宜潮湿环境，保护伤口免受细菌和污染物感染，加速伤口愈合并减轻疼痛[27]。生物基水凝胶具有高吸水性、高吸附容量、快吸附速率、多孔结构、官能团多和可再生性等特点，广泛应用于金属离子、染料和其他污染物的吸附处理中[27]。溶解的污染物离子或分子可以很容易地渗透到水凝胶的三维凝胶网络结构中，并与生物基水凝胶结构中含有的羟基、羧基、氨基、磺酸基等官能团相互作用，从而对污染物进行吸附富集、分离和回收。在生物基水凝胶体系中引入特定功能基团、无机纳米材料等可有效提高生物基水凝胶的吸附性能、吸附选择性和多功能性。通过在壳聚糖基水凝胶结构中加入微量的碳纳米管，不仅可提高水凝胶的机械性能、碳纳米管的高比表面积和碳原子的层状六边形阵列，也可显著提高水凝胶的吸附性能[82-84]。

生物基水凝胶在食品、传感器、电子、催化剂、智能材料等领域也具有巨大的应用价值。

Gregorova 等[85]制备了一种食品包装用聚乙烯吡咯烷酮/羧甲基纤维素水凝胶薄膜，具有可生物降解、透明、柔韧、吸湿和透气等性能，是一种很有前景的蔬菜和水果包装材料。由生物基聚电解质复合制备的水凝胶（如羧甲基纤维素/壳聚糖、纤维素/海藻酸盐等）在 pH、离子强度和电场强度等外部环境影响下，在阴阳电极两侧会显示出差异性的润胀或收缩，水凝胶向特定方向弯曲或移动，可用于微传感器或制动器中[86,87]。生物基水凝胶的多孔结构使其具有较高的比表面积，可为催化活性组分提供充足的负载位点。同时，凝胶网络中的羟基、羧基、氨基等活性基团具有较好的络合配位能力，能够有效地螯合和稳定金属离子与纳米颗粒。因此，生物基水凝胶可作为催化剂载体，通过与 Ag[88]、Au[89,90]、Pd[91,92] 和 TiO$_2$[93,94] 等无机催化剂复合用于非均相催化反应中。

二、生物基气凝胶

生物基气凝胶是以生物基材料为原料通过物理或化学交联形成的具有三维空间网络结构的湿凝胶体系，经超临界、冷冻等干燥方法除去内部溶剂并基本保持其形状不变，所得到的具有极高孔隙率、极低密度、高比表面积的多孔固体生物基材料。

1. 生物基气凝胶的制备

生物基气凝胶最常用的制备方法是以前述的纤维素、壳聚糖、淀粉等生物基水凝胶为前驱体，通过干燥去除溶剂水并保留三维网络多孔结构。然而，稳定的水凝胶网络结构并不是生物基气凝胶制备的必要条件。生物基气凝胶的制备过程比水凝胶更加灵活，可以将生物基纳米单元的水分散液直接干燥制备气凝胶。Ikkala 等[95]和 Suenaga 等[96]采用分散体系直接冷冻干燥的简便方法，用从植物纤维素中分离出的纤维素纳米纤维和从鱿鱼中提取的甲壳素纳米纤维分别制备了高性能纤维素气凝胶与甲壳素气凝胶。此外，生物基有机凝胶也可以作为前驱体，通过适当的干燥工艺制备气凝胶。Tan 等[97]以丙酮为溶剂，在吡啶催化条件下将纤维素醋酸酯、纤维素醋酸丁酸酯分别与甲苯-2,4-二异氰酸酯化学交联形成纤维素酯有机凝胶，随后采用 CO$_2$ 超临界干燥合成了纤维素酯气凝胶。

2. 生物基气凝胶的干燥

干燥是由湿凝胶制备气凝胶的关键步骤，干燥工艺决定了气凝胶的三维网络孔隙结构。由于湿凝胶干燥过程中微孔洞内存在较强的固-液和气-液表面张力，传统的常压干燥通常会导致固体骨架结构破坏、孔隙的塌陷和收缩，无法形成气凝胶[98]。超临界干燥（supercritical drying）和冷冻干燥（freeze-drying）是目前生物基气凝胶制备的主要方法。由于水和有机溶剂较高的超临界温度（>200℃）会导致大部分生物基材料的严重降解，CO$_2$ 超临界干燥是生物基气凝胶制备最常用的超临界干燥方法。由生物基水凝胶经超临界干燥制备气凝胶时通常需先将水凝胶中的水置换为与 CO$_2$ 互溶的乙醇、丙酮等有机溶剂。在高压釜中常温下将凝胶中的有机溶剂与 CO$_2$ 完全置换后，将高压釜温度缓慢升至 40℃，并维持足够时间以确保凝胶网络结构内充满 CO$_2$ 超临界流体，使气液界面消失。随后将 CO$_2$ 从容器中缓慢释放得到生物基气凝胶[33,99]。除超临界干燥外，冷冻干燥亦被广泛应用于生物基气凝胶的制备。最简单的冷冻干燥是将生物基水凝胶直接冷冻干燥制备气凝胶。但是，水在低温下会形成冰晶，导致部分固体网络结构干燥过程中发生结构变形和坍塌。通过急速冷冻或有机溶剂置换等方式可改善或避免冰晶生长造成的结构破坏（图 10-9-2）[100]。

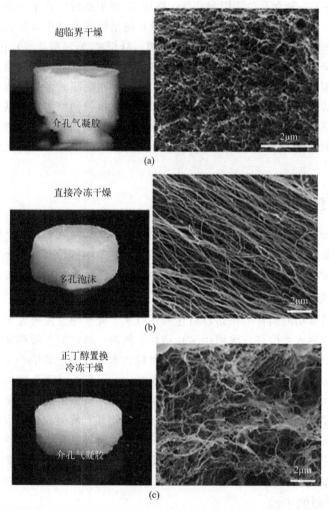

图 10-9-2　不同干燥工艺条件下制备的纳米纤维素多孔材料的实物照片和扫描电镜照片

（a）CO_2 超临界干燥制备的气凝胶；（b）水凝胶直接冷冻干燥制备的气凝胶；（c）正丁醇置换冷冻干燥制备的气凝胶

3. 生物基气凝胶的改性及应用

　　生物基气凝胶分子链中含有丰富的羟基、氨基、羧基等活性位点，可通过共价键合、物理负载、金属离子络合、原位沉积等策略对生物基气凝胶改性（图 10-9-3）[98]，调控生物基气凝胶的亲疏水性及力学性能，并引入电、磁、生物活性等功能，进而扩大其应用领域。

　　生物基气凝胶具有气凝胶高孔隙率（90%～99%）、低密度（0.07～0.46g/cm³）、高比表面积（70～900m²/g）等特性。同时，生物基气凝胶还具有优良的生物相容性和可降解性，是药物载体、伤口敷料、组织工程骨架等的理想材料，在生物医药领域具有巨大的应用潜力。生物基原料的内在亲水性限制了气凝胶的稳定性和应用范围。疏水化改性是拓展生物基气凝胶用途的重要途径，成为气凝胶研究的重要方向之一。常用的方法是通过物理或化学手段引入含氟结构[101]、烷基硅烷[102]、脂肪族分子链[103]、纳米二氧化钛[104]等低表面能物质，实现气凝胶的疏水改性。由于生物质气凝胶具有环境友好、可回收性和高吸收性等独特优势，疏水改性气凝胶广泛应用于油水分离等领域。通过对生物基气凝胶氨基化和羧基化改性，可赋予气凝胶 CO_2 气体捕获、染料和重金属离子吸附分离等性能[105]。生物基气凝胶可作为无机纳米材料的载体或模板，通过沉积或原位生长构筑功能纳米结构。通过共混碳纳米管、磁性纳米颗粒原位生长、量

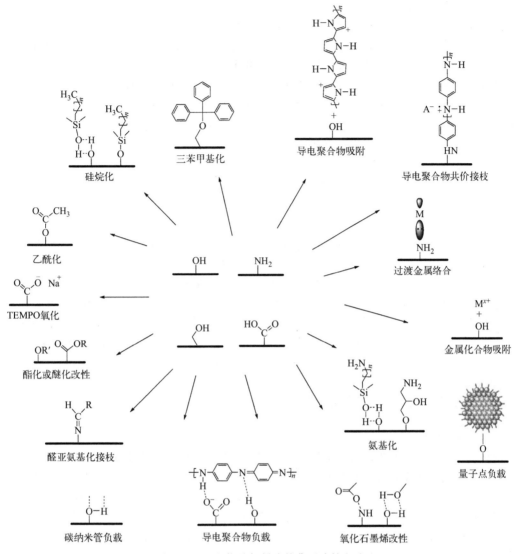

图 10-9-3　生物基气凝胶的典型改性方法

子点负载等方法制备的纤维素基气凝胶具有导电、磁性和荧光等性能，在光电、传感等方面具有广泛的应用前景[98]。以壳聚糖基气凝胶内丰富的氨基壳为活性位点与金属离子（如 Er^{3+}、Yb^{3+}、Sm^{3+} 和 Dy^{3+} 等）[106] 或金属和金属氧化物纳米粒子（如 Au、Ag 和 Fe_3O_4 等）络合，可显著提升气凝胶的光学、吸附、催化或铁磁应用潜能[98]。此外，生物基气凝胶可作为炭气凝胶的前驱体，通过热解制备功能性炭气凝胶，在电极材料、超级电容器、催化储能等领域具有潜在的应用价值[33]。

第三节　光固化材料

一、光固化材料的组成

最常见的涂料、胶黏剂和油墨等光固化材料的主要成分包括光引发剂、活性稀释剂、低聚物及各类添加剂。

光引发剂是光固化产品的关键组成部分，充当材料固化过程的催化剂，并且对光固化速度起着决定性的作用。引发剂吸收特定光后可以产生自由基或阳离子，进而引发低聚物和活性稀释剂发生聚合与交联反应，最终形成网络结构固体材料。

活性稀释剂是一种含有可聚合官能团的有机小分子，通常称为单体或功能性单体。活性稀释剂可以溶解和稀释低聚物，调节体系的黏度，并参与光固化过程，最终影响光固化产品的光固化速率和固化膜的各种性能。因此，选择合适的活性稀释剂是光固化产品配方设计的重要环节。自由基光固化活性稀释剂主要包括丙烯酸酯类单体，阳离子光固化活性稀释剂主要包括具有乙烯基醚或环氧基的单体。乙烯基醚也可以参与自由基光固化，可用作两种光固化体系的活性稀释剂。因此，将丙烯酰氧基、甲基烯酰氧基、乙烯基、烯丙基等反应性基团引入生物质分子结构中，可以开发出生物质基活性稀释剂。

光固化材料用的低聚物是一种感光性树脂，其分子量相对较低，在引发剂的引发下发生光固化反应从而形成高分子量聚合物。在光固化材料中，低聚物是材料的主体，决定固化后产品的性能。因此，低聚物的设计和合成是光固化材料配方设计中的重要环节。低聚物与活性稀释剂一样，在分子结构中含有不饱和双键的结构单元，其光固化活性依次为丙烯酰氧基＞甲基烯酰氧基＞乙烯基＞烯丙基。在选择低聚物光固化单体时，需要综合考虑光固化产品与应用相关的黏度、固化速率、基材附着性能、固化材料的物理性能等。常用商业化的光固化低聚物有不饱和聚酯、环氧丙烯酸酯、聚氨酯丙烯酸酯、聚酯丙烯酸酯、聚醚丙烯酸酯、纯丙烯酸树脂等，可用于自由基光固化材料；阳离子光固化材料用树脂主要有环氧树脂、乙烯基醚树脂等。

二、基于生物质大分子资源的光固化材料

1. 碳水化合物

淀粉、纤维素、壳聚糖等天然高分子和蔗糖、麦芽糖、果糖等低聚糖是重要的可再生生物质材料。利用化学法或酶法，可以将多糖转化为单糖、多元醇[107]、不饱和羧酸[108]和呋喃衍生物[109]。甲基丙烯酸缩水甘油酯（GMA）和甲基丙烯酸酐（MA）常被用于多糖的改性。壳聚糖[110]与丙烯酰氯反应、海藻酸钠[111]与2-氨基甲基丙烯酸乙酯（AEMA）反应、淀粉[112]与2-异氰酸酯甲基丙烯酸乙酯（IEMA）反应、纤维素[113]与N-甲基丙烯酰胺（NMA）反应等也是改性多糖常见的方法。王基夫等[114,115]将甲基丙烯酸酐与乙基纤维素进行酯化反应，制备出甲基丙烯酸乙基纤维素酯，然后采用UV光/热双固化的3D打印策略制备了一种基于松香-纤维素的具有荧光、可修复的形状记忆热固性树脂。

重氮官能团具有很高的反应性且反应过程中仅产生氮气，是有效的光交联剂。Liu等[116]用重氮官能团作为光敏交联剂，研制了肝素海藻酸钠水凝胶。重氮化合物可连续与肝素和海藻酸钠多层聚合，建立了层层（IBI）自组装系统的方法。需要指出的是，重氮化合物的合成过程复杂且不易纯化[117]。目前，可光交联多糖主要应用于生物医学领域。基于经丙烯酸酯或其他可光交联部分修饰的多糖的材料基本是无毒的，可应用于药物输送或组织工程等方面。

2. 木质素

木质素是地球上一种储量丰富、可再生及可生物降解的天然高分子材料。将丙烯酸酯官能团引入木质素可以赋予木质素紫外光固化性能。例如，Yan等[118]以有机溶剂木质素为原料，与环氧树脂发生醚化反应合成木质素基环氧树脂，再与丙烯酸反应合成木质素基环氧丙烯酸酯（LBEA）低聚物，经UV固化得到一种膜涂料。研究发现，木质素的加入改善了环氧丙烯酸酯涂层的铅笔硬度、柔韧性、黏附性、耐化学性和热稳定性能。其中，添加10％木质素的LBEA

硬度提高到 3H，黏附力为 1，柔韧性提高到 5mm，而木质素与环氧丙烯酸酯的化学键合是 LBEA 涂料性能提高的主要原因。而且，通过紫外光固化和热固化相结合的方法，制备的木质素基环氧丙烯酸酯双固化涂层具有较高的交联度和较好的力学性能，其硬度达到 4H[119]。Hajirahimkhan 等[120]以甲基丙烯酸酐为原料，通过酯化反应将硫酸盐木质素转化为甲基丙烯酸木质素。结果表明，初始木质素结构中的羟基官能团有 70% 以上转化为相应的甲基丙烯酸酯。进一步将该甲基丙烯酸木质素作为光固化涂层原料，在紫外线下固化，得到坚固的涂层。随着木质素含量的增加，涂层的疏水性、热稳定性、固化率和表面附着力不断提高，其中甲基丙烯酸木质素的含量最高达到 31%。然而，木质素基紫外光固化复合材料仍然存在一些问题，如木质素中酚型结构及其发色基素粒子通常会吸收部分紫外线，影响紫外线穿透到深层，导致固化材料的交联密度降低，物理机械性能差等，从而研发适当的木质素改性技术并改进光引发剂体系具有重要意义。

3. 天然橡胶

天然橡胶（NR）在紫外线照射下难以发生交联。在适当的光引发剂存在下，将该官能团改性为环氧或丙烯酸酯基团可在短时间内实现交联。

环氧化天然橡胶（ENR）是在 5℃[121]下用过氧乙酸处理天然橡胶 6h 得到的。在紫外线照射下和三芳基磺酸盐存在下，环氧基可迅速发生开环聚合，形成醚链[122-124]。与自由基聚合相比，阳离子光引发聚合在紫外线照射 0.5s 后放置在黑暗环境中即可进行。

ENR 与丙烯酸反应，在聚合物主链上引入丙烯酸酯双键，可得到光固化材料。Kumar 等[125]研究了由环氧天然橡胶、环脂族二环氧基化合物和甲基丙烯酸缩水甘油酯组成的阳离子光引发剂诱导的光固化材料。在紫外线照射和固化过程中，附着在橡胶颗粒上的环氧基迅速有效地参与反应，同时发生链增长和交联反应，形成互穿聚合物网络。天然橡胶具有良好的力学性能（拉伸强度、柔韧性以及抗冲击和撕裂性等），但也存在阻燃性差、耐化学溶剂性能低、耐臭氧老化性能差等缺点。通过化学改性可以改善天然橡胶的性能。

在溶液[126,127]、固态[128]或乳胶介质[129-133]中，以天然橡胶为原料可合成接枝共聚物。Derouet[134]将 N,N-二乙基二硫代氨基甲酸酯基团接枝到橡胶链上，用于引发丙烯酸酯或甲基丙烯酸酯含磷单体的聚合[135]。在紫外线照射下，橡胶大分子被分解成稳定的 N,N-二乙基二硫代氨基甲酸酯自由基，引发单体聚合得到接枝聚合物。

三、基于生物质小分子资源的光固化材料

（一）油脂

动植物的油脂和脂肪酸是化学工业最重要的可再生原料之一。然而，未改性的油脂光氧化时间较长，不适合直接作为光固化材料。因此，通过对油脂化学改性引入（甲基）丙烯酸酯[136,137]、马来酸衍生物[138-140]或烯丙基醚[141]等更高反应活性的基团，这些反应性基团可通过自由基反应实现光固化。利用环氧油脂或降冰片烯基环氧油脂可提高固化反应活性，通过阳离子聚合实现交联反应（图 10-9-4）。

如前所述，不同的交联机制取决于油脂的反应活性基团和反应类型。通过脂肪链的光氧化、苯乙烯化、硫醇-烯偶合（TEC）或丙烯酸酯偶合和环氧基的开环可得到光固化植物油（图 10-9-5）。

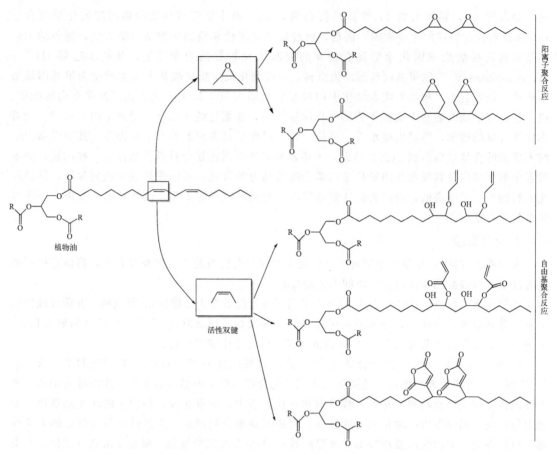

图 10-9-4　植物油的化学改性

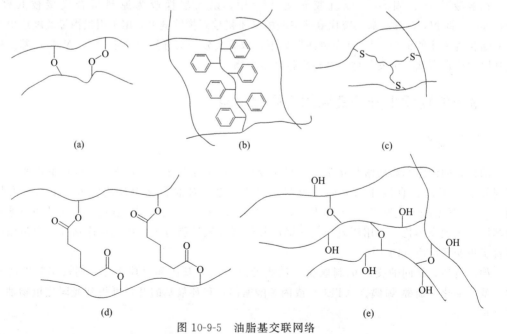

图 10-9-5　油脂基交联网络

（a）光氧化反应；（b）苯乙烯化交联；（c）巯基-烯（thiol-ene）偶合；（d）丙烯酸酯偶合脂肪酸链；（e）环氧基团开环反应

1. 甘油衍生物

甘油衍生物是油脂皂化反应或生物柴油生产中的副产品[142]，已成为一种重要的化工原料，是合成碳酸甘油、缩酮、丙烯酸等的中间体[143]。其中，一些含有（甲基）丙烯酸酯基团的化合物［例如，丙烯酸甘油酯（GCA）、甲基丙烯酸甘油酯（GCMA）、甲基丙烯酸丙酮缩甘油酯（SolA）、5元环乙酸甘油酯（5-CAGA）、6元环乙酸甘油酯（6-CAGA）和环碳酸酯（CCCA）］已被用作 UV 固化材料（图 10-9-6）[144]。此外，甘油的其他衍生物［如 1,3-甘油二甲基丙烯酸酯（GDM）、三甲基丙烯酸甘油酯（GTM）等］也被用于改善修复性牙科材料的机械性能[145,146]。

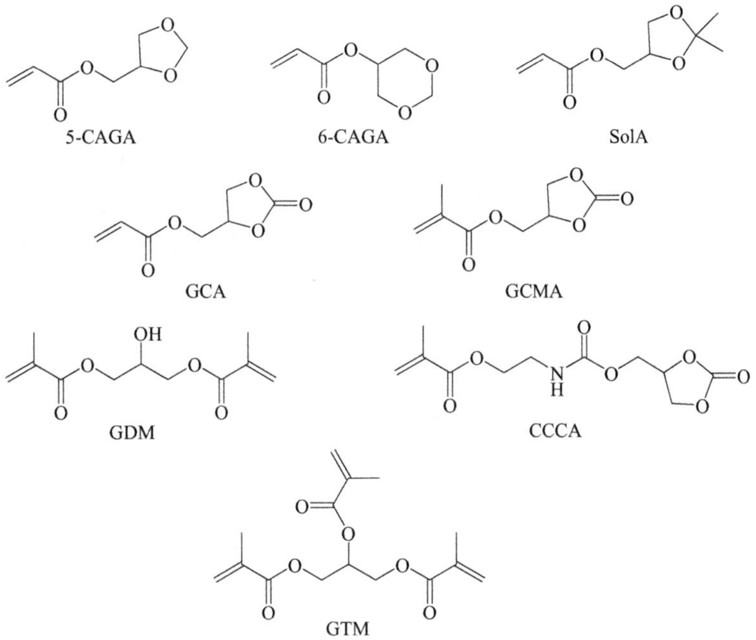

图 10-9-6　可光固化的甘油基单体的分子结构

2. 植物油脂的光氧化

植物油含有较多不饱和双键，在空气中容易发生自聚合反应。例如，在制备亚麻籽油基高分子材料过程中[126,147,148]，通过金属基催化剂、热处理或紫外线照射[149]等不同方法可以加速亚麻籽油不饱和双键的聚合。

3. 植物油硫醇-烯偶联（TEC）

Hoyle 和 Bowman[150] 提出了一种使用硫醇-烯偶联（TEC）合成光固化材料的方法。植物油脂的不饱和双键适用于 TEC 反应。将多功能硫醇引入植物油脂中可形成聚合物网络。植物油脂的低热稳定性决定了在 TEC 反应中使用紫外线诱导而不能使用热引发。与其他典型的自由基聚合相比，紫外线诱导的 TEC 的另一个好处是受氧气影响较小[151]。在该体系中，植物油脂和硫醇试剂的分子结构都会影响反应的活性[152]。

4.（甲基）丙烯酸酯类油脂改性不饱和油

植物油脂双键的反应活性较低，需要经改性来提高官能团的反应活性。文献报道了适用于亚麻籽油、菜籽金盏花油[137]和大豆油[136]等植物油脂的改性方法。其中，利用（甲基）丙烯酸与环氧植物油脂反应的方法最为常见[136,137]。此外，也可以利用（甲基）丙烯酰酸与蓖麻油等富含羟基的酯化反应改性植物油脂[153]。另外，还有一种方法是利用异氰酸酯衍生物改性植物油脂。Patel 等[154]用亚甲基双（4-苯基异氰酸酯）（MDI）、甲苯二异氰酸酯（TDI）等二异氰酸酯对单甘油酯（MAG）改性，再由 MAG 的自由端异氰酸酯基与含自由羟基的丙烯酸酯单体反应，制备氨基甲酸乙酯-丙烯酸植物油[155]。

5. 其他方式改性不饱和油脂

植物油脂及衍生物脂肪链中 C=C 键经热引发[156]或紫外线引发[157]聚合形成二聚体。进一步还原成脂肪二醇后，可用作紫外光固化聚氨酯分散体系中的多元醇[158]。这种方法减少了高分子的收缩性并提高了附着力，用于喷涂的脂肪酸二聚体 UV 配方的黏度较低，因而具有竞争优势。

（二）小分子糖类

小分子糖类的仲羟基反应活性高，易于改性。因此，采用羧酸或酰氯试剂可以制备（甲基）丙烯酸酯基糖类单体。Kim 和 Peppas 等[159]合成了葡萄糖基甲基丙烯酸酯单体，通过 UV 聚合构建了共聚物网络（图 10-9-7）。葡萄糖单元为该聚合物提供了水溶胀性，加入甲基丙烯酸作为共聚单体使该聚合物对 pH 产生了敏感性。糖类化合物具有生物相容性、水溶性和 pH 响应性，可通过环境友好型聚合方法（如 UV 固化等）制备成涂料或生物医学等领域的应用材料。

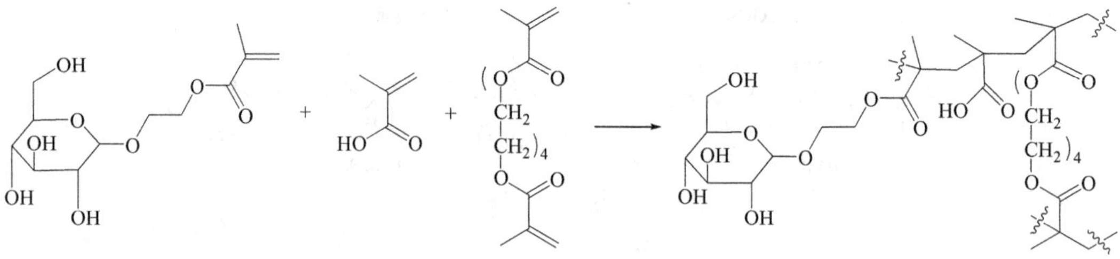

图 10-9-7　葡萄糖基甲基丙烯酸酯单体、甲基丙烯酸和四甘醇二甲基丙烯酸酯的 UV 引发共聚合反应

（三）氨基酸

自然界中存在大约 80 种氨基酸，蛋白质中含有的 20 种氨基酸中，只有 8 种被称为必需氨基酸。作为一种来源丰富的生物质资源，氨基酸基光固化材料被应用于制备水凝胶。Cai 等[160]以烯丙胺为引发剂，将一种基于多肽的前体通过开环聚合合成了聚赖氨酸大分子单体 [M_n = 3060g/mol，多分散指数（PDI）=1.23]，然后将获得的大分子单体通过光交联共价连接到 PEGDA 网络上。聚赖氨酸在聚乙二醇水凝胶中的共价固定可用于开发基于神经修复和再生的可注射材料。

（四）香豆素衍生的化合物

香豆素有数百种衍生物，其中应用最广泛的是 7-羟基香豆素。香豆素存在于许多植物中，也可通过不同途径合成[161,162]。这类物质用途广泛，包括香料、药物、药物输送和液晶聚合物。一个世纪前，人们发现了它们的光电效应[163]。这种耦合反应是通过光刺激而不是热刺激来实现的，这使得该反应过程应用于 UV 固化成为可能。该反应可发生在一些固态衍生物中，也可发生在 λ>300nm 的溶液中，通过（2π+2π）环加成形成环丁烷，从而导致生成不同的异构体。由于这些异构具有二聚体结构，因而表现出良好的热稳定性（图 10-9-8）[164-167]。

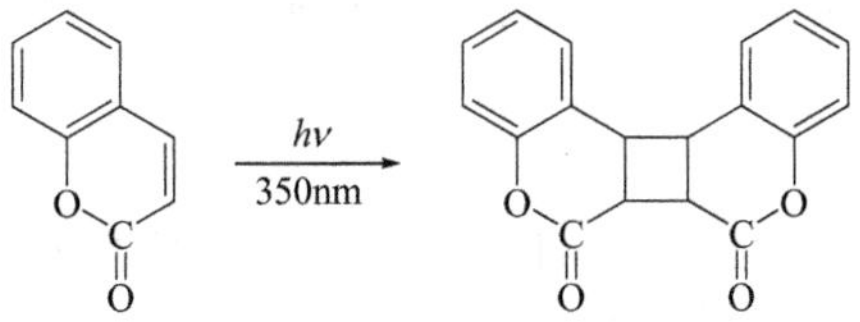

图 10-9-8 UV 光照下香豆素的环二聚反应

Krauch 等[165]在 20 世纪 60 年代证明了短波长辐射（＜290nm）下交联的可逆性（图 10-9-9）。因此，通过该方法制备了一类新型光固化材料，可应用于荧光涂料、激光染料、印刷配方、液晶聚合物[168-172]等方面。

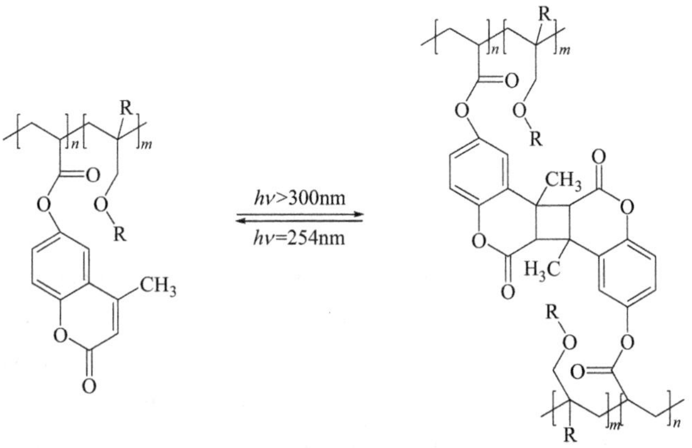

图 10-9-9 通过香豆素的环二聚反应实现聚合分子结构的交联

（五）肉桂酸衍生的化合物

肉桂酸是由苯丙氨酸解氨酶对植物中的 L-苯丙氨酸作用合成的。近年来，对肉桂酸酯衍生聚合物的研究主要集中在相关单体的聚合或肉桂酸酯基预聚物的改性等方面[173]。肉桂酸酯基团可以在紫外线（270～310nm）下发生（2π＋2π）聚合，或者通过可逆平衡从反式变为顺式形式（图 10-9-10）[174,175]。

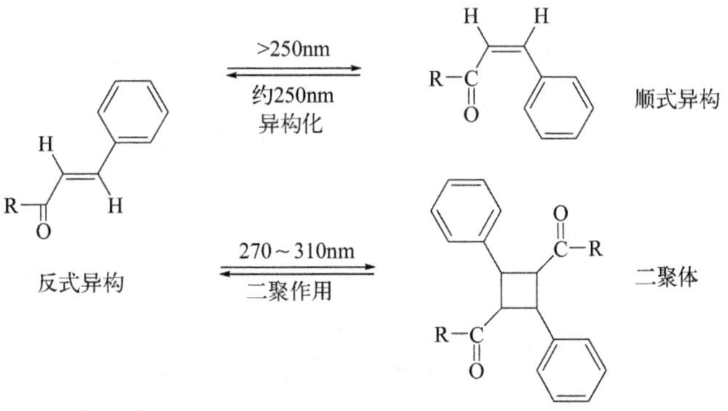

图 10-9-10 肉桂酸素的环二聚反应的可逆性

含肉桂酸酯基单体的合成已被广泛研究，并提出了许多含肉桂酰侧基的（甲基）丙烯酸酯的合成方法。这些功能化聚合物在有无光引发剂的情况下均表现出良好的反应活性，可适用于光活性聚合物[176,177]。肉桂和香豆素都是很有前途的生物来源功能组，能够发生 UV 固化。反应的可逆性使其在工业中得到应用，并为液晶聚合物和非线性光学材料等应用拓展了途径。

（六）天然酸

天然酸具有良好的生物相容性和 pH 响应性，在生物医学领域具有很好的应用潜力。天然酸存在于许多天然化合物（如酒石酸、咖啡酸）中，也可通过化学或酶促（如柠檬酸、琥珀酸、衣康酸和乳酸）方法合成。有文献将天然酸归类为 pH 性聚合物（例如聚酯和聚酰胺）合成试剂[178]和光化学过程的光聚合基团。一些天然酸的官能团具有紫外线反应活性，可用于改性其他预聚物。天然酸具有相似的化学结构，双键与羧酸位置邻近，即含有高紫外线反应活性的官能团（图 10-9-11）。

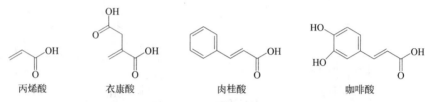

丙烯酸　　　　衣康酸　　　　　肉桂酸　　　　　咖啡酸

图 10-9-11　天然酸的化学结构式

天然酸已广泛用于涂料和生物医学领域。富马酸、马来酸和衣康酸具有优良的亲水性，被用于生产隐形眼镜[179]。丙烯酸是最常用的对紫外线敏感的生物质酸。在过去的 30 年里，大量的出版物和专利报道了丙烯酸在 UV 固化领域的应用。在许多情况下，丙烯酸分子被接枝到预聚物上，可发生 UV 固化反应。Decker[180-182]研究表明，丙烯酸基单体应用于光聚合过程中是十分有前景的。目前，可以通过几种方法从生物质中提取丙烯酸。Arkema 公司使用甘油催化转化为丙烯醛、丙烯酸或以乳酸为原料催化脱水合成丙烯酸。Cargill 和 Novozymes 等[183,184]以糖和 3-羟基丙烯酸为原料通过酶促反应合成丙烯酸。近年来，丙烯酸基压敏胶被用于触摸屏等电子元件的涂层，是十分有前景的应用方向。

丙烯酸类衍生物（如肉桂基分子，又称反-3-苯基丙烯酸）主要通过可逆二聚反应，在紫外线下形成环丁烷环。Nagata 和 Inaki 等[185]用紫外线交联了多聚（丙交酯）骨架肉桂基化合物，使用咖啡酸（也称为反式-3,4-二羟基肉桂酸或反式-3,4-二羟基-3-苯基丙烯酸）进行了类似的研究。肉桂酸的这种类似物主要存在于木质素中，该基团由一个二取代羟基的芳香环组成，很容易与羟基发生反应[186]。

松香是从松树和其他植物（如针叶树）中通过加热新鲜的树脂除去挥发性萜烯成分而获得的。松香主要由 90％的二萜一元羧酸组成，也称为树脂酸（图 10-9-12），枞酸是树脂酸的主要成分。树脂酸已广泛应用于纸张施胶、印刷油墨和黏合剂等领域。王基夫等[187-192]以松香及松香树脂酸为原料，与多种含羟基的丙烯酸酯反应，合成一系列可自由基聚合的松香基丙烯酸酯（DA-2-HEA、DA-2-HEMA、DA-2-HHMA 和 DAGMA）。Kwak 等[193]证实含有甲基丙烯酸酯官能团的松香基单体可应用于光刻领域。Kim 等[194]研究表明，枞酸通过甲基丙烯酸酯化后可发生光固化反应。

单宁化合物由多酚类分子组成，广泛分布于植物体中。二甘酸（单宁酸的多酚酸片段）已被作为光活性材料应用于涂料中[195]。总之，使用天然不饱和酸可以实现分子或聚合物的功能化，并提供光敏特性。天然酸是一种很有前途的可再生化学品，可广泛应用于工业涂料和医疗材料等领域。羧酸具有一定依赖酸碱度的特性，这种特性主要用于生物医学领域的药物输送系统。

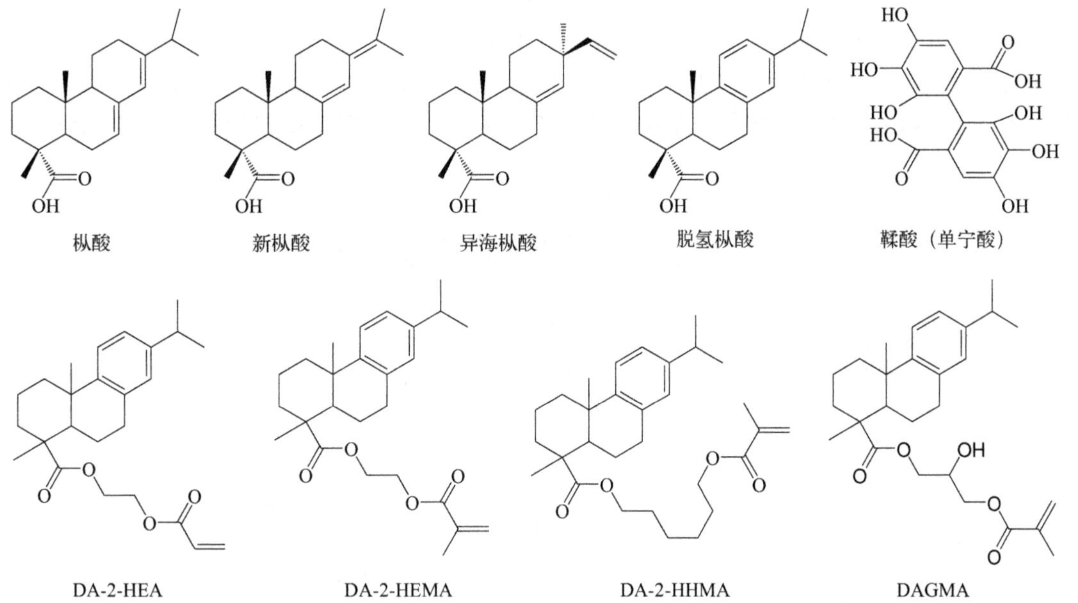

图 10-9-12 树脂酸的分子及单体结构

（七）呋喃

呋喃及其衍生物大都来自半纤维素的酸催化水解解聚[109,196]，生成的低聚糖经蒸馏纯化后脱水产生糠醛和甲基糠醛化合物（图 10-9-13）。大多数糠醛转化为糠醇，但也可以从糠醇中获得其他可用于聚合物改性的结构单元（如丙烯酸酯等）。

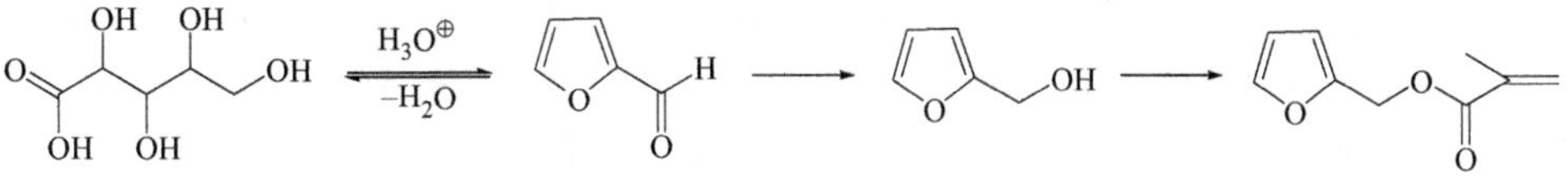

图 10-9-13 糠醛、糠醇及糠醛基甲基丙烯酸酯的合成过程

呋喃通常可与马来酰亚胺衍生物发生 Diels-Alder 反应。这种典型的反应被广泛报道[197]。该反应过程是热可逆的，为合成新型智能材料开辟了新的途径。Gandini 等还描述了共轭呋喃的光化学结构[198,199]，在紫外线照射下无需光引发剂即可将该基团接枝到聚合物上。该反应原理涉及 $(2\pi+2\pi)$ 环加成（图 10-9-14）。这种反应性发色团也可用于线性聚酯中使其链端功能化。

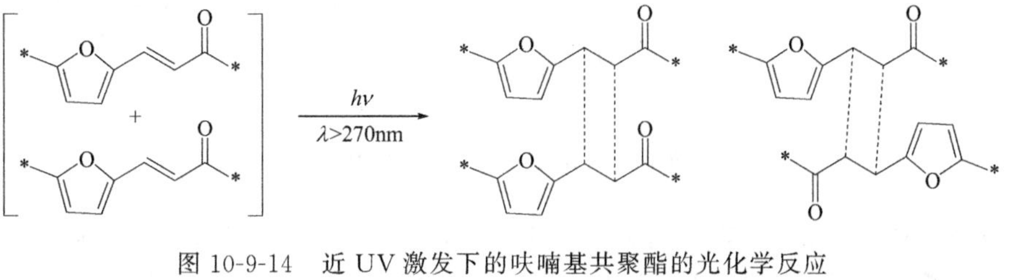

图 10-9-14 近 UV 激发下的呋喃基共聚酯的光化学反应

（八）腰果酚

腰果酚（又名槚如酚）是一种从漆树科腰果属植物种壳中提取或压榨出来的腰果壳液经精

炼而成的生物基原料。据计算，腰果壳液约占腰果壳总质量的 30％～35％[200]。腰果酚分子中不仅含有酚羟基，还含有不饱和脂肪链。由于其在紫外线的激发下可进行光固化聚合反应，已成为涂料、材料领域研究和关注的热点[201,202]。有关腰果酚光固化研究的报道主要包括腰果酚直接紫外光固化、丙烯酸酯化、环氧丙烯酸酯化、乙烯基化、酚醛树脂化、异氰酸酯接枝改性、共混复合及纳米复合改性等研究。

第四节　新型生物基弹性体

弹性体是指在除去外力后能恢复原有状态和尺寸的高分子材料。根据是否可塑性加工，弹性体分为热固性弹性体和热塑性弹性体两大类。热固性弹性体，也就是传统意义上的橡胶，主要通过化学键形成交联结构，一次性成型。热塑性弹性体由不同的树脂（硬段）和橡胶（软段）组成，硬段分子能形成可逆的物理交联，软段分子赋予弹性体弹性。热塑性弹性体在温度升高时可进行塑化和再加工，兼有塑料和橡胶的双重性能，在胶黏剂、涂料、电线电缆、管道、轮胎、纤维等领域均具有广泛的应用。随着社会对可持续发展需求的不断提升，生物基弹性体的开发日益受到关注。生物基弹性体是由生物质原料直接改性获得或间接利用生物质资源合成的弹性材料。常用于合成生物基弹性体的生物质资源主要包括纤维素、木质素、淀粉、植物油脂、松香、松节油等。

一、纤维素基弹性体

纤维素分子中存在大量的氢键作用力，使得纤维素具有较高的结晶度和刚性。因此，可将纤维素分子作为热塑性弹性体分子的硬段，通过接枝反应在纤维素分子侧链上引入软段，从而形成一种新型的纤维素基弹性体。基于此设计思路，蒋峰等[203]将纤维素溶解在离子液体中，与2-溴代异丁基酰溴发生酯化反应合成纤维素大分子引发剂，然后通过原子转移自由基聚合（ATRP）将聚甲基丙烯酸甲酸-丙烯酸丁酯无规共聚物接枝到纤维素分子侧链上，构筑梳型纤维素基弹性体。这种新型纤维素基弹性体具有优良的机械性能，被定义为第三代热塑性弹性体材料（图 10-9-15）。

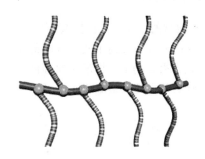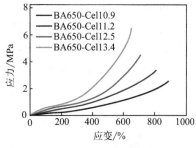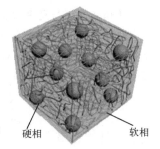

图 10-9-15　纤维素基弹性体的结构示意图

林产化学工业研究所 Liu 等[204]通过 ATRP 方法，将松香和脂肪酸接枝在纤维上，得到多种生物基接枝共聚物。研究结果表明，该共聚物可作为弹性体，在松香摩尔含量 25％～40％时侧链上引力平衡和链解缠结处于最优状态，具有很好的弹性。Yu 等[205]结合 ATRP 法和"点击化学"的合成方法，利用"从主链接枝"和"接枝到主链"两种方法，分别将两种生物质基单体甲基丙烯酸四氢糠基酯和甲基丙烯酸月桂酸酯引入热塑性的乙基纤维素骨架上，得到三种具有不同侧链结构的全生物基刷状热塑性弹性体。Wang 等[206]首先合成纤维素大分子引发剂，然后通过电子转移原子转移自由基聚合（ARGET ATRP）反应将疏水性聚异戊二烯接枝到亲水性的纤维素分子侧链上，形成一个两相结构的纤维素-聚异戊二烯共聚物。纤维素作为纳米微相均匀分散在聚异戊二烯基体中。DSC 和 DMA 分析证实了纤维素-聚异戊二烯共聚物的两相结构。由于聚异戊二烯的玻璃化转变温度在－60℃，化学交联的纤维素-聚异戊二烯共聚物显现出极高的弹性。

二、木质素基弹性体

木质素是由苯丙烷结构单元通过醚键和碳碳键相互连接形成的具有三维网状结构的天然高分子，分子结构具有类似于聚苯乙烯的刚性，可作为弹性体的硬相。俞娟等[207]设计合成了一种基于木质素的多支化星形热塑性弹性体。与纤维素不同，木质素具有球形的、刚性的纳米结构，分子量从几百到几千。通过接枝聚合法，利用木质素作为星形接枝共聚物的内核，可以实现新型的热塑性弹性体的制备。他们先用 2-溴异丁酰溴改性木质素得到木质素基大分子引发剂。然后通过从主链接枝的 ATRP 法分别将甲基丙烯酸甲酯（MMA）和丙烯酸丁酯（BA）接枝到木质素上，合成星形多支化的木质素-g-聚（甲基丙烯酸甲酯-co-丙烯酸丁酯）共聚物 [lignin-g-P(MMA-co-BA)]，合成路线见图 10-9-16。

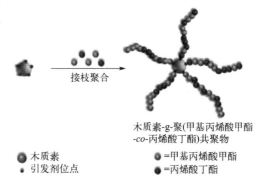

木质素分子结构中含有大量的羟基，可作为大分子多元醇与异氰酸酯反应制备聚氨酯型木质素弹性体。孙运昌等[208]将木质素与聚醚多元醇和聚乙二醇在浓硫酸催化下液化并交联固化制备出一种新型木质素基弹性体。该木质素基弹性体力学性能较好，拉伸强度为 3.6MPa，伸长率为173％。研究发现，增加木质素用量可提高弹性体交联度并形成刚性结构，故可提高拉伸强度和耐溶剂性能，同时木质素中的苯环能够阻碍热分解，热稳定性更好。

接枝聚合

木质素-g-聚(甲基丙烯酸甲酯
-co-丙烯酸丁酯)共聚物

● 木质素
● 引发剂位点

● =甲基丙烯酸甲酯
● =丙烯酸丁酯

图 10-9-16　木质素基接枝共聚物的合成路线

三、淀粉基弹性体

淀粉是最丰富的天然资源之一，由于其低成本、可再生和生物降解性，已被广泛用作绿色热塑性弹性体材料。然而，单纯的淀粉基热塑性材料存在防水性能差、易脆断、拉伸应变低和热稳定性差等缺点，阻碍了其应用领域的拓展。克服这些缺点的常用方法是将未改性的热塑性淀粉与其他合成或天然聚合物混合，如将热塑性淀粉与各种聚酯混合。刘军等[209]将木薯淀粉及其醚化改性木薯淀粉添加到聚醚型聚氨酯预聚体中，再进一步交联得到了聚氨酯（PU）弹性体。研究表明，填充 6％～30％（质量分数）木薯醚化淀粉对 PU 弹性体力学性能的影响除扯断伸长率外，其他均有明显提高，热老化稳定性也好。化学分析证实木薯醚化淀粉与 PU 中的异氰酸酯基发生了化学反应。扫描电镜和 X-射线分析表明，木薯醚化淀粉在 PU 中具有良好的分散性和相容性，从而保证了木薯醚化淀粉填充 PU 的良好力学性能。

四、油脂基弹性体

植物油的主要成分为高级脂肪酸甘油三酯，通过改性制备可聚合的单官能单体是制备油脂基弹性体的关键。来自植物油的单官能单体的早期实例是由 Henkel Corporation 报道的利用大豆油的脂肪酸与乙醇胺经两步缩合反应合成的噁唑啉单体（SoyOx）。尽管（甲基）丙烯酸酯单体是由植物油衍生的脂肪酸和脂肪醇制备的，但这些前体的制备通常涉及水解、氢化和分馏。袁亮等[210] 报道了一种由高油酸大豆油制备（甲基）丙烯酸酯单体的新策略。该策略首先通过大豆油与不同氨基醇之间的酰胺化反应获得 17 个羟基封端的脂肪酰胺，其中大多数酰胺化反应的转化率高达 100%。然后通过（甲基）丙烯酸化反应制备大豆油基丙烯酸酯单体。

Wang 等[211] 以双（2-溴异丁酸）乙酯为双官能度引发剂，通过原子转移自由基聚合引发 SBA 聚合，然后采用 Br-PSBA-Br 为大分子引发剂，用苯乙烯扩链制备了三嵌段共聚物。其中，油脂基丙烯酸酯聚合物为中间嵌段，聚苯乙烯为刚性端嵌段。这些三嵌段共聚物显示出两种不同的 T_g，表明该三嵌段共聚物中存在微相分离（图 10-9-17），并显示出弹性体性质。

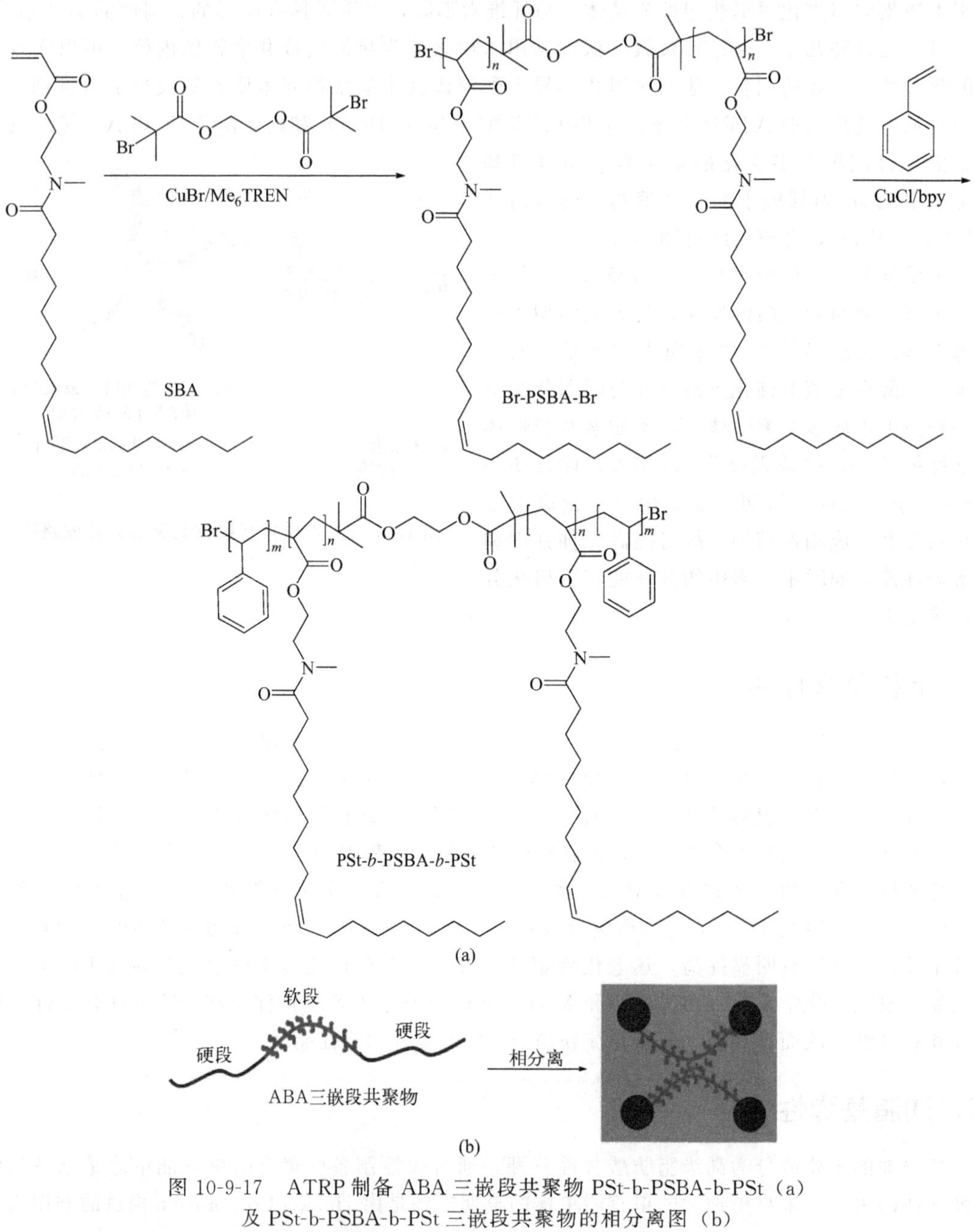

图 10-9-17　ATRP 制备 ABA 三嵌段共聚物 PSt-b-PSBA-b-PSt（a）
及 PSt-b-PSBA-b-PSt 三嵌段共聚物的相分离图（b）

五、高弹力弹性体

弹性蛋白是一种天然的具有极高弹力的生物基弹性体，在受到外力时会发生形变并储存能量，撤去外力后形变迅速恢复，整个过程几乎没有能量损失，即所谓的高弹力。节肢弹性蛋白是弹力最大的一种天然材料，最早于 20 世纪 60 年代由 Weisfogh 发现。它广泛存在于节肢动物的运动关节之间[212]，具有极低的刚性、超高的弹力、可逆的大应变以及极佳的耐久性等特点。节肢弹性蛋白是由具有高度柔性的多肽链构成的交联网络结构，链间通过络氨酸的侧基化学交联在一起，并且交联点间具有均一的分子量[213]。此外，弹性蛋白处于水合状态，水分子的润滑作用降低了高分子链间的摩擦。目前，制备高弹力弹性体的方法主要为生物合成法和化学合成法。

生物合成法是利用类似节肢弹性蛋白的重组蛋白制备弹性蛋白仿生弹性体。通过 DNA 序列克隆、表达制备出类似节肢弹性蛋白的可溶性重组蛋白。然后利用这些重组蛋白上存在的可反应氨基酸残基，通过交联形成均一的网络，获得高弹力弹性体。赖氨酸是一种普遍存在于蛋白质中的氨基酸。2011 年，Kristi L. Kiick 等[214]通过 Mannich 缩聚反应将赖氨酸残基交联，并通过控制交联比例得到高弹力弹性体（弹力＞90％）。

与生物合成法相比，化学合成法更适合大规模制备高弹力弹性体。聚异戊二烯是天然橡胶的主要成分，是一种具有极佳弹性的天然高分子。安徽农业大学汪钟凯团队利用功能化的纤维素作为引发剂及交联点接枝聚异戊二烯，并通过电荷转移原子转移自由基偶合终止的方法相互交联，获得具有均一化学网络的高弹力弹性体[215]；进一步，引入矿物油塑化模拟天然弹性蛋白的水合状态，最终获得的高弹力弹性蛋白仿生弹性体具备 98％的高回弹力（图 10-9-18）。此外，用呋喃改性含有大豆油衍生不饱和脂肪酸长链的聚合物，并通过 Diels-Alder 反应使侧基的呋喃基团精细交联。在不添加小分子矿物油的情况下，获得了具有 93％回弹性和 0.8MPa 拉伸强度的弹性体[216]。

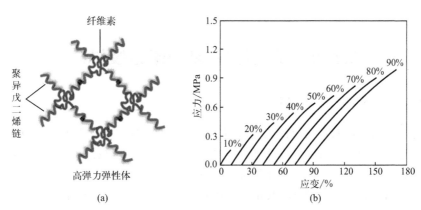

图 10-9-18 高弹力仿生弹性体的微结构模型图（a）及高弹力仿生弹性体的弹力拉伸曲线（b）

六、自愈合弹性体

动植物等的生物材料在遭受外部破坏时可以通过自身的修复机制诱导伤口的愈合和器官的修复。受生物材料这一特性的启发，自愈合材料得到广泛的发展。自愈合材料按自愈合机理分为本征型自愈合材料和外援型自愈合材料两种。本征愈合机制是聚合物通过本身的可逆共价键或可逆非共价键的断裂和重新形成诱导自愈合过程。可逆共价键主要包括亚氨基团、烷氧氨基、二硫键、酰肼键、席夫碱基、烯烃键、Diels-Alder 反应等，可逆非共价键包括氢键、金属配位键、主客体相互作用、离子相互作用、亲/疏水作用、π-π 共轭等。值得注意的是，可逆共价键结合强度高，一般都需要依靠热刺激、光刺激、磁刺激、电刺激、氧化/还原刺激、pH 刺激和化学物质刺激等外部刺激来激活自愈合过程。可逆非共价相互作用可以在更加温和的条件和更高的成键空间密度下实现材料的自愈合过程。对于大多数自愈合材料来说，高机械性能和高愈合效率是相互矛盾的。目前，在温和条件（室温）下将优异的机械性能和高愈合效率相结合仍然是自主修复材料面临的挑战[217,218]。

2008 年，Leibler 等[219]利用脂肪酸等生物质材料设计和合成了一种基于多重氢键相互作用的可室温下自愈合的超分子橡胶，这项开创性的工作为开发新的自愈合弹性体提供了新思路。天然橡胶是一种低成本制备弹性体的原料，将天然橡胶和自愈合性能相结合有利于提高该类弹性体的使用价值。大量研究表明，天然橡胶经化学改性后可用于制备自愈合弹性体材料。利用橡胶中二硫键和多重硫键的动态特性，可以将天然橡胶通过简单的硫化处理制备出愈合效率达80％的自愈合弹性体。天然橡胶经过马来酰亚胺和呋喃氨基改性后，可以通过可逆的 Diels-Alder 反应具有自愈合能力。天然橡胶环氧化也被广泛应用于自愈合弹性体中。基于动态共价键的自愈行为通常需要外界刺激，非共价键已被用于自主愈合橡胶的设计。超分子离子交联网络、氢键相互作用等是制备天然橡胶型自主自愈合弹性体的常用方法[220]。

植物油脂及其衍生物也是制备高性能自愈合弹性体的生物质原料。利用超分子相互作用建立的动态物理交联是制备植物油基自愈合弹性体的方法之一。安徽农业大学汪钟凯团队利用植物油衍生物开发的新型聚酰胺弹性体，将结晶区域、高效链缠结、高氢键密度和烯烃交叉复分解反应等多种因素与相互作用结合在一个体系中，可形成机械强度高于 20MPa 的自主愈合弹性体[221]。纤维素及其衍生物、木质素及其衍生物、琥珀酸等生物质材料也被广泛应用于自愈合弹性体。开发集快速高效愈合和高机械强度于一体的生物基自主愈合弹性体将是今后研究的重点。此外，生物基自愈合材料在自愈合涂料、自愈合水凝胶、自愈合分子玻璃、自愈合混凝土中也具有广泛的应用[222]。

第五节　新型生物基纳米组装材料

一、新型木材基纳米组装材料

作为纯生物基可持续和可再生的天然材料，木材是人类赖以生存和发展的重要资源之一。作为一种天然复合材料，木材主要由纤维素、半纤维素和木质素组成，具有多尺度结构。木材生长和新陈代谢过程中所必需的水和营养物质的输送就是依赖于其定向良好的微纤维与管胞组成的各向异性的管道结构。正是由于其化学组成和微观结构的特点，木材通常表现出良好的力学性能和灵活多变的适应性。例如，原木可以直接用作低成本的结构材料来制作建筑物和家具，从木材里分离出来的纤维素等可以用于制作纸张等日用品。此外，由于其独特的微观结构和力学性能，木材还被用作现代仿生材料的模型以构建新型多功能仿木材结构材料。本节将从以下几方面介绍近年来新型木材的发展情况。

1. 人工密实木材

木材具有天然的力学性能和可加工性，可以作为一般结构材料使用，但尚不能满足许多先进工程结构材料的需求。原木的密实化是提升木材耐湿性和力学性能的一个重要手段。英国爱丁堡纳皮尔大学 Callum A. S. Hill 团队通过对原木进行热处理和密实化处理得到了改性密实木材。但这种改性密实木材只是在一定程度上改善了耐湿性，力学模量则随着环境湿度的增大而快速降低[223]。加拿大魁北克拉瓦尔大学 Chang-Hua Fang 团队在蒸汽和加热条件下对木条加压得到了密实木板条。研究发现，密实化的木板吸水性大大降低，并随着加热温度的上升而下降；该密实化木板的布氏硬度比原木增加了 2～3 倍，拉伸和弯曲力学性能也得到很大的提升；但在低温条件下加压得到的密实化木板很容易反弹恢复至原来的尺寸，直到温度达 180℃ 以上反弹难以发生；在 220℃ 下密实化的木板几乎没有尺寸恢复的现象，然而由于炭化现象木板的颜色却变黑了[224]。此外，捷克布尔诺门德尔大学 Petr Paril 团队研究发现，使用氨水蒸气比使用单纯水蒸气热压得到的密实板材具有更好的力学性能和耐湿性[225]。

尽管以上方法能够在一定程度上提升原木的力学性能和耐湿性能，但依然存在一些缺点，如不能完全密实化木材，最终木材缺乏足够的尺寸稳定性，尤其是在水分比较充足的潮湿环境中长时间存放，用这些方法密实的木材往往会发生膨胀乃至失效。最近，美国马里兰大学胡良兵团队[226]开发了一种简单有效的方法，能够将天然木材直接转变成高性能结构材料，强度和韧性均能够提高 10 倍以上，且具有更加优异的尺寸稳定性（图 10-9-19）。该团队首先把天然木材放入沸腾的 NaOH 和 Na$_2$SO$_3$ 的混合水溶液中泡煮，以去除天然木材中部分木质素和半纤维素。随后在 100℃、5MPa 压力下对化学泡煮过的木材热压一天，使其细胞壁完全塌陷，最终获得纤维素纳米纤维高度取向、完全致密化的人工密实木材。这种方法被证明对各种木材都是普遍有效的。这种两步法制备的人工密实木材比大多数结构金属和合金具有更高的比强度，使其成为低成本、高性能、轻量级的新材料，真正制备出了比铁还硬的人工木材。研究发现，如果把原木中的木质素和半纤维素完全去除只保留纤维素，最终得到的密实化木材的性能并不好，甚至很容易脆碎。只有在保持部分木质素和半纤维素情况下得到的密实化木材的性能才能够得到极大提升。此外，致密木材在受潮时能够抵御水汽的侵蚀而保持良好的尺寸稳定性。研究者把制备好的密实木材放到相对湿度 95％ 的环境中进行防潮检测。经测试，在保持相对湿度 95％ 下

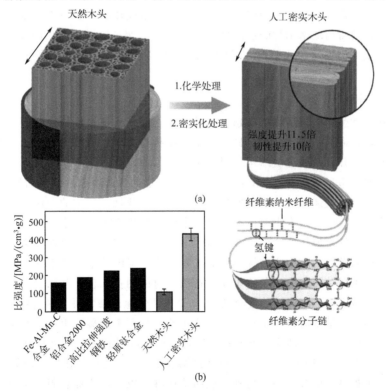

图 10-9-19 超级密实木材的制备过程和力学性能展示

128h 后，密实木材厚度仅仅增长了 8.4％，且拉伸力学性能与干燥状态下的密实木材相比并没有明显下降，依然是天然木材拉伸力学性的 10.6 倍。研究者使用各种测试方式（如刮擦测试、弯曲测试等）均证明这种人工密实木材的性能要比原木优良数十倍。此外，用这种方法制备的密实木材还具有优良的弹道阻力能力，或许有助于未来应用于防弹设备。

图 10-9-19 （a）为从上至下两步法将大块木材直接转变成超强超韧的超级密实木材。第一步，化学处理部分去除木质素和半纤维素；第二步，100℃下机械热压。热压过程可以把厚度减小 80％。大部分密实化木材由排列整齐的纤维素纳米纤维组成，而这些纤维相互之间能够形成更多的氢键作用。从图 10-9-19 （b）中可看出，人造超级密实木材的比拉伸强度达到 $(422.2 \pm 36.3)Mpa/(cm^3 \cdot g)$，比典型的金属及合金的比强度都要高。

2.新型防水木材

天然木材存在着吸水膨胀导致尺寸稳定性不佳、易被细菌侵蚀、易被有机物污染等缺陷，从而限制了木材的使用范围和应用领域。科学家发现，在自然界中就有很多天然的防水大师，例如滴水不沾的荷叶。研究表明，荷叶的超疏水特性是由荷叶表面粗糙的微纳米级乳突结构及疏水蜡质材料共同引起的。受荷叶表面超疏水的启发，在木材表面构建超疏水表面，可将木材由亲水性转变为疏水性，使得木材不再吸收外界水分，可有效缓解木材变形开裂、霉变、腐朽、降解。东北林业大学李坚团队在相关方面取得了一系列的进展。该团队采用两次水热法在木材表面构建了 TiO_2 超疏水涂层，制备了接触角可达 154° 的超疏水木材[227,228]。TiO_2 在木材表面呈现出粗糙的微纳结构，涂层模仿了荷叶表面的微纳乳突结构，从而使得改性后的木材具有良好的超疏水性。此外，该团队采用水热法在木材表面生长出粗糙的球形 FeOOH 涂层，再组装一层十八烷基硅氧烷单分子层后，使得该改性木材获得超过 158° 的接触角和仅有 4° 的滚动角[229]。该团队采用溶胶凝胶法结合 POTS（1H,1H,2H,2H-全氟辛基三乙氧基硅烷）氟化处理，在木材表面仿生构建了纳米级硅球结构疏水膜。纳米硅球的高表面粗糙度及 POTS 的低表面能的双重作用，使得超疏水木材的水接触角达 164°[230]。另外，采用简单的浸渍法以甲基硅酸钾为原料在木材表面构建超疏水膜层，可制备出水滴接触角为 153°、滚动角为 4.6° 的超疏水木材[231]。

3.透明人工木材

透明材料在日常生活中扮演着越来越重要的角色。而现代很多设施设备不仅需要基本材料有良好的透明度，还需要基本材料满足良好承重等结构性要求，诸如光电子工程领域的显示设备。因此，很有必要开发新的透明结构材料。木材作为原始的承重结构材料，具有成为先进结构材料的潜力。木质素是木材有颜色的根本原因，它通过内含的特殊发色基团使木材产生颜色，因而将木材制备成可透光甚至是透明的木材具有一定的挑战性。通常的做法是像工业上制造白纸一样将木质素去除。然而，木质素在木质组织中的重要作用是将纤维素纤维黏结在一起保持木材的结构。在通常的认识与实践中，如果木质素被去除，将导致木材的骨架结构被破坏，从而使木材失去强度而散架，更无法进行后续的工艺过程。美国马里兰大学胡良兵团队克服了木质素去除容易破坏木材结构等的难题，研发了透明木材的制备工艺，利用自上而下的方式将各向异性的木材直接转变成各向同性的透明纸[232]。该方法快速简洁，可大量节约能源、溶剂，且绿色环保，可望用于大量制造透明木板。该方法主要包括两个步骤：第一，脱除木质素制备漂白木材；第二，利用压榨工艺消除光反射和光散射。最终得到的透明木材具有高达 90％ 的透光率和 80％ 的雾度。此外，这种透明木材可以通过调节压榨工艺（压缩比）来调节透光率和雾度，为不同领域的需求提供了更多选择。另外，该团队还继续以原木为原材料，采用树脂灌注等方法制备了尺寸更大更厚的块状透明木材[233]。首先，研究人员采用化学方法去除天然木材中的木质素和半纤维素，得到白色木材。然后将树脂灌注并完全填充白色木材的空隙，得到木材复合材料。这种方法能够褪去木材颜色，还能保持木材内部独特的微纳结构，木材内部用于输送水分和养分的微细导管不仅可以把环氧树脂充分吸收进去，而且形成光的独特通道，利用环氧树脂的折射率匹配造成透明的效果。这种透明木材的透光率可达90％以上，并且还具有很高的雾度。研究人员还发现，根据所用原木的取材方向不同，可以制备出各向异性透明木材。当一束光照射各向异性透明木材时，在径向方向上取材的透明木材具有各向同性的透光性，即可以得到一个光线均匀的圆形光斑；而在纵向方向上取材的透明木材具有各向异性的透光性，可以得到一个光线非均匀的椭圆形光斑。这种透光的选择性，也为透明木材未来的使用提供了更大的潜能。此外，尽管去除了木质素和半纤维素，但是由于灌注了聚合物，并且原木中的管道微结构依然得到保持，这种透明木材的力学性能无论在纵向上还是径向上都比原木要好，这为透明木材作为先进透明结构材料打下了良好的基础。为了进一步验证透明木材的可适用性，该团队用这种透明木材替代传统的玻璃作为房屋屋顶透光材料，并作了相关的测试[234]。研究表明，由于原木中的管道微结构得以保存，当入射光照射透明木材时，光在透明木材中的传播可以在管道微结构中经过多次散射后均匀地分布在整个空间，而不是像玻璃一样只能分布在直射范围内。总之，这种透明木材作为房屋透光材料具有以下优点：a.具有可见光高透光性（＞85％）；b.具有宽频高雾度，能够将刺眼的入射光转变成均匀不刺眼的光；c.具有高达9的前后散射比，有良好的导光效果；d.具有比传统玻璃更加优异的隔热性能［传统玻璃热导率为1W/(m·K)，透明木材可低至0.15W/(m·K)］；e.具有高的抗冲击强度，不像传统玻璃一样在受力的情况下发生脆裂；f.制备简便，易扩大生产。瑞典皇家理工学院Ilya Sychugov等[235]还进一步将发光量子点糅合到透明木材中制备了可发光的透明木材。这种量子点透明木材在光转换发光时并没有明显的光衰减现象，证明了透明木材对量子点的良好封装效果。这种可发光透明木材可作为家具材料使用。东北林业大学李坚院士团队[236]在发光透明木材方面也取得了重要进展。该团队利用聚合物PMMA和发光磁性颗粒 γ-Fe_2O_3@YVO_4：Eu^{3+} 共同对去木质素的原木改性后发现，这种多功能化的透明木材具有良好的透光性、磁响应性和光致发光性，未来或许可以应用在防伪、LED面板等领域。

4. 新型木材基海绵体

气凝胶是一种具有高比表面积、低密度、低热导率及多孔特点的轻质材料，可应用于能源存储、感应器、热绝缘材料等诸多领域。然而，目前所使用的气凝胶材料不仅机械性能低，而且大部分都是由非可再生资源所制备。因此，利用天然可再生生物质材料来制备低成本、高生物活性、高性能的气凝胶是值得关注的。近期，美国马里兰大学胡良兵团队[237]通过简单的化学法去除原木中的木质素和半纤维素得到一种各向异性的木材气凝胶（海绵体）。这种采用由上至下方式制备的气凝胶具有层状结构，这种各向异性的结构导致气凝胶在高达60％的压缩应变时可以循环10000次而没有破裂，并且压缩强度依然保持在90％左右。此外，这种气凝胶具有很低的热导率，其中垂直纤维素方向只有0.028W/(m·K)，而平行纤维素方向的热导率是0.12W/(m·K)，不仅比原木的热导率要低，而且比大多数商业化的隔热材料都要低。中国林业科学院木材工业研究所王小青团队[238]将低密度（0.09g/cm³）轻木通过化学处理去除木材细胞壁中木质素和半纤维素，保留纤维素骨架，然后经冷冻干燥制备得到密度低、孔隙率高的层状结构木材海绵。为了使材料获得疏水/亲油性能，采用气相沉积法在木材海绵纤维素骨架表面沉积聚硅氧烷涂层，赋予材料良好的疏水性能，并保留其原始的孔隙结构，最终得到的木材海绵材料具有高弹性能，经100次循环压缩试验，回弹率保持在99％。该材料吸油性能良好，最大吸油量可达自身重量的41倍，并且可以通过挤压排油方法回收吸附的油，经过多次挤压吸油量基本保持。利用该材料的液体传输各向异性特性，研究者以木材海绵为过滤膜，设计了连续吸油装置，实现了连续、高效油水分离。这项研究为制备新型木材基吸油材料提供了新思路，推动了木材这一天然可再生材料在油水分离中的应用。

二、新型生物基仿生材料

仿生材料是指模仿自然界天然生物的各种特点或特性而研制开发的材料。自然进化使得生物材料具有最合理、最优化的宏观、细观、微观结构，并且具有自适应性和多功能性的综合性能。比如天然结构材料，其比强度、比刚度与韧性等综合性能都是最优的。而研究表明，这些优异的综合性能跟其内在的微观结构组成是密切相关的。通常，我们把仿照生命系统的运行模式和生物材料的结构规律而设计制造的人工材料称为仿生材料。木材质轻而力学性能高强，是人类应用最早和最广泛的材料之一，因而也是人造仿生材料最重要的灵感来源之一。

1. 新型仿木材结构材料

独特的取向孔道结构赋予了木材轻质高强的特点，同时也承担着作为木材运输养料的通道的作用。仿木材结构材料是以木材为模仿原型，从微观结构到宏观性能上模仿木材并在性能上最终超越木材或者赋予其新功能的一种新型结构材料。清华大学深圳研究院杨全红团队[239]利用单向冷冻干燥成型技术，以木材主要成分纳米纤维素制备了一种仿木材孔道结构的气凝胶。这种具有蜂窝状仿木材孔道结构的气凝胶具有单向通透性，并且可以在制备过程中随意添加其他组分形成复合气凝胶。该团队将还原性氧化石墨烯复合到这种气凝胶中形成的复合气凝胶具有导电性。这种复合的导电气凝胶在受力压缩时结构发生压缩形变，导电材料之间的连接增多，导电性增强；释放压力后，气凝胶结构恢复到原来结构，导电材料之间的连接减小，导电性恢复到正常值。这种受力导致的导电性变化使得这种复合气凝胶可以供力学传感器使用。

中国科学技术大学俞书宏团队发展了一种冰晶诱导自组装-热固化工艺，以酚醛树脂和密胺树脂为原料，制备了一系列具有类似天然木材取向孔道结构的人工木材，将传统的树脂材料开发成高附加值的仿生工程材料[240]。这种仿生人工木材不仅具有非常类似木材的取向孔道结构，而且表现出轻质高强、耐腐蚀、防火隔热等优点。由于其综合性能非常优异，这类人工木材被认为有望代替天然木材，实现在苛刻或极端条件下的应用。此外，以木材作为模板制备仿木材结构的陶瓷也取得很大的进展，例如，采用液相浸渗反应法可制备出一系列仿生木材生态遗传结构氧化物陶瓷、SiC基多孔木材复合陶瓷等，在电、磁、光学、催化等方面有着极大的应用潜力[241]。

2. 仿贝壳结构材料

天然贝壳是由95％的碳酸钙和5％的有机物组成的天然纳米复合物。其中，碳酸钙和有机物相间有序排列形成"砖-泥"式层状微结构。研究表明，这种完美的"砖泥"式层状微结构，使得贝壳具有优异的力学性能。这种有序的相间排列方式能够极大地提高材料的力学性能，引起了科学家的关注。因而，贝壳也成为制造人工材料最受欢迎的仿生对象之一。

瑞典斯德哥尔摩大学 Lennart Bergström 课题组利用羧基化的纳米纤维素和氨基化黏土制备了仿贝壳层状复合薄膜[242]。与其他纤维素和黏土复合薄膜相比，该复合薄膜具有更加优良的透明性和力学性能。研究证明，这种高强度的力学性能主要得益于良好设计的纳米结构单元氨基和羧基的离子键作用。浙江农林大学孙庆丰团队利用木粉提取的纤维素制备了一种具有仿贝壳层状结构的纳米纤维素-磷酸氢钙复合材料[243]。这种纤维素-磷酸氢钙复合物层状结构设计能够极大地提升其力学性能，具有很大的潜在利用价值。北京林业大学马明国团队利用纤维素和碳化钛纳米片组装制备了一种纤维素-碳化钛复合薄膜[244]。碳化钛纳米片是一种陶瓷材料，具有脆性，不能单独成膜。而与纤维素复合之后，纤维素能够将脆性的碳化钛纳米片黏在一起形成复合薄膜。这种复合薄膜具有贝壳层状结构优良的力学性能、良好的导电性。此外，由于其良好的导电性，这种复合薄膜具有优良的电磁屏蔽效果，为未来电磁屏蔽材料提供了另一种可能。美国马里兰大学胡良兵团队采用纤维素和氮化硼纳米片制备了高绝缘层状结构复合纳米纸[245]。这些复合纳米纸具有优良的力学性能和高导热性能。在这种设计中，二维氮化硼纳米片形成的二维网络结构充当导热网络，而一维的纤维素则提供了力学承载。该复合纳米纸在氮化硼含量50%（质量分数）时的热导率可达 145.7W/(m·K)（纸面方向），远高于无规氮化硼复合材料和铝合金的热导率，为未来微电子器件导热材料发展提供了更多新的可能性选择。

中国科学技术大学俞书宏团队和瑞典斯德哥尔摩皇家技术学院 Lars A. Berglund 团队分别制备了纤维素-壳聚糖-蒙脱土三元仿贝壳层状纳米复合材料。俞书宏团队将纳米纤维素填充到壳聚糖-蒙脱土二元体系中[246]，研究发现所制备的三元复合薄膜不仅在微观结构上与天然贝壳相似，而且表现出比天然贝壳和壳聚糖-蒙脱土二元复合薄膜更加优异的力学性能。分析认为，纤维素的加入能够有效地提升复合材料受力时的能量分散，快速地消除内应力并扩散至其他组分，进而能够提高复合材料的拉伸力学性能。而 Lars A. Berglund 团队将壳聚糖复合到纤维素-蒙脱土二元体系中。研究发现，随着壳聚糖的加入，纳米复合材料的力学性能也得到提升。这主要得益于壳聚糖在三组分中起离子交联作用[247]。芬兰国家技术研究中心 Paivi Laaksonen 团队设计了纳米纤维素和石墨烯的复合材料，通过一种两亲性蛋白质将二者连接起来形成三元复合材料[248]。两亲性蛋白质疏水端与非亲水性石墨烯连接，而亲水端与亲水性的纳米纤维素连接，进而形成具有层状结构纳米复合材料。在石墨烯含量占纤维素含量的 1.25%（质量分数）时，这种复合纳米纸的强度可高达 278MPa，韧性可达 57.9kJ/m^2。

纤维素的衍生物及壳聚糖、蚕丝蛋白等其他生物质材料也经常被用来制备仿贝壳层状纳米复合材料。青岛生物能源与生物加工技术研究所 Jiang Yijun 团队受到天然贝壳微纳结构和优异性能之间的联系的启发，利用羧甲基纤维素钠和硼交联的氧化石墨烯为原材料制备了一种人造贝壳[249]，拉伸力学强度和韧性可达近 500MPa 和 12MJ/m^3，且这种纳米纸具有良好的热稳定性和防火阻燃性。在此基础上，该课题组将铝预先包覆在氧化石墨烯的表面形成夹心饼干结构的石墨烯，再与羧甲基纤维素钠复合，制备了力学强度更高并具有高导电性和高阻隔气体性能的纳米纸，有望应用于电子包装材料[250]。北京航空航天大学郭林团队同样利用羧甲基纤维素和氧化石墨烯作为组装单元制备了仿生贝壳[251]，并详细研究了金属离子作为离子交联剂在这种仿生贝壳中的作用。通过调节金属离子的种类和用量，可以调节最终复合材料的力学性能，为制备性能可调的复合材料提供了指导思路。该团队还利用生物质海藻酸钠和氧化石墨烯作为结构单元组装制备了仿贝壳层状纳米复合材料[252]。这种复合系统能够平衡韧性和强度之间的关系，并通过调节相对应的组分，得到兼具高强度和高韧性的纳米复合材料。

壳聚糖是一种具有很多羟基和氨基基团的生物质材料，因其多基团性能和柔软性可以用来制备仿贝壳复合材料。北京航空航天大学程群峰课题组和清华大学石高全团队分别用壳聚糖和氧化石墨烯制备了壳聚糖-氧化石墨烯仿贝壳复合材料，并详细研究了不同组分对最终产物力学性能的影响。在对氧化石墨烯还原后得到的壳聚糖-石墨烯复合薄膜具有优良的导电性。中国科学技术大学俞书宏团队利用层次组装技术将壳聚糖和双层氢氧化物依次排列，制备了一系列多功能性层状结构的有机无机复合薄膜[253]。通过调节壳聚糖的浓度可以调节最终薄膜组分的含量，并可根据使用双层氢氧化物的类型制备出不同功能和强度的杂化薄膜。例如，壳聚糖-铜双层氢氧化物的杂化薄膜不仅拉伸力学强度可达 160MPa，且具有遮蔽紫外线的作用。使用含有稀土金属铕的双层氢氧化物的杂化薄膜在紫外线的照射下能发出红光。该课题组还利用魔芋粉和氧化石墨烯制备了仿贝壳微纳结构的复合薄膜[254]。研究证明，添加 7.5%（质量分数）氧化石墨烯的魔芋薄膜具有高达 183.3MPa 的拉伸力学强度，比未添加氧化石墨烯的纯魔芋膜提升了 1.5 倍。此外，这种复合薄膜还具有优良的生物相容性，有望作为组织工程材料使用。

蚕丝蛋白是具有优异生物相容性、可降解性的天然生物材料。美国佐治亚理工学院 Vladimir V. Tsukruk 团队利用蚕丝蛋白和氧化石墨烯制备了一系列层状结构纳米复合材料[255]。通过层层组装技术，利用蚕丝蛋白含有的大量羟基与氧化石墨烯的大量羟基和羧基之间的强键合力制备了丝蛋白-氧化石墨烯杂化复合薄膜。由于两组分之间的强烈作用力，该复合薄膜表现出异常优异的力学性能，为未来制备生物相容性的纳米复合材料提供了新的可能。此外，该团队还继续用蚕丝蛋白和蒙脱土纳米片通过层次组装技术制备了蚕丝蛋白-蒙脱土杂化薄膜[256]。采用银单层膜部分取代蒙脱土层可以得到高反射、具有镜面光泽的杂化薄膜。这种具有高反射和镜面光泽的生物相容性良好的杂化薄膜或许可以应用在生物光电子领域。美国麻省理工学院 David L. Kaplan 与上海科技大学凌盛杰团队合作，将蚕丝蛋白纤维和羟基磷灰石组装成膜，再通过引入第三组分几丁质进一步提高杂化薄膜的强度[257]。这种三组分杂化薄膜呈现出贝壳状层状结构，并具有优良的力学性能。此外，在这种三元杂化薄膜的微结构中呈现出一种成分梯度式分布。利用这一特点，研究者将这种膜设计成对水汽具有响应的抓取微型机器人，有望在生物医学领域得到应用。瑞士苏黎世联邦理工学院的 Raffaele Mezzenga 团队将淀粉纤维和石墨烯规整排列组装成具有层状结构的可生物降解的纳米复合材料[258]。这种纳米复合材料具有良好的物理性能诸如杨氏模量和导电性。此外，这种复合材料由于含有淀粉纤维，能够被酶降解，因而结合导电性可以制备成一种检测甚至定量酶活性的生物传感器。这种新颖的性能有望在生物检测方面具有应用价值。

3. 其他生物结构仿生材料

甲壳纲动物的外壳通常表现出多彩的图案。研究表明，这些多彩颜色并非都来自色素，很多来源于表面的微纳米结构产生的结构色（衍射光栅），或多种因素综合作用的结果[259]。例如，科学家发现金龟子甲的外表皮具有明亮的金属绿色外观，是甲虫表皮内几丁质纤维以一种螺旋层状结构排列导致的。纤维素纳米晶被发现在水中具有双折射现象，并且将纤维素纳米晶悬浮液放在空气中自然挥发掉水分后能形成带有彩虹般色彩的手性向列相液晶薄膜。进一步观察发现，纳米晶在这种薄膜内会形成螺旋层状结构，从而引起光的布拉格衍射，造成彩虹色的出现。因此，纤维素纳米晶常被用来制备仿甲壳纲动物的外壳结构的材料。此外，还有研究表明，这种独特的螺旋构造使甲壳虫外骨骼能吸收来自外界施加负荷的能量，并能有效抵抗裂纹的扩张延伸，从而保护自己不受伤，因而甲壳通常表现出优异的抗外压力学性能。受甲壳纲动物外壳的微纳结构和机械性能的启发，德国莱布尼茨材料研究所 Andreas Walther 团队利用纤维素纳米晶和聚乙烯醇通过简单的自沉积方式制备了一种具有周期螺旋层状结构的纳米复合材料[260]。研究人员通过调节纤维素-聚乙烯醇的比例可以调控螺旋层状结构的距离，进而改变复合薄膜的彩虹光泽和力学性能。通过改变聚乙烯醇的含量也可以调节微观结构从有序的胆甾相到无序结构的转变，同时也伴随着复合薄膜的力学性能由硬而强向韧而柔转变。为了模拟甲壳虫的外壳，美国华盛顿大学 Marco Rolandi 团队将几丁质纤维和蚕丝蛋白共组装形成均匀的复合材料[261]。几丁质纤维在蚕丝蛋白基体中自组装模拟了甲壳虫外壳中几丁质纤维在蛋白质基体中的填充。几丁质纤维与丝蛋白基体具有很强的氢键作用，从而导致最终的复合材料具有很高的弹性模量。这种由天然材料组成的复合材料将在生物医学领域有所应用。美国哈佛大学 Donald E. Ingber 团队制备了一种在化学组成和相结构上都与昆虫角质层相似的生物仿生材料[262]。采用壳聚糖和丝蛋白制备的这种仿昆虫角质层材料具有比天然原材料更强的性能，包括拉伸力学性能和韧性，甚至与铝合金强度相当，且密度只有铝合金的一半。

盾皮鱼能够抵御"食人鱼"的攻击，是由于盾皮鱼鱼鳞中具有独特的螺旋胶合板微纳结构。中国科学技术大学俞书宏团队在深入理解盾皮鱼鳞微纳结构和强韧化机制的基础上，以羟基磷灰石微纳米纤维为无机组装基元，利用天然高分子海藻酸钠作为母体相，通过单向/多向刷涂与螺旋层积相结合的高效仿生组装策略成功制备出具有类自然盾皮鱼鳞螺旋胶合板结构的宏观三维体型复合材料。研究团队通过拉伸和弯曲加载测试、材料多尺度结构和微裂纹电镜观察以及有限元模拟等手段证实了仿生螺旋结构材料的强韧化机制与自然盾皮鱼鳞高度类似，材料在承载时所产生的微裂纹在平行于微纤维长轴方向延伸扩展，并且在不同取向的纤维层间呈现逐渐扭转延伸的趋势，最终形成螺旋状的裂纹形态。这种由仿生螺旋结构所带来的复杂裂纹扩展形态与常规纤维增强材料的类平面裂纹延伸形成了鲜明的对比，由于仿生螺旋结构在主裂纹长度上具有更大的破坏界面面积，因此具有更大的能量吸收亦即更为优异的损伤抵抗能力。这种新材料轻如塑料，却比人体中最坚硬的牙釉质还硬。

受蚕丝优异的力学性能和内外核壳双层结构的启发，北京航空航天大学程群峰课题组利用藕丝和聚乙烯醇制备了一种具有核壳结构的复合纤维[263]。研究人员首先从藕里面抽取藕丝并同步纺织成左旋螺旋结构的丝线。纺线的同时，聚乙烯醇溶液被喷洒到藕丝束上并一起被纺织成线。这种纺线过程可以将单根藕丝纺织成藕丝束并被聚乙烯醇紧密地粘在一起，最终藕丝形成的核被聚乙烯醇的壳包裹着形成完整的绿色纯生物材料的人工线。这种具有核壳结构的人工藕丝线比蚕丝和大多数天然纤维的力学性能都要好很多，为未来制备纯绿色材料提供了新的思路。

浙江大学柏浩团队研发了一种人造纤维，可抵御寒冷，堪比北极熊的毛（图 10-9-20）[264]。这种人造纤维模仿了北极熊的毛发结构，是一种有序多孔的高效隔热保温织物。同时，披上这种"战袍"的生物体，能在红外线成像设备中实现热隐身。生活在北极的北极熊，靠穿着一身"貂"，与极寒抵抗，而奥秘在于每一根北极熊毛的微观结构。北极熊的毛实际上是一根内部充满了许多孔洞的管道。这种多孔结构的管道对红外线有非常好的反射作用。同时，它能够封存住大量的空气，实现高效储存热量，以抵御寒冷。柏浩课题组研发出一种冷冻纺丝技术，用注射器将 5% 的蚕丝和壳聚糖的混合溶液慢慢挤入冷冻装置，形成直径约为 $200\mu m$ 的单丝纤维；再通过冷冻干燥使纤维中的冰晶升华，留下众多有序的片层孔，从而形成内部多孔纤维。这种纤维材料与北极熊的毛一样，微观结构上具有大量大小均匀的孔洞。将这种人造纤维做成覆盖物穿在小兔子身上，在 $-10℃$ 到 $40℃$ 的环境中，红外相机几乎观测不到被仿生织物覆盖的兔子的热量，成功实现"热隐身"。

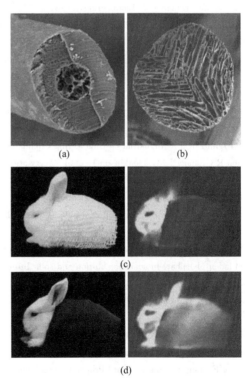

图 10-9-20　类北极熊毛人造纤维

图 10-9-20（a）为北极熊毛的横截面微观形貌图，显示出其中空结构；（b）为人造仿生纤维横截面微观形貌图，显示出其中空有序多孔结构。两者具有中空多孔的相似性，为优异的保温性能打下基础；（c）和（d）为小兔子穿上仿生纤维织物和普通涤纶织物后在红外线相机下的

成像比对。披了仿生纤维织物的兔子，在红外线相机下几乎观测不到生物体的热量，成功实现红外热成像"隐身"。

参考文献

［1］ Hokkanen S, Bhatnagar A, Sillanpaa M. A review on modification methods to cellulose-based adsorbents to improve adsorption capacity. Water Res, 2016, 91: 156-173.

［2］ Gurgel L V A, Freitas R P d, Gil L F. Adsorption of Cu（Ⅱ）, Cd（Ⅱ）, and Pb（Ⅱ）from aqueous single metal solutions by sugarcane bagasse and mercerized sugarcane bagasse chemically modified with succinic anhydride. Carbohydrate Polymers, 2008, 74 (4): 922-929.

［3］ Geng B, Wang H, Wu S, et al. Surface-tailored nanocellulose aerogels with thiol-functional moieties for highly efficient and selective removal of Hg（Ⅱ）ions from water. ACS Sustainable Chemistry & Engineering, 2017, 5 (12): 11715-11726.

［4］ Wang F, Pan Y, Cai P, et al. Single and binary adsorption of heavy metal ions from aqueous solutions using sugarcane cellulose-based adsorbent. Bioresour Technol, 2017, 241: 482-490.

［5］ Demirbas A. Adsorption of lead and cadmium ions in aqueous solutions onto modified lignin from alkali glycerol delignication. Journal of Hazardous Materials, 2004, 109 (1-3): 221-226.

［6］ Demirbas A. Biofuels sources, biofuel policy, biofuel economy and global biofuel projections. Energy Conversion and Management, 2008, 49 (8): 2106-2116.

［7］ Ge Y, Li Z. Application of lignin and its derivatives in adsorption of heavy metal ions in water: A review. ACS Sustainable Chemistry & Engineering, 2018, 6 (5): 7181-7192.

［8］ Li Z, Kong Y, Ge Y. Synthesis of porous lignin xanthate resin for Pb^{2+} removal from aqueous solution. Chemical Engineering Journal, 2015, 270: 229-234.

［9］ Li Z, Ge Y, Wan L. Fabrication of a green porous lignin-based sphere for the removal of lead ions from aqueous media. J Hazard Mater, 2015, 285: 77-83.

［10］ Jin C, Zhang X, Xin J, et al. Clickable synthesis of 1,2,4-triazole modified lignin-based adsorbent for the selective removal of Cd（Ⅱ）. ACS Sustainable Chemistry & Engineering, 2017, 5 (5): 4086-4093.

［11］ Jin C, Zhang X, Xin J, et al. Thiol-ene synthesis of cysteine-functionalized lignin for the enhanced adsorption of Cu（Ⅱ）and Pb(Ⅱ). Industrial & Engineering Chemistry Research, 2018, 57 (23): 7872-7880.

［12］ Sun R C, Fang J M, Tomkinson J, et al. Acetylation of wheat straw hemicelluloses in N,N-dimethylacetamide/LiCl solvent system. Ind Crop Prod. 1999, 10 (3): 209-218.

［13］ Peng X W, Zhong L X, Ren J L, et al. Highly effective adsorption of heavy metal ions from aqueous solutions by macroporous xylan-rich hemicelluloses-based hydrogel. Journal of Agricultural and Food Chemistry, 2012, 60 (15): 3909-3916.

［14］ Shang Y, Guo K, Jiang P, et al. Adsorption of phosphate by the cellulose-based biomaterial and its sustained release of laden phosphate in aqueous solution and soil. International Journal of Biological Macromolecules, 2018, 109: 524-534.

［15］ Meng L D, Wang F Q, Li J P, et al. Preparation of polyethylene polyamine-modified cellulose and its adsorbability for As, F and Cr anions. Acta Polymerica Sinica, 2014 (8): 1070-1077.

［16］ Li Y, Lin X, Zhuo X, et al. Poly(vinyl alcohol)/quaternized lignin composite absorbent: Synthesis, characterization and application for nitrate adsorption. Journal of Applied Polymer Science, 2013, 128 (5): 2746-2752.

［17］ Zong E, Liu X, Jiang J, et al. Preparation and characterization of zirconia-loaded lignocellulosic butanol residue as a biosorbent for phosphate removal from aqueous solution. Applied Surface Science, 2016, 387: 419-430.

［18］ Luo X, Zhang L. High effective adsorption of organic dyes on magnetic cellulose beads entrapping activated carbon. J Hazard Mater, 2009, 171 (1-3): 340-347.

［19］ Liu L, Gao Z Y, Su X P, et al. Adsorption removal of dyes from single and binary solutions using a cellulose-based bioadsorbent. ACS Sustainable Chemistry & Engineering, 2015, 3 (3): 432-442.

［20］ Kong F, Parhiala K, Wang S, et al. Preparation of cationic softwood kraft lignin and its application in dye removal. European Polymer Journal, 2015, 67: 335-345.

［21］　Li Y，Wu M，Wang B，et al. Synthesis of magnetic lignin-based hollow microspheres：A highly adsorptive and reusable adsorbent derived from renewable resources. ACS Sustainable Chemistry & Engineering，2016，4（10）：5523-5532.

［22］　Adebayo M A，Prola L D，Lima E C，et al. Adsorption of Procion Blue MX-R dye from aqueous solutions by lignin chemically modified with aluminium and manganese. J Hazard Mater，2014，268C：43-50.

［23］　Nguyen S T，Feng J，Le N T，et al. Cellulose aerogel from paper waste for crude oil spill cleaning. Industrial & Engineering Chemistry Research，2013，52（51）：18386-18391.

［24］　Jin C，Han S，Li J，et al. Fabrication of cellulose-based aerogels from waste newspaper without any pretreatment and their use for absorbents. Carbohydr Polym，2015，123：150-156.

［25］　Yang Y，Yi H，Wang C Y. Oil absorbents based on melamine/lignin by a dip adsorbing method. ACS Sustainable Chemistry & Engineering，2015，3（12）：3012-3018.

［26］　Oribayo O，Feng X，Rempel G L，et al. Synthesis of lignin-based polyurethane/graphene oxide foam and its application as an absorbent for oil spill clean-ups and recovery. Chemical Engineering Journal，2017，323：191-202.

［27］　Shen X P，Shamshina J L，Berton P，et al. Hydrogels based on cellulose and chitin：fabrication，properties，and applications. Green Chem，2016，18（1）：53-75.

［28］　Noe P，Chanzy H. Swelling of valonia cellulose microfibrils in amine oxide systems. Can J Chem，2008，86（6）：520-524.

［29］　Ishii D，Tatsumi D，Matsumoto T，et al. Investigation of the structure of cellulose in LiCl/DMAc solution and its gelation behavior by small-angle X-ray scattering measurements. Macromol Biosci，2006，6（4）：293-300.

［30］　Ostlund A，Lundberg D，Nordstierna L，et al. Dissolution and gelation of cellulose in TBAF/DMSO solutions：The roles of fluoride ions and water. Biomacromolecules，2009，10（9）：2401-2407.

［31］　Peng H F，Wang S P，Xu H Y，et al. Preparations，properties，and formation mechanism of novel cellulose hydrogel membrane based on ionic liquid. Journal of Applied Polymer Science，2018，135（7）：45488.

［32］　Uto T，Yamamoto K，Kadokawa J. Cellulose crystal dissolution in imidazolium-based ionic liquids：A theoretical study. J Phys Chem B，2018，122（1）：258-266.

［33］　蔡杰，吕昂，周金平，等. 纤维素科学与技术. 北京：化工工业出版社，2015.

［34］　Sannino A，Demitri C，Madaghiele M. Biodegradable cellulose-based hydrogels：Design and applications. Materials，2009，2（2）：353-373.

［35］　Chang C Y，Zhang L N. Cellulose-based hydrogels：Present status and application prospects. Carbohydrate Polymers，2011，84（1）：40-53.

［36］　Senna A M，Novack K M，Botaro V R. Synthesis and characterization of hydrogels from cellulose acetate by esterification crosslinking with EDTA dianhydride. Carbohydrate Polymers，2014，114：260-268.

［37］　Zhu L X，Qiu J H，Sakai E，et al. Rapid recovery double cross-linking hydrogel with stable mechanical properties and high resilience triggered by visible light. Acs Appl Mater Inter，2017，9（15）：13593-13601.

［38］　Zhu L X，Qiu J H，Sakai E，et al. Design of a rubbery carboxymethyl cellulose/polyacrylic acid hydrogel via visible-light-triggered polymerization. Macromol Mater Eng，2017，302（6）：1600509.

［39］　Mckee J R，Appel E A，Seitsonen J，et al. Healable，stable and stiff hydrogels：Combining conflicting properties using dynamic and selective three-component recognition with reinforcing cellulose nanorods. Advanced Functional Materials，2014，24（18）：2706-2713.

［40］　de Oliveira B H G，da Silva R R，da Silva B H，et al. A multipurpose natural and renewable polymer in medical applications：Bacterial cellulose. Carbohydrate Polymers，2016，153：406-420.

［41］　Capadona J R，Shanmuganathan K，Trittschuh S，et al. Polymer nanocomposites with nanowhiskers isolated from microcrystalline cellulose. Biomacromolecules，2009，10（4）：712-716.

［42］　Heath L，Thielemans W. Cellulose nanowhisker aerogels. Green Chem，2010，12（8）：1448-1453.

［43］　Kim H Y，Park D J，Kim J Y，et al. Preparation of crystalline starch nanoparticles using cold acid hydrolysis and ultrasonication. Carbohydrate Polymers，2013，98（1）：295-301.

［44］　Kono H，Fujita S，Oeda I. Comparative study of homogeneous solvents for the esterification crosslinking of cellulose with 1，2，3，4-butanetetracarboxylic dianhydride and water absorbency of the reaction products. Journal of Applied

Polymer Science, 2013, 127 (1): 478-486.

[45] Kono H, Zakimi M. Preparation, water absorbency, and enzyme degradability of novel chitin- and cellulose/chitin-based superabsorbent hydrogels. Journal of Applied Polymer Science, 2013, 128 (1): 572-581.

[46] Kono H, Fujita S. Biodegradable superabsorbent hydrogels derived from cellulose by esterification crosslinking with 1,2,3,4-butanetetracarboxylic dianhydride. Carbohydrate Polymers, 2012, 87 (4): 2582-2588.

[47] Senna A M, Botaro V R. Biodegradable hydrogel derived from cellulose acetate and EDTA as a reduction substrate of leaching NPK compound fertilizer and water retention in soil. J Control Release, 2017, 260: 194-201.

[48] Akar E, Altinisik A, Seki Y. Preparation of pH- and ionic-strength responsive biodegradable fumaric acid crosslinked carboxymethyl cellulose. Carbohydrate Polymers, 2012, 90 (4): 1634-1641.

[49] Seki Y, Altinisik A, Demircioglu B, et al. Carboxymethylcellulose (CMC)-hydroxyethylcellulose (HEC) based hydrogels: synthesis and characterization. Cellulose, 2014, 21 (3): 1689-1698.

[50] Dilaver M, Yurdakoc K. Fumaric acid cross-linked carboxymethylcellulose/poly (vinyl alcohol) hydrogels. Polym Bull, 2016, 73 (10): 2661-2675.

[51] Yoshimura T, Matsuo K, Fujioka R. Novel biodegradable superabsorbent hydrogels derived from cotton cellulose and succinic anhydride: Synthesis and characterization. Journal of Applied Polymer Science, 2006, 99 (6): 3251-3256.

[52] Demitri C, Del Sole R, Scalera F, et al. Novel superabsorbent cellulose-based hydrogels crosslinked with citric acid. Journal of Applied Polymer Science, 2008, 110 (4): 2453-2460.

[53] Capanema N S V, Mansur A A P, Carvalho S M, et al. Bioengineered carboxymethyl cellulose-doxorubicin prodrug hydrogels for topical chemotherapy of melanoma skin cancer. Carbohydrate Polymers, 2018, 195: 401-412.

[54] El Fawal G F, Abu-Serie M M, Hassan M A, et al. Hydroxyethyl cellulose hydrogel for wound dressing: Fabrication, characterization and in vitro evaluation. International Journal of Biological Macromolecules, 2018, 111: 649-659.

[55] Marani P L, Bloisi G D, Petri D F S. Hydroxypropylmethyl cellulose films crosslinked with citric acid for control release of nicotine. Cellulose, 2015, 22 (6): 3907-3918.

[56] Dash M, Chiellini F, Ottenbrite R M, et al. Chitosan-A versatile semi-synthetic polymer in biomedical applications. Prog Polym Sci, 2011, 36 (8): 981-1014.

[57] Shu X Z, Zhu K J. Controlled drug release properties of ionically cross-linked chitosan beads: The influence of anion structure. International Journal of Pharmaceutics, 2002, 233 (1-2): 217-225.

[58] Aydin H, Yerlikaya C, Uzan S. Equilibrium and kinetic studies of copper (Ⅱ) ion uptake by modified wheat shells. Desalin Water Treat, 2012, 44 (1-3): 296-305.

[59] Xu Y X, Yuan S P, Han J M, et al. Design and fabrication of a chitosan hydrogel with gradient structures via a step-by-step cross-linking process. Carbohydrate Polymers, 2017, 176: 195-202.

[60] Xu X, Gu Z, Chen X, et al. An injectable and thermosensitive hydrogel: Promoting periodontal regeneration by controlled-release of aspirin and erythropoietin. Acta Biomaterialia, 2019, 86: 235-246.

[61] Dalmoro A, Abrami M, Galzerano B, et al. Injectable chitosan/beta-glycerophosphate system for sustained release: Gelation study, structural investigation, and erosion tessts. Curr Drug Deliv, 2017, 14 (2): 216-223.

[62] Rassu G, Salis A, Porcu E P, et al. Composite chitosan/alginate hydrogel for controlled release of deferoxamine: A system to potentially treat iron dysregulation diseases. Carbohydrate Polymers, 2016, 136: 1338-1347.

[63] Jiang Y C, Meng X Y, Wu Z H, et al. Modified chitosan thermosensitive hydrogel enables sustained and efficient anti-tumor therapy via intratumoral injection. Carbohydrate Polymers, 2016, 144: 245-253.

[64] Wu T, Li Y, Lee D S. Chitosan-based composite hydrogels for biomedical applications. Macromol Res, 2017, 25 (6): 480-488.

[65] Duan J J, Liang X C, Zhu K K, et al. Bilayer hydrogel actuators with tight interfacial adhesion fully constructed from natural polysaccharides. Soft Matter, 2017, 13 (2): 345-354.

[66] Zhang Y L, Tao L, Li S X, et al. Synthesis of multiresponsive and dynamic chitosan-based hydrogels for controlled release of bioactive molecules. Biomacromolecules, 2011, 12 (8): 2894-2901.

[67] Kopecek J, Yang J Y. Smart self-Assembled hybrid hydrogel biomaterials. Angew Chem Int Edit, 2012, 51 (30): 7396-7417.

［68］ Radu-Wu L C，Yang J，Wu K，et al. Self-assembled hydrogels from poly［N-(2-hydroxypropyl) methacrylamide］ grafted with beta-sheet peptides. Biomacromolecules，2009，10 (8)：2319-2327.

［69］ Petka W A，Harden J L，McGrath K P，et al. Reversible hydrogels from self-assembling artificial proteins. Science，1998，281 (5375)：389-392.

［70］ 王晓威，王晓曼，冉隆豪，等. 基于多肽和蛋白质的水凝胶研究进展. 高分子通报，2014，8：44-55.

［71］ Jivan F，Fabela N，Davis Z，et al. Orthogonal click reactions enable the synthesis of ECM-mimetic PEG hydrogels without multi-arm precursors. J Mater Chem B，2018，6 (30)：4929-4936.

［72］ Wang H Y，Paul A，Nguyen D，et al. Tunable control of hydrogel microstructure by kinetic competition between self-assembly and crosslinking of elastin-like proteins. Acs Appl Mater Inter，2018，10 (26)：21808-21815.

［73］ Maity J，Ray S K. Competitive removal of Cu(Ⅱ)and Cd(Ⅱ)from water using a biocomposite hydrogel. J Phys Chem B，2017，121 (48)：10988-11001.

［74］ Russo R，Malinconico M，Santagata G. Effect of cross-linking with calcium ions on the physical properties of alginate films. Biomacromolecules，2007，8 (10)：3193-3197.

［75］ Dupuy B，Arien A，Minnot A P. FT-IR of membranes made with alginate/polylysine complexes. Variations with the mannuronic or guluronic content of the polysaccharides. Artificial Cells，Blood Substitutes，and Biotechnology，1994，22 (1)：71-82.

［76］ 孙凤玲，王吟. 天然生物质水凝胶吸附材料研究进展. 材料导报，2016，30 (5)：137-143.

［77］ Yao W H，Yu F，Ma J. Preparation of alginate composite gel and its application in water treatment. Prog Chem，2018，30 (11)：1722-1733.

［78］ Chen T，Chen Y J，Rehman H U，et al. Ultratough，self-healing，and tissue-adhesive hydrogel for wound dressing. Acs Appl Mater Inter，2018，10 (39)：33523-33531.

［79］ 蒋建新，刘彦涛，周自圆，等. 高分子多糖水凝胶功能材料研究与应用进展. 林产化学与工业，2017，37 (2)：1-10.

［80］ Chang G R，Chen Y，Li Y J，et al. Self-healable hydrogel on tumor cell as drug delivery system for localized and effective therapy. Carbohydrate Polymers，2015，122：336-342.

［81］ Zhao C，Qazvini N T，Sadati M，et al. A pH-triggered，self-assembled，and bioprintable hybrid hydrogel scaffold for mesenchymal stem cell based bone tissue engineering. Acs Appl Mater Inter，2019，11 (9)：8749-8762.

［82］ Chatterjee S，Lee M W，Woo S H. Adsorption of congo red by chitosan hydrogel beads impregnated with carbon nanotubes. Bioresource Technol，2010，101 (6)：1800-1806.

［83］ Chatterjee S，Lee M W，Woo S H. Enhanced mechanical strength of chitosan hydrogel beads by impregnation with carbon nanotubes. Carbon，2009，47 (12)：2933-2936.

［84］ Chatterjee S，Chatterjee T，Lim S R，et al. Effect of the addition mode of carbon nanotubes for the production of chitosan hydrogel core-shell beads on adsorption of Congo red from aqueous solution. Bioresource Technol，2011，102 (6)：4402-4409.

［85］ Gregorova A，Saha N，Kitano T，et al. Hydrothermal effect and mechanical stress properties of carboxymethyl-cellulose based hydrogel food packaging. Carbohydrate Polymers，2015，117：559-568.

［86］ Kim J，Wang N G，Chen Y，et al. Electroactive-paper actuator made with cellulose/NaOH/urea and sodium alginate. Cellulose，2007，14 (3)：217-223.

［87］ Shang J，Shao Z Z，Chen X. Electrical behavior of a natural polyelectrolyte hydrogel：Chitosan/carboxymethyl-cellulose hydrogel. Biomacromolecules，2008，9 (4)：1208-1213.

［88］ Vimala K，Mohan Y M，Sivudu K S，et al. Fabrication of porous chitosan films impregnated with silver nanoparticles：A facile approach for superior antibacterial application. Colloid Surface B，2010，76 (1)：248-258.

［89］ Kumari S，Haring M，Sen Gupta S，et al. Catalytic macroporous biohydrogels made of ferritin-encapsulated gold nanoparticles. Chempluschem，2017，82 (2)：225-232.

［90］ Zhao Q X，Mu S D，Liu X，et al. Gallol-tethered injectable AuNP hydrogel with desirable self-healing and catalytic properties. Macromol Chem Phys，2019，220 (2)：1800427.

［91］ Pourjavadi A，Motamedi A，Marvdashti Z，et al. Magnetic nanocomposite based on functionalized salep as a green support for immobilization of palladium nanoparticles：Reusable heterogeneous catalyst for Suzuki coupling reactions. Catal Commun，2017，97：27-31.

［92］ Ashiri S，Mehdipour E，Preparation of a novel palladium catalytic hydrogel based on graphene oxide/chitosan NPs and cellulose nanowhiskers．Rsc Adv，2018，8（57）：32877-32885．

［93］ Kemell M，Pore V，Ritala M，et al．Atomic layer deposition in nanometer-level replication of cellulosic substances and preparation of photocatalytic TiO$_2$/cellulose composites．J Am Chem Soc，2005，127（41）：14178-14179．

［94］ El Kadib A，Molvinger K，Guimon C，et al．Design of stable nanoporous hybrid chitosan/titania as cooperative bifunctional catalysts．Chem Mater，2008，20（6）：2198-2204．

［95］ Pääkkö M，Vapaavuori J，Silvennoinen R，et al．Long and entangled native cellulose I nanofibers allow flexible aerogels and hierarchically porous templates for functionalities．Soft Matter，2008，4（12）：2492-2499．

［96］ Suenaga S，Osada M．Preparation of beta-chitin nanofiber aerogels by lyophilization．International Journal of Biological Macromolecules，2019，126：1145-1149．

［97］ Tan C，Fung B M，Newman J K，et al．Organic aerogels with very high impact strength．Advanced Materials，2001，13（9）：644-646．

［98］ Zhao S Y，Malfait W J，Guerrero-Alburquerque N，et al．Biopolymer aerogels and foams：Chemistry，properties，and applications．Angew Chem Int Edit，2018，57（26）：7580-7608．

［99］ Sescousse R，Budtova T．Influence of processing parameters on regeneration kinetics and morphology of porous cellulose from cellulose-NaOH-water solutions．Cellulose，2009，16（3）：417-426．

［100］ Thomas S，Pothan L A，Mavelil-Sam R．Biobased aerogels：Polysaccharide and protein-based materials．The Royal Society of Chemistry，2018．

［101］ Javadi A，Zheng Q F，Payen F，et al．Polyvinyl alcohol-cellulose nanofibrils-graphene oxide hybrid organic aerogels．Acs Appl Mater Inter，2013，5（13）：5969-5975．

［102］ Hayase G，Kanamori K，Abe K，et al．Polymethylsilsesquioxane-cellulose nanofiber biocomposite aerogels with high thermal insulation，bendability，and superhydrophobicity．Acs Appl Mater Inter，2014，6（12）：9466-9471．

［103］ Granström M，Née P M K，Jin H，et al．Highly water repellent aerogels based on cellulose stearoyl esters．Polym Chem，2011，2（8）：1789-1796．

［104］ Korhonen J T，Hiekkataipale P，Malm J，et al．Inorganic hollow nanotube aerogels by atomic layer deposition onto native nanocellulose templates．Acs Nano，2011，5（3）：1967-1974．

［105］ Gebald C，Wurzbacher J A，Tingaut P，et al．Amine-based nanofibrillated cellulose as adsorbent for CO$_2$ capture from air．Environ Sci Technol，2011，45（20）：9101-9108．

［106］ Wang M，Anoshkin I V，Nasibulin A G，et al．Modifying native nanocellulose aerogels with carbon nanotubes for mechanoresponsive conductivity and pressure sensing．Advanced Materials，2013，25（17）：2428-2432．

［107］ Fukuoka A，Dhepe P L、Catalytic conversion of cellulose into sugar alcohols．Angewandte Chemie International Edition，2006，45（31）：5161-5163．

［108］ Okabe M，Lies，D，Kanamasa S，et al．Biotechnological production of itaconic acid and its biosynthesis in Aspergillus terreus．Applied Microbiology &. Biotechnology，2009，84（4）：597-606．

［109］ Li J Q．The chemistry and technology of furfural and its many by-products．Chemical Engineering Journal，2001，81（1）：338-339．

［110］ Tsai B H，Lin C H，Lin J C．Synthesis and property evaluations of photocrosslinkable chitosan derivative and its photocopolymerization with poly（ethylene glycol）．Journal of Applied Polymer Science，2010，100（3）：1794-1801．

［111］ Jeon O，Bouhadir K H，Mansour J M，et al．Photocrosslinked alginate hydrogels with tunable biodegradation rates and mechanical properties．Biomaterials，2009，30（14）：2724-2734．

［112］ Vieira A P，Ferreira P，Coelho J F J，et al．Photocrosslinkable starch-based polymers for ophthalmologic drug delivery．International Journal of Biological Macromolecules，2008，43（4）：325-332．

［113］ Kumar R N，Po P L，Rozman H D．Studies on the synthesis of acrylamidomethyl cellulose ester and its application in UV curable surface coatings induced by free radical photoinitiator．Part 1：Acrylamidomethyl cellulose acetate．Carbohydrate Polymers，2006，64（1）：112-126．

［114］ Lu C，Liu Y，Liu X，et al．Sustainable multiple- and multistimulus-shape-memory and self-healing elastomers with semi-interpenetrating network derived from biomass via bulk radical polymerization．ACS Sustainable Chemistry &. Engineering，2018，6（5）：6527-6535．

［115］Lu C，Wang C，Yu J，et al. Two-step 3D-printing approach toward sustainable，repairable，fluorescent shape-memory thermosets derived from cellulose and rosin. Chem Sus Chem，2020，13 (5)：893-902.

［116］Liu M，Yue X，Dai I，et al. Stabilized hemocompatible coating of nitinol devices based on photo-cross-linked alginate/heparin multilayer. Langmuir，2007，23 (18)：9378-9385.

［117］Chao Z，Chen J，Cao W. Synthesis and characterization of diphenylamine diazonium salts and diazoresins. Macromolecular Materials &. Engineering，1998，259 (1)：77-82.

［118］Yan R，Yang D，Zhang N，et al. Performance of UV curable lignin based epoxy acrylate coatings. Progress in Organic Coatings，2018，116：83-89.

［119］Yan R，Liu Y，Liu B，et al. Improved performance of dual-cured organosolv lignin-based epoxy acrylate coatings. Composites Communications，2018，10：52-56.

［120］Hajirahimkhan S，Xu C C，Ragogna P J. Ultraviolet curable coatings of modified lignin. ACS Sustainable Chemistry &. Engineering，2018，6 (11)：14685-14694.

［121］Burfield D R，Lim K L，Law K S. Epoxidation of natural rubber latices：Methods of preparation and properties of modified rubbers. Journal of Applied Polymer Science，2010，29 (5)：1661-1673.

［122］Decker C，Xuan H L，Viet T N T. Photocrosslinking of functionalized rubber. Ⅱ. Photoinitiated cationic polymerization of epoxidized liquid natural rubber. Journal of Polymer Science Part A Polymer Chemistry，1995，33 (16)：2759-2772.

［123］Xuan H L，Decker C. Photocrosslinking of acrylated natural rubber. Journal of Polymer Science Part A Polymer Chemistry，1993，31 (3)：769-780.

［124］Decker C，Moussa K J. Kinetic study of the cationic photopolymerization of epoxy monomers. Journal of Polymer Science Part A Polymer Chemistry，2010，28 (12)：3429-3443.

［125］Kumar R N，Mehnert R，Scherzer T，et al. Application of real time FTIR and MAS NMR spectroscopy to the characterization of UV/EB cured epoxidized natural rubber blends. Macromolecular Materials &. Engineering，2001，286 (10)：598-604.

［126］Saelao J，Phinyocheep P. Influence of styrene on grafting efficiency of maleic anhydride onto natural rubber. Journal of Applied Polymer Science，2010，95 (1)：28-38.

［127］Enyiegbulam M E，Aloka I U. Graft characteristics and solution properties of natural rubber-g-methyl methacrylate copolymer in MEK/toluene. Journal of Applied Polymer Science，2010，44 (10)：1841-1845.

［128］Monteiro M J，Subramaniam N，Taylor J R，et al. Retardative chain transfer in free radical free-radical polymerisations of vinyl neo -decanoate in low molecular weight polyisoprene and toluene. Polymer，2001，42 (6)：2403-2411.

［129］Arayapranee W，Prasassarakich P，Rempel G L. Process variables and their effects on grafting reactions of styrene and methyl methacrylate onto natural rubber. Journal of Applied Polymer Science，2010，89 (1)：63-74.

［130］Thiraphattaraphun L，Kiatkamjornwong S，Prasassarakich P，et al. Natural rubber-g-methyl methacrylate/poly (methyl methacrylate) blends. Journal of Applied Polymer Science，2010，81 (2)：428-439.

［131］Chuayjuljit S，Siridamrong P，Pimpan V. Grafting of natural rubber for preparation of natural rubber/unsaturated polyester resin miscible blends. Journal of Applied Polymer Science，2010，94 (4)：1496-1503.

［132］Arayapranee W，Prasassarakich P，Rempel G L. Synthesis of graft copolymers from natural rubber using cumene hydroperoxide redox initiator. Journal of Applied Polymer Science，2010，83 (14)：2993-3001.

［133］Lehrle R S，Willis S L. Modification of natural rubber：A study to assess the effect of vinyl acetate on the efficiency of grafting methyl methacrylate on rubber in latex form，in the presence of azo-bis-isobutyronitrile. Polymer，1997，38 (24)：5937-5946.

［134］Ha T H，et al. Synthesis of N，N-diethyldithiocarbamate functionalized 1，4-polyisoprene，from natural rubber and synthetic 1，4-polyisoprene. European Polymer Journal，2007，43 (5)：1806-1824.

［135］Derouet D，Tran Q N，Leblanc J L. Physical and mechanical properties of poly (methyl methacrylate) -grafted natural rubber synthesized by methyl methacrylate photopolymerization initiated by N，N-diethyldithiocarbamate functions previously created on natural rubber chains. Journal of Applied Polymer Science，2010，112 (2)：788-799.

［136］Pelletier H，Belgacem N，Gandini A. Acrylated vegetable oils as photocrosslinkable materials. Journal of Applied Polymer Science，2010，99 (6)：3218-3221.

[137] Boronat T, Espana J M, Rico I, et al. Processing and characterization of new organic matrix for composite materials based on acrylated epoxidized vegetable oils. Advanced Materials Research, 2012, 498: 201-206.

[138] Mahmoud A H, Tay G S, Rozman H D. A preliminary study on ultraviolet radiation-cured unsaturated polyester resin based on palm oil. Journal of Macromolecular Science: Part D - Reviews in Polymer Processing, 2011, 50 (6): 573-580.

[139] Eren T, Küsefoğlu S H. Hydroxymethylation and polymerization of plant oil triglycerides. Journal of Applied Polymer Science, 2004, 91 (6): 4037-4046.

[140] Khot S N, Lascala J J, Can E, et al. Development and application of triglyceride-based polymers and composites. Journal of Applied Polymer Science, 2010, 82 (3): 703-723.

[141] Chen Z, Chisholm B J, Patani R, et al. Soy-based UV-curable thiol-ene coatings. Journal of Coatings Technology & Research, 2010, 7 (5): 603-613.

[142] Behr A, Eilting J, Irawadi K, et al. Improved utilisation of renewable resources: New important derivatives of glycerol. Green Chem, 2008, 10 (1): 13-30.

[143] Zhou C H C, Beltramini J N, Fan Y X, et al. Chemoselective catalytic conversion of glycerol as a biorenewable source to valuable commodity chemicals. Chemical Society Reviews, 2008, 37 (3): 527-549.

[144] Pham P D, Monge S, Lapinte V, et al. Various radical polymerizations of glycerol-based monomers. European Journal of Lipid Science & Technology, 2013, 115 (1): 28-40.

[145] Park J, Eslick J, Ye Q, et al. The influence of chemical structure on the properties in methacrylate-based dentin adhesives. Dental Materials Official Publication of the Academy of Dental Materials 2011, 27, (11): 1086-1093.

[146] Podgórski M. Synthesis and characterization of acetyloxypropylene dimethacrylate as a new dental monomer. Dental Materials, 2011, 27 (8): 748-754.

[147] Çakmaklı B, Hazer B, Tekin I O, et al. Synthesis and characterization of polymeric soybean oil-g-methyl methacrylate (and n-butyl methacrylate) graft copolymers: biocompatibility and bacterial adhesion. Biomacromolecules, 2005, 6 (3): 1750-1758.

[148] Birten C, Baki H, Ozel T I, et al. Synthesis and characterization of polymeric linseed oil grafted methyl methacrylate or styrene. Macromol Biosci, 2004, 4 (7): 649-655.

[149] Boyatzis S, Ioakimoglou E, Argitis P J. UV exposure and temperature effects on curing mechanisms in thin linseed oil films: Spectroscopic and chromatographic studies. Journal of Applied Polymer Science, 2010, 84 (5): 936-949.

[150] Hoyle C E, Bowman C N. Thiol-ene click chemistry. Angewandte Chemie International Edition, 2010, 49 (9): 1540-1573.

[151] Boileau S, Mazeaud-Henri B, Blackborow R. Reaction of functionalised thiols with oligoisobutenes via free-radical addition: Some new routes to thermoplastic crosslinkable polymers. European Polymer Journal, 2003, 39 (7): 1395-1404.

[152] Kim H M, Kim H R, Kim B S. Soybean oil-based photo-crosslinked polymer networks. Journal of Polymers & the Environment, 2010, 18 (3): 291-297.

[153] Li K, Shen Y, Fei G, et al. Preparation and properties of castor oil/pentaerythritol triacrylate-based UV curable waterborne polyurethane acrylate. Progress in Organic Coatings, 2015, 78: 146-154.

[154] Patel K I, Parmar R J, Parmar J S. Novel binder system for ultraviolet-curable coatings based on tobacco seed (Nicotiana rustica) oil derivatives as a renewable resource. Journal of Applied Polymer Science, 2010, 107 (1): 71-81.

[155] Dzunuzovic E, Tasic S, Bozic B, et al. UV-curable hyperbranched urethane acrylate oligomers containing soybean fatty acids. Progress in Organic Coatings, 2005, 52 (2): 136-143.

[156] Paschke R, Peterson L, Harrison S, et al. Dimer acid structures. The dehydro-dimer from methyl oleate and Di-t-butyl peroxide. Journal of the American Oil Chemists Society, 1964, 41 (1): 56-60.

[157] Desroches M, Caillol S, Lapinte V, et al. Synthesis of biobased polyols by thiol-ene coupling from vegetable oils. Macromolecules, 2011, 44 (8): 2489-2500.

[158] Rengasamy S, Mannari V. UV-curable PUDs based on sustainable acrylated polyol: Study of their hydrophobic and oleophobic properties. Progress in Organic Coatings, 2014, 77 (3): 557-567.

[159] Bumsang K，Peppas N A. Synthesis and characterization of pH-sensitive glycopolymers for oral drug delivery systems. Journal of Biomaterials Science Polymer Edition，2002，13 (11)：1271-1281.

[160] Lei C，Jie L，Volney S，et al. Promoting nerve cell functions on hydrogels grafted with poly (L-lysine). Biomacromolecules，2012，13 (2)：342-349.

[161] Bigi F，Chesini L，Maggi R，et al. Montmorillonite KSF as an inorganic，water stable，and reusable catalyst for the knoevenagel synthesis of coumarin-3-carboxylic acids. Cheminform，1999，30 (30)：1033-1035.

[162] Bigi F，Carloni S，Ferrari L，et al. Clean synthesis in water. Part 2：Uncatalysed condensation reaction of Meldrum's acid and aldehydes. Tetrahedron Letters，2001，42 (31)：5203-5205.

[163] Ciamician G，Silber P. Chemical light effects [V Announcement]. Ber Dtsch Chem Ges，1902，35：4128.

[164] Hoffman R，Wells P，Morrison H. Organic photochemistry. ⅩⅢ. Further studies on the mechanism of coumarin photodimerization. Observation of an unusual "heavy atom" effect. Journal of Organic Chemistry，1971，36 (1)：102-108.

[165] Krauch C H，Farid S，Schenck G O. Photo-C4-cyclodimerisation von cumarin. Chemische Berichte，1966，99 (2)：625-633.

[166] Lewis F D，Barancyk S V. Lewis acid catalysis of photochemical reactions. 8. Photodimerization and cross-cycloaddition of coumarin. J Am Chem Soc，1989，89 (8)：1007-1014.

[167] Morrison H，Curtis H，McDowell T. Solvent effects on the photodimerization of coumarin1. J Am Chem Soc，1966，88 (23)：5415-5419.

[168] Torsten E，Volker H，Björn S，et al. Deactivation behavior and excited-state properties of (coumarin-4-yl) methyl derivatives. 2. Photocleavage of selected (coumarin-4-yl) methyl-caged adenosine cyclic 3',5'-monophosphates with fluorescence enhancement. Journal of Organic Chemistry，2002，67 (3)：703-710.

[169] Jakubiak R，Bunning T J，Vaia R A，et al. Electrically switchable，one-dimensional polymeric resonators from holographic photopolymerization：A new approach for active photonic bandgap materials. Advanced Materials，2003，15：241-243.

[170] Jones G，Rahman M A. Fluorescence properties of coumarin laser dyes in aqueous polymer media. Chromophore Isolation in Poly (methacrylic acid) Hypercoils. Journal of Physical Chemistry，2002，98 (49)：13028-13037.

[171] Schadt M，Seiberle H，Schuster A. Optical patterning of multi-domain liquid-crystal displays with wide viewing angles. Nature，1996，381 (6579)：212-215.

[172] Zhang R，Zheng H，Shen J. A new coumarin derivative used as emitting layer in organic light-emitting diodes. Synthetic Metals，1999，106 (3)：157-160.

[173] Minsk L M，Smith J G，Deusen W P V，et al. Photosensitive polymers. Ⅰ. Cinnamate esters of poly (vinyl alcohol) and cellulose. Journal of Applied Polymer Science，2010，2 (6)：302-307.

[174] Nakayama Y，Matsuda T. Photocycloaddition-induced preparation of nanostructured，cyclic polymers using biscinnamated or biscoumarinated oligo (ethylene glycol)s. Journal of Polymer Science Part A Polymer Chemistry，2005，43 (15)：3324-3336.

[175] Sung S J，Cho K Y，Hah H，et al. Two different reaction mechanisms of cinnamate side groups attached to the various polymer backbones. Polymer，2006，47 (7)：2314-2321.

[176] Balaji R，Grande D，Nanjundan S. Studies on photocrosslinkable polymers having bromo-substituted pendant cinnamoyl group. Reactive &. Functional Polymers，2003，56 (1)：45-57.

[177] Ali A H，Srinivasan K S V. Photoresponsive functionalized vinyl cinnamate polymers：Synthesis and characterization. Polymer International，2015，43 (4)：310-316.

[178] Wang C C，Chen C C. Physical properties of crosslinked cellulose catalyzed with nano titanium dioxide. Journal of Applied Polymer Science，2010，97 (6)：2450-2456.

[179] Borzenkov M，Hevus O. Application of surface active monomers and polymers containing links of surface active monomers. Surface Active Monomers，2014：57-66.

[180] Decker C. UV curing of acrylate coatings by laser beams. Journal of Coatings Technology，1984，56 (713)：29-34.

[181] Decker C. UV-curing chemistry：past，present，and future. JCT，Journal of Coatings Technology，1987，59 (751)：97-106.

[182] Decker C. Recent developments in photoinitiated radical polymerization. Macromolecular Symposia, 1999, 143 (1): 45-63.

[183] Zhang J, Lin J, Cen P. Catalytic dehydration of lactic acid to acrylic acid over sulfate catalysts. The Canadian Journal of Chemical Engineering, 2008, 86 (6): 1047-1053.

[184] Danner H, Ürmös M, Gartner M, et al. Biotechnological production of acrylic acid from biomass. Applied Biochemistry & Biotechnology, 1998, 70-72 (1): 887-894.

[185] Nagata M, Inaki K. Synthesis and characterization of photocrosslinkable poly (-lactide) s with a pendent cinnamate group. European Polymer Journal, 2009, 45 (4): 1111-1117.

[186] Thi H T, Michiya M, Mitsuru A. Photoreactive polylactide nanoparticles by the terminal conjugation of biobased caffeic acid. Langmuir the Acs Journal of Surfaces & Colloids, 2009, 25 (18): 10567-10574.

[187] 王基夫，林明涛，王春鹏，等. 松香基多功能单体的合成和性能分析. 材料导报，2011, 25 (20): 15-19, 31.

[188] 王基夫，林明涛，储富祥，等. 脱氢枞酸（β-丙烯酰氧基乙基）酯的合成和表征. 精细化工，2008 (11): 1135-1139.

[189] Yu J, Liu Y, Liu X, et al. Integration of renewable cellulose and rosin towards sustainable copolymers by "grafting from" ATRP. Green Chem, 2014, 16 (4): 1854-1864.

[190] 俞娟，王春鹏，丁丽娜，等. 脱氢枞酸基柔性单体的合成和聚合活性分析. 林产化学与工业，2014, 34 (2): 40-44.

[191] 刘少锋，卢传巍，王春鹏，等. 脱氢枞酸基甲基丙烯酸酯单体的合成和表征. 林产化学与工业，2017, (4): 89-94.

[192] 吴红，王基夫，储富祥，等. 丙烯酸松香（β-丙烯酰氧基乙基）酯的光固化动力学研究. 林产化学与工业，2011, 31 (5): 76-80.

[193] Kwak G, Choi J U, Seo K H, et al. Methacrylate homo-and copolymers containing photosensitive abietate group: Their high thermal stability, unique photocrosslinking behavior, transparency, and photolithographic application. Chem Mater, 2007, 19 (11): 2898-2902.

[194] Kim W S, Byun K R, Lee D H, et al. Synthesis of photocrosslinkable polymers using abietic acid and their characterization. Polymer Journal, 2003, 35 (5): 450-454.

[195] Grassino S B, Strumia M C, Couve J, et al. Photoactive films obtained from methacrylo-urethanes tannic acid-based with potential usage as coating materials: analytic and kinetic studies. Progress in Organic Coatings, 1999, 37 (1-2): 39-48.

[196] Gandini A. Monomers and macromonomers from renewable resources. Biocatalysis in polymer chemistry, 2010.

[197] Gandini A. Furans as offspring of sugars and polysaccharides and progenitors of a family of remarkable polymers: A review of recent progress. Polym Chem-Uk, 2010, 1 (3): 245-251.

[198] Gandini A, Belgacem M N, Gandini A, et al. Furans in polymer chemistry. Prog Polym Sci, 1997, 22 (6): 1203-1379.

[199] Lasseuguette E, Gandini A, Belgacem M N, et al. Synthesis, characterization and photocross-linking of copolymers of furan and aliphatic hydroxyethylesters prepared by transesterification. Polymer, 2005, 46 (15): 5476-5483.

[200] Tyman J. Non-isoprenoid long chain phenols. Chemical Society Reviews, 1979, 8 (4): 499-537.

[201] 瞿雄伟，吴培熙. 腰果酚及腰果酚类树脂. 北京：化学工业出版社，2013.

[202] 金养智. 光固化材料性能及应用手册. 北京：化学工业出版社，2010.

[203] Jiang F, Wang Z, Qiao Y, et al. A novel architecture toward third-generation thermoplastic elastomers by a grafting strategy. Macromolecules, 2013, 46 (12): 4772-4780.

[204] Liu Y, Yao K, Chen X, et al. Sustainable thermoplastic elastomers derived from renewable cellulose, rosin and fatty acids. Polym Chem-Uk, 2014, 5 (9): 3170-3181.

[205] Yu J, Liu Y, Liu X, et al. Integration of renewable cellulose and rosin towards sustainable copolymers by "grafting from" ATRP. Green Chem, 2014, 16 (4): 1854-1864.

[206] Wang Z, Zhang Y, Jiang F, et al. Synthesis and characterization of designed cellulose-graft-polyisoprene copolymers. Polym Chem-Uk, 2014, 5 (10): 3379-3388.

[207] Yu J, Wang J, Wang C, et al. UV absorbent lignin eased multi arm star thermoplastic elastomers. Macromolecular Rapid Communications, 2015, 36 (4): 398-404.

[208] 孙运昌，高振华，王向明. 制备工艺对木质素基弹性体力学性能的影响. 生物质化学工程，2017, 51 (2): 13-18.

[209] 刘军，鞠天成，陈炳泉，等. 木薯醚化淀粉填充聚氨酯弹性体的力学性能及结构形态的研究. 合成橡胶工业，1993

(6)：352-355.

［210］ Yuan L，Wang Z，Trenor N M，et al. Amidation of triglycerides by amino alcohols and their impact on plant oil-derived polymers. Polym Chem-Uk，2016，7（16）：2790-2798.

［211］ Wang Z，Yuan L，Trenor N M，et al. Sustainable thermoplastic elastomers derived from plant oil and their "click-coupling" via TAD chemistry. Green Chem，2015，17（7）：3806-3818.

［212］ Weis-Fogh T. A rubber-like protein in insect cuticle. Journal of Experimental Biology，1960，37（4）：889-907.

［213］ Andersen S O. The cross-links in resilin identified as dityrosine and trityrosine. Biochim Biophys Acta，1964，93（1）：213-215.

［214］ Li L，Teller S，Clifton R J，et al. Tunable mechanical stability and deformation response of a resilin-based elastomer. Biomacromolecules，2011，12（6）：2302-2310.

［215］ Wang Z，Yuan L，Jiang F，et al. Bioinspired high resilient elastomers to mimic resilin. ACS Macro Letters，2016，5（2）：220-223.

［216］ Yuan L，Wang Z，Ganewatta M S，et al. A biomass approach to mendable bio-elastomers. Soft Matter，2017，13（6）：1306-1313.

［217］ Bekas D G，Tsirka K，Baltzis D，et al. Self-healing materials：A review of advances in materials，evaluation，characterization and monitoring techniques. Composites Part B：Engineering，2016，87：92-119.

［218］ 王小萍，程炳坤，梁栋，等. 本征型自愈合聚合物材料的研究进展. 高分子材料科学与工程，2019，35（6）：183-190.

［219］ Cordier P，Tournilhac F，Soulie-Ziakovic C，et al. Self-healing and thermoreversible rubber from supramolecular assembly. Nature，2008，451（7181）：977-980.

［220］ Cao L，Yuan D，Xu C，et al. Biobased，self-healable，high strength rubber with tunicate cellulose nanocrystals. Nanoscale，2017，9（40）：15696-15706.

［221］ Wu M，Yuan L，Jiang F，et al. Strong autonomic self-healing biobased polyamide elastomers. Chem Mater，2020，32（19）：8325-8332.

［222］ Hager M D，van der Zwaag S，Schubert U S. Self-healing materials. Springer International Publishing，2016.

［223］ Hill C A S，Ramsay J，Keating B，et al. The water vapour sorption properties of thermally modified and densified wood. J Mater Sci，2012，47（7）：3191-3197.

［224］ Fang C H，Mariotti N，Cloutier A，et al. Densification of wood veneers by compression combined with heat and steam. Eur J Wood Wood Prod，2012，70（1-3）：155-163.

［225］ Paril P，Brabec M，Manak O，et al. Comparison of selected physical and mechanical properties of densified beech wood plasticized by ammonia and saturated steam. Eur J Wood Wood Prod，2014，72（5）：583-591.

［226］ Song J，Chen C，Zhu S，et al. Processing bulk natural wood into a high-performance structural material. Nature，2018，554（7691）：224-228.

［227］ Li J，Yu H P，Sun Q F，et al. Growth of TiO_2 coating on wood surface using controlled hydrothermal method at low temperatures. Applied Surface Science，2010，256（16）：5046-5050.

［228］ Sun Q F，Lu Y，Liu Y X. Growth of hydrophobic TiO_2 on wood surface using a hydrothermal method. J Mater Sci，2011，46（24）：7706-7712.

［229］ Wang S L，Wang C Y，Liu C Y，et al. Fabrication of superhydrophobic spherical-like alpha-FeOOH films on the wood surface by a hydrothermal method. Colloid Surface A，2012，403：29-34.

［230］ Wang S L，Shi J Y，Liu C Y，et al. Fabrication of a superhydrophobic surface on a wood substrate. Applied Surface Science，2011，257（22）：9362-9365.

［231］ Liu C Y，Wang S L，Shi J Y，et al. Fabrication of superhydrophobic wood surfaces via a solution-immersion process. Applied Surface Science，2011，258（2）：761-765.

［232］ Zhu M W，Jia C，Wang Y L，et al. Isotropic paper directly from anisotropic wood：Top-down green transparent substrate toward biodegradable electronics. Acs Appl Mater Inter，2018，10（34）：28566-28571.

［233］ Zhu M W，Song J W，Li T，et al. Highly anisotropic，highly transparent wood composites. Advanced Materials，2016，28（26）：5181-5187.

［234］ Li T，Zhu M W，Yang Z，et al. Wood composite as an energy efficient building material：Guided sunlight transmittance and effective thermal insulation. Adv Energy Mater，2016，6（22）：1601122.

［235］Li Y Y，Yu S，Veinot J G C，et al. Luminescent transparent wood. Adv Opt Mater，2017，5（1）：1600834.

［236］Gan W T，Xiao S L，Gao L K，et al. Luminescent and transparent wood composites fabricated by poly（methyl methacrylate）and gamma-Fe_2O_3 @ YVO_4：Eu^{3+} nanoparticle impregnation. Acs Sustainable Chemistry & Engineering，2017，5（5）：3855-3862.

［237］Li T，Song J，Zhao X，et al. Anisotropic，lightweight，strong，and super thermally insulating nanowood with naturally aligned nanocellulose. Science Advances，2018，4（3）：eaar3724.

［238］Guan H，Cheng Z，Wang X. Highly compressible wood sponges with a spring-like lamellar structure as effective and reusable oil absorbents. ACS Nano，2018，12（10）：10365-10373.

［239］Pan Z Z，Nishihara H，Iwamura S，et al. Cellulose nanofiber as a distinct structure-directing agent for xylem-like microhoneycomb monoliths by unidirectional freeze-drying. ACS Nano，2016，10（12）：10689-10697.

［240］Yu Z L，Yang N，Zhou L C，et al. Bioinspired polymeric woods. Science Advances，2018，4（8）：eaat7223.

［241］孙炳合，张荻，范同祥，等. 木质材料陶瓷化的研究进展. 功能材料，2003，34（1）：20-22，28.

［242］Liu Y X，Yu S H，Bergstrom，L. Transparent and flexible nacre-like hybrid films of aminoclays and carboxylated cellulose nanofibrils. Advanced Functional Materials，2018，28（27）：1703277-1703277.

［243］Chen Y P，Dang B K，Jin C D，et al. Processing lignocellulose-based composites into an ultrastrong structural material. ACS Nano，2019，13（1）：371-376.

［244］Cao W T，Chen F F，Zhu Y J，et al. Binary strengthening and toughening of MXene/cellulose nanofiber composite paper with nacre-inspired structure and superior electromagnetic interference shielding properties. ACS Nano，2018，12（5）：4583-4593.

［245］Zhu H L，Li Y Y，Fang Z Q，et al. Highly thermally conductive papers with percolative layered boron nitride nanosheets. ACS Nano，2014，8（4）：3606-3613.

［246］Yan Y X，Yao H B，Yu S H，Nacre-like ternary hybrid films with enhanced mechanical properties by interlocked nanofiber design. Adv Mater Interfaces，2016，3（17）：1600296.

［247］Liu A D，Berglund L A. Clay nanopaper composites of nacre-like structure based on montmorrilonite and cellulose nanofibers-Improvements due to chitosan addition. Carbohydrate Polymers，2012，87（1）：53-60.

［248］Laaksonen P，Walther A，Malho J M，et al. Genetic engineering of biomimetic nanocomposites：Diblock proteins，graphene，and nanofibrillated cellulose. Angew Chem Int Edit，2011，50（37）：8688-8691.

［249］Shahzadi K，Mohsin I，Wu L，et al. Bio-based artificial nacre with excellent mechanical and barrier properties realized by a facile in situ reduction and cross-linking reaction. ACS Nano，2017，11（1）：325-334.

［250］Shahzadi K，Zhang X M，Mohsin I，et al. Reduced graphene oxide/alumina，a good accelerant for cellulose-based artificial nacre with excellent mechanical，barrier，and conductive properties. ACS Nano，2017，11（6）：5717-5725.

［251］Chen K，Tang X K，Yue Y H，et al. Strong and tough layered nanocomposites with buried interfaces. ACS Nano，2016，10（4）：4816-4827.

［252］Chen K，Shi B，Yue Y H，et al. Binary synergy strengthening and toughening of bio-inspired nacre-like graphene oxide/sodium alginate composite paper. ACS Nano，2015，9（8）：8165-8175.

［253］Yao H B，Fang H Y，Tan Z H，et al. Biologically inspired，strong，transparent，and functional layered organic-inorganic hybrid films. Angew Chem Int Edit，2010，49（12）：2140-2145.

［254］Zhu W K，Cong H P，Yao H B，et al. Bioinspired，ultrastrong，highly biocompatible，and bioactive natural polymer/graphene oxide nanocomposite films. Small，2015，11（34）：4298-4302.

［255］Hu K S，Gupta M K，Kulkarni D D，et al. Ultra-robust graphene oxide-silk fibroin nanocomposite membranes. Advanced Materials，2013，25（16）：2301-2307.

［256］Kharlampieva E，Kozlovskaya V，Gunawidjaja R，et al. Flexible silk-inorganic nanocomposites：From transparent to highly reflective. Advanced Functional Materials，2010，20（5）：840-846.

［257］Ling S J，Jin K，Qin Z，et al. Combining in silico design and biomimetic assembly：A new approach for developing high-performance dynamic responsive bio-nanomaterials. Advanced Materials，2018，30（43）：1802306.

［258］Li C X，Adamcik J，Mezzenga R，Biodegradable nanocomposites of amyloid fibrils and graphene with shape-memory and enzyme-sensing properties. Nat Nanotechnol，2012，7（7）：421-427.

[259] Bessho K，Carnes D L，Cavin R，et al. Experimental studies on bone induction using low-molecular-weight poly (DL-lactide-co-glycolide) as a carrier for recombinant human bone morphogenetic protein-2. Journal of Biomedical Materials Research，2002，61 (1)：61-65.

[260] Wang B C，Walther A. Self-assembled，iridescent，crustacean-mimetic nanocomposites with tailored periodicity and layered cuticular structure. ACS Nano，2015，9 (11)：10637-10646.

[261] Jin J H，Hassanzadeh P，Perotto G，et al. A biomimetic composite from solution self-assembly of chitin nanofibers in a silk fibroin matrix. Advanced Materials，2013，25 (32)：4482-4487.

[262] Fernandez J G，Ingber D E. Unexpected strength and toughness in chitosan-fibroin laminates inspired by insect cuticle. Advanced Materials，2012，24 (4)：480-484.

[263] Wu M X，Shuai H ，Cheng Q F，et al. Bioinspired green composite lotus fibers. Angew Chem Int Edit，2014，53 (13)：3358-3361.

[264] Cui Y，Gong H X，Wang Y J，et al. A thermally insulating textile inspired by polar bear hair. Advanced Materials，2018，30 (14)：1706807.

（汪钟凯，金灿，王基夫，王永贵，华赞，严幼贤，刘大刚）

第十章　生物基高分子材料的分析和测试

第一节　材料生物质特性测定

一、生物可降解性能测定

生物降解一般指通过自然界存在的微生物分解有机物质，对环境不会造成负面影响。生物降解材料，是指在适当的自然环境条件下，一定期限内能够被微生物（如细菌、真菌和藻类等）完全分解变成低分子化合物的材料。生物基高分子材料生物可降解性能的测定方法主要有堆肥降解法、生物酶降解法、土埋降解法等。

（一）堆肥降解法

在国际上堆肥法是评价塑料生物降解性能的主要方法，堆肥中富含微生物源，一定程度上可以宏观反映在自然环境中塑料的生物降解性能。

堆肥降解法普遍适用于片状、粒状和薄膜状等各类型的生物质基高分子材料。

根据国标 GB/T 20197—2006 降解塑料的降解性能标准要求，堆肥质量应符合 CJ/T 3059 中堆肥产品的质量标准（见表 10-10-1[1]）。

表 10-10-1　堆肥质量要求

名称	技术指标
有机质(以 C 计)/%	≥10
pH 值	6.5～8.5
总汞(以 Hg 计)/(mg/kg)	≤5
总镉(以 Cd 计)/(mg/kg)	≤3
总铅(以 Pb 计)/(mg/kg)	≤100
总砷(以 As 计)/(mg/kg)	≤30
总铬(以 Cr 计)/(mg/kg)	≤300
全氮(以 N 计)/%	≥0.5
全磷(以 P_2O_5 计)/%	≥0.3
全钾(以 K_2O 计)/%	≥1.0

注：堆肥是混合物通过生物分解得到的有机土壤调节剂，该混合物的主要组成部分是植物残余，有时也包含一些有机材料和无机材料。

根据堆肥法测定过程中不同材料的不同分解条件，包括有氧条件和无氧条件，堆肥法测定可分为：a. 可生物降解材料需氧生物分解能力的测定；b. 可生物降解材料厌氧生物分解能力的测定；c. 崩解率的测定。

1. 有氧条件

有关可生物降解材料需氧生物分解能力的测定方法，参照国标 GB/T 19277.1—2011/ISO14855-1：2005，受控堆肥条件下材料最终需氧生物分解能力通过测定二氧化碳释放量的方法测定。

将试样材料与堆肥接种物的混合物放入堆肥化容器中，在一定条件［氧气、温度（58±2）℃和湿度50％～55％］下充分堆肥化，在材料降解45天后测定CO_2的最终释放量（可延至6个月），用实际的CO_2释放量比上其理论最大放出量的数值来表示材料的生物降解率。

在模拟的强烈需氧堆肥条件下，本方法测定了试验材料最终需氧生物分解能力和崩解程度。试验使用的接种物来自稳定的、腐熟的堆肥，尽可能获取来自城市固体废物的堆肥。

在试验材料的需氧生物分解过程中，最终的生物分解产物包括二氧化碳、水、矿化无机盐及新的生物质。在试验中对试验容器和空白容器产生的二氧化碳进行连续监测、定期测量，累计产生的二氧化碳量。试验材料在试验中实际产生二氧化碳的量与该材料理论上可以产生的二氧化碳量的比值为生物分解百分率。

根据实际测量的总有机碳（TOC）含量可以计算出二氧化碳的理论释放量。已经转化为新的细胞生物质的碳量不包括在生物分解百分率中，因为在试验周期内已经转化为新的细胞生物质的碳不代谢为二氧化碳。

恒定低压输送空气或压缩空气，空气中不含二氧化碳。如果使用压缩空气，则通过适当的二氧化碳系统将其中的二氧化碳去除。试验系统布置见图10-10-1[2]。

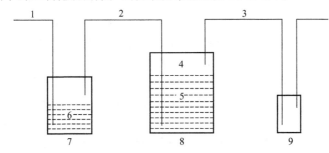

图10-10-1 有氧条件下堆肥降解试验系统布置

1—空气；2—无二氧化碳的空气；3—排放气；4—顶部空间；5—试验混合物；
6—氢氧化钠溶液；7—二氧化碳吸收系统；8—堆肥容器；9—二氧化碳测量系统

2. 无氧条件

有关可生物降解材料厌氧生物分解能力的测定方法，参照国标GB/T 33797—2017/ISO 15985：2014，塑料在高固体分堆肥条件下最终厌氧生物分解能力通过分析测定释放生物气体的方法测定。

在模拟最佳高固体含量的强烈厌氧消化环境下，用本方法测定了试验材料的最终生物分解情况。试验使用的接种物是厌氧消化的家庭垃圾中的有机成分。

将试验材料与接种物的混合物引入静态消化容器中，在适合的温度和湿度条件下进行强烈的厌氧消化，试验周期为15天或生物分解达到平稳为止。

试验材料厌氧生物分解过程中的最终生物分解产物包括试验过程中产生的甲烷、二氧化碳、水、矿化无机盐和新的微生物细胞成分（生物质）。在试验中，通过对试验容器和空白容器内生物气体（甲烷和二氧化碳）的产量连续监测、定期测量，从而计算出生物气体的累计产量。试验材料的实际生物气体释放量与该材料通过测量得到的总有机碳量之比为生物分解百分率。生物分解百分率不包括已转化为新的细胞生物质的碳量。

另外，在试验结束时可以测定试验材料的质量损失。

可选用合适的分析仪器测量气体中的甲烷和二氧化碳（生物气体）组分，例如使用气相色谱仪跟踪检测。建议进一步研究残留的试验材料，比如测量有关的物理化学性质及拍照等。

典型的高固体含量厌氧消化实验装置如图 10-10-2[3] 所示。

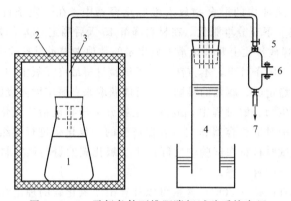

图 10-10-2　无氧条件下堆肥降解试验系统布置
1—消化容器；2—保温箱；3—排气管；4—集气瓶；5—阀门；6—气体取样出口；7—系统释放出口

3. 崩解率

可生物降解材料崩解率的测定方法可参照国标 GB/T 19811—2005/ISO 16929：2002。按照精确的比例将试验材料与新鲜的生物质废弃物进行混合，再置入已定义的堆肥化环境中。在自然界中微生物种群自然地引发堆肥化过程普遍存在，这一过程中温度逐渐升高。堆肥化物料应定期地进行翻转混合，定期监测温度、pH 值、水分含量、气体组分，使试验条件满足标准要求，从而确保充分、合适的微生物活性。从堆肥化过程持续到堆肥化完全稳定，一般需 12 周。

对堆肥外观进行定期观察，监测试验材料在堆肥化过程中的不利影响。对试验结束时堆肥的腐熟性进行测定，堆肥和试验材料的混合物使用 2mm 和 10mm 筛眼的筛子过筛。用通过 2mm 试验筛筛上物的实验材料碎片的量与总干固体量的比值来评价试验材料的崩解性。

对收集到的大于 2mm 碎片中的试验材料进行称量，得到的质量与起始试验材料的质量进行比较。用下式计算试验材料的崩解程度：

$$D_i = \frac{m_1 - m_2}{m_1} \times 100\%$$

式中　D_i——试验材料的崩解程度，%；

　　　m_1——试验开始时投入的试验材料总干固体量，g；

　　　m_2——试验后收集得到的试验材料总干固体量，g。

4. 应用示例

不同取代度的纤维素酯与合成脂肪族聚酯混合物的生物降解性是通过堆肥制作及评估的。对堆肥中不同时间间隔的样品，进行凝胶渗透色谱（GPC）、扫描电镜（SEM）和核磁共振碳谱（^{13}C-NMR）测试，评估之前测定其重量损失，结果表明高取代度的纤维素酯化物与聚酯的混溶性良好但降解少，而低取代度的纤维素酯化物与聚酯虽都降解，但相容性不充分。这表明取代度是影响纤维素基共混材料综合性能的重要因素。Suvorova 等研究了甲基纤维素（MC）/淀粉和羧甲基纤维素（CMC）/淀粉共混体系的扩散因子与 Gibbs 自由能，从热力学的结果可以看出，羧甲基纤维素与淀粉的相容性较甲基纤维素体系更优，而堆肥试验的结果表明共混材料的降解速率随淀粉比例的增加而提高。Degli 等对淀粉和纤维素的共混物进行了堆肥试验，通过检测 CO_2 的释放水平，二者分别在 44 天和 47 天基本降解完毕。Buchanan 等通过堆肥法评估了具有不同取代度的纤维素酯与合成脂肪族聚酯混合物的生物降解性[4]。

中国林科院李守海[5]通过堆肥法研究了橡实果壳/PLA 复合材料的堆肥降解法生物可降解性

能。图 10-10-3 为橡实果壳/PLA 复合材料的堆肥降解法生物可降解性能分析曲线，由图可知，随着时间的推移，复合材料的生物分解率逐渐升高，测试样品和对比样品的降解分析曲线大体一致，生物分解率在 80 天内迅速上升至平衡位置，而后趋于平稳。在生物降解初期，50％橡实果壳基复合材料样品的分解速率略高于对比样品纤维素的降解速率。当降解时间超过 20 天后，橡实果壳基复合材料样品的降解速度开始减缓，并在 80 天后达到平衡生物分解率 84.40％左右，之后降解速率非常缓慢。由此可见，50％橡实果壳基复合材料样品具有优异的生物可降解性能，略低于对比样品纤维素的 92.40％，这可能是由橡实果壳中组分的复杂性所致。

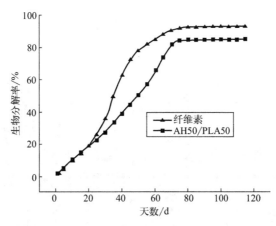

图 10-10-3 橡实果壳基复合材料的堆肥降解法生物降解分析曲线

（二）生物酶降解法

生物可降解材料是在细菌、真菌、藻类等自然界存在的微生物作用下能发生化学、生物或物理降解或酶解的高分子材料。而可降解塑料，是指在特定的环境条件下，化学结构的显著变化造成某些性能下降，并且能通过生物体的侵蚀或代谢而被降解的材料。张元琴等对木粉粗纤维/聚乙烯醇（PVA）模压型材的生物降解性运用了失重分析的研究方法，发现经过 70 天试样失重 15％。Shiliang Calil 等对聚己内酯/丙烯酸酯（PCL/CA）共混膜采用了好氧生物降解技术（即斯特姆测试）进行了实验，结果表明质量比 PCL/CA＝40/60 膜的生物降解性能最佳。许多专家学者对醋酸丙酸纤维素（CAP）与其他高分子共混膜的可生物降解性进行了广泛研究，研究数据显示复合材料中具有低取代度 CAP 的共混膜的降解性较好，但目前对纤维素高级脂肪酸酯的降解性能的研究主要是集中在较低取代度（DS＝0.3、0.7）材料的失重行为实验上。

1. 测试方法

在 50mL 锥形瓶中，加入 0.4g 绝干纤维素衍生物（40～60 目）、100mg 脂肪酶（90000IU）、20mL 的 pH 7.2 缓冲液，在 37℃、150r/min 条件下反应 48～72h 后调节 pH 值至 4.8，加入纤维素酶 20FPIU（相当于 50FPIU/g 纤维素衍生物），在 50℃、150r/min 条件下反应 168h。酶降解处理后的样品用蒸馏水冲洗，将表面的酶附着物除去，在 50℃下真空干燥至恒重，备用。葡萄糖含量的测定，HPLC：采用 Agilent 1100 色谱仪，Aminex 87H 型色谱柱 0.6mL/min，以 0.005mol/L 的 H_2SO_4 为流动相，柱温 55℃，示差检测器。

2. 应用示例

中国林科院许玉芝[6]将取代度为 1.8 的纤维素月桂酸酯作为试验样品，结果表明，未加脂肪酶的纤维素衍生物的取代度基本无变化，几乎检测不到酶解液中葡萄糖含量。而加脂肪酶的纤维素衍生物的取代度随着处理时间的延长而开始降低，酶解液中葡萄糖含量逐渐升高。但当时间延长超过 72h 后，取代度几乎不再变化，具体数据见表 10-10-2。降解前后不同取代度纤维素月桂酸酯薄膜的表观形貌如图 10-10-4 所示。

表 10-10-2　脂肪酶处理时间对纤维素月桂酸酯取代度和葡萄糖的影响

处理时间/h	取代度 DS	葡萄糖浓度/(g/L)	葡萄糖得率/(mg/g)
0	1.80	0	0
24	1.70	0.01	0.48
48	1.20	0.37	17.60
72	0.90	0.64	30.40
96	0.90	0.65	30.40

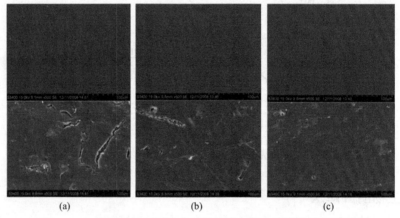

(a)　　　　　　　　(b)　　　　　　　　(c)

图 10-10-4　降解前后不同取代度纤维素月桂酸酯薄膜的表观形貌
(a) DS=1.8；(b) DS=2.2；(c) DS=2.6

（三）土埋降解法

1. 测试方法

每组复合材料样品制取 3 个直径为 (25.00±0.20)mm、厚度为 (1.80±0.20)mm 的圆片形试样，在 45℃下干燥 24h 后，放入盛有变色硅胶的干燥器中冷却，并称取初始质量。将其埋于一定湿度 10cm 深处的土壤中，土埋降解 30 天后取出洗净，干燥冷却后称重，降解失重率按以下公式计算：

$$失重率（\%）=\frac{m_{\circ}-m_{d}}{m_{\circ}}\times100\%$$

式中　m_{d}——降解后复合材料样品的质量，g；

　　　$m_{\circ}$——复合材料样品降解前初始质量，g。

2. 应用示例

中国林科院李守海[5]利用土埋降解法测试橡实基复合高分子材料在土埋 30 天后的生物降解性能。由图 10-10-5 可知，试样降解前内部结构均匀致密，从复合材料横断面放大 1000 倍的 SEM 图片来看，在潮湿的土壤中埋埋 30 天后其内部结构变得较为粗糙。PCL 含量≤10% 时，复合材料在土壤中已降解分散，难以收集测量，说明此配比复合材料具有较强的生物降解性能；PCL 含量为 20%、30% 时内部存在明显未降解的丝状物；当 PCL 含量为 40%、50% 时，未降解的斑点状 PCL 成群出现，复合材料的内部空隙较未降解前明显增多，未降解的组分在体系中仍呈连续状态。复合材料的质量损失率见表 10-10-3（用失重率来表示）。由表 10-10-3 可知，材料在土埋 30 天后表现出较明显的生物降解性能，且 GTPAS 含量越高越易于降解，PCL 含量较高时由于其高结晶度影响了复合材料的降解速度，降解过程较为缓慢。在土埋过程中，样品中 GTPAS 的含量较高时，此时样品中的淀粉和增塑剂丙三醇含量亦较高，淀粉和丙三醇均为易吸水的组分，水被吸附并扩散至样品内部引起样品膨胀，提高了生物可降解性能。

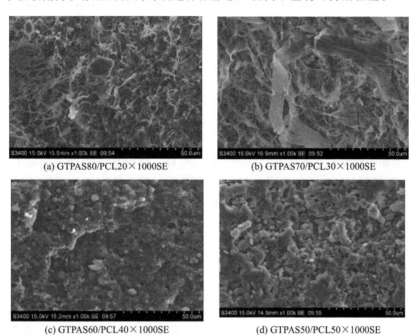

(a) GTPAS80/PCL20×1000SE

(b) GTPAS70/PCL30×1000SE

(c) GTPAS60/PCL40×1000SE

(d) GTPAS50/PCL50×1000SE

图 10-10-5　30 天土埋降解实验后不同配比 GTPAS/PCL 复合材料横断面的 SEM 图片

表 10-10-3　不同配比复合材料的土埋降解失重率

配比	土埋降解失重率/%
GTPAS	降解分散
GTPAS90/PCL10	降解分散
GTPAS80/PCL20	62.53
GTPAS70/PCL30	51.77
GTPAS60/PCL40	35.99
GTPAS50/PCL50	32.07
纯 PCL	1.69

二、生物霉变性能测定

1. 测试原理

生物基高分子中以淀粉、蛋白质、木质纤维素等天然高分子为原料制备的材料，由于其本身营养成分含量相对较高，很容易被微生物侵蚀而发生霉变；同时，尽管生物基塑料、聚氨酯、酚醛树脂、环氧树脂等基体分子量很大，也有较高的疏水性且缺少被微生物攻击的位点，但是高分子碳链存在缺陷，易被真菌分解从而变质。因此，就要对此类生物基高分子材料进行霉变性能测定。

2. 测试方法

将原生物质材料放置在实验室，在自然状态下，通过肉眼观察其在室内室温情况下霉变的情况，根据霉变情况筛选菌种，一般情况下常见的菌种有黑曲霉、青霉、变色曲霉、毛霉、根霉等。将所需菌种在所需营养的培养基中根据实验条件培养数天，配制成孢子悬浮液，之后再培养数天，将配制好的试样与菌种在培养皿中转移到生化培养箱，调节实验所需的温度和相对湿度进行培养。培养过程中每间隔一段时间对感染情况进行肉眼观察及拍照[7]，并计算霉变率。计算公式为：

$$霉变率（\%）=\frac{S_n}{S}\times100\%$$

式中，S_n 为被观察面的霉变总面积；S 为被观察面的总面积。

目前，国际生物老化小组制定了 ISO-846《塑料·微生物作用的评价》，美国制定了 ASTM G21《合成高分子材料耐真菌的测定》和 ASTM D4445《控制未处理木材的变色和形状用杀菌剂的试验方法》等相关标准，日本制定了 JIS-Z2911《耐霉菌试验方法》，我国制定了 GB/T 31402《塑料表面抗菌性能测试方法》、GB/T 24128《塑料防霉性能试验方法》、GB/T 18261《防霉剂防治木材霉菌及蓝变菌的试验方法》等相关试验标准。

3. 应用示例

霉变性能影响生物质材料的物理化学性能，也影响其在工业化应用中的进程。因此，对生物质材料进行有效的防霉处理至关重要。

张越等[8]以防霉剂为改性剂对大豆蛋白基胶黏剂的霉变性能进行了研究。用改性大豆蛋白胶黏剂对 3 层胶合板进行胶接，将胶合板放置在温度为 28℃、相对湿度为 92% 的条件下进行霉变处理，42 天后测定其胶合强度，结果显示，添加了防霉剂的大豆蛋白胶黏剂不易发生霉变。

皮晓娟[9]探究了经酸处理、氧化处理、交联处理、羧甲基等改性处理后原生淀粉在常温下所产生的菌种的抵抗能力，发现几种改性处理中，羧甲基淀粉的抗霉性较优。

三、生物质高分子材料生物质含量测定

参照国标 GB/T 35821—2018《生物质/塑料复合材料生物质含量测定方法》，采用傅里叶变换红外光谱的方法。

本标准适用于以木质或其他纤维素基生物质和热塑性塑料（PP 和 PE）为主要原料，经挤出、注塑和压延等方式加工成型的未发泡复合材料中生物质含量的测定，生物质含量的测定范围为 30%～60%。

1. 测试原理

基于物质吸光度与该物质的浓度呈线性关系的郎伯比尔定律，建立红外光谱测定生物质/塑料复合材料中生物质含量的方法。配制一组具有代表性的生物质含量变化的校正样品和验证样品，样品用溴化钾压片后测定其红外吸收光谱，对红外吸收光谱进行去噪和波长选择预处理后，采用最小二乘法将校正样品的红外吸收光谱和生物质含量进行关联，建立校正模型。利用校正模型和验证样品的红外吸收光谱计算验证样品的生物质含量，并与验证样品的生物质含量标准值比对，验证校正模型的有效性。通过上述方法测定未知样品的生物质含量。

2. 测试方法

对于挤出生物质/塑料复合材料产品，样品应从垂直于产品的长轴方向锯切，保留产品的原

截面。样品被全部粉碎为能通过 40 目筛的粉末，充分混合，按四分法从中取 2～3g 代表性粉末继续粉碎至能通过 200 目筛。

红外吸收光谱的采集，参数设置：扫描范围 4000～400cm⁻¹；分辨率 4cm⁻¹；扫描次数 32 次。

谱图测量：校正样品和验证样品利用 KBr 压片法采集红外吸收光谱。样品与 KBr 的质量比宜为（1∶99）～（2∶98），所得红外光谱图中最强吸收峰的透过率应超过 70%。每个样品重复测定 5 次。

校正模型的建立：采用平滑、微分、多元散射校正（MSC）、标准正态变量（SNV）等数据预处理方法对光谱进行预处理。选择合适的建模波长等条件，采用 PLS1 建立校正样品处理后的红外吸收光谱与对应生物质含量之间关系的数学模型。参照 GB/T 29858—2013 的方法对校正模型进行评价与优化。

未知样品的测定：按建立校正模型时采用的谱图处理方法对样品的红外吸收光谱图进行处理，利用已建立的校正模型测定样品中的生物质含量。

结果处理和表述：测定结果取 5 次重复测量数据的算术平均值，精确至 0.1%。

3. 应用示例

北京化工大学袁雪铭[10]利用红外吸收光谱法测试了生物质高分子材料在离子溶液作用下生物质含量的变化规律。

图 10-10-6 显示了生物样品 24h 后的总糖转化率。随着白杨生物质含量的增加，总糖转化率增加。这一结果与生物样品中的纤维素晶体结构有很好的相关性。总糖转化率随纤维素Ⅱ结晶度指数的下降而增加。在生物质含量为 25% 的预处理样品中，总糖转化率的减少是由于样品中存在纤维素Ⅰ，这也提高了总生物质含量。孔隙率的相对变化也与糖转化有关，高孔隙率导致总糖转化率更高。与此相反，随着桉木生物质含量的增加，总糖转化率下降。由于预处理后的桉木样品中含有的纤维素Ⅰ型结晶结构出现了不同程度的扭曲变形，所以是通过对 18° 和 22° 的峰的强度比较对生物质结晶度指数进行评价。5%、10%、15%、20% 和 25% 的预处理样品的生物质结晶度指数分别为 0.32、0.35、0.34、0.36 和 0.42。结晶度指数与总糖转化率有大致的相关性，与孔隙率并不绝对相关，这表明纤维素的晶体结构在糖转化中起着更重要的作用。

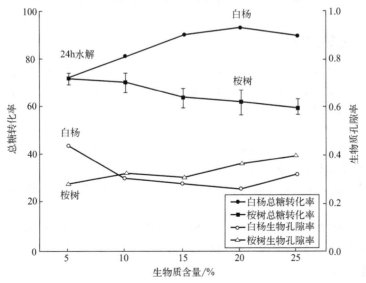

图 10-10-6　总糖转化率与生物质含量的函数（左轴）及生物质孔隙率（右轴）与生物质含量的函数

中国林科院劳万里等[11]采用 KBr 压片法对杉木/聚丙烯(PP)复合材料样品进行了红外光谱分析，确定杉木特征吸收谱带为 $1740\sim1730cm^{-1}$、$1610\sim1590cm^{-1}$、$1270\sim1260cm^{-1}$、$1060\sim1050cm^{-1}$ 以及 $1040\sim1030cm^{-1}$，以 PP 在 $1377cm^{-1}$ 处吸收强度（I）为内标，对木塑复合材料（WPC）中木粉含量和杉木特征峰相对吸收强度进行相关性分析，并采用逐步多元线性回归法建立木粉含量与相对峰强间的多元线性回归方程。表 10-10-4 表明，以 $I_{1060\sim1050}/I_{1377}$、$I_{1270\sim1260}/I_{1377}$ 为回归变量建立的二元线性回归方程和以 $I_{1060\sim1050}/I_{1377}$、$I_{1040\sim1030}/I_{1377}$ 及 $I_{1270\sim1260}/I_{1377}$ 为回归变量建立的三元线性回归方程，具有较高的预测精度。木粉含量的预测值和参照值之间具有强烈的相关性，校正决定系数（R_{c}^{2}）超过 0.98，验证决定系数（R_{p}^{2}）超过 0.96。外部验证结果表明，线性回归方程的预测准确性较高，预测相对偏差范围为 0.9% 至 7.4%，其中三元线性回归方程的预测准确性稍好于二元线性回归方程。

表 10-10-4　WPC 中木粉的理论含量和回归方程预测值间的相关性

回归方程	变量	R_{c}^{2}	R_{p}^{2}
二元线性回归方程	$I_{1060\sim1050}/I_{1377}$	0.97	0.95
	$I_{1040\sim1030}/I_{1377}$		
	$I_{1060\sim1050}/I_{1377}$	0.98	0.96
	$I_{1270\sim1260}/I_{1377}$		
	$I_{1040\sim1030}/I_{1377}$	0.98	0.96
	$I_{1270\sim1260}/I_{1377}$		
三元线性回归方程	$I_{1060\sim1050}/I_{1377}$		
	$I_{1040\sim1030}/I_{1377}$	0.98	0.96
	$I_{1270\sim1260}/I_{1377}$		
四元线性回归方程	$I_{1060\sim1050}/I_{1377}$		
	$I_{1040\sim1030}/I_{1377}$	0.98	0.94
	$I_{1270\sim1260}/I_{1377}$		
	$I_{1740\sim1730}/I_{1377}$		

第二节　材料热学性能分析

一、差示扫描量热分析

差示扫描量热法（DSC）是在程序控温下，测量物质和参比物之间的能量差随温度的变化关系的一种技术。DSC 是为了弥补差热（DTA）在定量分析中的不足应运而生的。根据测量的方法不同，DSC 可以分为功率补偿 DSC 和热流型 DSC 两种类型。一般常用的类型为功率补偿 DSC。

差示扫描量热分析原理：在控制温度变化下，DSC 以温度为横坐标，以样品和参比物间的温差为零时所需供给的热量为纵坐标，绘制扫描曲线。当样品产生热效应时，在参比物与样品之间就会存在温差 ΔT，通过微伏放大器，把信号传给差动热量补偿器，使输入补偿加热丝的电流发生变化。

DSC 曲线图是测定时所测量的结果，纵坐标为试样与参比物的功率差 dH/dt，也称热流率，单位为毫瓦（mW），横坐标为温度（T）或时间（t）。

1. 测试原理

在温度较低的情况下，无定形的聚合物分子链和链段都处于冻结的状态，由于此阶段所具有的力学性能与玻璃相似，所以此状态被称为玻璃态。从外观上来讲，玻璃态的聚合物是具有体积和形状的固体，但从结构上来讲，玻璃态的聚合物分子间的排列又与液体相似，由于黏度过大，不易察觉其流动；在温度升高到一定情况时，链段运动单元被激发，但是分子链还是处在被冻结的状态，这一阶段无定形的聚合物在外力作用下会表现出很大的形变，外力解除时形变又会恢复，这种状态叫高弹态（橡胶态）；温度继续升高，分子链和链段都发生运动，这一阶段无定形的聚合物表现出黏性流动状态。玻璃态、高弹态和黏流态是无定形聚合物的三种力学状态。在玻璃化转变过程中，高聚物的比热容、热膨胀系数、黏度、折射率、自由体积和弹性模量等特性都要发生急剧的变化。通常聚合物由玻璃态向高弹态的转变，被称为玻璃化转变，其对应的温度称为玻璃化转变温度，用 T_g 表示。

2. 应用示例

北京林业大学易钊[12]采用差示扫描量热法（DSC）对单宁-甲醛树脂（TF）和单宁-甲醛-糠醛共聚树脂（TFFu）胶黏剂的热固化过程中的放热行为进行了研究。

将单宁树脂胶黏剂放置在冷冻干燥机中干燥直到质量恒定，然后用研钵研磨成粉，实验参数：温度范围 30～200℃，升温速率 15℃/min。

为考察不同的糠醛替代甲醛率对 TF 和 TFFu 树脂胶黏剂固化行为的影响，对不同样品进行DSC 测试分析，如图 10-10-7 所示。从图中可以看出，TF 和 TFFu 树脂胶黏剂具有明显的放热峰，这些放热峰是由羟甲基和单宁苯环上的氢发生了缩合反应放热形成的，或是由羟甲基之间发生缩合反应放热形成的。

TF、TFFu 20％、TFFu 30％树脂胶黏剂的放热起始温度均为 90℃，TFFu 10％树脂胶黏剂的放热起始温度为 80℃。此外，TFFu 10％树脂胶黏剂的 DSC 曲线在 110℃存在一个肩峰，该肩峰可能是因为预处理后的糠醛在特定的 pH 条件下发生自缩合反应。另外，由图 10-10-7 可以看出，所有样品的最大放热速率温度都在 140℃左右。固化放热量（ΔH）可由放热曲线积分面积计算得出，TF、TFFu10％、TFFu20％、TFFu30％的 ΔH 分别为 104.05J/g、120.89J/g、158.77J/g 和 142.62J/g。

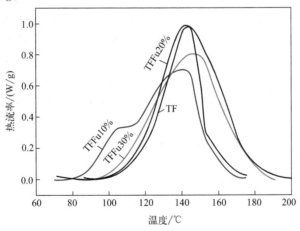

图 10-10-7　TF 和 TFFu 树脂胶黏剂在升温速率为 15℃/min 时的 DSC 曲线

二、热重分析

热重分析（TGA）是指在程序控制温度下，测量物质的质量与温度或时间的方法，被广泛地应用于生物质材料的热解动力学研究中。它能实时监测整个热解反应过程中的质量损失情况，是复杂的热化学反应包括氧化、脱水和分解等的综合反映。热重分析仪的主要工作原理是将待测物置于一耐高温的容器中，此容器被置于一可控制温度的高温炉中，悬挂在一个具有高灵敏度及精确度的天平上，在加热或冷却的过程中，由于待测物会因为反应导致重量的变化，电路和天平结合，天平测量由温度变化造成的重量变化，通过程序控温仪使加热电炉按一定的升温速率升温。当被测试样发生质量变化时，光电传感器能将质量变化转化为直流电信号。此信号经测重电子放大器放大并反馈至天平动圈，产生反向电磁力矩，驱使天平梁复位，反馈形成的电位差与质量变化成正比，即可转变为试样的质量变化，靠近待测物旁热电偶测量待测物附近的温度，以此测量待测物的温度并控制高温炉的温度曲线。

1. 测试原理

热重分析结果可以在一定的升温速率下得到 3 种曲线，包括热重曲线、微商热重曲线和差热曲线。热重曲线（TG 曲线），是程序控制温度下物质质量与温度关系的曲线，横坐标表示温度，纵坐标表示失重率。微商热重曲线（DTG 曲线），又称导数热重法，是通过对热重曲线进行一阶求导得到的，反映的是试样质量变化率与温度之间的关系，横坐标表示温度，纵坐标表示质量变化率。虽然这两种曲线在实质上是等价的，但 DTG 曲线可以更加清晰地反映出起始反应温度、达到最大反应速率的温度和反应终止温度，而且可以区分热裂解过程中的不同阶段，同时 DTG 曲线的峰高直接等于对应温度下的反应速率。差热曲线（DTA 曲线），是将试样和参比物放置在程序升温或者降温的相同环境中，测量两者之间的温度差随温度 T（或时间 t）变化的曲线，横坐标表示温度 T（或时间 t），纵坐标表示试样与参比物之间的温差。样品的转变温度或样品反应时吸热或放热可以影响在曲线中出现的差热峰或基线突变的温度，热解动力学模型就是基于 TG 曲线或 DTG 曲线建立的。

2. 应用示例

北京林业大学张爱宾[13]利用 TGA 研究了落叶松单宁/软木粉改性酚醛树脂发泡材料的热稳定性。图 10-10-8 是落叶松单宁/软木粉改性酚醛发泡材料（CLTPFs）和软木粉（CP）的热重曲线图：（a）为 TG 曲线图；（b）为 DTG 曲线图。降解温度和最终的残炭率如表 10-10-5 所示。T_{max} 是不同降解阶段中最大 DTG 峰对应的降解温度；$T_{5\%}$ 为起始降解温度，其对应的是当质量损失为 5% 时的降解温度。如图 10-10-8 和表 10-10-5 所示，软木粉和发泡材料的热降解曲线图差别很大，软木粉主要由软木酯、木质素和多糖（纤维素和半纤维素）组成。软木粉每个降解阶段对应的最大降解温度分别为 298.2℃、367.9℃ 和 411.4℃。本实验得到的软木粉降解行为与先前研究报道的结果相似，并且在其他木质纤维素材料，如橄榄木和橡木木材中也观察到类似的降解行为。

表 10-10-5　LTPF30、CP 和 CLTPFs 的 TGA 数据

样品	$T_{5\%}/℃$	$T_{max}/℃$			残炭率/%
		Step Ⅰ	Step Ⅱ	Step Ⅲ	
LTPF30	143.8	178.3	377.8	455.6	40.55
CLTPF0.5	157.8	206.5	387.5	460.4	43.00
CLTPF1	159.5	203.2	386.8	462.3	42.88
CLTPF2	161.1	207.6	385.5	459.8	42.54
CP	126.5	298.2	367.9	411.4	19.33

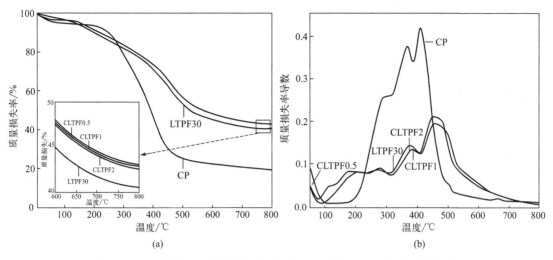

图 10-10-8 LTPF30、CP 和 CLTPFs 的 TG 曲线（a）和 DTG 曲线（b）

尽管软木粉的起始降解温度较低，仅为 126.5℃，但与落叶松单宁 30％替代苯酚改性酚醛发泡材料（LTPF30）相比，CLTPFs 呈现较高的起始降解温度。如 CLTPF2 的 $T_{5\%}$ 为 161.1℃，而 LTPF30 的 $T_{5\%}$ 为 143.8℃。同时，软木粉的添加增加了发泡材料在不同降解阶段的最大降解温度 T_{max}。相比于 LTPF30，所有 CLTPFs 的三个降解阶段均展现较高的 T_{max}，其中第一和第二降解阶段的 T_{max} 甚至高于 LTPF 的 T_{max}，CLTPFs 显示出较高的热稳定性。图 10-10-8 和表 10-10-5 表明，CLTPFs 的热降解行为是落叶松单宁基酚醛树脂发泡材料基质和软木粉的热降解组合行为。在较低温度范围内，软木粉比发泡材料的热稳定性较高。因此，当软木粉加入 LTPF30 中时，所有的 CLTPFs 在第一和第二降解阶段的 T_{max} 显著增加。CLTPFs 在 800℃时的残炭率要大于 LTPF30 的残炭率。然而根据混合物的降解原则，软木粉的残炭率为 19.33％，预计发泡材料最终的残炭率应减小，但改性发泡材料的残炭率增大。这一结果表明，存在其他的因素改变了发泡材料的降解机制。Del Saz-Orozco 等人发现，将纤维素纤维和木粉加入酚醛树脂发泡材料中会略微增加残炭率，这是因为在温度高于 400℃下纤维素炭的形成导致了发泡材料降解机制的变化。本研究中也出现类似的现象，CLTPFs 的残炭率呈现增加的趋势。一些研究发现，将木质素颗粒和天然纤维添加到发泡材料中会降低或维持酚醛树脂发泡材料的热稳定性。然而，本研究表明软木粉的添加提高了发泡材料的热稳定性。

第三节 材料力学性能测定与分析

一、压缩强度

在压缩试验中，试样所承受的最大应力（压缩应力），用 σ_m 表示，单位为 MPa。

1. 测试方法

参照国标 GB/T 1041—2008《塑料-压缩性能的测定》。沿着试样主轴方向，以恒定的速度压缩试样，直至试样发生破坏，或达到某一负荷，或试样长度的减少值达到预定值，测定试样在此过程中的负荷。

$$\sigma_m = \frac{P_{max}}{bl}$$

式中　σ_m——压缩强度，MPa；

　　P_{max}——最大载荷，N；

　　b——试件宽度，mm；

　　l——试件长度，mm。

2. 应用示例

王彩[14]研究了不同蓖麻油含量对聚氨酯海绵压缩性能的影响，根据国家标准 GB/T 1041—2008/ISO 604：2002，将原材料制备成压缩试验样品，每组样品的同一试样分别进行五次循环加载，最终得到压缩实验曲线。由表 10-10-6 可得，5 组聚氨酯海绵的压缩回弹率均在 97% 以上，其中蓖麻油占比 60% 的聚氨酯海绵（PUCO60）的压缩率最高，为 99.65%。聚氨酯海绵的压缩强度随着蓖麻油含量的增加不断增大，压缩回弹率也逐渐升高，上升趋势非常明显，这是受蓖麻油基聚氨酯海绵孔状结构的影响，由于蓖麻油基聚氨酯海绵属于软质泡沫，本身密度较小，孔隙多，因而具有较好的压缩回弹性。此外，蓖麻油含量的增加会改变软硬段的比例，柔性软段可控可调的结构特点非常有利于压缩条件下材料的形变，进而充分解释了蓖麻油基聚氨酯材料具有良好的压缩回弹性与较高的抗压强度的原因。

表 10-10-6　不同蓖麻油基含量聚氨酯海绵的压缩性能

样品名	压缩强度/kPa	压缩回弹率/%
PUCO40	415.10 ±10.69	97.76 ±1.72
PUCO45	747.71 ±10.37	99.19 ±1.46
PUCO50	961.96 ±21.33	99.22 ±1.29
PUCO55	1167.80 ±23.28	99.55 ±1.18
PUCO60	2149.61 ±21.37	99.65 ±1.08

二、拉伸强度

在拉伸试验过程中，试样直到断裂为止所承受的最大拉伸应力为拉伸强度，用 σ_t 表示，单位为 MPa。

1. 测试方法

参照国标 GB/T 6344—2008《软质泡沫聚合材料-拉伸强度和断裂伸长率的测定》。沿试样纵向主轴恒速拉伸，直到断裂或应力（负荷）或应变（伸长）达到某一预定值，测量在这一过程中试样承受的负荷。

$$\sigma_t = \frac{P_{max}}{bd}$$

式中　σ_t——拉伸强度，MPa；

　　P_{max}——断裂时所承受的最大载荷，N；

　　b——试件厚度，mm；

　　d——试件宽度，mm。

2. 应用示例

丁招福等[15]通过两步法制备生物基可降解超韧性聚乳酸材料，并且对不同组分聚乳酸/丙烯基弹性体（PLA/PbE）共混物的性能进行研究。进行力学性能的测试，实验测得纯 PLA 的拉伸性能差，断裂伸长率不超过 10％。而引入 PbE 后，聚乳酸的拉伸韧性得到显著改善，得出 PLA/PbE 配比为 85：15 时，拉伸强度为纯 PLA 的 27 倍，断裂伸长率均能达到 200％以上。

三、断裂伸长率

试样拉伸至断裂时的伸长百分率即断裂伸长率，指试样在拉断时的位移值与原长的比值，以百分比表示（％）。

1. 测试方法

参照国标 GB/T 6344—2008《软质泡沫聚合材料-拉伸强度和断裂伸长率的测定》。沿试样纵向主轴恒速拉伸，直到断裂或应力（负荷）或应变（伸长）达到某一预定值，测量在这一过程中试样伸长量。原长 L_0，变形后的断裂长度为 L，于是断裂伸长量 $\Delta L = L - L_0$。

按公式计算断裂伸长率：

$$E_b = \frac{L - L_0}{L_0} \times 100\%$$

式中　E_b——断裂伸长率，％；

　　　L——试样断裂标距，mm；

　　　L_0——试样原始标距，mm。

2. 应用示例

何妙妙[16]研究了衣康酸基生物基聚酰胺的合成及性能，其中研究了衣康酸含量分别为 15％、30％、50％和 80％时的脂肪族生物基聚酰胺材料（BDIS 聚酰胺材料）的力学性能。结果显示，BDIS 材料的弹性模量和应力屈服点会随着衣康酸用量的增加呈现先下降再上升的趋势，且在衣康酸用量达到 30％时出现转折点，BDIS 材料整体表现出从脆性到韧性再到脆性的变化过程。发生这种变化也与衣康酸参与反应后，BDIS 材料分子链结构发生变化有关。一方面，随着衣康酸用量的增加，吡咯烷酮环浓度的增加和酰胺官能团减少使得 BDIS 材料的结晶度下降，使得 BDIS 材料从结晶聚合物向无定形转变，因此导致材料屈服强度下降。另一方面，过高浓度的吡咯烷酮环会使分子链的刚度上升，导致高的玻璃化转变温度，最终使模量上升。实际上，模量的变化是两个因素竞争的结果。通过改变衣康酸的含量可调整制得的 BDIS 材料的力学性能。BDIS 材料（IA-50％及 IA-80％）是透明的无定形材料，应力屈服点分别达到 33MPa 和 47MPa，断裂伸长率在 500％及 300％上，且韧性非常好，可以被用在塑料膜领域。

四、弯曲强度

变曲强度可检验材料在经受弯曲负荷作用时的性能，指试样在弯曲过程中，经负荷作用破裂或达到规定挠度时能承受的最大弯曲应力，用 σ_b 表示，单位为兆帕（MPa）。

1. 测试方法

参照国标 GB/T 8812.2—2007《硬质泡沫塑料—弯曲性能的测定—第 2 部分：弯曲强度和表观弯曲弹性模量的测定》。负荷压头以一定速度向支撑在两支座上的试样施加负荷，负荷应垂直于试样施加在两支点中央，记录该负荷和变形，计算其弯曲强度。

$$\sigma_b = \frac{3FL}{2bh^2}$$

式中　σ_b——试件的弯曲强度，MPa；

　　　F——施加的最大负荷，N；

L——两支座间跨度，mm；

b——试样的宽度，mm；

h——试样的高度，mm。

2. 应用示例

刘娟[17]在改性酚醛树脂基泡沫材料的制备与性能研究过程中，研究了甲阶酚醛树脂以及增韧剂聚氨酯预聚体（PUP）对酚醛树脂的增韧效果，其中PUP的添加量分别为0%、5%、10%和15%，固化的酚醛树脂分别标记为G0、G5、G10和G15，分别对4种材料进行力学性能测试。如表10-10-7所示，随着PUP添加量的增大，酚醛树脂的弯曲强度先增大后降低。并且得出力学性能最优时PUP与酚醛树脂的最佳质量比应为5∶95，按此比例制备的酚醛树脂G5的力学性能较好，弯曲强度为72.88MPa，其弯曲强度比G0的强度提高了39.1%，G5韧性提高的主要原因是酚醛树脂刚性结构中引入柔性的PUP。当PUP与酚醛树脂的质量比大于5∶95时，酚醛树脂的力学性能降低，但是均优于酚醛树脂G0的力学性能，这是因为当PUP添加量过多时，PUP和酚醛树脂的交联密度增大，不利于分子链段的运动，使得改性酚醛树脂的刚性增大，导致酚醛树脂弯曲性能较差。

表 10-10-7　聚氨酯预聚体改性酚醛树脂的材料配比及相应的弯曲强度[17]

树脂编号	甲阶酚醛树脂/%	聚氨酯预聚体 PUP/%	吐温-80/%	磷酸/%	弯曲强度/MPa
G0	100	0	5	3	5238
G5	95	5	5	3	7288
G10	90	10	5	3	6153
G15	85	15	5	3	6098

五、静曲强度

静曲强度反映了材料受静曲载荷时所能承受的极限应力，用MOR表示，单位为MPa。

1. 测试方法

按照国家标准GB/T 17657—2013《人造板及饰面人造板理化性能试验方法》，三点弯曲法和四点弯曲法均适用，这里介绍三点弯曲法的测试原理。

通过对两点支撑的试件中部施加最大载荷，根据此时的弯矩和抗弯截面模量之比来确定板材的静曲强度。

线弹性理论下3点弯曲均质材料的静曲强度的测算公式为：

$$MOR = \frac{3PL}{2bh^2}$$

式中　MOR——试样的静曲强度，MPa；

P——试件达到破坏时的载荷，N；

L——支点之间的距离，mm；

b——试件的宽度，mm；

h——试件的高度，mm。

2. 应用示例

杨建铭[18]研究了密度、改性剂和胶黏剂三个因素对秸秆人造板静曲强度的影响，发现密度对静曲强度的影响最为显著，其次是改性剂。密度为0.95g/cm³时，秸秆板的静曲强度均值为

12.27MPa，当密度为 1.05g/cm³ 与 1.15g/cm³ 时，静曲强度均值达 15.57MPa 和 16.00MPa，较密度为 0.95g/cm³ 时上升 26.89%、30.39%。随着胶黏剂添加量的增加，静曲强度呈现不断增大的趋势，而随着改性剂添加量的增大，静曲强度呈现先增大后减小的趋势。当改性剂与秸秆比例为 0.25∶1 时，秸秆板的静曲强度均值达到 14.20MPa，随着改性剂添加比例达到 0.275时，静曲强度为 15.33MPa，较前者提高了 7.96%。当改性剂添加比例达到 0.30 时，静曲强度为 14.33MPa，较比例为 0.275 时下降了 6.52%。这可能是由于随着改性剂添加量的增加，改性剂中含有聚乙烯醇，它的增多使得板材含水率过高，降低了秸秆板的固化速度，最终降低了胶合强度，进而导致静曲强度反而下降。对于阻燃秸秆板单项性能指标静曲强度，其最优工艺条件是密度 1.15g/cm³，胶黏剂∶秸秆为 2.1∶1，改性剂∶秸秆为 0.275∶1。

六、弹性模量

弹性模量是反映材料抵抗弹性变形能力的指标，指材料受力弯曲时，在比例极限应力内，载荷产生的应力与应变之间的比值，用 MOE 表示，单位为 MPa。

1. 测试方法

按照国家标准 GB/T 17657—2013《人造板及饰面人造板理化性能试验方法》，三点弯曲法和四点弯曲法均适用，这里介绍三点弯曲法的测试原理。

复合材料的弹性模量的测定和弯曲强度的测定也属于同一过程。三点弯曲的弹性模量，是通过在两点支撑的试件中部施加载荷进行测定的。

$$\mathrm{MOE} = \frac{\sigma}{\varepsilon} = \frac{\Delta F \times L^3}{4bh^3 \Delta f}$$

式中　MOE——试样的弹性模量，MPa；

　　　　L——支点之间的距离，mm；

　　　　b——试件的宽度，mm；

　　　　h——试件的高度，mm；

　　　　ΔF——弯曲载荷初始阶段的载荷增量，N；

　　　　Δf——对应于 ΔF 的试样跨距中心处的挠度增量，mm。

2. 应用示例

张括[19]研究了甘蔗皮纤维/聚丙烯复合材料的弹性模量性能。一般来说，材料的弹性模量体现了材料的刚性，弹性模量越低，材料发生的弹性变形越大，刚度小，材料易发生变形，柔性越好；弹性模量越高，材料发生的弹性变形越小，刚度越大，材料不易变形，脆性越大。纤维粒度为 40～60 目时，纤维的不同含量对材料性能的影响如表 10-10-8。随着纤维的加入，材料弹性模量降低，材料的刚性降低。当纤维含量为 10% 时，甘蔗纤维复合材料的综合弹性模量最高，刚度也最高。

表 10-10-8　SBF/PP 复合材料的弹性模量

试样	弹性模量/MPa			平均值/MPa	标准差
纤维含量	1	2	3		
5%	2484	2351	2265	2367	110.80
10%	2485	2396	2318	2400	83.51
15%	2259	2180	2095	2178	82.00
20%	2187	2143	2147	2159	24.52

七、胶合强度

按 GB/T 17657—2013 中 4.17 的规定进行，凡表板厚度（胶压前的单板厚度）大于 1mm 的胶合板采用 A 型试件尺寸；表板厚度 1mm（含 1mm）以下的胶合板采用 B 型试件尺寸。Ⅰ 类胶合板按 GB/T 17657—2013 中 4.17.5.2.3 的规定进行预处理；Ⅱ 类胶合板按 GB/T 17657—2013 中 4.17.5.2.2 的规定进行预处理；Ⅲ 类胶合板按 GB/T 17657—2013 中 4.17.5.2.1 的规定进行预处理。

胶合强度反映木工板结构稳定和抵抗力、受潮开胶的能力，即胶黏剂与木材组元的界面或其邻近处发生破坏所需的应力，根据试样类型不同，分别用 X_A 和 X_B 表示，单位为 MPa。

1. 测试方法

通过拉力载荷使试件的胶层产生剪切破坏，以确定单板类人造板的胶合质量。

A 型试件：$X_A = \dfrac{P_{max}}{bl}$

B 型试件：$X_B = \dfrac{P_{max}}{bl} \times 0.9$

式中　X_A，X_B——试件的胶合强度，MPa；

$\qquad P_{max}$——最大破坏载荷，N；

$\qquad b$——试件剪断面宽度，mm；

$\qquad l$——试件剪断面长度，mm。

2. 应用示例

刘慧等[20]以自制的大豆蛋白胶黏剂为原料，采用 2mol/L 氢氧化钠溶液滴定分别制备不同 pH 的大豆蛋白胶黏剂，并分别进行了干态和湿态胶合强度的测定，得出随着碱性增强，大豆蛋白胶黏剂的胶合强度呈先下降后升高再下降的趋势，pH＝11 时达到峰值。湿态胶合强度的变化趋势与干态胶合强度大体保持一致，但干态胶合强度略比湿态强。pH＝12 时无论是湿态胶合强度还是干态胶合强度都达到最低，改性后蛋白质向次级单位解离的变化伴随着高级结构的不可逆变化，导致蛋白质变性，而 pH＝12 时导致蛋白质结构向更松散的结构转变，此结构的转变对胶合强度有不利影响，所以导致了此状态胶合强度最低的结果。

八、回复性

回复性指导致物体形变的外力撤除后，物体迅速恢复其原来形状的能力，以百分比表示（％）。

1. 测试方法

回复性指试件在第一次压缩过程中回弹的能力，为第一次压缩循环过程中返回时样品所释放的弹性能与压缩时探头的耗能之比。

2. 应用示例

吴峰[21]研究了光固化丝素蛋白水凝胶的压缩回弹性，此处选择再生丝素蛋白（SF）为基材，光敏剂（引发剂）选用核黄素（RB），单体选用 N-乙烯吡咯烷酮（NVP），采用紫外光固化的方法制备两种光固化水凝胶，制备了尺寸为 10mm（直径）×8mm（高）的圆柱形凝胶样品进行回复性测试。由图 10-10-9 可知，光固化 RB/SF 水凝胶的弹性回复性高达 93.7％，而普通丝素蛋白水凝胶的弹性回复性只有 13.9％，这是由于化学交联形成的 RB/SF 水凝胶材料不同于传统丝素蛋白水凝胶，内部含有大量的 β 折叠结构导致其质地硬而脆。而 RB/SF 水凝胶中丝素蛋白大分子间与分子内化学键的形成，大大提高了化学交联点与交联密度，形成的空间网络结构使得形成的水凝胶材料具有优异的弹性回复性。

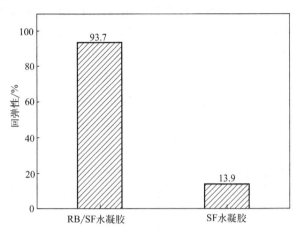

图 10-10-9　水凝胶材料的回弹性测试

其中 RB/SF 水凝胶中 SF 浓度为 30mg/mL，RB 浓度为 0.1mmol/L，光照时间 30min；纯 SF 水凝胶含固率为 30mg/mL

九、动态热机械性能

动态热机械性能指程序控温条件下，测量材料在机械振动载荷下的动态模量或力学损耗与温度的关系。可测定黏弹性材料在不同频率、不同温度、不同载荷下动态的力学性能，是研究材料黏弹性的重要手段，用 DMA 表示。

1. 测试方法

以聚乙二醇-酚醛（PEG-PF）树脂材料热机械性能测试为例。PEG-PF 树脂材料的动态力学性能采用 DMA Q800 动态力学分析仪测定。试样尺寸为 40mm×6.0mm×0.6mm。动态频率为 1Hz，升温速率为 3℃/min，温度范围为 −140～100℃。

储能模量反映了聚合物材料抵抗变形的能力。力学损耗因子 tanδ 反映了高聚物材料的内耗情况，损耗因子越大，则高聚物的分子链段在运动时受到的内摩擦阻力越大，链段的运动跟不上外力的变化，也就是说滞后越严重。

动态热机械分析（DMA）主要用于研究聚合物的玻璃化转变温度 T_g，材料 α、β、γ 等次级转变过程以及材料力学性能随温度的变化趋势。损耗因子 tanδ 可以用来表征复合材料的均一性以及材料的玻璃化转变温度。

2. 应用示例

中国林科院刘娟[17]在改性酚醛树脂基泡沫材料的制备与性能研究中，研究了酚醛树脂的动态热机械性能，由弯曲强度应用示例可知材料改性参数。图 10-10-10 所示为固化的酚醛树脂 G0 和 PUP 改性的固化树脂 G5、G10 和 G15 在升温速率 3K/min、频率 1Hz 条件下的储能模量 E' 和损耗因子 tanδ 随温度变化的 DMA 曲线。由 DMA 测试获得的储能模量通常可以用来评价材料的能量释放速率，材料的储能模量降低较快时，说明材料的韧性较好。由图 10-10-10（a）可以看出，随着温度的升高，改性酚醛树脂聚合物的 E' 随 PUP 添加量的增加而降低，且 PUP 添加量越高，E' 下降趋势越大，表明 PUP 的引入提高了酚醛固化树脂的韧性。在 150℃ 以后，储能模量 E' 开始增加，这是由固化的酚醛树脂试样后固化反应引起的。同时，固化反应生成的亚甲基醚键（—CH$_2$—O—CH$_2$—）高温断裂生成稳定的亚甲基键（—CH$_2$—）结构。由图 10-10-10（b）可以看出，G0、G5、G10 和 G15 均有一个损耗峰，但是随 PUP 添加量的增多，损耗峰峰形变宽，说明较多含量的 PUP 会影响改性酚醛树脂体系的相容性。改性的酚醛树脂 PUP 添加量小于 15% 时，随温度的升高，损耗峰变化不明显。当 PUP 添加量为 15% 时，损耗因子 tanδ 最大，损耗峰高且宽，α 转变区域向高温方向移动，这是因为较多的 PUP 使得改性酚醛树脂的交联点较多，分子链段之间的缠结紧密，从而增加了分子链段在运动时受到的内摩擦阻力，需要较高的能量才能引起链段的运动。

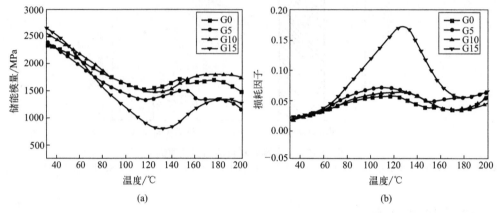

图 10-10-10　酚醛树脂和 PUP 改性酚醛树脂的 DMA 曲线
（a）储能模量；（b）损耗因子

十、静态热机械性能

静态热机械性能指当外力保持不变时用热力学分析确定的性能，即在程序温度下，测量材料在静态负荷下的形变与温度的关系，其测量方式有拉伸、压缩、弯曲、针入、线膨胀和体膨胀等，用 TMA 表示。

1. 测试方法

参照国标 GB/T 36800.1—2018《塑料热机械分析法（TMA）第 1 部分：通则》的测试方法。以一定的加热速率加热试样，使试样在恒定的较小负荷下随温度升高发生形变，测量试样温度-形变曲线。

2. 应用示例

胡彬慧等[22]对雄蚕生丝和普通生丝的静态热机械性能进行分析，采用 TMA/SDTS841e 热机械分析仪（MettlerToledo 公司）进行测试。各组生丝根据产地的不同依次编号为 a、b、c、d，另用 1 和 2 分别代表普通生丝与雄蚕生丝。雄蚕生丝与普通生丝相比，静态热机械分析曲线有所不同。在 120℃ 之前，2 种生丝的膨胀与收缩趋势基本保持一致，但雄蚕生丝到 150℃ 左右就开始出现膨胀，且比普通生丝的膨胀速度更快，直到 315℃ 左右突变伸长。已有研究证明，丝纤维的 TMA 曲线突变伸长是丝素蛋白中 β-折叠结构受热发生了分解所致，蛋白质结构被破坏从而不再提供稳定的力学结构。在约 270℃ 以下，热处理主要影响生丝非晶区的结构，而雄蚕生丝具有比普通生丝更高的结晶度和取向度，由此可以推测在 120～270℃ 的温度区间，雄蚕生丝非晶区的高取向度结构易受热的影响，受热之后大分子链发生热运动，链间相互作用力下降速度更快，在拉力作用下伸长速度增加，高于普通生丝。最终突变伸长的温度也是雄蚕生丝比普通生丝略高，同样说明了雄蚕生丝具有更好的热稳定性。另外，2 种生丝的伸长速率在 270℃ 左右均发生了明显变化，该温度也正是丝素蛋白的 β-折叠结构开始受热分解的温度。

第四节　微观形貌分析方法

材料的微观形貌产生于加工过程，是决定材料性能的主要因素之一，对材料的微观形貌分析是结构分析的重要组成。生物基高分子材料微观形貌分析方法主要有扫描电子显微镜（SEM）、透射电子显微镜（TEM）、原子力显微镜（AFM）、激光共聚焦显微镜（CLSM）和粒径分布分析等。

一、扫描电子显微镜

电子显微镜是表征材料微观结构常用的手段，在生物基高分子材料中应用广泛。SEM 利用样品表面材料的物质性能进行微观成像，用电子束扫描材料表面或断面，在阴极射线管（CRT）上产生被测物表面的影像。若材料具有导电性，用导电胶将其粘在铜或铝的样品座上，直接观察测量其表面；对绝缘性样品需要事先对其表面喷镀导电层（金、银或炭）。

用 SEM 可以观察生物基高分子材料的表面形态、断面的断裂特征、纳米材料断面中纳米尺度分散相的尺寸及均匀程度等有关信息。Liu 等[23]采用 SEM 表征从皂荚、葫芦巴和瓜尔豆中分离提纯得到的三种半乳甘露聚糖，从表面形态来区分不同原料中聚合物的材料物理状态。如图 10-10-11 所示，三种不同的聚糖都呈现出纤维状结构，但可以看出纤维的直径等结构参数有所区别。生物质基超疏水材料表征中常用 SEM 观察超疏水材料的表面形状，特别是在木材表面以无机材料构筑纳米材料制造疏水表面。Yang 等[24]利用 SEM 观察木材切面的结构，如图 10-10-12 所示。从图 10-10-12（a）原始木材的横截面电镜图中可以清晰地看到木材的天然多孔结构，而由图 10-10-12（b）可看出，经过化学处理后木材的空隙明显减小，说明处理剂马来松香和 $AlCl_3$ 成功浸入木材内部。

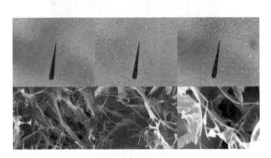

图 10-10-11　半乳甘露聚糖 SEM 图

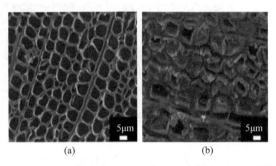

图 10-10-12　处理前（a）、后（b）木材表面 SEM 图

SEM 还常用于观察生物质基水凝胶的微观形貌。Gao 等[25]用 SEM 观察多糖复合水凝胶（GA-PAM-BAC）的结构，如图 10-10-13 所示。该水凝胶具有微米级的多孔结构，并且在很大范围内具有均匀的孔径分布。水凝胶网络中的这种结构不仅有助于水凝胶储水，而且在受到应力时具有均匀分布应力的功能。此外，大量的孔隙可以作为阻止裂纹扩展的屏障，这决定了水凝胶的膨胀性能和其他优良的机械性能。

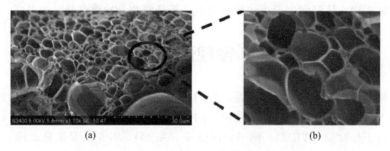

图 10-10-13　GA-PAM-BAC 水凝胶的 SEM 图像

二、透射电子显微镜

利用透射电子显微镜（TEM）可以观测高分子材料的晶体结构、形状、结晶相和分散相等情况，高分辨率的透射电子显微镜甚至可观察到高分子聚合物的晶体缺陷。TEM 测试是将待测聚合物样品分别用悬浮液法、喷雾法、超声波分散法等均匀分散到样品支撑膜表面制膜；或用超薄切片机将高分子材料的固态样品切成 50nm 薄的试样。把制备好的试样置于透射电子显微镜的样品托架上，用 TEM 观察样品结构。董凡瑜等[26]采用 TEM 分析了纤维素基两亲分子与抗肿瘤药物自组装形成的纳米粒子的结构特征，如图 10-10-14（a）所示，纳米粒子表现出典型的球形结构，大小约为 140nm，粒径分布均匀。Du 等[27]使用 TEM 观察了不同原料制备的纤维素纳米纤维，图 10-10-14（b）中所得纳米纤维纤维呈细丝状，（c）和（d）的则为针状。三种纤维平均长度分别为 202nm、268nm 和 270nm，三种纳米纤维长径比的不同也说明研磨前的处理方式对纳米纤维素晶体（CNC）的形态有重要的影响。根据 TEM 图像可以看出壳聚糖纳米粒子（CSNP）的形态。琚斯怡[28]根据图 10-10-15 的 TEM 图证明了壳聚糖纳米粒子的形成，并且发现壳聚糖中部分质子化氨基静电排斥力较弱，导致纳米粒子间的聚集现象。

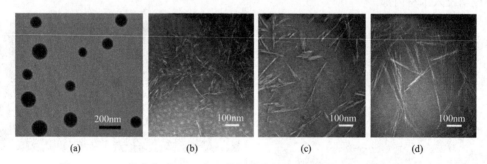

图 10-10-14　纳米粒子（a）和三种纤维素纳米晶（b）～（d）的 TEM 图

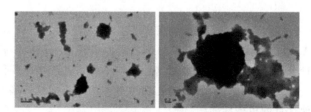

图 10-10-15　纳米粒子在不同放大倍数下的 TEM 图

三、原子力显微镜

　　原子力显微镜（AFM）是基于扫描探针成像的显微仪器。AFM可以在真空、大气甚至液下操作，既可以检测导体、半导体表面，也可以检测绝缘体表面。AFM的工作原理是使用一个固定在微悬臂末端的尖锐探针，从坐标轴的X、Y、Z方向扫描材料表面来生成形貌图。在整个扫描过程中保持作用力恒定，控制针尖处于作用力的等位面，使针尖在样品表面的垂直方向上下运动，在扫描样品时，由于样品表面的原力与微悬臂探针尖端的原子力间的相互作用力，根据微悬臂对应于扫描各点位置变化的形变，可以得到样品表面的凹凸程度。样品表面的三维形貌图可以通过上述所得的样品的局部高度数据绘制得到。AFM作为一种十分重要的扫描探针显微技术，具有分辨率高、应用范围广、破坏性小、分析功能强等优势。

　　Jin等[29]利用AFM分析对比聚合物引入前后纳米纤维素的变化，通过原位聚合将聚合物引入纤维素纳米纤维（CNF）中制得复合膜。图10-10-16（a）的AFM结果显示CNF表现出单一结构，质地不均一，而图10-10-16（b）中高压聚乙烯@CNF复合材料纤维彼此紧密相连，表面粗糙度降低，质地更加均匀，材料的表面形貌明显改善。AFM还常用于探讨改性前后木材样品粗糙度的差异。Tan等[30]对木材径向断面进行了原子力显微镜分析，如图10-10-17（a）所示，原始木材的表面相对光滑，粗糙度均方根（R_q）为20.6nm，在图10-10-17（b）中能看出更加细密的凹凸结构，R_q为34.7nm，这证实了ZnO棒的引入，且两者的结合作用较为紧密。加入氧化锌棒材后表面不平整，表明微纳米粗糙体的构建是成功的。

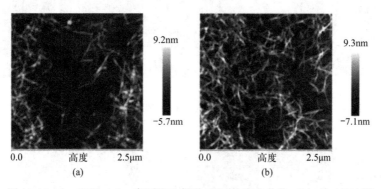

图 10-10-16　CNF（a）、高压聚乙烯@CNF纳米杂化物（b）的AFM图

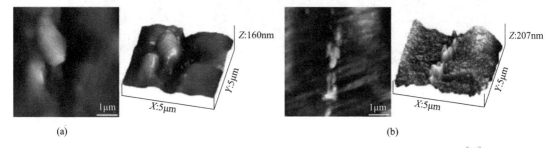

图 10-10-17　未处理木材（a）、氧化锌-木材复合材料（b）径切面的AFM图[30]

四、 激光共聚焦显微镜

　　激光共聚焦显微镜（CLSM）是高度集成化的光学显微镜，系统包括研究级显微镜、激光器、检测器、扫描器、工作站、防震台等主要部件。该设备利用激光束经照明针孔形成点光源

对标本内焦平面上的每一点扫描，标本上的被照射点在探测针孔处成像，由探测针孔后的光电倍增管或冷电耦器件逐点或逐线接收，迅速在计算机监视器屏幕上形成荧光图像。这样得到的共聚焦图像是标本的光学横断面，克服了普通显微镜图像模糊的缺点，把物体分为若干光学断层，逐层扫描成像，层与层之间有高的纵深分辨率，这样成像的图像清晰。激光共聚焦显微镜使用方便，样品一般经荧光探剂标记（单标、双标、三标）便可使用，不损伤样品，扫描、成像、测量采样时间快。激光共聚焦扫描显微镜早期用于生物领域，随着不断改进，目前在材料领域也得到了广泛的应用，成为介于光学显微镜和电子显微镜之间的微观测量手段。激光共聚焦显微镜可用来观察样品表面亚微米程度（0.12μm）的三维形态和像貌，也可以测量多种微小的尺寸，诸如体积、面积、晶粒、膜厚、深度、长宽、线粗糙度、面粗糙度等。

如图 10-10-18 所示，Dong 等[31]用松香基衍生物改性木材，与图 10-10-18（a）相比，经过处理之后的木材的 CLSM 图像可以看出清晰的荧光现象。同时，荧光区域的不同也表明化合物在木材中的分布有所区别。Liu 等[32]以木质素磺酸盐为碳前驱体成功合成蛋壳状微球（YSCs），如图 10-10-19 所示，由于木质素自带荧光特性，因此在 488nm 的光照条件下可以看到明显的绿色荧光，并且具有较强的荧光强度。目前，利用激光共聚焦显微镜测量生物基高分子材料的微观形貌的应用相对较少，未来可以拓宽其在该领域的应用研究。

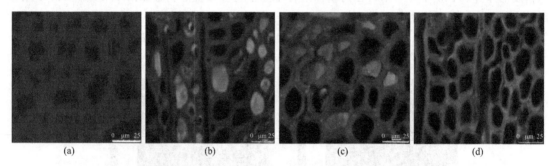

图 10-10-18　处理前（a）、后[（b）～（d）]的木材横截面 CLSM 图[31]

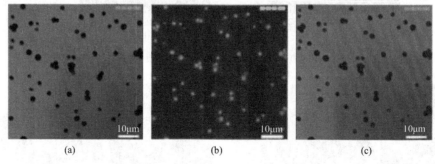

图 10-10-19　YSCs 的 CLSM 图[32]
（a）亮场；（b）荧光场；（c）重叠

五、粒径分布分析

生物基高分子微球是一类重要的高分子材料，微球大小和均匀度直接影响材料的性能（颜色和黏度等）与应用，粒径和粒径分布是高分子微球最基本的表征量。采用 SEM 和 TEM 在一定程度上可测定生物基高分子微球的粒径，但由于为样品局部显示图，并不能体现样品的均匀度，此时，对微球进行粒径分析就非常必要。Li 等[33]对所得材料形貌和粒径分布通过 SEM 与激光粒度测定进行表征。图 10-10-20（a）的结果表明所得产品为规则球形，表面粗糙、多孔。如图 10-10-20（b）所示，产品粒径主要在 2～30μm 之间，呈正态分布，平均粒径为 5.5μm，适合于柱状填充颗粒。产品颗粒主要分布在 0.01～5μm 范围内，但是粒径存在双峰分布，不适合作为高效液相色谱的填料。

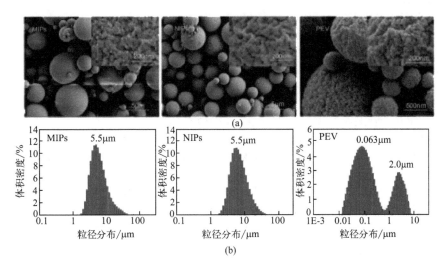

图 10-10-20　SEM 图（a）和粒径分布图（b）

粒径分布也通常与 TEM 图像联用来分析微粒的分布均匀性。Zheng 等[34]合成了具有 pH 和氧化还原双重响应的多糖聚合物纳米粒，如图 10-10-21 所示，得到的微粒尺寸为 98nm，与原始纳米粒相比有所增大，这可能是由于疏水核的嵌入。粒径小于 100nm 的纳米颗粒也被认为是潜在的抗癌药物载体。

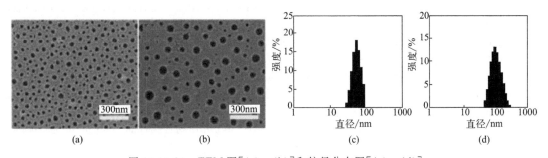

图 10-10-21　TEM 图[（a）、（b）]和粒径分布图[（c）、（d）]

参考文献

[1] GB/T 20197—2006.降解塑料的定义、分类、标志和降解性能要求.

[2] GB/T 19277.1—2011.受控堆肥条件下材料最终需氧生物分解能力的测定 采用测定释放的二氧化碳的方法 第 1 部分：通用方法.

[3] GB/T 33797—2017.塑料在高固体份堆肥条件下最终厌氧生物分解能力的测定 采用分析测定释放生物气体的方法.

[4] 金立维.木质纤维基热塑性高分子可降解材料的制备、结构与性能研究.北京：中国林业科学研究院，2010.

[5] 李守海.橡实基复合高分子材料的制备与性能研究.生物基和生物分解材料技术与应用国际研讨会暨中国塑协降解塑料专业委员会年会，2012.

[6] 许玉芝.内塑化纤维素酯的制备、性能和结构研究.北京：中国林业科学研究院，2009.

[7] 王瑞萍，覃红阳，谢宇芳.塑料防霉性能试验标准比较分析.合成材料老化与应用，2015（3）：98-103.

[8] 张越，李城，邱盈盈，等.改性大豆蛋白基胶粘剂耐霉变性能研究.中国胶粘剂，2013，22（1）：5-8.

[9] 皮晓娟.抗霉性淀粉基涂膜材料的研究.重庆：西南大学，2011.

[10] 袁雪铭.离子液体在纤维素生物质预处理中的应用及回收研究.北京：北京化工大学，2018.

[11] 劳万里，李改云，秦特夫，等.红外光谱结合多元线性回归法快速测定木塑复合材料中木粉含量.林产化学与工业，2015（3）：20-26.

[12] 易钊.改性酚醛树脂胶黏剂制备与表征.北京：北京林业大学，2016.

[13] 张爱宾.落叶松单宁/软木粉改性酚醛树脂发泡材料性能研究.北京：北京林业大学，2018.

[14] 王彩.生物基可降解聚氨酯的制备及结构与性能调控.北京：北京科技大学，2017.

[15] 丁招福，韩亚雄，邓亮，等.两步法制备生物基可降解超韧型聚乳酸材料.生物加工过程，2018，16（6）：8-12.

[16] 何妙妙.衣康酸基生物基聚酰胺的合成及性能研究.北京：北京化工大学，2016.

[17] 刘娟.改性酚醛树脂基泡沫材料的制备与性能研究.北京：中国林业科学研究院，2017.

[18] 杨建铭.阻燃秸秆人造板制造工艺研究.长沙：中南林业科技大学，2014.

[19] 张括.甘蔗皮纤维/PP复合材料制备及力学行为分析.天津：天津商业大学，2017.

[20] 刘慧，安丽平，张蕾，等.碱性强弱对大豆蛋白胶黏剂胶合强度的影响.中国油脂，2017，42（12）：32-34.

[21] 吴峰.光固化丝素蛋白水凝胶的研究.苏州：苏州大学，2018.

[22] 胡彬慧，何秀玲，谢启凡，等.雄蚕生丝的热学性能研究.蚕业科学，2016，42（2）：294-301.

[23] Liu Y，Lei F，He L，et al. Physicochemical characterization of galactomannans extracted from seeds of Gleditsia sinensis Lam and fenugreek. Comparison with commercial guar gum. International Journal of Biological Macromolecules，2020，158：1047-1054.

[24] Yang M，Chen X，Li J，et al. Preparation of wood with better water-resistance properties by a one-step impregnation of maleic rosin. Journal of Adhesion Science and Technology，2018，32（9）：1-13.

[25] Gao Y，Zong S，Huang Y，et al. Preparation and properties of a highly elastic galactomannan- poly（acrylamide-N，N-bis（acryloyl）cysteamine）hydrogel with reductive stimuli-responsive degradable properties. Carbohydrate Polymers，2019，231：115690.

[26] 董凡瑜，刘刻峰，刘静，等.还原响应型羧甲基纤维素基纳米药物载体的构建及其性能研究.离子交换与吸附，2020，1：12-20.

[27] Du L，Wang J，Zhang Y，et al. Preparation and characterization of cellulose nanocrystals from the bio-ethanol residuals. Nanomaterials，2017，7（3）：51.

[28] 琚斯怡.细菌纤维素多糖基复合膜的制备及其性能研究.北京：北京林业大学，2020.

[29] Jin S，Li K，Gao Q，et al. Development of conductive protein-based film reinforced by cellulose nanofibril template-directed hyperbranched copolymer. Carbohydrate Polymers，2020，237：116141.

[30] Tan Y，Wang K，Dong Y，et al. Bulk superhydrophobility of wood via in-situ deposition of ZnO rods in wood structure. Surface and Coatings Technology，2020，383：125240.

[31] Dong Y，Zhang W，Hughes M，et al. Various polymeric monomers derived from renewable rosin for the modification of fast-growing poplar wood. Composites Part B：Engineering，2019，174：106902.

[32] Liu X，Song P，Wang B，et al. Lignosulfonate-directed synthesis of consubstantial yolk-shell carbon microspheres with pollen-like surface from sugar biomass. ACS Sustainable Chemistry & Engineering，2018，6（12）：16315-16322.

[33] Li P，Wang T，Lei F，et al. Preparation and evaluation of paclitaxel-imprinted polymers with a rosin-based crosslinker as the stationary phase in high-performance liquid chromatography. Journal of Chromatography A，2017，1502：30-37.

[34] Zheng D，Zhao J，Tao Y，et al. pH and glutathione dual responsive nanoparticles based on Ganoderma lucidum polysaccharide for potential programmable release of three drugs. Chemical Engineering Journal，2020，389：124418.

（张伟，韩春蕊，高士帅，苟进胜）

第十一篇
木质纤维素生物加工

本 篇 编 写 人 员 名 单

主　编　勇　强　南京林业大学
编写人员（按姓名汉语拼音排序）
　　　　丁少军　南京林业大学
　　　　黄曹兴　南京林业大学
　　　　姜　岷　南京林业大学
　　　　赖晨欢　南京林业大学
　　　　李　鑫　南京林业大学
　　　　欧阳嘉　南京林业大学
　　　　徐　勇　南京林业大学
　　　　勇　强　南京林业大学
　　　　张军华　南京林业大学
　　　　郑兆娟　南京林业大学

目　录

第一章　绪论

第一节　木质纤维素生物加工概述

一、木质纤维素的化学组成

　　木质纤维素是自然界蕴藏量最丰富的可再生生物质资源，其主要化学成分纤维素、半纤维素和木质素是植物光合作用的产物。木质纤维素资源来源广泛，包括木材、森林抚育剩余物、木材加工剩余物、农作物秸秆、能源林草等。表 11-1-1 是不同木质纤维素原料的主要化学组成，通常情况下，木质纤维素中纤维素含量为 24％～49％，半纤维素含量为 11％～32％，木质素含量为 10％～29％。纤维素、半纤维素和木质素主要存在于植物细胞壁中，高等植物细胞壁分为胞间层、初生壁和次生壁三部分。胞间层的主要组成是木质素，纤维素含量极少，含有少量的半纤维素与果胶质，胞间层的作用是把相邻细胞连接形成组织。初生壁位于胞间层两侧，含有纤维素、半纤维素和果胶类物质，主要组成为纤维素微纤丝。次生壁则位于初生壁的内侧，次生壁中纤维素含量高于初生壁，由外向内纤维素含量逐渐增加，含有少量木质素[1]。细胞壁维管组织中，纤维素的纤丝嵌在木质素和半纤维素组成的木质素-碳水化合物复合物中。植物细胞壁中，纤维素、半纤维素和木质素彼此通过非共价键或者共价键紧密连接，形成致密的天然木质纤维素复合物（图 11-1-1）[2]。

表 11-1-1　典型木质纤维素的主要化学组成

原料	纤维素/％	半纤维素/％	木质素/％
松木	42～49	13～25	23～29
杨木	45～51	25～28	10～21
桉树	45～51	11～18	29
竹材	49～50	18～20	23
稻秆	29～35	23～26	17～19
麦秸	35～39	22～30	12～16
玉米秆	35～39	21～25	11～19
玉米芯	32～45	39	11～14
甘蔗渣	24～45	28～32	15～25
柳枝稷	35～40	25～30	15～20

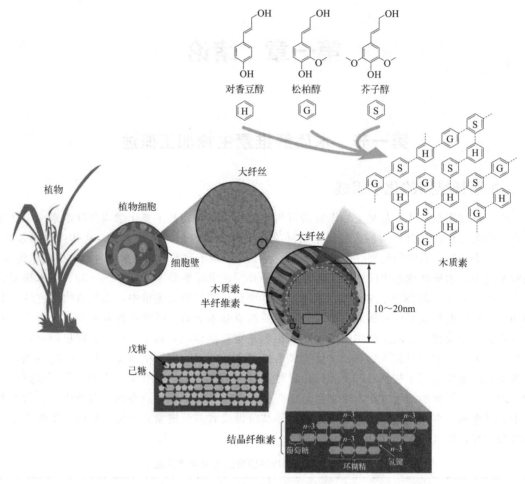

图 11-1-1　木质纤维素结构示意图[2]

纤维素是由葡萄糖基以 β-1,4-糖苷键连接而成的链状线性高分子聚合物，其聚合度从几百到 1 万以上。纤维素大分子的每个葡萄糖残基上有三个羟基，分别位于 C2、C3 和 C6 位上，其中 C2、C3 为仲醇羟基，C6 为伯醇羟基。纤维素分子间以氢键形式彼此结合、折叠成紧密的结晶化合物，这些化合物分子链聚集成微纤丝状态存在于细胞壁中，以微纤丝形式构成相互交替的结晶区和非结晶区[3]。纤维素分子间存在氢键，因此常温下纤维素性质比较稳定，既不溶于水，也不溶于一般的有机溶剂。纤维素是化学转化或生物转化生产生物燃料和生物基化学品的主要原料之一。

半纤维素是由两种或两种以上单糖残基通过糖苷键结合而成的无定形高分子聚合物，在木质纤维素骨架中与纤维素的微纤丝形成网状结构。组成半纤维素的糖基主要包括 D-木糖基、L-阿拉伯糖基、D-葡萄糖基、D-甘露糖基、D-半乳糖基和 4-O-甲基-D-葡萄糖醛酸基、D-半乳糖醛酸基，以及少量的 L-鼠李糖基、L-海藻糖基和各种 O-甲基化的中性糖基等。不同种类的木质纤维素中半纤维素化学组成不同，阔叶材中的半纤维素主要是 O-乙酰基-4-O-甲基葡萄糖醛酸木聚糖，针叶材中的半纤维素主要是半乳糖基葡甘露聚糖，禾本科、草类植物中的半纤维素主要是阿拉伯糖基-4-O-甲基葡萄糖醛酸木聚糖[4]。半纤维素的糖苷键在酸性介质中易被水解，如在酸性亚硫酸盐法制浆中，半纤维素部分水解为单糖和低聚糖从而溶于蒸煮液中。在碱性介质中，半纤维素易发生剥皮反应和碱性水解。

木质纤维素中木质素的含量仅次于纤维素。木质素是由苯丙烷结构单元主要通过碳碳键和醚键连接形成的具有复杂三维网状结构的天然高分子聚合物，少量木质素与半纤维素以化学键结合形成木质素碳水化合物复合物。木质纤维素中木质素有三种基本结构单元，即愈创木基丙烷（G）、紫丁香基丙烷（S）和对羟苯基丙烷（H），三种基本结构相互聚合形成木质素大分子聚合物。通常，针叶材木质素主要以愈创木基（G）木质素为主，阔叶材中普遍含有愈创木基-紫丁香基（G-S）木质素，禾本科植物中除了愈创木基和紫丁香基基本结构单元外，还含有较多的对羟基苯丙烷单元，即 G-S-H 木质素[4]。木质素的功能基团主要有甲氧基、羟基、羰基及醚氧原子。木质素结构单元间主要通过醚键和碳-碳键连接，醚键主要有 α-烷基-芳基醚、二烷基醚、β-烷基-芳基醚、二芳基醚、甲基-芳基醚等，碳-碳键主要有 β-5 型、β-1 型、5-5 型、β-6 型、α-6 型等[5]。木质纤维素中原始木质素的分子量高达几十万，而分离木质素的分子量要低得多，一般是几千到几万。木质素根据分离方法不同可分为磨木木质素、Klason 木质素、Brauns 木质素和酶解木质素等。

二、木质纤维素的生物加工

木质纤维素传统的加工利用方式包括板材、家具、纸浆、成型燃料和粗饲料生产等。随着社会对以石油为代表的化石资源需求的增加，以及大规模利用化石资源引发的资源短缺、温室效应和环境污染等问题，利用可再生木质纤维素生产能源、化学品和材料成为人类社会可持续发展的重要路径之一。木质纤维素的生产燃料、生物基平台化合物、大宗化学品的方法主要包括化学法、热化学法和生物加工法。木质纤维素的生物加工是采用微生物或酶处理木质纤维原料或其组分生产燃料、化学品等产品的过程，如用木质纤维素生产醇类燃料（乙醇、丁醇等）、有机酸（乳酸、富马酸、葡萄糖酸、丁二酸等）、氨基酸、低聚糖（低聚木糖、纤维低聚糖、甘露低聚糖等）等[6]。与化学法和热化学法相比，生物加工法具有反应条件温和、生产过程清洁等优点，但存在酶成本高、代谢过程复杂、副产物多等问题。

木质纤维素组分复杂，包括纤维素、半纤维素、木质素、提取物、灰分等，其主要组分纤维素、半纤维素和木质素以物理及化学的方式相互缠绕结合，构成了致密的超分子复合物结构，形成了不利于微生物或酶作用的物理和化学屏障。因此，木质纤维素的生物加工首先要实现木质纤维素组分的有效分离，然后在微生物或酶的作用下转化为所需的产品。木质纤维素的生物加工过程如图 11-1-2 所示。

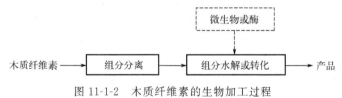

图 11-1-2　木质纤维素的生物加工过程

木质纤维素的生物加工过程通常分为生物降解、生物催化和生物转化三类[7]。生物降解主要是指纤维素、半纤维素和木质素等组分被微生物及酶催化降解成小分子的过程。它包括微生物降解和酶降解两种类型，可生成低聚糖、单糖和木质素小分子等。如纤维素糖化过程中纤维素在纤维素酶（包括内切葡聚糖酶、外切葡聚糖酶和 β-葡萄糖苷酶）作用下水解生成葡萄糖，木聚糖被内切木聚糖酶定向水解生成低聚木糖，或木聚糖在内切木聚糖酶、β-木糖苷酶和支链降解酶的共同作用下水解生成单糖，以及生物制浆过程中木质素降解酶催化木质素大分子结构发生碎片化的过程均是木质纤维素生物降解的典型例子。生物催化是木质纤维素组分及其衍生物在一种或多种酶催化下生成产品的过程，例如木糖经葡萄糖氧化酶和过氧化氢酶的耦合作用生成木糖酸。生物转化也称发酵，通常指木质纤维素降解产物在微生物细胞内经一系列代谢反应生成目标产品的过程。木质纤维原料中纤维素和半纤维素经生物降解途径生成的单糖（葡萄糖、木糖等）可由微生物转化为平台化合物、大宗化学品、生物基材料单体及精细化学品等。与生物降解、生物催化相比，由于微生物细胞内存在多条代谢流，代谢过程复杂，生物转化往往存在目标产物转化率低的问题，也导致产物分离过程复杂、生产成本高等问题。为提高微生物的生产效率，可筛选高效转化菌株，改良已有菌株，优化培养基和生产工艺等[8]。此外，采用分子生物学手段改造微生物的代谢途径或采用合成生物学方法构建细胞工厂，提高目标产物转化效率是木质纤维素生物加工领域的一个重要手段。目前，部分常见的生物基平台化学物质有乙醇、甘油、乙酸、乳酸、丁二酸、苹果酸、富马酸、柠檬酸等，常见的生物基中间体有琥珀酸、丁醇、丙二醇等[3]。

第二节　木质纤维素生物加工发展现状

随着经济社会的发展，全球对煤炭、石油、天然气等化石资源的需求逐年增加，由此引发的资源、能源和环境问题已经成为 21 世纪人类社会生存与发展所面临的主要挑战之一。因此，开发可持续利用的替代资源已成为全球共识，也是人类社会可持续发展的必然趋势。植物通过光合作用将太阳能和大气中的二氧化碳固定并以木质纤维素的形式存在，是自然界蕴藏量最丰富的可再生资源，也是石油、煤炭、天然气等化石资源的潜在替代资源。木质纤维素通过转化可为人类社会提供能源、基础性工业原料和精细化学品，是缓解全球资源短缺的重要途径。21世纪以来，美国、欧盟各国、中国等国家均将发展生物燃料、生物基化学品和生物基材料产业列入国家可持续发展战略。

木质纤维素生物加工产品主要包括乙醇等醇类燃料、丁二酸等大宗化学品、低聚木糖等精细化学品和酶解木质素深加工产品。由于木质纤维素很难直接被微生物转化和利用，它们首先须降解成能够被运输进入微生物细胞内的小分子可发酵糖才能被微生物利用。纤维素和半纤维素是植物细胞壁的主要多糖成分，可经酶水解制备可发酵糖。为了破解木质纤维素对酶的抗降解屏障，需要采用预处理方法提高酶对底物的可及性。目前已开发的预处理技术有物理法、化学法、物理化学法和生物法。物理法包括粉碎、球磨、辐射处理、微波处理、超声波处理等，化学法包括稀酸处理、稀碱处理、亚硫酸盐处理、绿液处理、有机溶剂处理和湿氧化预处理等，物理化学法有蒸汽爆破预处理、水热法预处理等，生物法包括白腐菌预处理、软腐菌预处理等。

预处理后的木质纤维素经纤维素酶水解可制备可发酵糖。纤维素酶生产菌主要来源于真菌的木霉属（*Trichoderma*）、曲霉属（*Aspergillus*）和青霉属（*Penicillium*），目前工业生产用纤维素酶主要来源于里氏木霉（*Trichoderma reesei*）和黑曲霉（*Aspergillus niger*）。国外纤维素酶生产厂商主要有丹麦诺维信（Novozymes A/S）、美国杰能科 Genencor（DuPont）、荷兰DSM、德国 AB Enzymes、日本 Amano Enzyme 等公司，国内纤维素酶生产厂商主要有青岛蔚蓝生物集团有限公司等。丹麦诺维信公司是纤维素酶的主要生产商之一。目前，有关纤维素酶的研究主要集中在纤维素酶生产菌的筛选和基因工程改造等方面。

燃料乙醇是木质纤维素经酶水解和微生物发酵转化的主要产品，它也是最早被关注并进行商业化生产的产品，木质纤维素生物加工技术的发展也随着纤维素乙醇产业的发展而发展。用于乙醇发酵的微生物主要有酿酒酵母（*Saccharomyces cerevisiae*）、树干毕赤酵母（*Pichia stipitis*）、运动发酵单胞菌（*Zymomonas mobilis*）、马克斯克鲁维酵母（*Kluyveromyces marxianus*）等。

20 世纪 70 年代两次石油危机的爆发，促使人们将石油替代燃料的目光转移到可与汽油混配的乙醇上来。1975 年，巴西建立了世界上第一座以甘蔗为原料生产燃料乙醇的工厂，第一批汽车使用的混合燃料是 22％的乙醇和 78％的汽油。2003 年，巴西福特汽车分公司推出了首辆汽油、乙醇双燃料汽车，这种车既可单独使用汽油或乙醇，也可使用任意比例的汽油和乙醇的混合燃料。据巴西政府公布的资料，2004 年 7 月，巴西使用乙醇汽油燃料的汽车有 1550 万辆，完全以乙醇为燃料的汽车达 220 万辆。2015 年 2 月，巴西政府又将生物乙醇的掺混比例从 25％提升至 27％。目前，巴西已成为世界上唯一不供应纯汽油的国家，也是世界上发展替代能源，采用乙醇为汽车燃料最成功的国家之一。

美国人均土地资源丰富、粮食生产过剩，20 世纪 70 年代，美国发展以玉米为原料生产燃料乙醇的产业，一方面可以消耗过剩的粮食，另一方面燃料乙醇可以作为汽油替代品。1978 年，含 10％乙醇的混合汽油在美国内布拉斯加州大规模使用。1979 年，美国国会为减少对进口原油的依赖，开始大力推广使用含 10％乙醇的混合燃料，乙醇产量也从 1979 年的 1000 万加仑（1gal＝3.8L）迅速增加到 1990 年的 8.7 亿加仑。1990 年，美国国会通过《清洁空气法修正案》，提出在汽油中使用生物乙醇代替汽油抗爆剂甲基叔丁基乙醚。2013 年，美国燃料乙醇产量达 3972 万吨，占全球产量的 56.8％。2015 年，美国燃料乙醇产量达 4000 多万吨，约占全球燃料乙醇产量的 60％，使美国石油对外依存度从 2005 年的 60％下降到 2015 年的 28％。2018 年，美国燃料乙醇消费量达到 4840 万吨，消费量占汽油消费总量的 11％，乙醇添加比例为 10％的乙醇汽油基本实现全境覆盖。根据美国国会有关促进生物燃料的生产和使用的法案，到 2025 年底将确保燃料乙醇达到 0.9 亿吨。根据美国能源部的计划，到 2030 年生物乙醇将替代现有汽油使用量的 30％，届时将需要燃料乙醇 1.8 亿吨。

我国自 20 世纪 50 年代开始，先后开展了木质纤维素酸水解和纤维素酶水解的研究并建成了黑龙江南岔水解厂，主要利用木材加工剩余物生产乙醇和饲料酵母[9]。1993 年，南京林业大学在吉林石岘造纸厂建成了日处理 1600m³ 亚硫酸盐制浆废液生产乙醇生产线，1995 年在黑龙江华润金玉公司建成了国内首条玉米秸秆生物炼制燃料乙醇中试生产线，己糖戊糖利用率达到 90％以上，乙醇得率达到 85％以上。此外，国内多家单位如华东理工大学、中国科学院过程工程研究所、山东大学等在原料预处理、纤维素酶生产、乙醇发酵及中试生产线建设等方面开展了大量工作。2000 年，国务院批准了《燃料乙醇及车用乙醇汽油"十五"发展专项规划》。2001年 4 月，我国宣布推广车用乙醇汽油，并批准了吉林燃料乙醇有限责任公司、河南天冠燃料乙醇公司、安徽丰原生物化学股份有限公司和黑龙江华润酒精有限公司 4 家燃料乙醇试点企业，这些试点企业以消化陈化粮为主生产燃料乙醇。2007 年，广西中粮生物质能源有限公司年产 20 万吨木薯燃料乙醇项目在广西北海建成投产。2017 年，国家发展改革委、国家能源局等十五个部门联合印发《关于扩大生物燃料乙醇生产和推广使用车用乙醇汽油的实施方案》。

迄今为止，全球范围内已建设了数十个规模从百吨到万吨的中试工厂，但生产成本偏高仍然是制约木质纤维素大规模商业化生产燃料乙醇的瓶颈[10]。目前，针对木质纤维素生产燃料乙醇的关键技术如原料预处理、纤维素酶生产、纤维素糖化、糖液发酵等，经国内外学者的共同努力已取得了较大进展。另外，木质纤维素生物转化生产丁醇、丁二酸、乳酸、富马酸、聚羟基脂肪酸酯等生物基化学品的研究也取得了重要进展并建立了中试工厂。

进入 21 世纪以来，随着人们对全球气候变暖和环境问题的日益重视，以可再生的木质纤维素生产平台化合物、大宗化学品和精细化学品的发展战略受到各国政府与科学家的关注。2004年，美国能源部公布了优先开发利用的 12 种生物基平台化合物，标志着利用可再生木质纤维素资源制备生物基化学品的研究进入新的阶段。2021 年，国家发展改革委印发《"十四五"循环经济发展规划》，要求到 2025 年实现农作物秸秆综合利用率保持在 86％以上，通过大力发展循环经济，推进资源节约集约循环利用，促进生态文明建设。2022 年，国家发展改革委发布《"十四五"生物经济发展规划》，提出要培育壮大生物经济产业，推动生物能源与生物环保产业发展，加快纤维素乙醇等关键技术研发和设备制造，推动生物能源产业发展，并将"生物能源环保产业示范工程"列入七大生物经济示范工程。

一、原料预处理

木质纤维原料细胞壁中纤维素、半纤维素和木质素通过物理、化学作用构成的超分子复合物，形成了抵御生物加工过程中微生物或酶作用的物理和化学屏障。因此，破解木质纤维素细胞壁的天然抗降解屏障，破坏其超分子复合物结构，使纤维素、半纤维素和木质素有效解离，是木质纤维素进行生物加工的前提[9,10]。预处理可分离木质纤维素中的部分半纤维素和木质素，提高原料的比表面积和孔隙率，降低纤维素结晶度，提高木质纤维降解酶对原料的可及性。高效的木质纤维原料预处理方法一般需满足以下条件：一是预处理过程中原料中的纤维素和半纤维素回收率高，多糖在预处理过程中损失少；二是预处理后原料有较好的酶水解性能，木质纤维素降解酶对底物的可及性好，单糖得率高；三是预处理过程中产生的酶水解抑制物和发酵抑制物（甲酸、乙酸、糠醛、5-羟甲基糠醛、乙酰丙酸、酚类化合物等）尽可能少，预处理液不经脱毒处理直接可用于后续发酵；四是要求预处理工艺安全、简洁、易操作和过程清洁；五是满足低能耗、低成本的要求，具有经济可行性。

木质纤维素预处理方法根据反应过程原理不同，一般分为物理法、化学法、物理化学法和生物法。物理法包括机械粉碎、球磨、辐射处理、微波处理、超声波处理等，该法主要通过降低原料颗粒尺寸、纤维素聚合度和结晶度等方式破坏其结构，增加原料的比表面积，从而提高其酶水解效率[11]。物理法预处理污染少，但是能耗高，通常与其他预处理方法结合应用。化学法是采用酸、碱、有机溶剂等化学试剂处理木质纤维素的预处理方法，其原理是利用化学试剂降解、溶解原料中的半纤维素和（或）木质素，提高预处理原料的孔隙率和比表面积。如碱法预处理可脱除原料中的部分木质素，破坏木质素与碳水化合物之间的共价键，减少木质素对酶的非特异性吸附，使纤维素润胀后结晶度降低，从而提高酶水解效率[12-14]。化学法是目前研究最多的预处理方法，包括稀酸处理、稀碱处理、亚硫酸盐处理、绿液处理、有机溶剂处理、水热法和湿氧化预处理等。物理化学法是指在物理和化学作用下，木质纤维素中半纤维素或木质素发生降解、溶解的预处理方法。蒸汽爆破预处理是典型的物理化学预处理方法。它主要利用高温高压蒸汽对木质纤维素进行短时间处理并瞬间减压，以达到破坏细胞壁结构、降解部分半纤维素、软化木质素的目的，从而提高原料的比表面积和孔隙率，改善其酶水解效率。为增强蒸汽爆破预处理的效果，还可加入氨气、二氧化硫等催化剂或氮气等惰性气体。生物法是利用自然界中能够分泌木质素降解酶的微生物（如白腐菌和软腐菌）降解原料中木质素的预处理方法。生物法预处理条件温和，化学药品用量少，对环境友好。但生物预处理过程中常常伴随着纤维素和半纤维素的降解，同时，该法存在处理时间长、预处理物料酶水解性能较弱等缺点[15]。因此，该法常用于原料的第一步处理，然后再进行其他类型的预处理。

近年来，国内外学者开发了一些新型预处理方法，如离子液体预处理、电化学预处理、γ-戊内酯/水预处理、低共熔溶剂体系预处理、生物质仿生溶剂预处理等。虽然有些方法条件温和、预处理效果好，但成本较高，大规模应用的时机尚未成熟，有待进一步研究。

二、木质纤维素酶水解

纤维素和半纤维素是富含葡萄糖残基和木糖残基的生物大分子，很难直接被微生物转化和利用，它们首先须降解成能够被运输进入微生物细胞内的小分子可发酵糖才能被微生物代谢。纤维素和半纤维素的降解主要包括酸法水解和酶法水解两类。酸法水解是指纤维素和半纤维素在酸性环境中降解为葡萄糖与木糖的过程。酸法水解存在能源消耗大、副产物多、水解得率低、废水处理成本高、对设备要求高等缺点。20世纪50年代以来，酶法水解因其反应条件温和、副产物少、污染负荷低等优点而被公认为是一种绿色高效的木质纤维素水解技术。

纤维素酶水解是纤维素在纤维素酶催化下彻底水解成葡萄糖的过程。纤维素酶是能够水解纤维素的复合酶系的总称，主要包括内切-β-1,4-葡聚糖酶（EG）、外切-β-1,4-葡聚糖酶（也称纤维二糖水解酶，CBH）和β-葡萄糖苷酶（BG）。纤维素酶水解纤维素的机制至今仍存在争议，主要包括协同作用假说、C1-Cx假说和顺序作用假说[16]。普遍公认的纤维素酶协同水解机制认为，纤维素酶水解中，首先由内切葡聚糖酶作用于纤维素的无定形区域，生成短链纤维素和纤维低聚糖，产生新的还原末端，然后外切葡聚糖酶从短链纤维素或纤维低聚糖的非还原末端依次水解释放纤维二糖，最后纤维二糖在β-葡萄糖苷酶催化下水解成葡萄糖。纤维素酶水解过程受终产物反馈抑制调节，水解终产物葡萄糖的累积对β-葡萄糖苷酶的活性产生抑制作用，β-葡萄糖苷酶活性降低导致水解液中纤维二糖浓度增加，纤维二糖又对外切葡聚糖酶的活性产生抑制作用，导致短链纤维素、纤维低聚糖的降解速度降低，最终通过反馈抑制作用影响内切葡聚糖酶的活性，导致纤维素酶水解效率降低。消除或缓解纤维素酶水解反馈抑制作用的方法主要包括将水解生成的葡萄糖及时从水解反应体系移出、添加过量β-葡萄糖苷酶或通过同步糖化发酵技术将酶解生成的葡萄糖及时转化等。此外，底物中的半纤维素及其水解中间产物低聚木糖如木二糖、木三糖也对纤维素酶产生强烈抑制。因此，纤维素酶在水解含有半纤维素的底物时，添加半纤维素酶将其尽可能降解为单糖也是缓解半纤维素抑制，提高纤维素酶水解效率的有效措施。在纤维素酶水解过程中，通过添加非离子表面活性剂（如Tween 80、PEG 6000）和非催化蛋白（如牛血清蛋白）可以缓解底物中的木质素对酶的非特异性吸附，并增加酶在水解体系中的稳定性，从而提高纤维素酶水解效率。预处理过程中移除木质素和半纤维素、通过化学反应改性木质素结构，均能不同程度地改善酶水解效率。此外，在木质纤维素酶水解过程中，纤维素酶和半纤维素酶存在协同作用，因此添加半纤维素酶也是促进纤维素酶水解的有效手段。

半纤维素包括木聚糖、葡甘露聚糖、半乳甘露聚糖等高分子杂多糖，半纤维素组成和结构的多样性导致半纤维素的完全水解需要多种酶的协同作用[17]。以阔叶材和禾本科植物中最主要的半纤维素木聚糖的酶水解为例，它的完全水解需要木聚糖主链水解酶和支链水解酶的协同作用。首先由内切木聚糖酶随机切断木聚糖主链上的糖苷键，断裂木聚糖骨架，生成短链木聚糖和低聚木糖，然后β-木糖苷酶从短链木聚糖和低聚木糖的非还原末端水解糖苷键释放木糖。木聚糖支链水解酶主要包括阿拉伯呋喃糖苷酶、葡萄糖醛酸酶、乙酰木聚糖酯酶等。同样，葡甘露聚糖、半乳甘露聚糖等半纤维素的完全水解也需要主链水解酶和支链水解酶的协同作用。在木质纤维素的酶水解过程中，纤维素的水解同样会促进半纤维素酶对底物的作用，从而提高半纤维素的水解效率。

部分厌氧细菌如热纤梭菌（*Clostridium thermocellum*）可分泌一种纤维素酶多酶复合体，也称纤维小体，纤维小体是已知的降解纤维素最快的分子机器。纤维小体内含多种纤维素和半纤维素水解酶，主要通过锚定蛋白和黏附蛋白之间的特异性亲合力结合，使多种水解酶以一种相邻、有序的方式排列。水解反应的各种中间产物在不同的酶之间传递，而不离开多酶复合体，可以提高传质效率并减少中间产物的扩散，从而显著提高酶水解效率。

三、糖液发酵

木质纤维素中的纤维素和半纤维素经酶水解降解成可发酵糖后，可被不同微生物发酵转化成各种平台化合物、醇类燃料、大宗化学品、生物基材料单体和精细化学品。包括 C_1：甲烷；C_2：乙醇；C_3：甘油、乳酸、1,3-丙二醇、3-羟基丙酸等；C_4：丁醇、琥珀酸、富马酸、天门冬氨酸等；C_5：木糖醇、谷氨酸、糠醛等；C_6：柠檬酸、赖氨酸等[18]。木质纤维素水解糖液的发酵原理与传统的淀粉水解糖、甘蔗汁糖液发酵相同，但发酵过程更为复杂。主要表现在两个方面：一是木质纤维水解产物除了己糖（葡萄糖、甘露糖、半乳糖）外，还包括戊糖（木糖、阿拉伯糖），自然界中多数微生物能够发酵己糖，但仅有少数微生物能够利用戊糖。因此，选育或通过分子生物学、合成生物学改造，构建戊糖发酵微生物是木质纤维素高效生物利用的重点发展方向。二是预处理过程中，木质纤维原料各组分在高温、酸性或碱性环境下发生降解、分解、缩合等反应，形成一些对微生物生理或代谢有害的物质，主要包括低分子酸类、醛类和酚类化合物等，统称发酵抑制物。为了降低发酵抑制物对糖液发酵的不利影响，主要通过筛选、驯化对发酵抑制物耐受性高的微生物，或在发酵前采用物理、化学或生物方法对糖液进行脱毒处理等途径解决。

第三节 木质纤维素生物加工发展趋势

木质纤维素生物加工是运用现代工业生物技术对木质纤维素及其组分进行加工利用的技术，是林产化学加工领域的拓展，具有广阔的发展前景。随着以石油、煤炭为基础建立的能源体系、石油化工体系引发的全球气候变暖趋势日渐加速、环境污染日益严重等，加快建立低碳能源体系和工业体系的化石资源替代战略已引起各国的重视并付诸行动，可再生的木质纤维素生物加工生产能源、化学品领域迎来了前所未有的机遇和巨大的发展空间。据国际能源署（IEA）预测，到 2030 年，全球 10% 的木质纤维素生产的燃料乙醇可以代替约 4.1% 的化石燃料[12]。联合国政府间气候变化专门委员会报告，预计到 2050 年，生物质能源将占发达国家总能源需求的一半左右，全球将有 3.85 亿公顷的生物质能源植物种植园。在替代化石资源方面，欧盟提出到 2030 年生物基原料替代 6%～12% 的化工原料，替代 30%～60% 的精细化学品；美国预测到 2030 年，生物基化学品将替代 25% 的有机化学品。

与国外相比，我国发展以木质纤维素生物加工技术为支撑的生物质产业尤为迫切。我国石油资源短缺，2020 年石油对外依存度超过 70%[13]，石油替代战略将是我国可持续发展过程中必须长期坚持的发展战略；同时我国粮食生产形势严峻，以粮食为原料生产能源、化学品的路径不是我国石油替代战略的选择，我国石油替代战略要遵循"不与民争粮、不与粮争地"的原则。因此发展以可再生的木质纤维素资源为原料生产燃料、化学品和生物基材料的技术是我国石油替代战略的重要路径之一。发展低碳能源、化学品生产技术是我国可持续发展进程中的重要任务之一。从全球碳循环角度来看，利用可再生的木质纤维素生产燃料、化学品和生物基材料的工业体系是一个低碳产业，与传统的能源工业、化学品工业相比，生物质产业可减少碳排放50% 以上。因此，发展木质纤维素生物加工产业对缓解我国石油资源短缺和实现"碳达峰、碳中和"战略目标具有重要的意义。

虽然木质纤维素生物转化生产燃料乙醇产业已有一定发展，中国、美国、加拿大、瑞典、芬兰、法国、奥地利等国家的相关企业都建有燃料乙醇的生产线，但是最新的科研成果和技术正不断被发现与开发。木质纤维素生物加工的前提是采取高效的预处理技术破除生物质的抗降解屏障，从而实现各组分的分离及定向转化。近年来，一些新型的预处理方法如离子液体预处理、低共熔溶剂（DES）预处理、γ-戊内酯（γ-GVL）预处理等受到重视。离子液体因其挥发性低、稳定性好、组成可设计等优点成为生物质预处理的优良介质。目前，制约其应用研究与工业生产的主要因素是离子液体，不易回收，生产成本高。未来的研究方向应朝着降低离子液体成本、提高催化效率和建立可回收的离子液体体系方向发展，以推动离子液体在木质纤维素解聚领域的规模化应用。目前用于木质纤维素预处理的离子液体主要有1-乙基-3-甲基咪唑乙酸正离子（[EMIM][AC]）、N-甲基吗啉-N-氧化物（[NMMO]）、乙酰基甲基咪唑氯盐（[AMIM][Cl]）、1-丁基-3-甲基咪唑氯盐（[BMIM][Cl]）等。低共熔溶剂制备过程简单、成本低、毒性低、可生物降解、热稳定性好，在木质纤维素预处理领域具有良好的应用前景。2012年，Francisco等首次报道了酸性低共熔溶剂体系（氯化胆碱-乳酸）预处理木质纤维素时可实现木质素和纤维素的有效分离[14]。Wang等采用氯化胆碱-对羟基苯甲酸体系在160℃下预处理杨木3h，结果表明木质素去除率可达69%，杨木预处理物料酶水解72h的得率超过90%[15]。目前常应用于木质纤维素预处理的低共熔溶剂有氯化胆碱-乳酸、氯化胆碱-咪唑、苄基三甲基氯化铵-乳酸等。γ-戊内酯是一种绿色、环保、易回收的有机溶剂，在木质纤维素预处理领域具有较好的应用潜力。Luterbacher等在《Science》上报道了在γ-戊内酯/水体系中采用稀酸对木质纤维素进行预处理，纤维素酶水解得率达到70%～90%[16]。Shuai等研究发现，使用γ-戊内酯/水的溶剂系统在120℃和75mmol/L H_2SO_4 用量下预处理硬木可以去除80%的木质素，纤维素回收率达到96%～99%，预处理物料经15FPU/g（纤维素）的纤维素酶水解，葡萄糖与木糖得率分别达到99%和100%[17]。和传统酸碱预处理相比，γ-戊内酯预处理具有预处理温度低、污染少、无抑制物等优点，由于γ-戊内酯可以通过生物质降解转化获得，若利用其进行预处理，还可以实现生物质的闭环转化。目前，虽然这些预处理方法条件温和、预处理效果好，但成本较高，大规模应用的时机尚未成熟，有待进一步研究。

除了开发一些新的预处理技术外，传统预处理技术中存在的问题也被逐渐重视起来，如预处理过程对木质素结构的影响、预处理对木质素非特异性吸附纤维素酶的影响、底物中酸溶性木质素对酶水解的影响等。同时，在预处理过程中对木质素原位改性，或者通过添加表面活性剂、非催化蛋白缓解木质素对纤维素酶的非生产性吸附行为等研究均取得了一定的进展。此外，有关假木质素对酶水解的影响也日益受到重视。酸预处理过程中，碳水化合物降解产生的可溶性化合物（糠醛、羟甲基糠醛等）进一步转化形成"假木质素"，这些假木质素易在底物表面聚集。据报道，即使在较低预处理强度下，木聚糖及木糖在稀酸预处理中也容易产生假木质素[18]，而且稀酸预处理强度越高，产生的假木质素越多[19]。如在170℃条件下水热预处理杨木1h后，固体残渣中假木质素含量达到1.96%[20]。由于假木质素与天然木质素的液滴形态及产生位置类似，假木质素可能与天然木质素结合，覆盖在植物细胞壁表面，降低酶对底物的可及性，从而抑制酶水解。

虽然以丹麦诺维信（Novozymes A/S）公司为代表的纤维素酶生产商在开发高活性的木质纤维降解酶领域取得了重要进展，但纤维素糖化成本高仍然是影响纤维素燃料乙醇大规模商业化的瓶颈。国内外学者在高产基因工程菌、耐热菌的构建，以及酶活力提升、酶系优化等方面开展了大量研究，以期获得纤维素糖化酶用量少、水解效率高的木质纤维素降解酶。嗜热纤维素酶在木质纤维素水解过程中具有极大的应用潜力，其较高的比活力可以减少酶用量，较高的稳定性能提高酶水解效率，并且在较高温度下水解还可降低杂菌污染的概率[21]。芬兰学者Liisa Viikari教授证实来自*Thermoascus aurantiacus*的热稳定性纤维素酶的水解温度可比商品纤维素酶高10～15℃，在60℃下水解玉米秸秆72h，葡萄糖得率可达90%～95%[22]。Tan等从牛粪中筛选出一株*Chryseobacterium*属的嗜热菌株，该菌株能产生具有纤维素酶-木聚糖酶双功能活性的嗜热酶，在pH值9.0和90℃下内切葡聚糖酶活性为3237U/mg，在pH值8.0和90℃下木聚糖酶活性为1793U/mg，具有潜在的应用前景[23]。目前，嗜热纤维素酶的产量还无法满足纤维素乙醇工业化生产的需求，因此，提高嗜热性纤维素酶的产量、活性和稳定性，降低生产成本是下一步研究的重点。近年来，AA9 家族的裂解多糖单加氧酶（LPMO）在纤维素酶水解中的作用日益受到重视，它通过氧化裂解破坏纤维素的结晶结构来提高酶水解效率。它发生催化作用时需要 O_2 或 H_2O_2 作为共同底物，同时需要外源电子供体提供电子使其辅基 Cu（Ⅱ） 还原为 Cu（Ⅰ）。已知的外源电子供体有抗坏血酸、还原性谷胱甘肽、纤维二糖脱氢酶、叶绿素等。AA9 家族的 LPMO 大部分来源于真菌[24]，如黄孢原毛平革菌（*Phanerochaete chrysosporium*）、粗糙脉孢菌（*Neurospora crassa*）、嗜热毁丝霉（*Myceliophthora thermophila*） 等。据报道，LPMO 与纤维素酶存在明显的协同作用，Bulakhov 等用 3 种 AA9 家族的 LPMO 分别替换 10% 的纤维素酶剂量后水解微晶纤维素，结果表明其水解得率比纤维素酶单独水解的得率提高了 17%～31%[25]。因此，LPMO 在木质纤维素酶水解领域具有潜在的应用前景。

木质纤维素酶水解液的发酵原理与传统的淀粉水解糖液发酵、甘蔗汁糖液发酵类似，但发酵要求更为复杂。木质纤维素酶水解产物中除了葡萄糖、甘露糖、半乳糖等己糖外，还包含约 30% 的木糖、阿拉伯糖等戊糖。自然界中多数微生物能够发酵己糖，但仅有少数微生物能够利用戊糖。因此，戊糖的乙醇发酵是燃料乙醇商业化生产的关键，将戊糖发酵生产乙醇可以使木质纤维素生产燃料乙醇的产量提高 25% 左右，可降低木质纤维素生产燃料乙醇的综合成本。通过基因工程构建己糖、戊糖共发酵工程菌并提高其发酵能力是提高木质纤维素水解糖液乙醇发酵经济性的重要手段。目前，用于本领域研究的宿主菌株主要为大肠杆菌（*Escherichia coli*）、运动发酵单胞菌（*Zymomonas mobilis*）、树干毕赤酵母（*Pichia stipitis*） 和酿酒酵母（*Saccharomyces cerevisiae*）等[26]。此外，在预处理过程中，木质纤维素各组分在高温、酸性或碱性环境下发生降解、分解、缩合等反应，形成一些低分子量酸类、醛类、酚类抑制物，为了缓解抑制物对酶水解液发酵的不利影响，除了可以在发酵前采用物理、化学或生物方法对糖液进行脱毒处理外，还可筛选、驯化对发酵抑制物具有良好耐受性的微生物[9]。

除了构建高性能发酵菌株外，研究人员还对燃料乙醇的生产工艺进行了研究。目前，木质纤维素生产燃料乙醇的工艺主要有四类，即分步糖化发酵、同步糖化发酵、同步糖化共发酵、联合生物加工（CBP）。传统分步糖化发酵工艺是纤维素糖化和发酵过程分开进行。为了缓解酶水解过程中的产物抑制、减少乙醇生产工艺步骤、降低成本，可采用同步糖化发酵工艺，即将酶水解和发酵在同一装置中进行。同步糖化发酵存在的主要问题是纤维素糖化温度（50℃左右）与乙醇发酵温度（28℃左右）不一致、对微生物抑制物耐受性要求高等[27]。CBP 是将纤维素酶的产生、纤维素酶水解和发酵同时在一个反应器中完成，整个反应过程由一种或多种微生物完成。与前三种工艺相比，CBP 具有工艺流程简单、投入少、效率高等优点，被认为是最优的纤维素乙醇生产策略。适合 CBP 过程的候选微生物菌株主要有两大类：一是通过改造纤维素酶生产菌，使其降解纤维素后能够直接利用糖发酵产乙醇；二是改造现有的乙醇高产菌株，使其能够分泌纤维素酶降解纤维素[28]。如 Xiao 等成功将外切葡聚糖酶Ⅰ（CBHⅠ）基因在酿酒酵母中高效表达，重组的 2 株酿酒酵母菌工程菌分泌的外切葡聚糖酶活性分别达到了 716U/mL 和 205U/mL，并能够利用玉米秸秆产乙醇[29]。

尽管利用木质纤维素生物转化制备燃料乙醇的研究已取得较大进步，部分关键技术实现了突破，但是纤维素燃料乙醇的发展仍有许多难题需要解决。例如，木质纤维原料含水量高、能量密度低、供应期短、来源不稳定，纤维素糖化成本仍然较高，高效的戊糖发酵微生物缺乏，产品单一，副产物利用率不高等。采用分子生物学、合成生物学等方法构建一批性能稳定、产率高、抗性强的微生物细胞工厂将是解决上述问题的重要手段。此外，充分利用木质纤维素的全组分联产多个高附加值产品也是提高木质纤维素生物加工综合效益的有效方法。例如，采用梯级分离技术，基于半纤维素优先的策略将原料中的木聚糖转化为高附加值的低聚木糖，然后再利用纤维素酶水解原料中的纤维素制备葡萄糖，继而发酵为乙醇，最后利用酶解残渣中的木质素制备高性能材料（光电材料、阻燃材料、电磁屏蔽材料、合成树脂等）或化学品（香草醛、香兰素、愈创木酚、单环芳烃等）等。

参考文献

[1] 贺近恪，李启基. 林产化学工业全书. 北京：中国林业出版社，2001.

[2] Rubin E M. Genomics of cellulosic biofuels. Nature，2008，454：841-845.

[3] 高洁. 纤维素科学. 北京：科学出版社，1996.

[4] 李忠正，孙润仓，金永灿. 植物纤维资源化学. 北京：中国轻工业出版社，2012.

[5] Ragauskas A，Williams C K，Davison B H，et al. Lignin valorization：Improving lignin processing in the biorefinery. Science，2014，334：1246843.

[6] Menon V，Rao M. Trends in bioconversion of lignocellulose：Biofuels，platform chemicals & biorefinery concept. Progress in Energy & Combustion Science，2012，38（4）：522-550.

[7] 张建安，刘德华. 生物质能源利用技术. 北京：化学工业出版社，2010.

[8] Jørgensen H，Kristensen J B，Felby C. Enzymatic conversion of lignocellulose into fermentable sugars：challenges and opportunities. Biofuels Bioproducts & Biorefining，2010，1（2）：119-134.

[9] 余世袁，勇强. 植物纤维资源生物加工与利用. 北京：中国林业出版社，2019.

[10] 蒋剑春，应浩. 中国林业生物质能源转化技术产业化趋势. 林产化学与工业，2005，25（增1）：5-9.

[11] Zabed H，Sahu J N，Suely A，et al. Bioethanol production from renewable sources：Current perspectives and technological progress. Renewable and Sustainable Energy Reviews，2017，71.

[12] Tyson K S. Fuel cycle evaluations of biomass-ethanol and reformulated gasoline. National Renewable Energy Laboratory，2019.

[13] Herrera A M，Rangaraju S K. The effect of oil supply shocks on U.S. economic activity：What have we learned. Social Science Electronic Publishing，2018.

[14] Francisco M，Vandenbruinhorst A，Krooon M C. New natural and renewable low transition temperature mixtures （LTTMs）：Screening as solvents for lignocellulosic biomassprocessing. Green Chemistry，2012，14（8）：2153-2157.

[15] Wang Y，Meng X，Jeong K，et al. Investigation of a lignin-based deep eutectic solvent using p-hydroxybenzoic acid forefficient woody biomass conversion. ACS Sustainable Chemistry & Engineering，2020，8（33）：12542-12553.

[16] Luterbacher J S，Rand J M，Alonso D M，et al. Nonenzymatic sugar production from biomass using biomass-derived γ-valerolactone. Science，2014，343（6168）：277-280.

[17] Shuai L，Questell-Santiago Y M，Luterbacher J S. A mild biomass pretreatment using γ-valerolactone for concentrated sugar production. Green Chemistry，2016，18（4）：937-943.

[18] Sannigrahi P，Dong H K，Jung S，Ragauskas A. Pseudo-lignin and pretreatment chemistry. Energy & Environmental Science，2011，4：1306-1310.

[19] Kumar R，Hu F，Sannigrahi P，et al. Carbohydrate derived-pseudo-lignin can retard cellulose biological conversion. Biotechnology and Bioengineering，2013，110：737-753.

[20] Zhuang J，Wang X，Xu J，et al. Formation anddeposition of pseudo-lignin on liquid hot water treated wood duringcooling process. Wood Science and Technology，2017，51：165-174.

[21] Ebaid R，Wang H，Sha C，et al. Recent trends in hyperthermophilic enzymes production and future perspectives for biofuel industry：A critical review. Journal of Cleaner Production，2019，238：117925.

[22] Viikari L，Alapuranen M，Puranen T，et al. Thermostable enzymes in lignocellulose hydrolysis. Advances in Biochemical Engineering/Biotechnology，2007，108：121-145.

[23] Tan H，Miao R，Liu T，et al. A bifunctional cellulase-xylanase of a new chryseobacterium strain isolated from the dung of a straw-fed cattle. Microbial Biotechnology，2018，11（2）：381-398.

[24] Monclaro A V，Filho E X F. Fungal lytic polysaccharide monooxygenases from family AA9：Recent developments and application in lignocelullose breakdown. International Journal of Biological Macromolecules，2017，102：771-778.

[25] Bulakhov A G，Gusakov A V，Chekushina A V，et al. Isolation of homogeneous polysaccharide monooxygenases from fungal sources and investigation of their synergism with cellulases when acting on cellulose. Biochemistry （Moscow），2016，81（5）：530-537.

［26］徐勇，范一民，勇强，等. 木糖发酵重组菌研究进展. 中国生物工程杂志，2004，24（6）：58-63.

［27］张宁，蒋剑春，程荷芳，等. 木质纤维生物质同步糖化发酵（SSF）生产乙醇的研究进展. 化工进展，2010，29（2）：238-242.

［28］黄俊，梁士劼. 利用联合生物加工生产纤维素乙醇的研究进展. 江苏农业科学，2021，49（2）：18-23.

［29］Xiao W，Li H，Xia W，et al. Co-expression of cellulase and xylanase genes in *sacchromyces cerevisiae* toward enhanced bioethanol production from corn stover. Bioengineered，2019，10（1）：513-521.

（勇强，张军华）

第二章　木质纤维素降解酶

第一节　木质纤维素降解微生物

木质纤维素生物降解是木质纤维素组分在微生物分泌的酶催化下降解成小分子的过程，是木质纤维素生物加工的关键过程[1]。木质纤维素降解酶主要包括纤维素水解酶、半纤维素水解酶和木质素降解酶三类。自然界中很多微生物能够分泌木质纤维素降解酶，包括真菌、细菌和放线菌[2]。

一、木质纤维素降解真菌

真菌是木质纤维素生物降解研究和应用最多的微生物，是降解木质纤维素的优势菌。自然环境中，真菌降解木质纤维素的机制主要是通过菌丝进入植物体中，分泌胞外酶破坏木质纤维素的致密结构，达到降解木质纤维素的目的。木质纤维素降解真菌根据作用对象大致可分为三类：a.腐生真菌，主要降解无生命的木质纤维素组分；b.寄生真菌，主要降解活体生物质；c.菌根真菌，它们与特定的植物体形成共生关系，菌根真菌能降解寄主植物中的多糖作为营养物质。

目前已经鉴定的具有良好木质纤维素降解能力的真菌种类繁多，其中研究较多的主要是子囊菌门（Ascomycota）和担子菌门（Basidiomycota）。子囊菌门主要包括木霉属（Trichoderma）、曲霉属（Aspergillus）、青霉属（Penicillium）、根霉属（Rhizopus）、分枝孢属（Sporotrichum）、轮枝孢属（Verticillium）、镰刀菌属（Fusarium）、多孔菌属（Polyporus）等。担子菌门主要包括原毛平革菌属（Phanerochaete）、糙皮侧耳（Pleurotus ostrcatus）、韧皮菌属（Sthreum）、洋蘑（Psalliota）、茯苓（Poria）和伞菌属（Agaricus）等。这些菌株多数是好氧丝状真菌，通过菌丝体侵占植物体，分泌降解植物细胞壁的酶，将细胞壁高聚物降解成小分子物质并被群落中的其他微生物利用。

（一）子囊菌

目前研究最多的木质纤维素降解菌是子囊菌，子囊菌的优势在于可以向胞外大量分泌木质纤维素降解酶。其中，以曲霉、木霉和青霉分泌木质纤维素降解酶的能力最强，从而受到研究者的广泛关注。

工业上使用的纤维素酶通常来源于木霉属真菌类微生物，其中里氏木霉（Trichoderma reesei）是最著名的菌株之一。里氏木霉最初是在第二次世界大战期间从美国军队木质器械上分离获得的，该菌株对天然微晶纤维素表现出很强的降解能力，命名为QM6a，之后所有的里氏木霉突变株均来源于QM6a。里氏木霉的纤维素酶系由多种具有催化活性的蛋白组成，至少包括5种内切纤维素酶（EGⅠ~Ⅴ），2种纤维二糖水解酶（也称外切纤维素酶，CBHⅠ和CBHⅡ），若干种β-葡萄糖苷酶和半纤维素酶。里氏木霉分泌的纤维素酶是复合酶，其降解纤维素时是由多种酶组分协同完成，其中内切纤维素酶和外切纤维素酶之间的协同作用的研究最为广泛，并且是降解结晶纤维素中最常见的协同方式。目前，来源于里氏木霉的纤维素酶已广泛应用于食品、饲料加工、纺织品处理、造纸工业以及生物乙醇生产等中。尽管木霉属微生物产酶量大、酶系组成相对齐全，但不能分解木质素，而且里氏木霉生产纤维素酶的周期较长。

青霉属真菌也能分泌酶系组成较为齐全的降解木质纤维素的聚糖降解酶系，与木霉属真菌相比，其生长速度更快，能分泌更多的半纤维素酶。其中典型菌株草酸青霉（*Penicillium oxalicum*）因具有较高的酶活性而受到广泛关注。草酸青霉是从土壤中分离得到的一株纤维素降解真菌，具有丰富的纤维素降解酶系，主要纤维素酶组分包括 Cel5A、Cel7B、Cel7A、Cel6A、Cel5C 和 BGL1，除此之外，酶系中还含有一些分泌量相对较少的其他纤维素酶和半纤维素酶。草酸青霉纤维素酶系组成中有的属于组成型表达，推测其可能参与纤维素酶合成的诱导，同时也参与纤维素的降解。目前草酸青霉的高产突变菌株已被应用于工业规模生产纤维素酶制剂，并广泛应用于食品、饲料以及纤维素乙醇生产等领域。

曲霉属也是木质纤维素降解酶的主要产生菌属之一，典型代表是黑曲霉（*Aspergillus niger*）、米曲霉（*Aspergillus oryzae*）等。黑曲霉具有丰富的木质纤维素降解酶系，分泌的纤维素酶的活性比里氏木霉纤维素酶的活性更高。同时，黑曲霉还能分泌木聚糖酶、木糖苷酶、甘露聚糖酶和半乳糖苷酶等多种半纤维素降解酶及果胶酶等。半纤维素酶能够降解半纤维素，有效降低含半纤维素的物料的黏度，促进纤维素的降解与转化。此外，黑曲霉由于具有作为构建细胞工厂的潜力越来越受到研究者的关注，黑曲霉已被证实是一种优异的模式微生物，遗传操作技术比较成熟，目前在黑曲霉体内成功实现了多种真菌来源酶的表达，如葡萄糖氧化酶、木质素过氧化物酶和呋喃果糖苷酶等。黑曲霉作为食品级安全微生物，自身具有丰富的水解酶系和遗传操作成熟等特点，有力推动了其在生物质资源利用上的应用潜力。

（二）担子菌

担子菌门微生物是降解木质纤维素最快的真菌，根据降解后木质纤维素底物的颜色变化，这类真菌分为白腐真菌和褐腐真菌两类[3]。

1. 白腐真菌

白腐真菌，简称白腐菌，是最常见的木腐真菌，因附生在树木或木材上，引起木质白色腐烂而得名。白腐菌在木质素降解中占有主导地位，是当前微生物降解木质素能力最强的一类木腐真菌。20 世纪 80 年代初，《Science》首次发表白腐菌对木质素的降解作用机制，它通过向胞外分泌氧化酶降解木质素，并且降解木质素的能力高于降解纤维素的能力。在氮源、碳源、硫源等营养物质受到限制的生境下，白腐菌能产生降解木质素、纤维素、半纤维素等的酶系，以实现对木质纤维素的降解和利用。其中，降解木质素的酶系主要包括锰过氧化物酶（manganese peroxidase，MnP）、漆酶（lacease，Lac）和木质素过氧化物酶（lignin peroxidase，LiP）等。白腐菌在降解木质纤维素过程中，产生少量纤维素酶和半纤维素酶，对木质纤维素中的纤维素和半纤维素进行降解，一方面能产生营养物质供其自身生长代谢，另一方面还能将木质纤维素彻底降解，促进自然界的碳循环。目前研究较多的白腐菌主要分布在原毛平革菌属（*Phanerochaete*）、侧耳属（*Pleurotus*）、革盖菌属（*Coriolus*）、卧孔菌属（*Poria*）及烟管菌属（*Sjekandera*）等微生物中。

白腐菌的特点在于其对木质素有较强的降解能力[4]。通过分泌的胞外木质素降解酶实现对木质素的降解，主要有 3 个特点：a.能彻底降解木质素生成 CO_2 和 H_2O，不引起二次污染；b.木质素的降解主要是氧化反应，降解产物不是木质素单体；c.木质素降解过程不提供菌体生长和代谢所需的碳源与能源，需要外加碳源和能源以供菌体生长。基于木质素降解中氧化反应的电子受体差异，白腐菌分泌的胞外木质素降解酶主要分为两类，分别是利用 H_2O_2 作为电子受体的过氧化物酶系和利用氧分子作为电子受体的多酚氧化酶系，前者研究较多的是木质素过氧化物酶和锰过氧化物酶，后者主要为漆酶。白腐菌分泌的其他一些胞外酶如乙二醛氧化酶、葡萄糖氧化酶、芳基醇氧化酶、超氧化物歧化酶、纤维二糖脱氢酶和醌氧化还原酶等，也参与木质素的生物降解过程。

2. 褐腐真菌

褐腐真菌，常称褐腐菌，数量约占木腐真菌的 7%，几乎不降解木质素，但可有效分解木材中的纤维素组分。由于纤维素等结构多糖被其降解后留下褐色的木质素，故称其为褐腐菌。研究较多的褐腐菌包括绵腐卧孔菌（*Postia placenta*）、密粘褶菌（*Gloeophyllum trabeum*）和拟管革铜菌（*Lenzites trabea*）等。褐腐菌降解木质纤维素的机制还不十分明确，但研究表明，通过芬顿反应产生的羟基自由基在褐腐菌早期的纤维素降解中发挥了主要作用。褐腐菌 *Postia placenta* 的基因组、转录组和分泌组分析显示其具有独特的胞外酶系，它不含外切纤维素酶（CBH）和碳水化合物结构域（CBM）的编码基因。当以纤维素为唯一碳源进行培养时，多种半纤维素酶和一个纤维素内切酶的表达量较在葡萄糖培养基中培养时上调，同时上调的还有醌还原酶、离子还原酶和其他氧化酶，它们可能参与胞外二价铁离子和过氧化氢的产生，推测可能与芬顿反应中二价铁离子与过氧化氢反应生成羟基自由基进而可以降解纤维素的作用一致。此外，褐腐菌虽然不能降解木质素，但是普遍认为褐腐菌能够对木质素进行去甲基化反应。通过同位素标记研究发现，密粘褶菌和绵腐卧孔菌在以 ^{14}C 同位素标记的木质素模型化合物为底物时，可以释放出 $^{14}CO_2$，表明两种褐腐菌能对木质素底物进行去甲基化反应。

二、木质纤维素降解细菌

细菌是自然界中种类最多、分布最广泛的微生物，具有结构简单、培养温度和 pH 值范围宽、基因改造相对容易等特点，部分细菌能在极端生境下生存。目前报道的能降解木质纤维素的细菌主要包括芽孢杆菌属（*Bacillus*）、不动杆菌属（*Acinetobacter*）、类芽孢杆菌属（*Paenicacillus*）、假单胞菌属（*Pseudomonas*）、弧菌属（*Vibrio*）、微球菌属（*Micrococcus*）、链球菌属（*Streptococcus*）、梭菌属（*Clostridium*）、纤维黏菌属（*Cytophaga*）、生胞噬纤维菌属（*Sporocytophaga*）、堆囊菌属（*Sorangium*）、螺旋菌属（*Heliobacillus*）等。少数细菌降解木质纤维素效果良好，已显现出应用潜力。根据细菌的生理特性，木质纤维素降解细菌分为好氧滑动菌、好氧细菌和厌氧细菌三类。

1. 好氧滑动菌

在好氧纤维素降解细菌中，有一类较为特殊的细菌，细胞不分泌游离纤维素酶，也无纤维小体结构，却具有很强的结晶纤维素降解能力。最典型的是哈式噬纤维菌（*Cytophaga hutchinsonii*）[5]，该菌对纤维素的降解需要菌体与纤维素直接接触，且该菌基因组中并无编码外切纤维素酶的基因，内切纤维素酶也缺少纤维素结合结构域。哈式噬纤维菌降解纤维素时，菌体有序地排列在纤维素纤维上，并可以沿着纤维运动。通过对其降解纤维素机制的研究，发现了另一种与常见好氧细菌降解纤维素完全不同的降解机制——细菌结合型非复合体纤维素降解酶系。研究推测哈式噬纤维菌细胞外膜上存在一个可以将纤维素链从纤维素的纤维中剥离出来的蛋白复合物，在细胞外膜通道蛋白和该蛋白复合物的协同作用下，纤维素链被运输至细胞的周质空间内，最后通过内切纤维素酶的作用将其降解。虽然已经明确这类滑动细菌降解纤维素的机制与其他机制不一样，但是该机制模型中一些机制还有待进一步阐明，如细胞外膜上的蛋白复合体的结构以及其从结晶纤维表面如何剥离纤维素链等。对该机制的清晰解析，不仅能丰富对纤维素酶降解机制的认识，还可以为加快纤维素的转化研究提供理论基础[6]。

2. 好氧细菌（放线菌）

放线菌在分类上属于细菌界放线菌门，是一类革兰氏阳性细菌，属于典型的原核微生物。大多数木质纤维素降解放线菌属于中、高温菌，主要来自土壤和堆肥生境，它们能够降解植物秸秆中的纤维素、半纤维素和木质素等。目前研究较多的纤维素降解放线菌主要来自纤维单胞菌属（Cellulomonas）和热裂孢菌属（Thermonifida）。放线菌降解纤维素的酶系和好氧真菌类似，以胞外非复合体纤维素酶系为主，放线菌产生大量胞外纤维素酶通过协同作用降解纤维素。

不同放线菌对木质纤维素组分降解的偏好性不同。例如，拟诺卡氏菌属、喜热裂孢菌属主要降解纤维素，诺卡氏菌属、小单孢菌属主要降解木质素，双歧杆菌属、高温单孢菌属主要降解半纤维素，而链霉菌属、高温放线菌属的木质纤维素降解酶系较为齐全，能够降解底物中的纤维素、半纤维素和木质素。放线菌主要通过分泌纤维素酶、半纤维素酶以及果胶酶等糖苷水解酶对植物多糖进行降解转化。放线菌的菌落中往往含有大量菌丝和孢子，能够穿透植物组织对木质纤维素组分进行降解。

3. 厌氧细菌

自然界中能够降解纤维素的厌氧细菌，以高温厌氧菌最为典型，它们在高温、厌氧条件下产生热稳定的纤维素酶，具有较强的纤维素降解能力，这类微生物的最低生长温度通常在45℃左右，最适生长温度在50～60℃，最高生长温度可达70℃及以上。嗜热高温厌氧菌分泌的具有纤维素降解能力的嗜热酶称为嗜热纤维素酶或热稳定纤维素酶，这类酶有良好的性能，可直接应用于高温条件下的生物质加工与转化，热稳定性好，半衰期长。

自1983年Edward Bayer和Raphael Lamed教授首次在热纤梭菌（Clostridium thermocellum）中发现并提出纤维小体（cellulusome）的概念以来，随着越来越多的微生物基因组测序的完成，许多厌氧微生物中都发现了纤维小体结构的存在。以热梭菌为代表，其高效的纤维素降解酶系是分泌到胞外超分子多蛋白亚基的纤维素酶复合体——纤维小体。纤维小体是由多种纤维素酶分子分别通过其对接模块与非催化活性的脚架蛋白上的粘连模块相互作用形成的。由于各组分之间空间上的聚集更加接近，酶之间表现出更强的协同作用。目前，热纤梭菌纤维小体的结构相对清楚，通常认为包括以下几个部分：a. 黏附结构域-锚定结构域。黏附结构域和锚定结构域通过非共价键连接，是纤维小体装配的基础。b. 纤维素结合模块。纤维素结合模块能够选择性地将纤维小体铆定在纤维素底物上，在纤维素降解中发挥着关键作用。c. 细胞表面结合模块。纤维小体通过支架蛋白上的细胞结合模块与细菌细胞表面的肽聚糖共价结合，将其紧密结合在细胞表面。纤维小体是多酶复合体，需要不同功能的酶协同作用才能实现木质纤维素的高效降解。基因组分析发现，编码纤维小体相关亚基的基因组成非常丰富，编码纤维小体关键组分的基因通常成簇存在。热纤梭菌中，有72个纤维小体亚基，这些亚基除了常见的纤维素酶外，还包括β-葡聚糖酶、木聚糖酶、甘露聚糖酶、果胶酯酶、果胶裂解酶和蛋白酶等。

第二节　纤维素降解酶

纤维素是高等植物细胞壁的主要成分，约占植物干重的30%～50%，纤维素资源是地球上分布最广、蕴藏量最丰富的生物质。纤维素作为一种有巨大潜力的可再生资源，其充分利用与有效转化对于缓解人类社会面临的能源危机、粮食短缺、环境污染和全球气候变暖有重要意义。自然界中，纤维素酶是一类能够将纤维素降解为葡萄糖的多组分复合酶系的总称。纤维素酶各组分之间通过协同作用，可有效降解纤维素产生短链纤维素和纤维低聚糖，并最终降解为葡萄糖。纤维素降解产物葡萄糖经微生物发酵，可生产醇类燃料、单细胞蛋白、有机酸等能源物质和化工原料，实现传统化工的转型发展。

一、纤维素酶的组成和结构

1. 纤维素酶的组成

自 1906 年 Sellieres 在蜗牛消化液中发现纤维素酶以来，纤维素酶的研究和应用受到国内外学者的极大关注，并取得重要进展。纤维素酶是由多种水解酶组成的一个复杂酶系。根据催化功能不同，目前普遍将纤维素酶组分分为以下三种。

① 内切（型）葡聚糖酶（EC 3.2.1.4，Endo-glucanase），也称内切纤维素酶、Cx 酶，其中真菌来源的内切型葡聚糖酶简称 EG，细菌来源的内切型葡聚糖酶简称 Len。这类酶主要作用于纤维素分子内部的非结晶区，随机水解纤维素分子链中的 β-1,4-糖苷键，产生大量的有非还原端的短链纤维素或纤维低聚糖，为外切型葡聚糖酶的作用提供反应末端，同时降低纤维素的聚合度。内切型葡聚糖酶主要作用于较长的纤维素链，不能单独作用于结晶纤维素，只作用于纤维素无定形区或溶解性的纤维素衍生物。

② 外切（型）葡聚糖酶（EC 3.2.1.91，Exo-glucanase），也称外切纤维素酶、纤维二糖水解酶或 C1 酶，真菌来源的外切型葡聚糖酶简称 CBH，细菌来源的外切型葡聚糖酶简称 Cex。这类酶主要作用于纤维素、短链纤维素或纤维低聚糖分子的还原末端，水解 β-1,4-糖苷键，每次释放一个纤维二糖分子；其单独作用于天然结晶纤维素时活力较低，但在内切葡聚糖酶协同作用下，可以彻底水解结晶纤维素。

③ β-葡萄糖苷酶（EC 3.2.1.21，β-glucosidase），也称纤维二糖酶，简称 BG。它的作用是水解纤维二糖及低分子量的纤维低聚糖生成葡萄糖。β-葡萄糖苷酶对纤维二糖和纤维三糖的水解很快，但随着葡萄糖链聚合度的增加水解速率逐渐下降[7]。

微生物种类不同，所产生的纤维素酶组分也不相同，由此构成了纤维素降解酶系的多样性。通常把能够同时降解无定形纤维素和结晶纤维素的酶系称为完全酶系或全值酶系，仅能水解无定形纤维素的纤维素酶系称为不完全酶系或低值酶系。部分纤维素酶产生菌能合成完整的纤维素酶系，如里氏木霉纤维素酶系；而另一部分纤维素酶产生菌不能合成完整的纤维素酶系，如褐腐真菌只产生内切葡聚糖酶。根据微生物对纤维素酶的合成、分泌能力和纤维素酶系活性之间的关系，不同微生物来源的纤维素酶系大体可分为三类：a. 对天然木质纤维素的降解能力较弱，可被微生物大量合成并分泌到胞外，如常见的木霉、青霉等纤维素酶系。b. 对天然木质纤维素降解能力强，但分泌到胞外的纤维素酶活力较低，如担子菌纤维素酶系。c. 对天然纤维素分解能力强，但纤维素酶基本不分泌到胞外，而是存在于细胞壁上，如细菌的纤维素酶系。

2. 纤维素酶的结构

纤维素酶多为糖蛋白，具有多个结构域。纤维素酶通常由相对独立的催化结构域（catalytic domain，CD）、纤维素结合结构域（cellulose binding domain，CBD）及连接催化域和结合域的连接区（linker）三部分组成，如图 11-2-1 所示[8]。大多数纤维素酶分子是由催化活性的头部（CD）和楔形的尾部（CBD）组成的类似蝌蚪状的分子。

催化结构域（CD）是纤维素酶必需的重要功能域，主要具有催化功能。大多数纤维素酶具有多个结构域，但少数微生物和高等植物产生的纤维素酶分子也被发现在缺少结合结构域情况下仍具有水解纤维素的活性，例如，里氏木霉内切葡聚糖酶 EG3 酶组分和外切葡聚糖酶组分 CBH1。已知纤维素酶催化结构域根据其氨基酸序列的相似性可分为 70 个家族，同一家族的纤维素酶具有相似的分子折叠模式和保守的活性位点。里氏木霉纤维二糖水解酶 CBH Ⅱ 的催化结

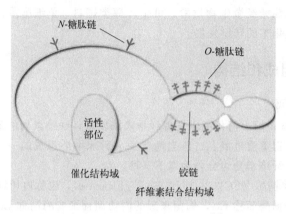

图 11-2-1　纤维素酶分子模型[8]

构域是最早被明确结构的催化结构域，它是由 5 条 α 螺旋和 7 条 β 折叠组成的 α/β 筒状结构，其活性部位是由两个延伸至酶分子表面的环形成的一个隧道状结构，长度约 2nm，包含 4 个结合位点，纤维素糖苷键水解发生在第 2 和第 3 结合位点之间。目前普遍认为，正是由于纤维二糖水解酶具有这样一个环结构形成的"隧道"，它能连续地水解纤维素分子释放纤维二糖[9]。比较外切葡聚糖酶与内切葡聚糖酶的氨基酸序列和催化结构域发现，外切葡聚糖酶 CBH（包括 CBH I 和 CBH II）与内切葡聚糖酶 EG 的活性部位在拓扑学上是完全不同的。与外切葡聚糖酶催化结构域是一个完整的环状结构相反，内切葡聚糖酶 EG 家族的环结构大都缺失，其催化结构域的结构呈开放的"沟槽"结构，如嗜热放线菌（*Thermomonospora fusca*）的 EG2，尽管和里氏木霉 CBH II 属于同一家族，但其活性部位的结构却呈沟槽结构。分析认为，正因为外切葡聚糖酶活性部位的隧道结构，从而限制了其对底物的可及性，只能水解内切葡聚糖酶作用后的产物即单链纤维素分子，产生纤维二糖[10]。而内切葡聚糖酶的活性部位是一个开放的沟槽，与底物的可及性高，可以与纤维素的糖苷键充分接触并使其发生水解。表 11-2-1 为常见的纤维素酶 CD 区域类型与特点[11]。如表所示，内切葡聚糖酶分布最广，涉及 GHF 5/A、6/B、7/C、8/D、9/E、10/F、12/H、26/I、44/J、45/K、48/L、51、60 和 61 家族；真菌纤维二糖水解酶分布在 6/B、7/C 家族，后者仅存在于真菌体系。细菌纤维二糖水解酶分布在 6/B、48/L、9/E 和 10/F 家族，其中 48/L 仅存在于细菌体系。除此之外，β-葡萄糖苷酶分布在 1、3 家族，保守性较低[12]。

表 11-2-1　常见纤维素酶 CD 区域类型与特点[11]

家族	典型来源	主要特征	EC 编号
5/A	*Acidothermus celluloyticus* EG I	含 5 个亚类，包括典型的内切葡聚糖酶和内切甘露聚糖酶，在好氧和厌氧细菌、放线菌和真菌、动物中均有分布，催化活性位点靠近 C 端	3.2.1.4 和 3.2.1.78
6/B	*Trichoderma reesei* CBH II	典型的真菌和好氧细菌的内切葡聚糖酶与纤维二糖水解酶	3.2.1.4 和 3.2.1.91
7/C	*Trichoderma reesei* 的 CBH I 和 EG I	丝状真菌的纤维二糖水解酶和内切葡聚糖酶	3.2.1.4 和 3.2.1.91
8/D	嗜温梭菌 CelC	好氧和厌氧细菌的内切葡聚糖酶与 β-1,3 或 β-1,4-葡聚糖酶	3.2.1.4 和 3.2.1.73
9/E	热纤梭菌	含两个亚类，分布在细菌中的内切葡聚糖酶和厌氧菌中的纤维二糖水解酶，分布在细菌、植物、昆虫中的内切葡聚糖酶和放线菌中的内外切葡聚糖酶	3.2.1.4 和 3.2.1.91

续表

家族	典型来源	主要特征	EC 编号
10/F	粪碱纤维单胞菌的 Cex	具有多功能性,在真核微生物、厌氧细菌和放线菌中表现木聚糖酶活性与内切葡聚糖酶活性,在细菌中表现木聚糖酶活性与外切葡聚糖酶活性。催化活性位点靠近 C 端,与 5/A 类似	3.2.1.4/8、3.2.1.8/91 和 3.2.1.8
12/H	*Streptomyces lividans* EG	好氧真菌、放线菌、好氧细菌和厌氧古细菌中的内切葡聚糖酶	3.2.1.4
45/K	*Humicola insolens* EGY	丝状和厌氧真菌、好氧细菌和软体动物中的内切葡聚糖酶	3.2.1.4
48/L	*C. celluloyticum* CelF	内切葡聚糖酶、纤维二糖水解酶及放线菌和细菌中的内切/纤维二糖水解酶	3.2.1.4、3.2.1.91 和 3.2.1.4/91
60		梭菌内切葡聚糖酶	3.2.1.4

纤维素结合结构域（CBD）是纤维素降解酶另一个重要的结构域，在纤维素水解中的主要作用是与底物中纤维素分子结合。以外切葡聚糖酶组分降解结晶纤维素为例，首先酶分子的结合结构域吸附在结晶纤维素表面，然后单根纤维素分子进入催化结构域中含底物结合和催化部位的"隧道"，纤维二糖被准确地从葡聚糖分子链上断裂并被释放，纤维二糖水解酶分子沿着葡聚糖链向前滑动 2 个葡萄糖单位。纤维素酶结合结构域通常位于纤维素酶序列的 N 末端或 C 末端，细菌的纤维素酶分子的结合结构域约由 63～240 个氨基酸残基组成，而真菌的纤维素酶分子的结合结构域仅由 30～40 个氨基酸残基组成。根据酶分子结合结构域氨基酸序列的相似性，CBD 主要分为 5 个家族。家族 1 由 33～36 个氨基酸组成，其三维结构以里氏木霉 CBH Ⅰ 为代表，是一个楔形不规则的 β 折叠结构，疏水面上有 3 个保守的酪氨酸（Tyr）残基，疏水面主要与纤维素分子的结合有关；家族 2 约含 110 个氨基酸残基，属于这类家族的有粪碱纤维单胞菌（*Cellulomonas fimi*）和 *T. fusca* 的结合结构域 D。结合结构域的作用机制目前仍不十分清楚，主要有两种观点：一种观点认为它有助于增加催化结构域在固体纤维素表面的含量，使纤维素和催化结构域的结合变得容易；另一种观点认为它能促使单链纤维素分子从结晶纤维素中释放，便于催化结构域接近。Boraston 等通过实验证实家族 2 的结合结构域能够促进微纤丝中葡萄糖链之间氢键的断裂，从而释放单根纤维素分子链。

纤维素酶分子中的连接区是连接催化结构域和结合结构域之间的肽段，该肽段对蛋白酶敏感，常常通过糖基化作用避免被蛋白酶降解。真菌纤维素酶的连接肽富含脯氨酸（Pro）、酪氨酸（Thr）和丝氨酸（Ser），由 30～40 个左右的氨基酸残基组成，而细菌纤维素酶分子的连接肽约由 100 个氨基酸残基组成[10]。

3. 里氏木霉纤维素酶系组成

里氏木霉被认为是迄今最好的纤维素酶产生菌之一，也是目前研究最多的纤维素酶生产菌株。里氏木霉具有很强的纤维素酶分泌体系，具有产酶量大、酶系比较齐全等优点。里氏木霉纤维素酶系组成至少包括 5 个内切葡聚糖酶（EG Ⅰ、EG Ⅱ、EG Ⅲ、EG Ⅳ 和 EG Ⅴ）、2 个纤维二糖水解酶（CBH Ⅰ 和 CBH Ⅱ）和 3 个内切木聚糖酶（XYN Ⅰ、XYN Ⅱ 和 XYN Ⅲ）酶组分，他们与其他非水解纤维素蛋白协同作用促进纤维素水解。内切葡聚糖酶在纤维素降解过程中的主要作用是降低纤维素聚合度，从纤维素分子链中间断裂纤维素，产生更多的链末端，有利于纤维二糖水解酶的降解[13]。EG Ⅰ 是里氏木霉内切葡聚糖酶中最重要的组分，其分泌量约占里氏木霉分泌的胞外蛋白总量的 10%[14]。EG Ⅱ 能随机水解纤维素的无定形区，具有广泛的底物专一性，可作用于具有 β-1,4-糖苷键和 β-1,3-糖苷键的底物（β-葡聚糖、地衣多糖），以及具有取代基的纤维素底物羧甲基纤维素（CMC）、羟乙基纤维素等。EG Ⅱ 的表达受纤维素的诱导，而且可以与 CBH Ⅰ 发生良好的协同效应，在降解结晶纤维素的过程中起重要作用。EG Ⅳ（Cel61A）无木聚糖、淀粉和几丁质降解能力，是典型的水解 β-1,4-糖苷键的内切酶，与 EG Ⅰ（Cel7B）相比在绝大多数底物中活性要低得多，但与 EG Ⅰ 明显不同的是 EG Ⅰ 可以水解纤维四糖，而 EG Ⅳ 却不能。EG Ⅴ 的分子量是纤维素酶系中较小的一个。里氏木霉中纤维二糖水解酶主要有 CBH Ⅰ 和 CBH Ⅱ 两种，它们也是纤维素酶的主要成分，其中 CBH Ⅰ 占里氏木霉分泌的胞外蛋白总量的 50%[15]，CBH Ⅱ 对其他相关酶组分的表达调控具有关键作用。研究表明 CBH Ⅱ 是木霉属纤维素酶系中最先表达的酶，其产物进一步诱导纤维素酶编码基因如 CBH Ⅰ、EG 等酶基因的表达，而 CBH Ⅱ 基因的表达又受到葡萄糖的抑制[16]。里氏木霉纤维素酶系中，主要负责水解低聚糖的酶是 β-葡萄糖苷酶和木糖苷酶，其中 β-葡萄糖苷酶的活力水平较低。

　　纤维素结合域（CBD）是纤维素酶及半纤维素酶的蛋白序列中最为广泛的结构域，它的存在与纤维质原料的降解密切相关，可以促进微生物对不溶性底物的降解。CBD1 是最重要的真菌纤维素结合域，也是里氏木霉纤维素降解体系中最广泛的结构域单元。里氏木霉 QM9414 基因组扫描共获得 15 个 CBD 核酸序列（表 11-2-2），对其附近核酸序列的解析显示 7 个 CBD 与 6 种真菌的纤维素酶催化域（5、6、7、45、61 和 74）相连接，有 8 个没有发现与直接催化纤维降解的功能域相连[15]。8 个 CBD 主要包括 3 个非水解蛋白（Cip1、Cip2 和 Swollenin）、1 个乙酰木聚糖酶（Axe）、1 个甘露聚糖酶（Man1）和 3 个几丁质酶。前面 3 个蛋白不具有任何已知的催化功能域，可能与纤维超分子结构的疏解有关，后者主要参与到半纤维素的降解中。

表 11-2-2　里氏木霉中具有 CBD 结构域的蛋白及编码基因

结构域	Contig	位置	相关酶	蛋白 ID
CBM1-1	Treesei_Cont59	8761～8859	Cip1	41957
CBM1-2	Treesei_Cont59	6924～7019	Cel61A	41786
CBM1-3	Treesei_Cont59	11677～11775	Acetyl xylan esterase	32857
CBM1-4	Treesei_Cont963	52162～52260	Cel7A	22421
CBM1-5	Treesei_Cont963	61234～61326	Swollenin	46027
CBM1-6	Treesei_Cont499	107661～107566	Cel5A	42662
CBM1-7	Treesei_Cont499	128901～128809	Cel6A	44954
CBM1-8	Treesei_Cont527	5225～5320	Cel45A	21535
CBM1-9	Treesei_Cont1012	106070～105978	Man1	41829
CBM1-10	Treesei_Cont1179	12761～12844	Cip2	41226
CBM1-11	Treesei_Cont333	31550～31473	Cel7B	42363
CBM1-12	Treesei_Cont1082	130430～130353	Cel74A	46310
CBM1-13	Treesei_Cont1054	22441～22358	Cht18A	
CBM1-14	Treesei_Cont927	2639～2722	Cht18B	
CBM1-15	Treesei_Cont755	146450～146367	Chitinase	

二、纤维素酶的微生物来源

　　纤维素酶来源广泛，自然界中部分植物、动物和微生物可合成纤维素酶。从植物和动物中提取纤维素酶难度较大，且含量不高，目前工业用纤维素酶主要通过微生物途径获得。很多真菌、细菌、放线菌被证实能合成纤维素酶，真菌中能合成纤维素酶的微生物种类很多，已发现多达 68 个属，主要包括绿色木霉、里氏木霉、黑曲霉、球毛壳霉、斜卧青霉、米曲霉等；细菌纤维素酶产生菌主要包括假单胞菌属、杆菌属、梭菌属等；放线菌纤维素酶产生菌主要包括高温放线菌、诺卡氏菌、节杆菌、小单孢菌、链霉菌属等；酵母虽然不产纤维素酶，但可以利用酵母表达系统表达纤维素酶基因，其产物高度糖基化，经加工修饰后可直接分泌到培养基中。

真菌产纤维素酶为胞外酶，多为酸性纤维素酶，一般在酸性或中性偏酸性条件下水解纤维素底物。多数真菌能同时合成内切葡聚糖酶、外切葡聚糖酶和 β-葡萄糖苷酶，合成和分泌的纤维素酶往往是单体蛋白分子，内切葡聚糖酶、外切葡聚糖酶和 β-葡萄糖苷酶三种酶组分一般不聚集形成多酶复合体。也发现少数真菌分泌的纤维素酶以复合体的形式存在，如在里氏木霉的发酵液中发现含有纤维素酶、β-葡萄糖苷酶和木聚糖酶三种酶组分形成的复合体。在厌氧真菌和细菌中，纤维素酶系往往以复合体的形式存在，具有不同活性的多组分酶蛋白分子聚集形成多酶复合体，成为结晶纤维素溶解因子（crystalline cellulose solubilizing factor，CCSF）。例如某些厌氧细菌如热纤梭菌（*Clostridium thermocellum*），其纤维素酶系常常形成一种称为纤维小体的多酶复合体，它是一种含多个纤维素酶组分和具有多种催化功能的超分子结构。纤维小体多结合于细胞表面，有的则存在于细胞周间质。厌氧真菌的结晶纤维素溶解因子的分子量约为700000，由 68～135 个氨基酸残基组成。细菌产生纤维素酶的量较少，主要是内切葡聚糖酶，一般不分泌到胞外，而是与细菌细胞壁结合，这类酶对结晶纤维素没有活性或活性很小。与真菌产纤维素酶不同，细菌纤维素酶多在偏碱性条件下水解纤维素底物。目前用于研究生产纤维素酶的微生物大多属于真菌，其中研究较多的是木霉属（*Trichoderma*）、曲霉属（*Aspergillus*）、青霉属（*Penicillium*）、镰孢菌属（*Fusarium*），研究和应用最广泛的是里氏木霉（*T. reesei*）。

里氏木霉是在 20 世纪 50 年代，由美国的 Reese 博士从腐烂的纤维材料中分离出来的，最初鉴定为绿色木霉，该菌合成纤维素酶能力较强，且酶系较全，其分泌的胞外液可以有效将纤维素底物转化为葡萄糖。为了纪念 Reese 的杰出贡献，绿色木霉后来被更名为里氏木霉。20 世纪60 年代以来，从里氏木霉野生型菌株 *T. reesei* QM 6a 出发，开展了大量的筛选育种工作，其中 *T. reesei* QM 9414、*T. reesei* Rut C30 和 *T. reesei* MCG 77 能够产生较高的内切型和外切型葡聚糖酶，是目前国内外生产酸性纤维素酶的主要菌株，尤其是 Rut C30 和 MCG 77，即使在可溶性碳源（乳糖）条件下也能诱导产生纤维素酶复合酶系。里氏木霉 Rut C30 具有优良稳定的生理特性，较好的抗"代谢阻遏"能力以及优质高产的纤维素酶生产能力，在纤维素酶生产上被普遍认为是最有应用潜力的菌株。里氏木霉用于纤维素酶规模化生产具备以下条件：a. 里氏木霉生产纤维素酶产量高，而且可以通过物理或化学诱变选育高产菌株。b. 里氏木霉容易培养，便于生产管理。c. 里氏木霉纤维素酶稳定性好，不易失活。d. 里氏木霉纤维素酶容易分离纯化。里氏木霉纤维素酶属胞外酶，发酵结束后，纤维素酶容易与菌体分离并纯化得到酶制剂。e. 里氏木霉是一种对人或动物体安全的微生物。里氏木霉纤维素酶的主要缺点是虽然具有高活力的内切葡聚糖酶和外切葡聚糖酶，但酶系中 β-葡萄糖苷酶活性较低，降解纤维二糖的能力不强，从而影响纤维素酶系中各酶组分之间的协同作用。

黑曲霉被认为是不会产生毒素的纤维素酶生产菌，已被许多国家批准作为食品、饲料用酶制剂生产菌株。青霉除了产生大量的纤维素酶外，还可产生较多的 β-葡萄糖苷酶，可以弥补木霉产 β-葡萄糖苷酶不足的缺点。细菌和放线菌等也能合成纤维素酶，它们产生的纤维素酶往往具有耐热耐碱的特点，如洗涤剂工业用的碱性纤维素酶主要来源于嗜碱芽孢杆菌（*Bacillus* sp.）。细菌合成的纤维素酶除了内切葡聚糖酶、外切葡聚糖酶外，部分细菌还可合成纤维小体多酶复合物，纤维小体由多种纤维素酶和半纤维素酶组成，具有较强的纤维素水解能力，在纤维废弃物的处理上有一定的应用潜力。

三、纤维素酶的生产

（一）产酶菌株的筛选

目前工业上应用的纤维素酶生产菌株最初均来自从自然界筛选得到的野生型菌株，并在此基础上进一步选育得到高活力的纤维素酶生产菌株[17]。从自然界中筛选纤维素酶生产菌的一般过程如下：从富含木质纤维素的环境如森林、常年堆放木材或秸秆的地方收集土壤样本或腐烂的木质纤维素材料，将采集的土壤样本用无菌水梯度稀释或者将朽木、腐烂秸秆等用无菌水浸泡后接种至刚果红纤维素平板上，初筛挑取有水解圈者进行滤纸崩解测试，选择获得滤纸条崩解程度较高的菌株进行摇瓶产酶复筛，最终通过测定纤维素酶活力选出酶活性较高的菌株，然后对筛选获得的纤维素酶生产菌进行菌种鉴定、生理生化研究和诱变育种研究等。

（二）诱变育种抗阻遏突变株

纤维素酶降解纤维素的终产物葡萄糖对纤维素酶生产菌合成纤维素酶有阻遏作用，被认为是天然菌株纤维素酶产量低的一个主要原因。常常通过筛选抗阻遏突变株的方法来获得高产菌株。目前已被深入研究和生产上广泛应用的里氏木霉突变株 Rut C30 是以里氏木霉野生型菌株 *T. reesei* QM6a 为出发菌株，经过一系列诱变育种工作得到的（菌株家族谱系见图 11-2-2）[12]。该突变株所生产的纤维素酶，分解纤维素的能力比野生型菌株更强，并且纤维素酶基因的表达不受终产物葡萄糖的阻遏，已被多数纤维素酶生产商用于工业规模纤维素酶的发酵生产。

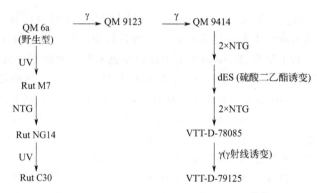

图 11-2-2　里氏木霉突变株的家族谱系[12]

UV：紫外诱变；NTG：甲基硝基亚硝基胍诱变处理

（三）纤维素酶的发酵生产

微生物发酵法是大量获得纤维素酶制剂的有效途径。微生物发酵生产纤维素酶的方法主要包括液体深层发酵、固态发酵和混菌发酵等。

1. 液体深层发酵

液体深层发酵是纤维素酶生产菌株在装有液体培养基的发酵罐中发酵生产纤维素酶的方法，是目前纤维素酶工业化生产的主要方式[17]。液体深层发酵具有原料利用率高、发酵周期短、劳动强度低、生产效率高、产品质量稳定等优点，可进行大规模自动化生产。纤维素酶液体深层发酵工艺流程见图 11-2-3。

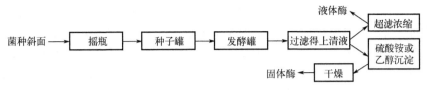

图 11-2-3　纤维素酶液体深层发酵工艺流程

液体培养基的主要成分包括碳源、氮源、无机盐以及微量元素等。纤维素酶是诱导酶，即纤维素酶是在培养基中诱导物的诱导作用下合成的，纤维素酶的诱导物通常是其作用底物或底物的结构类似物，诱导物对纤维素酶的合成往往影响较大。碳源的作用主要是为纤维素酶生产菌株的生长和代谢提供能量与碳骨架来源，在多数纤维素酶发酵中，纤维素是培养基中的碳源物质之一，也是纤维素酶的主要诱导物。氮源的主要作用是为菌体生长及酶合成提供氮素，氮源包括无机氮源和有机氮源，无机氮源一般为硫酸铵，有机氮源常用玉米浆、蛋白胨等。培养基中碳氮比（C/N）对微生物合成纤维素酶也有较大影响。

里氏木霉发酵产纤维素酶的温度一般控制在 28～30℃，发酵前期温度一般稍高，以利于菌体的生长，进入产酶期后，适当降低温度 1～2℃，较低的温度有利于提高酶的稳定性。发酵过程中发酵液的 pH 值一般采用稀酸或稀碱控制在 4.6～5.0 左右，发酵后期，随着培养基中养分的耗尽，pH 值快速上升，发酵结束。里氏木霉是好氧微生物，发酵过程中发酵液中溶解氧浓度是影响里氏木霉合成纤维素酶的重要参数，发酵过程中要根据发酵进程调节发酵罐通风量，保证发酵体系中溶解氧浓度在里氏木霉临界溶解氧浓度以上。里氏木霉发酵产纤维素酶的发酵周期一般在 96～120h，纤维素酶活力（FPA）一般可达 5～10U/mL。

发酵结束后将发酵液过滤，除去固形物和菌丝体，根据对产品酶活力的要求可通过不同的浓缩方式制成液体酶。纤维素酶固体酶制剂的生产，需将上述浓缩清液的 pH 值调至纤维素酶等电点附近，然后采用盐析或溶剂法沉淀纤维素酶，沉淀物与赋形剂混合后经低温干燥制得粉末状纤维素酶。

2. 固态发酵

固态发酵是将纤维素酶生产菌种接种于含有一定水量、营养物质的固态基质（常用农作物秸秆等）中，置于固态发酵床上在一定温度和湿度下静止培养的过程。固态发酵过程中定时翻动固态发酵物料，以降低内层发酵温度，并促进菌体与物料充分混合[17]。固态发酵法的优点是投资少、工艺简单，缺点是纤维素酶提取分离复杂、劳动强度大、生产效率低且易污染杂菌等。一些高附加值产品的固态发酵生产，也可在固态发酵罐中进行，而利用固态发酵罐生产纤维素酶，尚未见工业规模的装置。里氏木霉纤维素酶固态发酵工艺如下。

① 里氏木霉种子扩大培养：种子培养基由麸皮、谷糠及无机盐类组成，自然 pH，加 2～3 倍物料干重的水量。将适量培养基装入大锥形瓶灭菌后，取里氏木霉斜面孢子或预先制成的孢子悬液接入锥形瓶，摇匀，于 28～30℃下静止培养 3～4d，至培养基长满孢子。锥形瓶中种子培养物逐级扩大至曲盘种子。

② 里氏木霉固态发酵：采用厚层通风发酵方式。粉碎过 20 目筛的秸秆粉和麸皮按 85%～95% 和 15%～5% 的比例混合，加入物料干重 2.5% 的 $(NH_4)_2SO_4$、2.5～3 倍水，培养基灭菌后摊铺在发酵床上，厚度以 20～30cm 为宜（最高可达 30～60cm），培养基冷却至 35～40℃时，拌入种子培养物，接种量控制在 0.2%～0.3%，混匀后保持发酵室温度 30～35℃、相对湿度 90%～100%，间歇通风发酵 64～72h。

3. 混菌发酵

混菌发酵是指在培养基中接种两种或两种以上微生物的发酵过程，比如食品发酵、堆肥、青贮饲料发酵等都属于混合发酵[17]。混菌发酵能够增加相关酶的产量，弥补单一菌株所产纤维素酶系组成的不足。近年来，由于里氏木霉产 β-葡萄糖苷酶的能力较弱，而曲霉属产 β-葡萄糖苷酶的能力较强，可以通过两种菌种的混合发酵提高纤维素酶的活力或优化纤维素酶的组分。Marcel Gutierrez-Correa 等利用黑曲霉 ATCC 10864 分别与里氏木霉 LM-UC4 和它的纤维素酶高产突变株 LM-UC4E1 混合发酵，以碱处理的甘蔗渣为碳源固态混合发酵产纤维素酶，研究发现，里氏木霉 LM-UC4E1 与黑曲霉混合发酵效果最佳，与里氏木霉单菌产酶相比，纤维素酶活力增加了 63%，内切葡聚糖酶增加了 85%，β-葡萄糖苷酶活力增加了 147%。

四、纤维素酶的分离纯化

在纤维素酶生产或研究中，常常需对粗酶制剂分离、纯化，得到纯度更高的纤维素酶制剂甚至纤维素酶单一组分。纤维素酶分离纯化的原理是根据目标酶组分与纤维素酶系中其他酶组分或蛋白质的理化性质差异而进行分离。纤维素酶分离纯化的方法包括沉淀、超滤和色谱分离技术等[18]。

沉淀法是在粗酶液中加入无机盐、有机溶剂等物质，改变酶蛋白在溶液中的溶解状态，使酶蛋白沉淀分离的方法。沉淀法主要用于工业生产中酶制剂的纯化或科学研究中酶制剂精细分离纯化步骤中的粗分离。纤维素酶蛋白在溶液中的稳定性与其水化作用、所带电荷等有关，一旦这些因素发生变化，将影响纤维素酶的稳定性从而发生沉淀。纤维素酶沉淀方法主要有盐析法和有机溶剂沉淀法，但纤维素酶易失活，常用的是对纤维素酶活性影响较小的硫酸铵盐析法。硫酸铵盐析法的原理是向纤维素酶粗酶液中加入中性盐硫酸铵至一定浓度，硫酸铵与纤维素酶分子竞争水分子，使纤维素酶表面的水化层破坏，纤维素酶分子上的疏水基团暴露而发生聚集沉淀。根据实际情况，还可采用不同浓度的硫酸铵对纤维素酶粗酶液进行分级沉淀，在纤维素酶发生盐析效应前，使粗酶液中的杂蛋白与纤维素酶蛋白预先分离。盐析法通常作为纤维素酶分离的第一步，粗酶液经硫酸铵沉淀后，粗酶液中的纤维素酶得到较好的浓缩和提纯。

超滤法是运用压力差使溶液透过超滤膜，并按溶质分子量大小、形状差异，大分子不能透过膜而被截留，小分子能透过膜，从而将不同组分分离。由于纤维素酶各组分间的分子量相近，用超滤方法分离纯化纤维素酶系中酶组分的研究报道很少。

离子交换色谱分离是根据纤维素酶组分所带电荷的差异进行分离纯化的方法。离子交换剂分为阴离子交换剂和阳离子交换剂两类。根据离子交换剂的基团不同，每类又分为强离子交换剂和弱离子交换剂。离子交换剂基质材料主要有纤维素、葡聚糖凝胶和琼脂糖凝胶等。纤维素基质是最早应用于蛋白质分离的离子交换剂之一，由于其表面积大，开放性的骨架允许大分子自由通过，同时对大分子的交换容量较大的特点，一般作为纤维素酶色谱分离的第一步。但存在流速慢，柱床高度随缓冲液浓度及 pH 值改变等缺点。以葡聚糖凝胶为基质材料的离子交换剂如 CM-Sephadex C-50 或 DEAE-Sephadex A-50 的分子量分离范围为 30000～200000，由于载量高、价格便宜，在分离纯化纤维素酶中的使用较为普遍。但是，葡聚糖凝胶因流速、体积受外在环境影响改变较大，逐渐被新一代凝胶所取代。琼脂糖凝胶比葡聚糖凝胶具有更丰富的多孔结构，由于其孔径稍大，对分子量在 10^6 以内的球状蛋白质表现出良好的交换容量。如 DEAE-Sepharose CL-6B、DEAE-Sepharose FastFlow、DEAE- Sepharose 6B 等在纤维素酶的分离纯化中已广泛应用。

凝胶过滤色谱分离主要根据目标蛋白的大小和形状，利用分子排阻效应实现分离。凝胶过滤色谱分离柱中的填料多为惰性的多孔网状结构材料。样品中大小不同的分子从填料的不同孔道流出，较小的分子能进入内部孔道，流出较晚，而较大的分子被排阻在小孔外，故流出较早，根据洗脱时间不同而使组分得到分离。常用于纤维素酶组分分离的凝胶填料有葡聚糖凝胶、琼脂糖凝胶和聚丙烯酰胺凝胶等。葡聚糖凝胶具有多种不同的聚合度可供选择，Sephadex G-100等可用于分离蛋白，Sephadex G-25等可用于脱盐。凝胶过滤色谱分离的优点是凝胶材料对被分离物质的吸附力较弱，操作条件温和，尤其对高分子物质如蛋白质的分离效果较好。

亲和色谱分离是利用蛋白质分子的生物学活性即蛋白质和配体之间的特异性亲和作用为分离基础。同离子交换色谱分离、排阻色谱分离等相比，亲和色谱分离具有极高的选择性和纯化效率，其纯化程度有时可高达 1000 倍以上。由于纤维素对纤维素酶组分具有特异性吸附功能，Homma 等利用 KC-flock、Pulp-flock、Avicel 三种纤维素填料对纤维素酶组分的特异性吸附特点，对里氏木霉纤维素酶组分进行了分离。

纤维素酶分离纯化使用单一的色谱分离方法，无法纯化得到纤维素酶单一组分，通常联合采用多种色谱分离方法。根据纤维素酶单一组分不同的分子量和等电点，选择合适的分离介质联合，才能分离出某个纯化的纤维素酶单一组分。图 11-2-4 是里氏木霉纤维素酶粗酶液通过超滤和色谱分离方法逐级分离得到电泳纯的内切葡聚糖酶、外切葡聚糖酶和 β-葡萄糖苷酶组分的技术路线[19]。

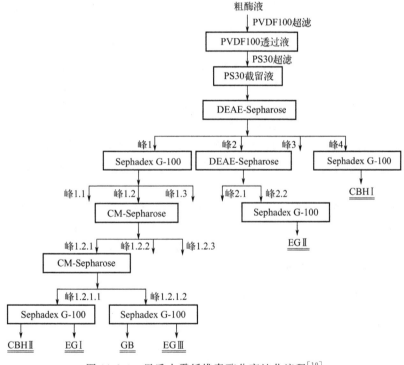

图 11-2-4　里氏木霉纤维素酶分离纯化流程[19]

五、纤维素酶分子生物学研究进展

纤维素酶是一种多组分的酶系，微生物发酵得到的纤维素酶常常存在酶活性低、纤维素酶系中一个或多个纤维素酶组分或亚组分含量低，或者不能满足应用上的特殊要求等问题，推动了纤维素酶分子生物学及基因工程的发展。通过对纤维素酶组分的合理设计或定向进化以及纤维素酶组分的重组，可实现纤维素酶酶系的重构或活性的改善。

（一）纤维素酶的基因挖掘和生物信息学

纤维素酶基因早期的克隆多数是通过构建基因文库的方法实现的，如构建 DNA（脱氧核糖核酸）文库和 cDNA（互补脱氧核糖核酸）文库。DNA 文库的建立是以出发物种的基因组为对象，通过限制性内切酶的随机消化，将基因组随机降解为大小不等的片段，通过回收一定大小的片段，将这些片段随机插入克隆载体上，经过一定的方法筛选阳性克隆，并从中获得纤维素酶基因。cDNA 文库筛选则采用差异杂交法或者异源杂交法，利用相关的基因片段制作 cDNA探针，然后从 cDNA 文库中筛选得到纤维素酶基因。这两种方法能够获得物种及其基因组较全面的信息，但工作量巨大。随着生物信息技术和基因合成方法的成熟，目前纤维素酶基因克隆的方法更加简便和直接。常用的纤维素酶基因克隆的方法有以下几种：人工合成法，根据已报道的纤维素酶基因的核苷酸序列，人工合成目的基因的核苷酸序列；特异性引物扩增法，根据报道的纤维素酶基因序列设计特异性引物，在相同或相近的物种上扩增目的基因。同时，随着宏基因组概念的提出，许多目的基因可以通过特异性引物从某一区域的宏基因组中克隆获得。例如，从反刍动物瘤胃微生物中克隆纤维素酶基因时，可设计特异性引物从瘤胃微生物宏基因组中扩增纤维素酶基因。

纤维素酶基因克隆研究始于 20 世纪 70 年代末。1982 年 Whitte 等首次报道从粪肥纤维单胞菌（*C. fimi*）中克隆了纤维素酶基因，迄今人们已经从近百个物种中克隆得到纤维素酶基因，已经有 7000 多个纤维素酶基因序列和相应的氨基酸序列被报道与公布，约有 500 多个纤维素酶的 3D（三维）结构被预测，并在 GenBank、EMBL 和 DDBJ 等共享数据库中公布[10]。通过对各类纤维素酶基因的比较发现，纤维素酶有共性的特征性结构，但整体而言，不同来源的纤维素酶基因的同源性较低。真菌同一类型的纤维素酶基因有较高的同源性，但同一菌种不同类型的纤维素酶基因间的同源性相对较低。纤维素酶氨基酸序列的同源性也大量发现于相近种属、细菌、放线菌、真菌等及高等植物的不同类型之间。真菌纤维素酶基因中，内含子的数目一般为2～3 个，所处的位置保守性较低，长度一般在 40～80bp（碱基对），比高等真核基因的内含子要少得多。以里氏木霉为例，5 个纤维素酶 CBH Ⅰ基因与 EG Ⅰ基因的同源性为 52%，局部序列同源性达 74%；CBH Ⅱ基因与 EG Ⅱ基因的整体同源性很小，而且它们与 CBH Ⅰ和 EG Ⅰ两个基因基本上不存在整体同源性。里氏木霉 CBH Ⅰ与绿色木霉 CBH Ⅰ基因序列的同源性达95%。不同类型的纤维素酶基因的进化是各自独立的，在进化之初可能只存在一个纤维素酶基因，它编码糖酵解酶的前体，但由于进化选择的压力，这一基因发生了突变，通过这种歧异进化，形成了一个复杂的纤维素酶基因家族。

（二）纤维素酶基因的克隆和表达

在纤维素酶的生产中，真菌能够合成大量的纤维素酶，具有纤维素降解能力较强的优势，但是真菌培养困难，发酵周期长，难以大规模生产。细菌尽管培养简单，生长速度快，发酵周期短，但普遍产纤维素酶水平较低。因此，理想的途径是将真菌的纤维素酶基因克隆到细菌宿主中构建纤维素酶细菌工程菌。纤维素酶基因的克隆和表达可以证明纤维素酶基因结构的完整性，有利于酶大量合成，还为纤维素酶的后续改造和酶系重构等分子操作提供了可能。迄今为止，几乎所有克隆到的纤维素酶基因都实现了在大肠杆菌或者其他宿主中的表达。如来源于枯草芽孢杆菌（*Bacillus subtilis*）的纤维素酶基因在毕赤酵母（*Pichia pastoris*）中实现了表达；来源于放线菌（*T. fusca*）的纤维素酶基因 *Cel*6A 和 *Cel*6B 在烟草中进行了表达；从白蚁（*Coptotermes formosaus*）中克隆的纤维素酶基因在大肠杆菌（*Escherichia coli*）中进行了表达等。

纤维素酶基因克隆载体的选择根据目的基因的来源、类型不同而不同。纤维素酶基因的克隆选择一般的细菌质粒构建的载体即可满足要求。质粒载体需要有一个稳定、便于检测的遗传标记，目前常用的克隆载体均带有抗生素抗性基因作为筛选标记，可以方便快捷地筛选到含目的基因的阳性克隆。其他的标记如营养缺陷型标记、细菌素标记等也在基因克隆中应用。

在基因表达宿主的选择上，由于大肠杆菌作为受体菌有其公认的优点，因此，纤维素酶基因表达宿主菌主要是大肠杆菌。但大肠杆菌在用于表达宿主时，主要存在两个问题：一是由于大肠杆菌很少分泌蛋白质，表达产物的提取有很大的困难；二是表达与分泌水平较低，一般在10％以下。基于此，许多学者把受体菌的研究工作转移到能分泌胞外蛋白的枯草芽孢杆菌（*B. subtilis*）、乳酸菌（*Lactobacillus*）和酿酒酵母（*S. cerevisiae*）等微生物上。同时，在纤维素酶基因表达过程中，为了避免选择标记的存在，或者为了适应自然环境下无选择压力的高效表达，整合型表达载体也越来越多地应用于纤维素酶基因的转化系统中[20]。

真核表达系统是近年来用于表达外源基因的新兴表达体系。由于其可以克服在原核表达系统中无法进行特定翻译后修饰的缺陷，成为生产具有生物活性的真核生物蛋白的重要途径。酵母作为一种传统的工业微生物，用其表达纤维素酶基因，其产物高度糖基化，经正确加工修饰后可直接分泌至培养基，表达水平高。在酵母表达系统中，将纤维素酶基因在酿酒酵母体系实现克隆和表达可以实现从纤维素到葡萄糖再到乙醇的完整转化过程，成为纤维素酶基因工程发展的一个重要方向。山东大学将瑞氏木霉内切葡聚糖酶Ⅲ基因在酿酒酵母中成功表达和分泌，并发现其mRNA（信使核糖核酸）5′端先导序列中可能存在影响该基因表达水平的调控序列。之后他们又将瑞氏木霉的纤维二糖水解酶CBHⅠ基因和内切葡聚糖酶EGⅠ基因构建到酿酒酵母中，得到的重组酵母能在酶自身信号肽序列引导下进行分泌型表达，但仍然存在酶活力不高的问题。江南大学将里氏木霉β-葡萄糖苷酶基因 *bgl* Ⅱ整合到酿酒酵母染色体DNA中，转化子能以纤维二糖为唯一碳源生长。Yasuya Fujita将里氏木霉的 EGⅡ、CBHⅡ和 *Aspergillus aculeatus* 的β-葡萄糖苷酶通过分子构建共展示在酿酒酵母细胞表面，获得的重组菌可以直接将无定形纤维素转化为乙醇，但产率很低。毕赤酵母表达体系是近年来逐渐成熟的酵母表达体系，它具有完整的蛋白表达、加工和修饰功能，可将含外源基因的表达框整合进甲醇酵母的基因组中，遗传稳定，容易实现大规模高密度（＞130g/L的细胞干重）发酵，且自身仅分泌很低水平的内源蛋白，外源分泌蛋白纯化方便，因此，毕赤酵母表达体系特别适宜于酶的生产。纤维素酶是一种多组分酶系，常常根据实际需要对其中的一个酶组分的基因进行克隆与表达。采用毕赤酵母表达系统克隆和表达可以实现特定纤维素酶组分的生产。Zhuge等成功将来源于细菌的纤维素酶基因转化到毕赤酵母（*P. pastoris*）中，实现了原核细菌基因在酵母中的表达。用于棉织物水洗整理的纤维素酶要求具有较高的内切葡聚糖酶活性，丁少军等从大型真菌草菇中克隆内切葡聚糖酶基因并在酵母中高效表达。在霉菌表达系统中，木霉（*T. reesei*）不但自身是纤维素酶合成的重要物种，同时还是优良的外源基因表达系统，具有成熟的批量发酵技术和较强的蛋白质胞外分泌能力。除此之外，Takashima等分别从腐质霉（*Humacola grisea*）和木霉（*T. reesei*）中克隆了纤维素酶基因，并分别将这些纤维素酶基因转化到米曲霉（*Aspergillus oryzae*）中，实现这两个基因在真核宿主中的高效表达，获得了异源纤维素酶。

纤维素酶的克隆和表达除了在常见的宿主如大肠杆菌、毕赤酵母、真菌（如米曲霉）等中表达之外，最近科学家们提出以转基因植物为宿主来表达纤维素酶基因，与常规的微生物宿主相比，具有更高的表达量。2007年，细菌 *T. fusca* 的耐热纤维素酶基因在烟草的叶绿体基因组中成功表达，表达量达到可溶性蛋白总量的0.6％～3％，是以微生物为宿主的表达量的6～15倍。

（三）纤维素酶的分子改造

天然微生物菌株生产的纤维素酶存在酶系结构复杂，分离单一纤维素酶组分困难，对天然纤维原料降解能力有所欠缺等问题。纤维素酶应用领域广泛，不同的应用领域由于环境条件不同对酶的要求也不同。如应用于饲料，要求纤维素酶有耐酸性特点；应用于纺织、洗涤、造纸业，则要求纤维素酶有耐碱性特点。天然来源于真菌的纤维素酶多数为酸性酶，在碱性条件下不能有效发挥作用，而且纤维素酶的活性和热稳定性有限，不能满足应用的需要。20 世纪 80 年代兴起的定点突变技术和酶体外定向进化技术，为天然纤维素酶分子的改造提供了有效途径。人们可以在基因水平上，通过定点突变、易错 PCR（聚合酶链式反应）、DNA 重组、交错延伸过程、杂合酶技术等手段产生各种突变体，再从中筛选出符合人们需要的突变酶，如耐碱性酶、高比活力酶、高热稳定性酶等。

1. 纤维素酶的理性设计

酶分子理性设计是酶工程最早采用并延续至今的方法，主要包括 DNA 重组和定点突变技术方法。纤维素酶理性设计的前提是需要对纤维素酶蛋白的结构、生物催化或基于结构的分子模型结构以及理想的结构-功能关系有详细的了解，然后通过取代、插入或缺失等手段改变蛋白质分子中的特定氨基酸，从而鉴定出与酶特性相关的关键氨基酸残基和结构元件。理性设计增加了人们对酶结合和催化机制的理解，为后续的酶工程改造和对数据库中新的蛋白质序列的功能预测奠定了基础。利用定点突变技术可以证明推测的纤维素酶的催化位点和结合位点，也可以改造纤维素酶的特性，但利用定点突变手段明显地提高纤维素酶活性的例子相当少。*Bacillus* N4 所产纤维素酶 NK1 为碱性酶，在 pH 值 6～10 之间稳定，而同源性达 60% 的 *B. subtilis* 所产的另一纤维素酶的最适 pH 值为 6～6.5。Park 通过构建杂合酶和定点突变发现 NK1 的 S287A/A296S 两个点突变可使 NK1 由碱性酶转变为中性酶。对来源于极端耐热古菌 *Pyrococcus horikoshii* 的内切酶 EGPh 的研究显示，该酶缺乏 CBD，E342 是酶的活性中心。把 EGPh 的 C 端与来源于 *P. furiosus* 的几丁质酶耐热 CBD 融合后，嵌合酶显示了对羧甲基纤维素和微晶纤维素更强的降解能力。将 *Acidothermus cellulolyticus* 所产酸性嗜热内切葡聚糖酶催化区 Eicd 活性缝隙位点的一个酪氨酸转变为甘氨酸（Y245G）的单突变以及 Y245G/Q204A 双突变均使突变体酶解磷酸润胀的纤维素产物中的葡萄糖含量较野生型酶酶解产物提高 40%[21]。

2. 纤维素酶的定向进化

纤维素酶理性设计是在对纤维素酶的结构及其结构与功能的构效关系解析清楚的基础上进行的，而迄今为止多数纤维素酶的三维结构仍然没有得到解析，即使对于部分三维结构得到解析的酶蛋白，其结构与功能之间的关系还存在许多未知问题，因此纤维素酶理性设计技术的应用受到一定的限制。不依赖酶蛋白的结构信息所发展起来的酶定向进化技术日益受到人们的关注，定向进化技术是人为地创造特殊的进化条件，模拟自然进化机制，在体外对基因进行随机突变，从一个或多个已经存在的亲本酶（天然的或者人为获得的）出发，经过基因的突变和重组，构建人工突变酶库，通过一定的筛选或选择方法最终获得预期的具有某些特性的进化酶。Murashima 等采用定向进化的方法使得对纤维素酶的性质研究和人工改造工作更容易进行。一个突出的例子是将来源于 *Clostridium cellulovorans* 纤维小体的内切葡聚糖酶 EngB 与非纤维小体的 EngD 进行 DNA 体外重组，筛选得到的 E116D 和 V192A 两个 EngB 突变体酶在活力不降低的情况下热稳定性提高了 7 倍。山东大学王婷等使用易错 PCR（epPCR）技术对瑞氏木霉内切葡聚糖酶Ⅱ的基因进行随机突变，通过酵母表达进行筛选，发现 N342T 突变使酶作用最适 pH 值向中性偏移（由 4.8 偏移至 5.4）[21]。

3. 纤维素酶系的重构

由于天然纤维素材料的组成和结构不同，其降解所需的纤维素酶不同组分之间，以及纤维素酶与其他降解酶活力的适宜比例也各不相同。纤维素酶水解纤维素是在内切葡聚糖酶、外切

葡聚糖酶和 β-葡萄糖苷酶等酶组分的协同作用下将纤维素彻底降解成葡萄糖。单一的纤维素酶组分不能独立完成对天然纤维素底物的完全降解，必须在几种纤维素酶组分的协同作用下完成。在此理论基础上，通过大量的实验验证，研究者们提出了通过对纤维素酶酶系组分的重构以优化纤维素降解酶系，提高对纤维素底物的降解效率、降低酶用量的策略。

纤维素酶系组分重构是将不同来源的不同类型的几种纤维素酶组分，基于对它们各自酶解特征的了解，按不同比例混合，调整其酶解条件，以达到对底物最佳降解的效果。Baker 等将一个来自 A. cellulolyticus 的内切葡聚糖酶和来自 T. reesei 与 T. fusca 的两个外切葡聚糖酶按一定比例混合后，重构的纤维素酶混合物对不溶性纤维素底物的水解效率明显提高。另外，里氏木霉的纤维素酶组分中 β-葡萄糖苷酶的分泌量低是制约里氏木霉纤维素酶系有效降解纤维素底物生成葡萄糖的瓶颈，低活性的 β-葡萄糖苷酶抑制了内切葡聚糖酶和外切葡聚糖酶的活性。因此提高 β-葡萄糖苷酶的表达是增强里氏木霉纤维素酶降解天然纤维素底物能力的一条重要途径。汪天虹等将瑞氏木霉 β-葡萄糖苷酶 I 基因（bgl I）与绿色荧光蛋白基因（gfp）融合后转化入瑞氏木霉，筛选得到的 2 株转化子对纤维二糖底物的降解活性比出发菌株分别提高 3.8 倍和 3.2 倍，滤纸酶活力分别提高 33％和 56％。研究表明 β-葡萄糖苷酶在里氏木霉中的过量表达有助于减轻纤维二糖对内切葡聚糖酶和外切葡聚糖酶的反馈抑制作用，可显著提高纤维素酶系降解纤维素底物的能力[21]。

纤维素酶制剂的组分重构在应用于某些特殊用途的纤维素酶制剂时也是有效的。不同工业用途的纤维素酶制剂对纤维素酶系组分有不同的要求。如应用于废纸再生利用过程的纤维素酶制剂，为避免降低纤维强度而不需要高活性的外切葡聚糖酶活力。Karhunen 等用 eg1 基因置换里氏木霉的 cbh 1 基因后 CBH I 活性降低 37％～63％，而 eg 1 基因的 mRNA 水平达到出发菌株的 10 倍。为研究纺织工业生物染整过程中最适宜的纤维素酶系组合，Miettinen-Oinonen 等构建了过量表达 cbh 1 基因同时 eg 1 基因失活以及过量表达 cbh2 基因同时 egg 基因失活的工程菌株，发现增加 1 个 cbh 1 基因拷贝时 CBH I 蛋白表达量提高 1.3 倍，增加 2 个 cbh 1 基因拷贝时 CBH I 蛋白量提高 1.5 倍；而增加 1 个在 cbh 1 基因启动子控制下的 cbh2 基因拷贝，CBH II 蛋白表达量提高到出发菌株的 3～4 倍。这些外切葡聚糖酶活性提高而内切葡聚糖酶活性降低的纤维素酶制剂很适用于棉纤维的生物整理，增强去球效果，改善织物手感和织物外观性能[22]。

六、纤维素酶的应用

纤维素酶在食品、饲料、酿造、纺织、发酵、洗涤剂、制浆造纸等行业中应用广泛，同时在医药、原生质体生产、基因工程与污染物处理等行业中也有应用[23]。随着低碳经济的发展和生物质产业的兴起，纤维素酶最大的应用领域是木质纤维素生物炼制能源、化学品行业，纤维素酶在生物质能源、化学品生产上的应用是推动纤维素酶研究的主要驱动力。

1. 在食品工业中的应用

食品工业是目前纤维素酶应用最广泛的行业之一，主要包括果蔬加工、谷物处理、大豆去皮、蛋白分离、淀粉加工和琼脂生产等领域。在果蔬加工中，采用蒸煮、酸碱处理等方法使植物组织软化膨润，导致果蔬的香味和维生素等营养物质损失，采用纤维素酶处理可避免上述不足。纤维素酶处理果蔬可提高细胞内含物可消化性蛋白质、果汁及芳香油等成分的提取率；可使植物组织软化，从而提高可消化性和口感。纤维素酶处理的胡萝卜在制作胡萝卜浓汤时无需过筛，颜色不变，而且浓汤产量和质量明显提高。纤维素酶处理大豆可促使其脱皮和细胞壁破坏，提高大豆中优质水溶性蛋白质和油脂提取率。纤维素酶处理柑橘等果蔬榨汁原料，可提高果（蔬）汁提取率约 10％，并促进汁液澄清、透明，在货架期内不发生沉淀现象。在茶叶和速溶茶饮料加工中，常用热水浸提法提取茶叶中的有效成分，采用沸水浸泡和酶法结合既可缩短提取时间，又可提高水溶性较差的茶单宁、咖啡因等的提取率，并能保持茶叶原有的色、香、味。采用纤维素酶辅助提取茶多糖，纤维素酶对茶叶细胞壁的降解可缩短提取时间，显著提高茶多糖的提取率。在啤酒生产中，纤维素酶可用于水解低等级大麦中的 β-1,4-葡聚糖，提高啤酒过滤速度。

此外，在食品工业中，纤维素酶还应用于脱水蔬菜、葡萄糖、纤维低聚糖、风味化合物的生产等。

2. 在酿造、发酵工业中的应用

酿造和发酵行业的原料主要是玉米、小麦、高粱等淀粉质原料，这些原料中含有 $1\%\sim3\%$ 的纤维素，不利于淀粉糖化过程中淀粉的充分释放，纤维素酶可破坏原料细胞壁结构促进淀粉释放，提高淀粉糖化效率，同时纤维素经纤维素酶降解也可增加糖化液中的可发酵性糖含量。纤维素酶在酿酒工业上的应用，可增加可发酵性糖产量，提高出酒率，缩短发酵时间，降低发酵液黏度，有利于酒糟分离，而且酒的口感醇香，杂醇油含量低。以大豆为原料酿造酱油过程中添加纤维素酶，可促进原料细胞中蛋白质和淀粉释放，既可提高酱油浓度，改善酱油质量，又可缩短生产周期，提高生产效率。

纤维素酶在木质纤维素生物炼制能源、化学品行业应用潜力巨大。纤维素糖化是木质纤维素生物炼制的关键过程，木质纤维素中的纤维素、半纤维素在纤维素酶催化作用下降解成可发酵性糖，可发酵性糖经各种微生物发酵生产能源、化学品和生物基材料单体。木质纤维素生物炼制可替代石油等化石资源生产能源、化学品和材料，是人类社会可持续发展、低碳发展的重要途径。

3. 在饲料工业中的应用

纤维素酶是重要的饲料添加剂，我国纤维素酶作为饲料添加剂在养殖业中应用始于20世纪80年代初期。纤维素酶饲料添加剂的作用主要包括：一是提高饲料中纤维素的消化率。单胃动物如猪、鸡等体内缺乏内源性纤维素酶，不能消化纤维素；反刍动物体内虽然有分解纤维素的微生物，但其产生的纤维素酶种类和数量有限，对饲料中纤维素的消化率较低。在饲料中添加纤维素酶，可提高动物对粗纤维的消化利用率。二是破坏谷物等饲料中的抗营养因子。小麦、玉米等细胞壁中的纤维素和半纤维素部分包裹谷物中的淀粉、蛋白质等营养物质，限制了动物对营养物质的消化吸收，称为抗营养因子。在饲料中添加纤维素酶、半纤维素酶等酶制剂，可以破坏细胞壁中的抗营养因子，提高动物对淀粉、蛋白质等营养物质的消化、吸收率。三是降低动物消化道内容物的黏度。饲料中纤维素、半纤维素和果胶含量较高，部分水溶性半纤维素和果胶的高黏度特性，易引起动物消化道内容物黏度增加，不利于消化道营养物质的消化吸收。在饲料中添加纤维素酶、半纤维素酶和果胶酶，可以将纤维素、半纤维素和果胶等降解为低黏度的低分子量聚糖或低聚糖，降低动物消化道内容物的黏度，促进动物对营养物质的消化吸收。

除了作为饲料添加剂外，纤维素酶在饲料或饲料添加剂生产上也被广泛应用。例如，在农作物秸秆等纤维素废弃物中添加纤维素酶、酵母细胞进行固态发酵生产粗饲料，提高粗饲料的可消化性和蛋白质含量。采用纤维素酶水解纤维素废弃物生成葡萄糖，继而采用酵母发酵酶水解液生产单细胞蛋白。此外，纤维素酶还可应用于纤维低聚糖饲料添加剂的生产中等。

4. 在轻工业中的应用

纺织工业中，纤维素酶被用于改善纤维织物的外观性能。染色棉织物经纤维素酶处理后，表面毛羽、棉结明显地被清除，织物结构清晰，染色织物的色泽明显变亮和加深。纤维素酶处理后的织物表面粗糙度以及抗挠刚度显著降低，纤维柔软度增强。洗涤剂工业中，含纤维素酶的洗涤剂不仅能对纤维表层进行可控"刻蚀"，避免洗涤物产生不均匀的褪色，而且对织物内部纤维的强度不会过度损伤。牛仔布整理工艺中，纤维素酶洗工艺已广泛取代传统的石磨水洗工艺。另外，为了防止及除去织物表面的毛球，运用纤维素酶对织物进行生物抛光十分必要。在纤维素酶处理织物过程中，由于纤维素酶分子较大，不易渗入棉纤维内部，只能使接近纤维表面的 β-1,4-葡萄糖苷键受到影响，织物表面的微细纤维在生物降解和机械力作用下脱落，得到平滑的纤维表面。织物经纤维素酶处理后，显著降低了起毛起球的趋势，而且手感柔软，悬垂性好，吸汗吸水性增强，并使织物光泽和色泽鲜艳度明显改善。

造纸工业中，纤维素酶主要应用于废纸脱墨、酶促打浆、纸浆纤维酶法改性等方面。

第三节 半纤维素降解酶

半纤维素是一类存在于植物细胞壁中的非均一性杂多糖，是木质纤维素的主要组分。植物原料不同，半纤维素组成和含量不同。植物细胞壁中，半纤维素与纤维素、木质素通过物理和化学作用，形成难以被微生物或酶降解的超分子复合物结构。半纤维素结构多样性复杂：一是半纤维素的糖基组成和糖苷键的多样性。半纤维素主链糖基包括 D-木糖基、D-葡萄糖基、D-甘露糖基、D-半乳糖基、D-半乳糖醛酸基等，侧链糖基主要包括 D-木糖基、D-甘露糖基、D-葡萄糖基、D-半乳糖基、L-阿拉伯糖基、4-O-甲基-D-葡萄糖醛酸基以及鼠李糖基、岩藻糖基等，多数半纤维素侧链还含有乙酰基。二是半纤维素分子结构的多样性。绝大多数半纤维素分子主链糖基上连有侧链，不同半纤维素侧链的糖基组成与含量、聚合度、与主链糖基连接的糖苷键类型等复杂多样。半纤维素结构的多样性决定了半纤维素的降解需要多种酶的协同作用。

一、木聚糖降解酶

木聚糖是阔叶材、禾本科和草本植物半纤维素的主要组成成分。木聚糖是由木糖通过 β-1,4-糖苷键连接形成主链，在主链糖基上连有乙酰基、阿拉伯糖基、葡萄糖醛酸基等侧链基团的多分散性杂多糖。木聚糖降解酶是指降解木聚糖的一类酶的总称，包括降解主链的木聚糖酶和降解侧链的支链降解酶。木聚糖酶包括内切 β-1,4-木聚糖酶（EC 3.2.1.8）和 β-木糖苷酶（EC 3.2.1.37），支链降解酶主要包括 α-L-阿拉伯呋喃糖苷酶（EC 3.2.1.55）、α-D-葡萄糖醛酸酶（EC 3.2.1.139）和乙酰木聚糖酯酶（EC 3.1.1.72）等。

木聚糖酶来源广泛，在细菌、真菌、藻类、植物、原生动物和甲壳动物中均有发现。微生物发酵是获得大量木聚糖酶的主要途径。

1. 内切 β-1,4-木聚糖酶

内切 β-1,4-木聚糖酶是降解木聚糖的关键酶，随机作用于木聚糖主链分子的 β-1,4-糖苷键，产生短链木聚糖和低聚木糖。内切 β-1,4-木聚糖酶对聚合度大于 2 的低聚合度木聚糖均有水解能力，它与底物的亲和力随着木聚糖聚合度的增加而提高。

工业来源的内切 β-1,4-木聚糖酶主要由细菌、真菌等微生物发酵得到。天然微生物发酵得到的内切木聚糖酶总伴随着木糖苷酶存在，采用分子生物学的方法将微生物的内切木聚糖酶基因克隆并在宿主细胞中表达，可获得单一的内切木聚糖酶。不同来源的内切木聚糖酶的活性有较大差异性，一般真菌内切木聚糖酶的活性高于细菌内切木聚糖酶。内切木聚糖酶属于单亚基蛋白质，分子量为 8500～85000，等电点为 4.0～10.3。根据氨基酸序列同源性和疏水性分析，内切木聚糖酶属于糖苷水解酶的 GH10 家族和 GH11 家族[24]。

木质纤维素酶水解中，内切木聚糖酶可与纤维素酶协同水解，提高纤维素糖化效率。木质纤维素经预处理后，底物中的微纤丝表面往往残留部分木聚糖，对纤维素酶水解纤维素分子形

成物理屏障。在纤维素酶水解体系中添加木聚糖酶，其中的内切木聚糖酶能有效降解微纤丝表面的木聚糖，使更多微纤丝暴露，提高了底物中纤维素与纤维素酶的可及性，从而提高纤维素酶解效率[24-26]。

2. β-木糖苷酶

β-木糖苷酶是一种外切酶，作用于短链木聚糖和低聚木糖的还原性末端，释放木糖。β-木糖苷酶可从细菌、放线菌和真菌等微生物以及部分高等植物中分离得到。多数 β-木糖苷酶的最适 pH 值为 3.0～6.0，最适反应温度为 40～60℃。β-木糖苷酶属于糖苷水解酶的 GH3 家族、GH30 家族、GH39 家族、GH43 家族、GH52 家族和 GH54 家族。在木聚糖酶水解过程中，β-木糖苷酶可以通过降低内切木聚糖酶的产物抑制作用从而促进木聚糖的水解。此外，在利用纤维素酶和木聚糖酶水解木质纤维素时，虽然木聚糖在内切木聚糖酶作用下水解溶出，但其水解产物低聚木糖是外切葡聚糖酶的强抑制剂[27]，木聚糖酶中的 β-木糖苷酶可进一步将低聚木糖水解成木糖，消除低聚木糖对外切木聚糖酶的抑制作用。

3. α-L-阿拉伯呋喃糖苷酶

α-L-阿拉伯呋喃糖苷酶作用于连接在木聚糖或低聚木糖主链上的 L-阿拉伯糖基侧链基团，释放阿拉伯糖。细菌和真菌是 α-L-阿拉伯呋喃糖苷酶的主要来源。根据底物专一性不同，α-L-阿拉伯呋喃糖苷酶又分为两类：α-L-阿拉伯呋喃糖苷酶 A，该类酶一般水解末端的阿拉伯糖基；α-L-阿拉伯呋喃糖苷酶 B，既能水解末端的阿拉伯糖基，也能水解阿拉伯糖基侧链。α-L-阿拉伯呋喃糖苷酶属于糖苷水解酶 GH3 家族、GH10 家族、GH43 家族、GH51 家族、GH54 家族和 GH64 家族。α-L-阿拉伯呋喃糖苷酶作为一种支链酶，它和内切木聚糖酶同时水解阿拉伯木聚糖时有协同作用。此外，它与内切木聚糖酶、乙酰木聚糖酯酶之间也有协同作用。

4. α-D-葡萄糖醛酸酶

α-D-葡萄糖醛酸酶是一种半纤维素支链水解酶，作用于 4-O-甲基葡萄糖醛酸与半纤维素主链糖残基之间的 α-1,2-糖苷键，释放 4-O-甲基葡萄糖醛酸。该酶在半纤维素水解过程中与其他半纤维素降解酶如内切木聚糖酶存在协同作用，能促进木聚糖的水解。真菌和细菌是 α-葡萄糖醛酸酶的主要来源。α-D-葡萄糖醛酸酶属于糖苷水解酶的 GH67 家族和 GH115 家族。GH67 家族的 α-D-葡萄糖醛酸酶只能作用于聚合度为 2～5 的小分子 4-O-甲基葡萄糖醛酸基低聚木糖，且只能水解非还原末端的 4-O-甲基葡萄糖醛酸侧链。GH115 家族的 α-D-葡萄糖醛酸酶不仅能够从 4-O-甲基葡萄糖醛酸基低聚木糖的非还原端水解 4-O-甲基葡萄糖醛酸基，还能够作用于长链 4-O-甲基葡萄糖醛酸基木聚糖的 4-O-甲基葡萄糖醛酸基侧链，从而使 4-O-甲基葡萄糖醛酸基从木聚糖主链释放。

5. 乙酰木聚糖酯酶

乙酰木聚糖酯酶作用于乙酰化木聚糖中木糖残基的 C2 位和 C3 位的 O-乙酰基。木聚糖中乙酰基的脱除能极大地降低木聚糖的水溶性。真菌和细菌是乙酰木聚糖酯酶的主要来源。乙酰木聚糖酯酶的最适反应温度一般为 45～60℃。阔叶材中，被乙酰化的木糖残基约占 50%，乙酰基的存在限制了木聚糖降解酶的作用。因此，在水解含有乙酰基的木聚糖时，乙酰木聚糖酯酶和内切木聚糖酶之间存在明显的协同作用[26,28]。

根据氨基酸序列的相似性，来自不同微生物的乙酰木聚糖酯酶分别归属于碳水化合物酯酶的 CE1～7 家族和 CE12 家族。不同家族的乙酰木聚糖酯酶对乙酰化木聚糖的底物特异性有很大差异。CE1 家族、CE4 家族、CE5 家族和 CE6 家族的乙酰木聚糖酯酶均能够脱除木糖残基 C2 位或 C3 位上的乙酰基，而 CE4 家族的乙酰木聚糖酯酶不能同时脱除 C2 位和 C3 位的乙酰基。

CE2 家族的乙酰木聚糖酯酶对木糖残基的 C4 位乙酰基有很强的特异性。CE3 家族和 CE7 家族的乙酰木聚糖酯酶对乙酰化木聚糖的作用范围较广，没有很强的特异性。

二、甘露聚糖降解酶

1. β-甘露聚糖酶

β-甘露聚糖酶是葡甘露聚糖、半乳甘露聚糖等甘露聚糖的主要降解酶，作用于甘露聚糖主链上的 β-1,4-糖苷键，释放甘露低聚糖、甘露糖。β-甘露聚糖酶来源广泛，目前在动植物和微生物中均有发现。微生物生产的 β-甘露聚糖酶具有酶活性高、生产成本低、提取简单等优点，已成为 β-甘露聚糖酶的主要来源。根据催化域序列相似性分析，目前发现的 β-甘露聚糖酶属于糖苷水解酶的 GH5 家族、GH26 家族和 GH113 家族[29]。

2. β-甘露糖苷酶

β-甘露糖苷酶是一种外切型酶，该酶作用于甘露低聚糖、葡甘露低聚糖中 β-D-甘露糖苷键的非还原性末端，释放甘露糖。β-甘露糖苷酶来源广泛，目前已经从不同类型的动植物和微生物中分离得到。其中微生物是其主要来源，目前已知的可生产 β-甘露糖苷酶的微生物包括火球菌（*Pyrococcus furiosus*）、黑曲霉（*Aspergillus niger*）、枯草芽孢杆菌（*Bacillus subtilis*）等。β-甘露糖苷酶属于糖苷水解酶的 GH1 家族、GH2 家族和 GH5 家族[30]。

3. β-葡萄糖苷酶

β-葡萄糖苷酶是一种外切型酶，分子量在 $165000 \sim 182000$ 之间，在葡甘露聚糖水解过程中，β-葡萄糖苷酶可水解并释放葡甘露低聚糖非还原性末端中的葡萄糖基。β-葡萄糖苷酶对各种葡萄糖苷都具有活性，但在水解过程中易被葡萄糖抑制并且不能水解长链结构中的 β-1,4-糖苷键。

β-葡萄糖苷酶属于糖苷水解酶的 GH1 家族和 GH3 家族。不同家族的 β-葡萄糖苷酶来源差异性大。GH1 家族的 β-葡萄糖苷酶主要来源于细菌和动植物，该家族的 β-葡萄糖苷酶同时具有半乳糖苷酶活性；GH3 家族的 β-葡萄糖苷酶主要来源于细菌、酵母菌和真菌等。

4. 乙酰甘露聚糖酯酶

乙酰甘露聚糖酯酶是一种脱支酶，能水解甘露聚糖侧链的乙酰基团。甘露聚糖中乙酰基的存在形成的空间位阻，阻碍了 β-甘露聚糖酶对主链糖苷键的作用，乙酰甘露聚糖酯酶能够改善 β-甘露聚糖酶的水解作用。乙酰甘露聚糖酯酶属于碳水化合物酯酶的 CE16 家族。目前常见的乙酰甘露聚糖酯酶主要来源于里氏木霉（*T. reesei*）、米曲霉（*A. oryzae*）以及蘑菇裂褶菌（*Schizophyllum commune*）等。

5. α-半乳糖苷酶

α-半乳糖苷酶是一种脱支酶，能催化水解半乳甘露聚糖以及相应的半乳甘露低聚糖主链糖基与半乳糖侧链基之间形成的 α-1,6-糖苷键。根据底物特异性可将 α-半乳糖苷酶分为两类，一类仅水解人工合成的对硝基苯基底物和棉子糖家族低聚糖（例如棉子糖和水苏糖）等分子量较小的底物，另一类除了可以水解上述底物外，还能水解半乳甘露聚糖以及相应的低聚糖的半乳糖侧链基团。α-半乳糖苷酶属于糖苷水解酶的 GH4 家族、GH27 家族和 GH36 家族。

第四节　木质素降解酶

木质素是自然界中含量仅次于纤维素的天然有机化合物，它是由香豆醇、松柏醇和芥子醇三种苯丙烷结构单元组成的复杂疏水性高聚物，因其复杂的结构可抵抗多数酶的作用而成为目前生物界公认的难降解芳香族化合物之一。一些真菌（主要为白腐菌）和细菌可以通过分泌的氧化酶氧化木质素产生自由基，自由基进一步相互作用导致木质素醚键和碳碳键的断裂，使木质素大分子降解为低分子的芳香化合物。目前普遍认为直接参与木质素生物降解的氧化酶主要有木质素过氧化物酶（lignin peroxidase，LiP）、锰过氧化物酶（Mn-dependent peroxidase，MnP）、多功能过氧化物酶（versatile peroxidase，VP）、染料脱色过氧化物酶（dye decolorizing peroxidase，DyP）和漆酶（laccase，Lac）。除此之外，一些辅助性酶如乙二醛氧化酶（glyoxal oxidase，GLOX）、芳基乙醇氧化酶（aryl alcohol oxidase AAO）、纤维二糖脱氢酶（cellobiose dehydrogenase，CDH）、吡喃糖氧化酶（pyranose oxidase，POx）等能提供过氧化物酶所需的 H_2O_2，也间接地参与木质素的生物降解[31-33]。

一、木质素过氧化物酶

木质素过氧化物酶（lignin peroxidase，LiP，EC1.11.1.14），曾称木质素酶，1983 年首次从黄孢原毛平革菌（*Phanerochaete chrysosporium*）中发现[34]，随后从众多白腐菌如云芝（*Tramates versicolor*）、射脉菌（*Phlebia radiate*）和白腐烂皮菌（*Phanerochaete sordida*）中分离得到，是白腐菌降解木质素的关键酶之一[35]。木质素过氧化物酶是一种含亚铁血红素的糖基化蛋白，通常以多种同工酶的形式存在，分子量约为 40000，含有 N- 和 O- 连接的糖基化修饰，有偏酸性的等电点和最适 pH 值，氧化还原电位为 700～1400mV。木质素过氧化物酶的蛋白结构和辣根过氧化物酶（horseradish peroxidase，HRP）相似，C- 端和 N- 端分别由 8 个大的、8 个小的 α-螺旋和有限的 β-折叠形成的结构域，在中间嵌合一个保守的亚铁原卟啉 IX 血红素基团。LiP 含有 2 个钙离子结合位点和 4 个二硫键，用于维持蛋白结构的稳定性（图 11-2-5）[31]。由于 LiP 具有较高的氧化还原电位，因此不需要介质就可以催化木质素中酚类和非酚类芳香化合物单元的氧化降解。木质素过氧化物酶需要以 H_2O_2 为电子受体参与氧化反应，但本身易受 H_2O_2 的影响而失活，也易受木质纤维素基质中一些成分的抑制。

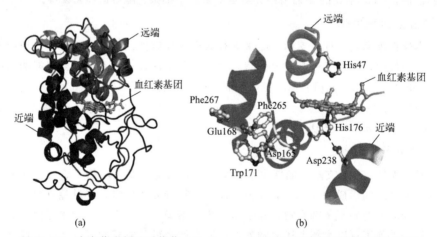

(a)   (b)

图 11-2-5　来自黄孢原毛平革菌（*P. chrysosporium*）木质素过氧化物酶（LiP）的晶体结构 ［Protein Data Bank（PDB）code：1LGA］[31]

（a）LiP 三维结构图（近端，C- 端结构域；远端，N- 端结构域；血红素基团）（b）血红素基团区域详细结构（近端 His176 和 Asp238 形成氢键，稳定 LiP 化合物 I 中的 Fe^{4+}-氧-卟啉自由基复合体）

木质素过氧化物酶的催化过程与其他过氧化物酶如辣根过氧化物酶相似，包含一个典型的过氧化物酶催化循环。首先，以过氧化氢 H_2O_2 为电子受体，木质素过氧化物酶原酶分子

（LiP，天然的）被氧化，产生缺 2 个电子的中介体，称为 LiP 化合物Ⅰ（Compound Ⅰ），LiP 化合物Ⅰ接下来进行两步的单电子氧化作用回到本体状态，第一步单电子氧化使 LiP 化合物Ⅰ成为缺 1 个电子的中介体，称为 LiP 化合物Ⅱ（Compound Ⅱ），随后单电子氧化使 LiP 化合物Ⅱ回到本体状态。但过量 H_2O_2 可使木质素过氧化物酶变为 LiP 化合物Ⅲ（Compound Ⅲ），从而使酶失活，在藜芦醇正离子自由基（VA·+ 自由基）存在下，LiP 化合物Ⅲ可重新恢复到本体状态（图 11-2-6）[33]。

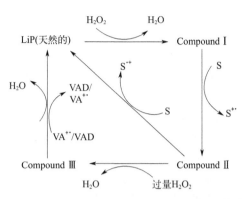

图 11-2-6　木质素过氧化物酶催化循环过程[33]
VA：藜芦醇；VAD：藜芦醛；S：底物

由于 LiP 底物专一性较广，其氧化的底物包括一系列不同类型的木质素芳香化合物以及非木质素芳香化合物，如多环芳香化合物、多氯化的酚类、硝基-芳香化合物及偶氮染料。芳香底物被提取 1 个电子而氧化，形成芳香正离子自由基，可以进一步发生一系列的支路反应，降解形成一系列小分子。研究表明，木质素过氧化物酶催化的氧化反应主要包括：a. 非酚型木质素芳基丙三醇-β-O-4 芳基醚模型物中 $C\alpha$—$C\beta$ 键的断裂及芳香环的打开。b. 氧化苯甲醇如藜芦醇为相应的醛或酮。c. 氧化苯酚产生自由基。d. 羟基化特定的典型亚甲基团。e. 苯乙二醇结构的裂解[6]。其中，$C\alpha$—$C\beta$ 键的断裂为最主要的反应（图 11-2-7[36]），$C\beta$ 的羟基化与其同时发生或在键断裂后发生[1]。

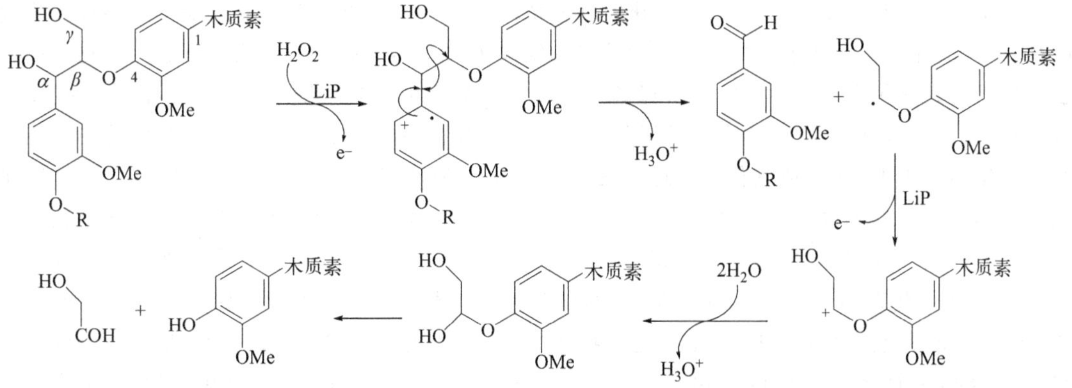

图 11-2-7　非酚型木质素芳基丙三醇-β-O-4 芳基醚模型物中 $C\alpha$—$C\beta$ 键的断裂及 $C\beta$ 的羟基化[36]

LiP 不但可直接与芳香底物发生反应，也有研究提出 LiP 通过氧化低分子量的中介体间接地发挥作用，这些低分子量的氧化剂穿透植物细胞壁氧化木质素聚合体。如由 *P. chrysosporium* 产生的次生代谢产物藜芦醇，能被 LiP 氧化成正离子自由基，后者立即参与到木质素聚合物的氧化作用中[37,38]。但是，近来的研究表明藜芦醇正离子自由基不稳定，产生的量也很低，是否能充当可穿透细胞壁的氧化中介体还有疑问[39]。不过可以肯定的是，藜芦醇可以增加 LiP 对许多底物包括木质素的反应活性，并且藜芦醇还起着保护 LiP 活性的中介体作用，或者在酶的催化循环中作为第二个单电子还原的优先底物。需要指出的是，很多木质素降解真菌包括研究最多的生物制浆优势菌株 *Ceriporiopsis subvermispora* 不产生 LiP[40]。

二、锰过氧化物酶

锰过氧化物酶（Mn-dependent peroxidase，MnP，EC 1.11.1.13）是 20 世纪 80 年代在黄孢原毛平革菌（*P. chrysosporium*）中分离发现的[41,42]，随后也在其他白腐菌如豹斑革耳（*Panus tigrinus*）、桦褐孔菌（*Lenzites betulinus*）、双孢蘑菇（*Agaricus bisporus*）、烟管菌（*Bjerkandera* sp）等的胞外酶液中分离得到[43]。和 *P. chrysoporium* 产生的木质素过氧化物酶（LiP）相比，锰过氧化物酶最初并没有受到足够重视。研究表明，锰过氧化物酶在白腐菌降解木质素中起着重要的作用，是分解木质素的主要酶系，几乎所有能引起木材白色腐朽的担子菌和各种栖息在土壤中的枯落层降解菌都能产生这种酶。

在细菌如短小芽孢杆菌（*Bacillus pumilus*）、类芽孢杆菌（*Paenibacillus* sp）和巴西固氮螺菌（*Azospirillum brasilense*）以及放线菌沙链霉菌（*Streptomyces psammoticus*）中也能检测到该酶的活性[32]。MnP 是一种含亚铁血红素的糖基化蛋白，通常以多种同工酶的形式存在，分子量一般在 38000～62500 之间，MnP 同工酶之间主要是等电点不同，通常具有偏酸性的最适 pH 值（pH 3～4）。在某些真菌中也发现等电点为弱酸性和中性的 MnP 同工酶。MnP 的蛋白结构和 LiP 蛋白结构类似，由 2 个 α-螺旋组成的功能域构成，包含 1 个保守的亚铁原卟啉Ⅸ血红素基团、2 个钙离子结合位点和 5 个二硫键（图 11-2-8）[31]。

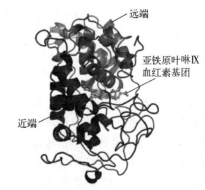

图 11-2-8　来自 *P. chrysosporium* 的 MnP（PDB code：1YYD）的 3D 结构图[31]
（近端，*C*-端结构域；远端，*N*-端结构域）

与木质素过氧化物酶（LiP）的催化循环相似，MnP 进行常规的过氧化物酶催化循环，不同的是 MnP 优先氧化存在于木材和土壤中的二价锰离子 Mn^{2+}，以 Mn^{2+} 作为首选还原底物，即电子供体，使其氧化为高度活性的三价锰离子 Mn^{3+}。Mn^{3+} 可以被环境中的草酸盐和苹果酸盐等羧酸化合物螯合，以可扩散的小分子氧化剂氧化酚类化合物产生自由基，使酚类物质进一步降解。催化循环由 H_2O_2（或其他有机过氧化物）结合到 MnP 本体上开始启动，形成一种过氧化铁复合体。然后过氧化物的氧氧键断裂，从亚铁血红素上转移 2 个电子，形成由 H_2O_2 氧化产生的中介体之一 MnP 化合物Ⅰ（MnP-Compound Ⅰ），而 H_2O_2 的双氧分子键断裂后释放一个水分子。MnP 化合物Ⅰ是一个 Fe^{4+}-氧-卟啉自由基复合体，可以单电子氧化二价锰离子 Mn^{2+} 生成 Mn^{3+}。草酸盐和苹果酸盐等羧酸化合物螯合 Mn^{3+}，并促进 Mn^{3+} 螯合物从酶内释放，而 MnP 化合物Ⅰ被还原，形成 MnP 化合物Ⅱ（MnP-Compound Ⅱ）。MnP 化合物Ⅱ也是一个 Fe^{4+}-氧-卟啉复合体，它的还原反应以与 MnP 化合物Ⅰ同样的方式继续进行下去，氧化二价锰离子 Mn^{2+} 生成另一个 Mn^{3+}，从而导致 MnP 本体被释放，同时产生第二个水分子（图 11-2-9）[43]。可以看出整个催化反应循环需要 Mn^{2+} 被氧化，使其转变成高度活性的三价锰离子 Mn^{3+} 来完成，这种高度活性的 Mn^{3+} 由真菌产生的有机酸如草酸螯合来稳定。低分子量的 Mn^{3+} 螯合物可以渗透或扩散到木材细胞壁木质素结构中，可在远离酶的一定位置上发挥作用，非特异性

图中标注：远端　亚铁原叶啉Ⅸ血红素基团　近端

地进攻和氧化木质素有机分子中的酚类结构，这类酚结构大约占木质素结构单元的 10%，从而导致酚木质素结构形成不稳定的易于自发裂解的苯氧基自由基，部分导致木质素聚合体在特定结构上的裂解，如发生在芳香环与 α 碳原子之间的裂解（图 11-2-10）[43]。研究表明，虫拟蜡菌（*C. subvermispora*）侵染的木材在相对较短的时间内就会在菌丝上产生大量的草酸钙结晶和在局部区域产生锰的沉积，表明草酸和锰都是锰过氧化物酶发生作用的必要化学成分。

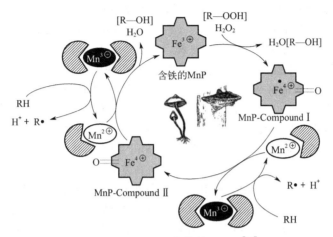

图 11-2-9　MnP 酶催化循环过程[43]

ROOH：有机过氧化物；RH：酚类或氨基芳香族化合物

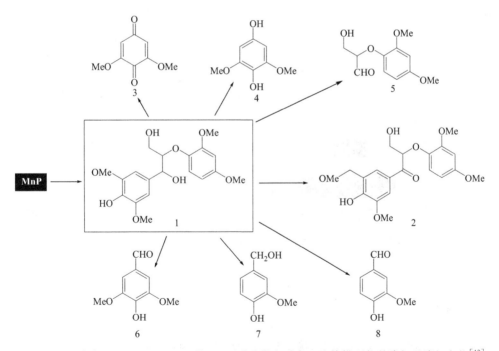

图 11-2-10　来自 *P. chrysosporium* 的 MnP 对酚类木质素二聚体模型物的降解及降解产物[43]

锰过氧化物酶-Mn 系统的氧化还原潜能较木质素过氧化物酶低，因为 Mn^{3+} 螯合物不是一种很强的氧化剂，弱于 LiP 的氧化作用，简单的 MnP 酶系统不能攻击和氧化藜芦醇与木质素的非酚单元。在木质素的全部芳香结构中，仅有一小部分由酚羟基组成，大部分是非酚类结构，这些非酚类结构在通常情况下难以降解，不能通过直接受 Mn^{3+} 螯合物攻击的作用机制而被氧化。

因此，MnP 对木质素内的酚基单元的催化反应不能导致木质素聚合物的大量分解，然而，那些缺乏 LiP 而产生 MnP 的白腐菌已经显示出能分解非酚的木质素结构，表明这类白腐菌中的 MnP 可能存在其他降解机制[13]。研究表明，MnP 还可以氧化有机硫化合物（谷胱甘肽 GSH、L-半胱氨酸等）以及不饱和脂肪酸及其衍生物（如亚油酸、吐温 80 等），分别形成特殊的活性硫基团和活性过氧化物基团。在氧分子存在的条件下，这些活性基团能攻击难降解的木质素非酚类结构，如有机硫化合物 GSH 显示出能促进藜芦醇和非酚类 β-O-4 木质素模型二聚体苯甲基位点的氧化作用，结果使二聚体的芳基醚键断裂[44]。然而，尽管在部分细胞溶解时被释放出来的含有肽链的—SH—基团可能成为硫醇中介体的来源，但是真菌在其微环境中不能分泌谷胱甘肽等硫醇化合物。因此，依赖于不饱和脂肪酸及其衍生物脂类的中介体反应系统被提出，用于解释 MnP 对非酚类木质素结构的降解作用。这个反应体系的作用机制与硫醇中介体的反应机制相似，由不饱和脂肪酸结构经过 MnP 的过氧化作用，可以产生瞬间的脂肪过氧化基团中介体，这些中介体能够氧化木质素非酚类的亚基，产生活性的中间体苯氧基，从而进行木材的脱木质素作用，这个过程也就是"脂类过氧化作用"[45,46]。MnP 的脂肪体系具有足够的氧化还原潜能，可以断裂非酚的木质素模型二聚体内的 C_α—C_β 键和 β-芳基醚键[46]（图 11-2-11）。据报道，松材在射脉菌（Phelebia radiata）产生的 MnP 存在的条件下，聚合物降解过程的反应混合物中含有高浓度稳定态的 Mn^{3+}，并且在表面活化剂吐温 80 存在的情况下，聚合物的降解过程显著增强，因为吐温 80 含有不饱和脂肪酸的残基[47]。在体外，在合成氧化剂硫醇如谷胱甘肽或不饱和脂肪酸及其衍生物如吐温 80 存在的情况下，MnP 对木质素的解聚作用有所提高[48]。MnP 在非细胞状态下，也具有氧化和解聚天然与合成木质素及天然木质纤维基质（如稻草、木材、纸浆等）的能力[48]。

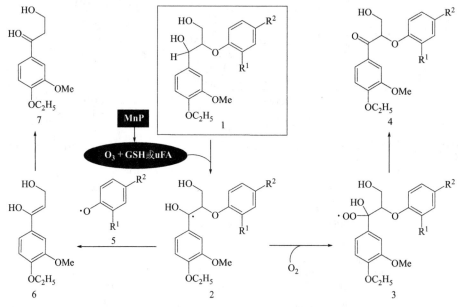

图 11-2-11　还原性谷胱甘肽（GSH）和非饱和脂肪酸（uFA）存在下 MnP 氧化降解非酚类木质素二聚体模型物的示意图[46]

MnP 有极强的降解潜力，因此在生物技术应用中极具吸引力。例如在木本与非木本植物的制浆和漂白、有毒废弃物的脱除以及一些有毒有机合成物的降解等方面的应用，MnP 将成为生物技术生产领域中潜在的一种多效生物催化剂。

三、多功能过氧化物酶

多功能过氧化物酶（versatile peroxidase，VP，EC 1.11.1.13）是 20 世纪 90 年代末在侧耳属（*Pleurotus*）的刺芹侧耳（*Pleurotus eryngii*）中发现的一类木质素降解过氧化物酶[49]。VP 最初被定义为 MnP，但后来研究发现它兼具 MnP 和 LiP 两者的典型结构与催化特性。VP 主要存在于白腐真菌侧耳属和烟管菌属（*Bjerkandera*）菌株中，如糙皮侧耳（*P. ostreatus*）、肺形侧耳（*P. pulmonarius*）和烟管菌的菌株如 *Bjerkandera adusta*、*Bjerkandera* sp. BOS55、*Bjerkandera* sp.（B33/3）、亚黑管菌 *Bjerkandera fumosa* 等中[50-52]。从蛋白结构看，VP 蛋白分子是 MnP 和 LiP 的综合体，具有 MnP 特有的 Mn^{2+} 结合位点和 LiP 特有的 Trp 催化位点；从催化特性看，VP 能像 LiP 一样氧化酚类和非酚类的木质素，也能像 MnP 一样氧化 Mn^{2+}，同时该酶又具有比担子菌其他过氧化物酶更高的稳定性，所以被重新定义为一类新型的过氧化物酶，即多功能过氧化物酶。来自刺芹侧耳的 VP 氧化 Mn^{2+} 和 MnP 相似，但氧化黎芦醇的能力比 LiP 高 10 倍，所以 VP 虽发现较晚，但由于其功能独特且稳定性高，近 20 年来一直是研究者们关注的热点。

多功能过氧化物酶分子量 38000~45000，最适 pH 值 3~5，多以同工酶的形式存在，等电点偏酸性。该酶具有多个催化中心，能分别氧化 Mn^{2+} 和低/高氧化还原电位的化合物。通过对刺芹侧耳（*P. eryngii*）VP 晶体结构的研究发现，其主要结构和 MnP 非常相似，包含 2 个由 α-螺旋形成的结构域、4 个二硫键、2 个结构 Ca^{2+}、1 个亚铁血红素结合位点（包括远端 His47 和近端 His169 残基）、1 个 Mn^{2+} 结合位点和 1 个暴露的色氨酸残基。其中，亚铁血红素辅基位于 VP 蛋白结构的内腔，通过两条主要通道与外界溶剂连通，其中的一个通道在所有亚铁血红素过氧化物酶中均保守，用于 H_2O_2 通过并氧化亚铁血红素辅基；另一条通道直接延伸至血红素丙酸盐形成氧化 Mn^{2+} 的位点（图 11-2-12）[31]。

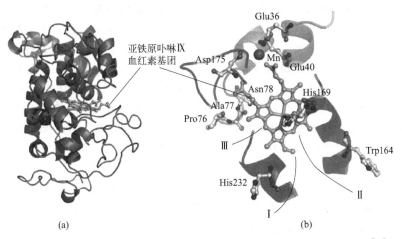

图 11-2-12　刺芹侧耳（*P. eryngii*）VP 晶体结构（PDB code：2BOQ）[31]
（a）来自 *P. eryngii* 的 VP（PDB code：2BOQ）的 3D 结构图；（b）来自 *P. eryngii* 的 VP 蛋白分子的血红素基团区域详细结构［包括 Mn^{2+} 结合位点，以及长距离电子转运通道（LRET）］

VP 催化反应机制也是两种酶的综合作用。VP 的催化循环如图 11-2-13 所示[52]，主要包括 3 个步骤。首先 VP 血红素辅基中的 Fe^{3+} 被 H_2O_2 或者其他有机过氧化物氧化，形成一个 Fe^{4+} 两电子氧化态中间体化合物Ⅰ（Compound Ⅰ），并且在四吡咯环上或邻近氨基酸上形成一个自由基。随后，中间体化合物Ⅰ氧化一个底物电子供体，形成第二个中间体化合物Ⅱ（Compound

Ⅱ）和一个底物自由基。底物可以是 Mn^{2+}，被氧化为 Mn^{3+} 后与有机酸形成螯合物，该 Mn^{3+}-有机酸螯合物能扩散作用于周围酚型底物，这一作用发生于 VP 与 MnP 类似的 Mn^{2+} 结合催化位点；底物也可以是非酚型或酚型底物，被氧化形成阳离子自由基，中间体化合物Ⅰ被还原为中间体化合物Ⅱ，这一步主要发生在 VP 与 LiP 类似的 Trp 催化位点，通过 LRET 通路传递电子[51,52]。最后，中间体化合物Ⅱ被来自新的 Mn^{2+}、非酚型或酚型底物的电子还原为最初状态。由于 VP 能以与 MnP 或 LiP 类似的方式进行氧化作用，因此在这两种情况下它们的最适 pH 值是不同的，分别为 pH 5 和 pH 3。

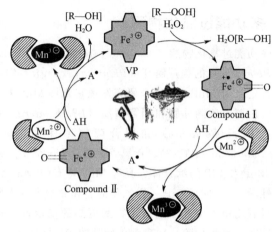

图 11-2-13　VP 酶催化循环过程[52]
ROOH：有机过氧化物；AH：芳香族化合物

四、染料脱色过氧化物酶

染料脱色过氧化物酶（dye decolorizing peroxidase，DyP，EC 1.11.1.19）是在 1999 年从白地霉（*Geotrichum candidum*）中分离得到的一种含血红素基团的新型过氧化物酶，随后在细菌和古生菌中也被发现，由于它能使很多染料脱色，所以称为染料脱色过氧化物酶[53]。近年来，随着大规模微生物基因组测序开展，发现该酶编码基因普遍存在于细菌中。DyP 表现出较宽的底物谱和偏酸性反应活性，底物可包括蒽醌类染料、愈创木酚、藜芦醇和木质素模型物等，其中蒽醌类染料通常是其他酶难以降解的。研究发现，真菌的染料脱色过氧化物酶参与对木质素的降解，是一类木质素降解酶。DyP 的分子量一般在 40000～60000，包含一个保守的亚铁原卟啉Ⅸ血红素基团，通常以单体形式存在，有的也可以以 2～6 个多聚体的形式存在。染料脱色过氧化物酶和其他含血红素基团的植物过氧化物酶超家族序列相似度较低，蛋白结构域也不像后者主要由 α-螺旋组成，而是由 α-螺旋和 β-折叠共同参与形成，血红素基团夹在两个结构域中间，形成了类似铁氧化还原蛋白的三明治结构。也缺少植物过氧化物酶超家族典型的由一个近端和一个远端的组氨酸以及一个精氨酸组成的血红素基团结合区。研究表明，所有 DyP 都含保守序列 GXXDG，其序列上天冬氨酸（D）虽不参与血红素基团的结合，但参与 H_2O_2 作用，是维持 DyP 催化活性的关键性氨基酸残基。

DyP 的催化循环如图 11-2-14 所示[54]。静息态的酶（resting state）和 H_2O_2 结合，并由天冬氨酸从 H_2O_2 上捕获一个质子形成过氧化铁复合体化合物 0（Compound 0），然后过氧化物的氧氧键断裂，从亚铁血红素上转移 2 个电子，形成一个 Fe^{4+}-氧-卟啉自由基复合体化合物Ⅰ（CompoundⅠ），化合物Ⅰ通过二步单电子氧化先转变为化合物Ⅱ（CompoundⅡ），再回到静息状态，也可以一次获得 2 个电子直接回到静息状态。

需要指出的是，DyP 并没有得到大规模的应用，主要是因为该酶在天然菌株中产量很低，异源表达也比较困难，因此如何提高该酶的表达量是今后需要克服的技术难点。

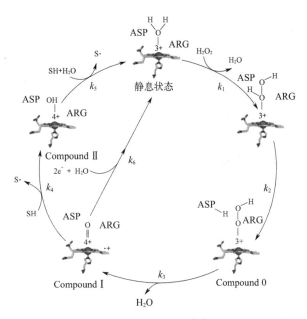

图 11-2-14　DyPs 的催化循环过程[54]（k 为反应常数）

五、漆酶

漆酶（laccase，Lac，EC 1.10.3.2）是一类含铜多酚氧化酶，属于蓝色多铜氧化酶家族，1883 年由日本学者吉田在日本漆树的渗出液中首次发现。虽然漆酶的发现历史很早，但是其真正受到广泛关注还是发现它作为主要酶类参与白腐真菌对木质素的生物降解之后。目前漆酶从多种白腐真菌和细菌中分离纯化得到，并开展了广泛的生物化学和分子生物学的研究[55,56]。

漆酶广泛存在于植物、真菌、细菌和昆虫中。除漆树外，漆酶存在于拟南芥（*Arabidopsis thaliana*）、棉花（*Gossypium* spp.）、水稻（*Oryza sativa*）、松树（*Pinus taeda*）和黄杨（*Buxus sinica*）等植物中也有报道[57]。真菌分泌的胞外漆酶的研究较为广泛，其中能够分泌漆酶的真菌主要是担子菌门（Basidiomycota）、子囊菌门（Ascomycota）和半知菌类（Deuteromycota），而担子菌门中的白腐真菌具有高产漆酶的能力[55]。细菌漆酶最早从产脂固氮螺菌中发现，近年来在一些链霉菌属、假单胞菌和芽孢杆菌中也有发现[56]。在多种昆虫如家蚕、果蝇、烟草天蛾、白蚁等体内发现了一些类似漆酶的多酚氧化酶，其功能是可能参与角质层鞣化、色素沉积，以及参与食物中木质素的降解和脱毒等[57]。

真菌漆酶一般为单体球状且分子量差异较大的糖蛋白，多为酸性蛋白质，以多个同工酶形式存在，等电点大多在酸性范围内，一般在 pH 4.0 左右，但也有个别漆酶等电点接近中性甚至为碱性。漆酶与抗坏血酸氧化酶、铜蓝蛋白、铁氧化酶和胆红素氧化酶同属于多铜氧化酶家族。典型的漆酶含有 4 个铜离子，分别构成了 T1-Cu、T2-Cu 和 T3-Cu 三型铜离子（铜离子活性中心）。其中 T1 型铜离子（T1-Cu）为顺磁性"蓝色"铜，在 610nm 处有特征吸收峰；T2 型（T2-Cu）为非"蓝色"顺磁性铜，无特征吸收峰；T3 型（T3-Cu）为 2 个铜离子构成的抗磁自旋偶合铜-铜对，在 330nm 处有特征吸收峰。含有蓝色铜离子的漆酶称为蓝漆酶，后发现有些漆酶与传统蓝漆酶不同，缺失蓝色铜，因此也将其称为黄漆酶或白漆酶。从结构上看，所有的真菌漆酶都由三个 β-折叠组成结构域再按顺序依次排列组成，T1 位于第三个结构域中，底物结合位点位于一个小的靠近 T1 位点的带负电的凹腔中，T2-T3 共同组成的三核铜簇（trinuclear cluster，TNC）嵌在结构域 1 和 3 之间。在结构域 1 和 3、结构域 1 和 2 之间形成的二硫键的作用是稳定漆酶分子的空间结构（图 11-2-15）[31]。

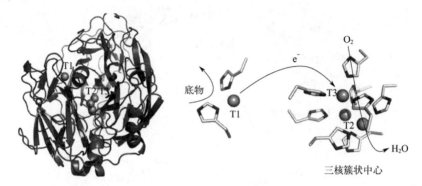

图 11-2-15　云芝（*Trametes versicolor*）漆酶的结构及 T1、T2 和 T3 位点的结构[31]

作为单电子氧化还原酶，漆酶催化底物的氧化反应是漆酶分子中四个铜离子被还原和再氧化的催化循环过程，主要通过以下两个步骤完成。

① T1 Cu^{2+} 首先从还原型底物上接受电子被还原为 Cu^+，T1 与底物之间氧化还原电势差的高低决定电子迁移速率的快慢，这一步是漆酶催化反应的限速步骤，然后电子通过 His—Cys—His 途径从 T1Cu^+ 传递到 T2/T3 三核铜中心（TNC），T2/T3 铜被还原为 Cu^+。酚类底物的每一次氧化产生 1 个电子，而漆酶含有 4 个 Cu^{2+}，因此漆酶需要 4 次连续的单电子氧化过程将 4 个 Cu^{2+} 全部还原成 Cu^+，使漆酶分子变为还原态。

② 分子氧通过 T1 铜 His 配体附近的底物结合位点，进入 TNC 中心通道，经不对称激活还原成水（图 11-2-16）[25]。因此，最终漆酶以 O_2 作为电子受体，通过 4 次单电子传递催化多酚化合物并最终形成酚自由基。这些酚自由基能发生聚合、脱甲基、成醌和开环等反应。如果底物为酚类 β-1 木质素模型物，将导致模型物分子的 C 发生氧化、烷基-芳基之间的键断裂以及 C—C 键断裂反应（图 11-2-17）[58]。

漆酶对底物的氧化是一种选择性反应，只有能进入漆酶活性中心并且与漆酶存在一定氧化还原电势差的底物才能被氧化。漆酶的氧化还原电位为 0.5～0.8V，低于木质素过氧化物酶，典型酚类化合物的氧化还原电位为 0.5～1.0V，因而最初认为漆酶一般只能氧化木质素含量占 10% 以下的酚类底物。但是在介体（mediator）如 1-羟基

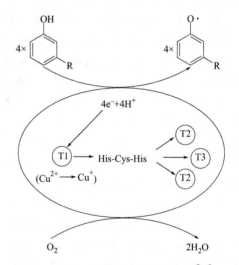

图 11-2-16　漆酶的催化循环过程[25]

苯并三唑（1-hydroxybenzotriazole，HBT）等类低氧化还原电势的小分子化合物的帮助下，HBT 容易得失电子，在漆酶作用下形成高氧化还原电势的稳定中间体，并作用于底物使其被氧化。因此在介体存在下，非酚类的 β-O-4 木质素模型物也能发生开环、C—O 氧化、C—C 断裂等反应（图 11-2-18）[58]。

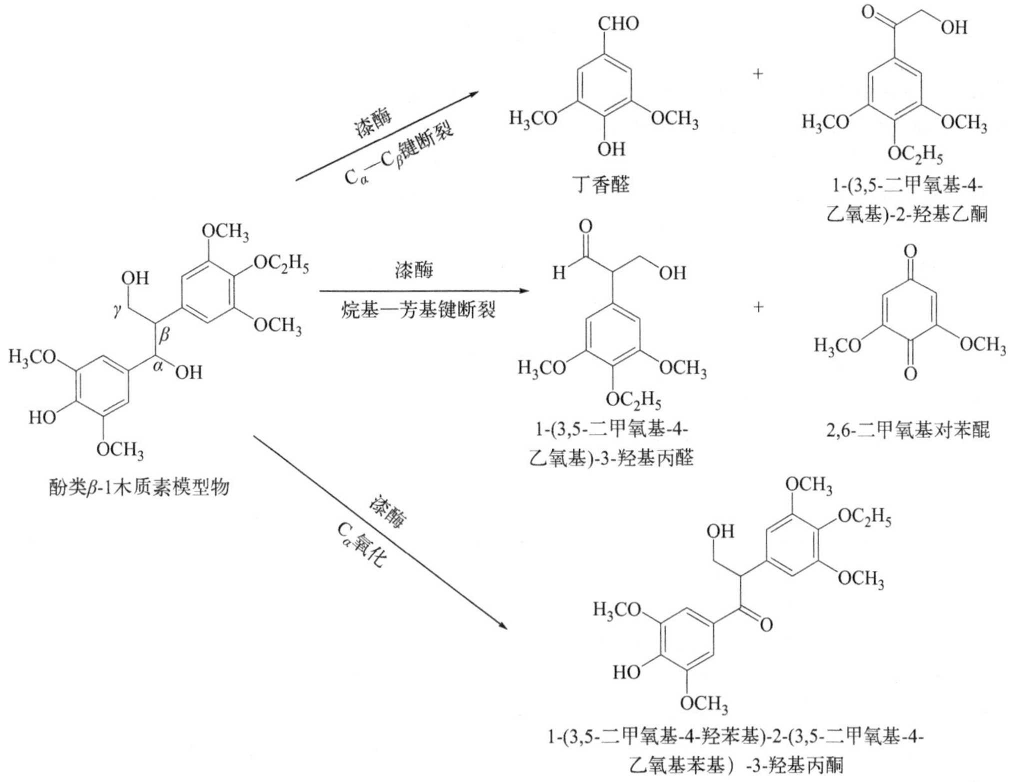

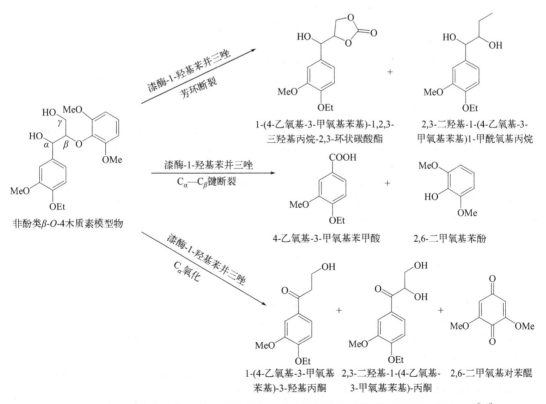

图 11-2-17　漆酶对酚类木质素二聚体模型物的三种氧化降解方式[58]

图 11-2-18　漆酶在有介体条件下对非酚类木质素二聚体模型物的三种氧化降解方式[58]

参考文献

[1] 曲音波. 木质纤维素降解酶与生物炼制. 北京：化学工业出版社，2011.

[2] 袁振宏. 能源微生物. 北京：化学工业出版社，2012.

[3] 巩婷，温艳华，陈尔东，等. 担子菌类真菌新产物研究进展. 菌物研究，2017，15（2）：89-111.

[4] Del Cerro C，Erickson E，Dong T，et al. Intracellular pathways for lignin catabolism in white-rot fungi. Proceedings of the National Academy of Sciences，2021，118（9）：e2017381118.

[5] Zhu Y，McBride M J. The unusual cellulose utilization system of the aerobic soil bacterium *Cytophaga hutchinsonii*. Applied Microbiology and Biotechnology，2017，101：7113-7127.

[6] Uversky K I. 纤维素降解的超分子机器. 北京：化学工业出版社，2011.

[7] 张凤梅. 微生物纤维素酶的研究概况及应用前景. 青海畜牧兽医杂志，2016，46（3）：48-50.

[8] 于跃，张剑. 纤维素酶降解纤维素机理的研究进展. 化学通报，2016，79（2）：122-128.

[9] 张俊，许超，张宇，等. 纤维素酶降解机理的研究进展. 华南理工大学学报（自然科学版），2019，47（9）：121-130.

[10] 孟庆山. 里氏木霉纤维素酶基因转录调控因子鉴定及纤维素酶高产菌株构建. 大连：大连理工大学，2019.

[11] Alves V D，Fontes C M G A，Bule P. Cellulosomes：Highly efficient cellulolytic complexes. Macromolecular Protein Complexes Ⅲ：Structure and Function，2021，96：323-354.

[12] 欧阳嘉. 里氏木霉分泌蛋白降解木质纤维素的研究. 南京：南京工业大学，2007.

[13] 何芳芳，王海军，王雪莹. 纤维素酶的研究进展. 造纸科学与技术，2020，39（4）：1-8.

[14] 张雨. 里氏木霉来源的纤维素内切酶EGI的催化机理探究及热稳定性改造. 北京：中国科学院大学，2013.

[15] 徐晓，程驰，袁凯，等. 里氏木霉产纤维素酶研究进展. 中国生物工程杂志，2021，41（1）：10.

[16] 祝令香，于巍，梁改琴，等. 康宁木霉K801纤维素酶cbh2基因的克隆及序列分析. 菌物系统，2001，20（2）：174-177.

[17] 孙以新. 产纤维素酶菌株的筛选及其降解秸秆的研究. 哈尔滨：东北农业大学，2019.

[18] 朱年青. 里氏木霉纤维素酶的分离纯化及应用的研究. 南京：南京林业大学，2008.

[19] 于兆海. 里氏木霉纤维素酶的分离纯化与酶学性质研究. 南京：南京林业大学，2006.

[20] 银川，杨艳红，高焕方，等. 纤维素酶的基因研究进展及其应用. 纤维素科学与技术，2021，29（4）：8.

[21] 汪天虹，秦玉琪，曲音波. 纤维素酶分子改造和酶系改造. 生物产业技术，2008（3）：40-45.

[22] Karlsson J，Siika-aho M，Tenkanen M，et al. Enzymatic properties of the low molecular mass endoglucanases Cel12A（EG Ⅲ）and Cel45A（EG Ⅴ）of Trichoderma reesei. Journal of biotechnology，2002，99（1）：63-78.

[23] 刘奎美. 纤维素酶转录调控因子及纤维素酶应用的研究. 青岛：山东大学，2016.

[24] Himmel M E. Biomass recalcitrance deconstructing the plant cell wall for bioenergy. Oxford：Blackwell Pub，2008.

[25] Gupta M N，Bisaria V S. Stable cellulolytic enzymes and their application in hydrolysis of lignocellulosic biomass. Biotechnology Journal，2018，13（6）：1700633.

[26] Pramanik S，Semenova M V，M. Rozhkova A，et al. An engineered cellobiohydrolase Ⅰ for sustainable degradation of lignocellulosic biomass. Biotechnology and Bioengineering，2021，118（10）：4014-4027.

[27] Tyagi D，Sharma D. Production and industrial applications of xylanase：A review. International Journal of Scientific Research & Engineering Trends，2021，7（3）：1866-1876.

[28] 吴红丽，薛勇，刘健，等. 乙酰木聚糖酯酶研究进展. 中国生物工程杂志，2016，36（3）：102-110.

[29] Moreira L R S，Filho E X F. An overview of mannan structure and mannan-degrading enzyme system. Appl Microbiol Biotechnol，2008，79：165-178.

[30] Tallford L E，Money V A，Smith N L，et al. Mannose foraging by Bacteroides thetaiotaomicron：Structure and specificity of the beta-mannosidase，BtMan2A. J Biol Chem，2007，282：11291-11299.

[31] Lee A C，Ibrahim M F，Abd-Aziz S. Lignin-degrading enzymes. Biorefinery of Oil Producing Plants for Value-Added Products，2022，1：179-198.

[32] Janusz G，Pawlik A，Sulej J，et al. Lignin degradation：Microorganisms，enzymes involved，genomes analysis and evolution. FEMS Microbiology Reviews，2017，41（6）：941-962.

[33] Chan J C，Paice M，Zhang X. Enzymatic oxidation of lignin：Challenges and barriers toward practical applications.

Chem Cat Chem，2020，12（2）：401-425.

[34] Tien M，Kirk K. Lignin-degrading enzyme from the hymenomycete Phanerochaete chrysosporium. Science，1983，221，661-663.

[35] Falade A O，Nwodo U U，Iweriebor B C，et al. Lignin peroxidase functionalities and prospective applications. Microbiology Open，2017，6（1）：e00394.

[36] Xiao J，Zhang S，Chen G. Mechanisms of lignin-degrading enzymes. Protein and peptide letters，2019，27（7）：574-581.

[37] Harvey P J，Schoemaker H E，Palmer J M. Veratryl alcohol as a mediator and the role of radical cations in lignin biodegradation by Phanerochaete chrysosporium. FEBS Letter，1986，195：242-246.

[38] Candeias L P，Harvey P J. Lifetime and reactivity of the veratryl alcohol radical cation：Implications for lignin peroxidase catalysis. Journal of Biological Chemistry，1995，270：16745-16748.

[39] Houtman C J，Maligaspe E，Hunt C G，et al. Fungal lignin peroxidase does not produce the veratryl alcohol cation radical as a diffusible ligninolytic oxidant. Journal of Biological Chemistry，2018，293（13）：4702-4712.

[40] Ruttimann-Johnson C，Salas L，Vicuna R，et al. Extracellular enzyme production and synthetic lignin mineralization by Ceriporiopsis subvermispora. Applied and Environmental Microbiology，1993，59（6）：1792-1797.

[41] Glenn J K，Gold M H. Purification and characterization of an extracellular Mn（Ⅱ）-dependent peroxidase from the lignin-degrading basidiomycete. Phanerochaete chrysosporium. Archives of Biochemistry and Biophysics，1985，242：329-341.

[42] 孙莹. 锰过氧化物酶的酵母异源表达及其降解黄曲霉毒素研究. 无锡：江南大学，2020.

[43] Hofrichter M. Review：Lignin conversion by manganese peroxidase（MnP）. Enzyme and Microbial Technology，2002，30（4）：454-466.

[44] Wariishi H，Valli K，Renganathan V，et al. Thiol-mediated oxidation of non-phenolic lignin model compounds by manganese peroxidase of Phanerochaete chrysosporium. Journal of Biological Chemistry，1989，264：14185-14191.

[45] Bao W，Fukushima Y，Jensen K A，et al. Oxidative degradation of non-phenolic lignin during lipid peroxidation by fungal manganese peroxidase. FEBS Letter，1994，354：297-300.

[46] Kapich A，Hofrichter M，Vares T，et al. Coupling of manganese peroxidase-mediated lipid peroxidation with destruction of nonphenolic lignin model compounds and 14C-labeled lignins. Biochemical and Biophysical Research Communications，1999，259：212-219.

[47] Hofrichter M，Lundell T，Hatakka A. Conversion of milled pine wood by manganese peroxidase from Phlebia radiata. Applied Environmental Microbiology，2001，67：4588-4593.

[48] Hofrichter M，Scheibner K，Bublitz F，et al. Depolymerization of straw lignin by manganese peroxidase from Nematoloma frowardii is accompanied by release of carbon dioxide. Holzforschung，1999，52：161-166.

[49] Martinez M J，Ruiz-Duenas F J，Guillen F，et al. Purification and catalytic properties of two manganese peroxidase isoenzymes from Pleurotus eryngii. European Journal of Biochemistry，1996，237：424-432.

[50] Mester T，Field J A. Characterization of a novel manganese peroxidase-lignin peroxidase hybrid isozyme produced by Bjerkandera species strain BOS55 in the absence of manganese. Journal of Biological Chemistry，1998，273：15412-15417.

[51] Perez-Boada M，Ruiz-Duenas F J，Pogni R，et al. Versatile peroxidase oxidation of high redox potential aromatic compounds：Site-directed mutagenesis，spectroscopic and crystallographic investigation of three long-range electron transfer pathways. Journal of Molecular Biology，2005，354（2）：385-402.

[52] Ravichandran A，Sridhar M. Insights into the mechanism of lignocellulose degradation by versatile peroxidases. Current Science，2017，113（1）：35-42.

[53] Colpa D I，Fraaije M W，van Bloois E. DyP-type peroxidases：A promising and versatile class of enzymes. Journal of Industrial Microbiology Biotechnology，2014，41（1）：1-7.

[54] Catucci G，Valetti F，Sadeghi S J，et al. Biochemical features of dye-decolorizing peroxidases：Current impact on lignin degradation. Biotechnology and Applied Biochemistry，2020，67（5）：751-759.

[55] Loi M，Glazunova O，Fedorova T，et al. Fungal laccases：The forefront of enzymes for sustainability. Journal of Fungi，2021，7（12）：1048.

［56］Guan Z B，Luo Q，Wang H R，et al. Bacterial laccases：Promising biological green tools for industrial applications. Cellular and Molecular Life Sciences，2018，75（19）：3569-3592.

［57］Janusz G，Pawlik A，Swiderska-Burek U，et al. Laccase properties，physiological functions，and evolution. International Journal of Molecular Sciences，2020，21（3）：966.

［58］Kawai S，Nakagawa M，Ohashi H. Degradation mechanisms of a nonphenolic beta-O-4 lignin model dimer by Trametes versicolor laccase in the presence of 1-hydroxybenzotriazole. Enzyme and Microbial Technology，2002，30：482-489.

（张军华，郑兆娟，欧阳嘉，丁少军）

第三章　木质纤维素糖平台

木质纤维素是地球上最丰富的可再生生物质资源，具有资源量大、环境友好、非粮食基原料等特点，是潜在的化石资源替代原料。我国木质纤维资源丰富，仅农作物秸秆年产量约7亿～8亿吨，林业生产和木材加工剩余物每年达1亿～2亿吨左右，这些废弃物通过生物炼制可生产能源、化学品等[1]。木质纤维素经预处理和纤维素糖化，可降解成可发酵糖，在糖平台的基础上，经不同微生物发酵转化为能源和化学品，这一技术路线被公认为是最具应用前景的木质纤维素生物炼制途径[2]。因此，木质纤维素糖平台的建立，对木质纤维素生物炼制过程十分重要。

第一节　木质纤维素预处理

木质纤维素生物炼制过程中，稀酸水解和酶水解是常用的两种木质纤维原料水解糖化工艺。稀酸水解最早应用于工业生产，其存在的主要问题是纤维素和半纤维素的水解产物单糖在高温下进一步发生分解或缩合等副反应，水解得率低，且稀酸水解对设备要求高。酶水解反应具有反应条件温和、副产物少、水解得率高等优点，因此，酶水解是一种具有发展潜力的木质纤维素水解技术。但由于木质纤维素中纤维素、半纤维素和木质素之间形成的超分子复合物的复杂致密结构及纤维素分子高度结晶的特性，天然木质纤维原料纤维素酶水解得率很低（一般低于20％），且酶水解速度很慢，这是由于天然木质纤维原料中存在的物理和化学屏障限制纤维素酶与纤维素分子接触并发生反应。因此，木质纤维原料酶水解前，须采取适当的措施破坏其内在影响纤维素酶对纤维素进攻的物理和化学屏障，使纤维素易于水解，这种对木质纤维原料进行处理的过程称为预处理。预处理主要通过分离部分半纤维素或木质素，提高原料内部孔隙率、降低纤维素结晶度，以及改变纤维素晶型结构等作用，破坏纤维素、半纤维素和木质素之间形成的天然超分子复合物结构，消除或部分消除制约纤维素酶水解的物理和化学屏障，显著提高纤维素对纤维素酶的可及性和纤维素酶水解效率。木质纤维素预处理过程见图11-3-1。

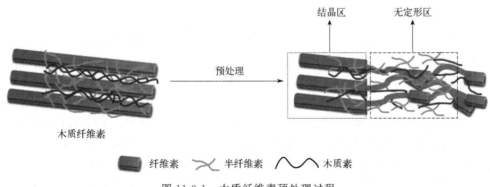

图 11-3-1　木质纤维素预处理过程

木质纤维素预处理是利用机械、热、化学试剂、微生物或酶等作用于木质纤维原料。根据作用方式不同，预处理方法分为物理法、化学法、物理化学法和生物法。一种良好的预处理方法通常应满足以下条件：一是纤维素、半纤维素回收率高；二是原料预处理后酶水解得率高；三是产生的发酵抑制物少；四是满足低能耗、低成本、易操作和过程清洁等要求；五是预处理工艺简洁、经济可行[3]。

一、物理法

1.机械粉碎法

机械粉碎法是采用机械的方法减小木质纤维原料的尺寸，提高原料中纤维素对纤维素酶可及性的预处理方法。机械粉碎法预处理效果有限，通常作为其他预处理方法的前处理过程。削片和粉碎是最常用的机械预处理方法，可以将原料的尺寸减小到几厘米甚至几毫米，有利于后续的预处理过程。机械粉碎法预处理能耗较高，原料粉碎的尺寸对能耗影响大[4]。在现有的粉碎技术中，以球磨尤其是振动球磨的效率较高，可以将原料尺寸减小到微米级。球磨不仅可以减小原料的粒度，而且可以降低纤维素的结晶度，可以显著改善木质纤维素的酶水解性能。

2.超声波、微波法

超声波预处理是利用介质水在超声环境中产生的机械及空化作用，对物料产生冲击和剪切作用的一种预处理方法。超声处理可提高木质纤维原料的孔隙率和比表面积，增加纤维素对纤维素酶的可及性[5]。研究发现，超声波产生的冲击力能使纤维素分子链断裂，形成大分子自由基，从而导致纤维素降解。超声波预处理方法并不能有效提高纤维素的酶水解效率，通常与其他预处理方法联合应用，当超声波辅助稀酸预处理时，酶水解得率显著提高[6]。

微波预处理是利用微波可以改变植物纤维原料的超分子结构的特性，使纤维素结晶区尺寸发生变化的一种技术。微波预处理能够部分降解木质素和半纤维素，增加物料的孔隙率和比表面积，提高纤维素的酶水解效率[7]。与传统预处理方法分离半纤维素或木质素的原理不同，微波预处理是利用水分子在原料表面"钻孔"从而增加原料的比表面积，使纤维素酶容易进入底物内部进行水解。稻草经微波处理后，表面出现很多微孔，纤维素和半纤维素水解得率分别提高30.6%和43.3%[8]。微波预处理具有操作简单、时间短、污染低等优点，但对设备要求高、预处理成本高，难以大规模应用。

二、化学法

（一）酸法

酸法预处理包括稀酸和浓酸两种预处理方法。浓酸预处理法虽然糖化率高、发酵抑制物生成少，但需要消耗大量酸，并且对设备腐蚀严重、成本高，没有工业应用价值。目前稀酸预处理是酸法预处理的主要方法，其中研究和应用最多的是稀硫酸预处理。

稀酸预处理是指原料在120～200℃和酸浓0.1%～1.5%（质量/体积）条件下进行预处理的方法[9]。木质纤维素中的半纤维素在酸性条件下易发生降解和溶解，从而使纤维素更多地暴露出来，原料孔隙率和比表面积增大，纤维素对纤维素酶的可及性增加，有利于纤维素酶对纤维素的水解。玉米秸秆在0.75%稀硫酸、150℃条件下预处理30min，木糖回收率为85.64%，预处理物料经纤维素酶水解，总糖得率为71.25%。稀酸预处理过程中温度对预处理的影响最为显著，其次是酸浓度[10]。稀酸预处理过程中，大量半纤维素和少量纤维素发生降解，主要以单糖和低聚糖的形式存在于预水解液中。同时，在高温酸性条件下，单糖和木质素发生分解、降解等反应，生成甲酸、糠醛、羟甲基糠醛和小分子酚类化合物，这些化合物对后续的酶解和发酵具有抑制作用，通常称为发酵抑制物。木质纤维原料经稀酸预处理后，通常须采取相应的措施去除这些对酶解和发酵有抑制作用的物质。

（二）碱法

碱法预处理是木质纤维素在碱性环境中，木质素分子内或木质素与碳水化合物之间的酯键、醚键等化学键发生断裂形成可溶性木质素，同时部分半纤维素发生溶解，实现原料中纤维素、半纤维素和木质素的有效分离。与酸法预处理相比，碱法预处理条件相对温和，预处理过程中产生的发酵抑制物较少，纤维素和半纤维素回收率较高，有利于后续的纤维素糖化。碱法预处理主要包括常规碱法预处理、绿液法预处理等。

1. 常规碱法

常规碱法预处理试剂包括 $NaOH$、$Ca(OH)_2$、Na_2CO_3 和氨水等，其中尤以 $NaOH$ 预处理研究最多。$NaOH$ 预处理除了使木质素发生脱除外，还能引起纤维素润胀，增加纤维素的比表面积，提高其酶水解性能[11]。采用 2%（质量/体积）的 $NaOH$ 于 121℃下预处理棉花秆，木质素脱除率为 65%，预处理物料纤维素酶水解得率为 60.8%，明显高于相同条件下稀 H_2SO_4 和 H_2O_2 预处理的效果[12]。但是 $NaOH$ 价格较高，与其他几类碱性试剂相比，其优势不明显。

与 $NaOH$ 相比，$Ca(OH)_2$ 是一种廉价的碱性试剂，因而得到越来越多的研究。采用 1.5%（质量/体积）的 $Ca(OH)_2$ 于固液比 1∶5、121℃下预处理 4h，纤维素和木聚糖酶水解得率分别达到 88.0% 和 87.7%[13,14]。低温条件下采用 $Ca(OH)_2$ 预处理玉米秸秆 4 周，发现 87.5% 的木质素被脱除，$Ca(OH)_2$ 消耗量仅为 0.073g/g（玉米秸秆）；酶水解表明，预处理物料中纤维素和木聚糖酶水解得率分别达到 91.3% 和 51.8%[13]。此外，$Ca(OH)_2$ 的回收较为简单，通过在预处理液中通入 CO_2，使之形成 $CaCO_3$ 沉淀，对沉淀的 $CaCO_3$ 进行煅烧即可实现 $Ca(OH)_2$ 的高效回收。

氨水是除了上述两种固体碱性试剂外另一种常用的碱，氨气极易挥发，回收利用简单，并且氨水价格低廉，对蒸煮设备没有腐蚀性。采用 15%（质量/体积）的氨水于 60℃下预处理玉米芯 12h，发现绝大部分碳水化合物保留在预处理物料中，木质素脱除率为 50% 左右；酶水解表明，预处理物料纤维素和木聚糖得率分别达到 83.0% 和 81.6%[15]。氨水预处理中，氨水循环渗透法（ARP）是一种新兴的预处理工艺，通过渗透反应器，氨水可循环对原料进行作用。此外，ARP 还能有效减少溶解木质素的聚集和沉淀，在预处理过程中脱除的木质素被立刻移除至反应体系外。ARP 预处理方法尤其适用于禾本科植物和阔叶材，可脱除其中 80% 左右的木质素，同时使部分半纤维素发生降解生成低聚木糖，可有效提高预处理物料的酶水解性能。

2. 绿液法

绿液是硫酸盐法制浆过程中，黑液进行化学品回收得到的一部分碱性物质，其主要成分为 Na_2CO_3 和 Na_2S。硫酸盐法制浆过程中，制浆黑液浓缩后燃烧，从回收锅炉中流出的熔融物质再溶解即得到绿液。一方面，与硫酸盐法相比，绿液预处理不需要苛化过程，因而降低了预处理成本；另一方面，绿液是一种弱碱性溶液，它能脱除原料中的木质素，而将绝大部分碳水化合物保留在原料中，可显著提高预处理物料的酶水解性能。玉米秸秆在 140℃、4% 总碱量和 20% 硫化度条件下进行绿液预处理，木质素脱除率为 54.5%，预处理物料纤维素和木聚糖的酶水解得率分别为 84.6% 和 77.2%[16]。绿液预处理工艺成熟，设备可与制浆工厂共享，可减少固定资产投入。绿液预处理原料适应性较强，从禾本科植物到阔叶材均有较好的预处理效果。

3. 亚硫酸盐法

亚硫酸盐处理木质纤维原料最早应用于制浆工艺。亚硫酸基团可与木质素发生磺化反应，使木质素溶出，实现原料中纤维素、半纤维素和木质素的有效解离，有利于后续的酶水解。亚硫酸盐预处理对原料有着很强的适应性，尤其是对常规预处理方法难以处理的针叶材，效果十分明显。对云杉和红松进行酸性亚硫酸盐预处理，研究发现，亚硫酸盐可有效脱除原料中的木质素和半纤维素，预处理物料酶水解得率达 90％以上[17]。酸性亚硫酸盐预处理中，半纤维素的脱除往往比木质素的脱除更能促进纤维素的酶水解。研究发现，酸性亚硫酸盐预处理往往比稀酸预处理和碱法预处理更有效。同时，亚硫酸盐预处理中脱除的木质素主要以木质素磺酸盐的形式存在，木质素磺酸盐是一种重要的工业原料或中间体，可进一步用于减水剂、黏合剂等的生产[18]。除了酸性亚硫酸盐预处理外，中性亚硫酸盐和碱性亚硫酸盐也常常用于木质纤维原料预处理，与酸性亚硫酸盐法相比，中性和碱性亚硫酸盐预处理能更多地保留原料中的半纤维素[19]。桉木碱性亚硫酸盐预处理研究表明，预处理过程中大部分木质素和少量半纤维素发生降解，同时预处理后纤维素结晶度降低 14.34％，纤维素结构变得疏松，纹孔膜破裂，纤维碎片变多，有利于后续的纤维素酶水解[20]。

（三）氧化法

氧化法预处理是利用木质素在氧化剂的作用下发生分解从而进行预处理的方法。氧化法预处理条件比较温和，甚至在常温下即可进行。氧化法预处理通常与其他预处理方法结合使用，将 H_2O_2 预处理与 NaOH 预处理相结合，在 1％ H_2O_2、pH 11.5、温度 25℃下预处理麦草 18～24h，原料中超过 50％的木质素被脱除，几乎全部半纤维素发生降解，效果远优于 NaOH 预处理[21]。臭氧也是常用的一种氧化剂，臭氧法预处理的优点在于其在常温下即可进行，并且处理过程中几乎不产生发酵抑制物，但臭氧成本较高，工业应用价值低[22]。

三、物理化学法

1. 蒸汽爆破法

蒸汽爆破预处理是在蒸汽爆破预处理装置中，采用水蒸气加热木质纤维原料至 160～220℃，维持压力 30s～10min，使水蒸气渗透到原料组织内部，然后瞬间泄压，随着压力的瞬间释放，渗入原料细胞中的水蒸气急剧膨胀，产生极强的剪切力，破坏细胞壁结构，使纤维束发生撕裂[23]。蒸汽爆破预处理过程中，木质纤维原料中半纤维素乙酰基在高温条件下从主链脱落并溶于水中形成乙酸，使反应体系呈弱酸性环境，并导致半纤维素降解成低聚糖和单糖后溶出，提高了预处理物料的孔隙率，有利于纤维素酶对纤维素的进攻。基于介质水的中性蒸汽爆破预处理，不使用化学试剂，生产过程清洁、污染负荷小。蒸汽爆破预处理系统一般由蒸汽发生器、蒸汽爆破罐、物料接收器以及控制系统组成。蒸汽爆破预处理对禾本科原料效果明显，但对木质素含量较高的针叶材和阔叶材，效果并不显著[22]。在蒸汽爆破预处理中添加化学试剂可以有效提高预处理效果，常用的化学试剂有 H_2SO_4、SO_2 和氨水等。酸性蒸汽爆破法能脱除原料中绝大部分半纤维素，显著提高预处理物料的酶水解性能。同时，添加酸性催化剂还可降低预处理温度，玉米秸秆酸性蒸汽爆破预处理和中性蒸汽爆破预处理的温度分别为 190℃和 200℃[24]。蒸汽爆破预处理中，酸性物质的引入对设备腐蚀严重，同时酸性蒸汽爆破预处理产生大量发酵抑制物，不利于后续的糖化和发酵过程。

氨纤维爆破法是基于蒸汽爆破的一种新兴预处理方式，主要是针对阔叶材蒸汽爆破预处理效果不理想设计的。预处理中用氨水代替水，氨纤维爆破预处理温度较低，一般为 60～100℃。除了具有常规蒸汽爆破预处理所具有的优点外，氨纤维爆破法能够有效破坏木质素和碳水化合物之间的化学键，使木质素发生溶解，纤维素表面积增大，酶水解性能提高[25]。氨纤维爆破法能保留原料中绝大部分纤维素和半纤维素，几乎不产生发酵抑制物，预处理过程对设备的腐蚀性小。但预处理过程中氨气的有效回收是该法必须解决的问题。

2. 水热法

水热法预处理，又称自水解，是在 150～220℃范围内，仅以水为介质对原料进行预处理的方法[26]。在高温水介质中，木质纤维原料中的半纤维素发生脱乙酰基反应，脱落的乙酰基与介质水中的水合氢离子结合形成乙酸，导致水热预处理呈弱酸性环境，半纤维素木聚糖在弱酸性环境下发生降解生成低聚木糖和木糖后溶解，预处理物料的孔隙率和比表面积增加，有利于后续的酶水解过程。水热预处理不添加化学试剂，是一种清洁的预处理方法。水热预处理的本质是酸性预处理，预处理过程中半纤维素木聚糖的水解符合一级水解反应动力学规律，即木聚糖首先水解为低聚木糖，然后再降解为单糖。预处理强度增加，水解产物单糖可转化为糠醛、羟甲基糠醛等副产物[27]。温度和保温时间是影响水热预处理的主要因素，提高预处理温度和延长保温时间都能促进半纤维素的溶解，提高预处理物料的酶水解性能。

与传统化学法和蒸汽爆破法相比，水热法预处理具有如下优点：a. 预处理过程不添加任何化学试剂，过程清洁；b. 预处理过程有效实现纤维素和半纤维素的分离，有利于纤维素和半纤维素的高效利用；c. 与蒸汽爆破法相比，水热法无需过高的温度即可达到与其相当的预处理效果。

四、生物法

生物法是指利用微生物或酶，尤其是真菌类微生物对木质纤维原料进行处理的方法，常用的真菌主要包括白腐菌、褐腐菌和软腐菌等[28]。生物法预处理的优点是对环境污染负荷小、成本低；缺点一是预处理时间长、效率低，二是微生物在降解木质素的同时也降解原料中的部分纤维素和半纤维素。生物法预处理过程中，微生物自身分泌大量木质素降解酶，选择性降解木质纤维原料中的木质素，保留其中的碳水化合物。目前报道的预处理效果最好的真菌是白腐菌（*Phanerochaete chrysosporium*），其生长繁殖能力强并且能够高效降解木质素。生物法预处理中，原料尺寸大小、水分含量、处理温度和时间是影响木质素脱除的主要因素。尽管生物法预处理对能量、化学品的要求低，并对环境的影响很低，但其效率低、耗时长，难以满足规模化生产的要求。

五、新型预处理方法

1. 离子液体法

近年来，一些新型的预处理方法逐渐发展起来，其中以离子液体预处理和电化学预处理研究最广泛。离子液体能够选择性溶解纤维素或木质素，达到破坏原料细胞结构，解离纤维素、半纤维素和木质素的目的。常用的离子液体有 N-甲基氧化吗啉（NMO）、[AMIm][Cl]、[EMIm][CH₃COO]和[BMIn][Cl]等[29]，其中，N-甲基氧化吗啉是一种纤维素溶剂，可直接分离木质纤维原料中的纤维素，并且使溶解的纤维素链之间的氢键和范德华力破坏，十分有利于后续的酶水解过程。NMO预处理条件温和、安全无毒、溶剂可回收，使其成为一种很有潜力的预处理方法[30]。[EMIm][CH₃COO]是一种选择性溶解木质素的离子液体，在预处理过程中木质素发生溶解，而纤维素则保留在原料中，并且随着木质素的脱除，纤维素的结构发生明显变化，结晶度下降[31]。目前，部分离子液体虽然已经实现回收再利用，但与常规预处理相比，离子液体价格昂贵，并且大部分离子液体对人体有一定毒性，因而尚未实现规模化应用。

2. 电化学法

电化学预处理是基于纸浆漂白工艺而兴起的一种预处理技术。漂白工艺中，电化学作用可以去除纸浆中的残留木质素，而保留大部分纤维素和半纤维素，从而维持纸张的机械强度。在预处理过程中，通过电解作用，使 NaCl 溶液中的 NaCl 发生分解得到含有 HClO 的活化水，从而能有效降解木质素[32]。该法条件温和，易产业化，并且过程中无需酸碱试剂，是一种环境相对友好的预处理方法。

3. 超临界二氧化碳法

超临界二氧化碳预处理是近年来兴起的一种绿色预处理方法。超临界二氧化碳是指处于临界温度 $31.7℃$、临界压力 7.38MPa 之上的二氧化碳流体，具有黏度低、扩散系数大、溶解能力强和流动性好等特性。因化学性质稳定、无毒、不污染环境、无腐蚀性、来源充足等优点而将其作为首选的超临界溶剂，在超临界流体技术领域有着广泛的应用前景[33]。超临界二氧化碳似气体的黏度和似液体的密度，使其容易渗透到木质纤维原料内部。超临界二氧化碳预处理原理类似于蒸汽爆破法。超临界二氧化碳预处理利用超临界二氧化碳零表面张力、低黏度和高扩散系数的性质，使大量二氧化碳分子渗透到木质纤维原料的多孔结构中，并对原料产生溶胀作用，通过快速泄压时产生的物理爆破作用破坏其致密结构且不发生后续降解作用。超临界二氧化碳对木质纤维原料进行预处理，既增加了预处理物料中纤维素对纤维素酶的可及性，而且在低温下预处理，避免了碳水化合物的降解和分解[34]。温度、含水率、压力和作用时间是影响超临界二氧化碳预处理效果的主要因素。

第二节　纤维素酶水解

天然木质纤维结构中，纤维素是构成其骨架的主要组分。不溶性的纤维素分子固定在复杂的细胞壁结构中，形成绳索状的微纤维结构，微纤维的直径一般在 $3\sim20nm$，孔径范围在 $1\sim20nm$。纤维素这种致密、微孔径的毛细管结构成为阻滞纤维素酶水解的重要因素。植物细胞壁中，木质素和半纤维素是微细纤维间的填充物，绳索状的纤维素链再经木质素黏结成极其稳定的结构使其更难被纤维素酶降解。因此，以木质素为黏结剂、半纤维素为填充物、纤维素为骨架结合而成的木质纤维被认为是自然界中对化学作用和生物作用抗性最强的材料之一。

一、纤维素酶水解机制

（一）纤维素酶水解过程

纤维素酶水解过程包括发生在底物纤维素表面的非均相水解反应和液相中的均相水解反应。纤维素酶水解过程首先是纤维素酶和纤维素接触，其次是纤维素酶在纤维素分子上的吸附与扩散，最后由内切葡聚糖酶、外切葡聚糖酶和 β-葡萄糖苷酶协同作用完成纤维素的彻底水解。纤维素酶的非均相反应发生在固体基质表面，在内切葡聚糖酶和外切葡聚糖酶作用下，不溶性纤维素断裂为聚合度低于 6 的可溶性纤维低聚糖；均相水解是指释放到液相中的纤维低聚糖继续在外切葡聚糖酶和 β-葡萄糖苷酶的作用下水解成葡萄糖。纤维素水解过程中，内切葡聚糖酶促解聚是纤维素水解过程的限速步骤。固体底物的特性随着纤维素水解的进程不断变化并对纤维素酶水解反应产生影响，这些特性主要包括底物中纤维素分子的链段数量、纤维素对纤维素酶的可及性和纤维素表面理化性质的改变等。

（二）纤维素酶水解具体机制

纤维素分子的化学结构并不复杂，但天然纤维素材料有复杂的超分子结构。纤维素分子链之间通过次级键作用，组成结构紧密的原纤丝，原纤丝内包括纤维素分子之间相对松散的无定形区和排列整齐有序的结晶区。木质纤维素细胞壁中，由一定数量的原纤丝聚集形成的微纤维形成网状结构，同时，纤维素与半纤维素、木质素之间又通过次级键和化学键结合形成复杂的超分子结构，这些超分子结构直接影响木质纤维素的理化特性，增加了微生物及其酶降解纤维素的难度。

纤维素酶水解主要是在纤维素酶系中内切葡聚糖酶、外切葡聚糖酶和 β-葡萄糖苷酶的协同作用下进行的。目前，纤维素酶水解纤维素的分子机制仍然不是很清楚，普遍认为是纤维素酶各组分协同作用的结果，主要包括协同作用假说、C_1-C_x 假说和顺序作用假说。

1. 协同作用假说

协同作用假说是目前普遍认同的纤维素酶降解机制。纤维素酶系中内切葡聚糖酶、外切葡聚糖酶和 β-葡萄糖苷酶三个组分协同作用时能将纤维素水解成葡萄糖。纤维素酶协同水解机理认为，纤维素酶水解中，首先由内切葡聚糖酶作用于纤维素的无定形区域，生成短链纤维素和纤维低聚糖，产生新的还原末端；然后外切葡聚糖酶从短链纤维素或纤维低聚糖的非还原末端或还原末端依次水解释放纤维二糖；最后纤维二糖在 β-葡萄糖苷酶催化下水解成葡萄糖。研究表明，纤维素酶系中酶组分之间的协同作用十分复杂。归纳起来纤维素酶组分间的相互作用主要有以下几种形式：a. 内切葡聚糖酶与外切葡聚糖酶之间的协同作用；b. 内切葡聚糖酶不同组分之间的协同作用；c. 外切葡聚糖酶不同组分之间的协同作用；d. 外切葡聚糖酶与 β-葡萄糖苷酶之间的协同作用等。

2. C_1-C_x 假说

C_1-C_x 假说由 Reese[35] 于 1950 年提出，其中 C_1 是一个水解因子（外切型 β-葡聚糖酶）。C_1-C_x 假说认为，纤维素酶水解过程中，首先 C_1 作用于纤维素的结晶区，破坏氢键，使纤维素呈无定形态，然后在 C_x 酶（内切型 β-葡聚糖酶）作用下，随机水解非结晶纤维素，最终由 β-葡萄糖苷酶将 C_x 酶的水解产物纤维二糖和纤维三糖水解成葡萄糖[35]，如图 11-3-2 所示。

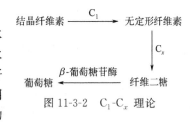

图 11-3-2　C_1-C_x 理论

20 世纪 60 年代以来，随着分离技术的发展，纤维素酶的各组分被分离纯化，但 C_1-C_x 假说并未在实验中得到证实。将 C_1 蛋白因子作用于底物结晶纤维素，然后将 C_1 与底物分离，加入 C_x 酶和 β-葡萄糖苷酶后，并不能将结晶纤维素水解。

3. 顺序作用假说

顺序作用假说由 Enari 等[36] 提出。顺序作用假说认为，纤维素酶水解过程中，首先是由外切葡聚糖酶（CBH Ⅰ 和 CBH Ⅱ）水解不溶性纤维素，生成可溶性纤维糊精和纤维二糖，然后内切葡聚糖酶（EG Ⅰ 和 EG Ⅱ）作用于纤维糊精，生成纤维二糖，最后由 β-葡萄糖苷酶将纤维二糖水解成葡萄糖。

纤维素酶水解动力学至今没有统一的认识。多数人认为，该反应是按照包括产物抑制效应的 Mechaelis-Menten 动力学进行的。但 Ghose 等人发现，纤维素酶水解是按照一级反应动力学进行的，如下式：

$$t = \frac{1}{K} \ln \frac{S_0}{S_0 - p}$$

式中，t 为时间，h；K 为反应常数；S_0 为起始纤维素浓度，%；p 为产物（葡萄糖）浓度，%。

二、底物影响因素

由于木质纤维素复杂的"钢筋混凝土结构"，纤维素的酶水解很难像水解淀粉一样将纤维素完全水解成葡萄糖。木质纤维原料中纤维素的酶水解效率不仅与酶的活性和用量有关，也与底物纤维原料的物理性质、化学性质和形态等特征有关。

（一）原料可及度[37]

纤维素酶水解过程中，纤维素酶需要与纤维素结合才能发挥作用。纤维素中可与纤维素酶结合的区域，称为纤维素的酶可及区，是纤维素降解过程中最关键的因素。可及区域的多少直接决定了纤维素的降解效率。

纤维素的酶可及区可分为内表面和外表面。内表面主要指孔洞的表面，由孔隙率决定，包括内腔的大小和孔洞的数量等。外表面取决于纤维素的粒径。内表面在纤维素的降解中起到更为关键的作用，与降解速率和效率紧密相关。纤维素酶在结合纤维素的过程中，主要通过细胞壁上的孔洞结合而并不是外表面结合。更为重要的是，大约90%的可降解纤维素都由内表面决定，外表面只起到了非常次要的作用。通常，内表面的降解速率比外表面的降解速率高1~2个数量级。

通常，表征可及度的纤维素比表面积与纤维素降解速率有密切的关系。比表面积越大，降解速率就越快。但是比表面积并不等同于纤维素可及区域，比表面积指单位质量或容积的表面积，而可及区域指可与纤维素酶结合的区域。并不是所有的纤维素表面都可以与纤维素酶进行结合，这与底物中孔隙直径大小有很大关系。研究表明，孔隙直径在5.1nm以上才能保证纤维素酶分子进入并与纤维素接触，这与里氏木霉纤维素酶分子大小基本一致。Davison 等[38] 认为，孔隙直径在50nm以上才能保证纤维素酶的充分进入，保证对纤维素发挥作用。在细胞壁的结构中存在着一些凹点或孔隙，位于两个相邻的细胞腔之间。这些凹点或孔隙的直径大约都在20~100nm 之间，不是纤维素酶发挥作用的主要障碍。而在微纤丝之间，存在着一些纳米级的空间，这些空间都在5~10nm 左右，严重阻碍了纤维素酶在降解过程中的分布和扩散。研究发现，尽管经过预处理后，木质纤维素的细胞腔和凹点等都会受到严重的破坏，但是纤维素微纤丝之间的纳米孔隙仍然是纤维素酶降解中最主要的障碍。

（二）纤维素结构

1. 结晶度

纤维素的结晶度是指纤维素中结晶区占纤维整体的百分率。结晶度一般通过 X 射线衍射法（XRD）测定，计算公式如下[39]：

$$CrI = \frac{I_{002} - I_{am}}{I_{002}} \times 100$$

式中，I_{002} 为主峰在 22.6° 附近的散射强度；I_{am} 为非晶部分在 18.9° 的强度。

纤维素酶水解过程中，只有将单根纤维素链分离出来，纤维素才能有机会接触到酶的催化位点，但在结晶区内的纤维素链以稳定的晶体排列，严重限制了酶分子与底物纤维素链的接触，因此纤维素的结晶度被认为是限制纤维素酶水解的重要因素之一。在酶水解反应的初期，纤维素的结晶度显著影响纤维素的降解速率，纤维素的结晶度和水解效率呈正相关。在纤维素酶水解过程中，纤维素酶首先降解无定形区，随着水解的进行，较难水解的结晶纤维素作为残留物，导致了结晶纤维素的累积，从而增加了底物与酶的不可及性。研究表明，使用球磨等方法处理纤维素后，纤维素的结晶度发生变化，有利于纤维素的酶水解。

2. 聚合度（DP）

纤维素的聚合度（DP）表征纤维素分子链中葡萄糖单元的数量。纤维素降解本质上是纤维素链变短，最终成为单糖的过程。这个过程由内切葡聚糖酶、外切葡聚糖酶和 β-葡萄糖苷酶协同完成。纤维素聚合度的降低可以形成更多的外切葡聚糖酶的作用位点，纤维素链越短，纤维素降解为可溶性糖的速率越快。

虽然有很多研究报道了聚合度对降解效率的影响，但至今尚没有统一的结论。有的研究者认为，聚合度与纤维素降解效率关系不大。Saddler 等[40]发现，初始的纤维素聚合度大小并不影响最终纤维素的水解效率，而且，即使在酶解过程中纤维素的聚合度下降了 2/3，也并没有对纸浆的分散度和浆料的可降解性有明显的作用。Lynd 等[41]通过动力学分析发现，聚合度的下降对酶解速率的提高影响不大。但是，纤维素聚合度的改变通常会引起纤维素其他性质（如结晶度）的变化。所以，很难通过一种处理方式只改变纤维素的聚合度而不影响其他性质。纤维素聚合度如何影响酶水解的效率还需要进一步研究。

（三）非纤维素不溶性组分

除纤维素自身特性对酶水解的影响外，木质纤维素中半纤维素与木质素的存在已被证实对纤维素酶水解有不同程度的阻碍作用。

半纤维素尤其是木聚糖、甘露聚糖显示出对纤维素有极强的亲和吸附作用，从而对纤维素酶水解有强烈的抑制作用[42,43]。甘露聚糖已经被证实影响纤维素酶对纤维素的水解，导致纤维素酶水解得率降低[42]。甘露聚糖吸附在纤维素表面主要是因为它与纤维素的羟基间形成氢键。另外，木聚糖是预处理物料酶水解的一种主要抑制物[42]。纤维素对木聚糖的不可逆吸附抑制纤维素的酶水解，同时木聚糖的存在也抑制微晶纤维素和纳米纤维的酶水解，其原因可能是木聚糖吸附并覆盖在纤维素表面，或者是木聚糖吸附在纤维素酶的活性部位[43]。木聚糖对纤维素酶水解的抑制可以通过加入木聚糖酶克服，实验表明，去除木聚糖可以增加底物的空隙率，进而增加底物表面对纤维素酶的可及性。

半纤维素对纤维素水解的阻碍作用还体现在半纤维素的乙酰基团方面。这些乙酰基团能够增加纤维素链的直径，改变纤维素的疏水性，从而抑制纤维素酶与纤维素的有效结合，显著降低纤维素的酶可及性，在植物细胞壁抗降解效应中发挥着非常重要的作用[44]。根据物种不同，乙酰基团约占木质纤维原料的 1%～6%，脱除乙酰基团能够有效提高纤维素的酶降解效率。虽然乙酰基团的抑制作用很强，但是含量相对较小，而且能够通过预处理方式去除，所以在后续的酶水解中，乙酰基团的影响通常都可以忽略。

木质素是影响木质纤维素中纤维素酶水解最主要的底物因素。在木质纤维原料中木质素填充在细胞壁的微纤丝、基质多糖及蛋白的外层，与纤维丝、基质多糖等共价交联，使得纤维素和非纤维素物质间的氢键增强。此外，木质素和细胞壁中的非纤维物质形成化学键，使得纤维素部分和非纤维素部分进一步结合，起到加固木质化植物组织的作用。细胞壁的木质化使纤维素酶与底物的可及性降低，阻碍了纤维素酶和底物的接触，因此木质素的存在对木质纤维素的降解有非常不利的影响。对酶水解影响的研究，前期多集中于采用脱木质素的方法来研究木质素的去除对酶水解的影响。Kumar 等[45]采用亚氯酸钠脱木质素研究木质素对蒸汽预处理的针叶材酶水解的影响，发现经完全脱木质素处理的物料，酶水解得率由初始的 16% 增长至几乎

100％。木质素对酶水解的影响不仅限于其在物料中含量的多少，木质素在物料中的分布以及木质素的官能团也对酶水解有不同程度的影响。预处理过程中，木质素被降解或溶出并向物料表面迁移，在预处理阶段的后期，由于反应温度的下降，部分分离出来的木质素沉积在物料表面，这些沉积在物料表面的木质素是导致酶水解效率下降的重要原因之一[46-48]。另外，木质素的疏水性、表面电荷和官能团活性也对纤维素酶水解有影响作用。将含 6.3％游离酚羟基的有机溶剂木质素和含 4.3％游离酚羟基的蒸汽预处理木质素分别加入滤纸酶水解体系，对比其对酶水解的抑制程度发现，游离酚羟基含量高的有机溶剂木质素对酶水解反应的抑制程度大，且通过对木质素游离酚羟基进行丙氧基化，可降低其对酶水解的抑制作用[49]。Berlin 等[50]对比有机溶剂木质素及酶解残留木质素对纤维素酶活力的影响，结果表明，与酶解残留木质素相比，游离酚羟基含量高出 19％、脂肪族羟基含量低 46％、羧基含量低 67％的有机溶剂木质素对纤维素酶水解的抑制作用更强。在纤维素酶水解过程中，木质素对纤维素酶的无效吸附可以通过对木质素的改性适当缓解。Nakagame 等[51]研究不同来源木质素对纤维素酶吸附的影响发现，木质素中负电基团羧基的增多可减少纤维素酶在木质素上的非特异性吸附。Kumar 等[52]对木质素的表面官能团进行修饰处理，将酸性基团引入增加木质素表面的亲水性，减少了其对纤维素酶的非特异性吸附。Yu 等[53]及 Moilanen 等[54]则分别采用白腐菌及漆酶对木质素进行处理，发现在木质素去除率很少的情况下，纤维素酶解性能明显提高，且在酶解后期有更多的游离纤维素酶被释放。

木质素对纤维素酶水解的抑制作用主要包括两个方面：一是木质素作为一种物理屏障覆盖在纤维素表面，对纤维素酶进攻纤维素存在阻碍作用；二是木质素对酶的非生产性吸附[49]，大部分酶不可逆吸附在木质素上降低了酶解体系中游离酶的含量。此外，木质素和碳水化合物通过酯键或醚键连接形成的木质素-碳水化合物复合物（LCC）也是阻碍纤维素酶对底物进攻的关键因素[55]。

除了木质素对酶水解有明显的抑制作用外，有研究者认为假木质素对纤维素糖化也存在一定的负面影响[56]。假木质素主要来源于木质纤维素酸预处理过程中碳水化合物的降解转化和木质素的降解产物与碳水化合物降解产物的缩合，研究发现假木质素对木质纤维素酶水解存在抑制作用，而抑制机理仍不十分清楚。木质素由于其疏水性结构特征，包括氢键、甲氧基和多环芳烃结构，有与纤维素酶产生非特异性结合的倾向。假木质素的多环芳烃结构特征及其水不溶性表明，假木质素在表面性质上是疏水的，可能与纤维素酶产生非特异性结合。此外，在高温预处理过程中，生成的假木质素以液滴或颗粒状沉积在纤维素的表面，从而阻断纤维素表面的酶结合位点，直接降低纤维素对纤维素酶的可及性。通过研究半纤维素衍生的假木质素在中低酶量添加下对纤维素糖化的影响发现，其对纤维素水解有明显的抑制作用。

三、酶及蛋白相关影响因素

（一）酶与底物的吸附作用

纤维素酶水解是非均相反应，酶的催化反应发生在固液两相的界面。纤维素酶水解过程中，纤维素酶快速吸附在底物纤维素上，催化酶水解反应，后又被缓慢地释放到液相中。因此，纤维素酶与底物之间的吸附状态直接影响纤维素酶水解的效率。纤维素酶在底物上的吸附状态分为特异性吸附及非特异性吸附两种[57,58]。特异性吸附为纤维素酶在纤维素上的有效吸附，即能发生酶水解反应的吸附状态；而非特异性吸附则多指纤维素酶在木质素上的无效吸附状态，同时，纤维素酶在纤维素及其他碳水化合物上也能发生无效吸附。

纤维素酶在纤维素上的吸附主要发生在纤维素酶吸附结构域（CBD）与纤维素之间，去除

CBD 后的纤维素酶在底物上的吸附能力显著降低。CBD 是纤维素酶重要的结构域,目前数量已超过 150 个,含有 CBD 的纤维素酶对纤维素表现出较强的吸附性和特异性。CBD 对纤维素降解的影响主要有三个方面:a. 接近效应。增强纤维素酶与不溶性纤维素的可及性。例如,荧光假单胞菌的 CelE 缺失 CBD 后对结晶纤维素底物 Avicel 的活性下降为原来的 1/5。b. 定位效应。确定纤维素酶与纤维素的结合位置。c. 干扰效应。破坏纤维素刚性的超分子结构。如粪碱纤维单细胞 CenA 的 CBD 独立存在时可以干扰纤维素的纤维结构,释放出小的碎片,具有疏解结晶纤维素的能力。纤维素酶在木质素上的非特异性吸附得到了广泛研究。疏水作用、静电作用及氢键作用是导致纤维素酶在木质素上吸附的三种作用力,其中,疏水作用是纤维素酶在木质素上吸附的主要驱动力。

底物表面疏水性增强导致对纤维素酶吸附的增加。木质素的疏水性比纤维素高,底物中木质素的存在使预处理物料的疏水性增强。Heiss-Blanquet 等[59]利用接触角实验测定不同预处理时间后物料的疏水性,表明随着纤维素的降解,物料中木质素含量增加,接触角值也增加,木质素的含量与物料表面疏水性呈正相关。Pareek 等[60]研究纤维素酶在六种不同木质素样品上的吸附情况,发现较高温度(45℃)下纤维素酶吸附量远高于低温(4℃)条件下的纤维素酶吸附量,这是由于在较高温度下,酶蛋白更容易暴露疏水位点,与木质素发生吸附作用。

静电作用也是影响酶蛋白吸附的重要作用力。静电作用与酶蛋白及底物表面所带电荷有关,而所带电荷又由官能团的解离状态决定。纤维素酶与底物吸附过程中,常见的带电官能团有羧基、氨基和磺酸基等。对纤维素酶蛋白而言,由于同时含有酸性基因(羧基)和碱性基团(氨基),酶蛋白表面的净电荷可能呈现正电,也可能呈现负电。通常情况下,纤维素酶水解的 pH 值为 4.8。当 pH 高于纤维素酶的等电点时,酶蛋白带负电;反之则带正电。研究表明,木质素上的负电基团越多,纤维素酶在木质素上的吸附越少。因此,木质素负电性越强,木质素与纤维素酶分子之间的静电排斥作用越大。由此推理,可通过 pH 值调控木质素上羧基基团的解离来改变其电负性,从而影响纤维素酶在木质素表面的非特异性吸附。研究表明,pH 值的改变(pH 4~7)对纤维素酶在微晶纤维素上的吸附没有明显影响,但随着 pH 值升高,纤维素酶在酶解木质素上的非特异性吸附明显降低。Lan 等[61]和 Lou 等[62]详细阐述了 pH 值对纤维素酶吸附及酶水解的影响机制。研究表明,高 pH 值(5.2~6.2)虽然偏离纤维素酶的最适 pH 值,使纯纤维素的酶水解得率降低,但高 pH 值可增加木质素与酶蛋白之间的静电排斥,从而减少木质素对酶分子的非特异性吸附,实现预处理物料酶解得率的提高。

此外,纤维素酶和木质素之间的氢键作用也被报道,木质素分子的羧基、酚羟基与纤维素酶和木质素之间的氢键有关。但是,纤维素酶和木质素之间的疏水作用、静电作用和氢键作用机制以及其对木质纤维素酶水解的抑制作用的机理还没有得到确切验证。

(二)可溶性组分对酶活性的抑制作用

1. 单糖组分

纤维素酶水解过程中,单糖对纤维素酶活性的影响主要表现在纤维素水解终产物葡萄糖对纤维素酶水解的抑制作用方面。随着水解液中葡萄糖浓度的增加,葡萄糖对 β-葡萄糖苷酶的活性产生反馈抑制,导致水解体系中纤维二糖浓度增加,水解液中纤维二糖的累积对外切葡聚糖酶、内切葡聚糖酶的活性产生反馈抑制作用,最终导致纤维素酶反应速度和酶解效率降低。在纤维素酶水解过程中及时移出酶解生成的葡萄糖或采用同步糖化发酵工艺可以消除或缓解葡萄糖对纤维素酶活性的不利影响。研究发现,半纤维素单糖如木糖、半乳糖、甘露糖等对 β-葡萄糖苷酶水解纤维二糖的活性没有影响。

2. 低聚糖组分

预处理过程中，部分纤维素和半纤维素可降解成低聚糖和单糖，在某些工业流程中，原料预处理后固液分离，预水解液用于生产饲料或饲料添加剂，但为了尽可能地提高木质纤维素的转化率，预水解液通常进行适当处理后进入糖化或发酵环节。研究表明，预处理液中的低聚糖组分对纤维素酶的水解有强烈的抑制作用。纤维素酶水解过程中，纤维素和残余的半纤维素水解产物，如纤维低聚糖、低聚木糖、低聚甘露糖等对水解酶有一定的抑制作用。纤维二糖等纤维低聚糖对外切葡聚糖酶（CBH）和内切葡聚糖酶（EG）有强烈的底物反馈抑制作用[63]。将纤维低聚糖添加到木聚糖酶水解 pNPC 的体系中，发现木聚糖的水解效率显著下降，说明纤维低聚糖对木聚糖酶的活性有一定的抑制作用。

低聚木糖是木聚糖的不完全水解产物，在较高底物浓度（10%）下水解阔叶材和禾本科植物过程中，酶解体系中低聚木糖浓度可达到 $5\sim10g/L$。低聚木糖和木糖对木聚糖酶的抑制作用已有很多报道。研究表明，将低聚木糖添加到纤维素酶水解微晶纤维素体系中，微晶纤维素的水解得率显著降低，说明低聚木糖对纤维素酶也有抑制作用。低聚木糖对内切葡聚糖酶Ⅱ和 β-葡萄糖苷酶活性的影响很小，但显著降低外切葡聚糖酶的活性，并且低聚木糖是外切葡聚糖酶Ⅰ的竞争性抑制剂。相同浓度下，木糖对纤维素酶水解的抑制作用远低于低聚木糖的抑制作用，因此，在木质纤维素水解体系中，添加木糖苷酶将低聚木糖转化为木糖，可以缓解低聚木糖对纤维素酶水解的抑制作用。

针叶材酶水解过程中，半纤维素的主要降解产物为甘露低聚糖和甘露糖，甘露低聚糖分子中含有和纤维素分子中相同的 β-1,4-糖苷键，易于占据纤维素酶的活性位点，影响纤维素酶的水解效率[64]。研究表明，添加甘露低聚糖后，纤维素酶水解微晶纤维素的效率显著下降，同时甘露低聚糖是外切葡聚糖酶Ⅰ的竞争性抑制剂。

3. 非糖组分

预处理过程中产生的一些副产物，对纤维素酶水解也产生较大影响[65]。蒸汽爆破、水热预处理和酸预处理中产生的副产物主要包括三类，即低分子有机酸（甲酸、乙酸、乙酰丙酸等）、呋喃类衍生物（糠醛、5-羟甲基糠醛等）和小分子酚类化合物（香兰素、紫丁香醛等）。这些副产物都是预处理过程中纤维素、半纤维素和木质素的降解产物或其衍生物。Kim 等[66]发现，在这些副产物中，小分子酚类化合物对纤维素酶水解的抑制作用最强，尤其是对内切葡聚糖酶和外切葡聚糖酶的作用尤其明显。

（三）多因子协同增效

1. 纤维素酶组分协同

纤维素酶系的组成对木质纤维素水解的影响很大。实际应用中，外源添加某些缺少的或含量较低的纤维素酶组分，或通过对纤维素酶生产菌株定向改造从而改善纤维素酶系组成，都可以有效提高木质纤维素的水解效率。里氏木霉产生的纤维素酶系中，β-葡萄糖苷酶的含量明显不足，在木质纤维素酶水解过程中导致水解液中纤维二糖的大量积累，从而抑制外切葡聚糖酶和内切葡聚糖酶的活性。

真菌产生的木质纤维素水解酶系中，不同的纤维素酶组分分泌的比例明显不同。Chundawat 等[67]通过蛋白质组学分析发现，外切葡聚糖酶占分泌蛋白的主要部分。Gimbert 等[67]以玉米芯和葡萄糖为碳源培养里氏木霉，发现外切葡聚糖酶占纤维素酶总量的 $70\%\sim80\%$ 以上，内切葡聚糖酶和木聚糖酶的含量较低。木质纤维原料不同，其高效降解所需的酶组分的种类和比例差异较大。有的原料需要与外切葡聚糖酶相当甚至更多的内切葡聚糖酶参与，才能促使纤维素高效降解。同时，不同的纤维素酶生产菌株（如草酸青霉和里氏木霉）分泌的纤维素酶中，酶系组成及其比例差异也较大。因此，针对不同来源或者不同预处理的木质纤维原料，调配纤维素酶系组成，"个性化"定制所需的纤维素酶，是提高木质纤维素酶水解效率的策略之一。

2. 纤维素酶与其他纤维降解酶协同

尽管预处理可以在一定程度上去除木质素或半纤维素，有利于纤维素酶与纤维素的接触，提高预处理物料的酶水解性能，但受预处理工艺的限制，预处理物料中仍然残留部分木质素和半纤维素，残留的非纤维素成分有些与部分纤维素保持紧密结合状态，不利于这部分纤维素的水解。在木质纤维素酶水解体系中添加半纤维素酶、果胶酶、木质素降解酶等辅助酶可以显著提高纤维素酶水解效率。由于半纤维素结构的复杂性，侧链基团的多样性，在水解含有半纤维素的木质纤维素时，需要添加多种半纤维素降解酶。在纤维素酶水解水热预处理的小麦秸秆和芦竹中添加内切木聚糖酶和乙酰木聚糖酯酶可以显著提高葡萄糖得率[68]。添加阿拉伯糖苷酶、阿魏酸酯酶等半纤维素降解酶协同提高纤维素酶水解效率也有相关的报道。在纤维素酶水解针叶材过程中，添加甘露聚糖水解酶降解预处理物料中残留的甘露聚糖可以增加纤维素的可接触面积，提高纤维素酶水解效率。

3. 其他组分

1974年，Eriksson等[69]发现有氧气存在时白腐菌培养液对纤维素的降解速度远高于无氧时的情况，说明氧化酶参与纤维素的生物降解，并发现一种以分子氧为电子受体且能够氧化纤维二糖或聚合度更高的纤维糊精的酶，将其定义为纤维二糖氧化酶（CBO）。纤维二糖-醌氧化酶（CBQ），以醌作为电子受体，也能氧化纤维二糖，而且其氧化产物与纤维二糖氧化酶降解纤维二糖的产物一样，两者名称后来更换为纤维二糖脱氢酶（CDH）[70]。CDH已在白腐菌、褐腐菌和软腐菌中被发现，CDH能够催化纤维二糖氧化为内酯，含有黄素腺嘌呤二核苷酸（FAD）辅基和一个血红素基团。CDH催化反应机制尚未完全清楚，但已明确白腐菌CDH黄色素的内部电子转移动力学，纤维二糖失去两个电子被氧化的同时，CDH的FAD部分被还原，铁血红素基团得到一个电子生成亚铁血红素和黄素基。目前研究发现CDH可能不仅局限于氧化纤维二糖形成纤维二糖内酯，解除纤维二糖对纤维素酶的反馈抑制。Renganathan等[71]发现CDH可以强烈地吸附在纤维素上，且吸附的酶仍可以氧化纤维二糖，说明和其他纤维素酶一样，CDH也有纤维素吸附位点，且反应中心不在吸附位点内。Kremer等[72]发现以铁氰化合物为电子受体时，CDH可以直接氧化纤维素，可能产生活性物质过氧化物离子等去破坏纤维素的结晶结构，有利于纤维素酶的水解；纤维素氧化后引入的羧基导致纤维素链间氢键破坏，使结晶结构无序化；另外纤维素还原末端的氧化可能防止被纤维素酶打断的糖苷键重新生成。Bao等[73]证实CDH的加入可以提高纤维素酶降解纤维素的速度。自发现CDH 20余年来，只明确它可氧化纤维二糖，它在纤维素降解中的确切作用尚不清楚。

膨胀蛋白虽然没有水解纤维素的活性，但仍然能够参与木质纤维素的降解[74]。膨胀蛋白的种类很多，常见于植物、细菌和真菌中，变形虫和线虫中也有发现，分为 α、β、γ 和 δ 四个亚家族。膨胀蛋白能造成植物细胞壁的扩张和松弛，促使木质纤维素中纤维素松弛膨胀，从而提高纤维素与纤维素酶结合的可及性。

（四）纤维素酶的回收

木质纤维素生物炼制过程中，提高酶水解效率可以达到降低纤维素酶成本的目的，近年来对酶解后纤维素酶的回收技术的研究也受到越来越多的关注。木质纤维素酶水解结束后，纤维素酶分布在水解上清液相和酶解残渣中。液相中残留的纤维素酶称为游离酶，而固相中和酶解残渣复合在一起的纤维素酶通常称为结合酶。早期的研究表明，里氏木霉纤维素酶稳定性好，对纤维素有高的亲和力，因此在木质纤维素水解过程中回收纤维素酶是可行的。纤维素酶的回收方法主要包括超滤法、吸附和脱附（解吸附）法。

液相中游离酶的回收主要采用超滤或补加新鲜底物重吸附的方法。Mores 等[75]采用沉淀法和超滤法回收纤维素酶，可回收 75% 的纤维素酶。Steele 等[76]以氨爆破的玉米秸秆为底物进行酶解，采用超滤法回收水解液中的纤维素酶和 β-葡萄糖苷酶，纤维素酶回收率为 60%～66.6%，β-葡萄糖苷酶回收率达到 76.4%～88.0%，同时发现，纤维素酶的回收率随着木质素含量的不同出现明显的变化。影响纤维素酶在纤维素基底物上吸附的因素很多，主要有温度、pH 值、离子强度等。

酶解渣中的结合酶可以采用脱附后再吸附的方法进行回收。研究表明，调节 pH 值和添加表面活性剂可以促使纤维素酶从酶解残渣上脱附，把酶解残渣中的纤维素酶进行回收后重复利用，其酶解效果并不理想，因为吸附在木质素上的酶多数已失效。Ramos 等[77]在甘蔗渣的水解反应中加入 0.4% Tween80（吐温 80），水解上清液中纤维素酶回收率达到 90%。Xu 等[78]酶解蒸汽爆破预处理的麦秆 48h，大约有 33%～42% 的初始酶结合在酶解残渣上，依次通过醋酸缓冲液洗涤、长时间搅拌洗涤和 0.0015mol/L、pH 10 的氢氧化钙洗涤处理酶解残渣，最终可以回收 96.7%～98.14% 的酶蛋白，但酶活力仅为初始酶的 50%。

β-葡萄糖苷酶的分子量为 70000～114000，作用底物为可溶性纤维二糖和纤维低聚糖。酶在水解过程中对不溶性的纤维底物几乎不发生吸附作用，始终游离在酶解液中，因此 β-葡萄糖苷酶的回收通常采用超滤法和固定化法。赵林果用截留分子量为 30000 的膜超滤回收纤维二糖水解液中的 β-葡萄糖苷酶，连续超滤回收不同批次的纤维二糖酶解液中的 β-葡萄糖苷酶，第 1 轮的酶回收率、平均膜通量分别为 99.5% 和 109.4L/(m²·h)，第 20 轮回收的 β-葡萄糖苷酶为初始酶量的 90% 以上，且平均膜通量为 79.2L/(m²·h)。Tu 等[79]用 Eupergit C 固定化 β-葡萄糖苷酶，比较固定化酶和游离 β-葡萄糖苷酶对纸浆的酶解效果，固定化酶可循环使用 6 轮，第 1 轮葡萄糖得率为 80%，第 6 轮得率为 65%，显示了固定化 β-葡萄糖苷酶在 288h 内的良好稳定性。朱均均以壳聚糖为载体固定化 β-葡萄糖苷酶，重复分批酶解 10g/L 的纤维二糖，操作半衰期为 31 天左右。

目前，纤维素酶的回收技术很难应用于工业过程，因为水解结束后，大约 60% 的纤维素酶吸附在酶解渣上，这些酶主要通过添加新鲜底物的方法回收。但随着纤维素酶的循环使用，水解体系中木质素不断累积。研究表明，纤维素酶水解蒸汽爆破预处理的桦木，采用添加新鲜底物的方法重复利用纤维素酶 5 轮，底物中木质素含量达到 70%，大量木质素不仅非特异性吸附大量纤维素酶，使其失效，同时木质素的存在又对纤维素酶结合新鲜底物形成天然的物理屏障。

四、纤维素酶水解增效策略

（一）降低非生产性吸附的策略

1. 添加表面活性剂

表面活性剂是一类即使在很低浓度时也能显著降低表（界）面张力的物质。表面活性剂的分子结构均由两部分构成。分子的一端为非极性疏水基，也称为亲油基；分子的另一端为极性亲水基，也称为疏油基。两类结构与理化性质截然相反的基团分别处于同一分子的两端并以化学键相连接，赋予了该类特殊分子既亲水又亲油的特性。表面活性剂的这种特有结构通常称为"双亲结构"，表面活性剂分子也常被称为"双亲分子"。表面活性剂溶于水后，亲水基受水分子的吸引，而亲油基受水分子的排斥，为了克服这种不稳定状态，只能在溶液的表面，将亲油基伸向气相，亲水基伸入水中（图 11-3-3）[80]。

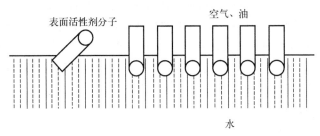

图 11-3-3　表面活性剂分子在油（空气）-水界面上的排列示意图[80]

表面活性剂分子可显著降低水的表面张力，在水溶液中缔合成胶束，具有润湿或抗黏、乳化或破乳、起泡或消泡以及增溶、分散、洗涤、防腐、抗静电等一系列实际用途，是一类灵活多样、用途广泛的精细化学品。

近年来，通过加入表面活性剂改善纤维素酶水解的研究得到越来越多的重视。木质素对木质纤维素酶水解的影响主要包括对纤维素酶进攻纤维素的物理屏障和与纤维素酶发生非生产性吸附而使其失活，因此，抑制木质素对纤维素酶的非生产性吸附至关重要，而添加表面活性剂是抑制木质素对纤维素酶发生非生产性吸附的策略之一。表面活性剂种类较多，水溶性表面活性剂占总量的 70％以上，其中非离子型表面活性剂占 25％左右，被认为是可提高纤维素酶水解效率的物质。非离子型表面活性剂在水中不电离，稳定性高，不易受强电解质无机盐存在的影响，也不易受酸碱的影响。非离子型表面活性剂是多种酶的激活剂，对酶活性的保护和增效具有特殊的作用。酶水解过程中添加非离子型表面活性剂能够有效抑制木质素对纤维素酶的无效吸附，增加酶的稳定性，提高酶水解效率，减少纤维素酶用量。木质纤维素酶水解中，常用的非离子型表面活性剂主要为吐温和聚乙二醇。

表面活性剂对纤维质底物的酶解促进效果虽然引起了一些关注，但其作用机制仍不清楚。结合已经发表的数据，对表面活性剂的辅助酶解机理主要有三种推测：一是表面活性剂能降低电荷密度，减弱导致酶变性的静电相互作用，保护酶活性部位不直接与外界接触，也可有效抑制酶失活。二是表面活性剂与底物间的作用影响底物结构，降低了结晶区的反应活化能。三是表面活性剂影响酶-底物的相互作用，有利于酶水解作用。

2. 添加蛋白质

研究发现，在纤维素酶水解体系中添加其他蛋白质对提高纤维素酶水解效率十分有效。可能的机制主要包括：一是添加的蛋白质与底物中木质素发生不可逆吸附，降低了木质素对纤维素酶的非生产性吸附作用。二是添加的蛋白质增加了纤维素酶对纤维素的可及性，即增加了纤维素酶和底物反应的概率。三是添加的蛋白质提高了纤维素酶的稳定性，避免了纤维素酶的失活。目前的研究主要集中在以下几种蛋白质方面。

牛血清蛋白（BSA），具有高的疏水性，与纤维质底物表面有很强的相互作用，作为一种阻滞剂保护酶蛋白。BSA 可与疏水性的木质素发生吸附作用，覆盖在木质素表面，阻止纤维素酶蛋白与木质素的无效吸附[81]。研究表明，预处理玉米秸秆酶水解体系中，添加 BSA 后酶解得率提高 14％。Ding 等[81]在稀碱预处理杨木酶水解体系中加入 BSA，水解 72h 后糖得率从 69.2％提高到 78.4％。

酶学分析表明，扩张蛋白没有纤维素酶活性，但在微晶纤维素酶水解时，与纤维素酶具有协同作用，使微晶纤维素的水解效率提高了 50％。扩张蛋白还能使滤纸、结晶纤维素和半纤维素等的结构变疏松。分析表明，扩张蛋白通过破坏纤维素微纤维之间或纤维素与其他细胞壁多糖之间的氢键，增加纤维素酶在底物上的结合位点，提高纤维素对纤维素酶的可及性。

韩业君等[82]从新鲜的玉米秸秆中分离到一种与纤维素酶具有协同作用的蛋白质 Zea h，红外光谱和 X 晶体衍射分析发现，蛋白质 Zea h 能够使滤纸的氢键密度和结晶系数降低，说明蛋白质 Zea h 在一定程度上可以削弱或断裂滤纸纤维素分子链间的氢键，降低滤纸的结晶度。通过纤维素酶吸附性分析发现，蛋白质 Zea h 能够增加纤维素酶在底物纤维素上的吸附量，促进纤维素酶和纤维素结合，提高纤维素对纤维素酶的可及性。

（二）分批补料策略

补料工艺是在酶水解反应过程中添加新的木质纤维原料或者纤维素酶的方式，保证酶反应过程中反应物黏度维持在相对较低的水平。补料是一种常用的操作方式，能够在不改变原有反应器的情况下，通过操作方式的改变来解决高固含量下黏度过高引起的传质传热困难、搅拌能量消耗大等问题。采用补料工艺，可以维持酶解过程中游离水的含量，保证纤维素酶和木质纤维原料的充分接触。分批补料工艺广泛应用于高固含量的木质纤维素的酶水解中，与一次性投料工艺比，分批补料工艺的酶水解效率显著提高。补料方式和补料时间对分批补料酶解效率的影响较大。Tai 等[83]通过数学模型优化了补料方式，提高了纤维素酶水解效率。但是，分批补料工艺在实际应用中增加了过程的复杂性和操作成本。

（三）反应与分离耦合策略

1. 同步糖化发酵

同步糖化发酵（SSF）是将预处理的木质纤维素、纤维素酶和微生物发酵菌株同时加入生物反应器中，使酶水解和发酵在同一装置内完成，如图 11-3-4 所示。多数情况下，纤维素糖化速率低于微生物发酵速率。同步糖化发酵中，纤维素经纤维素酶水解生成的葡萄糖，迅速被微生物利用代谢为发酵产物，使生物反应

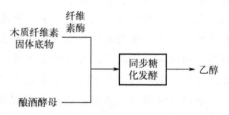

图 11-3-4　木质纤维素同步糖化发酵流程

器中的葡萄糖浓度始终保持在很低水平，消除了终产物葡萄糖对 β-葡萄糖苷酶的反馈抑制作用，有利于纤维素酶水解速率和水解效率的提高。同步糖化发酵存在的主要问题是纤维素酶水解和微生物发酵温度不匹配。通常情况下，纤维素酶水解的适宜温度为 45～50℃，而微生物发酵的适宜温度为 28～30℃，因此，选育耐高温发酵微生物是提高同步糖化发酵效率的重要途径。

2. 酶膜反应器[84]

膜反应器是利用选择性半透膜分离催化剂和产物（底物）的生产或实验设备，是反应与分离耦合的装置，如图 11-3-5 所示。当反应体系中催化剂是生物酶时，则称之为酶膜反应器。葡萄糖的分子量为 180，纤维素酶的分子量一般在 35000～65000。采用酶膜反应器技术可以及时将纤维素水解生成的葡萄糖转移，解除水解产物葡萄糖对纤维素酶的反馈抑制作用，从而提高纤维素酶水解效率。

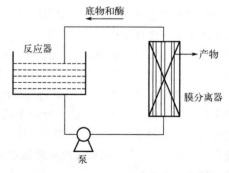

图 11-3-5　循环式酶膜反应器

第三节　半纤维素酶水解

半纤维素是由多种单糖构成的非均一杂多糖，通常占木质纤维素干重的 25％～30％，在植物细胞壁中半纤维素与纤维素、木质素以次级键或化学键结合形成超分子复合物。半纤维素在植物细胞壁中的含量仅次于纤维素。此外，木质纤维原料中还存在不属于半纤维素的非纤维素多糖，如淀粉、果胶、植物胶等[85]，此类植物多糖不在本章讨论范围内。

与纤维素相比，半纤维素结构复杂，在不同木质纤维素中组成差异很大，如半纤维素的糖基组成、分支度、聚合度、乙酰化程度等。与纤维素酶水解类似，半纤维素酶水解过程包括非均相水解与均相水解过程。部分半纤维素如针叶材半纤维素葡甘露聚糖水溶性较好，其酶水解过程为均相反应。半纤维素的结构组成复杂，往往需要多种半纤维素降解酶协同作用才能将半纤维素完全水解，最为常见的是主链降解酶和多种支链降解酶的协同作用。与纤维素酶水解相比，半纤维素酶水解的研究相对较少。半纤维素在木质纤维素生物转化和利用中扮演着重要角色。一方面，半纤维素可以降解为种类多样的单糖及低聚糖；另一方面，半纤维素及其降解产物可抑制纤维素的酶水解过程[86]。因此，半纤维素酶水解的研究对实现木质纤维素的高效生物炼制十分必要。

一、半纤维素的种类与结构

半纤维素结构复杂，通常包含主链和侧链基团。组成半纤维素主链和侧链的糖基主要有 D-木糖基、D-葡萄糖基、D-甘露糖基、D-半乳糖基、L-阿拉伯糖基、D-葡萄糖醛酸基、4-O-甲基-D-葡萄糖醛酸基、D-半乳糖醛酸基等，以及少量的 L-鼠李糖基、L-岩藻糖基等[87,88]，如图 11-3-6 所示。此外，组成半纤维素侧链的基团还包括乙酰基、阿魏酸、对香豆酸等。除了自身复杂的结构外，木质纤维素中半纤维素以氢键等次级键与纤维素结合、以 α-苯醚键等化学键与木质素结合，形成难以被微生物或酶降解的超分子复合体。由于化学结构组成不均一，天然半纤维素为非结晶态、低分子量多分支聚合物，聚合度通常在 80～200 之间。

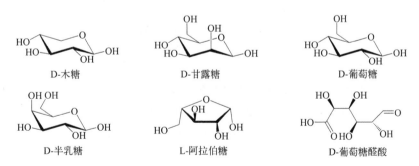

图 11-3-6　半纤维素的主要糖基结构

1.葡萄糖醛酸木聚糖

阔叶材中半纤维素主要是葡萄糖醛酸木聚糖或 4-O-甲基-葡萄糖醛酸木聚糖。葡萄糖醛酸木聚糖的主链由 D-木糖基以 β-1,4-糖苷键连接而成，平均聚合度为 100～200[89]；支链有葡萄糖醛酸基（或 4-O-甲基-葡萄糖醛酸基）通过 α-1,2-糖苷键连接在主链上（图 11-3-7）。此外，主链部分木糖基在 C2 位或 C3 位可被乙酰化[90]。

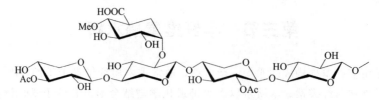

图 11-3-7　O-乙酰基-4-O-甲基-葡萄糖醛酸木聚糖结构

2. 葡萄糖甘露聚糖（葡甘露聚糖）

阔叶材中半纤维素除主要含有葡萄糖醛酸木聚糖外，还含有少量葡甘露聚糖，主要是由甘露糖基和葡萄糖基以 β-1,4-糖苷键连接而成（图 11-3-8）。不同来源的葡甘露聚糖具有不同的糖基比，通常葡萄糖基与甘露糖基的比例为（1∶2）～（1∶1）[91]。

图 11-3-8　葡甘露聚糖结构

3. 半乳糖葡萄糖甘露聚糖（半乳葡甘露聚糖）

针叶材中半纤维素以半乳葡甘露聚糖或 O-乙酰基-半乳葡甘露聚糖为主，约占针叶材干重的 20%～25%。其由 D-葡萄糖基和 D-甘露糖基通过 β-1,4-糖苷键连接形成主链，部分糖基的 C2 位或 C3 位发生乙酰化；支链由 D-半乳糖基以 α-1,6-糖苷键与主链中的葡萄糖基和甘露糖基连接（图 11-3-9）。

图 11-3-9　半乳葡甘露聚糖结构

4. 阿拉伯半乳聚糖

落叶松富含阿拉伯半乳聚糖，其他针叶材中含量较少。落叶松中阿拉伯半乳聚糖的分子量约为 10000～20000，具有多分支结构，水溶性好，可用温水直接抽提[92]。阿拉伯半乳聚糖主链由半乳糖基通过 β-1,3-糖苷键连接而成，阿拉伯糖基和半乳糖基作为侧链以 α-1,3-糖苷键或 β-1,6-糖苷键连接在主链上[92]（图 11-3-10）。

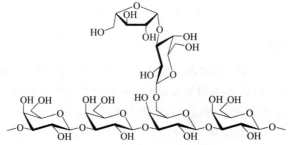

图 11-3-10　阿拉伯半乳聚糖结构

5. 阿拉伯木聚糖

禾本科植物中的半纤维素主要是阿拉伯木聚糖，结构与阔叶材中木聚糖结构相似，但禾本科植物的木聚糖中阿拉伯糖基含量较高。阿拉伯木聚糖以 β-1,4-木聚糖为主链，α-阿拉伯糖基在主链木糖基的 C2 位和 C3 发生取代（图 11-3-11）。此外，阿魏酸和对香豆酸与阿拉伯糖在 O5 位以酯键连接[88,89]。

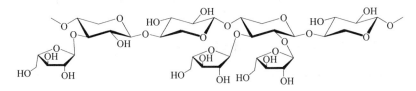

图 11-3-11　阿拉伯木聚糖结构

6. 阿拉伯葡萄糖醛酸木聚糖

阿拉伯葡萄糖醛酸木聚糖或阿拉伯-4-O-甲基-葡萄糖醛酸木聚糖是禾本科植物中另一类重要的半纤维素组分，在针叶材中也有少量存在。它同样以 β-1,4-木聚糖为主链，4-O-甲基-葡萄糖醛酸以 α-1,2-糖苷键连接在木糖基上，L-阿拉伯糖基侧链以 α-1,2-糖苷键或 α-1,3-糖苷键连接在木糖基上（图 11-3-12）。与阔叶材中阿拉伯葡萄糖醛酸木聚糖相比，禾本科植物的木聚糖中乙酰基含量少。阿魏酸和对香豆酸同样以酯键与阿拉伯糖基的 O5 位相连[88,89]。

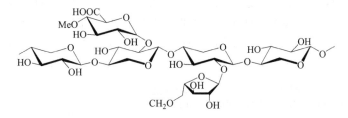

图 11-3-12　阿拉伯葡萄糖醛酸木聚糖结构

二、半纤维素酶水解的影响因素

半纤维素酶水解效率不仅受半纤维素结构、性质的影响，而且与半纤维素降解酶系组成密切相关。此外，木质纤维素中，半纤维素与木质素、纤维素和蛋白质之间存在着共价键或非共价键的连接，半纤维素的酶水解也受到木质纤维素中其他组分的影响[93]。

（一）半纤维素结构对半纤维素酶水解的影响

由于生物酶的专一性强，因此半纤维素一级结构（糖基组成、糖苷键类型和支链结构等）对半纤维素酶水解的影响最为显著，半纤维素一级结构解析可为半纤维素降解酶制剂的选择提供依据。根据木质纤维素中半纤维素的结构特点，禾本科植物和阔叶材的半纤维素结构较为相似，其主链结构为木聚糖，水解这类半纤维素的酶制剂主要为木聚糖酶（内切 β-1,4-木聚糖酶和 β-木糖苷酶）；针叶材中半纤维素以甘露聚糖为主，其水解酶主要为甘露聚糖酶，包括 β-甘露聚糖酶和 β-甘露糖苷酶等。

与纤维素不同，半纤维素多为分支聚糖，常带有各种短链分支。半纤维素的支链（侧链）结构往往对主链降解酶水解半纤维素主链产生空间位阻效应，不利于主链糖苷键的水解。在酶水解体系中添加半纤维素支链降解酶可将这些支链基团降解，消除支链基团对主链降解酶的空间位阻。例如，禾本科植物的半纤维素酶水解中，除木聚糖酶外，还需添加特异性支链降解酶，如 α-阿拉伯糖苷酶、乙酰木聚糖酯酶和阿魏酸酯酶等。

半纤维素分支度是衡量半纤维素分子中支链数量的参数。同类半纤维素中，半纤维素在水中的溶解度与分支度呈正相关关系，而与聚合度呈负相关关系。通常，半纤维素酶水解体系中底物水溶性好，酶水解过程趋向于均相反应，有利于半纤维素酶对底物的水解；但在高浓度下，部分高分支度半纤维素在水中易形成高黏体系，降低了半纤维素酶水解过程的传质效率，不利于半纤维素酶水解。

（二）半纤维素降解酶系结构对半纤维素酶水解的影响

由于半纤维素结构的复杂性和不同来源半纤维素结构的差异性，半纤维素降解酶系结构对半纤维素酶水解有较大影响。根据水解底物类型，半纤维素降解酶系主要分为两大类：一是木聚糖降解酶系，包括内切木聚糖酶（EC 3.2.1.8）、β-木糖苷酶（EC 3.2.1.37）、α-L-阿拉伯呋喃糖苷酶（EC 3.2.1.55）、乙酰木聚糖酯酶（EC 3.1.1.72）、阿魏酸酯酶（EC 3.1.1.73）和 α-葡萄糖醛酸酶（EC 3.2.1.139）等；二是甘露聚糖降解酶系，包括甘露聚糖酶（EC 3.2.1.78）、β-甘露糖苷酶（EC 3.2.1.25）、乙酰甘露聚糖酯酶（EC 3.1.1.6）、α-半乳糖苷酶（EC 3.2.1.23）和 β-葡萄糖苷酶（EC 3.2.1.21）等。

半纤维素完全酶水解需要半纤维素降解酶之间发生协同作用[94]。酶的协同作用是指多种酶在共同作用时，其酶水解效率优于不同酶组分单独作用时酶水解效率的加和。通过研究不同酶组分之间的协同作用，可以在保持总酶用量不变或者减少的情况下显著提高酶水解效率，从而降低酶的成本[95,96]。半纤维素酶水解主要存在两种降解酶的协同方式：一是主链降解酶和侧链降解酶之间的协同作用；二是主链降解酶之间或者侧链降解酶之间的协同作用[95,96]。下面以禾本科植物的半纤维素酶水解为例介绍半纤维素降解酶之间的协同水解作用（图 11-3-13）[97]。

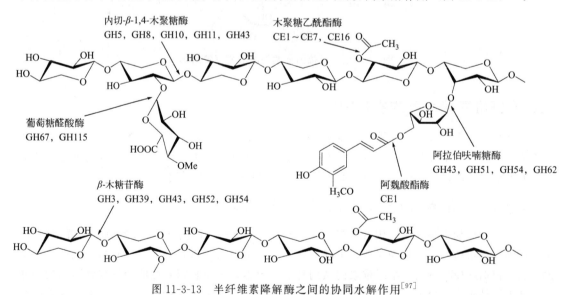

图 11-3-13　半纤维素降解酶之间的协同水解作用[97]

1. 木聚糖主链降解酶和侧链降解酶之间的协同作用

木聚糖酶水解中，内切 β-1,4-木聚糖酶与 β-木糖苷酶存在协同水解作用。内切 β-1,4-木聚糖酶作用于木聚糖主链的 β-1,4-糖苷键，将木聚糖主链水解成低聚木糖和木糖，而 β-木糖苷酶则作用于低聚木糖的末端 β-1,4-糖苷键，将其逐步水解为木糖，从而降低低聚木糖对内切 β-1,4-木聚糖酶的抑制作用。Li 等报道与内切 β-1,4-木聚糖酶单独酶解相比，内切 β-1,4-木聚糖酶和 β-木糖苷酶之间的协同作用使还原糖释放量增加 129.8%[95,98]。反之，在低聚木糖酶法生产中，抑制内切 β-1,4-木聚糖酶与 β-木糖苷酶之间的协同水解作用，可使木聚糖定向水解为低聚木糖，阻止内切 β-1,4-木聚糖酶水解木聚糖产生的低聚木糖进一步被 β-木糖苷酶水解为木糖。

禾本科植物的木聚糖支链结构复杂，包括乙酰基团、α-阿拉伯糖基、阿魏酸基团等。半纤维素支链降解酶（如乙酰木聚糖酯酶、α-L-阿拉伯呋喃糖苷酶和阿魏酸酯酶等）水解木聚糖的侧链从而暴露出更多的木聚糖主链，提高了主链降解酶（内切 β-1,4-木聚糖酶）对主链糖苷键的可及性。Neumüller 等将来源于 *Trichoderma longibrachiatum* 的乙酰木聚糖酯酶添加到半纤维素酶系混合物中，木糖、阿拉伯糖的释放量分别增加了 50% 和 62%[97]。Shi 等报道来源于 *Streptomyces* 的 α-阿拉伯糖苷酶和木聚糖酶共同作用于燕麦木聚糖与小麦阿拉伯糖基木聚糖时，两者之间存在显著的协同作用，还原糖的释放量分别增加了 1.19 倍和 1.21 倍[99]。由此可见，半纤维素支链降解酶和半纤维素主链降解酶之间的协同作用均能显著提高半纤维素水解得率。

2. 木聚糖主链降解酶之间的协同作用

半纤维素酶水解过程中，关于主链降解酶和侧链降解酶之间的协同作用的研究较为广泛，而不同的半纤维素主链降解酶之间的协同作用经常被忽略。以木聚糖酶水解为例，研究表明，来源于不同微生物的木聚糖酶之间同样存在协同作用。例如，来源于 *Clostridium thermocellum* 的 GH10 木聚糖酶 XynZ-C 和来源于 *Streptomyces lividans* 的 GH11 木聚糖酶 XlnB 或者来源于 *Streptomyces lividans* 的木聚糖酶 XlnC 在共同作用于预处理的甘蔗渣时，两者之间最大协同系数分别是 3.62 和 3.30；来源于 *Thermobifida fusca* 的 Xynl0B 和来源于 *S. lividans* 的 XlnB 或者 XlnC 的木聚糖酶之间最大协同系数分别是 2.93 和 3.25。说明同属于半纤维素主链降解酶的木聚糖酶，由于其对底物的专一性不同，因此，不同来源的半纤维素主链降解酶之间也存在协同作用。

（三）非半纤维素组分对半纤维素酶水解的影响

木质纤维生物质中，半纤维素通过非共价键与纤维素紧密相连，甚至覆盖在纤维素的表面，从而限制了纤维素降解酶的水解作用。通过半纤维素降解酶去除覆盖在纤维素表面的半纤维素能够提高纤维素酶对纤维素的可及性，增加木质纤维原料中多糖底物的整体水解效率。因此，在木质纤维酶水解中，半纤维素降解酶和纤维素降解酶协同作用才能使得纤维素更有效地降解。

木质素是影响木质纤维素中纤维素酶水解的重要底物因素。木质素对半纤维素酶水解同样存在空间屏障作用，并通过对半纤维素酶的非特异性吸附阻碍半纤维素酶水解的进行。与纤维素不同，半纤维素与木质素之间存在化学连接键，如苄基醚键、苄基酯键和苯基糖苷键等，从而形成木质素碳水化合物复合物（lignin-carbohydrate complex，LCC），因此，LCC 也是影响半纤维素酶水解的一个重要因素。

综上，根据特定半纤维素的性质和结构特点，优化半纤维素降解酶的酶系结构，对提高半纤维素的水解效率十分必要。

三、半纤维素酶水解工艺

根据半纤维素酶水解的加工目的不同，半纤维素酶水解工艺存在差异。木质纤维原料中，半纤维素与纤维素和木质素形成致密的超分子结构。在生物炼制的糖平台技术中，木质纤维原料经预处理后，通过添加酶制剂进行木质纤维糖化，其中半纤维素和纤维素的酶水解往往同时进行，两者相辅相成，最终获得的可发酵性糖通过微生物发酵生产生物燃料和化学品等。半纤维素酶水解制备可发酵性糖的工艺与常规的木质纤维生物炼制工艺路线一致，通常包括原料预处理和酶水解（纤维素与半纤维素的酶水解）两个过程。

半纤维素除了彻底水解为单糖外，还能通过限制性水解技术将其选择性降解为高附加值的低聚木糖、甘露低聚糖等功能性低聚糖。低聚糖酶法生产中，通常从木质纤维原料中提取半纤维素，以提取的半纤维素为底物进行酶法定向水解制备低聚糖。因此，半纤维素酶水解工艺通常包括半纤维素的提取、半纤维素的分级纯化和半纤维素的定向酶水解三个过程，如图 11-3-14 所示。

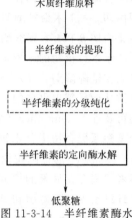

图 11-3-14　半纤维素酶水解制备低聚糖的工艺流程

1. 半纤维素的提取

目前，半纤维素的提取方法主要包括碱法提取、物理化学法提取和蒸汽爆破等热化学法提取。碱法提取是最常用的半纤维素分离方法，它能使纤维素润胀的同时将酚酸（阿魏酸、对香豆酸等）和木质素或半纤维素之间的酯键、半纤维素和木质素之间的醚键发生断裂，从而使半纤维素溶解，提高半纤维素的提取率[100]。化学法与物理法相结合进行半纤维素的分离是近年来具有发展潜力的方法[99]，如超声波辅助碱处理进行半纤维素的提取[101]，比传统的碱处理提取率高。蒸汽爆破法已用于禾本科植物和木材原料的半纤维素提取，主要通过高温热处理使得部分解聚半纤维素溶出[102,103]。

2. 半纤维素的分级纯化

通常提取得到的半纤维素为混合的高聚糖，采用分级纯化手段可将不同分子量范围的高聚糖分离。常用的半纤维素分级纯化方法主要为分级沉淀法。主要根据不同分子量的高聚糖在不同浓度乙醇中具有不同溶解度的性质，逐步提高分离体系中的乙醇浓度，随着乙醇浓度的提高，半纤维素中的多糖组分按分子量由大到小的顺序沉淀析出[104]。

3. 半纤维素的定向酶水解

以上述所得半纤维素为底物选择性酶水解，得到不同聚合度的多糖不完全降解产物，经分离纯化得到低聚糖。目前，木聚糖酶法定向水解制备低聚木糖已实现工业化生产。下面以酶法生产低聚木糖为例介绍半纤维素的定向酶水解。

天然微生物分泌的木聚糖酶降解酶系包含内切木聚糖酶和 β-木糖苷酶，内切木聚糖酶作用于木聚糖主链的 β-1,4-糖苷键，将木聚糖主链水解成低聚木糖，而 β-木糖苷酶则作用于低聚木糖的末端糖苷键，将低聚木糖进一步水解为木糖。为实现水解过程中低聚木糖的积累，需要限制 β-木糖苷酶的水解作用[105]。为获得低聚木糖生产的专用酶制剂，可采用基因工程技术获得重组内切木聚糖酶，或筛选自然界中产 β-木糖苷酶能力低的木聚糖酶生产菌种，或采用蛋白质分离技术拆分天然的木聚糖酶降解酶系，通过上述技术获得低（无）β-木糖苷酶活力的内切木聚糖酶[106]。在此基础上，通过控制酶用量和酶水解时间，实现以木聚糖为原料定向水解制备低聚木糖。

参考文献

[1] 石元春. 中国生物质原料资源. 中国工程科学，2011，13（2）：16-23.

[2] 文甲龙，袁同琦，孙润仓. 木质纤维素生物质炼制和多级资源化利用技术. 生物产业技术，2017（3）：94-99.

[3] 翟旭航，李霞，元英进. 木质纤维素预处理及高值化技术研究进展. 生物技术通报，2021，37（3）：162-174.

[4] 张晶. 豆粕粉碎工艺设备对能耗的影响. 粮食与食品工业，2013，20（3）：3.

[5] Sridhar P，Puspendu B，Song Y，et al. Ultrasonic pretreatment of sludge：A review. Ultrasonics Sonochemistry，

2011，18（1）：1-18.

［6］ Ma Q，Wang L．Adsorption of Reactive blue 21 onto functionalized cellulose under ultrasonic pretreatment：Kinetic and equilibrium study．Journal of the Taiwan Institute of Chemical Engineers，2015，50：229-235.

［7］ Ninomiya K，Kamide K，Takahashi K，et al．Enhanced enzymatic saccharification of kenaf powder after ultrasonic pretreatment in ionic liquids at room temperature．Bioresource Technology，2012，103（1）：259-265.

［8］ Huan M，Weiwei L，Xing C，et al．Enhanced enzymatic saccharification of rice straw by microwave pretreatment．Bioresource technology，2009，100（3）．

［9］ Lloyd T A，Wyman C E．Combined sugar yields for dilute sulfuric acid pretreatment of corn stover followed by enzymatic hydrolysis of the remaining solids．Bioresour Technol，2005，96（18）：1967-1977.

［10］ 陈尚钘，勇强，徐勇，等．玉米秸秆稀酸预处理的研究．林产化学与工业，2009，29（2）：27-32.

［11］ 鲁杰，石淑兰，邢效功，等．NaOH 预处理对植物纤维素酶解特性的影响．纤维素科学与技术，2004（1）：1-6.

［12］ Silverstein R A，Chen Y，Sharma-Shivappa R R，et al．A comparison of chemical pretreatment methods for improving saccharification of cotton stalks．Bioresource technology，2007，98（16）．

［13］ Kaar W E，Holtzapple M T．Using lime pretreatment to facilitate the enzymic hydrolysis of corn stover．Biomass and Bioenergy，2000，18（3）．

［14］ Kim S，Holtzapple M T．Lime pretreatment and enzymatic hydrolysis of corn stover．Bioresource Technology，2005，96（18）．

［15］ 黄仁亮，刘锐，苏荣欣，等．玉米芯氨水预处理及酶解工艺研究．化学工程，2009，37（9）：40-43.

［16］ Chu Q，Li X，Yang D，et al．Corn stover bioconversion by green liquor pretreatment and a selected liquid fermentation strategy．BioResources，2014，9（4）：7681-7695.

［17］ Kim J S，Lee Y Y，Kim T H．A review on alkaline pretreatment technology for bioconversion of lignocellulosic biomass．Bioresource Technology，2016，199.

［18］ Khitrin K S，Fuks S L，Khitrin S V，et al．Lignin utilization options and methods．Russian Journal of General Chemistry，2012，82（5）．

［19］ Zhang D S，Yang Q，Zhu J Y，et al．Sulfite（SPORL）pretreatment of switchgrass for enzymatic saccharification．Bioresource Technology，2013，129.

［20］ 武书彬，尉慰奇，刘立国．桉木碱性亚硫酸盐预处理对酶解糖化效果的影响．华南理工大学学报（自然科学版），2011（11）：1-5.

［21］ Den W，Sharma V K，Lee M，et al．Lignocellulosic biomass transformations via greener oxidative pretreatment processes：Access to energy and value-added chemicals．Frontiers in chemistry，2018，6：141.

［22］ Reese E T，Siu R G H，Levinson H S．The biological degradation of soluble cellulose derivatives and its relationship to the mechanism of cellulose hydrolysis．Journal of Bacteriology，1950，59（4）：485-497.

［23］ Shu B，Ren Q，Hong L，et al．Effect of steam explosion technology main parameters on moso bamboo and poplar fiber．Journal of Renewable Materials，2021，9（3）：585-597.

［24］ Debiagi F，Madeira T B，Nixdorf S L，et al．Pretreatment efficiency using autoclave high-pressure steam and ultrasonication in sugar production from liquid hydrolysates and access to the residual solid fractions of wheat bran and oat hulls．Applied Biochemistry and Biotechnology，2020，190（1）：166-181.

［25］ Akhlisah Z N，Yunus R，Abidin Z Z，et al．Pretreatment methods for an effective conversion of oil palm biomass into sugars and high-value chemicals．Biomass and Bioenergy，2021，144：105901.

［26］ López-Linares J C，García-Cubero M T，Lucas S，et al．Microwave assisted hydrothermal as greener pretreatment of brewer's spent grains for biobutanol production．Chemical Engineering Journal，2019，368：1045-1055.

［27］ Chen M，Lu J，Cheng Y，et al．Novel process for the coproduction of xylo-oligosaccharide and glucose from reed scraps of reed pulp mill．Carbohydrate polymers，2019，215：82-89.

［28］ Ferdeş M，Dincă M N，Moiceanu G，et al．Microorganisms and enzymes used in the biological pretreatment of the substrate to enhance biogas production：A review．Sustainability，2020，12（17）：7205.

［29］ Sun Y，Qing M，Chen L，et al．Chitosan dissolution with sulfopropyl imidazolium Brönsted acidic ionic liquids．Journal of Molecular Liquids，2019，293：111533.

［30］ Goshadrou A，Karimi K，Taherzadeh M J．Ethanol and biogas production from birch by NMMO pretreatment.

Biomass and bioenergy，2013，49：95-101.

［31］ Suwannabun P，Cheenkachorn K，Prongjit M，et al. Pretreatment of rice straw by inorganic salts and 1-ethyl-3-methylimdazolium acetate for biofuel production//2019 2nd Asia conference on energy and environment engineering（ACEEE）. IEEE，2019：12-15.

［32］ Wijaya Y P，Smith K J，Kim C S，et al. Electrocatalytic hydrogenation and depolymerization pathways for lignin valorization：Toward mild synthesis of chemicals and fuels from biomass. Green Chemistry，2020，22（21）：7233-7264.

［33］ Serna L V D，Alzate C E O，Alzate C A C. Supercritical fluids as a green technology for the pretreatment of lignocellulosic biomass. Bioresource Technology，2016，199.

［34］ Silveira M H L，Morais A R C，da Costa Lopes A M，et al. Current pretreatment technologies for the development of cellulosic ethanol and biorefineries. Chem Sus Chem，2015，8（20）：3366-3390.

［35］ Taha M，Foda M，Shahsavari E，et al. Commercial feasibility of lignocellulose biodegradation：Possibilities and challenges. Current Opinion in Biotechnology，2016，38：190-197.

［36］ Enari T M，Niku-Paavola M L. Enzymatic hydrolysis of cellulose：Is the current theory of the mechanisms of hydrolysis valid? Critical reviews in biotechnology，1987，5（1）：67-87.

［37］ 杜健. 草酸青霉纤维素酶系降解木质纤维素效率提高策略的研究. 青岛：山东大学，2018.

［38］ Davison B H，Parks J，Davis M F，et al. Plant cell walls：Basics of structure，chemistry，accessibility and the influence on conversion. Aqueous Pretreatment of Plant Biomass for Biological and Chemical Conversion to Fuels and Chemicals，2013：23-38.

［39］ Thoresen M，Malgas S，Gandla M L，et al. The effects of chemical and structural factors on the enzymatic saccharification of Eucalyptus sp. samples pre-treated by various technologies. Industrial Crops and Products，2021，166：113449.

［40］ Nazhad M M，Ramos L P，Paszner L，et al. Structural constraints affecting the initial enzymatic hydrolysis of recycled paper. Enzyme and Microbial Technology，1995，17（1）：68-74.

［41］ Zhang Y，Lynd L R. Toward an aggregated understanding of enzymatic hydrolysis of cellulose：Noncomplexed cellulase systems. Biotechnology and Bioengineering，2004，88（7）：797-824.

［42］ Qing Q，Charles E W. Supplementation with xylanase and b-xylosidase to reduce xylo-oligomer and xylan inhibition of enzymatic hydrolysis of cellulose and pretreated corn stover. Biotechnology for Biofuels，2011，4：18

［43］ Quintero L P，Souza N，Milagres A. The effect of xylan removal on the high-solid enzymatic hydrolysis of sugarcane bagasse. BioEnergy Research，2021：1-11.

［44］ Chen H，Zhao X，Liu D. Relative significance of the negative impacts of hemicelluloses on enzymatic cellulose hydrolysis is dependent on lignin content：Evidence from substrate structural features and protein adsorption. ACS Sustainable Chemistry & Engineering，2016，4（12）：6668-6679.

［45］ Kumar L，Arantes V，Chandra R，et al. The lignin present in steam pretreated softwood binds enzymes and limits cellulose accessibility. Bioresource Technology，2012，103（1）：201-208.

［46］ An S，Li W，Xue F，et al. Effect of removing hemicellulose and lignin synchronously under mild conditions on enzymatic hydrolysis of corn stover. Fuel Processing Technology，2020，204：106407.

［47］ Luo L，Yuan X，Zhang S，et al. Effect of pretreatments on the enzymatic hydrolysis of high-yield bamboo chemo-mechanical pulp by changing the surface lignin content. Polymers，2021，5（13）：787.

［48］ Chu Q，Tong W，Wu S，et al. Modification of lignin by various additives to mitigate lignin inhibition for improved enzymatic digestibility of dilute acid pretreated hardwood. Renewable Energy，2021，177：992-1000.

［49］ 袁同琦. 三倍体毛白杨组分定量表征及均相改性研究. 北京：北京林业大学，2012.

［50］ Berlin A，Balakshin M，Gilkes N，et al. Inhibition of cellulase，xylanase and beta-glucosidase activities by softwood lignin preparations. Journal of Biotechnology，2006，125（2）：198-209.

［51］ Nakagame S，Chandra R P，Kadla J F，et al. Enhancing the enzymatic hydrolysis of lignocellulosic biomass by increasing the carboxylic acid content of the associated lignin. Biotechnology and Bioengineering，2011，108（3）：538-548.

［52］ Kumar L，Chandra R，Saddler J. Influence of steam pretreatment severity on post-treatments used to enhance the enzymatic hydrolysis of pretreated softwoods at low enzyme loadings. Biotechnology and Bioengineering，2011，108 （10）：2300-2311.

［53］ Yu H，Guo G，Zhang X，et al. The effect of biological pretreatment with the selective white-rot fungus Echinodontium taxodii on enzymatic hydrolysis of softwoods and hardwoods. Bioresource Technology，2009，100 （21）：5170-5175.

［54］ Moilanen U，Kellock M，Galkin S，et al. The laccase-catalyzed modification of lignin for enzymatic hydrolysis. Enzyme and Microbial Technology，2011，49 （6-7SI）：492-498.

［55］ Jeong S Y，Lee E J，Ban S E，et al. Structural characterization of the lignin-carbohydrate complex in biomass pretreated with Fenton oxidation and hydrothermal treatment and consequences on enzymatic hydrolysis efficiency. Carbohydrate Polymers，2021，270：118375.

［56］ 何娟，假木质素的形成及其对纤维素糖化影响机理研究. 南京：南京林业大学，2020.

［57］ Lu M，Li J，Han L，et al. An aggregated understanding of cellulase adsorption and hydrolysis for ballmilled cellulose. Bioresource Technology，2019，273：1-7.

［58］ Yao L，Yang H，Yoo C G，et al. A mechanistic study of cellulase adsorption onto lignin. Green Chemistry，2021，23：333-339.

［59］ Heiss-Blanquet S，Zheng D，Lopes F N，et al. Effect of pretreatment and enzymatic hydrolysis of wheat straw on cell wall composition, hydrophobicity and cellulase adsorption. Bioresource Technology，2011，102 （10）：5938-5946.

［60］ Pareek N，Gillgren T，Jonsson L J. Adsorption of proteins involved in hydrolysis of lignocellulose on lignins and hemicelluloses. Bioresource Technology，2013，148：70-77.

［61］ Lan T Q，Lou H，Zhu J Y. Enzymatic saccharification of lignocelluloses should be conducted at elevated pH 5. 2～6. 2. Bioenergy Research，2013，6 （2）：476-485.

［62］ Lou H，Zhu J，Lan T Q，et al. pH-induced lignin surface modification to reduce nonspecific cellulase binding and enhance enzymatic saccharification of lignocelluloses. Chem Sus Chem，2013，6 （5）：919-927.

［63］ Atreya M E，Strobel K L，Clark D S. Alleviating product inhibition in cellulase enzyme Cel7A. Biotechnology and Bioengineering，2016，113 （2）：330-338.

［64］ 黄代勇，钱金宏，汪修武，等. 酶解半纤维素制备高纯度甘露低聚糖的生产方法：CN102373256A. 2012.

［65］ Chen X，Zhai R，Li Y，et al. Understanding the structural characteristics of water-soluble phenolic compounds from four pretreatments of corn stover and their inhibitory effects on enzymatic hydrolysis and fermentation. Biotechnology for Biofuels，2020，13：44.

［66］ Kim Y，Ximenes E，Mosier N S，et al. Soluble inhibitors/deactivators of cellulase enzymes from lignocellulosic biomass. Enzyme and Microbial Technology，2011，48 （4-5）：408-415.

［67］ Chundawat S P S，Lipton M S，Purvine S O，et al. Proteomics-based compositional analysis of complex cellulase-hemicellulase mixtures. Journal of Proteome Research，2011，10 （10）：4365-4372.

［68］ Herpoel-Gimbert I，Margeot A，Dolla A，et al. Comparative secretome analyses of two Trichoderma reesei RUT-C30 and CL847 hypersecretory strains. Biotechnology for Biofuel，2008，1 （1）：18.

［69］ Eriksson K E，Pettersson B，Westermark U. Oxidation：An important enzyme reaction in fungal degradation of cellulose. FEBS letters，1974，49 （2）：282-285.

［70］ Henriksson G，Johansson G，Pettersson G. A critical review of cellobiose dehydrogenases. Journal of Biotechnology，2000，78 （2）：93-113.

［71］ Renganathan V，Usha S N，Lindenburg F. Cellobiose-oxidizing enzymes from the lignocellulose-degrading basidiomycete Phanerochaete chrysosporium：Interaction with microcrystalline cellulose. Applied Microbiology and Biotechnology，1990，32 （5）：609-613.

［72］ Kremer S M，Wood P M. Continuous monitoring of cellulose oxidation by cellobiose oxidase from Phanerochaete chrysosporium. FEBS Letters，1992，92 （2）：187-192.

［73］ Bao W，Renganathan V. Cellobiose oxidase of Phanerochaete chrysosporium enhances crystalline cellulose degradation by cellulases. FEBS Letters，1992，302 （1）：77-80.

［74］ Liu X，Ma Y，Zhang M. Research advances in expansins and expansion-like proteins involved in lignocellulose degradation. Biotechnology Letters，2015，37 （8）：1541-1551.

[75] Mores W D，Knutsen J S，Davis R H. Cellulase recovery via membrane filtration. Applied Biochemistry and Biotechnology，2001，91（3）：297-309.

[76] Steele B，Raj S，Nghiem J，et al. Enzyme recovery and recycling following hydrolysis of ammonia fiber explosion-treated corn stover. Applied Biochemistry and Biotechnology，2005，121：901-910.

[77] Ramos L P，Saddler J N. Enzyme recycling during fed-batch hydrolysis of cellulose derived from steam-exploded eucalyptus virninalls. Applied Biochemistry and Biotechnology，1994，45：193-207.

[78] Xu J，Chen H Z. A novel stepwise recovery strategy of cellulase adsorbed to the residual substrate after hydrolysis of steam exploded wheat straw. Applied Biochemistry and Biotechnology，2007，143：93-100.

[79] Tu M，Xiao Z，Kurabi A，et al. Immobilization of β-glucosidase on eupergit C for lignocellulose hydrolysis. Biotechnology Letters，2006，28（3）：151-156.

[80] Wu J，Ju L K. Enhancing enzymatic saccharification of waste newsprint by surfactant addition. Biotechnology progress，1998，14（4）：649-652.

[81] Ding D，Li P，Zhang X，et al. Synergy of hemicelluloses removal and bovine serum albumin blocking of lignin for enhanced enzymatic hydrolysis. Bioresource Technology，2019，273：231-236.

[82] 韩业君，陈洪章. 植物细胞壁蛋白与木质纤维素酶解. 化学进展，2007，19（7）：1153-1158.

[83] Tai C，Keshwani D R，Voltan D S，et al. Optimal control strategy for fed-batch enzymatic hydrolysis of lignocellulosic biomass based on epidemic modeling. Biotechnology and Bioengineering，2015，112（7）：1376-1382.

[84] 熊治清，徐志宏，魏振承，等. 酶膜反应器在蛋白酶解过程中的研究进展. 食品科技，2010（1）：5.

[85] 裴继诚. 植物纤维化学. 4版. 北京：中国轻工业出版社，2012.

[86] 黎海龙. 能源植物半纤维素高效定向酶水解研究. 厦门：厦门大学，2015.

[87] Moghaddam S，Maziar，Bulcke V D，et al. Microstructure of chemically modified wood using X-ray computed tomography in relation to wetting properties. Holzforschung：International Journal of the Biology，Chemistry，Physics，& Technology of Wood，2017.

[88] 孙世荣，郭祎，岳金权. 秸秆半纤维素的分离纯化及化学改性研究进展. 天津造纸，2016，38（1）：6.

[89] 边静. 农林生物质半纤维素分离及降解制备低聚木糖研究. 北京：北京林业大学，2013.

[90] Hu Y，Shi C Y，Xun X M，et al. W/W droplet-based microfluidic interfacial catalysis of xylanase-polymer conjugates for xylooligosaccharides production. Chemical Engineering Science，2022，248：117110.

[91] Rodrigue S T，Errol M M，Ziegler-Devin I，et al. Extraction of acetylated glucuronoxylans and glucomannans from Okoume（Aucoumea klaineana Pierre）sapwood and heartwood by steam explosion. Industrial Crops and Products，2021，166.

[92] Tang S，Jiang M，Huang C，et al. Characterization of arabinogalactans from Larix principis-rupprechtii and their effects on NO production by macrophages. Carbohydrate Polymers，2018.

[93] Ysa B，Xda B，Mja B，et al. A two-step process for pre-hydrolysis of hemicellulose in pulp-impregnated effluent with high alkali concentration to improve xylose production. Journal of Hazardous Materials，2020，402.

[94] 薛业敏，邵蔚蓝，毛忠贵. 微生物木聚糖降解酶系统. 生物技术，2003（1）：36-38.

[95] 杨毅. 产黄青霉半纤维素酶促进木质纤维素降解的机制研究. 北京：中国农业大学，2018.

[96] Dyk Jsv，Pletschke B I. A review of lignocellulose bioconversion using enzymatic hydrolysis and synergistic cooperation between enzymes actors affecting enzymes，conversion and synergy. Biotechnology Advances，2012，30（6）：1458-1480.

[97] Neumüller K G，Streekstra H，Gruppen H，et al. Trichoderma longibrachiatum acetyl xylan esterase 1 enhances hemicellulolytic preparations to degrade corn silage polysaccharides. Bioresource Technology，2014，163：64-73.

[98] Li T，Wu Y R，He J. Heterologous expression，characterization and application of a new -xylosidase identified in solventogenic Clostridium sp. strain BOH3. Process Biochemistry，2018，67（APR.）：99-104.

[99] Shi P，Li N，Yang P，et al. Gene cloning，expression，and characterization of a family 51 α-l- arabinofuranosidase from streptomyces sp. S9. Applied Biochemistry & Biotechnology，2010，162（3）：707-718.

[100] Hutterer C，Schild G，Potthast A. A precise study on effects that trigger alkaline hemicellulose extraction efficiency. Bioresource Technology，2016，214：460-467.

[101] Li J，Liu Y，Duan C，et al. Mechanical pretreatment improving hemicelluloses removal from cellulosic fibers during

cold caustic extraction. Bioresource Technology，2015.

［102］ Sun S，Wang P，Cao X，et al. An integrated pretreatment for accelerating the enzymatic hydrolysis of poplar and improving the isolation of co-produced hemicelluloses. Industrial Crops and Products，2021，173：114101.

［103］ Sun S，Cao X，Xu F，et al. Structure and thermal property of alkaline hemicelluloses from steam exploded Phyllostachys pubescens. Carbohyd Polym，2014，101（一）：1191-1197.

［104］ Tao Y，Yang L，Lai C，et al. A facile quantitative characterization method of incomplete degradation products of galactomannan by ethanol fractional precipitation. Carbohydrate Polymers，2020，250（6）：116951.

［105］ 江小华，朱均均，余世袁，等. 里氏木霉 β-木糖苷酶的分离纯化、酶学性质及水解机理研究. 生物质化学工程，2013（1）：6.

［106］ 解静聪，蒋剑春，高月淑，等. 重组木聚糖酶的诱导表达及其定向制备低聚木糖的研究. 林产化学与工业，2020，40（5）：8.

（李鑫，欧阳嘉，赖晨欢）

第四章　生物基有机酸

生物基化学品是以可再生的生物质为原料生产的化学品，主要包括平台化合物、大宗化学品和精细化学品。随着石油等化石资源的日趋枯竭及碳中和战略的实施，以石油等化石资源为原料生产的化学品将逐步被生物基化学品取代。以木质纤维素为原料制备生物基化学品的方法主要包括化学法、热化学法和生物法。除了乙醇、丁醇等醇类燃料外，以木质纤维素为原料采用工业生物技术制备的典型生物基有机酸主要包括糖酸、乳酸、富马酸和丁二酸等。

第一节　糖酸

糖酸是指醛糖的醛基或者末端羟基被氧化为羧基而形成的一类羟基羧酸类化合物。根据醛糖氧化条件的不同，糖酸主要分为醛糖酸、糖醛酸、糖二酸和二糖酸四类。糖酸及其盐类在药物、食品、化妆品以及建筑行业应用广泛，其中葡萄糖酸的应用最为广泛。

常见的醛糖酸主要有葡萄糖酸（gluconic acid）、木糖酸（xylonic acid）、阿拉伯糖酸（arabonic acid）、半乳糖酸（galactonic acid）、甘露糖酸（mannonic acid）等。葡萄糖酸、半乳糖酸和甘露糖酸可进一步氧化，形成酮基葡萄糖酸（ketogluconic acid）、酮基半乳糖酸（ketogalactonic acid）和酮基甘露糖酸（ketomannonic acid），酮基糖酸以 2-酮基、5-酮基或者 2,5-二酮基的形式存在。常见的糖醛酸有葡萄糖醛酸（gulcuronic acid）、半乳糖醛酸（galacturonic acid）、甘露糖醛酸（mannuronic acid）。糖二酸在自然界中少见，包括酒石酸（*tartaric acid*）、葡萄糖二酸（glucaric acid）、半乳糖二酸（又称黏酸，galactaric acid）等。二糖酸的种类偏少，目前研究比较广泛的只有纤维二糖酸（cellobionic acid）和乳糖酸（lactobionic acid）。

一、葡萄糖酸

葡萄糖酸是葡萄糖的 C1 位醛基氧化形成的一种天然多羟基己酸。19 世纪 70 年代，Hlasiwetz 和 Habermann 首次发现葡萄糖酸。1880 年 Boutroux 首次发现醋酸杆菌具有转化葡萄糖酸的能力，1922 年 Molliard 从黑曲霉的培养液中发现葡萄糖酸，从此葡萄糖酸的研究受到关注[1]。

（一）理化性质

葡萄糖酸的分子式 $C_6H_{12}O_7$，分子量 196.16，熔点 131℃，$pK_a=3.6$，无色，易溶于水，微溶于乙醇，不溶于乙醚及大多数有机溶剂。结构式如图 11-4-1 所示。

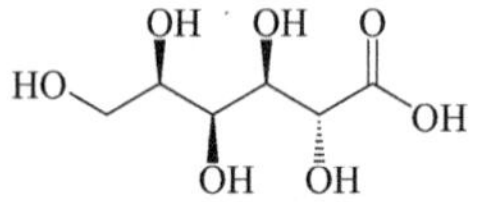

图 11-4-1　葡萄糖酸结构式

葡萄糖酸是发展最早、研究最多和应用最广的典型糖酸类化合物。葡萄糖酸是一种无腐蚀性、不易挥发、刺激性小、无毒且容易生物降解的温和型有机酸，可以赋予葡萄酒、果汁等饮品清爽的酸味，并且能够有效抑制许多食物的苦味；葡萄糖酸钠具有良好的螯合性能，尤其在碱性条件下螯合效果更好；葡萄糖酸（盐）还是一种优良的增塑剂和缓凝剂。美国食品和药物管理局认定葡萄糖酸钠为 GRAS（公认安全）食品添加剂，葡萄糖酸在欧洲也被列为一般允许的食品添加剂[2]。

（二）制备方法

葡萄糖酸的制备方法主要包括微生物发酵法、酶催化法、化学催化氧化法和电解氧化法。

1. 微生物发酵法

微生物发酵法生产葡萄糖酸的技术比较成熟。我国多采用发酵法生产葡萄糖酸钙，然后通过离子交换、蒸发浓缩和结晶工艺生产葡萄糖酸。多种细菌和真菌具有发酵葡萄糖生产葡萄糖酸（盐）的能力，常见的葡萄糖酸生产菌株主要包括黑曲霉（*Aspergillus niger*）和氧化葡萄糖酸杆菌（*Gluconobacter oxydans*）。

（1）黑曲霉发酵法　黑曲霉发酵产葡萄糖酸的生化本质是菌体内葡萄糖氧化酶催化氧化葡萄糖生成葡萄糖酸。葡萄糖氧化酶是含有两个黄素腺嘌呤二核苷酸（FAD）片段的蛋白质二聚体。在催化转化葡萄糖过程中，葡萄糖氧化酶从葡萄糖分子中脱除两个氢原子形成葡萄糖酸内酯和还原型黄素腺嘌呤二核苷酸（FADH₂）。葡萄糖酸内酯在内酯酶作用下水解为葡萄糖酸，还原型黄素腺嘌呤二核苷酸继续与氧分子反应生成过氧化氢，过氧化氢在过氧化物酶的作用下分解形成氧分子和水。葡萄糖氧化酶氧化葡萄糖制备葡萄糖酸的机理如图 11-4-2 所示。

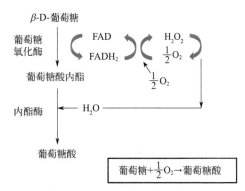

图 11-4-2　葡萄糖氧化酶氧化葡萄糖制备葡萄糖酸的机理

1952 年，Blom 等[3]以氢氧化钠中和并维持发酵液 pH 值 6.0～6.5 的工艺，采用黑曲霉深层发酵葡萄糖酸，葡萄糖酸得率 95%。目前葡萄糖酸的工业生产技术基本上以 Blom 工艺为基础，结合分批补料发酵技术可将葡萄糖酸钠发酵产率水平提高到 15g/（L·h）。

（2）氧化葡萄糖酸杆菌发酵法　与黑曲霉葡萄糖氧化酶催化氧化葡萄糖产葡萄糖酸机理不同，氧化葡萄糖酸杆菌通过葡萄糖脱氢酶催化葡萄糖脱氢生成葡萄糖酸，并可以进一步将葡萄糖酸氧化为 2-酮基葡萄糖酸和 2,5-二酮基葡萄糖酸。

氧化葡萄糖酸杆菌在以葡萄糖为原料的发酵过程中，膜结合葡萄糖脱氢酶是 PQQ（吡咯喹啉醌）依赖型脱氢酶，负责催化葡萄糖脱氢生成葡萄糖酸，然后在多种不同的葡萄糖酸脱氢酶的催化下可进一步转化成 2-酮基葡萄糖酸、2,5-二酮基葡萄糖酸或 5-酮基葡萄糖酸。细胞可将葡萄糖酸和酮基葡萄糖酸转运至胞内，又可利用 NADPH（还原型辅酶Ⅱ）依赖型还原酶将酮基葡萄糖酸还原成葡萄糖酸。葡萄糖酸被特定激酶磷酸化后生成 6-磷酸葡萄糖酸，然后进入磷酸戊糖途径进行分解代谢。在葡萄糖脱氢酶催化葡萄糖脱氢生成葡萄糖酸过程中，葡萄糖脱氢酶对 pH 的敏感度低于葡萄糖氧化酶，因此可以通过 pH 值定向调控氧化葡萄糖酸杆菌发酵产葡萄糖酸及其衍生物的产物比例。

周鑫等[4]以 60g/L 葡萄糖为碳源发酵，发酵液 pH 值由初始的 4.8～5.0 迅速下降至 3.5 以下，发酵液中仅检测到葡萄糖酸且不被进一步利用（图 11-4-3）。流加 NaOH 溶液调控发酵液 pH 值在 4.5～6.5 范围内，生成的葡萄糖酸进一步转化成酮基葡萄糖酸。同时还发现当发酵体系中葡萄糖浓度高于 15mmol/L 时，戊糖磷酸途径受到抑制，因此可以采用分批或连续补料方式控制发酵产物停留在葡萄糖酸阶段。

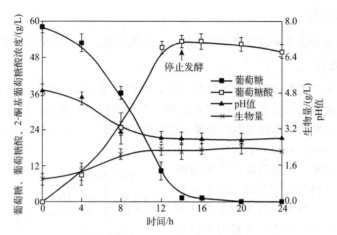

图 11-4-3　氧化葡萄糖酸杆菌葡萄糖酸发酵[4]

2. 酶催化法

酶催化法是利用葡萄糖氧化酶和过氧化氢酶的耦合作用，催化葡萄糖生成葡萄糖酸（盐）。Chatterjee 等[5]用葡萄糖氧化酶和过氧化氢酶在氧气存在下催化氧化葡萄糖，流加氨水溶液维持一定的 pH 值，之后采用膜分离方法制备葡萄糖酸铵。过程机理为：在通入空气条件下，葡萄糖氧化酶催化葡萄糖生成葡萄糖酸和 H_2O_2；由于 H_2O_2 对葡萄糖氧化酶有毒性作用，为了保证葡萄糖氧化酶的活性，需要加入过氧化氢酶以去除 H_2O_2；为维持反应体系 pH 值的稳定，在反应体系中通入氨水中和生成的酸，产物经浓缩、结晶、干燥得到葡萄糖酸铵晶体。

酶催化法的特点是过程简单、生产成本低和产品纯度高，但需要控制好两种酶的协同作用。

3. 化学催化氧化法

化学催化包括均相催化和多相催化两种。均相催化氧化法主要指 H_2O_2 氧化法，即以 H_2O_2 为氧化剂将葡萄糖氧化为葡萄糖酸[6]，该法具有 H_2O_2 廉价易得、反应条件温和、污染低等优点。但是 H_2O_2 氧化醛基生成羧酸受杂质干扰较严重，需要严格控制反应液的组成，并且反应受温度、溶液 pH 值影响较大。

多相催化氧化法是以含氧气体为氧源，以吸附在活性炭、二氧化硅等载体上的铂、钯或金等贵金属为催化剂，在碱性条件下催化氧化葡萄糖制取葡萄糖酸盐的气、液、固三相反应。该法具有工艺简单、反应条件温和、反应时间短、转化率高、三废少和产物易分离等优点，但贵金属催化剂消耗及高生产成本制约了其工业化应用[7]。

4. 电解氧化法

电解氧化法制备葡萄糖酸是在电解槽中加入葡萄糖溶液，加入适宜的电解质，在一定温度、电压和恒定电流密度下将葡萄糖电解氧化。反应原理是通过电解得到合适的"氧化介质"，然后利用"氧化介质"氧化葡萄糖生成葡萄糖酸。

根据电解的方式，电解氧化法分为直接电解合成法、间接电解合成法和成对电解合成法[8]。直接电解合成法和间接电解合成法均在阳极区发生反应；成对电解合成法则是同时在阴阳两极区域发生反应，因而电解效率较高。

电解氧化法尽管克服了生物发酵法和均相化学氧化法副产物多的不足，但生产能耗大且条件不易控制，工业上很少采用。

（三）葡萄糖酸的应用

作为一种易得且温和的生物基有机酸，葡萄糖酸作为终端产品或平台化合物，可广泛应用于食品、医药、日化和化工等领域。在食品和医药行业，葡萄糖酸是一种常用的酸味剂和防腐剂；由葡萄糖酸合成的铁盐、锌盐、钙盐、锰盐、铜盐等是人体补充微量元素的途径。在日化和化工行业，葡萄糖酸可用作水处理剂、水质稳定剂、电镀络合剂、除垢（锈）清洗剂等。葡萄糖酸还可作为金属加工助剂、皮革矾鞣剂、去藻剂、生物降解螯合剂及二次采油防沉淀剂等。在混凝土材料及建筑行业，葡萄糖酸是优良的减水剂和缓凝剂。葡萄糖酸作为减水剂时，可增加混凝土的可塑性和强度；作为混凝土缓凝剂时，葡萄糖酸可延迟初始和最后的凝固时间。混凝土中添加 0.15％ 的葡萄糖酸可延迟混凝土凝固时间 10 倍以上。

20 世纪 50 年代，美日等国家开始大规模生产和销售葡萄糖酸，目前我国总产能在 30 万吨/年左右[9]。

（四）纤维素基葡萄糖酸生产案例

以木质纤维素为原料的纤维素基葡萄糖酸的生产过程主要包括原料预处理、酶水解与发酵三个过程。周雪莲[10]等以 1.0kg 干重玉米秸秆为原料，以 0.5％～1.0％（质量/体积）的稀硫酸于 160℃下预处理 30min，固液分离得到 560.6g 预处理物料（321.2g 葡聚糖、17.5g 木聚糖和 171.9g 木质素）和 8.6L 预处理液（含 30.7g 葡萄糖、156.5g 木糖、6.9g 木质素）。预处理物料经水洗后，以 20FPU/g 纤维素的酶用量酶水解 72h，得到含 266.9g 葡萄糖和 15.2g 木糖的酶水解液。采用氧化葡萄糖酸杆菌 $G. oxydans$ NL71 细胞回用发酵工艺，得到 296.1g 葡萄糖酸和 167.4g 木糖酸，糖酸产品总得率达到 78.5％（图 11-4-4）。

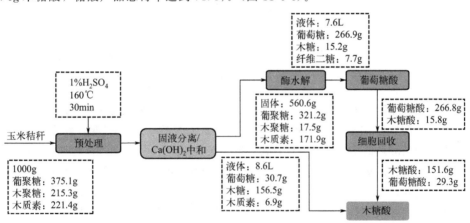

图 11-4-4　玉米秸秆微生物发酵法制取葡萄糖酸的工艺流程与物料衡算

二、葡萄糖二酸

（一）理化性质

葡萄糖二酸是含有 4 个手性碳原子的化合物，通常以手性化合物 D-葡萄糖二酸的形式存在，分子量 210.14，熔点 125～126℃，pK_a＝2.99，易溶于水。葡萄糖二酸在水溶液中可自发氧化，形成单内酯 D-葡萄糖二酸-1,4-内酯和 D-葡萄糖二酸-3,6-内酯以及少量的双内酯 D-葡萄糖二酸-1,4；3,6-内酯，在水溶液中，葡萄糖二酸以上述 4 种化合物形式共存[11]。结构式如

图 11-4-5 所示。

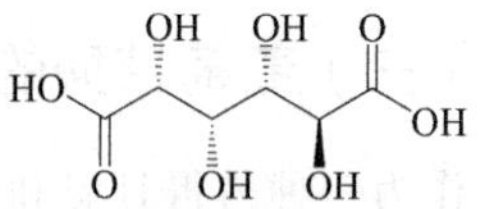

20 世纪六七十年代，从樱桃、柑橘、豆类、蔬菜及落叶松等植物中检测到葡萄糖二酸，其中在葡萄和柑橘类水果中含量相对较高（3～4g/kg），但在果蔬中的含量低（约 1g/kg）[12]。

图 11-4-5　葡萄糖二酸结构式

（二）制备方法

1. 化学法

葡萄糖二酸的经典化学制备方法主要有硝酸氧化法、TEMPO 氧化法和金属催化法。化学法氧化葡萄糖制备葡萄糖二酸过程中，伴随葡萄糖酸、葡萄糖醛酸以及醛糖酸等多种副产物的生成（图 11-4-6），控制氧化反应的作用位点和反应条件是获得纯度较高的葡萄糖二酸的关键因素。

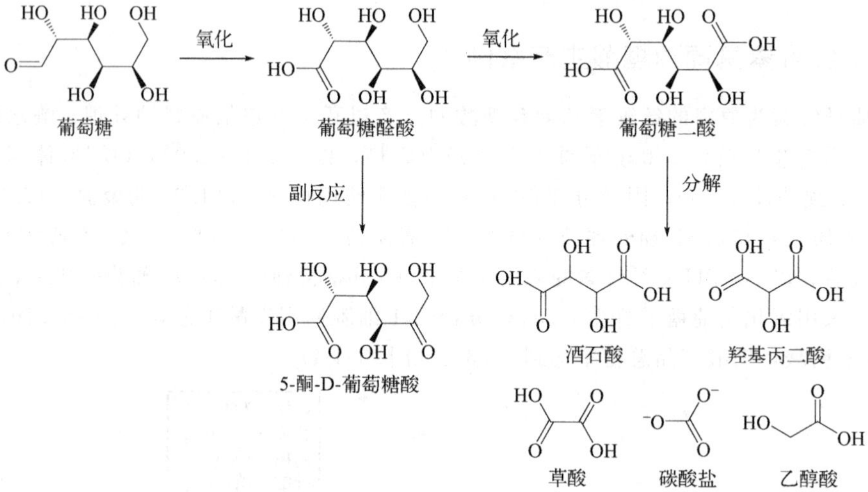

图 11-4-6　化学法制备葡萄糖二酸及有机酸副产物

硝酸氧化法制备葡萄糖二酸的技术可追溯到 19 世纪[13]。硝酸氧化法是在淀粉水溶液中加入浓硫酸、硝酸以及少量 MoO_3 作催化剂，在高温下进行反应。当反应混合物沸腾释放大量的 NO_2 时，再添加硝酸降低反应剧烈程度，葡萄糖二酸收率为 40% 左右，在此基础上用氧作为氧化剂，并控制反应温度及 pH 值，促进废硝酸的再生和减少生成的副产物，葡萄糖二酸收率可达 85%。硝酸氧化法最大的优点在于，硝酸既作为溶剂又作为试剂参加反应。不足之处在于，氧化 α-羟基碳可能形成 5-酮基-葡萄糖酸，氧化造成的 C—C 键断裂可使产物分解形成草酸或碳酸。20 世纪中期，硝酸氧化法扩大到工厂试验规模，但由于该法投入产出比低，且伴随剧烈的放热和较多的副反应，以及产生大量 NO 和 NO_2 等有害气体对环境造成污染，在工业上未得到规模化应用。

TEMPO 氧化法是指采用 2,2,6,6-四甲基-1-哌啶氧自由基（TEMPO）介导的电化学氧化葡萄糖合成葡萄糖二酸的方法[14]。TEMPO 是 20 世纪 60 年代发现的一种亚硝酰自由基，它的氮氧自由基能够在氮氧之间转换形成共振结构。由于它催化的氧化反应无金属参与且反应条件温和，对产物具有选择性，并能够控制不可回收副产物的产生，成为葡萄糖二酸合成的理想介导物质。有研究者考察了不同 pH 值、温度和助氧化剂条件下该法对葡萄糖氧化产物的影响，证实了在理想反应条件下，葡萄糖二酸的得率超过 85%。TEMPO 氧化法是以 NaBr 和漂白剂促进葡萄糖氧化生成葡萄糖二酸，与硝酸氧化法相比，其反应过程较为温和，副产物较少且不产生有毒副产物，但反应对温度和酸碱度要求苛刻，并且需要昂贵的催化剂[15]。

2. 生物法

生物法主要是指微生物发酵法。与化学法相比，微生物发酵法在原料损耗、产品纯度等方面具有优势。在哺乳动物体内，由葡萄糖代谢得到葡萄糖二酸需要十余步反应。微生物体内是否存在从葡萄糖到葡萄糖二酸的天然合成途径目前尚未证实。

2009 年，麻省理工学院 Moon 等[16] 首次报道了利用合成生物学方法对大肠杆菌（*Escherichia coli*）进行基因重组和遗传改造，人工构建了葡萄糖二酸的全合成途径，并在细胞内成功合成了葡萄糖二酸。Qu 等[17] 将酿酒酵母中的肌醇-1-磷酸合成酶基因（*Ino*1）、小鼠的肌醇氧化酶基因（*MIOX*）和丁香假单胞菌的醛酸脱氢酶基因（*Udh*）在 *E. coli* 中异源表达，构建了葡萄糖二酸的生物合成途径（图 11-4-7）。该人工合成途径中，*Ino*1 可使细胞代谢积累肌醇；*MIOX* 催化肌醇转化为葡萄糖醛酸，是关键步骤的限速步骤；*Udh* 催化葡萄糖醛酸转化生成葡萄糖二酸。该方法使葡萄糖二酸的产量从毫克级提高到了克级（1.13g/L）。随后，Eric 等对 *MIOX* 基因进行了强化，将以肌醇为底物的葡萄糖二酸的产量提高到 4.85g/L。此外，研究中还发现葡萄糖二酸在以肌醇为底物生产时存在产物限制，葡萄糖二酸的产量无法突破 5g/L。在此基础上，Kazunobu 等[18] 尝试使用多种来源的 *Ino*1、*MIOX* 和 *Udh* 构建大肠杆菌葡萄糖二酸全合成途径，添加并强化了肌醇单磷酸酯酶，采用补料发酵策略并控制培养基中葡萄糖水平，使以葡萄糖为底物生产葡萄糖二酸的产量达到了 73g/L。

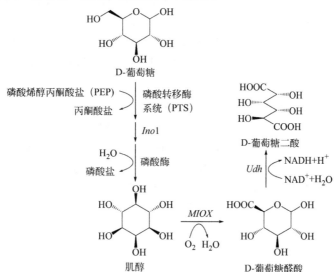

图 11-4-7　在重组大肠杆菌中构建的葡萄糖二酸代谢途径

（三）应用

葡萄糖二酸是一种无毒的葡萄糖衍生物，天然存在于葡萄柚、苹果、橘子等水果和十字花科蔬菜中，在少量哺乳动物及人体内也有发现。

早在 20 世纪 60 年代，就有学者提出补充糖醛酸类物质，可能有利于提高人体的自然防御机制，有助于消除致癌物质，减少癌症风险。随着研究的深入，发现葡萄糖二酸及其衍生物葡萄糖二酸-1,4-内酯（DSL）具有调节人体脂蛋白代谢活动、增强肝脏的解毒能力、调节免疫功能、恢复大脑机能、增强各类功能器官的协调控制能力等功能；还具有延缓自然衰老、减轻人体疲劳、滋养保护皮肤的功能。在临床上通常作为肝脏解毒剂治疗肝硬化和急慢性肝炎，或用作食物中毒时的解药等[19]。

2004 年，葡萄糖二酸被美国能源部列为 12 种"最具价值的生物炼制产品"之一，应用潜力巨大[20]。葡萄糖二酸可作为聚合单元合成聚酰胺类、羟基化的尼龙（PHPAs）及聚二甲基硅氧烷（BDMS）聚酰胺等[21]，以生产生物可降解聚合物、缓释肥料和薄膜等。也可用来生产无毒、可生物降解的磷酸盐替代物，用于家用洗涤剂、防腐剂和混凝土添加剂等。葡萄糖二酸和金属螯合也有多种用途，如：作为显像剂；与 Al^{3+} 螯合形成 $K_2[\{Al(C_6H_4O_8)(H_2O)\}_2] \cdot H_2O$ 用以与 Al^{3+} 相关的阿尔茨海默病研究[22]；作为表面活性剂的葡萄糖二酸单酰胺能螯合核废水中 Ln^{3+} 等物质，降低对环境的污染；与 Cu^{2+} 螯合可用于合成染料脱色剂。

三、半乳糖醛酸

1. 理化性质

半乳糖醛酸是果胶多糖主链的主要组成，存在于植物的黏液、树胶和细菌多糖中。分子式 $C_6H_{10}O_7$，分子量 194.14，熔点 166℃，$pK_a = 3.30$，易溶于水。结构式如图 11-4-8 所示。

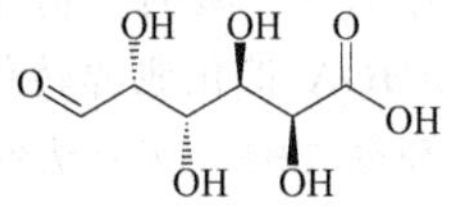

图 11-4-8　半乳糖醛酸结构式

果胶多糖是由 D-半乳糖醛酸基以 α-1,4-糖苷键连接形成主链，由鼠李糖、阿拉伯糖、半乳糖、葡萄糖和木糖等中性糖基形成侧链，主链中的羧基常以部分甲酯化形式存在。果胶的大分子结构随着植物种类、组织部位和生长条件的不同而不同，总体可分为光滑区和毛发区两部分，主要由均聚半乳糖醛酸（HGA）、鼠李半乳糖醛酸聚糖Ⅰ（RG-Ⅰ）和鼠李半乳糖醛酸聚糖Ⅱ（RG-Ⅱ）3 个结构区域构成[23]，果胶不完全降解可生成低聚半乳糖醛酸。低聚半乳糖醛酸是第一个被发现的植物酸性低聚糖，由 2～10 个半乳糖醛酸通过 α-1,4-糖苷键连接而成，具有特殊的生理功能。果胶是生产半乳糖醛酸的主要来源。

2. 制备方法

半乳糖醛酸主要由果胶水解制备得到。多数植物细胞中含有果胶，采用水或溶剂浸提方式，可从植物中分离果胶，然后在酸或酶的催化下水解为半乳糖醛酸。

催化果胶水解的酸主要有硫酸、盐酸、醋酸和氢氟酸等。果胶酸法水解具有反应速度快的优点，但伴有水解产物半乳糖醛酸衍生化副反应；酶法水解是采用果胶酶或与其他酶制剂复合，催化果胶水解为半乳糖醛酸。果胶的天然糖基成分复杂，其水解产物中除了半乳糖醛酸外，还含有其他糖基等组分，需进一步分离纯化得到高纯度半乳糖醛酸。

四、木糖酸

（一）理化性质

木糖酸是木糖的 C1 位醛基转化为羧基后的产物。分子式 $C_5H_{10}O_6$，分子量 166.13，$pK_a = 3.56 \pm 0.07$[24]，极易溶于水，为无色液体。木糖酸热稳定性好，在 pH 值 2.5～8 范围内加热至 100℃不分解。结构式如图 11-4-9 所示。

（二）制备方法

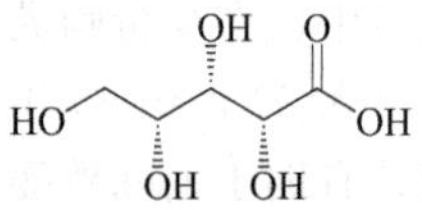

木糖酸由木糖氧化得到，主要制备方法包括化学法和生物法两种。

图 11-4-9　木糖酸结构式

1. 化学法

化学法主要采用氧化剂或在催化剂存在下，选择性氧化木糖 C1 位醛基生成羧基，主要包括碘氧化法和钯催化氧化法。化学法制备木糖酸需要氧化剂或催化剂参与，存在成本高、副反应多和环境污染等问题。

(1) 碘氧化法 木糖含有多个羟基，在氧化等反应中易于反应。木糖选择性氧化制备木糖酸反应中，需要对木糖分子中的羟基进行保护，待反应结束后再将羟基保护基脱除，从而提高木糖酸得率。在强碱性环境下以甲醇为溶剂，采用碘氧化木糖可保护羟基不被氧化，选择性地将醛基氧化成羧基得到木糖酸盐，向反应液中滴加浓硫酸，木糖酸以晶体的形式析出[25]。

(2) 钯催化氧化法 Chun等[26]采用5%钯催化剂在pH值10.0条件下催化质量分数为25%的木糖溶液得到木糖酸。由钯分别催化葡萄糖和木糖氧化的反应速率可以发现，当温度为35℃时木糖氧化速率仅为葡萄糖的1/8，当反应温度提高至50℃时，两种糖氧化生成对应糖酸的速率相近。

2. 生物法

生物法制备木糖酸分为酶催化法和全细胞催化法两种。与化学法相比，生物法具有反应条件温和、选择性高及易于控制的优点，是更具发展前景的木糖酸生产方法。

(1) 酶催化法 目前催化木糖制备木糖酸的酶主要有葡萄糖氧化酶（EC 1.1.3.4）和木糖脱氢酶（EC 1.1.1.175/NAD，EC 1.1.1.179/NADP）两种。葡萄糖氧化酶具有高度的底物专一性，对木糖的催化受到葡萄糖的强烈抑制，反应过程中须添加过氧化氢酶（EC 1.11.1.6）；木糖脱氢酶的催化活力较低，需添加氧化型辅酶 NAD^+ 或 $NADP^+$ 作为还原氢的受体[27]。目前，利用葡萄糖氧化酶制备葡萄糖酸已投入生产，而木糖脱氢酶催化木糖制备木糖酸的研究尚处于起步阶段。利用葡萄糖氧化酶、木糖脱氢酶制备木糖酸均存在酶用量大、反应速率低和生产成本高等问题。

(2) 全细胞催化法 与化学法和酶法相比，利用微生物全细胞催化氧化木糖制备木糖酸更具发展前景。自20世纪30年代以来，先后在多个细菌和真菌属中发现能够代谢木糖产木糖酸的微生物，如镰刀霉属（*Fusarium*）、假单胞菌属（*Pseudomonas*）[28]、醋杆菌属（*Acetobacter*）[29]、芽霉菌属（*Pullularia*）、青霉属（*Penicillium*）、毕赤酵母属（*Pichia*）、肠杆菌属（*Enterobacter*）、微球菌属（*Micrococcus*）、气杆菌属（*Aerobacter*）和葡萄糖杆菌属（*Gluconabacter*）[30]等。

1973年，Toshiyuki等[31]首次报道了 *P. quercuum* 可发酵木糖产木糖酸，认为细胞内的木糖脱氢酶参与了木糖酸的代谢过程。之后，Buchert等发现了莓实假单胞菌和氧化葡萄糖酸杆菌均可在浓度高于10%的木糖液中发酵产木糖酸，其中前者发酵15%木糖液的得率和产率分别达96%和1.4g/(L·h)，而后者对醋酸、糠醛、紫丁香醛和香草醛等的耐受能力更强，适合于木质纤维素水解液的木糖酸发酵[32]。在已知的细菌、真菌等木糖酸发酵微生物中，唯有 *P. fragi* ATCC4973产木糖酸的速率与氧化葡萄糖酸杆菌 *G. oxydans* 相似[33]，但产率低于后者，并且对pH值和水解物抑制剂的耐受性差。目前，氧化葡萄糖酸杆菌是木质纤维素生物法制备木糖酸的主要生产菌株。

南京林业大学[34]基于葡萄糖酸氧化杆菌驯化选育出 *G. oxydans* NL71菌株，发明了密封通氧加压全细胞催化技术，如图11-4-10所示。该技术利用 *G. oxydans* NL71 中心碳代谢部分途径缺失导致某些底物分解代谢过程中无或少 CO_2 生成的特点(图11-4-11)，关闭发酵系统废气排放口并通氧加压，消除了传统发酵开放通风无法克服的泡沫瓶颈，同时通过在线自动补氧，显著提高了产品浓度、产率和细胞耐受力，木糖酸浓度最高达到580g/L，产率超过30g/(L·h)，木糖利用率和转化率在98%以上[35,36]。该技术直接用于含100g/L木糖、25g/L葡萄糖、20g/L阿拉伯糖的未脱毒木质纤维素稀硫酸预水解液浓缩液的木糖酸发酵，木糖酸和阿拉伯糖酸的浓度分别为106.5g/L和19.5g/L，糖酸产率超过15g/（L·h），各项技术指标高出乙醇发酵水平的4～5倍，生产应用潜力大[37]。

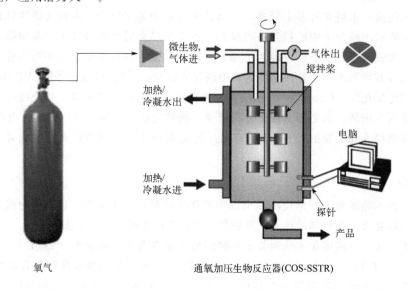

图 11-4-10　密封通氧加压全细胞催化木糖制取木糖酸技术示意

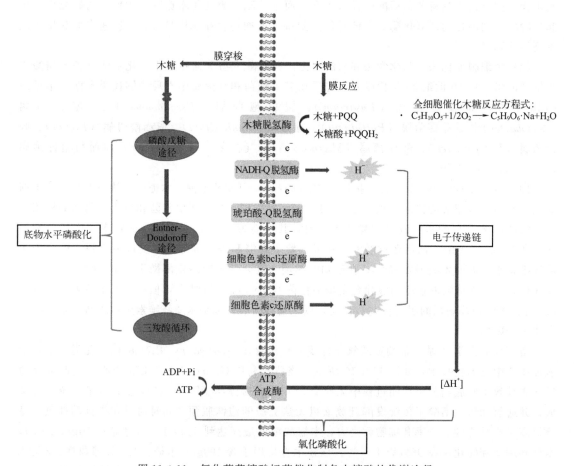

图 11-4-11　氧化葡萄糖酸杆菌催化制备木糖酸的代谢途径

（3）重组酵母菌制备木糖酸　Toivari 等[38]将里氏木霉（*Trichoderma reesei*）NADP$^+$依赖的木糖脱氢酶基因克隆并在酿酒酵母中表达，以构建羟酸盐代谢过程，重组酿酒酵母菌株可产生 3.8g/L 木糖酸和 4.8g/L 木糖醇副产物，进一步研究发现，通过敲除 *GRE*3 基因编码的醛糖还原酶可显著降低木糖醇产量。刘等[39]将新月柄杆菌（*Caulobacter crescentus*）中编码 NAD$^+$依赖型木糖脱氢酶的基因 *xylB* 克隆并导入大肠杆菌 W3110，与 *xyd*1 基因重组菌相比，*xylB* 重组菌中木糖脱氢酶活性更高，产木糖酸能力更强。通过阻断木糖和羟酸盐的内源性代谢途径，重组酵母可发酵 40g/L 木糖产 30g/L 木糖酸。除了酿酒酵母外，重组乳酸克鲁维酵母（*Kluyveromyces lactis*）同样可发酵木糖产木糖酸盐，该重组酵母转入里氏木霉 *xyd*1 基因（编译 NADP$^+$依赖型木糖脱氢酶），尽管其活性水平与重组酿酒酵母相似，但重组 *K.lactis* 产木糖酸的速率更大[40]。

尽管上述工程菌株证明了重组酵母制备木糖酸的可行性，但与乳酸发酵工程菌株以及天然氧化葡萄糖酸杆菌相比，生产效率的差距仍然十分显著，有待于进一步提高。

（三）制备案例

以富含木聚糖的玉米芯为原料，采用酸水解和全细胞催化工艺制取木糖酸。生产过程主要包括预处理、中和、全细胞催化、电渗析分离与浓缩等。玉米芯生产木糖酸的工艺流程如图 11-4-12 所示。

（1）预处理　粉碎至一定粒度的玉米芯于固液比 1∶10、1％硫酸、150℃下水解 30min，水解结束后固液分离得到富含木糖的预水解液。

（2）中和　采用碳酸钙中和粗预水解液至 pH 值 5.5～6.5，使硫酸根与钙离子中和形成沉淀，静置沉淀后固液分离得到中和液。

（3）全细胞催化　中和液转入发酵罐中，将培养至一定数量的氧化葡萄糖酸杆菌转入发酵罐，关闭排气口，于 30℃、搅拌速率 220～300r/min 条件下发酵 16～20h，发酵过程中维持罐内氧气压力 0.01～0.02MPa。

（4）电渗析分离与浓缩　发酵液离心分离除去菌体，采用电渗析法于电压 36V 下对发酵清液连续处理 2h，得到高纯高浓度木糖酸溶液，经减压蒸发浓缩，制得浓缩木糖酸液（50％）。

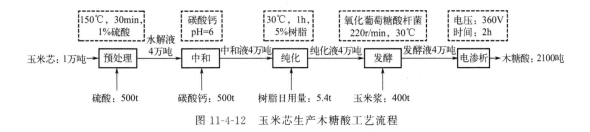

图 11-4-12　玉米芯生产木糖酸工艺流程

（四）应用

木糖酸与葡萄糖酸的结构和理化性质相近，可用作葡萄糖酸和柠檬酸等的替代品。作为一种新兴的生物基化学品，其应用领域正被不断挖掘和拓展。木糖酸可作为水泥减水剂、分散剂、缓释剂、混凝土黏结剂、增塑剂、玻璃清洗剂、金属离子螯合剂、冶金除锈剂、纺织助漂剂、农药悬浮剂、鞣革剂、生物杀菌剂，等在多个行业应用。

木糖酸作为水泥减水剂及混凝土黏结剂应用前景广阔。木糖酸可有效提高混凝土浆料的流动性和力学性能，具有改善施工性能、提高强度和耐久性、节约水泥用量和缩短建筑工期等优点。南京林业大学采用全细胞催化氧化木质纤维素稀酸预水解液中的木糖制备木糖酸并用于水泥减水剂中，研究发现，添加 $0.05\%\sim0.30\%$ 木糖酸可减少混凝土水用量 $6\%\sim15\%$，同时显著增加混凝土的带气量和抗压强度[41]。

水泥和混凝土是大宗工业产品，其行业是高碳排放行业，全球水泥年产量超 30 亿吨，其中中国产能占 60%，且呈持续增长趋势。按 0.6% 的添加量添加减水剂，可减少水泥用量 15%，中国年需减水剂近 1000 万吨，可减少 2.5 亿吨水泥用量和等量碳排放，经济效益、社会效益和环境效益极其显著。我国现有水泥减水剂总产量约 300 万吨，主要为聚羧酸系、萘系、葡萄糖酸系、木质素系及复合型减水剂。除木质素系减水剂外，均由化石原料或淀粉生产。同类产品葡萄糖酸全球总产量仅为 6 万吨，发展葡萄糖酸系减水剂受全球粮食供应形势紧张的影响较大，急需寻找替代品，以丰富且可再生的木糖资源生产木糖酸，可以提高木质纤维素生物炼制的整体经济效益。

五、酒石酸

（一）理化性质

酒石酸，化学名 2,3-二羟基丁二酸，分子式 $C_4H_6O_6$，分子量 150.09，熔点 $168\sim170℃$，沸点 399.3℃，$pK_a=2.98$。无水结晶、无臭、味酸，相对密度 1.76，易溶于水、甲醇、乙醇，难溶于乙醚、氯仿。结构式如图 11-4-13 所示。

酒石酸分子中含有两个不对称碳原子，存在左旋体（L-酒石酸）、右旋体（D-酒石酸）、内消旋体（meso-酒石酸）及外消旋体（D,L-酒石酸）4 种同分异构体，市场上酒石酸主要以 l-酒石酸的形式存在[42]。

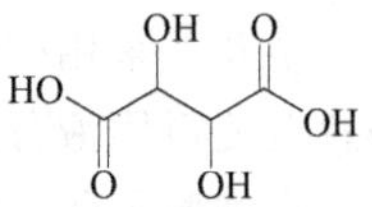

图 11-4-13　酒石酸结构式

（二）制备方法

1. 化学法

化学法主要有两种，即苯或萘氧化法、顺丁烯二酸酐直接氧化法。传统化学法生产酒石酸的反应分为两步：第一步过氧化氢氧化顺丁烯二酸生成环氧琥珀酸；第二步环氧琥珀酸水解生成 D,L-酒石酸。由于环氧化物的水解比较容易实现，酒石酸收率的高低主要取决于顺丁烯二酸的环氧化步骤。目前，工业化生产 D,L-酒石酸使用的催化剂主要是钨酸，但是产物酒石酸与钨酸难分离，易造成产品和废液中重金属钨含量过高，增加了生产成本和废水处理难度[43]。研究发现，在 H_2O_2 溶液体系中可溶性过渡金属（如钨、锰、钼和铈）及合金是非常有效的均相催化剂，其中钨化物的性能最高且具有供应和价格优势，因此它也成为酒石酸化学法制备的主要催化剂[44]。

2. 生物法

（1）酶转化法　1974 年，佐藤英次等采用酶转化法成功制备 L(+)-酒石酸。首先采用化学法合成顺式环氧琥珀酸盐作为酒石酸的前体，在顺式环氧琥珀酸水解酶的催化下转化为酒石酸[45]。

环氧化合物水解酶又称环氧水合酶（epoxide hydrolases，EHs），是一类能够立体选择性催化水分子加成到环氧底物上生成 1,2-二醇的水解酶，它不需要金属辅基或辅酶，可用于许多重要手性中间体的制备。Ehs 生产菌主要有假单胞菌（Pseudomonas）、产碱杆菌（Alcaligenes）、棒状杆菌（*Corynebacterium*）、瓦氏根瘤菌（*Rhizobium*）、诺卡氏菌（*Nocardia*）和赤红球菌（*Rhodococcus ruber*）等，其中诺卡氏菌和棒状杆菌是常用的酒石酸生产菌株。2004 年，闵航等首次报道赤红球菌 M1 菌株可合成 EHs，之后被应用于固定化细胞连续制备 L（＋）-酒石酸。有人利用分子生物学方法先后构建了一些可合成 EHs 的工程菌株，如 Pan[46] 在 *E.coli* 中表达 *Bordetella* sp. BK-52 的 *CESH* 基因，粗酶中 EHs 比活力达 32.418U/mg，是野生菌株的 18 倍。Cui 等[47] 通过密码子优化方法在 *E.coli* BL21 中表达了 *R.opacus* 的 *CESH* 基因，粗酶活力达 85.5U/mg。

　　酶法合成酒石酸具有产品浓度、转化效率和产品纯度高及安全性好等优点，已成为酒石酸主要的工业生产方法。

　　（2）发酵法　1929 年，住木谕介首次报道了灰绿曲霉（*Aspergillus glaucus*）以葡萄糖为原料发酵制备 L（＋）-酒石酸。1971 年，日本选育出 *G. suboxydans* IAM-1829（ATCC 621）菌株发酵产 L（＋）-酒石酸，产物浓度达 14.6g/L，转化率为 29.2%[48]。1972 年又构建了 *G. suboxydans* IAM-1829 重组菌株，葡萄糖发酵与钒酸铵催化结合，酒石酸产率达 30%。Klasen 等[49] 提出发酵法产酒石酸的过程可分为两步：一是葡萄糖经微生物代谢生成 5-酮基-D-葡萄糖酸（5-keto-D-gluconate，5-KGA）；二是 5-KGA 经钒酸铵催化转化生成 L（＋）-酒石酸。前体物质 5-KGA 的生成是发酵法生产酒石酸的限制步骤，导致 L（＋）-酒石酸产率低，提高微生物发酵生成 5-KGA 的代谢速率是目前发酵法制备酒石酸研究的重点。

（三）应用

　　1769 年，Scheele 首次在葡萄酒储存桶中发现酒石酸氢钾盐形成的结晶，称为"酒石"。人们利用酒石酸氢钾溶解度随温度变化的特性提取酒石，酸化后得到酒石酸，形成了酒石酸的提取法生产技术。之后，受葡萄酒酿造过程中酒石原料的供应限制，提取法逐渐被化学法和发酵法替代，并形成相对独立的工业体系，产品广泛应用于食品、医药和化工等领域，在有机酸市场逐渐形成了难以替代的地位。

　　食品行业中，酒石酸被用作烘焙食品添加剂酒石酸单（双）酐酯的生产原料，酒石酸单（双）酐酯作为酸味剂广泛应用于高级饮料、减肥茶和葡萄酒等中。制药行业中，酒石酸是众多手性药物不可替代的拆分剂，许多难溶性药物均可转化成水溶性良好的酒石酸盐，如酒石酸锑钾等。酒石酸在化学工业中也被用于生产酒石酸盐和酒石酸酯，在纺织工业中用于生产防染剂和固色剂等。此外，酒石酸还被应用于电镀、制革、显像和建筑等行业中。

　　据统计，2012 年酒石酸全球年消费量超过 10 万吨，价格在 4960 美元/吨左右，80% 的产品用于食品工业（清凉饮料 60%，糖果 15%，其他食品 5%），20% 用于其他行业[50]。

第二节　乳酸

一、乳酸的理化性质

1. 乳酸的定义和种类

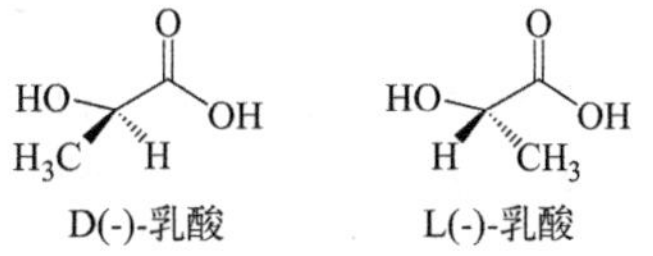

　　乳酸是世界上三大有机酸之一，也是最简单的羟基羧酸，学名 α-羟基丙酸或 2-羟基丙酸，分子式 $C_3H_6O_3$，分子量 90.08，分子结构见图 11-4-14。由于乳酸分子中羧基 α 位碳原子为不对称碳原子，乳酸有两种异构体，D 型（*R* 型）和 L 型

图 11-4-14　乳酸结构式

（S 型）乳酸。乳酸分为 L-乳酸、D-乳酸和 D,L-乳酸三种，天然存在的乳酸大多数为 L-乳酸。人体内只含有 L-乳酸脱氢酶，导致仅能消化利用 L-乳酸。L-乳酸用途广泛，需求量大；D,L-乳酸仅用于工业用途；D-乳酸较少。

2. 乳酸及其衍生物的理化性质[51]

工业乳酸为无色到浅黄色液体，无气味，具有吸湿性。乳酸分子结构中由于同时存在羧基和羟基，可以参与氧化还原、缩合和酯化等多种反应，乳酸脱水聚合可形成聚乳酸[51]。乳酸由于富含羟基和羧基，很难从溶液中结晶。乳酸溶液中乳酸浓度在 60％以上时有很强的吸湿性，因此商品乳酸通常为 60％的溶液。乳酸在 67～133Pa（0.5～1mmHg）的真空条件下反复蒸馏可得到结晶。L-乳酸、D-乳酸和 D,L-乳酸的主要理化性质见表 11-4-1。

表 11-4-1　乳酸各种异构体的理化性质

性质	L(＋)-乳酸	D(－)-乳酸	D,L-乳酸
分子量	90.08	90.08	90.08
熔点/℃	52.8～53.6	52.8～53.6	16.8～33
沸点/℃	—	103	82～85
比旋光度$[\alpha]_D^{20}$	＋2.5	－2.5	—
解离常数	1.90×10^{-4}	—	1.38×10^{-4}
pK_a(25℃)	3.79	3.83	3.73

乳酸分子含有羟基和羧基，导致乳酸易发生自酯化反应，乳酸溶液浓度越高，自酯化反应趋势越强。乳酸自酯化反应式见图 11-4-15。

$$CH_3COOH\cdot COOH \longrightarrow HO\!-\!\!\left[\underset{\displaystyle CH_3}{\underset{|}{CH}}-COO\right]_n + (n-1)H_2O$$

图 11-4-15　乳酸自酯化反应式

乳酸与醇反应生成酯，乳酸与短链醇反应生成的乳酸酯的主要物理性质如表 11-4-2 所示[51]。

表 11-4-2　乳酸酯的主要物理性质[51]

物质	分子量	密度/(g/cm³)	沸点/℃	折射率
乳酸甲酯	140.10	1.0895	60	1.413
乳酸乙酯	118.13	1.0304	42	1.412
乳酸丙酯	132.16	0.9915	47	1.417
乳酸丁酯	146.19	0.9768	70	1.420
乳酸异丁酯	146.18	0.9692	63	1.418

发酵法制备乳酸时，常用碳酸钙作为 pH 调节剂。乳酸钙的溶解度对乳酸发酵和后期提取工艺影响较大。乳酸钙的溶解度见表 11-4-3[51]。

表 11-4-3　乳酸钙的溶解度[51]

温度/℃	溶解度/%	温度/℃	溶解度/%	温度/℃	溶解度/%	温度/℃	溶解度/%
5	2.357	25	4.539	45	9.801	65	22.698
6	2.435	26	4.690	46	10.142	66	23.848
7	2.5165	27	4.847	47	10.502	67	25.073
8	2.600	28	5.007	48	10.887	68	26.378
9	2.6875	29	5.175	49	11.292	69	27.758
10	2.7765	30	5.347	50	11.278	70	29.228
11	2.8685	31	5.524	51	12.188	71	30.793
12	2.965	32	5.710	52	12.675	72	32.448
13	3.0635	33	5.899	53	13.198	73	34.228
14	3.165	34	6.095	54	13.750	74	36.098
15	3.2715	35	6.30	55	14.340	75	38.103
16	3.3800	36	6.509	56	14.962	76	40.218
17	3.492	37	6.724	57	15.628	77	42.468
18	3.608	38	6.948	58	16.338	78	44.878
19	3.7295	39	7.181	59	17.086	79	47.418
20	3.853	40	8.385	60	17.886	80	50.138
21	3.981	41	8.635	61	18.735	81	53.018
22	4.115	42	8.900	62	19.636	82	56.078
23	4.251	43	9.183	63	20.598	83	59.328
24	4.392	44	9.483	64	21.618	84	62.788

聚乳酸（polylactic acid，PLA）是最重要的乳酸衍生物。乳酸分子可通过直接缩聚一步法生成聚乳酸，但该法聚合度较难控制，更为普遍的方法是首先两分子乳酸聚合形成丙交酯，然后丙交酯通过开环反应生成聚乳酸（图 11-4-16）[52]。聚乳酸由发酵生产的乳酸聚合生成，不以石油为原料，在自然条件下可完全生物降解，是第一个大规模工业化生产的生物降解塑料，在成本上比其他生物降解塑料更低，市场竞争力较强。

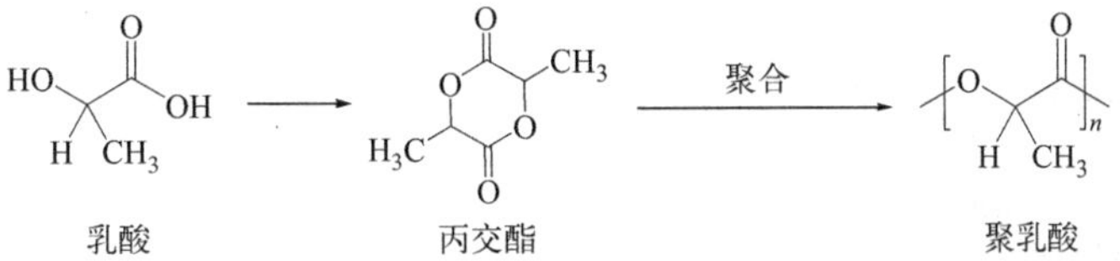

图 11-4-16　丙交酯法制备聚乳酸[52]

聚乳酸有聚 L-乳酸（PLLA）、聚 D-乳酸（PDLA）、聚 D,L-乳酸（PDLLA）三种形式。不同形式的聚乳酸，理化性质差异较大，见表 11-4-4[52]。

表 11-4-4　聚乳酸异构体的性质[52]

PLA 异构体	类型	玻璃化转变温度/℃	熔化温度/℃	降解周期/月
PLLA	高度结晶	—	180	12～30
PDLA	高度结晶	—	175	12～30
PDLLA	无定形	57	—	6～12

二、乳酸发酵基础

乳酸的生产方法主要包括化学法、酶法和微生物发酵法。化学法包括乳腈法、丙烯腈法、丙酸法等，目前用于工业生产的为乳腈法和丙酸法。化学合成的乳酸均为外消旋乳酸，化学法拆分 D,L-乳酸的拆分剂价格昂贵，后续分离困难，且存在毒性大和环境污染等问题；酶法拆分 D,L-乳酸存在工艺复杂、成本高等缺点，目前尚停留在实验室研究阶段。酶法是采用脂肪酶水解消旋的乳酸酯，L-乳酸酯键被水解，萃取后 D-乳酸酯再用化学法水解即可得到 D-乳酸。微生物发酵法生产乳酸具有环境友好、能耗低、产物光学纯度高等特点，是乳酸的主要生产方法，目前近 90％的乳酸由微生物发酵法生产，工业上以乳酸菌的厌氧发酵为主[52]。

（一）乳酸发酵机理

根据乳酸菌代谢过程以及产物的不同可以将微生物乳酸发酵分为同型乳酸发酵、异型乳酸发酵、双歧酸乳酸发酵和混合酸乳酸发酵四种类型。

同型乳酸发酵的特点是发酵产物仅为乳酸，主要发酵微生物有德氏乳杆菌、嗜酸乳杆菌和片球菌等。同型乳酸发酵机理是 1 分子葡萄糖首先通过糖酵解途径（EMP）分解为 2 分子丙酮酸，丙酮酸经乳酸脱氢酶催化转化为乳酸。同型乳酸发酵过程中 1mol 葡萄糖生成 2mol 乳酸，乳酸的理论转化率为 100％，实际生产中糖酸转化率在 80％以上时通常认为属于同型乳酸发酵。同型乳酸发酵代谢过程见图 11-4-17。

异型乳酸发酵途径主要存在于肠膜明串珠菌、短乳杆菌、发酵乳杆菌、两歧分歧杆菌等细菌中。异型

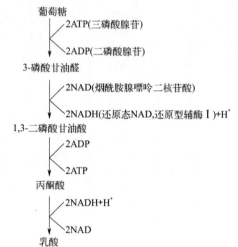

图 11-4-17　同型乳酸发酵代谢过程

乳酸发酵机理是 1 分子葡萄糖经 6-磷酸葡萄糖酸途径和 Bifidus 途径生成乳酸、乙醇和二氧化碳。异型乳酸发酵过程中 1mol 葡萄糖代谢生成 1mol 乳酸、1mol 乙醇和 1mol 二氧化碳，乳酸的理论转化率为 50％，异型乳酸发酵代谢副产物较多。微生物进行同型乳酸发酵还是异型乳酸发酵主要取决于菌株的特性，发酵条件如温度、pH 值、碳源浓度变化等都影响乳酸代谢途径。异型乳酸发酵过程如图 11-4-18 所示。

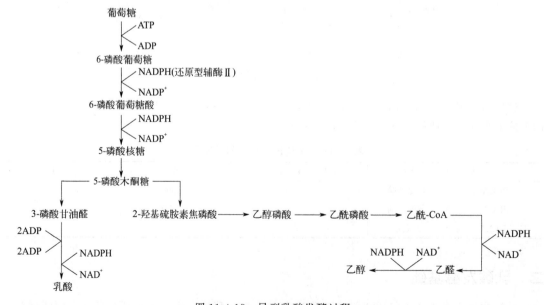

图 11-4-18　异型乳酸发酵过程

双歧乳酸发酵是有两种酮解酶参与的双歧杆菌将葡萄糖转化为乳酸的一种途径。双歧乳酸发酵过程中，2mol 葡萄糖经代谢产生 2mol 乳酸和 3mol 乙酸，乳酸的理论转化率为 50%。双歧乳酸发酵代谢反应总方程式如下：

$$2C_6H_{12}O_6 \longrightarrow 2CH_3CHOHCOOH + 3CH_3COOH$$

混合酸乳酸发酵是指同型乳酸发酵菌在某种特殊的发酵条件下，如 pH 值升高、温度降低、碳源葡萄糖浓度受到限制等条件下发生的乳酸发酵机制。混合酸乳酸发酵代谢过程初期与同型乳酸发酵代谢途径一致，1 分子葡萄糖通过糖酵解途径（EMP）分解为 2 分子丙酮酸，但发生混合酸发酵时，丙酮酸代谢途径发生了改变，丙酮酸代谢产物除乳酸外，还有副产物甲酸和乙醇等[51]。

（二）乳酸生产菌株

1. 细菌

（1）凝结芽孢杆菌　凝结芽孢杆菌（*Bacillus coagulans*）属于芽孢杆菌属，兼性厌氧革兰氏阳性菌，端生芽孢，无鞭毛。能形成耐高热、稳定性好、易储存的芽孢，形态呈椭圆或柱状，次端生或端生。杆状细胞，菌体尺寸 $(0.5 \sim 1.0) \mu m \times (2.5 \sim 5.0) \mu m$，以周生鞭毛运动。最适生长温度 $45 \sim 50 ℃$，最高耐受温度 $55 \sim 60 ℃$，耐酸性因菌株而异，最适 pH 值 $6.6 \sim 7.0$，最低可达 $4.0 \sim 5.0$。能厌氧发酵糖类生成 L-乳酸，为同型乳酸发酵菌。

凝结芽孢杆菌通常被认为是利用木质纤维素生物炼制产乳酸的优良菌株。凝结芽孢杆菌通过同型乳酸发酵途径转化葡萄糖产高光学纯度的 L-乳酸，葡萄糖在细胞内的代谢过程遵循糖酵解途径，1mol 葡萄糖发酵生成 2mol 乳酸，乳酸的理论得率为 100%。2006 年美国佛罗里达大学 K. T. Shanmugam 利用同位素示踪技术初步分析了凝结芽孢杆菌 36D1 的木糖代谢途径，推测该菌株能够在厌氧条件下通过磷酸戊糖途径代谢木糖产乳酸，没有乙酸等副产物产生，因而乳酸的理论得率为 100%[53]。Ouyang 等利用凝结芽孢杆菌 NL01 以玉米秸秆酶水解液为原料发酵产乳酸，分批发酵乳酸浓度为 56.37g/L，补料分批发酵乳酸浓度达到 75.03g/L，产率为 74.5%，平均生产速率为 $1.04g/(L \cdot h)$[54]。凝结芽孢杆菌可耐受木质纤维素预处理产生的多种发酵抑制物，且可以同时代谢葡萄糖、木糖和纤维二糖产乳酸，因此，凝结芽孢杆菌在木质纤维素同步糖化发酵产乳酸方面应用潜力较大[55-57]。

（2）戊糖乳杆菌　戊糖乳杆菌（*Lactobacillus pentosus*）是少数能够代谢木糖产乳酸的菌株之一。在能够代谢木糖的细菌体内，与木糖代谢相关的 3 个关键基因在同一个基因簇上，分别编码木糖代谢调节蛋白、木糖异构酶和木酮糖激酶。木糖首先在木糖异构酶催化下转化为木酮糖，木酮糖经木酮糖激酶催化转化成 5-磷酸-木酮糖，然后 5-磷酸-木酮糖经磷酸戊糖途径或者磷酸转酮酶途径进一步代谢，磷酸戊糖途径和磷酸转酮酶途径在细菌中广泛存在。木糖发酵产乳酸分为同型乳酸发酵和异型乳酸发酵两种，见图 11-4-19[58]。

（3）德氏乳杆菌　德氏乳杆菌（*Lactobacillus delbrueckii*），革兰氏阳性菌，长杆，无鞭毛，无芽孢，菌落呈圆形，乳白色，边缘整齐，化能异养型，兼性厌氧菌，不液化明胶，可利用纤维二糖、果糖、葡萄糖、蔗糖、海藻糖，耐酸、喜温，生长温度 $30 \sim 40 ℃$。该菌株可产较高光学纯度的 D-乳酸，最适发酵温度 $37 ℃$，当发酵温度达到 $40 ℃$ 时，D-乳酸产率显著降低。

（4）保加利亚乳杆菌　保加利亚乳杆菌（*Lactobacillus bulgaricus*），革兰氏阳性菌，兼性厌氧菌。菌体尺寸 $(0.5 \sim 0.8) \mu m \times (2 \sim 9) \mu m$，单个菌体呈杆状或链杆状，两端钝圆，不具运动性，不产生孢子。DNA 中（G+C）摩尔含量通常为 $49\% \sim 51\%$。最适生长温度为 $37 \sim 45 ℃$。保加利亚乳杆菌属于化能异养型微生物，对营养要求苛刻，代谢过程中需要多种生长因子如 B

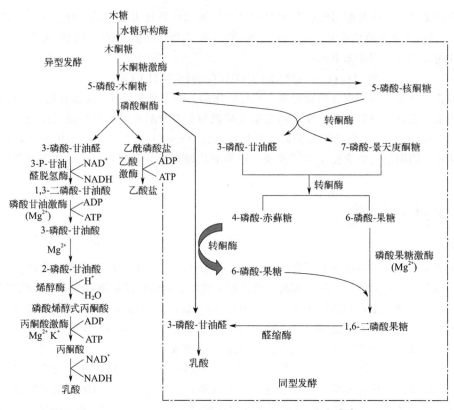

图 11-4-19　乳酸细菌代谢木糖产乳酸途径[58]

族维生素等。该菌株通过糖酵解途径同型发酵产乳酸，且 80％以上为 D（＋）型乳酸。保加利亚乳杆菌可利用葡萄糖、乳糖、甘露糖等，乳糖和葡萄糖同时存在于培养基中时，优先利用葡萄糖。

2. 真菌

米根霉是真菌中研究较多的 L-乳酸优良发酵菌株之一。米根霉在分类上属于接合菌亚门，接合菌纲，毛霉目，毛霉科，根霉属。米根霉菌落疏松或稠密，初始呈白色，后变为灰褐色或黑褐色。菌丝匍匐爬行，无色。假根发达，分枝呈指状或根状，呈褐色。孢囊梗直立或稍弯曲，2～4 株成束，与假根对生，有时膨大或分枝，呈褐色，长 210～2500μm，直径 5～18μm。囊轴呈球形或近球形或卵圆形，呈淡褐色，直径 30～200μm。囊托呈楔形。孢子囊呈球形或近球形，衰老后呈黑色，直径 60～250μm。孢囊孢子呈椭圆形或球形，其形状、大小不一，未见接合孢子。米根霉可在 37～40℃下生长，能糖化淀粉，发酵产乳酸的最适温度为 30℃，可以尿素、硝酸铵、硫酸铵等无机氮源为氮源。米根霉是根霉属中合成 L-乳酸能力最强的菌株，与细菌发酵相比，具有营养要求简单、发酵液易分离且产品纯度高等优点。尤其是米根霉发酵可得到高光学纯度的 L-乳酸。

米根霉发酵产乳酸的过程为好氧异型发酵，其代谢途径与细菌异型发酵不同，米根霉乳酸发酵途径属于混合型发酵，葡萄糖经糖酵解途径生成丙酮酸，丙酮酸在乳酸脱氢酶催化下生成乳酸。米根霉发酵产乳酸过程糖酸转化率低，除生成 L-乳酸外，还产生其他副产物如乙醇、富马酸等。米根霉乳酸发酵的代谢途径见图 11-4-20[59]。

米根霉代谢过程中，葡萄糖经糖酵解途径生成关键中间产物丙酮酸。代谢关键节点丙酮酸有 4 条去路：一是经乳酸脱氢酶催化生成乳酸；二是经丙酮酸脱羧酶催化转化为乙醛，乙醛经

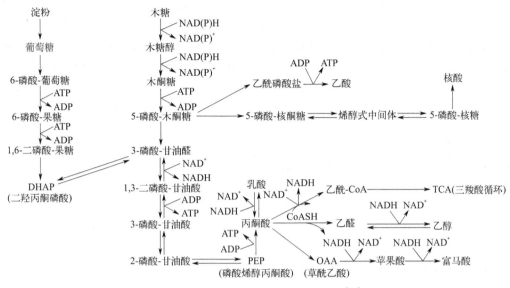

图 11-4-20　米根霉乳酸发酵代谢途径[59]

乙醇脱氢酶催化生成乙醇；三是经丙酮酸羧化酶催化生成草酰乙酸，进一步转化为苹果酸和富马酸；四是丙酮酸在丙酮酸脱氢酶系的催化下转变为乙酰辅酶 A，进入 TCA 循环途径。目前国内外广泛采用经诱变选育的高产乳酸菌株，通过强化丙酮酸的第一条途径实现乳酸的高产。

3. 基因工程菌

近年来，通过分子生物学手段改造得到的基因工程菌在发酵行业中的应用越来越受到重视，基因工程菌在乳酸发酵中的应用可以提高生产效率、降低生产成本。乳酸生产菌株的遗传改造和构建研究主要集中在乳酸细菌、酿酒酵母、大肠杆菌和谷氨酸棒状杆菌等微生物上。目前工业乳酸发酵采用的乳酸细菌，乳酸产率已经相当高，采用分子生物学手段主要通过敲除 D,L-乳酸菌中的 D-乳酸脱氢酶基因或 L-乳酸脱氢酶基因，以获得产高光学纯度乳酸的发酵菌株。Nikkila 等[59] 通过不同的基因替代方案改造 L. helveticus CNRZ32，删除 CNRZ32 中 ldhA 基因的启动子区域得到的重组菌株为 GRL86，用 ldhL 基因置换 ldhA 基因从而使 ldhL 的拷贝数增加，得到重组菌株 GRL89，这两株重组菌株消除了乳酸的消旋型仅生成 L-乳酸，L-乳酸脱氢酶的酶活力比原始菌株分别高出 53% 和 93%。敲除 L. plantarum NCIMB 8826 的 ldhL 基因后得到的重组菌株仅生成 D-乳酸，其光学纯度可以达到 99.6%[60]。

酵母菌比乳酸菌具有更强的耐酸性，被认为是低 pH 环境下发酵乳酸的优良宿主，尤其酵母细胞个体大从而易于分离，易于高密度培养，营养要求低和容易实现清洁生产等。早期的研究是在 S. cerevisiae 中表达来自 L. casei 的乳酸脱氢酶基因，然而由此构建的重组菌株在发酵过程中同时产生乳酸和乙醇。在酵母中，丙酮酸主要的代谢流向是在丙酮酸脱羧酶和乙醇脱氢酶的作用下生成乙醇，阻遏乙醇合成途径的关键基因能减少乙醇的生成。S. cerevisiae 含有三个 pdc 基因，即 pdc 1、pdc 5 和 pdc 6，而乳酸克鲁维酵母（Kluyveromyces lactis）只有一个 pdc1，相对于 S. cerevisiae 能积累较高水平的乳酸。将牛的 ldhL 转入 K. lactis 中进行表达，最终得到 109g/L 的乳酸，生产速率达 0.91g/(L·h)，相当于每消耗 1mol 葡萄糖生成 1.9mol 乳酸[61]。

大肠杆菌野生型菌株底物利用谱广，包括戊糖（木糖和阿拉伯糖）、己糖（葡萄糖、果糖和甘露糖）和糖酸等物质，具有营养要求低、易于高密度培养和规模化生产容易等优点。更为重要的是，E. coli 有清晰的代谢途径和基因序列背景，易于基因操作。缺点是其旁支代谢途径多，在合成乳酸的同时也积累甲酸、乙酸、琥珀酸和乙醇等副产物。近年来研究者通过代谢工程育种策略将 *E. coli* 应用于极高光学纯度和极高化学纯度的 D-乳酸与 L-乳酸的发酵。Zhou 等[62] 采用基因敲除技术阻断了 D-乳酸竞争途径，获得 *frdBC*、*adhE*、*pflB* 基因敲除的重组菌株 *E. coli* SZ58，在无机盐培养基中发酵 168h，D-乳酸浓度达到 48g/L，化学纯度达 98%，副产物甲酸、乙酸、琥珀酸和乙醇的积累量显著降低。关于 *E. coli* 合成 L-乳酸的研究主要集中于在解析 *E. coli* D-乳酸合成途径的基础上阻断其合成途径，并引入适宜的外源 L-乳酸合成途径等。姜婷等敲除表达丙酮酸甲酸裂解酶、D-乳酸脱氢酶、乙酸激酶、磷酸转乙酰酶、富马酸还原酶和乙醇脱氢酶的基因，同时整合凝结芽孢杆菌 L-乳酸脱氢酶基因获得遗传改造菌株 KSJ316，该菌株具有代谢木糖产 L-乳酸的能力，木糖的乳酸转化率达到 90% 以上，L-乳酸的化学纯度和光学纯度分别为 95.5% 和 99%。为了进一步提高 KSJ316 利用木糖发酵产乳酸的能力，在 KSJ316 中以质粒的形式过表达 L-乳酸脱氢酶基因，乳酸产量提高了 32.9%，在 KSJ316 中以质粒的形式过表达来自凝结芽孢杆菌的木糖异构酶和木酮糖激酶基因，乳酸产量提高了 20.13%[63]。

三、生物质发酵制备乳酸

1. 食品废弃物发酵产乳酸

食品废弃物生物质主要指厨余垃圾、餐饮垃圾等可被利用的生物质部分，以及乳制品行业、酿造业和豆制品行业等产生的乳清、酒糟、豆渣等食品加工有机废物。食品废弃物生物质含有大量的淀粉、蛋白质、脂肪、糖类等可被微生物利用的物质，这些物质可作为良好的原料用于发酵产乳酸。以食品废弃物生物质为原料发酵制备乳酸的研究结果如表 11-4-5 所示[64]。

表 11-4-5 利用食品废弃物发酵制备乳酸的研究[64]

原料	菌种	乳酸产率/(g/g)
厨余垃圾	未分离菌种	0.62
厨余垃圾	*Lactic acid bacteria*, *Clostridium* sp.	0.62
乳浆	*L. casei* NRRL B-441	0.93
乳浆	*L. bulgaricus* ATCC8001, PTCC1332	0.81
酒糟	*L. pentosus* ATCC 8041	0.77
豆渣	鼠李糖乳杆菌	0.2

2. 乳制品废弃物发酵产乳酸

乳清是乳制品行业的主要副产品，是奶酪生产过程中牛奶凝结成凝乳块后废弃的液体。每生产 1kg 奶酪可产生约 9L 的乳清废液。据估计，2016 年全球乳清年产量约 2 亿吨，并以 3% 的年增长率增长。由于乳清生物需氧量（BOD，40~60g/L）和化学需氧量（COD，50~80g/L）高，若未经适当处理直接排放，将造成严重的环境污染。乳清的主要成分为水，同时保留了牛奶中约 50% 的固体成分，如乳糖、乳清蛋白、矿物质和脂肪等。刘鹏等发现保加利亚乳杆菌 CGMCC 1.6970 可直接利用乳清发酵产 D-乳酸，无需添加其他营养物质。保加利亚乳杆菌不能利用乳清蛋白，为了实现乳清的全质化利用，采用中性蛋白酶预水解乳清，利用乳清水解蛋白作为发酵氮源，补充少量酵母粉后，采用分批发酵法可得到 70.70g/L 的 D-乳酸，平均产率为 1.47g/(L·h)[65]。

3. 菊粉发酵产乳酸

菊芋、菊苣等植物抗逆性强，耐寒耐旱，抗盐碱，抗风沙，能够明显降低耕层土壤盐分，非常适宜种植在盐碱地和滩涂。菊粉主要来源于菊芋等植物的块茎，经简单去皮、切片、烘干、粉碎后的粗菊粉作为生物质原料已逐步应用到生物炼制中。

菊粉，又名菊糖，是由 β-1,2-糖苷键连接 D-呋喃果糖分子组成的链状大分子，还原性末端连接一个 α-吡喃葡萄糖基的直链多糖。菊粉的分子式通常表示为 GF_n，其中 G 代表葡萄糖，F 代表果糖，n 代表果糖单位数。菊粉的化学结构见图 11-4-21。菊粉的聚合度一般在 2～60 左右，分子量在 3500～5500 之间。菊粉的溶解度随着温度的升高而增大，菊粉在 10℃ 时的溶解度约为 6%，在 90℃ 时溶解度为 33%。菊粉溶液的黏度随浓度的提高而增大，当浓度达 10%～30% 时，开始形成凝胶状态。

菊粉作为优质的糖质资源，具有淀粉类底物和木质纤维素类底物不可比拟的优点，但以菊粉为原料发酵产乳酸的报道很少。用菊粉制备乳酸包括菊粉水解和乳酸发酵两个环节。草酸青霉 XL01 具有较强的菊粉酶分泌能力，可以菊粉为碳源和诱导物表达胞外菊粉酶，该酶于 50℃、pH 值 5.0 条件下酶解 120g/L 菊粉 72h，得到 20.7g/L 葡萄糖和 84.9g/L 果糖。保加利亚乳杆菌 *Lactobacillus bulgaricus* CGMCC 1.6970 具有同时利用葡萄糖和果糖发酵制备 D-乳酸的能力，利用保加利亚乳杆菌分别采用先酸解糖化后发酵、先酶解糖化后发酵和同步糖化发酵三种策略转化菊粉制备 D-乳酸，发现同步糖化发酵工艺最佳。采用三种工艺处理 80g/L 菊粉，D-乳酸得率分别为 21.5%、46.2% 和

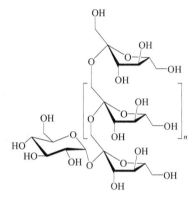

图 11-4-21　菊粉化学结构

99.5%。进一步优化菊粉同步糖化发酵产 D-乳酸工艺表明，底物浓度 120g/L 的菊粉在酶用量 30U/g 菊粉的菊粉酶于 30℃、pH5.2 条件下，添加保加利亚乳杆菌 *Lactobacillus bulgaricus* CGMCC 1.6970 同步糖化发酵 72h，D-乳酸浓度和产率分别为 123.6g/L 和 1.72g/(L·h)[66]。

4.纤维素废弃物发酵产乳酸

纤维素废弃物主要包括林业生产和加工剩余物、农作物秸秆、甘蔗渣、工业加工含纤维废弃物、城市纤维垃圾和能源林草等，纤维素废弃物是碳中和战略背景下替代化石资源生产能源、化学品和材料的重要替代资源。与发酵生产其他能源、化学品的微生物一样，大多数乳酸发酵菌株不能直接将纤维素、半纤维素转化成乳酸，发酵前须将纤维素废弃物中的碳水化合物降解成乳酸发酵菌株能够利用的可发酵性糖。纤维素废弃物降解为单糖等可发酵性糖通常包括原料预处理和纤维素糖化过程。

玉米秸秆经酸性蒸汽爆破预处理和纤维素糖化，采用凝结芽孢杆菌 S44 发酵纤维素酶水解液制备乳酸，凝结芽孢杆菌可利用酶解液中的多种可发酵性糖[67]。发酵 72h，葡萄糖、木糖和纤维二糖的利用率分别为 76.23%、100% 和 91.37%，L-乳酸的浓度为 50.83g/L；补料发酵 72h，L-乳酸的产量达 75.03g/L。以凝结芽孢杆菌 NL01 为出发菌株采用等离子体诱变育种技术，结合高糖高酸快速平板筛选育得到木糖乳酸发酵菌株 N01-17[64]。采用该菌株发酵玉米秸秆酸性蒸汽爆破预水解液，乳酸浓度和糖酸转化率分别为 90.29g/L 和 94.37%。同步糖化发酵技术是一种可以有效解除纤维素糖化过程中水解产物反馈抑制的木质纤维原料糖化发酵策略。60g/L 亚硫酸盐预处理蔗渣在纤维素酶用量 10FPIU/g 纤维素、木聚糖酶用量 120U/g 纤维素条件下，添加凝结芽孢杆菌 CC17 同步糖化发酵 72h，乳酸浓度达到 56g/L[68]。

四、木质纤维素生物炼制乳酸案例

同步糖化发酵技术（simultaneous saccharification and fermentation，SSF）是指纤维素的酶

催化水解与糖的微生物发酵在同一反应器中同时进行的过程。SSF 的产率受多种因素影响，包括原料、发酵菌株、水解酶、温度、pH 值等。与糖化和发酵过程分开进行相比，SSF 过程简单，既克服了糖化过程中水解产物对水解酶的反馈抑制，又避免了初始糖浓度过高引起的不利于微生物生长和发酵的高渗透压问题，具有生产周期短、设备投资低、生产效率高并降低能耗等优点。同步糖化发酵的不足是纤维素酶水解最适温度往往和微生物发酵最适温度不一致，导致纤维素酶和微生物菌株不能发挥最大效能[69]。

以玉米芯生产低聚木糖的富含纤维素的低聚木糖生产废渣为原料，采用纤维床生物反应器固定化米根霉同步糖化发酵产 L-乳酸。基于在纤维床生物反应器中的试验结果，采用仿真软件进行放大，设计模拟米根霉利用低聚木糖生产废渣发酵年产 5 万吨 L-乳酸的工艺，见图 11-4-22。

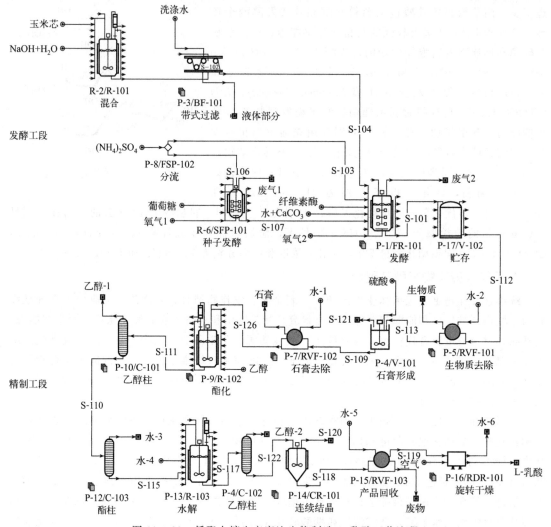

图 11-4-22　低聚木糖生产废渣生物制造 L-乳酸工艺流程

低聚木糖生产废渣发酵法生产 L-乳酸工艺分为发酵工段和乳酸分离精制工段。发酵工段，在发酵罐（FR-101）中加入低聚木糖生产废渣、适量纤维素酶。米根霉种子经培菌室摇瓶、车间种子罐扩培后，按发酵罐中培养基体积的 10％将扩培的种子移入发酵罐中，通入净化压缩空气进行发酵，发酵过程中添加一定量的碳酸钙，发酵结束后，发酵液转入储罐（V-102）。精制工段主要包括乳酸与乙醇酯化生成乳酸乙酯、乳酸乙酯的提取和乳酸乙酯水解生成乳酸三个环节。储罐

（V-102）中的发酵液通过旋转真空过滤机（RVF-101）过滤除去微生物菌体、剩余固体残渣等。发酵液经过滤处理后，可得到乳酸钙，将其送入酸解罐（V-101），添加 H_2SO_4 酸解，得到粗 L-乳酸，酸解反应物经旋转真空过滤机（RVF-102）过滤除去 $CaSO_4$，得到粗乳酸。粗乳酸在酯化罐（R-102）中与乙醇进行酯化反应，酯化反应产物主要含有未反应的乙醇、乳酸以及产物乳酸乙酯、水等。将些混合物引入分馏塔（C-101），乙醇、水等通过常压蒸馏方式除去，然后于110℃下减压蒸馏（C-103），馏出产物为粗乳酸乙酯。水和酯的共沸混合物被导入水解罐（R-103）中，在其中通入水蒸气进行乳酸乙酯水解反应，控制加热温度为78℃，流出液流量控制在 0.2～0.3mL/min，水酯比为20，当柱顶温度达到98℃时停止水解。水解罐（R-103）中产生的乙醇通过分馏塔脱水，可循环用于酯化反应。L-乳酸溶液在结晶罐（CR-101）连续结晶后，经旋转真空过滤机（RVF-103）除去乳酸钙晶体，经旋转蒸发浓缩（RDR-101），即可得到高纯度 L-乳酸。

五、乳酸的应用与发展趋势

1. 乳酸及其衍生物的应用

食品工业中，乳酸及其衍生物是公认的安全食品添加剂，包括酸化剂、乳化剂、防腐剂、抗氧化剂、果蔬保鲜剂、稳定剂、面团改良剂、保湿剂、营养强化剂、增稠剂、膨松剂等[70]。例如，乳酸可用于生产酸化麦芽和酸化麦汁；作为防腐剂已广泛替代苯甲酸钠，成为抑制肉制品细菌性腐败最常用的添加剂之一。乳酸盐类衍生物中，最重要的是硬脂酰乳酸钙（CSL）和硬脂酰乳酸钠（SSL），是焙烤工业中不可缺少的食品添加剂。乳酸及其衍生物在食品工业中的应用见表11-4-6[70]。

表 11-4-6　乳酸及其衍生物在食品工业中的应用[70]

名称	应用
L-乳酸	抗菌剂、熏制品、腌菜、风味剂
D-乳酸	禁止使用（易引起疲劳、代谢紊乱甚至酸中毒）
DL-乳酸	食品配料、pH 控制剂、溶剂和载色体
乳酸钙	风味增强剂、固化剂、膨松剂、营养补充剂、稳定剂、增稠剂
乳酸亚铁	营养补充剂、婴儿配制食品
乳酸钾	风味增强剂、风味剂、保湿剂、pH 控制剂
乳酸钠	风味增强剂、风味剂、保湿剂、乳化剂
硬脂酰-2-乳酸钙（CSL）	面团质量改进剂、蛋制品起泡剂、脱水马铃薯调节剂
硬脂酰-2-乳酸钠（SSL）	面团质量改进剂、乳化剂、牛乳或冰淇淋代用品生产的稳定剂、加工助剂、休闲食品调味汁、人造酪
乳酸/脂肪酸/丙二酸/甘油混合脂	食品乳化剂、增塑剂、表面活性剂
脂肪酸的乳酰脂	食品乳化剂、增塑剂、表面活性剂

在医药上，由于乳酸具有很强的杀菌作用，被用于消毒剂配制或制成乳酸盐类使用。在病房、手术室、实验室等场所采用乳酸熏蒸消毒，可有效杀灭空气中的细菌。乳酸能溶解蛋白质和角质，且对病变组织的腐蚀作用特别敏感，故可治疗喉头结核、白喉等。在收敛性杀菌方面，乳酸也作为含漱剂、涂布剂、阴道清洗剂等配方成分。利用乳酸亲水性的特点，与难溶性药物结合，可增强药物的吸收效果。乳酸还可作为生产红霉素糖衣的原料等。乳酸-羟基乙酸共聚物（PLGA）有优良的安全性、生物相容性和生物降解性，是制备微球的常用基本材料。

在农业上，乳酸可用作青饲料贮藏剂、牧草成熟剂、反刍动物饲料添加剂等。畜禽饲料中添加乳酸，可降低消化道 pH 值，具有活化消化酶、改善消化氨基酸能力的作用，并有利于肠道上皮细胞生长。在饲料中添加 L-乳酸铵和 L-乳酸钙后，可提高畜禽产蛋率、产奶率，促进畜禽生产，特别有利于虾、蟹、鳖等特种水产的养殖。光学纯度 99％以上的乳酸可用于生产除草剂等缓释农药，具有对农作物和土壤无毒无害且高效的特点。聚合度为 2～10 的低聚乳酸在低浓度时可作为植物生长调节剂，有效促进植物生长及果实发育。乳酸乙酯是制造高效低毒、低残留苯氧丙酸类除草剂的重要中间体。乳酸钙可用作水果、蔬菜的保鲜剂。此外，乳酸还是杀虫剂、杀真菌剂的有效成分[54]。

在工业上，乳酸经催化转化可生产乙醛、丙二醇、丙烯酸和 2,3-戊二酮等重要化工原料，其中丙二醇是生产树脂、增塑剂、乳化剂和破乳剂、防冻剂、热载体等的原料；丙烯酸则被广泛应用于橡胶、纤维、胶黏剂、皮革、纸张洗涤剂、树脂、超吸收材料等的生产，也是高吸水树脂、涂料、水处理剂等产品生产的原料。乳酸还可用于生产强黏合性、防腐性的高性能涂料。添加乳酸生产的优质环氧树脂涂料用于涂刷船体外壳钢板，在水下具有很强的黏合性，并具有良好的防腐蚀作用。乳酸作为耐热绝缘材料生产的起泡剂，可用于生产耐火、耐热、绝缘性能良好的绝缘材料。乳酸乙酯具有无毒、溶解性好、不易挥发、有果香气味等特点，又具有可生物降解性，是极具开发价值和应用前景的绿色溶剂。

在化妆品和卫生用品方面，乳酸和乳酸钠、乳酸钙可用作致湿剂、护肤剂。乳酸盐可作为新一代皮肤增白剂，与其他皮肤增白剂结合使用可产生协同增白效果。乳酸钠还能有效治疗皮肤功能性疾病，如皮肤干燥病等引起的干燥症状。

2. 乳酸的市场现状

目前，全球乳酸年总产能约 60 万吨。科碧恩-普拉克（Corbion-Purac）是世界上最大的乳酸供应商。美国嘉吉（Cargill）公司于 2001 年后陆续建成 18 万吨产能的 L-乳酸生产线，专门为 Natureworks 生产聚乳酸提供原料。国际上乳酸的其他主要供应商还包括美国 ADM（Archer Daniels Midland）公司、比利时格拉特（Galactic）公司和法国 JBL（Jungbunzlauer）公司，乳酸年产能均在万吨以上。日本武藏野是唯一用化学法合成 D,L-乳酸及其酯类的生产商，其他生产商多以发酵法生产光学纯度为 96％～99％的 L-乳酸。

我国中粮生化格拉特在安徽蚌埠建有年产 15 万吨 L-乳酸的生产线，河南金丹建有年产 10 万吨 L-乳酸的生产线。此外，在江西、江苏、四川、山西等地建有一批年产能在 5000～15000t 乳酸的生产线，产品包括 L-乳酸、D-乳酸和消旋 D,L-乳酸及乳酸钙。

乳酸具有广泛的用途，尤其是随着下游聚乳酸生产技术的成熟和市场对可降解聚乳酸产品的需求，乳酸产业发展前景十分广阔。

第三节　富马酸

一、富马酸的理化性质

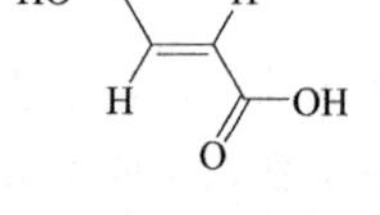

富马酸的化学名为反丁烯二酸，是最简单的不饱和二元羧酸（图 11-4-23）。分子式 $C_4H_4O_4$，分子量 116.07。白色结晶状粉末，有水果酸味，无毒，可燃。密度 $1.63g/cm^3$，熔点 286℃，在 290℃

图 11-4-23　富马酸结构式

发生分解，300℃易失水生成顺酐。富马酸的溶解度随温度变化较大，25℃时在水中的溶解度为 7g/L 左右，80℃时在水中的溶解度为 50g/L 左右。富马酸盐在水中的溶解度也有较大的差异。富马酸钙在水中的溶解度较低，30℃时仅为 21.1g/L；富马酸钠的溶解度相对较高，30℃时为 220g/L。富马酸在水中的解离常数 $pK_1=3.02$，$pK_2=4.38$。富马酸在有机溶剂中的溶解度较低，30℃时在95％的乙醇中仅能溶解54.4g/L，在丙酮中溶解16.9g/L，富马酸难溶于乙醚、四氯化碳和氯仿，不溶于苯[71,72]。

富马酸由于特殊的化学结构具有很多重要的化学性质，能发生聚合、酯化、氨化、水合、加氢及异构等一系列反应，在聚合与酯化工业中有广泛的应用。此外，在苹果酸酶和天冬氨酸酶的催化作用下，富马酸分别可转化成苹果酸和天冬氨酸[73]。

二、富马酸发酵基础

（一）富马酸生产菌株

20世纪70年代的石油危机使微生物发酵法制备富马酸的研究日益受到重视。能够合成富马酸的微生物主要包括霉菌、酵母菌和细菌，其中根霉（*Rhizopus*）由于具有营养要求简单、环境适应性强以及生长迅速等特点得到了广泛研究。根霉属微生物在分类上属于接合菌亚门（Zygomycota），接合菌纲（Zygomycetes），毛霉目（Mucorales），毛霉科（Mucoraceae）。根霉具有合成淀粉酶、内切葡聚糖酶、木聚糖酶和脂肪酶的能力，能够直接利用淀粉质原料或木质纤维原料生产乙醇、乳酸、富马酸等产品[74,75]。目前用于发酵产富马酸研究的主要是米根霉和少根根霉。

1. 米根霉

米根霉菌落呈疏松或稠密的絮状，初始白色，后褐灰色至黑褐色。匍匐菌丝爬行，扩散很远，无色。假根发达，褐色。孢囊梗直立或稍弯曲，褐色，壁光滑或粗糙。孢子囊呈球形或近球形（图11-4-24）[76]，壁有微刺，起初为白色，后呈黑色。囊轴呈球形或近球形或卵圆形，淡褐色。孢囊孢子呈近球形至卵形，黄灰色，有条纹及棱角。米根霉能转化淀粉和蔗糖，合成乳酸、富马酸及少量乙醇。米根霉的发酵产物与发酵条件密切相关，一般在供氧充足的条件下，米根霉的发酵产物以乳酸、富马酸为主；在供氧不足的条件下，发酵产物以乙醇为主[77]。

2. 少根根霉

少根根霉菌落呈棉絮状，初始白色，后灰褐色，假根极不发达或没有。孢囊梗直立或弯曲，单生，不分枝或分枝，壁光滑，淡褐色至黄褐色，长度一般为500～1000μm，直径通常为8～12μm。孢子囊呈球形或近球形，壁有微刺，黄褐色或暗褐色。囊轴呈卵圆形或球形，壁光滑或少数粗糙，无色或淡黄色。孢囊孢子呈球形、拟椭圆形，微带条纹，直径4.0～7.0μm。接合孢子呈球形，有粗糙突起。少根根霉糖化能力强，可用作酿酒的固体菌。部分少根根霉能够发酵合成富马酸，研究表明，利用少根根霉产富马酸得率较高[78]。

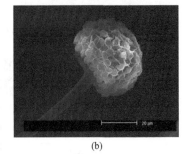

(a)

(b)

图11-4-24　米根霉孢子囊电镜照片

（二）富马酸代谢途径

1. 葡萄糖发酵产富马酸途径

富马酸是一种重要的代谢中间产物，其在微生物体内积累的机制备受关注。富马酸胞内积累机制主要包括乙醛酸支路途径学说和胞液途径学说。乙醛酸支路途径学说，又称"$C_2 + C_2$"

学说，由 Foster 等人于 1949 年提出，认为富马酸是由两个二碳化合物在根霉菌胞内合成而来；胞液途径学说，又称"$C_3 + C_1$"学说，Romano 等人于 1967 年研究发现根霉菌通过固定 CO_2 合成富马酸，Osmani 等人在前人研究的基础上，提出根霉菌胞液中存在一条 TCA 还原途径合成富马酸，即胞液途径学说。丙酮酸羧化酶是胞液途径的关键酶之一，负责固定 CO_2 并催化 CO_2 与丙酮酸反应生成草酰乙酸，草酰乙酸在苹果酸脱氢酶催化下生成苹果酸，苹果酸在富马酸酶催化下生成富马酸。Kenealy 和 Wright 的研究结果证实了 TCA 还原途径是米根霉积累富马酸的主要途径[79]。米根霉通过胞液途径合成富马酸的代谢过程见图 11-4-25。

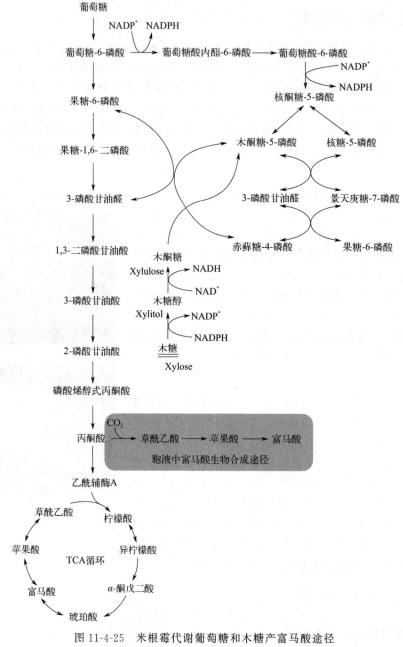

图 11-4-25　米根霉代谢葡萄糖和木糖产富马酸途径

2. 木糖发酵产富马酸途径

根霉菌除了利用葡萄糖外,还可以利用木糖发酵产富马酸,特别适合于利用木质纤维基混合碳源(葡萄糖和木糖)产富马酸。根霉菌代谢木糖过程中,木糖首先经木糖还原酶转化为木糖醇,该反应需消耗 NADPH;木糖醇在依赖 NAD$^+$ 的木糖脱氢酶催化下转化为木酮糖,同时生成 NADH;木酮糖由木酮糖激酶磷酸化为 5-磷酸-木酮糖,5-磷酸-木酮糖进入磷酸戊糖代谢途径生成果糖-6-磷酸和 3-磷酸甘油醛,进入糖酵解代谢途径生成丙酮酸(图 11-4-25)。由于木糖转化为木糖醇的过程需要消耗 NADPH,木糖醇转化为木酮糖过程中生成的 NADH 参与菌体的氧化磷酸化过程,为菌体提供较多的能量,导致菌体生物量增加,消耗一定的碳源。因此,与根霉菌利用葡萄糖产酸相比,根霉菌利用木糖产富马酸的理论得率低于葡萄糖。Xu 等人研究表明,米根霉为了应对木糖发酵所带来的氧化压力和生存需要,消耗较多的碳源,降低了富马酸的转化率[80]。

三、生物质发酵制备富马酸

目前,已有根霉、细菌和酵母菌发酵制备富马酸的报道。有关发酵法制备富马酸的研究主要集中在菌种选育与改造、发酵过程优化等方面,以提高富马酸的得率和发酵强度。1988 年,美国杜邦公司申请了根霉属真菌发酵法生产有机酸的专利,发现碳源、氮源、无机盐及溶解氧等参数对富马酸发酵影响较大,发酵 70h,富马酸浓度达 120g/L[81]。研究发现固定化霉菌可显著提高菌体的稳定性从而提高生产效率,而适宜的搅拌速率和中和剂的添加,均可促进富马酸的生成。1996 年,Cao 等设计了一种旋转生物膜接触器偶联吸附柱装置,实现米根霉产富马酸的反应分离耦合,在葡萄糖浓度 100g/L 条件下,反应 20h 富马酸浓度达 85g/L[82]。表 11-4-7 是近年来国内外利用根霉菌发酵产富马酸的主要研究结果。

表 11-4-7 根霉菌发酵产富马酸的研究

菌种	反应器	底物	产量/(g/L)	转化率/(g/g)	生产能力/[g/(L·h)]
少根根霉	摇瓶	葡萄糖	97.7	0.81	1.02
	摇瓶	木糖	15.3	0.23	0.07
	摇瓶	玉米淀粉	71.9	0.60	0.50
	流化床	糖蜜	17.5	0.36	0.36
米根霉	摇瓶	葡萄糖	57.3	0.67	—
	气升式发酵罐	葡萄糖	37.8	0.75	0.81
	搅拌式发酵罐	葡萄糖	52.7	—	—
	鼓泡塔	葡萄糖	37.2	0.53	1.03
	摇瓶	牛粪	25	—	0.17
	摇瓶	玉米秸秆	27.8	0.35	0.33
黑根霉	摇瓶	葡萄糖	14.7	0.50	0.25
	摇瓶	苹果汁	33.1	—	0.23

根霉菌发酵制备富马酸通常包括两个步骤:a. 种子培养;b. 富马酸发酵。种子培养 24h 后,转移到摇瓶或者发酵罐中进行富马酸发酵。发酵液中富马酸的提取主要取决于发酵所使用中和剂的种类。当以 $CaCO_3$ 为中和剂时,发酵液中含有细胞、富马酸钙和过量 $CaCO_3$,采用 H_2SO_4

将发酵液 pH 值调为 1.0 并加热到 160℃，离心得到上清液，上清液冷却至室温以下，以沉淀结晶的方式回收富马酸。当以 Na_2CO_3 为中和剂时，发酵液离心除去细胞，然后以酸化结晶方式回收富马酸，该过程相对简单，也不产生石膏固体废弃物。

米根霉以淀粉或葡萄糖为原料发酵制备富马酸，存在原料成本高、反应速率低、产物浓度低和产品收率低等问题，生产成本高。以廉价的木质纤维素为原料生物炼制富马酸联产低聚木糖和壳聚糖，可有效降低富马酸生产成本，见图 11-4-26。

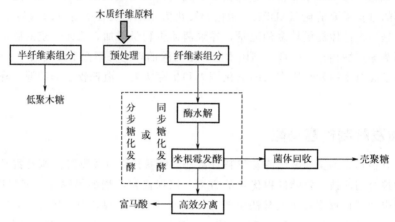

图 11-4-26　木质纤维素生物炼制富马酸联产低聚木糖和壳聚糖的途径

四、木质纤维素生物炼制富马酸案例

以玉米芯为原料生物炼制富马酸联产低聚木糖的工艺路线见图 11-4-27。玉米芯经稀碱预处理后，半纤维素、木聚糖和纤维素分离，富含纤维素组分部分经纤维素酶和米根霉同步糖化发酵得到富马酸，木聚糖组分在内切木聚糖酶催化下选择性降解得到低聚木糖。该法可实现木质纤维素中碳水化合物组分的高效利用，有效降低富马酸生产成本，可为木质纤维素生物转化富马酸提供一条新途径[83]。

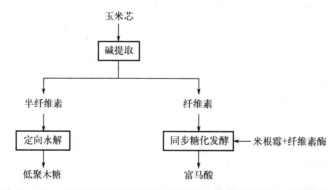

图 11-4-27　以玉米芯为原料生物炼制富马酸联产低聚木糖工艺路线

以玉米芯为原料生物炼制富马酸联产低聚木糖的物料平衡见图 11-4-28。1000g 玉米芯经稀碱预处理后，固形物回收率为 43.75％。富含纤维素的固相组分，以米根霉为发酵菌株，采用分批补料同步糖化发酵技术，将组分中纤维素转化为富马酸，底物浓度为 15％（质量/体积）时，富马酸浓度为 35.22g/L，转化率为 0.23g/g 底物，富马酸产量为 100.6g。富含木聚糖的液相组分中和后，经内切木聚糖酶选择性降解 24h，得到低聚木糖 148.1g，低聚木糖中主要以木二糖、木三糖和木四糖为主。根据物料衡算，每 9.9t 玉米芯（干物质）可生产 1t 富马酸并联产 1.47t 低聚木糖，经济效益显著。

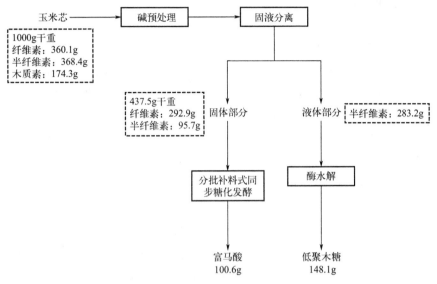

图 11-4-28 以玉米芯为原料生物炼制富马酸联产低聚木糖的物料平衡

五、富马酸的应用

富马酸是重要的食品添加剂。自 1946 年起，富马酸作为饼干、甜点、果汁、葡萄酒等食品和饮料的酸味剂广泛应用，富马酸还可作为食品 pH 调节剂、防腐剂、食品抗氧化剂和饲料添加剂。富马酸及其酯类能提高饲料中有机物质的吸收率和生物利用率，减少机体能量消耗。在家畜饲料中添加富马酸能够降低近 70% 的甲烷排放量，是控制空气中甲烷含量的有效方法[84]。在医药中，富马酸可用于生产解毒药二巯基丁二酸钠等，富马酸钠与硫酸亚铁的置换产物富马酸铁则广泛应用于治疗人体的小红细胞贫血病[85]。

富马酸是重要的有机化工原料和精细化学品，目前在工业上最大的应用是生产树脂材料，以富马酸为原料制备的树脂硬度大、耐用度高。作为一种二元羧酸，富马酸可通过酶催化转化、酯化、加氢等工艺合成马来酸、苹果酸、L-天冬氨酸等有机酸[86,87]。以富马酸为原料合成的衍生物已在很多领域广泛应用。例如富马酸单甲酯、富马酸二甲酯、富马酸二乙酯等在防霉剂方面的应用，这些物质与传统的防霉剂如苯甲酸、山梨酸、脱氢醋酸等相比，具有用量少、成本低、效果好的优点。

据不完全统计，全球富马酸生产能力达到 34 万 t/a，其中我国富马酸产量为 5 万 t/a 左右，供求基本持平。目前富马酸主要以石油为原料生产，随着石油等化石资源的日益短缺及其使用引发的温室气体排放、环境污染等问题，开发以可再生木质纤维素为原料生产富马酸技术与工艺具有十分重要的意义。

第四节　丁二酸

一、丁二酸的理化性质

丁二酸，俗称琥珀酸，是重要的平台化合物，可作为多种化学品合成的前体物质。无色结晶体，味酸，可溶于水、乙醇和乙醚，不溶于氯仿、二氯甲烷[88]。

二、丁二酸发酵基础

（一）丁二酸生产菌株

目前，研究较多的丁二酸生产菌主要包括酿酒酵母（Saccharomyces cerevisiae）、解脂耶氏酵母（Yarrowia lipolytica）等酵母菌，宛氏拟青霉（Paecilomyces varioti）等真菌，产琥珀酸放线杆菌（Actinobacillus succinogenes）、产琥珀酸厌氧螺菌（Anaerobiospirillum succiniciproducens）、产琥珀酸曼氏杆菌（Mannheimia succiniciproducens）、谷氨酸棒杆菌（Corynebacterium glutamicum）和大肠杆菌（Escherichia coli）等原核细菌[89,90]。

产琥珀酸放线杆菌和产琥珀酸厌氧螺菌是两种最早发现的野生型产琥珀酸菌株，最初分别从牛的瘤胃和比格犬的粪便中分离得到。产琥珀酸放线杆菌是一种兼性厌氧细菌，由于产酸能力强、耐酸性好且发酵过程无需通风，被认为是最有前途的琥珀酸生产菌株之一[91]。此外，产琥珀酸放线杆菌具有广泛的底物谱，包括戊糖（木糖、阿拉伯糖、甘露糖）、己糖（葡萄糖、半乳糖）、二糖（蔗糖、乳糖、纤维二糖、麦芽糖）、甘露醇、淀粉、甘蔗糖蜜、甘油和农林废弃物等其他碳源。同时，产琥珀酸放线杆菌对渗透压和高浓度的葡萄糖、琥珀酸具有较高的耐受性[92]。尽管产琥珀酸放线杆菌在高效发酵产琥珀酸方面有许多优势，但是对氮源（如酵母提取物）和维生素（如生物素）的要求较高，且该菌株的基因操作工具尚不成熟，限制了其进一步的发展。

产琥珀酸厌氧螺菌同样也可以利用多种原料作为碳源。以葡萄糖为碳源时，A. succiniciproducens ATCC 53488 可产 32.2g/L 琥珀酸[93]；以半乳糖作为底物时，A. succiniciproducens ATCC 29305 的琥珀酸产量为 15.3g/L[94]。

产琥珀酸曼氏杆菌是另一种兼性厌氧的天然琥珀酸生产菌，从牛瘤胃中分离出来，具有固定 CO_2 合成琥珀酸的能力。例如，M. succiniciproducens MBEL55E（氨基酸和维生素营养缺陷型）在以玉米浆为原料时，生产效率可达 3.90g/(L·h)[95]。

谷氨酸棒杆菌是一种生长较快的兼性好氧菌，常用于谷氨酸的生产，可以利用多种碳源，并且能够在额外添加碳酸氢盐的情况下将葡萄糖转化为琥珀酸。Okino 等人利用该菌发酵得到了 23.0g/L 的琥珀酸，平均转化率 0.19g/g，生产效率达到 3.83g/(L·h)[96]。

（二）丁二酸生产菌株的代谢工程改造

代谢工程是利用基因重组技术对细胞代谢途径进行有目的的改造，从而改变细胞的代谢特性，实现高效生产特定产物的目标。随着基因组测序技术的发展，由基因组构建细胞全局规模的代谢网络模型正成为一种对细胞生理特性进行分析的有力工具。利用基因组尺度代谢模型可以从系统水平指导代谢工程进行理性的途径设计，如基因敲除靶点设计、基因过表达靶点设计、新途径预测等。同时，为了更深入地了解细胞代谢规律，对菌株进行基因改造，提高丁二酸生产效率，多个计算细胞内代谢通量的计算工具用于代谢网络改造预测，如代谢通量分析（MFA）等[97]。

1. 丁二酸的主要生物合成途径

丁二酸主要有三条生物合成途径，见图 11-4-29。a. 还原 TCA（rTCA）途径。该途径是厌氧条件下丁二酸积累的主要途径。该途径中，磷酸烯醇式丙酮酸（PEP）通过 PEP 羧化酶或 PEP 羧激酶（pck）转化成草酰乙酸（OAA），再通过苹果酸脱氢酶（mdh）、富马酸酶（fum）

和富马酸还原酶（frd）在胞质中进一步还原成丁二酸。此过程中，1mol 葡萄糖生成 2mol 丁二酸的同时可固定 2mol CO_2 和消耗 4mol NADH，最高理论得率为 2mol/mol，而 1mol 葡萄糖通过糖酵解途径只能提供 2mol NADH，因此丁二酸的实际得率受 NADH 不足的限制。b. TCA途径。有氧条件下，草酰乙酸和乙酰辅酶 A 在线粒体中首先转化成柠檬酸，再经多步氧化反应生成丁二酸。此过程中，1mol 葡萄糖释放 2mol CO_2，丁二酸的理论得率仅为 1mol/mol。c. 乙醛酸途径。由于氧化脱羧反应中碳原子的损失，该途径中丁二酸的最大得率为 1.71mol/mol。有氧条件下，乙醛酸途径将乙酰辅酶 A 和草酰乙酸转化为丁二酸和苹果酸。当敲除编码 *IclR* 转录抑制因子（调控 *aceBAK* 操纵子表达）的基因后，乙醛酸途径也可在厌氧条件下被激活。基于以上代谢路径，可以采用多种代谢工程策略提高模式菌株中丁二酸的积累，如敲除副产物途径或者强化丁二酸合成途径等。

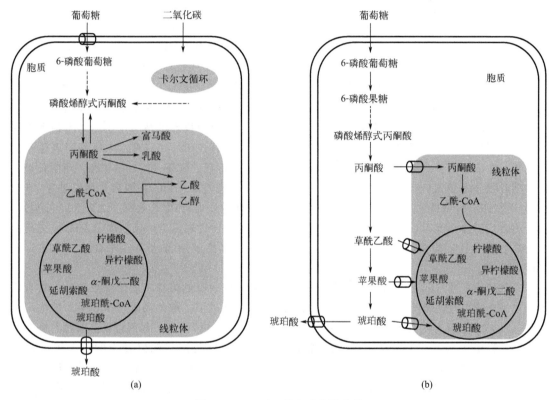

图 11-4-29　丁二酸合成代谢路径

2. 原核生物代谢工程改造

原核生物中，磷酸烯醇式丙酮酸（PEP）通过固定 CO_2 转化为丁二酸，但同时也生成丙酮酸导致副产物的积累。因此，抑制丙酮酸的生成可以有效减少副产物的积累和 PEP 的消耗。例如，通过敲除编码磷酸转移酶系统中葡萄糖特异性渗透酶 EIICB^{glc} 的 *ptsG* 基因可抑制丙酮酸的合成。同时，乳酸脱氢酶基因（*ldhA*）、乙酸激酶基因（*ackA*）、磷酸转乙酰酶基因（*pta*）、乙醇脱氢酶基因（*adhE*）等基因的缺失也可显著降低乳酸、乙酸和乙醇等副产物的积累。

由于缺乏有效的遗传操作工具，*A. succinogenes* 合成丁二酸的代谢工程的研究相对较少。在 *A. succinogenes* 的 *pckA* 启动子调控下，成功构建了过量表达外源基因能力的穿梭质粒 pLGZ901[98]。当敲除 *A. succinogenes* 130Z 中的丙酮酸甲酸裂解酶基因（*pfl*）和甲酸脱氢酶基因（*fdh*）后，只有在还原中性红或 H_2 等外部电子供体存在的条件下才能合成丁二酸，丁二酸浓度为 92.1g/L[99]。突变菌株 *A. succinogenes* NJ113 则能够在添加高浓度铵离子（253mmol/L）条件下积累 33.0g/L 的丁二酸[100]。近年来，人们提出了多种关于 *A. succinogenes* 的中心碳代谢模型及其主要生物量组分模型，借助这些模型预测，通过对 *pta*、*ack*、*pck* 基因的敲除成功提高了丁二酸的产量。用敲除 *ldhA*、*pflB* 和 *pta-ackA* 基因的基因工程菌 *M. succiniciproducens* LPK7 分批补料发酵，丁二酸浓度可达 52.4g/L[101]。理论上，0.5mol 葡萄糖、0.6mol 木糖或 1mol 甘油通过固定 1mol CO_2 可转化成 1mol 丁二酸。与葡萄糖相比，甘油是一种还原力更强的碳源，因此在糖酵解过程中，当碳原子等量时，甘油可以产生两倍的 NADH，可为发酵过程提供更多的还原力[102]。

大肠杆菌遗传背景清晰、基因操作简单、生长速度快、营养需求低，是常用的基因工程菌宿主，但野生型大肠杆菌在厌氧条件下可产生大量乳酸、甲酸、乙酸、乙醇等副产物。单独的 *ldhA* 基因缺失可使丁二酸转化率从 0.09g/g 葡萄糖增加到 0.14g/g 葡萄糖[103]。在自发突变 *ptsG* 菌株 *E. coli* AFP111 的基础上弱化 *pflB*、*ldhA* 基因，采用双相发酵方式产丁二酸的浓度可达 101.2g/L，转化率为 1.07g/g[104]。然而，仅仅通过阻断副产物的合成路径提高丁二酸得率并不够高效。在敲除 *pflB*、*ldhA*、*ptsG* 基因的基因工程菌 *E. coli* SD121 中过量表达 *ppc* 基因，可以在 75h 内以葡萄糖为底物合成 116.2g/L 丁二酸，转化率为 1.13g/g[105]。同时，研究发现，在敲除 *pflB*、*ldhA*、*ptsG* 基因的同时，使 *ppc*、*pck*、*bicA* 和 *sbtA* 基因共表达，可显著促进丁二酸的积累。随着合成生物学的发展，基因表达的微调技术已被应用于多种生物和外源系统中。例如，一种新型的核糖体调节因子开关可以成功调控 *E. coli* JW1021 中基因表达和代谢通量。在细胞生长的停滞期，*pepc* 和 *ecaA* 基因表达保持在"OFF（关）"状态；当生长进入对数期时则分别转入"OFF（关）"和"ON（开）"状态，而 *mgtC* 基因表达始终处于"ON（开）"状态。该菌株的最终产量(114.0g/L)、转化率(0.91g/g)和生产效率[3.25g/(L·h)]均高于不含核糖体调节因子开关系统的菌株[106]。Zhang 等人通过表达全局调控因子 IrrE 以提高菌株的高盐耐受性，构建的工程菌株 *E. coli* BE062 可以直接利用海水培养基合成 24.5g/L 丁二酸[107]。

谷氨酸棒杆菌（*C. glutamicum*）是一种能够利用多种碳源的菌株，遗传背景清晰，具有成熟的遗传操作工具。敲除 *C. glutamicum* 的 *ldhA* 基因可促进丁二酸的高效合成，丁二酸浓度达 146.0g/L，转化率为 0.92g/g，生产效率为 3.17g/(L·h)。缺失 *ldhA* 基因可以抑制葡萄糖在厌氧发酵过程中生成副产物乳酸[108]；副产物乙酸可通过敲除乙酸代谢路径中的三个关键基因 *pqo*、*cat*、*ackA-pta* 控制。在敲除 *pqo*、*cat*、*pta-ackA* 和 *ldhA* 基因的基础上，同时过量表达 *pyc*、*fdh*、*gapA* 基因后，改造后的工程菌株积累的丁二酸浓度达 133.8g/L，总转化率为 1.09g/g[109]。

（三）真核生物代谢工程改造

尽管细菌在以葡萄糖为碳源时有 2mol 丁二酸/mol 葡萄糖的丁二酸转化率，但潜在致病性、耐渗透压和 pH 的能力较弱等缺点限制了其应用。近年来，以酵母菌为宿主构建基因表达系统的研究受到人们的广泛关注。酵母菌在 pH 值较低的环境下可产生丁二酸，例如，酿酒酵母和解脂耶氏酵母可在 pH 值 3~6 的酸性条件下生长。

酿酒酵母具有清晰的遗传背景，多个代谢工程策略广泛应用于提高丁二酸的产量。然而，通过代谢工程策略高效生产丁二酸仍然面临诸多问题，如发酵过程中乙醇浓度过高等。通过敲除编码乙醇脱氢酶的基因（*adh*）和丙酮酸脱羧酶的基因（*pdc*）等基因可以减少乙醇产量。研究表明，通过弱化 *sdh* 1、*sdh* 2、*idh* 1、*adh* 1、*adh* 3 和 *hap* 4 的基因表达以及过量表达 *adr* 1 基因可强化丁二酸的积累。敲除 *pdc* 1、*pdc* 5、*pdc* 6、*his* 3、*fum* 1 和 *gpd* 1，并强化丁二酸合成相关代谢路径中关键酶基因 *pyc* 2、*mdh* 3、*fumC* 和 *frdS* 1，构建的菌株可实现在较低 pH 环境下（pH3.8）积累 13.0g/L 丁二酸，转化率为 0.13g/g[110]。总体而言，尽管经过多个代谢工程手段改造，与其他丁二酸生产菌相比，酿酒酵母的生产能力、产量和转化率相对较低，有待于进一步研究。

解脂耶氏酵母通过敲除 *sdh* 1、*sdh* 2 和 *suc* 2 基因，在摇瓶中以甘油为底物发酵可产生 45.4g/L 的丁二酸[111]。在 *Y. lipolytica* PGC01003 中敲除 *sdh* 5 基因，可获得 51.9g/L 的琥珀酸，且生产效率 [1.46g/（L·h）] 远高于前者 [0.28g/（L·h）]。然而，*sdh* 5 的缺失导致乙酸过剩，限制了丁二酸产量的进一步提高。在不控制 pH 的补料分批发酵过程中，敲除辅酶 A 转移酶基因（*ach*）并过量表达酿酒酵母 *pck* 基因和内源性琥珀酰辅酶 A 合成酶基因（*scs* 2），能够转化 200g/L 的甘油生成 110.7g/L 的高浓度丁二酸[112]。

三、生物质发酵制备丁二酸

化学法生产丁二酸的技术已经成熟，主要包括石蜡氧化和马来酸或马来酸酐催化加氢或电解还原等。化学法生产丁二酸等化学品存在对化石资源依赖、CO_2 排放以及环境污染等缺点，近年来，利用可再生生物质资源生物炼制丁二酸的研究越来越受到人们的关注。与用化石原料生产丁二酸的化学法相比，利用可再生生物质资源生物炼制丁二酸具有零碳生物质原料代替石油资源、降低 CO_2 排放与温室效应、生物炼制过程清洁等优点。目前，生物质生物炼制丁二酸主要以葡萄糖为原料采用发酵法生产，丁二酸生产成本偏高，尚未实现规模化生产。为降低生产成本，可利用廉价的农林废弃物或工业废弃物代替葡萄糖原料生产丁二酸，如糖蜜、乳清、粗甘油、酒糟、蔗渣、玉米芯等。

A. succinogenes CGMCC1593 以甘蔗糖蜜为原料，采用补料分批发酵工艺，所得丁二酸浓度为 55.2g/L，生产效率为 1.15g/（L·h）[113]。粗甘油是常见的工业副产物，是一种比戊糖和己糖更具还原性的物质，在合成还原性产物方面更具优势。研究发现，微生物以甘油、山梨醇等还原性物质为碳源时，可以获得更高的丁二酸转化率。为提高发酵过程中对甘油的利用率，Carvalho 等人在补料分批发酵过程中加入二甲基亚砜等外部电子受体，使 *A. succinogenes* 130Z 甘油发酵产物中丁二酸浓度达到 49.6g/L，转化率为 0.64g/g，生产效率为 0.96g/（L·h）[114]。解脂耶氏酵母可以利用粗甘油作唯一碳源发酵，采用补料分批发酵技术，丁二酸浓度可达 209.7g/L[115]。木质纤维素中的碳水化合物经酸或酶糖化得到的可发酵性糖，可用于丁二酸的发酵生产。*A. succinogenes* CGMCC1593 以玉米秸秆水解物为碳源分批补料发酵，丁二酸浓度为 53.2g/L，转化率 0.82g/g[116]；基因工程菌 *E. coli* SD121 以玉米秸秆水解液为原料发酵，丁二酸浓度为 57.8g/L，转化率 0.87g/g[117]。此外，含淀粉、糖质或纤维的工业加工废弃物或副产物也可用于丁二酸的生产，如酿造工业的酒糟、淀粉工业的玉米皮等。例如，在酒糟的酶水解产物中添加 2.5g/L 酵母粉和 0.2mg/L 生物素用于生产丁二酸，丁二酸浓度达 36.3g/L，转化率 0.59g/g[118]。

采用 2％半纤维素酶、2％淀粉酶、1％纤维素酶和 0.25％果胶酶对果蔬废弃物进行水解处理，采用 *Y. lipolytica* PSA02004 发酵水解产物，丁二酸浓度达 43.1g/L，得率 0.46g/g[119]。

四、玉米芯生物炼制丁二酸案例

玉米芯是玉米采收和加工过程中的主要副产物，玉米芯的主要成分为半纤维素（35％～40％）、纤维素（32％～36％）、木质素（约 25％）和少量蛋白及灰分。与秸秆等农林废弃物相比，玉米芯可大批量集中供应，无需额外的收集和运输成本，是一种廉价的非粮生物质资源。

根据我国玉米生产能力推算，我国玉米芯资源量达 2000 万吨/年，以玉米芯制备的水解糖液替代淀粉制备的葡萄糖作为碳源，用于微生物发酵制备丁二酸，既不影响粮食供应安全，又可降低原料成本。

琥珀酸放线杆菌（A. succinogenes）是一种能固定 CO_2 厌氧发酵生产丁二酸的瘤胃微生物，具有同时利用戊糖和己糖的能力。利用玉米芯为底物生产丁二酸，其工艺流程分为制糖、发酵和分离提取三部分，如图 11-4-30 所示。

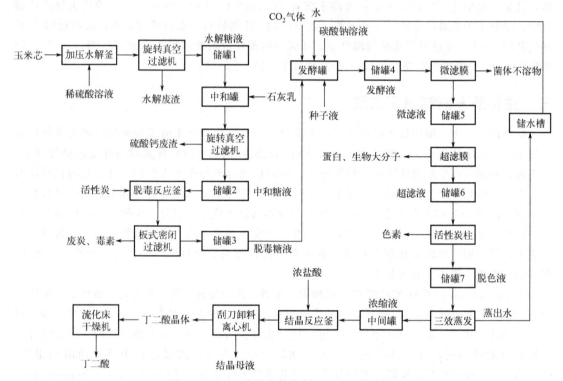

图 11-4-30　玉米芯生物炼制丁二酸工艺流程

制糖车间包括水解、中和及脱毒三个工段。首先将粉碎后的玉米芯与 3%（质量/体积）的稀硫酸按 1∶20 的料液比加入水解釜混合，升温至 126℃，维持压力 0.1MPa，水解 150min，水解结束降温至 80℃，采用旋转真空过滤机分离水解残渣，收集水解糖液至储罐 1，水解糖液的总糖浓度约为 60g/L（其中木糖占 80%）。将水解糖液泵入中和罐，40℃下，分批缓慢流加入 25% 的石灰乳，搅拌，调节至 pH 值 6.0，经旋转真空过滤机过滤，除去硫酸钙沉淀，收集中和糖液至储罐 2。将中和糖液泵入脱毒反应釜，活性炭用量 2.5%，40℃下保温搅拌混合 30min，泵入板式过滤机得到脱毒糖液，泵入储罐 3 保存，用于发酵。

发酵车间以脱毒糖液为碳源发酵。将脱毒糖液泵入发酵罐，调节总糖浓度 50g/L，pH 值调节至 6.8，高温灭菌、冷却后，按 5% 的接种量接入琥珀酸放线杆菌种子液，通入净化 CO_2 于 37℃下厌氧发酵 24h，发酵过程中流加 200g/L 碳酸钠溶液维持发酵液 pH 值 6.8。发酵结束后，将发酵液泵入储罐 4，用于分离提取。

分离提取车间主要包括膜分离、脱色和浓缩结晶三个工段。将发酵液泵入微滤膜装置除去其中的菌体与不溶物，收集清液至储罐 5；将清液泵入超滤膜装置，除去其中的杂蛋白及大分子杂质，收集超滤液至储罐 6。调节超滤液 pH 值至 6.0，加热至 70℃，泵入活性炭吸附柱连续脱除色素，收集脱色液至储罐 7。将脱色液泵入三效蒸发器进行浓缩，将丁二酸浓缩至 25%，丁二酸浓缩液经中间罐泵入结晶反应釜，调节温度至30℃，流加浓盐酸调节pH值至2.5，随后进一步降温至4℃，冷却结晶6h。采用刮刀卸料式离心机分离收集丁二酸湿晶体，将丁二酸湿晶体转入流化床干燥机，连续干燥得到丁二酸固体。

五、丁二酸的应用

丁二酸是一种重要的C_4平台化合物，在食品、化工、农业和医药等行业应用广泛。生物经济时代，丁二酸可替代顺丁烯二酸酐合成各种化学品，如1,4-丁二醇、γ-丁内酯、四氢呋喃、N-甲基-2-吡咯烷酮、2-吡咯烷酮、琥珀酰亚胺、琥珀酸酯类等。丁二酸及其盐类可产生酸味，在食品工业中可作为调味剂、酸味剂、缓冲剂，用于豆酱、酱油、火腿、香肠、水产品、调味液等中。在医药上，还可以用于合成解毒剂、利尿剂、镇静剂、止血药、抗生素以及维生素A、维生素B等。

2021年，我国丁二酸消费量3.1万吨，主要用于可降解塑料PBS（聚丁二酸丁二醇酯）、食品、医药以及农业等行业，其中PBS占比达70.0%以上。全球丁二酸产能11.5万吨/年，主要分布在中国、加拿大、意大利、西班牙和日本。其中，中国产能5.5万吨/年，占全球总产能47.8%。国内企业仅山东兰典采用生物发酵工艺，产能2万吨/年，占国内总产能的36.4%，其余企业均采用石油基工艺生产丁二酸。相反，欧洲和北美的丁二酸生产则以发酵法为主。2014年，Reverdia采用低pH耐受型酵母实现1万吨/年的商业化生产；2015年，BioAmber公司在加拿大Sarnia地区和泰国建成生物基丁二酸生产装置，产能分别达到3.4万吨/年和6.5万吨/年，产品应用于可生物降解塑料PBS的生产。此外，帝斯曼、巴斯夫、麦里安科技均已建设生物法制丁二酸的工厂。2013年，扬子石化建设1000吨/年生物法合成丁二酸的中试装置；2014年，中国科学院天津工业生物技术研究所开发的发酵法生产丁二酸技术在山东省寿光市通过中试验收，丁二酸糖酸转化率1.0g/g，产品纯度达99.5%以上。

参考文献

[1] Hustede H，Haberstroh H，Schinzig E. Gluconic Acid. Ullmann's Encyclopedia of Industrial Chemistry，2000.

[2] 杜裕芳，左艳娜，胡秋连，等. 食品添加剂葡萄糖酸钠的制备方法及其应用研究进展. 食品界，2019（8）：80-81.

[3] Blom R H，Pfeifer V F，Moyer A J，et al. Sodium gluconate production. Fermentation with aspergillus niger. Industrial & Engineering Chemistry，1952，44（2）：435-440.

[4] Zhou X，Zhao J，Zhang X，et al. An eco-friendly biorefinery strategy for xylooligosaccharides production from sugarcane bagasse using cellulosic derived gluconic acid as efficient catalyst. Bioresource Technology，2019，289：121755.

[5] Mukhopadhyay R，Chatterjee S，Chatterjee B P，et al. Production of gluconic acid from whey by free andimmobilized Aspergillus niger. International Dairy Journal，2005，15（3）：299-303.

[6] 赵刚俊. 催化氧化法合成葡萄糖酸钠水剂的研究及其应用. 西安：西安理工大学，2013.

[7] 王玲玲. 葡萄糖氧化制备葡萄糖酸的研究. 南昌：南昌大学，2011.

[8] 赵璐，王志玲，李辉. 一种葡萄糖酸增强催化活性的MOF催化剂的制备方法和应用：CN109107609B. 2021-04-20.

[9] 韩延雷，范宜晓，赵晨，等. 中国葡萄糖酸钠行业市场及发展. 山东食品发酵，2022（3）.

[10] Zhou X L，Zhou X，Liu G，et al. Integrated production of gluconic acid and xylonic acid using dilute acid pretreated corn stover by two-stage fermentation. Biochemical Engineering Journal，2018：S1369703X-S18301505X.

[11] Lecamwasam D S. Hepatic enzyme induction and its relationship to urinary D-glucaric acid excretion in man. British Journal of Clinical Pharmacology，2012，2（6）.

[12] Walaszek Z，Szemraj J，Hanausek M，et al. d-Glucaric acid content of various fruits and vegetables and cholesterol-lowering effects of dietary d-glucarate in the rat. Nutrition Research，1996，16（4）：673-681.

[13] Merbouh N，Thaburet J F，Ibert M，et al. Facile nitroxide-mediated oxidations of D-glucose to D-glucaric acid.

Carbohydrate Research，2010，33（1）.

［14］ Li G，Wang Y，Yu F，et al. Deep oxidization of glucose driven by 4-acetamido-TEMPO for a glucosefuel cell at room temperature. Chemical Communications，2021，57（33）.

［15］ Pamuk V，Yılmaz M，Alıc，et al. The preparation of D-glucaric acid by oxidation of molasses in packed beds. Journal of Chemical Technology & Biotechnology，2010，76（2）：186-190.

［16］ Moon T S，Yoon S H，Lanza A M，et al. Production of glucaric acid from a synthetic pathway in recombinant escherichia coli. Applied & Environmental Microbiology，2009，75（3）：589.

［17］ Qu Y N，Yan H J，Guo Q，et al. Biosynthesis of D-glucaric acid from sucrose with routed carbon distribution in metabolically engineered escherichia coli. Metabolic Engineering，2018，47：393-400.

［18］ Kazunobu K，Shinichi I. Method for producing glucaric acid：US9506091B2. 2016-11-29.

［19］ 候梦赏，程雪芬，邱园妹，等. 吡虫啉胁迫对意大利蜜蜂哺育蜂免疫解毒相关基因表达及酶活力的影响. 环境昆虫学报，2020，42（6）：9.

［20］ Werpy T，Petersen G. Top value added chemicals from biomass：Volume I - Results of screening for potential candidates from sugars and synthesis gas. Office of scientific and technical information（OSTI）. Office of Scientific and Technical Information，2004：69.

［21］ Chen L，Kiely D E. d-Glucaric acid esters/lactones used in condensation polymerization to produce hydroxylated nylons—A qualitative equilibrium study in acidic and basic alcohol solutions. Journal of Carbohydrate Chemistry，2012，13（4）：585-601.

［22］ Lakatos A，Bertani R，Kiss T ，et al. Al（Ⅲ）ion complexes of saccharic acid and mucic acid：A solution and solid-state study. Chemistry-A European Journal，2010，10（5）：1281-1290.

［23］ 薛长湖，张永勤，李兆杰，等. 果胶及果胶酶研究进展. 食品与生物技术学报，2005，24（6）：94-99.

［24］ Huang K X，Xu Y，Lu W，et al. A precise method for processing data to determine the dissociation constants of polyhydroxy carboxylic acids via potentiometric titration. Applied Biochemistry & Biotechnology，2017，183（4）：1426-1438.

［25］ Williams D T，Jones J，Dennis N J，et al. The oxidation of sugar acetals and thioacetals by acetobacter suboxydans. Canadian Journal of Chemistry，2011，43（4）：955-959.

［26］ Chun B W，Dair B，M Ac Uch P J，et al. The development of cement and concrete additive：Based on xylonic acid derived via bioconversion of xylose. Applied Biochemistry & Biotechnology，2006，129-132（1-3）：645.

［27］ Pezzotti F，Therisod M. Enzymatic synthesis of aldonic acids. Carbohydrate Research，2006，341（13）：2290-2292.

［28］ Dvoák P，Ková J，Lorenzo V D. Biotransformation of D-xylose to D-xylonate coupled to medium-chain-length polyhydroxyalkanoate production in cellobiose-grown *Pseudomonas putida EM 42*. Microbial Biotechnology，2020，13（4）：1273-1283.

［29］ de Fouchécour F，Lemarchand A，Spinnler H R，et al. Efficient 3-hydroxypropionic acid production by Acetobacter sp. CIP 58.66 through a feeding strategy based on pH control. AMB Express，2021，11（1）：130.

［30］ Zhou X，Han J，Xu Y. Electrodialytic bioproduction of xylonic acid in a bioreactor of supplied-oxygen intensification by using immobilized whole-cell Gluconobacter oxydans as biocatalyst. Bioresource Technology，2019，282：378-383.

［31］ Toshiyuki，Suzuki，Hiroshi，et al. Oxidation and reduction of D-xylose by cell-free extract of pichia quercuum. Appl Environ Microbiol，1973，25（5）：850-852.

［32］ Jian H，Xia H，Xin Z，et al. A cost-practical cell-recycling process for xylonic acid bioproduction from acidic lignocellulosic hydrolysate with whole-cell catalysis of Gluconobacter oxydans. Bioresource Technology，2021，333：125157.

［33］ Weimberg R. Pentose oxidation by Pseudomonas fragi. Journal of Biological Chemistry，1961，236（1）：629.

［34］ Xin Z，Lu H，Yong X，et al. A two-step bioprocessing strategy in pentonic acids production from lignocellulosic pre-hydrolysate. Bioprocess and Biosystems Engineering，2017，40（11）：1-7.

［35］ Zhou X，Zhou X，Xu Y. Improvement of fermentation performance of Gluconobacter oxydans by combination of enhanced oxygen mass transfer in compressed-oxygen-supplied sealed system and cell-recycle technique. Bioresource Technology，2017：S486277717.

［36］ Hua X，Zhou X，Du G L，et al. Resolving the formidable barrier of oxygen transferring rate（OTR）in ultrahigh-titer bioconversion/biocatalysis by a sealed-oxygen supply biotechnology (SOS). Biotechnology for Biofuels，2020，13(1).

[37] Zhou X，Wang X，Cao R，et al. Characteristics and kinetics of the aldonic acids production using whole-cell catalysis of gluconobacter oxydans. Bioresources，2015，10（3）：4277-4286.

[38] Toivari M H，Ruohonen L，Richard P，et al. Saccharomyces cerevisiae engineered to produce D-xylonate. Appl Microbiol Biotechnol，2010，88（3）：751-760.

[39] Liu H，Valdehuesa K N G，Nisola G M，et al. High yield production of d-xylonic acid from d-xylose using engineered Escherichia coli-ScienceDirect. Bioresource Technology，2012，115（7）：244-248.

[40] Nygrd Y. Characterization of D-xylonate producing Kluyveromyces lactis and Saccharomyces cerevisiae yeast strains. Finland：University of Helsinki，2010.

[41] Zhou X，Zhou X，Tang X，et al. Process for calcium xylonate production as a concrete admixture derived from in-situ fermentation of wheat straw pre-hydrolysate. Bioresource Technology，2018，261：288-293.

[42] 李永泉，谢志鹏，潘海峰，等. L-酒石酸高效生物合成技术及产业化.中国食品科学技术学会年会，2014.

[43] 庄桂阳，潘多丽，付强，等. 顺丁烯二酸酐催化氧化合成酒石酸. 工业催化，2009，17（12）：55-58.

[44] 边振涛，刘静静. 酒石酸络合法和柠檬酸络合法测定钨催化剂中钨的方法比对. 甘肃科技，2020，36（22）：4.

[45] 楼锦芳，张建国. 酶法合成 L（＋）-酒石酸的研究进展. 食品科技，2006（11）：162-164.

[46] Hai F P. Molecular cloning and characterization of a cis-epoxysuccinate hydrolase from bordetella sp. BK-52. Journal of Microbiology and Biotechnology，2010，20（4）：659-665.

[47] Cui G Z，Wang S，Li Y，et al. High yield recombinant expression，characterization and homology modeling of two types of cis-epoxysuccinic acid hydrolases. The Protein Journal，2012，31（5）：432-438.

[48] Bhat H K，Qazi G N，Chaturvedi S K，et al. Production of tartaric acid by improved resistant strain of gluconobacter suboxydans. Research and Industry，1986，31（2）：148-152.

[49] Ralf K，Hermann S，Ingo M，et al. Method of preparing tartaric acid：WO9615095A1. 1996-05-23.

[50] 袁建锋，吴绵斌，林建平，等. 基于5-酮基-D-葡萄糖酸生物制造 L-（＋)-酒石酸的研究进展. 现代化工，2013，33（9）：13-16.

[51] 甄光明. 乳酸及聚乳酸的工业发展及市场前景. 生物产业技术，2015（1）：11.

[52] Patel M A，Mark S O R，Lonnie O I，et al. Isolation and characterization of acid-tolerant，thermophilic bacteria for effective fermentation of biomass-derived sugars to lactic acid. Applied and Environmental Microbiology，2006，72（5）：3228-3235.

[53] Ouyang J，Ma R，Zheng Z，et al. Open fermentative production of l-lactic acid by Bacillus sp. strain NL01 using lignocellulosic hydrolyzates as low-cost raw material. Bioresource Technology，2013，135（1）：475-480.

[54] Hu J，Zhang Z，Lin Y，et al. High-titer lactic acid production from NaOH-pretreated corn stover by Bacillus coagulans LA204 using fed-batch simultaneous saccharification and fermentation under non-sterile condition. Bioresource Technology，2015，182：251-257.

[55] Patel M A，Ou M S，Ingram L O，et al. Simultaneous saccharification and co-fermentation of crystalline cellulose and sugar cane bagasse hemicellulose hydrolysate to lactate by a thermotolerant acidophilic bacillus sp. Biotechnology Progress，2010，21（5）：1453-1460.

[56] Marques S，Santos J，et al. Lactic acid production from recycled paper sludge by simultaneous saccharification and fermentation. Biochemical Engineering Journal，2008，41（3）：210-216.

[57] 蔡聪. 木糖制备乳酸高产菌的诱变选育和工艺优化. 南京：南京林业大学，2013.

[58] 张丽. 纤维素废弃物生物制备 L-乳酸的研究. 南京：南京林业大学，2015.

[59] Nikkila K，Hujanen M，Leisola M，et al. Metabolic engineering of Lactobacillus helveticus CNRZ32 for production of pure L-（＋)-lactic acid. Applied Environment Microbiology，2000，66（9）：3835-3841.

[60] Sabo S S，Vitolo M，González J M D，et al. Overview of Lactobacillus plantarum as a promising bacteriocin producer among lactic acid bacteria. Food Research International，2014，64：527-536.

[61] Porro D，Bianchi M M，Alberghina L，et al. Replacement of a metabolic pathway for large-scale production of lactic acid from engineered yeasts. Applied and Environmental Microbiology，1999，65（9）：4211-4215.

[62] Zhou S，Causey T B，Hasona A，et al. Production of optically pure D-lactic acid in mineral salts medium by metabolically engineered Escherichia coli W3110. Applied and Environmental Microbiology，2003，69（1）：399-407.

［63］ 姜婷. 凝结芽孢杆菌木糖厌氧代谢分子机制的研究. 南京：南京林业大学，2017.

［64］ 李陆扬，朱林峰，漆新华. 生物质及其衍生糖类制备乳酸的研究进展. 农林资源与环境学报，2017，34（4）：10.

［65］ Liu P，Zheng Z，Xu Q，et al. Valorization of dairy waste for enhanced D-lactic acid production at low cost. Process Biochemistry，2018，71：18-22.

［66］ 许茜茜. 产菊粉酶菌株的筛选及菊粉同步糖化发酵产 D-乳酸研究. 南京：南京林业大学，2017.

［67］ 马瑞. 凝结芽孢杆菌利用酸爆玉米秸秆酶解液制备 L-乳酸的研究. 南京：南京林业大学，2012.

［68］ 周洁. 凝结芽孢杆菌发酵产 L-乳酸及其代谢纤维二糖机制的研究. 南京：南京林业大学，2016.

［69］ 张丽，李寒，薛锋，等. 木质纤维基 L-乳酸生物制造的技术经济分析. 生物加工过程，2018，16（4）：7.

［70］ 姜锡瑞. 生物发酵产业技术. 北京：中国轻工业出版社，2016.

［71］ 陈晓佩. 米根霉发酵产富马酸的代谢基础研究. 南京：南京林业大学，2015.

［72］ Papadaki A，Papapostolou H，Alexandri M，et al. Fumaric acid production using renewable resources from biodiesel and cane sugar production processes. Environmental Science and Pollution Research，2018，25（36）：35960-35970.

［73］ Karmakar M，Ray R R. Extra cellular endoglucanase production by rhizopus oryzae in solid and liquid state fermentation of agro wastes. Asian Journal of Biotechnology，2010，2（1）：27-36.

［74］ Ghosh B，Ray R R. Current commercial perspective of rhizopus oryzae：A review. Journal of Applied Sciences，2011，11（14）：2470-2486.

［75］ Li Y，Cao Y，He B，et al. Molecular cloning，expression and characterization of a novel L-lactate dehydrogenase from aspergillus oryzae. 2020 9th International Conference on Bioinformatics and Biomedical Science，2020：15-19.

［76］ O-Hernández L L，Ramírez-Toro C，Ruiz H A，et al. Rhizopus oryzae - Ancient microbial resource with importance in modern food industry. International journal of food microbiology，2017，257：110.

［77］ Martin D V，Cabrera P I A，Eidt L，et al. Production of fumaric acid by rhizopus arrhizus NRRL 1526：A simple production medium and the kinetic modelling of the bioprocess. Fermentation，2022，8（2）：64.

［78］ 李鑫，勇强. 米根霉利用木质纤维素生产富马酸的研究进展. 林产化学与工业，2020，40（1）：1-7.

［79］ Naude A，Nicol W. Improved continuous fumaric acid production with immobilised Rhizopus oryzae by implementation of a revised nitrogen control strategy. New biotechnology，2018，44：13-22.

［80］ Xu Q，Liu Y，Li S，et al. Transcriptome analysis of Rhizopus oryzae in response to xylose during fumaric acid production. Bioprocess & Biosystems Engineering，2016，39（8）：1267-1280.

［81］ Ilica R A，Kloetzer L，Galaction A I，et al. Fumaric acid：Production and separation. Biotechnology letters，2019，41（1）：47-57.

［82］ Li X，Yang L，Gu X，et al. A combined process for production of fumaric acid and xylooligosaccharides from corncob. BioResources，2018，13（1）：399-411.

［83］ Martin-Dominguez V，Estevez J，Ojembarrena F D B，et al. Fumaric acid production：A biorefinery perspective. Fermentation，2018，4（2）：33.

［84］ Durmuş M，Koluman N. Impacts of stockbreeding on global warming. Journal of Environmental Science and Engineering，2019，8：223-229.

［85］ Briguglio M，Hrelia S，Malaguti M，et al. The central role of iron in human nutrition：From folk to contemporary medicine. Nutrients，2020，12（6）：1761.

［86］ 王序婷. 富马酸糖酯类化合物的合成及抑菌特性研究. 武汉：华中农业大学，2011.

［87］ 郑璞. 玉米秸秆生物炼制丁二酸的研究. 无锡：江南大学，2013：110.

［88］ 臧运芳. 我国丁二酸行业的现状与发展趋势. 化工管理，2019（30）：6-17.

［89］ 税宗霞，秦晗，吴波，等. 从原料到产品：生物基丁二酸研究进展. 应用与环境生物学报，2015，21（1）：10-21.

［90］ Guarnieri M T，Chou Y C，Salvachua D，et al. Metabolic engineering of *Actinobacillus succinogenes* provides insights into succinic acid biosynthesis. Applied And Environmental Microbiology，2017，83（17）：e00996.

［91］ Alexandri M，Papapostolou H，Vlysidis A，et al. Extraction of phenolic compounds and succinic acid production from spent sulphite liquor. J Chem Technol Biot，2016，91（11）：2751-2760.

［92］ Zhang J，Yonglan X I，Rong X U，et al. Preparation of succinic acid using sugarcane molasses and whey powder. Chem Ind Eng Pro，2012.

［93］ Nghiem N P，Davison B H，Suttle B E，et al. Production of succinic acid by *Anaerobiospirillum succiniciproducens*.

Applied biochemistry and biotechnology，1997，63-65：565-576.

[94] Lee P C，Lee S Y，Chang H N. Succinic acid production by *Anaerobiospirillum succiniciproducens* ATCC 29305 growing on galactose，galactose/glucose，and galactose/lactose. J Microbiol Biotechn，2008，18：1792-1796.

[95] Song H，Kim T Y，Choi B K，et al. Development of chemically defined medium for *Mannheimia succiniciproducens* based on its genome sequence. Applied microbiology and biotechnology，2008，79：263-272.

[96] Pateraki C，Patsalou M，Vlysidis A，et al. *Actinobacillus succinogenes*：Advances on succinic acid production and prospects for development of integrated biorefineries. Biochem Eng J，2016，112：285-303.

[97] Kaushal M，Chary K V N，Ahlawat S，et al. Understanding regulation in substrate dependent modulation of growth and production of alcohols in *Clostridium sporogenes* NCIM 2918 through metabolic network reconstruction and flux balance analysis. Bioresource technology，2018，249：767-776.

[98] Kim P，Laivenieks M，McKinlay J，et al. Construction of a shuttle vector for the overexpression of recombinant proteins in *Actinobacillus succinogenes*. Plasmid，2004，51：108-115.

[99] Park D H，Laivenieks M，Guettler M V，et al. Microbial utilization of electrically reduced neutral red as the sole electron donor for growth and metabolite production. Applied And Environmental Microbiology，1999，65：2912-2917.

[100] Ye G Z，Jiang M，Li J A，et al. Isolation of NH_4^+-tolerant mutants of *Actinobacillus succinogenes* for succinic acid production by continuous selection. J Microbiol Biotechn，2010，20：1219-1225.

[101] Lee S J，Song H，Lee S Y. Genome-based metabolic engineering of *Mannheimia succiniciproducens* for succinic acid production. Applied And Environmental Microbiology，2006，72：1939-1948.

[102] Li S，Wen Q，Ji，Y，et al. The effect of adding glycerin on volatile fatty acid production from anaerobic fermentation of food waste. Acta Scientiae Circumstantiae，2020，40：3621-3628.

[103] Zhang X，Jantama K，Shanmugam K T，et al. Reengineering *Escherichia coli* for succinate production in mineral salts medium. Applied And Environmental Microbiology，2009，75：7807-7813.

[104] Jiang M，Liu S W，Ma J F，et al. Effect of growth phase feeding strategies on succinate production by metabolically engineered *Escherichia coli*. Applied And Environmental Microbiology，2010，76：1298-1300.

[105] Wang D，Li Q A，Song Z Y，et al. High cell density fermentation via a metabolically engineered *Escherichia coli* for the enhanced production of succinic acid. J Chem Technol Biot，2011，86：512-518.

[106] Wang J，Wang H Y，Yang L，et al. A novel riboregulator switch system of gene expression for enhanced microbial production of succinic acid. J Ind Microbiol Biot，2018，45：253-269.

[107] Zhang W M，Zhu J R，Zhu X G，et al. Expression of global regulator IrrE for improved succinate production under high salt stress by *Escherichia coli*. Bioresource technology，2018，254：151-156.

[108] Okino S，Noburyu R，Suda M，et al. An efficient succinic acid production process in a metabolically engineered *Corynebacterium glutamicum* strain. Applied microbiology and biotechnology，2008，81：459-464.

[109] Litsanov B，Brocker M，Bott M. Toward homosuccinate fermentation：Metabolic engineering of *Corynebacterium glutamicum* for anaerobic production of succinate from glucose and formate. Applied And Environmental Microbiology，2012，78：3325-3337.

[110] Yan D J，Wang C X，Zhou J M，et al. Construction of reductive pathway in *Saccharomyces cerevisiae* for effective succinic acid fermentation at low pH value. Bioresource technology，2014，156：232-239.

[111] Yuzbashev T V，Yuzbasheva E Y，Sobolevskaya T I，et al. Production of succinic acid at low pH by a recombinant strain of the aerobic yeast *Yarrowia lipolytica*. Biotechnol Bioeng，2010，107：673-682.

[112] Cui Z Y，Gao C J，Li J J，et al. Engineering of unconventional yeast *Yarrowia lipolytica* for efficient succinic acid production from glycerol at low pH. Metabolic engineering，2017，42：126-133.

[113] Liu Y P，Zheng P，Sun Z H，et al. Economical succinic acid production from cane molasses by *Actinobacillus succinogenes*. Bioresource technology，2008，99：1736-1742.

[114] Carvalho M，Matos M，Roca C，et al. Succinic acid production from glycerol by *Actinobacillus succinogenes* using dimethylsulfoxide as electron acceptor. New Biotechnol，2014，31：133-139.

[115] Li C，Gao S，Yang X F，et al. Green and sustainable succinic acid production from crude glycerol by engineered *Yarrowia lipolytica* via agricultural residue based in situ fibrous bed bioreactor. Bioresource technology，2018，249：

612-619.

[116] Zheng P，Dong J J，Sun Z H，et al. Fermentative production of succinic acid from straw hydrolysate by *Actinobacillus succinogenes*. Bioresource technology，2009，100：2425-2429.

[117] Wang D，Li Q A，Yang M H，et al. Efficient production of succinic acid from corn stalk hydrolysates by a recombinant *Escherichia coli* with ptsG mutation. Process Biochem，2011：46，365-371.

[118] Chen，K Q，Zhang H，Miao Y L，et al. Succinic acid production from enzymatic hydrolysate of sake lees using *Actinobacillus succinogenes* 130Z. Enzyme Microb Tech，2010，47：236-240.

[119] Li C，Yang X F，Gao S，et al. Hydrolysis of fruit and vegetable waste for efficient succinic acid production with engineered *Yarrowia lipolytica*. J Clean Prod 2018，179：151-159.

（欧阳嘉，徐勇，姜岷，李鑫）

第五章　典型植物源功能性低聚糖

第一节　功能性低聚糖

功能性低聚糖（functional oligosaccharides），又称非消化性低聚糖、益生元，是由 2～10 个单糖通过糖苷键连接形成的直链或支链、具有一定生物活性的低聚合度糖类的总称。与普通低聚糖不同，功能性低聚糖不易被人或者动物的消化酶分解，进入大肠后能选择性地增殖肠道有益菌，发挥特殊生理功能[1]。功能性低聚糖的工业化生产与应用源于 20 世纪 80 年代初的日本，我国从 20 世纪 90 年代开始将功能性低聚糖广泛应用于保健品行业，之后又逐渐拓展应用于饲料和动物养殖行业。目前，功能性低聚糖已广泛应用于食品、乳制品、保健品、医药、饲料、植物保护和生物农业等行业。

一、种类

常见的功能性低聚糖主要包括低聚果糖、低聚异麦芽糖、低聚半乳糖、低聚木糖、大豆低聚糖、甘露低聚糖、低聚壳聚糖和纤维低聚糖等。此外，近年来报道的果胶低聚糖等新型功能性低聚糖的研发也是国际研究的热点。常见的功能性低聚糖的种类、来源与生产原料和分子结构如表 11-5-1 所示[2,3]。

表 11-5-1　常见功能性低聚糖的种类、来源与生产原料和分子结构[2,3]

产品	来源与生产原料	分子结构
低聚果糖	芦笋、甜菜、大蒜、菊苣、洋葱、小麦、蜂蜜、香蕉、大麦、番茄、黑麦、甘蔗等	$Glc\alpha\text{-}1,2(Fru\beta\text{-}1,2/\beta\text{-}1,6)_n Fru; n=1\sim3$
低聚异麦芽糖	蜂蜜、甘蔗、淀粉	$Glc\alpha\text{-}1,6Fru$
低聚半乳糖	牛奶、半乳糖	$(Gal\beta\text{-}1,4)_n Gal\beta\text{-}1,4Glc; n=1\sim3$
		$(Gal\beta\text{-}1,6)_n Gal\beta\text{-}1,4Glc; n=1\sim5$
低聚木糖	竹笋、水果、蔬菜、牛奶、玉米芯等富含木聚糖的植物资源	$(Xyl\beta\text{-}1,4)_n Xyl; n=1\sim4$
大豆低聚糖	大豆	$(Gal\alpha\text{-}1,6)_n Glc\alpha\text{-}1,2Fru; n=1\sim3$
甘露低聚糖	魔芋粉、瓜儿豆胶、田菁胶、豆类籽实	$(Glc\beta\text{-}1,4Man)_n Man; n=1\sim6$
		$Gal\alpha\text{-}1,6(Man\beta\text{-}1,4)_n; n=1\sim6$
纤维低聚糖	富含纤维素的植物资源	$(Glc\beta\text{-}1,4)_n Glc; n=1\sim3$
棉子糖	蔬菜、水果、油料籽仁	$Gal\alpha\text{-}1,6Glc\alpha\text{-}1,2Fru$
乳蔗糖	乳糖	$Gal\beta\text{-}1,4Glc\alpha\text{-}1,2Fru$
乳果糖	乳糖	$Gal\beta\text{-}1,4Fru$
低聚龙胆糖	淀粉	$(Glc\beta\text{-}1,6)_n Glc; n=1\sim3$

二、生物活性

功能性低聚糖能够抵抗上消化道的消化降解到达肠道，其对肠道有益菌的选择性增殖对人或动物的健康十分有益。目前已报道的功能性低聚糖对人或动物的生物活性主要包括改变或重塑肠道微生物菌群结构、抑制病原菌的生长、吸附霉菌毒素、增强机体免疫力、缓解便秘、促进营养吸收、促进脂质代谢和抗氧化，以及降低肠道癌症风险等（图 11-5-1）[4]。功能性低聚糖作为饲料添加剂应用于动物养殖，通过上述多种生物学功能共同作用，具有提高动物生产性能、增强动物免疫力的作用。

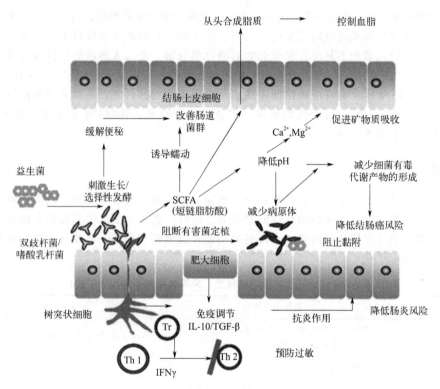

图 11-5-1　功能性低聚糖的生理功能

（1）改善肠道微生物菌群结构　肠道是人或动物体最大的微生态系统和免疫器官，肠道健康直接影响机体的健康状态。成年人肠道中定植着超过 10^4 种微生物，数量超过 10^{14} 个，是成人体细胞总数的 10 倍[5-7]。肠道微生物是肠道免疫系统的主要组成部分，其中有益菌是肠道的优势菌群，可直接通过竞争性排阻作用抑制致病菌的增殖。功能性低聚糖最早被证实的生物活性是选择性增殖人或动物体肠道内的双歧杆菌等有益菌，因此又称为"双歧因子"，通过选择性增殖肠道有益菌，起到抑制有害菌的作用。不同种类功能性低聚糖对双歧杆菌等有益菌的增殖作用不同，其中，低聚木糖对双歧杆菌的选择性增殖作用最大[8]，是目前公认的最佳双歧因子。

（2）排阻、抑制病原菌生长　功能性低聚糖通过对有益菌群的选择性增殖，尤其是对双歧杆菌的增殖作用，继而通过生物屏障作用和有益菌对功能性低聚糖的发酵产酸，排阻、抑制病原菌的生长。一方面，双歧杆菌能产生与肠道黏膜上皮细胞糖蛋白结合的凝集素，增殖的双歧杆菌可以牢固地定植在肠道黏膜表面，形成生物屏障阻止病原菌的入侵与定植；另一方面，双歧杆菌代谢功能性低聚糖，产生乙酸、乳酸、丁酸等短链脂肪酸，降低肠道 pH 值，抑制病原菌的生长繁殖，同时，双歧杆菌还分泌双歧杆菌抗生素，对其他微生物的生长产生拮抗作用。功能性低聚糖与病原菌在肠道黏膜细胞表面的糖基受体结构相似，功能性低聚糖可与病原菌细胞表面的凝集素结合，以屏蔽病原菌在肠道黏膜表面定植的位点，使病原菌无法在肠道黏膜上定植，最终被排出体外。

（3）吸附霉菌毒素　饲料中残留的霉菌毒素是养殖业的一大危害。功能性低聚糖对霉菌毒素有很强的吸附能力，可以形成糖-毒素复合物，有效阻止动物肠道吸收毒素，从而排出体外，缓解霉菌毒素引起的动物慢性中毒、急性中毒、致癌和降低免疫水平等危害。

（4）提高机体免疫力　功能性低聚糖选择性增殖肠道黏膜表面的有益菌，竞争性排阻病原菌，形成微生物屏障，以保护作为机体系统重要免疫防线的肠道黏膜。同时，功能性低聚糖具有免疫辅剂与免疫调节作用，不仅能够增强免疫系统对疫苗、药物和抗原的免疫应答，并且自身具有抗原作用，可以直接引起免疫应答反应，增强机体免疫力。常见的功能性低聚糖中，甘露低聚糖的免疫增强作用最强，在无抗动物饲料添加剂中具有良好的应用前景。

（5）缓解便秘　功能性低聚糖不易被人或动物消化吸收，属水溶性膳食纤维，具有膳食纤维的部分生理功能，具有缓解便秘的功能[1]。此外，肠道有益菌代谢功能性低聚糖产生的乙酸、乳酸等短链脂肪酸能刺激肠道蠕动，保持肠道渗透压从而增加粪便湿润度，具有防止便秘的作用[9]。

（6）促进营养吸收　肠道有益菌能合成蛋白质、B 族维生素、烟酸和叶酸等营养物质。功能性低聚糖通过选择性增殖肠道有益菌，间接供给机体营养物质。此外，肠道有益菌代谢功能性低聚糖产生的短链脂肪酸导致肠道环境酸性增强，有助于机体对矿物元素的吸收。

（7）促进脂类代谢和抗氧化　功能性低聚糖增殖肠道有益菌，如双歧杆菌、拟杆菌等，这些有益菌可以合成相关脂类代谢酶，从而降低血清中甘油三酯、胆固醇和低密度脂蛋白含量，并增加高密度脂蛋白含量，促进脂类代谢[1,10]。功能性低聚糖通过降低机体自由基水平及提高超氧化物歧化酶（SOD）、过氧化氢酶和谷胱甘肽过氧化物酶等抗氧化酶活性发挥抗氧化作用，清除脂质过氧化物和氧自由基，降低自由基氧化对 DNA、脂质和蛋白质造成的损伤[10]。

三、制备方法

功能性低聚糖的制备方法主要包括直接提取法、多糖水解/降解法、合成法以及联合处理法等。目前，仅有少量功能性低聚糖采用直接提取法生产，例如棉子糖和大豆低聚糖。其他功能性低聚糖多采用酶法技术生产，包括酶法水解、酶法异构化和酶法催化糖基转移等[11,12]。经上述方法制备的功能性低聚糖不仅含有聚合度不同的低聚糖混合物，还含有单糖和（或）高聚糖，需进一步分离纯化得到高纯度的功能性低聚糖。

（一）直接提取法

从天然原料中直接提取功能性低聚糖主要有从甜菜汁中提取棉子糖、从大豆清中提取大豆低聚糖等。天然原料牛奶、蜂蜜、水果、蔬菜等中存在功能性低聚糖，但含量极低，无法采用提取法规模化生产。部分功能性低聚糖以糖蛋白等衍生物的形式存在于原料中，需进行分离纯化，工艺操作费时，成本高[2,13,14]。

（二）多糖水解/降解法

天然植物原料中含有丰富的多糖资源，多糖水解制备功能性低聚糖是最常用的功能性低聚糖生产方法，包括物理法、化学法和酶法。

1. 物理法

物理法降解多糖制备功能性低聚糖的常用技术主要包括微波、辐照、超声波、超微粉碎等。微波降解法的原理是多糖中各种极性分子随着交变电磁场的改变而相互移动和发生摩擦，当这种相互作用达到一定程度时，促使分子中作用力较弱的化学键变得更弱或断裂[15]。辐照降解法主要是利用某些放射性同位素，如钴60，在核衰变过程中释放出具有长射程、高能量和强穿透力的γ射线对多糖进行照射处理。γ射线的高能量以及在辐照过程中产生的电子或自由基等引起多糖大分子链断裂、化学键破坏等作用[16,17]。超声波法主要利用超声波频率高、波长短、穿透力强以及在液体中引起空化作用的特点降解多糖。超声波的机械效应和空化作用促使溶液中多糖大分子之间作用力减弱，以及分子内作用力较弱的化学键变得更弱甚至断裂[18,19]。与其他功能性低聚糖制备方法相比，物理降解法的优点是不需要引入外源化学品且对环境污染小，但其对反应设备要求较高，反应条件较为苛刻，降解程度随机，不易控制，且成本高，不具有工业应用价值。

2. 化学法

化学法水解/降解多糖制备功能性低聚糖的常用技术主要包括酸水解法和氧化降解法，其中以酸水解法最为常见。

（1）酸水解法　酸水解法制备功能性低聚糖的原理是以酸为催化剂催化多糖中糖苷键的水解断裂，形成分子量大小不等的短链分子。根据酸性的强弱，酸水解法又分为强酸水解法和弱酸水解法。强酸水解法常采用稀硫酸、稀盐酸等强酸为催化剂，存在设备要求高、水解过程难控制、副反应多、产品分离精制复杂、环境污染大等问题，工业应用价值不大。醋酸、柠檬酸等有机弱酸可用于功能性低聚糖的制备[20]。与强酸水解法相比，有机弱酸水解法对设备腐蚀小。自水解法，又称水热法，是一种利用植物原料在高温蒸煮过程中多糖乙酰基或糖酸基脱落形成的弱酸性催化剂对多糖糖苷键进行水解的方法，已成功应用于玉米芯、桉木木屑等木质纤维素的低聚木糖制备中[21-24]。自水解法无需添加外源酸催化剂，操作简便，是一种具有应用前景且绿色清洁的功能性低聚糖制备技术。

（2）氧化降解法　氧化降解法是利用过氧化氢、臭氧等强氧化剂作用于多糖分子中较为活泼的基团或作用力较弱的化学键，通过氧化断裂的方式达到降低多糖分子量的目的。氧化降解法制备低聚糖存在过程可控性较差或形成糖酸副产物的风险，其工业应用有待于进一步研究。

3. 酶法

与物理、化学降解法相比，酶法水解多糖采用专一性强的酶催化剂制备低聚糖，具有条件温和、选择性高、副产物少等优点，在功能性低聚糖制备领域具有良好的应用前景。然而，天然多糖水解酶系结构复杂，通常同时包含聚糖水解酶与糖苷水解酶两种酶组分。其中，聚糖水解酶作用于多糖主链，可随机水解多糖主链糖苷键生成低聚糖或短链多糖，或由多糖的还原端/非还原端依次水解释放二糖；糖苷水解酶则作用于低聚糖或短链多糖，可将上述低聚糖或短链多糖进一步水解为无生理活性的单糖。因此，当酶系结构中含有较多糖苷水解酶时，多糖水解产生大量单糖，从而降低低聚糖的得率，增加低聚糖生产成本[11,25]。酶法定向水解制备功能性低聚糖的机理见图11-5-2。

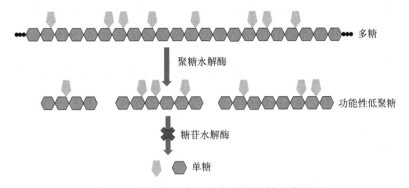

图 11-5-2　酶法定向水解制备功能性低聚糖的机理

由图 11-5-2 可知，多糖水解酶系中含有较高活力的糖苷水解酶时，多糖水解将产生大量单糖，不仅降低功能性低聚糖的水解得率，而且增加了后续低聚糖的分离纯化成本[11]。因此，低（无）糖苷水解酶活力聚糖水解酶的制备技术是实现多糖定向水解制备功能性低聚糖的关键。制备低（无）糖苷水解酶活力聚糖水解酶的途径主要包括菌株筛选法、基因工程法、调控发酵法和内切聚糖酶/糖苷水解酶拆分法。菌株筛选法是从自然界中筛选仅分泌内切聚糖酶的微生物菌株，但迄今发现的能够分泌聚糖水解酶的微生物中，内切聚糖酶和糖苷水解酶几乎同时存在；基因工程法是采用分子生物学的方法，从能够分泌聚糖水解酶的微生物菌株中将内切聚糖酶基因克隆、表达，得到内切聚糖酶，该法技术成熟，但采用分子生物学获得内切聚糖酶并用于制备功能性低聚糖存在一定的生物安全风险，且过程复杂；调控发酵法是在聚糖水解酶发酵过程中，通过改变诱导物、发酵工艺等策略，合成低糖苷水解酶活力聚糖水解酶，尽管调控发酵法可合成低糖苷水解酶活力聚糖水解酶，但合成的聚糖水解酶中或多或少存在糖苷水解酶活力；拆分法是采用现代蛋白质分离技术将聚糖水解酶系中的糖苷水解酶拆分除去。南京林业大学研究团队在国内外率先采用蛋白质拆分法将木聚糖酶系中的木糖苷酶拆分除去得到内切木聚糖酶，利用拆分后的木聚糖酶选择性降解木聚糖得到高选择性、高得率低聚木糖，降解产物中单糖含量很低，并实现了工业化应用[26]。酶法水解制备功能性低聚糖工艺中，根据原料预处理方式的不同分为两种方法：一是对富含多糖的植物原料直接水解，但由于生物质结构致密性，往往酶解效率较低；二是将原料中的多糖提取后进行水解。

（三）合成法

1. 酶法合成

除了通过聚糖降解途径制备功能性低聚糖外，还可利用糖苷酶、糖基转移酶以及糖苷磷酸化酶等催化合成功能性低聚糖。利用糖苷酶转糖苷作用可将单糖合成低聚糖，目前商品化半乳低聚糖主要通过 β-半乳糖苷酶的转糖苷作用合成。此外，糖基转移酶能特异性催化转移糖基供体的糖基与受体底物（单糖、二糖或三糖等）之间形成糖苷键。但因转移的糖分子数量和受体的结构组成不同，形成的低聚糖为多种不同的低聚糖混合物。商品化低聚异麦芽糖主要是以玉米淀粉为底物，在 α-淀粉酶和转葡萄糖苷酶的作用下通过一系列的反应得到的。首先淀粉在淀粉酶的作用下水解为麦芽糖，麦芽糖通过葡萄糖苷酶的转糖苷作用生成低聚异麦芽糖。低聚果糖是以蔗糖为底物，在 β-D-果糖基转移酶或 β-呋喃果糖苷酶的转糖苷作用下合成的[12]。糖基转移酶多为膜结合蛋白，稳定性较差，而且核苷类糖基供体（如 UDPG）价格昂贵，限制了糖基转移酶大规模应用于功能性低聚糖的生产。与糖基转移酶合成低聚糖相比，磷酸化酶可催化糖苷-1-磷酸和相应受体合成目标低聚糖产品。磷酸化酶的糖基供体比糖基转移酶的糖基供体价格低，且糖苷磷酸化酶不是膜结合蛋白，稳定性好。但现有磷酸化酶催化反应类型少、催化效率低，是制约其应用于功能性低聚糖合成的关键[12]。

2. 化学合成

化学法合成功能性低聚糖中，由于单糖分子上有多个羟基，而羟基的反应特性相似，因此，化学法合成低聚糖过程中需引入多步保护反应和去保护反应，操作烦琐，合成成本高，难以用于工业化生产。

（四）联合处理法

针对功能性低聚糖制备过程中存在多糖水解/降解体系黏度高或多糖降解产物分子量分布不合理等问题，为提高功能性低聚糖生产效率，有学者提出联合处理制备功能性低聚糖的方法。针对多糖的高黏体系，首先采用微波等物理法进行降黏处理，可缓解多糖高黏体系中传质传热效率低、反应器搅拌负荷高等问题。在此基础上，采用联合化学法或酶法多糖降解/水解技术制备功能性低聚糖，此法已成功应用于甘露低聚糖的制备[27]。针对多糖化学法降解/水解程度不易控制等特点导致的降解产物分子量分布宽的问题，有学者提出在化学法多糖降解基础上联合酶法定向降解技术，可有效提高降解产物中高活性低聚合度功能性低聚糖的比例，以提高功能性低聚糖产品的生理活性[28]。

第二节　低聚木糖

低聚木糖对双歧杆菌的增殖作用是低聚异麦芽糖等其他功能性低聚糖的 $10\sim20$ 倍，是迄今发现的最佳"双歧因子"。1990 年，低聚木糖产品 Xylooligo® 在日本面市。1991 年，日本厚生省认定低聚木糖为"特殊健康使用食品（foods for specified health use，FOSHU）"。1995 年，Gibson 和 Roberfroid 提出益生元（prebiotics）概念[29]，益生元是一种不易消化的食品添加剂，通过选择性促进结肠益生菌的增殖提高宿主的健康水平。国际益生菌和益生元科学协会（International Scientific Association for Probiotics and Prebiotics，ISAPP）已将低聚木糖定义为一种新兴的益生元[30]。

一、低聚木糖的理化性质

低聚木糖（xylo-oligosaccharides，XOS）是由 $2\sim10$ 个木糖单元以 β-1,4-糖苷键连接而成的一类低聚合糖类物质的总称。白色或淡黄色粉末，易溶于水，具有醇香气味，味道纯正，甜度相当于蔗糖的 $40\%\sim50\%$，化学结构见图 11-5-3。低聚木糖在自然条件下难分解，在胃酸条件下加热至 $100℃$ 可保持稳定，具有良好的耐热性、贮藏性和加工稳定性[31]。低聚木糖主要物理性质见表 11-5-2[32]。

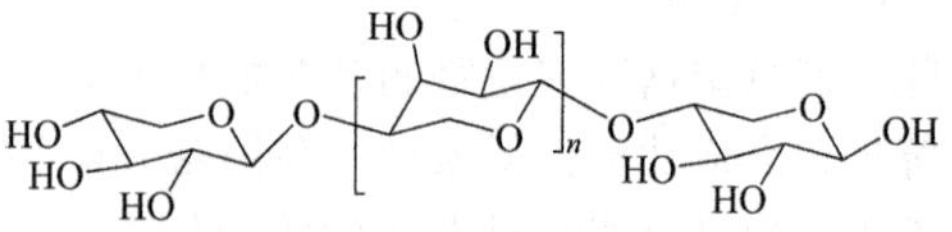

图 11-5-3　低聚木糖化学结构
（n 为 $0\sim6$，分别为木二糖至木八糖）

表 11-5-2　低聚木糖的主要物理性质[32]

性质	特性描述
甜度、甜质	甜度约为砂糖的 50%，甜质与砂糖相似
熔点	木二糖的熔点为 $155.5\sim156.0℃$，木三糖的熔点为 $109.0\sim110.0℃$

续表

性质	特性描述
黏度	黏度为所有低聚糖中最低,且随温度上升而下降
耐酸、耐热性	pH 值 2.0～7.0、121℃下加热 1h 稳定
着色性	较蔗糖稍弱,但与氨基酸混合加热时着色性比蔗糖好
水分活度	木二糖水分活度与葡萄糖相似,比蔗糖低
热值	木二糖、木三糖 8.4kJ,低聚木糖平均值 14.3kJ
抗冻性	不易冻结

普通低聚糖如蔗糖、麦芽糖、乳糖等可以被人或动物消化吸收,具有营养功能。低聚木糖中的 β-1,4-糖苷键难以被人或动物体内的消化酶分解,摄食后随食物到达结肠部位,可被肠道中双歧杆菌等有益菌作为碳源进行增殖,调节和改善肠道微生态环境。低聚木糖是目前发现的最强双歧因子[29-33] 和最具发展前景的功能性低聚糖[34]。

二、低聚木糖的生理功能

1991 年,Imaizumi 等[33] 报道低聚木糖可作为糖尿病患者的替代糖,具有改善糖尿病症状、减少肝脏甘油三酯和磷脂酰胆碱等功效。随着低聚木糖在养生保健、医疗和动物养殖等各领域的研究深化,其生物学功能及作用机理不断完善[35]。

① 选择性增殖有益菌。大量体外微生物培养结果表明[36,37],青春双歧杆菌（*Bifidobacterium*. adolescenti）、两歧双歧杆菌（*B. bifidum*）、长双歧杆菌（*B. longum*）和婴儿双歧杆菌（*B. infantis*）等肠道有益菌能够利用低聚木糖快速增殖,而有害细菌却难以利用其生长[38],同时低聚木糖对双歧杆菌的增殖作用高于其他功能性低聚糖。双歧杆菌可通过分泌胞外酶水解低聚木糖并将之作为碳源利用[39]。

② 抑制病原菌,防止便秘。低聚木糖的结构与肠道表面受体的结构相似,能够与外源凝集素结合,降低病原菌与肠道的结合。双歧杆菌代谢低聚木糖产生的大量短链脂肪酸能够调节肠道 pH 值,使粪便水分增加、形态改变,可防止和改善便秘。

③ 增强机体免疫力及抗肿瘤功能。低聚木糖通过直接和间接两种途径增强机体免疫力,如由阿拉伯葡萄醛酸基木聚糖制备的低聚木糖可以直接增强机体免疫力[40]。Ando 等[41] 研究发现竹子水热法制备的木三糖可以促进急性淋巴白血病细胞凋亡。低聚木糖增强机体免疫力的间接途径是通过增殖肠道内双歧杆菌等有益菌,增强机体免疫力。

④ 改善血清胆固醇、血压和血脂等。研究表明,高血脂患者持续摄入低聚木糖 5 周后,心脏舒张压平均下降 799.8Pa,心脏舒张压的高低与粪便中双歧杆菌数量呈正相关趋势。人体持续摄入低聚木糖数周后,总血清胆固醇可降低 20～50dL。王喜明等试验表明,在日粮中添加低聚木糖可以降低犊牛血清中甘油三酯浓度,同时显著增加血清中的低密度脂蛋白含量[42]。杜莉等[43] 在幼犬基础日粮中添加 0.2%低聚木糖,使幼犬血清中总蛋白含量增加,同时极显著降低白蛋白、尿素氮含量。司梅霞等[44] 在淮南麻鸡基础日粮中添加低聚木糖,可以降低血清白蛋白水平。

⑤ 生成营养物质,促进钙、锌等元素吸收。双歧杆菌代谢低聚木糖,可促进维生素 B_1、维生素 B_2、维生素 B_6、维生素 B_{12}、烟酸和叶酸等多种营养物质的合成。双歧杆菌代谢低聚木糖产生的乙酸、丙酸、丁酸等短链脂肪酸,可降低肠道 pH 值,促进机体对蛋白质、钙、锌、铁和维生素 D 等的吸收,同时代谢产物丁酸对肠道上皮细胞有营养作用。小鼠同时摄入 2%低聚

木糖水溶液和钙 7 天后，小鼠对钙的消化吸收率提高 23％，钙在体内的保留率提高 21％。

⑥ 其他生理功能。其他生理功能包括抗炎、抗氧化、改善蛋白质代谢、吸附霉菌毒素，以及保护肝脏等功能。

三、低聚木糖的生产

水解法是低聚木糖生产的主要方法，包括自水解法、酸水解法、酶水解法等。水解法生产低聚木糖主要以富含木聚糖的玉米芯、农作物秸秆以及杨树、桉树等速生材森林抚育和木材加工剩余物为原料。根据来源不同，常见的木聚糖主要包括以下几种：a. 阿拉伯葡萄糖醛酸木聚糖，以木聚糖为主链，以阿拉伯糖基、葡萄糖醛酸基和 4-O-甲基葡萄糖醛酸基为侧链基团；b. 葡萄糖醛酸木聚糖，以木聚糖为主链，以葡萄糖醛酸基和 4-O-甲基葡萄糖醛酸基为侧链基团；c. 阿拉伯木聚糖，以木聚糖为主链，阿拉伯糖基连接在木聚糖主链的 C2 位或者 C3 位上；d. 葡萄糖醛酸阿拉伯木聚糖，以木聚糖为主链，以葡糖糖醛酸基、阿拉伯糖基为侧链基团。不同来源的木聚糖降解得到的低聚木糖生物学功能不同。利用我国丰富的杨树、桉树、构树等森林抚育和木材加工剩余物生产低聚木糖，不仅可以保障低聚木糖生产原料的供应，而且对延长我国林业产业链条、提高林业资源利用水平有重要意义。

1. 自水解法

自水解法，也称水热法，是木质纤维素生物炼制技术体系中的一种原料预处理方法。水热法适用于草本植物、阔叶材原料纤维素糖化前的预处理。水热法是将木质纤维原料与水以一定比例混合，于高温（160～180℃）下蒸煮 30～60min 的方法。水热法无需添加化学品，具有温和、绿色和对设备腐蚀小等优点[45]。木质纤维原料水热处理过程中，原料木聚糖上的乙酰基和葡萄糖醛酸基在高温下发生降解并溶于蒸煮液中，乙酰基与水化合产生水合氢离子，水合氢离子进攻木聚糖主链糖苷键使木聚糖大分子降解成短链木聚糖和低聚木糖并溶出[46]。由于水热处理过程中反应体系形成的弱酸性环境是由原料自身木聚糖乙酰基等酸性基团脱落溶于水中形成的，无需额外添加化学品，因此，水热处理也称为"自水解反应"。因此，在以农作物秸秆、阔叶材为原料的生物炼制生产能源、化学品过程中，可建立基于水热预处理的生物炼制生产能源、化学品联产低聚木糖的集成技术，该技术可克服目前生物质生物炼制生产能源、化学品技术存在的生产成本高的瓶颈，从而使得生物质生物炼制生产能源、化学品技术大规模工业化生产经济可行。

低聚木糖是由木二糖至木十糖组成的混合物，在不同聚合度的低聚木糖中，聚合度越低，其对双歧杆菌等有益菌的选择性增殖作用越大，通常用木二糖、木三糖在低聚木糖混合物中的含量来衡量低聚木糖生物活性的大小。草本植物、阔叶材在水热处理中的自水解反应，由于氢离子来自木聚糖乙酰基和葡萄糖醛酸基的降解，因此形成的弱酸性环境较弱，尽管可以降解断裂木聚糖主链糖苷键，但生成的低聚木糖聚合度较高，生物活性较低。针对这种现象，南京林业大学研究团队提出了"自水解＋定向酶解"的方法，克服了自水解反应制备的低聚木糖产物中低聚合度低聚木糖含量低的瓶颈。采用水热法处理麦草造纸废弃物麦糠，将麦糠于固液比 1：10、180℃下预处理 40min，低聚木糖产物中木二糖、木三糖占总低聚木糖的 32％，采用低（无）木糖苷酶活力的木聚糖酶选择性降解后，降解产物中木二糖和木三糖比例显著增加至 79.2％[47]。

2. 酸水解法

低聚木糖酸法制备技术原理是 H^+ 进攻木聚糖主链糖苷键并与水化合形成低聚木糖和木糖，在较强反应条件下，生成的木糖可进一步脱水形成糠醛（图 11-5-4）。

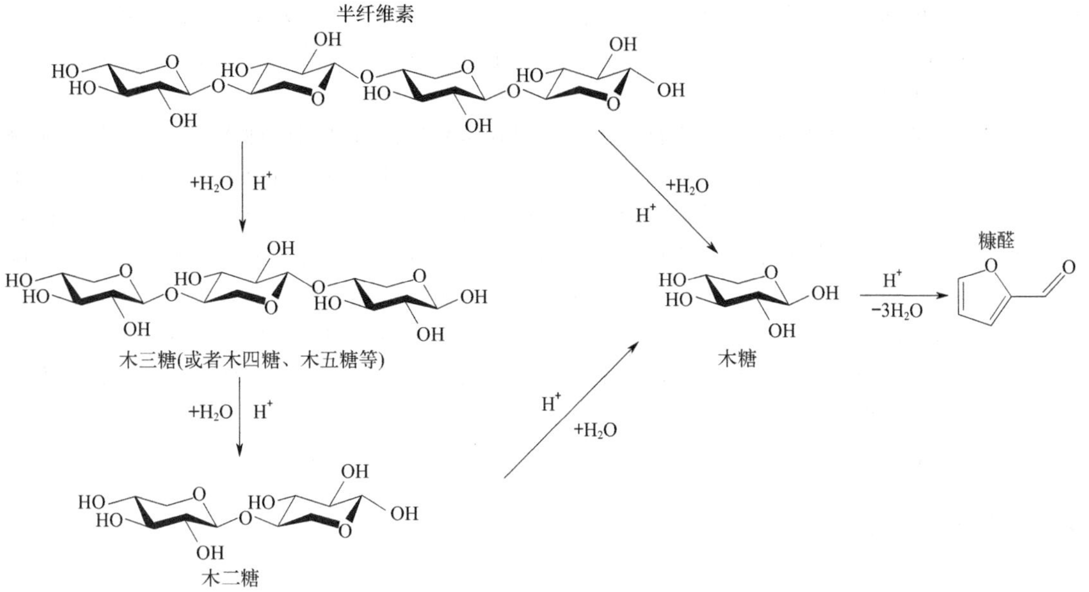

半纤维素

图 11-5-4 木聚糖酸法水解历程

常用的酸催化剂包括无机酸和有机酸两类。无机酸主要有硫酸、硝酸、磷酸和盐酸，有机酸主要有醋酸、甲酸、柠檬酸和乳酸等。酸法制备反应速度快，但存在得率低、副产物多、产物分离纯化烦琐和对设备要求高等缺点。近年来，酸法催化制备低聚木糖的研究主要集中在醋酸、甲酸、草酸和木糖酸等有机酸上[48,49]。Buruiana[21]等利用乙酸于 pH 2.7、150℃下水解玉米芯 30min，木二糖至木六糖组分得率达 45.9%，同样 pH 环境下稀盐酸或稀硫酸制备的木二糖至木六糖组分得率仅为 22.5% 和 9.38%。Lin 等[50]比较草酸、马来酸、柠檬酸和硫酸水解木聚糖制取低聚木糖的研究发现，0.02mol/L 草酸在 130℃下处理山毛榉木聚糖 10min，低聚木糖得率为 38.8%。有机酸处理植物原料制备低聚木糖，通过有效水解和溶出木聚糖等半纤维素组分，可以对部分种类的植物原料起到显著的预处理和纤维素酶水解促进效果。徐勇等人建立的多种有机酸催化处理玉米芯、甘蔗渣等原料的技术，在获得高得率低聚木糖的同时，处理后物料的纤维素酶水解性能显著提高，纤维素酶水解得率最高达 90%[50,51]。此外，路易斯酸水解法也被证明是一种具有潜力的催化水解制备低聚木糖的方法，路易斯酸具有催化活性较高、成本和毒性较低、对反应设备的腐蚀性较小的特点。

3. 酶水解法

低聚木糖酶法制备技术是低聚木糖生产的主流方向。酶法具有转化效率高、特异性强、可定向控制产物的聚合度以及减少各种副产物的优势。低聚木糖酶法制备技术的研究主要包括 2 个技术思路：一是以日本三得利公司为代表的大众技术路线，即采用木聚糖酶生产菌株调控发酵合成木聚糖酶，用该酶降解经预处理的木质纤维原料制备低聚木糖。该工艺存在的问题是发酵合成的木聚糖酶中含有较高的木糖苷酶活力，因此木聚糖降解产物中无生理活性的单糖含量高（10%以上），不仅降低了低聚木糖得率，而且对后续低聚木糖的分离纯化十分不利。日本三得利公司的低聚木糖生产工艺中，产品分离纯化采用纳滤等技术将单糖与低聚木糖分离，增加了分离纯化成本。二是南京林业大学研究团队提出的技术思想，即采用对人体安全的并可用于食品、饲料生产的微生物菌株（美国 FDA、中国 FDA 认证）发酵合成木聚糖酶，采用现代蛋白质分离技术拆分除去木聚糖酶系中的木糖苷酶得到低（无）木糖苷酶活力木聚糖酶，用该酶降解经预处理的木质纤维原料制备低聚木糖[52]。该技术在江苏康维生物有限公司实现商业化生产，工业规模的低（无）木糖苷酶活力木聚糖酶降解木聚糖产物中，无生理活性的单糖含量极低（0.3％以下），不仅低聚木糖得率高，而且降低了后续低聚木糖的分离纯化成本，该法是目前最先进的低聚木糖生产技术。

不同原料的木聚糖结构多样性丰富，主要体现在木聚糖侧链基团的种类和数量不同。木聚糖侧链基团对内切木聚糖酶降解木聚糖的影响主要表现在侧链基团对内切木聚糖酶的空间位阻效应、木聚糖与木质素形成的木质素-碳水化合物复合物（LCC）对木聚糖酶降解的化学屏障。因此，为进一步提高内切木聚糖酶选择性降解木聚糖制备低聚木糖的得率，在木聚糖选择性降解体系中除了内切木聚糖酶外，还可添加木聚糖支链降解酶以提高酶水解效率。目前，关于低聚木糖酶法制备的研究主要集中在草本植物上，而对于木本植物制备低聚木糖的研究不多，因此，支链降解酶对内切木聚糖酶选择性降解的增强作用的研究报道不多，是今后尤其是木本植物木聚糖降解制备低聚木糖研究的重要方向。木聚糖支链降解酶主要包括 α-葡萄糖醛酸酶、乙酰酯酶和 α-阿拉伯糖苷酶等。

四、低聚木糖的生产案例

（一）酶法生产低聚木糖工艺

目前，酶法是低聚木糖工业化生产的主要方法。酶法生产低聚木糖的底物可以是经适当预处理的植物原料，也可以是从植物中提取的木聚糖。以木聚糖为底物的低聚木糖生产工艺主要包括木聚糖提取、内切木聚糖酶制备与酶水解、低聚木糖精制等过程单元。木聚糖提取通常采用碱溶液从木质纤维原料中提取与分离；内切木聚糖酶制备与酶水解包括发酵生产内切木聚糖酶、木聚糖酶水解步骤；低聚木糖精制主要包括木聚糖水解液的脱色、脱盐、浓缩、喷雾干燥等步骤。主要生产工艺流程见图 11-5-5。

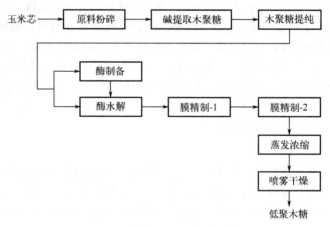

图 11-5-5　低聚木糖生产工艺流程

1. 木聚糖提取

以 5％～15％的碱性溶液充分浸渍玉米芯、甘蔗渣等原料，升温至 70～100℃溶出木聚糖。固液分离得到木聚糖碱溶液和固体残渣，继续分离木聚糖碱溶液得到木聚糖，木聚糖提取率为 80％～85％。

2. 内切木聚糖酶制备与酶水解

以纤维素、木聚糖或葡萄糖等为碳源，经液体深层发酵合成内切木聚糖酶，在搅拌式酶反应器中于 40～80℃ 水解木聚糖，水解产物中低聚木糖组分见图 11-5-6。

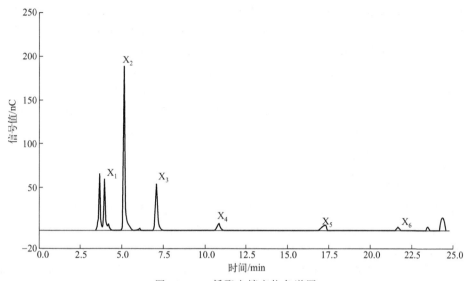

图 11-5-6　低聚木糖产物色谱图
(X₁～X₆ 分别为木糖、木二糖、木三糖、木四糖、木五糖和木六糖)

3. 低聚木糖精制

低聚木糖酶水解液中除低聚木糖组分外，还含有少量单糖、可溶性无机盐、酶蛋白或木质素小分子等杂质。采用活性炭脱色、离子交换树脂脱色脱盐、电渗析脱盐、纳滤脱单糖与脱水等工艺步骤纯化和浓缩低木聚糖溶液后，采用减压蒸发法浓缩低聚木糖溶液至固形物含量 15%～25%，经喷雾干燥得到粉状低聚木糖。产品呈白色或浅黄色，低聚木糖纯度为 92%～98%。

(二) 酸法生产低聚木糖工艺

与玉米芯、秸秆等易水解的草类原料相比，以杨木等为原料，利用有机酸催化制备低聚木糖的难度明显提高。南京林业大学研究团队[53]基于前期建立的醋酸法，对杨木原料醋酸催化过程的热力学与动力学进行解析，以木二糖至木七糖为目标组分，基于优化试验设计模型发明了醋酸钙-低聚木糖复合型饲料添加剂生产工艺技术，低聚木糖得率达到 50%，木二糖至木六糖组分占总低聚木糖的 66%。建立了一条年产 500t 杨木低聚木糖饲料添加剂生产线，见图 11-5-7。采用该生产工艺，日处理 25t 杨木屑原料可生产 17.5t 醋酸钙-低聚木糖复合型产品。每吨杨木屑原料的醋酸钙-低聚木糖复合型产品得率为 70%。

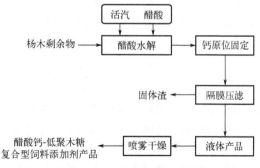

图 11-5-7　杨木屑醋酸钙-低聚木糖复合型
饲料添加剂生产工艺

五、低聚木糖的应用

低聚木糖广泛应用于食品、饲料、保健品、医药、饮料等行业。1990 年，日本 Suntory 公司率先将低聚木糖作为食品辅料添加至糖果、乳制品、益生菌复合剂中；2001 年，南京林业大学研究团队研发的低聚木糖饲料添加剂生产技术在江苏康维生物有限公司投产，并在全球率先将低聚木糖大规模应用于养殖业，2003 年获国家农业部饲料添加剂新产品证书；2009 年，低聚木糖饲料添加剂国家标准（GB/T 23747—2009）发布实施。21 世纪初，山东龙力生物科技有限公司食品级低聚木糖投产。2015 年低聚木糖获国家药物临床试验批件进入医药领域，2018 年低聚木糖国家标准（GB/T 35545—2017）发布实施。近年来，随着人们对低聚木糖生物学功能的深入研究，其应用领域不断拓展，在功能性食品、保健品、糖果、饮料、乳制品、饲料、医药，甚至植物保护和生物农药等行业的应用受到广泛关注。预期市值将从 2018 年 0.94 亿美元增长至 2025 年 1.3 亿美元，复合年增长率约为 4.1%[37,54]。

（一）在食品、医药中的应用

大量研究表明，低聚木糖具有抗龋齿、调节血糖、降血脂、降胆固醇、调节肠道菌群结构、防癌抗癌、抗炎症、提高免疫力、抗氧化、促进钙质吸收等多种生物学功能，也有报道称它能够有效预防肥胖、心血管疾病、动脉粥样硬化以及肠道疾病。与其他功能性低聚糖相比，人或动物对低聚木糖的摄入量最低，但对肠道双歧杆菌等有益菌的选择性增殖效果最好，因此，低聚木糖也被称为"超强双歧因子"[55]。低聚木糖具有耐热、耐酸、保存性好、防止冻结等特点，在加工和贮藏过程中组分稳定，被广泛应用于各种食品与医药行业。

目前，我国批准的保健食品中，约 40 个产品添加低聚木糖，主要涉及通便、免疫增强、调节肠道菌群等 15 个种类，其中通便类产品占 41.25%，免疫增强类产品占 30%，调节肠道菌群类产品占 27.5%，其他类产品占 22.5%；产品剂型包括胶囊、口服液、粉剂、片剂等。在添加低聚木糖的功能食品中，奶制品占 56.9%，其次为婴儿食品和保健食品，分别占 17% 和 14%。

1. 在食品行业中的应用

低聚木糖具有良好的耐热、耐酸性能，甜度与砂糖相似，口味纯正，可以作为蔗糖代用品广泛应用于碳酸饮料、豆奶饮料、果汁饮料、茶饮料和酒精饮料等中，目前国内市场上主要有低聚木糖仙人掌饮料、醋饮料等[56]。在奶粉等乳制品中添加低聚木糖，能够有效改善婴幼儿肠道微生态环境，促进对钙等微量元素的吸收；在酸奶中添加低聚木糖可以促进体内乳糖分解，高效利用酸奶中营养成分。焙烤食品制作过程中添加低聚木糖可以改变面团的流变特性，保持焙烤食品的水分，从而延长货架期，同时还可替代部分蔗糖，降低产品热量，改善产品的口感等。此外，低聚木糖还可用于糖果糕点、冷饮品、果酱和蜂蜜加工等中。

2. 在医疗保健行业中的应用

研究表明，低聚木糖能够改善人体和动物的血糖水平。Sheu 等[57]研究发现，2-型糖尿病患者摄入低聚木糖 8 周后，血糖水平显著降低。Wang 等[58]发现，摄入 5% 的低聚木糖能显著降低肥胖小鼠的血糖。邹敏辰等[59]发现，玉米芯来源的低聚木糖有助于降低四氧嘧啶引发糖尿病小鼠的血糖水平。Broekaert 等[60]研究发现，谷物来源的低聚木糖能有效改善哺乳动物的血糖水平。因此，低聚木糖可作为改善血糖水平的益生元产品，添加在相关的功能食品、保健品中。

（二）在饲料生产中的应用

低聚木糖能够提高动物对营养物质的吸收率和饲料的利用率，促进动物生长和生产；增强机体免疫力，提高动物的抗病力；改善肠道微生物菌群结构；减少粪便及粪便中氨气等腐败物质的产生，改善养殖环境；同时还可改善畜禽产品的质量，防止畜禽腹泻与便秘等[61]。因此低聚木糖作为一种重要的绿色、无抗养殖饲料添加剂具有巨大的发展空间。

1. 在仔猪饲料中的应用

养殖试验研究表明，在断奶仔猪日粮中添加低聚木糖，可以提高仔猪生长性能，改善仔猪免疫功能，有效调节仔猪肠道菌群，促进有益菌增殖，抑制有害菌生长，具有良好的替抗前景。在日粮中添加 $100\sim200g/t$ 的低聚木糖能显著降低仔猪的料重比，提高空肠绒毛长度，缩短十二指肠和空肠隐窝深度。孙攀峰等[62]研究表明，添加低聚木糖可以显著提高断奶仔猪末重和平均日增重，降低仔猪腹泻率，与基础日粮相比，添加 $100mg/kg$ 的低聚木糖，断奶仔猪的料重比显著降低，达到或接近添加抗生素的使用效果。

江苏东台市东明良种猪养殖技术服务有限公司的规模养殖试验表明，在仔猪日粮不变的条件下添加 0.017% 的低聚木糖，每头仔猪比对照组平均增加毛利 32.0 元，毛利润提高 27.4%。在试验组日粮中某品牌蛋白浓缩料比例由 20% 降为 17% 的情况下，添加 0.017% 的低聚木糖，每头育肥猪比对照组平均增加毛利 36.8 元，毛利润提高 18.4%，经济效益显著。

2. 在家禽饲料中的应用

在家禽饲料中添加低聚木糖，能够提高家禽肠道消化酶活性，促进与生长相关的激素的分泌，调节脂类代谢，改善动物胃肠道微生态环境，提高家禽免疫力和抗病力等，从而改善家禽的生长性能。李淑珍等在肉鸡日粮中添加低聚木糖，能显著提高肉鸡 42 日龄时的体重和平均日增重，显著降低料重比，且对平均日采食量无明显影响，同时可显著提高肉鸡十二指肠脂肪酶活性和蛋白酶活性[63]。杨廷桂等在肉鸭日粮中添加 $100g/t$ 的低聚木糖，与添加大蒜素 $37.5g/t$ 相比，可使 42 日龄肉鸭质量提高 2.39%，胴体蛋白质含量提高 2.24%[64]。南京农业大学研究团队开展的大规模养殖试验（3000 只，75d）表明，在蛋鸡日粮中添加 0.015% 低聚木糖，极显著提高了蛋鸡的产蛋性能，极显著降低了蛋鸡的料蛋比，显著促进了蛋鸡的饲料转化。经济分析表明，在饲料中添加低聚木糖 0.015% 和 0.02%，养殖利润分别提高 25.0% 和 19.9%。

3. 在反刍动物饲料中的应用

在反刍动物基础饲粮中添加低聚木糖，能显著提高肠道有益菌数量，改善肠道微生态平衡，减少反刍动物腹泻率，进而促进动物生长和增强免疫力。张军华等[65]在羔羊日粮中添加 0.02% 低聚木糖，羔羊腹泻率降低，机体免疫力增强，血浆尿素氮水平降低，氨基酸利用率提高。王喜明等[66] 在犊牛日粮中添加不同水平的低聚木糖，添加 $5g/(d\cdot头)$ 组和 $10g/(d\cdot头)$ 组犊牛体重显著高于空白对照组。

4. 在水产动物饲料中的应用

低聚木糖在水产饲料中的应用可以提高水产品体内蛋白质的含量，增殖水产品肠道内的有益菌，从而有效增强其抗病性，并提高其生长性能。褚武英等[67]研究表明，在草鱼饲料中添加 0.4% 的低聚木糖能显著提高草鱼增重和血清总蛋白水平，降低尿素氮水平和胆固醇含量，表明低聚木糖可调节草鱼机体的新陈代谢，提高蛋白质的生物合成，降低基础代谢。刘文斌等[68]报道，在异育银鲫鱼基础日粮中添加 $100mg/kg$ 的低聚木糖，与对照组相比，增重率提高 43.87%，饵料系数降低 25.82%，肠道食糜蛋白酶活性、肠道组织蛋白酶活性及粗蛋白表观消化率均显著提高，还可显著降低肠道内大肠杆菌数量。

第三节 纤维低聚糖

一、纤维低聚糖的定义与性质

纤维低聚糖（cello-oligosaccharides），又称纤维寡糖，是由 $2\sim10$ 个葡萄糖以 β-1,4-糖苷键连接而成的线性均一低聚糖。纤维低聚糖属于难消化、低甜度糖类，是一种安全高效的双歧因子。不同聚合度纤维低聚糖之间除分子结构相差若干葡萄糖基外，其理化性质十分接近。不溶于有机溶剂，低聚合度纤维低聚糖可溶于水，溶解度随着聚合度的增加而下降，纤维六糖溶解度仅为 0.1%，纤维七糖及以上聚合度的纤维低聚糖在水中的溶解度很小或不溶。熔点 $225\sim286\text{℃}$，甜度约为蔗糖的 30%，无紫外线吸收，无荧光特性，无挥发性，酸、热稳定性高，不含有带电荷基团。纤维低聚糖的化学结构见图 11-5-8。

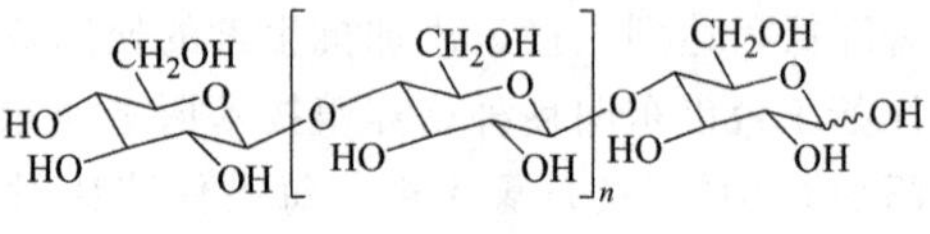

图 11-5-8 纤维低聚糖的化学结构

二、纤维低聚糖的制备方法

纤维低聚糖主要由纤维素经不完全水解制备得到，主要包括酸法水解和酶法水解。

（一）纤维低聚糖的酸法制备

纤维低聚糖酸法制备主要包括乙酸水解法、盐酸水解法、硫酸水解法、三氟乙酸水解法和混酸水解法等，有利于天然纤维素酸水解的因素包括纤维素低的结晶度、高的表面积以利于水解试剂的进攻和多孔性以利于水解试剂的渗透[69]。

1. 乙酸水解法

纤维低聚糖最早的制备方法是 Wolfrom 等采用乙酸水解纤维素[70]。在纤维素中加入等体积的冰醋酸和乙酸酐以及少量的硫酸，使纤维素乙酰化；反应结束后，用碳酸钠中和反应体系中过量的酸；加入甲醇，利用纤维低聚糖的乙酸盐在甲醇中的不溶性而分离；然后经脱乙酰化、精制和干燥等过程制得微黄色的纤维低聚糖粉末。该法制备过程复杂、耗时长、得率低，产品分离精制复杂，不适合规模化生产。

2. 盐酸水解法

鉴于乙酸水解方法的缺点，Miller 等采用浓盐酸水解纤维素制备纤维低聚糖[71]。首先将浓盐酸与纤维素在低温下搅拌混合 1h，升温至 25℃使纤维素发生水解反应；反应结束后，在水解液中加入碳酸氢钠中和过量的酸；水解中和液经过滤、精制和干燥制得纤维低聚糖，得率 32.9%。该法与乙酸法相比，过程简单、成本低、得率较高，但中和过程中产生的盐影响后续的分离精制。此后，研究者们对该法进行了改进，包括减压法脱盐酸、离子交换脱盐以及溶剂萃取纤维低聚糖等[72,73]。

3. 硫酸水解法

采用不同浓度的硫酸在一定条件下水解纤维素制备纤维低聚糖。Voloch 等采用浓硫酸水解微晶纤维素[74]，采用无水乙醇结束水解反应，水解液用 Darco G-60 活性炭脱色，然后用乙醇沉淀纤维低聚糖。研究发现浓硫酸与纤维素在 4℃下混合是最重要的步骤，因为纤维素与浓硫酸混合产生大量的热，如果在室温下混合，部分纤维素发生炭化现象。与盐酸水解法相比，该法利用纤维低聚糖在乙醇中的不溶性，可以有效分离纤维低聚糖而无需中和过量的酸，避免了中和产生的盐对后续分离精制的影响，但纤维低聚糖得率低，仅为 $5\%\sim6\%$。

4. 三氟乙酸水解法

三氟乙酸是乙酸的全氟衍生物，采用三氟乙酸水解纤维素，通过蒸发即可除去大部分过量三氟乙酸，然后采用离子交换树脂进一步除去残留的三氟乙酸以及水解过程中产生的有色物质。与盐酸水解法相比，该法纤维低聚糖得率高，可达 56.5%[75]，过量三氟乙酸容易去除，不需要中和过程，但耗时更长，一般需要 3 天左右，成本高。

5. 混酸水解法

混酸水解法是采用不同的酸按比例混合后在一定条件下水解纤维素制备纤维低聚糖。Zhang等采用 80% 的浓盐酸和 20% 的浓硫酸（98%）的混合酸在室温下水解微晶纤维素 $4\sim5.5h$[76]，经丙酮萃取、氢氧化钡中和以及离子交换分离，使纤维低聚糖与酸和盐分离，纤维低聚糖得率为 20%。与盐酸水解法相比，混酸水解表现良好的反应性能，反应过程易控制，可降低由于酸的挥发而产生的危险性，但纤维低聚糖得率不高。混酸水解纤维素的机理尚不十分清楚，有待于进一步研究。

（二）纤维低聚糖的酶法制备

纤维低聚糖的酶法制备是利用水解酶、糖基转移酶或磷酸化酶将底物转化为低聚糖的过程。其中，采用水解酶定向水解纤维素制备纤维低聚糖是最有工业应用前景的技术方法。与纤维素的酸水解工艺相比，酶水解工艺具有反应条件温和、专一性强、副产物少、工艺简单、过程易于控制等优点。纤维低聚糖酶法制备是利用内切葡聚糖酶和外切葡聚糖酶定向水解纤维素得到低聚糖产物，在酶制剂中，β-葡萄糖苷酶的存在将导致内切葡聚糖酶水解纤维素的水解产物纤维低聚糖进一步水解生成无生理活性的葡萄糖，因此，要求反应体系中 β-葡萄糖苷酶含量尽可能低。

目前报道的纤维低聚糖酶解工艺主要包括批式酶解、批式补料酶解和多段酶解工艺。酶解过程中，多段酶解工艺能够改善纤维素酶各组分间的协同水解作用，在一定程度上促进纤维素酶-纤维素复合物的形成。纤维素酶多段水解工艺可通过简单的固液分离在反应过程中不断移出糖液，降低酶反应产物对酶组分的抑制作用，并充分利用酶解残渣中吸附的纤维素酶，可提高纤维低聚糖得率，明显缩短酶反应时间，降低酶水解成本。以玉米芯、稻壳、苜蓿草粉、小麦秸秆等农村废弃物为原料，利用里氏木霉、黑曲霉等菌株发酵合成低 β-葡萄糖苷酶活力纤维素酶可用于制备纤维低聚糖。夏黎明等以玉米芯纤维素为底物[77]，采用里氏木霉纤维素酶水解 $6\sim12h$，得到平均聚合度为 $2\sim9$ 的纤维低聚糖，纤维低聚糖得率大于 60%。王琪琪以低聚木糖生产废渣为原料，采用多段水解工艺制备纤维低聚糖，研究了二段和三段酶解模式对纤维低聚糖制备的影响[78]，研究发现，采用三段酶解工艺，纤维低聚糖得率为 51.78%，分别比二段酶解工艺和批式酶解工艺高出 11.45% 和 26.50%。

三、纤维低聚糖的工程化案例

大多数有工业应用潜力的能合成纤维素酶的微生物，其分泌的纤维素酶系中都含有一定数量的 β-葡萄糖苷酶，而纤维低聚糖制备对生物催化剂纤维素酶的要求是其 β-葡萄糖苷酶含量（或活力）足够低，即要求是低（无）β-葡萄糖苷酶活力的纤维素酶。围绕适合于纤维低聚糖制备的低（无）β-葡萄糖苷酶活力纤维素酶制剂的制备，主要采取以下途径实现：a. 采用物理、化学诱变或基因工程的方法改造微生物，以期获得的突变株或工程菌分泌的纤维素酶系中 β-葡萄糖苷酶含量低或无 β-葡萄糖苷酶；b.通过调控发酵的手段改变微生物的培养条件，以降低微生物对 β-葡萄糖苷酶的分泌；c.根据底物对纤维素酶各组分的亲和力不同，将纤维素酶系中的 β-葡萄糖苷酶分离除去。

研究表明，不同聚合度的纤维素分子对纤维素酶系中内切葡聚糖酶、外切葡聚糖酶和 β-葡萄糖苷酶的亲和作用不同。长链纤维素和不溶性短链纤维素对内切葡聚糖酶与外切葡聚糖酶的亲和力强，而对 β-葡萄糖苷酶的亲和力弱。在纤维质原料和纤维素酶的混合体系中，如果控制适当的吸附条件，则可控制纤维素酶组分中内切葡聚糖酶、外切葡聚糖酶和 β-葡萄糖苷酶在底物纤维素上的吸附行为，内切葡聚糖酶和外切葡聚糖酶主要吸附在底物纤维素上，β-葡萄糖苷酶由于与纤维素的亲和力弱主要溶解在液相中，通过简单的固液分离即可实现纤维素酶系中大量 β-葡萄糖苷酶的拆分，从而制备适合于纤维低聚糖制备的低 β-葡萄糖苷酶活力纤维素酶，用该酶水解纤维质原料即可得到得率高、产品中无生理活性的单糖葡萄糖含量低的纤维低聚糖。

玉米芯酶法制备低聚木糖生产中，产生大量富含纤维素的低聚木糖生产废渣，这些废渣是生产纤维低聚糖的优良原料。低聚木糖生产废渣制备纤维低聚糖的工艺流程见图 11-5-9。

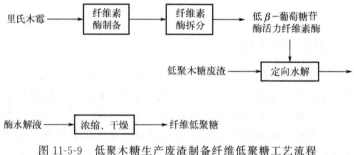

图 11-5-9　低聚木糖生产废渣制备纤维低聚糖工艺流程

里氏木霉以少量低聚木糖生产废渣为碳源发酵纤维素酶；纤维素酶液与大量低聚木糖生产废渣混合，控制混合体系的温度、pH 值和时间，以实现纤维素酶系中大量内切葡聚糖酶和外切葡聚糖酶在底物纤维素上的吸附，而绝大多数 β-葡萄糖苷酶则保留在水相中；通过固液分离除去水相中的 β-葡萄糖苷酶，得到吸附在底物上的低 β-葡萄糖苷酶活力的纤维素酶；在固液分离得到的吸附大量内切葡聚糖酶和外切葡聚糖酶的固体渣中添加适量水、调节 pH 值后于一定温度下采用多段酶解工艺水解，得到浓度和得率较高的纤维低聚糖。

结果表明，里氏木霉在 $5m^3$ 发酵罐中以低聚木糖生产废渣为碳源发酵产酶 36h，滤纸酶活力和 β-葡萄糖苷酶活力分别为 2.27FPU/mL 和 0.72U/mL；在纤维素酶加量 15FPIU/g 纤维素、底物浓度 5％条件下经"底物原位吸附-固液分离"拆分纤维素酶系中的 β-葡萄糖苷酶，底物对内切葡聚糖酶和 β-葡萄糖苷酶的吸附率分别为 82.97％ 和 9.73％；经拆分后的低 β-葡萄糖苷酶活力纤维素酶采用多段酶解工艺水解低聚木糖生产废渣制备纤维低聚糖，以 500kg 绝干低聚木糖生产废渣为底物，纤维低聚糖得率达 69.53％。

四、纤维低聚糖的应用

与其他功能性低聚糖一样，纤维低聚糖可广泛应用于功能性食品、饲料和保健品等行业。作为功能性食品基料或保健品成分，纤维低聚糖具有改善肠道菌群结构、增强机体免疫力等功能；作为饲料添加剂，纤维低聚糖具有提高动物生产性能、保障动物健康的功能。南京林业大学研究团队在蛋鸡养殖过程中发现，在海兰褐蛋鸡配合饲料中添加纤维低聚糖对蛋鸡生产性能的影响很大，可显著提高蛋鸡产蛋率和产蛋量。100kg 配合饲料添加 3.6g 纤维低聚糖，与空白对照组相比，42 天平均产蛋率从 83.96％提高到 89.60％，平均产蛋量从 9.24kg/d 提高到 10.19kg/d，提高 10.28％。

第四节　甘露低聚糖

一、甘露低聚糖的结构与理化性质

　　甘露低聚糖（manno-oligosaccharides）是由甘露糖通过糖苷键连接形成主链，在主链上连有侧链基团（如葡萄糖基或半乳糖基）而形成的聚合度为 2～10 的低聚糖，又称甘露寡糖、低聚甘露糖，是功能性低聚糖家族的新成员[79]。与低聚半乳糖、低聚果糖、低聚木糖等功能性低聚糖相比，甘露低聚糖受到的关注较少。甘露低聚糖主要由甘露聚糖不完全降解得到，自然界中天然甘露聚糖广泛存在于魔芋粉、瓜儿豆胶、田菁胶、银耳细胞壁以及多种微生物（如酵母）细胞壁内[80]。

　　甘露低聚糖根据分子结构主要分为两类：一是来源于酵母细胞壁的以 α-1,2-、α-1,3-或 α-1,6-糖苷键连接构成的甘露低聚糖；二是来源于植物的以 β-1,4-糖苷键连接构成的甘露低聚糖。根据糖基组成又分为甘露低聚糖、半乳甘露低聚糖、葡甘露低聚糖和半乳葡甘露低聚糖，如图 11-5-10 所示。

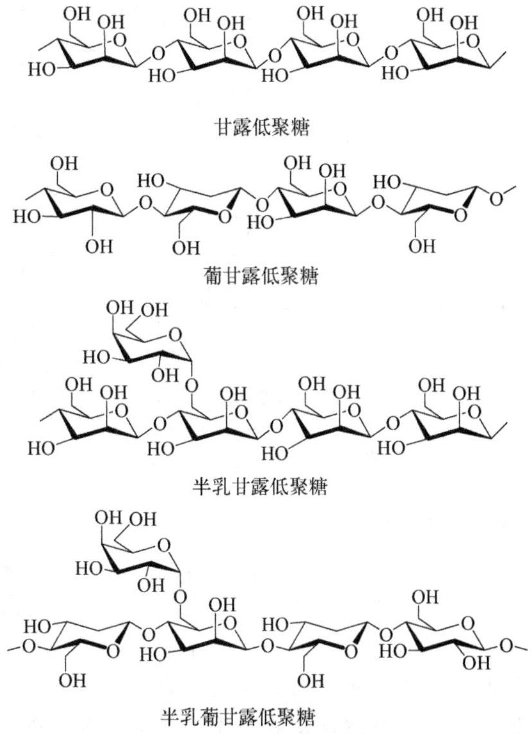

甘露低聚糖

葡甘露低聚糖

半乳甘露低聚糖

半乳葡甘露低聚糖

图 11-5-10　甘露低聚糖结构

　　目前，市场上甘露低聚糖产品主要以酵母细胞壁甘露低聚糖为主，植物来源甘露低聚糖产品较少，仅葡甘露低聚糖少数产品。本节主要介绍植物源甘露低聚糖，植物源甘露低聚糖的主链通常以 β-1,4-糖苷键连接，在主链上通常连有葡萄糖基或半乳糖基侧链基团。甘露低聚糖在酸、热条件下稳定，具有安全无毒和低热量等良好理化性质。以葡甘露低聚糖为例，在 pH 值 2.5～8.0 范围内于 100℃下加热 1h 几乎不分解。葡甘露低聚糖的糖浆为无色或淡黄色液体，粉末为白色或淡黄色固体，味微甜、清爽纯正[80]。

二、甘露低聚糖的生物活性

甘露低聚糖是一类新型的功能性低聚糖，它具有功能性低聚糖的共同生物学功能，对人或动物体肠道内有益菌有选择性增殖作用，具有抑制动物肠道病原菌、增强机体免疫力以及提高肠黏膜功能等生理活性，可广泛应用于功能性食品、饲料和保健品行业[81]。与其他功能性低聚糖相比，甘露低聚糖具有显著的免疫增强活性，自 2017 年国家实施饲料禁抗政策以来，具有抗生素替代品功能的绿色饲料添加剂的发现和挖掘受到人们的普遍关注，甘露低聚糖被认为是潜在的饲用抗生素替代品从而受到广泛关注。

1. 增强免疫力

在人类和动物机体中，免疫系统是机体抵御外来抗原入侵的重要屏障，由小到大依次由免疫分子、免疫细胞和免疫器官组成。免疫器官主要包括扁桃体、黏膜、胸腺、骨髓以及淋巴结等；免疫细胞主要包括 T 细胞、B 细胞、吞噬细胞、抗原呈递细胞和粒细胞等；免疫分子主要包括膜型分子（T 细胞受体和 B 细胞受体）和分泌型分子（细胞因子、免疫球蛋白和补体）。免疫系统的主要职责是通过识别和排除抗原性异物，与人或动物机体其他系统（如消化系统、抗氧化系统）相互协调配合，共同保护和维持机体内环境稳定[82]，见图 11-5-11。目前，已有甘露低聚糖对家禽免疫功能影响的研究，包括对免疫球蛋白分泌的影响，以及对新城疫的体液免疫应答等。Woo 等报道在蛋鸡日粮中添加甘露低聚糖可以增加免疫球蛋白 G 的含量[83,84]。Yin 等报道，在饲料中添加半乳甘露低聚糖能提高早期断奶仔猪血清中免疫球蛋白 G 和免疫球蛋白 M 的分泌水平[84,85]。南京林业大学功能性低聚糖研究团队发现半乳甘露低聚糖显著提高了蛋鸡免疫球蛋白和细胞因子的分泌[84]。

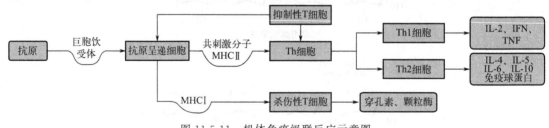

图 11-5-11　机体免疫级联反应示意图

天然多糖及其降解产物调节免疫功能的主要机制之一是通过促进树突状细胞（一种抗原呈递细胞）的成熟和增强树突状细胞的功能。树突状细胞成熟后分泌高水平的共刺激分子和促炎细胞因子，同时携带抗原由感知抗原的外周免疫组织进入次级的淋巴器官，将抗原呈递给 T 细胞，促进 T 细胞的活化。活化后的 T 细胞一般分化为辅助性 T 细胞（Th1）或 Th2 细胞，并且能够释放大量不同的免疫细胞因子来传递信号，从而起到调控机体免疫应答的作用。此外，有文献证实甘露聚糖及其降解产物（如甘露低聚糖）作为一种外源凝集素能够结合病原菌，作用机理见图 11-5-12[86]。例如，致病菌白色念珠菌（Candida albicans）外层细胞壁含有甘露糖蛋白，其对白色念珠菌与宿主细胞相互作用起着重要的作用[87]。添加甘露聚糖或甘露低聚糖可起到凝集素的作用，结合病原菌的糖蛋白结合位点，从而阻止病原菌与宿主细胞结合。

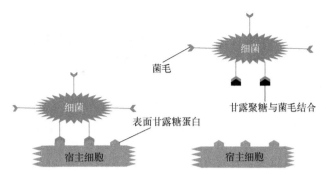

图 11-5-12　甘露聚糖或甘露低聚糖与病原菌相互作用

2. 改善肠道微生态环境

肠道是人或动物最大的微生态系统和免疫器官，肠道中微生物菌群结构与肠道健康以及机体健康状态密切相关。功能性低聚糖对肠道益生菌的选择性增殖作用对机体健康具有重要的影响。南京林业大学功能性低聚糖研究团队发现，摄食半乳甘露低聚糖的 C57BL/6J 实验小鼠肠道微生物菌群中益生菌拟杆菌属的相对丰度显著增加，而潜在致病菌螺杆菌属的相对丰度显著下降[86]。在蛋鸡日粮中添加半乳甘露低聚糖显著增加了蛋鸡肠道菌群物种的多样性，提高了肠道菌群的稳定性，降低了蛋鸡疾病发病率，半乳甘露低聚糖表现出优异的益生元活性；同时，显著促进了盲肠菌群中拟杆菌门微生物的增殖，显著抑制了厚壁菌门、互养菌门和以致病菌为主的变形菌门微生物的增殖。此外，拟杆菌门微生物代谢半乳甘露低聚糖产生大量丙酸，能够有效抑制变形菌门微生物的增殖[84]。

三、甘露低聚糖的制备

（一）甘露低聚糖的生产原料

植物来源甘露低聚糖的制备主要以富含甘露聚糖的魔芋、皂荚、瓜尔豆和田菁种子等植物资源为原料。甘露聚糖是一类具有特殊结构的半纤维素多糖，自然界中储量丰富，是仅次于木聚糖的第二大半纤维素成分。甘露聚糖根据糖基组成可分为甘露聚糖、半乳甘露聚糖、葡甘露聚糖和半乳葡甘露聚糖四种，四种甘露聚糖中均存在由甘露糖或甘露糖与葡萄糖以 β-1,4-糖苷键连接而成的主链结构。表 11-5-3 列举了主要植物来源甘露聚糖的结构与糖基组成信息[88]。

表 11-5-3　主要植物来源甘露聚糖的结构与糖基组成信息

聚糖种类	植物名称	结构	糖基组成
甘露聚糖	藏茴香	β-1,4-连接甘露聚糖	甘露糖基
半乳甘露聚糖	瓜尔豆	β-1,4-甘露糖主链，α-1,6-半乳糖侧链	甘露糖基∶半乳糖基＝1.5∶1
	葫芦巴	β-1,4-甘露糖主链，α-1,6-半乳糖基侧链	甘露糖基∶半乳糖基＝1.02∶1
	洋槐豆	β-1,4-甘露糖主链，α-1,6-半乳糖侧链	甘露糖基∶半乳糖基＝4∶1
	田菁		甘露糖基∶半乳糖基＝2∶1
	野皂荚		甘露糖基∶半乳糖基＝3.2∶1
葡甘露聚糖	魔芋	β-1,4-甘露糖基、葡萄糖基主链，乙酰基侧链	甘露糖基∶葡萄糖基＝1.6∶1
半乳葡甘露聚糖	挪威云杉	β-1,4-甘露糖基和葡萄糖基主链，α-1,6-半乳糖侧链	甘露糖基∶葡萄糖基∶半乳糖基＝（3.5～4.5）∶1∶（0.5～1.1）

1. 甘露聚糖

甘露聚糖又称均一甘露聚糖，是由甘露糖残基组成的线性同多糖，其中半乳糖残基含量低于5%。常见于芦荟、藏茴香等植物种子中，是一种中性的水溶性多糖。

2. 半乳甘露聚糖

半乳甘露聚糖是由甘露糖残基以β-1,4-糖苷键连接形成主链，半乳糖残基通过α-1,6-糖苷键与主链甘露糖残基连接的多分枝聚糖[89]。半乳甘露聚糖的流变性质使其成为良好的增稠剂和添加剂，广泛应用于食品等行业。分子中甘露糖残基与半乳糖残基的比例影响半乳甘露聚糖的溶解度和黏度，不同植物来源的甘露糖与半乳糖的糖基比存在差异，如洋槐豆胶约为4∶1，塔拉胶约为3∶1，瓜尔豆胶约为2∶1，以及葫芦巴胶约为1∶1。半乳甘露聚糖多存在于豆科双子叶植物的种子胚乳中，如瓜尔豆、洋槐豆、田菁和肉桂等。

3. 葡甘露聚糖

葡甘露聚糖是由甘露糖残基和葡萄糖残基以β-1,4-糖苷键连接形成主链，乙酰基侧链与主链甘露糖残基连接的高分子聚糖。魔芋葡甘露聚糖中甘露糖残基与葡萄糖残基的比例为1.6∶1。此外，葡甘露聚糖中存在一定程度的乙酰化作用，乙酰基的存在可阻碍分子内氢键形成，有利于提高葡甘露聚糖的溶解度。葡甘露聚糖广泛存在于许多植物的块茎和根茎中，魔芋是葡甘露聚糖的重要来源，它是天南星科魔芋属多年生草本植物，适合在山区种植。我国陕西、四川、云南、贵州等地有着丰富的魔芋资源[90,91]。

4. 半乳葡甘露聚糖

半乳葡甘露聚糖是由甘露糖残基和葡萄糖残基以β-1,4-糖苷键连接形成主链，半乳糖残基通过α-1,6-糖苷键与主链甘露糖残基或葡萄糖残基连接的多分枝聚糖[92]。半乳葡甘露聚糖是针叶材（云杉、松树等）半纤维素的主要成分，约占木材干重的15%~25%。

（二）甘露低聚糖的制备技术

目前，多糖降解是制备植物来源甘露低聚糖的主要方法，包括物理降解法、化学降解法和生物降解法。物理降解法主要包括微波法、辐照法、超声波法等。物理降解法能够降解断裂多糖糖苷键，但降解效果有限，通常仅限于甘露聚糖在化学或酶水解前的降黏处理。化学降解法包括酸法、氧化法等，其中以酸法降解制备甘露低聚糖最为常见。Rofbud等首次采用3%的H_2SO_4水解魔芋粉制备葡甘露低聚糖，但酸水解产物中单糖含量高，水解过程难以控制，并且设备腐蚀严重，对环境造成较大影响，不具备工业应用价值[86]。氧化法是利用强氧化剂作用于多糖分子中作用力较弱的化学键，通过断裂分子链以达到降解多糖的目的。Reddy等采用$K_2S_2O_8$和H_2O_2两种强氧化剂降解瓜尔胶，发现$K_2S_2O_8$对瓜尔胶半乳甘露聚糖的降解作用大于H_2O_2，3%的$K_2S_2O_8$作用于瓜尔胶3h，瓜尔胶的黏均分子量降低至0.06×10^6，而在相同条件下，H_2O_2处理的瓜尔胶的黏分子量为0.8×10^6[93]。娄广庆等利用臭氧降解魔芋葡甘露聚糖得到葡甘露低聚糖[94]。与物理降解法和化学降解法相比，酶法降解甘露聚糖制备甘露低聚糖具有条件温和、选择性高、副产物少等优点，是最有工业应用前景的甘露低聚糖生产方法。

1. β-甘露聚糖酶法制备技术

β-甘露聚糖酶是指能够水解甘露聚糖成单糖的复合酶的总称。根据底物特异性和作用特点，甘露聚糖酶主要由内切β-甘露聚糖酶（EC3.2.1.78）和β-甘露聚糖苷酶（EC3.2.1.25）组成[95]。β-甘露聚糖酶来源广泛，存在于自然界的动物、植物和微生物中。商业化β-甘露聚糖酶主要来源于微生物发酵，β-甘露聚糖酶生产菌株包括芽孢杆菌等细菌和黑曲霉、里氏木霉、青霉等真菌。不同来源的 β-甘露聚糖酶，酶学性质差异较大。通常，细菌产生的 β-甘露聚糖酶的最适反应 pH 值偏碱性，而真菌来源的 β-甘露聚糖酶的最适反应 pH 值偏酸性[96]。从食品安全的角度出发，黑曲霉和里氏木霉是生产 β-甘露聚糖酶的常用菌株。

内切 β-甘露聚糖酶能够随机作用于甘露聚糖主链的 β-1,4-糖苷键，生成甘露低聚糖和短链甘露聚糖，其水解甘露聚糖的作用位点见图 11-5-13。内切 β-甘露聚糖酶对底物的水解受底物主链结构以及侧链基团影响，例如在半乳甘露聚糖、半乳葡甘露聚糖的酶法水解中，由于侧链基团对内切 β-甘露聚糖酶的空间位阻效应，通常需支链降解酶（α-半乳糖苷酶或 β-葡萄糖苷酶）的辅助水解，以提高内切 β-甘露聚糖酶对甘露聚糖主链的水解作用。

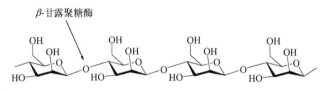

图 11-5-13　内切 β-甘露聚糖酶对甘露聚糖主链的作用位点

迄今发现的天然微生物中，内切 β-甘露聚糖酶和 β-甘露糖苷酶总是同时存在于微生物分泌的甘露聚糖酶中，而 β-甘露糖苷酶的存在将使甘露聚糖经内切 β-甘露聚糖酶选择性降解生成的甘露低聚糖进一步降解成单糖，因此，如何制备低（无）甘露糖苷酶活力的内切 β-甘露聚糖酶是高效制备甘露低聚糖的关键。倪玉佳等采用基因工程技术，将来源于黑曲霉的内切 β-甘露聚糖酶基因在重组毕赤酵母菌中表达，并采用高密度发酵法获得活力为 2319U/mL 的重组内切 β-甘露聚糖酶[97]。尽管来源于黑曲霉的重组内切 β-甘露聚糖酶能够很好地选择性降解半乳甘露聚糖制备半乳甘露低聚糖，但来源于基因工程菌的内切 β-甘露聚糖酶存在生物安全性隐患，在食品、饲料添加剂生产上受到诸多限制。通过菌株筛选与发酵调控技术，勇强等获得一株里氏木霉菌株，采用液态深层发酵法获得内切 β-甘露聚糖酶和 β-甘露糖苷酶的活力比为 112 的甘露聚糖酶，无需进行酶组分拆分，可直接应用于甘露低聚糖的酶法生产[98]。

2. 葡甘露低聚糖酶法制备技术

魔芋富含葡甘露聚糖，是生产葡甘露低聚糖的理想原料。王静等以魔芋葡甘露聚糖为底物，采用里氏木霉合成的甘露聚糖酶制备葡甘露低聚糖，酶水解得率达 72.98%，同时甘露聚糖酶对葡甘露低聚糖的选择性为 62.22%[99]。欧阳嘉等人将来源于黑曲霉的内切 β-甘露聚糖酶基因克隆并在毕赤酵母菌中表达，采用重组内切 β-甘露聚糖酶选择性降解魔芋葡甘露聚糖，葡甘露低聚糖得率在 75% 以上，酶对葡甘露低聚糖的选择性达到 92.5%[100]。

3. 半乳甘露低聚糖酶法制备技术

半乳甘露低聚糖的制备主要以洋槐豆胶、葫芦巴胶、田菁胶和野皂荚等植物多糖为原料，经内切 β-甘露聚糖酶催化水解得到。Kurakake 等利用 *Penicillium oxalicum* SO 甘露聚糖酶，于 60℃、pH 值 5.0 条件下分别降解瓜尔胶和洋槐豆胶制备半乳甘露低聚糖，半乳甘露低聚糖得率均为 92%，质谱分析发现，瓜尔胶半乳甘露低聚糖和洋槐豆胶半乳甘露低聚糖中分别以聚合度为 6 和 7、5 和 6 的低聚糖为主[101]。傅亮等采用甘露聚糖酶降解瓜尔胶制备半乳甘露低聚糖，当 0.5% 的瓜尔胶在酶加量 20U/g 聚糖、pH6.0、50℃ 条件下反应 8h 时，半乳甘露低聚糖得率为 24.2%，平均聚合度为 4.13，采用高效液相色谱法对酶解产物分析发现，得到的半乳甘露低聚糖以二糖为主[102]。勇强等以对人体安全的里氏木霉为生产菌株，采用培养基设计和调控发酵技术发酵得到甘露聚糖酶，酶系中内切甘露聚糖酶和 β-甘露糖苷酶的活力分别为 4.48U/mL 和 0.04U/mL，内切 β-甘露聚糖酶活力/β-甘露糖苷酶活力为 112。针对田菁半乳甘露聚糖分子中半乳糖侧链基团对内切 β-甘露聚糖酶反应的空间位阻效应，创新性地提出内切 β-甘露聚糖酶和 β-半乳糖苷酶协同水解田菁半乳甘露聚糖技术方法，水解 36h，半乳甘露低聚糖得率、酶对半乳甘露低聚糖的选择性分别为 76.10％和 88.49％[86]。

4. 甘露低聚糖的定量分析

甘露低聚糖科学、准确的定量分析方法是甘露低聚糖科学研究、生产过程中质量控制和功能食品、饲料中功能组分含量检测的关键技术。葡甘露低聚糖、半乳甘露低聚糖的前体物质葡甘露聚糖、半乳甘露聚糖均为水溶性聚糖，葡甘露聚糖、半乳甘露聚糖经内切甘露聚糖酶水解后，水解产物中包含甘露低聚糖、短链甘露聚糖以及未降解的甘露聚糖，常规方法难以将甘露低聚糖从溶液中分离出来。针对目前研究报道中关于甘露低聚糖检测方法不科学、准确度低的情况，南京林业大学研究团队在组分拆分的基础上建立了葡甘露低聚糖和半乳甘露低聚糖的定量分析方法，即利用乙醇分级沉淀法将葡甘露低聚糖、半乳甘露低聚糖分级成若干分子量区间，测定各分子量区间的葡甘露低聚糖、半乳甘露低聚糖的平均分子量及对应的葡甘露低聚糖、半乳甘露低聚糖含量，建立以若干不同平均分子量的半乳甘露低聚糖含量定量表征葡甘露低聚糖、半乳甘露低聚糖，该法具有科学、准确等优点[103,104]。

四、半乳甘露低聚糖的生产与应用案例

1. 田菁种子酶法制备半乳甘露低聚糖工艺

目前，植物来源甘露低聚糖规模化生产仅有以魔芋为原料制备葡甘露低聚糖，而且规模较小，利用富含半乳甘露聚糖的植物资源生产半乳甘露低聚糖的工业化生产尚未见报道。南京林业大学研究团队在江苏盐城建设了 1 条利用田菁种子酶法生产 100t/a 半乳甘露低聚糖的中试线，中试结果表明，在半乳甘露聚糖浓度 20g/L、甘露聚糖酶用量 20U/g 半乳甘露聚糖、50℃、pH 4.8 下酶解 36h，半乳甘露聚糖经特定配方酶选择性降解，半乳甘露低聚糖得率为 76.1％，酶对半乳甘露低聚糖的选择性达 88.5％。田菁种子酶法制备半乳甘露低聚糖工艺流程见图 11-5-14。

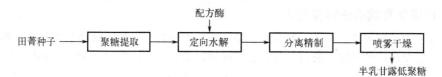

图 11-5-14　田菁种子酶法制备半乳甘露低聚糖工艺流程

2. 半乳甘露低聚糖的应用

半乳甘露低聚糖作为功能性低聚糖的一种，具有选择性增殖肠道有益菌、改善肠道菌群结构、增强机体免疫力等生物学活性，与其他功能性低聚糖相比，半乳甘露低聚糖表现出优异的免疫增强活性。目前，半乳甘露低聚糖在功能性食品、保健品等领域的应用尚未见报道，而在蛋鸡、肉兔、奶牛等动物养殖中的应用已有报道，但尚未形成大规模推广应用。南京林业大学研究团队[84] 研究了半乳甘露低聚糖饲料添加剂对蛋鸡养殖的影响。选取 68 周龄、生产性能相近、健康的海兰褐蛋鸡 288 羽，随机分成 4 组，每组 6 个重复，每个重复 12 羽。其中 3 组为添加不同含量半乳甘露低聚糖的蛋鸡饲料的试验组，在 100kg 蛋鸡饲料中分别添加半乳甘露聚糖 22g、54g 和 109g。另一组为空白对照组，仅饲喂基础饲粮，不含半乳甘露低聚糖。主要研究结果如下。

① 添加半乳甘露低聚糖对产蛋后期蛋鸡的生产性能影响显著。可提高老年蛋鸡产蛋率、降低料蛋比，提高养殖收益。在蛋鸡日粮中添加 0.05％的半乳甘露低聚糖，与对照组相比，产蛋

率从 76.99％提高到 79.94％，提高 4.24％；料蛋比从 2.67 降低到 2.44，降低 8.61％；蛋壳强度由对照组的 2.93kg/cm² 提高到 3.78kg/cm²，提高 29.01％。

② 添加半乳甘露低聚糖可显著促进蛋白质代谢，显著降低血清中碱性磷酸酶含量。在蛋鸡日粮中添加 0.05％的半乳甘露低聚糖，与对照组相比，血清中白蛋白含量从对照组的 18.78g/L 提高到 21.49g/L，提高 14.43％；血清中血氨浓度从对照组的 253.58μmol/L 降低到 200.00μmol/L，降低 21.13％；血清中尿素氮浓度从对照组的 0.77mmol/L 增加到 0.91mmol/L，增加 18.18％；血清中碱性磷酸酶活性从对照组的 72.69U/L 降低到 56.48U/L，降低 22.30％。

③ 添加半乳甘露低聚糖可显著促进脂类代谢，降低血清中甘油三酯和胆固醇含量。在蛋鸡日粮中添加 0.05％的半乳甘露低聚糖，与对照组相比，血清中甘油三酯含量从对照组的 15.86mmol/L 降低到 10.14mmol/L，降低 36.07％；血清中胆固醇含量从对照组的 6.97mmol/L 降低到 6.16mmol/L，降低 11.62％；血清中高密度脂蛋白含量从对照组的 0.62mmol/L 提高到 0.75mmol/L，提高了 20.97％；血清中低密度脂蛋白含量从对照组的 2.91mmol/L 降低到 2.37mmol/L，降低了 18.56％。同时发现，半乳甘露低聚糖还可降低肝脏中甘油三酯含量，但对肝脏中胆固醇含量的影响不大[105]。

④ 添加半乳甘露低聚糖可显著提高机体抗氧化能力。机体中超氧化物歧化酶、总抗氧化能力和谷胱甘肽过氧化物酶的活性是评价机体抗氧化能力的重要指标[106]。在蛋鸡日粮中添加半乳甘露低聚糖，蛋鸡血清中脂质过氧化物丙二醛含量显著降低，超氧化物歧化酶、总抗氧化能力和谷胱甘肽过氧化物酶活性显著提高[107]。

⑤ 添加半乳甘露低聚糖可显著提高机体免疫球蛋白分泌水平，尤其对血清及空肠中免疫球蛋白的影响显著。在蛋鸡日粮中添加 0.025％的半乳甘露低聚糖，血清、空肠和回肠中 IgG 含量分别为 3.81mg/mL、40.16μg/mg 和 26.11μg/mg，分别比对照组提高 71.62％、45.93％ 和 15.32％；血清和空肠中 IgM 含量分别为 1.23mg/mL、2.70μg/pg，分别比对照组提高 26.80％ 和 37.76％；空肠、回肠中 sIgA 含量分别为 2.55μg/mg 和 1.78μg/mg，分别比对照组增加 18.60％和 11.95％。

⑥ 添加半乳甘露低聚糖可显著提高机体细胞因子分泌水平。在蛋鸡日粮中添加 0.025％的半乳甘露低聚糖，血清中 TNF-α、IL-6、IL-1β、IFN-γ 和 TLR4 含量分别为 110.64ng/mL、51.87ng/mL、23.07ng/mL、228.59ng/mL 和 4.06ng/mL，分别比对照组提高 37.94％、37.08％、49.51％、22.23％和 51.49％；空肠中 TNF-α、IL-6、IL-1β、IFN-γ 和 TLR4 含量分别为 17.83ng/mL、28.45ng/mL、7.58ng/mL、30.72ng/mL 和 1.79ng/mL，分别比对照组提高 28.83％、14.12％、53.13％、39.76％和 36.64％；回肠中 TNF-α、IL-6、IL-1β、IFN-γ 和 TLR4 含量均高于对照组，但提高幅度不大，未达到显著水平（$P > 0.05$）[107]。

⑦ 添加半乳甘露低聚糖可显著改善肠道菌群结构，提高肠道微生物多样性。在蛋鸡日粮中添加半乳甘露低聚糖，可显著提高盲肠中微生物的多样性，不仅可以增加稀有物种的数量，而且可以显著增加肠道内优势菌群的数量；能够显著促进盲肠菌群中拟杆菌门的增殖，显著抑制厚壁菌门、互养菌门和以致病菌为主的变形菌门微生物的增殖。在蛋鸡日粮中添加 0.025％的半乳甘露低聚糖，蛋鸡盲肠中拟杆菌门和厚壁菌门微生物的相对丰度分别从对照组的 51.71％和 36.13％提高到 76.1％和降低到 15.1％[84]。

综上所述，半乳甘露低聚糖不仅具有改善机体肠道菌群的功能，而且具有显著的免疫增强活性，是一种具有良好开发潜力的抗生素替代品。

参考文献

[1] 勇强，徐勇，余世袁，等. 低聚木糖在饲料工业中的应用. 饲料研究，2004 (4)：17-19.

[2] 肖敏. 功能性低聚糖及其生产应用. 生物产业技术，2018（6）：29-34.

[3] Al-Sheraji S H，Ismail A，Manap M Y，et al. Prebiotics as functional foods：A review. Journal of Functional Foods，2013，5（4）：1542-1553.

[4] Aachary A A，Prapulla S G. Xylooligosaccharides（XOS）as an emerging prebiotic：Microbial synthesis，utilization，structural characterization，bioactive properties，and applications. Comprehensive Reviews in Food Science and Food Safety，2011，10（1）：2-16.

[5] Minemura M. Gutmicrobiota and liver diseases. World Journal of Gastroenterology，2015，21（6）：1691-1702.

[6] Maukonen J，Saarela M. Human gutmicrobiota：does diet matter? Proceedings of the Nutrition Society，2015，74（1）：23-36.

[7] Lamichhane S，Yde C C，Forssten S，et al. Impact of dietary polydextrose fiber on the human gut metabolome. Journal of Agricultural and Food Chemistry，2014，62（40）：9944-9951.

[8] Gong L，Wang H，Wang T，et al. Feruloylated oligosaccharides modulate the gut microbiota in vitro via the combined actions of oligosaccharides and ferulic acid. Journal of Functional Foods，2019，60：103453.

[9] 任红立，汪晶晶，宋建楼，等. 功能性低聚糖的研究进展. 饲料博览，2016（4）：35-39.

[10] Gniechwitz D，Reichardt N，Blaut M，et al. Dietary fiber from coffee beverage：degradation by human fecal microbiota. Journal of Agricultural and Food Chemistry，2007，55（17）：6989-6996.

[11] 李燕妹，吕峰，许雅楠，等. 酵母发酵结合酶法纯化石莼功能性低聚糖. 福建农林大学学报（自然科学版），2018，47（1）：110-114.

[12] 李炳学，牛菲，张宁. 酶法合成功能性低聚糖. 微生物学杂志，2017，37（1）：1-6.

[13] Chu Q L，Wang Z Z，Huang S Y，et al. Functional cello-oligosaccharides production from the corncob residues of xylo-oligosaccharides manufacture. Process Biochemistry，2014，49（8）：1217-1222.

[14] 杨远志，闫刘慧，庞明利. 功能性低聚糖研究进展及在食品工业中应用. 中国食品添加剂和配料协会甜味剂专业委员会行业年会，中国食品添加剂和配料协会，2015.

[15] Reddy T T，Tammishetti S. Free radical degradation of guar gum. Polymer Degradation and Stability，2004，86（3）：455-459.

[16] Wasikiewicz J M，Yoshii F，Nagasawa N，et al. Degradation of chitosan and sodium alginate by gamma radiation，sonochemical and ultraviolet methods. Radiation Physics and Chemistry，2005，73（5）：287-295.

[17] 潘廷跳. 魔芋葡甘聚糖的降解及活性研究. 福州：福建农林大学，2013.

[18] 徐雅琴，刘菲，郭莹莹，等. 黑穗醋栗果实超声波降解多糖的结构及抗糖基化活性. 农业工程学报，2017，33（5）：295-300.

[19] Tayal A，Khan S A. Degradation of a water-soluble polymer：Molecular weight changes and chain scission characteristics. Macromolecules，2000，33（26）：9488-9493.

[20] Huang K，Luo J，Cao R，et al. Enhanced xylooligosaccharides yields and enzymatic hydrolyzability of cellulose using acetic acid catalysis of poplar sawdust. Journal of wood chemistry and technology，2018，38（5）：371-384.

[21] Buruiana C，Vizireanu C. Prebiotic xylooligosaccharides from lignocellulosic materials：Production，purification and applications-An overview. The Annals of the University Dunarea de Jos of Galati，Fascicle Ⅵ，Food technology，2014，38（2）：18-31.

[22] Neto F S P P，Roldán I U M，Galán J P M，et al. Model-based optimization of xylooligosaccharides production by hydrothermal pretreatment of Eucalyptus by-product. Industrial Crops and Products，2020，154：112707.

[23] Sun S，Cao X，Sun S，et al. Improving the enzymatic hydrolysis of thermo-mechanical fiber from Eucalyptus urophylla by a combination of hydrothermal pretreatment and alkali fractionation. Biotechnology for biofuels，2014，7（1）：116.

[24] Moniz P，Pereira H，Quilhó T，et al. Characterisation and hydrothermal processing of corn straw towards the selective fractionation of hemicelluloses. Industrial Crops and Products，2013，50：145-153.

[25] Tao Y，Yang L，Yin L，et al. Novel approach to produce biomass-derived oligosaccharides simultaneously by recombinant endoglucanase from*Trichoderma reesei*. Enzyme and Microbial Technology，2020，134：109481.

[26] 余世袁，勇强，徐勇. 一种植物纤维原料酶降解制备低聚木糖的方法：CN1169963C. 2004-10-06.

[27] 杨桦. 桑椹多糖制备工艺优化及其水解产物益生作用研究. 广州：华南农业大学，2018.

［28］ Huang C，Lai C，Wu X，et al. An integrated process to produce bio-ethanol and xylooligosaccharides rich in xylobiose and xylotriose from high ash content waste wheat straw. Bioresource Technology，2017，241：228-235.

［29］ Gibson G R，Roberfroid M B. Dietary modulation of the human colonic microbiota：Introducing the concept of prebiotics. Journal of Nutrition，1995，17（2）：259-275.

［30］ Gibson G R，Hutkins R，Sanders M E，et al. Expert consensus document：The InternationalScientific Association for Probiotics and Prebiotics（ISAPP）consensus statement on the definition and scope of prebiotics. Nature Reviews Gastroenterology & Hepatology，2017，14：491-502.

［31］ Silva E K，Arruda H S，Pastore G M，et al. Xylooligosaccharides chemical stability after high-intensity ultrasound processing of prebiotic orange juice. Ultrasonics Sonochemistry，2019：104942.

［32］ 陈远文，张宇，林川，等. 低聚木糖理化性质及其应用研究进展. 食品工业，2019，40（10）：245-248.

［33］ Venema K，Verhoeven J，Verbruggen S，et al. Xylo-oligosaccharides from sugarcane show prebiotic potential in a dynamic computer-controlled *in vitro* model of the adult human large intestine. Beneficial Microbes，2020，11（2）：1-10.

［34］ Chen Y X，Xie Y N，Ajuwon K M，et al. Xylo-oligosaccharides，preparation and application to human and animal health：A review. Frontiers in Nutrition，2021（8）：638.

［35］ 张红玉. 木质纤维原料醋酸催化制取低聚木糖及其纤维素酶水解. 南京：南京林业大学，2017.

［36］ 徐勇. 低聚木糖的精制及对双歧杆菌的增殖. 南京：南京林业大学，2001.

［37］ Okazaki M，Fujikawa S，Matsumoto N. Effect of xylooligosaccharide on the growth of *Bifidobacteria*. Bifidobacteria and Microflora，1990，9（2）：77-86.

［38］ Teng P Y，Kim W K. Review：Roles of prebiotics in intestinal ecosystem of broilers. Frontiers in Veterinary Science，2018，5：245.

［39］ Aachary A A，Prapulla S G. Xylooligosaccharides（XOS）as an emerging prebiotic：Microbial synthesis，utilization，structural characterization，bioactive properties，and applications. Comprehensive Reviews in Food Science & Food Safety，2011，10（1）：2-16.

［40］ 雷钊，尹达菲，袁建敏. 阿拉伯木聚糖和阿拉伯低聚木糖的益生功能研究进展. 动物营养学报，2017，29（2）：365-373.

［41］ Ando H，Ohba H，Sakaki T，et al. Hot-compressed-water decomposed products from bamboo manifest a selective cytotoxicity against acute lymphoblastic leukemia cells. Toxicology in Vitro，2004，18（6）：765-771.

［42］ 王喜明，许丽，袁玲，等. 低聚木糖对犊牛生长性能和血液生化指标的影响. 东北农业大学学报，2008，39（7）：61-65.

［43］ 杜莉，吴德华，徐汉坤，等. 低聚木糖和纳豆芽孢杆菌对幼犬血液指标的影响. 养犬，2009：292-297.

［44］ 司梅霞，李福宝，王慧，等. 低聚木糖对淮南麻鸡的生长性能和免疫器官的影响. 河北农业科学，2008，12（4）：101-102，109.

［45］ Wu X，Chen H，Tang W，et al. Use of metal chlorides during waste wheat straw autohydrolysis to overcome the self-buffering effect. Bioresource Technology，2018，268：259-265.

［46］ Sabiha-Hanim S，Noor M A M，Rosma A. Effect of autohydrolysis and enzymatic treatment on oil palm（Elaeis guineensis Jacq.）frond fibres for xylose and xylooligosaccharides production. Bioresource Technology，2011，102：1234-1239.

［47］ Huang C，Lai C，Wu X，et al. An integrated process to produce bio-ethanol and xylooligosaccharides rich in xylobiose and xylotriose from high ash content waste wheat straw. Bioresource Technology，2017，241：228-235.

［48］ Zhou X，Xu Y. Eco-friendly consolidated process for co-production of xylooligosaccharides and fermentable sugars using self-providing xylonic acid as key pretreatment catalyst. Biotechnology for Biofuels，2019，12：1-10.

［49］ Guo J，Cao R，Huang K，et al. Comparison of selective acidolysis of xylan and enzymatic hydrolysability of cellulose in various lignocellulosic materials by a novel xylonic acid catalysis method. Bioresource Technology，2020，304（1）：122943.

［50］ Lin Q X，Li H L Ren J L，et al. Production of xylooligosaccharides by microwave-induced，organic acid-catalyzed hydrolysis of different xylan-type hemicelluloses：Optimization by response surface methodology. Carbohydrate Polymers，2017，157：214-225.

［51］Zhang H，Xu Y，Yu S. Co-production of functional xylooligosaccharides and fermentable sugars from corncob with effective acetic acid prehydrolysis. Bioresource Technology，2017，234：343.

［52］毛莲山，勇强，余世袁. 低聚木糖生产用木聚糖酶的选择性合成. 现代化工，2004（S1）：132-134.

［53］徐勇，张红玉，余世袁，等. 一种植物原料受控水解生产复合型和功能性低聚糖饲料添加剂的方法：CN10587616813. 2019-11-12.

［54］Santibáez，Salazar O. Xylooligosaccharides from lignocellulosic biomass：A comprehensive review. Carbohydrate Polymers，2020，251：117118.

［55］张春红，霍军生，孙静，等. 低聚木糖的特性及在特殊医学用途配方食品中的应用前景. 中国生物发酵产业协会，2017.

［56］勇强，徐勇，陈牧，等. 低聚木糖饮料添加剂的研究与开发. 农业新技术，2004（1）：46-47.

［57］Wayne，Huey-Herng，Sheu，et al. Effects of xylooligosaccharides in type 2 diabetes mellitus. Journal of nutritional science and vitaminology，2008，54（5）：396-401.

［58］Wang J，Cao Y，Wang C，et al. Wheat bran xylooligosaccharides improve blood lipidmetabolism and antioxidant status in rats fed a high-fat diet. Carbohydrate Polymers，2011，86（3）：1192-1197.

［59］朱劼，杨书艳，邹敏辰. 低聚木糖对小鼠血糖和血脂的影响. 安徽农业科学，2007，35（21）：6443-6444.

［60］Courtin C M，Broekaert W F，Swennen K，et al. Dietary inclusion of wheat bran arabinoxylooligosaccharides induces beneficial nutritional effects in chickens. Cereal Chemistry，2008，85（5）：607-613.

［61］李美君，方治华，李运虎. 低聚木糖对断奶仔猪生产性能和腹泻率影响的研究. 湖南饲料，2019，1：43-45.

［62］孙攀峰，肖杰，李燕，等. 日粮添加低聚木糖对断奶仔猪生长性能，免疫功能和肠道菌群的影响. 中国饲料，2019（24）：42-45.

［63］李淑珍，刘娇，陈志敏，等. 杨木低聚木糖对肉鸡生长性能、肠道消化酶活性和短链脂肪酸含量及血清激素水平的影响. 动物营养学报，2021，33（2）：832-840.

［64］杨廷桂，周根来，杜文兴，等. 低聚木糖对肉鸭生长性能的影响. 中国畜牧兽医文摘，2006：30-32.

［65］张军华，杜莎，罗定媛，等. 低聚木糖对羔羊生产性能和血液生化指标的影响. 中国饲料，2008（2）：22-23.

［66］王喜明，许丽，孙文，等. 低聚木糖对犊牛生长性能及粪便菌群的影响. 中国畜牧杂志，2009（7）：40-42.

［67］褚武英，吴信，成嘉，等. 低聚木糖对草鱼生长性能及血液生化指标的影响. 饲料研究，2008（6）：60-61.

［68］熊沈学，刘文斌，詹玉春，等. 低聚木糖梯度添加对异育银鲫生产性能的影响. 饲料研究，2007，（7）：60.

［69］Fan L T，Lee Y H，Beardmore D H. Mechanism of the enzymatic hydrolysis of cellulose：Effects of major structural features of cellulose on enzymatic hydrolysis. Biotechnology and Bioengineering，1980，22（1）：177-199.

［70］Wolfrom M L，Dacons J C. The polymer-homologous series of oligosaccharides from cellulose1. Journal of the American Chemical Society，1952，74（21）：5331-5333.

［71］Miller G L，Dean J，Blum R. A study of methods for preparing oligosaccharides from cellulose. Archives of Biochemistry and Biophysics，1960，91（1）：21-26.

［72］Sulyman A O，Igunnu A，Malomo S O. Isolation，purification and characterization of cellulaseproduced by Aspergillus niger cultured on Arachis hypogaea shells. Heliyon，2020，6（12）：e05668.

［73］Londoño-Hernández L，Ramírez-Toro C，Ruiz H A，et al. Rhizopus oryzae-ancient microbial resource with importance in modern food industry. International journal of food microbiology，2017，257：110-127.

［74］Voloch M，Ladisch M R，Cantarella M，et al. Preparation of cellodextrins using sulfuric acid. Biotechnology and bioengineering，1984，26（5）：557-559.

［75］Wing R E，Freer S N. Use of trifluoroaceticacid to prepare cellodextrins. Carbohydrate polymers，1984，4（5）：323-333.

［76］Zhang Y H P，Lynd L R. Cellodextrin preparation by mixed-acid hydrolysis and chromatographic separation. Analytical biochemistry，2003，322（2）：225-232.

［77］夏黎明，岑沛霖. 酶法制备活性纤维低聚糖的研究. 浙江大学学报（工学版），1999（4）：381-385.

［78］王琪琪. 纤维低聚糖的酶法制备、分离及生理功能的研究. 南京：南京林业大学，2010.

［79］赵若春，赵晓勤，毛开云. 我国功能性低聚糖产业发展现状及发展趋势分析. 生物产业技术，2018（6）：4.

［80］刘洋. 酵母甘露聚糖及其衍生物的抗氧化活性研究. 重庆：重庆师范大学，2018.

［81］操然. 功能性低聚糖改善肠道机理及其在乳品中的应用. 科教文汇，2015（22）：177-179.

[82] 秦书敏，林静瑜，黄可儿. 黄芪的免疫调节作用研究概述. 中华中医药学刊，2017，35（3）：699-702.

[83] Woo K C，Kim C H，Paik I K. Effects of supplementary immune modulators（MOS, Lectin）and organic acid mixture（Organic acid F，Organic acid G）on the performance，profile of leukocytes and erythrocytes，small intestinal microflora and immune response in laying hens. Journal of Animal Science & Technology，2007，49：481-490.

[84] 陶昱恒. 低分子量半乳甘露聚糖的定向制备及应用. 南京：南京林业大学，2021.

[85] Yin Y L，Tang Z R，Sun Z H，et al. Effect of Galacto-mannan-oligosaccharides or chitosan supplementation on cytoimmunity and humoral immunity in early-weaned piglets. Asian Australasian Journal of Animal Sciences，2008，21（5）：723-731.

[86] 杨磊. 半乳甘露聚糖选择性酶水解及其产物生理活性的研究. 南京：南京林业大学，2018.

[87] Shibata N，Kobayashi H，Suzuki S. Immunochemistry of pathogenic yeast，candida species，focusing on mannan. Proceedings of the Japan Academy，2012，88（6）：250-265.

[88] Singh G A S K，et al. Mannans：An overview of properties and application in food products. International Journal of Biological Macromolecules，2018，119：79-95.

[89] Prajapati V D，Jani G K，Moradiya N G，et al. Galactomannan：A versatile biodegradable seed polysaccharide. International Journal of Biological Macromolecules，2013，60（9）：83-92.

[90] Wang C，Xu M，Lv W P，et al. Study on rheological behavior of konjac glucomannan. Physics Procedia，2012，33：25-30.

[91] 刘霜莉，闫昭明，杨泰，等. 魔芋葡甘露聚糖的生理功能及其在动物生产中的应用. 饲料研究，2021，6：132-135.

[92] Krawczyk H，J Nsson A S. Separation of dispersed substances and galactoglucomannan in thermomechanical pulp process water by microfiltration. Separation and Purification Technology，2011，79（1）：43-49.

[93] Reddy T，Tammishetti S. Free radical degradation of guar gum. Polymer Degradation & Stability，2004，86（3）：455-459.

[94] 娄广庆，林向阳，彭树美，等. 臭氧降解魔芋葡甘露聚糖的效果研究. 食品科学，2009，30（20）：203-206.

[95] McCutchen C M，Duffaud G D，Leduc P，et al. Characterization of extremely thermostable enzymatic breakers（α-1,6-galactosidase and β-1,4-mannanase）from the hyperthermophilic bacterium Thermotoga neapolitana 5068 for hydrolysis of guar gum. Biotechnology & Bioengineering，1996，52（2）：332-339.

[96] Xiaoling，Chen X L，Cao Y H，et al. Cloning, functional expression and characterization of *Aspergillus* sulphureus β-mannanase in *Pichia pastoris*. Journal of Biotechnology，2007，128（3）：452-461.

[97] 倪玉佳，周旻昱，欧阳嘉，等. 黑曲霉嗜热β-甘露聚糖酶在毕赤酵母中的克隆表达及其魔芋降解产物分析. 生物技术通报，2014（6）：181-186.

[98] 王静. 甘露低聚糖的酶法制备及其生理活性研究. 南京：南京林业大学，2016.

[99] 王静. 甘露聚糖酶的制备与分离纯化的研究. 南京：南京林业大学，2012.

[100] 欧阳嘉，倪玉佳，周旻昱，等. 一种耐高温重组β-甘露聚糖酶及其应用. ZL201410274470.7.

[101] Kurakake M，Sumida T，Masuda D，et al. Production of galacto-manno-oligosaccharides from guar gum by beta-mannanase from Penicillium oxalicum SO. Journal of Agricultural and Food Chemistry，2006，54（20）：7885-7889.

[102] 傅亮，何紫嫒，李存芝，等. 酶法制备瓜尔胶半乳甘露低聚糖的研究. 食品与机械，2010，26（5）：122-124.

[103] 勇强，杨磊，赖晨欢，等. 一种定量表征半乳甘露聚糖不完全降解产物的方法：CN105738529B. 2018-08-17.

[104] 王蓉. 魔芋葡甘露聚糖选择性降解研究. 南京：南京林业大学，2021.

[105] Tao Y，Wang T，Huang C，et al. Production performance，egg quality，plasma biochemical constituents and lipid metabolites of aged laying hens supplemented with incomplete degradation products of galactomannan. Poultry Science，2021，100（8）：101296.

[106] Hong H，Liu G. Protection against hydrogen peroxide-induced cytotoxicity in PC12 cellsby scutellarin. Life Sciences，2004，74（24）：2959-2973.

[107] Tao Y，Wang T，Lai C，et al. The *in vitro* and *in vivo* antioxidant and immunomodulatory activity of incomplete degradation products of hemicellulosic polysaccharide（Galactomannan）from *sesbania cannabina*. Frontiers in Bioengineering and Biotechnology，2021，9：679558.

（勇强，徐勇，赖晨欢，黄曹兴）

第六章　木质纤维素生物加工现代分析技术

第一节　单糖、低聚糖分析技术

　　木质纤维素中糖类物质主要是纤维素和半纤维素，纤维素的糖基单元仅为葡萄糖，而半纤维素由多种糖基单元组成，包括木糖基、葡萄糖基、甘露糖基、半乳糖基、阿拉伯糖基、鼠李糖基等，同时还含有半乳糖醛酸基、葡萄糖醛酸基等糖醛酸基和乙酰基。纤维素含量、半纤维素组成与含量在不同植物以及同一植物不同部位、产地和季节都可能存在差异；同时，在木质纤维素转化过程中，纤维素、半纤维素降解产物通常以混合物的方式存在，导致分析与检测复杂[1]。常用的菲林法、3,5-二硝基水杨酸法（DNS）等化学显色法无法区分这些相似的还原性糖组分。尽管酶分析法、纸色谱法、色谱分离法及柱色谱分离法等方法可以实现各种糖组分的分离与检测，但存在分辨率低、分析时间长、稳定性差和定量测定困难等问题，从而难以对各种糖组分实现精准分离和定量分析[2]。

　　色谱作为一种高效分离和定量分析技术，适合于具有组成多样性和结构复杂性的单糖与低聚糖类物质的分离及定量分析。大多数单糖和低聚糖属难挥发和无发色基团的化合物，与常规的色谱检测器无法匹配，因此有时需采用色谱与质谱联用等技术。目前，糖类的色谱分析检测主要包括气相色谱法（gas chromatography，GC）、气相色谱-质谱联用法（gas chromatography-mass spectrometry，GC-MS）、高效液相色谱法（high performance liquid chromatography，HPLC）、高效阴离子交换色谱法（high performance anion exchange chromatography，HPAEC）和液相色谱-质谱法（liquid chromatography-mass spectrometry，LC-MS）等。

一、木质纤维水解糖液组分

　　木质纤维水解糖液中的单糖类物质主要包括葡萄糖、木糖、阿拉伯糖、甘露糖、半乳糖、半乳糖醛酸、葡萄糖醛酸等，低聚糖类物质主要包括低聚木糖、纤维低聚糖、甘露低聚糖、半乳甘露低聚糖等[3]。

　　尽管气相色谱法对糖类物质的分析灵敏度较高且分离效果好，但由于单糖和低聚糖极性大、不易气化，采用气相色谱法分析，需对这些糖类物质进行衍生化处理以提高其挥发性[4]。常用的衍生化方法主要包括糖类组分的硅烷化和乙酰化，但衍生化反应耗时长，而且对于组成复杂的样品，糖类的衍生化受到多种因素的影响，往往使得衍生反应不彻底或生成多种衍生物，同时检测器的非选择性特征容易造成测定误差。因此，随着色谱技术的发展，单糖与低聚糖的定量分析逐渐被高效液相色谱法取代。

二、单糖

1. 高效液相色谱法（HPLC）

　　常用于分离糖类组分的 HPLC 色谱柱如 Bio-RAD 的 Aminex HPX 系列糖分析色谱柱，由聚苯乙烯二乙烯苯树脂填装而成，利用尺寸排阻和配体交换机理分离组分。陈丹红[5] 基于

Aminex HPX-87H 柱采用示差检测器建立了 HPLC-示差检测法，可同时分析酒糟水解液中的葡萄糖、木糖、阿拉伯糖、半乳糖、甘露糖、鼠李糖、甲酸、乙酸、葡萄糖醛酸、半乳糖醛酸。Tizazu 等[6] 采用 Hiplex-H 色谱柱分析了蔗渣水解液中的葡萄糖、木糖、阿拉伯糖、木糖醇、乙酸。Aminex HPX-87P 酸型色谱柱可用于纤维素、半纤维素衍生单糖和低聚糖组分的分离与定量分析，包括葡萄糖、木糖、半乳糖、甘露糖、阿拉伯糖和纤维二糖（图 11-6-1）。此外，Aminex HPX-87P 还可用于乳制品中蔗糖、乳糖和果糖组分的分离与定量分析。

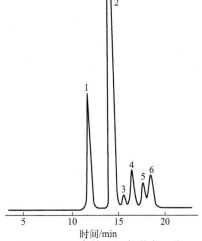

图 11-6-1　高效液相色谱定量分析单糖和低聚糖色谱图

1—纤维二糖；2—葡萄糖；3—木糖；
4—半乳糖；5—阿拉伯糖；6—甘露糖

　　高效液相色谱分析糖类化合物一般在常温或较低温度下进行，糖类化合物经色谱柱分离后，还可与质谱、红外光谱、核磁共振等联用进行组分的定性与定量。质谱法因样品用量少，可以直接得到分离组分的分子量和分子式，以及特征离子等化学信息，是组分结构鉴定的重要手段[7]。

2. 高效阴离子交换色谱法（HPAEC）

　　常规 HPLC 色谱柱对木质纤维水解液中结构相似的单糖的分离受样品组分复杂性的影响较大，导致组分分离灵敏度不高，无法克服杂质组分对目标糖组分的掩蔽作用；同时，采用氨基色谱柱，样品中还原糖易与色谱柱中固定相成分发生化学反应，导致色谱柱使用寿命缩短。其中，阳离子交换柱对样品前处理要求高，如 Aminex HPX-87P 色谱柱用于糖组分定量分析时，要求避免样品中含有 SO_4^{2-}，Aminex HPX-87H 色谱柱则要求避免样品中含有 Ca^{2+} 和 Ba^{2+}，且样品 pH 值不能过高等。HPLC 通常采用示差折光率检测器（RID）和蒸发光散射检测器（ELSD）检测，而 RID 灵敏度低，系统平衡时间长，无法采用梯度洗脱，并且对检测环境的恒温和恒流速要求高；ELSD 信噪比受温度影响显著，在水作流动相和蒸发器温度 150℃检测条件下可能对定量分析造成干扰[8]，因此需采用易挥发乙腈为流动相，增加了分析检测成本和废液污染。

　　高效阴离子交换色谱-积分脉冲安培法（HPAEC-PAD）是在强碱性介质中，用阴离子交换柱在高压和梯度阴离子液洗脱工况下分离糖组分，然后对分离的糖组分中羟基在金电极表面发生氧化反应产生的电流进行检测[9]。由于引入离子交换分离以及高灵敏的电氧化检测手段，HPAEC-PAD 比 HPLC 对木质纤维水解液中糖组分的分离效果更好，该方法对样品的前处理要求更低，且检测数据重现性更好。

　　普通离子交换色谱法采用以苯乙烯-二乙烯苯聚合物为基体的离子交换树脂作固定相，而 HPAEC 则采用离子型键合相代替。离子型键合相主要以薄壳型或者全多孔微粒硅胶为载体，表面经化学反应键合上各种离子交换基团，包括阳离子键合相交换基团和阴离子键合相交换基团，并构成阳离子交换树脂和阴离子交换树脂。其中强酸性和强碱性离子交换树脂因比较稳定而应用广泛。

　　HPAEC 分离单糖和低聚糖的原理是利用糖类物质广义型弱酸类化合物的特性，在 pH>12 的介质中使糖组分发生解离，部分以阴离子形式存在。即使是同分异构体的糖类化合物，可以通过梯度淋洗改变流动相 pH 值，利用各种糖组分 pK 值差异在固定相和流动相间的分配特征不同而有效分离。

HPAEC 检测器采用脉冲安培检测器（PAD）。PAD 是在适当的施加电位下，通过测量电化学活性物质在工作电极表面发生氧化或还原反应产生的电流变化，从而对物质进行分析测定的一种检测设备，其主要优点是灵敏度高、选择性好、响应范围宽及仪器结构简单。PAD 的检测池包括工作电极、参比电极和对电极三种电极。糖组分的分离是在碱性条件下进行，检测条件须与之相匹配，采用金电极的脉冲安培检测法适合于该条件。金电极的表面为糖组分电化学氧化反应提供了反应环境，糖分子结构中含有多个羟基，采用直流安培检测法检测，糖在贵金属（金、铂等）工作电极上被氧化，但其氧化产物覆盖在电极表面上，抑制了检测器对待测组分的进一步检测。采用脉冲安培检测法检测，选择不同的施加电位对电极表面进行清洗与活化，使电极能够连续工作，克服了金电极在恒电压条件下测定糖类化合物易被污染的缺点。脉冲安培检测法可检测 pmol～fmol 级含量的糖组分，线性范围大于 4 个数量级，选择性好，无需衍生和复杂的样品纯化过程。电化学检测器的稳定性和灵敏度在水溶液中较在有机溶剂中高，更适用于对糖类化合物等无吸光基团的水溶性极性有机化合物的分析。

张强等[10] 采用 Dionex ICS-5000⁺ 离子色谱仪，以 CarboPAC™ PA10（4mm×250mm）阴离子交换柱为分离柱，脉冲安培检测器检测，氢氧化钠-乙酸钠梯度洗脱，可同时检测 7 种常见单糖和 2 种糖醛酸，见图 11-6-2。

王荣等[11] 采用 HPAEC-PAD 建立了木质纤维水解液的定量分析方法，实现了 10 种单糖及其糖酸混合物的同步高效分离与定量检测（图 11-6-3）。

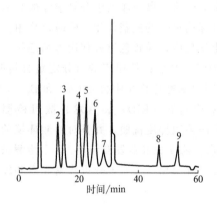

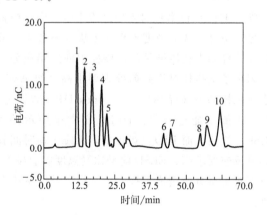

图 11-6-2　高效阴离子交换色谱定量分析单糖及其衍生物色谱图
1—岩藻糖；2—鼠李糖；3—阿拉伯糖；4—半乳糖；5—葡萄糖；6—木糖；7—果糖；8—半乳糖醛酸；9—葡萄糖醛酸

图 11-6-3　高效阴离子交换色谱定量分析单糖及其糖酸色谱图
1—阿拉伯糖；2—半乳糖；3—葡萄糖；4—木糖；5—甘露糖；6—木糖酸；7—阿拉伯糖酸；8—半乳糖酸；9—葡萄糖酸；10—甘露糖酸

3. 毛细管电泳法

毛细管电泳法（capillary electrophoresis，CE）是一种以高压电场为驱动力，以毛细管为分离通道的液相分离技术，具有快速、高效、微量和便于自动化的特点[12]。CE 技术在 20 世纪 80 年代中后期得到迅速发展，是继高效液相色谱（HPLC）技术之后现代分析技术领域的又一重大进步，使分析科学进入纳升水平，为小体积样品分析提供可能。CE 的适用范围广，适用于从无机离子到生物大分子、从荷电离子到中性分子的分离分析。作为一种重要的分离分析技术，CE 已广泛应用于生命科学的各个领域，检测目标组分从简单的金属离子到蛋白质等大分子，同时 CE 分析灵敏度高，适合于痕量分析，特别是对样品提取、浓缩、纯化和衍生等前处理过程无严格要求[13]。

毛细管电泳分离分析过程中，毛细管中的待测组分在高电场下将按其分子量，或电荷、淌度等因素的差异分离[14]，其中电渗流（electroosmosis flow，EOF）是毛细管电泳分离的主要驱动力。电渗是一种流体迁移现象，是毛细管中的溶剂因轴向直流电场作用而发生的定向流动。毛细管由石英硅制成，在 pH＞3 的溶液中，其内壁表面硅羧基（—Si—OH—）电离成 SiO⁻，吸引溶液中的正电荷，使其聚集在周围，在毛细管内壁和溶液之间的固液界面形成双电层，在外加电场的驱动下，带电离子与带正电荷的溶剂层一起向负极移动形成电渗流。在毛细管电泳中还存在电泳流，不考虑电泳流与电渗流的相互作用时，粒子在毛细管内电场中的运动速度等于电泳速度和电渗速度的矢量和。正粒子的运动方向和电渗流的一致，最先流出；中性粒子的电泳速度为"零"，故和电渗流速度相等；负粒子因其运动方向与电渗流方向相反，将在中性粒子之后流出。根据各种粒子迁移速度不同从而实现分离[15]。

许歆瑶等[16] 利用改进型 1-苯基-3-甲基-5-吡唑啉酮（PMP）衍生法，建立加压毛细管电泳色谱-紫外检测器新方法，分离葡萄糖、鼠李糖、甘露糖、阿拉伯糖、半乳糖、核糖、木糖和岩藻糖等 8 种中性单糖，结果见图 11-6-4。

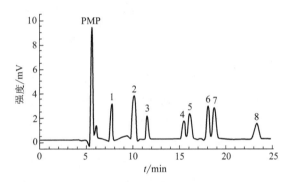

图 11-6-4　毛细管电泳定量分析单糖色谱图
1—葡萄糖；2—鼠李糖；3—甘露糖；4—阿拉伯糖；5—半乳糖；6—核糖；7—木糖；8-岩藻糖

三、低聚糖

低聚糖是由 2～10 个或 2～20 个同质或异质单糖通过糖苷键连接而成的低聚合度糖类，商业化低聚糖产品是由不同聚合度的低聚糖组成的混合物。20 世纪 90 年代初以来，功能性低聚糖因特殊的生物学功能及其在健康领域的巨大应用潜力，其制备与应用已成为健康领域的热点，已有一批功能性低聚糖实现商业化开发与应用。长期以来，功能性低聚糖由于组成的多样性和复杂性，其科学、准确的定量方法的建立一直是研究和应用领域亟待解决的课题。

（一）低聚木糖

1. 高效液相色谱法（HPLC）

低聚木糖是迄今发现的对人或动物体肠道双歧杆菌等有益菌选择性增殖作用最大的功能性低聚糖。陈牧等[17]根据低聚木糖的结构特性，采用硫酸水解结合高效液相色谱法定量低聚木糖。即首先采用稀硫酸将低聚木糖水解为木糖，然后采用高效液相色谱定量酸水解液中的木糖，扣除样品中原有的木糖后即可换算成低聚木糖的含量。该法仅能定量低聚木糖的总量，但不能定量低聚木糖混合物中不同聚合度低聚木糖组分的含量。通常，功能性低聚糖混合物中，功能性低聚糖的生理活性与其聚合度密切相关，聚合度越低，其益生元活性越高，因此不同聚合度功能性低聚糖的定量对于功能性低聚糖的研究、生产过程控制和应用十分必要。稀酸水解-色谱法对色谱仪系统尤其是色谱柱、检测器及操作的要求相对简单，检测样本普适性强，广泛应用于低聚木糖生产品控及产品分析与检测。

利用分离性能更优的尺寸排阻色谱柱，可以对低聚糖组分进行良好的分离。洪枫等[18]在 Waters HPLC246-E 高效液相色谱仪上，采用 Bio-Rad 公司的 Aminex HPX-42A 糖分析柱分离低聚糖，色图谱如图 11-6-5 所示。该色谱柱可以分辨出聚合度相邻的低聚糖组分，但仍然不能实现完全分离，对糖组分的定量造成一定的干扰。

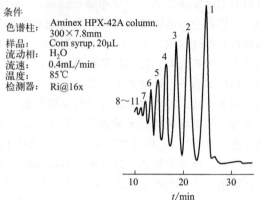

条件
色谱柱：Aminex HPX-42A column, 300×7.8mm
样品：Com syrup, 20μL
流动相：H_2O
流速：0.4mL/min
温度：85℃
检测器：Ri@16x

图 11-6-5　Aminex HPX-42A 糖分析柱分离低聚糖色谱图
1—葡萄糖；2—纤维二糖；3—纤维三糖；4—纤维四糖；
5—纤维五糖；6—纤维六糖；7—低聚糖（聚合度 7）；
8—低聚糖（聚合度 8）；9—低聚糖（聚合度 9）；
10—低聚糖（聚合度 10）；11—低聚糖（聚合度 11）

2.高效阴离子交换色谱法

高效阴离子交换色谱-脉冲安培法（HPAEC-PAD）利用糖类化合物在强碱性介质中发生酸性解离的原理，采用高效阴离子交换色谱柱分离糖组分[19]，对糖分子结构中的羟基在金电极表面发生氧化还原反应产生的电流进行检测从而实现对低聚糖组分的分离与定量。与普通的 HPLC 相比，HPAEC 可利用不同聚合度低聚糖之间羟基解离度的细微差异实现良好分离，具有操作方便、针对性强、灵敏高和应用范围广等优点，适用于低聚糖的定性和定量分析，广泛应用于低聚木糖、菊糖、纤维低聚糖等的定量分析[20]。

Swennen 等[21]采用 CarboPac™PA100 阴离子交换柱实现了低聚木糖组分的分离。范丽等[22]采用分离效果更佳的 CarboPac™PA200 阴离子交换柱，实现了低聚木糖混合物中各组分的高效、快速分离，并建立了相应的定量测定方法，见图 11-6-6。检测方法与结果如下：采用 CarboPac™PA200 阴离子交换柱（3mm×250mm），以醋酸钠和氢氧化钠为洗脱液二元梯度洗脱，用脉冲安培法检测。木二糖至木六糖在 0.804～8.607mg/L 浓度范围内线性良好，检出限为 0.064～0.111mg/L，定量限为 0.214～0.371mg/L。该方法用于低聚木糖产品的检测，3 个添加水平的加标回收率为 84.29%～118.19%，相对标准偏差（$n=3$）为 0.44%～14.87%。

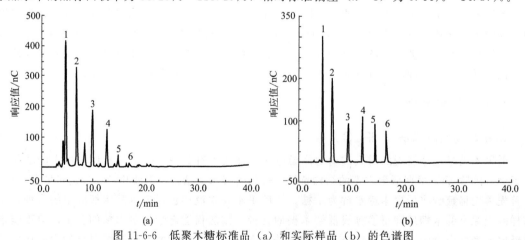

图 11-6-6　低聚木糖标准品（a）和实际样品（b）的色谱图
1—木糖；2—木二糖；3—木三糖；4—木四糖；5—木五糖；6—木六糖

（二）甘露低聚糖

葡甘露低聚糖、半乳甘露低聚糖等甘露低聚糖除了具有选择性增殖肠道有益菌、改善肠道菌群结构的生物活性外，另一个重要的生物活性是对机体具有优异的免疫增强功能，是潜在的免疫增强剂和饲用抗生素替代品。与组成和结构简单的低聚木糖、纤维低聚糖不同，甘露低聚糖是具有复杂支链的杂多糖，对这类低聚糖单一组分的定量分析方法尚未完全建立，主要存在低聚糖同分异构体组分复杂及标准样品制备困难、低聚糖前体物质聚糖的可溶性组分干扰、低聚糖分子立体异构存在性质差异性等问题。

针对半乳甘露低聚糖、葡甘露低聚糖难以准确定量的问题，勇强等[23]建立了一种定量表征甘露低聚糖的方法，即利用乙醇分级沉淀法将半乳甘露低聚糖、葡甘露低聚糖混合物分级成若干分子量区间，测定各分子量区间的半乳甘露低聚糖、葡甘露低聚糖的平均分子量及对应的半乳甘露低聚糖、葡甘露低聚糖含量，以若干不同平均分子量的半乳甘露低聚糖、葡甘露低聚糖含量定量表征半乳甘露低聚糖、葡甘露低聚糖，具有科学、准确等优点。采用该法对内切 β-甘露聚糖酶选择性水解半乳甘露聚糖的产物半乳甘露低聚糖进行定量分析，结果表明，半乳甘露低聚糖中平均分子量分别为 13410、10220、7730、7600、6510、6340、5730、5260、4930、3910、3540、3120、2910 和 2470 的半乳甘露低聚糖占产物中半乳甘露低聚糖的质量分数分别为 15.03%、27.49%、11.96%、4.56%、2.11%、1.28%、1.56%、1.95%、1.45%、0.56%、5.68%、0.78%、5.62%和 5.9%。

第二节 有机酸分析技术

有机酸是重要的平台化合物和大宗化学品，有机酸发酵与抗生素、醇类发酵共同组成了现代发酵工业的核心，也是木质纤维素生物炼制的主要目标产品。目前，木质纤维素生物炼制的有机酸产品主要包括乳酸、柠檬酸、富马酸、丁二酸、葡萄糖酸和木糖酸等，采用的分析方法主要有气相色谱法、高效液相色谱法、离子交换色谱法和毛细管电泳法等。

一、乳酸

乳酸早期的定量分析方法主要包括酸碱滴定法和 EDTA（乙二胺四乙酸）滴定法，随着分析技术及人们对乳酸结构性质认识的不断深入，现代分析与检测技术逐渐占据主导地位。乳酸的定量分析方法主要有气相色谱法、高效液相色谱法、毛细管电泳法、酶电极法、电位分析法和原子吸收法等。

1.气相色谱法

气相色谱法定量分析乳酸主要包括两种方法。第一种是衍生化处理后气相色谱分析。乳酸对热极不稳定，样品需衍生化后才能用于气相色谱分析。即将乳酸酯化，把极性强的乳酸转化成弱极性的酯类衍生物，然后采用极性较弱的气相色谱柱分析。该方法操作复杂，误差较大。苏国岁等[24]采用乳酸衍生化建立了卷烟烟气中乳酸的气相色谱-质谱分析方法，该法的线性范围为 0.285~0.570mg/mL 乳酸（$r=0.9997$），平均回收率 97.99%，相对标准偏差（RSD）为 1.58%。随着气相色谱技术的发展，第二种填充柱气相色谱方法可以直接定量分析乳酸[25]，具有速度快、重现性好、准确度高等优点，广泛应用于白酒、卷烟等样品中乳酸含量的测定。程劲松等[26]采用 LA 填料填充柱气相色谱法直接分析白酒中乳酸和脂肪酸含量，白酒无需预分离处理直接进样，其中醇、醛等组分对乳酸定量无干扰，乳酸回收率在 95%以上。

2. 高效液相色谱法

乳酸定量分析中，高效液相色谱法的应用最为广泛，样品进行简单处理后即可直接进样，该法快速准确，检测浓度范围宽。郭逸臻等[27]利用 AS11-HC（4mm）分析柱和 AG11-HC（4mm）保护柱采用离子色谱法测定白酒中乳酸含量。姜绍通等[28]采用 C18 色谱柱，以 0.005mol/L 的 H_2SO_4 作流动相，在 210nm 检测波长下，测定了发酵液中乳酸含量。周萍等[29]采用 C18 色谱柱，以 pH 值 2.65 的磷酸缓冲液为洗脱液，测定了食醋及醋粉中的乳酸含量，乳酸回收率为 93.5%～100%。

乳酸分子内含有一个不对称碳原子，具有旋光异构现象，分为 L-乳酸和 D-乳酸，不同的乳酸异构体的生物活性不同。普通反相高效液相色谱法只能测定乳酸总量，不能判断 D-乳酸和 L-乳酸。采用手性固定相或手性流动相的 HPLC 法可测定 L-乳酸和 D-乳酸含量。董秀丽[30]采用 Waters 600-2489 型高效液相色谱，用 Eclipse plus C18 色谱柱（4.6mm×250mm）实现了对乳酸的分离与检测。色谱方法：5%甲醇水溶液（含 0.2%磷酸），检测波长 210nm，流速 0.8mL/min，柱温为室温，进样量 20μL，建立了 L-乳酸和 D-乳酸的分离与定量方法。

3. 毛细管电泳法

唐萍[31]采用毛细管区带电泳，在磷酸缓冲液介质中对苹果酸、乳酸等 9 种有机酸进行分离和定量，研究了缓冲液浓度、pH 值、电泳电压、检测波长等因素对分离的影响，并对乳酸发酵液中乳酸、丁二酸、柠檬酸和乙酸等有机酸进行分析，加标回收率为 97.5%～100%。该法简便、快速、准确。陈炯炯等[32]建立了测定酸奶中乳酸含量的间接紫外检测毛细管区带电泳方法。在未涂渍的石英毛细管（内径 75μm，有效长度 50cm）中，以 10.0mmol/L 2,6-吡啶二羧酸-0.5mmol/L 十六烷基三甲基溴化铵（pH 3.5）为电解质，检测波长 214nm，在 15kV 分离电压下酸奶中乳酸 6min 内能得到分离。该法简单、快速、灵敏度高，而且重现性好，迁移时间和峰面积的相对标准偏差分别在 1.0%和 2.0%以内；在相应浓度范围内，峰面积与样品浓度之间呈现良好的线性关系，为测定酸奶中乳酸含量提供了一种高效、快速、简便的方法。

二、富马酸（反丁烯二酸）

富马酸的定量分析方法主要包括高效液相色谱法（HPLC）、离子色谱法（IC）、离子排阻色谱法（IEC）和毛细管电泳法（CE）等。

1. 高效液相色谱法

薛霞等[33]采用 HPLC 法同步分析淀粉及相关食品中富马酸和马来酸（酐）含量。以 0.03mol/L 磷酸二氢铵溶液（pH 值 2.45）为流动相，采用 Atlantis-T3 C18 色谱柱，用二极管阵列检测器检测，两组分分离效果良好。张国安等[34] 采用反相液相色谱法测定废水中马来酸和富马酸。采用 Krornasil-C18 色谱柱，以甲醇和水为流动相，检测波长为 210nm 时，马来酸和富马酸在 5min 内实现较好分离，且峰形对称，色谱图见图 11-6-7。

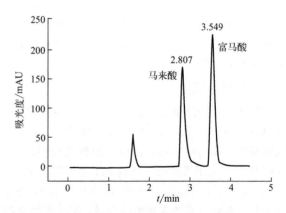

图 11-6-7　马来酸和富马酸的高效液相色谱图

2. 离子色谱法

离子排斥色谱是有机酸定量分析常用的方法，几乎涵盖所有常见有机酸的定量分析。林晓婕等[35]采用 Waters 离子排斥色谱柱（300mm × 7.8mm，$7\mu m$）在 30min 内对黄酒中草酸、马来酸、柠檬酸、酒石酸、苹果酸、抗坏血酸、丁二酸、乳酸、富马酸、乙酸、丙酸、异丁酸和丁酸等 13 种有机酸实现完全分离与定量测定。色谱条件：H_2SO_4 溶液（A）与乙腈（B）的混合溶液（体积比为 98:2）为流动相，流速 0.5mL/min。线性梯度洗脱程序：$0\sim40$min，流动相 A 的浓度由 0.01mol/L 增加到 0.02mol/L；$40\sim50$min，流动相 A 的浓度为 0.01mol/L。柱温 50℃，检测波长 210nm。王艳等[36]采用 Ion PAC AS19 型离子交换色谱柱（250mm×4mm），以 KOH 梯度洗脱，流速 1.00mL/min，对果汁中乳酸、富马酸和柠檬酸进行分离和测定，三组分检出限分别为 0.04mg/L、0.01mg/L 和 0.03mg/L，灵敏度高，色谱图见图 11-6-8。

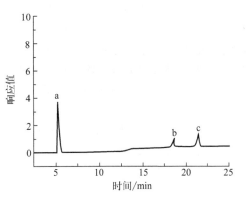

图 11-6-8　乳酸、富马酸和柠檬酸
标准离子色谱图
a—乳酸（5.0mg/L）；b—富马酸（0.5mg/L）；
c—柠檬酸（2.0mg/L）

3. 毛细管电泳法

毛细管电泳法（CE）可以解决 IC 和 HPLC 分析富马酸时遇到的杂质干扰问题。Ina 等[37]采用聚二烯丙基二甲基氯化铵涂层毛细管电泳，以 pH 值 6.5 的 20mmol/L 乙二胺-硫酸盐电解质为流动相，对苹果汁中富马酸和镀铜电解液中马来酸进行检测，富马酸和马来酸的检出限分别为 0.005mmol/L 和 0.006mmol/L，色谱图见图 11-6-9。

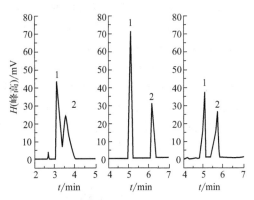

图 11-6-9　电解质对毛细管电泳分析
富马酸和马来酸的影响
1—富马酸；2—马来酸

三、丁二酸（琥珀酸）

丁二酸定量分析常用的方法主要包括气相色谱法、毛细管电泳法和高效液相色谱法。

1. 气相色谱法

丁二酸沸点超过 236℃，采用 GC 法测定时一般需要衍生化（酯化）处理。Choji 等[38]将发酵液离心，上清液与 H_2SO_4 和甲醇混合，于 60℃ 水浴中反应 30min 使其中的有机酸甲酯化，采用氯仿提取甲酯化的有机酸并进行气相色谱分析（GC-7A，Shimadzu Ltd.，日本），实现丁二酸、富马酸和柠檬酸的定量。丁二酸衍生化过程复杂，同时衍生化反应不完全可能导致测定误差。

2. 液相色谱法

维生素和丁二酸作为食品添加剂与复合药物在医药、健康及养殖业中广泛应用，维生素和丁二酸均可采用反相色谱检测（图 11-6-10）。Leonov 等[39]提出了一种通过紫外检测的离子对 HPLC 测定丁二酸、核糖素、烟酰胺和核黄素的方法。色谱条件：流动相 A 是体积比为 1:1:1:1

的 0.4% KH₂PO₄ 溶液、0.185% 庚基磺酸钠溶液、0.005% 三乙胺溶液和 0.25% 乙酸溶液的混合物，流动相 B 是体积比为 1：1 的乙腈和水的混合物。梯度洗脱程序：0～3.5min，流动相 A：流动相 B 为 95：5；3.5～15min，流动相 A 占比逐渐增加至 100%。流动相流速 0.1mL/min，UV 检测器检测波长 210nm。

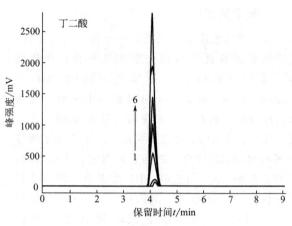

图 11-6-10　丁二酸反相液相色谱图
（1→6 表示进样体积为 1～6μL）

3. 毛细管电泳法

李永库等[40]采用毛细管电泳-电喷雾电离-质谱（CE-ESI-MS）联用法测定葡萄酒中丁二酸等 8 种主要有效成分含量。在未涂层石英毛细管（50μm×80cm）中，以 40.0mmol/L 醋酸铵为缓冲溶液，以 30% 异丙醇为鞘液，分离电压 25.0kV，各组分在 15min 内得到完全分离，该法无需衍生化，适合葡萄酒中有机酸的快速分析。

Masár 等[41]在具有集成电导检测的聚甲基丙烯酸甲酯芯片上提供葡萄酒中 22 种有机酸和无机酸的区域电泳分辨率，该电泳程序可将检测时间缩短至 10min（图 11-6-11）。唐美华等[42]采用毛细管区带电泳法直接测定了葡萄酒中 8 种有机酸，各有机酸线性相关系数在 0.9990～0.9998 之间，有机酸迁移时间及峰面积的 RSD 分别为 0.68%～1.02% 及 3.68%～5.41%，目标组分回收率为 91.9%～116.9%。该方法简便、快速、准确，可用于葡萄酒酿造过程的监测。

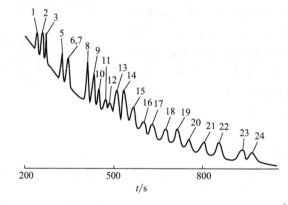

图 11-6-11　葡萄酒中有机酸和无机酸毛细管电泳色谱图[41]
1—氯化物；2—亚硝酸盐；3—硝酸盐；5—硫酸盐；6—草酸盐；7—氟化物；8—酒石酸盐；9—苹果酸；
10—丙二酸；11—丙酮酸；12—琥珀酸；13—乙酸盐；14—柠檬酸盐；15—乳酸；16—磷酸盐；17—丙酸酯；
18—天冬氨酸；19—N-乙酰丝氨酸；20—谷氨酸；21—葡萄糖酸盐；22—丁酸酯；23—苯甲酸酯；24—水杨酸酯

四、糖酸

糖酸主要包括葡萄糖酸、木糖酸和酒石酸等，糖酸的定量分析方法主要包括分光光度法、高效液相色谱法、高效阴离子交换色谱法等。

1. 分光光度法

分光光度法是利用糖酸盐与显色剂反应生成的物质在特定波长下的吸光度定量分析糖酸的

方法。葡萄糖酸锌在碱性条件下与锌试液生成的蓝色化合物，在 620nm 处有吸收峰，研究表明，葡萄糖酸锌在 4.23～12.7mg/L 浓度范围内，吸光度与浓度呈良好的线性关系（$r=0.9999$），样品平均回收率 99.5%[43]。齐永秀等[44]建立了分光光度法测定葡萄糖酸亚铁含量的方法，以邻二氮菲显色剂与 Fe^{2+} 生成橙红色化合物，在 510nm 处有吸收峰，结果表明，葡萄糖酸亚铁在 34～275μg/mL 范围内，吸光度与浓度呈良好的线性关系，样品平均回收率 98.48%，RSD 为 0.71%，该法操作简便、易于推广。

翁艳军等[45]利用葡萄糖酸钠在强酸性条件下形成内酯，通过羟胺-三氯化铁显色法生成红棕色异羟肟酸-Fe^{3+} 络合物的原理，建立了分光光度法测定葡萄糖酸钠含量的方法。结果表明，在波长 500nm 下，葡萄糖酸钠浓度在 $1×10^{-3}～9×10^{-3}$ mol/L 范围内，吸光度与浓度符合比尔定律，样品回收率大于 99.79%。该法的测定结果与毛细管电泳-电化学法（CE-ED）测定结果极为相近，具有较高的实用性和可操作性。

2. 高效液相色谱法

Wang 等[46]利用配备 RID-10A 折射率检测器和 SPD-M20A 光电二极管阵列检测器的高效液相色谱系统（HPLC）定量葡萄糖酸，采用 Aminex HPX-87H 色谱柱（300mm×7.8mm），柱温 65℃，流动相为 0.005mol/L H_2SO_4 溶液，流速 0.8mL/min。

3. 高效阴离子交换色谱法

根据糖类和糖酸类化合物分子具有电化学活性以及在强碱溶液中呈离子化状态的特性，人们将高效阴离子交换色谱-脉冲安培法（HPAEC-PAD）用于分析糖类和糖酸类化合物[47-49]。该法已经广泛应用于多种食品和饮料中糖组分的分析，主要采用离子色谱专用糖分析柱，如 Thermo Fisher 公司的 CarboPac™ PA20、CarboPac™ PA10 等色谱柱。但该法用于葡萄糖和葡萄糖酸（盐）的分离仍存在共淋洗的问题[50]。

王鑫等[50]采用 CarboPAC™ PA10（4.0mm×250mm）阴离子交换柱为分离柱，采用脉冲安培检测器，采用梯度洗脱方法，对 5 种常见的单糖及其糖酸进行了分离与定量分析方法学的研究，建立了同时定量分析 5 种常见单糖及其糖酸的方法，色谱图见图 11-6-12，5 种单糖及糖酸得到良好分离，分离度及峰型较好。

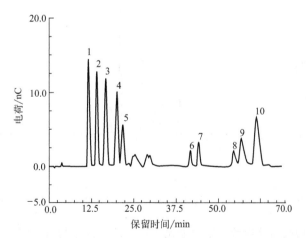

图 11-6-12　HPAEC-PAD 定量分析单糖及糖酸色谱图
1—阿拉伯糖；2—半乳糖；3—葡萄糖；4—木糖；5—甘露糖；
6—木糖酸；7—阿拉伯糖酸；8—半乳糖酸；9—葡萄糖酸；10—甘露糖酸

第三节 发酵抑制物分析技术

木质纤维素在高温预处理中，原料中的纤维素、半纤维素、木质素和提取物发生降解与分解等反应产生一系列降解分解产物，根据其来源不同，主要分为碳水化合物降解产物（甲酸、乙酸、糠醛、羟甲基糠醛、乙酰丙酸等）和木质素降解产物（酚类物质）[51,52]，这些小分子酸类或酚类物质对后续的纤维素糖化和糖液发酵有抑制作用[53]。不同的原料及预处理方法产生的抑制物种类和含量不同，因此对预处理液中这些抑制物进行有效的定性定量分析十分重要。

一、木质素降解产物

木质素在高温预处理过程中产生的芳香化合物主要包括芳香醛类、芳香酸类和酚类化合物，常见的有 4-羟基苯甲醛、香草醛、紫丁香醛、4-羟基苯甲酸、香草酸、紫丁香酸、二氢松柏醇、4-羟苯乙酮和 3,4-二羟基苯甲酸等木质素降解产物[54]。木质素降解产物的分析主要采用气相色谱法和液相色谱法，气相色谱法存在样品处理要求高、衍生化不彻底等缺点，因此易造成产物分析准确度低。高效液相色谱法具有分离效能高、灵敏度高、应用范围广和分析速度快等特点，因此液相色谱法是定量分析木质素降解产物的主要方法。高效液相色谱法分析木质素降解产物常用 C18 柱反相色谱法。C18 柱为反相分离柱，含有 18 个碳原子的烷基链，极性较小，根据相似相溶原理，小极性的物质更容易吸附在 C18 柱上，大极性的物质更容易从柱子中流出。江智婧[55]研究了流动相种类和酸度、流速及柱温对 4-羟基苯甲酸、香草酸、紫丁香酸、4-羟基苯甲醛、香草醛和紫丁香醛 6 种木质素降解产物的定量分析的影响。结果表明，最佳的分离条件为 Zorbax Eclipse XDB-C18 柱（4.6mm×250mm，5μm），流动相 A 相为水（含 1.5% 乙酸）、B 相为乙腈，梯度洗脱，柱温 30℃，检测波长 254nm/280nm，流速 0.8mL/min，进样量 10μL。6 种主要木质素降解产物线性回归方程的相关系数为 0.9999~1.0000，加标回收率均在 96% 以上，RSD6<2.5%，满足定量分析要求。HPLC 图谱见图 11-6-13。

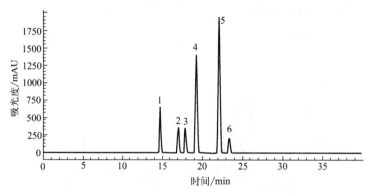

图 11-6-13 主要木质素降解产物 HPLC 标准图谱

1—4-羟基苯甲酸；2—香草酸；3—紫丁香酸；4—4-羟基苯甲醛；5—香草醛；6—紫丁香醛

玉米秸秆经蒸汽爆破预处理后，用固液比 1∶10 的水洗涤物料，固液分离后在上述色谱条件下测定水洗液中 6 种小分子酚类化合物的含量，4-羟基苯甲酸、香草酸、紫丁香酸、4-羟基苯甲醛、香草醛和紫丁香醛的谱图见图 11-6-14。水洗液中 6 种主要木质素降解产物分离效果较好，出峰时间和标准谱图一致，因此，C18 柱能满足玉米秸秆预处理液中木质素降解产物的定量分析。

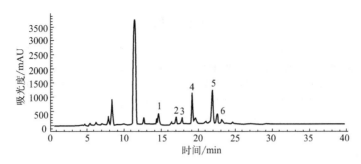

图 11-6-14　玉米秸秆主要木质素降解产物 HPLC 图谱

1—4-羟基苯甲酸；2—香草酸；3—紫丁香酸；4—4-羟基苯甲醛；5—香草醛；6—紫丁香醛

二、弱酸类和呋喃衍生物

木质纤维素预处理液中的乙酸主要来源于半纤维素乙酰基的脱除，糠醛主要来源于半纤维素降解产物木糖的分解，5-羟甲基糠醛主要来源于纤维素降解产物葡萄糖的分解，甲酸主要来源于糠醛和 5-羟甲基糠醛的进一步分解，乙酰丙酸主要来源于 5-羟甲基糠醛的进一步分解等[56,57]。这些物质的极性不一样，在不同的色谱柱中出峰时间也有差异，可以用色谱方法对这些物质进行定性和定量分析。木质纤维素预水解液中的甲酸、乙酸、糠醛、羟甲基糠醛、乙酰丙酸等降解产物，常用的分析柱为 BIO-RAD Aminex HPX-87H。该柱由聚苯乙烯二乙烯苯树脂填装而成，具有良好的高压及 pH 稳定性、高柱效和高选择性。Aminex HPLC 色谱柱通过离子调节分配色谱分离技术分离混合物，通过正相分配，使不同极性物质分离。Aminex 色谱柱在工业界普遍使用，用于分析碳水化合物、有机酸、有机碱及其他包括肽和核酸在内的有机小分子。

勇强等研究了流动相种类、流速及柱温对甲酸、乙酸、糠醛、羟甲基糠醛、乙酰丙酸 5 种碳水化合物降解产物的色谱分离的影响[55]。结果表明，最佳的色谱分离条件为：Bio-Rad Aminex HPX-87H 色谱柱（7.8mm×300mm）；进样量 10μL；流动相 0.005mol/L H_2SO_4；流速 0.6mL/min；柱温 55℃，示差折光检测器。5 种碳水化合物降解产物线性回归方程的相关系数为 0.9999~1.0000，加标回收率均在 96% 以上，RSD6<2.5%，满足定量分析要求。HPLC 图谱见图 11-6-15。

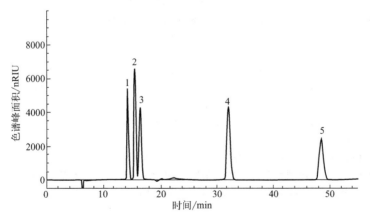

图 11-6-15　主要碳水化合物降解产物 HPLC 图谱

1—甲酸；2—乙酸；3—乙酰丙酸；4—羟甲基糠醛；5—糠醛

参考文献

[1] 岳盼盼，付亘悫，胡亚洁，等．木质纤维生物质半纤维素分离研究进展．中国造纸，2019，38（6）：73-78.

[2] 孙赵龙．龙血树叶活性糖的分离纯化及结构解析．昆明：云南大学，2018.

[3] 邹胜，徐溢，张庆．天然植物多糖分离纯化技术研究现状和进展．天然产物研究与开发，2015，27（8）：1501-1509.

[4] 张存玲，翟敏德，王勤．衍生气相色谱法在食品卫生检验中的应用．中国食品卫生杂志，2000，12（3）：3.

[5] 陈丹红．HPLC 法测定酒糟水解液中单糖、有机酸和糖醛酸的研究．福建轻纺，2010（8）：20-25.

[6] Tizazu B Z，Moholkar V S. Kinetic and thermodynamic analysis of dilute acid hydrolysis of sugarcane bagasse. Bioresource Technology，2018，250：197-203.

[7] 朱青，曹美萍，张继春，等．超高效液相色谱-串联质谱法检测多基质保健食品中 27 种非法添加降糖类化合物．食品安全质量检测学报，2021，12（11）：4480-4491.

[8] 李洋，孙森，王慧，等．乌金胶囊的质量标准研究．药学实践杂志，2017，35（5）：438-440.

[9] 于泓．高效阴离子交换色谱-积分脉冲安培检测法分析氨基酸和糖类化合物的研究．北京：中国科学院生态环境研究中心，2003.

[10] 张强，季红福，周燕，等．离子色谱法测毛竹竹叶单糖和糖醛酸组成．生物质化学工程，2019，53（6）：33-38.

[11] 王荣，周鑫，徐勇，等．全细胞催化制备单糖酸及其鉴定．林产化学与工业，2014，34（5）：22-26.

[12] 刘美廷，赵静，李绍平．毛细管电泳在中药糖类成分分析中的研究进展．药物分析杂志，2020，40（10）：1727-1735.

[13] 王彤．天然糖类的高效毛细管电泳分离分析方法构建与应用．西安：第四军医大学，2012.

[14] 程宏英．毛细管电泳应用于生物活性物质的分离和检测．苏州：苏州大学，2012.

[15] 赵文杰．毛细管电泳激光诱导荧光检测法及其在四溴双酚 A 神经毒性研究中的应用．上海：华东师范大学，2013.

[16] 许歆瑶，Cheddah S，王彦，等．加压毛细管电色谱法高效分离分析葛根多糖中的单糖．色谱，2020，38（11）：1323-1331.

[17] 陈牧，连之娜，徐勇，等．硫酸水解-高效液相色谱法定量测定低聚木糖．生物质化学工程，2010，44（6）：14-17.

[18] 洪枫，余世袁．选择性控制酶水解玉米芯木聚糖制备低聚木糖．林产化学与工业，2005（S1）：77-81.

[19] 饶巍，徐坚强，邱真武．离子色谱法测烟草中的水溶性糖．安徽农学通报，2013，19（17）：117-119.

[20] 尹大芳，孙晓杰，郭莹莹，等．高效阴离子交换色谱-脉冲积分安培法检测海带中的单糖、双糖和糖醛酸．食品科学，2021，42（16）：162-168.

[21] Craeyveld V V，Swennen K，Dornez E，et al. Structurally different wheat-derived arabinoxylooligosaccharides have different prebiotic and fermentation properties in rats. The Journal of Nutrition，2008，138（12）：2348-2355.

[22] 范丽，徐勇，连之娜，等．高效阴离子交换色谱-脉冲安培检测法定量测定低聚木糖样品中的低聚木糖．色谱，2011，29（1）：4.

[23] 勇强，杨磊，赖晨欢，等．一种定量表征半乳甘露聚糖不完全降解产物的方法：CN105738529B. 2018-08-17.

[24] 苏国岁，何爱民．气相色谱-质谱法测定卷烟烟气总粒相物中的乳酸．分析试验室，2006（1）：46-48.

[25] 陆益民，宋光泉，闫杰，等．填充柱气相色谱法直接进样测定乳酸产品中乳酸含量．食品与发酵工业，2007，33（9）：2.

[26] 程劲松，胡国栋．填充柱气相色谱法直接进样分析白酒中的乳酸和脂肪酸含量．酿酒科技，2002（2）：77-78.

[27] 郭逸臻，石敏．离子色谱法测定白酒中乳酸含量的方法研究．酿酒科技，2008（9）108-110.

[28] 姜绍通，刘模，陈小燕，等．反相 HPLC 同时检测乳酸及乳酸甲酯含量．食品科学，2009，30（12）：165-167.

[29] 周萍，罗梁华，胡福良．高效液相色谱法测定食醋及醋粉中的醋酸和乳酸．中国调味品，2008（7）：84-86.

[30] 董秀丽．高效液相色谱法测定小鼠血清中的乳酸．光谱实验室，2012，29（5）：3.

[31] 唐萍．毛细管电泳用于有机酸及牛奶蛋白的分析及应用．长春：吉林大学，2005.

[32] 陈炯炯，何进，喻子牛．酸奶中乳酸含量测定的毛细管区带电泳方法研究．食品科学，2004（4）：144-147.

[33] 薛霞，张艳侠，王艳丽，等．高效液相色谱法测定淀粉及相关食品中马来酸（酐）与富马酸的含量．分析测试学报，2014（3）：324-328.

[34] 张国安，王玉萍，彭盎英，等．反相液相色谱法测定废水中的马来酸和富马酸．化学世界，2010，51（7）：404-407.

[35] 林晓婕，魏巍，何志刚，等．离子排斥色谱法测定黄酒中的 13 种有机酸．色谱，2014，32（3）：304-308.

[36] 王艳，江阳，雍莉. 淋洗液在线发生离子色谱法同时测定果汁中的乳酸、富马酸和柠檬酸. 现代预防医学，2019，46（12）：4.

[37] Razmisleviciene I，Baltukonyte R，Padarauskas A，et al. Determination of fumaric and maleic acids by capillary electrophoresis. Chemija，2008，19（3）：33-37.

[38] Kaneuchi C，Seki M，Komagata K. Production of succinic acid from citric acid and related acids by lactobacillus strains. Applied & Environmental Microbiology，1988，54（12）：3053-3056.

[39] Leonov K A，Pustovoitov A V，Vishenkova D A. Simultaneous determination of succinic acid and water-soluble vitamins by ion-pair high-performance liquid chromatography. Journal of Analytical Chemistry，2018，73（4）：358-363.

[40] 李永库，刘衣南，吕琳琳，等. 毛细管电泳-质谱联用法测定葡萄酒中8种有机酸含量. 质谱学报，2013，34（5）：288-293.

[41] Masár M，Poliaková K，Danková M，et al. Determination of organic acids in wine by zone electrophoresis on a chip with conductivity detection. Journal of Separation Science，2015，28（9-10）：905-914.

[42] 唐美华，屠春燕，薛亚芳，等. 毛细管电泳法测定葡萄酒中的有机酸含量. 食品科学，2009，30（8）：209-211.

[43] 王蓉蓉，肖菁，何晓艳，等. 基于原子吸收分光光度法测定赖氨葡锌颗粒中葡萄糖酸锌含量的分析方法：CN107966417A. 2018-04-27.

[44] 齐永秀，李珂，丁静，等. 分光光度法测定葡萄糖酸亚铁片的含量. 泰山医学院学报，2003，24（4）：2.

[45] 翁艳军，林凯，辛嘉英. 葡萄糖酸钠的分光光度法测定. 化学工程师，2014（7）：4.

[46] Wang D，Wang C，Wei D，et al. Gluconic acid production by gad mutant of Klebsiella pneumoniae. World Journal of Microbiology and Biotechnology，2016，32（8）：1-11.

[47] 饶君凤. 离子色谱-脉冲安培法分析西红花多糖的单糖组成. 浙江大学学报（理学版），2015，42（3）：5.

[48] Monti L，Negri S，Meucci A，et al. Lactose，galactose and glucose determination in naturally "lactose free" hard cheese：HPAEC-PAD method validation. Food Chemistry，2017，220（1）：18-24.

[49] Wefers D，Bunzel M. Arabinan and galactan oligosaccharide profiling by high-performance anion-exchange chromatography with pulsed amperometric detection（HPAEC-PAD）. Journal of Agricultural Food Chemistry，2016，64（22）：4656-4664.

[50] 王鑫，梁文辉，刘颖慧，等. 离子交换色谱法测定葡萄糖氧化反应液中的葡萄糖和葡萄糖酸. 化学分析计量，2014，23（S1）：5-8.

[51] Balasundaram G，Banu R，Varjani S，et al. Recalcitrant compounds formation，their toxicity，and mitigation：Key issues in biomass pretreatment and anaerobic digestion. Chemosphere，2022，291：132930.

[52] Singh M，Pandey N，Mishra B B. A divergent approach for the synthesis of（hydroxymethyl）furfural（HMF）from spent aromatic biomass-derived（chloromethyl）furfural（CMF）as a renewable feedstock. RSC Advances，2020，10（73）：45081-45089.

[53] Candido J P，Claro E M T，de Paula C B C，et al. Detoxification of sugarcane bagasse hydrolysate with different adsorbents to improve the fermentative process. World Journal of Microbiology and Biotechnology，2020，36（3）：1-12.

[54] Tang P L，Hong W L，Yue C S，et al. Recovery of lignin and phenolics via one-pot pretreatment of oil palm empty fruit bunch fiber and palm oil mill effluent. Biomass Conversion and Biorefinery，2023，13：4705-4715.

[55] 江智婧. 木质纤维原料酶水解抑制物定量分析及脱毒. 南京：南京林业大学，2012.

[56] Sivec R，Grilc M，Hus M，et al. Multiscale modeling of（hemi）cellulose hydrolysis and cascade hydrotreatment of 5-hydroxymethylfurfural，furfural，and levulinic acid. Industrial & Engineering Chemistry Research，2019，58（35）：16018-16032.

[57] Azlan N S M，Yap C L，Gan S，et al. Recent advances in the conversion of lignocellulosic biomass and its degraded products to levulinic acid：A synergy of Brønsted-Lowry acid and Lewis acid. Industrial Crops and Products，2022，181：114778.

（徐勇）

第十二篇
林副特产资源化学

本 篇 编 写 人 员 名 单

主　编　王成章　中国林业科学研究院林产化学工业研究所
编写人员（按姓名汉语拼音排序）

　　　　李凯凯　华中农业大学

　　　　李淑君　东北林业大学

　　　　刘丹阳　中国林业科学研究院林产化学工业研究所

　　　　马艳丽　东北林业大学

　　　　彭密军　广东省科学院

　　　　彭　胜　吉首大学

　　　　齐志文　中国林业科学研究院林产化学工业研究所

　　　　任世学　东北林业大学

　　　　汪咏梅　中国林业科学研究院林产化学工业研究所

　　　　王成章　中国林业科学研究院林产化学工业研究所

　　　　王雪松　中国检验检疫科学研究院粤港澳大湾区研究院

　　　　王志宏　广东省林业科学研究院

　　　　薛兴颖　中国林业科学研究院林产化学工业研究所

　　　　张　弘　中国林业科学研究院高原林业研究所

　　　　张亮亮　华侨大学

　　　　郑　华　中国林业科学研究院高原林业研究所

　　　　周　昊　中国林业科学研究院林产化学工业研究所

目 录

第一章　绪　论

第一节　主要林副特产资源

一、现有资源状况

（一）国内外资源历史起源

林副特产资源一词相关的概念很多，如非木质林产品（non-wood forest products）、非木材林产品（non-timber forest products）、林副产品（minor forest products）、多种利用林产品（multi-use forest products）、林副特品（special forest products）等。1954 年，第四届世界林业大会提出把"林副产品"一词改为"非木材林产品"，相继得到很多国家的响应；但采用"非木材林产品"还是"非木质林产品"，各国看法不一。1991 年联合国粮农组织（FAO）在泰国曼谷召开的"非木质林产品专家磋商会"上将非木质林产品定义为在森林中或任何类似用途的土地上生产的所有可以更新的产品，即除木材以外所有生物产品（木材、薪材、木炭、石料、水及旅游资源不包括在内），并将非木质林产品分为 6 类，即纤维产品、可食用产品、药用植物产品及化妆品、植物中的提取物、非食用动物、其他产品。不久后，FAO 正式将非木质林产品定义为"从森林及其生物量中获得的各种供商业、工业和家庭自用的产品"，盛炜彤（2011）认为我国农林复合经营产品和林下经济产品均可涵盖在这个定义范围内。结合这个定义，FAO 根据非木质林产品的最终消费方式将其划为两大类，即适合于家庭自用的产品种类和适于进入市场的产品种类。前者是指森林食品、医疗保健产品、化妆品、野生动物蛋白质和木本食用油；后者是指竹藤编织制品、食用菌产品、昆虫产品（蚕丝、蜂蜜、紫胶等）、森林天然香料（树汁、树脂、树胶、糖汁和其他提取物）。在亚太地区许多国家把非木质林产品划分为木本粮食、木本油料、森林饮料、食用菌、森林药材、香料、饲料、竹藤制品、野味和森林旅游（关百钧，1999）。结合我国对非木质林产品的开发利用实际情况，冯彩云等（2001）将非木质林产品分成植物类产品如野果、药材、编织物及植物提取物等，动物类产品如野生动物蛋白质、昆虫产品（如蜂蜜、紫胶等），服务类产品如森林旅游等 3 大类。李超等（2011）将非木质林产品分为菌类、动物及动物制品类、植物及植物产品类、生态景观和生态服务类 4 个一级类，并在此基础上将类型较为复杂和运用极其广泛的植物及植物产品类进一步划分为干果、水果、山野菜、茶和咖啡、林化产品、木本油料、苗木花卉、竹及竹制品、药用植物（含香料）、珍稀濒危植物、非木质的纤维材料和竹藤、软木及其他纤维材料等 12 个二级类。在借鉴上述分类的基础上，赵静（2014）提出将非木质林产品分为动物及动物产品类、植物及植物产品类、生态旅游及生态服务类 3 大类，同时也将重点关注的植物及植物产品类细分为 12 类，即水果、干果、木本油料、药用植物、茶咖啡类、食用菌类、山野菜、苗木花卉、林产化学产品、竹及竹类产品、非木质纤维材料、竹藤软木及其他纤维材料。

近年来，国家非常重视非木质林产品的发展。2008 年，国家林业局和国家统计局在《林业及相关产业分类（试行）》（林计发〔2008〕21 号）中将"非木质林产品的培育与采集""以其他非木质林产品为原料的产品加工制造"列为专门的产业名称类别，以推动非木质林产品的发展。根据 LY/T 1714—2017《中国森林认证 非木质林产品经营》（国家林业局，2014），非木质林产品是在森林或任何类似用途的土地上，以森林环境为依托，遵循可持续经营原则，所获得的除木材以外的林下经济资源产品。

本章中的林副特产资源是指林木生长提供的除生态功能和木材产品等主要目标以外的资源，主要是非木质林产品资源，如树木的果实、种子、树皮、树叶、树液、树枝及树木分泌物等，是香料、医药、日化、食品、饲料、农药、材料等领域必需的原料。本研究中重点介绍了昆虫资源、杜仲、五倍子、生漆、天然橡胶的化学组成及加工利用技术。

（二）重要性

林副特产资源在促进当地社区经济发展、改善生态环境、保障农产品质量安全、提升制造业质量水平、推动大健康产业发展等方面发挥着重要的作用，具有良好的社会效益、经济效益和生态效益。

1. 促进当地社区经济发展，助力精准扶贫和乡村振兴

林副特产资源产业是我国边远不发达地区发展经济的支柱产业和农民收入的重要来源，对农村经济、群众生活和就业具有重要意义。我国是一个典型的山地国家，山地面积约占国土面积的 70%，山地区居住人口 5.8 亿，约占全国人口的 45%；国家贫困县的 84% 分布在山区，4000 多万贫困人口也主要集中在深山区、石山区、高寒山区，偏远山区是实现乡村振兴的重点和难点。丰富的林副特产资源为区域经济发展提供了基础保障，如：广西境内的肉桂资源，其种植面积约为 230 万亩（1 亩 ≈ 667m²），桂皮年产量约 3 万吨，肉桂油年产量约 800 吨；广西、云南境内的八角资源，广西八角种植面积 550 万亩，2018 年，广西、云南八角年产量约为 16.35 万吨和 4.69 万吨；四川宜宾市油樟基地林总面积达 70 万亩，其中叙州区油樟基地林 40 万亩，油樟精油年产量近 1 万吨，是全国最大的油樟种植基地，素有"全国最大天然油樟植物园"的美誉。山区是林副特产资源极其丰富的集中区，具有将绿水青山转变成金山银山的资源禀赋。如果把山区林区林副特产资源利用和精准扶贫结合，提高产品附加值，可带动种植、加工、包装、运输、销售行业快速发展，增加就业，为乡村振兴助力。

2. 改善生态环境，增强生物多样性保护

林副特产资源的关键点就在于"特"，错综复杂的地形地貌和复杂多样的气候环境，为不同类型的植物提供了不同的生长环境。例如，银杏是我国传统的重要的经济树种和绿化树种，占全世界银杏资源的 85%，具有"活化石"的美称，对改善周围生态环境和保护生物多样性具有重要作用；杜仲也是我国十分重要的国家战略资源树种，民间称为"中国神树"，科学研究者称为"活化石植物"，既是世界上极具发展潜力的优质天然橡胶资源，又是我国特有的名贵药材和木本油料树种，也是维护生态安全、增加碳汇、建设国家储备林、实现绿色养殖、保护生物多样性的重要树种。这些树种不仅可用于流域治理、水土保持、荒山和通道绿化，也可在城乡街道，森林（湿地、园林）公园，乡村路旁、沟旁、渠旁和宅旁"四旁"种植，对保持土壤肥力、改善生态环境、调节气候发挥了重要作用。尊重自然规律，应用现代高新技术，因地制宜地开发和保护地方特色种质资源，有序推进林副特产资源发展，有利于更好地改善生态环境、维护生物多样性，实现可持续发展。

3. 助推"无抗养殖"，保障农产品质量安全

林副特产资源的根、茎、叶、果很多都具有天然活性成分，具有增强畜禽免疫力、抗菌消炎、改善肉质和畜禽整体健康水平等多种功能，同时还含有粗蛋白、粗脂肪、维生素、氨基酸

等营养物质，是十分理想的功能饲料。例如，用杜仲功能饲料喂养猪、牛、羊、鸡、鸭、鹅、鱼等，可以满足其生长发育所需的大部分营养需求，并且显著提高肉（蛋）品质，禽畜体内的胶原蛋白含量提高 50％以上，中性脂肪减少 20％以上，鸡蛋胆固醇含量降低 10％～20％。同时显著提高了禽畜免疫力，大大减少了疾病发生和抗生素的使用，保障了农产品质量安全。

4. 发展新功能材料，提升制造业质量水平

鉴于功能材料的重要地位，世界各国均十分重视功能材料技术的研究，强调功能材料对发展本国国民经济、保卫国家安全、增进人民健康和提高人民生活质量等方面的突出作用，并在其最新科技发展计划中把功能材料技术列为关键技术之一加以重点支持。例如，杜仲橡胶具有独特的"橡胶（塑料）二重性"，开发出的新功能材料具有热塑性、热弹性和橡胶弹性等特性，广泛应用于国防、军工、航空航天、高铁、汽车、通信、电力、医疗、建筑、运动竞技等领域，杜仲橡胶资源的战略价值已引起国际社会的高度关注。

5. 推动大健康产业发展，提升国民身体素质与社会福祉

林副特产资源的叶、花、果等很多都具有很高的营养利用价值和神奇的医药、保健功能。例如，红豆杉因其分离物紫杉醇是具有良好抗肿瘤活性的天然产物，被世界上公认为濒临灭绝的天然珍稀抗癌植物。油樟油具有抗细菌真菌、抗氧化、抗癌、镇痛抗炎和杀虫等功能，广泛用于日化、香料、医药、食品等行业。杜仲富含桃叶珊瑚苷、总黄酮、绿原酸、京尼平苷酸、氨基酸等活性成分，在降血脂、调节血压、预防心梗和脑梗、护肝护肾、抗菌消炎、增强智力、防辐射和突变、抑制癌细胞发生和转移等方面均有显著功效，且无毒副作用。杜仲籽油和杜仲雄花均已被列入国家新食品原料（新资源食品）目录，杜仲叶被中华人民共和国国家卫生健康委员会列入食药物质（药食同源）目录。目前，已公布的 27 个保健食品功能中，杜仲具有一半以上的功能，与冬虫夏草、人参等珍贵中药材相比，在保健功能、性价比、利用率、性味接受度等方面均具有显著优势，是开发现代中药、保健品、功能食品和饮品的优质原材料。开发利用林副特产资源制中药及保健品等，不仅能推动我国大健康产业可持续发展，而且能改善国民身体素质、提升生活质量和社会福祉。

二、昆虫资源

地球上的昆虫数量庞大，种类极多，可在各行各业广泛开发利用，其中也有一些资源适于作为林副特产加工。但是迄今为止，人类在这一领域仅利用了非常少的昆虫资源，主要涉及天然色素、树脂和生物蜡。

目前已能形成产业开发的昆虫色素有紫胶色素和胭脂虫红色素；而现阶段已知且能利用的昆虫源树脂仅有紫胶树脂一种；昆虫蜡中的紫胶蜡和白蜡也可作为工业产品生产，胭脂虫蜡完成了实验室制备技术，具备产业开发的可能。

上述昆虫色素、树脂及蜡来自紫胶虫、胭脂虫和白蜡虫三个种类的昆虫。

1. 紫胶虫

紫胶虫为昆虫纲、半翅目同翅亚目、胶蚧科的昆虫，其分泌物可用于生产紫胶树脂（实际生产中常简称为紫胶）、紫胶色素和紫胶蜡等产品。适于提供工业原料的产区位于亚洲南部的热带、亚热带生境中，以印度紫胶产量最大，其虫种泌胶量多，胶色较浅，周边的巴基斯坦、孟加拉国、斯里兰卡等南亚国家在虫种和胶况方面与之类似，均为最优质原料的原产地。泰国紫胶产量居第二位，其原生虫种泌胶量较少，胶色较深，相邻的缅甸、老挝、越南等国也与之具有类似的虫种和胶况。中国紫胶产量为世界第三位，约 1000～2000t/a，其中 80％以上产于云南

省，原生虫种和胶况接近东南亚产区；除核心产区云南外，四川、贵州、广西、广东、海南、江西、福建和台湾等省区亦可产胶，主要优良寄主植物为钝叶黄檀（*Dalbergia obtusifolia* Prain，俗名牛肋巴、牛筋木）、思茅黄檀（*Dalbergia szemaoensis* Prain，俗名秧青、紫梗树）、南岭黄檀（*Dalbergia balansae* Prain，俗名不知春、茶丫藤、水相思）、火绳树［*Eriolaena malvacea* (Lévl)H.-M.，包括火绳树、南火绳、光火绳、滇火绳、五室（角）火绳、角果火绳等同属六种，通称泡火绳］、木豆［*Cajanus cajan* (L.)Millsp，俗名三叶豆、树黄豆］等，此外，还常用黑黄檀（*Dalbergia fusca* Pierre）、气达榕（*Ficus glomerate* var. chittagonga King）、青果榕（*Ficus chlorocarpa* Benth.）、夜合欢（*Albizzia jubibrissin* Durr.）等一般寄主植物[1]。

2. 胭脂虫

胭脂虫为同翅目（Homoptera）、粉蚧总科（Pseudococcoidea）、洋红蚧科（Dactylopiidae）、洋红蚧属（*Dactylopius*）昆虫，主要用于生产胭脂虫红色素，胭脂虫蜡也具有利用价值。原产于墨西哥和中南美洲，寄主为仙人掌类植物。粉蚧总科多为植食性昆虫，洋红蚧属共有九个种，该属昆虫区别于其他科属蚧虫的主要特征之一是其血液中含有红色素。用于制取胭脂虫红色素的主要为 *Dactylopius coccus* Costa 虫种，其寄主为印榕仙人掌。提取胭脂虫红色素的是雌性虫体，体长约 3～5mm，其表面包裹着一层雪白的蜡质粉末。成熟的雌性虫体内含有大量的胭脂虫红酸，占干虫体质量的 19%～24%。目前，全球 80% 以上的胭脂虫干体由秘鲁提供，其次为墨西哥和加那利群岛[2]。

3. 白蜡虫

白蜡虫［*Ericerus pela* (Chavannes)］为介壳虫科昆虫，其分泌物用于加工白蜡，是最主要的昆虫蜡产品。主产于我国，放养白蜡虫的历史可追溯至 9 世纪之前，宋、元时期已有放养白蜡虫的文献记载，至明时大盛，川滇、湖广、江浙均有养殖。日本、印度及俄罗斯等国家也有白蜡虫分布，但几乎无蜡产出。目前白蜡虫主要分布于我国云南、四川、湖南、湖北、贵州、广西、广东等省区，主要产蜡区为云南、四川、湖南等省，每年产量基本稳定在 300～400t。寄主植物主要有木樨科植物白蜡树（*Fraxinus chinensis* Roxb.）、女贞（*Ligustrum lucidum* Ait.）等[3]。

三、杜仲资源

杜仲（*Eucommia ulmoides* Oliv.）是一种仅存于我国的第三纪孑遗植物[4]，雌雄异株，雌株结翅果，雄株开花，被称为"中国神树"。野生存量很少，现多为栽培品种。我国种植面积约为 35 万公顷，占世界资源总量的 99% 以上[5]。杜仲在我国分布范围较广，主要分布在湖南、贵州、四川、广西、广东、云南、河南、甘肃、陕西、江西、浙江等地区。日本、俄罗斯、朝鲜、北欧、北美等国家和地区也有引种，但我国是世界杜仲起源与引种传播中心。

杜仲是我国特有的名贵滋补中药材，目前已发现 130 多种天然活性成分[6]，在《神农本草经》中被列为上品，味甘，性温，归肝、肾经。主腰脊痛，补中，益精气，坚筋骨，强志，除阴下痒湿、小便余沥；久服，轻身耐老。杜仲皮是《中华人民共和国药典》收载的常用中药材，自《中华人民共和国药典（2005 版）》起，也将杜仲叶新增载入一部中药材目录，具有很高的药用价值。

为了更好地了解杜仲的中药特性，近些年国内外学者对其化学成分、药理活性和临床应用都做了深入研究，并且还对杜仲皮与叶中的成分进行了系统的比较。研究发现，杜仲中的功效成分主要有木脂素类、环烯醚萜类、黄酮类、苯丙素类、氨基酸、多糖类、有机酸和杜仲胶等有机物，此外杜仲还含有丰富的 Ca、Fe、Be、Se、Mo、Zn、Co 等元素。现代药理研究表明，这些杜仲次生代谢物及矿物质成分与人体的健康密切相关，具有多种药理活性，主要包括降血压、降血脂、抗氧化、抗疲劳、抗肿瘤、抗菌、抗炎、减肥、增强免疫力、增强记忆力、调节新陈代谢等，可用于开发保健食品、饲料添加剂和功能日化产品等。

杜仲是多用途的园林绿化树种。传统杜仲为落叶乔木，高达 $15\sim20m$，胸径 $40\sim50cm$，树干通直挺拔，枝繁叶茂，树冠优美，根系发达，耐干旱瘠薄，生长迅速，不仅是理想的庭院观赏树种和城市绿化树种，还是山区优良的水土保持树种。杜仲林固碳量大且时间长，是很好的增加森林碳汇树，对改善生态环境具有重要作用。杜仲木材白皙具光泽，木质致密坚韧，不易翘裂，纹理匀称细致，无边材心材之分，不遭虫蛀，是制造各种高档家具、农具、舟车、建筑材料以及加工各种工艺装饰品的优良材料，产品深受广大用户欢迎。

杜仲是重要的天然橡胶后备资源[7]。杜仲果皮（果壳、籽皮）、树叶、树皮等部位均含有丰富的杜仲天然橡胶，是一种特殊的天然高分子材料，是天然三叶橡胶的同分异构体，具有独特的橡塑二重性、优良的共混加工性及独特的集成性，可开发制造出多种杜仲橡胶集成功能材料、工程材料、高性能轮胎及在不同环境中使用的特殊功能材料，可广泛应用于交通、通信、医疗、电力、国防、水利、建筑和人们的日常生活中，其产业化前景十分广阔。

四、植物单宁资源

植物单宁（vegetable tannins），又称植物多酚，是一类广泛存在于高等植物体内的天然多酚类活性物质。除了幼嫩的分生组织外，几乎所有的植物组织中都含有单宁。许多植物的叶、维管组织、树皮、未成熟的果实、种皮、染病组织和其他各种伤残部位都含有丰富的单宁。由富含单宁的植物原料，经过浸提、浓缩等步骤加工制得的化工产品，称为栲胶。富含单宁的植物各部位（如树皮、根皮、果壳、木材和叶等），通称为栲胶原料或植物鞣料。

1. 植物鞣料资源

富含单宁的植物主要分布在温带、亚热带和热带地区，单宁含量高达 $20\%\sim30\%$，优质品种甚至高于 40%。这种分布规律，使我国西部地区成为得天独厚的植物单宁资源基地。含单宁的植物品种很多，但只有单宁含量比较高、资源分布比较集中的才具有工业开发价值。目前我国已经实现工业开发利用的植物单宁主要有 10 多种。我国鞣料植物资源分布情况见表 12-1-1。国内外重要鞣料植物资源分布情况见表 12-1-2。

毛杨梅栲胶、余甘子栲胶、橡椀栲胶、马占相思栲胶是我国 4 大栲胶产品种。由于除橡椀外其他 3 种均需要通过剥树皮获得原料，因此，近年来国内原料缺乏，目前，毛杨梅树皮、余甘子树皮、马占相思树皮原料主要靠从越南北部进口获得。

另外，单宁还广泛存在于水果和蔬菜中，如苹果、葡萄、柿子、石榴、香蕉、猕猴桃、黑加仑、黑莓、柚苷及番茄、黄瓜等。其中柿子含有 2% 以上的单宁，而葡萄中单宁的含量为 $1\%\sim5\%$。绝大多数水果所含单宁是缩合单宁，只有少数水果含水解单宁。

植物中所含单宁的量一般随植物的年龄、存在部位、生长环境、季节等条件不同而有所差异。一年生草本植物一般含单宁量较少；木本植物心材中单宁含量随植物年龄增长而增大；果实中的单宁含量随其成熟而下降。又如植物的向阳部位含单宁的量比背阴部位高；温热带植物较寒带植物含单宁量较高。植物经采伐放置后，单宁的含量会逐渐降低。单宁作为可再生的结构多样的天然聚合物，有活泼的化学性质，其潜在的用途还十分广阔，因此植物单宁受到各个研究机构和团队的密切关注，得到了深入研究。

表 12-1-1　中国鞣料植物资源分布情况

林业区划	树种分布	营林方式	副产品
东北、内蒙古	针叶树，分布于大兴安岭、小兴安岭（北坡）	天然林、人工林（用材林）	落叶松、云杉（树皮）
华北	针阔叶树，分布于秦岭以北	天然林（薪炭林）	栓皮栎、槲栎壳、槲树皮
华东、华中	针阔叶树，分布于秦岭、大巴山、巫山、江南丘陵地、南岭山区、贵州高原东部地区	天然林（薪炭林）	栓皮栎、麻栎等槲壳、槲树皮、毛杨梅树皮
华南、台湾	亚热带阔叶树，分布于南岭以南、广东、广西、福建和台湾沿海	天然林（薪炭林）、人工林（防风林）	毛杨梅、余甘、木麻黄等树皮
云贵高原	青冈林，分布于云南东北部	天然林	云杉树皮、青冈椀壳
西北	栎类林，秦岭以北、青海东部、甘肃乌鞘岭以东、宁夏南部、太行山以西	天然林	落叶松、槲树皮、橡椀

表 12-1-2　国内外重要鞣料植物资源分布情况

序号	中文名	学名	英文名	部位	类别	单宁/%	主产国（或地区）
1	黑荆树	*Acacia mearnsii* De wild.	black wattle	树皮	缩合类	30～45	巴西、南非、坦桑尼亚、肯尼亚
2	阿拉伯金合欢	*Acacia arabica* Willd.	badul	树皮	缩合类	12～20	印度
3	落叶松	*Larix* spp.	larch	树皮	缩合类	9～18	东欧、中国
4	挪威云杉	*Picea abies* Karst.	Norway spruce	树皮	缩合类	10～12	美国、东欧
5	柳树	*Salix* spp.	willow	树皮	缩合类	6～17	东欧
6	耳状决明	*Cassia auriculatu* L.	avaram senna	树皮	缩合类	15～20	印度
7	红茄冬	*Rhizophoru mucronata* Lam.	mangrove	树皮	缩合类	25～35	澳大利亚、印度
8	褐槌桉	*Eucalyplus astringens* Maid.	brown mallet eucalyptus	树皮	缩合类	40～50	澳大利亚
9	加拿大铁杉	*Tsuga canadensis*(L.) Carr.	Canada hemlock	树皮	缩合类	10～15	加拿大、美国
10	余甘	*Phyllanthus emblica* L.	emblic leafflower	树皮	缩合类	25～30	中国、印度
11	毛杨梅	*Myrica esculenta* Buch. Ham.	box myrtle	树皮	缩合类	22～28	中国、印度
12	英国栎	*Quercus robur* L.	English oak	树皮	水解类	8～15	东欧
				木材	水解类	6～12	
13	欧洲栗	*Castanea sativa* Mill.	European chestnut	心材	水解类	10～13	法国、意大利
14	红坚木	*Schinopsis balansea* Engl.	Red quebracho	心材	缩合类	20～25	阿根廷、巴拉圭
15	柯子	*Terminalia chebula* Retz.	myrobalarnce	果实	水解类	30～35	印度、巴基斯坦
16	栎树	*Quercus* spp.	valonea	椀壳	水解类	30～32	中国、土耳其、希腊

2. 五倍子

我国是五倍子主产国，产量约占世界总产量的95%。五倍子适宜生长在温暖湿润的山区和丘陵，我国大部分地区均有分布，主产区集中在湖北、湖南、贵州、四川、陕西、云南六省，这些省的五倍子产量约占全国的90%以上。我国五倍子现年产量约12000～13000t。目前，全国的五倍子主要来源于上述 6 省和重庆共 7 省（市）的野生倍林及部分人工倍林。全国现有倍林面积 254 万亩，其中野生倍林面积 236 万亩。贵州现有倍林面积 80 万亩，其中野生倍林面积 78 万亩。湖北现有倍林面积 50 万亩，其中野生倍林面积 40 万亩。湖南现有倍林面积 35 万亩，其中野生倍林面积 33 万亩。重庆现有倍林面积 32 万亩，其中野生倍林面积 30 万亩。陕西现有倍林面积 25 万亩，其中野生倍林面积 24 万亩。云南现有倍林面积 22 万亩，其中野生倍林面积 21 万亩。四川现有倍林面积 10 万亩，几乎都为野生倍林。此外，广西、河南还有少量产量，尤其是广西的倍花，但他们的产量比例较少，五倍子加工行业仍以上述 7 省（市）的资源为主（图 12-1-1）。

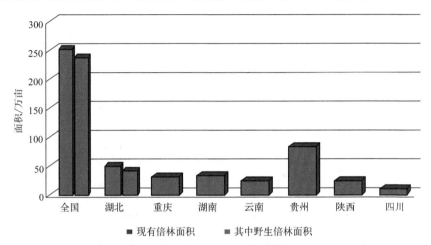

图 12-1-1　我国五倍子资源状况（2020 年统计数据，相关数据由各省林业部门提供）

五、生漆资源

漆树 ［*Toxicodendron vernicifluum*（Stokes）F. A. Barkley］为漆树科（Anacardiaceae）漆树属（*Toxicodendron*）的一类落叶乔木，主要包括漆树 ［*T. vernicifluum*（Stokes）］、野漆树（*Rhus succedanea*）、盐肤木（*Rhus chinensis*）、日本黄栌（*Cotinus Mill*）、美国红栌（*Cotinus coggygria*）、极品美洲黄栌（*Cotinus coggygria atropurpureus*）、扁桃芒果（*Mangifera persiciformis* C. Y. Wu et Ming）、南酸枣（*Choerospondias axillaris*）、火炬树（*Rhus Typhina Nutt*）、金叶黄栌（*Cotinus coggygria* 'Golden Spirit'）等。中外学者提出漆树学名应为 *Toxicodendron vernicifluum*（Stokes）F. A. Bankl，因树的主干部韧皮创伤而分泌出乳白色的漆液（又称生漆）得名。

漆树原产于我国，隶属亚热带区系，新生代第 3 纪古老子遗树种。漆树一般分布在海拔 100～3000m 之间，以 400～2000m 分布最多，大部分分布在中、日、韩和东南亚亚热带地区。我国是漆树资源最多的国家，分布在北纬 25°～41°46′、东经 95°30′～125°20′之间的山地和丘陵地带，尤以秦巴山地、鄂西高原和大娄山、乌蒙山一带及环绕四川盆地东侧漆树林生长茂盛，品种繁多，割漆的历史悠久，是我国漆树的分布中心，可谓"漆树之乡"。

我国主要有漆树 ［*T. vernicifluum*（Stokes）］、大木野漆树（*T. succedaneum* L. ）和木蜡树（*T. sylvestre* Sieb）。日本和韩国的漆树大多与我国一致，属于 *T. vernicifluum*（Stokes）；而越南的漆树属于野漆树（*Rhus succedanea*），产于缅甸、泰国以及柬埔寨等亚热带地区的漆树属于黑树 ［*Melanorrhoea*（*Gluta*）*usitata*］。

生漆是我国特产资源，一般以长江为界分为西、南两域，分别称作西漆和南漆，其中具有代表性的生漆类别有四川城口漆、湖北毛坝漆、陕西牛王漆、安康漆、云南镇雄漆、贵州大方漆以及华东的严漆等。据统计，1990年生漆总产量达到2683t，5年后年增长了11％，2000年已达5000t，2010年为8000t。2011～2018年，生漆产量在18000～26000t范围内，我国生漆出口数量在33～55t（图12-1-2）。

从2010年开始，各国政府重视生漆产业的发展，政府鼓励农民种植漆树，缅甸和老挝也开始注意到生漆产业的重要性，越南等东南亚生漆年产量约500t。日本和韩国生漆年产量不足50t，据报道日本生漆产量一直在降低，而年平均需要量为500t左右，98％依靠进口，其中约80％从中国进口。由于生漆产业的单一化以及生漆本身的过敏性行为，越来越多的年轻人放弃从事生漆产业的工作[8]。

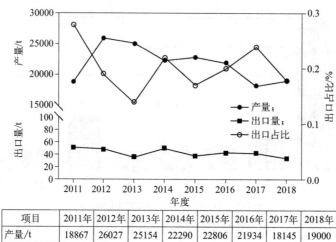

项目	2011年	2012年	2013年	2014年	2015年	2016年	2017年	2018年
产量/t	18867	26027	25154	22290	22806	21934	18145	19000
出口量/t	52.2	49.5	36.2	49.8	38.5	43.5	42.7	33.7
出口占比/%	0.28	0.19	0.14	0.22	0.17	0.2	0.24	0.18

图12-1-2　2011～2018年我国生漆出口占国内产量比重走势图
（资料来源：国家统计局、中国海关）

六、天然橡胶资源

已知全世界约有20多个科、900个属、12500种植物含有乳汁，其中含有橡胶成分的约2000种，它们含胶量都有所不同，采制橡胶的难易差别也大，适合采用不同方法进行商业性开发利用的种类不多。本书以三叶橡胶树、银胶菊、橡胶草为例，来介绍天然橡胶资源[9]。

1. 三叶橡胶树

三叶橡胶树［*Hevea brasiliensis（Willd. ex A. Juss.）* Muell. Arg］又称巴西橡胶树、巴西三叶橡胶树，在植物分类上属于大戟科（Euphobiaceae）橡胶树属（*Hevea*）巴西橡胶树种（*Heveabrasiliensis*），属高大乔木，茎干通直，高可达30m。有丰富乳汁，各器官都含胶，但仅利用茎干树皮割取胶乳。胶乳通常为白色，产量高，品质好。巴西三叶橡胶树原产于巴西、秘鲁、玻利维亚以及哥伦比亚的南部，有很多栽培品种，是世界上商业性栽培的唯一种类。橡胶树的生长发育分为5个阶段：从播种、发芽到开始分枝阶段，需要1.5～2年的时间（2树龄前），称为苗期；从分枝到开割阶段，要4～5年（约3～7树龄），称为幼树期；从开割到产量趋于稳定的阶段，需要3～5年的时间（约8～12树龄），称为初产期；从产量稳定到产量明显下降，大约持续20～25年（约12～35树龄），称为旺产期；从产量明显下降到失去经济价值阶段，称为降产衰老期（约35树龄以上）。

2. 银胶菊

银胶菊（*Parthenium argentatum* A. Gray）为菊科（Compositae）银胶菊属（*Parthenium*）植物，原产于墨西哥中北部和美国得克萨斯州西南部，其橡胶产物称为银胶菊橡胶。1876 年墨西哥开始研究银胶菊的实用价值。20 世纪初银胶菊作为天然橡胶来源之一而引人注目。1988 年美国在亚利桑那州 Sacaton 设厂提取银胶菊橡胶。

银胶菊为半荒漠地区矮灌木，适生条件为年平均温度 15～20℃，年降雨量 280～640mm，土壤排水良好，pH 值 7～8 的沙性土。成龄植株高 50～70cm，根系特别发达。单株干重 500～900g，含胶 6%～10%，胶含于薄壁细胞中。茎和枝的含胶量占全株的 2/3，皮层含胶为木质部的 3～4 倍，其余的 1/3 含于根内，根皮含胶比木质部高 11 倍。一般说来，植株生长旺盛，橡胶积累缓慢；相反，生长缓慢，橡胶积累快。对 2 年生植株进行收获较为合算，如兼收树脂，也可延迟到 4 年生时收获。收割后的材料尽快送工厂加工、贮藏过程中，橡胶发生降解，分子量降低，质量下降。

3. 橡胶草

橡胶草（*Taraxacum kok-saghyz Rodin*，TKS）又名俄罗斯蒲公英、青胶蒲公英，为菊科（Aseraceae）蒲公英属（*Taraxacum*）的一种多年生草本植物，原产于哈萨克斯坦、欧洲以及我国的新疆等地，我国东北、华北、西北等地区也有分布。第二次世界大战期间，橡胶草在苏联、美国、西班牙、英国、德国、瑞典和哈萨克斯坦等国广泛种植。目前，中亚地区、俄罗斯、北美和欧洲都有橡胶草分布。橡胶草适应性很强，在干旱、盐碱等地上仍可良好生长，在平原、高山、坡地上也能正常生长。常生长在盐碱化草甸、河漫滩草甸及农田水渠边。野生的橡胶草含有 4%～5% 的高质量天然橡胶，这些橡胶成分存在于橡胶草植株的乳汁管和维管束之中。

橡胶草生长迅速，容易种植以及收获，能快速满足市场需求，适合高效、合理的田间作物轮作机制。为生产橡胶而栽培的橡胶草，生长一年或两年即可收获，是一种较为理想的产胶植物。橡胶草的形态与一般的蒲公英类似，但橡胶草根折断后在断口上有橡胶丝出现，是橡胶草的特征。新鲜的根折断或擦伤后有白色的乳浆流出来。橡胶主要存在于橡胶草的根内，其根为直根，略微肉质化，支根数量不一。蒲公英橡胶就是从橡胶草根中提取出来的，含量在 2.89%～27.89% 之间。橡胶草的产胶量与种子的类型及栽培地区的环境有很大关系。生长期不同的橡胶草含胶量差距较大，通常一年生橡胶草的含胶量不及多年生的高。

第二节　林副特产加工现状

一、资源昆虫加工现状

1. 昆虫色素的加工

昆虫色素的主要加工技术有三类：a. 物理法。包括手工或机械压榨等。b. 化学法。制取色素最常用的方式，基本手段为溶剂浸提，操作中应综合考虑溶剂种类、温度、时间、料液比、pH、浸提次数等因素的影响，优化工艺条件，还可选择微波萃取、超声波提取等物理辅助技术对常规浸提效能进行增强。其他成本较高的改进型技术有超临界流体萃取（实际应用中常见超临界二氧化碳萃取）等。c. 生物法。利用酶促等生物技术，不受季节限制地产出所需色素，目前成本过高。精制方式亦有物理、化学和生物技术手段，基础型操作可选择离心、过滤、蒸馏、结晶等，专一型操作可采用酶催化反应除杂等，升级改进型操作可实施吸附-解吸法精制（如大孔吸附树脂吸附-解吸）、离子交换树脂精制、膜分离精制（超滤膜、反渗透膜、微孔滤膜等）、凝胶色谱精制（凝胶色谱分离或凝胶过滤）等[10]。

2. 昆虫树脂的加工

目前，昆虫树脂的加工仅涉及紫胶树脂的加工利用。通常以原胶为初始原料，主要加工制取颗粒紫胶、紫胶片、漂白紫胶等树脂系列产品，并可进一步生产各种改性紫胶等深加工产品，同时可综合利用虫尸、洗色水、滤渣等，制取紫胶红色素、紫胶蜡、紫胶漆等副产物[1]。简要流程见图 12-1-3。

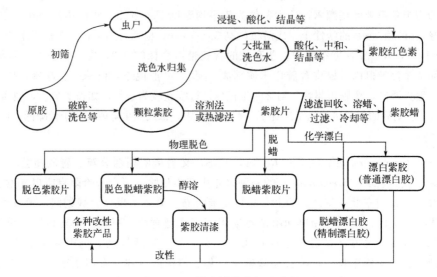

图 12-1-3　紫胶树脂的加工流程

3. 昆虫蜡的加工

对白蜡、紫胶蜡、胭脂虫蜡等昆虫蜡，一般根据原料及设备的具体情况，以水煮法、蒸馏法、溶剂法等进行处理，或将几种方法相结合应用。例如，可采用温热碱性水溶液、热乙醇或其他有机溶剂加热溶解蜡质，去除杂质后经冷却或蒸发、过滤、成型等操作，与溶剂分离，回收精制。后续还可进行活性炭脱色处理，使蜡浅色化[11]。

二、杜仲加工现状

近 30 年来，国内外围绕杜仲皮、茎、根、叶、花和籽的资源综合开发利用，进行了多学科、宽领域的深入系统研究，取得许多重大基础理论与应用技术成果，对杜仲的认识有了质的飞跃。一是明确杜仲叶、皮同效，可"以叶代皮"。杜仲叶将成为资源可持续利用的主体，以叶代皮改变了杜仲皮材生产周期长、效益差的窘境。二是开辟了杜仲植物功能成分"药胶两用"新途径。杜仲胶表现出具有天然橡胶和塑料的双重特性，绝缘性好，耐酸碱腐蚀，耐摩擦等，在军事工业及航空航天工业中有特殊的用途，其系列产品的开发将大大延伸杜仲综合利用的产业链。三是传统的杜仲药用方式发生转变。随着中药现代化进程的加快，杜仲药用功能成分定向提取及制药技术取得突破，一大批高技术含量、高科技产品投放市场，国内外杜仲绿色功能食品、保健品、药品等健康产品市场方兴未艾。四是杜仲的功效、用途及其安全性得到广泛认同，市场准入渠道增多。杜仲（皮）、杜仲叶除被列入国家药典目录品种外，2002 年又列入"可用于保健食品的物品名单"，2012 年被列入国家农业部新版《饲料原料目录（2012 年）》用于健康养殖。此外，杜仲籽油于 2009 年、杜仲雄花于 2014 年被国家卫生计生委批准为新食品原料。2023 年 11 月，国家卫生健康委员会和国家市场监督管理总局发布《关于党参等 9 种新增按照传统既是食品又是中药材的物质公告》（2023 年第 9 号）将杜仲叶纳入按照传统既是食品又是中药材的物质目录，为杜仲叶作为新型食品资源开发开辟了绿色通道。

国家发展和改革委员会（简称国家发展改革委）在 2011 年新的产业结构调整目录中，将"天然橡胶及杜仲种植生产"作为单独一项列入了鼓励类农林产业项目之中。在《战略性新兴产业重点产品和服务指导目录》《当前优先发展的高技术产业化重点领域指南（2011 年度）》中也将杜仲胶生产技术及装备作为鼓励条目，标志着我国政府将杜仲橡胶产业培育正式纳入了国家战略性新兴产业体系。中国社会科学院重大国情调研项目及《中国杜仲橡胶资源与产业发展报告（2013，2014～2015，2016～2017）》绿皮书的发布，阐明杜仲产业将是一个涉及国民经济第一、第二和第三产业多个门类，涵盖范围广、产业链条长、产品种类多的复合型产业，是国民经济的重要组成部分，在维护国家生态安全、带动农民增收、满足民生健康需求、天然橡胶资源战略储备等方面，有着非常重要和特殊的作用。

总之，杜仲既是一种"久服轻身耐老"的名贵的滋补中药材，又是极具发展潜力的优质天然橡胶资源，同时也是美化环境、增加碳汇的园林绿化树种，还是我国特有的战略性植物资源，具有较高的科学研究价值、保健药用价值和经济开发价值，是一种集药用、胶用、食用、饲用和材用等多种用途于一体的优良经济树种。

三、植物单宁加工现状

我国从 20 世纪 50 年代开始开发本国植物单宁资源，在内蒙古、陕西、贵州、湖北、广西、四川、湖南、云南、福建、江西、河南、山东、河北、广东等鞣料植物产区发展植物单宁加工产业。我国植物单宁资源丰富，品种繁多，如橡椀、马占相思、红树、落叶松、黑荆树、杨梅、油柑、厚皮香树皮、五倍子等。80 年代，栲胶加工业发展到鼎盛时期，全国各品种栲胶年总产量达到 5 万吨以上，是我国林产化学工业的主要产品之一，也是我国国民经济中不可或缺的产品。但因原料不足、采集人工成本高等原因逐渐萎缩，生产厂家仅广西扶绥胜利胶水有限责任公司（生产能力 10000t/a）、广西灵水林化有限公司（原名广西武鸣栲胶厂，生产能力 4500t/a）、河北省秦皇岛市云冠栲胶有限公司（生产能力 5000t/a）等数十家。目前世界栲胶年产量约为 50 万～60 万吨，其中国内年产量仅约 2 万吨，其应用涉及制革、森工、纺织、矿业、建材、食品、医药、农业、石油、化工、环保、水处理等许多行业。

中国林业科学研究院林产化学工业研究所（简称中国林科院林化所）科技人员于 20 世纪 60 年代开始便结合当时国内发展栲胶生产的需要，进行优质速生鞣料资源的开发利用工作，逐步改变国内栲胶原料结构，并进行栲胶新工艺、新设备的推广应用研究，以提高国内栲胶生产技术。70 年代，进行了栲胶平转型连续浸提工艺和设备的研究，研制出第一套年产 750t 栲胶平转型连续浸提设备，使栲胶生产实现机械连续化。80 年代，展开了对竹山肚倍资源综合开发利用的研究，首创没食子酸"一步结晶法"脱色制纯新工艺，建成单宁酸车间和没食子酸车间，研发了利用五倍子粉直接制备三甲氧基苯甲酸甲酯和复合电解氧化法制备三甲氧基苯甲醛技术。90 年代，进行了五倍子单宁深加工技术研究，突破了染料单宁酸新产品开发、焦性没食子酸生产新工艺、3,4,5-三甲氧基苯甲醛新工艺、没食子酸生产废水（废渣、废炭）回收处理等关键技术。

近 10 年来，我国植物单宁加工产业出现严重萎缩局面，大量生产厂家关停并转，产品产量急剧下降。目前栲胶生产企业仅剩 3 家，栲胶的全国年总产量仅仅为 5000t，仅为鼎盛时期的十分之一；没食子单宁加工业也出现不同程度的萎缩。造成这种局面的因素是多方面的，除了企业自身的生产经营机制和策略影响因素外，整个植物单宁加工产业面临的重大发展问题主要是生产原料严重匮乏和植物单宁深加工过程的环境污染问题。但近年来，随着栲胶产品和单宁酸产品在饲料添加剂中的逐渐应用，目前用在饲料添加剂中的栲胶产品量已经超过了传统鞣革业中的使用量。湖北五峰赤诚生物科技股份有限公司于 2021 年新建了年产 5000t 单宁酸混合饲料添加剂生产线，并已投产。2020 年，国内约有 5000t 单宁产品（包括进口的）用在饲料添加剂中，而且这个数字还在增加。

四、生漆加工现状

漆树是我国的重要经济林树种，主要采割生漆林副特产。生漆是人类认识最早的天然生态涂料，用生漆涂饰加工漆器历史悠久，技艺精湛，脱胎漆器是我国传统文化的象征，与丝绸、陶瓷和景泰蓝并驾齐驱，堪称我国四大手工艺品。进入 20 世纪以后，漆器出现过阶段性繁荣，全国有 70 多家漆艺厂，漆画已成为与国画、版画、雕塑等并列的一门独立画种。

生漆的化学研究始于 19 世纪末期，1890 年左右，法国巴斯德研究所 Garbriel Bertrand 从越南生漆乙醇可溶成分中分离出一种类似多价的苯酚，取名为 laccol（虫漆酚），即越南漆酚。1907 年，三山喜三郎将日本生漆的乙醇可溶成分中的脂质成分命名为漆酚（urushiol）。不同产地的漆液称呼不同，中日韩产生漆脂质成分为漆酚。越南生漆脂质成分是虫漆酚，产于缅甸、泰国以及柬埔寨等亚热带地区的生漆脂质成分是缅甸漆酚（thitsiol）。1959 年左右，熊野凭借现代分析技术的仪器，如凝胶色谱（GPC）和高效液相色谱（HPLC）等，不仅确定了漆酚侧链的双键位置，也确定了它的几何结构，还利用 HPLC 对漆酚的羟基在无修饰状态下进行分析从而实现了漆酚的定量分析，此外利用毛细管气相色谱对日本及其他国家产的漆液都作了脂质成分的分析。生漆主要的成膜物质是漆酚，漆酚是由含有 0~3 个双键的 C_{15} 和 C_{17} 侧链脂肪烃取代基的邻苯二酚衍生物混合物组成的多酚类化合物，也包括少量漆酚二聚体、三聚体等低聚体。从 1960 年到 2000 年，国际上开展生漆组分分离、生漆致敏与防治机理、精制生漆及改性生漆复合涂料的研究及产品开发。

生漆在自身携带的漆酶催化下能氧化聚合成膜，形成天然高分子涂料。生漆漆膜坚硬且富有光泽，并具有良好的耐腐蚀性、绝缘性、超耐久性、高装饰性、抗菌性、氧化稳定性以及环境友好性等优点，被誉为"涂料之王"，广泛应用于家具、漆器、重防腐、古建筑及文物修复和艺术造型等领域。

生漆加工基本沿用传统方式，采用低温加热脱水生物精制生漆，也可采用调制方法加工精制漆，如揩光漆、朱合漆、赛霞漆、透明漆、亚光精制漆、贴金漆、明光漆、彩色精制漆、朱光漆、黑光漆等。目前，针对天然生漆快干的研究，使生漆漆酚摆脱温度和湿度限制在无漆酶的作用下自干，扩大了生漆的应用领域，尤其是漆酚金属高聚物的合成与制备，实现了生漆的高性能使用。根据漆酚分子结构中含有的酚羟基、酚羟基邻位和对位氢原子、侧链不饱和双键及共轭双键可发生多种化学反应，开展漆酚分子结构修饰化学加工关键技术研究及复合改性生漆涂料等开发，揭示漆酚分子结构与组成对生漆成膜速度和漆膜性能影响的内在规律，创制改性生漆光氧双固化涂料、生漆重防腐涂料、漆酚缩水甘油醚水性化涂料、单宁改性漆酚环氧树脂，为我国天然生漆的高值化综合利用及其在生态涂料中的应用创造良好的技术基础。

近 10 年，生漆精细化利用程度不断深入，漆树产业链技术成果国际化进程加快，开发了漆酚金属螯合海洋重防腐涂料和贵金属纳米粒子新型抗辐射功能涂料等新产品[12]。中国林科院林化所王成章团队从漆酚基新材料与药物合成角度，设计合成新型漆酚活性衍生物和漆酚基两亲胶束，评价了抗氧化、抑菌和抗肿瘤生物活性，为拓展生漆在医药领域的应用提供新思路。

五、天然橡胶加工现状

天然橡胶是重要的战略资源和工业原料，占有极为重要的地位，不仅为人民提供日常生活不可或缺的橡胶产品，而且向多个产业提供各种橡胶制生产设备或部件，需求量巨大。2019 年，全球天然橡胶产量为 1377.20 万吨，出口量为 1246.79 万 t，消费量为 1372.1 万吨。全球天然橡胶主产区分布在东亚和东南亚地区，该区域的植胶面积占全球比重的 89.58%；消费区域主要集中于亚洲、欧洲和北美洲，其中亚洲消费量达 74.16%，我国为第一大天然橡胶消费国，消费量占全球的 40.44%，其次为印度、美国、泰国、日本，这五个国家的消费量合计达 66.68%[13]。

我国天然橡胶产业经过 60 多年的发展，形成了海南、云南、广东三大生产基地，其中云南省年度橡胶产量占全国橡胶总产量的 40%，云南省和海南省的年度橡胶产量已经超过全国橡胶总产量的 80%[14]。我国天然橡胶产量低（约 80 万吨/年）而消费量大，主要依赖进口，自给率仅为 13.95%[15]。

第三节　林副特产加工利用发展趋势

一、资源昆虫加工利用发展趋势

作为自然界种群最为丰富的生物物种，昆虫及其分泌物为人们所利用已有悠久的历史，直到近代随着石油、煤化工的兴起，人工合成化学品凭借其稳定的性质、低廉的价格以及规模效益取代了天然产物的位置。但是随着石油等不可再生资源的消耗、碳排放以及人工化学品难降解所造成的污染问题日益突出，人类开始反思并审视人与自然的关系，绿色、无毒、可再生、可循环、可降解的材料受到人们的日益关注，天然产物又重新受到人们的青睐。天然树脂和色素及生物蜡等绿色产品也已成为未来林特资源科学发展的方向。

资源昆虫分泌物规模化加工应用，首先，需解决地理、气候和虫种及寄主植物的差异造成的原料产量和质量波动的问题；其次，因资源稀缺性，资源昆虫分泌物由原粗放加工、低价值应用向清洁加工、精细化产品方向发展，如通过组分细分、化学结构修饰、热化学及物理改性等，拓展资源昆虫分泌物加工产品在食品、医药、农产品包装以及电子、荧光材料等领域的应用，提高市场竞争力和经济价值，引领林特资源昆虫产业健康发展[16]。

二、杜仲加工利用发展趋势

杜仲的皮、叶、雄花和果实等部位均具有很高的加工利用价值。

杜仲胶在果皮、树皮和叶中均有分布。杜仲果皮是杜仲胶规模化生产加工的理想原料。杜仲叶含胶量虽较低，但其产量巨大，也是目前提取杜仲胶的主要原料。优化提取工艺，提高杜仲胶产率，实现杜仲全成分资源化利用，进一步降低加工成本是杜仲胶生产加工的关键问题。

杜仲叶的加工应用目前一直是研究热点。杜仲叶提取物已经在食品、药品、化妆品和饲料添加剂等方面展现了广阔的应用前景。如何充分利用现代科技手段，对资源丰富、价廉物美的杜仲叶及其有效成分进行合理的开发利用，进一步提高产品附加值是目前关注的重点。

杜仲果实的精深加工也引起了广大科技工作者的高度关注。如何在兼顾果皮提胶的同时，有效保留桃叶珊瑚苷等高活性物质，杜仲籽油的高附加值产品研发，杜仲籽蛋白的有效提取新工艺技术及应用等，都是加工环节中要解决的重要问题。

开发利用好杜仲雄花也是对杜仲资源的重新整合，对扩充杜仲产品类型，提高杜仲种质资源的利用率有重要的意义。

采取"梯级开发"综合利用模式，深度研发，延长产业链，提高杜仲资源的附加值，健全杜仲产品标准，才能使杜仲产业实现更好、更快、更高层次的发展。

三、植物单宁加工利用发展趋势

五倍子产业链中最基础和最关键的环节是原料的高效培育。五倍子的培育不仅受冬夏 2 类寄主植物的限制，还受到环境条件、生产经营水平和方式等的影响。尽管目前在倍蚜种虫培育、多次放虫技术、寄主植物筛选和生长势调控等方面的技术研发使五倍子产量显著提高，但仍不能满足市场对五倍子原料不断增长的需求。随着农村生产经营模式的改变，与其他农林业一样，五倍子原料培育也面临劳动力成本不断升高的共性难题，因此，如何将无土植藓养蚜与倍林营建技术有机结合，研发"林-藓-虫"一体化培育技术，如何通过设施培育方法调控林间小环境，创造适合倍蚜和寄主植物生长的微环境，减少倍林营建、管理和经营的用工数量，降低劳动力成本，是今后原料培育中亟待解决的问题。同时，以五倍子资源培育的倍蚜虫、寄主树和藓为对象，解决五倍子资源培育中影响五倍子产量和质量的关键技术问题，诸如倍蚜种虫培育与释放、倍林经营模式、倍林标准化、低产倍林提质增效、有害生物综合防控、五倍子采收和加工等技术难点，研发配套生产技术促进五倍子培育方式从低产向高产稳产转变，实现五倍子资源的高效利用。

由于五倍子天然药物与生物原料的物质属性，五倍子产品深加工增值空间巨大，五倍子除作为中药材使用外，已经进行规模化的化学加工利用。以五倍子单宁为基础原料，采用不同的深加工工艺，可生产出多种化工、医药和食品添加剂产品，如：单宁酸系列，包括工业单宁酸、试剂单宁酸、医用单宁酸、食品单宁酸等；没食子酸系列；焦性没食子酸系列；合成药物系列：包括甲氧苄氨嘧啶及其中间体等。不断挖掘和拓展五倍子单宁新用途，开拓五倍子单宁在电子、医药、食品、饲料、日用化工等行业的应用，创制金属缓蚀、抑菌、络合等功能化单宁及其衍生物等产品，提供单宁基金属防蚀剂、鲜果抑菌被膜剂、装修封闭底层涂料、固定化功能吸附材料等加工关键技术及其制品。五倍子产品新用途拓展迅猛，如电子级单宁酸、光刻胶等高技术产品在电子显示屏等方面的应用；五倍子单宁酸在无抗饲料、化妆品中的应用。五倍子深加工产品销售目前集中在沿海经济发达地区，在紧盯国内最大的需求市场的同时，要瞄准国外市场，扩大出口销售额。研究中东、欧美市场，不断获得有关认证，以满足国际市场的需求。

五倍子资源包括倍蚜、寄主植物以及产区的气候、土壤、植被、生境等，它们同时也是我国生物多样性的重要组成部分。从生物多样性保护以及资源的可持续发展角度出发，五倍子作为一类重要的资源林特产品，在合理采摘利用的同时，必须处理好资源合理利用、发展与保护的关系。不太重视倍蚜冬寄主藓类植物保护，倍蚜及其冬寄主生态条件破坏与恶化，以及五倍子过度采摘是目前五倍子生产中共有的问题。五倍子加工产品用途与用量的扩展，使得五倍子价格不断上涨，从 20 世纪 80 年代初的约 0.15 万元/吨，上涨到 90 年代最高时的 3 万元/吨，随后一路走低。直至 2003 年上半年开始，五倍子及其加工产品的价格才开始有大的回升。价格上涨在一定程度上促进了五倍子生产的大发展，但也由于价格上涨过猛，五倍子加工成本特别是利用五倍子加工产品的行业成本大增，部分企业不得不考虑使用代用品，从而制约了我国五倍子生产的健康发展。为保护并促进五倍子生产的可持续发展，当前需解决或面临的主要问题是：a. 必须大力加强产区倍蚜及其冬、夏寄主与五倍子生产整个生态环境的保护。b. 根据角倍类和肚倍类生产现状与倍蚜及其冬、夏寄主所需生态条件的差异，角倍类夏寄主野生资源较为丰富，生产应以保护和改造野生倍林为主，而肚倍类的夏寄主青麸杨和红麸杨多为四旁栽种，野生资源较少，倍林的营造必须选择好小环境，使树、藓、虫得以合理配置，在基地设计、造林地的选择以及倍林的营造中必须优先考虑小环境的选择，使藓、蚜资源同树一样得以发展，切忌片面搞大面积集中连片。c. 积极推广应用已成熟的技术，如成熟采倍、采倍留种、在倍林内补植冬寄主与营建种倍林、利用种倍收集散放夏（秋）迁蚜等技术措施。d.积极开展倍蚜及其寄主植物优良品种的筛选与培育，加强五倍子新产品、新用途的开发利用研究，以推动五倍子生产的持续、稳定、健康发展。

四、生漆加工利用发展趋势

生漆是漆树分泌物，是世界上唯一来自植物且在自身携带的生物酶催化下形成的天然高分子复合涂料，具有超耐久性、重防腐性、耐酸性、耐湿热、绝缘性能佳及环境友好等综合性能，素有"涂料之王"和"国漆"的美称，在我国已有七千多年的悠久历史，应用于石油化工、冶金采矿、纺织印染、古建筑、文物维护、木器家具、工艺美术品等各行业，开发利用漆树分泌物特色资源具有重要的意义。

生漆的传统应用方式是应用于涂料，但生漆品质随漆树品种、产地、气候、采割时间及采割技术、贮存条件的不同而有变化，品质参差不齐，质量控制难度大。并且生漆使用过程中受自然因子制约，干燥条件要求苛刻，需要控制一定的温度、湿度条件，在冬季施工难以聚合成膜。此外，生漆黏度大，施工工艺考究，技术要求严格，只能采用手工操作，难以采用机械化方式作业，生产周期长，劳动生产率低。同时，生漆还容易引起人的皮肤过敏反应，到现在为止尚无根治生漆过敏的良方。生漆本身存在的这些缺陷，使人们转而寻找其他代用品，开发新型油漆涂料品种，蚕食生漆市场份额。

针对传统生漆涂料产品存在的性能缺陷，为改善漆酚的成膜性能，就必须对漆酚进行改性，国内外学者对生漆改性涂料的研制开展了大量工作，取得了丰硕成果。如漆酚与金属离子反应合成的钛、铁、铜、钼、锰、锡、镍等系列漆酚金属高聚物，在防腐涂料领域中发挥着重要作用。近年来随着人们环保意识的增强，水性涂料由于具备无粉化、价格低、施工简单方便、不污染环境等优点成为涂料工业发展的新方向。生漆乳化制备的水性涂料为生漆的利用开辟了新途径。生漆水性化作为水性涂料直接成膜或乳化后与其他水性涂料复配成膜，不仅保持了生漆原有的漆膜性能，还克服了黏度大、不易施工、成膜条件苛刻等诸多弊端。以漆酚为基体材料、石墨为导电填料，利用紫外线固化法制备了漆酚复合导电涂料，是石油行业理想的防腐与导电涂料。未来生漆改性涂料将朝着绿色环保的方向发展。

生漆不仅可用作涂料，在药物行业也有应用。生漆进行炮制可得干漆，在我国使用历史悠久，最早记载于《神龙草本经》，为上品，辛、温、有毒，具有破瘀调经，消积杀虫等功效，主要用于治疗虫积腹痛、闭经、淤血等疾病。生漆中主要成分为漆酚，现代医学研究表明漆酚具有抗癌、抑菌、杀虫等活性，这为漆酚功效的新领域。漆酚非常有希望开发成药物使用，但是漆酚结构不稳定，容易氧化聚合，有必要合成漆酚衍生物，目前国内外开展大量漆酚衍生物、靶向抑制剂及胶束制剂的设计合成研究，并进行抗肿瘤构效研究，拓展了不饱和漆酚作为抗肿瘤药物的开发与应用。如以三烯烷基漆酚为原料，设计合成新型漆酚基异羟肟酸型 HDAC 抑制剂，合成 C_{15} 漆酚三氮唑衍生物等，对多种肿瘤细胞具有很好的抑制活性。另外，为改善漆酚衍生物的水溶性，提高其组织选择性和生物利用度，设计制备了新型漆酚基胶束药物制剂。如制备负载漆酚衍生物的 mPEG5000-PBAE-C12 共聚物胶束，设计合成了一种紫杉醇和漆酚协同释放的 pH 靶向漆酚基胶束 BPAU-NH2-Gal-PTX。该漆酚胶束的制备可针对肿瘤细胞 pH 响应性释放药物，达到靶向给药的目的，将为漆酚衍生物靶向抗肿瘤药物制剂开发提供重要的理论与应用基础。

生物医药行业被誉为"永不衰落"的朝阳产业，目前我国医药行业的年总产值达到十万亿。因此，生漆未来的产业发展建议向高附加值生物医药产品和功能材料方面拓展，对提升生漆产业经济效益具有重要意义。

五、天然橡胶加工利用发展趋势

世界上天然橡胶生产以三叶橡胶树为主要资源。但目前天然橡胶的资源量难以满足需求，一些发达国家正在寻找其他天然橡胶来源[1]。

21世纪全球经济一体化的发展背景使世界橡胶业的供需不断增长，我国天然橡胶产业在这一背景下获得了发展的机遇[17]。目前，我国天然橡胶产量达到82万吨，深加工产品主要有汽车轮胎、橡胶输送带等，在高性能轮胎专用橡胶、子午线轮胎专用橡胶、热塑橡胶、耐油橡胶等品种专用橡胶方面需求增长强劲[18]，消费量已达到560多万吨。然而，我国天然橡胶产量低（约80万吨/年）而消费量大、自给率低，主要依赖从印度尼西亚、马来西亚、泰国、越南、老挝、缅甸等国进口，自给率仅为13.95%。到2030年，预计我国对天然橡胶产品的需求量为180万吨，产值与需求之间的差异导致我国天然橡胶产业的供需趋势极为紧张，这一发展趋势推动着我国天然橡胶产业的纵深发展[19]。

现代科学技术的发展对橡胶制品的性能提出了更复杂、更高的要求，天然橡胶已不能满足使用要求。这就需要对天然橡胶进行改性，常见的改性包括物理改性（包括填料共混改性、聚合物共混改性）和化学改性（如硫化改性、卤化改性等）[9]。

此外，随着我国生态文明建设的深入和"碳达峰碳中和"目标的确立，橡胶制品的绿色加工和回收再利用已成为发展的必然趋势[20]。

参考文献

[1] 陈晓鸣，陈又清，张弘。等.紫胶虫培育与紫胶加工.北京：中国林业出版社，2008.

[2] 张弘，郑华，郭元亨，等.胭脂虫红色素加工技术与应用研究进展.大连工业大学学报，2010，29（6）：399-405.

[3] 陈晓鸣.白蜡虫自然种群生态学.北京：科学出版社，2010.

[4] 张康健，马希汉.杜仲次生代谢物与人类健康.咸阳：西北农林科技大学出版社，2009.

[5] 杜红岩，胡文臻，俞锐.杜仲产业绿皮书.北京：社会科学文献出版社，2013.

[6] 冯晗，周宏灏，欧阳冬生，等.杜仲的化学成分及药理作用研究进展.中国临床药理学与治疗学，2015，20（6）：713-720.

[7] 王凤菊.我国生物基杜仲胶发展现状、瓶颈及对策分析.中国橡胶，2017，33（3）：10-13.

[8] 朱文凯，吴燕，于成宁，等.天然生漆改性及其适用于家具喷涂工艺的展望水性技术年会，2016.

[9] 张立群.天然橡胶及生物基弹性体.北京：化学工业出版社，2014.

[10] 郑华，张弘，张忠和.天然动植物色素的特性及其提取技术概况.林业科学研究，2003，16（5）：628-635.

[11] 张弘，陈军，郑华.白蜡精制加工中试工艺设计.林业建设，2005（5）：3-5.

[12] 吴燕.一种纳米改性生漆及其制备方法：CN103589268B.2013-11-08.

[13] 江军，张慧坚.基于区域竞争力的中国天然橡胶产业政策研究.热带农业科学，2020，40（12）：126-132.

[14] 金华斌，田维敏，史敏晶.我国天然橡胶产业发展概况及现状分析.热带农业科学，2017，37（5）：98-104.

[15] 劳万里，李雪宁，张冉，等.我国林化产品贸易简况.林产工业，2021，58（7）：65-68.

[16] 李凯，张弘，郑华.等.紫胶树脂改性研究进展.天然产物研究与开发，2012，24：274-279，283.

[17] 许自伟.西双版纳橡胶种植业现状、问题及发展的相关性思考新农业，2018（15）：42-44.

[18] 范刚.云南天然橡胶产业发展的新途径.农村经济与科技，2018，29（22）：157-162.

[19] 王盛娜.我国天然橡胶产业发展现状及对策.乡村科技，2020（9）：42-44.

[20] 丁丽，严花，赵立广，等.天然橡胶初加工废水污染物分析.农业与技术，2021，41（15）：8-11.

（王成章，张弘，张亮亮，彭密军，李淑君）

第二章 资源昆虫化学与应用

中国疆域辽阔，各地盛产不同物种，其中有丰富的昆虫资源，早在古代就作为林副特产而开发利用。此外，随着现代可持续林业的发展，林下经济增长更趋多样化，从境外合理引入一些非本土昆虫资源并进行产品加工，也成为林源昆虫资源高效综合利用的新亮点。

关于昆虫，业界普遍的共识是已知种类逾百万种，估计实际种数超千万种，约占所有生物种类的 1/2、所有动物种类的 3/4 以上。现代昆虫学已从动物学中独立出来，发展成包括理论昆虫学（普通昆虫学、基础昆虫学）和应用昆虫学（经济昆虫学）两大体系的学科。两大体系相辅相成，不能截然分割，又各由众多分支学科发散、交叉组成。资源昆虫学是应用昆虫学中的一个重要分支，除进行相关基础研究外，主要涉及昆虫资源的开发与利用。

昆虫类群数量庞大，目前已有的研究仅涉及部分代表性种类，如产蜜昆虫、授粉（传粉）昆虫、药用昆虫、食用昆虫、天敌昆虫、环保（水质监测、垃圾处理）昆虫、观赏昆虫、法医昆虫、工业原料昆虫等。在林产资源化学工业领域，我国传统的紫胶虫、白蜡虫，以及 20 世纪从秘鲁等国引进的胭脂虫，是目前可进行产业化开发的几种工业原料昆虫，主要利用其分泌的树脂、色素和蜡等天然产物。

第一节 紫胶树脂化学与加工

紫胶俗称虫胶，另有赤胶等多种别名，是以树脂为主体组成的天然产物，由紫胶虫分泌。紫胶虫及其寄主植物分布于南亚、东南亚、中国西南至华南区域、澳大利亚等地，有多个虫种及品系，工业上实用的紫胶虫通常仅选择泌胶量大的品种。许多文献资料常习惯将紫胶树脂及其加工产品笼统简称为紫胶，是迄今为止已被开发利用的天然树脂中唯一来自动物界的资源；紫胶虫分泌物中，除含有紫胶树脂外，还有较少含量的紫胶色素、紫胶蜡组分可供开发利用；其他更微量的蛋白质、糖类、盐分等化学物质及虫尸、木屑、泥沙等杂质需在加工时去除[1]。通常所说的紫胶加工即指紫胶树脂的加工，本节的以下全部内容中，如无特别说明，紫胶均为紫胶树脂及其加工产品的总称。

一、紫胶的理化性质

（一）紫胶的化学性质

紫胶实际上是多种酸性树脂成分的混合物，组成较为复杂，已知其中包含紫胶桐酸、紫铆醇酸、壳脑酸、表壳脑酸等。尽管有部分热性质研究推测其分子量分布较宽，化学结构式和分子量难以用单一模式表述，但目前仍普遍采用 Singh 等研究者提出的化学结构式，即认为紫胶是由一种羟基脂肪酸（紫胶桐酸）和一种倍半萜烯酸（壳脑酸）以内酯与交酯的形式构成，平均分子量约 1000，属于聚合物中的低聚体（齐聚物），主要分子结构如图 12-2-1～图 12-2-3 所示。

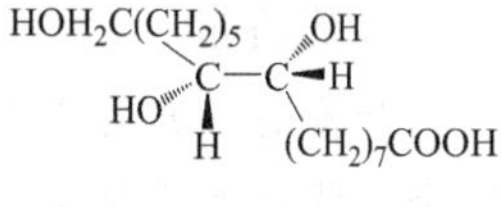

图 12-2-1 紫胶桐酸的分子结构

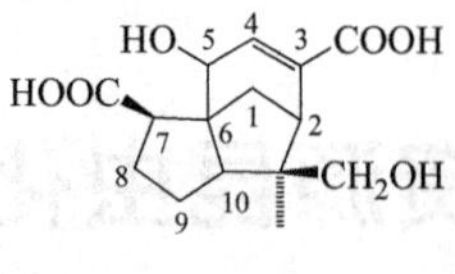

图 12-2-2　壳脑酸的分子结构

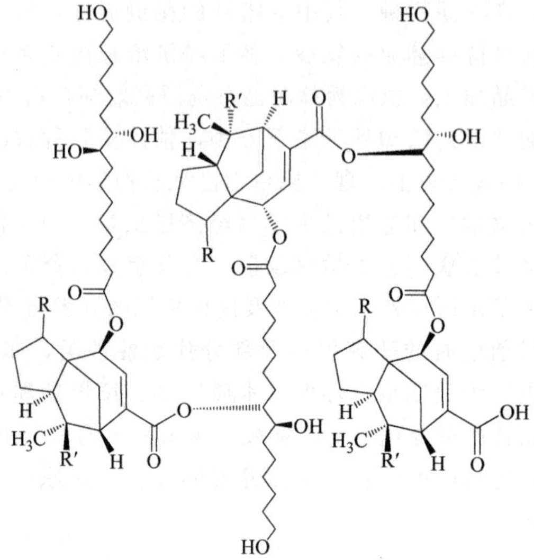

图 12-2-3　紫胶树脂的分子结构

在紫胶分子的每个重复单元结构中至少有 1 个游离羧基、3 个酯基、5 个羟基及 1 个醛基，这些官能团使紫胶具有多样的化学特性，其中的活性基团能参与酯化、皂化等多种不同的化学反应。根据紫胶在乙醚中的溶解性差异，一般将可溶于乙醚的部分称为"软树脂"，分子量约550，含量约 30%；不溶于乙醚的部分则相应地称为"硬树脂"（或称为"纯树脂"），分子量约2000，含量约 70%，软化点较软树脂高出约 10℃[1]。由于存在游离羧基，故树脂显酸性；由于富含羟基，因此易溶于醇类等多种含羟基溶剂。丰富的基团构成是进行紫胶产品改性利用的关键支撑[2]。

（二）紫胶的物理性质

常温常压下的紫胶为无定形固态树脂，具有硬脆感，受热及熔化时可产生特殊的芳香气味。

1. 机械性质

紫胶的抗张强度、硬度、耐磨性、黏附力优良，可作为填充剂掺入橡胶、合成树脂等材料中，改善其制品的机械与工艺性能，如提高产品强度、硬度、抗酸性、耐油性，减少收缩等，含有紫胶的胶黏剂产品广泛应用于电器、仪表、重工业及军工等领域[1]。

2. 热性质

紫胶是一类兼具热塑性和热固性的树脂，其随温度的升高而经历的状态及转变区依次为玻璃态、玻璃化转变区、橡胶态、黏流转变区、黏流态，玻璃化转变温度为 23～34℃，黏流转变温度为 55～83℃。当紫胶树脂低于其玻璃化转变温度处于玻璃态时，其分子的链段构象运动由于树脂的自由体积被缩小到临界最小值而被限制，处于冻结状态，分子之间活性端基难以接触并反应，表现为紫胶树脂产品的反应活性较低，因而可以相对长时间保持稳定。当温度升至紫胶树脂玻璃化转变温度以上时，且在足够的弛豫时间内，其自由体积增大，分子的链段开始运动并改变构象，活性端基尽管会受位阻效应及临近基团效应影响，但仍会发生相互反应，表现为紫胶树脂的贮存不稳定性。而在黏流态中，紫胶树脂表现为具有一定的流动性，紫胶的热加工均在此范围进行；随着温度的持续升高或温度恒定下时间的延续，紫胶树脂分子链上的活性基团发生相互反应，此反应过程为热硬化过程，热硬化过程使紫胶树脂转变为不溶不熔物，失去加工性能；温度继续升高至一定值后，紫胶树脂开始发生热分解反应，此时进入了热分解状态[3]。

3. 电性质

紫胶的介电常数低，介电强度高，并具有"无电子迹径"的特性，即受电弧支配后形成的无导电性，可结合其优良的黏附力及热塑性，用于层压云母板、绝缘纸板、模制电绝缘件、绝缘清漆、绝缘黏合剂等常用电气工业产品的制造[1]。

4. 溶解性

紫胶在多种有机溶剂和某些碱性溶液中具有较好的溶解性，但亲水性差。官能团为羟基、羧基、羰基和碱性胺的四类有机溶剂最适合溶解紫胶，尤以乙醇及其短链同系物为佳。此外，甲酸、乙酸等低级羧酸和甲基乙基酮、乙醛、丁醛等也是紫胶的良溶剂。丙酮则需加入5%～10%的水才适宜片胶溶解。碱性胺和吡啶亦可溶解紫胶。

在含有足够碱量的水中加热，可制备紫胶水溶液，即水性的紫胶清漆，质优价廉，用于木器、纸张、皮革的涂料、油墨的制造和地板蜡的配料等。最常用的碱类物料是碳酸钠、氢氧化钠、氨水、硼砂、三乙醇胺、吗啉等，用碱量的高低差异可使水溶液呈现出清澈、半清澈或胶体等多种不同状态，操作中需注意避免强碱易引发的树脂皂化水解[1]。

5. 聚集行为

紫胶树脂是一种比较传统的齐聚物，从其分子结构看，紫胶桐酸部分为非极性疏水部分，壳脑酸部分为极性亲水部分，因此，紫胶树脂钠盐可以看作是一种嵌段共聚物。并且两嵌段的理化性质具有相当大的差异：以紫胶桐酸为代表的羟基脂肪酸为直链大分子，且具有长饱和烃碳链，分子柔顺性较好、体积较大，有较强的疏水性；而以壳脑酸为代表的倍半萜烯三元环结构带有可电离的羧基，其刚性更强且亲水性更好。紫胶树脂这种亲水以及疏水嵌段之间的差异性，以及存在于单体间的内酯与交酯之间的共价键的连接———一种有趣的平行链之间的桥联结构，类似于 Gemini 表面活性剂。在这种不对称的 Gemini 结构中，羟基脂肪酸类物质一般利用其疏水作用及氢键作用在水相中进行自组装，即当环境 pH 值降低时，水相中疏水链的疏水作用发挥主导作用诱导分子进行聚集。同时，这一过程还缩小了分子间的距离，随后通过羟基间的氢键作用自组装成固化的多尺寸材料，而不是典型的脂肪酸组装得到的动态胶束。因此，羟基脂肪酸类物质作为紫胶树脂齐聚物中的一个有效片段，它就像分子上的一个"发动机"，可以通过疏水作用和氢键作用来诱导紫胶树脂进行自组装行为[4]。

6. 流变行为

紫胶树脂这种以类"表面活性剂"为单体的齐聚物具有特异的静态水相自组装行为，紫胶树脂钠盐在高速剪切下表现出剪切增稠的现象，其黏性主要由硬树脂贡献，而弹性主要来自于软树脂。紫胶树脂钠盐流变行为异于大多数剪切变稀的高分子线性黏弹性物质，有作为食品增稠剂的应用潜能[5]。

二、紫胶的加工

现代紫胶加工产业中，根据紫胶色素、紫胶蜡和其他杂质的不同分离脱除程度，一般将产品分为紫胶颗粒胶、紫胶片胶、漂白紫胶和改性紫胶等四类。

（1）紫胶颗粒胶　对块状原胶进行破碎，通过水洗脱除其中的水溶性杂质及机械杂质，干燥洗涤产物后，即制成颗粒状的半成品。颗粒胶对紫胶原胶中的非树脂成分脱除率很低。

（2）紫胶片胶　采用溶剂法、热滤法等方式对紫胶原胶或紫胶颗粒胶进行处理，制得片状的紫胶产品，纯度较紫胶颗粒胶有显著提升。

（3）漂白紫胶　通过一定的化学手段将紫胶色素破坏后，得到外观趋近于白色的产品，其中仍含有蜡质的称普通漂白胶，充分脱除蜡质的称精制漂白胶，产品纯度进一步优于紫胶片胶。据统计，全球年消耗紫胶产品中，有一半以上为漂白紫胶。由于用漂白剂破坏了其中的有色物质，树脂大幅度浅色化，产品用途更广。传统漂白脱色的过程会将氯加成到树脂中壳脑酸的共轭双键上，在使紫胶颜色变浅的同时，也导致共轭双键数目减少，产品贮存期缩短[6]。

（4）改性紫胶　期望拓展紫胶应用范围、达到某些特殊用途，或针对树脂的固有缺陷进行弥补，以各种物理、化学和生物技术加以改性。此类产品的研发目的富于变幻，手段多样，应用前景广阔。

针对紫胶自身颜色进行的改性通常称为紫胶的漂白。传统工业漂白紫胶加工的过程主要利用次氯酸钠将紫胶黄色素氧化，脱除色素后得到漂白紫胶，但此过程通常无法避免次氯酸钠对树脂中 α,β-不饱和双键的加成反应及其导致的树脂分子结合氯问题，在后续的贮藏及使用过程中，由于 C—Cl 键不稳定，氯离子易脱落并影响产品颜色稳定、缩短贮存时间。有关研究认为，该 α,β-不饱和双键的加成反应对漂白紫胶生产来说是一个有害的副反应，以往虽能采取一些措施使氯含量略有降低，但却要消耗其他资源，造成生产过程的复杂化，且无法从根本上消除结合氯，这就要求必须探索紫胶的无氯漂白方式。

近年来，有研究利用 H_2O_2 进行紫胶全无氯漂白，适宜条件为：H_2O_2 用量 2mL/g（H_2O_2 体积/紫胶质量），漂液浓度 0.08g/mL，温度 85℃，时间 6h，稳定剂用量 0.5%（稳定剂质量/紫胶质量）。经相关理化指标测定及 FTIR（傅里叶变换红外光谱）、DSC（差示扫描量热法）等表征，认为全无氯的 H_2O_2 漂白胶主体分子结构无变化，颜色指数 0.979<1，热寿命达 12min，软化点 36.5℃，冷乙醇可溶物约 93%，热乙醇不溶物约 1%，酸值 156.6mg/g[7]。漂白后的紫胶再用超声波强化水洗，进一步脱除残留盐分等杂质，提升产品质量，适宜条件为：料液比 1：9，超声波脉冲 on（开）/off（关）时间（6s，10s），处理时间 8min，功率 1200W，洗涤 3 次，最终得到的漂白紫胶产品灰分指标可达国家 1 级标准[8]。

紫胶树脂自身的亲水性差，难以有效溶解、溶胀于一些特定的 pH 值介质中，会明显限制紫胶在食药包衣及凝胶领域的应用范围，其原因是分子中的羧基数目少，且羧基的解离常数（pK_a）大，为此，可用短链二酸类化合物与紫胶中的羟基反应，或加碱液处理使酯键水解，以增加分子中的羧基数，还可用碱液与树脂自身的羧基反应成盐（一般为铵盐或钠盐），从而改善溶解性。有研究将紫胶溶于碳酸钠溶液，经动力学分析，确定相关反应为零级反应，主要发生在紫胶分子中的—COOH 和溶液中的 Na_2CO_3 之间，制得的紫胶树脂钠盐较紫胶树脂的溶解性明显提高，耐热性、硬度、润湿性等也有不同程度的增加，亲水性改善后的产品可应用范围显著扩大[2]。

从紫胶分子上的羟基或羧基入手，利用其受热后易发生酯化或醚化的特点，还可对紫胶进行热性质（耐热性）方面的改性。紫胶中的羟基酯化或醚化后有可能改变软化点、热寿命等指标，同时，引入的新基团还可使树脂增加新的化学性质，如：采用脂肪酸类化合物与紫胶中羟基反应，可抑制其醚化并提高树脂的热寿命；通过异氰酸酯或单宁酸、松香钙等与紫胶中的多羟基进行反应，占据易发生聚合的羟基活性位，并阻碍其可能发生的受热醚化或酯化反应，使树脂分子量增大，软化点升高，热寿命延长。以羟基酯化等方式引入羧基等新的基团，有利于增大紫胶在肠液等弱碱性环境中的溶解度，可为紫胶树脂用作肠包衣材料奠定基础。与羟基改性方式类似，分子中的羧基亦可同多种碱性化合物反应，被占据后的羧基无法继续发生酯化，从而可提高紫胶的软化点、热寿命及部分物理机械性能。

利用琼脂、淀粉、明胶以及聚乙二醇等直链分子在三维空间中的自由延展与扭曲性能，将其与紫胶树脂共混，可提高树脂膜的韧性，有效改善紫胶树脂膜或紫胶树脂盐所成膜的机械性能，适用于食品涂膜保鲜，具有较好的实用价值。如，利用天然高分子明胶与紫胶树脂共混，通过冰冻聚合法可制备紫胶树脂/明胶复合功能泡沫，其泡沫表现出良好的力学性能和生物降解性能，在三维组织培养等生物领域有巨大的应用潜力。

而针对不同呼吸代谢类型水果贮藏时适宜气氛环境不同，模拟植物叶片上具有调节叶片透气性"开关"功能的气孔结构，通过将聚乳酸或壳聚糖多孔微球掺入紫胶膜中，作为气体"开关"来调节膜的 O_2、CO_2 和 H_2O 渗透性以及对 CO_2/O_2 的选择性，并进一步将功能分子如单宁酸负载于多孔微球内，不仅改变了微球的微观结构，而且极大地影响了膜的气体渗透性，同时赋予紫胶膜材料优异的抗氧化和抗菌性能。该紫胶基材料不但可直接涂覆于可接触式水果表面，也可将其制成自发气调包装膜应用于不宜接触式水果保鲜中，均显著延长了水果的保质期[9,10]。

因紫胶树脂特殊的两亲性结构，可通过不同阳离子诱导其进行聚集组装，并用于包裹药物。由于疏水作用，紫胶树脂对于疏水性药物的包裹率非常高，而对于两亲性药物的包裹率又优于亲水性药物。现紫胶树脂已成功用于红霉素、姜黄素和白藜芦醇等药物的包埋[11]。

利用葡萄糖酸内酯（GDL）作为缓释酸释放 H^+，成功制备得到紫胶树脂水凝胶，对其形成凝胶的机理及其性能进行了研究。结果表明：随着 GDL 的水解，两亲性的紫胶树脂钠盐转变为紫胶树脂并且组装形成囊泡，由于紫胶树脂的分子结构类似于不对称双子表面活性剂，通过两个相邻囊泡中短的疏水链间的疏水作用粘接形成纳米纤维，进而组装形成紫胶树脂水凝胶网络。通过改变紫胶树脂钠盐的浓度、GDL 的加入量以及形成凝胶的时间就可以调节形成凝胶的力学性能、含水率、体积、结晶性和热稳定性[12]。

以紫胶为基材制备多孔模板，自组装成具有疏水核心的连续刚性网络——紫胶基多孔气凝胶。由于紫胶基多孔气凝胶的疏水性，水合紫胶网络可以直接自然干燥而不被环境空气所破坏，并具有良好的力学性能。硅烷涂层处理可将紫胶气凝胶转变成一种疏水性材料，可以吸收各种有机溶剂和油，同时也可以去除水中底部或表面的有机溶剂或油。关键的是，紫胶多孔气凝胶在 pH 14 下可以迅速降解，并释放出被基质所吸收的溶剂。因可再生多孔气凝胶具有良好的生物降解性，可以作为一种高效率的策略来处理大规模的石油泄漏问题。紫胶多孔气凝胶的表面可以进一步修饰，以实现其他过程的应用，如催化、重金属吸收和细胞组织增殖[13]。

第二节　白蜡化学与加工

白蜡亦称中国白蜡或虫蜡，由白蜡虫分泌，是传统的生物蜡之一，利用历史悠久。在中国根据产区的不同，还有川白蜡、湘白蜡等名称上的划分。古代中国的白蜡虫分布地域很广，东北亚及苏联地区也有分布或引种，但历经气候和人类社会的各种变迁，现代中国白蜡产业的格局主要以四川、云南、湖南和陕西为中心。作为自古传承的民间生产法，白蜡长期沿用"高山产虫不产蜡，低山产蜡不产虫"的模式，将云贵高原海拔 1500～2000m 山区所产的种虫（即白蜡虫雌虫）运输至四川、湖南等产蜡区泌蜡。近年来，基于泌蜡机理等相关研究，"同地产虫产蜡"的构想正在逐步建立和完善[14]。

一、白蜡的理化性质

白蜡由复杂的天然酯类成分混合而成，其基本组成是高级饱和一元羧酸与高级饱和一元醇酯。上述组成中的羧酸主要是二十六酸（蜡酸）、二十八酸（褐煤酸）、二十四酸（木焦油酸）和三十酸（蜂花酸），另有微量的二十五酸、二十七酸、硬脂酸、棕榈酸等，醇则包括二十六烷醇（虫蜡醇）、二十八烷醇（褐煤醇）、二十四烷醇（木焦油醇）和三十烷醇（蜂花醇），以及微量的二十五烷醇、二十七烷醇等。据推测，白蜡中含量最多的成分可能是二十六酸二十六酯。

白蜡产品呈白色或略带浅黄色，表面光滑，质地较坚硬，截面可见晶体状特征。在15℃条件下的相对密度为0.97，熔点一般可达82℃以上，具有润滑、着光、防潮等优点。在溶解性方面，可溶于弱极性（非极性）的石油醚、苯、甲苯、二甲苯、氯仿、三氯乙烯等溶剂，微溶于乙醇、乙醚等，不溶于水[15]。白蜡的化学性质通常很稳定，我国主要产区的白蜡理化指标见表12-2-1。

表 12-2-1　我国主要产区的白蜡理化指标

产地	等级/品种	熔点/℃	含水率/%	苯不溶物/%	酸值（以KOH计）/(mg/g)	碘值（以I_2计）/(mg/100g)	皂化值（以KOH计）/(mg/g)
四川	头蜡	83.5	0.05~0.12	0.04~0.14	0.26~0.49	0.42~1.88	69.90~73.54
	二蜡	82.8	0.10~0.12	0.06~0.14	0.73~1.52	6.53~11.47	80.02~98.02
	三蜡	81.6	0.13	0.13	3.46	12.14	99.17
	马牙蜡	82.4~83.9	0.09~0.10	0.06~0.09	0.41~1.17	0.61~4.88	72.83~82.63
	米心蜡	82.1~83.4	0.06~0.14	0.06~0.08	0.40~1.14	0.98~5.10	71.81~82.25
湖南	头蜡	83.0~84.8	0.05	0.06	0.35~0.94	0.28~1.16	68.46~75.49
	二蜡	82.2~82.8	0.13	0.08	0.63~0.86	4.06~5.49	79.63~82.79
	三蜡	81.8~82.2	0.12~0.55	0.13~0.18	3.37~19.75	10.18~11.32	105.72~106.53
	马牙蜡	83.0			0.45	1.16	72.76
	米心蜡	82.9			0.45	1.25	72.92
陕西	头蜡	83.0	0.07	0.15	0.21~0.46	0.22~2.29	71.16~82.83
	二蜡	82.2	0.13	0.07	0.93	10.13	91.38
	三蜡	81.9	0.13~0.14	0.13	0.51~1.00	8.35~8.55	91.73
	马牙蜡		0.10	0.06~0.08	0.30~0.89	7.44~7.82	87.02~87.38
	米心蜡		0.08	0.05	0.29~0.61	8.12~9.01	85.77~89.37

二、白蜡的加工

我国民间习惯将白蜡虫在枝条上分泌的蜡状覆盖物称为"蜡花"，是一种以蜡质为主并带有虫体和少量杂质的混合物。寄主植物枝条上的"蜡花"被蜡农采集，可用水煮法或蒸汽法加工制取白蜡产品。传统上，川蜡多采用水煮法，将"蜡花"置于纱布袋内，加水煮沸，熔融的白蜡因相对密度小于水而浮至上层，经简单分离和冷却，即制得粗加工白蜡。而湘蜡常采用蒸汽法，即用纱布包裹"蜡花"，放入蒸笼中加热，使"蜡花"受热熔融并滤入水中，再加以简易的分离及冷却处理，制得粗加工白蜡。川蜡的主产区峨眉山市等地常将白蜡按不同品质和等级划分为头蜡、二蜡、三蜡等。头蜡是将"蜡花"用沸水熔融后取上清液冷却而得，颜色浅，杂质极少，品质较好。制完头蜡后，多次挤压纱袋中的蜡花，可得到颜色较深的二蜡，其杂质较头蜡多，且含有部分昆虫脂肪。再反复挤压已提制过二蜡的"蜡花"及虫渣，得到三蜡，其品质又明显低于头蜡和二蜡。将头蜡、二蜡和三蜡以一定比例混合，煮沸熔融后，得到一种断面晶体呈马牙状的白蜡，称为马牙蜡。还有一种加工方式是先将白蜡熔融，然后加适量冷水，煮一段时间后，冷却得到蜡质中分布有许多米粒状白点的产品，称为米心蜡。除上述民间传统的白蜡加工方法外，亦可进行中试及以上规模的产业化加工，制取精白蜡，使白度、结晶度、熔点较毛蜡有所提高，而酸值、碘值及苯不溶物含量明显降低[16]。精制加工的主要工艺流程见图 12-2-4。

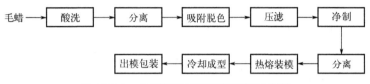

图 12-2-4　白蜡精制加工工艺流程示意图

第三节　胭脂虫蜡化学与加工

胭脂虫产业主要是对其富含的红色素进行开发利用，除此之外，亦可利用虫体表面分布的蜡质。胭脂虫体表覆被的蜡丝或蜡粉同样属于天然生物蜡，具有与虫白蜡相似的各种特征。

一、胭脂虫蜡的理化性质

自然分布及人工繁育的胭脂虫有若干种，如 *Dactylopius confuses*（Cockrell）（所谓"野生胭脂虫"之一）和 *Dactylopius coccus*（Costa）（有资料称之为"美洲胭脂虫""林氏胭脂虫"或"真正胭脂虫"等）。据报道，*confusus* 虫种的虫体密被白色棉状蜡丝，多个虫的蜡丝常融合在一起，形成棉球状；而 *coccus* 虫种的虫体为球形，体表被白色蜡粉。即从形态特征上看，前者的蜡质分布多于后者且去除难度更大。上述 2 个不同虫种胭脂虫的蜡质含量见表 12-2-2。

表 12-2-2　不同虫种胭脂虫原料的蜡质含量

虫种（产地）	*confusus*（元江）	*confusus*（禄丰）	*confusus*（怒江）	*confusus*（昆明）	*coccus*（秘鲁）
蜡质含量/%	12.55	9.74	10.11	10.07	3.23
平均蜡含量/%			10.62		3.23

胭脂虫蜡的质感、白度等均与白蜡相似，熔点为 81～83℃，亦接近白蜡、紫胶蜡等天然昆虫蜡。

二、胭脂虫蜡的加工

胭脂虫的产业化利用集中在其色素上，尚缺乏对胭脂虫蜡产品的中试级别以上的开发加工，现阶段主要是实验室制取。

实验所用材料为胭脂虫干虫体，体表被有蜡质，每次称取 500～1000g，放置于 3～5 个同样的密闭加热容器系统中进行预处理。将胭脂虫干虫体置于 500mL 锥形瓶内，上接冷凝器，即安装好回流装置，加入干虫体 2 倍重量的有机溶剂完全浸泡原料，调节水浴温度，加热锥形瓶，使溶剂处于轻微沸腾状态，并经冷凝器冷凝从而回流至锥形瓶，并再次受热沸腾蒸发至冷凝器冷凝，如此反复，加热处理6～8h。停止加热后立即趁热过滤收集锥形瓶中的液体，冷却并回收溶剂，得到粗蜡质；转移锥形瓶中的滤渣（已除蜡原料），风干后进行后续加工处理。

采用丙酮、乙醚、石油醚、乙醇、二甲苯等常用有机溶剂加热回流处理胭脂虫干虫体，根据各种溶剂的蜡质平均溶出率及环境影响状况综合评价原料预处理效果[17]。表 12-2-3 所示为不同溶剂的蜡质平均溶出率。

表 12-2-3　不同溶剂的蜡质平均溶出率

溶剂	丙酮	乙醚	石油醚	乙醇	二甲苯
对 *confusus* 胭脂虫的蜡质平均溶出率/%	7.56	7.92	10.07	18.73	22.64
对 *coccus* 胭脂虫的蜡质平均溶出率/%	1.15	1.31	3.23	5.44	8.62

上述不同溶剂对蜡质的平均溶出率，丙酮和乙醚的较低，不适用于对胭脂虫干虫体进行预处理；二甲苯的溶出率最高，但因其对环境和人体健康的危害性大，因此也不宜采用。石油醚和乙醇的蜡质平均溶出率略低于二甲苯，作为预处理溶剂相对适用。进一步将这 2 种溶剂综合使用，其蜡质平均溶出率可显著提高（表 12-2-4）。

表 12-2-4　石油醚和乙醇二级处理的蜡质平均溶出率

二级溶剂	石油醚-乙醇	乙醇-石油醚
对 *confusus* 胭脂虫的蜡质平均溶出率/%	10.07～19.81	18.73～8.41
对 *coccus* 胭脂虫的蜡质平均溶出率/%	3.23～4.98	5.44～2.26

根据二级溶剂除蜡的现象看，用"石油醚-乙醇"方式比"乙醇-石油醚"方式去除蜡质的总体能力略高。"石油醚-乙醇"方式有极少量色素物质溶出，蜡质干燥后略带橙色或红色；而用"乙醇-石油醚"方式预处理所得的蜡质颜色较白，色素损失更少。但从食品卫生等要求考虑，先用石油醚处理，再用乙醇处理以清洗和去除石油醚残留的方法更为适用。

第四节　昆虫色素化学与加工

现已开发利用的昆虫色素包括紫胶色素和胭脂虫红色素等 2 个系列，在化学结构方面均属于蒽醌型。该类化合物是蒽醌的各种衍生物，也是天然醌类化合物中数量最多的[18]。蒽醌的 1、4、5、8 位为 α 位，2、3、6、7 位为 β 位，9、10 位为 *meso* 位。

蒽醌的 α 位、β 位连接上不同的取代基，即形成蒽醌衍生物。在天然产物中，已发现了从一取代蒽醌到七取代蒽醌的众多蒽醌衍生物。由于母核结构具有高度的不饱和特性，蒽醌类化合物在紫外及可见光区具有多个吸收带，其峰位置、吸收强度等与取代基有一定关系。目前已鉴定的紫胶色素和胭脂虫红色素中的成分主要为七取代蒽醌，另有个别四取代蒽醌、五取代蒽醌。

天然蒽醌类化合物主要分布于高等植物、霉菌和地衣中，在动物中较少发现。因此，紫胶色素和胭脂虫红色素作为动物界已知的天然蒽醌型色素，具有非常独特的意义。

一、昆虫色素的理化性质

昆虫色素具有天然色素的基本物性。

1. 溶解性

在通常状况下，林源色素中有的属于易溶于水的水溶性色素，而有的色素则难溶于水，仅溶于甲醇、乙醇、乙醚、丙酮、石油醚、苯、氯仿、正己烷、乙酸乙酯等常用有机试剂或食用油、汽油等日用油品中的部分种类溶剂，属于脂溶性（油溶性）色素。采取适当的化学修饰技术对色素加以改性，有可能在一定范围内调控色素的溶解性，或在一定条件下经化学结构改造形成新色素，从而改变其溶解性。

2. 色泽的 pH 特性

色素在溶液中的色泽往往会受到 pH 的影响，但不同色素所受影响程度不同，在各种 pH 值范围内可表现为明显或不明显，故 pH 值可作为色素稳定性的评价指标之一。pH 值改变所导致的色素颜色变化可能会造成该色素的不稳定，而能在较宽 pH 值范围内保持原有色泽稳定的色素一般可在更广的领域里得到应用。

3. 稳定性

除上述 pH 值的影响外，还有必要考虑色素对热、光、氧、金属离子、碳水化合物等的稳定性。多数天然色素的稳定性低于合成色素，通过各种手段进行调控和改善，有利于提高天然色素的使用性能[19]。

对热稳定性：很多天然色素遇热会分解从而导致褪色。因此，使用热稳定性差的色素时应避免加热温度过高，尽量缩短加热时间，并可考虑加入适宜的稳定剂以增强色素的对热稳定性。

对光稳定性：天然色素大多易受紫外线影响从而褪色，有的甚至能在室内散射光照下褪色，因此应贮存于暗处。对光稳定性的改善亦可考虑添加适宜的色素稳定剂、抗氧化剂等。

对氧稳定性：色素分子中往往包含不饱和双键等可氧化结构，与空气接触时会氧化褪色，因此宜密闭贮存。通过加入抗氧化剂、进行微胶囊化处理等方式，有可能提高色素的对氧稳定性。

对金属离子稳定性：色素受不同金属离子的影响差异较大。有少量 $NaCl$、$CaCl_2$ 存在时，一般无明显影响；但 Cu^{2+}、Zn^{2+}，尤其是 Fe^{3+} 存在时，常常严重影响色素的稳定性。视具体情况，可加入特定的金属螯合剂，以消除痕量金属离子引起的色素氧化。

对碳水化合物稳定性：色素分子可与某些碳水化合物结合，使稳定性发生改变。葡萄糖、蔗糖、可溶性淀粉等物质可用于测试色素的稳定性。

4. 安全性

常见的林源色素大多属于允许使用的食品添加剂，对人体要求无毒害，长期食用也不引发各种器官病变。色素的安全性评价主要包括毒理实验应检测为无毒，砷、铅、汞等有害物质含量严格不超过限量，卫生检验须达标。

5. 着色能力

色素附着于目标物上，赋予其所需的色调，即体现为着色能力。着色力强的色素用量小从而不易褪色，着色力差的用量大且易受外界影响而褪色。

（一）紫胶色素的理化性质

天然紫胶色素是人类较早开发利用的林源昆虫色素，主要为水溶性的紫胶红色素（多种紫胶色酸的混合物），约占原胶质量的 1.5%～3%；另有极少量非水溶性的紫胶黄色素，约占原胶质量的 0.1%，可溶于冷乙醇、乙醚、苯、甲苯、氯仿等有机溶剂，在碱液中呈紫色。

最早对紫胶色酸的化学性质进行研究的人是 Schmidt，其后有 Dimroth 和 Goldschmidt。到了 Venkataramen、Schofield 的研究及合作研究阶段，已揭示出紫胶色酸是多种有色成分的混合物。Schofield 将分离纯化物区分为紫胶色酸 A_1、A_2、B，而 Venkataramen 的分离纯化物被命名为紫胶色酸 A、B、C、D、E（图 12-2-5），Venkataramen 的 A 相当于 Schofield 的 A_1。目前的紫胶红色素的化学研究基本上都采用 Venkataramen 提出的五种蒽醌衍生物结构，其中紫胶色酸 A、B、C、E 为七取代蒽醌结构，紫胶色酸 D 为四取代蒽醌结构[20]。

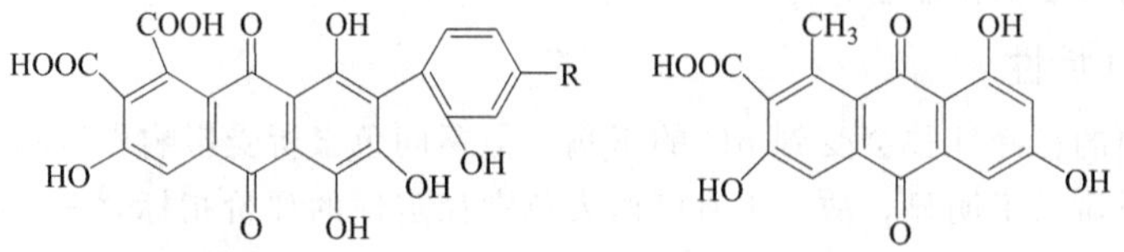

紫胶色酸A、B、C、E，
其中R分别为：
A：$CH_2CH_2NHCH_3$
B：CH_2CH_2OH
C：CH_2CHNH_2COOH
E：$CH_2CH_2NH_2$

D: $C_{16}H_{10}O_7$

图 12-2-5　紫胶红色素中五种蒽醌化合物的结构式

紫胶色酸 A 经碱性连二亚硫酸盐处理，结构中的五个酚羟基减少为四个，成为黄原紫胶色酸 A（xantholaccaic acid A）。紫胶色酸 A 加氢催化处理，脱除一个 *meso* 位的氧原子，得到脱氧紫胶色酸 A（deoxylaccaic acid A）。此外，Cameron 等还曾对澳大利亚所产紫胶虫进行色素提制，经单晶 X 射线衍射分析，确定含有黄原紫胶色酸 B（xantholaccaic acid B）。国内近年来还有研究发现了可能是紫胶色酸 F、G、H、I 的新化合物，在紫胶红色素组分中的相对含量分别为 2.15%、0.61%、0.49%和 0.90%。

紫胶黄色素是原胶中的极少量色素，最早由 Tschirch 和 Lüdy 分离得到，他们推测该化合物的蒽醌结构上具有四个羟基、一个甲基，但缺乏实证。后续亦由 Venkataramen 及其合作者研究完成了相关的结构确定。首先发现的紫胶黄色素成分是具有五取代蒽醌结构的红紫胶素，其后又相继发现了脱氧红紫胶素和异红紫胶素，分别具有四取代、五取代蒽醌结构。

紫胶红色素对光照、温度较稳定，处于室外阳光环境下 28 天后仍有 95%保存率，在日常低温至高温范围均可良好保存；抗氧化性较强，但在还原剂浓度超过 2%时稳定性略有下降；常用食品添加剂对紫胶红色素有一定的增色及护色效益；金属离子中 Fe^{3+}、Fe^{2+}、Ca^{2+} 和 Sn^{2+} 等易导致其水溶液不稳定并造成色素损失，其他离子则影响不显著；色素水溶液颜色随 pH 值增大由橙色变为紫红色，推荐的最佳使用 pH 值应小于 6。

在清除不同自由基的能力方面，紫胶红色素可强力清除 $ABTS^{+}$·，对清除 DPPH·也具有一定活性，而对 O_2^{-}·无清除能力。其中，对 $ABTS^{+}$·的清除能力约为抗坏血酸的 4.2 倍，对 DPPH·的清除能力约为抗坏血酸的 1/4。

（二）胭脂虫色素的理化性质

目前，全球 80%以上的胭脂虫干虫体由秘鲁提供，其次为墨西哥和加那利群岛。

随着胭脂虫（即“美洲胭脂虫”）应用的扩大，有关其化学性质的研究也逐渐取得进展。对优质胭脂虫原料，采用标准的光谱分析法，检测其胭脂虫红酸含量，可惊人地高达干虫体重量的 22%。

许多关于胭脂虫红酸及其相关化合物结构的知识来源于经典的德国天然产物化学研究，尤其是 Liebermann 和 Dimroth 的合作研究，不过其他后续研究认为有部分结论需修正，以免造成混淆。此专题方面的主要结论可参考 Haynes（1963）、Thomson（1971，1972）、Venkataraman 和 Rao（1972）、Brown（1975）等所作的综述。

1916 年，Dimroth 和 Fick 根据胭脂虫红酸与胭脂酮酸的可见光谱相似性及着色性相似性，认为它们具有本质上相似的蒽醌核，甚至有着相同的羟基化形式。直到 1964 年，Overeem 和 Van der Kerk 对上述结构观点提出质疑，并修正了有关的色酸结构和胭脂虫红酸 A 环形成方式。1965 年，Bhatia 和 Venkataraman 也通过对胭脂虫红酸本身的 NMR（核磁共振）研究证实其 A 环的确是由第 2 位上的羧基形成。由此，基本确立了胭脂虫红酸的蒽醌核结构，然而，该蒽醌模型中第 7 位上的取代基究竟是什么，仍存在疑问。结合 Ali 和 Haynes 于 1959 年进行的研究，则可发现这个取代基实际上是由一个不常见的 C-葡萄糖苷键连接在羟基蒽醌上的葡萄糖单元，它与从多种芦荟（Aloe）中得到的天然产物芦荟苷（barbaloin）中发现的取代基及其连接方式属于同类（Haynes，1963，1965）。同其他具有 C-葡萄糖苷键连接的化合物一样，胭脂虫红酸中的这个葡萄糖连接展示出非常强的抗酸水解性，同时葡萄糖单元本身对于代谢过程中许多酶使碳水化合物改性的反应也不敏感。胭脂虫红酸作为在碳水化合物代谢过程中研究各种酶"活性中心"的工具，仍有不少待深入探讨的领域。

至此，公认的胭脂虫红酸完整蒽醌型结构式得以确立（图 12-2-6）。

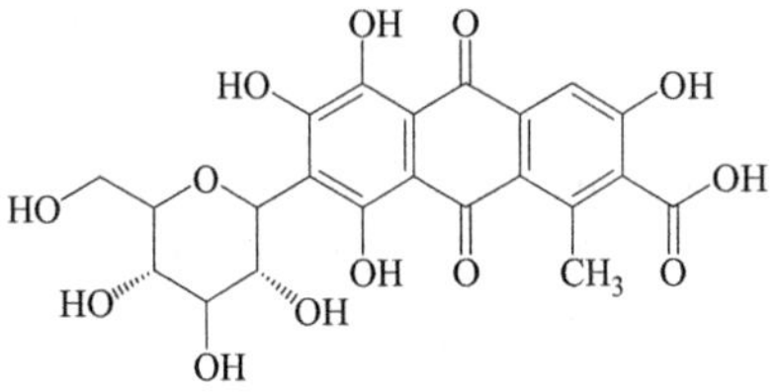

胭脂虫红酸（carminic acid 或 cochineal extract）的分子量为 492.39，易溶于水、稀酸、稀碱，不溶于乙醚和食用油。产品通常为深红色粉末或液体，在水溶液中电离显示酸性，电离时 pH 值范围约 5.0～5.5。调节 pH 值时颜色发生变化：pH 值 4 以下酸性时为橙色至橙红色；pH 值 5～6 时为红色至红紫色；pH 值 7 以上碱性时为紫红至紫色。酸性环境下（0.02mol/L），其在可见光区的最大吸收波长 $\lambda_{max}=494nm$[21]。

图 12-2-6　目前公认的胭脂虫红酸完整蒽醌型结构式

胭脂红酸对光的稳定性较好，特别是在酸性条件下，在室外阳光直射下，7d 保存率仍在 50% 以上。对温度也较为稳定，在 4℃ 低温至 100℃ 高温范围内稳定性较好，8h 保存率均超过 95%。对热稳定，特别是在酸性条件下，分解温度为 135℃。胭脂红酸有较强的抗氧化性，而还原剂可使胭脂红酸稳定性略有下降。常见的金属离子 Na^+、K^+、Mg^{2+}、Zn^{2+}、Cu^{2+} 等对胭脂红酸有增色效应，Al^{3+} 和 Mn^{2+} 对胭脂红酸略有影响，而 Fe^{3+}、Fe^{2+}、Ca^{2+} 和 Sn^{2+} 等离子在胭脂红酸水溶液中引起颜色变化、生成沉淀（遇微量铁离子可变成紫黑色，与钙、铅等金属离子易产生不溶性盐类，即发生色淀反应），造成红色素损失，可添加聚磷酸盐等配位化合剂加以防止。遇蛋白质食品可变成红紫至紫色，可用明矾、L-酒石酸钠使成色稳定。

胭脂红酸分子中的蒽醌发色团上有四个羟基，其中两个羟基在一个六元环的对位上，而这对羟基又与一对羰基相邻，这种酮类的烯醇式结构容易因质子迁移产生烯醇式互变，形成另外三种结构。

二、昆虫色素的加工

1. 紫胶色素的加工

天然食品添加剂中广泛应用的紫胶色素是水溶性的紫胶色酸类，其来源通常有以下两个途径。

（1）洗色水　进行颗粒胶加工时，洗涤过程使紫胶红色素溶出到洗色水中，经处理后最终可回收得到相当于原胶质量0.3%左右的色素。工艺流程见图12-2-7。

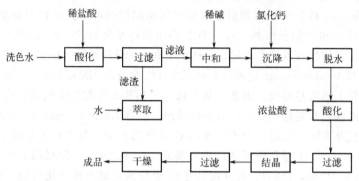

图12-2-7　洗色水制取紫胶红色素工艺流程示意图

（2）虫尸　将紫胶虫尸与原胶分离并充分磨碎，用水进行逆流萃取，精制后可得到相当于原胶质量0.7%～0.8%的色素。

近年来，陆续有部分研究利用新技术设备，研发紫胶红色素的清洁提取及精制加工技术，并结合其理化性质、稳定性/抗氧化性等研究，探索新型制备手段，为紫胶红色素的高效综合开发及利用提供参考。这些新的研究主要包括以下3个。

① 利用超声波辅助技术促进紫胶红色素的浸提，适宜的工艺条件为：料液比1:5，超声波脉冲on/off时间（9s，12s），处理时间18min，频率20kHz，功率1400W，提取5次。经上述条件处理的浸提率约85%，提取得率0.44%。

② 采用盐析法从紫胶溶液中提取红色素，工艺条件为：NaCl加入量9.6g，转速800r/min，盐析温度34.5℃，时间25min，碱液浓度0.2mol/L。色素盐析液的酸化沉降条件为：pH值<3.1时，紫胶红色素完全析出，经上述条件处理的提取率约94.5%，产品中蒽醌含量12.7%，产品pH值3.8。此外，也可利用钙盐进行沉降，条件为：$CaCl_2$用量3g/L，经上述条件处理的产品提取率约95%，蒽醌含量31.3%，产品pH值3.6。

③ 利用多种大孔吸附树脂对紫胶红色素进行精制。由静态吸附/解吸特性研究确定AB-8树脂最适宜，吸附量大，解吸率高，并可适当提高温度以利于增强吸附效果，pH值为7的20%乙醇水溶液最适宜解吸。经处理后，紫胶红色素中总蒽醌含量可由31.3%提升至85.2%，纯度达原液的2.7倍，精制效果良好[20]。

2.胭脂虫色素的加工

制备胭脂虫红酸时，通常在对胭脂虫雌成虫干体进行除杂后，再以适当有机溶剂脱除虫体蜡质，即可实施水溶浸提，萃取物干燥后得到的粗色素则可通过进一步精制处理以提高纯度。在传统的水提法基础上，现在还可采取超声波或微波辅助浸提，以及微波-超声波协同提取，并利用酶解、硅胶柱及凝胶色谱分离、离子交换树脂、膜分离等方式加以精制。

① 实验室常用的水浸提法（除杂、脱蜡后）工艺条件为：提取温度80℃，时间5h，料液比1:4，提取6次，浸提率约95%。

② 超声波辅助浸提法可在频率20kHz、功率1400W条件下进行，提取时间12min，超声波脉冲on/off时间（10s，4s），料液比1:6，提取5次，浸提率约95%。

③ 微波辅助浸提法宜在频率2450MHz、输出功率560W微波条件下进行，处理时间40s，料液比为1:4，提取10次，浸提率约95%；或在微波处理前预先常温浸泡40min，然后用75℃

水浴浸提 40min，再通过 720W 微波辐照处理 73s，料液比 1：7.5，提取 12 次。

④ 进行微波-超声波协同提取的工艺条件为：微波功率 460W，处理时间 18.5min，料液比 1：8.2，超声波功率 630W，提取 4 次。

采用上述不同提取方式处理，浸提率都可达 95％左右，提取得率均达 42％左右，色素纯度约 32％。微波、超声波辅助及协同提取技术主要在缩短提取时间或减少提取次数等方面可发挥一定优势，有利于提高胭脂虫红色素的生产加工效率。

胭脂虫红色素的精制处理实质上是对粗产品中的非色素成分进一步去除。

① 酶解。通过离心、过滤等方式去除色素提取液中的不溶性固形物后，调节 pH 值，并在适宜的催化条件下用蛋白酶处理，使虫体蛋白降解。有研究表明，木瓜蛋白酶可在一定程度上水解、清除胭脂虫红色素中的致敏性蛋白质。

② 硅胶柱及凝胶色谱分离。以氯仿、甲醇和水为洗脱剂进行梯度洗脱，硅胶含水率 10％～14％，洗脱流速 5mL/min，负载量 0.9g/100g 硅胶，初步精制后的胭脂虫红色素纯度约 54％，得率 75.6％。进一步进行凝胶色谱分离，以甲醇为洗脱剂，洗脱流速 50mL/h，精制后的胭脂虫红色素纯度约 86％，得率 69.5％。

③ 离子交换树脂。采用 Diaion SK102、SK116 等阳离子交换树脂，或 Diaion SA10A、SA12A、WA10、WA20 等阴离子交换树脂，可进一步精制已酶解或已色谱分离处理的胭脂虫红色素。

④ 膜分离。此类技术可通过超滤方式去除 10000～1000000 的较大分子杂质，通过纳滤、反渗透、电渗析等方式去除 2000～8000 的较小分子杂质。实际生产中应用超滤时，可采用常温进料，压力 69kPa，截留量 10000 的螺旋卷式聚醚砜膜，蛋白质截留率约 55％，色素损失率约 15％，精制后的胭脂虫红色素纯度可达 53.5％[22]。

除胭脂虫红酸外，常见的另一种胭脂虫红色素产品是胭脂虫红铝（carmine），为胭脂虫红酸与铝形成的含水螯合物，属于色淀产品。

第五节　昆虫蛋白化学与加工

昆虫是地球上种类最多、数量最大的生物类群，已定名的昆虫种类就有 100 多万种，占地球已知生物种类的 2/3 以上。昆虫不仅种类繁多，而且具有种群数量大、繁殖力强、适应性广等特点，可以作为一种重要的生物资源为人类服务，除人们通常认知的蜜蜂、蝴蝶等传粉昆虫，以及紫胶虫、五倍子蚜虫、白蜡虫、胭脂虫等工业原料昆虫外，还有食用昆虫和药用昆虫等。昆虫体内含有丰富的蛋白质，是重要的动物蛋白来源，由于其在营养价值、环境友好、可人工培育等方面的显著特点，已被联合国粮食及农业组织（FAO）推荐为未来可大力开发利用的食物资源，而欧盟委员会已授权在水产养殖、家禽和猪饲料中使用来自昆虫的加工动物蛋白（昆虫 PAPs）。

一、昆虫蛋白的理化性质

可食用昆虫作为一类生物体，与其他动物一样含有丰富的蛋白质，以及脂类、糖类、矿物元素和维生素等必需营养成分。通过对文献已发表报道的 200 多种食用昆虫营养成分的分析，结果表明尽管可食用昆虫营养成分的数据因种类、虫态、采集地、加工方法等不同而异，但昆虫体所含的营养成分可满足人体的营养需求，或者可作为其他食物的营养补充，昆虫体中人体必需的氨基酸含量较高，是一种很好的蛋白质资源[23]（表 12-2-5）。

表 12-2-5　昆虫营养成分　　　　　　　单位：%

昆虫目	类别或虫种	粗蛋白	粗脂肪	总糖	灰分	氨基酸总量	必需氨基酸含量
蜉蝣目	景洪小蜉（1 种）	66.26	—	—	—	65.36	23.81
广翅目	2 种	62.13	10.40	1.59	7.05	56.02	25.39
蜻蜓目	3 种	58.82	25.37	3.75	4.49	46.17	16.41
等翅目	白蚁（5 种）	—	—	—	—	42.01	15.91
直翅目	18 种	63.78	10.00	1.50	5.00	66.54	24.78
半翅目	13 种	20.00~60.00	2.00~50.00	1.00~6.00	1.00~7.00	46.89	18.24
鞘翅目	16 种	34.00~60.00	17.00~54.00	1.00~8.00	1.00~2.60	41.71	15.74
鳞翅目	冬虫夏草（2 种）	27.51	10.91	18.98	—	20.70	6.76
	蛹虫草（3 种）	68.01	4.69	10.86	—	34.12	12.36
	虫茶（6 种）	9.00~28.00	0.80~3.00	0.31~16.27	4.47~63.20	5.80~16.70	2.20~5.75
	其他（43 种）	52.82	28.34	5.96	3.81	46.75	17.72
膜翅目	蜂类（21 种）	53.45	19.73	13.99	3.71	45.83	16.96
	蚁类（17）	50.52	24.02	3.09	4.42	37.29	13.09
双翅目	蝇类（4 种）	61.06	17.78	—	10.26	55.47	21.25
蜚蠊目	美洲大蠊（1 种）	63.10	17.20	—	5.68	55.33	21.00

注："—"表示未测。

蛋白质是生物体主要组成物质之一，是一切生命活动的基础，组成蛋白质的常见氨基酸有 20 多种，它们是人体生长必不可少的，其中，亮氨酸、异亮氨酸、赖氨酸、蛋氨酸、苯丙氨酸、苏氨酸、色氨酸和缬氨酸 8 种氨基酸是人体不能合成，或者合成速度不能满足需要，必须由食物蛋白提供的人体必需氨基酸。昆虫体粗蛋白含量一般在 20% 以上，而作为蛋白质资源的昆虫其蛋白质占虫体干重的 50% 以上，与肉类、禽蛋类的粗蛋白相当，甚至更高。而昆虫蛋白水解后的氨基酸中均含有人体必需的氨基酸，并且含量普遍较高，其比例接近世界卫生组织和联合国粮食及农业组织（WHO/FAO）提出的氨基酸模式。

二、昆虫蛋白的加工

昆虫蛋白的加工通常以虫体或虫蛹为原料，通过除杂、干燥及粉碎等前处理，脱除油脂及异味成分后，再对蛋白质进行提取，将所得蛋白液干燥制成蛋白粉。

目前已产业化的昆虫蛋白加工的主要昆虫资源有黄粉虫等。黄粉虫的脱脂一般采用有机溶剂洗脱，如乙醚及石油醚，也有研究采用亚临界萃取法或超临界 CO_2 流体萃取法。蛋白质提取通常采用碱法和酶法，碱法提取具有提取率高、成本低的特点，其最佳条件为：NaOH 浓度 1.0mol/L，液固比 12∶1，温度 70℃，处理时间 90min，黄粉虫蛋白提取率可达到 70%，纯度 91%。酶法提取条件比较温和，底物特异性好，加酶量 5%，液固比 9∶1，pH 6.5，温度 55℃，处理 8h，提取率可达到 64%，纯度 92%。由黄粉虫提取蛋白液可通过离心喷雾干燥法制成蛋白粉，产量低，也可用真空干燥法干燥后再粉碎成粉[24,25]。

第六节　资源昆虫树脂、蜡及色素的应用

一、紫胶树脂的应用

中国古代很早就记载了人们对紫胶虫和紫胶的利用状况，李时珍在《本草纲目》中描述："紫铆出南番，乃细虫如蚁，缘树枝造成，正如今之冬青树上小虫造白蜡一般。"大约两千年前，紫胶即被作为药物利用，主要有活血、止痛的功效，并对疥癣等皮肤病有较佳疗效。

紫胶具有较好的黏合性能，古时曾经被用作颜料的黏结剂，近代因易成膜和脆性而用于枪弹的防潮涂料中，而优异的介电性能使紫胶被广泛用作电器工业中绝缘黏结材料，同时也是胶木唱片的主要基材，作为紫胶清漆涂覆于木材家具和皮革表面现在仍然在应用。

紫胶的天然无毒及可食性，使其在食品、制药工业等领域中一直可作为优质的被膜剂，具有无可替代的地位和作用。以紫胶树脂为基材的食药包衣材料，能够充分发挥其绿色、安全的特长，实现对食物的保鲜、药物的缓释等目标要求。此外，紫胶树脂亦可作为口香糖的基材使用，普遍应用于全球各大口香糖厂商的产品中，还可用于制作膨化食品。漂白紫胶是联合国粮农组织和世界卫生组织（FAO/WHO）允许使用的食品添加剂，在食品工业中大量作为涂层剂、涂釉剂、表面装饰剂、饮料浑浊剂等使用，漂白紫胶被膜液用于苹果、柑橘、梨、芒果、李子、石榴等多种水果的保鲜中效果良好[26]。

由于紫胶和漂白紫胶具有多方面的优良性能，在日用化工及涂料等工业中也广泛应用。紫胶经溶剂萃取和精制后可应用于洗发水生产以及发丝定形剂中，漂白紫胶可应用于牙膏生产中，改性的漂白紫胶还可应用于涂料生产中。

紫胶分子中丰富的官能团组成赋予了这种树脂多样的化学特性，例如其倍半萜烯酸结构中的醛基具有一定的还原性，紫胶桐酸结构中的端羟基反应位点有利于实现多种衍生化目的（如续接疏水脂肪链以增加疏水性），而羧基对 pH 值响应较为敏感，分子中游离羧基的存在可为多电荷粒子通过静电作用力诱导紫胶树脂进行组装提供条件，小分子交联剂则能以共价键桥联方式作用于分子中的羟基上，由此可构建基于静电作用及共价键连接组装紫胶树脂的功能性材料[2]。此外，以紫胶桐酸为原料，通过缩醛保护、DMAP/MNBA 催化环化、酸催化脱保护及环缩醛裂环成烯等反应，可制备环十六-9-烯内酯及相关的大环麝香类化合物[27]。

二、白蜡的应用

大约一千年前，中国古人就已开始加工和应用各种白蜡制品，包括蜡烛、蜡染、中药、刻板模印等。白蜡作为传统的中医药方剂和用品，应用极广，李时珍的《本草纲目》中有"白蜡辛温无毒，可生肌止血，定痛补虚，续筋接骨，入丸服可杀瘵虫，以白蜡频涂可治头上秃疮"的描述。白蜡常被用作伤口愈合剂或止血剂，可医治跌打损伤，起到伤口愈合、毒疮收口等作用，其单方或配方可作强壮剂、镇静剂等。现代中医亦利用白蜡治疗多种妇科炎症、慢性胃炎、风湿及红肿、裂口不愈等伤病。在油灯照明诞生之前，中国的千家万户在很大程度上都依赖白蜡制成的蜡烛为黑夜照明，是不可缺少的日常生活用品。

白蜡具有多方面的优点，因此被广泛应用于农业、食品、医药、化工、机械、精密仪器等领域，是飞机制造、机械工业及精密仪器生产中的优质铸模材料，还可作为彩色复印机的感光材料，具有质轻、光洁、不变形、不产生气泡、成型精度高等优点；在电子工业、国防工业中，可发挥其绝缘、防潮、防锈、润滑等作用；在造纸工业中主要是作为高级纸张的着光剂；在轻化工业中可作为高级家具蜡、地板蜡、汽车蜡、皮革蜡和鞋油等；在化妆品行业中可做成高级

发蜡、口红、护肤品等；在食品工业及医药中可作为食用蜡添加制作高档巧克力，或作为食品包装、药品包衣等；在工艺品行业中用于玉石缺陷的填充弥补；在农林产业中可作为多种经济林果类作物的嫁接用涂敷剂，防止透风干燥、雨水浸渍等，有利于提高嫁接成活率。

尽管一度受到石油蜡制品的冲击，传统白蜡产业有所萎缩，但由于白蜡自身的纯天然、无毒、无副作用特性，日益受人们重视，其用途也逐渐扩展，有望迎来开发利用的新契机。研究表明，白蜡及由白蜡所制备的高级烷醇无急性毒性和潜在的致染色体畸变性，具有很高的食用安全性，因此白蜡及制品在食品、医药及化妆品等领域的应用引领了其产业复兴[28]。白蜡产品的开发利用呈现出新态势，例如：以白蜡为原料制备高级烷醇，就是对其新产品、新用途进行探索的成果之一，产品附加值得以大幅增加，制得的二十八烷醇是一种生物活性物质，可治疗人类生殖障碍疾病，能增强耐力、提高肌力及反应敏锐性，还能在一定程度上调节内分泌、减轻肌肉疼痛、改善心肌功能、降低收缩压、提高基础代谢率等；二十六烷醇可起到抗胆固醇作用，并兼具神经保护与营养功能；二十四烷醇在增强神经因子机能方面可发挥独特功效；三十烷醇可作为植物生长调节剂，促进生根、发芽和开花，加快茎叶生长，能增强光合作用、提高叶绿素含量。将白蜡或白蜡源高级烷醇与植物油等复配、均质，应用在生发剂中，具有促进毛发生长的作用[29]；而将白蜡或白蜡源高级烷醇与植物油及紫草、白芷、合欢皮的浸膏等复配、均质，用于创面后可即刻形成保护膜，具有抗菌抑菌、祛腐生肌、消肿止痛、促进创面痊愈等功效。白蜡多样化的新产品与新用途研发，将不断创造出更多的高附加值产品，为产业链的延伸和综合效益的提高谱写新篇。

三、胭脂虫蜡的应用

目前尚无产业化的胭脂虫蜡以供大规模应用。但根据实验室提取制备的胭脂虫蜡同白蜡等其他天然昆虫蜡在白度、熔点、溶解性等理化指标方面的相似程度，可初步认为胭脂虫蜡具有作为被膜剂（或上光剂、表面装饰剂、涂层剂、涂釉剂等）的可行性。被膜剂往往用于固体食品等表面，形成的涂层一般能起到保质、保鲜、上光等效果。昆虫蜡类被膜剂常与保鲜剂合用，可抑制果蔬表面的水分蒸发，调节呼吸作用，使之免遭微生物或害虫等侵袭，从而较大限度地保持新鲜度，并产生明快的光泽；也可用于糖果、蜜饯、干酪等甜食中，在赋予它们更多光泽的同时，兼具防黏、防潮及保护等功能。因此，胭脂虫蜡的开发应用潜力极大，有必要展开系统研究，充分完善。

四、紫胶色素的应用

近 20 年来，国内外研究对紫胶红色素的关注已逐渐转移到产品质量及新用途方面，为后续拓展应用提供了一些新思路。目前，紫胶红色素的应用主要涉及食品、化妆品、医药、印染等领域。

在食品方面，国内有研究利用 LC-MS（液相色谱-质谱联用）技术分析了果汁染色中使用的紫胶红色素在各组分中的相对含量。在化妆品方面，根据紫胶红色素的组成、分布、提取、生物及理化特性、质量检验要求、包装贮运等，认为紫胶红色素具备作为天然色素化妆品的必要条件，应进一步提升相关研究水平，但我国现阶段在此方面的研究仍相对薄弱。

日本研究发现，用紫胶红色素进行磨肉食品染色时，在适当浓度范围内，样品的 Lovibond 色度呈线性增长，其中色素含量 25mg/kg 时的感官评价值最高，且试验条件下各含量的紫胶红色素添加剂对鸡块均具有相当于 200mg/kg 亚硝酸钠的抑菌能力。因此，可选择适宜浓度的紫胶红色素，同时获得良好的食品染色效果和抑菌活性。

对紫胶色酸分子中的羧基先进行甲酯化，然后再用醋酸酐进行乙酰化，紫胶色酸酯的色价保持在 115 以上，可溶于大多数有机溶剂，脂溶性增强，其在植物油和动物油中的溶解度分别达 0.3g 和 0.1g，稳定性良好，对油脂类物质的染色效果好[30]。

此外，在紫胶红色素用作食品添加剂的安全性评价方面，尚需全面研究其在各种生物活体内的代谢状况，以便进行客观分析。

目前有关紫胶红色素的研究初步涉及其作为食品添加剂在人体内的代谢及毒理作用。平田惠子等通过小鼠试验发现，食物中的紫胶红色素回收率为 85.6%～93.4% 时，其在粪便中的回收率为 69.5%，且饲料和粪便中均可检出紫胶色酸 A、B、C、E。其他研究还发现，人体发生炎症时，体内的蛋白酶透明质酸结合蛋白会影响抵抗力，而紫胶红色素对该蛋白可起到明显抑制作用。此外，紫胶红色素对活性蛋白酶的催化活度也有一定的抑制作用。总体来看，有关紫胶红色素在医药领域的应用机理研究仍存在相当多的空白。

紫胶各化学组分中最早被人类利用的是色素。古代印度和中国都有应用紫胶染色的记载。而近代印染工业也曾广泛使用紫胶红色素，用于真丝、棉织品、羊毛、壳聚糖、皮革等材料的染色及超声波辅助染色技术方面，其中国内研究涉及丝、棉、羊毛、皮革染色，主要关注工艺条件，国外研究涉及丝、棉、羊毛、壳聚糖和超声波辅助染色，更强调相关作用机理、动力学和热力学过程。将超分子技术应用在紫胶红色素提取和染色过程中，可有效解决蒽醌物质均匀分散的问题，显著提升对纺织品的染色能力和均匀性[31]。紫胶红色素通过水热反应合成碳纳米材料，因良好的稳定性和生物相容性，可用作活细胞成像探针[32,33]。

五、胭脂虫色素的应用

胭脂虫红染料的传统应用领域是织物类，现已不常见。目前，该色素主要用作天然食品添加剂。因其水溶性良好，可广泛应用于水基饮料及含酒精饮料中，在肉制品、糕点、糖果、奶酪和乳制品、洋酒、番茄调味酱和草莓酱等水果制品、布丁、冰淇淋等众多日常饮食中都允许合理使用。

1997 年，美国密歇根大学的 Baldwin 等在 *Annals of Allergy, Asthma, and Immunology* 上撰文报道了胭脂虫红色淀造成人体皮肤过敏的事例；2000 年，Lizaso 等人也在该刊物上发表了关于普通胭脂虫红色料中包含变态反应原蛋白质的报道，指出作为昆虫衍生物质，普通胭脂虫萃取物中含有分子量为 17000、28000 和 50000 的杂质蛋白质，由于诱导变态（过敏）反应的蛋白质一般是分子量超过 10000 的具有较大分子量的蛋白质，并且报道还指出普通胭脂虫萃取物本身也可能成为变态反应病中的发病因子，因此其应用安全性受到了更多关注。2000 年 6 月在日内瓦举行的联合国粮农组织-世界卫生组织（FAO/WHO）食品添加剂联合专家委员会第 55 次会议上，委员会做出了"食品及饮料中的胭脂虫萃取物、胭脂虫色淀，可能还有胭脂虫红酸，对部分人群中的个体可能会引起变态（过敏）反应"的结论，因此其在食品行业中的应用必须严格按照有关限量标准执行。目前，按照 FAO/WHO 的有关报告，以及美国食品和药物管理局（FDA）等的相关规定，使用胭脂虫红色素时应告知消费者：少数人可能出现过敏或哮喘现象。此外，某些儿童保护团体主张不宜在儿童膳食中使用胭脂虫红色素；还有部分穆斯林、犹太教徒、耆那教徒等宗教人群、素食主义者会根据宗教或生活习俗而排斥使用该类色素产品。但总体而言，在食品添加剂中，胭脂虫红色素仍然具有公认的优良性质和较高的安全性。通过对胭脂红酸进行甲酯化、酰化两步化学反应制备了胭脂红酸衍生物，在增加了酯基和烷基以后其产物可溶于有机溶剂和油类物质，在植物油中的溶解度为 0.65g，光及热稳定性良好，且保留了胭脂虫红色素的优良染色能力，具有潜在的应用价值和前景[34,35]。

在化妆品方面，由于上述关于过敏（变态反应）研究的结果，美国 FDA 已在新版食品、药物和化妆品编号（FD&C）以及食品用化学品法典（FCC）中规定，在各种化妆品，包括眼部化妆品制品中，不得使用胭脂虫色淀；而胭脂虫红酸在以前是化妆品中普遍通用的，今后将不再获准用于化妆品中。

兰州大学王怀公等利用胭脂虫红酸荧光光度法进行微量铝测定：在增敏剂正丙醇存在的条件下，pH 值为 5 左右，以胭脂虫红酸为显色剂，显色时间约 5min，可快捷、准确、灵敏地对微量铝进行定量分析。

伊朗大不里士大学化学学院分析化学系的 Jamshid L. Manzoori 等人，利用铯元素能够催化过氧化氢氧化胭脂虫红酸的原理，通过分光光度法测定胭脂虫红酸在碱性介质中被过氧化氢氧化而褪色的程度，定量分析铯元素的含量，该研究比较了不同的碱性介质、pH、过氧化氢和胭脂虫红酸的浓度、缓冲液浓度、温度和离子强度，并做校准曲线，最终确定了用胭脂虫红酸定量分析铯的最佳条件：胭脂虫红酸浓度为 1×10^{-4} mol/L，过氧化氢为 0.013mol/L，pH 10，温度为 25℃，最低检出限为 0.02ng/mL。

此外，胭脂虫红酸还可作为红色玻璃的配溶胶，以胭脂虫红酸为显色剂，用分光光度法测定硼、铍、铯、铀、钍等元素含量。胭脂虫红色素也可制备成荧光纳米材料和荧光超分子，可开发为荧光探针，具有荧光发射强、特异性识别、灵敏度高等优点，用于蔬菜和水果中的农残检测，在手持荧光仪上就完成检测[36,37]。

波兰的 Sylwia Gaweda 等研究发现，由于特殊的分子结构，胭脂虫红酸分子可以和二氧化钛相互作用，利用这一特性可生产制造出新型的纳米感光材料，这种新型的纳米感光材料中，胭脂红酸分子的蒽醌环起了电子缓冲的作用，在必要的时刻提供或接受电子，从而使这种新型纳米材料能在可见光区 300～650nm 完成光电流转换，而不像普通二氧化钛感光材料仅仅对紫外区的光波可以进行光电流转换。与普通的二氧化钛感光材料相比，胭脂红酸-二氧化钛纳米感光材料的能级差较小，光谱吸收范围广，因此，光电流转换效率更高，能够大大提高光能的利用率，在常规能源日趋枯竭的情况下，太阳能作为清洁的可再生资源，开发太阳能势在必行。胭脂虫红酸作为一种制备新型光电流转换材料的原料，开发潜力良好。

Evangelina A. Gonzálezt 等人研究了胭脂虫的提取物，主要是胭脂虫红色素的清除自由基的能力，通过研究胭脂虫红色素对 DPPH 和 ABTS 等自由基的清除能力，以及对 β-胡萝卜素亚油酸氧化酶的抑制作用，结果表明：胭脂虫红色素在水和甲醇介质中，有相当强烈的清除自由基的能力，其活性和熟知的栎精及维生素 C 相当；另外，胭脂虫红色素还在 β-胡萝卜素与亚油酸偶合氧化中，可以保护 β-胡萝卜素，而在这个过程中，胭脂虫红色素的主要作用是抑制氧化酶，可作为一种功能性染色剂及食品添加剂，在一定浓度下保护食品的某些成分不被氧化。

六、昆虫蛋白的应用

昆虫蛋白可直接应用，就是将昆虫体直接烹调或加工后供人直接食用，一般分为原型昆虫食品、改变形态的昆虫食品，以及以昆虫为原料加工成的昆虫蛋白食品。而昆虫蛋白更多的是作为饲料资源应用，如饲喂家禽、家畜和水产鱼类，通过这些动物将昆虫蛋白转化为被人们更易接受的家禽、家畜和鱼类蛋白，供人们食用，是人类对昆虫蛋白的间接利用方式。同时昆虫蛋白也可作为宠物饲料、特种动物养殖饲料。

昆虫蛋白虽然是优质的蛋白质资源，但因昆虫生境多样、食性广，以及自身可能存在毒素、过敏原等不安全因素，加之在昆虫的采集或饲养、收获、加工、储藏、运输等环节也存在受到化学物质和微生物污染等潜在风险，需要对昆虫蛋白的食用安全性进行评价，从毒理学、微生物与致病菌污染、有害重金属污染、农药和兽药残留、天然有害物质及其他化学品污染等方面全面评估，并对其过敏原、高嘌呤以及异味加以足够重视。

第七节　产品标准与测试方法

一、紫胶树脂产品标准

采收的紫胶原胶，可经不同程度的加工处理，制备颗粒胶、紫胶片、漂白紫胶等系列树脂产品，满足各种质量要求的生产应用。紫胶原胶及加工产品等的质量要求按照中国国家标准 GB 1886.114—2015 和相关林业行业标准执行。

二、白蜡产品标准

虫白蜡产品按照中国林业行业标准 LY/T 2399—2014 执行。

紫胶蜡、胭脂虫蜡与虫白蜡具有相似的昆虫蜡特性及应用领域。紫胶蜡按照中国林业行业标准 LY/T 2075—2012 执行；胭脂虫蜡可参考虫白蜡和紫胶蜡测定中的主要指标进行质量评价。

三、紫胶色素产品标准

紫胶红色素产品应符合《食品安全国家标准 食品添加剂 紫胶红（又名虫胶红）》（GB 1886.17—2015）的相关规定要求，需测定溶液中的色素主成分在 490nm 最大吸收波长处的吸光度值，并计算色价进行质量评价。

四、胭脂虫色素产品标准

胭脂虫色素产品目前暂无相应的国家标准，其产品质量要求及检测方法由客户指定。可参照紫胶红色素测定方法进行质量评价，其最大吸收波长调整在 494nm。

五、产品测试方法

紫胶树脂系列产品的测试项目主要涉及树脂热硬化时间、软化点、颜色指数、热乙醇不溶物、冷乙醇可溶物、酸值、碘值、挥发分和灰分等，可按照《紫胶产品取样方法》（GB/T 8142—2008）和《紫胶产品检验方法》（GB/T 8143—2008）执行。

虫白蜡产品检测方法暂无相应的国家标准，可按照中国林业行业标准 LY/T 2399—2014 实施取样及分析测试。紫胶蜡、胭脂虫蜡产品可参照虫白蜡产品测试方法。

色素产品应按照国标 GB 1886.17—2015 进行测试。

色素组分还可用分光光度计、高效液相色谱等分析仪器进行定量测定。对于已知成分的色素，可在有纯品标样的条件下，配制一系列浓度（通常间隔较均匀）的溶液，依次测定其吸光度值，绘制出标准曲线，供后续同样实验条件下进行含有该色素的普通样品纯度的测定用。理想的标准曲线通常是经过原点的直线，适用于较低浓度范围。也可以色素中总蒽醌含量来表达，以 0.5％Mg(Ac)$_2$-CH$_3$OH 溶液为显色剂，用紫外-可见分光光度计在 540nm 吸收波长下进行。

在传统的色素质量评价体系中，还曾经使用"色价"的概念，但各国的具体规定不尽相同，中国一般采用如下类型的公式计算：

$$E_{1cm}^{1\%}(\lambda_{max}) = \frac{Af}{m}$$

式中　λ_{max}——最大吸收波长，nm；

　　　A——实测样品的吸光度；

　　　f——稀释倍数；

　　　m——试样质量（以干物计算），g。

计算出的色价可在一定程度上反映色素含量高低及着色能力强弱，并对单品色素直接参与价格核算起到一定的参考意义，在企业产品检验及商业流通中应用色价较为直观、简便。

产品中砷、铅等重金属等主要杂质，可依照中华人民共和国国家标准 GB 5009.11—2014、GB 5009.12—2017 和 GB 5009.74—2014 等进行检测。

参考文献

[1] 陈晓鸣，陈又清，张弘. 等. 紫胶虫培育与紫胶加工. 北京：中国林业出版社，2008.

[2] 李凯，张弘，郑华. 等. 紫胶树脂改性研究进展. 天然产物研究与开发，2012，24：274-279，283.

[3] 冀浩博. 紫胶树脂的热性质研究. 昆明：昆明理工大学，2014.

[4] Li Kai, Pan Zhengdong, Guan Cheng, et al. A tough self-assembled natural oligomer hydrogel based on nano-size vesicle cohesion. RSC Advances, 2016, 6: 33547-33553.

[5] Gao Jianan, Li Kun, Xu Juan, et al. Unexpected rheological behavior of hydrophobic associative shellac-based oligomeric food thickener. Journal of Agricultural and Food Chemistry, 2018, 66 (26): 6799-6805.

[6] 南京林产工业学院. 天然树脂生产工艺学. 北京：中国林业出版社，1983：296-342.

[7] 李坤. 紫胶树脂的全无氯漂白工艺及漂白机理初探. 北京：中国林业科学研究院，2012.

[8] 李坤，张弘，郑华，等. 超声波强化水洗改性紫胶工艺. 食品科学，2011，32 (18)：102-107.

[9] Zhou Zhiqiang, Ma Jinju, Li Kun, et al. A Plant leaf-mimetic membrane with controllable gas permeation for efficient preservation of perishable products. ACS Nano, 2021, 15: 8742-8752.

[10] Ma Jinju, Zhou Zhiqiang, Li Kai, et al. A gas-permeation controllable packaging membrane with porous microsphere as gas 'switches' for efficient preservation of litchi. Journal of Agricultural and Food Chemistry, 2021, 69, 10281-10291.

[11] Luo Qingming, Li Kai, Xu Juan, et al. Novel biobased sodium shellac for wrapping disperse multi-scale emulsion particles. Journal of Agricultural and Food Chemistry, 2016, 64 (49): 9374-9380.

[12] 潘正东. 紫胶树脂钠盐在水相中的聚集行为研究. 北京：中国林业科学研究院，2016.

[13] Li Kai, Luo Qingming, Xu Juan, et al. A novel freeze-drying-free strategy to fabricate a biobased tough aerogel for separation of oil/water mixtures. Journal of Agricultural and Food Chemistry, 2020, 68, 3779-3785.

[14] 陈晓鸣. 白蜡虫自然种群生态学. 北京：科学出版社，2010.

[15] 李坤，张弘，郑华，等. 湘白蜡的光热模拟氧化及产物分析. 中国农学通报，2014，30 (19)：36-44.

[16] 张弘，陈军，郑华. 白蜡精制加工中试工艺设计. 林业建设，2005 (5)：3-5.

[17] 郑华，张弘，甘瑾，等. 胭脂虫蜡的提取分离及初步精制. 食品科学，2009，30 (16)：162-165.

[18] 郑华，张弘，张忠和. 天然动植物色素的特性及其提取技术概况. 林业科学研究，2003，16 (5)：628-635.

[19] 张弘，郑华，郭元亨，等. 胭脂虫红色素加工技术与应用研究进展. 大连工业大学学报，2010，29 (6)：399-405.

[20] 张弘. 紫胶红色素提取技术及理化性质研究. 北京：中国林业科学研究院，2013.

[21] 郭元亨. 胭脂红酸检测方法及色素提取改善. 北京：中国林业科学研究院，2011.

[22] 卢艳民. 胭脂虫红色素提取与精制研究. 昆明：昆明理工大学，2009.

[23] 冯颖，陈晓鸣，赵敏. 中国食用昆虫. 北京：科学出版社，2016：1-105.

[24] 罗赞. 黄粉虫蛋白的提取及其理化性质的研究. 长沙：湖南农业大学，2009.

[25] 杨田. 黄粉虫油脂脱除及蛋白粉制备工艺研究. 太谷：山西农业大学，2014.

[26] 周志强，马金菊，甘瑾，等. 漂白紫胶/单宁酸复配涂膜对芒果常温贮藏的保鲜效果. 食品科学，2020，41 (9)：145-152.

［27］高山.紫胶桐酸合成环十六-9-烯内酯的研究.昆明：昆明理工大学，2015.

［28］Ma Jinju，Li Kun，Zhang Wenwen，et al. Acute toxicity and chromosomal aberration toxicity of insect wax and its policosanol. Food Science and Human Wellness，2022，11：356-365.

［29］Ma Jinju，Ma Liyi，Zhang Zhongquan，et al. In vivo evaluation of insect wax for hair growth potential. PLoS ONE，2018，13（2）：e0192612.

［30］刘兰香，普真琪，郑华，等.紫胶色酸酯的制备工艺优化.食品科学，2016，37（22）：28-33.

［31］Liu Lanxiang，Xu Juan，Zheng Hua，et al. Inclusion complexes of laccaic acid with β-cyclodextrin or its derivatives：Phase solubility，solubilization，inclusion mode，characterization. Dyes and Pigments，2017，139：737-746.

［32］Liu Lanxiang，Li Xiang，Li Kun，et al. Synthesis of broad-spectrum tunable photoluminescent organosilicon nanodots from lac dye for cell imaging. Dyes and Pigments，2023，212：111090.

［33］Liu Lanxiang，Yi Guandong，Li Kun，et al. Synthesis of carbon quantum dots from lac dye for silicon dioxide imaging and highly sensitive ethanol detecting. Dyes and Pigments，2019，171：107681.

［34］刘兰香，郑华，钱岐雄，等.乙酸酐/乙酸法制备油溶性胭脂虫红色素.化工进展，2015，34（9）：3399-3405，3420.

［35］刘兰香，郑华，张雯雯，等.DDSA酯化法制备胭脂虫红色素衍生物.林产化学与工业，2015，35（4）：117-124.

［36］Liu Lanxiang，Yi Guandong，Yang Lijuan，et al. Designing and preparing supramolecular fluorescent probes based on Carminic acid and γ-cyclodextrins and studying their application for detection of 2-aminobenzidazole. Carbohydrate Polymers，2020，241：116367.

［37］刘兰香，李想，唐保山，等.氧化胭脂虫红酸用于蘑菇中的铁离子检测食品科学，食品科学.2022，43（24）：342-348.

（张弘，郑华）

第三章　杜仲化学与应用

第一节　杜仲的化学组成及理化性质

杜仲作为优质林产资源，具有广泛的生理功能。在生长过程中可以利用初级代谢如糖酵解、三羧酸循环的中间产物为前体，合成种类丰富、结构复杂、生理功能多样的次生代谢物，并广泛分布于杜仲皮、叶、果实、雄花等部位。这些化合物与人类健康息息相关，具有重要的开发价值[1]。20世纪以来，国内外学者从杜仲中提取获得的生物活性成分多达130余种[2,3]，根据结构可分为黄酮类、苯丙素类、环烯醚萜类、木脂素类、多酚类及杜仲胶、甾醇类、三萜类、氨基酸类、多糖类、维生素、挥发油、抗真菌蛋白等。虽然受品系、产地、种植条件等因素的影响，它们的含量在杜仲不同品种、组织、部位间存在差异[4]，但总体呈现一定规律。

一、黄酮类化合物

1. 化学成分

黄酮类化合物是杜仲主要有效成分之一，其含量高低是判断杜仲药材及产品质量的重要指标。现已从杜仲中分离出18种黄酮类化合物（表12-3-1），主要包括槲皮素、山柰酚、儿茶素、陆地锦苷、金丝桃苷等。黄酮类化合物在杜仲雄花中含量最高，杜仲叶中次之，杜仲皮和果实中含量较少[1]。

表 12-3-1　杜仲中主要黄酮类化合物

序号	中文名称	英文名称
1	黄芪苷	astragalin
2	黄芩素	baicalein
3	陆地锦苷	hirsutin
4	金丝桃苷	hyperoside
5	异槲皮素	isoquercetin
6	山柰酚	kaempferol
7	山柰酚 3-O-芸香糖苷	kaempherol 3-O-rutinoside
8	山柰酚-3-(6″-O-乙酰)-β-葡萄糖苷	kaempferol-3-(6″-O-acetyl)-β-glucoside
9	木樨草素	luteolin
10	烟花苷	nicotiflorin
11	木蝴蝶素	oroxylin A

续表

序号	中文名称	英文名称
12	槲皮素	quercetin
13	槲皮素-3-O-桑布双糖苷	quercetin 3-O-sambubioside
14	槲皮素-3-O-木糖-(1→2)-葡萄糖苷	quercetin 3-O-xylopyranosyl-(1→2)-glucopyranoside
15	槲皮素-3-O-α-L-吡喃阿拉伯糖-(1→2)-葡萄糖苷	quercetin 3-O-α-L-arabinopyranosyl-(1→2)-β-glucoside
16	芦丁	rutin
17	汉黄芩素	wogonin
18	汉黄芩苷	wogonoside

2. 性状

黄酮类化合物大多数是结晶性固体，少部分是无定形粉末。其颜色与分子结构中存在的共轭体系大小及助色团（如—OH、—CH_3）密切相关。该类化合物多呈黄色，如黄酮、黄酮醇，其苷类呈灰黄至黄色，查尔酮为黄色至橙黄色。

3. 溶解度

黄酮苷元一般易溶于乙醇、甲醇、乙醚、乙酸乙酯等有机溶剂及稀碱溶液，难溶或者不溶于水。当羟基糖苷化后，分子的极性增加，在水中的溶解度增大，在有机溶剂中的溶解度则减小。黄酮苷一般难溶于乙醚、苯、三氯甲烷等有机溶剂，易溶于水、甲醇、乙醇、乙酸乙酯、吡啶等溶剂。

4. 酸碱度

黄酮类化合物因分子中含有酚羟基而呈弱酸性，其酸性强弱与所含酚羟基的多少及所在位置有关，酸性强弱依次为：7,4′-二-OH ＞ 7-OH 或 4′-OH ＞ 一般酚-OH ＞ 5-OH 或 3-OH。

5. 化学反应

大多数黄酮类化合物可与镁盐、铝盐、锆盐或铅盐生成有色的络合物。在紫外线（254nm或365nm）下，部分黄酮类化合物会呈现出不同颜色的荧光，经过碳酸钠溶液或氨蒸气处理后，荧光颜色更加明显。

6. 药理功效

黄酮类化合物具有止咳、祛痰、平喘、护肝、抗菌、抗衰老、抗氧化和调节心血管系统等多种作用。在诱导肿瘤细胞凋亡、逆转肿瘤细胞耐药性、抗病毒等方面也有较好表现。

二、苯丙素类化合物

1. 化学成分

苯丙素类化合物是木脂素类和黄酮类化合物的前体物质，广泛存在于杜仲叶、皮、雄花等部位[1]，大多具有酚类化合物性质，如绿原酸、绿原酸甲酯、咖啡酸、紫丁香苷等。目前杜仲中发现的苯丙素类化合物主要有 14 种（表 12-3-2），其中绿原酸（图 12-3-1）是杜仲中含量最高、最具代表性的苯丙素类化合物，也是杜仲的主要特征化合物之一。杜仲全树均含有绿原酸，其中叶和雄花中含量较高。

表 12-3-2　杜仲中主要苯丙素类化合物

序号	中文名称	英文名称
1	咖啡酸	caffeic acid
2	咖啡酸甲酯	caffeic acid methyl ester
3	咖啡酸乙酯	caffeic acid ethyl ester
4	绿原酸	chlorogenic acid
5	对香豆酸	p-coumaric
6	松柏苷	coniferin
7	松柏醇	coniferol
8	二氢咖啡酸	dihydrocaffeic acid［3-(3,4-dihydroxyphenyl) propionic acid］
9	愈创木基丙三醇	guaiacylglycerol
10	异绿原酸 A	isochlorogenic acid A
11	异绿原酸 C	isochlorogenic acid C
12	绿原酸甲脂	methyl chlorogenate
13	3-(3-羟基苯基)丙酸	3-(3-hydroxyphenyl) propionic acid
14	紫丁香苷	syringin

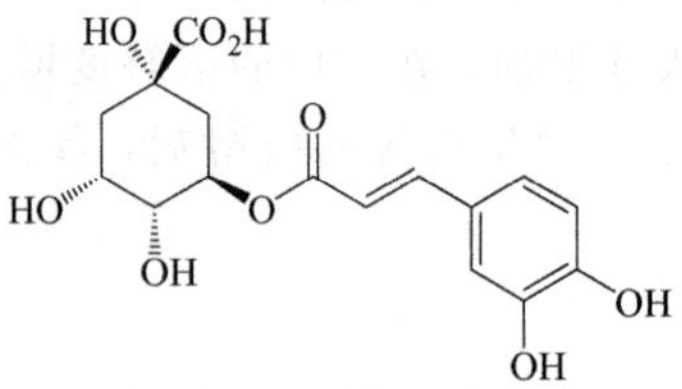

图 12-3-1　绿原酸结构式

2. 性状

苯丙素类化合物多为结晶性物质，部分为粉末态、玻璃态和液态，一般为无色或淡黄色（如绿原酸），多不具备挥发性和升华性。但也有个别分子量小的化合物具有芳香气味、挥发性和升华性。

3. 溶解度

苯丙素类化合物大多具有一定的水溶性。如绿原酸 25℃ 时在水中的溶解度为 4%，在热水中溶解度增大，易溶于乙醇和丙酮，极微溶于乙酸乙酯，不溶于氯仿、乙醚和二硫化碳。

4. 酸碱度

苯丙素类化合物因分子中含有羟基而呈酸性，其酸性强弱与羟基的数量和位置有关。比如绿原酸的酸性就比一般有机酸强。

5. 化学反应

利用酚羟基与 $FeCl_3$ 的显色反应，通过对一些特征参数如显色反应条件、显色产物的吸收波长等进行检测，表征其存在。绿原酸和铝离子能够发生络合显色反应，可用分光光度计在 530nm 处测定溶液的吸光度计算绿原酸含量。但使用该法检测时，溶液中共存的黄酮类物质对绿原酸存在严重干扰，因此绿原酸的准确定量分析宜采用反相高效液相色谱法（reversed phase high-performance liquid chromatography，RP-HPLC)。

6. 药理功效

苯丙素类化合物具有抗菌、抗病毒、抗肿瘤、抗高血压、抗诱变、清除自由基、抗白血病、保护肝脏、保护心脏、刺激中枢神经系统、增加胃肠蠕动和促进胃液分泌等生物活性，是保健品、食品、药品、化妆品行业的重要原料。

三、环烯醚萜类化合物

1. 化学成分

环烯醚萜类化合物属于单萜类化合物，主要分布在杜仲皮、叶及果壳中。其基本母核是环烯醚萜醇，具有环状烯醚及醇羟基结构。醇羟基属于半缩醛羟基，性质活泼[5]。目前已从杜仲中分离出29种主要环烯醚萜类化合物（表12-3-3），最有代表性的是桃叶珊瑚苷、京尼平苷酸、京尼平苷等。

表 12-3-3　杜仲中主要环烯醚萜类化合物

序号	中文名称	英文名称
1	筋骨草苷	ajugoside
2	桃叶珊瑚苷	aucubin
3	车叶草苷	asperuloside
4	车叶草酸	asperuloside acid
5	梓醇	catalpol
6	1-脱氧杜仲醇	1-deoxyeucommiol
7	去乙酰车叶草酸	deacetyl asperuloside acid
8	表杜仲醇	epieucommiol
9	杜仲醇苷	eucommioside
10	杜仲醇苷 I	eucommioside I
11	杜仲醇	eucommiol
12	杜仲醇-I	eucommiol-I
13	杜仲醇-II	eucommiol-II
14	杜仲醇苷-A	eucomosides A
15	杜仲醇苷-B	eucomosides B
16	杜仲醇苷-C	eucomosides C
17	京尼平	genipin
18	京尼平苷	geniposide
19	京尼平苷酸	geniposidic acid

序号	中文名称	英文名称
20	京尼平苷酸三聚体	geniposidic acid trimer
21	哈帕苷乙酸酯	harpagide acetate
22	地芰普内酯	loliolide
23	雷扑妥苷	reptoside
24	鸡屎藤苷-10-O-乙酸酯	scandoside 10-O-acetate
25	杜仲苷	ulmoside
26	杜仲苷 A	ulmoidoside A
27	杜仲苷 B	ulmoidoside B
28	杜仲苷 C	ulmoidoside C
29	杜仲苷 D	ulmoidoside D

2. 性状

环烯醚萜类化合物多为白色结晶或无定形粉末，多具有旋光性和吸湿性，味苦。

3. 溶解度

环烯醚萜类化合物大多具有极性官能团，偏亲水性，难溶于乙醚、氯仿、苯等亲脂性有机溶剂，可溶于丙酮、乙醇和正丁醇，易溶于水、甲醇。环烯醚萜苷类的亲水性较苷元强。

4. 化学反应

环烯醚萜类化合物分子结构中的半缩醛羟基性质活泼，能与一些试剂发生颜色反应，可用于该类化合物的鉴别，如氨基酸反应和乙酸-铜离子反应。游离的环烯醚萜苷元与氨基酸加热，可生成深红色至蓝色溶液，最后变成蓝色沉淀；环烯醚萜苷元溶于冰醋酸，再加少量铜离子并加热后显蓝色。

5. 药理功效

环烯醚萜类化合物能够清除自由基，保持机体自由基平衡，可广泛用于保健品、化妆品领域。如桃叶珊瑚苷能清除自由基，其清除羟基自由基和超氧阴离子自由基的能力虽弱于抗坏血酸，但清除过氧化氢自由基的能力优于抗坏血酸。

四、木脂素类化合物

1. 化学成分

木脂素类化合物是杜仲中研究最多、结构最清晰、成分最明确的一类化合物[6]。它由双分子苯丙素聚合而成，是杜仲的天然有效成分。目前从杜仲中分离得到的木脂素类物质多达 32 种（表 12-3-4），其结构母核主要为以下五种：倍半木脂素、环木脂素、单环氧木脂素、双环氧木脂素和新木脂素。如松脂醇二葡萄糖苷（pinoresinol diglucoside，PDG，又名松脂醇 $4',4''$-二吡喃葡萄糖苷）是杜仲皮中的主要降压成分[7]，也是杜仲中重要标志性特征成分之一，属于双环氧木脂素类。

表 12-3-4 杜仲中主要木脂素类化合物

序号	中文名称	英文名称
	双环氧木脂素	bisepoxylignans
1	表松脂醇	(＋)-epipinoresinol
2	中松脂醇	(＋)-medioresinol
3	松脂醇	(＋)-pinoresinol
4	丁香脂素	(＋)-syringaresinol
5	杜仲素 A	eucommin A (medioresinol 4′-O-β-D-glucopyranoside)
6	中松脂醇 4′,4″-二吡喃葡萄糖苷	(＋)-medioresinol 4′,4″-di-O-β-D-glucopyranoside
7	松脂醇葡萄糖苷	(＋)-pinoresinol O-β-D-glucopyranoside
8	松脂醇二葡萄糖苷	pinoresinol diglucoside
9	丁香脂素 4′-葡萄糖苷	(＋)-syringaresinol 4′-O-β-D-glucopyranoside
10	鹅掌楸碱	liriodendrin [(＋)-syringaresinol 4′,4″-di-O-β-D-glucopyranoside]
11	1-羟基松脂醇	(＋)-1-hydroxipinoresinol
12	1-羟基松脂醇 4′-吡喃葡萄糖苷	(＋)-1-hydroxipinoresinol 4′-O-β-D-glucopyranoside
13	1-羟基松脂醇 4″-吡喃葡萄糖苷	(＋)-1-hydroxipinoresinol 4″-O-β-D-glucopyranoside
14	1-羟基松脂醇 4′,4″-二吡喃葡萄糖苷	(＋)-1-hydroxipinoresinol 4′,4″-di-O-β-D-glucopyranoside
	单环氧木脂素	monoepoxylignans
15	橄榄脂素	(－)-olivil
16	橄榄脂素 4′-吡喃葡萄糖苷	(－)-olivil 4′-O-β-D-glucopyranoside
17	橄榄脂素 4″-吡喃葡萄糖苷	(－)-olivil 4″-O-β-D-glucopyranoside
18	橄榄脂素 4′,4″-二吡喃葡萄糖苷	(－)-olivil4′,4″-di-O-β-D-glucopyranoside
	环木脂素	cyclolignans
19	环橄榄脂素	(＋)cyclo-olivil
	新木脂素	neolignans
20	柑属苷 B	citrusin B
21	赤式-二羟基脱氢二松柏醇	erythro-dihydroxydehydrodiconiferyl alcohol
22	苏式-二羟基脱氢二松柏醇	threo-dihydroxydehydrodiconiferyl alcohol
23	脱氢二松柏醇二糖苷	(－)-dehydrodiconiferyl 4,γ′-di-O-β-D-glucopyranoside
24	二氢脱氢二松柏醇	(＋)-dihydrodehydrodiconiferyl alcohol
25	赤式甘油-β-松柏醇醛醚	(＋)-erythro-guaiacylglycerol-β-conifery aldehyde ether
26	苏式甘油-β-松柏醇醛醚	(＋)-threo-guaiacylglycerol-β-conifery aldehyde ether
	倍半木脂素	sesquilignans
27	耳草醇 C 4′,4″-二吡喃葡萄糖苷	hedyotol C 4′,4″-di-O-β-D-glucopyranoside
28	耳草醇 C 4″,4‴-二吡喃葡萄糖苷	hedyotol C 4″,4‴ -di-O-β-D-glucopyranoside
29	甘油-β-丁香脂素乙醚 4″,4‴-二吡喃葡萄糖苷	guaiacylglycerol β-syringaresinol ether 4″,4‴-di-O-β-D-glucopyranoside
30	(＋)-松脂醇香草醚二吡喃葡萄糖苷	(＋)-pinoresinol vanillic acid ether diglucopyranoside
31	(＋)-丁香脂素香草酸醚二吡喃葡萄糖苷	(＋)-syringaresinol vanillic acid ether diglucopyranoside
32	(－)-丁香丙三醇-β-丁香脂素醚二糖苷	(－)-syringyglycerol-β-syringaresinol ether 4″,4‴-di-O-β-D-glucopyranoside

2. 性状

木脂素类化合物多为白色结晶，一般无挥发性，少数能加热升华。

3. 溶解度

木脂素类化合物（游离态）呈亲脂性，易溶于苯、乙醚、乙醇、氯仿等亲脂性有机溶剂，难溶于水。具有酚羟基的木脂素类化合物可溶于碱性水溶液。木脂素苷类化合物的水溶性会增大。

4. 化学反应

木脂素类化合物分子结构中常含有醇羟基、酚羟基、甲氧基、亚甲二氧基、羧基及内酯等基团，因而具有这些官能团的性质。$FeCl_3$ 或重氮化试剂可用于其分子结构中酚羟基的检验；Labat 试剂（没食子酸浓硫酸试剂）或 Ecgrine 试剂（变色酸浓硫酸试剂）可用于其中亚甲二氧基的检验。

5. 药理功效

木脂素类化合物具有降血压、抗肿瘤、抗 HIV（人类免疫缺陷病毒）、抗氧化、护肝、抑制 cAMP 磷酸二酯酶活性、调节中枢神经系统、调节血小板活化因子、增强免疫、促进蛋白质和糖原合成等多种作用。

五、杜仲胶

1. 化学成分

天然杜仲胶是来源于杜仲树的白色胶丝。杜仲的树皮、树叶和果皮中均含有充满了橡胶颗粒、可分泌胶丝的单细胞，能产生丰富的杜仲胶。天然杜仲胶属于高分子聚合物，主要成分为反式-1,4-聚异戊二烯（C_5H_8）$_n$，与天然橡胶顺式-1,4-聚异戊二烯的结构互为同分异构体（图 12-3-2）。与天然橡胶不同，杜仲胶常温下质硬，不具有弹性，是介于塑料和橡胶之间的一种材料，呈现出独特的"橡（胶）-塑（料）"二重性。

反式-聚异戊二烯（杜仲胶）　　　顺式-聚异戊二烯（天然橡胶）

图 12-3-2　杜仲胶与天然橡胶（NR）的结构式

2. 性状

杜仲胶在室温下是皮革状的坚韧物质，纯胶无色。10℃时结晶，40～50℃开始表现出弹性，并随温度升高逐渐软化，具有可塑性，冷却后可恢复原来的性质。其平均分子量为 160000～173000，密度为 $0.91g/cm^3$，相对密度为 0.95～0.98，硬度为 50～98，拉伸强度极限为 20～28N/mm^2，拉断延伸率≤1000%，耐油性能良好，允许工作温度为 −50～160℃[8]。

3. 化学反应

杜仲胶化学性质活泼，极易氧化成白色脆性物质，因此在研磨、浮选、干燥时必须及时加入抗氧化剂。

4. 应用价值

杜仲胶具有"橡-塑"二重性，绝缘性能优异，耐水、耐酸碱腐蚀，在橡胶高弹性材料、低温可塑性材料及热弹性材料等方面受到广泛关注。可用于橡胶工业、航空航天、国防、船舶、化工、医疗、体育等国民经济各领域，产业覆盖面极广[9]。

六、其他化学成分

除上述 4 大类化合物及杜仲胶外，杜仲中还含有酚类（表 12-3-5）、甾醇类及三萜类（表 12-3-6）等生物活性物质。

表 12-3-5　杜仲中主要其他酚类化合物

序号	中文名称	英文名称
1	儿茶酚	catechol
2	儿茶酸	catechin
3	表儿茶酸	epicatechin
4	欧儿酚苷	eucophenoside
5	没食子酸	gallic acid
6	寇布拉苷	koaburaside
7	原儿茶酸	protocatechuic acid
8	原儿茶酸甲酯	protocatechuic methylester
9	焦棓酸	pyrogallol
10	香草酸	vanillin acid

表 12-3-6　杜仲中主要甾醇类及三萜类化合物

序号	中文名称	英文名称
1	白桦脂醇	betulin
2	白桦脂酸	betulinic acid
3	胡萝卜苷	daucosterol
4	杜仲二醇	eucommidiol
5	地黄素 C	rehmaglutin C
6	β-谷甾醇	β-sitosterol
7	$1,4\alpha,5,7\alpha$-四氢-7-羟甲基环戊烯[c]并吡喃-4-羧酸甲酯	$1,4\alpha,5,7\alpha$-tetrahydro-7-hydroxymethyl-cyclopenta[c]pyran-4-carboxylic methyl ester
8	—	ulmoidol
9	杜仲丙烯醇	ulmoprenol
10	熊果酸	ursolic acid

杜仲中含有丰富的蛋白质、氨基酸、膳食纤维、脂肪酸等营养物质。杜仲叶中含有 17 种氨基酸，包括 7 种人体必需氨基酸，尤其是谷氨酸含量丰富[10]；杜仲叶中含有丰富的挥发性成分，用 GC-MS 检测杜仲叶挥发油时，共分离鉴定出 38 种已知化合物，占挥发油总量的 96.18%[11]。杜仲中还含有锌、铜、铁、锰等 15 种微量元素，以及丰富的维生素 E、维生素 B_2 和 β-胡萝卜素[10]。杜仲果实中蛋白质含量很高，达 25% 左右，其氨基酸中必需氨基酸占 33.6%，半必需氨基酸占 11.2%。杜仲果实中油脂含量高达 20%～30%，是该植物不饱和脂肪酸的主要富集部

位，该油脂中功能性脂肪酸 α-亚麻酸最为丰富，占不饱和脂肪酸的 61％以上，甚至高于亚麻籽油和紫苏籽油。多糖是杜仲中又一天然大分子活性物质，包括杜仲多糖 A 和杜仲多糖 B。杜仲抗真菌蛋白则是近年来发现的一种植物蛋白，具有单链、不含糖、分子量小和热稳定等特点，且分布稳定，不随生长季节而改变，主要分布在杜仲树皮中，根中较少，叶中未检测到。

第二节　杜仲胶的提取及加工利用

杜仲树皮是传统中药材。本章主要关注杜仲叶、杜仲果实、杜仲雄花等林副特产资源。杜仲中各种天然活性成分在其不同部位含量有明显差异。至今发现，杜仲树是世界上适应范围最广的胶原植物，亚热带、温带乃至寒带均可栽培。杜仲胶又是杜仲最具特色的成分，在皮、叶、果实均有分布。其中树皮含胶量 5％～8％，叶片含胶量 1％～3％，果皮含胶量 10％～18％。因此，果皮是杜仲胶规模化生产的最理想原料。杜仲叶含胶量虽然较低，但产量巨大且价廉，目前也是提取杜仲胶的主要原料[10]。

杜仲胶为反式聚异戊二烯 $(C_5H_8)_n$，有天然杜仲胶和合成杜仲胶之分。天然杜仲胶来源于杜仲树，合成杜仲胶则是 1,4-异戊二烯单体在一定条件下化学合成而得。反式分子构型使得杜仲胶分子链具有三大特性：a. 分子链为柔性链，是构成弹性链的基础；b. 分子中的反式链结构有序，易堆砌结晶；c. 分子含双键，可进行硫化。正常情况下，杜仲胶存在两种稳定的晶型，分别是 α-晶型和 β-晶型。α-晶型熔点较高，被称为高熔点晶型；β-晶型熔点较低，被称为低熔点晶型。

一、杜仲胶的提取

目前，杜仲叶和果皮中杜仲胶的提取方法主要有机械法、化学法、有机溶剂法、生物法（酶解法）、综合法等。

（一）杜仲胶的常见提取方法

1. 机械法

该法主要是采取碾滚、粉碎等手段，将原料中的非胶组分破碎分离，进而得到杜仲胶[12]。工艺流程：原料→漂洗杂质→原料发酵→蒸煮原料→脱水甩干→强力破碎→过筛→漂洗杂质→压块成型→杜仲胶。该法操作简单，适用于连续大规模生产。但产品杂质多，产率低。以果皮提胶为例，得胶率仅为 3.75％，含胶质量分数为 20.46％。

2. 化学法

该法主要通过酸、碱水解破坏杜仲中含胶细胞的细胞壁，使胶丝暴露获得杜仲胶。对杜仲果壳进行乙酸预处理，植物细胞壁被有效破坏，胶丝暴露，可提高杜仲胶的提取率。例如，用化学法提取果皮中杜仲胶，得胶率为 13.76％，杜仲胶含胶质量分数能达到 62.68％。碱液浸提能除去杜仲叶中的杂质和不溶于后续萃取溶剂的木质素、树脂等。经碱液浸提后，杜仲胶结晶度为 33％～55％[13]。但该法存在酸碱消耗大、胶丝流失、环境污染严重、产率低等问题。

3. 有机溶剂法

该法是利用杜仲胶在部分有机溶剂（如石油醚、石油醚-乙醇、甲苯、苯-甲醇等）中具有良好的溶解性，使杜仲含胶细胞可以轻松通过细胞壁纤维层扩散到溶剂中得到杜仲胶，此法能提高杜仲胶品质。从果皮中提胶得率可达 5.69％，产品含胶质量分数达到 83.46％。但该法存在原料中杜仲胶浸出不完全、产率低，所使用的有机溶剂大多易燃、有毒等缺点[14]。

4. 生物法（酶解法）

该法是利用微生物发酵分泌的木质素酶、半纤维素酶和纤维素酶分解、破坏含胶细胞壁，使杜仲胶与溶剂最大化接触，从而快速有效提取杜仲胶。以果皮提胶为例，得胶率达到10.46％，产品含胶质量分数为23.04％。该法对杜仲果壳的非胶部分分解能力较弱，发酵时间较长，获得的杜仲胶纯度也不高，所以未能在工业上大规模使用。但近年来，我国学者在全生物酶法提取杜仲胶方面取得了重要突破，发现用生物酶解法预处理能更好地保留杜仲胶的结构，并提高提胶率，所得杜仲胶纯度可达92％以上[15]。

5. 综合法

该法是把物理粉碎除去植物组织、生物酶降解植物组织和有机溶剂溶解杜仲胶分离残渣综合运用的方法[16]。先是对杜仲原料进行机械切割或爆破处理[17]提取出杜仲粗胶，再结合酶处理和有机溶剂提取制得。该法获得的杜仲粗胶进一步纯化，可获得含胶质量分数98％以上的杜仲胶产品。

以上研究方法都能够有效提取杜仲胶，但胶纯度均不高。在实验室可用溶剂法进一步提纯：先用水、乙醇等溶剂洗去杜仲粗胶中的各类杂质，再用丙酮等溶剂洗去杜仲粗胶中的纤维素、木质素等物质，然后用溶剂进行提取，以获得纯度接近100％的杜仲橡胶精胶[18]。

（二）杜仲胶中试及工业化提取

1. 杜仲胶提取中试研究概况

日本2007年与西北农林科技大学合作，在河南省灵宝市建立了杜仲胶提取试验装置。2012年，又在陕西杨凌建成50t/a杜仲胶试验装置。2015年7月，湘西老爹生物有限公司建成了我国首套连续化杜仲胶生产装置并投产。2015年10月，在贵州铜仁建成了同时提取杜仲保健成分和长丝杜仲胶的全酶解生物综合提取试验装置。2016年10月，第二套酶解提取装置在浙江丽水建成。

2. 杜仲胶工业化提取

2017年，山东贝隆杜仲生物科技有限公司在山东青州新建了杜仲胶生产线（图12-3-3），获得含胶量90％以上的杜仲籽皮粗胶和含胶量85％的杜仲树皮粗胶[16]。该公司的做法较好地开展了资源的综合利用，有很好的参考价值。

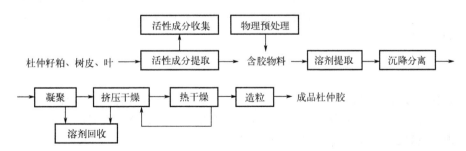

图12-3-3　工业提取杜仲胶工艺流程（山东贝隆杜仲生物科技有限公司）

如何进一步优化提取工艺，提高产率，实现杜仲全成分资源化利用，进一步降低加工成本是杜仲胶产业今后的关键问题。

二、杜仲胶的改性加工

杜仲胶由反式聚异戊二烯组成，是一种具有良好生物相容性、橡塑二重性和优异力学性能的天然高分子材料。在室温下结晶度高，表现为刚性塑料状态，限制了其在功能材料领域的应用。因此，将杜仲胶进行物理或化学改性，可拓宽其应用范围。物理改性包括杜仲胶与橡胶共混复合、与塑料共混、与小分子添加剂或纳米材料共混。化学改性则包括交联反应（如硫化交联）、环氧化改性、接枝改性（接枝苯乙烯）、烯反应等[19]。严瑞芳等专家发现杜仲胶硫化交联度对杜仲胶的力学性能影响显著，随着硫化程度的不同，可表现出热塑性、热弹性和橡胶弹性等不同性状（图12-3-4），所获得的材料可用于多种用途[20]。

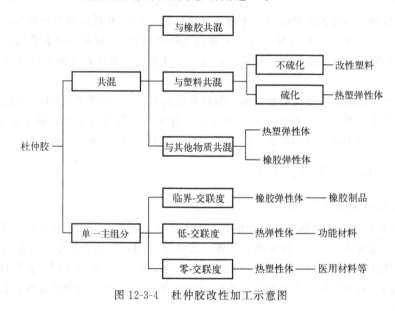

图 12-3-4　杜仲胶改性加工示意图

（一）杜仲胶的共混

1. 与橡胶共混

杜仲胶与通用橡胶共混，通过改变胶料配比，可以得到性能各异的材料。

（1）杜仲胶与天然橡胶共混　最显著的特点是生热低，耐疲劳性能和耐磨性能好，所以杜仲胶是发展高性能轮胎的理想橡胶原料。将杜仲胶与天然橡胶混用，可部分替代天然橡胶，表现出一些独特的性能。

（2）杜仲胶与顺丁橡胶共混　可以明显提高顺丁橡胶生胶的强度，改善硫化胶动态拉伸疲劳性能。

（3）杜仲胶与顺丁橡胶、天然橡胶三元共混　该复合材料综合物理性能明显提高，滚动阻力降低，耐疲劳性能优异，定伸应力提高，抗湿滑性能也明显改善。表明该共混材料的三大行驶性能可取得较好的平衡，可应用于轮胎的生产[21,22]。

（4）杜仲胶与氯丁橡胶共混　在某种交联程度下可提高其在高温下的阻尼性能，同时可在一定程度上提高复合材料的吸声性能[23]。

杜仲胶与氯化丁基橡胶共混，可拓宽共混胶的阻尼温度范围。在共混时，杜仲胶的用量存在临界点。小于临界点时，共混胶的吸声系数会大幅度提高。此外，当杜仲胶用量为40%时，无论是在低频还是高频区域，共混胶吸声系数都比较高。表明杜仲胶在一定程度上可以拓宽吸声频率的范围[24]。

2. 与塑料共混

（1）杜仲胶与塑料共混　通过改变杜仲胶的比例，可降低体系加工温度，提高其硬度。杜仲胶可给塑料工业提供一种独特的可低温成型、兼具高抗冲击性的新型材料[25]。

（2）杜仲胶与橡胶和塑料共混　所得改性复合材料的力学性能明显提高，形状记忆性能明显改善[26]。

3. 杜仲胶与橡胶和沥青共混

杜仲胶中的 $C=C$ 键可以与沥青中的 $C=O$ 键发生交联反应，进而形成互穿网络结构。经过杜仲胶改性的沥青与普通沥青相比，其软化点升高，高温抗变形能力明显增强，且含蜡量大幅降低。杜仲胶的加入可提高沥青的弹性、黏度、模量、软化点和贮存稳定性[27]。

（二）形状记忆复合材料的制备

杜仲胶可通过物理共混、化学交联、原位聚合等方法提高形状记忆聚合物（shape memory polymer，SMP）的力学和形状记忆性能。以杜仲胶为基体的形状记忆复合材料的制备主要包括两部分。

1. 杜仲胶增强体系的制备

目前多采用碳纳米管、石墨烯、炭黑（carbon blacks，CB）或金属颗粒等多种填料，掺入杜仲胶中制备不同性能的材料。

2. 杜仲胶与其他聚合物复合体系的制备

杜仲胶可以与聚丁烯、聚乙烯等聚合物共混，制备形状记忆材料。

总而言之，杜仲胶具有很好的加工性。与橡胶共混时，不仅可以提高橡胶的动态疲劳性能，还可以提高生胶的强度、硬度。与塑料共混时，不仅可以提高塑料的韧性，还可以降低体系的加工强度。与形状记忆合金和形状记忆陶瓷材料相比，杜仲胶 SMP 具有形状回复率高、加工性能好、成型性能强、响应温度低及易于改性等多种优势。此外，还可以利用天然杜仲胶分子链中含有亲水性酯基的特点，用乳化法环氧化改性杜仲胶，使其耐油性能和弹性体性能得到明显改善。

三、杜仲胶产品的应用

杜仲胶的不同性状适用于不同用途。作为热塑性材料，具有低温可塑加工性，可开发成具有医疗、保健等作用的人体医用功能材料。作为热弹性材料，杜仲胶具有形状记忆功能，并具备储能、吸能、换能等特性，可开发成新功能材料。作为橡胶弹性材料，具有寿命长、防湿滑、滚动阻力小等优点，可开发成高性能轮胎材料。

1. 医用功能材料和运动材料

杜仲胶是一种天然高分子材料，无毒副作用，无催化剂残留，在医疗领域被广泛应用。如可用于制作医用夹板和人工假肢套，在加工时还可以依照病人所需要的形状取料；杜仲胶可以用来制作体育运动护具，如护腿、护腰等，不仅合体舒适，还能对运动员起到一定的保护作用。

2. 形状记忆材料和自修复材料

杜仲胶的形状记忆功能可用于制造儿童玩具、控温开关、缓冲器接管、密封堵漏材料等。

如带有形状记忆功能的杜仲胶异形管件接头，操作方便、不易腐蚀霉变、密封性能好。杜仲胶还可以用作自修复材料，具有广阔的市场应用前景[20]。

3. 高性能绿色轮胎

添加杜仲胶制作的轮胎生热低，耐疲劳性能和动态性能好，同时抗湿滑性能、耐磨性能和撕裂强度也明显改善，可实现轮胎三大行驶性能的综合平衡，是发展高性能轮胎的理想胶料[28]。

4. 多功能薄膜材料

杜仲胶具有优良的成膜性。严瑞芳等人研制出了一种高气密性透雷达波薄膜密封材料。以杜仲胶为主料，与聚烯烃和弹性体共混形成的薄膜密封材料，具有优异的拉伸强度、热稳定性、可生物降解性、可再生性[29]。杜仲胶还可以用来制备具有优异断裂拉伸性能和结晶度的纳米复合膜。

5. 减震吸声材料

杜仲胶作为热塑性材料具有优异的低温可塑加工性，优良的耐水、耐酸碱、耐寒性能，同时具备高绝缘性和高阻尼性，可以用于制作隔声设备以及汽车、高铁等的减震制品[30,31]。

6. 其他应用

由于杜仲胶具有疏水性和润滑功能，可用作海底通信、建筑用电等电缆材料。在工程领域，经过硫化的杜仲胶具有良好的工程学特性，与沥青共混改性后低温性能突出，非常适合西部高寒地区使用。

四、国内外发展现状

杜仲胶不仅在交通、通信、医疗、建筑、国防等领域应用广泛，还与人们的生活密切相关。杜仲胶产业得到了国家政策的大力支持以及相关行业的高度重视。2013年，杜仲橡胶产业被国家发改委列入产业振兴项目。2016年5月，在中关村正式挂牌成立了"北京老爹杜仲橡胶集成材料研究院"，为我国杜仲橡胶规模化生产和市场应用奠定了基础。

国际上关注杜仲胶的主要是日本。日本大阪大学、日立造船株式会社自1994年开始与我国就杜仲产业开展合作，取得了较大进展。2011年，我国与日本共同成立了杜仲胶协作研究所，重点开展杜仲胶的应用研究。2012年，在我国陕西杨凌建成50t/a杜仲胶试验装置，并成功开发高性能生物复合材料，耐冲击性提高16～25倍，延伸性能提高9～30倍。2018年，日本Hotty polymer公司将杜仲胶与聚乳酸配合制成3D（三维）打印材料，使产品耐冲击性能又提高30％以上。2020年，日立造船、伊势半株式会社（KISSME）和POLA. ORBIS集团合作，将杜仲胶用于化妆品领域。

第三节　杜仲叶中活性成分的提取及加工利用

杜仲叶与皮化学组成相似，药理作用基本相同。相比较于杜仲皮，杜仲叶资源优势更加明显，再生循环能力强，合理采摘不会对杜仲资源造成破坏。近年来相关学者对杜仲叶的有效成分和药用价值进行了大量研究，以期在实际应用中能够替代杜仲皮。因此，杜仲叶及其提取物的综合开发和高值化利用对杜仲资源的可持续发展利用具有重要意义。

一、杜仲叶中活性成分的提取

杜仲叶中天然活性成分丰富，包括黄酮类、环烯醚萜类、木脂素类、苯丙素类、多酚和多糖等，具有降血压、降血糖、调节血脂、镇静安神、预防骨质疏松以及抗疲劳等功效。

1. 黄酮类化合物的提取

杜仲中黄酮类化合物的分离提取方法较多，大多使用乙醇等极性溶剂提取，可采用超声波辅助提取、微波辅助提取、亚临界法萃取、超临界流体萃取，也有离子沉淀法提取和半仿生法提取等工艺[32]。采用双水相法可将杜仲叶粗提物中黄酮含量由6.85%提高到75.82%[33]。杜仲叶黄酮可采用D101大孔树脂、MCI树脂、反相ODS（柱色谱分离）、Sephadex LH-20、Rp-HPLC联用等进一步纯化（图12-3-5）[34]。相关活性部位经硅胶柱色谱分离，以三氯甲烷-甲醇进行梯度洗脱，可得到槲皮素、芦丁、金丝桃苷、槲皮苷[35]等化合物。

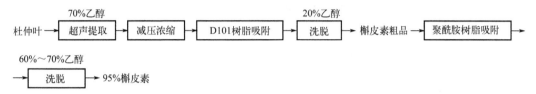

图 12-3-5　杜仲叶提取分离槲皮素工艺流程

2. 苯丙素类化合物的提取

杜仲叶中苯丙素类化合物主要为绿原酸。可以用水或乙醇等极性溶剂直接加热提取，或者采用微波辅助、超声波辅助、酶解法、半仿生提取等技术。获得的杜仲叶绿原酸粗提取物通过大孔吸附树脂精制，其含量可提升至49.8%[36]。将杜仲叶提取物浸膏用水混悬，依次通过石油醚、氯仿、乙酸乙酯和正丁醇分级萃取，再经柱色谱分离，可得到咖啡酸、绿原酸甲酯、紫丁香苷、愈创木基丙三醇等化合物[37]。中试放大中采用制备高效液相色谱法进一步纯化，可使绿原酸纯度达98.61%（图12-3-6）[38]。

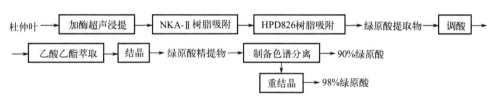

图 12-3-6　杜仲叶提取分离绿原酸工艺流程

3. 环烯醚萜类化合物的提取

杜仲叶中环烯醚萜类化合物丰富，主要有桃叶珊瑚苷（AU）、京尼平苷酸（GPA）；辅以超声波或微波的常规水提或醇提效果较好，但杂质较多。采用乙醇/NaH_2PO_4双水相气浮溶剂提取，杜仲叶中京尼平苷酸得率可达97.88%[39]。酶解法、回流法等均可用于杜仲叶中的桃叶珊瑚苷和京尼平苷酸的提取。获得的杜仲叶提取物浸膏，依次用石油醚、氯仿、乙酸乙酯和正丁醇萃取，再用硅胶柱色谱以氯仿-甲醇[（100∶1）～（0∶1）]梯度洗脱，可得到京尼平苷酸、车叶草苷等化合物（图12-3-7）[40]。

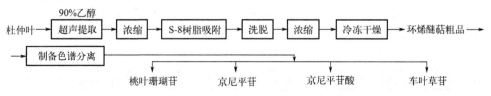

图 12-3-7　从杜仲叶中提取分离环烯醚萜类化合物工艺流程

4. 木脂素类化合物的提取

采用超声波辅助提取可以得到总木脂素质量分数为 7.652％ 的粗提物，提取率达到
97.75％[41]；也可以直接采用溶剂法提取松脂醇二葡萄糖苷（PDG）。将杜仲叶提取物浸膏用水
混悬，依次用石油醚、氯仿、乙酸乙酯和正丁醇分别萃取，经硅胶柱色谱分离，以氯仿-甲醇
[（100∶1）～（0∶1）]梯度洗脱，可得 PDG 等化合物（图 12-3-8）[42]。

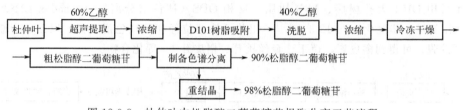

图 12-3-8　杜仲叶中松脂醇二葡萄糖苷提取分离工艺流程

5. 多酚类化合物的提取

多酚类是杜仲叶中很有代表性的一大类活性成分。采用超声波-微波双辅助法提取杜仲叶中
总多酚，得率达到 8.491％，较传统溶剂提取法提高 33.57％[43]，优于仅超声波辅助的
4.678％[44]。采用 XDA-8 树脂对总多酚提取物进行初步纯化，再依次用石油醚、氯仿、乙酸乙
酯、正丁醇萃取，收集乙酸乙酯与正丁醇萃取物，减压浓缩，真空冷冻干燥后得杜仲叶多酚含
量高于 50％ 的样品[45]。杜仲叶中多酚提取一般工艺流程见图 12-3-9。

图 12-3-9　杜仲叶中多酚提取一般工艺流程

6. 多糖的提取

杜仲叶中多糖大多用热水提取，经碱水、大孔吸附树脂处理，得到酸性多糖。采用超声波
辅助提取效率会有所提高。将多糖浓缩液与等量 95％ 乙醇混合醇沉，可得杜仲多糖 Ps EUL1、
Ps EUL2 和 Ps EUL3。杜仲多糖 Ps EUL1 再经 DEAE-52（OH）纤维素柱梯度洗脱，进一步得
到 Ps EUL1$_1$、Ps EUL1$_2$ 和 Ps EUL1$_3$ 三个组分[46]。

二、杜仲叶提取物的生产应用

以上侧重杜仲叶中某一类或几类有效成分的提取工艺研究。已工业化大规模生产的杜仲叶
提取物主要是以水为提取溶剂制备的杜仲素，也有少量以食用乙醇为溶剂提取的杜仲叶提取物。

（一）杜仲叶提取物的加工工艺

杜仲叶提取物（又称杜仲素）是以干燥的杜仲叶为原料，经水溶液提取、浓缩、干燥制得
的植物提取物。相关产品标准按照中国医药保健品进出口商会团体标准《植物提取物 杜仲叶提
取物》（T/CCCMHPIE1.46—2019）[47] 执行，杜仲叶提取物中绿原酸含量不低于 4.5％。

国内首个生产杜仲叶提取物的企业是张家界恒兴生物科技有限公司，其工业化生产工艺流
程如图 12-3-10 所示。

图 12-3-10　杜仲叶提取物生产工艺流程（张家界恒兴生物科技有限公司）

（二）杜仲叶提取物的组成

杜仲叶提取物中含有绿原酸、芦丁、槲皮素、山奈酚及桃叶珊瑚苷和京尼平苷酸等活性成分，还含有氨基酸、脂肪酸、维生素和矿物质元素等营养成分。基于这些物质基础，杜仲叶提取物显示出降血压、降血糖、调节血脂、预防骨质疏松、镇静安神、抗疲劳和减肥等功效，被广泛应用于食品、保健品、饲料添加剂和生活用品等领域。

（三）杜仲叶提取物的应用

1. 食品和保健食品

杜仲叶水提物可以作为原料进一步加工制成多种杜仲食品，如杜仲茶果冻、杜仲酸奶[48]等，还有杜仲糖果、固体饮料、可乐等饮品，也可以制作点心、小吃、西式糕点等食物。杜仲叶水提物和醇提物可以与食醋或其他成分复配，制备杜仲醋及复合饮料。杜仲叶提取物可作为功能食品用于生产安全、有效的保健食品。杜仲酒、杜仲口服液、杜仲双功能饮料、杜仲冲剂等都已上市销售。

2. 生活用品

杜仲叶提取物中的绿原酸具有防腐效果，可作为一种天然的防腐剂[49]，应用在防腐保鲜以及日用品的开发等方面。

3. 饲料添加剂

杜仲叶提取物（杜仲素）是农业部批准的第一个植物提取物饲料添加剂，在养鸡、养猪、水产及反刍动物养殖行业均有应用。大量研究表明，杜仲叶提取物可以明显提高养殖动物的免疫力，提高肌肉质量及蛋白含量，促进养殖动物生长发育，减少腹泻率，并且能有效降低料重比，具有保值增产的作用。

（1）断奶仔猪的养殖　在断奶仔猪饲粮中添加不同形式的杜仲叶进行养殖，研究发现杜仲叶提取物可以显著增加日增重（ADG）并降低料重比（F/G）（$P<0.05$），与对照组相比，显著降低仔猪腹泻率达到 41.88%，并明显提高仔猪血液中 IgM 和 IgG 含量，以及仔猪抗氧化能力，明显优于发酵杜仲叶和杜仲叶干粉，效果与抗生素相当。说明杜仲叶提取物具有替代抗生素的潜力[50]。

（2）蛋鸡的养殖　在蛋鸡养殖方面，与对照组相比，杜仲叶提取物高、中、低各剂量组蛋鸡的血液中甘油三酯、胆固醇、低密度脂蛋白均明显下降，高密度脂蛋白明显上升，表明杜仲叶提取物对降血脂有明显作用。而且鸡蛋所含胆固醇与蛋鸡血液中胆固醇下降趋势一致。蛋鸡血液中免疫球蛋白 IgA、IgG 和干扰素 IFN-γ 显著提高，表明杜仲叶提取物可以提高蛋鸡的免疫力[51]。

（3）反刍动物的养殖　在牛羊等反刍动物养殖中杜仲叶提取物也显示了良好的效果。如日均摄入 20g 杜仲素可改善奶牛瘤胃环境，提高氮利用率和代谢水平，还可以保护泌乳高峰期奶牛的肝脏，从而提高机体免疫能力，使其血清中肌酐（CRE）等指标显著降低（$P < 0.05$）[52]。

三、杜仲叶的直接加工利用

（一）杜仲叶茶及茶制品

杜仲叶茶是杜仲叶功能性食品开发最多且最早的产品类型，可分为杜仲绿茶、杜仲红茶及湖南张家界的名优特产杜仲黑茶和花茶。红茶加工工艺为：萎凋→揉捻→揉切→发酵→烘干；绿茶加工工艺为：杀青→揉捻→揉切→烘干；张家界黑茶加工工艺：拼料→打水→灭菌→渥堆发酵→压砖→烘干。张家界绿春园茶叶有限公司的杜仲叶茶生产工艺流程见图12-3-11。目前杜仲叶茶产品主要包括两类：一类是以新鲜杜仲叶为原料，按传统制茶工艺制成的杜仲茶，保持了杜仲特有的清香，茶汤黄色明亮，具有良好的补肝肾、降血压和减肥等功效；另一类是在杜仲叶中添加其他成分，如茉莉花、山楂、菊花和三七等，共同加工炮制，该类产品香味协调，口感良好。日本杜仲产品以杜仲茶为主，尤其是小林制药的杜仲茶，有多种剂型，由于工艺精湛，既保留了杜仲中的活性成分，又具有较好的口感，深受大众欢迎，风靡全球。

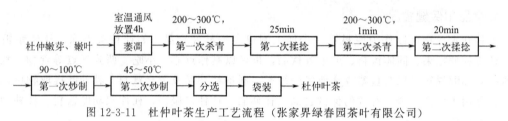

图12-3-11　杜仲叶茶生产工艺流程（张家界绿春园茶叶有限公司）

（二）杜仲醋及复合饮料

1. 杜仲醋的加工工艺

杜仲醋的加工工艺为：杜仲叶→洗净→烘干→破碎→水浸提→酒精浸提→过滤→减压浓缩→回收溶剂→浓缩浸提物→调配（加入食用醋、矫味剂）→杀菌。该饮料可防治高血压、便秘和肥胖症，起到防病强身的作用。苹果醋与杜仲叶浸提液、蔗糖等混合可配制成杜仲苹果醋饮料[53]。

2. 杜仲叶复合饮料的加工工艺

杜仲叶复合饮料的加工工艺为：杜仲叶→清洗→干燥→粉碎→提取→过滤→调配→过滤→灌装→杀菌→产品[54]。

杜仲叶还可做成杜仲固体饮料和可乐等。杜仲固体饮料加工工艺：杜仲叶→浸提→澄清→浓缩→杜仲浓缩汁→干燥→干燥速溶杜仲粉→配料→杜仲固体饮料。杜仲可乐的加工工艺为：杜仲提取液→过滤→冷却→混合（加入磷酸、柠檬酸、焦糖、色素、可乐香精）→可乐糖浆[55]。杜仲叶还可以做成菜点、小吃、西式糕点、保健药酒等食品或饮品[56]，广受消费者欢迎。

（三）杜仲叶直接在饲料领域应用

1. 杜仲叶在养殖中的直接添加

用干燥杜仲叶替代绵羊饲料中的部分稻草可提高饲料的适口性，当替换量＞3％时，能显著改善绵羊瘤胃发酵效率；当替换量为5％时，能够增加氮的利用率[57]。在基础日粮中添加不同剂量杜仲叶粉能显著降低肉鸡料重比、胸腿肌指数，显著降低腹脂指数、血清甘油三酯及低密度脂蛋白含量[50]。在鲤鱼颗粒饲料中添加5％的杜仲叶粉，可促进鲤鱼更好地生长，使鲤鱼成活率提高6.5％，产量增加9.2％，饲料系数降低0.38％[58]。

日本研究人员将杜仲叶粉掺入畜、禽及鱼类饲料中，不仅提高畜、禽及鱼类的免疫力，减少了疾病的发生，还可促进其新陈代谢，提高产品的品质，使其味道更浓郁，具有优良的口感，受到广大消费者的欢迎。他们还制备了杜仲功能饲料，生产出大量绿色天然食品，取得了显著的经济效益[59]。

2. 杜仲叶发酵饲料

基本工艺为：新鲜杜仲叶→除杂→烤干→粉碎→过筛→杜仲叶粉→调配（加入辅料）→袋装厌氧发酵→干燥→饲料产品。用该饲料养鸡，可以增强鸡的免疫力、改善鸡的生长性能。猪用杜仲叶发酵饲料的制备工艺为：新鲜杜仲叶→除杂→烤干→粉碎→过筛→杜仲叶粉→袋装厌氧发酵→固态发酵基料→添加复合微生物→发酵→杜仲叶发酵猪饲料。水产养殖方面，"一种脆肉鲩的替抗饲料添加剂及其制备方法"中介绍的加工工艺为：杜仲叶/叶渣→粉碎→混合→调配（加入植物乳杆菌和酿酒酵母菌复配菌液、玉米粉、红糖、水）→袋装厌氧发酵→干燥→杜仲叶发酵饲料[60]。这种将生物发酵技术与植物化学有效成分有机结合的方法，是新的研发热点。

（四）其他领域

杜仲叶渣具有作为载体制备解磷生物肥料的潜力，在生物肥料领域有广阔的应用前景[61]。杜仲叶可加工成牙膏、香皂，具有抗菌、消炎、淡斑亮肤、消除肌肤毒素、促进自愈和改善新陈代谢等作用。

第四节　杜仲果实中活性成分的提取及加工利用

杜仲果实又称为杜仲翅果，形态变异多样，活性成分含量存在差异。杜仲果实中含有较多的油脂、蛋白质、杜仲胶、总糖、桃叶珊瑚苷、维生素 E、维生素 B、矿物质和粗纤维等。杜仲果壳由纤维素、木质素和杜仲胶组成，含杜仲胶 $10\%\sim18\%$，是杜仲含胶量最高的器官，也是提取杜仲胶的最优部位。杜仲果仁（籽仁）含油 $25\%\sim30\%$，用于提取杜仲籽油，该油不饱和脂肪酸高达 91.18%，包括 α-亚麻酸（$60\%\sim65\%$）、亚油酸和油酸，维生素 E $3.2mg/kg$。提取籽油后的杜仲籽粕含蛋白质 $28\%\sim35\%$，氨基酸种类丰富，总糖约 16.89%、桃叶珊瑚苷约 $3\%\sim5\%$。可见，桃叶珊瑚苷是杜仲籽粕中含量较高的次生代谢物。籽粕中还含维生素 B_1（$6.3mg/kg$）、维生素 B_2（$3.18mg/kg$）和其他营养成分。因此，杜仲果实也是重要的杜仲胶和营养素资源，具有很高的食用和药用价值[62]。

一、杜仲果实中活性成分的提取

（一）杜仲胶的提取

杜仲果壳含胶率是杜仲叶的 5～6 倍。充分利用果壳开发杜仲胶，可大大降低生产成本。相关内容见本章第二节（杜仲胶的提取及加工利用）。

（二）杜仲籽油的提取

杜仲籽仁含油率达 $25\%\sim30\%$，是一种新的油脂资源。富含的 α-亚麻酸具有降血脂、降血压、抑制过敏反应、抗血栓等多种生理功能。2009 年杜仲籽油被批准为新食品原料，食用量 $\leqslant3mL/d$。我国已拥有高亚麻酸油杜仲培育技术，为杜仲籽油产业的规模化生产奠定了良好的基础。目前，杜仲籽油的主要提取方法有压榨法、溶剂萃取法、超临界 CO_2 流体萃取法以及亚临界流体萃取法等。

1. 压榨法

剥壳后的杜仲籽仁进行冷榨，得到杜仲籽油（毛油）。冷榨工艺的出油率低，约为 $21\%\sim$

25％，油脂较差，但是产品安全卫生，无污染，籽油中的活性成分不流失。传统杜仲籽油冷榨工艺属于间歇操作，改进后可实现连续化生产，提高了生产效率[63]。

2. 溶剂萃取法

加入合适的有机溶剂，用索氏提取、浸泡提取、超声波及微波辅助提取等工艺提取杜仲籽油。其中索氏提取法优于超声波辅助提取法和浸泡提取法，提取溶剂石油醚优于环己烷、正己烷和甲醇[64]。与传统单一有机溶剂提取相比，用混合溶剂提取率有所提高，得到的毛油酸价、过氧化值、碘值较低，不皂化物较少，皂化值较高，氧化稳定性[65] 较好，但色泽较深，有溶剂残留风险。

3. 超临界 CO_2 流体萃取法

超临界 CO_2 萃取杜仲籽油，具有萃取率高，萃取时间短，籽油澄清透明，α-亚麻酸含量高，不饱和脂肪酸总量高于 90％，尤其是无溶剂残留等优点，可作为高质量的保健油或者药品[66]。与其他提取方法比较，超临界 CO_2 萃取的杜仲籽油外观性状和品质最优，所以该法是提取优质杜仲籽油的首选方法。

4. 亚临界流体萃取法

亚临界流体萃取法提取杜仲籽油是一种较好的方法，具有非热加工、无污染、可工业化生产、运行成本低、溶剂易与油分离等特点。如以丁烷与丙烷的混合物为萃取溶剂，采用亚临界流体萃取，杜仲籽油得率达到 31.24％，不饱和脂肪酸达 91.68％[67]。

在杜仲籽油提取工艺方面，传统压榨法存在提取率低、杂质多、油品颜色深且品质较低等问题，但工艺成本低；溶剂萃取法提取率较高，但有溶剂残留风险；超临界 CO_2 流体萃取法不仅提取率高，且 α-亚麻酸含量高，有效成分保存最好，但对设备要求较高；亚临界流体萃取法萃取效率高、生产过程安全、对环境友好，目前已被推广应用。

通过上述方法得到的杜仲毛油，必须经过精制才能成为合格的产品。精制工艺主要有脱溶剂、脱悬浮杂质、脱胶、脱酸、脱色、脱臭、脱蜡等[68]。应用膜分离技术可提高产品的质量和得率[94]。此外，杜仲籽油加工和贮藏过程中，不饱和脂肪酸易氧化酸败，产生强烈的不愉快的刺激性气味。通过添加抗氧化剂（如特丁基对苯二酚）或将杜仲籽油制备成胶囊可有效防止杜仲籽油的氧化酸败[69,70]。

（三）桃叶珊瑚苷的提取

桃叶珊瑚苷能促进干细胞再生，抑制乙肝病毒 DNA 复制，有效清除自由基，并有保肝护胆及抗肿瘤作用，其苷元及多聚体还是优质的天然抗生素。目前，桃叶珊瑚苷的提取方法主要有冷浸提取法、回流提取法、超临界 CO_2 流体萃取法、超声波辅助提取法及微波辅助提取法等。提取溶剂一般为水、甲醇或乙醇。杜仲叶、皮、果实中均含有桃叶珊瑚苷，但实际生产中以提取杜仲籽油后的籽粕为原料提取桃叶珊瑚苷最为经济高效。

1. 桃叶珊瑚苷的提取

冷浸提取法：以甲醇作为提取溶剂，常温浸提 3 次，桃叶珊瑚苷得率在 3％左右。

回流提取法：以甲醇为溶剂，50℃热浸回流提取桃叶珊瑚苷，提取浓度可达到 1.45mg/mL[71]。

超声波提取法：提取杜仲籽粕中的桃叶珊瑚苷得率为 5.26％。

超临界 CO_2 流体萃取法：以 75％乙醇为夹带剂，利用超临界 CO_2 流体萃取桃叶珊瑚苷，得率 1.921％，效果优于回流提取法。操作简单，活性成分保留好，易于后续分离[72]。

微波辅助提取法：桃叶珊瑚苷提取率可达 95.55％，同等条件下，明显优于回流提取法及超声波提取法[73]。

由于原料差异，以上提取工艺仅供参考。

2. 桃叶珊瑚苷的分离纯化

桃叶珊瑚苷的纯化方法有铅盐沉淀法、活性炭吸附法、薄层色谱分离法、大孔吸附树脂法、硅胶柱色谱法、半制备高效液相色谱法等。采用大孔吸附树脂法和硅胶柱色谱法分离纯化，得到的桃叶珊瑚苷产品的纯度可达到96%[74]。桃叶珊瑚苷的热稳定性较差，易分解，贮藏时注意避光、干燥、密封。

（四）杜仲籽蛋白的提取

杜仲籽蛋白中含有18种常见氨基酸，人体必需氨基酸齐全且含量较高，是天然高品质蛋白质来源之一，具有很高的营养和利用价值。目前蛋白的提取方法有酶解法、碱提酸沉法、超声波辅助提取法、微波辅助碱法提取法等。要获得高纯度、色泽好的杜仲籽蛋白，必须在工艺中尽可能去除桃叶珊瑚苷，同时对粗蛋白进行透析处理。

1. 酶解法

采用超声波辅助碱性蛋白酶提取杜仲籽粕蛋白，pH值10，碱性蛋白酶用量320U/g时，提取率可达74.28%[75]。

2. 碱提酸沉法

碱提酸沉法的工艺流程为：杜仲籽粕→浸提→打浆→离心→酸沉→离心分离→杜仲籽粗蛋白→纯化→破碎中和→浓缩→喷雾干燥→包装→杜仲籽蛋白。提取率为85.6%，纯化得率为97.6%[76]。

3. 超声波辅助提取法

超声波辅助提取法的工艺流程为：杜仲籽→去壳→干燥→粉碎→除去油脂→超声波提取→离心分离→喷雾干燥→产品。提取率为77.03%[77]。

4. 微波辅助碱法提取法

微波辅助碱法提取法的工艺流程为：杜仲籽粕→浸提液→调pH值→微波处理→上清液离心→调pH至等电点→离心分离→蛋白质沉淀→冷冻干燥→蛋白产品。

二、杜仲果实加工的产品及应用

杜仲果实富含杜仲胶、油脂、蛋白质、桃叶珊瑚苷、粗纤维等。其中，杜仲籽油属于新的油脂资源，其加工利用已实现产业化。杜仲籽蛋白的加工应用还处于研究阶段。

（一）杜仲籽油的生产加工

杜仲籽油的工业提取工艺有压榨提取法、超临界CO_2流体萃取法、亚临界流体萃取法等。

1. 压榨提取法

该工艺对设备要求低，产品安全，仍被广泛使用。如山东贝隆杜仲生物工程有限公司的杜仲籽油提取工艺如图12-3-12所示。

图12-3-12　杜仲籽油提取工艺（山东贝隆杜仲生物工程有限公司）

2. 超临界 CO$_2$ 流体萃取法

该法杜仲籽油生产工艺如图 12-3-13 所示。

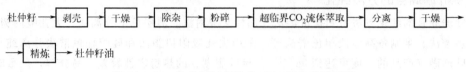

图 12-3-13　杜仲籽油超临界 CO$_2$ 流体萃取流程

3. 亚临界流体萃取法

该法提取杜仲籽油工艺如图 12-3-14 所示。

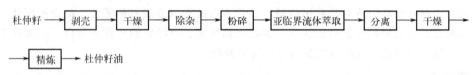

图 12-3-14　杜仲籽油亚临界流体萃取流程

（二）杜仲籽油的应用

杜仲籽油可开发高档保健品、高档化妆品用油及相关微胶囊化功能产品。目前杜仲籽油以软胶囊形式的保健食品被广泛应用。同时微胶囊化杜仲籽油也是一种应用简单、性质稳定且营养价值较高的保健品和化妆品优质原料。国内已有相关杜仲籽油及杜仲籽油粉剂产品出售，如"杜仲籽油""杜仲籽油软胶囊""调和油"等。

（三）杜仲籽蛋白的加工

杜仲籽蛋白含量高，氨基酸种类丰富，可用于开发营养糕点类食品、乳饮料、速冻食品、方便食品以及固体冲调食品。杜仲籽蛋白还可以开发活性肽类产品。

总之，强化对杜仲果实精深加工的研究，具有广泛的社会效益和巨大的经济价值。坚持采取"梯级开发"、综合利用模式，不断延长产业链，提升杜仲果实资源的附加值。

第五节　杜仲雄花中活性成分的提取及加工利用

杜仲雄花是杜仲又一特色资源部位。不仅富含黄酮、环烯醚萜、苯丙素等次生代谢物，还含有氨基酸、矿质元素等 60 多种有效成分[78]。2014 年杜仲雄花被列入《国家新食品原料名单》，也成为开发现代功能性食品的重要原料。

一、杜仲雄花中活性成分的提取

1. 杜仲雄花中的化学成分

杜仲雄花中含有较丰富的营养成分和生物活性物质，其粗蛋白含量约为 32.9%，氨基酸含量约为 21.41%，人体所需的 8 种必需氨基酸占氨基酸总量的 40% 左右。另外，还含有多种矿质元素和维生素，如 K、Na、Mg、Ca、P、S 等。杜仲雄花中钙的含量是杜仲叶的 1.8 倍，锌的含量是杜仲叶的 5.2 倍。并且 K 的含量比 Na 高，具有典型高钾低钠特点[79]。杜仲雄花中含有的生物活性物质主要是黄酮、苯丙素及环烯醚萜，总黄酮、桃叶珊瑚苷、绿原酸、京尼平苷酸含量分别为 4.01%、2.35%、1.075%、1.403%[80]。

2.杜仲雄花中天然活性成分的分离提取

杜仲雄花的化学组成与杜仲叶、果实相似，其活性成分的提取分离方法可参考杜仲叶。

二、杜仲雄花的加工利用

杜仲雄花的加工利用主要集中在杜仲雄花茶的开发上。杜仲雄花茶加工工艺：杜仲雄花→除杂→摊晾→杀青→揉捻→低温鼓风干燥→杜仲雄花茶。张家界绿春园茶叶有限公司制杜仲雄花茶的工艺流程见图 12-3-15。产品标准按照中国林业产业联合会发布的团体标准《杜仲雄花茶》（T/LYCY 010—2020）执行。在加工过程中，杀青后绿原酸损失率达 22%，总黄酮含量也明显降低。再经过初炒、精炒，绿原酸含量变化不大[81]，而总黄酮含量又逐渐升高，且精炒后总黄酮含量比鲜花提高了 26%。

杜仲雄花花蕊 → 萎凋 → 揉捻 → 筛选 → 杀青 → 干燥 → 炒香 → 摊晾、包装 → 杜仲雄花茶

图 12-3-15　杜仲雄花茶生产工艺流程（张家界绿春园茶叶有限公司）

杜仲雄花茶具有汤色黄绿透亮、滋味浓郁爽口、香气独特持久、回味甘甜等特点，且形状与普通茶叶十分相似。

杜仲雄花茶是对我国特有杜仲雄花资源的充分利用。雄花茶不仅含有丰富的蛋白质、矿质元素、氨基酸等营养成分，还含有绿原酸、京尼平苷、桃叶珊瑚苷、京尼平苷酸、黄酮等多种活性成分，具有降血脂、增强免疫、抗应激、抗疲劳等作用。杜仲雄花茶被证明为无毒级食品，具有十分广阔的市场前景。

第六节　杜仲产品的检测方法

随着杜仲产品类型的不断增多，产品的安全性、品质可靠性日益受到消费者关注。产品的标志性成分及含量高低是重点衡量指标。目前，杜仲产品中受关注的活性成分主要集中在木脂素类、环烯醚萜类、黄酮类、苯丙素类等化合物，主要的分析检测手段有分光光度法、薄层色谱法、高效液相色谱法、高效液相-质谱联用法、气相色谱-质谱联用法等。

一、杜仲胶的检测方法

杜仲胶以固态形式广泛分布于杜仲叶、皮、果皮的薄壁细胞和韧皮部。杜仲胶的含量长期以来多是以杜仲胶提取率表示，提取工艺为甲苯、石油醚等有机溶剂的索氏提取，结果存在一定的偏差。刘慧东等建立了滤袋技术快速测定杜仲叶片中杜仲胶含量的方法，测定结果可靠，更加接近真实值[82]。S. Takeno 等则采用傅里叶变换红外光谱和裂解气相色谱/质谱法测定杜仲叶中杜仲胶的含量[83]。S. Takeno 等通过减重法来估测提取出的杜仲胶量，有效避免了杜仲胶在溶出后的过滤和沉淀过程中的损失。赵红波等建立了一种定量核磁共振氢谱测定杜仲胶含量的方法[84]，该方法能够快速、准确、稳定地测定杜仲胶含量，克服了常规提纯后直接称量的误差，具有成本低、操作简单、结果准确、在测试样品时无需杜仲胶标准品、重复性好等优点。杜仲原料及产品中杜仲胶的检测方法还在进一步探索研究中。

二、杜仲提取物的检测方法

杜仲饲料添加剂杜仲素是杜仲叶水提取物。其化学组成与杜仲茶制品中的成分基本一致。其中的黄酮类化合物和环烯醚萜类化合物可用紫外-可见分光光度法测定，方法操作简单、准确度高、重现性好。利用对二甲氨基苯甲醛法测定环烯醚萜类化合物[85]。其原理是对二甲氨基苯甲醛与环烯醚萜类化合物发生缩合反应，母核中引入发色基团产生明显的蓝色，并在 60min 内基本保持稳定。此法可用于桃叶珊瑚苷的定量分析，不适用于京尼平苷酸。薄层色谱（TLC）技术是一种操作简单且成本较低的检测技术，特别适合筛选含有大量组分的样品，尤其是分离过程中目标成分的定性定量跟踪。制备薄层对分离和提纯少量木脂素类化合物、环烯醚萜类化合物非常实用[86]，经分离后的各个组分可以通过 GC-MS 或 HPLC-MS 做进一步的结构鉴定。采用 TLC 法对杜仲叶提取物中总黄酮、绿原酸和桃叶珊瑚苷进行分析检测，并与分光光度法结果进行比较，显示较分光光度法准确[87]。采用 HPLC 法定量检测松脂醇二葡萄糖苷[88]，采用多波长高效液相色谱法同时测定杜仲皮中京尼平苷酸、京尼平苷及绿原酸的含量，采用 HPLC-DAD 波长切换技术，可同时测定杜仲叶中桃叶珊瑚苷、京尼平苷酸、绿原酸等 6 种活性成分的含量[89]。另外，还有 HPLC-MS/MS 同时检测杜仲中桃叶珊瑚苷、京尼平苷、京尼平苷酸和绿原酸含量的方法[90]。

三、杜仲茶制品的检测方法

杜仲叶茶中的标志性成分与杜仲叶提取物相似。杜仲雄花茶中也含有丰富的绿原酸、桃叶珊瑚苷、京尼平苷酸及黄酮类化合物。可采用 HPLC 法对杜仲雄花茶中桃叶珊瑚苷的含量进行测定，也可采用 HPLC 法同时对杜仲雄花和杜仲雄花茶中的京尼平苷酸、京尼平苷以及绿原酸的含量进行测定，为杜仲雄花及杜仲雄花茶的质量评定提供了准确、快捷的测定方法，也可用于产品质量控制。利用 DPPH-HPLC-QTOF-MS/MS 法在线提取快速鉴定了杜仲黑茶中的主要抗氧化成分，并准确测定其含量，为杜仲黑茶的抗氧化物质基础研究提供了数据支撑[91,92]，对产品质量保证也具有重要的参考价值。运用离子迁移谱法检测杜仲叶提取物中易挥发性物质，扩宽了杜仲叶提取物的检测方法[93]。

四、杜仲籽油的检测方法

气相色谱-质谱联用法（GC-MS）比单独气相色谱或质谱法对物质的识别更为灵敏、准确，因为两种分子同时具有相同的色谱行为和质谱行为实属罕见，所以 GC-MS 能用于"专一性测试"。用 GC 及 GC-MS 法测定杜仲种籽中的脂肪酸组成及含量[94]，表明杜仲种籽中油脂含量为 35.5%，包括 11 种脂肪酸，其中主要为亚麻酸（63.15%）、亚油酸（10.66%）、油酸（16.9%）、棕榈酸（6.03%）、硬脂酸（1.96%），且不饱和脂肪酸含量高达 91.26%。用响应面法优化杜仲籽油包埋工艺，用 GC-MS 定量分析 α-亚麻酸[95]。

以上方法为杜仲化学组成的快速检测提供了支撑，为杜仲医药功能评价、食品安全性评价及资源综合开发利用创造了条件，为拓宽杜仲资源产业化、市场化利用铺平了道路。

参考文献

[1] 张康健，马希汉.杜仲次生代谢物与人类健康.咸阳：西北农林科技大学出版社，2009.

[2] 冯晗，周宏灏，欧阳冬生，等.杜仲的化学成分及药理作用研究进展.中国临床药理学与治疗学，2015，20（6）：713-720.

［3］王娟娟，秦雪梅，高晓霞，等.杜仲化学成分、药理活性和质量控制现状研究进展.中草药，2017，48（15）：3228-3237.

［4］彭密军，彭胜，王翔，等.杜仲叶中多酚类化合物含量与主要生态因子的相关性研究.天然产物研究与开发，2018，30（5）：823-831.

［5］董娟娥，张靖.植物中环烯醚萜类化合物研究进展.西北林学院学报，2004，19（3）：131-135.

［6］刘聪，郭非非，肖军平，等.杜仲不同部位化学成分及药理作用研究进展.中国中药杂志，2020，45（3）：497-512.

［7］罗丽芳，吴卫华，欧阳冬生，等.杜仲的降压成分及降压机制.中草药，2006，37（1）：150-152.

［8］张继川，薛兆弘，严瑞芳，等.天然高分子材料——杜仲胶的研究进展.高分子学报，2011，10：1105-1117.

［9］王凤菊.我国生物基杜仲胶发展现状、瓶颈及对策分析.中国橡胶，2017，33（3）：10-13.

［10］王翔，胡凤杨，杨秋玲，等.杜仲叶的营养评价及体外抗氧化活性分析.食品工业科技，2019，40（21）：290.

［11］巩江，倪士峰，路锋，等.杜仲叶挥发物质气相色谱-质谱研究.安徽农业科学，2010，38（17）：8998-8999.

［12］严瑞芳，杨道安，薛兆弘，等.一种提取杜仲胶的方法：CN 1088508.1994-06-29.

［13］陈增波.由杜仲叶或皮提取杜仲胶的方法：CN 86100216 A.1987-11-26.

［14］李德军，杨洪，代龙军，等.一种提取杜仲胶的方法：CN 109161033A.2019-01-08.

［15］张学俊.全生物酶法杜仲胶提取获重要突破.中国橡胶，2014，30（18）：42.

［16］谢玲，张学俊，季春，等.杜仲胶提取与规模化生产现状及其产业化发展面临的问题.生物质化学工程，2021，55（4）：34-42.

［17］魏锦锦，辛东林，陈翔，等.蒸汽爆破预处理对杜仲皮活性成分和杜仲胶提取的影响.林产化学与工业，2019，39（1）：88-94.

［18］Guo T Y，Liu Y B，Wei Y，et al.Simultaneous qualitation and quantitation of natural trans-1,4-polyisoprene from *Eucommia Ulmoides* Oliver by gel permeation chromatography（GPC）.J Chromatogr B，2015，1004：17-22.

［19］冷泽健，岳盼盼，陈婕，等.天然杜仲胶的改性及应用研究进展.生物质化学工程，2021，55（6）：49-58.

［20］朱虹.杜仲橡胶的研究进展.橡胶科技，2020，18（11）：605-610.

［21］林春玲.杜仲胶/天然橡胶/顺丁橡胶并用胶的工艺研究.中国胶粘剂，2008（2）：40-44.

［22］朱峰，岳红，祖恩峰，等.杜仲胶对三元共混硫化胶性能的影响.西安理工大学学报，2006，22（1）：99-101.

［23］任庆海，马养民，张天福.杜仲胶/氯丁橡胶共混及其隔音性能研究.陕西科技大学学报，2011，29（1）：35-37.

［24］Zhang J C，Xue Z H.Study on under-water sound absorption properties of *Eucommia ulmoides*，Gum and its blends.Polymer Bulletin，2011，67（3）：511-525.

［25］朱峰，岳红，祖恩峰，等.新型功能材料杜仲胶的研究与应用.安徽大学学报（自然科学版），2005，29（3）：89-94.

［26］林春玲，岳红，陈冲，等.形状记忆材料杜仲胶/天然橡胶/低密度聚乙烯的研究.中国胶粘剂，2009，18（8）：14-18.

［27］Deng X Y，Li Z G，Huang Y X，et al.Improving mechanism and effect analysis of sulfurated and grafted *Eucommia ulmoides* Gum modified rubber asphalt.Constr Build Mater，2017，148：715-722.

［28］方庆红.我国杜仲橡胶产业发展及其在轮胎中的应用展望.轮胎工业，2020，40（7）：387-392.

［29］严瑞芳.杜仲胶研究新进展.化学通报，1991（1）：1-6.

［30］陈彰斌，黄自华，董晶晶，等.杜仲橡胶在减震材料及制品中的应用研究.橡胶工业，2016，63（3）：165-168.

［31］She D，Dong J，Zhang J H，et al.Development of black and biodegradable biochar/gutta percha composite films with high stretchability and barrier properties.Compos Sci Technol，2019，175：1-5.

［32］李佳.杜仲叶黄酮的提取方法及其生物活性研究进.食品工业科技，2019，40（7）：346-350.

［33］彭胜，彭密军，黄美娥，等.双水相体系萃取分离杜仲黄酮的研究.中药材，2009，32（11）：1754-1757.

［34］杨芳，岳正刚，王欣，等.杜仲叶化学成分的研究.中国中药杂志，2014，39（8）：1445-1449.

［35］唐芳瑞，张忠立，左月明，等.杜仲叶黄酮类化学成分.中国实验方剂学杂志，2014，20（5）：90-92.

［36］周爱存，哀建国，潘佳佳，等.杜仲叶中绿原酸的提取方法与精制工艺研究.浙江林业科技，2016，36（1）：42-46.

［37］张忠立，左月明，李于益，等.杜仲叶苯丙素类化学成分研究.中药材，2014，37（3）：421-423.

［38］彭密军，周春山，钟世安.制备型高效液相色谱法分离纯化绿原酸.中南大学学报，2004，35（3）：48.

［39］赵帅，刘磊磊，郭婕，等.双水相气浮溶剂浮选法分离富集杜仲叶中京尼平苷酸.中草药，2015，46（16）：2400-2406.

[40] 左月明，张忠立，王彦彦，等.杜仲叶环烯醚萜类化学成分研究.中药材，2014，37（2）：252-254.

[41] 彭密军，吕强，彭胜，等.杜仲总木脂素的超声波辅助提取工艺研究.林产化学与工业，2013，33（4）：89-92.

[42] 左月明，张忠立，李于益，等.杜仲叶木脂素类化学成分研究.时珍国医国药，2014，25（6）：1317-1319.

[43] 王翔，彭胜，彭密军.杜仲叶总多酚超声波-微波辅助提取及其抗氧化活性研究.林产化学与工业，2018，38（5）：85-92.

[44] 张琳杰，彭胜，张昌伟，等.响应面优化杜仲叶中总多酚超声波辅助提取工艺研究.食品工业科技，2014，35（8）：228-233.

[45] 刘迪，尚华，宋晓宇.杜仲叶多酚体内和体外抗氧化活性.食品研究与开发，2013，34（9）：5-8.

[46] 张学俊，伊廷金，孙黔云，等.杜仲叶多糖的提取分离、抗补体活性及结构研究.天然产物研究与开发，2011，23：606-611，637.

[47] T/CCCMHPIE1.46—2019 植物提取物 杜仲叶提取物.

[48] 杨秋玲，等.一种杜仲酸奶及其制备方法：CN 201910697189.7.2019-11-19.

[49] 张吉波，孔丽，于海辉.杜仲叶中绿原酸水提工艺的优化及其防腐效果研究.食品科技，2013，38（4）：232-236.

[50] 彭密军，张命龙，王志宏，等.饲粮中添加杜仲叶对断奶仔猪生长性能、抗氧化力和免疫功能的影响.天然产物研究与开发，2019，31（4）：675-681.

[51] Peng M J，Huang T，Yang Q L，et al. Dietary supplementation *Eucommia ulmoides* extract at high content served as a feed additive in the hens industry. Poultry Sci，2022，101（3）：101650.

[52] 史仁煌，毛江，杜云，等.杜仲素对泌乳高峰期奶牛瘤胃发酵和血清指标的影响.中国畜牧杂志，2015，51（7）：37-41.

[53] 叶文峰，冷桂华，梅钧铭，等.杜仲苹果醋饮料的研制.中国酿造，2008（178）：86-88.

[54] 叶文峰，褚维元，席银华，等.杜仲叶复合保健饮料的研制.食品科学，2004，27（11）：446-448.

[55] 邓勇，彭明.杜仲可乐生产工艺的研究.农业工程学报，1997（4）：221-225.

[56] 张松，刘思奇，詹珂，等.杜仲叶菜点食品的研发与推广现状研究.现代农业科技，2013，16：285，290.

[57] 江栋材，杨楠，单月芳，等.杜仲叶及提取物在畜禽生产中的应用.中国饲料，2019，3：57-61.

[58] 杜红岩，胡文臻，俞锐.杜仲产业绿皮书.北京：社会科学文献出版社，2013.

[59] Kim J H，Kim Y M，Lee M D，et al. Effects of feeding *Eucommia ulmoides* leaves substituted for rice straw on growth performance，carcass characteristics and fatty acid composition of muscle tis-sues of hanwoo steers. J Anim Sci Technol，2005，47（6）：963-974.

[60] 彭密军，等.一种脆肉鲩的替抗饲料添加剂及其制备方法：CN 201710477034.3.2017-09-01.

[61] 张昌伟，彭胜，张琳杰，等.杜仲叶渣固态发酵制备有机肥的工艺研究.林产化学与工业，2014，34（6）：141-145.

[62] 张永康，周强，陈功锡，等.杜仲翅果综合开发利用研究现状与展望.中国野生植物资源，2015，34（1）：53-59.

[63] 于晓明，等.一种杜仲籽油冷榨工艺用连续化生产装置：CN 207512142U.2018-06-19.

[64] 白银花，郑晓艳，沈辉，等.杜仲籽油的提取研究.食品工业，2013，34（12）：8-10.

[65] 朱远坤，张振山，谢庆方，等.精炼工艺对杜仲籽油品质的影响.中国油脂，2017，42（12）：44-48.

[66] 马柏林，梁淑芳，董娟娥，等.超临界 CO_2 萃取杜仲油的研究.西北林学院学报，2004，19（4）：126-128.

[67] 舒象满，李加兴，王小勇，等.杜仲籽油亚临界萃取工艺优化及脂肪酸组成分析.中国油脂，2015，40（6）：15-18.

[68] 李钦，等.杜仲籽油的提取精炼法：CN 103045357B.2014-07-09.

[69] 张应，徐燕茹，李钦.3种抗氧化剂对杜仲籽油的抗氧化作用.中成药，2016，38（9）：2082-2083.

[70] 麻成金，马美湖，黄群，等.喷雾干燥法制备微胶囊化杜仲籽油的研究.中国粮油学报，2008，23（6）：141-144.

[71] 李基铭，朱俊德，徐丽娴，等.响应面法优化杜仲籽中桃叶珊瑚苷的提取工艺.广东药科大学学报，2018，34（5）：574-578.

[72] 张永康，胡江宇，李辉，等.超临界二氧化碳萃取杜仲果实中桃叶珊瑚苷工艺研究.林产化学与工业，2006，26（4）：113-116.

[73] 彭密军，印大中，刘立萍，等.杜仲籽粕中桃叶珊瑚苷的制备.精细化工，2007，24（3）：243-247.

[74] 李辉，汪兰，彭玉丹，等.硅胶柱层析法分离纯化杜仲粕中桃叶珊瑚苷.食品科学，2011，31（14）：58-61.

[75] 吴凡，蒲灵，单旺，等.碱性蛋白酶提取杜仲籽粕蛋白的工艺优化.粮食科技与经济，2013，38（6）：54-57.

[76] 舒象满，杨建军，李伟，等.杜仲籽蛋白的提取及纯化工艺研究.中国油脂，2015，40（7）：20-25.

[77] 黄诚，尹红.基于超声波辅助法的杜仲籽蛋白提取工艺优化.吉首大学学报（自然科学版），2013，34（6）：78-82.

［78］白喜婷.杜仲雄花茶加工工艺对活性成分影响研究.咸阳：西北农林科技大学，2007.

［79］杜红岩，李钦，杜兰英，等.杜仲雄花茶营养成分的测定分析.中南林业科技大学学报，2007，6（27）：88-91.

［80］廉小梅，朱文学，白喜婷.杜仲雄花茶中活性成分的测定及催眠作用的药理研究.食品科技分析检测，2007，3：203-206.

［81］白喜婷，朱文学，罗磊，等.杜仲雄花茶加工过程中总黄酮含量变化分析.食品科学，2009，12（30）：262-265.

［82］刘慧东，马志刚，朱景乐，等.采用滤袋技术快速测定杜仲叶片中杜仲胶含量.天然产物研究与开发，2016，28（4）：498-504.

［83］Takeno S，Bamba T，Nakazawa Y，et al. Quantification of trans-1,4-polyisoprene in *Eucommia ulmoides* by fourier transform infrared spectroscopy and pyrolysis-gas chromatography/mass spectrometry. J Biosci Bioeng，2008，105：355-359.

［84］赵红波，等.一种定量核磁共振氢谱测定杜仲胶含量的方法：CN113624798A.2021-11-09.

［85］吕强，彭密军，兰文菊，等.不同处理方法对杜仲皮及叶中多种活性成分含量的影响.林产化学与工业，2012，32（1）：75-79.

［86］冯薇薇.杜仲中化学成分的提取、分离、纯化与测定.长沙：中南大学，2013.

［87］彭胜.杜仲叶抗氧化活性成分研究及桃叶珊瑚甙的制备.吉首：吉首大学，2011.

［88］彭密军，周春山，刘建兰，等.杜仲中活性成分分析条件的优化研究.光谱学与光谱分析，2004，24（12）：1655-1658.

［89］周云雷，郭婕，王志宏，等.HPLC法同时测定矮林杜仲叶中6种成分含量.中药材，2015，38（3）：540-543.

［90］李冉，齐芪，李赟，等.HPLC-MS/MS检测杜仲中绿原酸等4种活性成分的分析方法.北京林业大学学报，2016，38（6）：123-129.

［91］施树云，郭柯柯，彭胜，等.DPPH-HPLC-QTOF-MS/MS快速筛选和鉴定杜仲黑茶中抗氧化活性成分.天然产物研究与开发，2018，30：1913-1917.

［92］Shi S，Guo K K，Tong R N，et al. Online extraction-HPLC-FRAP system for direct identification of antioxidants from solid Du-zhong brick tea. Food Chem，2019，288：215-220.

［93］Wang Z H，Peng M J，She Z G，et al. Development of a flavor fingerprint by Gas Chromatography Ion Mobility Spectrometry with principal component analysis for volatile compounds from *Eucommia ulmoides* Oliv. leaves and its fermentation products. BioResources，2020，4：9180-9196.

［94］段小华，邓泽元，朱笃.杜仲种子脂肪酸及氨基酸分析.食品科学，2010，31（4）：214-217.

［95］吴丽雅，杨万根，黄群，等.杜仲籽油中不饱和脂肪酸的分离及其α-亚麻酸含量分析.食品安全质量检测学报，2013，4（5）：1393-1400.

（彭密军，王志宏，彭胜，王雪松）

第四章　单宁化学与应用

植物单宁（vegetable tannins），又称植物多酚，是植物次生代谢产物，在高等植物体中广泛存在[1]。1962年，Bate-Smith给单宁提出的定义是：能沉淀生物碱、明胶及其他蛋白质，分子量为500～3000的水溶性多酚化合物[2]。一般认为，分子量小于500的植物多酚几乎不能在皮胶原纤维间产生有效的交联作用；分子量大于3000的植物多酚又难以渗透到皮纤维中，但是这些分子量数字并非严格的限制[3,4]。生产上人们通常把富含单宁的植物提取物称为栲胶[5,6]。随着人们对单宁化学结构和性质的逐步认识，以及其应用范围逐渐扩大到医药、食品、日用化工等领域，单宁这一名词的应用范围逐渐扩大。

第一节　单宁化学与分类

植物单宁大多含于木本植物体内，是森林资源综合利用的主要对象之一，在林产化学工业中属于树木提取物。森林是可再生资源，能够人工培育更新，永续不断，单宁在许多针叶树皮中的含量高达20%～40%，仅次于三大素（纤维素、半纤维素、木质素）的含量[7]。随着今后煤、石油等不可再生资源的日益减少，单宁作为天然酚资源的重要性将日益提高，充分发挥生物活性将是植物单宁高值化利用的重要方向。

一、植物单宁的通性

单宁与蛋白质的结合是单宁最重要的特征。单宁的收敛性、涩味、生物活性无不与它和蛋白质的结合有关。单宁能与蛋白质结合产生不溶于水的化合物，能使明胶从水溶液中沉出，能使生皮成革。单宁有涩味，这是由于单宁与口腔中的唾液蛋白、糖原结合，使它们失去对口腔的润滑作用，并能引起舌的上皮组织收缩，产生干燥的感觉。但是，非单宁酚在浓度大时也有涩味。含单宁的茶叶是重要的饮料；大麦、高粱、葡萄中的单宁成分赋予酿制酒以特殊的风味；饲料中少量的单宁有助于反刍动物的消化。单宁的高涩味又使植物免于受到动物的摄食。在医药上单宁有止血、止泻作用。单宁可以抑制多种微生物的活性，含单宁高的木材不易腐烂，也抑制了微生物分解植物体形成土壤。桉树心材中的单宁给制浆造纸带来困难。单宁在不同的科、属植物中的化学结构及其组成也不尽相同，这能够为植物成分的生源关系及化学植物分类学的研究提供依据。

二、植物单宁的分类

植物单宁的分类随着单宁化学结构研究的进步而得到发展，表12-4-1记载了植物单宁分类方法的发展历史。

表 12-4-1　植物单宁分类方法的发展历史

时间,人物	依据	分类	特征	备注
1894 年,Procter	在 180～200℃ 受热分解产物不同	儿茶酚类单宁	与三价铁盐生绿色,受热分解产物含邻苯二酚	曾得到制革业的长期沿用
		焦棓酚(焦性没食子酸)类单宁	与三价铁盐生蓝色,受热分解产物含邻苯三酚	
		混合类单宁	受热分解产物含有上述两种产物	
1920 年,Freudenberg	单宁的化学结构特征	缩合单宁	羟基黄烷类单体组成的缩合物,单体间以 C—C 键连接,在水溶液中不易分解,在强酸的作用下,缩合单宁发生缩聚,产生暗红棕色沉淀。属于 $C_6C_3C_6$ 类植物酚类化合物,又称聚黄烷类单宁	至今仍然得到公认。大体上,焦棓酚单宁相当于水解单宁,儿茶酚单宁相当于缩合单宁
		水解单宁	棓酸,或与棓酸有生源关系的酚羧酸与多元醇组成的酯。水解单宁分子内的酯键在酸、酶或碱作用下易于水解,产生多元醇及酚羧酸。根据所产生多元酚羧酸的不同,水解单宁又分为棓单宁(没食子单宁)及鞣花单宁。属于 C_6C_1 类的植物酚类化合物	
		复杂单宁	有缩合单宁和水解单宁两种类型的结构单元($C_6C_3C_6$ 及 C_6C_1),具有两类单宁的特征	
		混合单宁	是缩合单宁与水解单宁的混合物	
1977 年,Glombitza	单宁的化学结构特征	褐藻单宁	存在于褐藻(如海带、岩藻、砂藻等)中,为多聚间苯三酚结构,具有沉淀蛋白质的能力	在水解单宁和缩合单宁的基础上补充

不同植物以及同种植物不同器官中的单宁因其化学结构不同用途也各不相同。水解单宁(图 12-4-1)[8],是由酸及其衍生物与葡萄糖或多元醇主要通过酯键形成的化合物,容易被酸(或酶)水解为糖(**1**)、多元醇和酚性羧酸。根据酚性羧酸的化学结构不同,水解单宁通常又分为没食子单宁(棓单宁)(**2**)和鞣花单宁(**4**)。没食子单宁水解产生没食子酸(**3**),鞣花单宁的水解产物为六羟基联苯二甲酸(**5**)和鞣花酸(**6**)。水解单宁生物活性较强,在医药、食品、化工等领域应用广泛[9]。

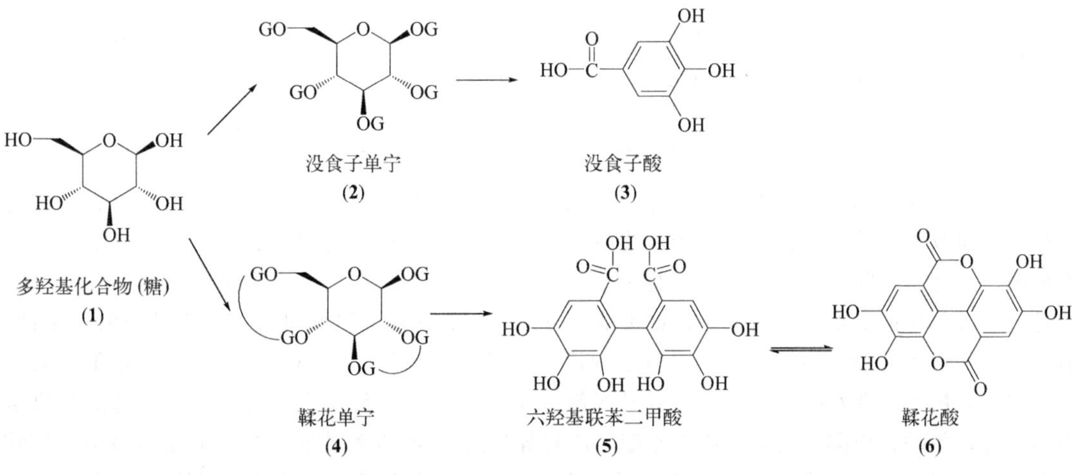

图 12-4-1　水解单宁和鞣花单宁

　　缩合单宁（原花色素）（图 12-4-2）[3]　通常是一类由黄烷-3-醇结构单元通过 4→8（或 4→6）C—C 键缩合而形成的寡聚或多聚物（B 型），其在热的醇-酸溶液中能酸解生成花色素，如黑荆树皮单宁、落叶松树皮单宁以及茶叶中所含单宁，表现出不同于水解单宁的特征。自然界存在的缩合单宁除了单体间主要以 C—C 键相连外，有些植物单宁结构中还具有一定数量的双连接键（A 型）（图 12-4-2）。黄烷-3-醇及黄烷-3,4-二醇是缩合单宁的前体，经缩合成为缩合单宁。黄烷-3-醇在热的酸处理下不产生花色素，不属于原花色素，但它是原花色素的重要前体。原花色素具有多种生理活性[10-12]，在医药上止血愈伤，抑菌抗过敏，尤其具有抗氧化、抗癌变、防止心脑血管疾病的功效，成为近年来植物多酚类物质研究的热点之一。根据黄烷醇 A 环和 B 环的羟基取代形成的差异，黄烷-3-醇可分为儿茶素、棓儿茶素、阿福豆素、刺槐亭醇、菲瑟亭醇和牧豆素（表 12-4-2）[3,13]，结构式见图 12-4-3。

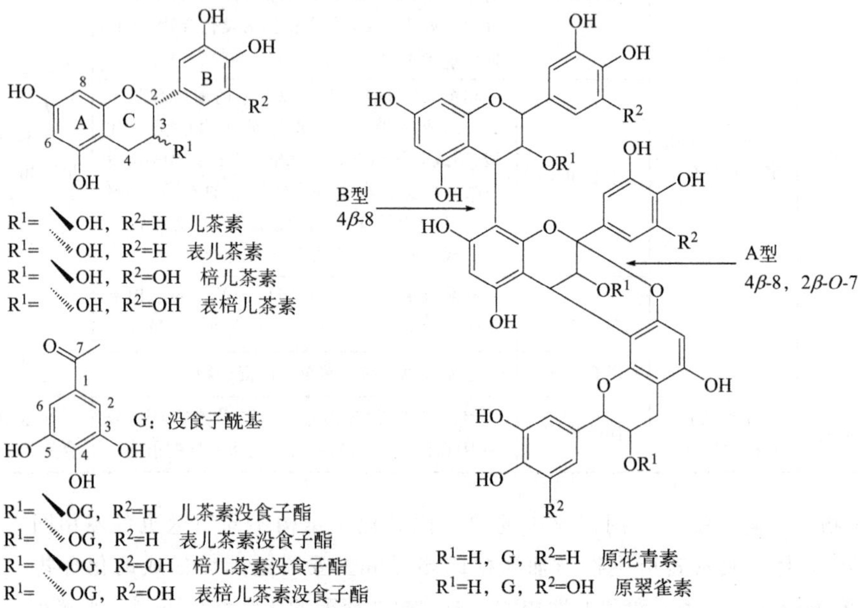

图 12-4-2　缩合单宁的结构单元及其连接方式

表 12-4-2　黄烷-3-醇的类型

A 环结构	连苯三酚 B 环(3′,4′,5′—OH)	邻苯二酚 B 环(4′,5′—OH)	苯酚 B 环(4′—OH)
间苯三酚 A 环(5,7—OH)	棓儿茶素	儿茶素	阿福豆素
间苯二酚 A 环(7—OH)	刺槐亭醇	菲瑟亭醇	
邻苯三酚 A 环(7,8—OH)	牧豆素		

　　单宁提取时样品的状况如原料贮存、干燥和提取条件都可能导致提取率及单宁组成结构的变化，从而改变了单宁的化学、物理和生理活性。影响单宁提取的因素有粉碎度、料剂比、溶剂种类、温度、时间与提取次数等。样品提取前需粉碎成粉末。通常较细的粉末有利于提取，但是过细时单宁的提取量反而减小，这可能一方面是因为粉碎的时间过长，单宁已经氧化变性，另一方面是过细的粉末容易团聚，阻碍溶剂渗透，最适合的尺寸是 100 目左右。水是单宁的良好溶剂。有机溶剂和水的复合体系（有机溶剂占 50%～70%）使用得更为普遍，可选的有机溶剂有乙醇、甲醇、丙醇、丙酮、乙酸乙酯、乙醚等。丙酮-水体系对单宁的溶解能力最强，能够打开单宁-蛋白质的连接键，减压蒸发易除去丙酮[3]，是目前使用最普遍的溶剂体系[14-16]。

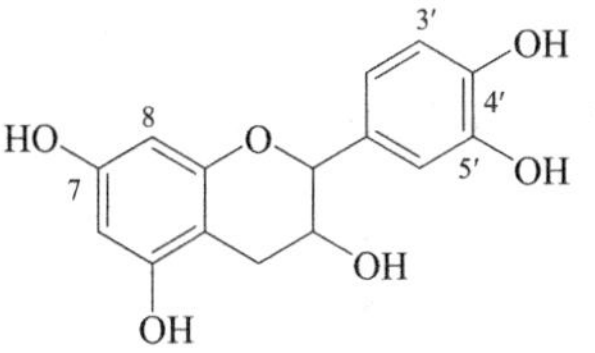

儿茶素　　　　　　　　梧儿茶素 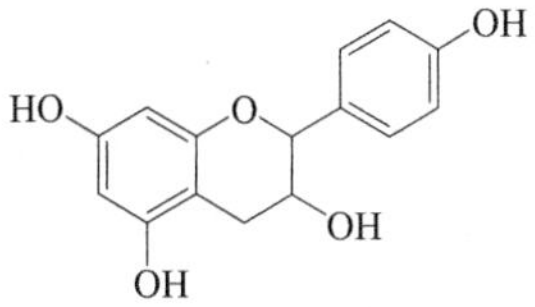　　　　　　　阿福豆素

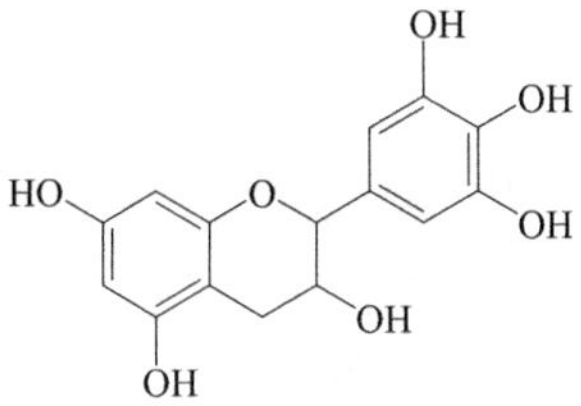

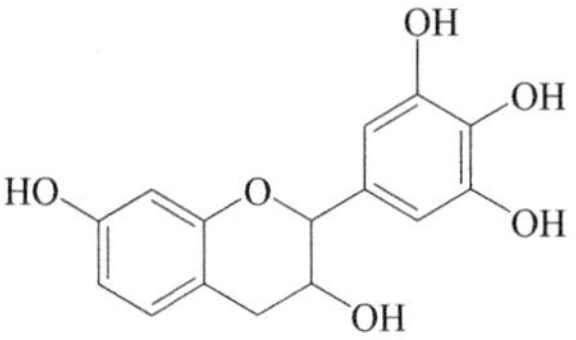

刺槐亭醇 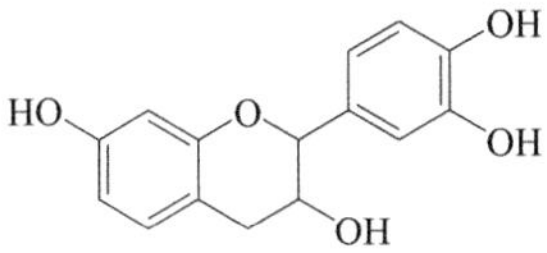　　　　　　　菲瑟亭醇 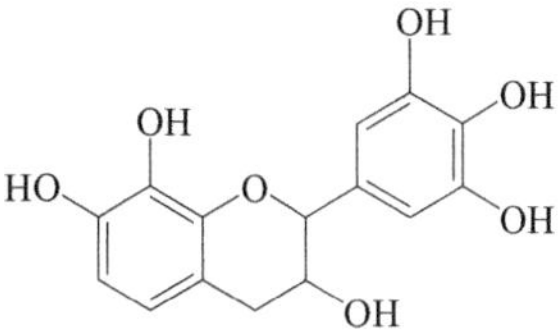　　　　　　　牧豆素

图 12-4-3　黄烷-3-醇的化学结构

单宁粗提物中含有大量的糖、蛋白质、脂类等杂质，加上单宁本身是许多结构和理化性质十分接近的混合物，需进一步分离纯化。通常采用有机溶剂分步萃取的方法进行初步纯化，甲醇能使水解单宁中的缩酚酸键发生醇解，乙酸乙酯能够溶解多种水解单宁及低聚的缩合单宁，乙醚只溶解分子量小的多元酚。初步分离还可以采取皮粉法、乙酸铅沉淀法、氯化钠盐析法、渗析法、超滤法和结晶法等[3]。柱色谱是目前制备纯单宁及有关化合物最主要的方法，可选用的固定相有硅胶、纤维素、聚酰胺、聚苯乙烯凝胶（如 MCI-gelCHP-20）、聚乙烯凝胶、葡聚糖凝胶等，其中又以葡聚糖凝胶 Sephadex LH-20 最为常用。其他一些色谱方法如纸色谱、薄层色谱、液滴逆流色谱、离心分配色谱等也有应用于单宁提取的报道[17-22]。

三、植物单宁的理化性质

（一）缩合单宁

黄烷-3-醇、黄烷-3,4-二醇是缩合单宁的前体化合物，是缩合单宁化学研究的基本对象，反映出了缩合单宁的结构特征、化学性质、波谱特征等[3]。

1. 黄烷-3-醇

（1）天然存在的黄烷-3-醇及其结构　部分天然存在的黄烷-3-醇的结构信息见图 12-4-4 和表 12-4-3。

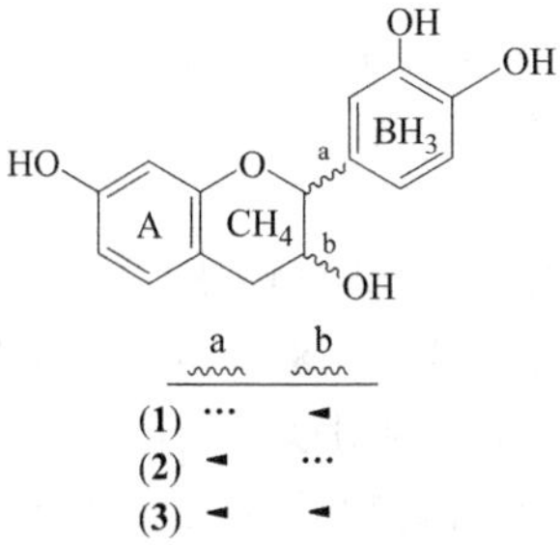

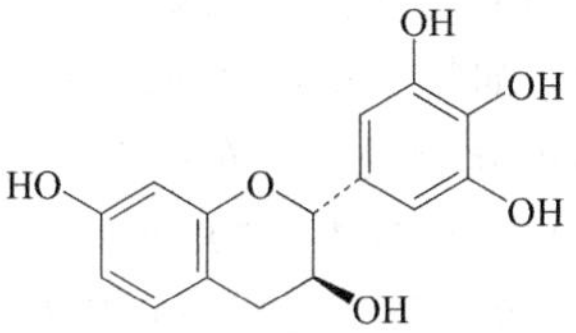

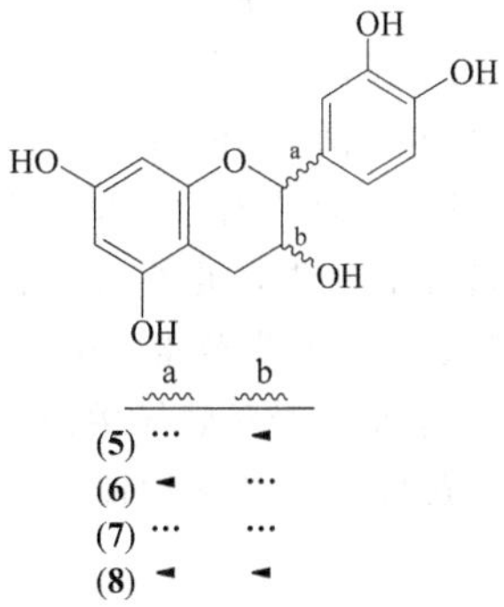

图 12-4-4

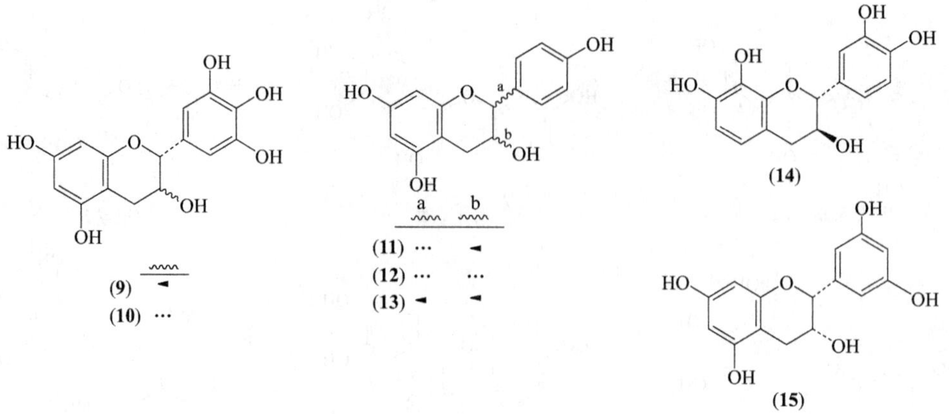

图 12-4-4　部分天然存在的黄烷-3-醇的结构

表 12-4-3　部分天然存在的黄烷-3-醇的结构信息

名称	英文名称	羟基取代位置	绝对构型
（－）-菲瑟亭醇（1）	（－）-fisetinidol	3,7,3′,4′	2R,3S
（＋）-菲瑟亭醇（2）	（＋）-fisetinidol	3,7,3′,4′	2S,3R
（＋）-表菲瑟亭醇（3）	（＋）-epifisetinidol	3,7,3′,4′	2S,3S
（－）-刺槐亭醇（4）	（－）-robinetinidol	3,7,3′,4′,5′	2R,3S
（＋）-儿茶素（5）	（＋）-catechin	3,5,7,3′,4′	2R,3S
（－）-儿茶素（6）	（－）-catechin	3,5,7,3′,4′	2S,3R
（－）-表儿茶素（7）	（－）-epicatechin	3,5,7,3′,4′	2R,3R
（＋）-表儿茶素（对映-表儿茶素）（8）	（＋）-epicatechin(ent-epicatechin)	3,5,7,3′,4′	2S,3S
（＋）-棓儿茶素（9）	（＋）-gallocatechin	3,5,7,3′,4′,5′	2R,3S
（－）-表棓儿茶素（10）	（－）-epigallocatechin	3,5,7,3′,4′,5′	2R,3R
（＋）-阿福豆素（11）	（＋）-afzelechin	3,5,7,4′	2R,3S
（－）-表阿福豆素（12）	（－）-epiafzelechin	3,5,7,4′	2R,3R
（＋）-表阿福豆素（13）	（＋）-epiafzelechin	3,5,7,4′	2S,3S
（＋）-牧豆素（14）	（＋）-prosopin	3,7,8,3′,4′	2R,3S
(2R,3R)-5,7,3′,5′-四羟基-黄烷-3-醇（15）	(2R,3R)-5,7,3′,5′-tetrahydroxyl-flavan-3-ol	3,5,7,3′,5′	2R,3R

依照 A 环羟基取代格式的不同，黄烷-3-醇有 3 类：

① 间苯三酚 A 环（5,7-OH）型，如儿茶素、棓儿茶素、阿福豆素等，分布最广；

② 间苯二酚 A 环（7-OH）型，如菲瑟亭醇、刺槐亭醇等，分布较窄；

③ 邻苯三酚 A 环（7,8-OH）型，如牧豆素，分布最少。

在黄烷-3-醇中，儿茶素是最重要的化合物，分布最广，共有四个立体异构体，即：（＋）-儿茶素（**5**）、（－）-儿茶素（**6**）、（－）-表儿茶素（**7**）及（＋）-表儿茶素（**8**）。（＋）-儿茶素与（－）-儿茶素是一对对映异构体，（－）-表儿茶素与（＋）-表儿茶素是一对对映异构体。

（2）黄烷-3-醇的化学性质　黄烷-3-醇的化学反应主要体现为酚类物质的反应和呋喃环的反应。

① 溴化反应。黄烷-3-醇的 A 环 8-及 6-位易于发生溴化反应。以过溴氢溴化吡啶处理（＋）-儿

茶素（摩尔比 1∶1，室温），生成 8-溴-、6-溴-及 6,8-二溴-（＋）-儿茶素，三者的比例为 2∶1∶2，处理（一）-表儿茶素的结果也大致相同。

用相同的方法处理 4-O-甲基-3-O-苄基（＋）-儿茶素时，由于—OCH$_3$ 对 C6 位的空间位阻较大，只生成 8-溴取代物，在 C8 全部溴化后，才生成 6,8-二溴取代物。有过量的试剂时，B 环也被溴化，生成 6,8,2′-三溴取代物。用局部脱溴法可由 6,8-二溴取代物制取 6-溴取代物，见图 12-4-5。

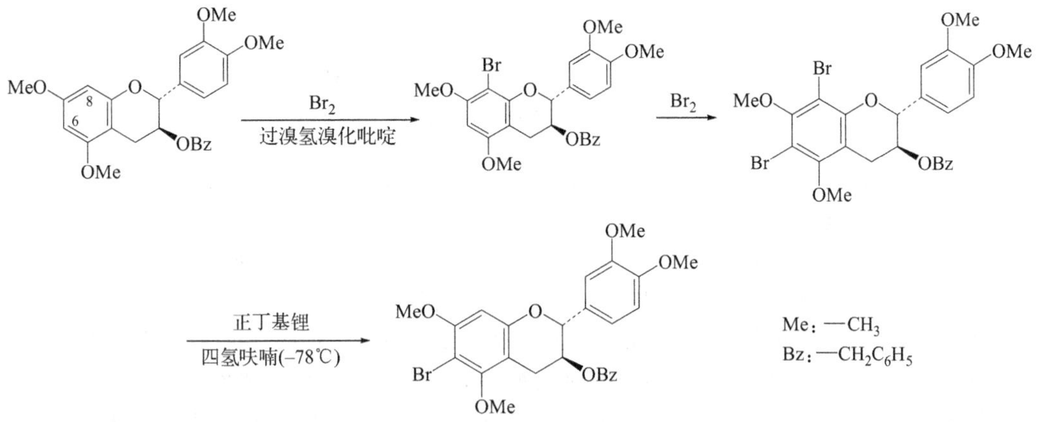

图 12-4-5　4-O-甲基-3-O-苄基（＋）-儿茶素的 6-溴取代物的制备

② 氢化反应。儿茶素在催化氢化（H$_2$，钯-碳催化剂，乙醇溶液）下环被打开，3-OH 也被氢取代，生成 1-(3,4-二羟基苯基)-3-(2,4,6-三羟基苯基)-丙烷-2-醇（伴有局部的外消旋化）（**16**、**17**）及 1-(3,4-二羟基苯基)-3-(2,4,6-三羟基苯基)-丙烷（**18**），见图 12-4-6。

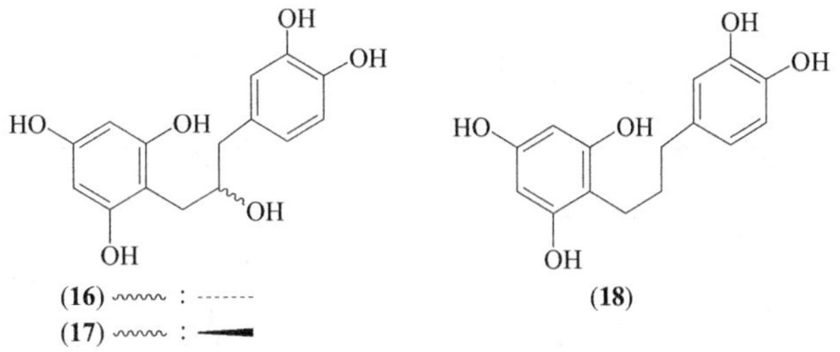

图 12-4-6　儿茶素催化氢化产物的结构

③ 黄酮类化合物转化反应。四-O-甲基-(＋)-儿茶素在溴的氧化作用下生成溴取代的四甲基溴化花青定。再以碘化氢脱去甲基，转化为氯化花青定，见图 12-4-7。

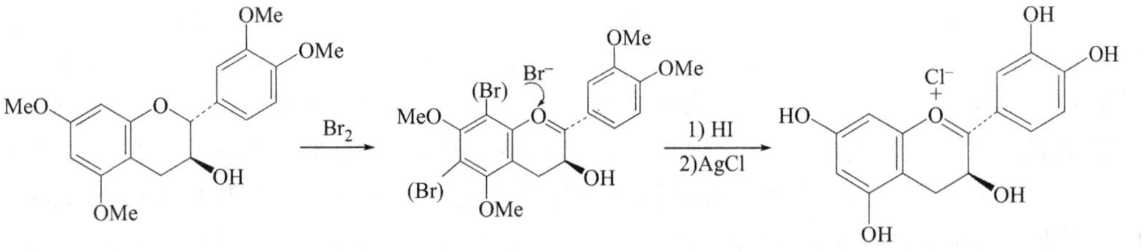

图 12-4-7　四-O-甲基-(＋)-儿茶素的花青定转化

④ 亚硫酸盐反应。用亚硫酸氢钠处理黄烷-3-醇时，亚硫酸盐离子起着亲核试剂的作用。如

图 12-4-8 所示，杂环的醚键被打开，磺酸基加到 C2 位上，并且与醇-OH 处于反式位（**19**），这表明反应有高度的立体择向性。

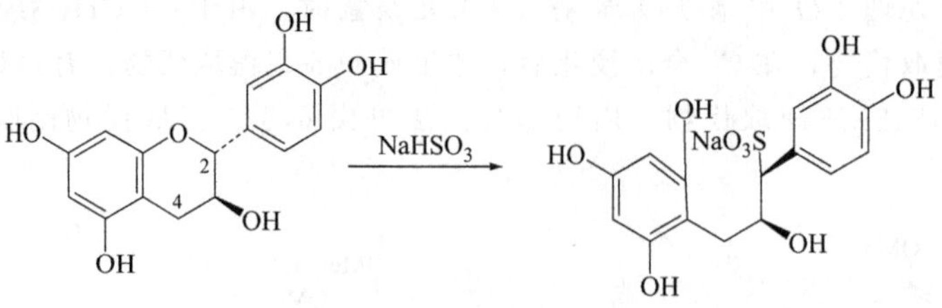

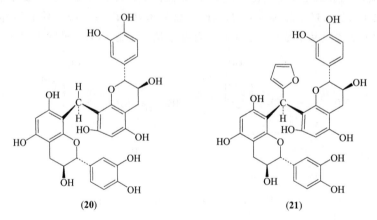

图 12-4-8 （＋）-儿茶素与亚硫酸氢钠的反应

在 pH 值为 5.5、100℃、2h 的磺化条件下，（＋）-儿茶素只有很小一部分转化为该产物。较多的部分在 C2 位发生差向异构化，生成（＋）-表儿茶素。

⑤ 降解反应。黄烷-3-醇在熔碱降解下，生成相应的酚及酚酸。例如，儿茶素产生间苯三酚、原儿茶素、邻苯二酚、3,4-二羟基苯甲酸等。氧化降解法常用于黄烷-3-醇的结构测定。例如，三-O-甲基表阿福豆素在高锰酸钾的氧化降解下得到茴香酸，证明有对-羟基苯型结构。

⑥ 黄烷-3-醇与醛类的反应。黄烷-3-醇能与醛发生亲电取代反应，产生缩合产物。（＋）-儿茶素与甲醛很快形成二聚合物，见图 12-4-9，其中主要的是二-(8-儿茶素基)-甲烷（**20**）。（＋）-儿茶素与糠醛反应生成 2-呋喃基-二-(8-儿茶素基)-甲烷（**21**）及两个非对应异构的 2-呋喃基-(6-儿茶素基)（8-儿茶素基)-甲烷。

图 12-4-9 （＋）-儿茶素与甲醛和糠醛反应产物的结构式

⑦ 黄烷-3-醇与羟甲基酚的反应。羟甲基是苯酚与甲醛缩合反应的初阶段产物。在碱催化下反应时，最先形成邻-或对-羟甲基酚。作为模型化合物的黄烷-3-醇与羟甲基酚的反应，反映了单宁胶黏剂制作的基本反应。（＋）-儿茶素与对羟甲基酚反应时（pH 7.0，水溶液，回流沸腾 7.5h），生成 8-取代产物、6-取代产物、6,8-二取代产物，三者的产率比例几乎相等，见图 12-4-10。

⑧ 黄烷-3-醇与简单酚的反应。黄烷-3-醇与简单酚的反应，是研究黄烷醇之间缩合反应的基础。（＋）-儿茶素与间苯二酚在酸的催化作用下反应生成化合物（**22**）及其脱水产物（**23**）。在酸的作用下，黄烷-3-醇的杂环 O 原子得到一个质子，形成氧离子，在 4′-OH 的活化作用下（对位作用），处于苄醚键位置的杂环醚键被打开，形成了 C2 正碳离子。正碳离子与亲核试剂间苯二酚在酚羟基的邻位或对位发生取代反应，在空间阻力最小的一侧（与 3-OH 成反方向）受到亲核试剂的进攻，见图 12-4-11。

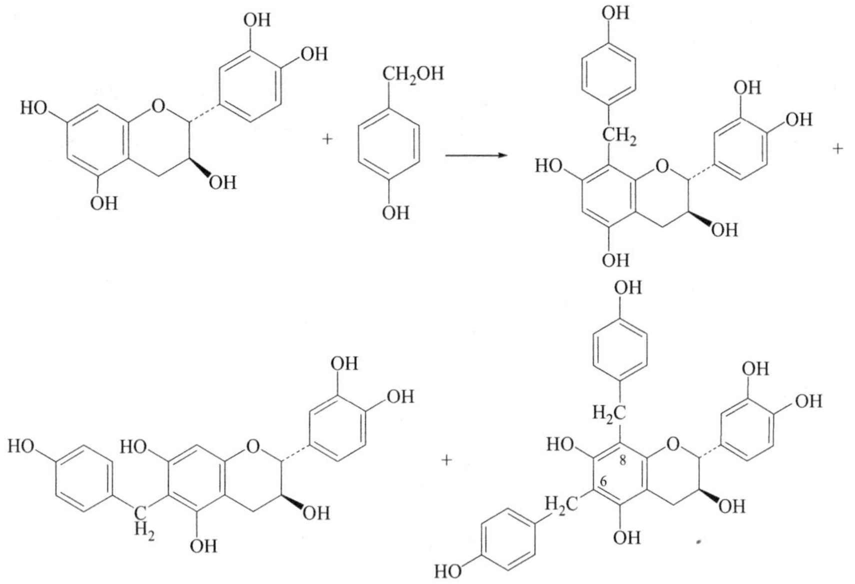

图 12-4-10　儿茶素与羟甲基酚的反应

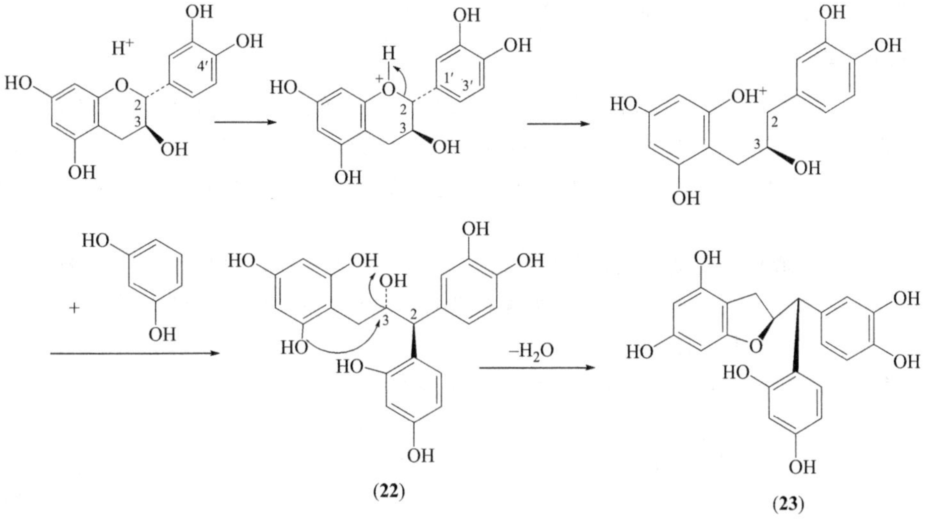

图 12-4-11　儿茶素与间苯二酚在酸性条件下的反应

⑨ 黄烷-3-醇的酸催化自缩合反应。黄烷-3-醇在强酸的催化作用下发生自缩合反应，见图 12-4-12。（＋）-儿茶素的酸催化自缩合：（＋）-儿茶素在强酸的催化作用下（二噁烷溶液，2mol/L HCl，室温，30h）发生自缩合，生成二儿茶素（**24**），若（＋）-儿茶素在 90℃ 水溶液内（pH 4）反应数天，产物中就出现脱水二儿茶素（**25**）。二聚体仍具有亲电和亲核中心，可以继续缩合，生成的多聚体就是人工合成的单宁。

酚羟基对黄烷-3-醇的酸催化自缩合反应有较大影响。黄烷本身在酸的作用下不发生自缩合，但是 7,4′-二羟基黄烷能够自缩合。如果在 7-OH 和 4′-OH 二者中少了任意一个羟基，就不能发生自缩合。7,4′-二羟基黄烷是能够发生自缩合的最简单的羟基黄烷。自缩合速度快的化合物都有 7-OH 或 4′-OH。如果 7-OH 或 4′-OH 被醚化，缩合速度就降低。若两个都被醚化就不再缩合。

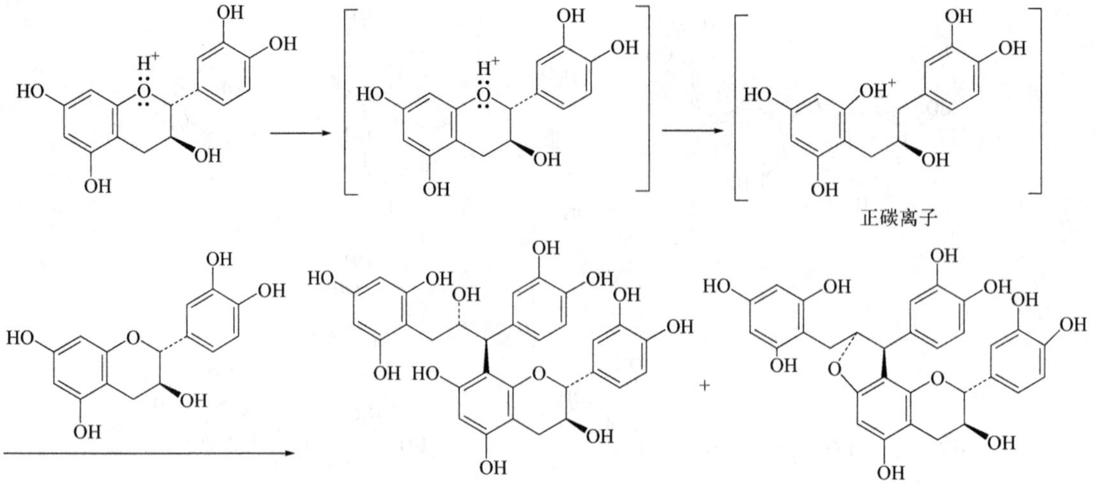

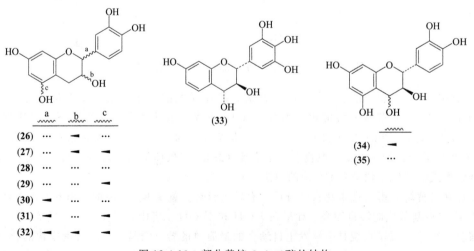

图 12-4-12　儿茶素的酸催化自缩合

⑩ 黄烷-3-醇的氧化偶合反应。在合适的氧化条件下，例如在空气、Ag_2O 或多元酚氧化酶的作用下，黄烷-3-醇发生脱氢偶合反应生成单宁。简单酚的氧化偶合原理主要包括游离基历程、游离基-离子反应历程、离子反应历程，以及进一步的反应。

2. 黄烷-3,4-二醇

（1）天然存在的黄烷-3,4-二醇　黄烷-3,4-二醇是一种单体的原花色素，又名无色花色素，在酸-醇处理下生成花色素。黄烷-3,4-二醇的化学性质极为活泼，容易发生缩聚反应，在植物体内含量很少。最活泼的黄烷-3,4-二醇如无色花青定、无色翠雀定至今尚未能够从植物体中分离出来。

依照 A 环羟基取代格式的不同，黄烷-3,4-二醇也有 3 类，即：间苯二酚 A 环型（如无色菲瑟定、无色刺槐定）；间苯三酚 A 环型（如无色花青定、无色翠雀定）；邻苯三酚 A 环型（如无色特金合欢定、无色黑木金合欢定）。

部分黄烷-3,4-二醇的结构信息见图 12-4-13 和表 12-4-4。

图 12-4-13　部分黄烷-3,4-二醇的结构

表 12-4-4　部分黄烷-3,4-二醇的结构信息

名称	羟基取代位置	绝对构型
(a)无色菲瑟定类		
菲瑟亭醇-4α-醇[(＋)-黑荆定](26)		2R,3S,4R
菲瑟亭醇-4β-醇(27)		2R,3S,4S
表菲瑟亭醇-4α-醇(28)		2R,3R,4R
表菲瑟亭醇-4β-醇(29)	3,4,7,3',4'	2R,3R,4S
对映菲瑟亭醇-4α-醇(30)		2S,3R,4R
对映菲瑟亭醇-4β-醇(31)		2S,3R,4S
对映表菲瑟亭醇-4β-醇(32)		2S,3S,4S
(b)无色刺槐定类		
刺槐亭醇-4α-醇[(＋)-无色刺槐定](33)	3,4,7,3',4',5'	2R,3S,4R
(c)无色花青定类		
儿茶素-4β-醇(34)	3,4,5,7,3',4'	2R,3S,4S
儿茶素-4α-醇(35)		2R,3S,4R

（2）生成原花色素的反应　黄烷-3,4-二醇与黄烷-3-醇在十分缓和的酸性条件下就能发生缩合反应。黄烷-3,4-二醇（亲电试剂）以其 C4 亲电中心与黄烷-3-醇（亲核试剂）的 C6 或 C8 亲核中心结合生成二聚的原花色素。来自黄烷-3,4-二醇的单元（已失去 4-OH）及来自黄烷-3-醇的单元分别组成了二聚体的"上部"及"下部"。黑荆定与儿茶素的缩合反应见图 12-4-14。二聚体仍然具有亲核中心，能够继续与更多的黄烷-3,4-二醇发生缩合，生成缩聚物，即聚合的原花色素（缩合单宁）。

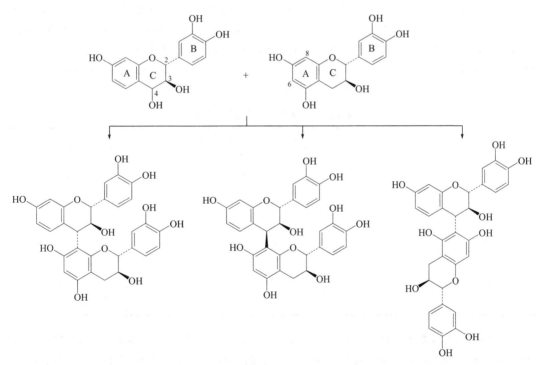

图 12-4-14　黑荆定与儿茶素的缩合反应

反应时，黄烷-3-醇 A 环的亲核中心的取代位置（C6 或 C8）主要取决于 A 环的羟基。A 环为间苯二酚型（7-OH）时（例如菲瑟亭醇），取代位置总是在 C6 上。A 环为间苯三酚型（5,7-OH）时（例如儿茶素），取代位置以 C8 为主、C6 为次。取代位置也受黄烷-3-醇构型的影响。与（+）-儿茶素相比，（−）-表儿茶素与（+）-黑荆定缩合时，4→8 位的优势大于（+）-儿茶素的。

缩合产物在 C4 位的构型（4α 或 4β）取决于亲核试剂在接近亲电试剂的 C4 位时的空间位阻。例如，2,3-顺式的黄烷-3,4-二醇的缩合产物总是 3,4-反式的，而 3,4-反式的黄烷-3,4-二醇的缩合产物兼有 3,4-反式及 3,4-顺式，且以 3,4-反式为主。缩合反应的速率取决于反应物的活泼性。间苯三酚 A 环型的黄烷醇反应最快，间苯二酚 A 环型次之，而邻苯三酚 A 环型则慢得多。

黄烷-3,4-二醇还能发生自缩合从而形成单宁。例如，向无色花青定中滴入盐酸，就立即生成聚合度很高的缩合单宁。黄烷-3-醇［如（+）-儿茶素］在强酸的催化作用下也能发生自聚合，所生成的聚合物虽然也是单宁，但不具有原花色素型的化学结构。此外，黄烷-3-醇在适当的氧化条件下发生脱氢偶合反应也生成单宁，这类单宁也不具有原花色素型的化学结构，如红茶中的单宁。

3. 原花色素

（1）天然存在的原花色素　绝大部分天然植物单宁都是聚合原花色素。单体原花色素（又称无色花色素）不是单宁，也不具有鞣性，二聚原花色素能沉淀水溶液中的蛋白质。自三聚体起有明显的鞣性，并随着聚合度的增加而增加，到一定限度为止。聚合度大的不溶于热水但溶于醇或亚硫酸盐水溶液的原花色素相当于水不溶性单宁，习惯上称为"红粉"。

原花色素在热的酸-醇处理下能生成花色素，但是植物体内的原花色素和花色素间并不存在着生源上的关系。原花色素的上部组成单元不同，在酸-醇作用下生成的花色素也不同。据此，原花色素可分为原花青定、原翠雀定等不同类型，见表 12-4-5。例如，原花青定的上部组成单元是 3,5,7,3',4'-OH 取代型的黄烷醇单元（相当于儿茶素或表儿茶素基），在酸-醇处理下生成的花色素是花青定（36）。原翠雀定、原菲瑟定及原刺槐定在酸-醇处理下生成的花色素分别是翠雀定（37）、菲瑟定（38）及刺槐定（39）（图 12-4-15）。

表 12-4-5　常见的几种原花色素

原花色素名称	对应于组成单元的黄烷-3-醇	羟基取代位置
原天竺葵定	阿福豆素	3,5,7,4'
原花青定	儿茶素	3,5,7,3',4'
原翠雀定	棓儿茶素	3,5,7,3',4',5'
原桂金合欢定	桂金合欢亭醇	3,7,4'
原菲瑟定	菲瑟亭醇	3,7,3',4'
原刺槐定	刺槐亭醇	3,7,3',4',5'
原特金合欢定	奥利素	3,7,8,4'
原黑木金合欢定	牧豆素	3,7,8,3',4'

原花色素的组成单元之间，通常以一个 4→8 位或 4→6 位的 C-C 键相连接，这种单连接键型的原花色素分布最广，例如原花色素 B。双连接键型的原花色素的组成单元之间，除了有 4→8 或 4→6 位的 C-C 键外，还有一个 C-O-C 连接键（例如 2→O→7 或 2→O→5），例如原花青定 A。

(36)

(37)

(38)

(39)

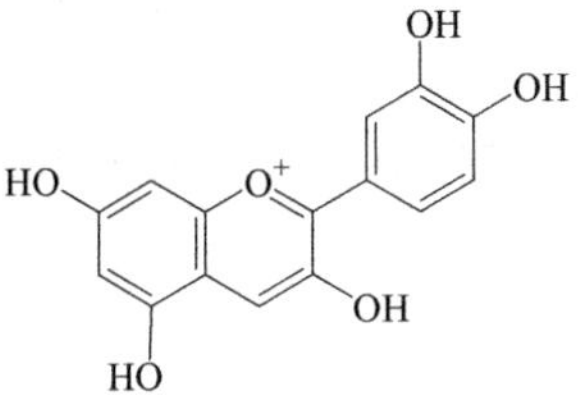

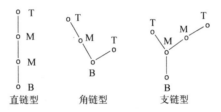

图 12-4-15　部分花色素的结构

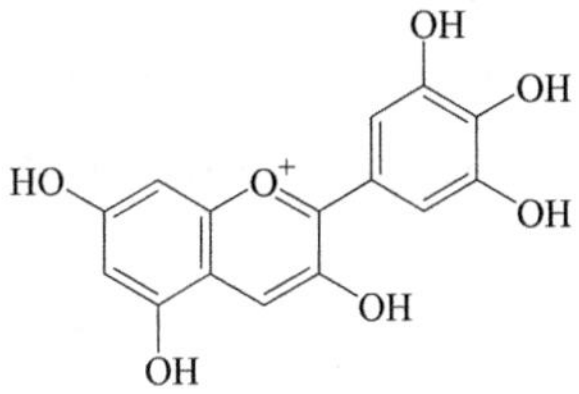

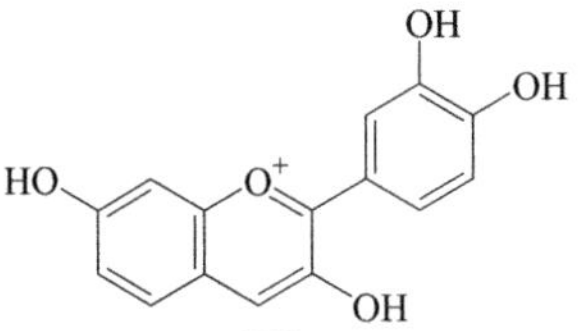

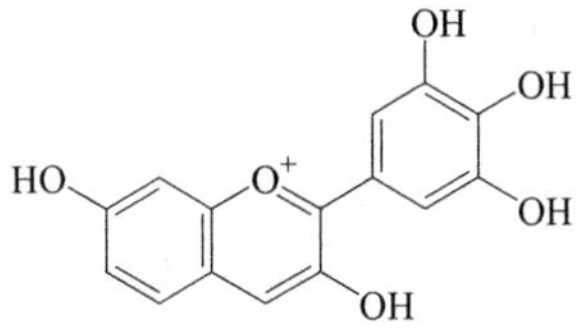

聚合原花色素的组成单元的排列形式有直链型、角链型及支链型（图 12-4-16）。不同链型的下端均只有一个底端单元（B）。顶端单元（T）和中间单元（M）合称为延伸单元或上部单元。坚木单宁的三聚原菲瑟定和黑荆树皮的三聚原花色素都是角链型的。

图 12-4-16　聚合原花色素组成单元的排列形式

普通的原花色素全由黄烷型的单元组成。复杂原花色素的组成单元除黄烷基外，还有其他类型的单元，在酸-醇处理下生成复杂的花色素。

原花青定是分布最广、数量最多的原花色素，含于许多植物的叶、果、皮、木内。原花青定 B-1(40)、B-2(41)、B-3(42)、B-4(43)、B-5(44)、B-6(45)、B-7(46)、B-8(47) 的组成单元是(+)-儿茶素基或（−）-表儿茶素基上、下单元间以 4→8 或 4→6 位 C-C 键连接，且均是 3,4-反式的，结构见图 12-4-17。

	a	b
(40)	◀	◀
(41)	…	◀
(42)	◀	…
(43)	…	…

	a	b	c
(44)	…	◀	…
(45)	◀	…	◀
(46)	…	◀	◀
(47)	◀	…	…

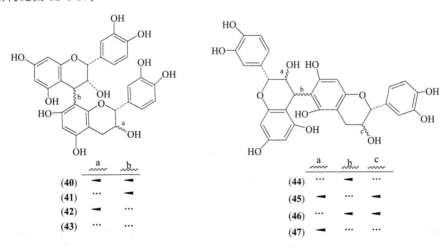

图 12-4-17　原花青定 B 的结构

（2）原花色素的化学反应　原花色素的化学反应主要是组成单元 A 环的亲电取代反应、B 环的氧化反应、络合反应，以及单元间连接键处的裂解反应等。

① 花色素反应。将原花青定在正丁醇-浓盐酸（95∶5）中 95℃下处理 40min，即可产生花色素，见图 12-4-18。

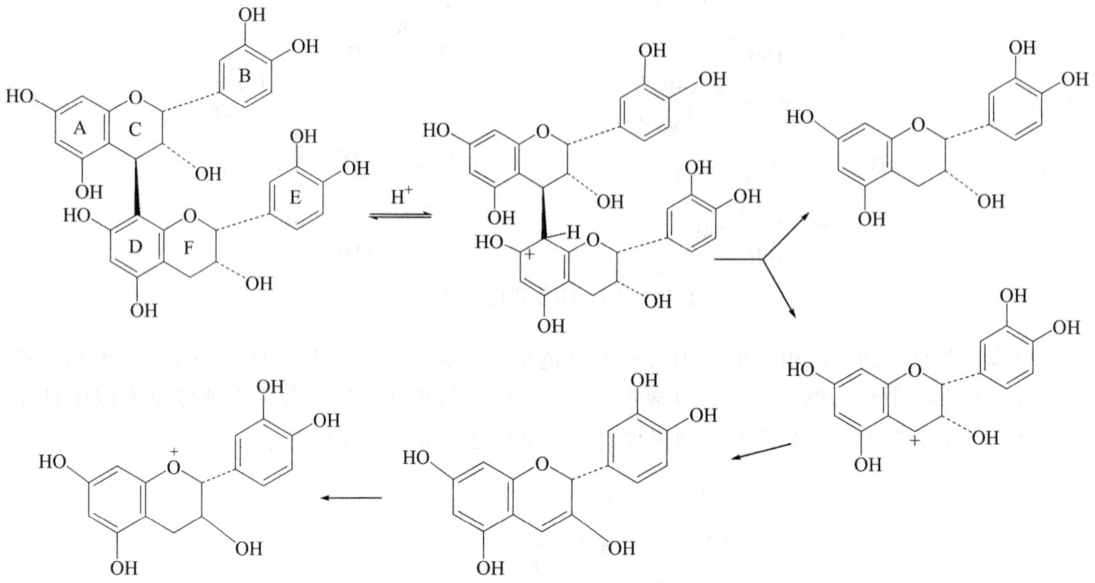

图 12-4-18　由原花青定 B-2 制备花色素的反应

② 溶剂分解反应。溶剂分解反应是聚合原花色素的降解反应。在酸性介质内，原花色素的单元间连接键发生断裂，上部单元成为正碳离子。如果这时伴有亲核试剂（如硫醇、间苯三酚等），正碳离子就迅速被亲核试剂俘获，生产新的加成产物，这些加成产物的结构反映了聚合原花色组成单元的结构。原花青定 B-1 的溶剂分解反应见图 12-4-19。

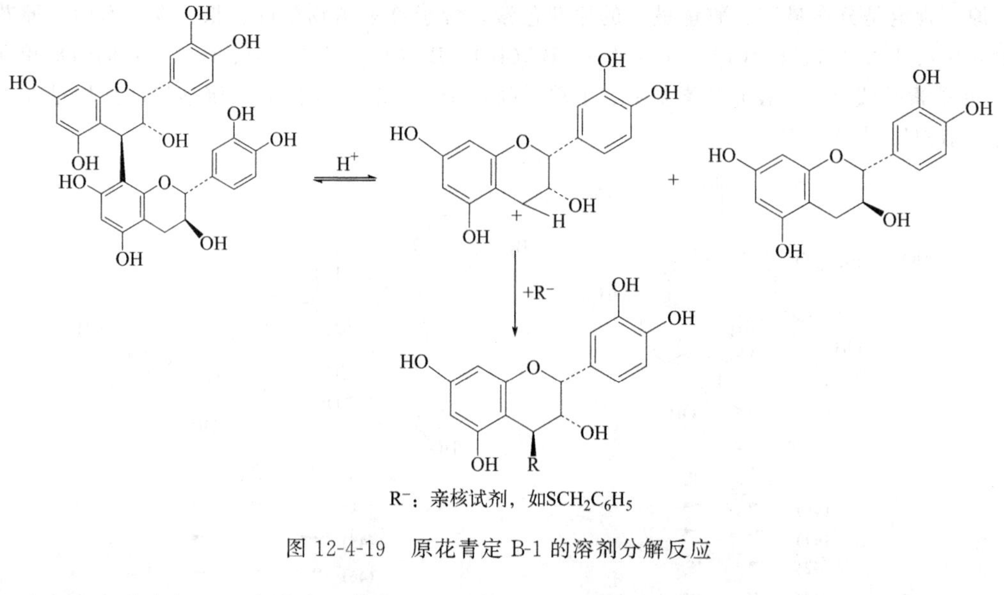

R^-：亲核试剂，如$SCH_2C_6H_5$

图 12-4-19　原花青定 B-1 的溶剂分解反应

反应速率受多方面因素影响，其中上、下单元 A 环羟基的影响很大，尤以上部单元 A 环羟基的影响最大。5,7-OH 型 A 环的单元间 C-C 键最易开裂，在有 HCl（室温）或乙酸（100℃）

条件下就裂解。7-OH 型 A 环（如原菲瑟定）单元间 C-C 键开裂难度较大。下部单元 D 环羟基的影响仅次于 A 环。上下单元的 A、D 环都是 5,7-OH 型的原花色素最易降解。上下单元的 A、D 环都是 7-OH 型的原花色素最难降解。4→8 键比 4→6 键易断裂，在上、下单元 A、D 环有相同的酚羟基时，4→8 与 4→6 位连接的 A、D 环酚羟基和连接键的相对位置不同。D 环上有两个羟基（与连接键形成一个邻位、一个对位，或者形成两个邻位）时有利于原花色素的质子化和 C-C 键断裂。对位羟基的作用大于邻位，4→8 位连接键有一个对位和一个邻位酚羟基，4→6 键有两个邻位酚羟基，因此 4→8 键的断裂快于 4→6 键。下部单元（D 环）的位置在直立键上的原花色素比在平伏键上易于断裂。下部单元 F 环的相对构型，对降解速率没有明显的影响。

需要注意的是，原花色素在强无机酸中加热时发生降解和缩合两种竞争的反应。在醇溶液中优先发生降解反应，生成花色素及黄烷-3-醇，同时也有缩合反应。在水溶液中优先发生缩合反应，形成不溶于水的红褐色沉淀物"红粉"。

③ 亚硫酸盐反应。原花色素的亚硫酸盐处理应用较多。5,7-OH 型（如原花青定）与 7-OH 型 A 环（如原菲瑟定）由于单元间连接键相对于杂环醚键的稳定性不同，原花色素的亚硫酸盐处理产物有明显区别。

用亚硫酸氢钠处理原花青定 B-1（100℃，pH 5.5），单元间连接键断裂，上部单元生成表儿茶素-4β-磺酸盐，下部单元生成儿茶素及其差向异构物（＋)-表儿茶素，见图 12-4-20。

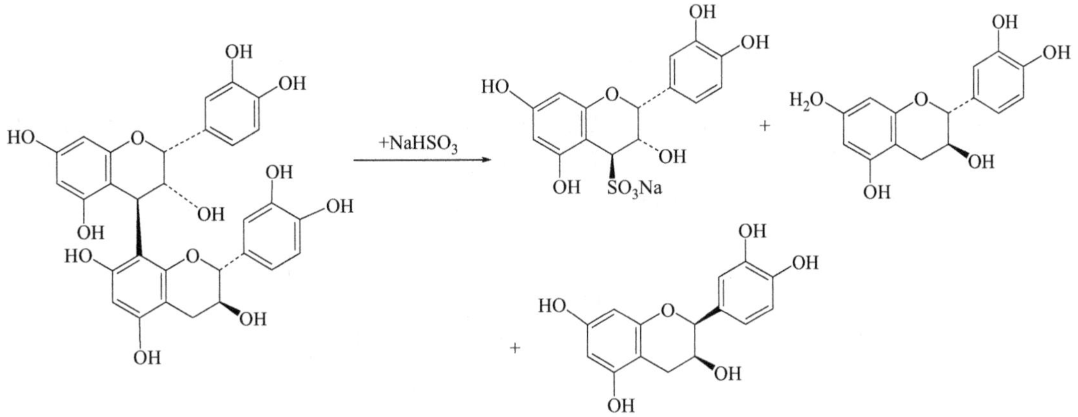

图 12-4-20　原花青定 B-1 与亚硫酸氢钠的反应

用亚硫酸氢钠处理黑荆树皮单宁（以原刺槐定为主）时，如图 12-4-21 所示，单元间连接键的相对稳定性使杂环醚键先被打开，磺酸盐加到 C2 位。原花色素没有明显降解。

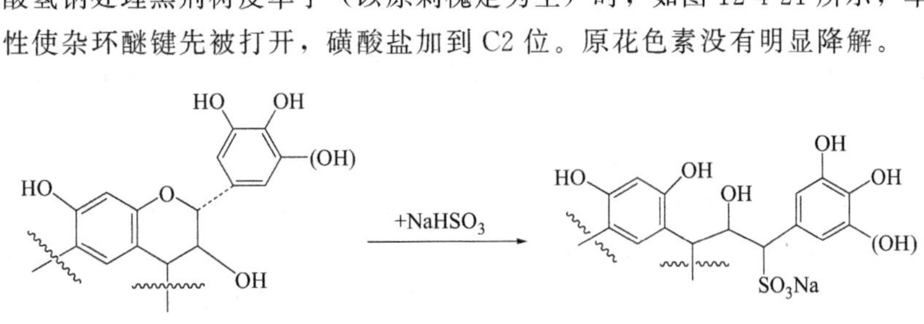

图 12-4-21　黑荆树皮单宁与亚硫酸氢钠的反应

④ 溴化反应。用过溴氢溴化吡啶在乙腈溶液内处理表儿茶素-(2β-O-7，4β-8)-表儿茶素-(4α-8)-表儿茶素时，A 环的可反应位置全被溴化，生成四溴化物。用 0.2mol/L HCl-乙醇分解（回流沸腾 3h）四溴化物，生成 6-溴-儿茶素及混合的溴化花色素，说明反应物中底端的表儿茶

素基是以 C8 位连接的，见图 12-4-22。

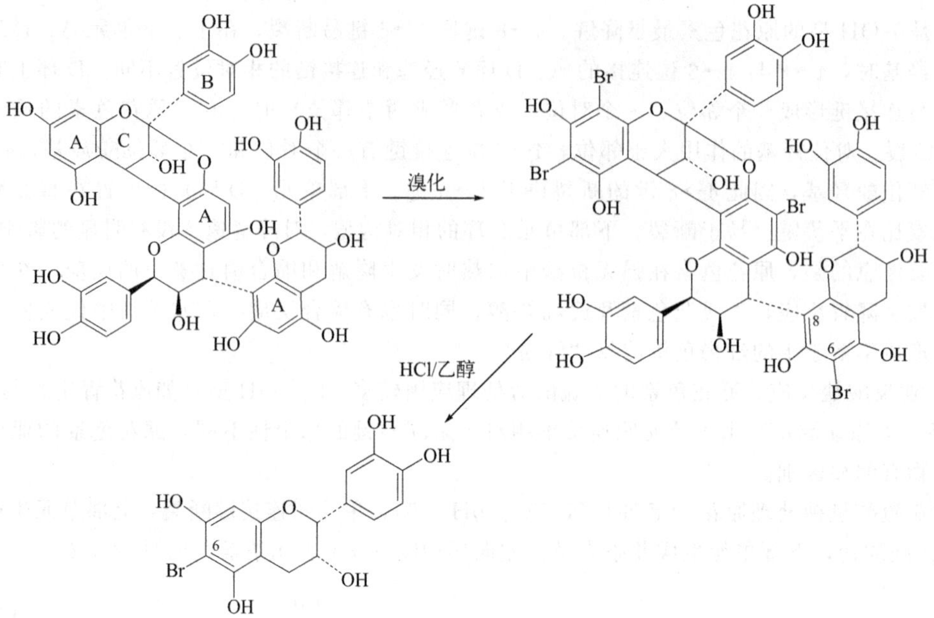

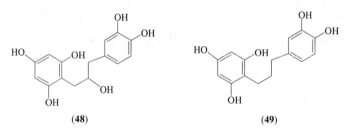

图 12-4-22　表儿茶素-(2β-O-7，4β-8)-表儿茶素-(4α-8)-表儿茶素的溴化反应

⑤ 氢解反应。氢解反应能够打开原花青定的单元间连接键和单元的杂环。原花青定 B-2 在催化氢化下（Pd-C 催化，乙醇内，常温常压），半小时就有（一)-表儿茶素产生。48h 产生如下 1,3-二苯基-丙烷型化合物（**48**）和（**49**），见图 12-4-23。

（48）　　　　　　　　　　　　　　　　（49）

图 12-4-23　原花青定 B-2 经催化氢化产生的 1,3-二苯基-丙烷型化合物

⑥ 碱性降解反应。原花色素在碱性条件下的反应，对于单宁胶黏剂的研究有实用上的意义。

a.苄硫醇反应。如图 12-4-24 所示，火炬松树皮多聚原花青定（数均分子量 2500～3000）在强碱性条件下与苄硫醇反应（pH 12，室温，16～48h），上部单元生成 4-硫醚（**50**），4-硫醚的杂环在碱性条件下易被打开，通过亚甲基醌中间物与苄硫醇继续反应生成化合物（**51**）。反应是择向性的，C1 上的硫醚反式于 2-OH。原花色青定的下部单元先形成（＋)-儿茶素，儿茶素在碱性条件下也通过开环的亚甲基醌中间物生成硫醚（**52**）。

b.间苯三酚反应。火炬松树皮多聚原花青定在强碱性条件下与间苯三酚反应（pH12，23℃）时（图 12-4-25），多聚原花色素的单元键被打开，上部单元形成单体或二聚体的 4-间苯三酚加成物（**52**），然后发生杂环的开环、重排，产物（**53**）、（**54**）虽不含羧基，但有较明显的酸性，且与甲醛的反应活性降低。

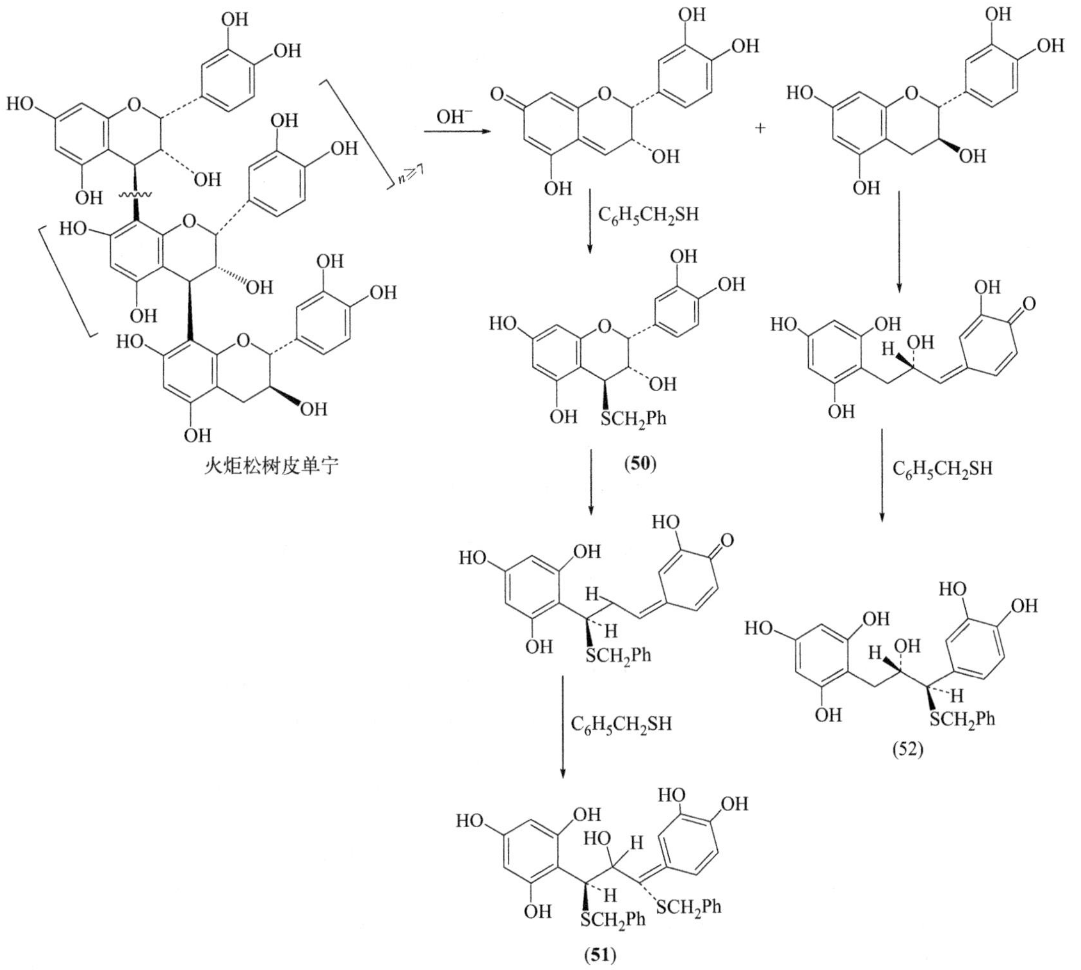

图 12-4-24　火炬松树皮多聚原花青定与苄硫醇的反应

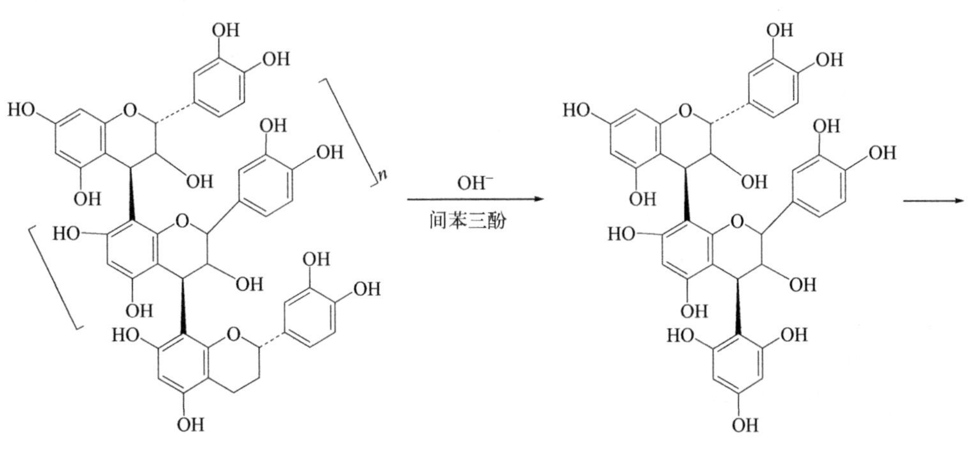

图 12-4-25

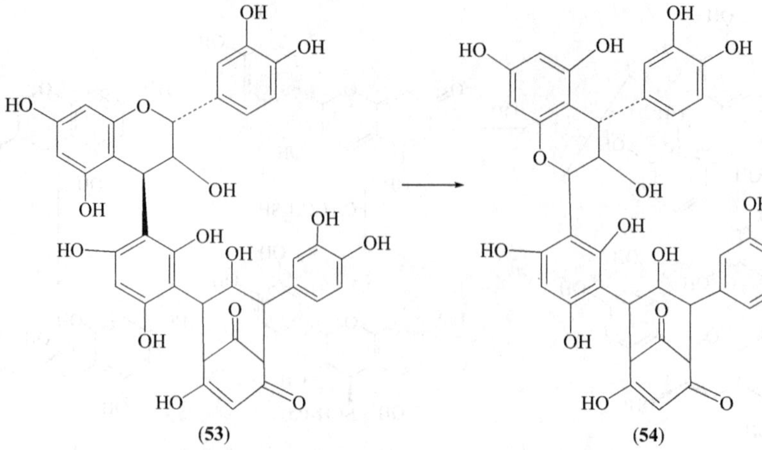

图 12-4-25 火炬松树皮多聚原花青定与间苯三酚的反应

此外，原花色素在酸性条件、碱性条件下会发生重排等反应，在有二苯甲酮存在时还可发生光解重排。

4. 其他缩合单宁

原花色素以外的缩合单宁在酸-醇的处理下不生成花色素。这类单宁与原花色素同属于聚黄烷类化合物，如棕儿茶素 A-1（**55**）、茶素 A（**56**）、乌龙同二黄烷 B（**57**）等，见图 12-4-26。

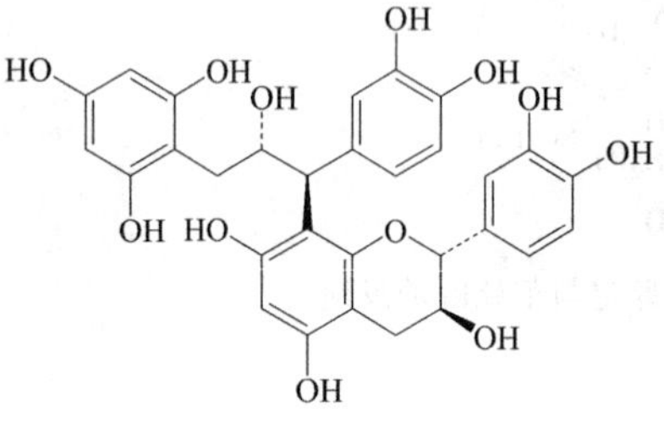

(**55**)

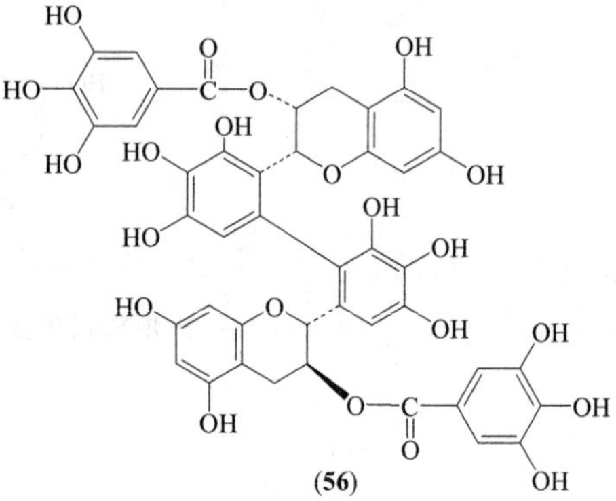

(**56**)

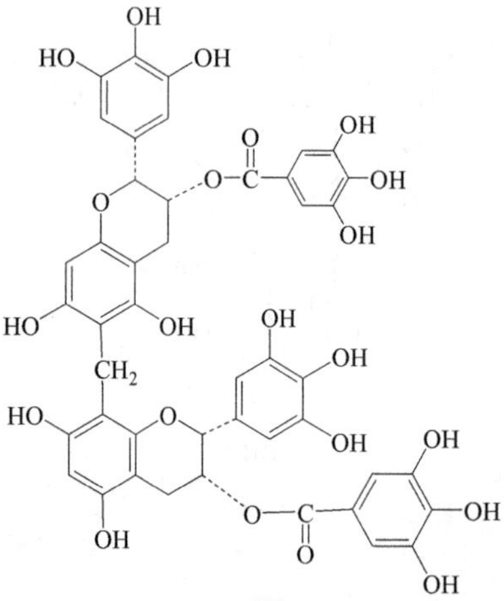

(**57**)

图 12-4-26 棕儿茶素 A-1、茶素 A 、乌龙同二黄烷 B 的化学结构

（二）水解单宁

1.　单宁

栲酸酯是栲酸（即没食子酸）与多元醇组成的酯。栲酸酯在植物界的分布极为广泛，主要是葡萄糖的栲酸酯。此外，还有金缕梅糖、果糖、木糖、蔗糖、奎尼酸、莽草酸、栎醇等的栲酸酯。目前尚未发现含氮化合物（胺、氨基酸、生物碱）组成的天然栲酸酯。

栲单宁是具有鞣性的栲酸酯。一般说来，分子量在 500 以上的多栲酸酯（分子中含栲酰基在 2～3 个以上）才具有鞣性，可被称为栲单宁。

根据栲酰基结合形式的不同，可将栲酸酯分为简单栲酸酯与缩酚酸型栲酸酯。简单栲酸酯是栲酸与多元醇以酯键结合形成的酯。缩酚酸型栲酸酯（即聚栲酸酯）是简单栲酸酯与更多的栲酸以缩酚酸的形式结合形成的酯。缩酚酸是栲酸以其羧基与另一个栲酰基的酚羟基结合形成的，因而具有聚栲酸的形式。这种形式使一个葡萄糖基能够与 10 个以上的栲酰基相结合。

（1）栲酸　栲酸在水解单宁化学中处于核心地位。在植物体内，所有水解单宁都是栲酸的代谢产物，是栲酸（或与栲酸有生源关系的酚羧酸）和多元醇形成的酯。

栲酸（**58**），即 3，4，5-三羟基苯甲酸，又名没食子酸，$C_7H_6O_5$，为无色针状结晶。熔点 253℃，易溶于丙酮，溶于乙醇、热水，难溶于冷水、乙醚，不溶于三氯甲烷及苯。遇 $FeCl_3$ 生蓝色。栲酸的化学性质活泼，能形成多种酯、酰胺、酰卤和有色的金属络合物。加热到 250～260℃发生脱羧反应，生成邻苯三酚。通过各种氧化偶合反应能由栲酸制得鞣花酸（**60**）、黄栲酚（**61**）、脱氢二鞣花酸（**62**）等联苯型化合物，见图 12-4-27。

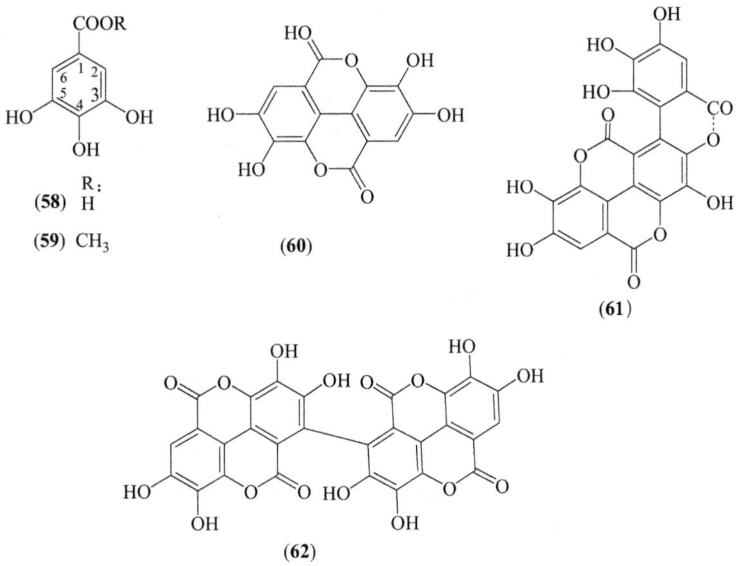

图 12-4-27　几种栲酸代谢产物的结构式

二栲酸及三栲酸都是缩酚酸，由栲酸的羧基与其他栲酸的酚羟基结合而成[23]。五倍子及刺云实内都有天然游离的二栲酸及三栲酸存在。五倍子单宁的缓和酸水解产物中也能够发现二栲酸（**63**）及三栲酸（**64**）。用甲醇对五倍子单宁进行局部醇解，能够得到二栲酸甲酯（**63a**）及三栲酸甲酯（**64a**），见图 12-4-28。

二栲酸甲酯实际是间-二栲酸甲酯及对-二栲酸甲酯的平衡混合物。用重氮甲烷处理二栲酸甲酯时，生成物只有间-五-O-甲基二栲酸甲酯。这是由于对位酚羟基的酸性较强从而优先甲基化，因此得不到对-五-*O*-甲基-二棓酸甲酯。

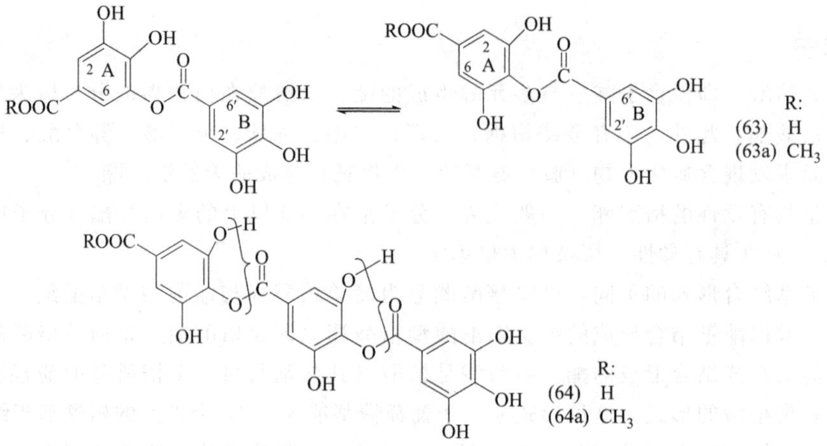

图 12-4-28　二棓酸、三棓酸及其甲酯的结构式

（2）葡萄糖的棓酸酯　葡萄糖的棓酸酯包括简单棓酸酯和聚棓酸酯。在棓酸酯分子中，葡萄糖基以吡喃环的形式存在并具有正椅式构象，棓酰基位于平伏键上，使分子呈盘形。

葡萄糖分子有五个醇羟基，可以与1～5个棓酰基结合，生成一、二、三、四或五取代的简单棓酸酯。最早得到的棓酰葡萄糖是1903年从中国大黄（*Rheum officinale*）中分离出来的 β-D-葡棓素结晶。棓酰葡萄糖在水解下均生成葡萄糖和数量不等的棓酸。一、二、三-*O*-棓酰葡萄糖分子量小，不属于单宁，没有涩味，几种简单的结构 [（**65**）～（**67**）] 见图 12-4-29。随着棓酰基个数的增加，棓酸酯的鞣性也迅速增加。

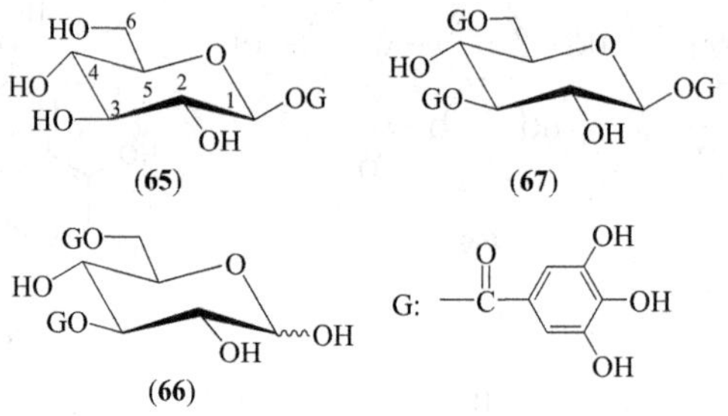

图 12-4-29　一、二、三-*O*-棓酰葡萄糖结构式

葡萄糖聚棓酸酯在自然界中存在较少，虫瘿五倍子、芍药树根是其主要来源。五倍子单宁又名单宁酸，在国外被称为中国棓单宁，是水解类单宁的典型代表。五倍子单宁实际上是许多葡萄糖聚棓酸酯的混合物，而不是单一的化合物。五倍子单宁在酸催化下完全水解，生成葡萄糖及棓酸 [比例为1:（7～9）]。在水解过程中有间-二棓酸生成。甲基化的五倍子单宁在酸的水解作用下生成葡萄糖、3,4-二-*O*-甲基棓酸及 3,4,5-三-*O*-甲基棓酸。两种棓酸的比例为 1:1。3,4-二-*O*-甲基棓酸的生成，证明五倍子单宁的分子内有缩酚酸型聚棓酸存在。

葡萄糖的聚棓酸酯的分子结构中有缩酚酸型的键。大都是以 1,2,3,4,6-五-*O*-β-D-棓酰葡萄糖或 1,2,3,6-四-*O*-β-D-棓酰葡萄糖为"核心"（**68**），由更多的棓酰基以缩酚酸的形式连在"核心"上。缩酚酸型棓酰基的酯键比糖与棓酰基间的酯键易于水解。由于有邻位酚羟基的存在，缩酚酸型的酯键 [（**69**）、（**70**）] 能在极温和的条件（pH 6.0，室温）下发生甲醇醇解，生成棓酸甲酯。而棓酰基与糖之间的酯键不被甲醇打开，见图 12-4-30。

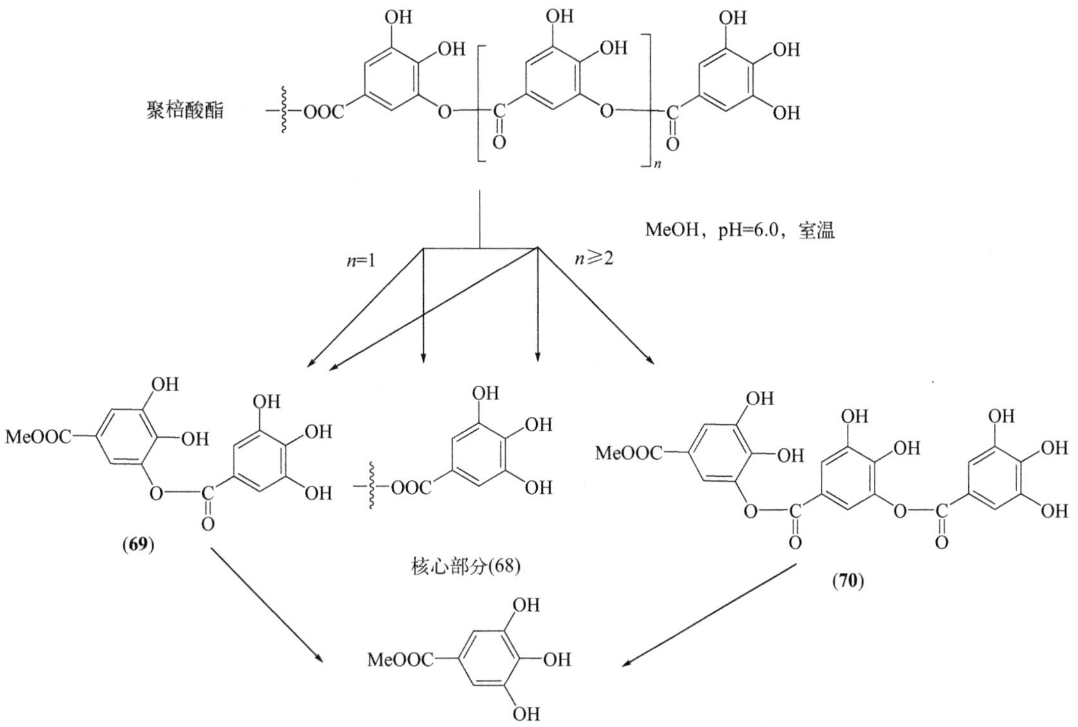

图 12-4-30　葡萄糖聚棓酸酯在 pH 6.0、室温条件下的甲醇醇解

（3）其他多元醇的棓酸酯　除葡萄糖外，自然界中还存在多种其他多元醇的棓酸酯，如金缕梅糖的棓酸酯、蔗糖的棓酸酯、莽草酸的棓酸酯、奎尼酸的棓酸酯等。在水解作用下，这些棓酸酯均生成棓酸及相应的多元醇或多元醇酸。

2. 鞣花单宁

鞣花单宁是六羟基联苯二酰基（或其他与六羟基联苯二酰基有生源关系的酚羧酸基）与多元醇（主要是葡萄糖）形成的酯。六羟基联苯二酸酯在水解时生成不溶于水的黄色沉淀——鞣花酸，因此称为鞣花单宁。狭义的鞣花单宁仅指六羟基联苯二酸酯。鞣花酸（**71**）并不存在于鞣花单宁分子结构内，它只是六羟基联苯二酰基（**72**）从单宁分子中被水解下来后发生内酯化的产物。鞣花酸广泛存在于植物界，常和棓酸酯共同存在。棓酸酯在光的氧化作用或自氧化作用下都能产生鞣花酸。

鞣花酸，$C_{14}H_6O_8$，为黄色针状结晶。熔点大于 360℃，极不溶于水，可溶于二甲基甲酰胺、二甲基亚砜，在加有 NaOH 的水中形成钠盐黄色溶液。紫外线下为蓝色，NH_3 熏后紫外线下为黄色。遇 $FeCl_3$ 呈深蓝色，与 $K_3Fe(CN)_6$ 生蓝色，与对-硝基苯胺生黄褐色，与 $AgNO_3$-NH_4OH 生暗褐色。鞣花酸不旋光。

与鞣花酸结构密切相关的酚羧酸酰基有脱氢六羟基联苯二酰基（**73**）、脱氢二棓酰基 [（**74a**）、（**74b**）]、九羟基联三苯三酰基（**75**）、橡椀酰基（**76**）、地榆酰基（**77**）、榄棓酰基（**78**）、恺木酰基（**79**）、椀刺酰基（**80**）、鞣花酰基（**81**）等，见图 12-4-31。这些以酰基态存在于植物体内的酚羧酸可能均来源于棓酰基，是相邻的两个、三个或四个棓酰基之间发生脱氢、偶合、重排、环裂等变化形成的。

六羟基联苯二酸酯在自然界中广泛存在，但未发现天然游离的六羟基联苯二酸。人工合成的六羟基联苯二酸为无色固体，无固定熔点，在紫外线下有浅蓝色，NH_3 熏后变为黄绿色。易

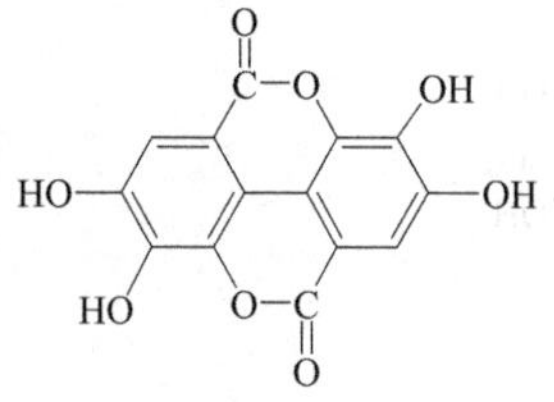

(71)

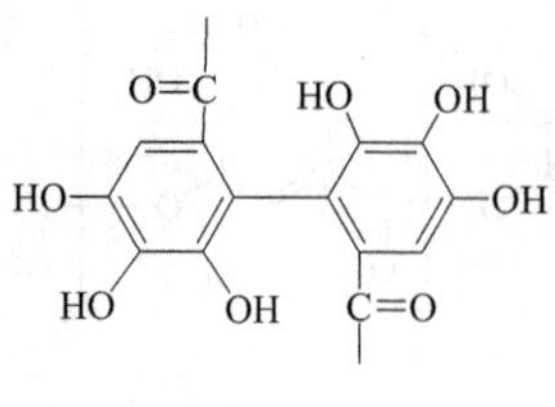

(72)

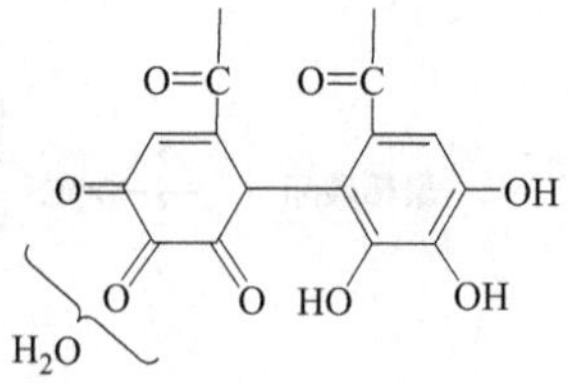

(73)

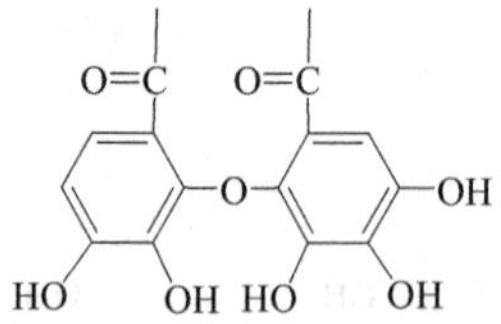

(74a)

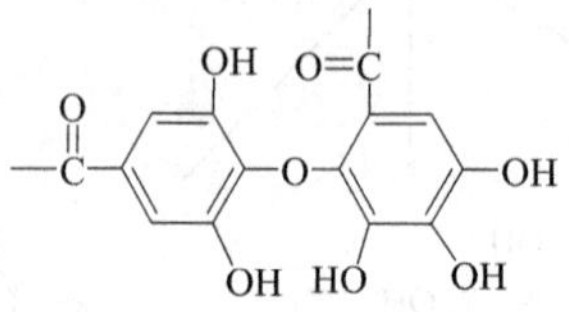

(74b)

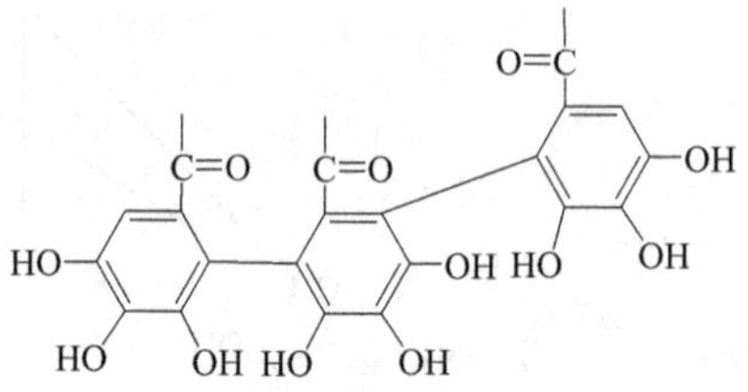

(75)

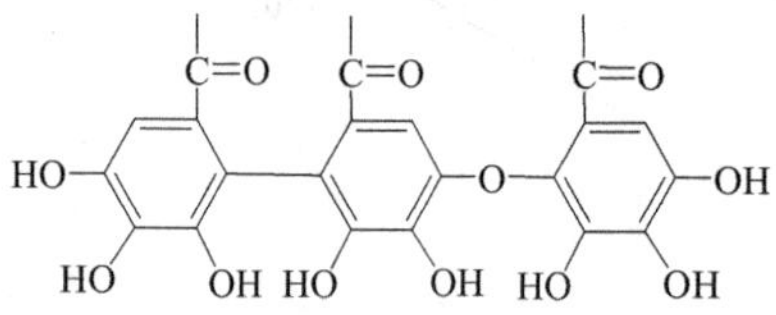

(76)

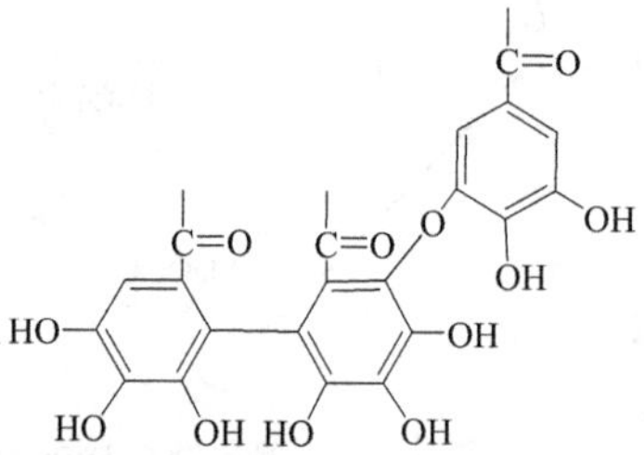

(77)

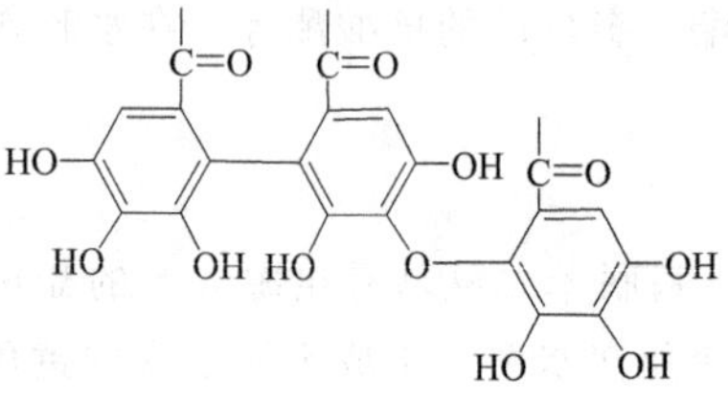

(78)

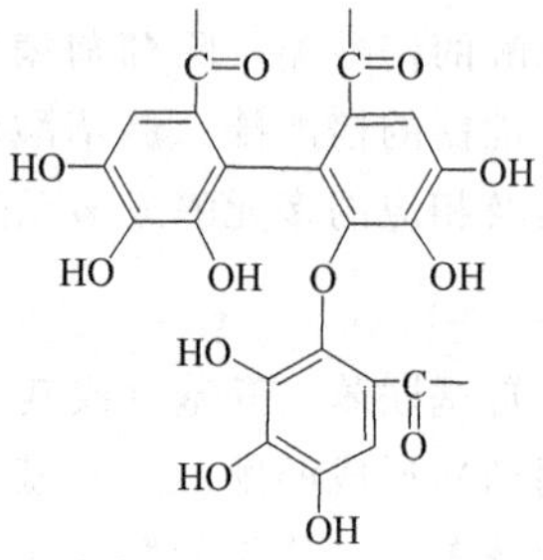

(79)

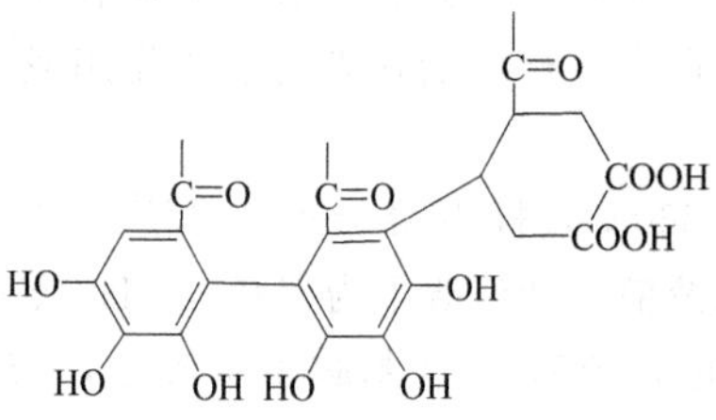

(80)

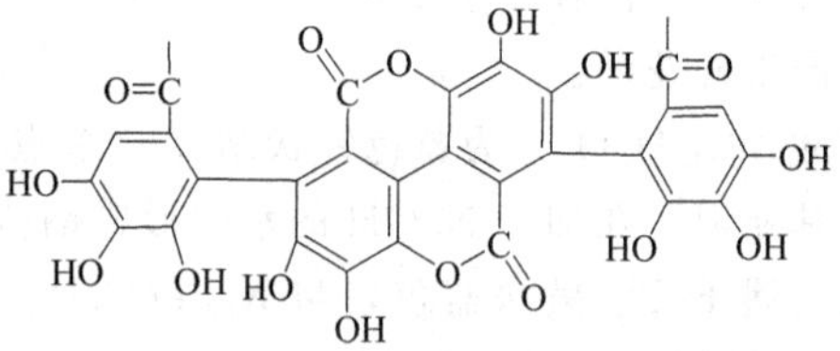

(81)

图 12-4-31　鞣花酸及与其密切相关的酚羧酸酰基结构

溶于甲醇、乙醇、二噁烷、四氢呋喃、水或丙酮，难溶于乙醚、乙酸乙酯，不溶于氯仿及苯。遇 $FeCl_3$ 呈蓝色。六羟基联苯二酸的两个羧基易与相邻的酚羟基发生内酯化，生成浅黄色的鞣花酸。在固态受热时，内酯化较慢。100℃、8d 后仍有六羟基联苯二酸存在。加热到 280℃时转变为鞣花酸。在沸水中 11h 后六羟基联苯二酸就全部消失。在酸性条件下也能迅速变为鞣花酸。因此，一般在加热酸水解条件下，由鞣花单宁只能得到鞣花酸。

与酚羧酸结合组成鞣花单宁的多元醇除了葡萄糖以外，还有葡萄糖酸、原栎醇、葡萄糖苷等。

第二节　栲胶化学与加工

一、栲胶的生产原料

由富含单宁的植物原料，经过浸提、浓缩等步骤加工制得的化工产品，称为栲胶。富含单宁的植物各部位（如树皮、根皮、果壳、木材和叶等），通称为栲胶原料或植物鞣料。黑荆树皮、坚木、栗木和橡椀等都是世界上著名的栲胶原料。我国常见的栲胶生产的主要原料有落叶松树皮、毛杨梅树皮、马占相思树皮、余甘子树皮、橡椀等。

1. 栲胶生产对原料的要求

植物界中含单宁的植物很多，但不是所有含单宁的植物都可以作为栲胶原料。栲胶生产一般对原料有如下要求：

（1）原料的单宁含量和纯度较高　对于较分散的原料，一般要求单宁含量在15%以上，纯度50%以上。

（2）栲胶性能良好　鞣制时具有渗透速度快、结合牢固、颜色浅淡等特点，以便数种栲胶搭配使用，成革丰满、富有弹性。

（3）原料资源丰富、生长较快　根据现有的生产水平，每生产1t栲胶需要的原料量较大，一般是2~8t，必须有足够的数量才能保证栲胶厂常年生产，同时原料生长快，形成良性循环，使原料资源不会逐年减少。

2. 栲胶原料的采集

栲胶原料种类较多，采集时间、采集方式各不相同。例如：余甘子树皮一般在5~6月时立木剥皮，树干留1~3cm的树皮营养带，不损伤木质部，这样经1年后可长出再生树皮，以保护资源。毛杨梅树皮常在初夏树液流动时剥皮。落叶松树皮是在采伐、运到贮木场后剥皮。剥下的树皮尽快送到工厂加工，可提高栲胶质量和产量。对于果壳类原料，我国栓皮栎和麻栎的果实8~9月和9~10月成熟，一般是橡椀过熟落地后收集，颜色变深，还有霉烂和杂物，影响质量。土耳其大鳞栎橡椀采集一般是在成熟前，橡椀颜色浅、质量好。

3. 栲胶原料的贮存

新鲜栲胶原料含单宁多、颜色浅，栲胶产量高、质量好，因此尽量使用新鲜原料，避免使用陈料。但是由于植物原料季节性强，部分地区使用陈料是不可避免的。总体来说，原料在贮存过程中质量会下降，主要表现为：

（1）栲胶得率降低　由于非单宁中糖类发酵分解，以及单宁水解或缩合等原因，可作为栲胶被提取出来的物质含量减少。

（2）颜色变深　原料在贮存过程中受空气中的氧、阳光及酶的作用，单宁的酚羟基被氧化成醌基，其颜色变深，并随温度、pH值提高而增加。所以原料贮存时应避免日晒、高温和发酵。

（3）红粉值增大　在水中加5%（占原料质量分数）的亚硫酸钠浸提原料所得的单宁量与清水浸提所得的单宁量之比值，称红粉值。如前所述，红粉是聚合度大、不溶于热水但溶于醇或亚硫酸盐水溶液的原花色素，相当于水不溶性单宁。栲胶原料在生长或存放过程中，随着时间的延长，缩合程度加大。

（4）发霉　原料含水率高、被雨淋湿、堆放不通风等条件，使微生物繁殖从而引起发霉，导致栲胶产率和单宁含量大大下降，颜色变深。

二、栲胶的组成与理化性质

1. 栲胶的组成

用水将植物鞣料中的单宁浸提出来，再经进一步加工浓缩得到栲胶。栲胶中的有效组分是单宁，伴随在一起的还有非单宁、水不溶物及水，组成了复杂的混合物。单宁和非单宁均溶于水，二者合称为可溶物。可溶物与不溶物一起称为总固物。事实上，单宁与非单宁之间，可溶物与不溶物之间并没有明显的界限，需采用公认的分析方法，在规定的操作条件下测定，才能得到比较可靠的、一致的数据。

单宁在可溶物中的相对含量，可以用单宁的比例值表示，也可以用纯度表示。纯度是单宁在可溶物中的百分率，亦即单宁在单宁与非单宁总量中所占的比率。

（1）单宁　单宁是栲胶中的有效组分，具有鞣制能力，能被皮粉吸收。单宁总是以多种化学结构相近的植物多酚组成的复杂混合物状态存在。

（2）非单宁　非单宁是栲胶中的不具有鞣制能力的水溶性物质，由非单宁酚类物质、糖、有机酸、含氮化合物、无机盐等组成，因栲胶的种类而异。非单宁酚类物质中，有些是单宁的前体化合物或分解物（如黄烷醇、棓酸），还有各种黄酮类化合物、羟基肉桂酸、低分子量棓酸酯等。有的低聚黄烷醇或低分子量的棓酸酯具有不完全的鞣性，被称为半单宁。半单宁的存在模糊了单宁和非单宁之间的界限，也造成了不同的单宁定量分析测定数据间的差异。糖是非单宁中的主要部分，如葡萄糖、果糖、半乳糖、木糖等。橡椀栲胶含糖 6%～8%，落叶松栲胶含糖 8%～10%。栲胶中的有机酸有乙酸、甲酸、乳酸、柠檬酸等，含氮化合物有植物蛋白、氨基酸、亚氨基酸等。黑荆树皮栲胶含氮约 0.25%。无机盐中常见的是钙、镁、钠和钾盐，这些盐多是由栲胶浸提用水及栲胶原料所带入。亚硫酸盐处理使栲胶含盐量增加。

（3）不溶物　不溶物是常温下不溶于水的物质，主要有单宁的分解产物（黄粉）、单宁的缩合产物（红粉）、果胶、树胶、低分散度的单宁、无机盐、机械杂质等。

2. 栲胶的物理性质

块状栲胶的相对密度为 1.42～1.55。粉状栲胶的相对密度为 0.4～0.7。栲胶水溶液的相对密度随浓度增加而增加，但随温度增加而降低。在相同浓度下，水解类栲胶的相对密度大于缩合类栲胶。

由于栲胶组成物的亲水性及各组分间的助溶作用等原因，栲胶在水中的溶解度较大，而单离单宁的溶解度较小。单宁的水溶性随分子中酚羟基的相对个数的增加而增大，随分子量的增加而减小。除了水以外，栲胶还溶于丙酮、甲醇、乙醇等有机溶剂。这些有机溶剂与水的混合物对栲胶的溶解性能大于纯的有机溶剂。

3. 栲胶的化学性质

栲胶水溶液具有弱酸性，这来源于单宁的酚羟基、羧基及伴存的有机酸。水解类栲胶水溶液的 pH 值为 3～4，缩合类栲胶的 pH 值为 4～5，经亚硫酸盐处理后 pH 值为 5～6。

由于栲胶的亲水性及多分散性，栲胶水溶液具有半胶体溶液的性质。单宁在胶体溶液中以胶团的形式存在，胶粒带负电。落叶松树皮单宁的动电电位（浓度 19.5g/L 时）为 −18mV。胶粒间的静电斥力使栲胶溶液具有相对的稳定性从而不易聚结。向栲胶溶液中加入盐（例如NaCl）后，溶液中部分单宁因失去稳定性而析出。利用分级盐析法可将单宁分离为重的（粗分散的）、基本的（中等分散的）和轻的（细分散的）单宁组分。

栲胶是以单宁为主要成分的工业品的名称，因此栲胶的化学性质即为单宁的化学性质，其中花色素的生成反应、原花色素的溶剂分解反应、亚硫酸盐反应等见本章第一节。

（1）甲醛反应　缩合单宁与甲醛的反应是缩合单宁的定性反应之一。原花色素的黄烷醇单元 A 环有高度活泼的亲核中心（C6、C8 位），容易发生亲电取代反应。与甲醛反应时，先在 A 环生成羟甲基取代基，然后与另一个 A 环发生脱水反应，生成亚甲基桥，将两个单宁分子桥联起来，见图 12-4-32。

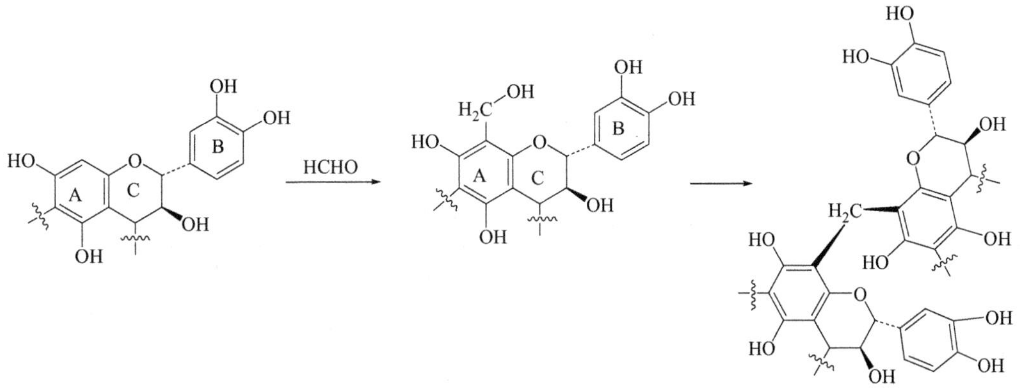

图 12-4-32　缩合单宁（以 C8 位为例）与甲醛的反应

反应继续进行时，产物的聚合度增加，成为热固性树脂，其原理和过程与酚醛树脂基本相同。原花色素组成单元的 B 环，还有水解单宁的芳环均有邻位的酚羟基，从而使反应活性降低，只有在金属离子催化或在较高 pH 值条件下才与甲醛发生反应。

（2）水解单宁的水解反应　在酸、碱或酶的水解作用下，水解单宁分子中的酯键发生断裂，生成多元醇（多数是葡萄糖）及酚羧酸。工业上对五倍子单宁或刺云实单宁进行水解，以制取棓酸。

（3）氧化反应　单宁分子具有邻位酚羟基取代的芳环（邻苯二酚型或邻苯三酚型），从而易于氧化，生成邻醌或各种不同的氧化偶合产物。氧化反应的产物视反应物及反应条件而异。在碱性或有氧化酶的条件下，单宁的氧化很快。

五倍子单宁在水溶液中，随 pH 值的增加而被氧化，一般 pH 值在 2 以下时，氧化缓慢，pH 值为 3.5～4.6 时，氧化加快。如图 12-4-33 所示，单宁中的棓酰被氧化成醌型或发生芳环间的氧化偶合，进而脱水，形成鞣花酸。

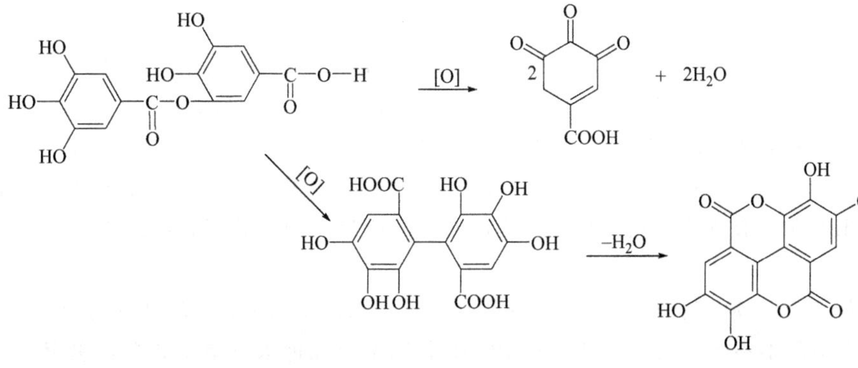

图 12-4-33　二棓酸的氧化反应

向栲胶溶液中加入具有高于单宁分子中邻苯二酚或邻苯三酚基的氧化势的化合物，如亚硫酸氢钠或二氧化硫，单宁的氧化就停止了。

（4）金属配合反应　单宁分子内有许多邻位的酚羟基，对金属离子有较强的配位作用。表12-4-6为几种单宁及其前体化合物的加质子常数。表12-4-7为两种单宁及有关的模型化合物与不同金属离子生成的配合物的稳定常数。

表 12-4-6　几种单宁及其前体化合物的加质子常数

$\lg K^k$	五倍子单宁（单宁酸）	木麻黄单宁	儿茶素	表儿茶素	原花青定 B-2
$\lg K_1^k$	11.05	11.47	13.26	13.40	11.20
$\lg K_2^k$	10.81	11.40	11.26	11.23	9.61
$\lg K_3^k$	8.42	10.70	9.41	9.49	9.52
$\lg K_4^k$	—	9.92	8.64	8.72	8.59

表 12-4-7　单宁金属配位化合物的稳定常数（$\lg K$）（20℃）

金属离子	模型化合物			单宁	
	苯酚	邻苯二酚	棓酸	五倍子单宁	木麻黄单宁
Mn^{2+}	3.09	5.93	8.46	9.20	5.80
Zn^{2+}	4.01	6.42	7.50	14.70	14.45
Cu^{2+}	5.57	10.67	13.60	18.30	18.80
Fe^{3+}	8.34	15.33	20.90	24.60	27.60

单宁的金属配合物的稳定常数按顺序为 $Fe^{3+} > Cu^{2+} > Zn^{2+} > Mn^{2+} > Ca^{2+}$。单宁对金属的配合能力随 pH 值的增加而增加。在酸性条件下，黑荆树皮单宁与 Fe^{3+} 生成二螯合体（**85**），见图 12-4-34。只有在碱性条件下，黑荆树皮单宁与 Fe^{3+} 才生成三螯合体。

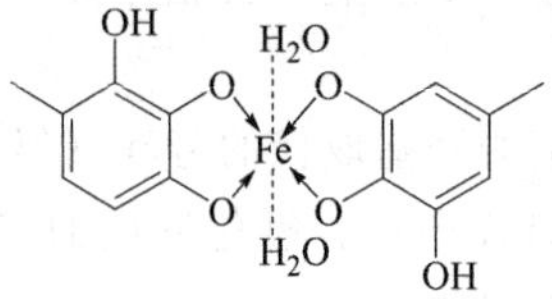

图 12-4-34　黑荆树皮单宁与 Fe^{3+} 生成的二螯合体

（5）蛋白质反应　单宁能与蛋白质结合，使水溶性蛋白质（如明胶）从溶液中沉淀出来，并具有鞣革能力。单宁对蛋白质的沉淀能力，可用 RA 值（即相对涩性）表示，或用 RAG、RMBG 值表示。

单宁的 RA 值，是使蛋白质（如血红蛋白或各葡萄糖苷酶）产生相同程度的沉淀时所耗用的单宁酸（即五棓子单宁）溶液与该单宁的溶液浓度的比值。RA 值大则结合能力强。RAG 值是使蛋白质产生相同程度的沉淀所耗用的老鹳草素［为鞣花单宁，结构式为：1-O-棓酰-3,6-O-(R)-六羟基联苯二酰-2,4-O-(R)-脱氢六羟基联苯二酰-β-D-吡喃葡萄糖］溶液与该单宁溶液浓度的比值。RMBG 值是使亚甲基蓝产生相同程度的沉淀所耗用的老鹳草素溶液与该单宁溶液浓度的比值。

在分子量 500～1000 范围内，单宁的 RA 值随分子量的增加呈直线增加到约为 1，分子量继续增加时 RA 值基本不变。表 12-4-8 及表 12-4-9 分别示出几种水解单宁和缩合单宁（以及有关化合物）的 RAG 值及 RMBG 值。

此外，单宁分子的形状（构象）的挠变性小，也使它与蛋白质的结合能力降低。例如，五-O-棓酰葡萄糖与木麻黄亭的分子量几乎相等，但后者的结合能力不及前者。这是由于前者的分子是可变形的盘状，而木麻黄亭（即 1-O-棓酰-2,3,4,6-二-O-六羟基联苯二酰葡萄糖）分子内有两个六羟基联苯二酰基环，使分子僵硬，难以变形，结合能力降低。

表 12-4-8　水解单宁和有关化合物的 RAG 值及 RMBG 值

化合物	分子量	RAG 值	RMBG 值
棓酸	170	0.11	0.07
六羟基联苯二酸	338	0.23	0.20
1,2,6-三-O-棓酰葡萄糖	636	0.64	0.80
1,2,3,4,6-五-O-棓酰葡萄糖	940	1.29	1.21
木麻黄亭	937	0.59	1.20
老鹳草素	953	1.00	1.00
栗木鞣花素	935	—	1.07

表 12-4-9　缩合单宁和有关化合物的 RAG 值及 RMBG 值

化合物	分子量	RAG 值	RMBG 值
（一）-表儿茶素	290	0.08	0.01
3-O-棓酰-表儿茶素	442	0.81	0.60
原花青定 B-2	578	0.10	0.05
原花青定 B-2-3,3′-二-O-棓酰酯	883	1.01	0.98

皮革生产中的鞣制过程就是单宁与胶原结合，将生皮转变为革的质变过程。这个过程是由单宁（以及非单宁）的扩散、渗透、吸附、结合等过程组成的复杂的物理和化学过程。只有分子量合适（500～4000）的单宁才能进入胶原纤维结构间并产生交联，以完成鞣制过程。

单宁分子参加反应的官能团主要是邻位酚羟基，其他基团如羧基、醇羟基、醚氧基等也参加反应，但不居主要地位。单宁与蛋白质可能的结合形式有氢键结合、疏水结合、离子结合、共价结合。前面三种是可逆结合，共价结合是不可逆结合。一般认为氢键结合和疏水结合是主要的形式。单宁的邻位酚羟基与蛋白质的肽基（RCH—NH—CO—）之间的双点氢键结合（86）示意图见图 12-4-35。

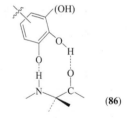

(86)

图 12-4-35　单宁邻位酚羟基与蛋白质肽基之间的氢键结合示意图

（6）栲胶的陈化变质　栲胶水溶液经长期存放会发生变质，水解类栲胶一般比缩合类栲胶易变质。陈化变质过程中的化学变化很复杂，如：单宁水溶液黏度增大、聚集稳定性降低、盐析程度增加；单宁发生氧化颜色加深；水解单宁在酶的作用下水解；鞣花单宁水解后产生黄粉沉淀；缩合单宁在酶催化氧化下发生聚合，产生红粉沉淀；非单宁中的糖，以及水解类单宁水解后产生的糖，发酵生成乙醇、乙酸，此外还有其他产物如乳酸、丁酸、甲酸等。

三、栲胶的生产工艺

一般来说，栲胶的生产工艺过程有原料的粉碎、原料的筛选、原料的净化和输送、原料浸提、浸提液蒸发、浓胶喷雾干燥等。对于缩合类单宁原料，提取时还常进行亚硫酸盐处理（磺化）。

（一）原料的粉碎

碎料的粒度是影响浸提过程的重要因素。碎料粒度小，可以缩短水溶物从碎料内部转移到淡液中的距离，增大碎料与水的接触面积，从而加速浸提过程，缩短浸提时间，减少单宁损失，提高浸提率和浸提液的质量。单宁大多含于植物细胞组织中，这些细胞绝大多数是顺树轴方向排列的，因此原料粉碎时，横向切断树皮和木材，就能更多地破坏细胞组织。由于原料细胞组织被破坏，从而加速水分的渗入、单宁的溶解和扩散。粉碎在一定范围内还能增加原料的堆积密度，从而增加浸提罐的装料量，提高浸提罐的利用率和能力。总之，通过粉碎可以为浸提供应合格碎料，破坏细胞组织、加速浸提过程，还可以增加浸提罐加料量，但是需注意减少粉末，提高碎料合格率，降低原料消耗。

（二）原料的筛选

将颗粒大小不一的物料通过具有一定孔径的筛面，分成不同粒度级别的过程称为筛选（筛分）。目的：一是改善粉碎原料粒度的分配情况；二是除去尘粒杂质，净化原料。原料在采集、包装、贮存过程中，往往混入一些泥砂、石块、铁质等有害物质。其中钙、镁可以与单宁生成沉淀，使单宁损失，不溶物增加，还易沉积在蒸发器加热管上，形成管垢，降低增发器生产能力；铁与单宁生成蓝黑色络合物，使成品颜色变深，质量下降；石头、铁块的存在，不仅降低产品质量，而且损坏粉碎机。筛选常在原料粉碎前和后进行，粉碎后筛选主要是改善粒度，使粒度趋于均匀。

（三）原料的净化和输送

原料中的泥砂、灰尘、石块等采用风选、喷水筛选、水洗去除，除铁用磁选。将原料在振动筛上方喷适量水筛选，不仅除去泥砂等杂物，而且粉碎时产生粉末少、粒度均匀。此外，原料在输送、粉碎、筛选过程中，均产生较多的灰尘，影响职工健康和环境卫生，必须有良好的防尘除尘设施。有效的办法是采用吸送式气力输送装置，即对筛选机、粉碎机、斗式提升机、皮带运输机等装卸料口扬尘部位进行可能的密封，并在这些部位安装吸尘罩吸风以产生局部负压，并吸走粉尘，使粉尘不致大量逸散出来。各个吸尘罩支管都汇集在一个总吸管上，总吸尘管与旋风分离器相通，将大部分粉末分离出来，空气进一步除去尘土后由排风机将尾气排放到大气中。

在植物单宁生产中较普遍采用的原料输送装置有皮带输送机、斗式提升机、螺旋输送机、气力输送设备及机动车等。五倍子备料中，采用吸送式气力输送。系统内压力低于大气压力，风机装于系统末端，空气和物料经吸入口进入输送管到终点处被分开，物料经分离器下方的星形排料器排出，空气经风机、旋流塔排出。气力输送装置的设备简单，占地面积小，费用少，劳动条件好，输送能力和距离较大。缺点是弯处管道易磨损，动力消耗和噪声均较大。

（四）原料浸提

粉碎物料与水在浸提罐组或连续浸提器中多次逆流接触，单宁等溶于水，形成浸提液，其余不溶于水的部分变成废渣，使两者分离的过程称为浸提或固-液萃取。其原理是依靠分子扩散、涡流扩散作用，使单宁从原料中转移到浸提液中。

1. 罐组逆流浸提工艺

以毛杨梅、余甘树皮等原料生产栲胶，多采用罐组逆流浸提工艺，流程见图12-4-36[4]。合格料由上料皮带输送机1上的卸料器2加入加料斗3，再放入浸提罐4后，浸提水从贮槽经浸提上水泵8送入浸提水预热器7加热到120℃，进入浸提罐组尾罐，并逐罐前进进行浸提，最后在首罐内浸提新料成为浸提液，从首罐排出，经斜筛5过滤后入浸提液贮槽6澄清，供蒸发用。

亚硫酸盐溶液从计量槽9经浸提上水泵8送入浸提罐组内。首罐内的碎料经多次浸提后成为尾罐的废渣。尾罐内部分水经过滤器排入浸提上水贮槽内，并排气。当尾罐压力降到0.03MPa时，打开水压开关下进水阀，放出密封圈内水，拧动操纵杆，浸提罐下盖自动打开，借罐内余压喷放废渣，由铲车和拖拉机运走。开阀冲洗上下筛，打开水压开关上进水阀，关底盖，拧紧操纵杆，开始加料。加完料，上好盖，给密封圈充水，此罐成为首罐。该流程的特点是：a.浸提水预热器的蒸汽冷凝水排入闪蒸罐，产生低压蒸汽经热泵压缩，提高其压力，作浸提水预热器的加热蒸汽，闪蒸罐中余水和尾水作浸提用，热量和水利用充分；b.浸提罐较小（容积6.3m³），适于中小型工厂（年产量约3000t）使用；c.浸提罐斜锥顶角40°，带压排渣安全可靠；d.上转液口与阀门组的连接管下部设排空气管（废上排气管），操作较方便。

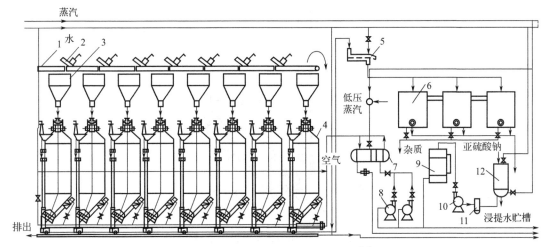

图12-4-36　罐组逆流浸提工艺流程[6]

1—上料皮带输送机；2—卸料器；3—加料斗；4—浸提罐；5—斜筛；6—浸提液贮槽；7—浸提水预热器；
8—浸提上水泵；9—亚硫酸盐计量槽；10—泵；11—过滤器；12—亚硫酸盐溶解器

2. 浸提关键设备

浸提关键设备为浸提罐，常用金属浸提罐结构见图12-4-37[6]。容积6.5m³的浸提罐，用6～8mm的不锈钢板或用普通碳素钢板（厚8mm）内衬不锈钢板（厚2～3mm）制成。常用的罐体材料为奥氏体不锈钢，具有良好的抗蚀、焊接和加工性能。浸提罐为圆柱形，长径比一般为1.2～2.5。在相同的容积下，长径比值小，则物料的流体阻力小，溶液流速快，相邻罐内的溶液在转液时容易混合，使浸提率降低。长径比值大则相反。

3. 浸提影响因素

浸提是栲胶生产的重要环节，它对栲胶质量和产量有较大的影响。合理安排浸提工艺条件，达到优质高产低消耗，才能取得良好的经济效益。这些工艺条件包括原料的性质与粒度、浸提温度、浸提时间和次数、出液系数、溶液流动和搅拌、化学添加剂的品种和数量、浸提水质等。

（1）原料的性质与粒度　根据菲克定律，原料粒度小，浸提时溶质在原料内的扩散距离减小，扩散表面积增加，被打开的细胞壁增多，使浸提速度加快，从而提高浸提液质量（纯度）和单宁或抽出物的产量（抽出率）。然而，当粒度太小（如粉末）时，透水性差，在罐组浸提中，粉末阻碍转液，堵塞罐的筛板和管路，造成排渣和转液困难，甚至形成不透水的团块从而无法浸提。因此，一般不采用粉末浸提。

（2）浸提温度　扩散速度与热力学温度成正比，与溶剂黏度成反比。提高温度，使单宁快

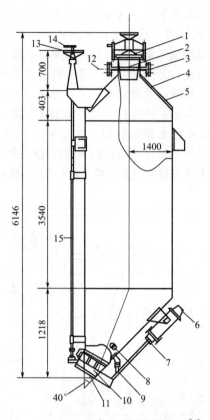

图 12-4-37　6.5m³ 金属浸提罐结构[6]

1—加料口；2—活动筛板；3—排气口；4—上、下筛板；5—上锥体；6、7—水力开关进、出水口；
8—下转液管口；9—底盖托梁；10—底盖；11—密封圈；12—上转液管口；13—手轮；14—手柄；15—拉杆

速且完全地浸出，从而提高抽出率。但温度过高，单宁受热分解或缩合，使浸提液质量下降。

（3）浸提时间和次数　浸提时间是指原料与溶剂接触的时间，浸提次数是指原料被溶剂浸提的次数。一般是根据浸提液质量、抽出率及设备的生产率选择最合理的时间和次数，一般由实验确定。

（4）出液系数　出液系数是浸提时放出的浸提液量与气干原料的质量百分比。其下限值是溶液浸没原料所需的体积决定的，低于比值，浸提不能正常进行。采用过大的出液系数，虽然可以在一定限度上提高抽出率，但是浸提液浓度稀，蒸发负荷和蒸汽耗量增加。

（5）溶液流动和搅拌　浸提时溶液在原料表面上的流动速度达到湍流状态时，有分子扩散、涡流扩散，大大加快单宁的浸出。搅拌使原料颗粒离开原来位置从而移动，不仅加速扩散，也增加液固接触面积，消除粉末结块和不透水的现象。

（6）化学添加剂的品种和数量　浸提时添加某些化学药剂，可以提高单宁的产率，改善栲胶质量。缩合单宁浸提时加入亚硫酸盐，其浓度为 5%～10%，加入罐组中部或中部偏前或中部偏后。加入过早会造成亚硫酸盐与易溶性单宁进行不必要的反应从而降低质量，加入过晚会造成亚硫酸盐未充分作用而随废渣排出。

（7）浸提水质　浸提用水质量主要是指水的硬度、含铁量、pH 值、含盐量及悬浮物量。单宁与硬水中的钙、镁离子结合形成络合物，使单宁损失，颜色加深，且易于在蒸发器内结垢。单宁与铁盐形成深色的络合物，溶液颜色加深严重。

（五）浸提液蒸发

从浸提工段得到的浸提液浓度低，总固体含量一般低于 10％，需要通过蒸发操作来提高浓度。由于单宁化学性质活泼，高温或长时间加热都会使单宁严重变质，因此通常采用多效真空蒸发，使溶液浓度达到 35％～55％，以便喷雾干燥成粉状栲胶。

常用的真空降膜蒸发工艺流程见图 12-4-38。其中的关键设备降膜式蒸发器的结构见图 12-4-39[6]。料液从加热管上部经分配装置均匀进入加热管内，在自身重力和二次蒸汽运动的拖带作用下，溶液在管壁内呈膜状下降，进行蒸发、浓缩的溶液由加热室底部进入气液分离器，二次蒸汽从顶部逸出，浓缩液由底部排出。

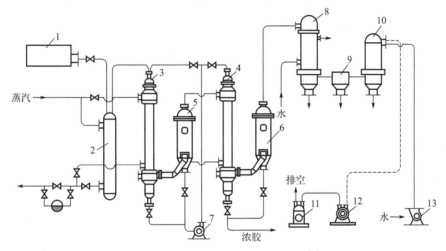

图 12-4-38　真空降膜蒸发工艺流程[6]

1—浸提液高位槽；2—预热器；3、4—加热室；5、6—分离器；7—循环泵；8—表面冷凝器；
9—捕集器；10—混合冷凝器；11—排空罐；12—水环式真空泵；13—水泵

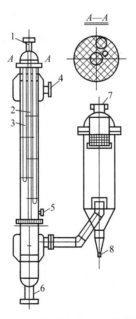

图 12-4-39　降膜式蒸发器的结构[6]

1—进液管；2—蒸发管；3—定距管；4—蒸汽进口；5—冷凝水出口；6—循环液出口；7—二次蒸汽出口；8—浓缩物料出口

（六）浓胶喷雾干燥

栲胶的干燥大多为喷雾干燥。喷雾干燥是采用雾化器使料液分散为雾滴，并用热空气等干燥介质干燥雾滴从而获得产品的一种干燥技术。喷雾干燥过程可分为四个阶段：料液雾化为雾滴；雾滴与空气接触（混合流动）；雾滴干燥（水分蒸发）；干燥产品与空气分离。

（七）栲胶产品质量要求

目前，用于生产栲胶的原料主要有毛杨梅树皮、余甘子树皮、马占相思树皮、橡椀、落叶松树皮、木麻黄树皮、黑荆树树皮，主要栲胶产品分别为毛杨梅栲胶、余甘栲胶、马占相思栲胶、橡椀栲胶、落叶松栲胶、木麻黄栲胶、黑荆树栲胶。林业行业标准 LY/T 1087—2021《栲胶》中规定，各种栲胶产品的技术指标应符合要求（表 12-4-10～表 12-4-16）。

表 12-4-10　毛杨梅栲胶技术指标

指标名称		优等品	一等品	合格品
外观		淡棕黄色至棕黄色粉末		
水分/%	≤	12.0	12.0	12.0
不溶物/%	≤	4.0	5.0	6.0
单宁/%	≥	69.0	67.0	65.0
沉淀/%	≤	2.0	4.0	6.0
pH 值		4.5～5.5	4.5～5.5	4.5～5.5
总颜色	≤	10.0	16.0	26.0
红	≤	3.0	5.0	9.0
黄	≤	7.0	11.0	17.0
蓝	≤	0	0	0

表 12-4-11　余甘栲胶技术指标

指标名称		优等品	一等品	合格品
外观		淡棕黄色至棕黄色粉末		
水分/%	≤	12.0	12.0	12.0
不溶物/%	≤	2.5	3.5	4.5
单宁/%	≥	70.0	68.0	65.0
沉淀/%	≤	2.0	3.0	5.0
pH 值		4.5～5.5	4.5～5.5	4.5～5.5
总颜色	≤	9.0	15.0	20.0
红	≤	3.0	5.0	6.0
黄	≤	6.0	10.0	14.0
蓝	≤	0	0	0

表 12-4-12　马占相思栲胶技术指标

指标名称		优等品	一等品	合格品
外观		淡棕黄色至棕黄色粉末		
水分/%	≤	12.0	12.0	12.0
不溶物/%	≤	3.0	4.0	6.0
单宁/%	≥	70.0	68.0	65.0
沉淀/%	≤	1.5	2.5	3.5
pH 值		4.5～5.5	4.5～5.5	4.5～5.5
总颜色	≤	8.0	14.0	20.0
红	≤	2.5	4.5	7.0
黄	≤	5.5	9.5	13.0
蓝	≤	0	0	0

表 12-4-13　橡椀栲胶技术指标

指标名称		冷溶			热溶	
		优等品	一等品	合格品	一等品	合格品
外观		淡棕黄色至棕黄色粉末				
水分/%	≤	12.0	12.0	12.0	12.0	12.0
不溶物/%	≤	2.0	2.5	3.5	3.5	4.0
单宁/%	≥	68.0	66.0	62.0	70.0	66.0
沉淀/%	≤	2.0	3.0	5.0	6.0	8.0
pH 值		3.3～4.0	3.3～4.0	3.3～4.0	3.3～3.8	3.3～3.8
总颜色	≤	20.0	28.0	38.0		
红	≤	5.0	7.0	9.5	—	—
黄	≤	15.0	21.0	28.0		
蓝	≤	0	0	0.5		

表 12-4-14　落叶松栲胶技术指标

指标名称		优等品	一等品	合格品
外观		棕黄色至棕红色粉末		
水分/%	≤	12.0	12.0	12.0
不溶物/%	≤	4.0	5.0	6.0
单宁/%	≥	58.0	56.0	52.0
沉淀/%	≤	3.0	5.0	7.0
pH 值		4.5～5.5	4.5～5.5	4.5～5.5
总颜色	≤	45.0	52.0	57.0
红	≤	25.0	29.0	31.0
黄	≤	20.0	23.0	25.5
蓝	≤	0	0	0.5

表 12-4-15　木麻黄栲胶技术指标

指标名称		优等品	一等品	合格品
外观		淡棕黄色至棕红色粉末		
水分/%	≤	12.0	12.0	12.0
不溶物/%	≤	3.0	4.0	5.0
单宁/%	≥	71.0	69.0	67.0
沉淀/%	≤	1.0	2.0	3.0
pH 值		4.5～5.5	4.5～5.5	4.5～5.5
总颜色	≤	14.0	18.0	25.0
红	≤	5.0	6.0	9.0
黄	≤	9.0	12.0	16.0
蓝	≤		0	0

表 12-4-16　黑荆树栲胶技术指标

指标名称		优等品	一等品	合格品
外观		粉红色至棕色粉末		
水分/%	≤	12.0	12.0	12.0
不溶物/%	≤	2.5	3.5	4.5
单宁/%	≥	73.0	71.0	68.0
沉淀/%	≤	2.0	2.5	4.0
pH 值		4.5～5.5	4.5～5.5	4.5～5.5
总颜色	≤	8.0	14.0	24.0
红	≤	2.5	4.5	8.0
黄	≤	5.5	9.5	16.0
蓝	≤	0	0	0

第三节　五倍子单宁化学与加工

一、五倍子单宁的化学结构

五倍子（gallnut，Chinese gallnut）是瘿棉蚜科蚜虫寄生在漆树属植物的叶翅或小叶上形成的一类虫瘿。可分为角倍类、肚倍类和倍花类。

从五倍子中提取分离的天然化合物五倍子单宁（Chinese gallotannin），属没食子单宁，是多种葡萄糖聚棓酸酯的混合物，由五至十二-O-棓酰葡萄糖组成。平均分子量1434，每个葡萄糖基平均有 8.3 个棓酰基。五倍子单宁含量丰富，是生产单宁酸和没食子酸的优质原料。

单宁酸异名鞣酸、单宁、五倍子单宁酸，英文名 tannic acid，其化学结构式为：

（式中：l、m、n 三者之和可等于 0、1、2、3、4、5、6、7）

二、五倍子单宁的基本性质

1. 外观

五倍子单宁酸是一种无定形淡黄至浅棕色粉末，有收敛性与涩味。

2. 溶解性

五倍子单宁酸溶于水、醇、丙酮、乙酸乙酯，不溶于无水醚、氯仿、苯、石油醚和二硫化碳。

3. 氧化

单宁酸的邻苯三酚结构中的邻位酚羟基很容易被氧化成醌类结构，在有酶、充足的水分以及较高 pH 值（如 pH＞3.5）时，氧化反应进行得更快，从而消耗环境中的氧。氧化后颜色比较深。

4. 水解

单宁酸在酸、碱、酶的作用下，可水解成葡萄糖和没食子酸；缓和条件下，可局部水解为不同程度的中间产物，包括一个分子的葡萄糖和五个分子以下的没食子酸结合的酯以及间没食子酸、间三没食子酸。

5. 与金属离子的络合

单宁酸能与三价铁、铬、铝盐形成具有特殊颜色的络离子。单宁酸因多个邻位酚羟基结构，可以作为一种多基配体与金属离子发生络合反应。两个相邻的酚羟基能以氧负离子的形式与金属离子形成稳定的五元环螯合物，邻苯三酚结构中的第三个酚羟基虽然没有参与络合，但可以促进另外两个酚羟基的离解，从而促进络合物的形成及稳定。与三价铁的反应是单宁重要的定性反应。生产中单宁酸溶液要避免与铁质材料接触。

6. 与蛋白质反应

五倍子单宁酸与蛋白质结合，生成不溶于水的复合物，这种复合物在酸、碱、酶的作用下被分解重新释放。蛋白质是由多种氨基酸通过肽键连接而成的高分子化合物，五倍子单宁酸与蛋白质的结合主要是多点氢键结合，能使生物体内的原生质凝固，具有抗病毒和酶抑制等活性。

单宁酸的涩性或收敛性（astringency）均是多酚与蛋白质结合的体现。

7. 抗氧化性

单宁酸的酚类结构是优良的氢给予体，对氧负离子和羟基自由基（OH·）等自由基有明显的抑制作用，从而起到对生物组织的保护作用。

8. 衍生化反应

单宁酸是一类多聚的酚类物质，能发生亚硫酸化和磺化、醚化、酯化、酰基化、偶氮化等衍生化反应。利用这些反应可进一步改善和扩展单宁酸的性质，从而满足更广泛领域实际应用的需要。

9. 胶体性质

五倍子单宁酸水溶液属于多分散体系，从热力学上讲是不稳定体系，但因单宁酸粒子具有亲水性，易产生缔合作用，从而使其溶液呈稳定状态。影响稳定性的因素有浓度、温度、电解质、pH 值等。五倍子单宁酸溶液胶体稳定性破坏，即胶体状态变化从而产生沉淀。这种沉淀在概念上与不溶物不能混为一谈，否则就会由于一意分离沉淀而造成单宁的损失。五倍子单宁酸水溶液的稳定性，对生产单宁酸和使用单宁酸都有重要的意义。

三、五倍子单宁的加工

（一）单宁酸的加工方法

五倍子单宁酸的生产过程主要包括备料、浸提、浓缩、干燥等工序。通过不同的提纯方法可生产不同规格要求的单宁酸产品。单宁酸应用于医药、食品、化妆品、鞣革、墨水、印染、冶金、水处理等领域。

1. 备料

五倍子加工的备料是单宁酸生产中的一个非常重要的环节，是完成对浸提工序所需的质量合格、数量充足的原料的处理过程，包括破碎、筛分、净化、贮存、计量、输送等过程。

2. 浸提

浸提过程是用溶剂浸泡五倍子原料，把有效成分从固体中转化到液体中去。评价浸提过程，主要是以优质、高产、低能耗等指标为依据。即在保证浸提液质量的前提下，达到抽出率高、浓度高、产量高的目的。影响浸提效果的因素有原料的外部形状、溶剂的数量和质量、温度、时间、液固接触的形式等。工业单宁酸浸提的工艺条件为：用水作为溶剂提取，原料粒度 $10\sim15mm$，罐组逆流浸提加水倍数 $4\sim5$ 倍，浸提温度 $45\sim75℃$，浸提时间 $48\sim56h$。提取头步液浓度：$3\sim5°Be'/40℃$。原料总固物抽出率大于 95%。

3. 浓缩

浓缩过程是借助加热作用使浸提溶液中一部分溶剂汽化，从而获得浓缩溶液的过程。评价浓缩过程，主要反映在浓胶质量和浓度、蒸汽消耗和蒸发强度等指标上。用双效蒸发器浓缩单宁酸溶液的主要工艺条件为：Ⅰ效加热室加热蒸汽压力 $\leqslant0.2MPa$；Ⅰ效分离室真空度 $0\sim100mmHg$（$1mmHg=133.322Pa$）；Ⅱ效分离室真空度 $\geqslant550mmHg$；分离室液位在上循环管口下缘；浓胶浓度 $18\sim20°Be'/40℃$。

4. 干燥

五倍子单宁酸的干燥，有离心喷雾干燥和气流喷雾干燥。离心喷雾干燥是用高速离心转盘将单宁酸溶液喷成雾滴，分散到热气流中，使水分迅速蒸发从而得到干燥产品。气流喷雾干燥是采用压缩空气（或蒸汽）将溶液进行雾化干燥的过程。干燥生产过程主要控制产品的水分和容重。生产上大多采用离心喷雾干燥。离心喷雾干燥生产的主要工艺条件：浓胶预热温度 $70\sim80℃$；空气加热器蒸汽压力 $0.4\sim1.0MPa$；进风温度 $\geqslant130℃$；出风温度约 $75℃$；产品水分 7% 左右。

5. 提纯

用水浸提五倍子时，与五倍子单宁一起溶于水的物质主要有没食子酸、植物蛋白、无机盐、叶绿素、树脂和淀粉等。为了提高单宁酸质量，增加单宁酸品种，通过采用冷冻澄清、活性炭处理、溶剂萃取、离子树脂交换、大孔树脂吸附等手段，以达到单宁酸提纯的目的。用离子交换或树脂吸附来提纯单宁酸，一般都先经过冷冻澄清，否则提纯效果很难达到质量要求，同时也会增加生产成本。

（1）冷冻澄清　将适宜浓度（$6\sim8°Be'$）的工业单宁酸水溶液，于 $0\sim5℃$ 温度下冷冻静置。单宁酸水溶液中的游离没食子酸、树胶等物质，在低温下析出、沉降，分离后清液层单宁酸溶液质量有较明显的提高，其中单宁含量平均可以提高 $4\%\sim5\%$。染料单宁酸生产可采用冷冻澄清的纯化技术路线。

（2）活性炭处理　活性炭是对产品进行精制处理的常用助剂，利用其在液相中的吸附功能，可以除去色素、树胶等杂质。该方法可使单宁含量提高 1% 左右，而颜色和透射率则有明显的改善。墨水单宁酸生产可采用活性炭处理的纯化技术路线。

（3）溶剂萃取　单宁酸能溶于乙醇、乙酸乙酯、甲醇、丙酮等有机溶剂。这几种溶剂中，乙醇、甲醇和丙酮都与水混溶，而乙酸乙酯则亲水性差，可与水较好地分层。因此，可用乙酸乙酯萃取单宁酸的水溶液，将大部分单宁酸转移到乙酸乙酯层，而将较多量的水溶性杂质留在水层，达到纯化单宁酸的目的。试验结果表明，对工业单宁酸水溶液直接进行乙酸乙酯萃取，产品的单宁含量平均可提高 $12\%\sim13\%$。

采用冷冻澄清、溶剂萃取、活性炭处理组合纯化方法，产品的单宁含量平均可达 $95\%\sim96\%$，基本符合食用单宁酸的质量要求。

（4）离子树脂交换　用五倍子制取药用单宁酸时，因产品质量对灰分的要求严格，生产上采用离子交换技术。离子交换树脂是带有活性离子的高分子化合物，有阴、阳两种。单宁酸中含有钙、镁、铁等阳离子和没食子酸、多缩没食子酸、色素等阴离子，通过阴离子和阳离子交换树脂进行清除。产品质量符合英国药典的要求。

（5）大孔树脂吸附　大孔吸附树脂已经广泛应用于制药及天然植物中活性成分的提取分离。试验结果表明，对工业单宁酸水溶液直接进行大孔树脂吸附处理，产品的单宁含量平均可提高 $15\%\sim16\%$。而采用先冷冻澄清再大孔树脂吸附的提纯方法，产品的单宁含量平均可达 $97\%\sim98\%$，其他杂质指标也都达到市场上酿造单宁酸的质量要求。

（二）主要加工产品的生产工艺

1. 工业单宁酸生产工艺流程

工业单宁酸生产工艺流程见图 12-4-40。

工艺流程简述：

（1）备料工序　先将五倍子经磁选除去铁屑后，用皮带输送机送入破碎机，轧碎粒度为 $6\sim10mm$，轧碎物通过筛分除去五倍子虫尸、虫排泄物（送往没食子车间），制得净化料暂存备用。

（2）浸提工序　经除尘、除铁的净化料投入浸提罐，加入纯净水，间接加热进行浸提即得

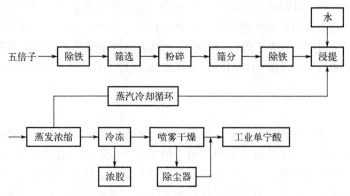

图 12-4-40　工业单宁酸生产工艺流程

浸提液。

（3）蒸发工序　浸提液送双效真空蒸发器，通过外加热方式使浸出液中的水分蒸发浓缩，浓缩液经冷却分离出大粒子单宁浓胶，可供生产药用单宁酸原料；上层溶解度很好的澄清单宁压送至喷雾干燥塔干燥，得到工业单宁酸。

（4）干燥、包装工序　干燥采用喷雾式干燥方法，干燥用空气温度为 $180 \sim 200 ℃$，干燥物落入底部由自动扫粉机不断扫出，得轻质成品。

2. 染料单宁酸生产工艺流程

染料单宁酸生产工艺流程见图 12-4-41。

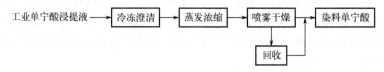

图 12-4-41　染料单宁酸生产工艺流程

工艺流程简述：将工业单宁酸浸提液放入冷冻澄清罐中，通过冷冻水夹套冷却，并充分搅拌，静置后上层清液经双效真空蒸发器蒸发浓缩，浓缩液用喷雾干燥塔干燥，得粉状产品染料单宁酸，粉尘用布袋收尘器回收。

3. 药用单宁酸生产工艺流程

药用单宁酸生产工艺流程见图 12-4-42。

工艺流程简述：从工业单宁酸生产线来的冷冻单宁浓胶加溶剂乙酸乙酯萃取，为了使单宁浓胶与萃取剂充分溶解，工艺流程中设置外循环泵强制流动，静置后送入分层罐分层，上层液通过外加热方式脱

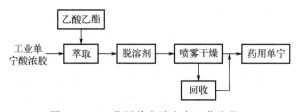

图 12-4-42　药用单宁酸生产工艺流程

去溶剂，下层液分别采用外加热方式回收乙酸乙酯，单宁酸经喷雾干燥后成粉状产品。浓液经喷雾干燥得到药用单宁酸。

4. 食用单宁酸生产工艺流程

食用单宁酸生产工艺流程见图 12-4-43。

工艺流程简述：将工业单宁酸生产线来的五倍子浸提液在冷冻澄清罐中夹层冷冻，并充分搅拌，静置的上清液通过树脂吸附柱，单宁酸被树脂吸附，然后用稀乙醇洗脱 3 次，含有单宁

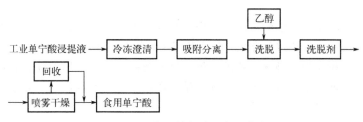

图 12-4-43　食用单宁酸生产工艺流程

酸的洗脱液经过乙醇回收塔，回收乙醇，母液经喷雾干燥得到食用单宁酸。

5. 3,4,5-三甲氧基苯甲酸生产工艺流程

3,4,5-三甲氧基苯甲酸生产工艺流程见图 12-4-44。

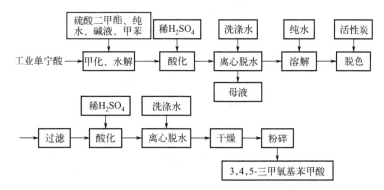

图 12-4-44　3,4,5-三甲氧基苯甲酸生产工艺流程

工艺流程简述：

（1）粗制工序　将浓 H_2SO_4 加入配酸罐稀释成稀 H_2SO_4，与硫酸二甲酯、碱液分别计量加入先前纯水溶解的工业单宁酸纯水溶液中，在粗制反应罐中进行甲化、水解反应，再加酸进一步酸化，反应液经离心机脱水，得到 3,4,5-三甲氧基苯甲酸粗品。

（2）精制工序　粗品用纯水加热溶解，用活性炭脱色、过滤活性炭后再次酸化，再离心脱水，在离心过程中加入洗涤水洗净，湿的精制固体送入干燥箱通热风干燥，去除水分，再用微粉碎机把块状固体粉碎成细度符合要求的成品。

6. 3,4,5-三甲氧基苯酸甲酯生产工艺流程

3,4,5-三甲氧基苯酸甲酯生产工艺流程见图 12-4-45。

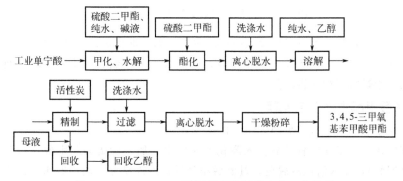

图 12-4-45　3,4,5-三甲氧基苯酸甲酯生产工艺流程

工艺流程简述：

（1）粗制工序　将工业单宁酸溶于热水中，与计量加入的碱液、硫酸二甲酯进行甲化、水解，反应液加过量硫酸二甲酯进行酯化，生成液用离心机分离粗品。

（2）精制工序　粗品加入纯水、乙醇溶解，投入精制反应罐，用活性炭脱色、过滤，去掉活性炭渣，精制母液回收溶剂后排入污水处理站，产品用洗涤水洗涤后，湿精制固体送入干燥箱干燥，用微粉碎机粉碎成要求的粒度从而得到产品。

7. 没食子酸生产工艺流程

没食子酸生产工艺流程见图12-4-46。

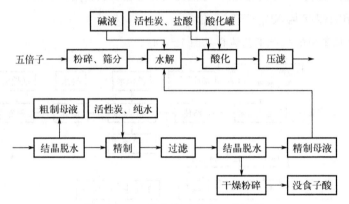

图12-4-46　没食子酸生产工艺流程

工艺流程简述：将五倍子粉碎、筛分后，投入水解反应罐，加入碱液及精制母液，通过夹套加热进行水解，并充分搅拌，待水解完成后转入酸化反应罐，先加入盐酸酸化，再加入活性炭脱色，用板框压滤机压滤，滤液转入结晶罐中，用冷冻水冷却，离心分离，粗品进一步溶解、脱色，过滤的精制液再结晶，晶体用回转式真空干燥机干燥后，用摇摆颗粒机造粒而得产品。

8. 焦性没食子酸生产工艺流程

焦性没食子酸生产工艺流程见图12-4-47。

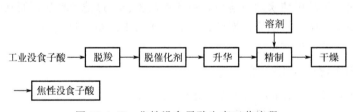

图12-4-47　焦性没食子酸生产工艺流程

工艺流程简述：将工业没食子酸投入脱羧反应罐，加入催化剂，用电加热至220℃，反应物转入升华罐，在真空状态下使催化剂升华回收，再加入溶剂精制、压滤，洗涤液回收溶剂，晶体用回转式真空干燥机干燥而得产品。

9. 没食子酸甲酯生产工艺流程

没食子酸甲酯生产工艺流程见图12-4-48。

工艺流程简述：将工业没食子酸投入酯化反应罐中，加入稀硫酸和甲醇进行酯化反应，加热蒸发甲醇（回收），加入活性炭脱色，过滤后粗品进行冷冻结晶、离心脱水，再次精制后送入干燥箱干燥、粉碎而得产品。

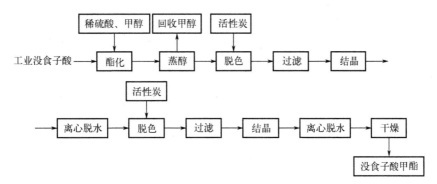

图 12-4-48 没食子酸甲酯生产工艺流程

四、五倍子单宁精细化学品

我国是五倍子的主产地，五倍子集中分布在长江中上游的山区。五倍子富含五倍子单宁，此类天然化合物经提纯、水解、脱羧、合成等方法可制取近百种精细化工产品，广泛应用在医药、化工、染料、食品、感光材料及微电子工业中。

目前市场上以五倍子为原料，批量制备的精细化学品主要有鞣花酸、3,4,5-三甲氧基苯甲酸、3,4,5-三甲氧基苯甲酸甲酯、没食子酸、碱式没食子酸铋、没食子酸酯（主要为没食子酸甲酯、没食子酸乙酯、没食子酸丙酯、没食子酸十二酯、没食子酸十八酯）、焦性没食子酸、1,2,3-三甲氧基苯、2,3,4-三甲氧基苯甲醛、2,3,4,4′-四羟基二苯甲酮、2,3,4-三羟基苯甲醛、2,3,4-三羟基二苯甲酮等产品。

这些产品与五倍子的关系可以由图 12-4-49 表达出来。

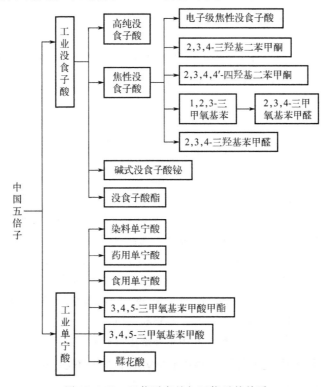

图 12-4-49 五倍子产品与五倍子的关系

1. 没食子酸（gallic acid）

定义：是一种酚酸类的有机化合物，兼有酚及芳香酸的化学性质。别名棓酸、3,4,5-三羟基苯甲酸。

结构式：

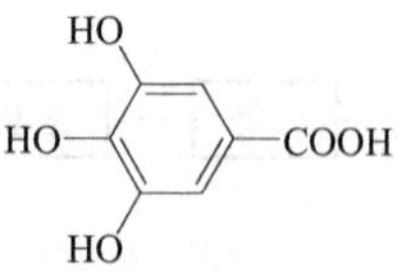

据国外文献记载，没食子酸最早由舍勒制得（1786）。但古代中国早在这以前就有明确记载。明代李挺的《医学入门》（1575）中记载了用发酵法从五倍子中得到没食子酸的过程，是世界上最早制得的有机酸，比舍勒的发现早了二百年。

没食子酸单体及单宁衍生物在南美塔拉、中国五倍子、土耳其倍子、印度柯子和槭树叶中含量比较高，具有提取利用价值。没食子酸主要由五倍子和塔拉粉水解制成，分为酸法水解、碱法水解、发酵法和酶法水解。目前，工业上主要采用碱法水解，将五倍子或塔拉原料加碱水解，再经中和、脱色、结晶、分离、干燥得成品工业没食子酸。工业没食子酸经过多次重结晶，可以制备高纯没食子酸。

没食子酸为白色、针状或菱状结晶，CAS 号 149-91-7，分子式 $C_7H_6O_5$，分子量 188.14，通常以一水合物（$C_7H_6O_5 \cdot H_2O$）从水中结晶出来。熔点 235～240℃，相对密度 1.694，加热至 100～120℃时失去结晶水，加热至 200℃以上失去二氧化碳从而生成焦性没食子酸，溶于乙醇、丙酮、乙醚和甘油，溶于热水而微溶于水，不溶于苯和氯仿。曝露光中其颜色发暗变深。

没食子酸毒性较小，LD_{50}（半数致死量）为 3600mg/kg（大鼠，经口），对温血动物虽可产生高铁血蛋白，但毒性轻微，人体每日服 2～4g 也不会有任何中毒症状。

没食子酸是一种有机精细化学品，广泛地应用于有机合成、医药、食品、染料、日化等领域。

2. 碱式没食子酸铋（2,7-dihydroxy-1,3,2-benzodioxabismole-5-carboxylic acid）

定义：没食子酸的金属盐。别名次没食子酸铋、皮萨草。

结构式：

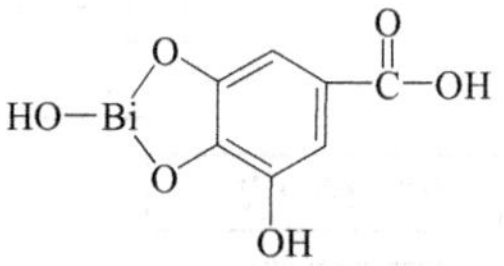

用没食子酸和硝酸铋成盐，一步反应即得没食子酸铋。在不锈钢罐中投入没食子酸及适量的水，加热至 90℃使之溶解，过滤可得没食子酸水溶液。另取硝酸铋加少许热水，搅拌至无硝酸铋颗料为止，在搅拌下加入没食子酸水溶液中，再继续搅拌 0.5h，出料。经沉淀、过滤，滤饼以 50℃水洗，无酸味后再过滤，在 70℃以下干燥，得到次没食子酸铋。

碱式没食子酸铋为浅黄色无定形粉末，无臭，无味。在空气中稳定，见光则不稳定。熔时分解。CAS 号 99-26-3，分子式 $C_7H_5BiO_6$，分子量 394.09，熔点 223℃。溶于稀氢氧化碱溶液，溶于热矿酸同时分解。几乎不溶于水、乙醇、乙醚和氯仿。

碱式没食子酸铋为收敛药和防腐药，外用于湿疹等皮肤病。

3. 2,3,4-三甲氧基苯甲醛（2,3,4-trimethoxybenzaldehyde）

定义：芳香醛类化合物。

结构式：

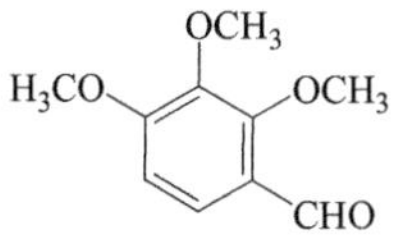

把三氯氧磷、二甲基甲酰胺、1,2,3-三甲氧基苯投入反应釜中进行维尔斯迈尔-哈克甲酰化反应（Vilsmeier-Haack），反应物料经过水解、分层、去掉水层后，把物料真空精馏或重结晶，得到 2,3,4-三甲氧基苯甲醛。

2,3,4-三甲氧基苯甲醛为白色结晶。CAS 号 2103-57-3，分子式 $C_{10}H_{12}O_4$，分子量 196.20，熔点 38～40℃。沸点 168～170℃，常压下沸点为 312℃。溶于乙醇、环己烷、苯、乙酸乙酯，几乎不溶于水。

2,3,4-三甲氧基苯甲醛为心血管药盐酸曲美他嗪的重要中间体，以及用于合成其他功能性材料。

4. 2,3,4-三羟基苯甲醛（2,3,4-trihydroxybenzaldehyde）

定义：芳香醛类化合物。

结构式：

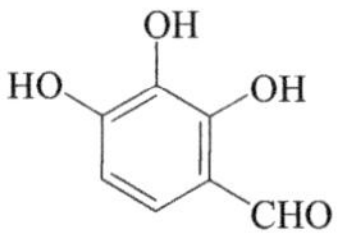

合成方法主要有两种：一种是氰化锌法；另一种是原甲酸酯法。氰化锌法是将焦性没食子酸和氰化锌溶于乙醚中，通入无水氯化氢，再经水解、重结晶，获得 2,3,4-三羟基苯甲醛。原甲酸酯法是将焦性没食子酸和三氯化铝溶于乙酸乙酯中反应，再经水解、重结晶，获得 2,3,4-三羟基苯甲醛。

2,3,4-三羟基苯甲醛为淡黄色结晶。CAS 号 2144-08-3，分子式 $C_7H_6O_4$，分子量 154.12，熔点 159～162℃，沸点 301.9℃。溶于乙醇、乙酸乙酯，微溶于冷水。

2,3,4-三羟基苯甲醛为神经系统药苄丝肼的重要中间体，以及用于合成其他功能性材料。

5. 2,3,4-三羟基二苯甲酮（2,3,4-trihydroxybenzophenone）

定义：芳香酮类化合物。

结构式：

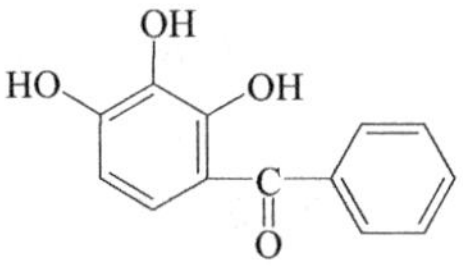

将焦性没食子酸、三氯苯、水投入反应釜中，控制反应温度 30～70℃，反应完全后放入离心机离心分离，得到粗品，将粗品经过脱色、重结晶，得到淡黄色的 2,3,4-三羟基二苯甲酮。也可由焦性没食子酸、苯甲酸在氯化锌等路易斯催化剂的催化下，经过酰化反应，获得 2,3,4-三羟基二苯甲酮。

2,3,4-三羟基二苯甲酮为淡黄色结晶。CAS 号 1143-72-2，分子式 $C_{13}H_{10}O_4$，分子量 230.22，熔点 139～141℃。溶于乙醇、乙酸乙酯，不溶于水。

本品可作紫外线吸收剂，用于高分子材料的抗光老化，用于电子行业，是制备光敏剂的重要中间体，还用于化妆品添加剂等领域。

6. 2,3,4,4′-四羟基二苯甲酮（2,3,4,4′-tetrahydroxybenzophenone）

定义：芳香酮类化合物。

结构式：

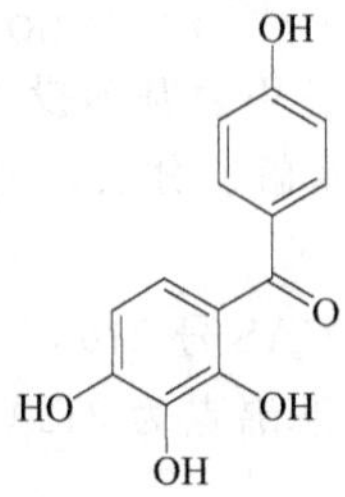

将焦性没食子酸、对羟基苯甲酸，在氯化锌等路易斯酸的催化下，通过 F-K 酰化反应，在乙醇水中结晶，离心分离得到粗品，经过脱色，重结晶得到 2,3,4,4′-四羟基二苯甲酮。

2,3,4,4′-四羟基二苯甲酮为淡黄色结晶。CAS 号 31127-54-5，分子式 $C_{13}H_{10}O_5$，分子量 246.22，熔点 199～204℃。溶于乙醇、乙酸乙酯，不溶于水。

本品可作紫外线吸收剂，用于高分子材料的抗光老化，用于电子行业，是制备光敏剂的重要中间体，还用于化妆品添加剂等领域。

7. 焦性没食子酸（pyrogallol）

定义：多元酚类。又名 1,2,3-三羟基苯（1,2,3-trihydroxybenzene）、1,2,3-连苯三酚（1,2,3-benzenetriol）、焦倍酸（pyrogallic acid）、焦倍酚（pyrogallol）。

结构式：

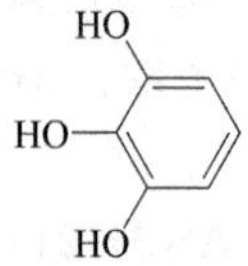

将工业没食子酸（含水 10%）投入反应罐中，加热，进行脱羧反应，缓慢放出二氧化碳，等反应完毕后，减压升华，气体直接冷却结晶，粉碎包装，得到焦性没食子酸。

焦性没食子酸为白色有光泽的结晶粉末，味苦，暴露在空气中慢慢变成暗灰色。CAS 号 87-66-1，分子式 $C_6H_6O_3$，分子量 126.11，熔点 131～133℃。缓慢加热可以升华。易溶于水，水中溶解度为 40g/100g（13℃）、62.5g/100g（25℃），易溶于乙醇及乙醚，微溶于苯、氯仿、二硫化碳。

焦性没食子酸为有毒化学品，其毒性类似苯酚。但由于焦性没食子酸非常容易溶于水中，很容易用水洗去，实际接触并不会造成苯酚那样的伤害。对皮肤、眼睛、黏膜有一定的刺激作用，不慎接触，用大量清水冲洗。吸入、皮肤接触及吞食有害，可以使皮肤中黑色素沉积，能引起消化道、肝脏、肾脏的损伤。碱性条件下，很容易吸氧降解，不会造成持续性的污染，但会造成水体颜色变深，感官变差。

本品广泛应用于精细化工领域，用以合成新型感光材料、食品保鲜剂、心脑血管疾病治疗新药、抗肿瘤新药、老年痴呆治疗药物、治疗精神障碍药物，还可用于纺织印染、轻工日化、彩色印刷制版、微电子产业、稀有金属分析、气体分析、照相显影等行业，用以吸收一氧化碳等。它是合成许多单宁基精细化学品的重要中间体。

8. 鞣花酸（ellagic acid）

定义：一种多酚二内酯，是没食子酸的二聚衍生物。

结构式：

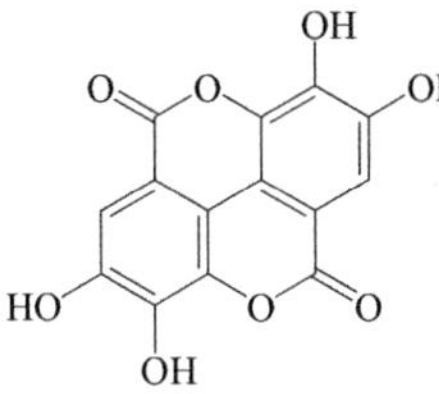

将五倍子单宁提取液投入反应罐中，加入适量的水和碱液调节 pH 值到 9～10，通入空气氧化，进行氧化缩合反应，等反应完毕后，加入硅藻土过滤，去杂质后，滤液中加入盐酸酸化到 pH 值 1～2，经过多次水洗，去除糖分、盐分后，干燥，获得鞣花酸。

鞣花酸是广泛存在于各种软果、坚果等植物组织中的一种天然多酚组分，也可从化香果或石榴皮中提取获得天然的鞣花酸。

鞣花酸是一种黄色针状晶体或类白色粉末，CAS 号 476-66-4，分子式 $C_{14}H_6O_8$，分子量 302.28，熔点（吡啶）大于 360℃，难溶于水，微溶于醇，溶于碱、吡啶和二甲基亚砜，不溶于醚。

鞣花酸主要用于合成药品、保健食品及化妆品的添加剂，作为抗氧化因子、对人体免疫缺陷病毒的抑制因子、皮肤增白因子等功能因子。

9. 1,2,3-三甲氧基苯（1,2,3-trimethoxylbenzene）

定义：酚醚。又叫邻苯三酚三甲醚。

结构式：

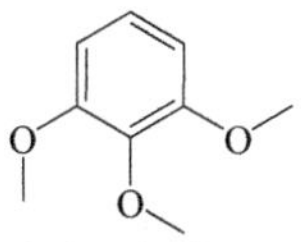

焦性没食子酸加入适量水溶解，并流滴加硫酸二甲酯和氢氧化钠水溶液，获得 1,2,3-三甲氧基苯。

1,2,3-三甲氧基苯为白色粉末状晶体，CAS 号 634-36-6，分子式 $C_9H_{12}O_3$，分子量 168.19，熔点 43～47℃，沸点 241℃。溶于乙醇、乙醚、苯，不溶于水。

用途：是多种心血管药物的重要中间体，以及用于合成其他精细化学品。

10. 没食子酸甲酯（methyl gallate）

定义：一种多酚酯，是没食子酸的酯衍生物。又叫 3,4,5-三羟基苯甲酸甲酯、五倍子酸甲酯、棓酸甲酯。

结构式：

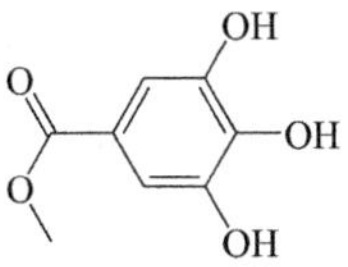

将工业没食子酸（无水）及甲醇投入反应罐中，加入催化剂硫酸，加热进行酯化反应，减压回收甲醇，浓缩物中加入适量水，5～10℃下结晶，离心获得粗品，粗品脱色后，重结晶、干燥，得到没食子酸甲酯。

也可在工业没食子酸中加入适量甲醇及催化剂硫酸或对甲苯磺酸，滴加硫酸二甲酯，获得没食子酸甲酯。

没食子酸甲酯为单斜棱状结晶（甲醇），CAS 号 99-24-1，分子式 $C_8H_8O_5$，分子量 184.15，熔点 201～203℃，沸点 450.1℃，闪点 190.8℃。溶于热水、乙醇、乙醚。

用途：用作联苯双酚和其他药物的中间体。也是橡胶防老剂。高纯度产品用作电子行业清洗剂的主要成分。

11. 没食子酸乙酯（ethyl gallate）

定义：一种多酚酯，是没食子酸的酯衍生物。又叫 3,4,5-三羟基苯甲酸乙酯。

结构式：

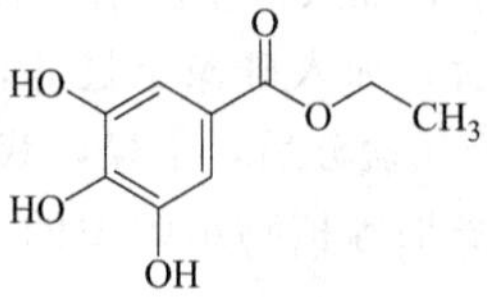

将工业没食子酸（无水）及无水乙醇投入反应罐中，加入催化剂硫酸，加热进行酯化反应，减压回收乙醇，浓缩物中加入适量水，5～10℃下结晶，离心获得粗品，粗品脱色后，重结晶、干燥，得到没食子酸乙酯。

也可在工业没食子酸中加入适量乙醇及催化剂硫酸或对甲苯磺酸，滴加硫酸二乙酯，获得没食子酸乙酯。

没食子酸乙酯为白色粉末状晶体，CAS号 831-61-8，分子式 $C_9H_{10}O_5$，分子量 198.17，熔点 151～154℃，沸点 447.3℃，闪点 185℃。溶于热水、乙醇、乙醚。急性毒性：小鼠经口 LD_{50} 为 5810mg/kg。

用途：用作油脂的抗氧化剂、食品添加剂及某些药品的中间体，以及用于热敏显色油墨的制备。

12. 没食子酸丙酯（propyl gallate)

定义：一种多酚酯，是没食子酸的酯衍生物。别名 3,4,5-三羟基苯甲酸丙酯、3,4,5-三羟基苯甲酸正丙酯、五倍子酸丙酯。

结构式：

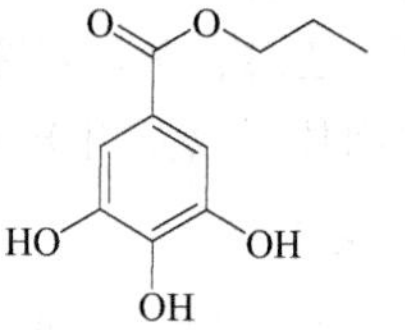

将正丙醇与没食子酸在硫酸催化下，加热到120℃进行酯化，然后用碳酸钠中和，去除溶剂，用活性炭脱色，最后用蒸馏水或乙醇水溶液进行重结晶，可制得成品。也可用对甲苯磺酸作催化剂，环己烷或苯作带水剂，于 80～100℃下进行酯化，获得外观更好的产品。

没食子酸丙酯为白色至浅黄褐色晶体粉末，或乳白色针状结晶，无臭，微有苦味，水溶液无味。CAS号 121-79-9，分子式 $C_{10}H_{12}O_5$，分子量 212.20，熔点 146～150℃，沸点 448.6℃ （760mmHg）。与水或含水乙醇反应可得到带一分子结晶水的盐，在 105℃下失去结晶水成为无水物。它易溶于乙醇等有机溶剂，微溶于油脂和水。其 0.25% 的水溶液的 pH 值为 5.5 左右。对热比较稳定，抗氧化效果好，易与铜、铁离子发生呈色反应，变为紫色或暗绿色，具有吸湿性，对光不稳定，易分解。

用途：是重要的食品抗氧剂，没食子酸丙酯作为抗氧化剂，可用于食用油脂、油炸食品、干鱼制品、饼干、方便面、速煮米、果仁罐头、腌腊肉制品等中。没食子酸丙酯作为脂溶性抗氧化剂，适宜在植物油脂中使用，如对稳定豆油、棉籽油、棕榈油、不饱和脂肪及氢化植物油有显著效果。

13. 没食子酸辛酯（octyl gallate）

定义：一种多酚酯，是没食子酸的酯衍生物。别名 3,4,5-三羟基苯甲酸辛酯、没食子酸正辛酯。

结构式：

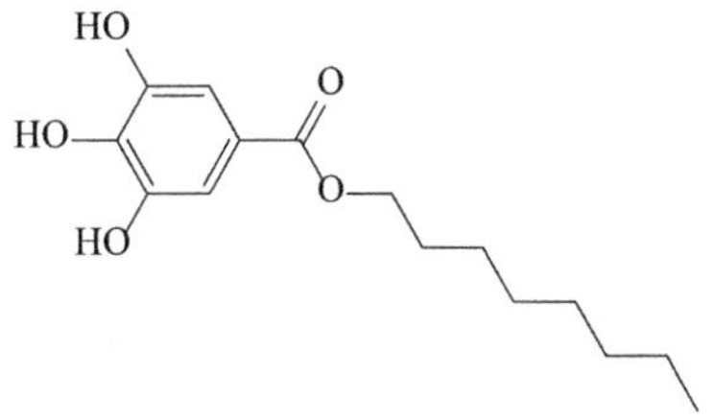

由工业没食子酸和正辛醇在硫酸或对甲苯磺酸催化下，110～120℃下，真空减压下酯化制得。

没食子酸辛酯为白色粉末状晶体，CAS 号 1034-01-1，分子式 $C_{15}H_{22}O_5$，分子量 282.33，熔点为 101～104℃，溶于乙醇、乙醚、甲苯，不溶于水。本品需避免皮肤直接接触，即使是产品粉尘也容易引起严重的过敏反应，造成皮肤瘙痒、红肿、蜕皮，生产上需注意。

用途：用作食品抗氧剂及抑菌剂，主要用作油脂的抗氧化添加剂。也可用于医药及化妆品行业。

14. 没食子酸十二酯（dodecyl gallate）

定义：一种多酚酯，是没食子酸的酯衍生物。中文别名 3,4,5-三羟基苯甲酸十二酯、没食子酸月桂酯、正十二烷基没食子酸酯。

结构式：

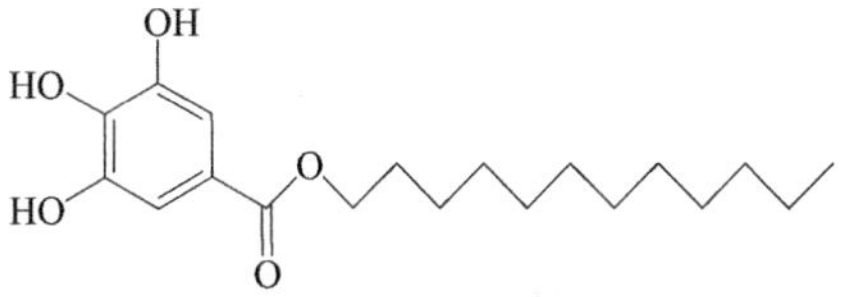

由工业没食子酸和正十二醇在硫酸或对甲苯磺酸催化下酯化制备。也可由没食子酸甲酯和正十二醇在硫酸或对甲苯磺酸催化下，减压蒸出甲醇，实现酯交换反应，获得没食子酸十二酯。

没食子酸十二酯为白色粉末状晶体，CAS 号 1166-52-5，分子式 $C_{19}H_{30}O_5$，分子量 338.44，熔点为 96～99℃，溶于乙醇、乙醚、甲苯，不溶于水。本品需避免皮肤直接接触，容易引起过敏反应。

用途：用作食品抗氧剂，主要用作油脂的抗氧化添加剂。也可用于医药及化妆品行业。

15. 没食子酸十八酯（octadecyl gallate）

定义：一种多酚酯，是没食子酸的酯衍生物。中文别名 3,4,5-三羟基苯甲酸十八酯。

结构式：

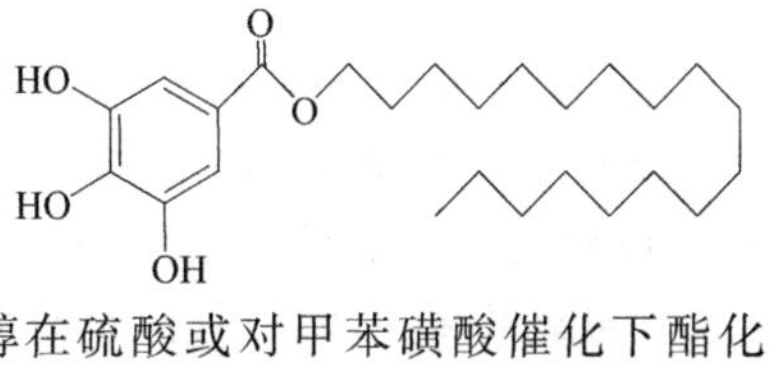

由工业没食子酸和正十八醇在硫酸或对甲苯磺酸催化下酯化制备。也可由没食子酸甲酯和正十八醇在硫酸或对甲苯磺酸催化下，减压蒸出甲醇，实现酯交换反应获得没食子酸十八酯。

没食子酸十八酯为白色粉末状晶体，CAS 号 10361-12-3，分子式 $C_{25}H_{42}O_5$，分子量 422.60，熔点为 94～96℃，溶于乙醇、乙醚、甲苯，不溶于水。本品需避免皮肤直接接触，容易引起过敏反应。

用途：用作食品抗氧剂，主要用作油脂的抗氧化添加剂。也可用于医药及化妆品行业。

16. 3,4,5-三甲氧基苯甲酸（3,4,5-trimethoxylbenzoic acid)

定义：是没食子酸的甲氧基化衍生物。中文别名没食子酸三甲醚。

结构式：

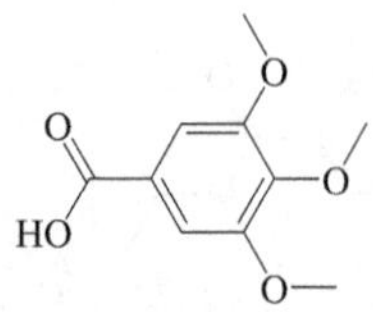

在五倍子单宁的水提取液中流滴硫酸二甲酯和氢氧化钠水溶液，反应完成后，加入氢氧化钠水解反应产物，再用硫酸中和得到 3,4,5-三甲氧基苯甲酸。

也可以工业没食子酸为原料，并流滴加入硫酸二甲酯和氢氧化钠水溶液，反应完成后，加入氢氧化钠水解反应产物，再用硫酸中和得到 3,4,5-三甲氧基苯甲酸。

3,4,5-三甲氧基苯甲酸为白色粉末状晶体，CAS 号 118-41-2，分子式 $C_{10}H_{12}O_5$，分子量 212.19，熔点为 168～171℃，溶于乙醇、乙醚、乙酸乙酯、氯仿，不溶于冷水，溶于热水。

用途：3,4,5-三甲氧基苯甲酸是有机合成中间体，是用于生产抗菌增效药甲氧苄啶、抗焦虑药三甲氧啉、丁香酸的原料。

17. 3,4,5-三甲氧基苯甲酸甲酯（methyl 3,4,5-trimethoxybenzoate)

定义：是没食子酸酯的甲氧基化衍生物。

结构式：

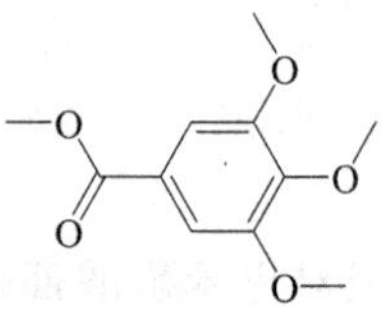

可在五倍子单宁的水提取液中滴加硫酸二甲酯和氢氧化钠水溶液，一步获得产品，单体纯度较低，脱色提纯困难，得不到高纯度的产品。工业上多使用 3,4,5-三甲氧基苯甲酸粗品为原料，用甲醇酯化或者硫酸二甲酯酯化的方法得到高纯度的 3,4,5-三甲氧基苯甲酸甲酯。

3,4,5-三甲氧基苯甲酸甲酯为白色粉末状晶体，CAS 号 1916-07-0，分子式 $C_{11}H_{14}O_5$，分子量 226.23，熔点为 82～84℃，溶于乙醇、乙醚、乙酸乙酯、氯仿，不溶于水。

用途：用作有机合成中间体，是抗焦虑药曲美托嗪、肠胃药马来酸曲美布汀等的主要原料。

五、产品质量要求

现行五倍子单宁酸加工产品及其分析试验方法有林业行业标准 11 项：《单宁酸》（LY/T 1300—2022）、《工业没食子酸》（LY/T 1301—2005）、《单宁酸分析试验方法》（LY/T 1642—2005）、《铬皮粉》（LY/T 1639—2005）、《高纯没食子酸》（LY/T 1643—2005）、《没食子酸试验方法》（LY/T 1644—2023）、《栲胶原料与产品试验方法》（LY/T 1082—2021）、《焦性没食子酸》（LY/T 2862—2017）、《3,4,5-三甲氧基苯甲酸》（LY/T 2863—2017）、《3,4,5-三甲氧基苯甲酸甲酯》（LY/T 3153—2019）。另有食品安全国家标准《食品添加剂 食用单宁酸》（GB 1886.303—2021）。以上标准的颁布和实施基本构建了五倍子单宁酸加工产品及其分析试验方法的标准化体系。

我国林业行业标准《单宁酸》（LY/T 1300—2022）、食品安全国家标准《食品添加剂 食用单宁》（GB 1886.303—2021）分别规定了不同用途单宁酸产品的技术指标及其分析试验方法。本节仅将工业单宁酸、药用单宁酸、食用单宁酸产品的产品规格与技术指标摘录如下。

1. 工业单宁酸

根据《单宁酸》（LY/T 1300—2022）中规定，工业单宁酸应符合表 12-4-17 给出的技术指标。

表 12-4-17　工业单宁酸技术指标

指标名称		优级品	一等品	合格品
单宁酸含量(以干基计)/%	≥	83	81	78
干燥失重/%	≤	9	9	9
水不溶物/%	≤	0.5	0.6	0.8
颜色(罗维邦单位)	≤	1.2	2.0	3.0

2. 药用单宁酸

根据《单宁酸》（LY/T 1300—2022）中规定，药用单宁酸应符合表 12-4-18 给出的技术指标。

表 12-4-18　药用单宁酸技术指标

指标名称		优级品	一等品	合格品
单宁酸含量(以干基计)/%	≥	93	90	88
干燥失重/%	≤	9	9	9
灼烧残渣/%	≤	1	1	1
砷/(μg/g)	≤	3	3	3
重金属(以 Pb 计)/(μg/g)	≤	20	30	40
树胶、糊精试验		无浑浊	无浑浊	无浑浊
树脂试验		无浑浊	无浑浊	无浑浊

3. 食用单宁酸

根据《食品安全国家标准　食品添加剂　食用单宁》（GB 1886.303—2021）规定（表 12-4-19 和表 12-4-20），食用单宁酸的感官要求应符合表 12-4-21 的规定。

表 12-4-19　国内外食用单宁相关标准技术指标对比表

项目	GB 1886.303—2021《食品安全国家标准 食品添加剂 食用单宁》	JECFA(2009) 单宁酸	FCC Ⅷ 单宁酸	日本公定书(第八版)植物单宁	LY/T 1641 食用单宁酸		
					优等品	一等品	合格品
感官	粉末,黄白色至浅棕色;无臭或有轻微的特征性气味	无定形粉末,闪光鳞片或类似海绵,黄白色至浅棕色;无臭或有轻微的特征性气味	无定形粉末,闪光鳞片或类似海绵,黄白色至浅棕色;无臭或有轻微的特征性气味,有涩味	黄白色至浅棕色粉末,有轻微的特征性气味,有强烈的涩味	—		

项目	GB 1886.303—2021《食品安全国家标准 食品添加剂 食用单宁》	JECFA(2009)单宁酸	FCC Ⅷ 单宁酸	日本公定书（第八版）植物单宁	LY/T 1641 食用单宁酸 优等品	LY/T 1641 食用单宁酸 一等品	LY/T 1641 食用单宁酸 合格品
单宁酸含量(以干基计)/% ≥	96.0	96	96	96	98.0	96.0	93.0
水不溶物	—	—	—	—	无指标,有方法		
颜色	—	—	—	—	无指标,有方法		
干燥减量/% ≤	9.0	7	7.0	7.0	9.0		
灼烧残渣/% ≤	1.0	1	1.0	1.0	0.6	1.0	
树胶或糊精	通过试验	通过试验	通过试验	通过试验	无浑浊		
树脂物质	通过试验	通过试验	通过试验	通过试验	无浑浊		
凝缩类单宁/% ≤	—	0.5	—	—			
没食子酸/% ≤					0.75	2.5	4.0
残留溶剂/(mg/kg) ≤	25(乙酸乙酯)	25(丙酮和乙酸乙酯,单独或合并)	—	—			
砷(As)/(mg/kg) ≤	—	—	—	4.0(As_2O_3)	3		
铅(Pb)/(mg/kg) ≤	2.0	2	2	10	5		
重金属(以 Pb 计)/(mg/kg) ≤	—	—	—	40	20		

表 12-4-20　国内外食用单宁相关标准试验方法对比表

项目	GB 1886.303—2021《食品安全国家标准 食品添加剂 食用单宁》	JECFA(2009)单宁酸	FCC Ⅷ 单宁酸	日本公定书（第八版）植物单宁	LY/T 1641《食用单宁酸 单宁酸》
鉴别试验	① $FeCl_3$ 试验;② 沉淀试验(白蛋白或明胶)	① 溶解性;② $FeCl_3$ 试验;③ 沉淀试验(白蛋白或明胶);④ 没食子酸试验(薄层色谱法)	① $FeCl_3$ 试验;② 沉淀试验(生物碱盐、白蛋白或明胶)	① $FeCl_3$ 试验;② 沉淀试验(淀粉、白蛋白或明胶);③ 没食子酸试验(薄层色谱法);④ 颜色反应(NaOH)	① 水溶解试验(2g 加 10mL 水);② 没食子酸(作为指标要求)
单宁酸含量(以干基计)	重量法(尼龙粉)。方法原理同 JECFA	重量法(Hide 粉)	重量法(Hide 粉)	液相色谱法(面积归一化法)	紫外分光光度法
干燥减量	GB 5009.3 直接干燥法[(105±2)℃,2h]。方法原理同 JECFA	105℃,2h	105℃,2h	105℃,2h	GB/T 6284《化工产品中水分测定的通用方法 干燥减量法》[(105±2)℃]

续表

项目	GB 1886.303—2021《食品安全国家标准 食品添加剂 食用单宁》	JECFA(2009)单宁酸	FCC Ⅷ单宁酸	日本公定书（第八版）植物单宁	LY/T 1641《食用单宁酸 单宁酸》
灼烧残渣	1g,(800±25)℃。方法原理同 JECFA	2g,(800±25)℃	1g,(800±25)℃	—	1g,(800±25)℃
树胶或糊精	1g 溶解于 5mL 水(60~70℃),过滤,滤液加 10mL 95% 乙醇,15min 无浑浊。方法原理同 JECFA	1g 溶解于 5mL 水,过滤,滤液加 10mL 乙醇,15min 无浑浊	1g 溶解于 5mL 水,过滤,滤液加 10mL 乙醇,15min 无浑浊	3.0g 溶解于 15mL 热水,溶液澄清或微浊。冷却、过滤,5mL 滤液加 5mL 乙醇,无浑浊	1g 溶解于 5mL 水(60~70℃),冷却、过滤,滤液加 10mL 95% 乙醇,15min 无浑浊
树脂物质	1g 溶解于 5mL 水(60~70℃),过滤,滤液加 10mL 水,无浑浊。方法原理同 JECFA	1g 溶解于 5mL 水,过滤,滤液稀释至 15mL,无浑浊	1g 溶解于 5mL 水,过滤,滤液稀释至 15mL,无浑浊	5mL 滤液（上述）加 10mL 水,无浑浊	1g 溶解于 5mL 水(60~70℃),冷却、过滤,滤液加 10mL 水,无浑浊
残留溶剂	顶空气相色谱法。方法原理同 JECFA	顶空气相色谱法	—	—	—
铅(Pb)	GB 5009.75	原子吸收光谱法	原子吸收光谱法	原子吸收光谱法	GB/T 8449（已经被 GB 5009.75 代替）

表 12-4-21　感官要求

项目	要求	检验方法
色泽	黄白色至浅棕色	取适量试样置于白搪瓷盘内,在自然光线下观察其色泽和状态,嗅其气味
状态	粉末	
气味	无臭或有轻微的特征性气味	

食用单宁酸的理化指标应符合表 12-4-22 的规定。

表 12-4-22　理化指标

项目		指标
单宁酸含量(以干基计)/%	≥	96.0
干燥减量[①]/%	≤	9.0
灼烧残渣/%	≤	1.0
树胶或糊精		通过试验
树脂物质		通过试验
铅(Pb)/(mg/kg)	≤	2.0
残留溶剂(乙酸乙酯)[②]/(mg/kg)	≤	25

① 干燥温度和时间分别为 (105±2)℃ 和 2h。

② 仅针对提取溶剂为乙酸乙酯的产品。

第四节 酶法转化五倍子单宁酸生产没食子酸技术

中国科学院成都生物研究所采用酶法转化五倍子单宁酸生产没食子酸，具体工艺技术如下：黑曲霉菌种经由 100L 种子罐/500L 发酵罐 II 级发酵，培养制备具有高单宁酶水解活性的细胞培养物，以此作为生物催化剂，在 500 L 发酵罐中以 10%（质量/体积）的比例投加五倍子水提取物，即底物，保温反应，直接水解底物成为目标产物——没食子酸（GA）。液体反应混合物中 GA 积累浓度达到最高时，终止反应。反应物经由板框压滤、调酸、活性炭脱色脱胶、过滤、真空浓缩、冷却结晶、过滤，得粗结晶。然后经由大孔吸附树脂柱色谱分离精制分离目标产物 GA。

所达技术指标：

① 发酵液中 GA 累积的浓度达到 66.9g/L。

② 对五倍子单宁酸的转化率为 92.1%。

③ 粗品经由大孔吸附树脂柱色谱分离精制，产率为 85.6%。

④ 产品纯度，即没食子酸含量为 101.3%。

⑤ 培养生物催化剂的时间为 24h（I 级）＋18h（II 级）。

⑥ 生物转化周期为 48h 左右。

一、菌种培养

10 株黑曲霉（*Aspergillus niger*）实验菌种均由中国科学院成都生物研究所生态环境实验室从天然源经富集分离、筛选得到，它们都具有较高单宁酶活性。

培养基有以下几种。

（1）摇瓶培养基 由察氏培养基改变而成，即将原来培养基中的蔗糖浓度由 3.0% 降低为 1.5%，另外加入 3.0% 的五倍子单宁作为单宁酶的底物和诱导物。培养基配方如下：蔗糖 15.0g；$NaNO_3$ 3.0g；$K_2HPO_4 \cdot 7H_2O$ 0.05g；$MgSO_4 \cdot 7H_2O$ 0.5g；五倍子单宁 3.0g；$FeSO_4 \cdot 7H_2O$ 0.01g；自来水 1000mL，作菌株筛选试验用，pH 值自然；在作制备实验时，培养基的初始 pH 值用氨水调节控制在 7.0±0.2（灭菌前），一般灭菌后，pH 值会下降，应保持在 6.00～6.50 之间。按上述配方调配好后，分别装入锥形瓶。用八层纱布封口并加盖牛皮纸。于 0.1MPa 压力下灭菌 30min。冷却至室温时，斜面菌种洗 2～3mL 孢子悬液，置于 180～200r/min 摇床上，于 28～32℃下培养。在培养过程中不时加入 28% 的氨水溶液 0.5mL 于每一个锥形瓶中，调整 pH 值备用。

培养基中五倍子单宁的加工方法为：298g 五倍子粉末，于 70～80℃ 热水中浸提 12h，过滤；滤渣再浸提，合并两次的滤液。将滤液于 80℃ 下烘干称重，得到 200g 五倍子单宁，产率约 67%。

（2）斜面培养基 在摇瓶培养基中加入 4% 的琼脂，熔化均匀后在每只试管中加入 5mL，于 0.1MPa 压力下灭菌 30min。趁热摆放成斜面，放置冷却后即可。

（3）平板培养基 在摇瓶培养基中加入 4% 的琼脂，于 0.1MPa 压力下灭菌 30min。趁热在每个灭过菌的培养皿中加入 15～20mL，放置冷却后即可。

二、方法

（一）黑曲霉单宁酶高活性菌株的选育

利用已有的 10 株高单宁酶活性的菌株及部分黑曲霉固体曲为起始菌，在 250mL 锥形瓶中装入 25mL 液体培养基，30℃、150～200r/min 下，在摇床上振荡培养 2 天。把实验菌株孢子稀释涂平板培养基，28～32℃下培养 3～5 天。当孢子生长为菌落时，培养基中的五倍子单宁被分解为没食子酸，培养基颜色变为黄色，从而在菌株周围形成明显的变色圈。变色圈的颜色深浅和变色圈直径大小代表形成的没食子酸含量的高低，即与该菌株的产酶水平呈正相关，据此可评估实验菌株单宁酶活性的高低。从平板上挑取高单宁酶活性的菌株，转划斜面，共得到 106 支斜面，在 28～32℃下培养 3～5 天。以斜面为出发菌株，利用二级发酵培养程序，在 30℃下摇床振荡培养，转速 150～200r/min，48h 后Ⅰ级转Ⅱ级，24h 后加底物，开始进入生物转化阶段。转化 24h 后，终止反应，过滤培养物，滤液做定量 TLC 分析，由薄层上没食子酸斑点的大小来判断实验菌株单宁酶活性的高低，从而选择单宁酶活性高的菌株进入复筛。复筛是在初筛的基础上，再次以Ⅱ级发酵培养程序进行筛选。

（二）GA 的酶法摇瓶制备

将 No.4、No.22、No.30 和 No.60 四株实验菌分别接入五倍子单宁培养基中，利用二级发酵培养程序，在 30℃下摇床振荡培养 2 天，然后转入 200mL 液体摇瓶培养基再培养 1 天，最后进行生物转化。在每一支锥形瓶中一次加入五倍子单宁粉共 10g 进行生物转化，转化进程以 1% 的明胶溶液检测，确定是否到达酶水解终点。方法是取上清液 1mL，加蒸馏水 4mL，摇匀。然后加 4～5 滴 1% 的明胶溶液，无明显沉淀产生时为止。适时终止反应。过滤，并洗涤菌丝体，再过滤。合并滤液和洗涤液。将合并好的液体，加入 1%（质量/体积）的活性炭回流脱色 20min，趁热用菊形滤纸过滤，将滤液减压浓缩成过饱和溶液，冷却后即有晶体析出，得到白色的样品 GA，以行业标准《没食子酸分析试验方法》（LY/T 1644—2005）介绍的方法测定 GA 的含量。

（三）GA 的 2L 自控式发酵罐制备实验研究

将 No.33 实验菌接入 200mL 培养基中，利用Ⅱ级发酵培养程序，在 30℃下摇床振荡培养 2 天，转速 150～200r/min。然后，转入 2L 自控式发酵罐的液体培养基中，再培养 16～20h，加入底物，进行生物转化。在 48～60h 时取样，以 1% 的明胶溶液检测是否到达酶水解终点（其方法同上）。适时终止反应。过滤，并洗涤菌丝体，再过滤。合并滤液和洗涤液。将合并好的液体，加入 1%（质量/体积）的活性炭回流脱色 20min，趁热经菊形滤纸过滤，以 LY/T 1644—2005 介绍的方法测定 GA 的含量。

（四）倍花酶水解制备 GA 的研究

本次实验材料倍花产地为贵州遵义，倍花用水浸提制备倍花单宁酸的方法同上，产率为 51.1%（经测定，其水浸提物单宁酸含量为 69.4%）。利用Ⅱ级发酵培养程序，并加入底物倍花水浸提物 100g 作为底物。经过以上步骤后，得到 GA 粗结晶共 31g，经大孔吸附树脂分离精制后得到符合工业 GA 标准的样品 26.0g。

（五）产物 GA 粗品的精制

1. D101 和 D141A 大孔吸附树脂的产物回收率测定

取黑曲霉Ⅱ级发酵清液 100mL，加入没食子酸标样 5g，待充分溶解后，上样，其准备方法为：第一步，装入色谱分离柱的 D101 或 D141A 大孔吸附树脂先用丙酮和水的混合溶液（体积比＝1：10）处理，洗出液流速为 5mL/min，以增强树脂的水合性；第二步，以蒸馏水冲洗柱床，至流出液没有丙酮气珠；第三步，分别用 2 倍柱床体积的 IN HCl 和 IN NaOH 过柱，流速为 5mL/min，再用蒸馏水洗涤柱床至平衡后即备用，上样时，控制流速为 3mL/min，样品加完后，用 10%（体积分数）的乙醇水溶液洗脱吸附在大吸附树脂上的没食子酸，并不时用 $FeCl_3$ 检验是否有蓝色反应（Fe^{3+}＋没食子酸→蓝色物质）。待出现蓝色时，收集洗出液体，合并，减压浓缩成过饱和溶液，加入少量活性炭脱色，冷凝回流 20min，趁热以菊形滤纸过滤。调节 pH 值为 2.5 左右。稍冷后即有晶体析出。用布氏漏斗抽滤得到白色结晶没食子酸。将得到的没食子酸烘干，称重，与最初的加入量相比，得到大孔吸附树脂的产物回收率。

此外，检验是否存在没食子酸的方法除了 $FeCl_3$ 检验是否有蓝色反应外，还可以用毛细血管点样在 GF254 的薄板上，在紫外荧光灯（UV-254）下照射时，看是否有荧光斑点存在。若有，则存在没食子酸；若无，则没有没食子酸存在，可以停止洗脱。然后，用蒸馏水洗柱（流速为 10mL/min）至平衡，备用。合并含有没食子酸的洗脱液部分，真空减压浓缩。以下方法同上。

2. D101 大孔吸附树脂的上柱放大

将脱色、过滤、浓缩后的发酵液上 D101 柱吸附。方法同上，柱床体积为 3000mL，上样浓度为 50mg/mL。

（六）产物 GA 的分析鉴定方法

1. TLC 法

称取 0.3g 羧甲基纤维素钠，加入 100mL 蒸馏水，使羧甲基纤维素钠充分浴胀，适当加热。后加入 30g 硅胶 GF_{254} 调成均匀的糊状，在平板玻璃上铺成 20×20cm 的薄层，晾干后在 120℃ 左右活化 1h。选出三组展剂：

① 苯：异丁醇：冰醋酸＝10：4：1（体积比）；

② 氯仿：甲醇＝2：1；

③ 甲苯：醋酸：丙酮＝9：1：5。

显色剂是磷钼酸的乙醇溶液，根据 GA 的浓度高低，评估生物转化五倍子单宁酸生成产物 GA 能力的大小。制备实验中，4 个批次共 16 个 GA 样品在三组浴剂系统中展开的 TLC 均只给出一个斑点，比移值（Rf）分别为 0.6、0.22、0.26，与 GA 标准品具有相同的 Rf 值。据此，可以初步鉴定转化产物为 GA 纯品。

2. 熔点（m.p.）的测定

采用梯耳（Thiele）均热管法进行 m.p. 值的测定（温度计未校正），结果样品的 m.p. 值均在 235～250℃ 之间，且熔距短（2℃ 以内），与标准品 GA 的 m.p. 值 225～250℃ 相符合。

3. 元素分析

GA 的元素分析理论值为：C49.42%；H3.56%。样品一的实验值为：C49.35%；H3.53%。样品二的实验值为：C49.30%；H3.38%。该结果均在误差范围内，符合测试要求。

4. 红外光谱（IR）分析

样品的红外光谱与标样 GA 的红外光谱一致。

5. 有机质谱分析

MS，m/z（100%），169.1 [M^+-H]（99），125.2（33）。

6. 核磁图谱分析

^1H NMR（400Hz，Me_2CO-d_6），δ3.7（4H，brs，OH）、7.2（2H，s）；^{13}C NMR（100Hz，

Me_2CO-d_6），$\delta110.1$（s，C2 和 C6）、121.9（s，C1）、138.7（s，C4）、145.9（s，C3 和 C5）、168.2（—COOH，s）。

综合以上光谱数据、理化常数，均与文献值一致。

（七）高纯没食子酸的研制

高纯没食子酸的研制主要针对全球以美国为首的微电子工业较发达的国家和地区，根据电子化学品级的 GA 市场需求提出。目前，美国主要是从日本进口高纯度 GA，主要用于洗涤大规模集成电路板。因而对 GA 的品质要求特别严格，其主要质量指标为 3,4,5-三羧基苯甲酸 $\geqslant$ 99.5%，Na、K、Fe、Cu、Pb、Al、Cr、Zn、Mn、Ni 均 $\leqslant$ 0.4mg/kg，即金属离子的残留量为 1×10^{-7} 级。因此，去除 GA 中的微量金属离子，研制出适合微电子工业使用的电子化学品级别的高纯度 GA 具有重要的意义。

借助离子交换树脂法，对本技术的酶法转化中试产品 GA 进行了实验室水平的研制，重点考察经由 732 阳离子交换树脂和 D072 阴离子交换树脂柱色谱分离法去除的上述 10 种金属离子。

（八）菌丝体的再利用

在制备实验中，经过 Ⅱ 级发酵培养和生物转化的菌丝体，经过滤洗涤后，其中单宁酶活性仍然较高，可以将菌丝体投入缓冲液体系中，加入底物，再次进行生物转化。由于单宁酶的最适合 pH 值是 5.5±0.2，所以本技术采用的缓冲液体系有如下四种：

① 生理盐水（0.85% 的 NaCl 溶液）；

② 0.2mol/L 磷酸缓冲液（pH 5.5）；

③ 0.1mol/L 柠檬酸缓冲液（pH 5.5）；

④ 磷酸氢二钠-柠檬酸缓冲液（pH 5.5）。

在投加底物之前，该体系 pH 值调整为 5.5±0.2，在 30℃下摇床振荡培养 2 天，转速 150～200r/min。该过程可以反复进行，直到菌丝体酶活性降低，出现自溶现象为止。其后，过滤，将菌丝体于 80℃下烘干至恒重。用研钵将其研磨为粉末状。黑曲霉菌丝体样品的粗蛋白含量为 30%，且完全符合食品安全性的要求，即非致病菌，无致毒性。这样不仅可变废为宝，还可开发出一种新型的饲料蛋白原料产品；而且在工业生产中可做到废物"零"排放，将减少并降低对环境的污染，是典型的"绿色"生物化工加工新工艺。

三、结果

（一）黑曲霉单宁酶高活性菌株的选育结果

利用已有的 10 株高单宁酶活性的菌株及部分黑曲霉固体曲为出发菌株，分别接入液体摇瓶培养基中，培养 2 天，取稀释度为 10^{-5}、10^{-6} 的浓度涂平板。再从 30 个平板中挑取较好的菌落孢子接入斜面，共挑取得 106 支试管斜面。将 106 支试管斜面纯培养物作为出发菌株，通过 Ⅱ 级发酵培养程序培养，培养结束后分离菌丝体，取滤液和菌丝洗涤液，用 TLC 法分析。由于 GA 斑点的大小同其含量高低，即菌株的单宁酶活性成正相关。所以可选用 GA 斑点大、浓度高、颜色深的黑曲霉为目标菌株。经初筛，选出 4 号、8 号、16 号、22 号、23 号、28 号、32 号、33 号、39 号、51 号、54 号、60 号、66 号、78 号、79 号、87 号、88 号、91 号、93 号、94 号、96 号、104 号共 22 株菌株进入复筛。复筛的方法与初筛相同。在此基础上，由此筛选出 4

号、22号、33号和60号四株菌株作为没食子酸的酶法摇瓶制备实验出发菌株。

（二）GA的摇瓶酶法制备实验结果

在已经进行的三批次制备实验中，底物的投料浓度均为5%。有所区别的是前两次是分次投料，每次间隔12h；而后两次是一次投料。其结果见表12-4-23。

表 12-4-23　GA 的摇瓶酶法制备实验结果

批次		4 号	22 号	33 号	60 号
第一批	底物/g	8	8	8	8
	一晶/g	1.94,微白	1.84,白色	2.69,微黄	2.28,微白
	二晶/g	0.30,微黄	0.93,白色	0.65,黄色	0.39,黄色
	产物质量/g	2.24	2.77	3.34	2.67
	产率/%	28.0	34.6	41.8	33.4
第二批	底物/g	8	8	8	8
	一晶/g	1.65,微白	0.81,黄色	2.02,黄色	0.91,微白
	二晶/g		0.35,微白	0.34,黄色	0.19,黄色
	产物质量/g	1.65	1.16	2.36	1.10
	产率/%	20.6	14.5	29.5	13.8
第三批	底物/g	10	10	10	10
	一晶/g	3.74,黄色	3.98,微黄	4.43,微黄	4.39,微黄
	二晶/g	0.65,微黄	0.79,黄色	0.26,黄色	0.09,黄色
	三晶/g			0.29,黄色	
	产物质量/g	4.39	4.77	4.89	4.48
	产率/%	43.9	47.7	48.9	44.8
第四批	底物/g	10	10	10	10
	一晶/g	4.03,微黄	4.53,微黄	5.11,灰黄	3.70,黄黑
	二晶/g	0.59,黄色	0.44,微白		0.92,微黄
	产物质量/g	4.62	4.97	5.11	4.62
	产率/%	46.2	49.7	51.1	46.2

根据以上数据综合分析评估后可以看出，在投料浓度相同的情况下，分次投料的产率明显低于一次投料的产率。其原因在于形成低产物浓度时，高活性的液体培养物介质体系会以 GA 为底物而将其代谢降解消耗，即后续"破坏酶"的副作用，致使最终在同样底物浓度下，积累的目标产物 GA 会有明显差异。由此，选定 22 号和 33 号为下一步制备实验的出发菌株。

（三）GA 的 2L 自控式发酵罐制备实验结果

在已经进行的三批次实验中，第二批由于要取样来绘制时程曲线，所以取样后结果有所偏低；第三批调整了培养基，将原来蔗糖浓度提高了一倍，导致生物量加大，转化时间偏长，并且产品精制使用了大孔吸附树脂柱分离，所以结果有所偏低。其结果详见表12-4-24。

表 12-4-24　GA 的 2L 自控式发酵罐制备实验结果

反应条件和结果		第一批	第二批	第三批
反应条件	Ⅰ级条件	100mL,48h	150mL,48h	200mL,48h
	Ⅱ级条件	1400mL,24h	1500mL,20h	1800mL,16h
	上罐体积/L	1.5	1.6	2.0
	通气/(L/min)	1.5	1.6	2.0
	转速/(r/min)	350	300	300
	底物投料量/g	125	120	130
	底物投料浓度/%	8.3	7.5	6.5
	转化时间/h	48	44	60
反应结果	GA 一晶/g	62.29	54.59	35.29
	GA 二晶/g		1.83	4.71
	GA 共重/g	62.29	56.42	40.00
	菌丝体干重/g	19.8	20.84	34.08
	GA 积累浓度/(g/L)	41.53	37.61	20.00
	GA 产率/%	49.83	47.02	30.77
	发酵罐菌丝密度(干重)/(g/L)	12.4	13.03	17.04

综合评估分析，第一、二批的工艺制备条件较佳。

（四）产物 GA 粗品的精制试验结果

1. 大孔吸附树脂对 GA 粗品的精制结果

D101 和 D141 大孔吸附树脂的产物回收率测定结果见表12-4-25。使用大孔吸附树脂进行产物回收试验，从表12-4-25中可见一次回收率是可以接受的，且精制出的样品脱色效果好，纯度高，树脂可以多次重复使用，所以结果是令人满意的。

表 12-4-25　大孔吸附树脂对 GA 的分离回收率测定结果

树脂种类	次数	投料量/g	除去受潮和结晶水影响，实际投料量/g	结晶		回收率/%
				一晶	二晶	
D101	第一次	5.0	4.3	3.48		80.93
	第二次	5.0	4.3	3.45		80.23
	第三次	4.0	4.0	3.13		78.25
D141A	第一次	5.0	4.3	3.00	0.38	78.60

表12-4-25中的数据表明，两种大孔吸附树脂用于对酶法转化液体混合物中产物 GA 的分离回收是可行的；加样试验（Spiked Samples）结果表明本分离技术具有实用意义，特别是脱色、精制效果较好，但较传统工艺活性炭耗用量大，总体来看具有明显的优势。

2. D101 大孔吸附树脂的上柱放大分离 GA 的产物回收试验

将 GA 粗品溶解，浓度为 50mg/mL。上样，大孔吸附树脂为 D101，洗脱剂为蒸馏水，柱床体积为 300mL。经过四批的试验可以看出 D101 大孔吸附树脂应用于粗品回收试验中，回收率在 90％左右、且产品质量高，表明该方法是切实可行的。大孔吸附树脂对酶法加工 GA 粗品的精制放大试验结果见表 12-4-26。

表 12-4-26　大孔吸附树脂对酶法加工 GA 粗品的精制放大试验结果

项目		第一批	第二批	第三批	第四批
粗品质量/g		50	69.85	71.85	67.6
上样体积/mL		1500	1000	1000	1000
一次结晶	质量/g	27.70	29.61	42.81	41.59
	m. p. /℃	248～250	244～245	242～243	245～246
二次结晶	质量/g	11.50	18.90	13.58	12.32
	m. p. /℃	241～242	240～241	231～232	240～242
三次结晶	质量/g	2.96	10.41	6.23	4.96
	m. p. /℃	235～237	234～236	210～211	224～226
四次结晶	质量/g	1.70	5.35	2.68	1.46
	m. p. /℃	223～225	224～226	208～210	202～204
总重/g		43.86	64.00	65.3	60.33
回收率/％		87.72	91.63	90.88	89.25
统计学分析		M＝90.05　　SD＝1.74　　n＝4			

（五）菌丝体再利用结果

在制备实验中，利用菌丝体做了如下几批次的再利用实验。由表 12-4-27 中数据可知，比较采用的四种缓冲液体系，a. 生理盐水（0.85％的 NaCl 溶液），b. 0.2mol/L 磷酸缓冲液（pH 5.5），c. 0.1mol/L 柠檬酸缓冲液（pH 5.5），d. 磷酸氢二钠-柠檬酸缓冲液（pH 5.5），可以看到这四种体系都是较为适合的，结果排序为 c＞b＞d＞a。

表 12-4-27　菌丝体作为生物催化剂再利用的试验结果

项目	批次	底物投料量/g	一次结晶/g	二次结晶/g	结晶总重/g	产率/％
生理盐水体系	1	8	2.28	0.19	2.47	30.86
	2	8	1.99	0.55	2.54	31.75
	3	8	2.92	0.23	3.15	39.38
	统计学分析		M＝34.15　　SD＝4.94　　n＝3			
磷酸缓冲液体系	1	8	3.09	0.28	3.37	42.13
	2	8	2.67	0.34	3.01	37.63
	3	8	2.40	0.54	2.94	36.75
	统计学分析		M＝38.84　　SD＝2.88　　n＝3			

续表

项目	批次	底物投料量/g	一次结晶/g	二次结晶/g	结晶总重/g	产率/%
柠檬酸缓冲液体系	1	8	3.10	0.12	3.22	40.25
	2	8	2.42	0.46	2.88	36.00
	3	8	3.68	0.23	3.91	48.88
	4	8	2.64	0.26	2.90	36.25
	统计学分析		M＝40.35	SD＝6.01		n＝4
磷酸氢二钠-柠檬酸缓冲液体系	1	8	2.26	1.21	3.47	43.38
	2	8	1.34	0.40	1.74	21.75
	3	8	3.68	0.65	4.33	54.13
	统计学分析		M＝39.75	SD＝16.49		n＝3

注：M 为平均值，SD 为标准差，n 为测定次数。

四、讨论

1. 培养基配方的对比与分析

培养基配方的对比见表 12-4-28。

表 12-4-28　培养基配方的对比

原培养基配方		现采用的培养基配方	
五倍子单宁	20g	蔗糖	15g
NH_4Cl	1g	$NaNO_3$	3.0g
KH_2PO_4	3g	$MgSO_4 \cdot 7H_2O$	0.5g
$Na_2HPO_4 \cdot 12H_2O$	3g	$K_2HPO_4 \cdot 12H_2O$	1g
$MgSO_4 \cdot 7H_2O$	0.5g	$FeSO_4 \cdot 7H_2O$	0.01g
水	1000mL	五倍子单宁	3.0g
		水	1000mL

本技术所使用的培养基配方是改良的察氏培养基，即将蔗糖浓度降为原来的一半（这样做是为了避免出现仅长生物量而单宁酶活性不高的情况），而同时加入浓度为 0.3% 的五倍子单宁作为诱导物。根据有关资料的报道，原来采用的酶制剂培养基主要是不使用蔗糖，取而代之的是五倍子单宁，浓度达到 2%。根据分析与实际的结果，原有的培养基由于没有蔗糖作为碳源，所以在初期的生长阶段碳水化合物的量明显不足，这就不能保证黑曲霉菌丝体的正常生长。虽然单宁酶水解五倍子单宁后有葡萄糖产生，但是由于诱导物的浓度较高，不可避免地会有底物抑制现象产生，反而会出现不能诱导出高的单宁酶活性的情况。与之相比，本技术采用的培养基，不仅无机离子的浓度合适，同时蔗糖作为碳源也保证了菌丝体初期生长有足够的生物量；低浓度的诱导物诱导出高单宁酶活性，这就为酶法转化过程参数优化研究打下了坚实的基础。总之，在生物催化剂的制造阶段，保持适度的碳源（提供菌丝体生长的碳骨架）、氮源及无机盐的平衡，菌丝体生长阶段有合适的诱导物存在，这对于生长培养出高质量的生物催化剂，提高总酶活性是至关重要的。它是酶法加工工艺过程的基础。

2. 生物转化参数优化对产率的影响

GA 的产率高低是本实验中的一项重要指标，是决定本工艺产品成本能否达标的关键。不同的生物转化条件对 GA 产率有决定性的影响，结合本实验结果可以从以下三方面进行分析讨论。

（1）底物浓度　底物浓度较高，GA 产物积累浓度则高。这在 GA 的 2L 自控式发酵罐制备实验结果中可看到，最高的底物浓度耐受度可以达到 8.3%。相信在进一步优化参数后，底物浓度可以稳步升高到 10% 乃至 12% 或者更高，但其前提条件是菌种性能要保持高活力，注意菌种衰退问题，要加强菌种选育及复壮工作。

（2）底物投加方式　在相同的底物浓度情况下，将底物一次投加和分批次投加，这两种方式所得的结果是不同的。从 GA 的摇瓶酶法制备实验结果中可以看到，底物一次投加优于分批次投加，从酶水解过程看来，以高底物浓度开始，有利于抑制目标产物 GA 的分解代谢倾向。

（3）生物催化剂生长的菌丝量及转化阶段对底物的负荷量之优化匹配　在 Ⅱ 级反应中，Ⅰ 级种子的接种量一般控制在 5%～10% 的范围内。从 2L 自控式发酵罐实验结果可以看到，随着接种量的增高，即分别为 6.7%、9.1%、10%，发酵罐菌丝密度（干重）依次上升，分别为 12.4g/L、13.1g/L、17.1g/L，但是 GA 净产率却依次下降，分别为 49.8%、47.1%、30.8%。所以，在本工艺中，较低的合适的生物量有高转化率。在今后的实验中，5% 的接种量是比较合适的。

综合以上三点，在本工艺中最优化的生物转化条件为高底物浓度（10%）、一次性投加和 5% 的 Ⅰ 级种子接种量。

3.产物回收精制优化方案选择

根据有关资料报道，对于 GA 的回收主要是采用以下方法，即活性炭脱色、脱胶，浓缩，结晶，分离洗涤，溶晶脱色，重结晶，烘干，包装出产品。该方法的主要缺点是操作过程烦琐，活性炭耗用量大。不但影响产品成本与产品收率及质量，而且在三废治理中成本增高。为此，本技术选择了大孔吸附树脂新技术分离回收 GA，效果十分令人满意。它具有产物回收率高、GA 的脱色精制效果佳、产品质量高的优点。这一生物化工分离新技术在本酶法转化五倍子单宁酸生产 GA 的下游工程——产物回收阶段是十分有用的。可以相信，随着工艺的逐级放大，该生化分离技术将呈现更加旺盛的生命力。

第五节　酶法转化五倍子单宁酸生产没食子酸中试技术

中国科学院成都生物研究所杨顺楷等人在实验室小试的基础上，设计了酶法转化五倍子单宁酸生产没食子酸 500L 罐中试技术，并取得了较好的结果，本小节将对该中试技术进行介绍。

一、微生物酶源菌种选择

本中间试验，在原有小试工作的基础上，有针对性地加强了微生物酶源菌种的分离和选育工作。结合大量实验室的分离筛选工作，获得了一批（106 株）具有较高活性的菌株。到中试现场后，又选择其中高单宁酶活性的黑曲霉进行进一步活化及选育，用于平行比较试验，最后选择确定以 4 号、22 号、33 号三株菌株作为中试试验菌株。

二、仪器设备和材料

（1）仪器设备

① 通用式发酵设备系统，包括：

a.通用式机械搅拌式发酵罐：100L×2（种子罐），不锈钢；

b. 通用式机械搅拌式发酵罐：500L×1（主发酵罐），不锈钢。

② 空气系统：T30 空气压缩机，0.64m³/min（排气量），0.69MPa（排气压力），中外合资南京三达机械有限公司；采风塔等。

③ 产物分离精制回收系统，包括：

a. 板框压滤机：BAS2/310-Ub（暗流式手动不可洗涤式塑料板框压滤机，过滤面积 2m²），材料为聚丙烯。

b. 脱胶罐：500L，材料为不锈钢。

c. 减压浓缩罐：300L，材料为搪玻璃。

d. 结晶罐：300L×2，材料为搪玻璃；500L×1，材料为聚丙烯。

e. 敞口浓缩反应釜：500L，材料为搪玻璃。

f. 溶晶脱色罐：100L，材料为不锈钢。

④ 保温密闭压滤系统：20L，材料为搪玻璃。

⑤ PVC 色谱分离柱×2：$\phi=30cm$，L（长度）$=350cm$，V（体积）$=140L$。

⑥ 玻璃色谱分离柱×1：$\phi=15cm$，L（长度）$=1.5m$，V（体积）$=26.5L$。

⑦ SZ-1 水环式真空泵：抽气速率 3m³/min，极限真空 0.085MPa，最大压力 1.0～1.4 kg/cm²。

⑧ 其他公用设备：如 2t 卧式锅炉、去离子水处理装置等。

（2）材料

① 菌种：具有较高单宁酶活性的黑曲霉（*Aspergillus niger*）菌株。均由天然源经富集分离、经多次筛选得到。

② 五倍子水浸提物喷雾干燥粉：五倍子由四川阿坝河谷地带购得，经水浸提、浓缩、喷雾干燥，即得到生物转化底物，经分析检测其五倍子单宁含量为 76.6%。

③ 其他辅料：如蔗糖、硝酸钠、氨水、盐酸、氢氧化钠、氯化钠、活性炭等，均为工业级，从成都市化工市场购得。

三、生物转化能力考察

酶法水解转化五倍子单宁酸制取没食子酸技术途径的核心就是考察作为生物催化剂使用的黑曲霉细胞培养物的生产性能和使用性能。杨顺楷等人利用所筛选出的黑曲霉菌株，在多次的若干轮批式分次或一次添加底物的整细胞生物转化实验条件下，进行了全流程酶法转化考察。经过多次的制备实验，借助加样实验的数据，结合 TLC、HPLC 过程测试分析数据，经综合评估，得到如表 12-4-29 所示的试验结果。

表 12-4-29　黑曲霉整细胞批式添加底物生物转化能力考察

批号	转化率[①]/%	说明
1	87.37	100L Ⅰ级/500L Ⅱ级生物转化试验
2	84.24	100L Ⅰ级/500L Ⅱ级生物转化试验
3	74.26[②]	100L Ⅰ级/500L Ⅱ级生物转化试验
4	92.07	100L Ⅰ级/500L Ⅱ级生物转化试验
5	84.40	100L Ⅰ级/500L Ⅱ级生物转化试验
统计学分析	M（平均值）=84.47%	RSD（相对标准偏差）=5.25　　　n（测定次数）=5

① 计算方法为：HPLC 监测取样中，GA 浓度达到最高时为标准。其中，第一罐 48h 为 66.9g/L，第二罐 40h 为 64.5g/L，第三罐 40h 为 48.8g/L，第四罐 48h 为 60.5g/L，第五罐 48h 为 55.5g/L。

② 该批次在Ⅱ级发酵培养时第 4～8h 停电，影响生物催化剂酶的活性。

由表 12-4-29 中结果经统计学分析后可以看出，黑曲霉在目前建立的发酵转化工作程序中，生物转化能力较强，稳定性较好，是较好的生物转化酶源菌株，为今后的工业化中试生产提供了可靠的酶源菌株。

四、生物转化工艺过程设计及中试运转情况考察

根据黑曲霉酶法转化水解作用底物的目标，可以看出本工艺具有两阶段的特点，即黑曲霉细胞培养物作为生物催化剂的发酵制备阶段和生物转化阶段。中间试验的工艺过程由生物催化剂的发酵制备、生物转化和产物的分离回收及精制三部分构成，详见图 12-4-50 和图 12-4-51。

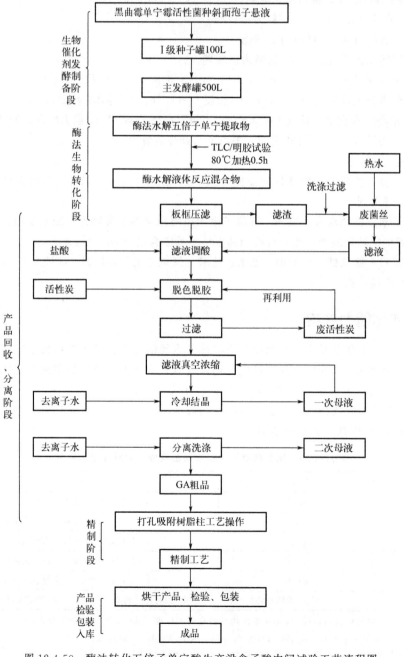

图 12-4-50　酶法转化五倍子单宁酸生产没食子酸中间试验工艺流程图

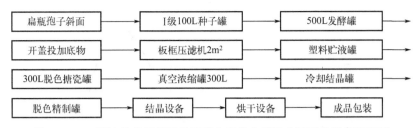

图 12-4-51　酶法转化五倍子单宁酸生产没食子酸中间试验设备流程图

1. 生物催化剂的发酵制备阶段

本中试是利用已有的高单宁酶活性的黑曲霉菌株，采取二级发酵培养方法，经由 100L Ⅰ 级种子罐/500L Ⅱ 级主发酵罐培养具有高单宁酶水解活性的细胞培养物，即生物催化剂。在进行深层通气培养过程中，均采用显微镜镜检等手段，观察黑曲霉的变化，适时投加底物。

2. 酶法生物转化阶段

在本中间试验中，进入生物转化后以 10％（质量/体积）的比例开盖投加五倍子单宁水提取物的喷干粉剂，保温进行生物转化反应，直接将底物水解为目标产物——没食子酸（GA）。注意在一定的时间间隔内，定时添加完底物，直到加完额定量。当产物浓度达到最高后，适时终止反应，进入产物分离回收、精制阶段。中试运转结果见表 12-4-30。

表 12-4-30　黑曲霉二级发酵和生物转化中试运转结果

批号	菌株号	发酵时间/h		转化时间/h	底物投加量/kg		菌丝体干重/kg	粗结晶/kg		
		Ⅰ级	Ⅱ级		水浸提量	倍单宁量		一晶	二晶	合计
1	33	36	20	60	35	26.8	6.6	16.1		16.1
2	22	24	18	46	35	26.8	6.2	19.2	3.4	22.6
3	22	24	18	48	30	23.0	5.8	15.2	1.7	16.9
4	4	24	18	42	30	23.0	6.0	15.4	4.0	19.4
5		24	18	41	30	23.0	5.6	15.0	4.1	19.1

注：1. 生物转化底物为五倍子水浸提物喷雾干燥粉剂，经分析检测其中五倍子单宁含量为 76.6％。

2. 批号 1 的转化时间长达 60h，主要目的是考察该生物转化反应时程曲线，以便确定中止反应的最佳时刻。

（1）反应时程曲线　在生物转化的进程中，在 0、12h、24h、36h、40h、44h、48h、52h、56h、60h 时定时定量取发酵液 100mL，离心，取上清液 0.5mL，加入 1.0mL 的乙酸乙酯进行萃取，振荡、静置分层，取有机相 0.5mL，氮气吹干。然后送样，进行 HPLC 检测。所有的分离测定均使用 SUMMIT 型（带可变波长检测器）二元高压梯度液相色谱仪，保留时间测量和峰面积计算均由"变色龙"色谱工作站完成。没食子酸标准品购自中国林科院林产化学工业研究所单宁化学利用实验室，标识含量为 ≥99.5％（以一水没食子酸计）。色谱条件为：柱温 30℃；色谱柱，EC250/4.6NUCLEOSIL 100-5C$_{18}$；流动相，甲醇：磷酸：水＝15：0.5：100（体积比）；流速 0.5mL/min；检测波长 280nm；进样量 20μL；保留时间 11.99min。整理以上分析检测的结果，得到的黑曲霉单宁酶酶法生物转化五倍子单宁的反应时程曲线如图 12-4-52 所示。

从时程曲线中可以看到，随着反应时间的加长，在 48h 左右达到峰值，然后随时间延长，GA 浓度有所降低。随时间延长，生物催化剂会以产物 GA 为新的底物，进行分解代谢，从而降低了 GA 产率。所以，生物转化终止反应的最佳时间为 48h。

（2）黑曲霉菌丝体的综合利用考虑　从本工艺的 5 批公斤级中间试验中，最后废菌丝体

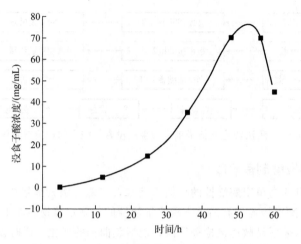

图 12-4-52　水相中酶法制备没食子酸时程曲线

（干重）在液体转化反应介质体系中的生物量是比较高的（1.7％，质量/体积），较通常的细菌、酵母生物量 0.5％～1.0％高出近 1 倍。加之，黑曲霉菌丝体的蛋白含量较高（约 30％），胞壁物质易于加工制取壳聚糖、寡糖物质，菌丝体中的脂类分离提取物可制取麦角固醇，以及利用菌丝体的核酸物质制取腺苷（RNA 降解法）都具有重要的综合利用开发价值。

（3）产物的分离回收及精制阶段　本工艺酶法水解结束后，进入产物分离回收精制阶段。反应物经由板框压滤、调酸、活性炭脱色脱胶、过滤、真空浓缩、冷却结晶、母液再次浓缩结晶，得 GA 粗品。粗品再溶解后，经大孔吸附树脂柱色谱分离目标产物——GA 产品。大孔吸附树脂分离目标产物的方法用于中试放大，可以方便顺利地进行 GA 产品公斤级数量的分离，得到高纯度的产品（含量 99.5％以上），具有操作简便、易再生、使用寿命长的特点。表 12-4-31 和表 12-4-32 分别列出了大孔吸附剂玻璃柱和 PVC 柱进行分离的几组数据。

表 12-4-31　大孔吸附剂玻璃柱分离数据一览表

次数	第一次	第二次	第三次	第四次
上样浓度/(g/L)	100	100	100	100
上样量/g	500	500	500	500
一晶/g	254	305	300	338
二晶/g	164	136	124	115
总量/g	421	441	424	453
回收率/%	84.2	88.2	84.8	90.6
统计学分析	M=87.0%　　RSD=3.00　　n=4			

注：$\phi = 15cm$，$L = 1.5m$，$V = 26.5L$。

表 12-4-32　大孔吸附剂 PVC 柱分离数据一览表

次数	第一次	第二次	第三次	第四次	第五次	第六次
上样浓度/(g/L)	100	100	100	100	117	106
上样量/kg	8.0	8.0	8.0	8.0	7.0	9.5
一晶/g	5347	3900	3600	4500	4653	5277

次数	第一次	第二次	第三次	第四次	第五次	第六次
二晶/g	2084	2360	2660	1610	2046	3479
总量/g	7431	6260	6260	6110	6699	8756
回收率/%	92.89	78.25	78.25	76.38	95.70	92.17
统计学分析		M=85.6%		RSD=8.85	n=6	

注：$\phi = 30cm$，$L = 3.5m$，$V = 140L$。

由以上数据可以看出，本分离精制技术稳定性较好，回收率较高，适用于本中试工艺的下游加工过程。

五、没食子酸中试制备实例

由表 12-4-29 和表 12-4-30 可以看出，本工艺生物转化五倍子单宁酸（工业单宁酸含量 76.6%）成为 GA 的能力还是较高的，具备了工业开发的基本条件。针对本生物转化工艺特点，如何合理地匹配相关的参数、选出优化方案进行最大限度的转化及有效积累目标产物 GA，仍是值得在工业化试生产线上试产 GA 产品的生产实践中进一步考察的问题。本工艺中如何选择底物浓度、添加方式和时间、反应时间、效应时间的使用等，都存在着很大的实验范围。此外，产物回收工艺部分的工作也还有许多工作要做，以便有效提高产物回收率，降低能耗，进一步降低生产成本，形成一套具有竞争力的酶法转化五倍子单宁酸生产 GA 新工艺。

现将本次中试中制备试验第四批举例说明如下。

在 100L Ⅰ级种子罐中自扁瓶斜面，接转入选出的高单宁酸酶活性黑曲霉菌株 4-3。经深层通气培养 24h 后转入 500L Ⅱ级主发酵罐，再培养 18h 后开盖投加五倍子单宁水提取物喷干粉剂 30kg，保温 30℃进行生物转化反应，直接将底物酶法水解为目标产物 GA。转化过程中用氨水调节 pH 值在 4.50～5.50 范围内，以使单宁酶水解活性处于最合适的范围。同时在 0、12h、24h、36h、38h、40h、42h、43h 取发酵液样 2×10mL，置于－10℃下保存；融冻后，一份用 TLC 监测反应进程，另一份用如前所示的制样方法制样，后进行 HPLC 分析检测，HPLC 结果如表 12-4-33 所示。

表 12-4-33　中试中制备试验第四批 HPLC 分析检测结果

时间/h	0	12	24	36	38	40	42	43
GA 浓度/(g/L)	0.12	16.9	28.7	34.9	48.6	55.0	60.5	58.7

从上面的数据可以看出，用 TLC 监测反应进程是合理的，终止反应时间的选择也是正确的。酶法水解结束后，升温至 80℃，保温 30min。然后降温至 50℃，趁热经由板框压滤。分离得到的菌丝体再用 100L 50℃热水洗涤 2 次，合并发酵液滤液和洗涤液，共得到 400L。用盐酸调节 pH 值到 2.50，按照 0.5%（质量/体积）的量加入活性炭 2kg，升温至 80℃，保温 30min进行脱色脱胶，趁热通过保温密闭压滤设备滤去活性炭。清液 400L 进入真空浓缩设备，60℃下保温，真空度为 0.07～0.08MPa 的条件下减压浓缩，得到第一次浓缩液 120L；5℃下冷却结晶 24h，过滤得到第一次结晶 15.4kg；一次母液在相同条件下再次浓缩，得到第二次浓缩液 30L，5℃下冷却结晶 24h，得到第二次结晶 4.0kg。所以，粗结晶总量为 19.4kg，转化率达到 92.1%。粗结晶再溶解后，经大孔吸附树脂 D101 柱色谱分离后，得到 16.9kg 工业 GA 产品（含量 98.5%以上）。

六、三废处理及相关的环境保护问题

本项目的三废主要成分为：

① 酶法生物转化液体反应混合物中的黑曲霉菌丝体残渣约为发酵液总量的 2%（质量/体积）左右，数量与通常的细菌、酵母相比较高（0.5%～1.0%）。

② 转化液经板框压滤进行液/固分离后，上清液（含 5%～7% 的 GA）经保温酸化/活性炭脱色脱胶，滤液直接进行减压浓缩，降温析出粗品结晶 GA，无大宗废水排放，仅有冷凝水排出，可循环利用。

③ 大孔吸附树脂的酸碱处理和洗脱废液，以及少量设备清洗废水。

处理方法：

① 较大量的废菌丝体可以作饲料（经检测含菌丝蛋白近 30%），或进一步综合利用，从中分离提取有用成分，如壳聚糖/寡糖、麦角固醇及腺苷等生理活性物质。将稀酸及 NaOH 溶液加入中和沉淀池，清液进行曝气活性污泥处理或厌氧处理。

② 本酶源菌种为黑曲霉（*Aspergillus niger*），它已被 FDA 认证为非病源性、非产毒性的食品工业安全菌株。对于在固体及液体培养中的活培养物（孢子及菌丝细胞物）按照普通微生物学菌种保藏规则进行操作管理，不得随意扩散活培养物或霉菌孢子。初级原料五倍子（肚倍、角倍及倍花）经用去离子水温浸，提取出水溶性浸出物，经浓缩/喷雾干燥制得供酶法生物转化的底物原料，建议该步操作在五倍子原产地进行加工（一县设定一厂），所产生的水不溶性残渣可用作饲料或食用菌栽培原料，不会对环境造成污染。

第六节　其他富含单宁的资源化学与加工

一、石榴皮单宁

（一）石榴皮

石榴（*Punica granatum* L.）又名安石榴、若榴、天浆等，为石榴科石榴属木本植物，在我国种植广泛、种质资源丰富。在石榴的各类直接应用、深加工过程中，占总质量近乎 30% 的石榴皮大多被视为"无用"的下脚料被丢弃，而石榴皮中含有丰富的石榴皮多酚，可用于提取石榴皮多酚[24,25]。

（二）石榴中单宁的结构和含量

石榴是一种重要的水果资源，分布广泛，在世界范围内大规模种植。截至 2017 年，我国石榴栽培总面积达 140 万～150 万亩。从生产和消费情况来看，2017 年，国内石榴总产量达 170 万吨。作为石榴加工的副产物，石榴皮中含有大量多酚类物质，这些物质赋予了石榴皮诸多健康功效。石榴皮多酚包括没食子单宁、鞣花单宁、鞣花酸、绿原酸、没食子酸、儿茶素、表儿茶素、花色素、阿魏酸和槲皮素等多种化合物，约为干重的 10%～20%。石榴皮也是一味传统的中药，收录于《中华人民共和国药典》，具有润肠止泻、止血、驱虫的功效。石榴皮中的生物活性化合物非常多，如鞣质类（石榴皮中鞣质的含量高达 25%～30%）、类黄酮及原花青素类化合物，其中安石榴苷是石榴皮鞣质中重要的成分，含量在 10% 左右。

不同石榴品种石榴皮中化学成分差异较大，石榴皮中主要含水解单宁和少量的缩合单宁，其中水解单宁分为没食子单宁（没食子酸与糖类形成的酯类衍生物）和鞣花单宁（鞣花酸与糖类形成的酯类衍生物）（图 12-4-53）。Emanuele Flaccomio[26]的研究表明新鲜石榴果皮含鞣花单宁 10.4%～21.3%。另一研究（Rasheed，2009）[27]表明石榴提取物中包含 86.0%鞣花单宁，对多酚分布的进一步分析显示 19%的鞣花单宁为 Punicalagins（安石榴苷）和 Punicalins（安石榴林），4%为游离鞣花酸，77%为低聚物。

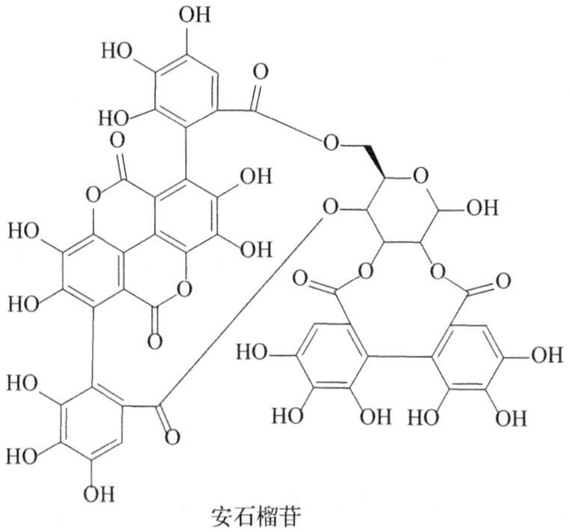

安石榴苷

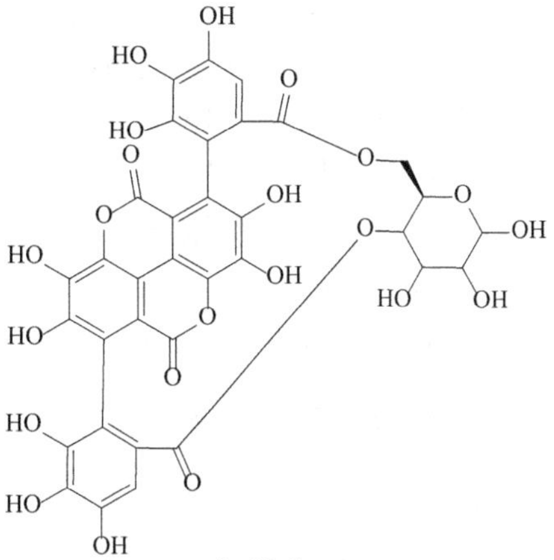

安石榴林

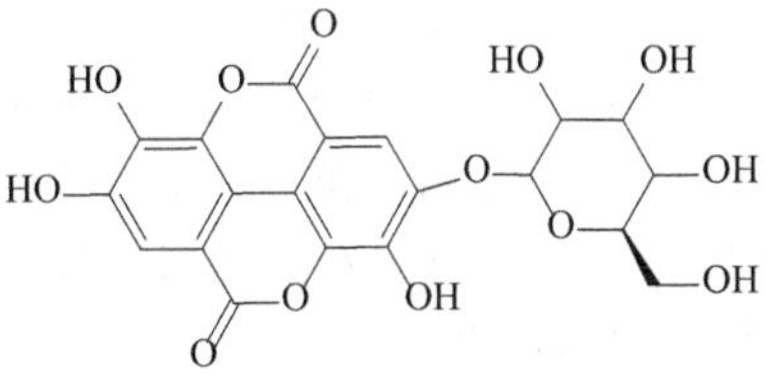

鞣花酸葡萄糖苷

图 12-4-53　石榴皮中主要的没食子单宁和鞣花单宁的结构

（三）石榴皮多酚的提取方法

石榴皮多酚最常用的提取方法有溶剂提取法、超声波辅助提取法、微波辅助提取法以及超声波-微波协同提取技术。为了加快多酚的提取速度，提高多酚的提取率，应根据提取原料选择提取方法。

1. 溶剂提取法

以 20%的乙醇作为溶剂，固液比为 1∶20，在 50℃条件下萃取 1h，多酚的提取率可达到 22.86%。

2. 超声波辅助提取法

超声波辅助方法是使用超声波，使植物组织瞬间在溶剂中产生空穴效应，促进细胞破裂，并使溶剂渗透到植物细胞中以溶解其活性成分。超声波辅助萃取的优点是萃取效率高，对活性成分的损害较小，并且可以防止长期暴露于高温或空气中引起的萃取物降解或褪色。结合响应面法优化了石榴皮中多酚的超声提取工艺，在提取时间 35min、乙醇浓度 59%和超声功率 90W 的优化条件下，提取量可高达 321mg/g。

采用超声辅助双水相法提取石榴皮多酚，在单因素试验的基础上，选取超声时间 32min、超声温度 40℃、$(NH_4)_2SO_4$ 用量 0.36g/mL、料液为 1∶37 [质量（g）∶体积（mL）]，在此条件下提取，多酚的得率为 (10.63 ± 0.28)%。

3. 微波辅助提取法

微波辅助提取法被誉为"绿色提取工艺"，具有节能、污染小、热效率较高、无需干燥等预处理等诸多优点，其简化了提取工艺，减少投资。微波辅助提取多酚的时间短，得率高。

上述 3 种不同提取方法提取石榴皮中多酚的效率，依次为微波辅助提取法＞超声波辅助提取法＞乙醇浸提法。

以微波辅助提取法为例，在乙醇浓度 40%、提取功率 242W、时间 60s、料液比 1∶5 条件下提取石榴皮多酚，得率为 19.54%；在乙醇浓度 30%、料液比 1∶20、萃取功率 300W、萃取温度 60℃、萃取时间 100s 的条件下，石榴皮多酚的提取率达到 26.91%。

4. 超声波-微波协同提取技术

料液比 1∶30 [质量（g）∶体积（mL）]，60%乙醇溶液浸泡 20min 后，在微波功率 250W、超声波功率 500W 条件下提取 1min，石榴皮多酚提取得率为 28.78%，提高了提取效率。

（四）石榴皮单宁的健康功效

1. 抗氧化

石榴皮中富含多酚类和黄酮类化合物等活性成分，这些化合物可通过多种途径发挥抗氧化作用如猝灭活性氧、作为氢供体消除各种氧自由基和活性氧、抑制氧化酶的活性，通过与氧自由基结合形成稳定的中间体来阻断自由基的传递，以及络合具有催化功能的金属离子等作用。Zhang 等[28] 发现，石榴皮的丙酮、水、甲醇和乙酸乙酯等的提取物均具有抗氧化作用，并且具有明显的量效关系。同时，鞣花酸可以与弹性蛋白酶发生作用并形成络合物，当鞣花酸的质量浓度为 4.57mg/mL 时，鞣花酸对弹性蛋白酶的抑制率高达 88.26%。当鞣花酸浓度低于 4.0×10^{-5} mol/L 时，其荧光猝灭机理主要是静态猝灭，鞣花酸浓度较高时动态猝灭所占比例增加。因此，鞣花酸可以作为天然自由基清除剂与弹性蛋白酶抑制剂应用于抗衰老化妆品中。目前最新的研究表明，在肠道中，鞣花单宁会被水解为鞣花酸，进而被肠道菌群继续代谢为尿石素，尿石素 A 可在体内或体外诱导线粒体自噬（图 12-4-54），进而抑制随年龄积累的失调线粒体并延长寿命[29]。

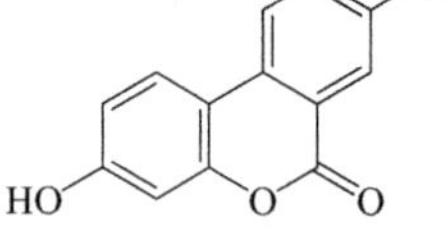

图 12-4-54　尿石素 A 的化学结构

2. 抗菌、抗病毒作用

体外实验表明，石榴皮对志贺、施氏、福氏、宋氏等 4 种痢疾杆菌及伤寒杆菌、结核杆菌、变形杆菌、大肠杆菌、绿脓杆菌、脑膜炎双球菌、金黄色葡萄球菌等多种细菌都表现出较强的抑菌活性，对同心性癣菌、董氏毛癣菌等多种皮肤真菌也有一定的抑制作用，以上抗菌作用与它所含大量多酚类物质关系密切[30,31]。石榴皮鞣质对革兰氏阳性菌具有较强的抗菌活性，而对革兰氏阴性菌的抗菌活性较弱。石榴皮鞣质能够显著影响金黄色葡萄球菌的细胞壁和细胞膜结构，且对菌体内蛋白合成具有一定的抑制作用。Houston 等[32] 考察了石榴皮鞣质对单纯疱疹病毒（HSV）模型小鼠的皮肤保护作用，研究结果证实石榴皮鞣质中的安石榴苷主要通过渗透皮肤，下调表皮环氧化酶-2(COX-2) 的表达发挥皮肤抗炎、抗病毒活性作用。

3. 保护心血管系统

石榴皮中含有的多酚、黄酮类化合物具有较强的抗氧化和清除自由基活性的作用，可抑制动脉壁内平滑肌细胞的增生和血栓的形成，减少氧化低密度脂蛋白，抑制胆固醇在体内的合成，促进胆固醇的代谢，因而能保持人体正常的血脂水平和保证血流顺畅，对人体心血管系统起到保护作用[33]。

4. 保护消化系统

石榴果皮中由于含大量鞣质，能凝固或沉淀蛋白质，有助于局部创面愈合和保护其免受刺激，因而有止血、涩肠的功能，并且能驱除肠道内的寄生虫、避免腹泻、抑制大肠杆菌等致病菌的生长及避免肠毒素的产生[34]。另外，石榴皮还能降低胃溃疡的发病率，保护胃部免受药物和酒精等的刺激。动物试验表明石榴果皮的水提液具有治疗家兔消化机能紊乱引起的腹泻的作用。

5. 抗炎

研究富含13％鞣花酸的石榴皮鞣质提取物对小鼠巨噬细胞的影响，发现石榴皮鞣质浓度为 $50\mu g/mL$ 时，能有效抑制巨噬细胞释放的一氧化氮（NO）水平，表明石榴皮鞣质对小鼠具有显著的抗炎活性。对石榴皮中主要多酚类物质安石榴林、安石榴苷、石榴皮亭 B 的研究表明，它们都呈现出了较强的抗炎活性，抗炎机理主要是减少一氧化氮和前列腺素 E2（Prostaglandin E2，PGE2）的生成[35,36]。

6. 其他健康功效

目前的研究表明石榴皮鞣质对腺嘌呤性慢性肾衰竭大鼠、多柔比星肾病综合征大鼠、慢性肾小球肾炎以及单侧输尿管梗阻大鼠均有一定的改善作用，表明石榴皮鞣质具有改善肾功能的作用。杨林等[37] 研究了石榴皮鞣质对链脲佐菌素（STZ）诱导的糖尿病模型大鼠的氧化应激作用的效果，实验结果显示给药组大鼠中丙二醛（MDA）水平显著降低，抗氧化酶和超氧化物歧化酶（SOD）等酶水平显著提高，表明石榴皮鞣质对糖尿病诱导的肾脏氧化应激具有很好的改善作用，推测其保护机制为通过减轻糖尿病大鼠肾皮质氧化应激反应，达到肾脏保护效果[37]。

（五）石榴皮单宁的应用

目前针对石榴单宁的产品还较少，主要是一些增强免疫力的保健品，以及一些富含石榴单宁的日化用品，例如石榴香皂和石榴沐浴露等。石榴皮作为石榴产业加工过程中的主要副产物，其单宁的高值加工也是未来提升石榴高值利用的关键。

二、茶多酚

（一）茶叶

茶是中国的传统饮品，已发展为世界三大饮料之一。2019 年中国茶叶种植面积为 306.6 万公顷，占全球茶叶种植面积的 61.4％，而世界茶叶出口 189.5 万吨，但中国仅 30 余万吨。面对我国茶叶巨大的产能和与之完全不能对等的少量消费，急需开展茶叶的深加工和多元化利用[29,30]。

（二）茶多酚的组成

茶多酚是茶叶中最重要的组成成分，约占茶叶干重的 20％～30％。茶多酚主要有儿茶素类、花青素类、黄酮及黄酮醇类、酚酸及缩酚酸类等四大类。其中，儿茶素类含量最高，约占茶多酚的65%～80%，主要包括儿茶素（catechin，C）、表儿茶素（epicatechin，EC）、表没食子儿茶素（epigallocatechin，EGC）、表儿茶素没食子酸酯（epicatechin gallate，ECG）、表没食子儿茶素没食子酸酯（epigallocatechin gallate，EGCG）和没食子儿茶素没食子酸酯（gallocatechin gallate，GCG）等。

（三）茶多酚的提取方法

与石榴皮多酚的提取类似，溶剂提取、超声波辅助提取、微波辅助提取以及超声波-微波协同提取等都是茶多酚常用的提取方法。茶多酚的提取还可以采用具有专一性和高效性的酶破坏细胞壁，利于细胞壁内的茶多酚溶出。酶法反应条件温和，茶多酚中有效成分儿茶素在提取过程中几乎不损失，有效成分的提取量高，同时所得产物纯度、稳定性、活性均较高，且无污染。此外，酶法还具有缩短提取时间、降低能耗、降低生产成本等优势。

李映等[38] 以茶叶和茶叶渣为原料，复合酶（果胶酶：纤维素酶＝1：1）添加量2.4%（以底物质量计），料液比1：10 [质量（g）：体积（mL）]，酶解pH值5.6，酶解温度45℃，酶解300min，加入75%乙醇至料液比1：100 [质量（g）：体积（mL）]，提取温度60℃、时间75min，酶法自茶叶和茶叶渣中提取茶多酚产率分别为23.36%、10.38%，与不加酶相比分别提高55.94%、15.46%。

由于提取液中还含有较多的咖啡因，常采用溶剂萃取法、树脂吸附法、金属离子沉淀法等提高茶多酚产物的纯度。

1. 溶剂萃取法

将茶叶原料以80～85℃的热水浸提2次，合并提取液并浓缩。浓缩液以乙酸乙酯萃取茶多酚2次，收集富含茶多酚的乙酸乙酯萃取液，上水洗塔用水洗脱咖啡因2次，回收乙酸乙酯，加水蒸发除去乙酸乙酯残留，茶多酚转入水相，喷雾干燥，得茶多酚成品。相对得率为8%～10%，产品纯度为95%～99%，EGCG含量为50%～60%。

2. 树脂吸附法

将茶叶热水浸提液调pH值，使其中色素和咖啡碱得到预分离，过滤除杂，选用吸附树脂进行充分吸附后，以80%乙醇进行解析，回收乙醇，喷雾干燥，得茶多酚成品。相对得率为5%～7%，产品纯度为96%～99%，EGCG含量为80%～90%。

3. 金属离子沉淀法

赵志添等将茶叶以65%乙醇提取，在料液比为1：20 [质量（g）：体积（mL）]、提取温度为70℃的条件下提取3次，每次40min，合并提取液，浓缩回收乙醇，在浓缩液中加入2.0g CaCl$_2$，待溶解均匀后用Na$_2$CO$_3$调节pH值为8.0进行沉淀，过滤收集茶多酚的钙盐沉淀，茶多酚提取率可达到25.24%[39]。

胡拥军等取100℃下干燥6h并磨碎过20目筛的安化黑毛茶，以50%乙醇-水溶液回流浸提，料液比为1：25 [质量（g）：体积（mL）]，浸提时间为30min，茶多酚浸提率为3.39%。回收乙醇后，向浓缩液中加沉淀剂ZnSO$_4$（按固体计算，茶样：ZnSO$_4$＝3.2：1），以NaHCO$_3$溶液调节体系pH值为6.5进行沉淀，沉淀率为96.47%[40]。

抽滤后将得到的沉淀物在稀盐酸中溶解，再用乙酸乙酯萃取。萃取完成后，蒸馏除乙酸乙酯，得到的浸膏液经80℃干燥后即为茶多酚制品。

三、柿

（一）柿单宁结构特点

柿（*Diospyros kaki* L.）是柿科（Ebenaceae）柿属（*Diospyros Linnaeus*）植物。中国是柿属植物的分布中心和原产中心之一，拥有丰富的种质资源，柿在中国已有 2000 多年的栽培史，是一种重要的栽培果树。柿属（*Diospyros Linnaeus*）是柿科（Ebenaceae）数量最大、分布最广且具有重要经济价值的属。柿树在我国的栽培面积和产量均居世界首位，柿果最大的特征就是含有比其他水果高出数十倍的单宁类物质（高聚原花青素），约占鲜重的 2%～4%，它也是柿子涩味的物质基础。

柿单宁（persimmon tannin，PT）结构复杂，早在 1978 年就有学者对柿单宁的结构进行了研究，发现柿单宁的组成单元主要为儿茶素（catechin，C）、没食子儿茶素（gallocatechin，GC）、没食子儿茶素没食子酸酯（gallocatechin gallate，GCG）和儿茶素没食子酸酯（catechin gallate，CG），但对其末端结构未有报道。目前的研究证明，相对于其他果蔬如苹果、葡萄中的原花青素（B 型连接的以 EC 和 C 为结构单元的低聚体原花青素），柿单宁具有十分独特的结构特点和亚基组成，主要表现在：聚合度高（mDP=26），以两种酯型儿茶素 EGCG 及 ECG 为主要结构单元，没食子酰基化高达 72%，分子量范围为 $1.16 \times 10^4 \sim 1.54 \times 10^4$，并且大部分是以 A 型连接为主的缩合单宁，推测其结构如图 12-4-55 所示[38]。

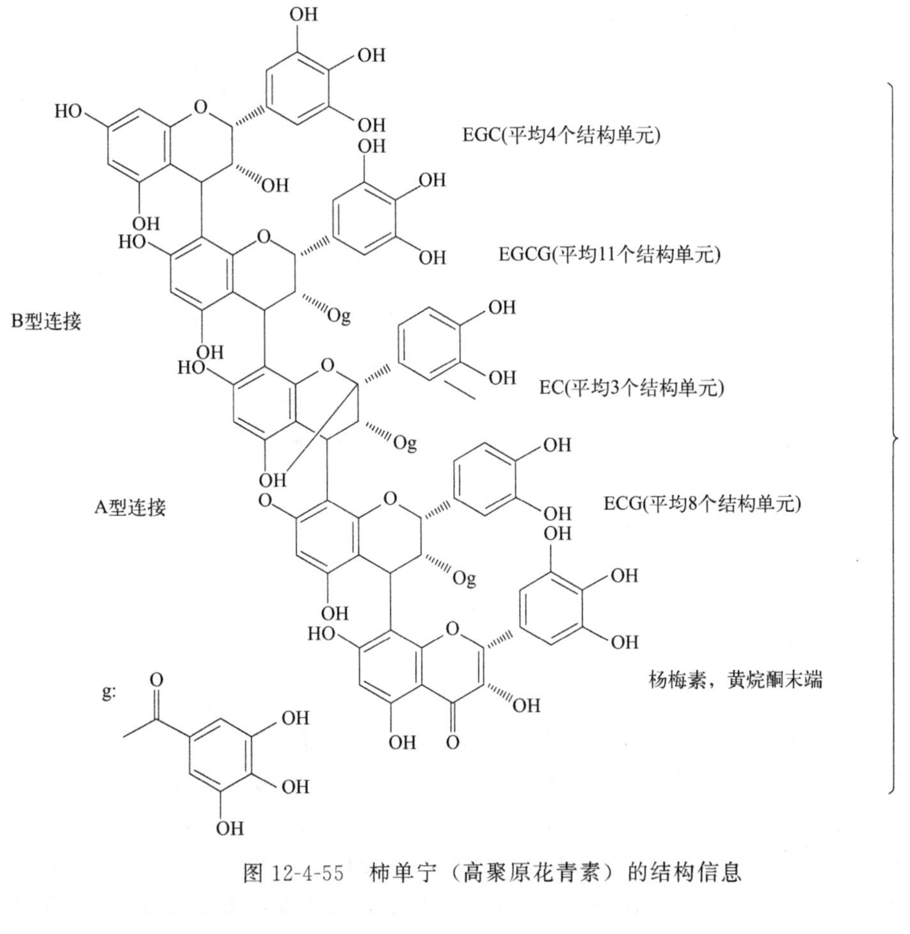

图 12-4-55　柿单宁（高聚原花青素）的结构信息

（二）健康功效

传统上认为单宁是一种抗营养物质，但目前的研究表明柿单宁具有诸多健康功效，可以作为健康补充配料应用到食品生产中。柿单宁具有显著的抗氧化、降血脂、预防心脑血管疾病、解蛇毒、抗菌、抗炎、抗衰老等多种生物活性[38-40]。因此，如何有效地开发利用柿中的单宁是实现柿高附加值利用的关键，也为解决我国柿产业深加工问题提供了有效途径。

（三）其他应用

1. 啤酒澄清剂

柿单宁可以作为澄清剂应用在啤酒生产中。当单宁的添加剂量为 70mg/L 时，发酵液的各项指标符合国标要求，并且优于添加硅藻土的发酵液，同时添加柿单宁可以明显提高啤酒的稳定性和抗老化能力，延长啤酒的保质期[41]。

2. 空气净化作用

柿单宁含有大量酚羟基，因此可以同多种空气污染物发生反应，进而固化污染物，起到空气净化的作用。目前的研究结果表明柿单宁对甲醛、氨气、醋酸、异物酸、三甲胺和吲哚均有不同程度的吸附作用，尤其对异戊酸和三甲胺的吸附能力较为显著。柿单宁空气净化作用的强弱同其结构密切相关。由于存在间苯三酚型结构，柿单宁与甲醛在 C6 或 C8 位上可以发生反应，被吸附的甲醛分子很难重新释放，因而实现很好地清除甲醛的效果。同时，从结构上来讲，酚类羟基电子云向氧原子偏离，导致氢原子略带正电荷，而氨的氮原子存在孤对电子对从而略带负电荷，因此在水溶液中，二者容易发生结合，进而表现出强的消臭作用。柿单宁对三甲胺分子的捕获原理类似。柿单宁作为一种天然植物原料，更符合现代室内净化技术和消费者的需求，因此以柿单宁为材料开发新型空气净化剂也为柿的高值利用提供了新的途径[42]。

3. 重金属和贵金属吸附剂

柿单宁因富含酚羟基的结构特性，对金属离子具有很强的络合作用。目前研究表明柿单宁对金、银等贵金属及铅、镉等有毒重金属都有很强的吸附和富集能力。同时通过对柿单宁进行物理和化学改性，可以极大地提升柿单宁对金属离子的吸附力及可重复利用度。相关研究表明，柿单宁经甲醛固化后可吸附 Pd（Ⅱ）并将其还原，利用柿粉甲醛树脂（PPFR）可选择性吸附回收高浓度硝酸浸提的工业含钯液中的 Pd（Ⅱ），理论吸附最大值可达到 263.16mg/g。此外，许多研究者对柿单宁改性使其表面负载含氮或含硫基团小分子如二甲胺、双硫脲、N-氨基胍等，显著提高了其吸附贵金属的能力[43]。

四、葡萄

（一）葡萄原花青素的结构和含量

葡萄（*Vitis vinifera* L.）是一种在全球广泛种植的木本经济作物。据不完全统计，2017 年我国葡萄总产量为 1308.3 万吨。除了部分品种用于鲜食外，大部分的葡萄产量都用于酿造葡萄酒。葡萄单宁不仅赋予葡萄涩味，也是葡萄酒色泽和口感滋味的主要物质基础。葡萄中单宁类物质主要以低聚原花青素为主，不同品种葡萄中原花青素含量差异显著，同一果实不同部位原花青素含量亦差异显著，同一品种不同部位原花青素含量是种子＞果皮＞果肉[44]。有研究对市场上几种常见的有籽葡萄红提、冰糖葡萄、巨峰、黑加仑、玫瑰香，无籽葡萄红提、黑提的含量进行测定，结果显示，黑加仑葡萄籽及葡萄皮原花青素含量是所有葡萄中最高的，分别为葡萄籽中 232.1mg/g，葡萄皮中 125.5mg/g，在无籽葡萄中，葡萄皮原花青素含量最高的品种为黑提，为 51.9mg/g[45]。

　　葡萄籽原花青素是（＋)-儿茶素、（一)-表儿茶素及（一)-表儿茶素没食子酸酯通过 C4→C8 或 C4→C6 连接而成的不同聚合度的混合物。目前已经从葡萄籽和皮中分离、鉴定了 16 种原花青素，其中有 8 个二聚体、4 个三聚体，其他为四聚体、五聚体和六聚体等，如图 12-4-56 和图 12-4-57 所示[46]。同时，同一地区的不同品种或不同年份收获的葡萄，其籽中原花青素的聚合度和总含量有很大的差别。

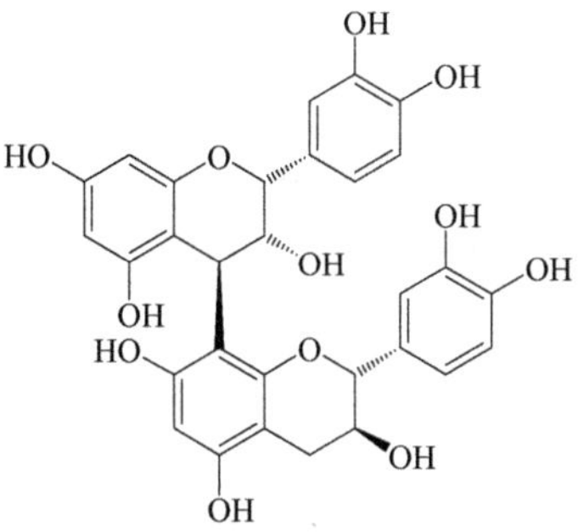

二聚体B1 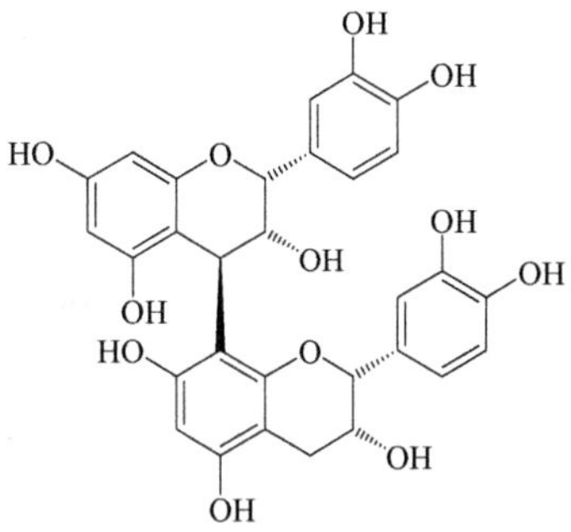　　　　　　　　　　　　　　　　二聚体B2

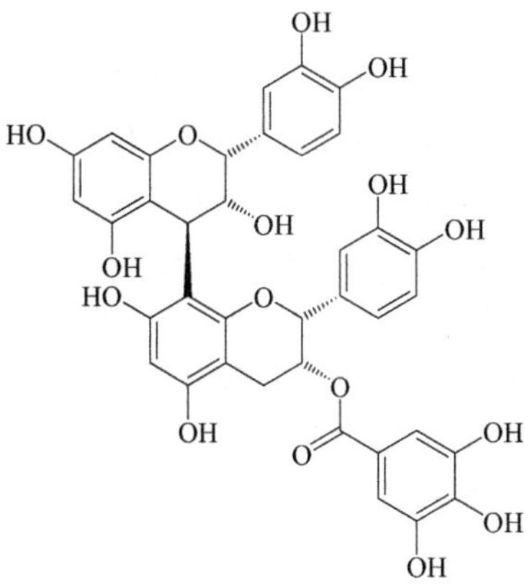

二聚体B2 棓酰基 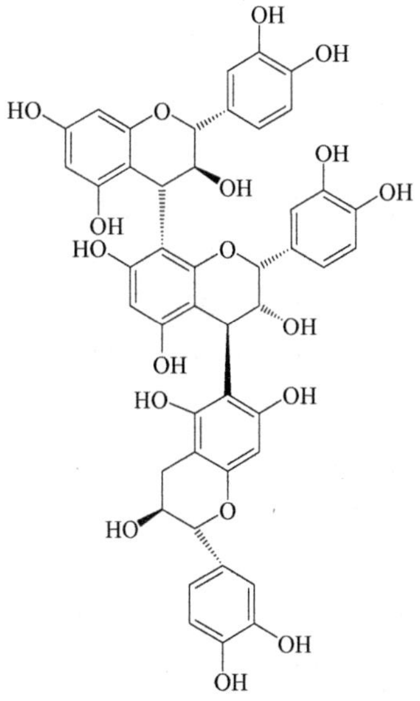　　　　　　　　　　　　　三聚体

图 12-4-56　葡萄籽中的代表性原花青素低聚体

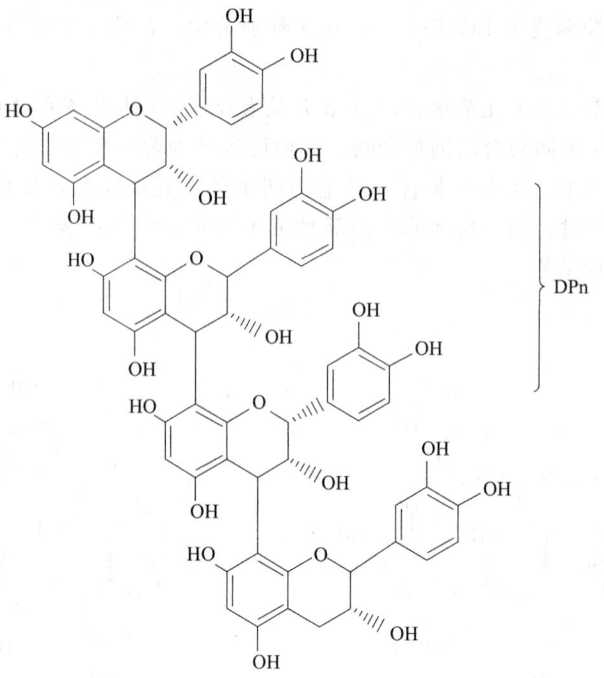

图 12-4-57　葡萄籽中的代表性原花青素高聚体的结构特点

（二）健康功效

原花青素由于强大的自由基清除能力、广泛的生理活性及出色的安全性，在营养及医学领域引起了越来越多的关注。

1. 抗氧化

葡萄籽中的原花青素具有全面的抗氧化机制，包括清除自由基、螯合和抑制多酚氧化酶等，但在不同的 pH 条件下，原花青素的抗氧化活性有所不同。与维生素 C、维生素 E 和 β-胡萝卜素相比，葡萄籽原花青素是一种优异的自由基清除剂。原花青素强大的抗氧化和自由基清除能力与其分子结构中较多的酚羟基以及其特定的分子立体化学结构密切相关，这些酚性羟基容易被氧化而释放 H^+，竞争性地与自由基及氧化物结合，保护脂质，阻断自由基链式反应。在生物体中的研究表明葡萄籽提取物可以抑制 H_2O_2 诱导人晶状体上皮 HLE-B3 细胞中 NF-κB 和 MAPK 信号传导的 p38 及 c-JunN 末端激酶（JNK）蛋白的磷酸化，防止白内障发生，适量摄入葡萄籽原花青素提取物可以降低氧化应激并改善线粒体功能[47]。同时，葡萄籽原花青素提取物还被证实能够显著增强亚急性衰老小鼠的抗氧化能力，具有延缓衰老的作用。

2. 改善饮食诱导的代谢综合征

目前，膳食导致的代谢综合征，包括肥胖、糖尿病及心血管疾病等已经成为我国重大公共卫生问题之一。葡萄籽原花青素有预防膳食诱导肥胖小鼠的肥胖及其相关代谢异常的作用，主要表现在降低血清甘油三酯、胆固醇的含量，提高血清高密度脂蛋白含量，同时降低肝组织甘油三酯含量等方面[48-50]。原花青素的强抗氧化性和抑制肥胖发生的作用，与膳食诱导肥胖小鼠肝组织中谷胱甘肽过氧化物酶、SOD、总抗氧化能力活性的显著增加，以及血清中自由脂肪酸和 TNF-α 水平的降低有关，这些结果提示原花青素具有改善膳食诱导肥胖及其代谢的作用，作用机制可能与抗氧化特性、对脂肪细胞的脂解作用和抗炎作用等有关[51]。同时，葡萄籽提取物原花青素可以通过影响脂代谢相关基因的表达和葡萄糖、胰岛素耐受性共同调节小鼠脂肪代谢。葡萄籽原花青素增加糖尿病胰岛正常胰岛素含量，减少凋亡细胞数量。补充葡萄籽原花青素提取物通过抑制脂质过氧化减轻氧化应激，恢复内皮功能，降低糖尿病血管疾病的风险。葡萄籽原花青素提取物可通过调节 AGEs/AGEs 受体（RAGE）/NF-kBp65 通路减轻糖尿病大鼠大脑皮质损伤[52]。

3.抗癌

原花青素作为一种天然多酚类化合物，在发挥抗癌活性的同时具有对正常的组织和细胞无毒无杀伤作用的特性。现已证实葡萄籽原花青素具有显著的抗癌活性，主要体现在阻止促癌因子诱导的癌前病变以及抑制肿瘤细胞增殖并诱导其凋亡方面。葡萄籽原花青素的抗癌机制主要是基于其对肿瘤细胞有丝分裂的周期调控以及对癌症发生、发展、转移相关信号分子、介质等的调控来实现的[53,54]。

（三）葡萄原花青素的应用

葡萄原花青素已经被广泛应用于食品领域，可作为功能组分用于健康保健食品开发，也可作为营养强化剂、天然抗氧化剂和天然防腐剂用于各种普通食品如蛋糕、奶酪及饮料和酒等产品中。葡萄籽原花青素也已经被广泛应用在日化领域，目前已经开发出富含葡萄籽原花青素的晚霜、发乳、漱口水、牙膏及化妆品等，用于增强皮肤免疫力、抗炎症、防止紫外线、美白、祛斑及减少皱纹生成、收敛毛孔、保湿等。

第七节　植物单宁的应用

植物单宁是植物体内的次生代谢产物。单宁具有独特的化学特性和生理活性，例如：单宁涩味可以使植物免于受到动物的噬食，含单宁的木材不易腐烂；单宁能够结合蛋白质，在植物体内可以抑制微生物酶和病毒的生长；植物体受到外伤时，单宁的聚合物可以形成不溶性保护层，抵抗微生物侵入；叶子在合成多酚时，能够将日光的强紫外辐射转化为较温和的辐射。此外，单宁还可能参与了植物的呼吸和木质化过程等。目前，基于植物单宁的鞣革、络合金属以及食品保健功能等，在制革、食品、医药等工业中被广泛应用。

一、皮革鞣制中的应用

铬鞣法发明之前，植物单宁一直是最主要的制革鞣剂。植物单宁具有填充性、成型性好等特性，植鞣革坚实、丰满，具有较高的收缩温度和较强的耐化学试剂能力，这些都是其他鞣剂难以替代的。目前，世界制革行业每年仍使用约 50 万吨栲胶，主要用于底革、带革、箱包革的鞣制和鞋面革的复鞣。

植物单宁作为多元酚，能与胶原发生多点结合，从而提高胶原热稳定性。丰富的酚羟基使其既可作为氢键的质子给予体，也可作为质子接受体，具有较强的鞣革能力。同时，由于多酚羟基结构具有很强的抗氧化能力，植物单宁在制革中还是很好的抗氧化剂。单宁只在水溶液中有鞣制作用。植物鞣制过程，是由扩散、渗透、吸收及结合等过程组成的复杂的物理的和化学的过程。单宁微粒借助于浓度差向裸皮内部扩散和渗透，分布于胶原纤维结构间，受到胶原纤维固相表面的吸附而沉积。这时单宁分子和胶原多肽链官能团之间在多点上以多种不同形式结合，产生新的分子交联键，完成鞣制过程。

单宁分子参与结合的官能团主要是邻位酚羟基。羧基、醇羟基、醚氧基等基团也参与结合。单宁是多基配位体。它的多酚羟基能够与蛋白质的官能团形成多点结合。单宁与蛋白质的可能的结合形式有氢键结合、疏水结合、离子结合、共价结合。前三种是可逆结合，共价结合是不可逆结合。

二、药品和食品中的应用

单宁酸的药理活性综合体现在其与蛋白质、酶、多糖、核酸等的相互作用，以及单宁酸的抗氧化和与金属离子相络合等性质。

单宁具有与生物体内的蛋白质、多糖、核酸等作用的生理活性[37,38]，使其在医药领域应用广泛，自古以来就是多种传统草药和药方中的活性成分。单宁与蛋白质的结合是单宁最重要的特征，单宁的生理活性与它和蛋白质的结合密切相关。

1. 抑菌

单宁能凝固微生物体内的原生质并作用于多种酶，对多种病菌（如霍乱菌、大肠杆菌、金黄色葡萄球菌等）有明显的抑制作用，而在相同的抑制浓度下不影响动物体细胞的生长。例如，柿单宁可抑制百日咳毒素、破伤风杆菌、白喉菌、葡萄球菌等病菌的生长；茶单宁可作胃炎和溃疡药物成分，抑制幽门螺杆菌的生长；睡莲根所含的水解单宁具有杀菌能力，可治喉炎、眼部感染等疾病；槟榔单宁和茶单宁可阻止链球菌在牙齿表面的吸附和生长，并抑制糖苷转移酶的活性及糖苷合成，从而减少龋齿发生。已有生产商将单宁用作防龋齿糖果的原料和消臭剂。

2. 抗病毒

单宁可以抑制许多对人体有害的病毒。单宁的抗病毒性质和抑菌性相似，其中鞣花单宁抗病毒作用显著。一些低分子量的水解类单宁，尤其是二聚鞣花单宁和没食子单宁，具有明显的抗病毒和抗 HIV 活性。治疗流感、疱疹的药物，都与单宁的抗病毒作用有关。单宁的抗病毒作用机制主要是由于单宁能够和酶作用形成复合物，抑制很多微生物酶的活性，如纤维素酶、胶质酶、木聚糖酶、过氧化物酶、紫胶酶和糖基转化酶等。另外，损伤微生物膜、与金属离子复合也是单宁抗病毒的机制。单宁分子内的酚羟基能够与很多金属离子发生螯合作用，减少微生物生长所必需的金属离子，从而影响金属酶的活性。

3. 抗过敏

食物中某些未消化的小分子（源自蛋白质）对特殊人群来说是过敏原，其体内因过敏原产生特异的抗体，放出某种化学物质，从而引起过敏。单宁的抗过敏机制是抑制化学物质的释放。临床试验表明，甜茶对许多过敏患者具有显著疗效，经分析认为是鞣花单宁聚合物起到抗过敏作用。

4. 抗氧化和延缓衰老

生物体内过剩的自由基会损伤生物大分子，破坏蛋白质构象，引发组织器官老化，促进衰老进程和导致多种疾病。研究表明，单宁对超氧自由基（$O_2\cdot$）、过氧化氢自由基（$HO_2\cdot$）、羟基自由基（$\cdot OH$）、硝氧基（$NO_2\cdot$）、臭氧（O_3）和过氧化氢（H_2O_2）等多种活性氧及脂质过氧化自由基（$ROO\cdot$、$R\cdot$）等具有广谱清除能力，比常用抗氧化剂维生素 C、维生素 E 的自由基清除能力强。单宁可以通过还原反应降低环境中氧的含量，也可以作为氢体与环境中的自由基结合，终止自由基引发的连锁反应，从而阻止氧化的继续。如桑葚、肉桂、杜仲等含有的单宁可减少肝脏线粒体自由基，从而抑制肝脂质过氧化从而保护肝肾。单宁还可以防止 UV 照射所致的皮肤红斑等伤害，增加皮肤弹性和光滑度。

5. 预防心脑血管疾病

血液流变性降低、血脂浓度增加、血小板功能异常是心脑血管疾病发生的重要因素。一些单宁（如大黄、三七、紫荆皮等草药中的多酚）具有活血化瘀的功能，可以改善血液流变性。单宁还可以通过降低小肠对胆固醇的吸收从而降低血脂浓度，减少心脑血管疾病的发生。单宁具有突出的抗高血压性质，柯子酸、槟榔单宁本身具有降血压作用，虎杖鞣质具有降血糖的作用。一些水解类单宁（如云实素、大黄单宁等）虽然不能降血压，但是可以减少脑出血、脑梗死的发生。

6. 抗肿瘤和抗癌变

单宁分子量大小、棓酰基含量及酚羟基的立体构象对抗癌活性有影响。研究发现，含棓酰基越多，单宁的抗癌活性越强。单宁的抗肿瘤作用是通过提高受体对肿瘤细胞的免疫力来实现的。仙鹤草、猪牙皂等草药具有抗肿瘤活性，长期饮用绿茶和食用水果、蔬菜可有效减少癌症与肿瘤的发病率，这些都与植物中所含的单宁类化合物有关。单宁是有效的抗诱变剂，对多种诱变剂具有多重抑制活性，并能促进生物大分子（DNA）和细胞的损伤修复，体现出一定的抗癌作用。单宁可以提高染色体精确修复的能力和细胞的免疫力，抑制肿瘤细胞的生长。在这些作用中，单宁的收敛性、酶抑制、清除自由基、抗脂质过氧化等活性得到了集中体现。

7. 食品应用

广泛存在于植物体中的单宁是人类膳食中的一类重要成分。由上述在医药领域的应用可见，单宁类物质具有消炎、止痛、杀菌、抗衰老、抗癌等多种生物活性，各种草药内单宁的研究表明，单宁还具有降低血液中尿素氮、治疗精神病、抗过敏等多方面的生物活性。许多研究单宁的中外科技工作者，把单宁称为"生命的保护神"，并积极开发了单宁类保健食品。

由于单宁独特的化学和生物特性，从食用植物中提取单宁并将其纯化，作为一类天然的食品添加剂，作米酒、啤酒、果汁中的澄清剂，可以调节食品风味，还可以起到高效、无毒且具有保健性的抗氧化和防腐作用。

8. 其他作用

柿单宁具有能抑制蛇毒蛋白的活性，对多种眼镜蛇的毒素有很强的解毒作用。单宁除了其本身具有生物活性外，其降解后的小分子产物还可用于合成药物中间体。对单宁进行化学修饰和改性，以单宁为中间体进一步合成药物已成为研究热点。

三、木工胶黏剂

由于单宁是一种天然多元酚，因此可以代替苯酚与甲醛等聚合形成树脂，用作胶合板等的胶黏剂。

黑荆树单宁、落叶松单宁、毛杨梅单宁，具有间苯二酚或间苯三酚型 A 环，A 环对甲醛的反应活性大于苯酚。黑荆树单宁大体上与间苯二酚相当。落叶松单宁、毛杨梅单宁的反应活性更大，大体上与间苯三酚相当。B 环的反应活性远不及 A 环，通常不参加交联反应。只有在高碱性（pH 值 10 以上）或二价金属的催化下，B 环才参加交联反应。

1. 黑荆树单宁胶黏剂的制备与应用

采用酚醛树脂或酚-脲醛树脂作加强剂兼固化剂，与黑荆树栲胶水溶液混合成胶。例如：

45％黑荆树栲胶水溶液70份，45％酚醛树脂液30份，面粉8份，40％NaOH调pH值5～7。以此配方的黑荆树单宁胶压制的马尾松胶合板符合室外级胶合板的要求。

2. 落叶松单宁胶的制备与应用

用落叶松栲胶取代60％苯酚制成单宁-苯酚-甲醛预树脂（暗红色稠状液体）。以该预树脂与其重6％～10％工业甲醛（浓度37％）混合成胶，涂于厚5mm、含水量8％的竹片上，涂胶量450g/m²。三层板预压10h，热压温度145～150℃、压力3.3MPa、时间17min。所制竹材胶合板都符合汽车车厢底板的要求（胶合强度≥2.5MPa，静电强度≥9595MPa）。

除了上述用途以外，单宁还在其他许多方面得到了应用，如脱硫剂、钻井泥浆处理剂、锅炉的除垢防垢剂、水处理剂、金属防腐防锈剂等，但是植物单宁的高附加值应用材料仍然有待开发。

四、反刍动物中的应用

单宁特别是缩合单宁（CT）广泛分布于反刍动物经常食用的牧草、乔木、灌木和豆科植物中。因此，CT对反刍动物营养、健康和生产的影响得到了广泛的研究与综述[55-60]。单宁在反刍动物应用中主要表现出以下作用。

1. 提高生产性能

有研究表明，与饲喂不含缩合单宁的黑麦草（*Loliumperenne*）或白三叶（*Trifoliumrepens*）的对照组相比，饲喂含适量单宁的百脉根（*Lotus corniculatus*）能提高羔羊的生长速率和绵羊的产毛量[61]。此外，相对于不含单宁的牧草，含有适量单宁的红豆草（*O. viciifolia*）、雏菊（*Bellisperennis*）和小冠花（*Coronillavaria*）同样表现出提高反刍动物生产性能的特点[62,63]，它们可能发生的作用机制包括提高饲料蛋白质和必需氨基酸的利用率、减少病原微生物和寄生虫的侵袭、提高反刍动物自身的免疫力[64]。

2. 提高氮利用率

单宁对反刍动物氮利用率的改善作用源于其对饲料蛋白质的可逆结合，当pH值在4.0～7.0时，单宁-蛋白质复合物相对稳定，低于或高于此范围则会发生解离。瘤胃环境的pH值一般在5.0～7.0，单宁与蛋白质形成稳定的复合物，复合物在瘤胃内不易被降解，形成过瘤胃蛋白，当流经真胃（pH<2）和十二指肠（pH 8.0～9.0）时，单宁-蛋白质复合物发生解离，蛋白质被胃蛋白酶和胰蛋白酶进一步分解为肽类与氨基酸，在小肠内被吸收[65]。单宁提高了过瘤胃蛋白的数量，保护饲料蛋白质不在瘤胃内降解，提高必需氨基酸的吸收利用或通过减少尿氮排放提高氮沉积率，改善反刍动物对饲料蛋白质的利用效率[66]。

3. 温室气体减排

温室气体是造成全球变暖的主要原因之一，主要包括二氧化碳、甲烷、氧化亚氮、部分含氟类气体等，而反刍动物的瘤胃发酵和粪污储存过程中产生大量的甲烷与氧化亚氮，是温室气体排放的重要来源。有研究者分析了反刍动物日粮中单宁水平与甲烷产量的关系，结果表明随着单宁添加剂量的增加，甲烷产量逐渐降低[67]。也有研究者利用含缩合单宁的豆科牧草湿地百脉根（*L.corniculatus*）研究了缩合单宁对体外甲烷产生的影响，指出单宁通过两种途径抑制甲烷产生，分别是通过抑制底物消化率降低H⁺的供应量和直接抑制产甲烷菌的生长繁殖[68]。由于反刍动物对饲料蛋白质的利用效率相对较低，氮素排泄量高于单胃动物，排泄氮中粪氮占20％～40％，尿氮占60％～80％[69]，然而尿氮更容易被微生物分解产生氨气和氧化亚氮等有害气体，单宁通过结合饲料蛋白质提高氮利用效率，同时改变氮排泄类型，增加粪氮排泄，减少尿氮排泄，最终减少氨气和氧化亚氮等有害气体的产生[70]。

4. 防止瘤胃臌气

当反刍动物采食鲜嫩多汁的豆科牧草时，由于蛋白质溶解度较高，会使瘤胃中产生大量稳定的泡沫，瘤胃发酵产生的气体聚集在瘤胃中无法排出体外，造成瘤胃臌气，严重时直接导致动物死亡。但单宁通过结合可溶性蛋白和降低蛋白质溶解度减少泡沫的产生，从而有效降低瘤胃臌气的发病率。并且也有研究发现，与苜蓿草（*Medicago sativa*）相比，肉牛采食苜蓿和红豆草（适量缩合单宁）混合牧草可以有效减少瘤胃臌气的发病率，但是不能完全避免瘤胃臌气的发生[71]。

5. 减少寄生虫病的发生

反刍动物生产过程中会受到寄生虫病的侵扰，尤其在放牧条件下，寄生虫的幼虫可以通过多种途径进入反刍动物体内，轻则影响动物生长发育和生产性能，重则导致死亡，给反刍动物生产带来经济损失。人们通过体外和体内试验均发现单宁具有有效的抗寄生虫效果，有研究指出单宁对寄生虫的抑制作用源于单宁的蛋白质结合特性，单宁能够结合寄生虫产生的关键酶，从而抑制寄生虫的生长。另外，单宁可以抑制幼虫的生长和成虫的繁殖。虽然单宁具有抗寄生虫活性，但是由于单宁浓度和化学结构复杂多样，因此，不同文献的研究结果并不一致[72]，还需继续探索单宁的化学结构与抗寄生虫活性之间的关系。

植物单宁作为天然多酚类物质，由于其分子结构特点的多样性，具有多种对反刍动物生长有利的生物学活性，对维持反刍动物营养和健康有重要作用。目前，人们对单宁的结构和营养特性的研究还不够充分，试验对象多集中于单宁复合物，单一单宁的作用研究较少，学科间的交叉研究也很欠缺，导致部分结论还限于推测，作用机理尚未清楚。研究人员需要进一步研究不同来源的单宁中起主要作用的活性成分，以及它们的结构特点和发挥作用的机理，才能实现单宁在反刍动物上的精准应用。

五、单胃动物中的应用

与反刍动物不同，单宁在传统上被认为是单胃动物营养中的"抗营养"因子，对单胃动物的采食量、营养物质消化率和生产性能都有负面的影响[73]。因此，在饲料工业中，尽量减少含单宁饲料在猪和家禽饲料中的使用，或在使用此类饲料时采取措施降低其膳食浓度。然而，最近的一些报告显示，低浓度的几种单宁来源改善了单胃动物的健康状况、营养和动物性能[74-76]。与反刍动物相比，单宁在单胃动物体内促进生长的作用机制尚不清楚。虽然有报道表明，低浓度的单宁增加了单胃动物的采食量，从而提高了单胃动物的性能，但鉴于单宁的涩味，似乎没有理由认为这是通过改善饲料的适口性来实现的。迄今为止的资料似乎表明，单胃动物中单宁的促生长作用依赖于它们在抗菌、抗氧化和抗炎方面的积极作用，促进了动物肠道生态系统的健康。但单宁对动物生长性能的最终影响取决于动物的种类和它们的生理状态、饲料、单宁的类型以及它们在饮食中的浓度。与其他家畜相比，猪在饮食中似乎对单宁有相对的抵抗力，它们能够食用相对大量富含单宁的饲料，而不会出现任何有毒症状。这可能是由于腮腺和唾液中分泌的富含脯氨酸的蛋白质结合并中和了单宁的毒性作用。与反刍动物单宁的广泛来源相比，用于单胃动物的单宁来源相当有限，迄今为止只有少数几种被研究并显示出作为饲料添加剂的潜力（表 12-4-34）。

表 12-4-34　单宁在单胃动物中的应用

来源	单宁种类	动物	用量	效果
栗木	HT （水解单宁）	猪	0.15％HT 和 0.15％ 4 种酸的混合物	对健康状况或生长表现无影响
栗木	HT	猪	0.19％HT 和 0.16％ 5 种酸的混合物	增加体重；增加乳酸菌含量；降低肠道大肠杆菌含量
栗木	HT	猪	0.71％和 1.5％	对采食量、体重增加和胴体性状无影响；降低饲料效率；唾液腺和球尾腺的大小减小
栗木	HT	猪	0.11％、0.23％和 0.45％	提高饲料效率；降低了氨、异丁酸和异戊酸的盲肠浓度；对细菌盲肠计数无影响；有增加空肠乳酸杆菌活菌数的趋势
栗木	HT	猪	0.30％	对沙门氏菌的粪便排泄无影响；对肠道和内脏器官的定植没有影响
栗木	HT	猪	1％、2％、3％	增加小肠绒毛高度、绒毛周长和黏膜厚度；减少大肠有丝分裂和凋亡；对肝脏没有影响
栗木	HT	肉鸡	0.15％～1.2％	减少肠道中的产气荚膜梭菌数量
栗木	HT	肉鸡	0.15％、0.20％、0.25％	0.2％时改善生长性能；对肠道内 N 平衡和胴体特性无影响
葡萄籽	CT 和其他酚类 化合物	猪	1％	粪便微生物群落中毛螺旋菌科、梭状芽孢杆菌、乳酸杆菌和瘤胃球菌科的丰度增加
葡萄籽提取物	CT 和其他酚类 化合物	肉鸡	0.72％	体重增加减少；增加乳酸杆菌、肠球菌和减少回肠内容物中梭菌的数量；盲肠消化物中大肠杆菌、乳酸杆菌、肠球菌和梭菌的数量增加
葡萄籽提取物	CT	受感染肉鸡	5mg/kg、10mg/kg、 20mg/kg、 40mg/kg 和 80mg/kg	10～20mg/kg 的剂量降低了黄粉虫感染后的死亡率和体重增加，取得了最好的效果；提高了被感染禽类的抗氧化状态和生长性能
葡萄籽提取物	CT	肉鸡	125mg/kg、250mg/kg、 500mg/kg、1000mg/kg 和 2000mg/kg	对生长性能、死亡率、总脂质、高密度脂蛋白和极低密度脂蛋白胆固醇没有影响；降低总胆固醇和低密度脂蛋白胆固醇；增加针对新城疫病毒疫苗的抗体滴度
葡萄籽提取物	CT	肉鸡	0.025g/kg、0.25g/kg、 2.5g/kg 和 5.0g/kg	5.0g/kg 时会降低生长性能、蛋白质和氨基酸的回肠消化率；对腰肉样品中硫代巴比妥酸活性物质的生成无影响；铜、铁和锌的血浆浓度呈线性降低；葡萄籽提取物在鸡肉日粮中添加量高达 2.5g/kg 时对生长性能或蛋白质和氨基酸（AA）消化率没有不利影响
布拉酵母菌 发酵葡萄渣	CT	猪	0.30％	30g/kg 提高了猪的生长性能、养分消化率，改变了皮下脂肪的脂肪酸结构和某些特性
葡萄籽	CT 和其他酚类 化合物	猪	2.80％	减少了霉菌毒素的胃肠吸收；马来西亚白葡萄渣比红葡萄渣更有效
葡萄籽	CT	猪	10％	不影响硫代巴比妥酸反应产物的产生；加深猪肉的红色程度
葡萄籽	CT 和其他酚类 化合物	肉鸡	6％	对体重增长无影响；增加了乳酸菌、肠球菌的数量，降低了回肠中梭菌的数量；盲肠消化系统中大肠杆菌、乳酸菌、肠球菌和梭菌的数量增加

来源	单宁种类	动物	用量	效果
葡萄籽	CT和其他酚类化合物	肉鸡	5%、10%	对体重增长无影响;提高大腿肉的氧化稳定性和多不饱和脂肪酸含量
葡萄籽	CT和其他酚类化合物	肉鸡	1.5%、3%、6%（0.22%、0.4%和0.9%CT）	对生长性能、消化器官大小和蛋白质消化率无影响;增加饮食量、排泄物量、回肠内容物和胸肌的抗氧化活性
单宁酸	HT	猪	125mg/kg、250mg/kg、500mg/kg和1000mg/kg	降低了总体平均日增重、饲料效率和粪便大肠菌群计数
单宁酸	HT	猪	125mg/kg	对生长性能没有影响;当饮食中的铁含量不足时,对血液学指标和血浆铁状态有负面影响;总厌氧菌、梭状芽孢杆菌和大肠杆菌减少,但双歧杆菌和乳酸杆菌增加
单宁酸	HT	肉鸡	0.50%	提高生长性能;降低血糖水平;增加鸡胸肉和大腿肉中的脂肪含量;降低肝脏中的胆固醇含量
单宁酸	HT	肉鸡	0、0.75%、1.5%	对盲肠沙门氏菌培养阳性鸡和盲肠内容物中伤寒沙门氏菌数量无影响
单宁酸	HT	肉鸡	2.5%、3%	减少体重增加,蛋白质效率,法氏囊、胸腺和脾脏的重量;减少总免疫球蛋白M(IgM)和总免疫蛋白G(IgG)水平、总白细胞数量、绝对淋巴细胞数量
单宁酸	HT	肉鸡	1%	降低体重增加和饲料摄入量;通过减少单不饱和脂肪酸,改善热应激下肉鸡胸肌脂肪酸分布
甜栗木	HT	肉鸡	0.025%、0.05%、0.1%	0.025%和0.05%对生长和饲料效率无影响;0.1%时生长性能降低;对胴体质量无影响;小肠内大肠杆菌减少
甜栗木	HT	鸡	0.07%、0.2%（0.05%、0.15%HT）	对生长性能无影响;对有机质、粗蛋白、钙和腐败无影响;排泄物中干物质含量增加
含羞草	CT	肉鸡	0.5%、1.5%、2.0%、2.5%	减少饲料摄入量和体重增加;在低于1.5%的水平下提高饲料效率;降低能量、蛋白质和氨基酸的回肠消化率;对胰腺和空肠酶的活性没有影响
红坚木	CT	受感染鸡	10%	受试禽类体重增加,隐窝绒毛比例增加;卵囊排泄减少
橡木	HT	猪	0.516单宁酸当量/kg	不影响采食量,提高饲料效率;对胃黏膜无影响

1. 栗木单宁

栗树（*Castanea mollissima*）中富含的可水解单宁是近年来研究开发的单胃动物的食品添加剂。虽然体外研究表明,它对寄生在动物消化道的寄生虫和病原体有很强的抑制作用,但体内评估结果与动物的表现并不一致。在猪的日粮浓度为0.11%~0.45%时,发现栗木HT提高饲料效率,增加了空肠中乳酸杆菌的活菌数,降低了氨、异丁酸和异戊酸的盲肠浓度,但对细菌盲肠计数、沙门氏菌的粪便排泄和肠道定植均无影响。不过,当日粮浓度从0.71%增加到

1.5％时会降低饲料效率，但不影响采食量、生长性能和胴体重量。另有报道，0.15％栗木 HT 与 0.15％酸的混合物没有影响猪的健康状况或生长性能，而 0.19％的栗木 HT 结合 0.16％混合酸可增加乳酸菌和减少肠道大肠杆菌的数量，对猪的生长性能起到了积极作用。

另有研究者评价了添加 0.15％、0.20％和 0.25％的栗木单宁产品（77.8％ HT）对肉鸡生长性能的影响。结果表明，添加高达 0.20％的栗木单宁可提高日采食量和日平均增重。然而，当浓度增加到 0.25％时，由于所有的测量参数都是最低的，似乎会产生负面影响。也有报道研究了饲粮中添加 0.025％、0.05％和 0.1％的甜栗木单宁对鸡肠道性能、肠道微生物数量和肠壁组织学特征的影响。结果表明，添加单宁对饲料转化率和胴体质量无影响，但添加 0.1％单宁后，母细胞区最终体重下降，增殖速度减慢，在单宁水平为 0.05％至 0.1％中 28 日龄的肉鸡小肠中的大肠杆菌的数量也在下降。也有结果表明，添加 0.07％和 0.2％（0.05％和 0.1％ HT）的同一单宁产品并不影响肉鸡的生长性能或有机质、粗蛋白、粗灰分、钙磷平衡和利用，但增加了排泄物的干物质含量。在另一项值得关注的研究中，报道了在被球虫攻击的肉鸡肠道中，日粮营养浓度为 0.71％和 1.5％的栗木 HT 减少了产气荚膜梭菌的数量。

在浓度为 0.45％和 0.5％水平上补充栗木 HT 也被证明能增加兔子的体重与饲料摄入量。然而，也有研究结果表明，添加 0.5％和 1.0％栗木 HT 对家兔的生长性能没有影响。以上信息表明，根据动物类型和饮食类型，日粮中栗木 HT 的添加水平低于 0.5％（猪和兔）和低于 0.2％（鸡）时，对动物的生长性能有积极影响，并改善其肠道健康。与上述情况相比，日粮中高浓度栗木 HT 主要通过降低动物对营养物质的消化吸收从而导致生长性能下降[77,78]。

2. 葡萄单宁

葡萄（*Vitis vinifera*）种子和葡萄果渣的提取物中含有大量的多酚化合物，包括它们中的 CT，已经评估了它们作为单胃动物食物生产天然饲料添加剂的用途。据报道，在猪的日粮中添加 1％的葡萄籽提取物，可提高粪便微生物群的丰度。研究人员发现葡萄单宁的低聚物仅被肠道微生物群部分代谢，产生更容易被吸收的酚类代谢物。这些酚类化合物可能有助于改变细菌群，从而对结肠产生有益作用。在 5～80mg/kg 的饮食浓度下，葡萄籽提取物中的 CT 显著减少了黄粉虫的粪便脱落，改善了抗氧化状态。用 10～20mg CT/kg DM（干物质量）的日粮，观察到感染了黄粉虫的肉鸡死亡率降低，生长性能提高，且效果最佳。也有研究结果表明，葡萄籽提取物在 0.125％～2％的日粮浓度下对肉鸡具有显著的抗氧化和免疫刺激作用，其中 0.125％～0.25％为最佳剂量。另有研究报道了进一步提高浓度对鸟类的生长性能、蛋白质和氨基酸的消化有负面影响。

葡萄渣是葡萄加工过程中产生的副产物，包括果皮、果肉，含有大量的 CT 等简单酚类化合物。多项评价葡萄渣对猪、禽性能影响的研究表明，在日粮中添加 10％以上的葡萄渣对肉鸡生长性能无影响，但能增强其抗氧化能力，增加肠道有益菌群。同样也有研究表明，添加布拉氏酵母菌发酵葡萄渣至猪日粮中，添加量为 0.3％，可提高生长性能、养分消化率，并改变皮下脂肪中的脂肪酸模式以及猪肉的某些特性。有研究还发现葡萄渣提高猪肉的抗氧化活性，降低猪对霉菌毒素的胃肠道吸收。然而，葡萄渣的这些作用可能并不完全归因于 CT，因为其他酚类化合物也存在于产品中。

3. 单宁酸

单宁酸是来自不同植物的一种 HT。有报道，日粮中添加 0.0125％至 0.1％的单宁酸对猪的生长性能、血液学指标和血浆铁状态产生了负面影响，并使粪便大肠杆菌数呈线性下降。然而，同一作者发现，饲喂 0.0125％的单宁酸对生长性能没有影响，但当饲喂缺铁日粮时，对血液生化指标和血浆 Fe 状态有负面影响。研究还发现，同样是饲喂 0.0125％的单宁酸，总厌氧菌、梭状芽孢杆菌和大肠杆菌数量减少，而双歧杆菌和乳酸杆菌数量增加。而当单宁酸浓度为 0.5%时，提高了肉鸡生长性能和鸡胸肉、大腿肉的脂肪含量，但降低了肉鸡肝脏的血糖浓度和胆固醇含量。又有报道，日粮中浓度为 0.75% 和 1.5% 的单宁酸不会改变沙门氏菌培养阳性雏鸡的生长状况以及肉鸡盲肠中沙门氏菌的数量，而浓度增加到 2.5% 和 3.0% 时就会降低肉鸡的体重增加与蛋白质利用效率，以及法氏囊、胸腺和脾脏的重量，并且总免疫球蛋白 M（IgM）和总免疫球蛋白 G（IgG）水平、总白细胞数量、绝对淋巴细胞数量都有所下降。当单宁酸浓度 1% 时会降低肉鸡的增重和饲料摄入量，但却通过降低单不饱和脂肪酸含量，改善了热应激条件下肉鸡胸肌的脂肪酸分布。从以上结果来看，在猪和家禽中单宁酸的应用率似乎高于其他来源的植物单宁，尽管在一些研究中报道了其抗氧化水平的提高，但很少对动物的生产性能产生积极影响，并且高浓度（>1%）单宁酸似乎对动物有毒性作用，从而降低了其生产效率。

4. 其他来源的单宁

近些年来有一些研究评估了单胃动物的其他几种单宁来源。在肉鸡日粮中分别添加 0.5%、1.5%、2.0%、2.5% 水平的含羞草（*Mimosa pudica*）单宁提取物（CT），发现其降低了饲料摄入量和体重增加，但在 1.5% 以下的水平都提高了饲料摄入的效率。另有研究发现鸟类采食了添加单宁的饮食后也降低了回肠对能量、蛋白质和氨基酸的消化率。然而，对胰腺和空肠酶活性没有负面影响。同样有研究发现，在 0.516 单宁酸当量/kg 的日粮水平下，添加橡木 HT 不会影响饲料摄入量，但会提高饲料摄入效率[79]。并且有人研究了坚木 CT 对防治肉鸡球虫病的作用。研究表明，添加 10% 坚木 CT 提取物可增加受试肉鸡的体重，增加其肠道的隐窝绒毛比率，并减少其卵巢囊肿的排泄。从这个研究结果可推测，坚木 CT 可能是一种潜在的预防性抗球虫药物。更有信息报道，在为期 6 周的家兔饲养试验中，还发现 1% 和 3% 的坚木单宁显著改善了家兔的增重与饲料转化率[80]。

第八节　单宁检测方法

由某一植物来源获得的单宁通常是由多种结构相近的植物多酚组成，需采用溶剂提取的方法获得，一般为米色、浅褐色至红褐色无定形固体，少数单宁在纯化后能形成晶体。

一、单宁的分离与纯化

提取原料得到的溶液是单宁与其他物质的混合物，需进一步分离、纯化。由于单宁是复杂多元酚，有较大的分子量和强极性，又是许多化学结构和理化性质十分接近的复杂混合物，因此单宁的分离和纯化难度很大。此外，单宁化学性质活泼，分离时可能发生氧化、离解、聚合等反应，从而使结构发生改变。将单宁制成衍生物（甲基醚、乙酸酯）有助于单宁的分离。

（一）分离

单宁的分离，是指用色谱以外的方法对单宁进行初步的分离、精制、纯化。除了结晶法外，其他方法只能将单宁与非单宁分开，或者将单宁分为不同的组分，得到粗分离的单宁混合物。

1. 皮粉法

用皮粉将栲胶溶液中的单宁吸附出来，经挤压、水洗，再以丙酮-水（1∶1）将单宁从皮粉中洗脱出来。这个方法能够从黑荆树皮栲胶中得到纯度为 95.6% 的单宁，但因为一部分单宁不被洗脱，获得率仅 76%。

2. 沉淀法

（1）化学沉淀法　在中性条件下用醋酸铅将单宁从溶液中沉淀出来，再用酸或 H_2S 分解沉淀回收单宁。此法能从黑荆树皮栲胶中回收全部单宁，纯度 95.1%。用铜离子、铝离子、钙离子、聚酰胺、生物碱处理也有相同的作用。

（2）冷却沉淀法　将热水浸提的坚木单宁溶液冷却时，一部分大分子单宁就沉降出来。冷却柯子栲胶溶液到 8℃ 左右产生的沉淀主要是单宁。可用倾析法或离心法将沉淀分开。

（3）盐析法　向栲胶溶液中加入氯化钠，一部分大颗粒的亲水性低的单宁失去稳定性而聚集、絮凝，成为沉淀。随着氯化钠加入量的增加，小颗粒的单宁也陆续沉淀出来。因此，分级盐析法可以将单宁分级。

3. 渗析法及超滤法

用半透膜进行渗析时，非单宁通过半透膜而透析，留下纯度较高的单宁，但总有少量非单宁因吸附作用而与单宁混在一起。

超滤法则利用多孔膜的不同系列孔径进行超滤分级，将分子量不同的单宁分为不同的级分，或将分子量过小、过大的部分去掉。

4. 结晶法

由于植物单宁大多是相似化合物的混合物，所以通常是无定形状态。不同结构分子间的相互作用使难溶的单宁部分可溶，并且难以结晶。例如纯的鞣花酸难溶于水，但可以部分溶于栲胶水溶液。只有在单宁组分具有结晶能力、含量高，并且分离开大量的伴存物时才能从合适的溶剂中结晶出来。例如棕儿茶叶子的水浸提液经活性炭脱色后，能从水溶液中析出（+）-儿茶素结晶；儿茶木材的乙醚浸提物可以从水溶液中析出（-）-表儿茶素结晶。

5. 溶剂浸提法及溶剂沉淀法

利用不同化合物在溶剂中的溶解度不同，可以对混合物分组，例如：由原料得到的原花色素的丙酮-水提取物的水溶液（经蒸发除去丙酮），经氯仿或石油醚浸提，除去脂溶性部分，再用乙酸乙酯或正丁醇浸提，以富集黄烷-3-醇及低聚原花色素在乙酸乙酯内。剩下的水溶液则富集了多聚原花色素。反之，向黑荆树皮单宁水溶液中加入过量的 95% 乙醇，树胶类物质就沉淀出来，向单宁的甲醇或乙酸乙酯溶液中加入乙醚，单宁就因溶解度降低而沉淀。

逆流分配法相当于多级液-液浸提，按照液-液分配原理实现分离，处理样品量较大，适于色谱法以前阶段的处理。

（二）纯化

现代色谱分离法在制备单宁纯样中不可或缺，这里主要介绍色谱法纯化单宁的应用。

1. 纸色谱

纸色谱法（paper chromatography，PC）在单宁化学研究中用于检测或鉴别已知化合物，监测化学反应或柱色谱的进行、化合物纸上定量、纸上化学反应等，也用于制备性分离。纸色谱对于黄烷醇、二聚原花色素及许多水解单宁的分离效果很好，但是分不开多聚原花色素。

常用的一对双向纸色谱流动相是：水相展开剂为乙酸水溶液（2%～20% 不等，一般用 6%～10%，体积分数，下同）；有机溶剂相展开剂为 BAW（仲丁醇∶乙酸∶水＝4∶1∶5）上层液（其成分相当于 6∶1∶2 单相液）或 TBA（叔丁醇∶乙酸∶水＝3∶1∶1）。乙酸的作用是：防止酚的氧化；减少酚的离子化，以减少展开时的"拖尾"现象；增加溶剂的极性以利于分离。

BAW 或 TBA 中的水可以防止固定相的吸附水被带走而发生失水。BAW 的展开时间短于 TBA，但是 TBA 溶液易配制，而且展开的比移值（R_f）大些。6％乙酸的展开时间短于 BAW，但是 BAW 的分离能力强，在进行双向纸色谱时，先用 BAW，再用 6％乙酸展开，效果较好。

2. 薄层色谱

薄层色谱（thin layer chromatography，TLC）需用样品量少、展开快、分离能力强，适于代替纸色谱用于柱色谱或化学反应的监督，供色谱分离鉴别已知化合物，也用于制备性分离。常用的薄层色谱板有纤维素板、硅胶板。纤维素板的移动相与纸色谱相同。硅胶板的移动相种类较多，例如乙酸乙酯-甲酸-水（90：5：5）等，用于分析性（厚≤0.3mm）或制备性（厚0.5～1mm）的分离。常用的纸色谱及薄层色谱的喷洒显色剂见表 12-4-35。

聚酰胺板也有较好的分离效果。以丙酮-甲醇-甲酸-水（3：6：5：5）、丙酮-甲醇-1mol/L 吡啶（5：4：1）或丙酮-甲醇-1mol/L 乙酸（5：4：2）为流动相的双向色谱能够将栗木的甲醇提取物分开为 22 个点，将五倍子的乙酸乙酯提取物分开为 15 个点。

表 12-4-35　常用的纸色谱及薄层色谱的喷洒显色剂

名称	配方	特征
香草醛-盐酸	5％香草醛(甲醇)-浓盐酸(5：1)	间苯三酚化合物呈淡红色
三氯化铁	2％(乙醇)	邻位酚羟基呈绿或蓝色
三氯化铁-铁氰化钾	2％$FeCl_3$-2％$K_3Fe(CN)_6$	邻位酚羟基呈蓝色
亚硝酸钠-醋酸(或亚硝酸)	10％$NaNO_2$＋HOAc	六羟基联苯二酸酯呈红色或褐色，以后转为蓝色
碘酸钾	KIO_3 饱和溶液	棓酸酯呈红色，以后转为褐色
硝酸银	14％$AgNO_3$(水)加 6mol/L 氨水至沉淀刚溶解	酚类呈褐黑色
重氮化对氨基苯磺酸	0.3％对氨基苯磺酸(8％HCl)-5％$NaNO_2$(25：1.5)	酚类呈黄、橙或红色
茴香醛-硫酸	茴香醛-浓硫酸-乙醇(1：1：18)	间苯三酚型化合物呈橙色或黄色

3. 柱色谱

柱色谱（column chromatography，CC）是目前制备纯单宁及有关化合物最主要的方法。已用过的固定相有硅胶、纤维素、聚酰胺及葡聚糖凝胶 G-25 等。但是，目前普遍采用的固定相是葡聚糖凝胶 Sephadex LH-20。它是 G 型葡聚糖凝胶的羟丙基化合物，有较强的吸附能力及分辨能力，以水-乙醇、乙醇-水、甲醇、甲醇-水、丙酮-水为流动相，已成功地用于原花青定 B 的分离，并得到广泛使用。Sephadex LH-20 的分离过程主要是吸附色谱过程。配比不同的水-甲醇或水-乙醇为流动相的梯度洗脱，也提高了 LH-20 柱色谱的分离效果。

4. 高效液相色谱

高效液相色谱（high performance liquid chromatography，HPLC）用于单宁及其有关化合物的分析性分离，也用于半制备性分离，分离效果好、速度快，能够方便地对多组分进行定性鉴定及定量测定，而且耗用样品很少。正相 HPLC 常用于分开分子量不同的化合物，反向 HPLC 可用于分开分子量相同的结构异构体，手性 HPLC 将一对对映异构体分开。HPLC 的缺点是柱容量小，宜配合柱色谱用于末级精制，也不适用于多聚原花色素的分离。

5. 液滴逆流色谱

液滴逆流色谱（droplet reflux chromatography，DRC）按照液-液分配的原理进行分离，使

现代林产化学工程（第三卷）

样品溶液以液滴的形式（流动相）流经溶剂（固定相）。流动相应该轻于或重于固定相。当轻于固定相时，流动相从柱的下部进入（上升法），反之从上部进入（下降法）。液滴逆流色谱的优点是没有固体相，不存在不可逆吸附问题，其分离效果优于逆流分布法，操作简单，适用于制备性的分离。

6. 凝胶渗透色谱

凝胶渗透色谱（gel permeation chromatography，GPC）用于测定缩合单宁的数均分子量（M_n）、重均分子量（M_w）及分子量分布。多聚原花色素由于极性太强，在 GPC 中难以分离。常制成乙酸酯衍生物来降低极性，用四氢呋喃洗脱。

7. 气相色谱

单宁及其有关化合物是非挥发性的热敏性物质，不能用气相色谱（gas chromatography）直接分离，必须制成可挥发的衍生物（甲基醚、三甲硅醚、乙酸酯）或分解产物之后，才能用气相色谱法分析。

二、单宁的定性鉴定及定量测定

（一）单宁的定性鉴定

单宁的定性鉴定反应很多，最基本的定性反应是使明胶溶液变浑浊或生沉淀。用颜色反应和沉淀反应可以辨认单宁的类别：与三价铁盐生绿色的单宁是缩合类的，绿色来源于分子内的邻苯二酚基；与三价铁盐生蓝色的则不能确定是哪一类的单宁，蓝色反应来源于分子中的邻苯三酚基，水解类单宁和缩合单宁中的原翠雀定、原刺槐定都有邻苯三酚基；与甲醛-盐酸共沸时，缩合类单宁与甲醛聚合，基本上沉淀下来，水解类单宁则不生沉淀；溴水与缩合类单宁产生沉淀，与水解类单宁不生沉淀；水解类单宁与醋酸铅-醋酸产生沉淀，缩合类单宁一般不生沉淀；缩合类单宁遇浓硫酸变红色，水解类单宁仍保持黄色或褐色；有间苯三酚型 A 环的缩合单宁，遇香草醛-盐酸生红色、遇茴香醛-硫酸生橙色；六羟基联苯二酰酯遇亚硝酸呈红色或棕色，以后经绿、紫色变为蓝色。

（二）单宁的定量测定

单宁的定量方法很多，有重量分析法、容量分析法、比色法、分光光度法、高效液相色谱法等。

1. 重量分析法——皮粉法

皮粉法是国际公认的单宁分析方法，通过皮粉蛋白质与单宁的结合测定单宁含量。根据皮粉与单宁溶液接触方式的不同，将皮粉法分为振荡法和过滤法。振荡法是皮粉与单宁溶液在一起振荡以脱去溶液中的单宁。过滤法是单宁溶液流过皮粉柱层以脱去单宁。过滤法测得的单宁值比振荡法高 5%～7%。我国和大多数国家一样，采用振荡法。

皮粉法适用的范围广，在严格的操作条件下有较好的重复性，缺点是耗用样品多、测定时间长。除皮粉外，聚酰胺也用于单宁的含量测定。

2. 容量分析法

（1）锌离子络合滴定法　Zn^{2+} 有较好的选择性，只与单宁络合而不与非单宁反应，以过量的醋酸锌为络合沉淀剂加到单宁溶液内，在 pH 值为 10、温度（35±2）℃下反应 30min，溶液内多余的锌离子用乙二胺四乙酸二钠（EDTA）溶液滴定。每毫升 1mol/L 浓度醋酸锌溶液平均消

580

耗单宁 0.1556g。

（2）高锰酸钾氧化法（又名 Lowenthal 法）　单宁溶液在伴有靛蓝及稀酸下以 KMnO₄ 溶液滴定，将单宁氧化达到终点时，靛蓝由蓝色变为黄色。用测得的总氧化物换算出单宁量。

（3）碱性乙酸铅沉淀法　用碱性乙酸铅使单宁溶液沉淀出来，由沉淀的质量求出单宁含量。

（4）明胶沉淀法　用明胶溶液滴定单宁溶液使单宁沉淀，至反应物的滤液不再有明胶反应。

（5）偶氮法　用对-硝基苯胺配制的偶氮溶液在避光下与单宁反应，反应后多余的偶氮用 β-萘酚溶液滴定到红色消失。

3. 比色法

（1）赛璐玢薄膜染色法　以经过 AlCl₃ 预处理过的赛璐玢薄膜浸沾单宁溶液，再用亚甲基蓝或氯化铁对薄膜染色。用光电比色计测薄膜的吸光度。吸光度随单宁溶液浓度的增加而增加。

（2）钨酸钠法　钨酸钠（Na₂WO₄）与单宁反应产生蓝色（使 W^{6+} 变为 W^{5+}），用比色计测定。

4. 分光光度法

（1）酒石酸亚铁试剂　用酒石酸钾钠、硫酸铁与硫酸配成的试剂，与单宁形成蓝紫色络合物，在 545nm 光下测定，可测定 20～30mg/kg 的单宁含量。

（2）紫外分光光度法　在波长 280nm 下测定黑荆树皮栲胶水溶液的吸光度，所反映的是单宁与非单宁酚总量。

（3）香草醛-盐酸法　香草醛-盐酸适用于间苯三酚 A 环型的原花色素及黄烷醇的定量测定。此法灵敏、快速，需用样品量少，但不能将单体与聚合体区分开来。

（4）亚硝酸法　亚硝酸钠与六羟基联苯二酸酯在甲醇-乙酸溶液中产生蓝色（最初为红色，以后转为蓝色）。此法用于测定各种植物提取物中的六羟基联苯二酸酯的量。

5. 高效液相色谱法

随着科技的进步，现代仪器分析方法应用愈加广泛。日本公定书中已采用高效液相色谱法测定植物单宁含量。

参考文献

[1] Haslam E. Plant polyphenols：Vegetable tannins revisited. Cambridge University Press：Cambridge，1989.

[2] Bate Smith E C. Vegetable tannin. Academic Press：London，1962，3.

[3] 孙达旺. 植物单宁化学. 北京：中国林业出版社，1992.

[4] 石碧，曾维才，狄莹. 植物单宁化学及应用. 北京：科学出版社，2020.

[5] 李颖畅. 植物多酚类化合物及其应用. 北京：化学工业出版社，2021.

[6] 贺近恪，李启基. 林产化学工业全书. 北京：中国林业出版社，1998.

[7] 张亮亮. 植物单宁加工产品及分析试验方法. 北京：化学工业出版社，2022.

[8] 张亮亮. 五倍子资源加工利用产业发展现状. 生物质化学工程，2020，54（6）：1-5.

[9] Borisova M P，Kataev A A，et al. Effects of hydrolysable tannins on native and artificial biological membranes. Biochemistry (Moscow) Supplement Series A：Membrane and Cell Biology，2015，9（1）：53-60.

[10] Du Y，Lou H. Catechin and proanthocyanidin B4 from grape seeds prevent doxorubicin-induced toxicity in cardiomyocytes. Eur J Pharmacol，2008，591（1-3）：96-101.

[11] Lee Y A，Cho E J，Yokozawa T. Effects of proanthocyanidin preparations on hyperlipidemia and other biomarkers in mouse model of type 2 diabetes. J Agric Food Chem，2008，56（17）：7781-7789.

[12] Lee Y A，Cho E J，Yokozawa T. Protective effect of persimmon（Diospyros kaki）peel proanthocyanidin against oxidative damage under H₂O₂-induced cellular senescence. Biol Pharm Bull，2008，31（6）：1265-1269.

[13] Jiang Y，Zhang H，Qi X，et al. Structural characterization and antioxidant activity of condensed tannins fractionated

from sorghum grain. Journal of Cereal Science，2020，92：102918.

[14] Lin Y M，Liu J W，Xiang P，et al. Tannin dynamics of propagules and leaves of *Kandelia candel* and *Bruguiera gymnorrhiza* in the Jiulong River Estuary，Fujian，China. Biogeochemistry，2006，78（3）：343-359.

[15] Xiang P，Lin Y M，Lin P，et al. Prerequisite knowledge of the effects of adduct ions on matrix-assisted laser desorption/ionization time of flight mass spectrometry of condensed tannins. Chinese J Anal Chem，2006，34（7）：1019-1022.

[16] 张亮亮，汪咏梅，徐曼，等.植物单宁化学结构分析方法研究进展.林产化学与工业，2012，32（3）：107-115.

[17] Haase K，Wantzen K M. Analysis and decomposition of condensed tannins in tree leaves. Environ Chem Lett，2008，6（2）：71-75.

[18] Romani A，Ieri F，Turchetti B，et al. Analysis of condensed and hydrolysable tannins from commercial plant extracts. J Pharmaceut Biomed，2006，41（2）：415-420.

[19] Anris S，Bikoro A，Bi A，et al. The condensed tannins of Okoume（Aucoumea klaineana Pierre）：A molecular structure and thermal stability study. Scientific Reports，2020，10（1）：1-14.

[20] Li X，Pu Y，et al. Potential hypolipidemic effects of banana condensed tannins through the interaction with digestive juice components related to lipid digestion. Journal of Agricultural and Food Chemistry，2021，69（31）：8703-8713.

[21] Muralidharan D. Spectrophotometric analysis of catechins and condensed tannins using Ehrlich's reagent. J Soc Leath Tech Ch，1997，81（6）：231-233.

[22] Hoyos-Arbeláez J，Vázquez M，Contreras-Calderón J. Electrochemical methods as a tool for determining the antioxidant capacity of food and beverages：A review. Food Chem，2017，221：1371-1381.

[23] 刘延麟，邓旭明，王大成，等.土耳其棓子化学成分及抑菌活性的研究.林产化学与工业，2008，28（4）：44-48.

[24] 穆谈航，叶嘉，杨明建，等.石榴皮多酚提取工艺优化及其贮藏稳定性研究.食品工业科技，2021，42（11）：5.

[25] 魏露，吴淑辉，张曦，等.石榴皮多酚乳膏对金黄地鼠皮脂腺斑 LXRα/SREBP-1 信号通路的影响.中国皮肤性病学杂志，2020，34（10）：5.

[26] Emanuele Flaccomio. The rind of the pomegranate fruit. Rrog Terap Sez Farm，1992，18：183-185.

[27] Rasheed Z，Akhtar N，Anbazhagan A N，et al. Polyphenol-rich pomegranate fruit extract（POMx）suppresses PMACI-induced expression of pro-inflammatory cytokines by inhibiting the activation of MAP kinases and NF-κB in human KU812 cells. Journal of Inflammation，2009，6：1.

[28] Kaderides K，Kyriakoudi A，Mourtzinos I，et al. Potential of pomegranate peel extract as a natural additive in foods. Trends in Food Science & Technology，2021，115（3）：380-390.

[29] Ryu D，Mouchiroud L，Andreux P，et al. Urolithin A induces mitophagy and prolongs lifespan in C. elegans and increases muscle function in rodents. Nat Med，2016，22：879-888.

[30] 李佳，陈皓玉，张文慧，等.石榴皮中酚类化合物药理作用研究进展.粮食与油脂，2020，33，296（12）：9-11.

[31] 潘正波，张海涛，蔡海荣，等.石榴皮鞣质对前列腺癌细胞侵袭转移影响的研究.实用药物与临床，2020，23（2）：5.

[32] Houston D M J，Bugert J，Denyer S P，et al. Anti-inflammatory activity of Puni ca granatum L.（Pomegranate）rind extracts applied topically to ex vivo skin. Eur J Pharm Biopharm，2017，112：30-37.

[33] 李婕姝，贾冬英，姚开，等.石榴的生物活性成分及其药理作用研究进展.中国现代中药，2009，11（9）：7-10.

[34] 李海霞，王钊.石榴科植物化学成分及药理活性研究进展.中草药，2002，33（8）：765-769.

[35] Lee S I，Kim B S，Kim K S，et al. Immune-suppressive activity of punicalagin via inhibition of NFAT activation. Biochemical and Biophysical Research Communications，2008（4）：799-803.

[36] Romier B，Van De Walle J，During A，et al. Modulation of signalling nuclear factor-kappaB activation pathway by polyphenols in human intestinal Caco-2 cells. The British Journal of Nutrition，2008（3）：542-551.

[37] 杨林，谭红军，汪念，等.石榴皮鞣质对糖尿病模型大鼠肾脏氧化应激的影响.中国药房，2012，23（39）：3662-3664.

[38] 李映，陈佳芸，吴亚楠，等.酶法自茶叶中提取茶多酚工艺和口味研究.北京联合大学学报，2020，34（3）：6.

[39] 赵志添，贺小平.绿茶中茶多酚提取工艺的优化.化学与生物工程，2015，32（6）：1672-5425.

[40] 胡拥军，蔡育鹏.安化黑茶中茶多酚的浸取与分离.湖南城市学院学报（自然科学版），2018，6：67-70.

[41] Li K K，Yao F，Du J，et al. Persimmon tannin decreased the glycemic response through decreasing the digestibility of

starch and inhibiting alpha-amylase，alpha-glucosidase，and intestinal glucose uptake. Journal of Agricultural and Food Chemistry，2018，66（7）：1629-1637.

［42］ Liu M，Feng M，Yang K，et al. Transcriptomic and metabolomic analyses reveal antibacterial mechanism of astringent persimmon tannin against Methicillin-resistant Staphylococcus aureus isolated from pork. Food Chem，2020，309：125692.

［43］ Wang R，Zhang Y，Jia Y，et al. Persimmon oligomeric proanthocyanidins exert antibacterial activity through damaging the cell membrane and disrupting the energy metabolism of staphylococcus aureus. ACS Food Sci Technol，2021，1：35-44.

［44］ 田燕，邹波，李春美，等.柿子单宁在啤酒澄清中的应用.现代食品科技，2011，27（3）：313-316.

［45］ 辛国贤，凌敏，李慧玲，等.柿子单宁提取新工艺及对 5 类臭味化合物脱臭性能分析.中国食品学报，2013，13（5）：230-236.

［46］ 闵慧玉，易庆平，樊睿怡，等.五乙烯六胺改性柿单宁金属吸附剂对 Pd（Ⅱ）的吸附回收.环境化学，2019，38（8）：1775-1784.

［47］ 马红江，王莹，葛彬，等.吐鲁番地区常见品种葡萄籽中原花青素和脂肪含量的测定.安徽农业科学，2008，36（8）：3207-3208.

［48］ 李小乐.重庆地区四种鲜食葡萄原花青素含量与品质的相关性研究.重庆：西南大学，2012.

［49］ Unusan. Proanthocyanidins in grape seeds：An updated review of their health benefits and potential uses in the food industry. Journal of Functional Foods，2020，67：103861.

［50］ Jia Z，Song Z，Zhao Y，et al. Grape seed proanthocyanidin extract protects human lens epithelial cells from oxidative stress via reducing NF-κB and MAPK protein expression. Molecular Vision，2011，17（25-27）：210-217.

［51］ Lacroix Sébastien，Rosiers C D，Tardif J C，et al. The role of oxidative stress in postprandial endothelial dysfunction. Nutrition Research Reviews，2012，25（2）：288-301.

［52］ Quesada H，Díaz Sabina，Pajuelo D，et al. The lipid-lowering effect of dietary proanthocyanidins in rats involves both chylomicron-rich and VLDL-rich fractions. British Journal of Nutrition，2012，108（2）：208-217.

［53］ 张艳华，汪雄，王文利，等.葡萄籽原花青素对高脂高糖饮食诱导代谢综合征大鼠干预作用.食品科学，2020，41（1）：112-119.

［54］ Lu M，Xu L，Li B，et al. Protective effects of grape seed proanthocyanidin extracts on cerebral cortex of streptozotocin-induced diabetic rats through modulating AGEs/RAGE/NF-kappaB pathway. Journal of Nutritional Science & Vitaminology，2010，56（2）：87-97.

［55］ Wen W，Lu J，Zhang K，et al. Grape seed extract inhibits angiogenesis via suppression of the vascular endothelial growth factor receptor signaling pathway. Cancer Prevention Research，2008，1（7）：554-561.

［56］ 王海，连燕娜，周游，等.低聚葡萄籽原花青素联合顺铂对人肺腺癌细胞 A549 凋亡的影响.食品科学，2017，38（19）：177-181.

［57］ 陈筱鸿，汪咏梅，吴冬梅，等.单宁酸纯化技术的研究开发.现代化工，2008，28（增刊 2）：301-304.

［58］ Frutos P，Hervás G，Giráldez F J，et al. Review：Tannins and ruminant nutrition. Spanish Journal of Agricultural Research，2004，2（2）：191.

［59］ Mueller Harvey I. Unravelling the conundrum of tannins in animal nutrition and health. Journal of the Science of Food and Agriculture，2006，86（13）：2010-2037.

［60］ Waghorn G. Beneficial and detrimental effects of dietary condensed tannins for sustainable sheep and goat production—Progress and challenges. Animal Feed Science and Technology，2008，147（1）：116-139.

［61］ Ramirez-Restrepo C A，Barry T N，Lopez-Villalobos N，et al. Use of Lotus corniculatus containing condensed tannins to increase lamb and wool production under commercial dryland farming conditions without the use of anthelmintics. Animal Feed Science and Technology，2004，117（1-2）：85-105.

［62］ Piluzza G，Sulas L，Bullitta S. Tannins in forage plants and their role in animal husbandry and environmental sustainability：A review. Grass and Forage Science，2014，69（1）：32-48.

［63］ MacAdam J W，Ward R E，Griggs T C，et al. Average daily gain and blood fatty acid composition of cattle grazing the nonbloating legumes birdsfoot trefoil and cicer milkvetch in the Mountain West. The Professional Animal Scientist，2011，27（6）：574-583.

［64］ Patra A K，Saxena J. Exploitation of dietary tannins to improve rumen metabolism and ruminant nutrition. Journal of the Science of Food and Agriculture，2011，91 (1)：24-37.

［65］ 潘发明，王彩莲，刘陇生，等. 单宁在反刍动物饲料中的应用前景. 中国畜牧兽医，2013，40 (5)：222-225.

［66］ Mueller-Harvey I，Bee G，Dohme-Meier F，et al. Benefits of condensed tannins in forage legumes fed to ruminants：Importance of structure，concentration，and diet composition. Crop Science，2019，59 (3)：861.

［67］ Jayanegara A，Leiber F，Kreuzer M. Meta-analysis of the relationship between dietary tannin level and methane formation in ruminants from in vivo and in vitro experiments：Meta-analysis on dietary tannins and ruminal methane. Journal of Animal Physiology and Animal Nutrition，2012，96 (3)：365-375.

［68］ Tavendale M H，Meagher L P，Pacheco D，et al. Methane production from in vitro rumen incubations with Lotus pedunculatus and Medicago sativa，and effects of extractable condensed tannin fractions on methanogenesis. Animal Feed Science and Technology，2005，123：403-419.

［69］ Varel V H. Use of urease inhibitors to control nitrogen loss from livestock waste. Bioresource Technology，1997，62 (1)：11-17.

［70］ Getachew G，Pittroff W，DePeters E J，et al. Influence of tannic acid application on alfalfa hay：In vitro rumen fermentation，serum metabolites and nitrogen balance in sheep. Animal，2008，2 (3)：381-390.

［71］ Wang Y，Berg B P，Barbieri L R，et al. Comparison of alfalfa and mixed alfalfa-sainfoin pastures for grazing cattle：Effects on incidence of bloat，ruminal fermentation，and feed intake. Canadian Journal of Animal Science，2006，86 (3)：383-392.

［72］ Hutchings M R，Athanasiadou S，Kyriazakis I，et al. Can animals use foraging behaviour to combat parasites? Proceedings of the Nutrition Society，2003，62 (2)：361-370.

［73］ Butler L G. Antinutritional effects of condensed and hydrolyzable tannins. Basic life sciences，1992，59：693.

［74］ Biagi G，Cipollini I，Paulicks B R，et al. Effect of tannins on growth performance and intestinal ecosystem in weaned piglets. Archives of Animal Nutrition，2010，64 (2)：121-135.

［75］ Brus M，Skorjanc D，Cencic A，et al. Effect of chestnut (castanea sativa mill.) wood tannins and organic acids on growth performance and faecal microbiota of pigs from 23 to 127 days of age. Bulgarian Journal of Agricultural Science，2013，19 (4)：841-847.

［76］ Starčević K，Krstulović L，Brozić D，et al. Production performance，meat composition and oxidative susceptibility in broiler chicken fed with different phenolic compounds. Journal of the Science of Food and Agriculture，2015，95 (6)：1172-1178.

［77］ Mansoori B. Absorption capacity of chicken intestine for d-xylose in response to graded concentrations of tannic acid. Animal Feed Science and Technology，2009，151 (1/2)：167-171.

［78］ Peng K，Lv X，Zhao H，et al. Antioxidant and intestinal recovery function of condensed tannins in Lateolabrax maculatus responded to in vivo and in vitro oxidative stress. Aquaculture，2021 (3)：737399.

［79］ Cappai M G，Wolf P，Dimauro C，et al. The bilateral parotidomegaly induced by acorn consumption in pigs is dependent on individual's age but not on intake duration. Livestock Science，2014，167：263.

［80］ Cossu M E，Zotte A D. Dietary inclusion of tannin extract from red quebracho trees (Schinopsis spp.) in the rabbit meat production. Italian Journal of Animal Science，2010，8 (2s)：784-786.

（张亮亮，李淑君，马艳丽，汪咏梅，李凯凯）

第五章　生漆化学与应用

第一节　生漆的化学组成与性能

生漆（raw lacquer）俗称"土漆"，又称"国漆""大漆""老漆""天然漆"[1]。生漆是漆树科（*Anacardiaceae*）植物漆树树干经外力创伤或采割从韧皮部分泌出的乳白色汁液，接触空气氧化成咖啡色液体，是唯一来自植物且在自身携带的生物酶催化下形成的天然高分子涂料[2-4]。

一、生漆的化学组成

生漆主要由漆酚、漆酶、树胶质、糖蛋白、水分和金属离子等物质组成。研究表明生漆主要由50％～80％漆酚、20％～25％水和15％其他化合物（如树胶、多糖和少量的漆酶）组成[5-8]（图12-5-1）。此外，生漆还含有油分、甘露糖醇、葡萄糖、乳糖、L-鼠李糖、D-木糖、D-半乳糖、有机酸、烷烃、二黄烷酮以及钙、锰、镁、铝、钾、钠、硅等元素[9]。近年来还发现生漆中有微量的 α,β 不饱和六元环内酯等挥发性致敏物[10]。

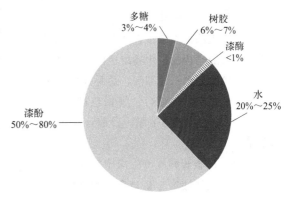

图 12-5-1　生漆组成

生漆的品质与产地、漆树品种、立地条件、采割时间、采割技术和贮存时间等有关。产地不同，其化学成分的结构和比例存在差异。同一棵树的树液成分也会随着采取时期的不同而有所变化。不同产地生漆树液的平均组成见表12-5-1。

表 12-5-1　不同产地的生漆组成成分及平均百分含量

化学成分	中、日、韩漆树	越南漆树	缅甸、泰国漆树	分子量	极性基团
漆酚	50％～80％	40％～55％	50％～65％	320	—OH
树胶质	5％～7％	15％～18％	3％～5％	2200	—COO—、金属离子
多糖	5％～8％	10％～16％	5％～8％	2700、8400	—OH、—O⁻
糖蛋白	2％～5％	2％	1％～3％	$(8000)_{6-15}$	蛋白质+10％糖分
漆酶	<1.0％	<1.0％	<1.0％	120000	蛋白质+45％糖
水分	15％～30％	30％～45％	30％～45％	18	

生漆是一种油包水（W/O）乳液，是由漆酚、漆酶、树胶质、糖蛋白、水分及金属离子等组成的非水相微乳系统，漆酚是其非水相介质，疏水性的糖蛋白自组装成高度有序的反相微球的外壳，水分子、亲水性多糖、漆酶及金属离子聚集其内形成"微水池"。漆酚，既有亲水的邻

苯二酚核，也有疏水的长烷基侧链。根据"最紧密堆集原理"和"相似相亲原理"，漆酚分子通过疏水相互作用以及氢键作用使其亲水的邻苯二酚核部分相互靠近，而疏水的长侧链部分则远离极性头，排列有序，形成有序结构[7]。生漆微乳液结构模型见图12-5-2。

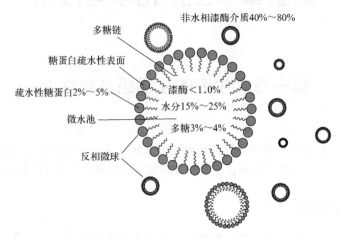

图 12-5-2　生漆微乳液结构模型

1. 漆酚的化学组成

漆酚是生漆的主要活性成分和主要成膜物质，苯环侧链为含有 0～3 个双键的 C_{15} 或 C_{17} 脂肪烃的邻苯二酚结构的衍生物组成的混合物。依漆酚侧链上双键数目的不同，分为饱和漆酚、单烯漆酚、二烯漆酚和三烯漆酚，总称漆酚。采用现代分析手段如高效液相色谱（HPLC）等分离技术以及核磁共振（NMR）、气相色谱-气质连用（GC-MS）等分析技术，可区分不同产地（国家）、不同品种漆树的生漆。目前，利用 GC 和 GC-MS 等已经可以简单地对漆酚进行化学成分的鉴定。

中国、日本和韩国的生漆中漆酚（urushiol）主要成分为 3-C_{15} 和 C_{17} 烃基取代的邻苯二酚化合物，其中三烯漆酚含量最高，侧链构型为 CIS-TRANS-CIS 三烯 C_{15} 烷基。越南生漆中虫漆酚（laccol）主要是 4-C_{17} 烃基取代的邻苯二酚及 3-C_{17} 烃基取代的单酚化合物，侧链构型为 CIS-TRANS-TRANS 三烯 C_{17} 烷基，其中三烯漆酚和单烯虫漆酚含量最高。缅甸、泰国、老挝和柬埔寨产的生漆中缅甸漆酚（thitsiol）侧链主要是 3-C_{17} 烷基末端为苯环和 4-C_{17} 二烯烷烃。原始漆树液内内含 7％～9％的漆酚聚合物。化学结构见表 12-5-2。

表 12-5-2　漆酚、虫漆酚和缅甸漆酚的化学结构

漆酚	虫漆酚	缅甸漆酚

续表

漆酚	虫漆酚	缅甸漆酚

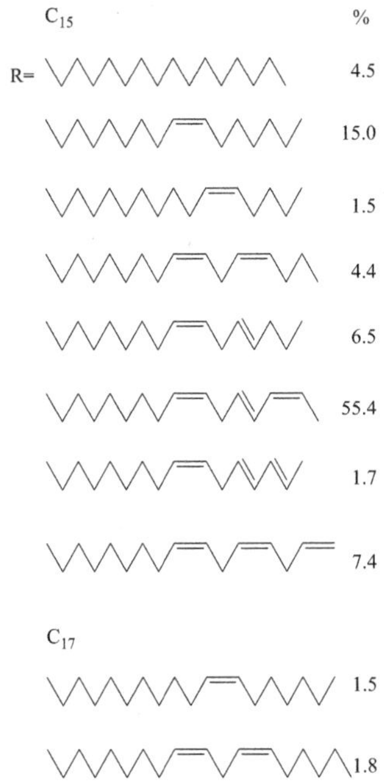

缅甸漆酚：

R=（%）
3.9
7.5
0.35
36.0

R¹=（%）
0.73
20.0
20.6
0.73
1.13
3.63

R²=（%）
0.69
2.1

R³= 1.38

R⁴= 1.03

未识别部分　0.3

漆酚：

C_{15}　%
R= 4.5
15.0
1.5
4.4
6.5
55.4
1.7
7.4

C_{17}
1.5
1.8

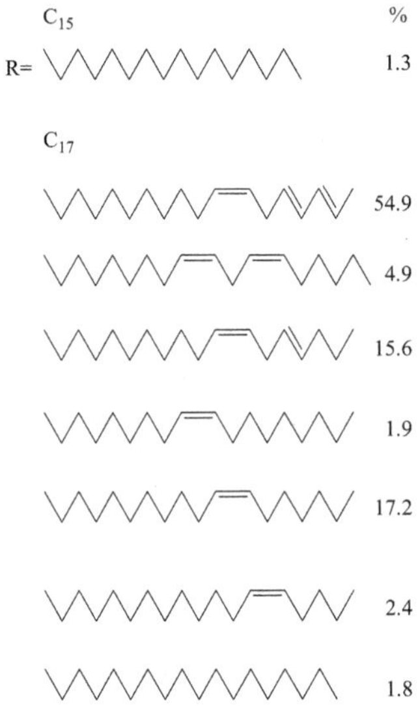

虫漆酚：

C_{15}　%
R= 1.3

C_{17}
54.9
4.9
15.6
1.9
17.2
2.4
1.8

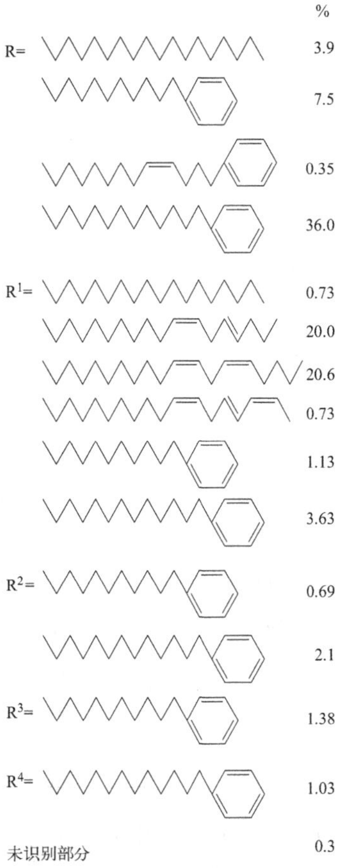

2. 漆酶的化学组成

漆酶（laccase，EC.1.10.3.2）是一种含铜的多酚氧化酶，一般含有 4 个铜离子，它们位于酶的活性部位，在氧化反应中能够协同传递电子并将氧气还原成水，属于铜蓝氧化酶（或称为铜蓝蛋白酶）中的一小族，广泛存在于植物、动物、菌类、真菌、担子菌等中[11]。

研究表明漆酶是一种不均一的糖蛋白，基本结构单位是分子量为 5000～7000 的糖蛋白链，其蛋白和糖之间主要是 N-结合，如 Podaspora 漆酶由 4 个基本结构单位所组成[12]。

漆树中中国漆树和越南漆树中漆酶的含量较多，约为 0.2%。1883 年，Yoshida 发现生漆对热敏感，能使漆液变色和硬化，这是关于生漆漆酶的首次报道。10 年后，G. Bertrand 从越南漆树的树液中分离出了漆酶并把它命名为 laccase[11]。此后，漆酶分别在 1930 年和 1934 年被 Suminokura 和 Brooks 所证实。1937 年，Yakushiji 从 Lactarius Piperatu 真菌中分离出了漆酶。1940 年，Keilin 和 Yakushiji 从中国和越南所产的漆液中分离出了漆酶。

生漆漆酶大致由 55% 的蛋白质（含有 0.23% 的铜）和 45% 的多糖类组成[13]。电泳法和柱色谱法测出其分子量约为 11×10^4。蛋白质部分由 18 种以上的氨基酸组成，大约 19 个氨基酸里有一个含有硫的氨基酸，同时碱性氨基酸的数量要比酸性氨基酸多近 38%，所以漆酶有比较高的等电点，见表 12-5-3。

表 12-5-3　生漆漆酶的氨基酸组成

氨基酸种类	质量分数/%	摩尔含量/%	含氮量/%
天冬氨酸	6.28 ±0.20	60.0 ±1.9	0.764 ±0.024
苏氨酸	4.57 ±0.10	49.7 ±1.1	0.638 ±0.014
丝氨酸	2.93 ±0.02	37.0 ±0.3	0.471 ±0.003
谷氨酸	4.30 ±0.18	36.6 ±1.5	0.467 ±0.020
脯氨酸	1.87 ±0.10	36.0 ±1.9	0.459 ±0.025
甘氨酸	2.52 ±0.11	39.0 ±1.7	0.496 ±0.022
丙氨酸	3.87 ±0.08	43.0 ±0.9	0.547 ±0.011
缬氨酸	0.64 ±0.03	6.9 ±0.3	0.088 ±0.004
半胱氨酸	1.28 ±0.03	10.7 ±0.2	0.137 ±0.003
蛋氨酸	3.20 ±0.06	31.1 ±0.6	0.396 ±0.007
异亮氨酸	3.53 ±0.06	34.3 ±0.6	0.473 ±0.007
亮氨酸	3.62	24.4	0.311
酪氨酸	4.04 ±0.20	30.2 ±1.5	0.385 ±0.017
苯丙氨酸	3.03 ±0.06	26.0 ±0.5	0.662 ±0.013
赖氨酸	2.10 ±0.04	16.8 ±0.3	0.643 ±0.012
组氨酸	1.78 ±0.08	12.5 ±0.6	0.638 ±0.029
精氨酸	1.31 ±0.10	37.5 ±1.1	0.473 ±0.014
色氨酸	1.06 ±0.06	6.3 ±0.4	0.159 ±0.009

　　来源不同的漆酶中的铜含有量、铜的类型、分子量、糖含有量及氨基酸的组成等都会有所不同。其中漆酶结构上最大的不同之处是糖的部分，而目前对于生漆漆酶中糖部分的化学结构的研究报道较少。用酸水解法获得生漆漆酶的糖部分，经 NMR 测试和甲基化分析，发现其中含有半乳糖、葡萄糖、阿拉伯糖和鼠李糖等[14]。

3. 多糖的化学组成

　　生漆树液中多糖类化学结构的分析研究，大体经过以下几个阶段：a. 糖分析，即组成单糖的种类和比例的分析；b. 甲基化分析，即糖单位结合位点的分析；c. 酶分解，即决定异头氢的 α、β 的朝向；d. 最后是测定 NMR 图谱以确认结构。

　　对于生漆多糖的研究，最早可以追溯到 1960 年的小田圭昭的结构解析相关研究。1984 年，大岛隆一等利用甲基化分析法推出中国产的生漆多糖的部分化学结构，在 1999 年利用 NMR 图谱包括二维图谱进一步确认了各个组成单糖的归属。宫腰哲雄等采用相同的 NMR 光谱分析法，分析了亚洲产地的生漆多糖的化学结构。

4. 糖蛋白的化学组成

　　通常大木漆生漆中糖蛋白含量较多，约 1%～5%，是生漆乳胶液的分散稳定剂。糖蛋白是指分支的寡糖链与多肽链共价相连所构成的复合糖，构成糖蛋白的糖有 11 种，包括 D-半乳糖、甘露糖、葡萄糖或它们的衍生物，如 N-乙酰氨基半乳糖、N-乙酰氨基葡萄糖、L-艾杜糖醛酸、葡萄糖醛酸、岩藻糖、木糖、L-阿拉伯糖以及神经氨酸的 N- 或 O-乙酰与 N-羟乙酰的衍生物。在生漆的糖蛋白构成中，单糖约占 10%，蛋白质占 90%。糖与蛋白质中的肽段主要有 N-连接

和 O-连接。吉田彦六郎、平野茂和松井悦造等对中国产的生漆糖蛋白进行元素分析发现，生漆糖蛋白中含有 $60\%\sim65\%$ 碳、$6\%\sim8\%$ 氢和 $3\%\sim8\%$ 氮等，由于其中含有氮元素，所以也被称为含氮物质（nitrogenous substance）。

对生漆糖蛋白组分（LS）和其水解后组分（LST）进行气相色谱分析表明，生漆糖蛋白中均含有 $12\%\sim15\%$ 岩藻糖、$22\%\sim30\%$ 阿拉伯糖、$15\%\sim38\%$ 甘露糖、$10\%\sim20\%$ 半乳糖、$15\%\sim18\%$ 葡萄糖和 $5\%\sim7\%$ 氨基葡萄糖共六种单糖。对寡糖链 F2T 甲基化反应，按箱守法制成阿尔迪醇乙酸酯做 GC-MS 分析，结果表明单糖酯连接方式有 5-O-Me-Ara、2-O-Me-Man 和 6-O-Me-Glu，寡糖链中单糖的可能连接方式有 $1\rightarrow2$、$1\rightarrow3$、$1\rightarrow4$ 和 $1\rightarrow6$。

生漆糖蛋白主要由亲油性氨基酸构成，不溶于水。用 SDS（十二烷基硫酸钠）和 2-巯基乙醇处理后，90% 以上可变成水溶性的蛋白，分子量为 $8\times10^3\sim4.7\times10^4$。生漆糖蛋白中氨基酸含量见表 12-5-4。

表 12-5-4　生漆糖蛋白中氨基酸含量

氨基酸名称	质量分数/%	氨基酸名称	质量分数/%	氨基酸名称	质量分数/%
天冬氨酸	12.86	苏氨酸	5.96	苯丙氨酸	5.85
丝氨酸	5.50	谷氨酸	10.56	组氨酸	2.43
甘氨酸	6.05	丙氨酸	4.94	脯氨酸	4.47
胱氨酸	0.91	缬氨酸	6.72	赖氨酸	8.13
蛋氨酸	0.79	异亮氨酸	5.50	精氨酸	2.77
亮氨酸	6.90	酪氨酸	9.05		

5. 树胶质的化学组成

生漆树胶质为黄白色透明固体，有漆香味，是生漆分离过程中，用乙醇或丙酮沉淀生漆获得的溶于水的粗树胶物质。通常在生漆中含量为 $3\%\sim5\%$，大木漆的含胶量比小木漆的多。树胶质是生漆中不溶于有机溶剂而溶于水的多糖类物质，其水溶性多糖的分子量为 2 万～10 万，酸性糖和中性糖残基分子比为 1∶（5～6），含有微量的钾、镁、铝、硅、钠等元素。树胶质是天然的乳化剂，使生漆形成稳定的乳状液，并对漆膜的强度起着重要作用。

生漆多糖精品为白色粉末，不溶于乙醇、乙醚、丙酮等有机溶剂中，易溶于水变成黏稠状。在浓硫酸存在下与 α-萘酚作用显紫色环，并在 490nm 处出现特征吸收峰。将样品点于滤纸上，可被 Schiff 试剂染成玫瑰红色，被甲苯胺蓝染为蓝色。其水溶液可被 2% 的十六烷基三甲基溴化铵（CTAB）络合沉淀。用 1mol/L H_2SO_4 回流水解后，经离子交换色谱可以得到 D-半乳糖、L-阿拉伯糖、D-木质糖、L-鼠李糖、D-半乳糖醛酸和 D-葡萄糖醛酸。水解前后与斐林试剂分别呈阴、阳性反应。

6. 水分

水分是生漆自然干燥过程中不可缺少的成分，水分含量的多少对生漆性能有较大的影响。水分过多，则漆酚相对减少，漆膜光泽，附着力等性能较差，且易变质发臭，不耐久存。加工后的干漆含水量应在 $4\%\sim6\%$，低于此值则难以固化成膜。

7. 精油

生漆的气味是漆液独特的酸味。一般来说，中国产的漆液气味较强，而日本产的漆液相对气味较弱。

关于生漆的气味，日本真岛报道生漆在水蒸馏精制过程中分离出 15 碳不饱和碳氢化合物，命名为 urusene，具有和漆器特有的气味相类似的气味。佐藤从泰国和缅甸产的生漆中分离出 α-gurjunene 和 calarene 等碳氢化合物。陆榕等人采用 GC-MS 法对中国生漆的香气成分进行了研究，色谱分离鉴定组分占精油含量的 98% 以上，发现生漆香气成分包括醇、酯、有机酸及倍半萜类等碳氢化合物，其中的主要香气成分有乙酸、丙酸、丁酸、异丁酸、戊酸、异戊酸和己酸等有机酸，见表 12-5-5。

表 12-5-5　中国产生漆气味成分的化学组成

峰号	中文名	英文名	峰号	中文名	英文名
1	甲酸乙酯	ethyl formate	16	古巴烯	α-copanene
2	乙酸乙酯	ethyl acetate	17	倍半萜碳氢化物	sesquiterpene
3	异丙醇	2-propanol	18	丙酸	propionic acid
4	乙醇	ethanol	19	雪松烯	α-cedrene
5	单萜碳氢化物	monoterpene	20	异丁酸	isobutyric acid
6	单萜碳氢化物	monoterpene	21	香柑汕烯	α-bergamotene
7	丙醇	1-propanol	22	丁酸	butyric acid
8	单萜碳氢化物	monoterpene	23	雪松烯	α-himachalene
9	单萜碳氢化物	monoterpene	24	异戊酸	isovaleric acid
10	丁醇	n-butanol	25	蛇麻烯	α-humulene
11	单萜碳氢化物	monoterpene	26	芹子烯	β-selinene
12	柠檬烯	limonene	27	戊酸	valeric acid
13	乙酸	acetic acid	28	杜松烯	δ-cadinene
14	长叶蒎烯	α-longipinene	29	己酸	caproic acid
15	衣兰烯	α-ylangene			

二、生漆的理化性能及致敏性能

生漆为从成熟的漆树割口韧皮部溢出的乳白色汁液，在空气中不稳定，快速氧化成咖啡色黏性液体，具有致敏性，生漆中漆酚在自身携带的漆酶催化下能氧化聚合成膜，形成天然高分子涂料。

生漆是一种油包水（W/O）乳液，其中漆酚是主要成膜疏水性油状物质，与糖蛋白、漆酶、亲水性的漆多糖、水分及灰分等构成反相微球。生漆成膜聚合过程是由酶促起始的游离基聚合反应，见图 12-5-3。

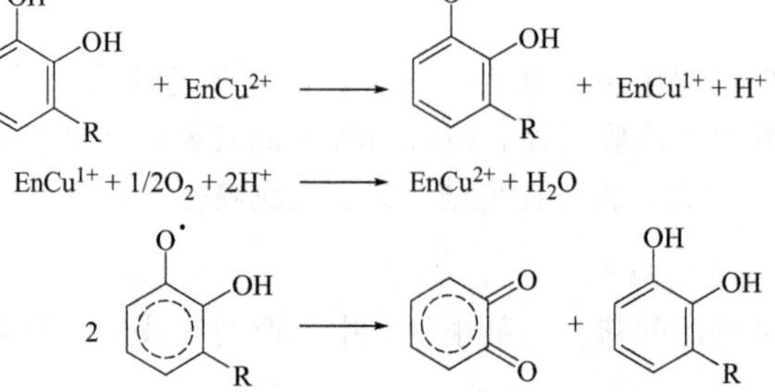

图 12-5-3　生漆氧化

（一）物理性能

漆酚具有双亲性质，既有亲水的邻苯二酚核，也有疏水的长烷基侧链，在固化附着过程中分子间产生了高度的交叉偶联结构，能形成有序结构的漆膜。漆酚多聚体及其漆酚-多糖-糖蛋白高分子复合物构成了干燥漆膜，这种特殊结构决定了漆膜的物理性能，使生漆漆膜坚硬且富有光泽，具有独特的超耐久性、良好的耐腐蚀性、绝缘性、高装饰性、抗菌性、氧化稳定性以及环境友好性等。

1. 超耐久性

漆树分泌物，包括精制生漆形成的漆膜的超耐久性众所周知。在出土文物中，尽管历时数千年，漆器依旧完整，漆膜光彩照人，令人叹为观止。在髹（xiū，用漆涂在器物上，古代称红黑色的漆）漆过程中，漆膜表层的漆酚-多糖-蛋白质（漆酶）构形复合外壳及漆酚多聚体结构紧密，气密性好，是阻挡氧气扩散进入漆膜内层的物理屏障。漆酚多聚体中邻苯二酚核结构本身就是抗氧化剂，具有极好的抗氧化能力。漆酚侧链的双键结构，在氧化降解时，通过与漆酚多聚体中邻苯二酚核的自由基加成反应，形成稳定的交叉偶联高分子，抵抗了漆膜的裂解反应，从而使漆膜表现出突出的超耐久性和抗氧化能力[15]。

2. 独特的鲜映性

生漆涂膜具有极好的磨光性能及保光性能，长期使用也没有消光现象。漆膜光泽亮丽且又柔和含蓄、质感光滑、丰满、细腻，独具特色，富有装饰效果[16]。

生漆经过精制加工后，因为多糖、糖蛋白分散比生漆均匀，疏水性强的蓝糖蛋白在剪切力的作用下，同多糖-糖蛋白复合物离解，进入油相，使漆酚-多糖-糖蛋白颗粒粒径变细（$0.1\mu m$），增加了漆膜表面的镜面反射光强。另外，生漆漆膜表面主要由漆酚-多糖-糖蛋白（漆酚）复合物形成的壳状结构组成，在微观结构上表现出不均匀性，因为这些细致的粗糙面有不同的反射角，在每个粒状结构不同的界面上都能反射、散射入射光，且在分散的粒状结构边缘之间还能发生衍射（丁达尔现象），削弱镜面反射光的光强。

生漆漆膜经过磨光以后，光线照射到漆膜光学表面后，经多次的反射、散射和衍射，会产生一种丰满柔和、凝重典雅的质感。因此，精制生漆比生漆有更好的丰满度和光泽度。

3. 耐磨性能

生漆漆膜可以经受 $6.86MPa$（$70kgf/cm^2$）的摩擦力而不损坏，硬度高，且越打磨越漂亮。生漆漆膜聚集态分子量极为巨大，分子间或分子内高度交叉偶联，分子间作用力比普通合成涂料大，正是这种作用力使漆膜聚集态分子排列紧密，不易分开，弹性模量大，而且通过大分子链间形成的自由基能互相键合交叉偶联，使得生漆漆膜聚集态形变困难，同时由于漆膜表面存在漆酚-多糖-糖蛋白外壳，分子间可形成大量的氢键，在应力下，漆膜表面由于氢键的作用，表现较高的硬度。当应力较高时，氢键断裂吸收能量，从而保护了共价键；当外力撤销时，氢键又可形成。因此生漆漆膜硬度大，挠曲强度大，抗压强度大，耐磨性能佳。

4. 吸水性

生漆漆膜具有吸水性，干燥的漆膜在大气压和 $30\%\sim80\%$RH 环境中能吸收 $1\%\sim3\%$ 的水分。生漆的吸水能力，主要归因于漆膜中存在的亲水性物质如多糖、糖蛋白等，这些物质在生漆干燥过程中，由于水分挥发，形成了由亲水基团构成的空穴，天然生漆的电子显微结构表明了这一点。在高湿环境中，这些亲水基团能有限度地重新吸水溶胀，从而使漆膜水分含量增加，表现出一定的湿润性。

（二）化学性能

1. 化学稳定性

在漆膜的聚集态化学结构中，主链分子中含有键能较高的芳醚键、双键等，侧链分子中存在的共轭双键结构，使漆酚多聚体分子自由度降低，分解活化能增加，漆膜聚合物分子链节间、侧链间分子与分子间的相对移动变得困难。漆膜的这种刚性结构，使其热运动如转动和振动减慢，提高了热稳定性，从而表现出较高的储能模量（E）、玻璃化转变温度（T_g）及分解温度（T_d）。

漆膜形成是通过游离基聚合反应，经过漆酚邻苯二酚核之间、侧链之间及苯环与侧链之间，以 C—C 键或 C—O 键连接而成，聚合体分子极为巨大，内聚力强，气密性好，缺乏易被溶剂分子渗透的链间空隙。另外，漆膜表层形成的漆酚-多糖-糖蛋白外壳，伸向空气的多糖链分支结构中存在大量的极性基团如羟基及结合有离子的酸性末端基团等，极性大、数目多，因此，漆膜表现出超强的化学稳定性，对酸碱化学品防腐蚀性能佳。要使漆膜熔解，除非在裂解温度下使键断裂，才能使漆膜化学结构破坏。

2. 光氧化降解性

生漆漆膜具有很强的抗氧化能力，但是生漆漆膜抗紫外线能力差，若暴露在日光下，容易被光氧化降解。

众所周知生漆漆膜结构主要由漆酚组成，漆酚多聚体中存在两种光敏基团，即邻苯二酚核和侧链双键。漆酚多聚体受紫外线的作用，芳醚键 C—C 及双键能有效地吸收能量，造成键和分子链的断裂，形成自由基。

生漆漆膜的光氧化降解反应首先发生在漆膜表面层，然后再逐步向内部发展。漆膜长期置于室外，受紫外线的作用，同时由于氧气的存在，紫外线破坏漆膜结构的量子效率提高。在光氧化进行到一定时间后，其光解产生的自由基成为反应体系中自由基的主要来源，漆膜进行光氧化降解，会生产醛、酮、酸及酯类等产物，反应生成的羰基化合物等又可作为光引发剂，吸光后产生自由基，加速反应进行，使漆膜大分子裂解的速度大于交联速率，从而使生漆漆膜聚集体裂解，完全粉化。生漆漆膜的光氧化降解是其耐候性差的根本原因，但对保护生态环境有益，不容易产生"白色污染"。

（三）致敏性能

1. 致敏原物化特征

天然烷基酚类包括烷基单酚、二元酚、三元酚和烷基酚酸等化合物[17]。二元酚含有儿茶酚（邻苯二酚）、间苯二酚或通过正常碳链烷基化的氢醌（对苯二酚）。据报道，支链碳原子数小于10 的短链烷基酚有佳味酚（isochavicol），为烷基单酚，发现于菊科的精油中，具有较强的抗血浆活性。长链烷基间苯二酚脂质不仅存在于许多高等植物中，而且存在于细菌、真菌、藻类和苔藓中，被证明是强烈的呕吐剂（糜烂剂），导致频繁强烈的过敏反应。银杏科和漆树科（毒藤、毒药漆、漆树、芒果和腰果等）植物中存在的长链烷基酚类物质具有相似结构，能引起严重的过敏性皮炎[18,19]。

银杏（*Ginkgo biloba* L.）是银杏科银杏属植物。银杏叶和外种皮中含有烷基酚类和酚酸类物质，具有接触致敏、细胞毒性、诱变和轻微的神经毒性。银杏烷基酚酸（ginkgolic alkylphenol and acids）又称银杏酚酸，是 6-烷基或 6-烯基水杨酸衍生物，其烃基侧链长度为 13 个碳、15 个碳、17 个碳，侧链上含有双键。银杏烷基酚酸按化学结构的不同主要可分为银杏酸、白果酚和白果二酚[20,21]，它们的化学结构见表 12-5-6。

表 12-5-6　银杏酸、白果酚和白果二酚的化学结构

银杏酸	白果酚	白果二酚
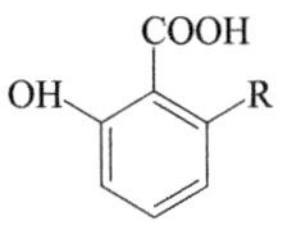	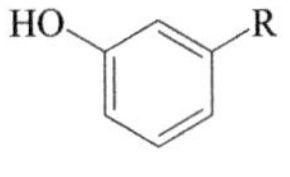	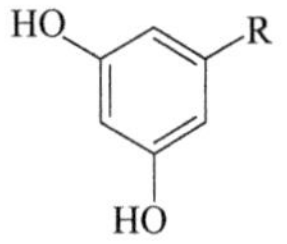
$R=C_{13}H_{27}(C_{13:0})$ $R=C_{15}H_{29}(C_{15:1},\Delta=8)$ $R=C_{17}H_{33}(C_{17:1},\Delta=8)$ $R=C_{17}H_{33}(C_{17:1},\Delta=10)$ $R=C_{17}H_{31}(C_{17:2},\Delta=9,12)$ $R=C_{15}H_{31}(C_{15:0})$	$R=C_{13}H_{27}(C_{13:0})$ $R=C_{15}H_{31}(C_{15:0})$ $R=C_{15}H_{29}(C_{15:1},\Delta=8)$ $R=C_{17}H_{33}(C_{17:1},\Delta=10)$	$R=C_{15}H_{29}(C_{15:1})$ $R=C_{15}H_{29}(C_{15:1},\Delta=8)$

　　腰果（*Anacardium occidentalie* Linn）是双子叶植物纲无患子目漆树科腰果属的一种植物。腰果中含有烷基酚类等多种过敏原，主要存在于种皮和果油中，会引起过敏体质的人一定的过敏反应。腰果壳油主要含腰果酚（cardanol）、腰果酸（anacardic acid）、强心酚（cardol）和 2-甲基强心酚（2-methyl cardol）等化合物[22]，它们的化学结构见图 12-5-4。

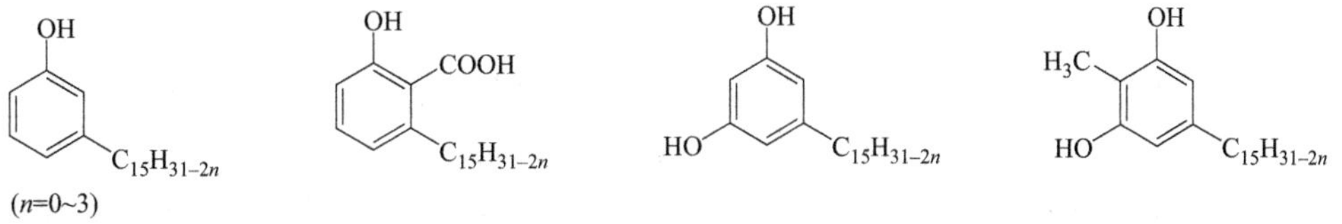

图 12-5-4　腰果酚、腰果酸、强心酚和 2-甲基强心酚的化学结构

　　生漆致敏主要是由于漆科植物中所含有的漆酚。在我国以及东南亚，主要的漆科植物有中国漆树、日本野漆树和缅甸漆树。在北美洲，则广泛分布着被称作毒藤和毒橡树的漆科植物，由于其中的构成物质具有类似漆酚的化学结构，所以也非常容易引起过敏，据说在美国 50% 以上的人对此过敏[23,24]。

　　漆酚是侧链具有 13 到 17 个碳的儿茶酚脂类化合物。按照侧链不饱和度分别分为饱和烷基（饱和）漆酚、单不饱和烷基（单烯）漆酚、二不饱和烷基（二烯）漆酚、三不饱和烷基（三烯）漆酚，见图 12-5-5。还有从漆酚中分离的十七氢醌化合物[25,26]。

2. 生漆致敏症状

　　生漆导致人体肌肤过敏的原因首要是生漆中的漆酚和多种挥发物致敏。漆树花、果、叶、皮及木材均含有易致敏的漆酚，不同体质的人群对漆树致敏的症状与耐受程度存在明显差异。

　　生漆的致敏性很强，足以引起皮炎或漆疮。生漆致敏反应表现为接触性皮炎，属于迟发型变态反应（细胞免疫）。生漆致敏源侵入人体的首要路径是肌肤、口腔。不仅触摸了生漆和漆树会生漆疮，有的人嗅了生漆味，也会过敏生疮。生漆轻度过敏者，仅是暴露在外的部分肌肤，如脸、手背、指缝等处会产生过敏，继而向颈部、阴部等部位发展，开始感觉患处肿胀、奇痒难忍，经抓搔后会出现赤色小丘斑，严重者肌肤局部出现水痘巨细的水泡，若肌肤被抓破，则易受传染而腐烂。少数生漆漆酚过敏体质有中毒性肾炎的症状。

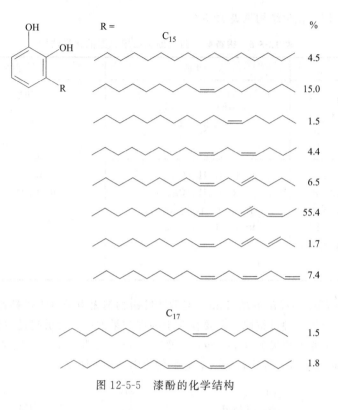

图 12-5-5　漆酚的化学结构

　　在美国约有 2 亿人对漆酚过敏，而约 40％以上的人致敏量低于 $2\mu g$。生漆过敏周期一般为 7～10 天，依靠自身免疫系统增强对生漆过敏的耐受度，水泡消退即为痊愈，不会留下瘢痕。

　　在漆树分布的地区，漆树经营过程和生漆采收应用中都会引起接触性过敏现象。通过问卷调查，中国、日本、韩国、越南、泰国等从事生漆工作的人对生漆过敏的临床表现，发现 80％以上的生漆工作者首次对生漆过敏，都会出现生漆疮、患处肿胀且奇痒难忍的症状。部分过敏者 7～10 天漆疮肿胀奇痒消失，85％以上的过敏者在一个月内再连续接触生漆工作，一周工作时间 5～8h，其肿胀奇痒症状消失，剩下 15％的人则需要接触生漆一个月以上才能得到改善。同样观察大学、研究机构的生漆化学研究者及漆艺专业的学生，结果表明，接触生漆作业一个月内，90％以上人员出现过敏性反应，过敏部位主要是接触过生漆的手部到前腕部。比较重症的过敏例子是脸部、颈部和下肢。停止接触生漆一个月后过敏症状逐步消失，然后再接触生漆时，即使持续几天都接触生漆工作在 10h 以上，也没有严重的过敏发生，只是在前腕和上腕等容易黏附生漆的部位发生了轻度的皮炎。以上表明这些人员对生漆有很好的耐受度，并且依靠自身免疫系统产生抗体，对生漆不再过敏了。为了提高对生漆的耐受度，部分生漆工作者采用舔生漆的方式来提高对生漆过敏的耐受性，其中约 30％的人能有效获得生漆过敏耐受性，同时产生抗体对生漆不再过敏。

3. 生漆脱敏方法

　　漆酚是一种半抗原，漆酚邻苯二酚母体的羟基，邻苯二酚环的 4、5 或 6 号位的 C 原子及漆酚侧链不饱和烷基都易与蛋白质结合发生应激过敏反应。生漆过敏仅在被漆酚应激过的个体中发生，而未被漆酚应激的个体并不发生。即使和生漆接触也不发生过敏分为两种情况：一种是没有和漆酚接触所以没有被应激；另一种是虽然和漆酚接触过但应激没有成立。生漆脱敏就是采用化学修饰或生物免疫方法，使修饰后的漆酚失去与蛋白质结合成为全抗原并发生应激和发症的功能，所以人再次和漆酚接触就不会产生应激反应，即对漆酚诱导产生了耐受性，从而达到脱敏效果。

（1）化学修饰法　根据漆酚的结构特点，漆酚的化学修饰主要基于对漆酚酚羟基、漆酚侧链不饱和烷基或漆酚邻苯二酚环的4、5或6号位的C原子进行化学基团的保护或修饰，修饰后的漆酚过敏性明显弱于原来的漆酚。一般地，酚羟基醚化后的漆酚及侧链烃基上双键减少的漆酚致敏性明显减弱，致敏强弱排列如下：三烯漆酚＞二烯漆酚＞单烯漆酚＞3-烷基饱和漆酚＞4-烷基饱和漆酚＞饱和漆酚＞漆酚二甲醚＞饱和漆酚二甲醚（图12-5-6）。

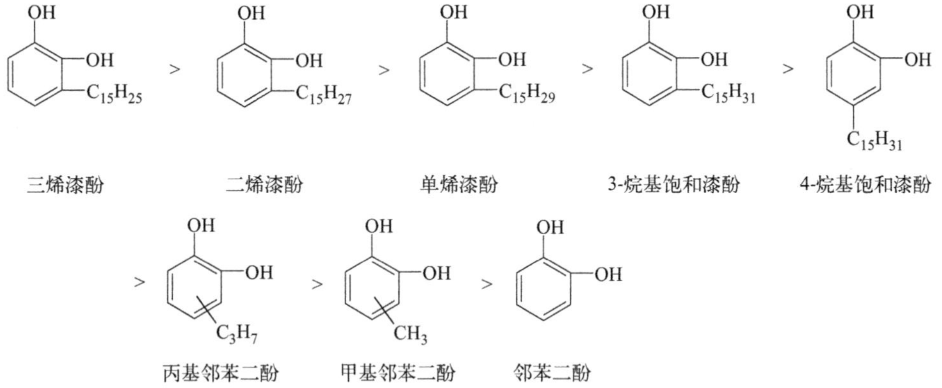

图 12-5-6　漆酚结构与致敏强弱的关系

漆酚的化学修饰法根据修饰部位和官能团的不同，具体分为漆酚邻苯二酚羟基结构修饰、漆酚侧链烃基的化学结构修饰和漆酚与蛋白质结合部位修饰。

① 漆酚邻苯二酚羟基结构修饰。漆酚羟基易与蛋白质结合形成抗原表现致敏症状。通过对漆酚邻苯二酚羟基结构进行修饰，使羟基被保护的漆酚不能成为抗原，可避免漆酚酚羟基和氧原子接触，规避漆酚过敏反应。对 C_{15}～C_{17} 漆酚的两个活泼邻位酚羟基进行结构修饰，合成缩醛漆酚，产物无过敏性，还具有很好的抗菌抗氧化功能。

缩醛改性原理：生漆漆酚具有邻苯二酚的结构，在二氯甲烷和苛性钠的作用下，发生亲核取代反应，生成邻苯二酚缩甲醛（图12-5-7）。为了防止反应过程中副反应的发生，可通过逐步滴加氢氧化钠以及使用足量 DMSO（二甲基亚砜）溶剂的方法以降低邻苯二酚阴离子的浓度。该反应产物为缩醛产物结构，故将漆酚的缩醛改性物命名为缩醛漆酚，以便于与漆酚缩甲醛高分子改性涂料区分（图12-5-8）。

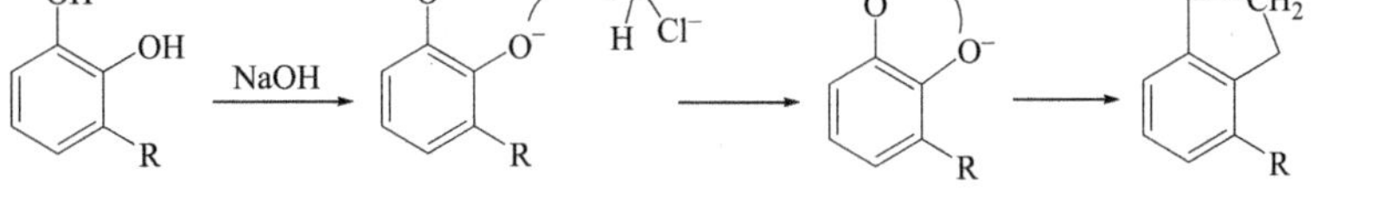

图 12-5-7　漆酚缩醛反应原理

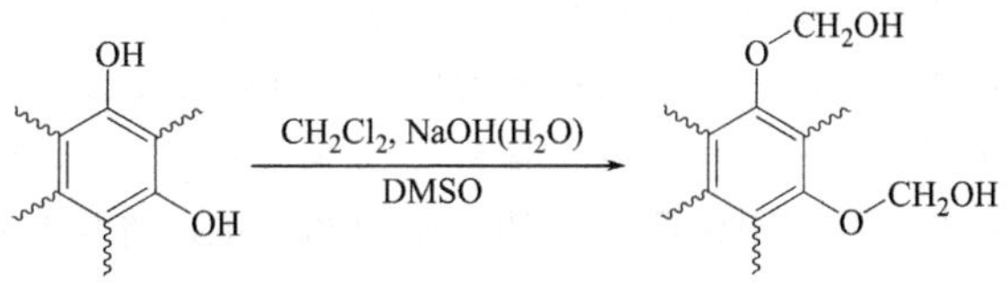

图 12-5-8　聚合及氧化漆酚的缩醛反应

采用磺（醚）化、卤化、硼酸酯化、Pechmann 反应等方法对漆酚苯环上的 2 个邻位的酚羟基进行醚化、酯化、磺化等改性，生成系列漆酚衍生物，其衍生物过敏毒性小于原来的邻苯二酚漆酚。同时，这些抗过敏漆酚邻苯二酚羟基结构修饰衍生物具有抗肿瘤的构效，见图 12-5-9。

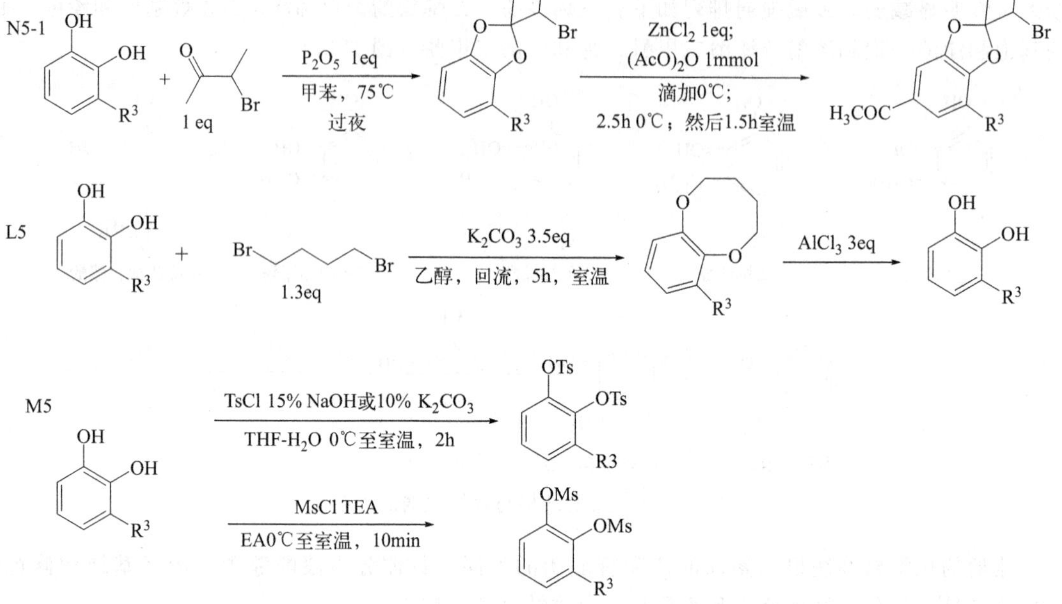

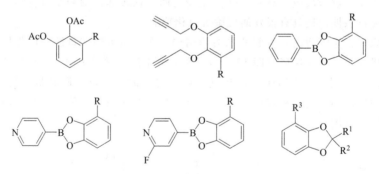

图 12-5-9　抗过敏漆酚酚羟基保护衍生物

另外，其他漆酚活性羟基衍生物见图 12-5-10。

图 12-5-10　漆酚活性羟基衍生物的化学结构

②漆酚侧链烷基的化学结构修饰。漆酚侧链具有共轭双键，可进行氧化、环加成等反应，可引入羧基、酮基、羟基等基团。Roberts 等通过在漆酚侧链尾部引入 α-亚甲基-γ-丁内酯基团，合成了 α-亚甲基-γ-丁内酯漆酚衍生物，结果表明其对皮肤的致敏性明显降低；Jefferson 等以甲基醚漆酚为原料，分别通过侧链烷基的氧化反应、缩醛反应等，合成了甲基醚漆酚乙二醇、甲基醚漆酚乙二酸酯和甲基醚漆酚缩丙酮衍生物；何源峰等以亚甲基醚漆酚为原料，与马来酸酐进行 Diels-Alder 反应，再通过水解反应，在漆酚侧链尾部引入邻二甲酸环己烯结构，合成了侧链二羧基漆酚衍生物；周昊进一步利用缩醛漆酚侧链不饱和双键，将异羟肟酸部分引入，设计合成甲基醚漆酚侧链二羧基漆酚衍生物，见图 12-5-11。

α-亚甲基-γ-丁内酯漆酚　　甲基醚漆酚乙酸酯　　甲基醚漆酚二醇酯

甲基醚漆酚缩丙醇　　侧链二羧基漆酚

甲基醚漆酚侧链二羧基漆酚衍生物

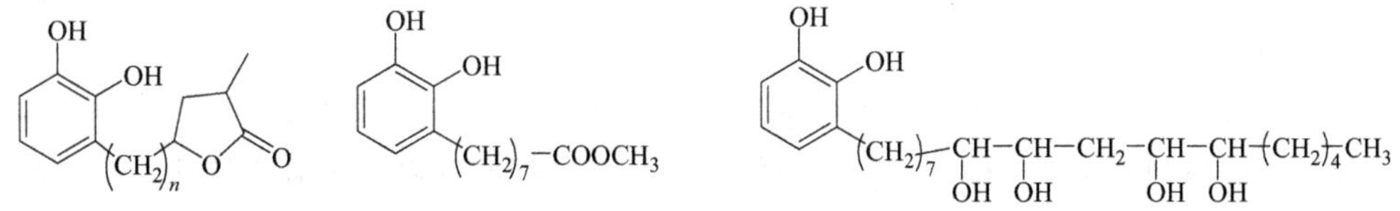

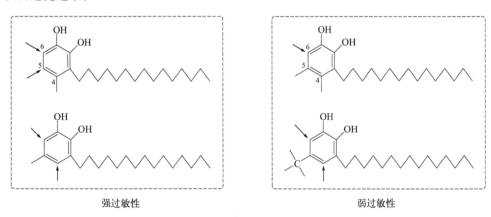

图 12-5-11　漆酚中侧链烷基的化学修饰

③ 漆酚与蛋白质结合部位修饰。漆酚和蛋白质的结合部位可以是漆酚邻苯二酚环的 4、5 或 6 号位的碳原子（图 12-5-12）。蛋白质的氨基通常选择与环的 5 号位的碳原子结合，而蛋白质的硫醇基则选择在环的 6 号位的碳原子上结合。当漆酚侵入皮肤表皮被氧化为 *O*-醌后，醌环的 4、5 或 6 号位的碳原子与蛋白质结合成抗原是漆酚引起接触性皮炎的原因。若是醌环的 4、5 或 6 号位被置换得越多，漆酚与蛋白质结合的概率就越小；若是置换部位被大的基团如丁基取代就会妨碍其他位点的结合，从而表现为结合位点减少，蛋白质就不能与被修饰的漆酚结合形成抗原，从而避免过敏。

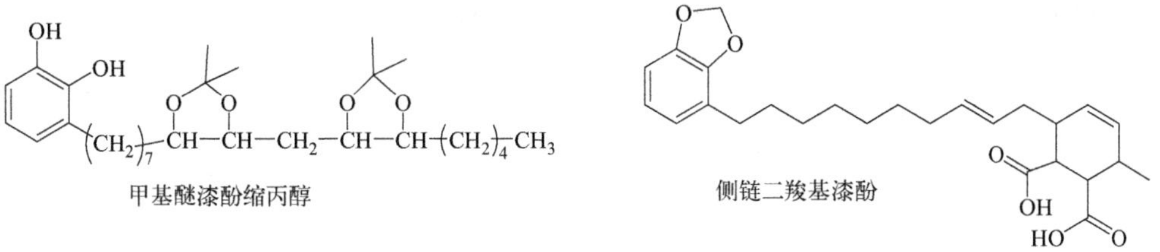

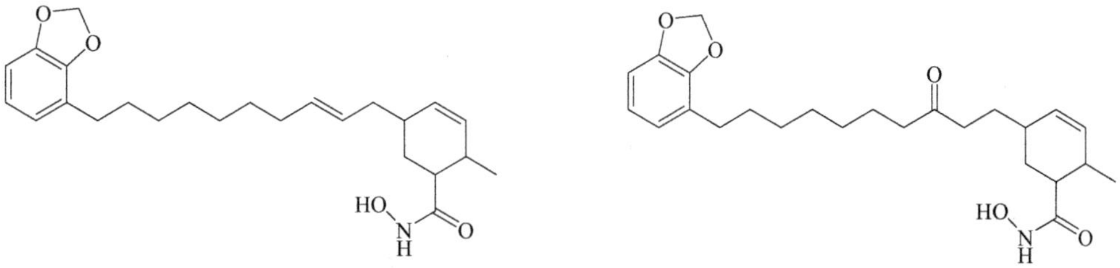

强过敏性　　弱过敏性

图 12-5-12　蛋白质结合部位

不同产地和品种的生漆，漆酚邻苯二酚的 3 位或 4 位烃基侧链与蛋白质的结合能力不同。中、日、韩漆树漆酚为 3-C_{15} 和 C_{17} 烃基取代的邻苯二酚化合物，越南虫漆酚为 4-C_{17} 烃基取代的邻苯二酚及 3-C_{17} 烃基取代的单酚化合物，缅甸漆酚是 3-C_{17} 烷基末端为苯环和 4-C_{17} 二烯烷烃。因此，根据漆酚与蛋白质的结合部位及侧链的 C=C 不饱和度，可以推测漆酚的致敏度大小为中国漆酚＞缅甸漆酚＞越南虫漆酚。

中国林科院林化所王成章团队对漆酚邻苯二酚环的 4、5 或 6 号位碳原子结合位点进行化学修饰，设计了一系列新型漆酚衍生物。虽然没有进行斑贴试验和淋巴球刺激试验，但这些新型漆酚衍生物与漆酚苯环 4 或 5 部位被甲基和丁基置换的衍生物相似，很难与蛋白质发生结合，从而也达到脱敏作用。对漆酚的 6 号位碳原子进行化学修饰见图 12-5-13。

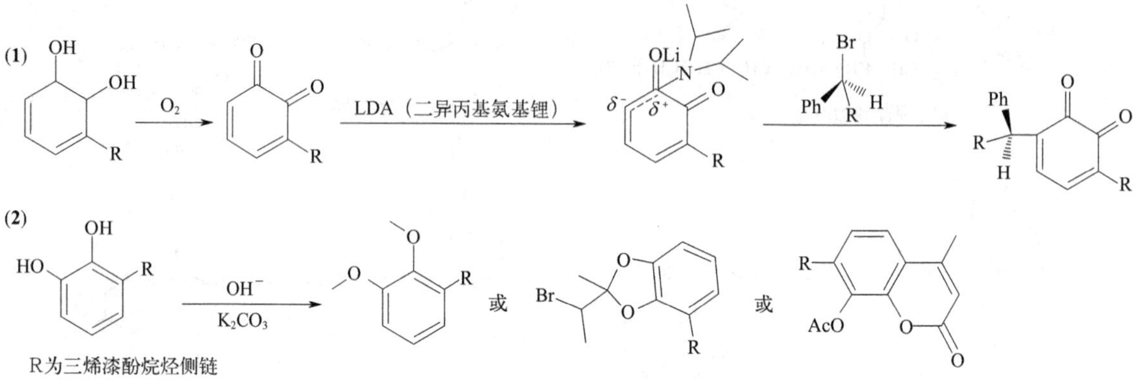

图 12-5-13　漆酚的 6 号位碳原子的化学修饰

一种高效的催化剂能够促进漆酚衍生物的 Pechmann 缩合反应，设计一系列漆酚衍生物，见图 12-5-14。

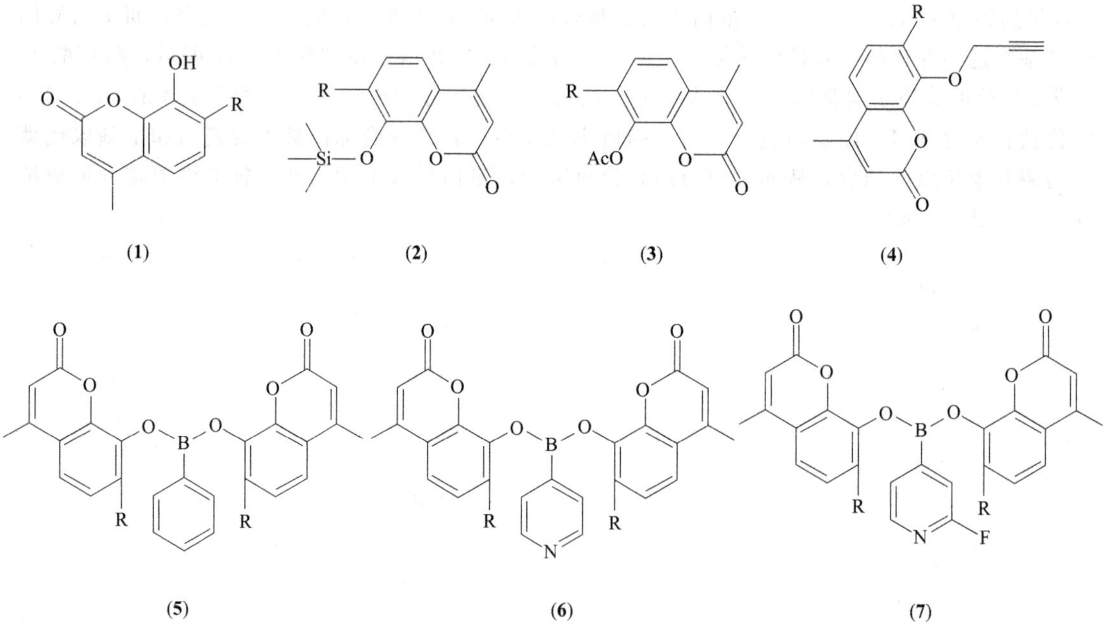

图 12-5-14　漆酚 Pechmann 反应衍生物

周昊首先对漆酚中两个活泼邻位酚羟基进行保护，合成缩醛漆酚，再将异羟肟酸部分引入漆酚烷烃侧链中，同时通过 Glide 对接筛选化合物，在漆酚苯环 6-部位引入—F、—Cl、苯甲酰氨基、氨基、羟基或硝基，设计了一系列带有不同电负性或不同苯环空间位阻的取代基的新型漆酚衍生物，见图 12-5-15。产物无过敏性，还可显著增加漆酚基分子同 HDAC2 靶点的结合力。

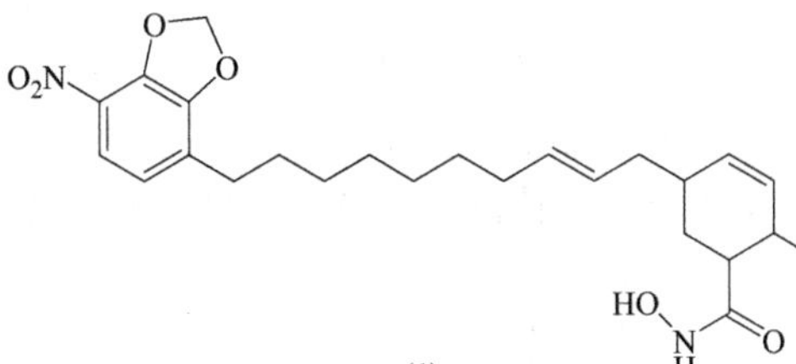

图 12-5-15　不同取代基的新型漆酚衍生物

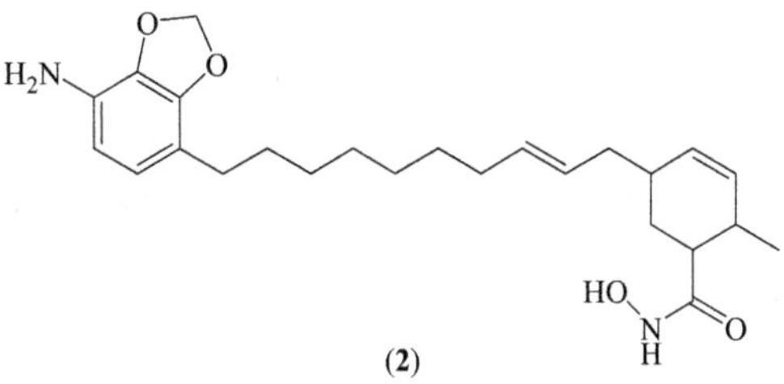

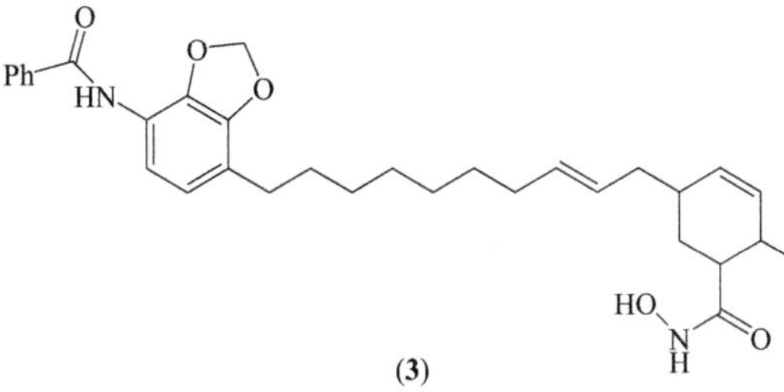

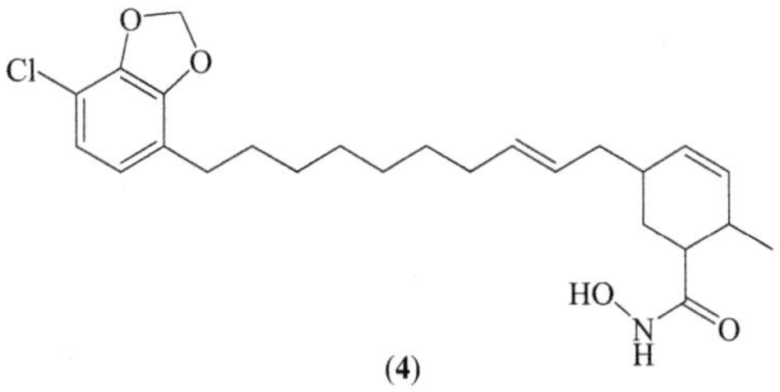

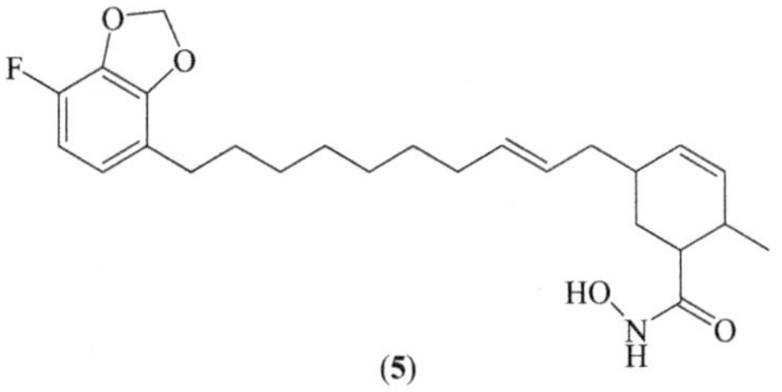

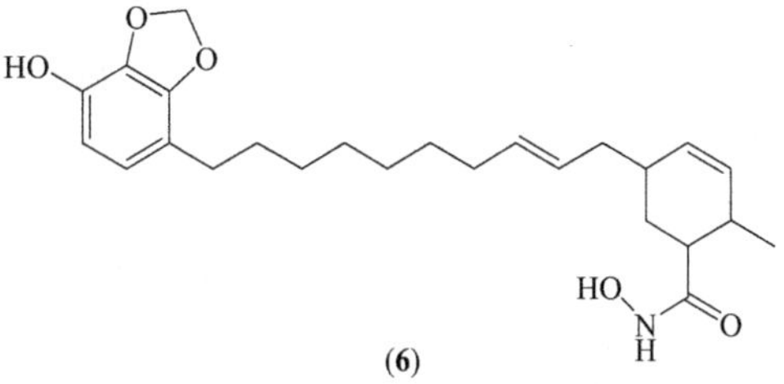

（2）生物免疫方法　采用皮肤涂抹、经口、气道或静脉注射等方式，使漆酚、漆酚糖苷衍生物、药物或疫苗等进入动物或人体内，使动物或人的免疫系统发生应激反应，得到漆酚特异的 T 淋巴球增殖系统，再次和漆酚接触不产生应激反应，能够诱导出漆酚过敏耐受性[27,28]。

① 皮肤接触应激脱敏法。漆酚苯环上不同的结合位点可以结合不同的蛋白质，使 T 淋巴球发生应激反应。实际上，根据从漆酚过敏患者中得到的漆酚特异的 T 淋巴球增殖系统的研究报告可知，对漆酚特异的 T 淋巴球不是一种而是数种。即使只有一种半抗原，如漆酚，若是被应激的淋巴球有数种，过敏的程度也会有所不同。

日本明治大学利用豚鼠进行动物实验，在 10 只豚鼠的耳朵上涂了应激量的漆酚后将其平分为两组。第一组的豚鼠在应激处理一个星期之后，每星期在腹部涂一次漆酚以引起诱发反应，第二组的豚鼠只是在应激后的第五个星期和第十个星期在腹部涂一次漆酚。第一组的豚鼠在应激处理一个星期后漆酚涂布部位发生了过敏反应。第二组的豚鼠在第五个星期和第十个星期后都产生了过敏反应。这说明皮肤涂抹漆酚，无论时间长短都会产生应激过敏反应。但是，第一组的豚鼠应激处理一星期后再反复涂布漆酚 5～6 个星期后，过敏就几乎都不产生了。每二组应激反应发生十个星期后，即使在每次涂布的豚鼠腹部对侧涂上漆酚，同样也不产生过敏。这说明在耳部涂上漆酚应激的豚鼠，皮肤继续接触漆酚就不产生应激或弱应激，达到脱敏效果。

同样以 6 只豚鼠为一组实验，分别在各组豚鼠的耳朵上涂上 4-C_{15} 饱和漆酚和 3-C_{15} 饱和漆酚使豚鼠的免疫系统对漆酚发生应激反应，一段时间后再涂抹漆酚，其过敏性明显减弱。对于持续接触生漆的人群，在首次接触生漆后被应激引起过敏，但是这种过敏反应在和生漆的持续接触过程中会逐渐减弱，即产生了耐受性。因此，人体也是通过自身免疫系统，对生漆直接皮肤接触产生应激反应后，即使再接触生漆也不产生应激反应，也不会产生过敏反应，即皮肤接触应激脱敏。

② 经口或气道应激脱敏法。经口或气道应激脱敏是致敏原通过皮肤以外的器官如消化道等进入体内所引起的。如在美国的印第安人群中，据说通过进食常春藤或毒漆树（漆科类植物）的叶子可以产生对过敏的耐受性。有些生漆和漆艺工作者通过舔食或鼻吸生漆来对过敏产生耐性；也有一些生漆工作者在生漆涂布的过程中，对干燥的漆膜进行研磨，吸入未聚合的漆酚粉尘，其与体内蛋白质结合使得 T 淋巴球发生比较弱的应激反应。

采用 Maximization 的方法，是将抗原和一种被称为"辅助"的物质一起注射到实验动物的皮内组织，与涂布耳朵的方法相比，漆酚与体内蛋白质能产生更强烈的应激反应。然后每一星期在豚鼠腹部涂布漆酚。结果显示，耳朵涂布的弱应激的实验动物再通过皮肤接触漆酚才诱导出了脱敏，而 Maximization 法较强应激的实验动物，只经皮肤没有诱导出脱敏。同样用上述两种方法来分别应激的实验动物，不仅经皮肤还同时经口投入，结果显示两种方法应激的实验动物都脱敏了。因此，对漆酚产生弱的应激时，只要和生漆经过皮肤继续接触就能产生耐受性，而对漆酚强烈应激并产生了严重的过敏后，仅仅继续和生漆接触不能产生耐受性，必须还要通过舔食生漆或吸入混有漆酚的粉尘等才能获得耐受性，达到脱敏。

在实际情况中经口内服漆酚及其药物提高抗敏性的报道不多。生漆过敏发生率高的美国，一直致力于对漆酚过敏诱导耐受性的研究。有实验报告，让犯人内服从常春藤和毒漆树中分离精制的漆酚，或是直接服用常春藤和毒漆树漆酚来获得对漆酚过敏的耐受性，虽然有一定的过敏抑制效果，但有的效果不能持续，有的由于副作用而产生了全身过敏，有的漆酚不能被吸收而直接被排泄导致肛门周围产生了过敏。为了减轻内服漆酚所产生的副作用，制成了醋酸酯，经口服用来试诱导漆酚过敏耐受性。虽然在豚鼠实验中能够很好地诱导出漆酚过敏的耐受性，但是在人体实验中没有得到理想效果，或许是漆酚和醋酸酯在水中不能溶解，导致其在消化道内不能被很好吸收的原因。

③ 静脉注射应激脱敏法。静脉注射应激脱敏法是采用漆酚糖苷静脉注射应激，对生漆产生过敏耐受性。漆酚是不溶于水的脂类油状物，将亲水性葡萄糖和漆酚组合得到水溶性的漆酚衍生物，即漆酚连接不同分子量的葡萄糖制备成漆酚糖苷衍生物（图 12-5-16）。

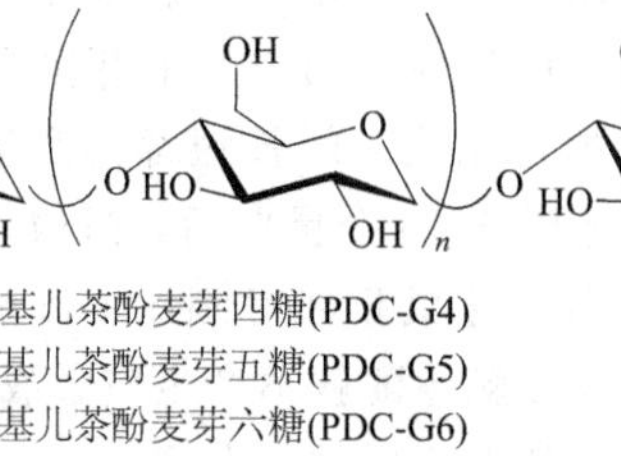

1-α-吡喃葡萄糖基-3-十五烷基儿茶酚(GPDC)

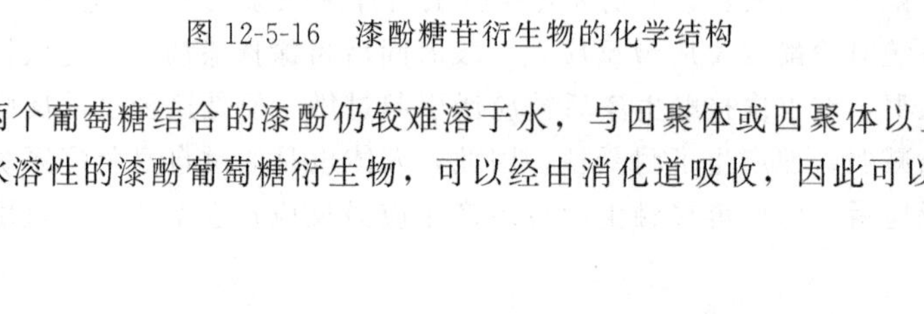

n=2：3-十五烷基儿茶酚麦芽四糖(PDC-G4)
n=3：3-十五烷基儿茶酚麦芽五糖(PDC-G5)
n=4：3-十五烷基儿茶酚麦芽六糖(PDC-G6)

图 12-5-16 漆酚糖苷衍生物的化学结构

只与一个或两个葡萄糖结合的漆酚仍较难溶于水，与四聚体或四聚体以上的葡萄糖结合，获得了具有良好水溶性的漆酚葡萄糖衍生物，可以经由消化道吸收，因此可以将漆酚葡聚糖制备成注射剂。

（3）民间治疗漆树过敏的方法　漆树过敏主要与个人的体质有关，特别敏感的人，只要经过漆树附近也会产生过敏。一般潜伏期在数小时或者是数日，过敏后会出现局部皮肤的风团、红斑、瘙痒等症状，严重时会出现胳膊、嘴唇黏膜水肿等情况。

根据临床表现以及接触史进行诊断，治疗上首先是口服一些抗过敏的药物，比如维生素C、氯雷他定、甘草酸苷片、葡萄糖酸钙等，同时局部可以用一些抗组胺类的药膏，比如地塞米松软膏、硫酸锌油等。

如果是轻微过敏，民间采用薄荷冰水清洁皮肤，具有镇静、减轻瘙痒的效果。如果过敏比较严重，可以在过敏皮肤上涂抹一些凡士林，能有效减轻过敏导致的皮肤症状。还可以考虑在患处皮肤位置涂抹柠檬汁，可以有效改善过敏表现。另外，可以考虑使用针灸理疗进行治疗，在最短的时间内消除皮肤中的毒素，有见效快、副作用小、安全性高的特点。

民间还采用植物进行治疗，如将杜仲叶、八棱麻叶、韭菜等捣烂，取汁外涂生漆过敏部位，或将棉球蘸上蜂蜜、植物油或矿物油均匀涂抹患处，经过4～5天治疗，患部自然干瘪，全部愈合，并恢复接近正常皮肤颜色。

民间有预防漆树过敏的方法，如在容易起斑疹的手、脖子、脸等露出的部位涂抹植物油及矿物油，穿着长袖上衣、长裤、手套、帽子等行动，使野漆树或漆树不要直接碰到皮肤表面。一些特殊的行业，如生漆和漆艺工作者不可避免地需要接触生漆，有必要考虑采取预防生漆过敏的措施，例如加强施工现场的通风、穿戴好劳动保护用品、必须裸露的人体部分涂抹油脂类保护膏等以尽量减少皮肤裸露、减少人体沾漆的可能性。如一旦感染了漆疮就应该及时治疗，治愈以后还应注意休息，忌食刺激性的食物如烟、酒和辛辣食品。通常人感染漆疮三四次后体内就会产生对生漆的抗体，从而不再产生漆疮。

第二节　生漆的分离与精制

一、生漆精制方法

生漆中主要成分为漆酚，漆酚含量为60％～70％，其他为漆多糖（5％～7％）、漆酶（＜1.0％）、糖蛋白（2％～5％）、水分（20％～30％）等。生漆的精制方法主要包括机械搅拌法、溶剂萃取法和柱色谱分离法[29-32]。

1. 机械搅拌法

机械搅拌法是将生漆过滤除去杂质后，在辐射热作用下，通过外在搅拌桨进行搅拌脱水，得到精制漆酚。该方法得到的精制漆酚水分含量可控制在1％以内，但是漆酶、漆多糖等成分不能去除，并且在生漆搅拌精制过程中，漆酚的氧化聚合比较严重。民间生漆精制大多采用机械搅拌法，得到的精制漆酚主要用作涂料。封孝华等以中国湖北生漆为原料，首先用滤布将生漆进行过滤，然后以红外灯为光源对生漆进行搅拌脱水，搅拌速度为70r/min，搅拌24h后得到精制漆酚，通过检测，其水分含量为3.4％，漆酶活性完全消失，由于在搅拌过程中生成了大量的漆酚聚合物，因此最终精制产品中漆酚含量仅为70％左右。邵春贤报道了日本精制生漆的工艺，其以装有羽根和翼片的木质搅盆为工具，以红外灯为辐射光源，对生漆进行搅炼，搅速控制在50r/min，精制漆酚保留水分为5％～6％，精滤采用加絮棉扭滤2次，所得的精制漆酚含量为80％左右，漆酶全部失活，发现漆酚精制过程中温度、搅拌强度、搅拌时间、通气条件等因素对漆酚含量具有很大的影响，为防止漆酚氧化聚合，搅拌尽量在低温、低速的条件下进行。

2. 溶剂萃取法

生漆是一种油包水乳液，油相由漆酚构成，水相呈微球状均一地分散在油相中；生漆中的树胶质、多糖、蛋白质等物质作为一种乳化剂使得生漆乳液稳定。因此，提取漆酚，须首先完成生漆的破乳，同时选择的提取溶剂必须具备两个条件：对漆酚具有良好的溶解性能；能促使油相与漆液中的乳化剂分离。生漆中的漆酚是由系列不同饱和度的长链烃类构成，结构差异小，同时容易变性，因而需要采用一种快速高效的分离手段对其进行分离。

漆酚类化合物的极性较小，不溶于水，但能溶于多种有机溶剂，如石油醚、甲醇、乙醇、丙酮、乙酸乙酯等，因此可以采用溶剂萃取的方法提取纯化生漆中漆酚化合物。采用该法得到的漆酚一般纯度较高，且漆酚不易氧化聚合。早在 1982 年，M. A. Elsohly 等通过多步溶剂分离萃取的方法，分离纯化得到了高纯度的漆酚化合物，首先以生漆为原料，以 95％的乙醇在室温下提取，浓缩物以水和氯仿溶剂体系萃取，取氯仿层浓缩后得粗漆酚，再以含 1％甲醇的氯仿为溶剂萃取 2 次，浓缩后最后用正己烷-乙腈（6∶5）溶剂体系萃取，取乙腈相减压挥去溶剂后可得到浅棕色油状物，即为最终的总漆酚产品，经检测其漆酚的纯度为 95％～98％。虽然该方法得到的漆酚纯度较高，但是操作步骤复杂，有机溶剂消耗量大，生产成本较高。Sunthankar 等利用漆酚可以和铅离子形成不溶性络合物的特点对生漆中漆酚进行提纯，以生漆为原料，首先用无水乙醇进行浸提，离心过滤后，沉淀依次用水、无水乙醇及乙醚洗涤后，抽干破碎，用纯苯溶剂掩盖，然后用冰醋酸溶解沉淀，水洗后用硫酸镁干燥，除去苯溶液即得最终的漆酚产品，漆酚纯度可达到 95％以上。何源峰等研究了不同溶剂（甲醇、乙醇、丙酮、乙酸乙酯、石油醚）对漆酚的萃取效果，并对萃取时间、溶剂用量等因素进行了考察，结果表明，以丙酮为提取溶剂，在液料比为 30∶1、萃取时间为 5min 的条件下，经 HPLC 检测，此时漆酚含量可达 91％以上。

生漆是一种以树胶质、蛋白质、多糖为乳化剂的油包水体系，由提取现象可知：当向生漆中加入甲醇、乙醇和丙酮时，絮状固相迅速与液相分层，同时上清液为无色；以乙酸乙酯为溶剂时提取液分层较慢，上清液为棕色；以石油醚为溶剂时，提取液变为膏状并迅速转为黑色，可见石油醚不能对生漆乳液破乳，提取效果差。提取实验时室内温度低（10℃），当在生漆乳液中加入适量的溶剂时，漆酚和催化剂漆酶迅速分离，同时室温较低，漆酚未发生显著氧化，故而提取液颜色较淡；随着溶剂极性的降低，提取液分层速度变慢，低极性溶剂打破乳液平衡，强化了漆酚与漆酶的作用，漆酚的氧化变剧烈，因而当采用乙酸乙酯或石油醚为溶剂时，提取液迅速转变为黑色。另外，低极性的石油醚及乙酸乙酯不能沉淀树胶和多糖等物质，提取液呈膏状，不能作为生漆漆酚的提取溶剂。毛坝生漆中漆酚的含量约为 50％～70％，甲醇、乙醇和丙酮的提取得率分别为 (64.32±0.32)％、(66.43±0.51)％、(65.14±0.81)％，可将生漆中漆酚充分提取出。上述溶剂对生漆中漆酚的提取效果较好。

随着提取时间的延长，漆酚提取得率快速增加，而提取 5min 后缓慢增加并变得平缓。然而，提取液中漆酚的含量随着提取时间的延长逐步降低，其主要原因是随着提取时间的变长，漆酚氧化变成醌式结构，不能与定量分析体系形成具有特征吸收的蓝色配位物。综合考察漆酚提取得率以及提取液中漆酚的含量两个因素，生漆漆酚最佳的提取时间为 5min；而根据不同溶剂对漆酚的提取率可知，采用丙酮为溶剂时提取得率最高，同时也保证了较高的漆酚含量，因而选用丙酮为最优化溶剂。

生漆是一种均匀的乳液，添加适量的溶剂有利于促进生漆的破乳过程；当溶剂量过少时，提取液为黏稠状且无分层现象，为漆酚-溶剂-水三相组成的一种互溶体系；随着提取溶剂的加入，三相体系溶解差异逐步显现，提取液分为上下两层，其中上层呈透明状，为漆酚溶液，而下层呈现灰白状，为树胶质、漆酶以及生漆中的少许杂质；当增加溶剂量至料液比为 30∶1 时，漆酚得到完全的提取，同时提取液中漆酚的含量为 94.1％。

3. 柱色谱分离法

柱色谱分离法具有操作简便、溶剂使用量小、生产成本低等优势。Symes 等人以生漆的石油醚萃取物为原料，以三氧化二铝为填料，采用柱色谱分离方法分离漆酚，通过溶剂石油醚洗脱后得到纯度为 90% 以上的漆酚化合物。胡昌序等报道了以生漆丙酮萃取物为原料，通过硅胶柱分离纯化漆酚，采用氯仿为洗脱溶剂，通过检测最终漆酚产品纯度为 95% 以上，虽然该方法得到的漆酚纯度高，但是使用的氯仿溶剂毒性较大，不适合工业化生产。国内湖北民族学院但悠梦教授等创新采用生漆聚合体制成的漆酚树脂进行柱色谱分离，由于树脂的结构单元与漆酚结构相同，因此该树脂对漆酚具有专一选择性吸附，以生漆的石油醚萃取物为原料，通过漆酚树脂柱吸附，然后用无水乙醇进行洗脱，洗脱液回收溶剂浓缩后得到精制漆酚产品，通过该方法分离纯化后，漆酚含量从原生漆中的 60% 提高到 98.6%。

二、漆酚单体分离

生漆液成分复杂，漆酚各同系物结构相近，且漆酚极易氧化聚合，因此纯漆酚的精制比较困难。对生漆进行组分分离，精制制取漆酚是深入研究探讨漆酚各同系物的结构与含量、漆酚衍生物合成与活性评价的前提。

漆酚单体的分离方法有液相色谱分离法、气相色谱分离法、硅胶柱分离法、Ag^+ 负载硅胶分离法、Ag^+ 配位树脂分离法等方法。通过液相或气相进行漆酚单体的分离还处于实验室少量分离阶段，还只是毫克级的制备量，只能用于分析，不能大批量制备。而硅胶柱分离法、Ag^+ 负载硅胶分离法、Ag^+ 配位树脂分离法等方法可以进行大批量的漆酚单体分离制备，从而为漆酚药物开发提供原料。

漆酚是由含有系列不饱和度侧链的邻苯二酚衍生物组成，该类物质具有强烈的生物活性。漆酚的化学组成复杂，其中饱和、单烯、双烯和三烯烷基漆酚的结构相近，极性差异小，且漆酚容易氧化聚合，因此漆酚单体的分离极为困难。漆酚侧链结构差异小，应用常规分离方法难以对其进行分离。与此同时，不同饱和度漆酚具有差异性的生物活性：三不饱和漆酚具有最佳的抑菌能力；不同饱和度漆酚致敏强度存在一定的差异，而其中三不饱和漆酚对机体的致敏性能最强；漆酚的生物活性是酚羟基与侧链不饱和键综合作用的结果，漆酚侧链不饱和键到底与生漆漆酚存在何种构效关系，为了研究漆酚生物活性以及充分开发漆酚功能性产品，漆酚单体的分离成为解决这些问题的关键因素。

1. 液相和气相色谱分离法 [33]

20 世纪 70 年代初，由于分离技术水平低且设备条件差，无法对生漆中漆酚单体进行直接分离，通常是将漆酚衍生化后再进行单体分离和结构表征。国外对生漆单体分离的研究很早，1954 年，美国 Sunthankar 等先将漆酚进行二甲醚衍生化，然后以三氧化二铝为吸附材料、石油醚为洗脱剂，采用柱色谱分离方法从日本生漆中分离出 4 种漆酚同系物，其中侧链为 C_{15} 的三烯烷基漆酚 1 种、饱和烷基漆酚 1 种、双烯烷基漆酚 2 种。1964 年，Kenneth 应用苯甲醚改性法，以一级氧化铝为填料，首次得到苯甲醚漆酚。1980 年，日本 Yamauchi 等利用漆酚的不饱和双键与银离子能形成可逆的络合物这一原理，使用含硝酸银的硅胶色谱分离柱对乙酰化的漆酚进行分离，以苯-氯仿溶剂为洗脱液，从日本生漆中分离鉴定出 7 种漆酚单体，其中侧链为 C_{15} 的三烯烷基漆酚 2 种、饱和烷基漆酚 1 种、双烯烷基漆酚 2 种、单烯烷基漆酚 2 种。随着填料技术及色谱应用的发展，逐渐出现了对漆酚直接分离的研究。Hatada 等以 $Fe(OH)_2$ 处理过的漆酚为原料，采用 HPLC 法，以乙腈-水-醋酸（体积比 90:10:2）为流动相，从中国生漆中分离得到侧链为 C_{15} 的三烯烷基漆酚单体，并通过 ^1H NMR、^{13}C NMR 波谱和 ^1H COSY（同核化学位移相关谱）等手段对其进行结构鉴定。Lu 等采用 GPC（凝胶渗透色谱）法，以三氯甲烷为洗脱液，从缅甸漆酚中分离出 5 种漆酚单体，经气相色谱-质谱联用技术（GC-MS）鉴定出侧链为 C_{17} 的单烯烷基漆酚 2 种、饱和烷基漆酚 1 种、双烯烷基漆酚 2 种。Kim 等采用液质联用技术（LC/APCI-IT MS）不经衍生化直接从韩国生漆中分离出 13 种漆酚类化合物，经 NMR 鉴定为 C_{15} 及 C_{17} 的三烯烷基漆酚 7 种、C_{15} 及 C_{17} 的二烯烷基漆酚 3 种、C_{15} 的单烯烷基漆酚 2 种、C_{15} 的饱和烷基漆酚 1 种。

国内在生漆的分离方面开展了大量研究工作。早在 1984 年，Du 等就第一次实现了 HPLC 法对生漆中未经衍生化漆酚的分离，利用十八烷基硅烷键合硅胶（ODS）柱，以乙腈-水-醋酸（80∶20∶2）为流动相，从中国生漆中成功分离鉴定出 13 种漆酚单体。林乔源等以中国生漆为原料，先将其中的漆酚二甲醚衍生化，然后采用薄层色谱法分离鉴定出 6 种漆酚单体，其中 C_{15} 侧链的三烯烷基漆酚 2 种、二烯烷基漆酚 2 种、单烯烷基漆酚 1 种、饱和烷基漆酚 1 种。邱峰等通过先将漆酚乙酰化，然后采用涂渍 $AgNO_3$ 的离心旋转薄层色谱分离法，从中国生漆中分离出 5 种漆酚单体，并通过 1D 和 2D-NMR 技术鉴定为 C_{15} 侧链的三烯烷基漆酚 2 种、二烯烷基漆酚 1 种、单烯烷基漆酚 1 种、饱和烷基漆酚 1 种。吴采樱等采用气相色谱自制强极性二乙二醇丁二酸聚酯（DEGS）毛细管柱，从中国生漆中分离出硅醚化漆酚 13 种，经 GC-MS 鉴定为 C_{15} 侧链的饱和漆酚 1 种、C_{15} 及 C_{17} 侧链的单烯烷基漆酚 3 种、二烯烷基漆酚 4 种、三烯烷基漆酚 5 种，显示出气相色谱分析比液相色谱更好的分离效果。李林等采用高效液相色谱-电喷雾-质谱（HPLC-ESI-MS）技术，以甲醇-水（体积比 88∶12）为流动相，从中国生漆中分离鉴定出 9 种漆酚单体，其中 C_{15} 侧链的三烯烷基漆酚 2 种、二烯烷基漆酚 2 种、单烯烷基漆酚 1 种以及 C_{17} 侧链的三烯烷基漆酚 2 种、单烯烷基漆酚 2 种。

2. 硅胶柱分离法 [34]

硅胶柱分离法是直接以硅胶为填料装柱，用来分离不饱和漆酚单体。采用硅胶柱分离分别得到单烯漆酚、双烯漆酚和三烯漆酚单体，具体方法为在真空和氮气氛围中，用 50∶（200～400）[质量（g）：体积（mL）]的甲醇-生漆混合液溶解新鲜生漆，用 100～200 目硅胶柱粗分[硅胶与漆酚的质量比为（3～4）∶1]，湿法填充以减小漆酚和空气的接触。洗脱液 EA（丙烯酸乙酯）和 PE（聚乙烯）总体积为 500mL，流速控制在 10～15mL/min 间。随着洗脱液比例的变化，流动相相对极性由高缓慢变低（反相硅胶柱，低极性产物三烯漆酚先流出）。分段收集洗脱液可得到 3 种不饱和漆酚单体。

贺潜等采用硅胶柱分离得到三烯烷基漆酚单体。具体方法为：以硅胶柱进行分离，石油醚-乙酸乙酯[（30∶1）～（10∶1）]梯度洗脱，根据薄层色谱检查，合并含主要成分斑点的流分；将上一步浓缩的样品溶解后，用中压制备色谱仪以 MCI 柱除色素，流动相为甲醇-水（甲醇体积分数 90%）；硅胶柱分离时，用真空条件下的拌样方法，即将萃取物溶解后与硅胶一起转移到旋转蒸发瓶中真空干燥。此外，进行硅胶、MCI 和 ODS 柱分离时用加压洗脱的方法，浓缩时用真空旋转蒸发仪（低于 30℃，低氧或无氧状态），这些措施都极大限度地减少了漆酚受温度、空气的影响。最终得到单体成分 39g，得率 7.8%，经 HPLC 检测质量分数达 96%。

3. 银离子负载硅胶分离法 [35]

银离子负载法是分离不同饱和度的长链烃类物质的一种手段，该法的首次应用是对不同饱和度的缩醛漆酚进行分离，实验过程中应用干法填装正相硅胶柱子，得到分离效能稳定的银离子负载柱。将填装的银离子负载柱与 HPLC 连接，应用紫外线检测器在线检测，提高了分离及分析的效率。应用银离子负载法，能够对不同饱和度的漆酚进行有效分离，根据 DAD 特性扫描鉴定，所分离样品分别为四种不同饱和程度的缩醛漆酚。何源峰等研究了缩醛漆酚的银离子硅胶柱负载分离工艺，结果表明当银离子质量分数为 10%，选用的硅胶为 400~800 目时，所得到的分离效果最佳。不同饱和度缩醛漆酚的银离子负载正相硅胶柱分离，可大量制备不同饱和度的缩醛漆酚单体。

硅胶-银离子负载分离是银离子对双键的螯合及硅胶填料对样品的物理吸附的综合效应。银离子负载越高，填料对双键的作用越强烈，但与此同时也弱化了正相硅胶填料对样品的物理吸附作用，因而考察了银离子负载量对缩醛漆酚分离效果的影响。当无银离子负载时，由于缩醛漆酚极性低，且不同饱和度缩醛漆酚极性差异小，样品出峰时间一致，应用普通硅胶柱难以将其分开。而应用银离子负载时，样品出峰时间延长，且三不饱和缩醛漆酚出峰时间延长最多。显然，当硅胶表面有银离子负载时，可以对含有双键的侧链产生一定的作用力，且双键个数越多，作用力越强，而表现的色谱效益为出峰时间长。当银离子负载过多时，裸露的硅胶表面变少，硅胶对样品的吸附作用降低，从而导致分离效果变差。

硅胶目数考察即是对填料颗粒大小的考察，从理论上讲，填料颗粒度越小，其比表面积越大，分离理论塔板数越多，分离效能就会越好。然而银离子负载分离是银离子对双键的螯合及硅胶填料对样品的物理吸附的综合效应，同时硅胶填料越昂贵，硅胶比表面积越大，也必然消耗更多的价格高的硝酸银。

四种不同饱和度缩醛漆酚均得到较好的分离效果，其中三不饱和缩醛漆酚与银离子的配位作用最大，保留时间显著大于其他饱和度缩醛漆酚。当选用 5% 的 300~400 目硅胶-银离子负载为填料时，分别得到四种不同饱和度的缩醛漆酚；而选用 10% 的 400~800 目硅胶-银离子负载时，同样得到了四组峰，但是二不饱和缩醛漆酚及三不饱和缩醛漆酚存在显著的裂缝现象。可见选择目数大的填料时，可以提供更多的有效塔板数，强化了样品的分离效果。

4. 银离子配位树脂分离法 [36, 37]

漆酚中三烯烷基漆酚与单烯、双烯烷基漆酚的极性相似，分离非常困难，目前缺乏高效、低成本的方法将其分离得到高纯度的三烯烷基漆酚。对于极性相似的不同饱和度化合物的分离，银离子络合分离是一种有效的分离方法，利用银离子与 C=C 不饱和烯键之间发生电子转移形成 π 配合物，从而改变了分配系数，使双键数目不同的化合物得以分离。不饱和化合物与银离子形成的配合物的稳定性与不饱和物的双键数目多少以及位置有关，双键数目越多，形成的配合物越牢固，另外末端双键形成的配合物最牢固，根据这些规律，可实现三烯烷基漆酚与单烯、双烯烷基漆酚的分离。有报道采用硝酸银硅胶柱色谱分离结合中压制备色谱的方法分离不同饱和度的漆酚，具有较好的分离效果，但是硅胶填料通常比较昂贵，成本高，工艺过程烦琐，产品收率低，且 $AgNO_3$ 与硅胶的结合不牢靠，存在 Ag^+ 易掉落污染产品并使填料的使用寿命缩短等问题，很难实现工业化。与硅胶相比，大孔吸附树脂具有价格低廉，稳定性和重复性好，再生能力强，适用 pH、溶剂范围比较广等优点，比硅胶更具工业化优势，近年来 Ag^+ 配位大孔树脂在分离含有不饱和双键化合物方面的应用研究越来越多，如用于分离 α-亚麻酸、姜烯、花生四烯酸等，分离效果好，产品纯度和收率高，且工艺简单，生产成本低，适合工业化生产。

周昊等研究以 732 型阳离子交换树脂负载银离子制备 Ag^+ 配位树脂，用来分离三烯烷基漆酚单体，研究不饱和漆酚与银离子形成 π 配合物的稳定性差异及 Ag^+ 配位树脂对三烯烷基漆酚的吸附机制，考察了三烯烷基漆酚在 Ag^+ 配位树脂上的静态吸附和动力学情况，考察三烯烷基漆酚在 Ag^+ 配位树脂上吸附和洗脱分离过程中的影响因素，从而确定采用 Ag^+ 配位树脂分离纯化三烯烷基漆酚的最佳条件。选用 732 型阳离子交换树脂进行阴离子配位，用于研究络合吸附分离不饱和漆酚中的三烯烷基漆酚。

负载银离子树脂的制备采用浸渍法，在 Ag^+ 配位树脂制备的过程中，分别用不同浓度的

AgNO₃ 溶液来浸泡树脂，结果表明 732 型阳离子交换树脂采用较高浓度的 AgNO₃ 溶液处理时，树脂的 Ag⁺ 负载率较高，Ag⁺ 配位树脂对三烯烷基漆酚的吸附量也会随之变大，因为 732 型树脂如果用比较高浓度的 AgNO₃ 溶液进行浸泡处理时，那么将会有更多的 Ag⁺ 通过离子交换转移到 732 型树脂上，就会使单位表面积树脂上 Ag⁺ 的负载量也相应地有所增加，Ag⁺ 配位树脂上可以有更多的活性中心来吸附三烯烷基漆酚。使用 2mol/L 或更高浓度的 AgNO₃ 溶液来处理树脂时，溶液中明显有较多的 AgNO₃ 残留，说明高浓度的 AgNO₃ 溶液不能与 732 型树脂进行完全充分的离子交换而被利用，以至于造成较多的游离形式的 Ag⁺ 附着在树脂表面，会在后续吸附试验中存在明显 Ag⁺ 泄漏。另外，AgNO₃ 价格较昂贵，采用高浓度的 AgNO₃ 对树脂进行处理，会造成 AgNO₃ 未能被充分利用。当采用 1mol/L 的 AgNO₃ 溶液对 732 型树脂进行浸泡处理时，发现原来的 AgNO₃ 溶液中 Ag⁺ 的残留量有了显著的降低，同时基本不存在 Ag⁺ 的泄漏，这样可以使 AgNO₃ 得到充分利用，因此采用 1mol/L AgNO₃ 溶液处理树脂。

周昊等研究了三烯烷基漆酚在 Ag⁺ 配位树脂上的等温吸附曲线和吸附动力学曲线（图 12-5-17 和图 12-5-18）。其等温吸附符合 Langmuir 方程，为单分子层吸附，吸附方程为 $q-1=0.1999C-1+0.0154$；吸附动力学曲线符合 Lagergren 速率方程，拟合方程为 $\ln 51.04/(51.04-qt)=0.0165t$。测定了不同饱和度漆酚银离子配合物的稳定常数，表明三烯烷基漆酚银离子配合物的稳定常数明显高于单烯和双烯烷基漆酚银离子配合物，三种不饱和漆酚银离子配合物的稳定性大小为三烯烷基漆酚＞双烯烷基漆酚＞单烯烷基漆酚。因此，采用适当的溶剂进行洗脱时，单烯和双烯烷基漆酚会先被洗下，三烯烷基漆酚后被洗下。由于三种不饱和漆酚银离子配合物的稳定性都较差，在一定的条件下都较容易进行解离反应，又因稳定性存在差异，因此有利于三烯烷基漆酚单体的分离。

对三烯烷基漆酚在 Ag⁺ 配位树脂上吸附和洗脱分离过程中的影响因子（上样浓度、上样量、洗脱剂种类及用量、洗脱流速等）进行了优化，确定采用 Ag⁺ 配位树脂分离纯化三烯烷基漆酚的最佳条件。考察三烯烷基漆酚在 Ag⁺ 配位树脂上吸附和洗脱分离过程中的影响因素，动态吸附过程中 Ag⁺ 配位树脂对三烯烷基漆酚的最大饱和吸附量约为 12mg/g 的干树脂；在上样浓度为 10mg/mL、10% 的乙酸乙酯甲醇溶液为洗脱剂、洗脱流速为 1.5BV/h 的条件下，分离得到的三烯烷基漆酚的纯度可由 61.2% 提高到 90.6%，回收率达到 85.03%。

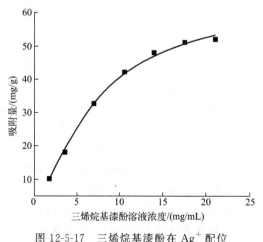

图 12-5-17　三烯烷基漆酚在 Ag⁺ 配位
树脂上的等温吸附曲线

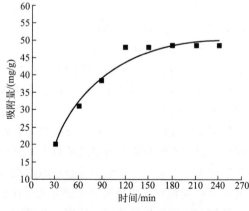

图 12-5-18　三烯烷基漆酚在 Ag⁺ 配位
树脂上的吸附动力学曲线

第三节 生漆的改性技术

生漆的主要成分包括漆酚（60%～70%）、胶质（5%～7%）、水不溶糖蛋白（约 1%）、漆树酶（约 0.24%）以及水分（20%～25%）等。其主要有效成分漆酚作为优良的装饰和保护材料，得到了广泛应用[38-41]。但生漆成膜必须在相对湿度不低于 80% 且温度为 20～30℃ 才能干燥，且干燥速度慢、黏度大、附着力不佳、耐碱性和抗紫外线吸收性能差、在户外容易老化龟裂易造成人体过敏，这些弊端都严重地限制了生漆在工业上的发展和应用[42,43]，所以，必须要对其进行改性以制得符合市场不同需求的功能涂料产品。

生漆改性的方法和手段很多。漆酚苯环上有两个互成邻位的活泼酚羟基可以与无机化合物发生成盐反应，与有机化合物反应成酯或醚。受酚羟基的影响，其邻位和对位上的两个氢原子也具有较高的活泼性，能够参与多种化学反应。此外，漆酚苯环上不饱和长碳链可以发生多种氧化、聚合反应。同时侧链碳原子有 15～17 个之多，使得漆酚兼具芳烃化合物和脂肪属化合物的特性，能够与以芳环为主链的树脂（如环氧树脂）、以碳链为主链的树脂（如乙烯类树脂）及油类很好地混溶。因此，利用漆酚的多个反应活性位点，通过酯化、醚化、烷基化、络合、缩聚、共聚等一系列反应，可以对生漆进行改性，制备具有特殊性能的涂料[44-46]。

一、树脂共聚技术

近代合成树脂出现以后，其与生漆（漆酚）共聚（混），成为改善其物理性能、减少生漆用量的研究热点[47]。关于生漆共聚改性的报道层出不穷，归纳起来可以分为如下几大类。

（一）有机单体共聚改性

1. 酚羟基上的反应

漆酚苯环上有两个反应活性位点 4 位和 6 位，可以与醛类化合物反应生成线性酚醛树脂。另外，侧链含有多个双键，树脂固化过程中发生氧化聚合，最终形成立体结构的漆膜。1960 年周绍武[48] 将漆酚与甲醛进行缩合，成功制得漆酚缩甲醛树脂（图 12-5-19），这是我国生漆改性研究的一个重要进展。

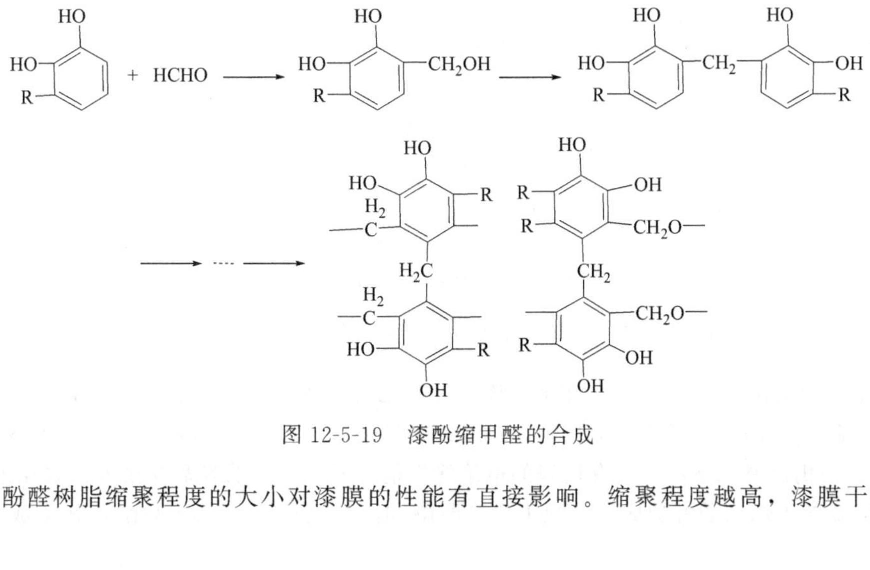

图 12-5-19 漆酚缩甲醛的合成

漆酚酚醛树脂缩聚程度的大小对漆膜的性能有直接影响。缩聚程度越高，漆膜干燥时间越短，机械性能和耐腐蚀性能越好。目前提高缩聚度除了可以通过优化反应条件，如提高漆酚质量，控制反应温度、时间、配料比等以外，还可以采用吹氧法促进生漆的氧化聚合。

漆酚酚醛清漆既具有普通酚醛清漆的特点，如良好的耐腐蚀能力，又具有一般酚醛清漆所没有的性能，如侧链使其保有干性油的特性、酚羟基使其保持漆酚的反应性能。施工可按普通涂料进行，干燥过程不需要水分，能够常温干燥，加热固化绝缘性能更佳。虽然在200℃下加热后漆膜仍然变成黑色，但动物试验表明已没有生漆的毒性，且清漆可用金属容器储存，存放过程不会结皮，不易变质。

2. 苯环侧链上的反应——漆酚乙烯基共聚

利用漆酚侧链双键的反应性和含乙烯基单体聚合生成新的清漆，漆酚能够和多种乙烯树脂混溶。

（1）漆酚苯乙烯共聚　无引发剂存在时苯乙烯和漆酚侧链发生加成反应，以1,4-加成最容易进行，见图12-5-20。

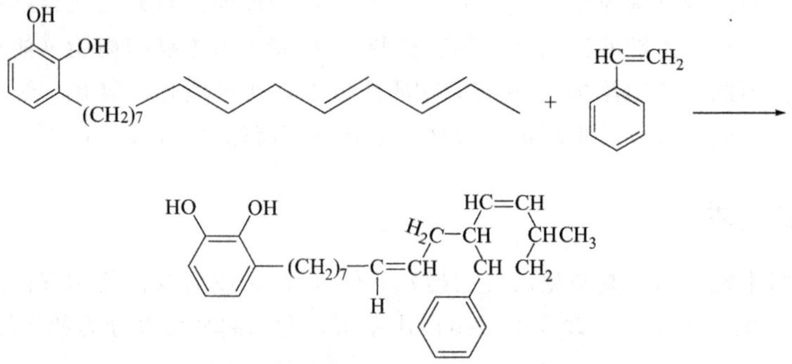

图 12-5-20　漆酚与苯乙烯的1,4-加成反应

在较高温度下苯乙烯也能和孤立双键起反应，或是和受双键活化的次甲基加成并引起双键的转移。

在引发剂存在下苯乙烯和漆酚起共聚反应，漆酚侧链通过苯乙烯发生交联，苯乙烯也可能生成短的均聚链，等摩尔反应式见图12-5-21。

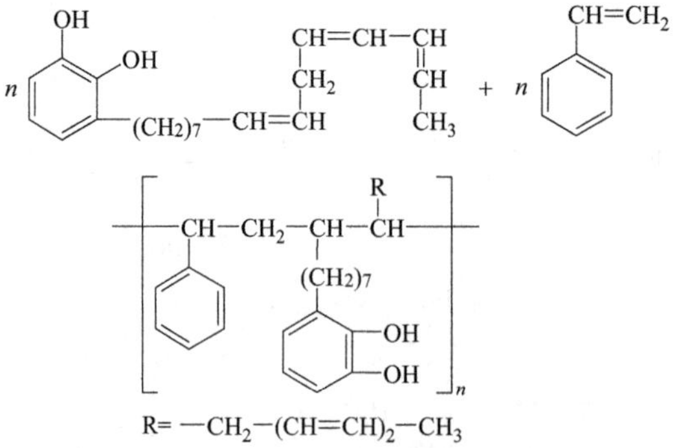

R= —CH₂—(CH=CH)₂—CH₃

图 12-5-21　漆酚与苯乙烯在引发剂存在下的共聚反应

在催化剂四氯化锡（$SnCl_4$）存在下，漆酚和苯乙烯共聚，产物具有两个显著特点：一是耐酸碱性好，在10%硝酸中浸泡6个月后，漆膜无明显变化，在50%的氢氧化钠沸腾溶液中浸泡4.5h后，漆膜仍保持完整；二是有良好的电绝缘性能，其电性能的参数和聚苯乙烯相近。

（2）漆酚顺丁烯二酸酐加成物　顺丁烯二酸酐和漆酚反应引入二元酸酐，其加成物自身可以成膜，但漆膜性能差，特别是耐热水、耐碱性差，见图 12-5-22。利用二元酸酐的反应性，在制造过程中，可通过不同的添加剂获得不同特性的漆酚清漆，比如二元醇、二元酸、二元胺以及干性油等。改性后的产物已得到广泛应用，已在家具、纱管、漆筷以及交通工具的内部涂装上实际使用。

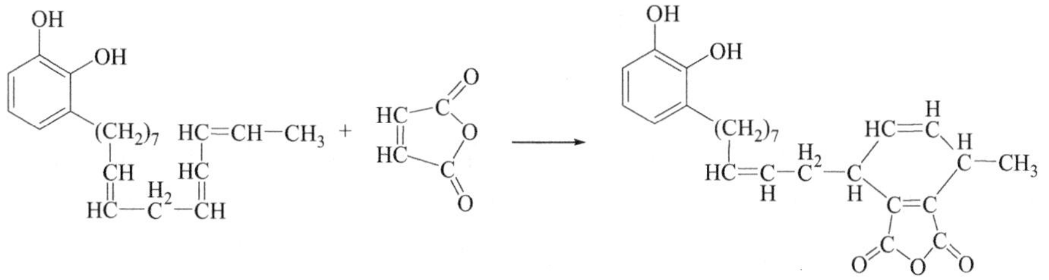

图 12-5-22　漆酚与顺丁烯二酸酐的加成反应

（二）共缩聚改性树脂改性

缩聚反应是合成漆酚改性树脂的基本反应。通过缩聚反应合成的漆酚缩甲醛树脂、漆酚缩糠醛树脂具有比生漆更为优异的性能，同时也是其他漆酚改性树脂的基础材料。而由于漆酚反应活性位点的多样性，还可通过引入不同的缩聚单体进行共缩聚改性，以制得性能更加优良的漆酚树脂材料。

自近代合成树脂出现以后，许多学者将一系列树脂与生漆（漆酚）共聚（混），成为改善其物理性能、减少生漆用量的研究热点。从 20 世纪 30 年代日本稻井猛和清水定吉将漆酚、酚醛树脂和醇酸树脂混合后，相继出现了生漆与醇酸树脂、糠醛树脂、环氧树脂、呋喃甲醛树脂、有机硅树脂等树脂混合共聚制成的涂料。

二、环氧改性技术

环氧树脂改性漆酚酚醛，在我国国漆厂早已正式投产，曾用名 6001 和 6004 漆酚清漆。它是利用漆酚缩甲醛中醇羟基的反应活泼性，与分子量不同的环氧树脂反应实现交联，这一反应中，环氧树脂可以看作是漆酚酚醛树脂的改性剂，后者又可以看成是固化剂，两者之间的反应按两种方式进行。

第一种是酚羟基与环氧氯丙烷反应生成多环氧基的漆酚环氧树脂，见图 12-5-23。由于酚羟基与环氧氯丙烷反应成醚，在固化时不会进一步氧化成醌，因此漆膜颜色浅，柔韧性、耐碱性能好，但因其他性能不佳，所以单独使用价值不高。若和其他漆酚清漆配合，可以得到综合性能很好的制品。

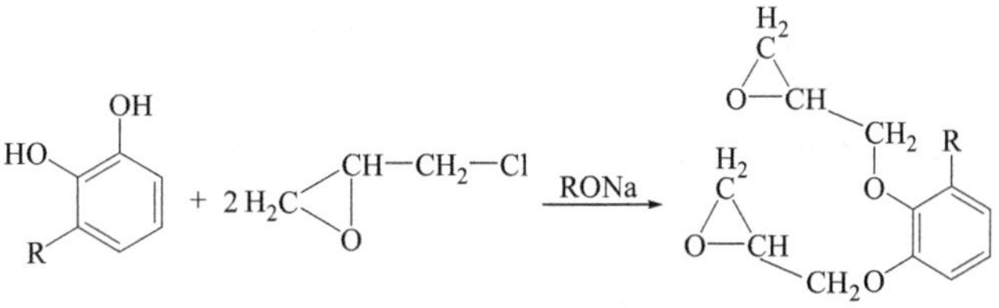

图 12-5-23　漆酚与环氧氯丙烷的反应

第二种是漆酚或漆酚缩醛树脂与环氧树脂共混，作为环氧树脂的固化剂参与交联反应，见图 12-5-24。首先利用酚羟基与环氧树脂的环氧基、缩醛树脂中的羟甲基与环氧树脂中的羟基反应，交联成大分子，再用甲基醇将残存的羟基封闭，稳定生成物，延长漆酚涂料的保存时间。

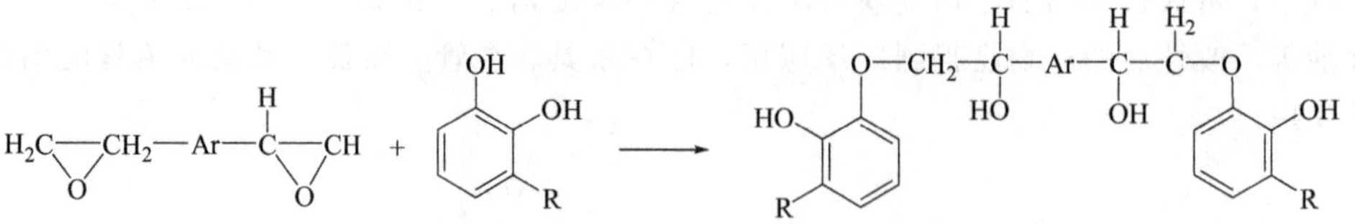

图 12-5-24　漆酚与环氧树脂的共混反应

经环氧改性的漆酚树脂兼有酚醛树脂和环氧树脂两种树脂的优点，其突出特点是有很宽的成膜温度范围（室温下自干成膜或在 300℃ 内烘烤成膜）、多种涂装方法（多次涂刷或一次烘干成膜）。在此类改性树脂中，首先，由于漆酚缩糠醛树脂中的酚羟基被环氧基醚化，改性树脂的耐碱性得到改善。其次，环氧树脂链的接入，降低了漆膜中漆酚糠醛树脂的交联密度，提高了漆酚糠醛树脂的柔韧性。此种改性树脂最广的用途是在农用喷雾器上使用，用于内壁防腐，代替原来的铅层，不仅消除其害而且延长了使用寿命；在脱硫设备的防腐、内燃机表面以及印染机械不锈钢导辊表面防水垢沉积上都取得明显的效果；与塑料、木材、橡胶、纸、竹、水泥制品都有很好的附着力且光泽性好，兼有防护和装饰作用，且是综合性能比较好的涂料品种。

三、杂环改性技术

1. 漆酚糠醛树脂

漆酚糠醛树脂是最典型的杂环改性代表，反应机理和缩甲醛反应相同，反应条件也极相似，见图 12-5-25。由于呋喃基的存在，漆膜颜色深，耐热性能显著提高，长期使用温度达到 250 ℃，且具有良好的耐焰性和自动灭火性能，属耐高温涂料。另外，其耐腐蚀性能也比生漆优良，使用范围更广，除了用作涂料以外，还可用作胶黏剂和塑料[49]。

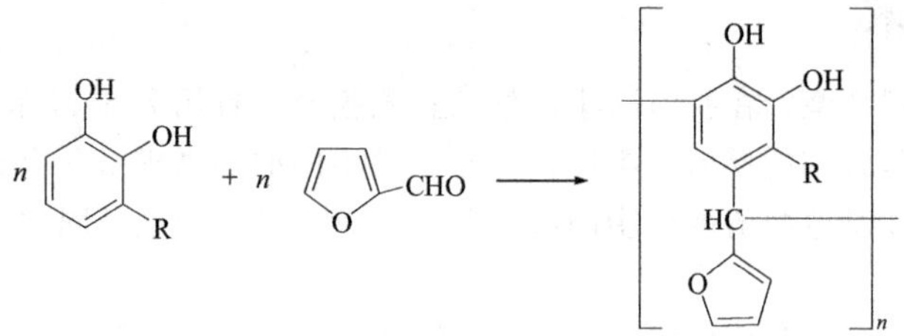

图 12-5-25　漆酚糠醛树脂的合成反应

2. 漆酚基苯并噁嗪树脂

苯并噁嗪树脂，全称为 3,4-二氢-1,3-苯并噁嗪（3,4-dihydro-1,3-benzoxazine），是一类新开发的热固性树脂，一般是酚类化合物、伯胺类化合物与甲醛经曼尼希（Mainich）缩合反应制得的含氮氧六元杂环结构的中间体，通过加热或催化剂作用，苯并噁嗪单体发生开环聚合，生成类似酚醛树脂的网状结构的含氮聚合物，即聚苯并噁嗪[50]，见图 12-5-26。

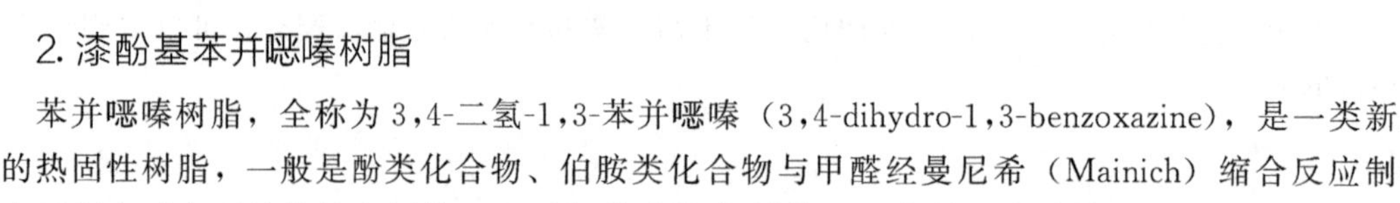

图 12-5-26　苯并噁嗪的合成与开环聚合反应

作为新型热固性树脂，苯并噁嗪树脂不仅保持了传统酚醛树脂的优良性能，如优良的耐高温特性、阻燃性能、电性能、力学性能以及化学稳定性等，而且固化过程不需要强酸强碱催化便能聚合，过程中没有小分子释放，制品体积接近零收缩，具有良好的尺寸稳定性，克服了传统酚醛树脂的致命缺点。但由于自身分子结构的原因，其交联密度低、脆性大、铜性差、聚合温度高。因此，为了拓宽苯并噁嗪在现实中的应用范围，对苯并噁嗪进行适当的改性，获得令人满意的性能，显得十分重要。

翟玉龙[51]以天然产物生漆的主成分漆酚为酚源，分别与甲醛和不同的伯胺化合物反应，合成了含饱和脂肪胺、不饱和脂肪胺、芳香胺的漆酚基苯并噁嗪单体及其聚合物，并对单体的结构进行了一系列表征，结果表明，改性后的聚合物树脂的热稳定性、韧性等都优于单独的酚醛树脂和苯并噁嗪树脂。

四、生漆共混技术

现代科学技术的飞速发展使得对高分子材料的性能要求越来越倾向于综合化，单一的高聚物是难以满足高性能化要求的。同时，要开发一种全新的材料也不容易，不仅时间长、耗资大，而且难度也相当高。相比之下，利用已有的高分子材料进行共混改性制备高性能材料，不仅简捷有效，而且也相当经济[51-53]。

然而，前人对生漆的改性研究多是采用有机溶剂提取生漆的主要成膜物质漆酚，而后利用甲醛、环氧化合物、乙烯类单体、聚氨酯、金属化合物等物质对其改性，制成高性能材料。这虽然达到了利用天然产物的目的，但无形中也牺牲了生漆的其他成分，降低了生漆的利用率。生漆是可在温和条件下自然干燥成膜的天然乳胶漆，保持生漆特色对生漆进行互穿网络共混改性可以提高生漆的综合品质，扩大生漆的应用范围，从设计与生产源头上避免了环境污染。因此，对生漆基互穿网络共混物的形成机理和性能进行研究，能够为生漆的进一步开发利用打好基石。

刘建桂等[53]用$FeCl_3$对漆酚甲醛缩聚物-醇酸树脂互穿网络共混物进行了改性。由于$FeCl_3$的加入，漆膜的耐腐蚀性能和抗溶剂性能显著提高。林金火等[50]用多羟基丙烯酸树脂（MPA）和漆酚缩甲醛树脂（UFP）共混，制备的互穿聚合物网络（IPN）涂料具有优良的膜性能，硬度为6H，柔韧性为1mm，附着力为1级。

1. 生漆单宁共混技术

生漆单宁共混涂料是通过在生漆中添加一定比例的单宁酸和金属离子催化剂制备而成的一种新型复合涂料。生漆漆酚结构中的苯环上带有两个酚羟基，这使得其邻、对位上各个碳原子均很活泼，能与醛、酸酐、羟基等基团进行反应。另外，漆酚羟基上的氧原子具有未共用电子对，具有较大的电负性，其可以作为配体与具有空轨道的金属原子形成配合物。单宁是我国特有的林产品，其来源于天然植物，资源丰富且价格低廉。单宁是一种具有多酚羟基结构的化合物，通过将生漆与单宁共混制备复合涂料，生漆成膜性能如干燥时间、附着力、耐冲击力、硬度、耐碱、耐高温等各项指标均有显著提高，其干燥时间由97h缩短为52h，减少了约46%的干燥时间，附着力等级由7级提高为3~4级，耐冲击力等级由5kgf/cm上升到30kgf/cm，增加了25kgf/cm，硬度也由B级上升到2H级。此外，生漆单宁共混涂料的耐碱性能明显提高，提高了3倍，耐受温度与原生漆相比提高了2倍。通过红外分析表明生漆中的漆酚和单宁的酚羟基发生了醚化反应，从而改善了漆膜特性。

2. 生漆松香共混技术

生漆松香共混涂料是通过在生漆中添加一定比例的松香进行共混聚合制备而成的一种复合

涂料。松香是我国天然、价格低廉的林产品，每年的产量为 30 万～40 万吨，主要由树脂酸组成，其反应活性中心为双键和羧基，天然松香易被氧化和结晶。松香有很好的成膜性，其膜具有很好的硬度和亮度，经常用于涂料工业。研究表明，通过在生漆中加入松香或乙醇溶解的松香均能改善生漆漆膜性能，当松香加入量为生漆质量的 5% 时，生漆漆膜为棕红色，有光泽，干燥时间由 97h 缩短为 79h，附着力等级也由 7 级提高为 6～7 级，耐冲击力由 5kgf/cm 上升到 15kgf/cm，硬度由 B 级上升到 H 级。此外，研究还发现生漆经过金属铁离子改性后，再加入松香，成膜性能的各项指标均有显著提高，干燥时间缩短为 53h，附着力由 7 级提高到 4～5 级，耐冲击力增加了 25kgf/cm，硬度由 B 级提升为 2H。红外分析表明，生漆中的漆酚和松香中的树脂酸发生了酯化反应，从而改善了漆膜特性。

3. 生漆桐油涂料技术

生漆桐油涂料是通过在生漆中主要添加桐油和少量松香制备而成的一种绿色环保涂料。桐油是一种优良的带干性植物油，具有干燥快、密度轻、光泽度好、附着力强、耐热、耐酸、耐碱、防腐、防锈、不导电等特性，用途广泛，是制造油漆、油墨的主要原料，其线型脂肪族长碳链柔性结构可使烘漆具有较好的柔韧性和冲击强度。目前市面上的涂料产品大多含有一定量的 VOC（可挥发性有机化合物）和重金属等有害物质。这些物质可通过呼吸道、皮肤等进入人体，侵害神经系统、造血系统和肝脏器官，甚至诱发神经系统病变。控制涂料中有害物质的含量以减少其在生产和使用过程中对环境与人体健康的影响，改善环境质量，是涂料行业发展的必然趋势。

通过在生漆中添加桐油等纯天然原料制备绿色环保油漆，其漆膜性能优异，光泽度好，干燥快，硬度高，成膜效果佳，经测定重金属含量、可挥发性有机化合物（VOC）含量均未超标，达到环保标准。该环保油漆可被用于研发船舶的压载舱漆、货舱漆、甲板漆等；特种涂料中的耐海水漆、耐高温漆等，具有良好的发展前景。此外，该环保油漆生产使用的干燥剂为无机化学试剂二氧化锰，无毒且用量少，合成树脂色精用量少，可考虑作为玩具油漆和室内环保涂料使用。

4. 桐油酸改性技术

桐油酸改性漆酚涂料主要是由桐油与漆酚接枝反应合成的一种邻苯二酚桐油树脂。邻苯二酚桐油树脂分子含有类似生漆漆酚的功能基结构，具有类似漆酚的化学反应性能，如在适宜条件下氧化聚合并干燥成膜，从而得到具有生漆涂料性能特点的涂料。桐油与漆酚反应合成的邻苯二酚桐油树脂具有与天然生漆漆酚类似的特征功能基结构和性质特点，它难以自动干燥成膜，但可通过加热烘干固化成膜或在催干剂作用下聚合固化干燥成膜。由催干剂催化固化得到的邻苯二酚桐油树脂涂膜外观色泽好，具有较高的硬度、附着力、耐冲击性及优良的热稳定性和耐化学介质性能。

5. 漆酚基木蜡油

木蜡油作为一种绿色环境友好型涂料，是以天然植物油和植物蜡为基料组成的，不含任何化学有机溶剂，VOC 含量非常低，是最具发展前景的新兴的自然类涂料。木蜡油与木材相容性好，对木材有良好的渗透性，在起到保护、滋润、装饰作用的同时，能充分体现木材本身的天然纹理与质感。随着绿色环保理念的不断深入，环境友好型涂料取代传统溶剂型涂料是大势所趋，木蜡油显然极具市场前景和竞争优势。

但是目前市面上开发及出现的木蜡油干燥速度慢，附着力、阻湿性、硬度以及耐磨性较差，应用局限性较大。将改性漆酚应用到木蜡油中，能够改善传统生漆膜的耐紫外线和耐水性能，突破传统木蜡油的硬度不够、干燥时间长和附着能力差等实际问题。王成章课题组[54]以漆酚为原料，与没食子酸（GA）发生催化交联反应，得到了新型双组分漆酚/没食子酸聚合物（UG），进一步将聚合物 UG 与聚合桐油、漆蜡等高速共混，得到了均匀分散的混合多组分涂膜液。当聚合桐油和 UG 质量比为 4∶6 时，所制得涂膜的物理机械性能最佳。经 5％NaCl、5％H$_2$SO$_4$、5％NaOH 作用 48h，涂膜未出现变色、起皱或龟裂。

五、生漆金属螯合技术

漆酚与元素化合物反应制备耐腐蚀、耐高温的优异涂料已有悠久的历史。比如"黑推光漆"，就是我国民间生漆艺人在生漆中加入 Fe$_2$(SO$_4$)$_3$，从而得到的黑度好、坚韧度高、成膜性能佳的改性生漆涂料[54-56]。随着现代分析技术的不断发展以及生漆研究的不断深入，漆酚金属螯合物的组成、结构特征与性能的关系已得到初步探明，如：漆酚钛螯合物具有耐强酸、强碱、高温的性能；漆酚锑螯合物具有优良的阻燃性能；漆酚铝螯合物具有优良的耐热性能[57,58]。

（一）漆酚的结构及其形成配合物的特点

漆酚是带有长侧碳链的邻苯二酚，不仅其侧碳链是苯环活化的供电基，而且两个酚羟基的氧原子也具有未共用的电子对，它们的 p-电子与苯环上的 π-电子可形成共轭体系。又由于氧原子具有较大的电负性，羟基中的氢原子易于离解成质子，这决定了漆酚可以作为配合物的配位体。当它遇到具有价键空轨道的金属之后，其氧原子上的孤电子对可提供给金属离子的价键空轨道，从而进行配位形成稳定的五元环螯合物。再利用漆酚长侧链含有 0～3 个不饱和键以及芳环上含有三个活性点的特点，使其交联成聚合物，成膜、固化为高聚物。由于不同的金属离子具有不同的电子结构和性质，因而赋予了不同的漆酚金属配合物不同的特性[59-61]。

自 20 世纪 60 年代以来，研究者们已合成铜、铝、钛、锑、钕、铁等金属的漆酚螯合高聚物，这一系列漆酚金属螯合高聚物固化成膜都不需要在特定的环境下进行，并大大降低了对人体的过敏毒性。它们具有结构上的共同特点，即金属原子是与漆酚的酚氧基相连接的，因此仍保持着漆酚的基本骨架，使得一类漆酚改性产物不仅保持了生漆的优良性能，而且具有特殊性能，如半导性、阻燃性、耐强酸、耐强碱（甚至熔融 NaOH）、耐高温、磁性、催化性等[62-64]。

（二）漆酚金属配合物的合成方法

1. 漆酚与金属化合物直接反应

漆酚苯环上的侧链和两个羟基均是使苯环活化的供电子基团，因此苯环上易进行亲电取代反应，见图 12-5-27。反应在均相溶液体系中进行，大多数以固体状态从反应体系中沉淀析出，只需用些常规方法便可，给实际应用带来很大的方便。

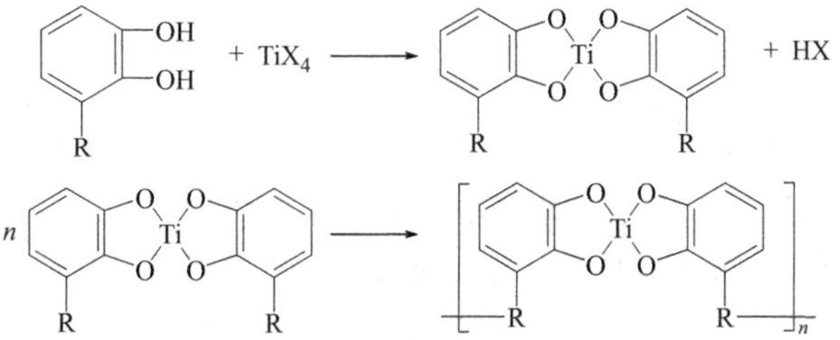

图 12-5-27　漆酚与四氯化钛直接反应（式中—R 为含 0～3 个双键的 15 碳直链烃基）

采用该方法可合成漆酚铜、铝、铁、钛、硅、锡、锆等不同价态金属的漆酚高聚物。

2. 漆酚钠与金属化合物反应

漆酚与金属化合物直接反应通常需要在无水、较高的温度下进行，常伴随许多副反应，导致反应较复杂，产物表征也比较困难。胡炳环等将漆酚与氢氧化钠反应生成可溶于水的漆酚钠后，再与金属化合物反应，使合成反应在水相中较低温度（100℃以下）下进行。采用这种方法可以在水溶液中合成钴、镍、锰、铬、钼等漆酚高聚物[65]，见图12-5-28。

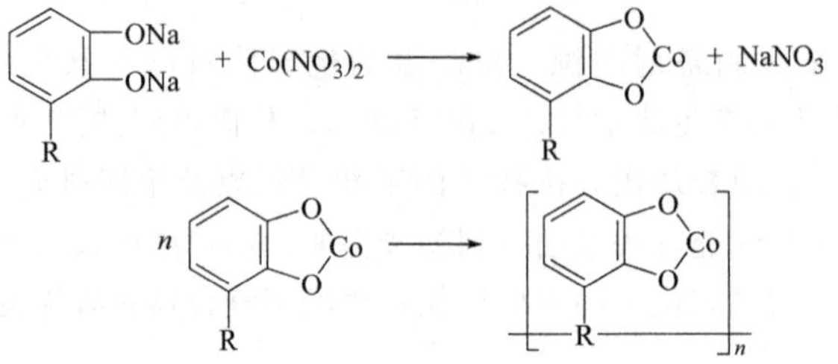

图 12-5-28　漆酚钠与金属化合物反应

3. 电化学聚合漆酚与金属反应

电化学聚合可以实现导电高分子的合成，制备出具有新的功能与特性的材料。高峰等以漆酚为单位，通过电化学聚合方法得到聚合漆酚（EPU），再利用其苯环上两个邻酚羟基作为供电基团与稀土金属络合，合成了新型的电化学聚合漆酚-钇金属螯合物，见图12-5-29。

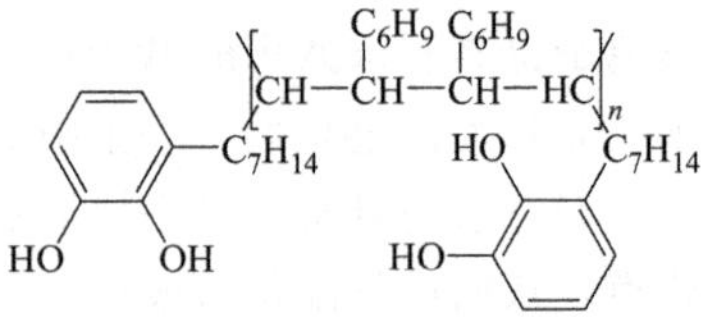

图 12-5-29　电化学聚合漆酚
（EPU）结构

唐洁渊、章文贡等[58,66]也利用电化学聚合法得到了一系列漆酚稀土金属配合物，如镨、铕、钐、钛和镝等，结构与性能测试表明，这些新型聚合物可望在催化、电化学传感、电分析、光、磁等方面得到应用。

一般来说，漆酚金属螯合物均具有化学稳定和耐热的基本性质，相比漆酚本身，化学稳定性得到了很大的提高，尤其是耐碱耐氧化方面。同样，一些原不稳定的金属离子，如 Fe^{2+}，在螯合物中能长期稳定存在，即使在碱中也能稳定存在。因此，对于涂料来说，通过用金属化合物进行改性，可大大提高生漆的各种性能。而由于各种金属离子具有各自的特性，如催化性、磁性、半导性等，其应用范围就不局限在涂料行业上。通过对结构与特异性的研究及新功能材料的开发，漆酚金属高聚物有望在功能新材料领域获得更大的发展。

六、生漆紫外线固化技术

开发能快干或摆脱漆酶催干限制的生漆产品一直是天然生漆行业的发展目标。目前生漆和漆酚的催干或改性能使漆酚在无漆酶的作用下自干，并且不受温度和湿度等条件的限制，扩大了生漆的应用领域，其中研究较多的方法包括有机硅改性、含铜模拟漆酶催干、漆酚金属配合固化、电化学聚合、热固化等。虽然这些方法十分有效，但存在干燥时间较长的缺陷。特别是漆酚金属高聚物的合成与制备，虽然实现了生漆的高性能使用，但这些改性或催干方法大多数至少需要几个小时的固化时间，有的甚至需要先反应一段时间[6]。因此，为进一步扩大其应用范围，开发一种更快的固化方法仍是生漆行业亟待解决的课题[68-71]。

1. 紫外线固化技术

紫外线（UV）固化技术是利用紫外线的能量引发涂料中的低分子预聚物或低聚物以及作为活性稀释剂的单体分子之间发生聚合及交联反应的技术。与传统涂料固化技术相比，紫外线固化技术具有固化速度快、环境友好、节约能源、可涂装各种基材、费用低等优势[69]。紫外线固化技术促使涂料固化的机理属于自由基连锁聚合。首先是光引发阶段；其次是链增长反应阶段，这一阶段随着链增长的进行，体系会出现交联，固化成膜；最后链自由基会通过偶合或歧化从而完成链终止[72,73]。

2. 紫外线固化涂料

研究表明，紫外线固化涂料一般是由 30%～60% 的低聚物、40%～60% 的活性稀释剂、1%～5% 的光引发剂和 0.2%～1% 的助剂组成。

（1）低聚物　低聚物又称寡聚物，也叫预聚物。光活性的低聚物是紫外线固化涂料中的成膜物质，固化后产品的硬度、柔韧性、附着力、光学性能、耐老化性能等主要由低聚物树脂决定。传统溶剂型涂料使用的树脂的分子量约为几千至几万，而光固化产品中的低聚物的分子量大多数在几百至几千。分子量越大劲度越高，不利于调配和施工且涂层性能也不易控制。光固化产品中的低聚物一般具有双键和环氧基团等，可在光照条件下进行进一步反应。根据光固化机理不同，适用的低聚物结构也应当不同，对于目前市场份额最大的自由基聚合机理的光固化产品，可供选择的低聚物比较丰富，从分子结构上看，低聚物主要是含有碳碳不饱和双键的低分子量物质，在光引发剂的引发下能发生聚合反应，主要为不饱和的树脂，如环氧丙烯酸酯、不饱和聚酯、聚氨酯丙烯酸酯、聚酯丙烯酸酯等[74-79]。

（2）活性稀释剂　活性稀释剂是一种含有可聚合官能团的有机小分子。传统的溶剂型涂料需要加入有机溶剂来溶解固体组分，起到稀释和调节体系黏度的作用。这些有机溶剂一般不参与成膜反应，在成膜过程中挥发到空气中从而导致环境污染和安全隐患。对于辐射固化体系来说，由于大多数用于辐射固化的低聚体黏度较大，因此需加入溶剂或稀释剂。但是，与溶剂型涂料不同，辐射固化体系中使用的稀释剂通常都能参与固化成膜过程，因此在施工过程中极少挥发到空气中，也就是具有很低的挥发性有机物含量，这赋予了辐射固化体系环保的特性。在紫外线固化涂料体系中，活性稀释剂不但可以溶解和稀释低聚物，而且可以参与光聚合过程。目前已经开发出了三代活性稀释剂，第一代活性稀释剂主要是丙烯酸酯类单体，但是其皮肤刺激性较大，阻燃性也较差。为了改善第一代活性稀释剂，以烷氧基化的丙烯酸酯类单体为代表的第二代活性稀释剂应运而生，较为常见的是乙氧基化和丙氧基化的丙烯酸酯类单体。由于引入了乙氧基或丙氧基后，分子量增加，其挥发性减小，从而改进第一代活性稀释剂对皮肤刺激性较大的缺点，并且其光固化速度也很快。而新开发的第三代活性稀释剂是含有甲氧端基的丙烯酸酯类单体，其不仅具有单官能团丙烯酸酯类单体的低体积收缩和高转化率，还具有高的反应活性。

（3）光引发剂　光引发剂是紫外线固化涂料中极其重要的一个组成成分，它的性能在一定程度上决定了整个紫外线固化涂料体系的优劣，主要影响到光固化的速度以及光固化的程度。光引发剂在受到紫外线辐照后，会产生自由基或者活性阳离子，进而引发光固化涂料体系中低聚物和活性稀释剂的不饱和键进行聚合反应，形成交联固化膜。二者引发聚合的反应机理不同，据此将光引发剂分为自由基型光引发剂和阳离子型光引发剂[80-82]。

① 自由基型光引发剂。自由基型光引发剂一般分为裂解型光引发剂和夺氢型光引发剂两类。裂解型光引发剂主要包括安息香醚类、苯乙酮类、苯偶姻类等，这一类光引发剂在空气中容易受到氧气的阻聚作用，从而影响光固化速度和程度。而夺氢型光引发剂主要由叔胺类光敏剂构成，其可抑制氧气的阻聚作用，从而提高光固化速度。

② 阳离子型光引发剂。与自由基型光引发剂不同，阳离子型光引发剂具有不受氧气干扰、深层收缩小等优点。常见的阳离子型光引发剂主要包括芳香重氮盐类、芳茂铁盐类、芳香锍盐

和碘鎓盐等。

（4）助剂　助剂是为了改善涂料与涂膜某一种性能而添加的一类物质，可分为消泡剂、流平剂、分散剂、消光剂、防沉剂和稳定剂等。

3. 生漆的紫外线固化

2006 年，林金火课题组首次采用紫外线固化技术成功得到天然生漆光固化膜；2007 年，Taguchi 等采用相对低功率的高压汞灯作为光源，在天然生漆中掺入带环氧基等可光聚合的功能性基团，并加入一种阳离子光引发剂，得到外部褶皱、内部不干的漆膜。普遍认为，相对高的辐射能量能够降低氧阻聚作用。辐照能量的增加不仅可以加快聚合反应速率，而且可以提高双键的转化率，即提高固化程度。这种效应可以解释为高辐射导致样品的高表面温度，高压汞灯产生的高温及样品表面的高温缩短了聚合反应时间，从而产生较高的转化率[83-85]。漆酚是天然生漆紫外线固化膜形成的主要成膜物质，漆酚的三个反应性基团，即酚羟基、苯环上的氢、长侧碳链上的碳碳双键，在光引发聚合中均参与反应。在紫外线辐照下，生漆漆酚的羟基断裂成漆酚半醌自由基，然后进攻苯环上的侧链，引发自由基聚合，或进攻苯环，发生自由基取代，这些反应反复进行，最终生成高聚物。当侧链上的碳碳双键被逐渐氢化时，由自由基取代引发的聚合反应逐渐变为主要方面，这正是随着氢化时间的延长，光引发聚合速率逐渐下降的原因。同时，在强的紫外线辐照下，侧链可能发生光环化反应。

天然生漆经紫外线辐照聚合交联成膜，该固化过程无需漆酶催化，不受温、湿度限制，找到了使"死漆变活"的快速途径，将为生漆的快干提供一种新方法。这种快速固化方法对出土漆具、涂有生漆的出土文物的保存与修复以及开发生漆新的应用领域具有重要的理论意义。更为重要的是，研究发现，酚羟基在紫外线辐照下断裂成半醌自由基，作为一种引发聚合的活性物种，而长侧不饱和碳键是光聚合反应的基础。因此，该固化方法可适用于其他具有长侧不饱和碳键的酚类或邻苯二酚类衍生物的光聚合，如腰果壳液、死漆、漆酚金属及其他漆酚基改性产品。

第四节　漆酚基药物分子设计、合成与生物活性评价

一、漆酚基药物分子设计

HDAC 抑制剂（HDACIs）被认为是一种新型的抗癌药物。HDACIs 可提高组蛋白乙酰化水平，并诱导肿瘤细胞周期阻滞、分化和凋亡。许多 HDACIs 已经开发出来，并在临床前和临床试验中显示较好治疗效果。SAHA（N-羟基-N'-苯基辛二酰胺）是异羟肟酸型 HDAC 抑制剂的代表化合物，它是第一个获得美国 FDA（食品药品监督管理局）批准可临床使用的化合物，主要在临床上用于治疗皮肤 T 细胞淋巴瘤，具有很好的临床应用效果；TSA（肿瘤特异性抗原）是第一个被发现的天然 HDAC 抑制剂，它对 HDAC 的抑制作用在 nmol/L 水平；其他已临床使用或临床研究的异羟肟酸类抑制剂，如 CBHA、pyroxamide 和 3-Cl-UCHA 等，均显示很好的 HDAC 抑制和抗肿瘤活性[86-89]。

不饱和漆酚具有一定的 HDAC 抑制活性，其化学结构与 FDA 批准使用的异羟肟酸类 HDAC 抑制剂结构类似，其结构中包含一个芳香基团部分和一个长链连接基团，但是缺少锌离子结合基团。因此，可通过在不饱和漆酚侧链尾部引入 HDAC 抑制剂重要结构单元异羟肟酸基团（图 12-5-30），使其可与 HDAC 酶中锌离子螯合从而抑制酶活。此外，可在不饱和漆酚的苯环上引入不同药效基团，提高不饱和漆酚对 HDAC 酶的选择性和亲和力，增强其 HDAC 抑制活性，获得 HDAC 抑制活性更好的不饱和漆酚类似物。

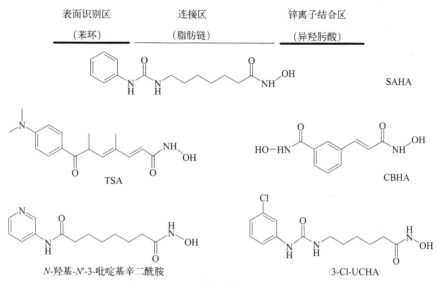

图 12-5-30　异羟肟酸类 HDAC 抑制剂

（一）设计原理

典型的异羟肟酸类 HDAC 抑制剂结构按功能可分为 3 部分，即表面识别区（CAP）、连接区（Linker）和锌离子结合区（ZBG）。表面识别区主要由疏水片段构成，通常是苯环衍生物；连接区为脂肪链；锌离子结合区的功能基团为异羟肟酸。漆酚的结构与 FDA 批准使用的异羟肟酸类HDAC 抑制剂 SAHA 的结构相似，不饱和漆酚结构中已具备表面识别区（苯环）和连接区（不饱和碳链），但是还缺少 HDAC 抑制关键结构单元锌离子结合区（异羟肟酸）。因此，可通过 Diels-Alder、水解和缩合反应，在三烯烷基漆酚侧链尾部引入异羟肟酸基团，不仅可使其靶向作用于 HDAC 酶口袋部位，与 HDAC 酶中锌离子有效螯合，达到选择性抑制 HDAC 酶的效果，而且可改善不饱和漆酚的生物相容性。为了提高不饱和漆酚对 HDAC 酶的识别及结合强度，增强其 HDAC 抑制效果，通过在漆酚的表面识别区（苯环）和连接区（烷基链）结构单元引入位阻与电性效应不同的药效基团，获得系列漆酚基异羟肟酸类 HDAC 抑制剂[90-92]，见图 12-5-31。

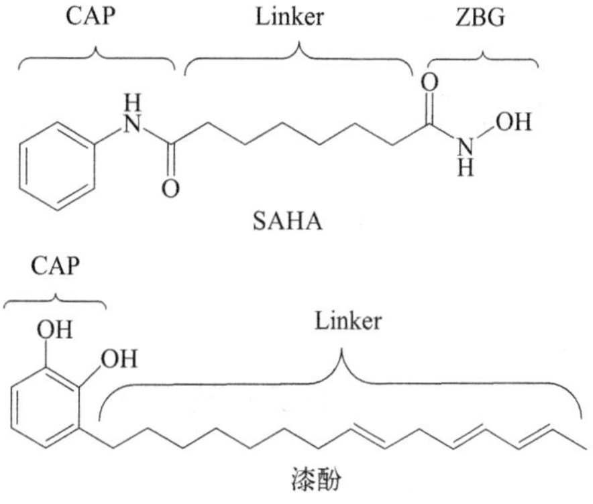

图 12-5-31　异羟肟酸型 HDAC 抑制剂
SAHA 和漆酚的结构

周昊[9]根据 FDA 批准的异羟肟酸型 HDAC 抑制剂 SAHA 的结构特点，以三烯烷基漆酚为先导化合物，基于 HDAC 抑制剂结构中 3 种不同功能部位，设计了 3 个系列的新型漆酚衍生物（图 12-5-32）。首先，在漆酚烷基侧链的尾部引入异羟肟酸基团，得到锌离子结合区结构单元；同时，为阻止漆酚的氧化聚合，漆酚的邻二酚羟基分别用亚甲基缩醛、苯甲基醚、甲基醚和乙酸酯基团取代，得到第一个系列的漆酚衍生物，化合物 1~4。其次，在漆酚的烷基侧链中引入羟基、羰基、氨基和甲醚基团，得到第二个系列的漆酚衍生物，化合物 5~8。最后，为了研究苯环上各种取代基对漆酚 HDAC 抑制活性的影响，在苯环中引入了不同供电子基团或吸电子基团，或具有不同体积位阻的基团，获得第三个系列的漆酚衍生物，化合物 9~30。苯环取代基包括卤素（F、Cl、Br）、含氟基团（三氟甲基、三氟甲氧基）、含氮杂环基团（噻唑、噁唑、吡唑、嘧啶、噻二唑、三氮唑）、磺酰氨基（甲磺酰氨基、苯磺酰氨基）、酰氨基（甲酰氨基、苯甲酰氨基）、甲基、甲氧基、苄氧基、氨基、二甲氨基、羟基和硝基[93]。

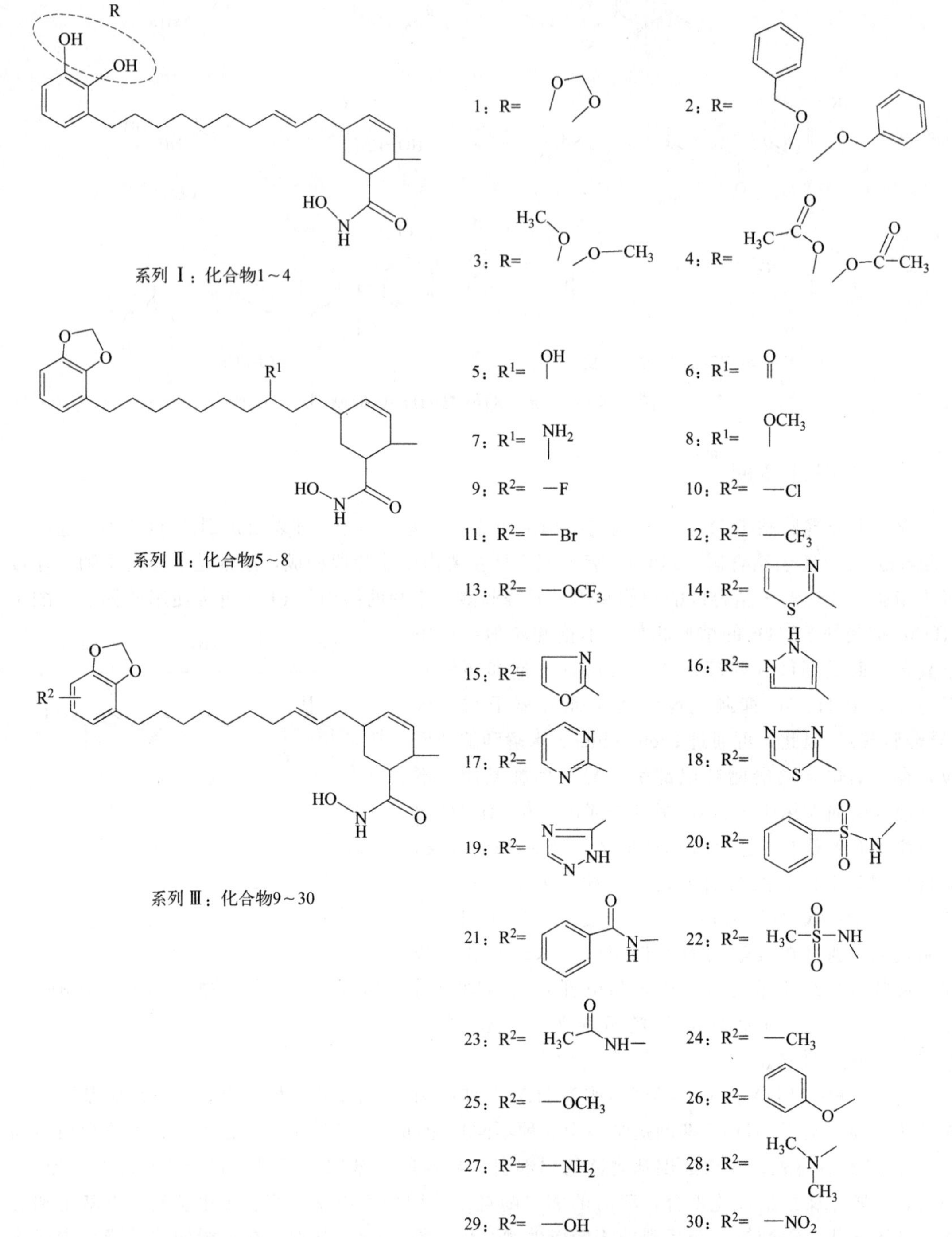

系列 I：化合物1~4

系列 II：化合物5~8

系列 III：化合物9~30

1：R=

2：R=

3：R=

4：R=

5：R¹=

6：R¹=

7：R¹=

8：R¹=

9：R²= —F

10：R²= —Cl

11：R²= —Br

12：R²= —CF₃

13：R²= —OCF₃

14：R²=

15：R²=

16：R²=

17：R²=

18：R²=

19：R²=

20：R²=

21：R²=

22：R²=

23：R²=

24：R²= —CH₃

25：R²= —OCH₃

26：R²=

27：R²= —NH₂

28：R²=

29：R²= —OH

30：R²= —NO₂

图 12-5-32　设计的系列漆酚衍生物结构

（二）分子对接筛选

分子对接和分子动力学模拟在设计与虚拟筛选新的生物活性分子作为药物开发方面具有重要作用。分子对接有助于设计和合成高效率与特异选择性的酶抑制剂；分子动力学模拟可提供虚拟的现实了解酶抑制剂的作用机制和效力。近年来，结合分子对接与分子动力学模拟技术已成功地应用于合理的 HDAC 抑制剂的设计中，以提高初始对接效果，并为抑制机制的了解提供可能。周昊等采用分子对接和动力学模拟等手段对设计的漆酚基异羟肟酸衍生物的 HDAC2 和 HDAC8 抑制活性进行虚拟筛选，通过评分函数评价所设计的漆酚基异羟肟酸衍生物对 HDAC2 和 HDAC8 活性口袋的结合亲和力与选择性，并选择那些得分相对较高的漆酚衍生物进行分子对接和分子动力学模拟，以进一步探索这些化合物在原子水平上与 HDAC 酶的结合模式和相互作用，从而筛选出一些 HDAC2 和 HDAC8 抑制活性好的漆酚基羟肟酸衍生物，可作为潜在的 HDAC2 和 HDAC8 的选择性抑制剂，以寻找更有价值的抗肿瘤治疗候选药物[94]。

1. Glide 评分

周昊[9]对所设计的 30 种漆酚衍生物的 HDAC2 和 HDAC8 抑制活性进行虚拟筛选，采用 Glide 程序将化合物分子分别与 HDAC2 和 HDAC8 蛋白晶体结构进行对接。所有对接化合物均按 Glide 评分函数进行评分，以确定哪些漆酚衍生物能够很好地与 HDAC2 和 HDAC8 的活性口袋结合，从而具有潜在的抑制活性。并且选择具有较高 Glide 评分的配体化合物进一步分析其结合方式和与关键氨基酸的相互作用。研究表明，Glide 评分函数是筛选活性化合物和非活性化合物的优良算法。Glide 评分计算是基于蛋白质和配体之间的氢键、静电相互作用、范德华力、疏水作用等的贡献。

表 12-5-7 显示了 30 种漆酚衍生物与 HDAC2 的对接打分。结果表明：将供电子基团（羟基或羰基）引入漆酚的烷基侧链中有助于增强其与 HDAC2 的结合亲和力，因为这些基团可以与氨基酸残基形成更强的氢键相互作用；在苯环上添加 F、Cl、三氮唑、苯甲酰氨基、甲酰氨基、羟基或硝基取代基可显著提高其对接分数，推测可能是这些基团可以通过氧原子、氮和卤素原子与周围氨基酸残基形成 π-π 相互作用及 H 键相互作用。

表 12-5-8 显示了 30 种漆酚衍生物与 HDAC8 的对接打分。结果表明：漆酚烷基侧链上的供电子基团（羟基、羰基、氨基或甲基醚）能有效地提高其与 HDAC8 的结合亲和力，因为它能在 HDAC8 活性口袋的管道部位与氨基酸残基形成更强的氢键相互作用；在苯环上加入—F、—Cl、甲磺酰氨基、苯甲酰氨基、氨基或羟基等取代基可提高对接分数，推测可能是这些基团可以通过氧、氮和卤素原子与 HDAC8 活性中心边缘的氨基酸残基形成 π-π 相互作用或 H 键相互作用。

表 12-5-7 所设计的漆酚衍生物与 HDAC2 的 Glide 评分（化合物 1～30）

化合物	Glide 打分/(kcal/mol)	化合物	Glide 打分/(kcal/mol)	化合物	Glide 打分/(kcal/mol)
1	−7.914	11	−7.044	21	−8.474
2	−4.859	12	−6.31	22	−4.935
3	−3.786	13	−6.607	23	−8.178
4	−7.031	14	−4.288	24	−6.277
5	−7.724	15	−6.258	25	−5.123
6	−7.788	16	−6.258	26	−4.634
7	−6.26	17	−4.242	27	−7.627
8	−7.532	18	−5.131	28	−6.21
9	−7.994	19	−7.999	29	−7.655
10	−8.079	20	−5.861	30	−7.946

表 12-5-8　所设计的漆酚衍生物与 HDAC8 的 Glide 评分（化合物 1～30）

化合物	Glide 打分/(kcal/mol)	化合物	Glide 打分/(kcal/mol)	化合物	Glide 打分/(kcal/mol)
1	−8.111	11	−8.033	21	−9.022
2	−7.199	12	−7.907	22	−8.269
3	−7.542	13	−7.715	23	−7.913
4	−7.371	14	−7.459	24	−8.067
5	−10.232	15	−7.402	25	−7.889
6	−9.635	16	−7.402	26	−6.630
7	−9.583	17	−7.989	27	−8.218
8	−9.230	18	−7.103	28	−7.290
9	−8.177	19	−8.022	29	−8.524
10	−8.278	20	−8.152	30	−7.957

2. 分子对接模拟

为了深入了解这些化合物与 HDAC2 和 HDAC8 之间的相互作用，选择了 Glide 分数较高的化合物用于对接模拟研究，以阐明结合过程，例如氢键相互作用和疏水作用。图 12-5-33 所示是化合物 1、5、6、9、10、19、21、23、29、30 分别与 HDAC2 的分子对接模式图。由图 12-5-33 可看出所有化合物成功对接到 HDAC2 活性口袋中。化合物 5、6、9、10、29 和 30 显示了相似的结合模式，其脂肪链占据了活性口袋中长而窄的管道，异羟肟酸基团位于该管道底部，这 6 种化合物的异羟肟酸基团中的羟基和羰基可以与 His145 和 Tyr308 形成氢键相互作用，并与 Zn^{2+} 形成螯合。另外，化合物 5 的苯基可与 Hie33 形成 π-π 相互作用，化合物 6 脂肪链上的羰基可与 Hie183 形成氢键，化合物 10 和 29 的亚氨基可与 His146 形成氢键，化合物 29 苯环上的羟基可与 Tyr29 形成氢键，化合物 30 的硝基可与 Glu103 和 Asp104 形成氢键。化合物 21 和 23 的对接模式显示其结构中苯酰氨基或甲酰氨基中的羰基氧可与 Zn^{2+} 进行螯合，同时化合物 21 结构中亚甲基乙缩醛、异羟肟酸和氨基基团部分可与 Hie183、Asp104 和 Gly154 形成氢键相互作用。化合物 23 结构中异羟肟酸和氨基基团部分可与 Asp104、Glu103 和 Gly154 形成氢键相互作用。除了这些氢键相互作用之外，化合物 21 结构中的苯亚甲基醚和苯酰氨基部分可与 Hie183、Phe155 和 His146 形成 4 个 π-π 相互作用，并且化合物 23 的苯基与 Hie183 和 Phe155 形成 2 个 π-π 相互作用。化合物 19 通过苯环上的三氮唑基团与活性位点 Zn^{2+} 形成双齿螯合，并且通过其三唑和异羟肟酸基团与 Phe279、Gly273、Gly277 和 Gly154 进行氢键相互作用。此外，化合物 19 的三氮唑和苯环结构可与 Hie183、Tyr308、His146 和 Phe155 形成 5 个 π-π 相互作用。结果表明，当三氮唑或酰氨基部分被引入表面识别区结构单元时，酰氨基团的羰基氧或三氮唑基团的氮可以与 Zn^{2+} 形成螯合，而不是异羟肟酸基团的羟基。同时，引入三氮唑或酰氨基可形成更多氢键和 π-π 相互作用。由此可推断将这些基团引入漆酚衍生物的 CAP 结构单元将增强其与 HDAC2 配体活性口袋的相互作用，并进一步增强 HDAC2 抑制活性[95,96]。

图 12-5-34 所示是化合物 5、6、7、8、9、10、21、22、27、29 分别与 HDAC8 的分子对接模式图。可以看出 10 种化合物都可成功地对接到 HDAC8 活性口袋中。化合物 7、9、10、22、27 和 29 显示了相似的结合模式，它们的脂肪链占据了 HDAC8 活性口袋中长而窄的管道，表面识别区与活性口袋边缘相互作用，异羟肟酸结构单元位于管道底部。这 6 种化合物的异羟肟酸基团中羟基和羰基可与 Gly140、His143 形成氢键相互作用，并可与 Zn^{2+} 形成螯合作用。此外，

化合物 9、10、22 和 27 的亚甲基缩醛基团可与 Phe152 形成氢键作用，化合物 7 的异羟肟酸基团中亚胺可与 Gly151 形成氢键作用，化合物 29 苯环上的羟基可与 Tyr154 形成氢键作用。

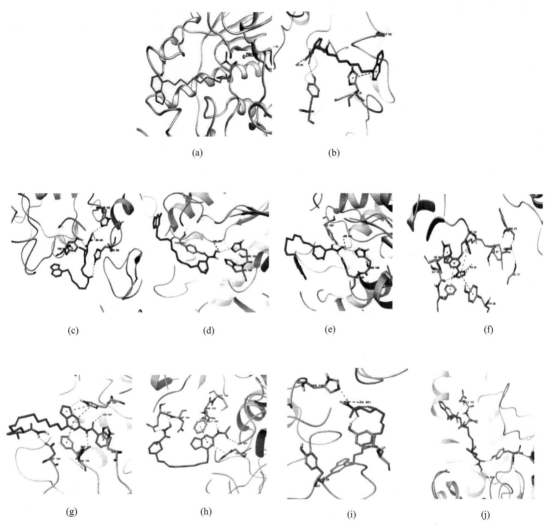

图 12-5-33　10 种化合物（最佳姿势，棕色棒）在 HDAC2 活性部位的分子对接模式图
（a）化合物 1；（b）化合物 5；（c）化合物 6；（d）化合物 9；（e）化合物 10；（f）化合物 19；
（g）化合物 21；（h）化合物 23；（i）化合物 29；（j）化合物 30

化合物 5、6 和 8 的对接模式图显示它们连接链结构单元上的羟基、羰基或甲基醚基团的氧原子可与 Zn^{2+} 进行螯合。同时，3 种化合物中的亚甲基缩醛基团可与 Lys33 和 Ala32 形成氢键作用，化合物 5 和 6 通过羟基或羰基团可与 His142 形成氢键作用。除了这些氢键作用外，化合物 8 的苯环结构还可与 Tyr154 形成 π-π 相互作用。化合物 21 通过苯环上的酰氨基团可与活性位点 Zn^{2+} 形成螯合，并可通过酰氨基团和异羟肟酸基团与 Gly151 和 Tyr306 形成氢键作用。因此，在连接链结构单元中引入羟基、羰基或甲基醚基团，或在表面识别区引入酰氨基，这样可使酰氨基的羰基氧或脂肪链上的氧与 Zn^{2+} 形成螯合，而不是异羟肟酸的羟基。

根据对接模拟结果可以看出，10 种化合物都能与 Zn^{2+} 螯合，且形成相同数量的氢键作用。然而属于第二系列的化合物 5、6、7、8 与 HDAC8 显示了更高的结合亲和力，这 4 种化合物在苯环上不存在取代基，而在连接链结构单元引入了羟基、羰基、氨基或甲基醚基团，推测这些含氧或含氮基团可以在连接区通道周围与氨基酸残基形成稳定的氢键作用，对提高与 HDAC8 的结合亲和力和抑制 HDAC8 的活性起到重要作用。此外，与异羟肟酸中羟基形成的 Zn^{2+} 配位键相比，连接链结构中氧原子形成的 Zn^{2+} 配位键可能更稳定，这对提高 HDAC8 的抑制活性同样重要。对于属于第三系列的化合物 21、29、10、22、27 和 9，化合物 21 与 HDAC8 的结合能力比其他 5 种化合物强得多，在化合物 21 中，苯甲酰氨基被引入帽结构单元的苯环中，该苯甲酰氨基不仅与 HDAC8 活性位点边缘的氨基酸残基形成稳定氢键作用，而且可与 Zn^{2+} 形成较强的螯合作用，显著提高了结合亲和力和 HDAC8 的抑制活性。在先前的研究中也显示了同样的结果，即在天然化合物 TSA 的苯环中引入了苯甲酰氨基，结果其 HDAC8 的抑制活性提高了 10 倍。化合物 29、10、22、27 和 9 显示了相似的氢键作用与 Zn^{2+} 螯合模式，与 HDAC8 也显示了差不多的结合亲和力；羟基、—Cl、甲磺酰氨基、氨基和—F 基团分别被引入五种化合物的苯环中，这些具有较小空间位阻的基团可使苯环上的 π-电子密度增大，因此这些化合物与 HDAC8 活性中心边缘氨基酸残基之间的疏水相互作用更强，有助于提高 HDAC8 的抑制活性。这些研究结果表明，引入卤素、甲磺酰氨基、氨基、羟基或酰氨基团可以形成更稳定的氢键或 π-π 相互作用，而将这些基团引入漆酚衍生物的帽状结构将增强其与 HDAC8 配体结合口袋的相互作用，从而进一步增强 HDAC 的抑制活性。

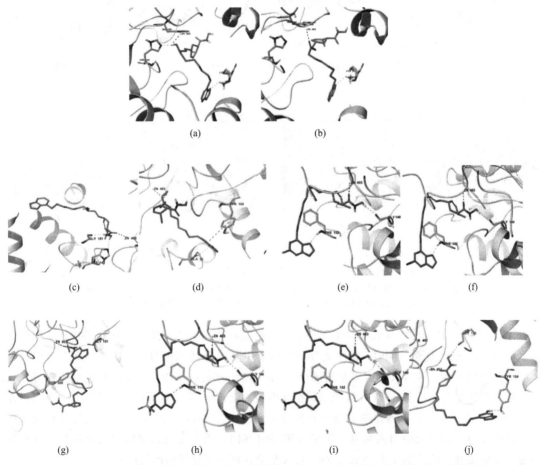

图 12-5-34　10 种化合物（最佳姿势，棕色棒）在 HDAC8 活性部位的分子对接模式图
(a) 化合物 5；(b) 化合物 6；(c) 化合物 7；(d) 化合物 8；(e) 化合物 9；(f) 化合物 10；
(g) 化合物 21；(h) 化合物 22；(i) 化合物 27；(j) 化合物 29

二、漆酚基药物分子合成

周昊等根据分子对接和动力学模拟虚拟筛选的结果，选择其中与 HDAC2 和 HDAC8 对接效果好且稳定结合的化合物，这些化合物共 11 个，分别是设计的化合物 1、5、6、9、10、19、21、22、27、29 和 30 号。对这 11 个化合物进行了化学合成，以三烯烷基漆酚为原料，通过对其邻二酚羟基进行醚化反应，阻断漆酚氧化聚合，再经 Diels-Alder、羟氨化、缩合等反应，在漆酚侧链尾部引入异羟肟酸基团，通过 Friedel-Crafts 酰基化、Schiemann（席曼）、氧化、还原等反应在其脂肪链上引入羟基或羰基，在苯环中引入—F、—Cl、氨基、磺氨基、三唑、苯甲酰氨基、羟基或硝基等药效功能基团，成功合成了 11 种新型亚甲基醚漆酚异羟肟酸衍生物。所有合成化合物均未见文献报道，合成的目标化合物结构经 ^{1}H NMR、^{13}C NMR、ESI-MS、IR 进行了确证，表明 11 种化合物均成功合成。

合成方法：以三烯烷基漆酚为起始原料，与二氯甲烷和 NaH 进行醚化反应，生成亚甲基醚漆酚，可有效阻断漆酚的氧化聚合。利用漆酚烷基侧链的共轭双键与丙烯酸酯进行 Diels-Alder 反应，再通过水解得到具有环己烯甲酸结构的关键中间体 S1，将 S1 与 O-（叔丁基二甲基硅烷）羟胺和 HATU ［2-(7-氧化苯并三氮唑)-N,N,N',N'-四甲基脲六氟磷酸盐］进行反应，即可得到侧链尾部具有异羟肟酸基团的目标化合物 1。为了考察漆酚苯环和脂肪链上引入功能基团对 HDAC 抑制活性的影响，合成了目标化合物 5、6、9、10、19、21、22、27、29 和 30。以中间体 S1 为原料，先与 mCPBA（间氯过氧苯甲酸）反应，使脂肪链上双键氧化成酮，再通过氢化铝锂还原成羟基，但同时 S1 侧链尾部的羰基也被还原成羟基，因此继续通过与 Jones 试剂进行氧化反应，与 NaBH$_4$ 进行还原反应得到中间体 S5，将 S5 与 NH$_2$OTHP 反应，即得到脂肪链上具有羟基结构的目标化合物 5。以中间体 S1 为原料，先与无水硝酸铜进行反应，使苯环上引入硝基，再与 NH$_2$OTHP 反应，即得到苯环上具有硝基结构的目标化合物 30。对于化合物 27 的合成，以中间体 S1 为原料，与浓硝酸进行取代反应得到苯环上接有硝基基团的中间体 S8，通过加入无水氯化铵和锌粉，可将硝基还原成氨基，得到苯环带有氨基的重要中间体 S9，然后再与 NH$_2$OTHP 等试剂进行缩合反应，即得到苯环上具有氨基结构的目标化合物 27。对于化合物 21 和 22 的合成，都是以苯环带有氨基的中间体 S11 为原料。化合物 21 的合成是通过加入 TEA（三乙醇胺）和苯甲酰氯等酰基化反应试剂，进行 Friedel-Crafts 酰基化反应，可得到苯环带有苯甲酰氨基的目标化合物 21；化合物 22 的合成是通过加入 TEA 和 MsCl 等磺酰化反应试剂，进行磺酰基化反应，可得到苯环带有甲基磺酰氨基的目标化合物 22。对于化合物 10、9 和 29 的合成，都是以苯环带有氨基的中间体 S9 为原料。首先 S9 通过加入 HAc、HCl 和 NaNO$_2$ 进行 Schiemann（席曼）反应生成芳基重氮氟硼酸盐，通过将苯基重氮氟硼酸盐与 CuCl 反应，可得到苯环带有氯基的目标化合物 10；苯基重氮氟硼酸盐在加入甲苯、110℃反应条件下，可得到苯环带有氟基的目标化合物 9；通过将苯基重氮氟硼酸盐与醋酐反应，再通过水解可得到苯环带有羟基的目标化合物 29。化合物 6 是以 S1 为原料，通过加入 DCM（二氯甲烷）和 mCPBA，可使烷基链上的双键进行环氧化，然后在酸性条件下迅速发生分子内重排，生成羰基，然后再与 NH$_2$OTHP 等试剂进行缩合反应，即得到脂肪链上具有羰基结构的目标化合物 6。化合物 19 的合成是以 S1 为原料，首先通过加入 CHOCH$_3$Cl$_2$，在 SnCl$_4$ 催化条件下可在苯环上引入醛基，然后再通过加入 NaH$_2$PO$_3$ 和 NaCl$_2$O 可使醛基氧化成羧基，通过加入 SOCl$_2$ 和 DMF（二甲基甲酰胺），在通入氨气条件下，可使羧基转化为酰氨基，进一步与 (CH$_3$O)$_2$CHN (CH$_3$)$_2$ 反应后，再加入乙二醇二甲醚和水合肼进行反应，即可在苯环上引入三氮唑基团，最后再通过加入 LiOH、NH$_2$OTHP 等试剂，进行水解、缩合等反应，最终可得到苯环带有三氮唑基的目标化合物 19。

化合物 1、5、6、9、10、19、21、22、27、29 和 30 的合成路线见图 12-5-35～图 12-5-45。

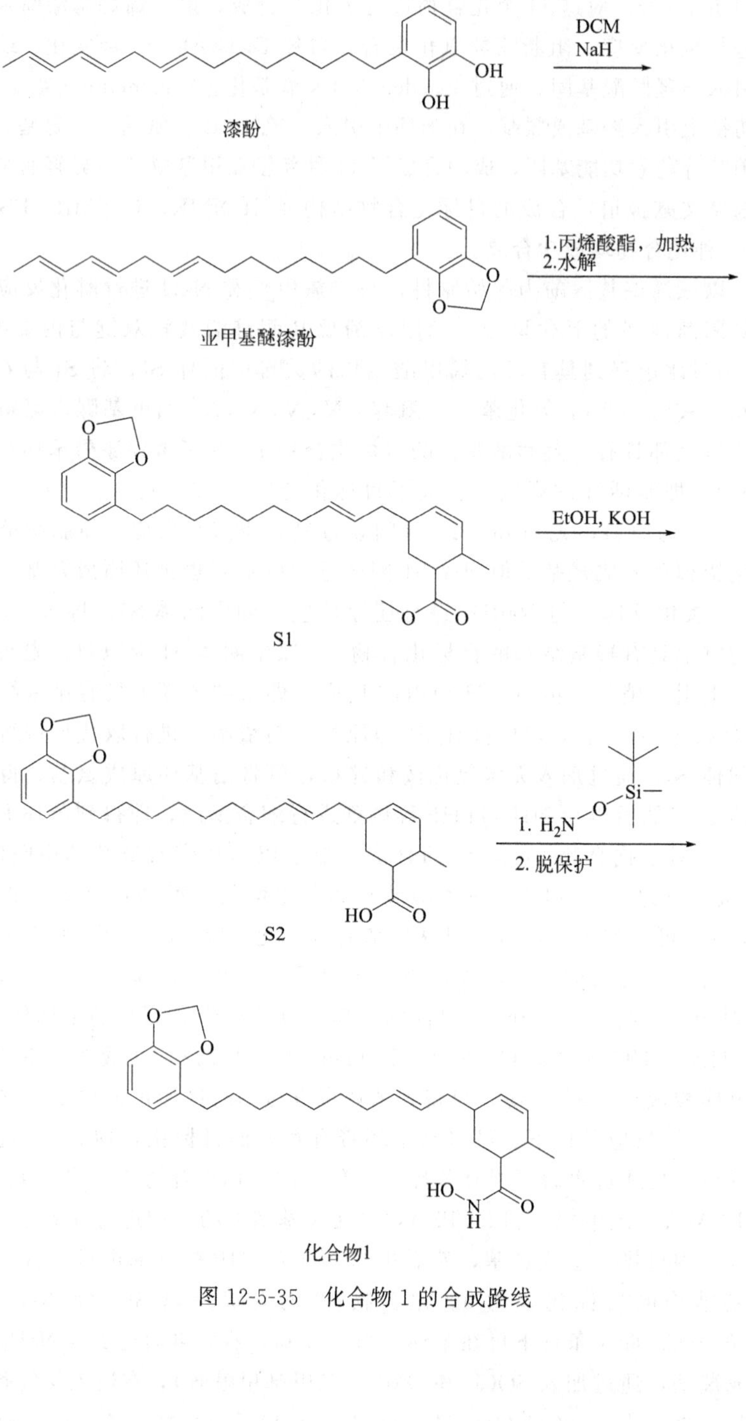

图 12-5-35　化合物 1 的合成路线

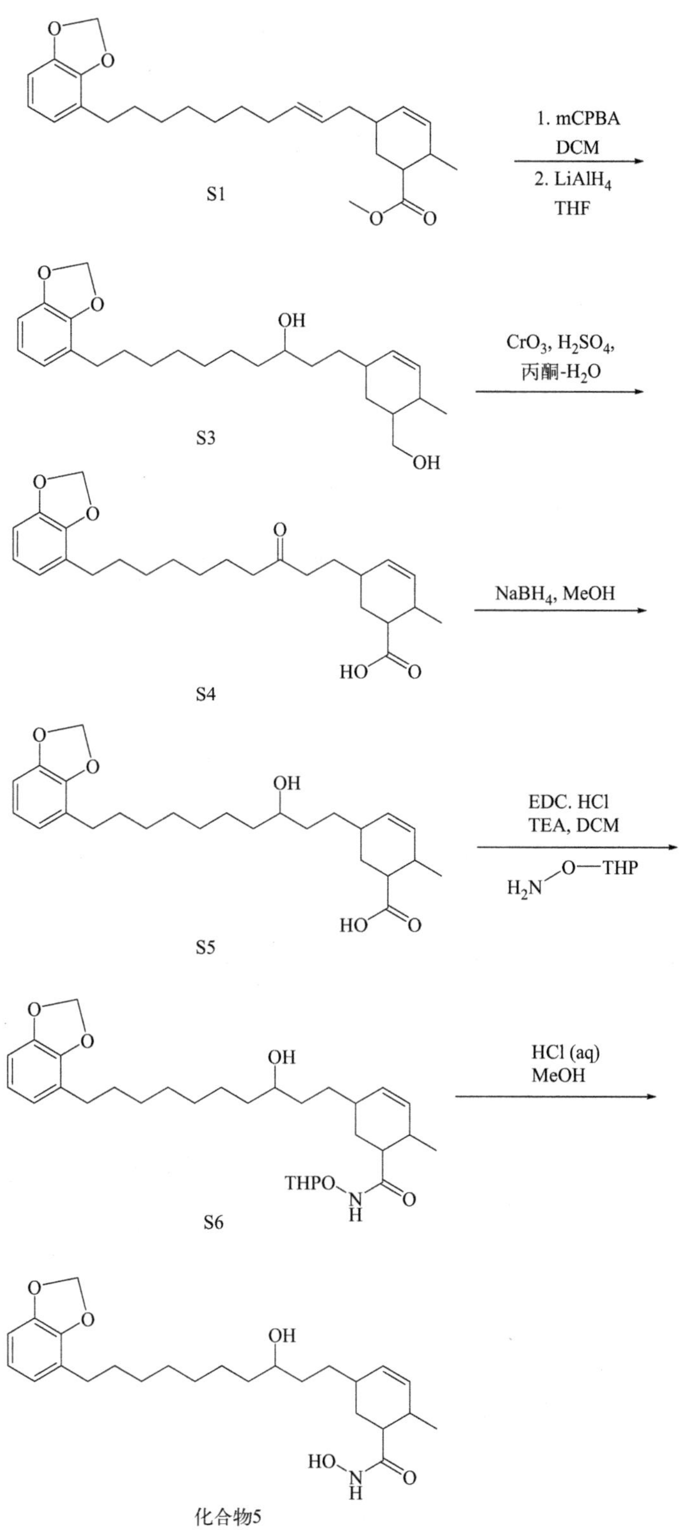

图 12-5-36　化合物 5 的合成路线

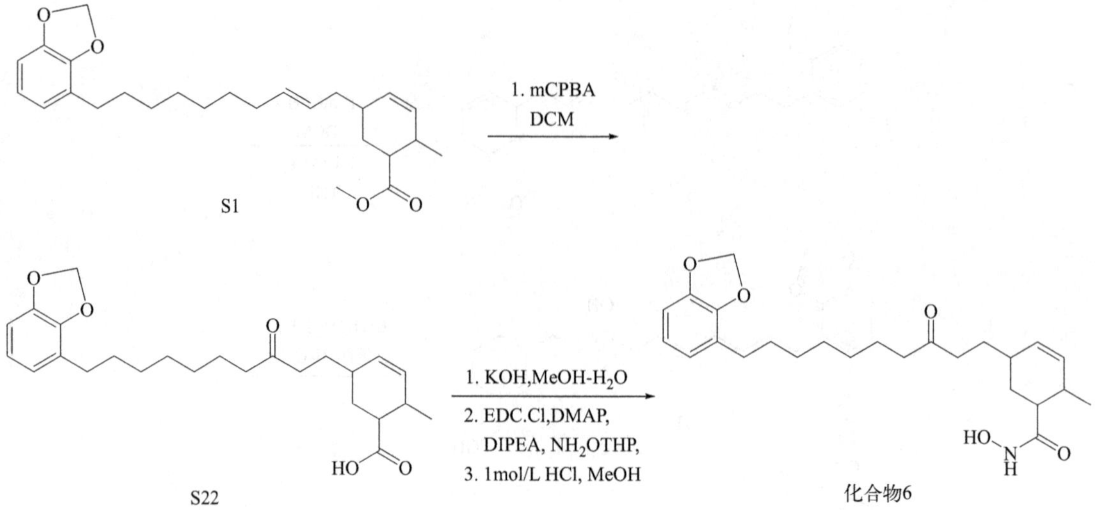

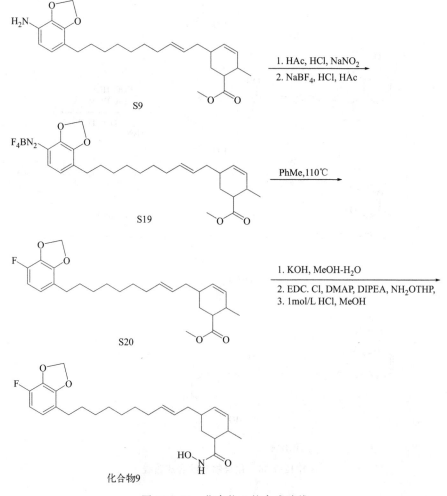

图 12-5-37 化合物 6 的合成路线

图 12-5-38 化合物 9 的合成路线

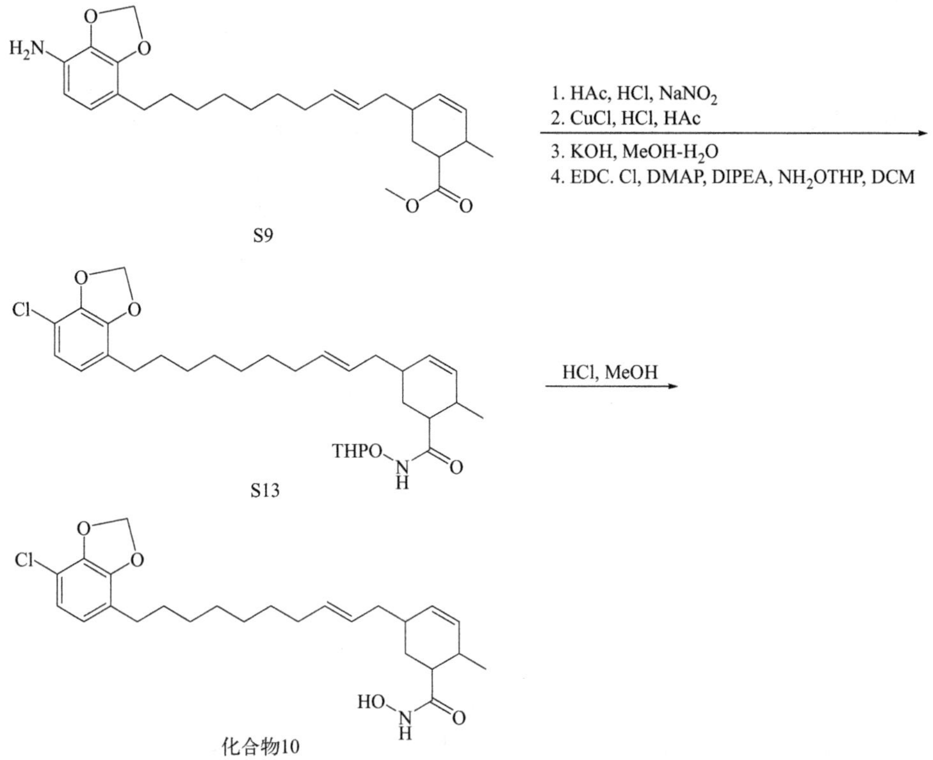

图 12-5-39　化合物 10 的合成路线

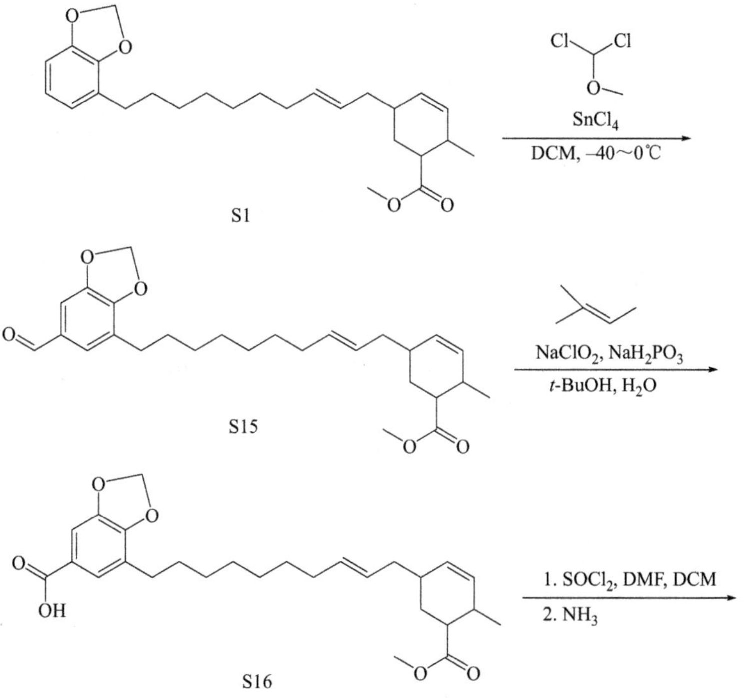

图 12-5-40

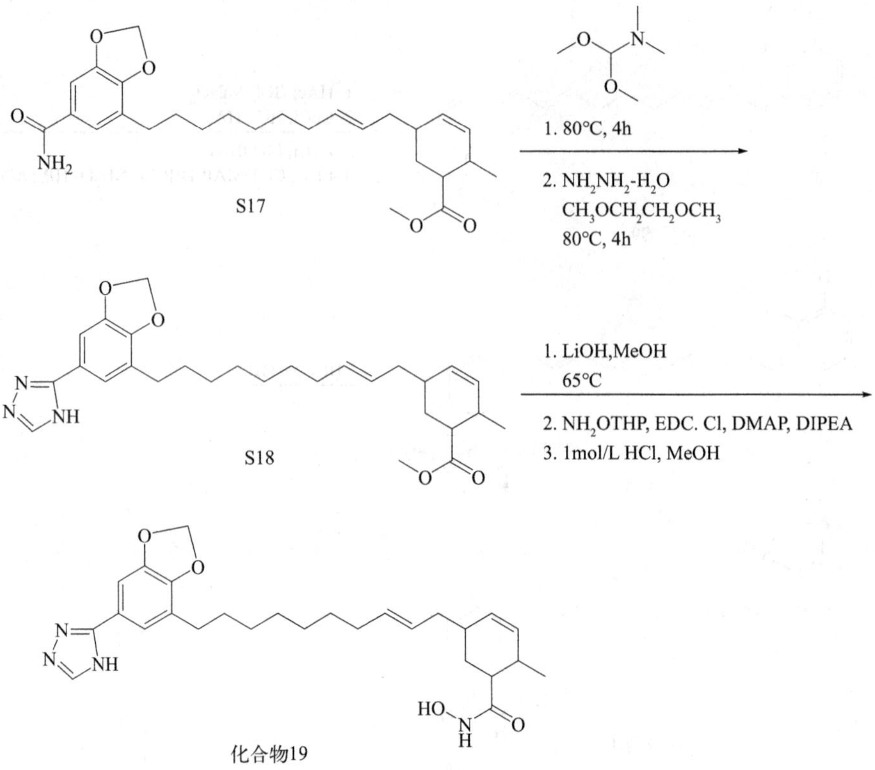

图 12-5-40　化合物 19 的合成路线

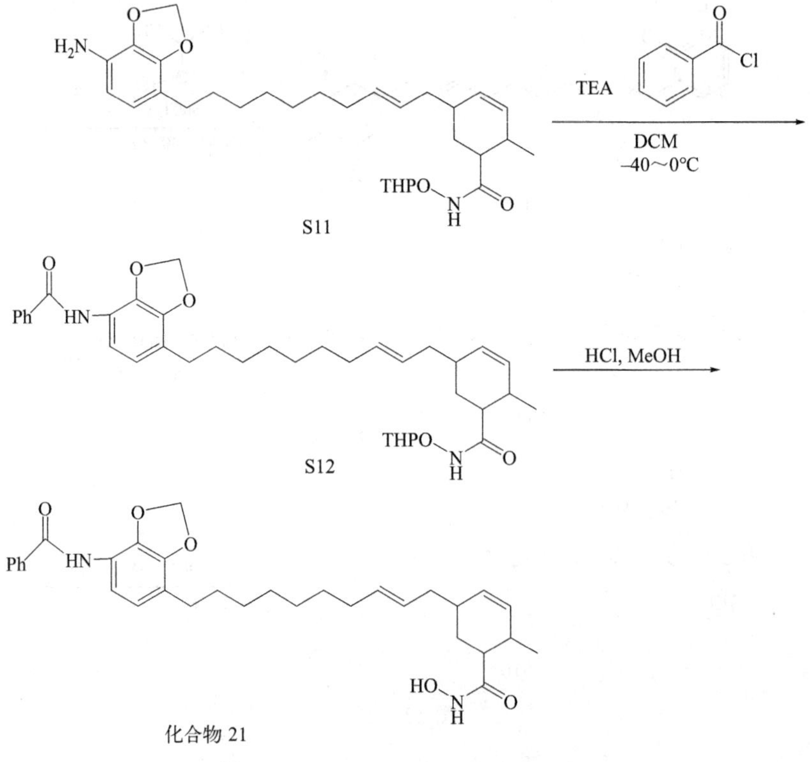

图 12-5-41　化合物 21 的合成路线

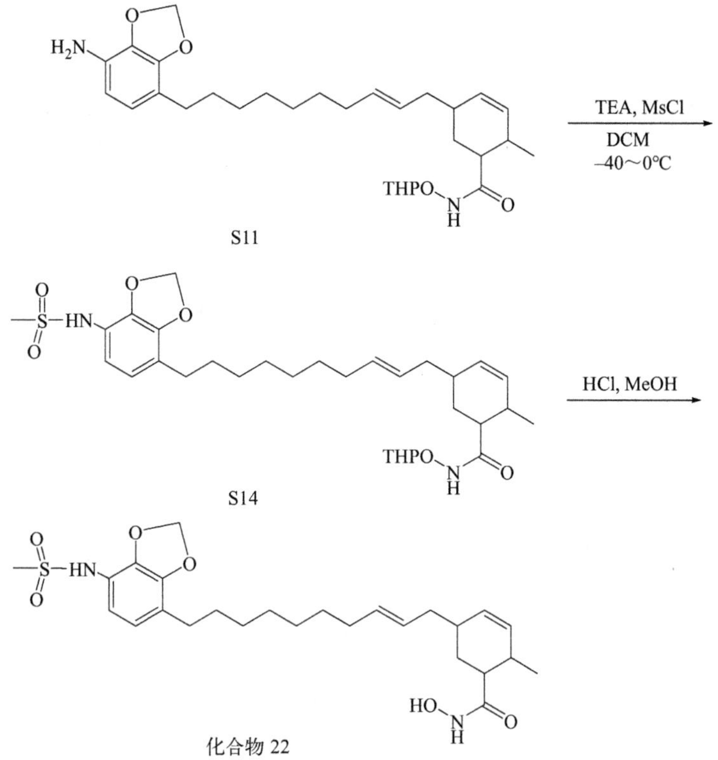

图 12-5-42 化合物 22 的合成路线

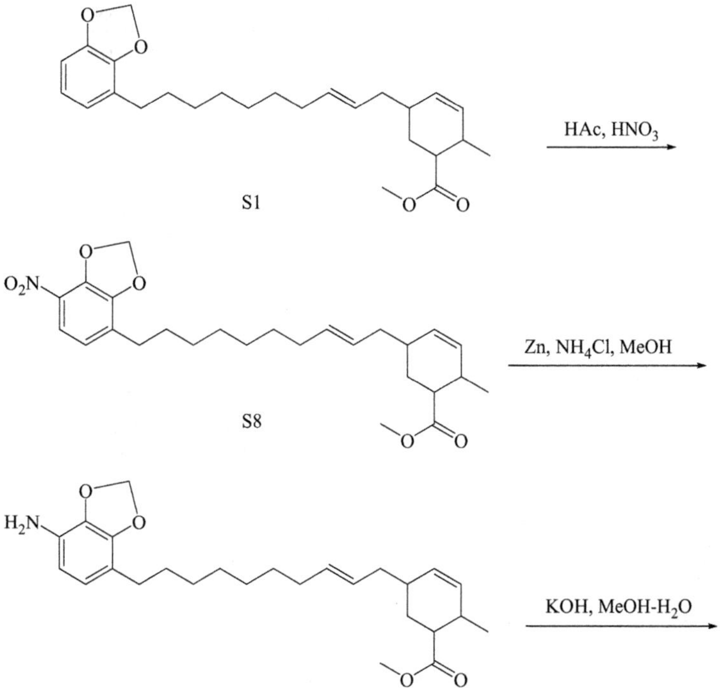

图 12-5-43

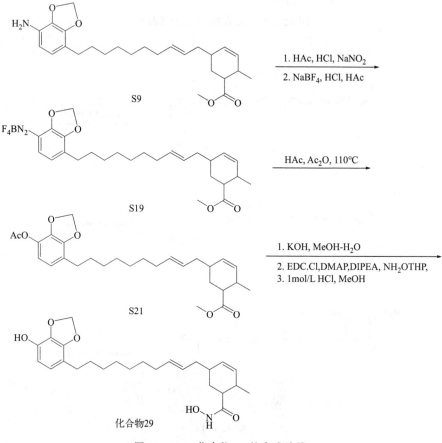

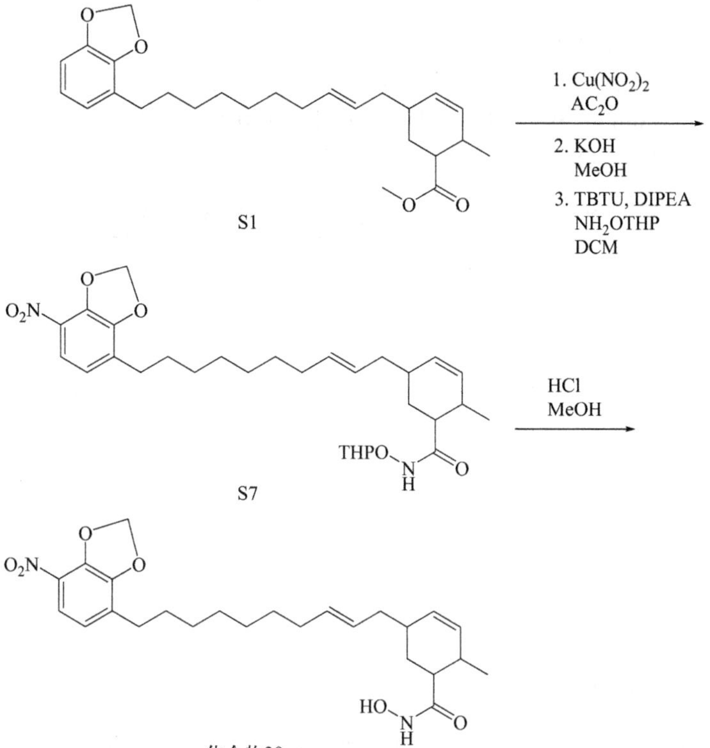

图 12-5-45　化合物 30 的合成路线

三、漆酚基药物分子活性评价

周昊等为了验证漆酚基异羟肟酸衍生物的实际 HDAC 抑制效果和体外抗肿瘤活性，对所合成的这些化合物进行体外生物活性评价，评价内容包括：化合物对 HDAC2 和 HDAC8 的抑制活性；对活性化合物的 ADMET 性质的预测，化合物体外对肿瘤细胞增殖的抑制活性。通过对化合物的 HDAC2 和 HDAC8 抑制活性研究，筛选出活性较好的化合物，利用计算机对化合物的 ADMET 性质进行预测，推测其药代动力学性质，预测其成药潜力。采用 MTT 法评价不同化合物对肿瘤细胞增殖的抑制活性，初步阐明构效关系，并通过 Western-Blotting 和流式细胞术等手段检测化合物对肿瘤细胞中组蛋白乙酰化的表达及肿瘤细胞凋亡和周期的影响，阐明漆酚衍生物抗肿瘤作用机制，为漆酚基衍生物结构优化和开发靶向抗肿瘤药物提供参考。

（一）体外 HDAC2/8 抑制活性检测

采用 HDAC 抑制活性检测试剂盒对 11 种漆酚基异羟肟酸衍生物分别进行了 HDAC2 和 HDAC8 抑制活性检测。选用 Enzo Life Sciences 公司的 HDAC 抑制活性检测试剂盒，以 IC_{50}（半抑制浓度）值为检测指标，以上市药物 SAHA 为阳性对照，对已合成的 11 种漆酚基异羟肟酸衍生物分别进行了 HDAC2 和 HDAC8 抑制活性检测。

结果如表 12-5-9 所示。可以看出这些化合物对 HDAC2/8 均表现出了良好的抑制活性，化合物对 HDAC8 的抑制活性要优于 HDAC2，且化合物的 HDAC2/8 抑制活性随浓度的升高而逐渐上升。对于 HDAC2，化合物 5、6、9、10、21 和 29 显示比阳性药 SAHA 更好的抑制效果，其 IC_{50} 值分别为 135.36nmol/L、123.36nmol/L、96.89nmol/L、111.16nmol/L、145.07nmol/L

和 82.84nmol/L，表明苯环中引入—F、—Cl、羟基和苯甲酰氨基，烷基链引入羟基或羰基都可增加化合物对 HDAC2 的抑制活性。对于 HDAC8，化合物 5、6、9、10、22 和 30 显示比阳性药 SAHA 更好地抑制效果，其 IC_{50} 值分别为 19.38nmol/L、16.22nmol/L、20.62nmol/L、19.27nmol/L、17.44nmol/L 和 24.62nmol/L，表明苯环中引入—F、—Cl、甲磺酰氨基和硝基，烷基链引入羟基或羰基都可增加化合物对 HDAC8 的抑制活性。

表 12-5-9　11 种漆酚衍生物对 HDAC2/8 的抑制活性 IC_{50} 值

化合物	IC_{50}/(nmol/L)		化合物	IC_{50}/(nmol/L)	
	HDAC2	HDAC8		HDAC2	HDAC8
1	204.40	28.42	21	145.07	30.53
5	135.36	19.38	22	216.02	17.44
6	123.36	16.22	27	239.71	34.47
9	96.89	20.62	29	82.84	34.91
10	111.16	19.27	30	210.67	24.62
19	172.22	41.36	SAHA	160.07	28.98

注：表中 IC_{50} 值代表偏差小于 10% 的三次实验的平均结果。

（二）化合物 ADMET 性质预测

采用计算机软件对 11 种化合物的 ADMET 性质进行预测分析，评价其成药性，并与阳性药 SAHA 进行了比较。ADMET 性质测定主要针对化合物的 25℃水中水溶解度、血脑屏障的通透性、对细胞色素 P4502D6 抑制性、肝毒性、人类肠道吸收性、血浆蛋白结合率等 6 个方面。结果见表 12-5-10。

表 12-5-10　化合物的 ADMET 性质预测

化合物	ADMET 预测					
	25℃水中水溶解度 $[\lg(Sw)]$	血脑屏障的通透性/Probability	对细胞色素 P4502D6 抑制性	肝毒性	人类肠道吸收性/Probability	血浆蛋白结合率
1	−3.063	0.9718	False	False	0.9720	1.273
5	−3.158	0.9710	False	False	0.9577	1.297
6	−3.150	0.9714	False	False	0.9679	1.334
9	−3.232	0.9735	False	False	0.9721	1.261
10	−3.391	0.9732	False	False	0.9715	1.253
19	−2.827	0.973	False	False	0.9677	1.265
21	−3.253	0.9715	False	False	0.957	1.214
22	−2.960	0.9733	False	False	0.9531	1.300
27	−3.085	0.9715	False	False	0.9583	1.142
29	−2.828	0.9696	False	False	0.968	1.250
30	−3.119	0.9722	False	False	0.924	1.174
SAHA	−2.811	0.9762	False	False	0.7319	0.758

化合物的水溶性是其是否能成药的重要因素之一，药物分子在体内的分布、传送及跨膜都需要其具有一定水溶性。化合物水溶性以 lg(Sw) 值大小为评价标准：lg(Sw) 值小于－8.0 代表极低，在－8.0 到－6.0 之间代表非常低，在－6.0 到－4.0 之间代表低，在－4.0 到－2.0 之间代表好，在－2.0 到 0 之间代表最佳，大于 0 代表过高。结果表明 11 种化合物水溶性取值在－4.0 到－2.0 范围，都具有好的水溶性。血脑屏障（BBB）是一层细胞屏障，存在于生物体内，BBB 对保持大脑内外环境稳定性以及保护中枢神经系统具有重要作用，其对药物在体内的代谢具有重要影响，它是药物分子是否能进入大脑组织中发挥作用的关键。根据血脑屏障穿透性评价标准，5＜BBB-Probability 表示非常高的渗透，1＜BBB-Probability＜5 表示高，0.3＜BBB-Probability＜1 表示中等，BBB-Probability＜0.3 表示低。结果表明 11 种化合物均具有较好的血脑屏障通过率，与阳性药相当。CYP 是药物分子在体内的主要代谢酶，CYP 的酶活会受药物分子的抑制或诱导，细胞色素 P450（CYP450）是存在于肝脏微粒体中的一种酶，它是药物在体内生物转化的关键酶。CYP450 酶是药物分子在体内代谢稳定的重要因素，少部分药物分子被 CYP450 酶作用代谢生成活性产物，大部分药物分子会通过 CYP450 酶的氧化还原作用使其药效减弱或消失，代谢生成效能低且容易被排出体外的产物。抑制或诱导 P450 肝药酶是导致药物相互作用产生的主要原因。True 代表对酶有抑制性，False 代表对 P450 酶无抑制性。由表 12-5-10 中结果可见，合成的 11 种漆酚衍生物均显示对 P450 肝药酶无抑制作用，因此可以推断漆酚衍生物作为药物使用在人体代谢过程中不会产生相互作用。肝脏是药物在体内代谢的主要器官，如果药物使用错误就会损伤肝脏。药物分子在体内发挥药效的同时也会产生不良反应，情况严重时还会对肝脏造成毒性，从而损害肝脏。因此体内用药时要保证用药安全，对其是否有肝毒性足够重视，这样是为了减少药物引起的肝病发生。False 代表药物没有肝毒性，True 代表药物有毒性，结果表明所有化合物都没有肝毒性。药物在肠道内的吸收好坏是其药效的重要因素，肠内酶及肠黏膜细胞通过对药物代谢和屏障作用而影响药物在肠道内的吸收。人肠道吸收性（HIA）评价标准为 HIA-Probability＜0.3 表明吸收差，0.3＜HIA-Probability 表明吸收好，结果表明 11 种化合物在肠道内的吸收情况都很好，且优于阳性药。药物分子在血浆内的血浆蛋白结合率是其与血浆蛋白结合的比率。药物进入体内后会以一定的比率与血浆蛋白进行结合，药物分子会同时以结合型与游离型状态存在血浆中。以游离型状态存在的药物分子才具有药效。由表中结果可见 11 种漆酚衍生物均显示与血浆蛋白比较低的结合值，表明合成的漆酚衍生物作为药物在体内使用时都会以游离型状态存在，都不会与血浆蛋白结合，这样就可以使药物在体内保持良好的药物活性。

（三）体外抗肿瘤活性检测

1. MTT 检测

通过 MTT 法分别测定了 11 种漆酚衍生物对四株肿瘤细胞（Hela 人宫颈癌细胞、A549 人非小细胞肺癌细胞、HCT-116 人结肠癌细胞、MCF-7 人乳腺癌细胞）的抗增殖活性。结果如表 12-5-11 所示。大部分化合物对这四株肿瘤细胞均具有良好的抗肿瘤细胞增殖能力，其中对 MCF-7 细胞增殖的抑制效果最好，其次是对 Hela 和 HCT-116 细胞的抑制效果较好，对 A549 细胞的抑制效果最差。在 100～0.032μmol/L 给药浓度条件下，化合物的抗肿瘤细胞增殖能力随浓度的升高而逐渐上升，说明化合物的浓度越大，对癌细胞增殖的抑制能力越强。另外，可以看出 11 种具有漆酚基异羟肟酸母核结构的化合物，随着取代基的不同，漆酚衍生物表现出的抗肿瘤增殖抑制活性大小也是不同的，这说明不同功能取代基团对漆酚衍生物的抗肿瘤活性具有重要的影响。对于 Hela 细胞，化合物 5、6、9、10、21 和 29 显示更显著的细胞增殖抑制活性，

其 IC_{50} 值分别为 20.73μmol/L、18.04μmol/L、9.73μmol/L、16.44μmol/L、24.27μmol/L 和 2.47μmol/L，低于阳性药 SAHA 的 IC_{50} 值 30.33μmol/L，尤其是化合物 29 抑制活性最为突出。对于 A549 细胞，化合物 10 和 29 显示更显著的细胞增殖抑制活性，其 IC_{50} 值分别为 18.96μmol/L 和 9.58μmol/L，化合物 5、6 和 21 对 A549 细胞的抑制活性较差，其 IC_{50} 值均大于 100μmol/L，而化合物 30 对 A549 细胞几乎没有抑制活性。对于 HCT-116 细胞，化合物 6、9、10、19、22 和 27 显示更显著的细胞增殖抑制活性，其 IC_{50} 值分别为 25.91μmol/L、15.29μmol/L、14.33μmol/L、21.42μmol/L、23.80μmol/L 和 12.24μmol/L，低于阳性药 SAHA 的 IC_{50} 值 27.58μmol/L，而化合物 29 对 HCT-116 细胞的抑制活性较差，其 IC_{50} 值大于 100μmol/L。对于 MCF-7 细胞，化合物 1、5、6、9、10、22 和 30 显示更显著的细胞增殖抑制活性，其 IC_{50} 值分别为 13.58μmol/L、6.84μmol/L、5.22μmol/L、12.49μmol/L、6.24μmol/L、5.38μmol/L 和 7.29μmol/L，其中化合物 5、6、10、22 和 30 的 IC_{50} 值远远低于阳性药 SAHA 的 IC_{50} 值 17.36μmol/L。在这 11 种化合物中，化合物 6、9 和 10 表现最为突出，其抗肿瘤广谱性和抑制活性都优于阳性药 SAHA。

通过对化合物结构与抑制活性进行比较分析，初步评价了 11 种漆酚基异羟肟酸衍生物的抗肿瘤构效关系，可以看到，苯环上的取代基决定了衍生物主要的抑制活性强弱。比较漆酚基异羟肟酸母体结构中苯环和烷基链上不同位阻与电性取代基对化合物抑制活性的影响，发现当苯环中引入—F、—Cl、氨基、硝基、甲磺酰氨基、三氮唑、苯甲酰氨基或羟基取代基，烷基链上引入羟基或羰基都可增加化合物的抗肿瘤活性，在这些苯环取代基中—F、—Cl、硝基和羟基作为吸电子基，具有更好的抗肿瘤活性，位阻小的取代基比位阻大的取代基具有更好地抑制活性。苯环或烷基链上取代基抑制活性强弱顺序为—Cl＞—F＞羟基＞羰基＞甲磺酰氨基＞硝基＞氨基＞三氮唑＞苯甲酰氨基。结合以上论据，在苯环上具有—Cl、—F、硝基、羟基或甲磺酰氨基，烷基链上具有羰基或羟基的漆酚基异羟肟酸衍生物将具有引人注目的 HDAC 抑制活性和抗肿瘤生物活性（图 12-5-46）。

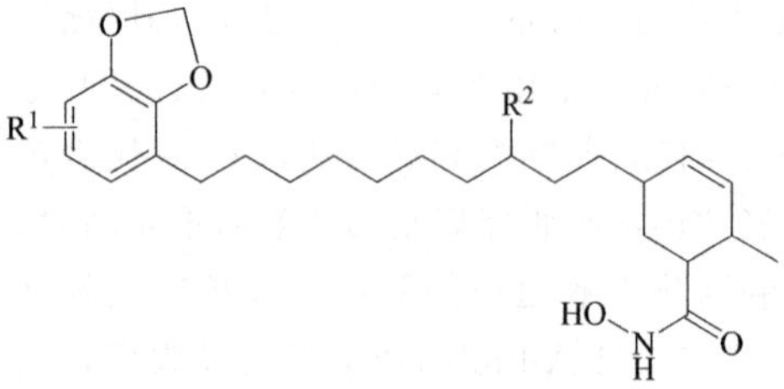

图 12-5-46　漆酚基异羟肟酸衍生物的化学结构

表 12-5-11　11 种漆酚衍生物对肿瘤细胞增殖的抑制活性 IC_{50} 值

化合物	R^1	R^2	IC_{50}/(μmol/L)			
			Hela	A549	HCT-116	MCF-7
1	H	H	41.16	26.18	28.53	13.58
5	H	—OH	20.73	180.49	33.49	6.84
6	H	═O	18.04	137.22	25.91	5.22
9	—F	H	9.73	65.27	15.29	12.49
10	—Cl	H	16.44	18.96	14.33	6.24
19	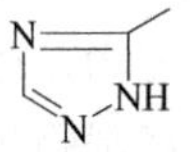	H	37.82	79.13	21.42	26.33

续表

化合物	R^1	R^2	IC$_{50}$/(μmol/L)			
			Hela	A549	HCT-116	MCF-7
21	![benzamide结构]	H	24.27	161.73	34.69	22.40
22	![methanesulfonamide结构]	H	52.58	39.27	23.80	5.38
27	—NH$_2$	H	89.82	39.91	12.24	26.36
29	—OH	H	2.47	9.58	108.07	26.71
30	—NO$_2$	H	86.69	ND	41.96	7.29
SAHA	—	—	30.33	5.31	27.58	17.36

注：表中 IC$_{50}$ 值代表偏差小于 10％的三次实验的平均结果；ND 代表没有抑制活性。

2. Western-Blotting 检测

HDAC 的功能是催化乙酰化的核心组蛋白脱去乙酰基。组蛋白乙酰化修饰是表观遗传修饰的重要过程之一，HDAC 抑制剂（HDACi）能够抑制 HDAC 去乙酰化活性，诱导组蛋白乙酰化，从而诱导肿瘤细胞凋亡、阻滞细胞周期，引起自噬或坏死等方式杀死肿瘤细胞，达到肿瘤治疗的目的。为了进一步验证化合物在细胞中对 HDAC 抑制的作用机制，选择对 HCT-116 抑制活性最好的化合物 10 和 27，采用 Western-Blotting 方法研究化合物在 HCT-116 细胞中对 Histone H3 和 Tubulin 乙酰化水平的影响，并与阳性药 SAHA 进行比较。结果如图 12-5-47 所示，化合物 27 和 10 在 0.6μmol/L、2μmol/L、6μmol/L 浓度时均可显著诱导组蛋白 H3 与 Tubulin 的乙酰化表达，且随着化合物浓度的上升，组蛋白 H3 和 Tubulin 的乙酰化程度上升。并且与阳性药 SAHA 相比，化合物 10 和 27 能够更加显著地升高组蛋白 H3 和 Tubulin 的乙酰化水平，这与 MTT 试验结果是一致的，说明化合物 10 和 27 是通过抑制 HDAC，诱导组蛋白和 Tubulin 超乙酰化，达到有效抗肿瘤的效果。

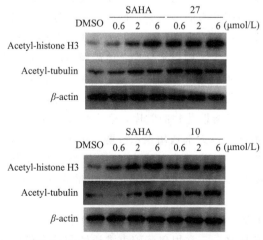

图 12-5-47　不同浓度条件下化合物 10、27 和 SAHA 在 HCT-116
细胞中对 Histone H3 与 Tubulin 乙酰化水平的影响

3. 肿瘤细胞凋亡和周期检测

为了测试对 HDAC 酶的抑制能够诱导肿瘤细胞的凋亡，使用流式细胞仪技术对化合物 10 和 27 进行了诱导 HCT-116 肿瘤细胞凋亡试验，并与阳性药 SAHA 进行了比较。结果见表 12-5-12，可以看出给药 24h 后，化合物 10、27 和 SAHA 都能诱导肿瘤细胞的凋亡，其对 HCT-116 细胞的凋亡率随给药浓度的增加而变大；在三种浓度（$0.6\mu mol/L$、$2\mu mol/L$ 和 $6\mu mol/L$）条件下，化合物 10 能够诱导 HCT-116 肿瘤细胞从 7.04％到 13.35％的凋亡率，化合物 27 能够诱导 HCT-116 肿瘤细胞从 8.22％到 18.32％的凋亡率，SAHA 能够诱导 HCT-116 肿瘤细胞从 4.18％到 8.28％的凋亡率。结果表明化合物 10 和 27 诱导肿瘤细胞凋亡的能力要强于 SAHA，这和 MTT 试验结果是一致的。

因为肿瘤细胞在细胞循环停止时与 HDAC 抑制作用有关，因此检测了漆酚衍生物对 HCT-116 细胞周期的影响。HCT-116 细胞分别用相同浓度的化合物 10、27 和 SAHA 作用 24h 后，通过 PI 染色和流式细胞术分别测定 G1、S 或 G2 期细胞的百分比，化合物主要使 HCT-116 肿瘤细胞周期阻滞于 G1 和 S 期，提示漆酚衍生物抑制肿瘤细胞增殖的作用机制可能是抑制 G1 期蛋白质合成和阻断 S 期 DNA 的复制。

表 12-5-12　不同浓度化合物作用下 HCT-116 肿瘤细胞的凋亡率（给药 24h 后）

化合物	HCT-116 肿瘤细胞的凋亡率/％		
	$6\mu mol/L$	$2\mu mol/L$	$0.6\mu mol/L$
10	13.35±0.91	9.89±0.33	7.04±0.52
27	18.32±0.54	11.62±0.80	8.22±0.41
SAHA	8.28±0.72	6.15±0.46	4.18±0.75

注：表中数值为三次试验的平均值，"±"后的数值表示标准偏差。

第五节　漆酚基胶束设计、制备及生物活性评价

一、胶束设计

目前化疗是治疗癌症的常用方法，但传统的化疗药物存在水溶性差、非特异性分布、毒副作用大、生物利用度低以及肿瘤细胞的多重耐药性等问题，导致抗癌疗效低下，限制了其在临床上的应用。近年来纳米靶向药物传递系统的发展为解决这些问题提供了新的途径，其中，两亲共聚物胶束因具有载药范围广、结构稳定性好、体内滞留时间长、生物相容性及组织渗透性均良好等优点而成为靶向给药体系中备受青睐的一类。共聚物胶束是由亲水性和疏水性的单体组成的嵌段共聚物，两亲性嵌段共聚物可在水性介质中自组装形成稳定的壳-核结构的纳米递送系统，其疏水性内核可作为水难溶性药物的贮库，亲水性外壳赋予胶束良好的水溶性和空间稳定性。两亲性共聚物中亲水性片段大都选用聚乙二醇（polyethyleneglycol，PEG），亲脂性片段一般由聚酯或聚氨基酸组成。目前已有部分抗肿瘤药物的胶束制剂如包载阿霉素的胶束（SP1049C）、载紫杉醇的胶束（Genexol-PM）、载表柔比星的胶束（NC-6300）等被批准上市或处于临床试验阶段[97]。

聚合物胶束具有生物相容性好、正常细胞毒性低的特性，是解决不溶性药物和 DNA 大分子药物递送最有希望的递送载体之一。常用载药胶束渗透性和结构稳定性较好，胶束壳由亲水段材料形成，使胶束具有稳定性好、药物释放时间长的优势，且胶束载药量能够满足药物治疗浓

度。此外，两亲性胶束通过自组装形成的纳米载体具有较小的三维结构（10～200nm），可以通过固体肿瘤的高渗透性和保留效应（EPR）富集在肿瘤部位。胶束的粒径和表面电位是影响胶束分布的两个重要因素。

共聚物胶束作为靶向药物传递系统虽然具有很多优势，但也存在无法将药物定向输送到肿瘤细胞内并完成快速药物释放，不能控制药物的释放量为靶向位点提供有效的药物浓度等问题[98]。刺激响应性胶束可根据内部刺激（如 pH、氧化还原电位、溶酶体酶）或外部刺激（如温度、磁场、光）快速响应，从而达到在靶位或在合适时间释放药物的目的，提高疗效。其中具有 pH 响应性的胶束是近年来的研究热点之一。与正常组织 pH 7.4 相比，肿瘤组织内部呈弱酸性环境，其 pH 值介于 6.8～7.2 内，此外，肿瘤细胞内的酸性细胞器（内涵体与溶酶体）具有更低的 pH 值，其 pH 值介于 4.5～6.5 内[99-101]。基于这种 pH 差异，pH 响应性胶束可控制药物在肿瘤间质或酸性细胞器内释放，从而有效提高药物对肿瘤组织或细胞的靶向性。Xu 等基于两亲共聚物聚乙二醇-聚（2-二异丙氨基-甲基丙烯酸乙酯）（mPEG-PPDA），制备了负载紫杉醇的 pH 响应性共聚物胶束，其具有较高的载药量，药物释放显示很好的 pH 依赖性。Chen 等合成了聚乙二醇-二硫-聚（2,4,6-三甲氧基苯亚甲基-季戊四醇碳酸酯）（PEG-SS-PTMBPEC），并制备了负载阿霉素的 pH 响应性共聚物胶束，其对肿瘤细胞显示很好的响应性并快速释放药物，肿瘤细胞吞噬和杀伤效果明显增强[102-104]。

漆酚具有良好的抗肿瘤活性，前期合成了系列漆酚基异羟肟酸衍生物，其具有很好的 HDAC 抑制作用和抗肿瘤活性，为了提高漆酚基异羟肟酸衍生物的水溶性、生物相容性和肿瘤组织选择性，进一步提高其抗肿瘤活性，通过合成具有 pH 响应性的两亲嵌段共聚物聚乙二醇-聚 β-氨基酯（mPEG-PBAE）作为载体材料，用于抗肿瘤活性物漆酚基异羟肟酸衍生物的包载和输送，选择化合物 1 为模型药物，采用透析法制备了负载漆酚衍生物的共聚物胶束，并对胶束的粒径、形貌、pH 响应性、载药和释药性、体外抗肿瘤药效等进行了分析。该载药胶束的制备可明显改善漆酚基异羟肟酸衍生物的水溶性，提高其组织选择性和生物利用度，并可针对肿瘤细胞 pH 响应性释放药物，达到靶向给药的目的，将为漆酚衍生物靶向抗肿瘤药物制剂开发提供重要的理论与应用基础（图 12-5-48）。

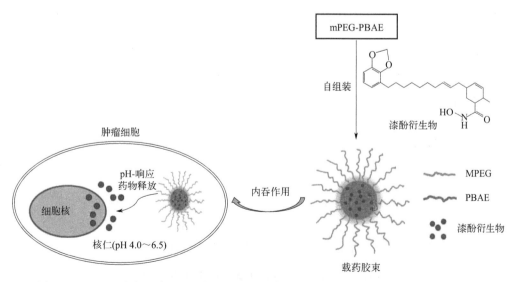

图 12-5-48　pH 响应漆酚衍生物负载聚合物胶束的形成原理和 pH 触发的药物释放机制

二、胶束制备

1. 漆酚基异羟肟酸衍生物/两亲共聚物胶束的制备

取 mPEG-NH$_2$（M_n＝2000 或 5000）（0.08 倍当量）、疏水胺单体（十二胺或十四胺）（0.7 倍当量）、5-氨基-1-戊醇（0.3 倍当量）和 1,4-丁二醇二丙烯酸酯（1.2 倍当量）溶于 DMSO 中配成浓度为 0.2mg/mL 的反应液，置于聚合管中在 60℃下搅拌反应 24h，然后加入 1,3-戊二胺（1.4 倍当量），继续反应 24h，反应结束后产物用二氯甲烷 20mL 稀释，去离子水洗涤 3 次，分离有机相、无水硫酸镁，干燥过夜，有机相过滤，滤液经旋转蒸发除去溶剂，40℃下真空干燥 24h，即得到目标共聚物 mPEG-PBAE。

采用透析法制备载药胶束。准确称量 mPEG-PBAE 共聚物 50mg 和漆酚衍生物 15mg，将它们溶于 10mL N,N'-二甲基甲酰胺（DMF）中，超声混合均匀后倒入分子量为 3000 的透析袋内，用 1.5L 的去离子水透析 24h，每 1h 换一次水。透析结束后将透析袋中胶束溶液在 1000r/min 下离心分离 10min，上清液用孔径为 0.45μm 的水膜过滤，除去未包封的漆酚衍生物。最后将滤液在 −45～−40℃下冷冻干燥 24～36h，即可得负载漆酚衍生物的共聚物胶束（图 12-5-49）。

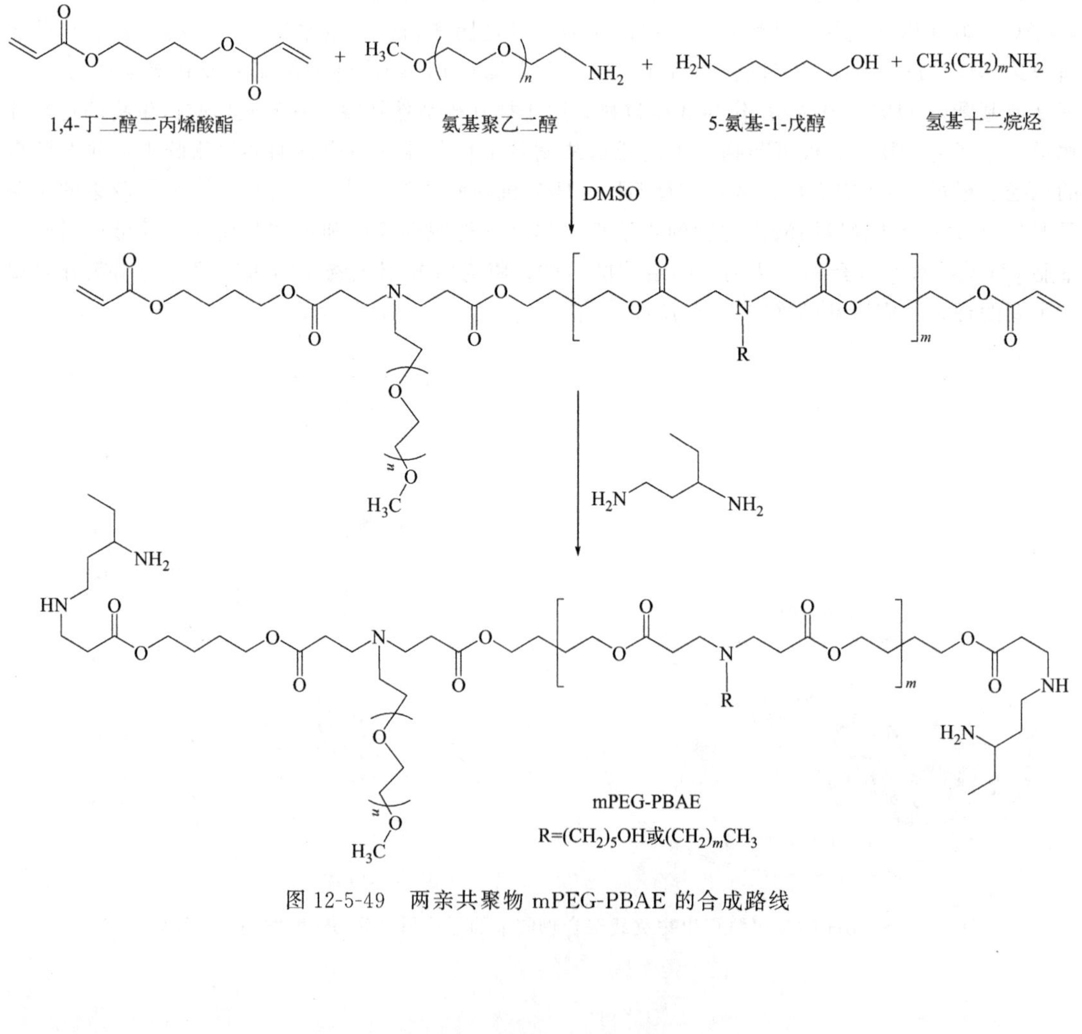

图 12-5-49　两亲共聚物 mPEG-PBAE 的合成路线

2. 漆酚基异羟肟酸衍生物/两亲共聚物胶束的配方优化

通过星点设计-效应面优化法对负载漆酚衍生物的共聚物胶束的制备工艺及配方进行优化。在预试验基础上，固定共聚物量为50mg，选择对胶束形成影响较大的两个因素，即漆酚衍生物的投料量（A，mg）和溶剂DMF用量（B，mL）作为考察因素，以载药量（DL，%）（Y_1）和包封率（EE，%）（Y_2）为评价指标，采用星点设计，每个因素选择5个水平，用代码值$-\alpha$、-1、0、1、α表示（二因素星点设计的$\alpha=1.414$）。星点设计因素水平表和星点设计实验表见表12-5-13。应用Design Expert 8.05软件进行统计。

表 12-5-13　漆酚衍生物/两亲共聚物胶束配方优化星点设计因素水平

水平	漆酚衍生物量 A/mg	溶剂用量 B/mL
-1.414	3	2
-1	6.513	4.342
0	15	10
1	23.487	15.658
1.414	27	18

综合考虑四种共聚物胶束的CMC（临界胶束浓度）值、粒径、Zeta电位和载药量大小，选择载药量最大、粒径和稳定性最好的mPEG$_{5000}$-PBAE-C$_{12}$共聚物进行进一步载药胶束配方优化研究，以期得到性能稳定优异的载药胶束。在预实验基础上，固定mPEG$_{5000}$-PBAE-C$_{14}$共聚物量为50mg，选取对载药胶束包封率（EE，%）和载药量（DL，%）最为重要的两个因素，即漆酚投料量（A）和溶剂用量（B），进行星点设计，试验设计及结果见表12-5-14。

表 12-5-14　星点试验设计与结果

编号	投料量		溶剂用量		载药量/%	包封率/%
	水平	A/mg	水平	B/mL		
1	-1	6.513	-1	4.342	11.15	83.60
2	1	23.487	-1	4.342	18.85	48.13
3	-1	6.513	1	15.658	10.92	81.83
4	1	23.487	1	15.658	19.62	46.77
5	-1.414	3	0	10	5.21	85.83
6	1.414	27	0	10	20.46	42.89
7	0	15	-1.414	2	18.9	62.05
8	0	15	1.414	18	19.49	65.67
9	0	15	0	10	22.87	79.23
10	0	15	0	10	22.96	79.53
11	0	15	0	10	23.95	80.83
12	0	15	0	10	23.54	80.47
13	0	15	0	10	24.21	82.70

使用Design-Expert 10.0.3软件，对星点设计数据进行处理，以载药量和包封率为指标进行

拟合，二次多项式拟合回归方程如下：Y_1（载药量/%）$= -9.179 + 2.821A + 1.436B - 0.077A^2 - 0.074B^2 + 0.0052AB$；$Y_2$（包封率/%）$= 59.589 + 1.316A + 5.074B - 0.109A^2 - 0.253B^2 + 0.0021AB$。

从对载药量影响的数字模型方差分析结果来看（表 12-5-15）：模型的 $F = 92.25$，表明该模型是显著的，模型（$P > F$）< 0.0001；模型的相关系数 $R^2 = 0.9851 > 0.9$，模型拟合程度很好；同时，信噪比 $27.668 > 4$，说明模型方程能够很好地反映真实的实验值。因此，可以用该模型对载药胶束的配方工艺进行预测。在模型建立的方程中，A、A^2、B^2 的偏回归系数显著（$P < 0.05$），说明投料量、投料量平方、溶剂用量平方对载药量的影响效应显著。

表 12-5-15　对载药量影响的数字模型方差分析结果

来源	平方和	自由度	均方	F 值	$P > F$
模型	414.66	5	82.93	92.25	< 0.0001
A（投料量）	180.18	1	180.18	200.43	< 0.0001
B（溶剂体积）	0.24	1	0.24	0.26	0.6241
AB	0.25	1	0.25	0.28	0.6143
A^2	214.70	1	214.70	238.82	< 0.0001
B^2	39.26	1	39.26	43.67	0.0003
纯误差	1.40	4	0.35		
总和	420.95	12			

从对包封率影响的 ANOVA 分析结果来看（表 12-5-16）：模型的 $F = 137.54$，表明该模型是显著的，模型（$P > F$）< 0.0001；模型的相关系数 $R^2 = 0.9899 > 0.9$，模型拟合程度很好；同时，信噪比 $33.05 > 4$，说明模型方程能够很好地反映真实的实验值。因此，可以用该模型对载药胶束的配方工艺进行预测。在模型建立的方程中，A、A^2、B^2 的偏回归系数显著（$P < 0.05$），说明投料量、投料量平方、溶剂用量平方对包封率的影响效应显著。

表 12-5-16　对包封率影响的数字模型方差分析结果

来源	平方和	自由度	均方	F 值	$P > F$
模型	2937.66	5	587.53	137.54	< 0.0001
A（投料量）	2153.53	1	2153.53	504.13	< 0.0001
B（溶剂体积）	0.49	1	0.49	0.12	0.7436
AB	0.042	1	0.042	0.0098	0.9238
A^2	428.99	1	428.99	100.43	< 0.0001
B^2	456.74	1	456.74	106.92	< 0.0001
纯误差	7.49	4	1.87		
总和	2967.56	12			

根据拟合得到的方程描绘三维响应曲面图，结果见图 12-5-50。可以看出，对于载药量（DL,%），当溶剂体积（B）一定时，随着投料量（A）的增加，载药量（DL,%）先增加后减小，说明投料量（A）增加到一定程度后达到饱和，再增加投料量（A）使得多余的药物游离于水溶液中未能进入胶束内部，反而使载药量下降，当投料量（A）一定时，载药量（DL,%）随

溶剂体积（B）的增加先增大后减小，说明随着溶剂体积的增加，胶束数目增加，漆酚的载药量增加，但溶剂体积增加到一定程度后，胶束在溶剂中分散度增加，反而不利于漆酚的包裹，使载药量下降。而对于包封率（EE,%），当投料量（A）一定时，包封率（EE,%）随溶剂体积（B）的变化趋势同样也是先增大后减小；当溶剂体积（B）一定时，包封率（EE,%）随着投料量（A）的增加先增大后减小，说明投料量（A）增加到一定程度后达到饱和，再增加投料量（A）使得多余的药物游离于溶液中未能进入胶束内部，反而使包封率下降。

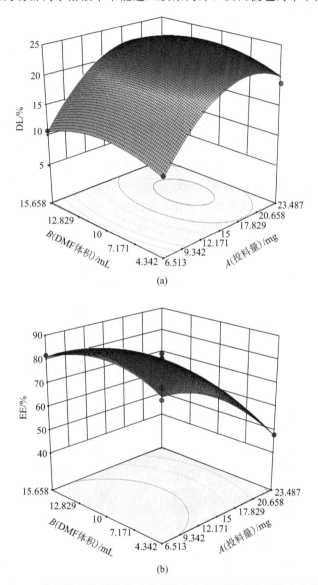

图 12-5-50　投料量和溶剂体积对载药量与包封率影响的三维响应曲面图

经 Design-Expert. V. 10. 0. 3 软件优化数值，15mg 漆酚和 50mg 共聚物在溶剂体积为 10mL 时可达到理想的包封率（EE,%）为 80.55% 和载药量（DLC,%）为 23.51%（表 12-5-17）。对优化结果进行验证结果表明，实际优化工艺条件下得到的胶束包封率为 80.68%，与预测值相对误差仅 0.16%；载药量为 23.45%，与预测值相对误差仅 0.26%。说明该方法能较好地应用于负载漆酚共聚物胶束的配方和制备工艺优化。

表 12-5-17　优化条件下制备的负载漆酚衍生物胶束的载药量和包封率的实际值与预测值的比较

效应	预测值	试验值	相对偏差/%
载药量/%	23.51	23.45	0.26
包封率/%	80.55	80.68	−0.16

三、漆酚基胶束表征

以漆酚衍生物为药物模型分子，采用透析法，在最佳配方条件下制备了负载漆酚衍生物的 mPEG$_{5000}$-PBAE-C$_{12}$ 共聚物胶束。采用动态光散射方法（dynamic light scattering，DLS）测定载药胶束的粒径及 Zeta 电位，粒径分布见图 12-5-51。同时采用透射电子显微镜（TEM）观察胶束的形貌，见图 12-5-52。负载漆酚衍生物的载药胶束平均粒径为 160.1nm，与空白胶束的 149.1nm 相比，尺寸略微增大，这是因为疏水性漆酚药物的负载改变了胶束内核疏水键的作用力，增大了疏水内核的尺寸，进一步说明药物的成功负载。载药胶束的 Zeta 电位值为 33.40mV，表明具有很好的稳定性，胶束所带的正电荷有助于其通过静电吸附作用与荷负电的细胞膜表面结合，有助于载药胶束体系的细胞摄取。由透射电镜图可以看出，载药胶束外观较为圆整，具有规则的球形结构，大小均一，分散性良好。

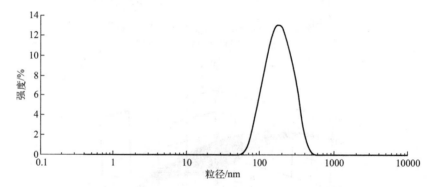

图 12-5-51　漆酚衍生物/两亲共聚物胶束的粒径分布图

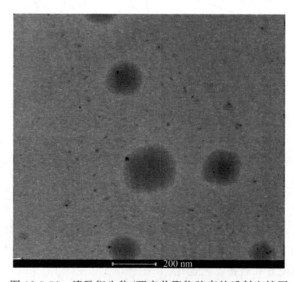

图 12-5-52　漆酚衍生物/两亲共聚物胶束的透射电镜图

四、漆酚基胶束性能评价

1. 漆酚基异羟肟酸衍生物/两亲共聚物胶束的 pH 响应性

胶束的粒径变化可在一定程度上反映微观状态下胶束稳定性及胶束结构的 pH 敏感变化情况。为了检验所制备的载药胶束具有 pH 响应性，考察了载药胶束在不同 pH 值的水溶液中的粒径变化情况，结果见图 12-5-53。可以看出，在 pH＝5.0 和 6.5 时，胶束粒径都呈现增大趋势。pH＝5.0 时，胶束粒径在 4h 内从起初的 160nm 增加到 305nm，24h 后粒径达到 625nm；pH＝6.5 时，胶束粒径在 24h 内可从 160nm 增加到 292nm。这是由质子海绵效应造成的，因为共聚物骨架结构中大量存在的叔胺、仲胺、伯胺基团在酸性条件下会大量吸附质子氢，整个共聚物呈高度正电性，内部的静电斥力使其体积膨胀，导致粒径增大，另外由于氢键作用还可引起胶束的团聚，也可使胶束粒径增大。pH＝5.0 时的粒径增大明显高于 pH 6.5，充分说明了胶束在较酸性条件下更易被触发膨胀和聚集。此外，pH＝5.0 时，胶束粒径在 1h 内有略下降趋势，这可能是由于在较酸性条件下，共聚物结构中的部分酯键被水解，共聚物的主链断裂，胶束结构被破坏，粒径减小，但是它还可以在水溶液中进一步聚集，原位自组装形成新的二级核-壳共聚物胶束。而当 pH＝7.4 时，24h 内胶束粒径几乎没有任何改变。由此证明，载药共聚物胶束具有明显的 pH 响应性，同时也表明了制备的胶束具有良好的稳定性。

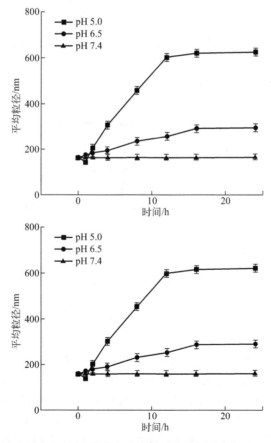

图 12-5-53　漆酚衍生物/两亲共聚物胶束的平均粒径随时间及 pH 的变化情况

2. 漆酚基异羟肟酸衍生物/两亲共聚物胶束的体外释药性

为了进一步研究载药胶束作为药物载体对漆酚衍生物的缓释行为，分别在 pH 5.0、pH 6.5 和 pH 7.4 的缓冲溶液中模拟体外药物释放，释放曲线如图 12-5-54 所示。可以看出，漆酚衍生物的释放呈现依赖 pH 的性质，pH 值越低漆酚衍生物药物释放得就越快。当 pH＝5.0 时，起初 2h 内漆酚衍生物的累计释放率为 20.42％，出现明显的突释现象，10h 后累积释放率高达 91.52％，其后逐渐变缓，72h 后累计释放率达 98.74％。当 pH＝6.5 时，24h 后累积释放率达 58.60％，72h 后累计释放率达 61.65％。而 pH＝7.4 时，漆酚衍生物的累计释放率较缓慢，72h 后累计释放率仅为 23.54％。漆酚衍生物药物在释放介质为 pH 5.0 的缓冲液中释放速度和释放量明显高于在 pH 6.5 与 pH 7.4 的缓冲液中。原因可能是，在低 pH 值条件下，PBAE 侧链上的叔氨基发生了质子化作用，由疏水性向亲水性转变，与 PEG 链相互排斥，胶束结构就变得松散，有利于漆酚衍生物从胶束内核中扩散出来，释药速率较快，而在较高 pH 值下，质子化作用较小，胶束保持较为稳定的形态，具有缓释作用，另外较酸性条件下嵌段共聚物的酯键发生水解，载药胶束解离，也会使药物迅速地释放出来。由此，可预测漆酚衍生物药物在体内正常 pH 值下缓慢释放，而到达 pH 值较低的肿瘤部位时，因为微酸环境的存在使其快速释放，不仅可增加肿瘤部位的局部药物浓度、降低毒副作用，还可增加疗效。

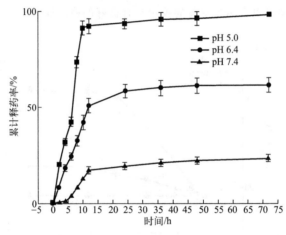

图 12-5-54　漆酚衍生物/两亲共聚物胶束在不同 pH 条件下的体外释药曲线

五、漆酚基胶束活性评价

采用 MTT 法测定了空白胶束、游离漆酚衍生物、漆酚衍生物/两亲共聚物胶束对人结肠癌细胞 HCT-116 或人非小细胞肺癌细胞 A549 的细胞毒性，如表 12-5-18 和表 12-5-19 所示。MTT 法是常用的一种检测细胞生长和存活的方法，其检测机制为活细胞的线粒体中含有的琥珀酸脱氢酶能使 MTT 还原为蓝紫色的甲瓒，并在细胞中沉积，而死细胞没有此功能[9]。结果表明，空白胶束在 $10 \sim 500 \mu mol/L$ 浓度范围内对 HCT-116 和 A549 细胞的生长基本没有影响，细胞存活率均在 95％以上，说明共聚物胶束几乎没有毒性，具有较好的生物相容性和安全性。不同浓度的游离漆酚衍生物和漆酚衍生物/两亲共聚物胶束对肿瘤细胞增殖的抑制活性如表 12-5-19 所示。由表可以看出，游离漆酚衍生物和漆酚衍生物/两亲共聚物胶束对 HCT-116 与 A549 细胞的增殖均起到了良好的抑制作用，细胞抑制率随着两者所含漆酚衍生物浓度的增加呈上升趋势，呈现出明显的浓度依赖性。此外，在不同漆酚衍生物浓度（$0.032 \sim 100 \mu mol/L$）下，漆酚衍生物/两亲共聚物胶束组的 HCT-116 和 A549 细胞增殖抑制率均显著高于游离漆酚衍生物组（$P <$

0.01），而且游离漆酚衍生物溶液对 HCT-116 和 A549 细胞的半抑制浓度 IC_{50} 分别为 $28.53\mu mol/L$ 和 $26.18\mu mol/L$，漆酚衍生物/两亲共聚物胶束溶液对 HCT-116 和 A549 细胞的半抑制浓度 IC_{50} 分别为 $14.80\mu mol/L$ 和 $12.91\mu mol/L$，因此漆酚衍生物/两亲共聚物胶束的体外抗肿瘤活性要大于游离漆酚衍生物，这可能是由于载药共聚物胶束产生的两亲性共聚物片段与低分子表面活性剂相似，能通过作用于细胞膜表面增加细胞膜的流动性，从而有利于载药胶束被动扩散进入肿瘤细胞，在酸性内涵体和溶酶体（pH 值约为 5.5）里崩解，药物分子快速释放，达到较高的药物浓度，从而更有效地在细胞核内富集；还可能是因为载药共聚物胶束能通过结合 P-糖蛋白（P-gp），从而降低其对药物的外排。以上结果说明所合成的载药胶束可达到用药更有效、抗肿瘤活性更强的目的。

表 12-5-18　空白胶束对 HCT-116 和 A549 细胞存活率的影响

细胞	不同浓度时的存活率/%				
	$10\mu mol/L$	$50\mu mol/L$	$100\mu mol/L$	$200\mu mol/L$	$500\mu mol/L$
HCT-116	98.5±1.05	98.2±0.85	97.6±0.64	97.1±0.72	96.3±0.58
A549	98.2±0.91	98.0±1.03	97.8±0.48	97.4±0.63	96.5±0.42

表 12-5-19　游离漆酚衍生物和漆酚衍生物/两亲共聚物胶束对细胞抑制率的影响

胶束	细胞	不同浓度时的抑制率/%						
		$100\mu mol/L$	$50\mu mol/L$	$20\mu mol/L$	$4\mu mol/L$	$0.8\mu mol/L$	$0.16\mu mol/L$	$0.032\mu mol/L$
游离漆酚衍生物	HCT-116	88.78±0.29	71.72±2.94	15.46±1.13	13.30±1.51	5.74±1.40	2.22±0.74	1.27±0.81
	A549	89.75±0.89	64.61±3.03	19.53±2.56	14.79±1.10	12.77±1.51	9.60±1.12	6.39±1.14
漆酚衍生物/两亲共聚物	HCT-116	91.64±0.32	73.63±3.08	32.82±1.54	22.72±1.86	15.29±1.15	9.94±2.55	6.79±2.56
	A549	92.72±0.52	70.72±1.74	36.02±1.23	23.37±0.20	18.31±1.52	14.19±0.17	9.75±1.08

参考文献

[1] 周明明，宋方华.天然大漆的前世今生.科学之友（上），2014，6：20-21.

[2] 易启睿.浅谈生漆与合成涂料的差异及未来发展趋势.中国生漆，2017，1（v.38）：52-55.

[3] 张飞龙.生漆成膜的分子机理.中国生漆，2012（1）：13-20.

[4] 张婷婷，张娟妮，任红艳.生漆与腰果漆.中国生漆，2017，36（4）：47-51.

[5] 万云洋，杜予民.漆酶结构与催化机理.化学通报（印刷版），2007，70（9）：662-670.

[6] 董艳鹤，王成章，宫坤，等.漆树资源的化学成分及其综合利用研究进展//林业生物质化学与工程学术研讨会.中国林学会，2009.

[7] 李林.漆树树皮结构与树皮及生漆化学成分研究.西安：西北大学，2008.

[8] 李林，魏朔南，胡正海.生漆中漆酚类化合物的 HPLC-ESI-MS～n 分析.西北大学学报，2010，40（6）：1017-1019.

[9] 周昊.漆酚基异肟酸型 HDAC 抑制剂的设计合成、纳米胶束制备及抗肿瘤活性研究.中国林业科学研究院，2020.

[10] 张飞龙，张瑞琴.生漆的品质及其检验技术.中国生漆，2007，26（2）：51-60.

[11] 王馥丽，赵鹏，裴承新，等.漆酶及其应用研究进展.生命科学仪器，2017，15（5）：19-24.

[12] 张飞龙，张武桥，魏朔南.中国漆树资源研究及精细化应用.中国生漆，2007，26（2）：36-50.

[13] 赵喜萍，魏朔南.中国生漆化学成分研究.中国野生植物资源，2007，26（6）：1-4.

[14] 陈育涛，黄婕.生漆多糖生物学功能研究进展.中国生漆，2012，31（1）：23.

[15] 黄坤.天然生漆的改性及其耐候性研究.福州：福建师范大学，2017.

[16] 林金火.光固化漆酚膜的 PY-GC/MS 分析.中国科技论文在线，2010.

[17] 黄湛，汪灵.中国出土漆器文物及其保护研究现状.南方文物，2009（1）：114-118.

[18] 江泽军，金芬，王静，等.食品中烷基酚类物质污染现状、来源及其检测技术研究进展.食品与发酵工业，2016，42（6）：220-229.

[19] 王鹏程，白燕荣，蒲发荣.北京地区有毒植物调查.北京农业，2011.

[20] 周光龙，彭经寿，郑小江.生漆及其产业化开发研究.武汉：湖北科学技术出版社，2012.

[21] 杨剑婷，吴彩娥.白果致过敏成分及其致敏机理研究进展.食品科技，2009，6：282-286.

[22] 高治平.银杏叶提取物对小白鼠长期毒性的实验研究.山西中医学院学报，2006，7（5）：22-23.

[23] 景文祥.腰果壳制备高纯度腰果酚及活性炭的研究.长沙：中南林业科技大学，2015.

[24] Halloran L. Developing dermatology detective powers：Allergic contact dermatitis. The Journal for Nurse Practitioners，2014，10（4）：284-285.

[25] Hachisuka J，Ross S E. Understanding the switch from pain-to-itch in dermatitis. Neurosci Lett，2014，579：188-189.

[26] 晁菲，邵杨，魏朔南.RP-HPLC-MS 分析漆叶中漆酚类化合物.中国野生植物资源，2011，30（1）：57.

[27] Rong Lu T M. Lacquer chemistry and applications. Amsterdam：Elsevier，2015.

[28] Kim J Y，Cho J Y，Ma Y K，et al. Nonallergenic urushiol derivatives inhibit the oxidation of unilamellar vesicles and of rat plasma induced by various radical generators. Free Radic Biol Med，2014，71：379-389.

[29] Coifman R，Yang C. Poster 1019：Novel allergy vaccine delivery system for poison ivy urushiol（PI）and peanut（PN）. World Allergy Organization Journal，2014，7（1）：10.

[30] 何源峰.生漆漆酚的结构修饰及生物活性的研究.北京：中国林业科学研究院，2013.

[31] Lu R，Yukio K，Tetsuo M. Characterization of lipid components of melanorrhoea usitata lacquer sap. Talanta，2007，71（4）：1536-1540.

[32] Choi S S，Jang J H. Analysis of UV absorbers and stabilizers in polypropylene by liquid chromatography/atmospheric pressure chemical ionization-mass spectrometry. Polymer Testing，2011，30（6）：673-677.

[33] Novikova O . An analysis of Chinese lacquerwares from the Bugry cemetery（Altay Krai，Russia）in the State Hermitage Museum. Asian Archaeology，2019，2（2）：121-138.

[34] 李林，魏朔南，胡正海.生漆中漆酚类化合物的 HPLC-ESI-MS 分析.西北大学学报（自然科学版），2010，40（6）：1017-1019.

[35] 贺潜，郑杰，田云刚，等.生漆中 C_{15} 三烯漆酚的分离制备.吉首大学学报（自然科学版），2016，37（5）：42-44.

[36] 张春艳，田友维，云龙飞.利用负载阴离子的 D72 树脂分离纯化蝉蛹油中 α-亚麻酸.中国油脂，2009，34（8）：36-39.

[37] 陆向红，黄晨蕾，杨坚勇，等.Ag^+-树脂络合吸附分离乌桕梓油中 α-亚麻酸.化学工程，2015，7：39-44.

[38] Kamiya Y，Lu R，Kumamoto T，et al. Deterioration of surface structure of lacquer films due to ultraviolet irradiation. Interface Anal，2006，38：1311.

[39] 万云洋，杜予民.漆酶结构与催化机理.化学通报，2007（9）：662-670.

[40] Honda，Takayuki，Miyakoshi，et al. Identification of Ryukyu lacquerwares by pyrolysis-gas chromatography/mass spectrometry and Sr-87/Sr-86 isotope ratio. Journal of analytical & applied pyrolysis，2016，117：25-29.

[41] Lu R，Kamiya Y，Miyakoshi T. Applied analysis of lacquer films based on pyrolysis-gas chromatography/mass spectrometry. Talanta，2006，70：370-376.

[42] 宫腰哲雄.传统生漆技术中的化学.中国生漆，2010，29（2）：27-31.

[43] Xia J R，Lin J H，Xiu Y L. On the UV-induced polymeric behavior of Chinese lacquer. ACS Applied Materials & Interfaces，2011，3（2）：482-489.

[44] Lu R，Kamiya Y，Kumamoto T，et al. Deterioration of surface structure of lacquer films due to ultraviolet irradiation. Surface and Interface Analysis，2006，38（9）：1311-1315.

[45] 孙祥玲，吴国民，孔振武.生漆改性及其应用进展.生物质化学工程，2014（48）：41-47.

[46] 陈博.漆酚改性与 TiO_2 纳米复合材料.武汉：武汉大学，2005.

[47] 任英杰，吴茂玉，张飞龙.漆籽中漆籽油和漆蜡的提取和初步表征（英文）.中国生漆，2012（2）：11-16.

[48] 周绍武.天然大漆的改性研究和应用.涂料工业，1998，28（9）：14-15.

[49] Liu Y L，Chou C I. High performance benzoxazine monomers and polymers containing furan groups. Journal of

Polymer Science Part A：Polymer Chemistry，2005，43（21）：5267-5282.

[50] 林金火，徐艳莲，陈钦慧，等.漆酚醛缩聚物/丙烯酸树脂 IPN 涂料的制备及性能.应用化学，2005，22（3）：254-256.

[51] 翟玉龙.漆酚基苯并噁嗪的合成及其性能研究.福州：福建师范大学，2014.

[52] 孙祥玲.天然生漆/萜烯基水性聚氨酯复合改性聚合物材料的制备与性能研究.北京：中国林业科学研究院，2014.

[53] 刘建桂，陈钦慧，徐艳莲，等.漆酚铁聚合物-醇酸树脂互穿聚合物网络涂料的研究.林产化学与工业，2005，25（2）：91-94.

[54] 薛兴颖，齐志文，周昊，等.漆酚/没食子酸基-聚合桐油、漆蜡多组分涂膜的制备及物化性能测试.现代化工，2020，8：118-123.

[55] 李林，赵喜萍，魏朔南.漆酚金属高聚物防腐涂料的研究进展.中国生漆，2007，26（1）：54-56.

[56] 王沈记.漆酚金属聚合物海洋防污涂料的研究.福州：福建师范大学，2018.

[57] 徐艳莲，等.一种直接研磨制备漆酚金属聚合物的方法：CN102285869B.2013-08-21.

[58] 吴平飞，黄木超，黄春梅，等.漆酚型苯并噁嗪金属聚合物的研究//2015 年全国高分子学术论文报告会论文摘要集——主题 J 高性能高分子.2015.

[59] 邵会菊.氟树脂改性漆酚聚合物及其复合体系的研究.福州：福建师范大学，2009.

[60] 史伯安.漆酚-喔星功能聚合物的合成及特性研究.功能材料，2005（5）：727-729.

[61] 张娟妮，任红艳，张婷婷.漆酚类衍生物研究进展.中国生漆，2017，36（2）：38-42.

[62] 齐志文，王成章，蒋建新.漆酚的生物化学活性及其应用进展.生物质化学工程，2018（4）：60-66.

[63] Honda T，Lu R，Miyakoshi T.Chrome-free corrosion protective coating based on lacquer hybridized with silicate.Progress in Organic Coatings，2006，56（4）：279-284.

[64] Takahisa I，Lu R，Tetsuo M.Studies on the reaction mechanism between urushiol and organic silane.Progress in Organic Coatings，2006，55（1）：66-69.

[65] Lu R，Ono M，Suzuki S，et al.Studies on a newly designed natural lacquer.Materials Chemistry and Physics，2006，100（1）：158-161.

[66] 孙祥玲，吴国民，孔振武.漆酚改性萜烯基多元醇乳液的制备及其聚氨酯膜性能.涂料工业，2014，44（7）：30-35.

[67] Lu R，Ishimura T，Tsutida K，et al.Development of a fast drying hybrid lacquer in a low relative-humidity environment based on Kurome lacquer sap.J Appl Polym Sci，2005，98：1055-1061.

[68] Lu R，Honda T，Ishimura T，et al.Study of a naturally drying lacquer hybridized with organic silane.Polym J，2005，37：309.

[69] 魏杰，金养智.环保涂料丛书：光固化涂料.北京：化学工业出版社，2005.

[70] 金养智.紫外光固化活性稀释剂的进展.影像技术，2009，21（2）：12-20.

[71] 刘茵，张鹏云，原炳发，等.紫外光固化涂料的研究进展及发展趋势.精细与专用化学品，2011（9）：42-46.

[72] 何金花，高延敏，王雁秋，等.紫外光固化涂料的发展及应用.上海涂料，2007，45（4）：21-24.

[73] 刘钢.紫外光固化涂料及其研究进展.工程技术（引文版），2016（1）：00241-00241.

[74] 郝才成，肖新颜，万彩霞.新型紫外光固化涂料的研究进展.化工新型材料，2008，36（1）：4-6.

[75] Wang X.Advances in application of hyperbranched polymers in UV-curable coatings.New Chemical Materials，2008.

[76] Miao Hui，Cheng Liangliang，Shi Wenfang.Fluorinated hyperbranched polyester acrylate used as an additive for UV curing coatings.Progress in Organic Coatings，2009，65（1）：71-76.

[77] 肖武华.不饱和聚酯树脂改性及其固化性能研究.广州：广东工业大学，2010.

[78] 谢瑜，金珠，韩璐.不饱和聚酯树脂：CN101195679A.2008.

[79] 万成龙，贺建芸.水性紫外光固化聚氨酯丙烯酸酯树脂的合成.北京化工大学学报（自然科学版），2010，5：93-97.

[80] 文志红，方平艳，王振强.紫外光固化涂料研究进展.中国涂料，2006，21（8）：5，47-48.

[81] Fawan M Uhl，Dean C Webster，Siva Prashanth Davuluri，et al.UV curable epoxy acrylate-clay nanocomposites.European Polymer Journal，2006，42（10）：2596-2605.

[82] Kardar P，Ebrahimi M，Bastani S，et al.Using mixture experimental design to study the effect of multifunctional acrylate monomers on UV cured epoxy acrylate resins.Progress in Organic Coatings，2009，64（1）：74-80.

[83] 章鹏，张兴元，戴家兵.二聚酸聚酯二醇基可紫外光固化水性聚氨酯的合成与性能.高分子材料科学与工程，2011，27（10）：23-26.

［84］栾永红，李树材，龙丽娟，等.紫外光固化水性聚氨酯-丙烯酸酯乳液性能的研究.天津科技大学学报，2009（3）：22-25.

［85］孙静.紫外光固化磺酸基-羧基型水性聚氨酯丙烯酸酯的合成与性能研究.郑州：郑州大学，2016.

［86］Huang M L，Zhang J，Yan C J，et al. Small molecule HDAC inhibitors：promising agents for breast cancer treatment. Bioorganic Chemistry，2019，91：103184.

［87］Mohammadi A，Sharifi A，Pourpaknia R，et al. Manipulating macrophage polarization and function using classical HDAC inhibitors：Implications for autoimmunity and inflammation. Critical Reviews in Oncology/Hematology，2018，128：1-18.

［88］Conte M，Palma R D，Altucci L. HDAC inhibitors as epigenetic regulators for cancer immunotherapy. The International Journal of Biochemistry & Cell Biology，2018，98：65-74.

［89］Mottamal M，Zheng S，Huang T L，et al. HDAC inhibitors in clinical studies as templates for new anticancer agents. Molecules，2015，20（3）：3898-3941.

［90］Chen L，Wilson D，Jayaram H N，et al. Dual inhibitors of inosine monophosphate dehydrogenase and histone deacetylases for cancer treatment. Journal of Medicinal Chemistry，2007，50（26）：6685-6691.

［91］王宛荞，杨金玉，刘帅，等.含丙二酰胺结构片段的硫醇类HDAC抑制剂的设计、合成及抗肿瘤活性研究.中国药物化学杂志，2015（2）：83-92.

［92］刘冰，陆爱军，廖晨钟，等.磺胺基羟肟酸类HDAC抑制剂三维定量构效关系.物理化学学报，2005，21（3）：333-337.

［93］Sailhamer E A，Li Y，Smith E J，et al. Acetylation：A novel method for modulation of the immune response following trauma/hemorrhage and inflammatory second hit in animals and humans. Surgery，2008，144（2）：204-216.

［94］Zhang S，Huang W B，Li X N，et al. Synthesis，Biological evaluation，and computer-aided drug designing of new derivatives of hyperactive suberoylanilide hydroxamic acid histone deacetylase inhibitors. Chemical Biology & Drug Design，2015，86：795-804.

［95］dos Santos Passos C，Simões-Pires C A，Carrupt P A，et al. Molecular dynamics of zinc-finger ubiquitin binding domains：A comparative study of histone deacetylase 6 and ubiquitin-specific protease 5. Journal of Biomolecular Structure and Dynamics，2016，34：2581-2598.

［96］Uba A I，Yelekçi K. Carboxylic acid derivatives display potential selectivity for human histone deacetylase 6：Structure-based virtual screening，molecular docking and dynamics simulation studies. Computational Biology and Chemistry，2018，75：131-142.

［97］韩晗，李营，袁金芳，等.pH敏感两亲性嵌段共聚物胶束的制备及其负载紫杉醇体外药效的研究.高分子学报，2015（9）：1100-1106.

［98］Concellon A，Claveria-Gimeno R，Velazquez-Campoy A，et al. Polymeric micelles from block copolymers containing 2,6-diacylaminopyridine units for encapsulation of hydrophobic drugs. RSC Advances，2016，6（29）：24066-24075.

［99］Zhang X L，Huang Y X，Ghazwani M，et al. Tunable pH-responsive polymeric micelle for cancer treatment. ACS Macro Letters，2015，4（6）：620-623.

［100］Mita M M，Natale R B，Wolin E M，et al. Pharmacokinetic study of aldoxorubicin in patients with solid tumors. Investigational New Drugs，2015，33（2）：341-348.

［101］Li X R，Hou X C，Ding W M，et al. Sirolimus-loaded polymeric micelles with honokiol for oral delivery. Journal of Pharmacy and Pharmacology，2015，67（12）：1663-1672.

［102］张丹，苑莹芝，马敏，等.三嵌段氧化还原/pH双重响应型载药胶束的制备及性能研究.广东化工，2016，43（22）：30-32.

［103］Chan J M W，Tan J P K，Engler A C，et al. Organocatalytic anticancer drug loading of degradable polymeric mixed micelles via a biomimetic mechanism. Macromolecules，2016，49（6）：2013-2021.

［104］Zhang L，Wang Y，Zhang X B，et al. Enzyme and redox dual-triggered intracellular release from actively targeted polymeric micelles. ACS Applied Materials & Interfaces，2017，9（4）：3388-3399.

（王成章，齐志文，周昊，薛兴颖，刘丹阳）

第六章　天然橡胶化学与应用

第一节　橡胶树胶乳的化学组成及理化性质

从巴西橡胶树采集的胶乳是一种乳白色液体，其外观与牛奶相似，它是橡胶树生物合成的产物，其结构、成分十分复杂。鲜胶乳除含橡胶烃（顺式-1,4-聚异戊二烯）和水外，还有种类繁多的非橡胶物质。这些物质部分溶于水成为乳清；部分吸附在橡胶粒子上，形成保护层；其余部分构成悬浮于乳清中的非橡胶粒子。鲜胶乳中橡胶烃含量约 $20\%\sim40\%$，水 $52\%\sim75\%$，其他非橡胶物质含量约为 5%。非橡胶物质虽然数量较少，但对胶乳的性质、生胶的工艺性能和应用性质影响很大[1]。

一、橡胶树胶乳的化学组成

（一）橡胶烃

橡胶烃是指纯的橡胶，系异戊二烯（亦称为聚萜烯）的线型顺式聚合物，分子结构见图 12-6-1，重均分子量范围是 $3.4\times10^{6}\sim10.17\times10^{6}$。由于构成此聚合物的主链上含有很多 σ 电子组成的 C—C 键，其两个 C 原子可绕单键自由旋转，故使橡胶具有良好的弹性。此主链又含有一定的由 σ 键与 π 键共同组成的 C=C 键，因此双键容易极化，极化后使邻近的基团（特别是 α-位的亚甲基）变得非常活泼，故容易硫化和改性。但由于 π 键键能较小，容易断裂，造成双键不稳定，化学活性大，故又使天然橡胶不太耐热和不耐氧化。尽管在双键中的 π 电子云是无轴对称性的，不能旋转，但由于它隔开了相邻单键，又减少了单键旋转时的干扰，因此天然橡胶显示出优良的弹性。

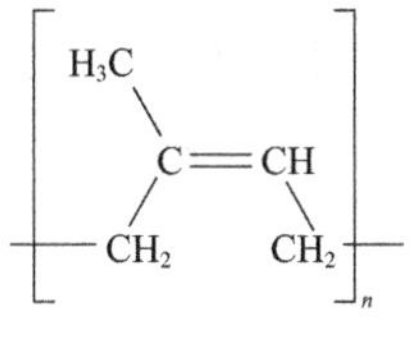

$$\left[\begin{array}{c} H_3C \\ \diagdown \\ C=CH \\ \diagup \quad \diagdown \\ -CH_2 \quad CH_2- \end{array}\right]_n$$

图 12-6-1　橡胶烃结构

（二）水

水在鲜胶乳中含量最多，约占胶乳重的 $52\%\sim75\%$。一部分水分布在胶粒与乳清界面，形成一层水化膜，使胶粒不易聚结，起着保护胶粒的作用；另一部分水与非橡胶粒子结合，构成它们（特别是黄色体）的一些内含物；其余大部分水则成为非橡胶物质均匀分布的介质，构成乳清。因此，水是胶乳分散体系中整个分散介质的主要成分。胶乳含水量的多少对胶乳性质特别是稳定性有一定的影响。在其他条件相同的情况下，胶乳含水越多，意味着胶粒之间的距离越大，互相碰撞的频率越低，稳定性越高。鲜胶乳本身的含水量对制胶生产也有较大影响。用含水多的鲜胶乳生产离心浓缩胶乳，不仅干胶制成率低，而且加工效率也低，用来生产生胶，所得产品的纯度往往较低。为了有利于制胶产品的贮存、运输和进一步加工，在制胶过程中要尽量除去鲜胶乳所含的水分。

（三）非橡胶有机物质

鲜胶乳中除了橡胶烃和水外，还含有非橡胶烃，如蛋白质约 $1\%\sim2\%$、类脂物 1% 左右、水溶物 $1\%\sim2\%$、丙酮溶解物 $1\%\sim2\%$、无机盐 $0.3\%\sim0.7\%$。这些物质虽数量不多，但种类繁杂，对胶乳工艺性能和产品性能均有不同程度的影响。根据它们的化学性质，大体上可分为以下几类。

1. 蛋白质

鲜胶乳的蛋白质含量占胶乳重的 $1\%\sim3\%$，其中约有 20% 分布在胶粒表面，是胶粒保护层的重要组成物质；65% 溶于乳清；其余以黄色固体粒子的形式存在。天然橡胶因其中含有致敏蛋白，能够引起过敏性反应。橡胶树所产生的蛋白质，至少有 62 种橡胶树抗原与Ⅰ型胶乳过敏有关。

2. 类脂物

鲜胶乳中的类脂物由脂肪、蜡、甾醇、甾醇酯和磷脂组成。这些化合物都不溶于水，主要分布在橡胶相，少量存在于底层部分和由脂肪与其他类脂物组成的非橡胶粒子中。胶乳含类脂物总量约 0.9%。其中，大部分（0.6%）是磷脂。胶乳磷脂的表面活性度很高，它是类脂物中与蛋白质形成胶粒保护层的主要物质，对保持鲜胶乳稳定性起着重要作用。

3. 丙酮溶解物

胶乳里能溶于丙酮的物质，统称丙酮溶解物。胶乳的丙酮溶解物含量占 $1\%\sim2\%$。其主要成分有油酸、亚油酸、硬脂酸、甾醇、甾醇酯、生育酚等。脂肪酸对橡胶起物理软化作用，使橡胶塑炼时容易获得可塑性。甾醇和生育酚则是橡胶的天然防老剂。

（四）细菌

胶乳中的细菌不是胶乳本身固有的，而是从周围环境中感染而来。胶树开割后由于胶刀的污染，细菌可从割口进入乳管。因此，从胶树上刚收集的胶乳中往往也含有细菌。细菌污染较严重的胶树，不仅所产胶乳含菌量多，而且割胶后排胶时间较短，一般产量也低。对割口进行抗菌处理，可使胶树增产，所得胶乳的细菌含量减少，颜色增白，产胶量提高。

（五）酶

酶是具有特殊催化作用的蛋白质。鲜胶乳中的酶，部分是固有的，部分是外界感染的细菌所分泌的，包括凝固酶、氧化酶、过氧化酶、还原酶、蛋白分解酶、尿素酶、磷脂酶等。凝固酶能促使胶乳凝固；氧化酶能使类胡萝卜素氧化从而颜色加深；蛋白分解酶能使蛋白质分解产生氨基酸等；尿素酶能使加入的少量尿素分解为氨和二氧化碳，从而产生明显的氨味。

酶是一种蛋白质，凡能使蛋白质变性的因素，如热、浓酸、浓碱、紫外线等都可使其变性从而失去活力。据此对胶乳酶可以进行控制和利用。

（六）水溶物

胶乳中能溶于水的一切物质，统称水溶物。鲜胶乳的水溶物以白坚木皮醇（甲基环己六醇）含量最多，还有少量环己六醇异构体、单糖、二糖以及一些可溶性无机盐、蛋白质等。水溶物

含量占胶乳的 $1\%\sim2\%$，主要分布在乳清相。水溶物具有较强的吸水性，能促使橡胶和橡胶制品吸潮、发霉，降低绝缘性。

从胶树流出的胶乳，不含挥发性脂肪酸，但它所含的糖类受微需氧细菌的代谢作用后会产生乙酸、甲酸、丙酸等水溶挥发性脂肪酸，可根据这些酸的含量判断胶乳被细菌降解的程度。

（七）无机盐

鲜胶乳中无机盐占胶乳重的 $0.3\%\sim0.7\%$，其主要成分有钾、镁、铁、钠、钙、铜、磷酸根等离子。无机盐大部分分布在乳清中，少量铜、钙、钾（可能还有铁）与橡胶粒子缔合。大量的镁则存在于底层部分。无机盐对胶乳稳定性和橡胶性能都有一定的影响。例如，钙、镁之类的金属离子是酶的活化剂，能增强酶的活动能力。镁和钙含量相对高时，会降低胶乳的稳定性。镁离子与磷酸根含量之比特别大时，胶乳稳定性往往很低。在这种情况下，如制造浓缩胶乳，除在鲜胶乳中加氨外需再加入适量可溶性磷酸盐，使过量的镁离子生成溶解度极小的磷酸镁铵沉淀而除去。铜、锰、铁都是橡胶的氧化强化剂，如含量过多，势必促进橡胶老化。无机盐含量多时，不但吸水性大，还会使硫化胶的蠕变和应力松弛增大。

二、 三叶橡胶的理化性质

1. 一般物理学参数

天然橡胶的相对密度约为 $0.91\sim0.93$，能溶于苯、汽油。受热时逐渐变软，在 $130\sim140℃$ 下软化至熔融状态，$200℃$ 左右开始分解，$270℃$ 下则剧烈分解。天然橡胶具有较好的耐低温性能，其玻璃化转变温度为 $-72\sim-70℃$，在此温度下显脆性。将天然橡胶缓慢冷却或长时间保存，或者将天然橡胶进行拉伸，均可能使橡胶形成部分结晶。天然橡胶一般物理学参数见表 12-6-1。在各种橡胶材料中，天然橡胶的生胶混炼胶机械强度较高，这是因为：a. 天然橡胶是自补强型橡胶，在拉伸应力的作用下易发生结晶，晶粒分散在无定形大分子链中起到增强作用；b. 天然橡胶中含有一定的由交联引起的不能被溶剂溶解的凝胶，包括松散凝胶和紧密凝胶，经过塑炼后松散凝胶被破坏，成为可以溶解的凝胶，而微小颗粒的紧密凝胶仍不能被溶解，分散在可溶性橡胶相中，对增强橡胶性能有一定作用。天然橡胶具有优异的弹性，弹性伸长率最大可达 1000%，在 350% 范围内伸缩时，其弹回率达 85% 以上，即永久（伸长）变形在 15% 以下。

表 12-6-1　天然橡胶一般物理学参数[1]

性能	数值	性能	数值
密度/(g/cm^3)	$0.91\sim0.93$	折射率$(20℃)$	1.52
内聚能密度/(MJ/m^3)	266.2	燃烧热/(kJ/kg)	44.8
体积膨胀系数/$(10^{-4}\times K^{-1})$	6.6	热导率/$[W/(m\cdot K)]$	0.134
相对介电常数	2.37	体积电阻率/$(\Omega\cdot cm)$	$10^{15}\sim10^{17}$
击穿强度/(MV/m)	$20\sim40$	比热容/$[kJ/(kg\cdot K)]$	$1.88\sim2.09$

2. 结晶性

天然橡胶最显著的特点是能够结晶，特别是应变诱导结晶。天然橡胶在未硫化状态时具有很强的自黏性和很高的生胶强度，在交联状态时又具有很高的拉伸强度和优异的耐龟裂、耐疲劳裂纹增长性能，这些特征都与天然橡胶的结晶有关。很多因素都能导致天然橡胶的结晶，其中最主要的是温度和应变作用，而天然橡胶的高顺式-1,4-异戊二烯构型是其结晶的根本原因。

3. 玻璃化转变

天然橡胶在特定的低温下冷冻会失去弹性，受到外力冲击时会如玻璃般粉碎，称为玻璃化转变。在常温下，橡胶具有弹性，而在较高温度下，受外力拉伸时又会逐渐流动变长，发生黏流。橡胶的热力学性质对解释橡胶的加工和使用性能有着重要意义。

4. 弹性

天然橡胶有非常好的弹性，具体表现为：a. 弹性变形大，最高可达 1000%。而一般金属材料的弹性变形不超过 1%，典型的在 0.2% 以下。b. 弹性模量小，高弹模量约为 $10^5\,Pa$。而一般金属材料的弹性模量可达 $10^{10}\sim10^{11}\,Pa$。c. 弹性模量随热力学温度的升高呈正比增加，而一般金属材料的弹性模量随温度升高而降低。d. 形变时有明显热效应。当把橡胶试样快速拉伸（绝热过程）时，温度升高（放热过程）；形变回复时，温度降低（吸热过程）。

5. 动态力学性能

橡胶的动态力学性能涉及材料在周期性外力作用下的应力、应变和损耗与时间、频率、温度等之间的关系。考察橡胶材料的动态力学性能随温度、时间、频率和组成的变化，可以研究橡胶材料的玻璃化转变和次级松弛转变、结晶、交联、取向、界面等理论问题，还可用于解决实际的工程问题，如根据动态力学性能评价材料优劣，不断改进配方及工艺，从而研制出具有优良阻尼性能和声学性能、耐环境老化和抗疲劳破坏性能等的橡胶材料。

使橡胶试样拉伸达到给定长度所需施加的单位截面积上的负荷量，称为定伸应力（tensile stress at a given elongation，SE）。橡胶材料常见的定伸应力有 100%、200%、300%、500% 定伸应力。试样拉伸至扯断时的最大拉伸应力称为拉伸强度（tensile strength，TS），又称扯断强度或抗张强度。

天然橡胶的动态力学性能与填充补强剂的品种和用量、橡胶和填料之间的相互作用、硫化过程以及其他配合剂等密切相关。

6. 溶胀性能

溶剂分子可进入橡胶内部，使其溶胀，体系网链密度降低，平均末端距增加。溶胀过程可看作是两个过程的叠加，即溶剂与网链的混合过程和网络弹性体的形变过程。耐溶剂性能是指橡胶抗溶剂作用（溶胀、硬化、裂解、力学性能恶化）的能力。

天然橡胶的溶胀同样遵循极性相似和溶解度参数相近原则，能溶于苯、石油醚、甲苯、己烷、四氯化碳等，但不溶于乙醇。

7. 耐化学腐蚀性能

天然橡胶制品在与各种腐蚀性物质（例如强氧化剂、酸、碱、盐和卤化物等）接触时，会发生一系列化学和物理变化，导致制品性能变差从而损坏。

腐蚀性物质对橡胶的破坏作用，是其向橡胶内部渗透、扩散后，与橡胶中的活性基团（双键、酯键、活泼氢等）发生反应，引发橡胶大分子链中的化学键和次价键破坏，产生结构降解，导致性能下降甚至破坏。总体来讲，耐腐蚀橡胶应具有较高的饱和度、较少的活泼基团和较大的分子间作用力。另外，结晶结构有利于提高天然橡胶的化学稳定性。

通过以下措施，可以提高天然橡胶的耐腐蚀性能：a. 在橡胶表面形成一层防护层，降低腐蚀性物质向天然橡胶基体内部渗透扩散的速率，如利用石蜡或聚四氟乙烯涂覆表面等；b. 在天然橡胶基体中加入能够与腐蚀性物质反应的助剂，抑制对橡胶基体的腐蚀；c. 对天然橡胶基体进行化学改性，减少活性基团；d. 降低天然橡胶制品的含胶率。

8. 气密性

聚合物的气密性能与气体在聚合物中的溶解和扩散有关，这由两方面的因素决定：一方面是聚合物体系中空洞的数量和大小，即所谓静态自由体积，决定着气体在聚合物中的溶解度；另一方面是空洞之间通道的形成频率，即所谓动态自由体积，决定着气体在聚合物中的扩散率。

天然橡胶分子链有较高的柔性，弹性好，且没有极性，因此气体在其中的溶解和扩散都较大，气密性能不够理想。作为空气主要组成部分的氮气，在 25℃ 天然橡胶中的溶解度为 $0.55cm^3/(cm^3 \cdot MPa)$，扩散系数为 $1.10 \times 10^{-6} cm^2/s$，气体渗透系数为 $6.1 \times 10^{-7} cm^3/(cm \cdot s \cdot MPa)$。但由于其综合性能包括加工性能良好，历史上曾一直是制备气密制品的主要材料。

9. 吸水性

天然橡胶大多由高聚合度的碳、氢元素构成，本身是疏水性物质。因此，橡胶材料广泛应用于输水胶管、水密封件、雨衣、雨鞋、橡胶水坝、橡皮艇等的制作。

虽然天然橡胶是疏水材料，但由于天然橡胶含有电解质和蛋白质等水溶性杂质，而且分子链柔顺，自由体积大，和其他橡胶相比，其吸水性较大。

10. 耐疲劳性能

橡胶材料的疲劳破坏都是源于外加因素作用下，材料内部的微观缺陷或薄弱处的逐渐破坏。一般来讲，橡胶材料的动态疲劳过程可以分为 3 个阶段：第 1 阶段，橡胶材料在应力作用下变软；第 2 阶段，是在持续外应力作用下，橡胶材料表面或内部产生微裂纹；第 3 阶段，微裂纹发展为裂纹并连续不断地扩展，直到橡胶材料断裂破坏。

天然橡胶由于具有拉伸结晶性能，因此耐疲劳性能优异，特别是在较大变形条件下。天然橡胶的疲劳裂纹扩展速率常数低，具有很好的耐破坏性能，但其耐疲劳性能也受到硫化体系、增强体系和环境等的影响。

11. 耐磨耗性能

磨耗是指制品或试样在实验室或使用条件下因磨损而改变其重量或尺寸的过程。磨耗性能是橡胶制品的一项非常重要的指标，表征其抵抗摩擦力作用下因表面破坏而使材料损耗的能力。

根据接触表面粗糙度不同，橡胶的磨耗机理也不同，随着粗糙度的增加，依次是疲劳磨耗、磨蚀磨耗和图纹磨耗。橡胶在光滑表面上摩擦时，由于周期应力作用，橡胶表面会产生疲劳，造成的磨耗叫作疲劳磨耗。疲劳磨耗是低苛刻度下的磨耗，是橡胶制品在实际使用条件下最普遍存在的形式，不产生磨耗图纹，但在橡胶硬度较低或接触压力及滑动速率大于某一临界值时，橡胶表面起卷、剥离而产生高强度的磨耗，称为卷曲磨耗。这种磨耗是高弹材料特有的现象，会在橡胶表面形成横的花纹。橡胶在粗糙表面上摩擦时，由于摩擦面上尖锐点的刮擦，使橡胶表面产生局部的应力集中，并被不断切割和扯断成微小颗粒，这种磨耗和金属及塑料的磨耗相似，叫作磨蚀磨耗，其特点是在磨损后的橡胶表面形成一条与滑动方向平行的痕带。随着苛刻度的增加（更尖锐的摩擦表面，更大的摩擦力，特别是更低的橡胶硬度），橡胶将产生剧烈的磨损，并且在和滑动方向上垂直的方向上产生一系列表面凸纹，叫作沙拉马赫图纹，这类磨耗叫作图纹磨耗。

12. 撕裂强度

橡胶的撕裂是从橡胶中存在的缺陷或微裂纹处开始，然后渐渐发展至断裂。撕裂强度的含义是单位厚度试样产生单位裂纹所需的能量，同橡胶材料的应力-应变曲线形状、黏弹行为相关。需要指出的是，橡胶的撕裂强度与拉伸强度之间没有直接的联系，拉伸强度高的胶料，其撕裂强度不一定好。通常撕裂强度随断裂伸长率和滞后损失的增大而增加，随定伸应力和硬度的增加而降低。

13. 黏合性能

通常橡胶制品成型操作是将胶料或部件黏合在一起，因此橡胶的黏合性能对半成品的成型非常重要。同种橡胶两表面之间的黏合性能称为自黏性；不同种橡胶两表面之间的黏合性能称为互黏性。

橡胶黏合的本质是橡胶高分子链的界面扩散。扩散过程的热力学先决条件是接触物质的相容性；动力学的先决条件是接触物质具有足够的活动性。在外力作用下，使两个橡胶接触面压合在一起，通过一个流动过程，接触表面形成宏观结合。由于橡胶分子链的热运动，在胶料中产生微孔隙，分子链链端或链段的一小部分逐渐扩散进去，在接触区和整体之间发生微观调节作用。活动性高分子链端在界面间的扩散，导致黏合力随接触时间延长而增大。这种扩散最后导致接触区界面完全消失。因此，橡胶黏性与压力、时间有关，接触压力越大、时间越长，黏合越好。

14. 电学性能

天然橡胶是非极性橡胶，是一种绝缘性较好的材料。绝缘体的体积电阻率在 $10^{10} \sim 10^{20} \, \Omega \cdot cm$ 范围内，而天然橡胶生胶一般为 $10^{15} \, \Omega \cdot cm$，脱蛋白纯化天然橡胶一般为 $10^{17} \, \Omega \cdot cm$。

目前，全球天然橡胶消费量的 75% 用于轮胎制造，而低滞后损失（通常弹性越大，滞后损失越低）、高强度和良好的耐磨性是轮胎产品必需的特性[2,3]。

第二节　三叶橡胶的加工

一、标准橡胶（颗粒胶）的制备

在我国，标准橡胶目前只限于采用颗粒胶生产工艺生产的天然生胶。标准橡胶的造粒主要有锤磨法造粒、剪切法造粒和挤压法造粒，其中锤磨法造粒是标准橡胶生产的主要方法。近年来，为了简化工艺、减少设备投资、节约能源，需要寻找新的凝固方式来凝固天然胶乳，如天然胶乳的海水热絮凝法[4]。

1. 锤磨法造粒的基本步骤

标准橡胶锤磨法造粒的基本流程见图 12-6-2，基本步骤包括以下几个。

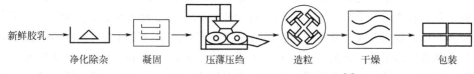

新鲜胶乳　　净化除杂　　凝固　　压薄压绉　　造粒　　干燥　　包装

图 12-6-2　标准橡胶锤磨法造粒的基本流程[1]

（1）新鲜胶乳的离心沉降分离杂质　首先通过 40 目或 60 目过滤筛粗滤，在凝固前再用 60 目筛细滤或通过离心沉降器进行净化除杂。

（2）胶乳混合　为了提高产品性能的一致性，胶乳需达到最大限度的混合。

（3）氨含量测定　胶乳稀释至预先确定的浓度后，取样测定胶乳的氨含量。

（4）胶乳的凝固　是天然生胶生产的重要环节，胶乳的凝固条件、凝固方法不仅影响到机械脱水、干燥等后续工序，而且影响生胶的性能。天然胶乳中的橡胶粒子表面由带电荷的蛋白质以及类脂物等亲水性物质形成保护层，从而使天然胶乳能保持稳定的胶体状态。破坏或削弱橡胶粒子表面保护层的保护作用，可使胶乳失去稳定性从而絮凝至凝固。胶乳的凝固方法可分为 3 类：加入酸、盐、脱水剂等凝固剂使胶乳凝固的化学法，其中酸类（如乙酸、甲酸和硫酸）是目前生产中普遍使用的凝固剂；通过加热、冷冻或强烈机械搅拌使胶乳凝固的物理法；利用细菌或酶的作用使胶乳凝固的生物法。

（5）凝块的压薄　胶乳凝固后，形成凝块。凝块的厚度在 10cm 以上时，必须先经压薄机压薄，使厚度减少到 5～6cm 再送入绉片机进行压绉。

（6）凝块的脱水和压绉　主要通过绉片机（又称脱水机）完成。当凝块通过绉片机时，由于受到强烈的滚压和剪切作用，大量脱水且表面起绉。压出的绉片经锤磨机造粒后所得的粒子表面粗糙，表面积大，干燥时间较短。粒子间也不容易互相黏结，透气性好。

（7）绉片机/锤磨机造粒　其原理是利用高速转动的锤子具有的巨大动量，与进料绉片机压出的绉片接触的瞬间，把部分动量传递给胶料产生强烈的碰撞作用时胶料被撕碎成小颗粒。

2. 天然胶乳直接凝固成颗粒状

将天然胶乳直接凝固成颗粒状，具有以下优势：简化设备，去除传统工艺中的压片脱水和高能耗的造粒过程；实现计量化、连续化、自动化的生产；凝固剂可以重复使用，减少胶厂生产上排放的污水；延长熟化时间等。

有研究将海藻酸钠作为辅助剂添加到新鲜胶乳里制备颗粒天然橡胶，步骤简单易行。

① 将配制好的海藻酸钠溶液加入鲜胶乳中。

② 在常温下搅拌 30min。

③ 使用滴定设备凝固天然胶乳。将胶乳以液滴形态送入凝固剂（体积浓度为 2% 的乙酸溶液）中后，由于新鲜胶乳中加入了增稠剂海藻酸钠，加上胶粒内部的氢键作用，阻止胶粒扩散，从而形成球状胶体。

④ 静置凝固 15～17min。该天然橡胶凝固过程是通过溶质从外向里渗透发生的，最先接触凝固剂的胶乳粒子先失去水化膜的保护作用，粒子间相互吸附黏结而凝固。凝固剂和胶粒里的体系存在浓度梯度，在浓度梯度的作用下凝固剂里的溶质（乙酸）会通过胶囊的界面层往胶囊里渗透。最后将胶囊内的胶乳粒子一层层地凝固，形成一个完全凝固的胶粒。

⑤ 熟化 8h 后用水清洗胶粒。

⑥ 以 72℃ 烘干制得颗粒胶。

二、三叶橡胶的改性及应用

现代科学技术的发展对橡胶制品的性能提出了更复杂、更高的要求，天然橡胶已不能满足使用要求。这就需要对天然橡胶进行改性，常见的改性包括物理改性（包括填料共混改性、聚合物共混改性）和化学改性（如硫化改性、卤化改性等）[1]。

1. 填料共混改性

天然橡胶是一种由拉伸结晶所决定的自补强橡胶，填料对天然橡胶共混改性最重要的目的是提高其定伸应力、耐磨性、小变形下的抗疲劳破坏性能等。除此之外，有时也是为了提高其导电性、导热性、抗辐射性等。

传统理论认为橡胶增强剂有 3 个主要因素，即粒径、结构性和表面活性，其中粒径是第一要素。补强剂的粒径越小、越与橡胶的自由体积匹配，自身的杂质效应越小，分裂大裂纹的能力越强；补强剂粒径越小，比表面积越大，表面效应（如小尺寸效应、量子效应、不饱和价效应、电子隧道效应等）越强，限制橡胶高分子链的能力也越强。

常用填料有炭黑、硅微粉、陶土、石墨、硅藻土、碳酸钙等。常用设备有双辊开炼机和密炼机，见图 12-6-3[5]。

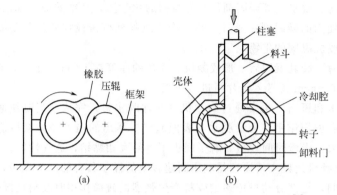

图 12-6-3　双辊开炼机（a）和密炼机（b）示意图[5]

从理论上考虑，填料都可以提高橡胶基体的气密性能。因为填料本身不发生气体渗透，也不溶解气体，填料还能够增加气体分子透过时的绕行路径。因此，一般情况下橡胶基体的气密性能会随着填料用量的增大而提高，达到一定数值后趋于平衡。但填料对溶解度的贡献还需考虑填料与聚合物的结合情况。填料与聚合物结合较好时，气体在聚合物中的溶解度随填料体积分数增加而降低；填料与聚合物结合较差时，则会在聚合物中形成一些"界面空洞"，反而增加了气体在聚合物中的溶解度。有的活性填料有可能在其表面吸附气体分子，导致气密性下降。

填充体系对橡胶的电绝缘性能影响较大。炭黑能使电绝缘性能降低，特别是结构规整、大比表面积的炭黑，用量较大时容易形成导电通道，使电绝缘性能明显下降，因此在电绝缘橡胶中一般不采用炭黑。除少量用作着色剂外，一般不宜采用。

2. 聚合物共混改性

聚合物共混（polymer blend）是将两种或两种以上的聚合物按适当的比例，通过共混，得到单一聚合物无法达到的性能。聚合物共混不但使各组分性能互补，还可根据实际需要对其进行设计，以期得到性能优异的新材料。由于不需要新单体合成、无需新聚合工艺，聚合物共混改性是实现高分子材料高性能化、精细化、功能化和发展新品种的重要途径。在橡胶工业中橡胶和塑料共混使用，以便充分发挥橡胶和塑料的优良性能，从而克服其不足之处，取得兼收并蓄的效果。橡胶并用就是指两种或两种以上的橡胶（或橡胶与塑料）经过工艺加工共混在一起，所得到的混合物比单独使用一种橡胶在综合性能上要优越得多，可以称为天然橡胶共混物。

3. 硫化改性

橡胶的硫化或者说交联，是橡胶最重要的化学改性。三叶橡胶生胶虽然具有良好的弹性、强度等性能，但在使用过程中需要配合各种配合剂，经过硫化才能满足各种用途的要求。橡胶的硫化是指生胶或混炼胶在能量（如辐射）或外加化学物质如硫黄、过氧化物和二胺类等存在下，橡胶分子链间形成共价或离子交联网络结构的化学过程。三叶橡胶适用的硫化剂有硫黄、硫黄给予体、有机过氧化物、酯类和醌类等。

天然橡胶的硫化体系对其耐腐蚀性能影响很大。一方面，由于橡胶硫化，形成交联网络，交联密度增加，橡胶大分子链结构中的活性基团和双键减少；另一方面，交联网络的形成增加了大分子链间的相互作用力，降低腐蚀性物质的渗透扩散速率。因此，天然橡胶可以在硬度和物理机械性能允许的情况下，尽可能提高交联密度，增加硫黄用量，提高耐腐蚀性能。

硫化体系对橡胶的电绝缘性能有重要影响。硫化胶由于配合了一些极性物料，如硫黄、促进剂等，因此绝缘性能下降。不同类型的交联键，可使硫化胶产生不同的偶极矩。单硫键、双硫键、多硫键、碳碳键，其分子偶极矩各不相同，因此电绝缘性能也不同。天然橡胶、丁苯橡胶等通用橡胶，多以硫黄硫化体系为主。一般来说，硫黄用量加大会导致绝缘性变差。此外，由于天然橡胶中含有大量顺式-1，4加成不饱和结构，使用硫黄硫化体系很容易发生硫化返原现象，严重影响产品的性能[6]。通过改变硫化体系，减少或不用含硫黄的硫化体系，并适当添加抗返原剂，提高胶料有效交联密度，减少胶料老化导致的产品性能下降。

4. 卤化改性

卤化改性是橡胶化学改性中的一种重要方法，它是通过橡胶与卤素单质或含卤化合物反应，在橡胶分子链上引入卤原子，如氟、氯、溴等。橡胶卤化后，分子链极性增加，提高了弹性体的黏结强度，改善了胶料的硫化性能以及与其他聚合物特别是极性聚合物间的相容性，从而拓宽了改性空间以及产品的应用领域。

5. 氢卤化改性

氢卤化是指卤化氢（如 HCl、HBr 等）与烯烃发生加成反应生成对应的卤代烃。在天然橡胶的氯化改性中，可以通过 HCl 与天然橡胶分子链上的 C=C 双键的加成反应进行氯化，这种改性通常被称作氢氯化改性。天然橡胶的氢氯化改性反应既可以在极性溶剂（如 $ClCH_2CH_2Cl$）中进行，也可以直接用天然橡胶胶乳作原料在水乳液中进行。

氢氯化改性反应具有明显的离子加成的性质，HCl 以 $42 \times 10^{-7} m^3/s$ 的速率在橡胶稀溶液中于 20℃ 下鼓泡反应，不到 20min，橡胶中的氯含量就可以达到 30%。在天然橡胶的氢氯化改性反应过程中，当氯含量达到 30% 时，会发生急剧相转变，反应速率急剧下降，天然橡胶的改性产品的性能也发生急剧变化。当氯含量由 29% 增加到 30% 时，氢氯化天然橡胶的拉伸强度急剧升高，而伸长率骤降至 10% 以下，变为拉伸强度很高的结晶性塑料。

6. 天然橡胶的环氧化改性

环氧化改性是一种简单、有效的化学改性方法，它可以在聚合物主链中引入极性基团，从而赋予其新的、有用的性能。除此之外，环氧基团的引入还可以促进橡胶聚合物进一步改性。

环氧化天然橡胶是在橡胶分子链的双键上接上环氧基制成的。由于引入了环氧基团，橡胶分子的极性增大，分子间的作用力加强，从而使天然橡胶产生了许多独特的性能，如优异的气密性、优良的耐油性、与其他材料间的良好黏合性以及与其他高聚物较好的相容性等。

7. 氢化改性

加氢改性（氢化改性）是橡胶改性的重要途径之一，几乎所有的不饱和橡胶都可以进行加氢改性。橡胶的加氢改性主要是 H_2 与橡胶分子链内的不饱和 C=C 双键的加成反应。橡胶经过加氢改性后，由于分子链的不饱和度降低，其耐热、耐氧化和耐老化性能能够得到显著提高。

8. 解聚制备低分子量天然橡胶

将天然橡胶解聚，可以得到分子量在 1 万～2 万之间的低聚物，即液体天然橡胶。液体天然橡胶都由顺式-1,4-异戊二烯结构单元组成，具有天然橡胶的一些基本的物化性能。液体天然橡胶在常温下是可以流动的黏稠液体，可以作为天然橡胶成型加工助剂。

9. 天然橡胶的异构化

天然橡胶的构型单一而规整，具有结晶性。橡胶结晶对硫化胶的性能有相当大的影响，结晶时分子链高度定向排列形成分子链束，产生自然补强作用，增加韧性和抗破裂能力。但是低温结晶则使橡胶变硬，弹性下降，相对密度增大，丧失使用价值。为提高天然橡胶的耐寒性，除使用增塑剂降低天然橡胶的玻璃化转变温度外，还可以通过异构化来改变天然橡胶的结构。天然橡胶的异构化是通过催化剂、热、光或压力变化，使天然橡胶产生异构化，改变天然橡胶分子链的规整性，抑制低温结晶。该改性方法能够显著提高天然橡胶的回弹性。

环化橡胶是分子内部形成环状结构的橡胶异构体，通常经加热或与硫酸、氯化锡、锌粉等作用而制得。按环化程度的不同，有部分环化（或单环橡胶）和全部环化（或多环橡胶）。一般具有较高的软化点和较大的密度，有热塑性，无弹性。环化程度不同，其性质也有差异。

10. 接枝改性

接枝共聚是近代高聚物改性的基本方法之一。由于接枝共聚物是由两种不同的聚合物分子链分别组成共聚物主链和侧链，因而通常具有两种均聚物所具备的综合性能。在合适的条件下，烯类单体可与天然橡胶反应，得到侧链连接有烯类聚合链的天然橡胶接枝共聚物，这类接枝共聚物一般具有烯类单体聚合物的某些性能，如天然橡胶与甲基丙烯酸甲酯的接枝共聚物，用于通用橡胶制品时，其补强性大大提高；用作胶黏剂时，其黏合性能明显优于单纯的天然橡胶。而天然橡胶与丙烯腈的接枝共聚物，其耐油性和耐溶剂性明显提高。

11. 天然橡胶的老化降解

天然橡胶材料及其橡胶制品在加工、储存或使用过程中，因受外部环境因素的影响和作用，出现的性能逐渐变坏直至丧失使用价值的现象称为老化。引起橡胶老化的因素非常复杂，在不同的因素作用下，老化机理也不尽相同。橡胶的老化主要有热氧老化、臭氧老化、光和热等物理因素引起的老化、疲劳老化等，其中热氧老化是橡胶老化中最常见、最普遍的老化形式。

橡胶的老化过程主要发生降解和交联两种反应。这两种反应并非彼此孤立，它们往往同时发生，由于橡胶分子结构的特征和老化条件不同，其中一种反应占主导地位。天然橡胶的老化，主要发生降解反应，表现为分子量降低、制品发黏、弹性丧失。

采取化学或物理方法能够延缓或阻滞橡胶的老化现象，延长橡胶制品的使用寿命。化学防护法是目前提供橡胶耐老化性能的一种普遍采用的方法，如在橡胶中添加抗氧剂、抗臭氧剂、抗疲劳剂或屈挠龟裂抑制剂、金属离子钝化剂和紫外吸收剂等化学防护剂等。常用的物理防护法是使用物理防老化剂如石蜡。石蜡在橡胶硫化过程中不参与反应，仅仅是溶解到橡胶中，当橡胶硫化完全并冷却后，由于处于饱和状态，石蜡会慢慢渗出到橡胶制品的表面并形成一层物理防护膜，有效地阻止氧气和臭氧的进入，起到防老化的作用。

天然橡胶作为四大基础工业原料之一，广泛地用于航空航天、汽车、医疗卫生等领域。天然橡胶具有一系列独特的物理化学性能，尤其是其优良的回弹性、优异的抗撕裂特性、绝缘性、隔水性以及可塑性等特性，经过适当处理后还具有耐油、耐酸、耐碱、耐热、耐寒、耐压、耐磨、耐疲劳等宝贵性质。目前，世界上部分或完全用天然橡胶制成的物品已达7万种以上。

第三节　银胶菊橡胶的加工

天然橡胶作为战略物资，90％产自亚洲，尤其是马来西亚、泰国和印度尼西亚等国，这使得美国、俄罗斯等国非常重视开发新的天然橡胶替代资源[7]。此外，三叶橡胶具有一定的致敏性，银胶菊橡胶的低致敏性也使其受到关注。

一、银胶菊橡胶的制备

银胶菊将橡胶成分储存于树皮和木质部当中，由于枝干较细，很难采取割胶的方法获得银胶菊胶乳，必须破坏其植物组织和细胞，使橡胶成分释放出来。可以通过不同形式的研磨机和挤压机对银胶菊的植物组织进行研磨与挤压，然后从研磨完全的银胶菊组织中最大限度地提取银胶菊橡胶。

银胶菊橡胶的制备主要有 3 种方法，即碱煮法、溶剂法和机械法。由于碱煮法腐蚀性太大，目前溶剂法工艺和机械法工艺是制备银胶菊橡胶的两大主要工艺。本节将重点介绍 Bridgestone/Firestone 公司改进的溶剂法提胶工艺[1]。

溶剂法的基本过程是：将收获的银胶菊干燥处理，然后用机械研磨的方法使银胶菊含胶细胞破碎，使橡胶颗粒最大限度地裸露，之后用对天然橡胶有较好溶解能力的溶剂萃取，获得银胶菊橡胶。图 12-6-4 是位于美国亚利桑那州 Sacaton 的 Bridgestone/Firestone 的溶剂法提取中试装置[1]，曾在 1988～1990 年期间生产了超过 8.8t 的银胶菊橡胶。满负荷运转时，该装置每小时可处理 860kg 银胶菊原料。

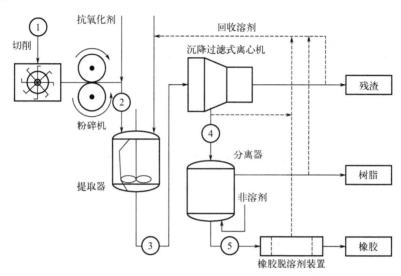

图 12-6-4　银胶菊橡胶溶剂法提取工艺流程[1]
1—储藏的银胶菊；2—粉碎银胶菊；3—提取浆；4—橡胶-树脂复合物；5—银胶菊橡胶悬浮物

在如图 12-6-4 所示的加工流程中，收获的银胶菊先经过带有切刀的装置，被切削成 3～4cm 的小段，然后送入粉碎机中，将银胶菊木质组织破碎，以使含胶细胞易于释放所含的橡胶成分；粉碎的银胶菊加入抗氧化剂后与有机溶剂混合，形成匀浆，在搅拌釜中充分搅拌处理，使树脂和橡胶成分被溶解提取，温度保持在 50℃（高于 50℃银胶菊里面的橡胶、树脂等成分会发生热氧老化反应从而变质，降低橡胶的质量）；经过沉降过滤式离心机，将匀浆中的固体残渣分离除去，随后将溶液在分离器中进一步分离，分为含树脂的溶液和含橡胶的溶液，再通过蒸馏工艺回收溶剂即可得到树脂和橡胶产品。

在银胶菊的杆、枝和根中不仅含有橡胶烃，还含有 5％～10％的树脂以及水溶性物质等。在加工过程中可以产生 5 种产品，即高分子量银胶菊橡胶、低分子量银胶菊橡胶、可溶性树脂、水溶物和残渣。低分子量橡胶可作为解聚橡胶（液体橡胶）的原料，也可广泛应用于胶黏剂和橡胶模塑加工领域。银胶菊树脂是一种复杂的混合物，包括倍半萜烯醚、三萜、脂肪酸甘油三酯等。树脂可以作为橡胶的增塑剂，也可用作木材的防护层，但银胶菊树脂成分因银胶菊种植地区不同、种植环境不同、收获时间不同以及加工方式不同而有很大变化。

二、银胶菊橡胶的性能

银胶菊橡胶的生胶强度较低。银胶菊橡胶的可塑性相当于三叶橡胶的水平。银胶菊橡胶受热容易导致分子链断裂，其耐热性能和在有氧气环境中的稳定性均比三叶橡胶差，这主要是因为银胶菊橡胶中所含有的不饱和脂肪酸甘油三酯较多地促进氧化反应，在银胶菊橡胶中加入胺类抗氧剂和二烷二硫酸甲酸锌可有效增加其稳定性。银胶菊橡胶在储存中不会发生硬化，也没有三叶橡胶所含的天然抗老化物质和蛋白质，但含有可溶于橡胶中的甘油三酯和萜烯类物质，所以硫化速率比巴西橡胶慢得多，需要把配方调整一下，弥补这方面的缺点，才不会影响质量。结晶性能上，新鲜的银胶菊橡胶中只有 α-晶型，而在老化的银胶菊橡胶中 α-晶型和 β-晶型并存。新鲜银胶菊橡胶中球晶/晶束的成核密度要低于老化银胶菊橡胶。

自 20 世纪 90 年代初以来，巴西三叶橡胶胶乳蛋白质致敏一直是传统 NR 胶乳制品（特别是 NR 胶乳手套）必须面对的一个严峻问题。与三叶橡胶相比，银胶菊橡胶乳含有的蛋白质种类和质量都更少，不易引发过敏。

三、银胶菊橡胶的应用

银胶菊橡胶主要分为固体胶和胶乳两大类。固体胶最主要的应用领域是轮胎产业，此外还用于制造管带、电线电缆、驼绒背、毡背、鞋类和球类等许多制品。银胶菊橡胶乳具有低致敏性，在医疗卫生领域有更大的应用空间。

第四节　橡胶草橡胶的加工

蒲公英橡胶草橡胶的结构为顺式聚异戊二烯，其分子量约 2180，与传统三叶橡胶树的橡胶结构相近。蒲公英橡胶草具有成长周期短、产量大、种植不受地区条件和气候条件限制等优点，多国相继对蒲公英橡胶草橡胶产学研进行深入研究，除苏联外，美国在 2007 年启动了"PENRA 计划"，欧盟在 2008 年成立了"欧盟珍珠计划"等。2012 年，我国北京化工大学、山东玲珑轮胎有限公司以及中国热带科学研究院签订战略合作协议开发蒲公英橡胶草橡胶，并于 2015 年成立了中国蒲公英橡胶产业技术创新战略联盟[8]。

一、橡胶草橡胶的制备

橡胶草橡胶的制备方法主要有溶剂法、湿磨法和干磨法[9,10]。

溶剂法是提取橡胶常用的方法，具体操作为：将干燥储存的橡胶草根打碎并研磨，以增大其与溶剂的接触面积。先用水煮的方法对橡胶草根的粉末进行处理，除去溶于水的成分，由于橡胶不溶于水，故存在残渣中。收集水煮后的残渣，干燥，再用能溶解橡胶的有机溶剂，如苯、甲苯、石油醚等，对残渣进行萃取，以获得溶解橡胶成分的有机溶剂溶液。对有机溶剂溶液进行浓缩，加入乙醇使其中的橡胶成分絮凝出来，即获得橡胶草橡胶产品。

溶剂法提胶是一种非常传统的提胶工艺，优点是溶剂可以循环使用，对于环境的污染较小。缺点是一般溶剂都比较昂贵，提胶过程中会损失溶剂，增加提胶成本。此外，回收溶剂也会增加能源消耗，增加提胶成本。

湿磨法工艺是在有水的环境下，利用球磨机对橡胶草根部进行研磨，以达到破碎植物组织的目的。一般橡胶与植物组织的密度以及亲疏水性各不相同，橡胶疏水且密度比水轻，最终会漂浮在水面上，植物组织亲水，吸饱水分之后会沉在水底，可通过浮选的方式最终实现橡胶草橡胶的提取[11]。

图 12-6-5 是美国俄亥俄州立大学湿磨法提取工艺[1]。其基本工艺为：a. 干根粉碎、储存、运输至菊糖浸捉罐；b. 菊糖逆流浸提，剩余的根运送至主球磨机；c. 次级湿磨、橡胶的筛选、离心分离及浮选；d. 橡胶的筛选、干燥、打包。菊糖可作为发酵法生产乙醇的原料。湿磨法工

艺的优点是没有溶剂消耗问题，生产成本低廉；缺点是研磨工艺耗时较长，水消耗量较大，生产效率不高。

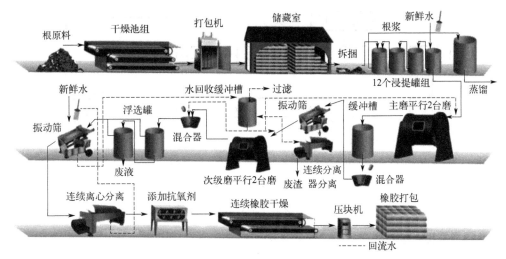

图 12-6-5　俄亥俄州立大学湿磨法提取工艺[1]

干磨法是利用橡胶草干根中橡胶的柔韧性和植物组织（尤其是外皮组织）的脆裂性，利用干磨机对橡胶草的干根进行搓揉，初步实现根皮和含胶根瓢的分离，同时经过搓揉的根瓢中的植物组织会变得非常松散，而根瓢中橡胶由于性质柔韧则不会受到损伤。根瓢中的主要成分是易溶于水的聚糖成分，将经过搓揉的根瓢部分置于一个类似洗衣机的提胶装置中，并在有水存在的条件下，对含胶根瓢进行高速离心式浸提，根瓢中的菊糖成分迅速溶于水中，残余的植物组织和橡胶部分逐渐暴露出来。再利用植物组织和橡胶的密度以及亲疏水性各不相同，橡胶疏水且密度比水轻，最终会漂浮在水面上，植物组织亲水，吸饱水分之后会沉在水底，可通过浮选的方式最终实现橡胶草橡胶的提取。而菊糖溶液既可以直接干燥得到聚糖粗品，也可以直接发酵制备乙醇。

干磨法提胶工艺环保，不使用溶剂和化学试剂，耗水量小，生产成本低廉，是目前先进的提胶工艺。使用干磨法工艺制备的橡胶草橡胶纯度可达到 99%。

此外，还有研究将橡胶草根首先用碱处理，再用包括纤维素酶、果胶酶、木聚糖酶等在内的混合酶处理，培养三天后即可分离出橡胶，得率和产率均较高[12]。

橡胶草也能直接提取胶乳产品，与银胶菊相比，橡胶草的胶乳存在于乳汁管中，尽管不能像三叶橡胶树那样采取割胶的方式获取胶乳，但橡胶草的胶乳在植物组织受到破坏之后也会自动流出来。因此，在不破坏所有的植物组织细胞的情况下，可采用切割破碎的方式获得橡胶草胶乳。获得的胶乳可在水中呈稀乳液状态，加入防凝固剂可保持胶乳稳定。

和银胶菊相似，单纯地从橡胶草中获得橡胶产品成本太高，必须对橡胶草进行综合利用，充分利用其中的副产物，才有可能实现橡胶草橡胶的工业化和商业化，其综合利用途径见图 12-6-6。橡胶草中还含有大量的碳水化合物，主要是菊芋糖和菊糖，这些碳水化合物的含量较高，适宜作为发酵工业的原料。在橡胶草早期的商业化中，菊糖是除橡胶以外的主要副产物，含量占根部干重的 25%～40%，提取的菊糖可用作食品类添加剂，也可用作发酵生产乙醇的原料。加工之后剩余的残渣可用于发酵产生沼气。

此外，橡胶草中还含有大量的大分子聚合物和生物活性物质，例如纤维素、半纤维素、木质素、多酚、类黄酮等。如果能在橡胶草生物炼制中将上述成分都充分利用起来，将极大地促

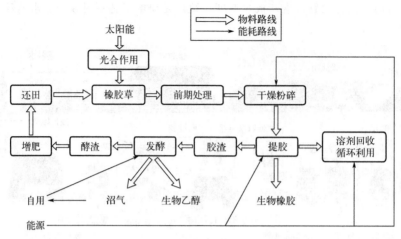

图 12-6-6　橡胶草综合利用示意图[1]

进橡胶草的商业化[13]。

二、橡胶草橡胶的性能

橡胶草橡胶的性能受多种因素影响，如橡胶草品种、采集时间、温度、肥料、提胶方法和分离技术等。一般认为，橡胶草橡胶的回弹率、撕裂强度、断裂伸长率及拉伸强度均与三叶橡胶和银胶菊橡胶的相近，硬度略高于三叶橡胶。橡胶草橡胶轮胎的滚动阻力与三叶橡胶和银胶菊橡胶的相似，而橡胶草橡胶轮胎的抗湿滑性能要比三叶橡胶轮胎的略好。总的来说，橡胶草橡胶的物理机械性能与三叶橡胶和银胶菊橡胶非常相似。

三、橡胶草橡胶的应用

橡胶草橡胶最初是作为天然橡胶临时应急替代物被开发研究的，因此，其应用领域与三叶橡胶相似，主要是用来制造轮胎、胶管、胶鞋等传统产品[8]。

第五节　产品测试方法

橡胶分子是有机物的聚合体，但橡胶材料、橡胶制品多半是和其他材料构成复合材料（或复合制品），多种现代分析测试方法在橡胶材料和制品的分析中都有应用，如色谱、光谱、波谱、热分析、电子显微镜等。

一、分子量测定

凝胶渗透色谱法（GPC）常用于测定天然橡胶及改性橡胶的分子量及其分布。取海南天然橡胶，将样品剪碎，溶解于色谱纯级四氢呋喃（THF）中，浓度为 3mg/mL，溶解 3 天至溶液完全澄清。将溶解好的样品过滤后，采用 Waters1515 型凝胶渗透色谱仪测定天然橡胶数均（M_n）、重均（M_w）、Z 均分子量及分散系数等。该设备采用苯乙烯作为标样。测得天然橡胶 M_w 为 934370，M_n 为 403293，M_w/M_n 为 2.3169。

有研究采用 GPC 法测定离心浓缩天然胶乳的生产过程中分子量的变化，见图 12-6-7[14]。由图可知，新鲜天然胶乳离心前分子量分布曲线均为双峰型，而离心浓缩后天然胶乳的分子量分布曲线呈单峰型，橡胶分子量逐渐增加，分散系数逐渐减小。由表 12-6-2 可知，天然胶乳在离心浓缩前，即新鲜胶乳在过滤澄清、混合调节等过程中，橡胶分子量无明显变化，分别为 6.32×10^5、6.25×10^5、6.72×10^5。离心浓缩后分子量明显增大为 7.75×10^5。

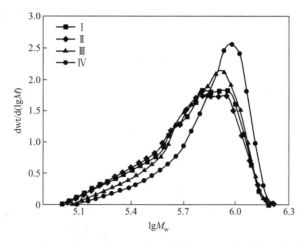

图 12-6-7　离心浓缩天然胶乳生产过程中不同阶段的分子量分布[14]
Ⅰ—新鲜胶乳；Ⅱ—过滤澄清胶乳；Ⅲ—混合调节胶乳；Ⅳ—离心浓缩胶乳

表 12-6-2　离心浓缩天然胶乳生产过程中橡胶分子量

样品	$M_w(10^5)$	$M_n(10^5)$	分散系数
新鲜胶乳	6.32	4.71	1.34
过滤澄清胶乳	6.25	4.68	1.34
混合调节胶乳	6.72	5.30	1.27
离心浓缩胶乳	7.75	6.16	1.26

二、挥发性成分分析

不同凝固方式制备的天然橡胶干胶气味不同。有研究采用顶空固相微萃取与 GC-MS 联用检测自然凝固天然橡胶、酸凝固天然橡胶以及生物凝固天然橡胶三种干胶的挥发性成分[15]。将 2g 样品装入 20mL 专用样品瓶内，在 70℃下预热 10min，同时以 250r/min 的速度振荡后，纤维头在 70℃下吸附 5min 后，进入 GC 的进样口并在 250℃下解吸 1min。采用 Rtx-5ms 色谱柱，恒压 100kPa，进样口温度 280℃，载气 He，色谱柱初始温度 30℃，2min 后升温到 180℃（速率 5℃/min），1min 后再升温至 280℃（速率 5℃/min）维持 2min，不分流进样。质谱条件为 EI 离子源温度 200℃，扫描范围 $20\sim450m/z$。分析发现不同凝固方式对天然橡胶干胶的气味组分与含量都有一定影响。不同的鲜胶乳凝固方式对制得的天然橡胶湿凝块气味组分的影响要大于对干胶气味组分的影响。检测出化合物 76 种，其中自然凝固干胶样品中 47 种，酸凝固干胶样品中 46 种，生物凝固干胶样品中 53 种，共同成分 28 种，自然凝固与生物凝固共同成分 34 种，自然凝固与酸凝固共同成分 31 种，酸凝固与生物凝固共同成分 34 种，对自然凝固干胶气味影响较大的成分依次为甲氧基-苯基-肟、N'-氧化物、2-吡咯烷酮、4-吗啉乙胺，对酸凝固干胶气味影响较大的成分依次为甲氧基-苯基-肟、D-4-甲基羟基乙酸、2-吡咯烷酮、4-吗啉乙胺，对生物凝固干胶气味影响较大的成分依次为甲氧基-苯基-肟、2-吡咯烷酮、1-甲基-2-(1-甲基乙基)-苯、γ-萜品烯、4-吗啉乙胺。

三、有机官能团分析

傅里叶红外光谱常用于天然橡胶及改性产品有机官能团的分析。多利用衰减全反射（ATR）组件对样品直接进行水平衰减全反射红外扫描。图 12-6-8 为未改性天然橡胶（NR）和提纯后甲基丙烯酸缩水甘油酯接枝改性天然橡胶（NR-g-GMA）的红外光谱。从图中可以看出，甲基丙烯酸缩水甘油酯接枝改性使天然橡胶样品中引入了两个新的特征吸收峰，分别为 C=O（1733cm^{-1}）和 C—O—C（1216cm^{-1}）的伸缩振动峰[16]。

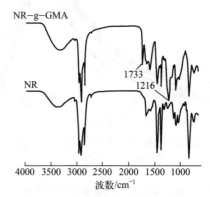

图 12-6-8　未改性和甲基丙烯酸缩水甘油酯接枝改性天然橡胶的红外光谱图[16]
NR—未改性天然橡胶；NR-g-GMA—提纯后甲基丙烯酸缩水甘油酯接枝改性天然橡胶

四、改性橡胶结构分析

有研究通过对天然胶乳进行脱蛋白处理，制备了脱蛋白天然橡胶后进行环氧化改性[17]。将样品以适宜浓度溶解在氘代氯仿中。以 TMS（四甲基硅烷）为内标物，样品测试温度为 50℃，浓度为 2%（质量/体积）条件下，利用 Bruker-600 型核磁共振波谱仪检测，获得脱蛋白天然橡胶的核磁共振氢谱图，见图 12-6-9[17]。

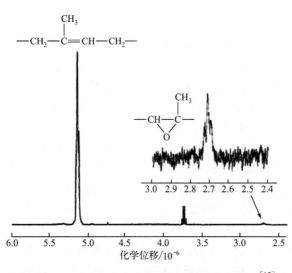

图 12-6-9　脱蛋白天然橡胶的核磁共振氢谱图[17]

化学位移在 5.149×10^{-6} 处的特征信号峰代表异戊二烯结构中双键 C 上的氢原子。化学位移在 2.714×10^{-6} 处的特征信号峰代表异戊二烯上环氧基结构中碳原子连接的氢原子。在核磁共振氢谱中，特征信号峰的面积可以反映该峰所对应结构的相对含量，通过 2 种特征峰面积的比值能够计算 2 种对应结构的数量比值。异戊二烯结构中只含有一个双键 C 原子，该 C 原子上只连接 1 个氢原子，所以化学位移在 5.149×10^{-6} 处的特征信号峰面积也可以代表异戊二烯结构的相对含量。天然橡胶分子链主要由异戊二烯构成。因此，环氧基特征信号峰与异戊二烯特征信号峰的面积比可以表示环氧基与异戊二烯单元的数量比。根据这个比值，可计算环氧基在天然橡胶分子链中的含量。

五、热稳定性分析

采用热重分析法可以测定天然橡胶的热稳定性等。将天然橡胶絮凝物放入 70℃ 烘箱中干燥 30min，然后称取 10～20mg 试样在氮气气氛下进行 TG 测试，气体流量为 50mL/min，温度为 50～800℃，升温速率为 10℃/min，得天然胶乳絮凝物的 TG-DTG 曲线，见图 12-6-10[18]。

从图 12-6-10 中可以看出，天然胶乳絮凝物的热质量损失过程主要分为两个阶段：第 1 阶段温度为 100～200℃，质量损失率为 7.58%，为胶乳中的水分和挥发分挥发所致；第 2 阶段温度为 200～500℃，质量损失率较大，达到 88.40%，是天然橡胶裂解及失去小分子物质所致。天然胶乳絮凝物经 TG 测试后的残留物质量分数为 4.02%，可能是天然橡胶中的灰分。

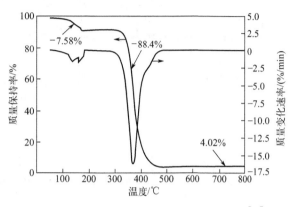

图 12-6-10　天然胶乳絮凝物的 TG-DTG 曲线[18]

六、动态力学性能分析

动态机械分析（DMA）常用于表征橡胶样品在振动负荷下的动态模量和力学损耗与温度的关系。

生产中常用 0℃ 附近所对应的 tanδ（力学损耗正切角，也称耗能因子）表征胎面胶的抗湿滑性能，其值越大表示抗湿滑性能越好；用 60℃ 附近的 tanδ 表征胶料的滚动阻力，其值越小表示滚动阻力越好。有研究采用双臂悬梁形变模式对碱木质素填充天然橡胶进行了 DMA 分析[19]。测试条件为频率 10Hz，升温速率 3℃/min，测试温度范围为 −80～80℃，最大动态负荷为 2N，最大振幅为 120μm。图 12-6-11 为硫化胶的 DMA 测试结果，可以看出，在 0℃ 和 60℃ 附近曲线几乎重叠，没有明显差异，说明碱木质素用量对硫化胶的抗湿滑性和滚动阻力影响不大。

损耗因子不仅与填料-橡胶间的相互作用有关，还与填料-填料间的相互作用有关。图 12-6-11 显示碱木质素不同用量的 5 种硫化胶 tanδ 峰值相差不大，这是因为碱木质素在天然橡胶中不能形成填料网络，在大形变下不存在填料网络的破坏与重建，因此耗能因子不会随碱木质素用量的不同而发生明显变化。

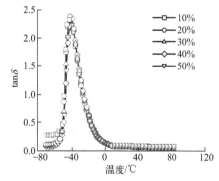

图 12-6-11　碱木质素用量对硫化胶 tanδ 的影响[19]

七、微观形态分析

扫描电子显微镜（SEM）常用于观察填料在橡胶制品中的分布情况。将上述碱木质素填充天然橡胶用液氮脆断、喷金后进行 SEM 观察，结果见图 12-6-12[20]。

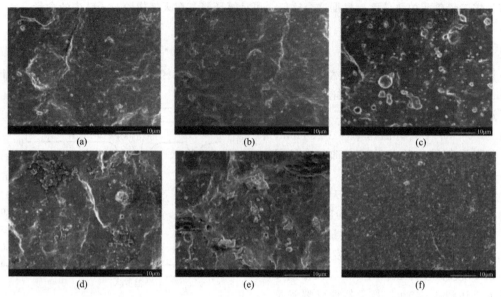

图 12-6-12　碱木质素/炭黑填充天然橡胶硫化胶的 SEM 照片[20]

碱木质素用量：（a）10％；（b）20％；（c）30％；（d）40％；（e）50％。炭黑用量：（f）50％

从图 12-6-12(a) 到（e），碱木质素填充量依次增加，碱木质素团聚的颗粒越来越多、越来越大，其在橡胶中分散性逐渐变差。当碱木质素用量达到 50％时，团聚现象非常显著。而炭黑用量 50％的图 12-6-12(f) 中几乎看不到大的团聚体，与同等量碱木质素填充天然橡胶的电镜图（e）形成鲜明的对比。这说明炭黑与橡胶基体间的界面相容性较好，炭黑可以均匀地分散在橡胶基体中，而碱木质素与天然橡胶的界面相容性差。

透射电子显微镜（TEM）常用于观察胶乳橡胶粒子的微观形貌。Nawamawat 提出了橡胶粒子的膜-核结构模型，即橡胶粒子是由疏水的橡胶烃构成内核，并被亲水的蛋白质和类脂物混合外层所包覆。采用四氧化锇在 4℃下固定离心浓缩不同阶段的胶乳，然后用 JOE JEM 2100TEM 透射电镜对橡胶粒子形态结构进行表征，结果见图 12-6-13[14]。由图 12-6-13 可知，橡胶粒子在离心浓缩天然胶乳的生产过程中均为球形的颗粒。从Ⅰ（新鲜天然胶乳）、Ⅱ（过滤澄清胶乳）、Ⅲ（混合调节胶乳）可知，天然胶乳离心浓缩前，橡胶粒子形态无明显变化；由Ⅳ（离心浓缩胶乳）可知，天然胶乳橡胶粒子表面灰色区域明显变小，说明天然胶乳在离心浓缩后，橡胶粒子表面物质被除去，橡胶粒子形态也发生变化。前人研究发现，天然橡胶粒子表面物质主要由能保持橡胶粒子处于稳定分散状态的蛋白质和类脂物构成。因此，离心浓缩使橡胶粒子表面蛋白质和类脂减少。对比离心浓缩前橡胶粒子表面，Ⅳ中天然胶乳橡胶粒子表面还剩一层非常薄的膜，结合非橡胶物质含量分析可知，此薄膜主要由残留于橡胶粒子表面上的类脂物和蛋白质组成。

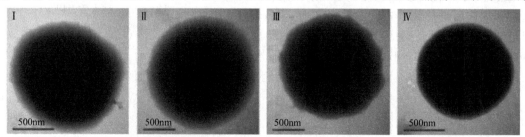

图 12-6-13　离心浓缩天然胶乳的生产过程中天然胶乳橡胶粒子透射电子显微镜图[14]

Ⅰ—新鲜天然胶乳；Ⅱ—过滤澄清胶乳；Ⅲ—混合调节胶乳；Ⅳ—离心浓缩胶乳

八、结晶性分析

X 射线衍射（XRD）常用于研究物质的物相和晶体结构分析，衍射峰的形状和强度能够反映出物质的结晶程度。对泰国产 1 号烟片、马来西亚产 3 号烟片和 1 号烟片，以及印度尼西亚 1 号标准胶四种牌号的天然橡胶进行 XRD 分析，谱图如图 12-6-14 所示[21]。

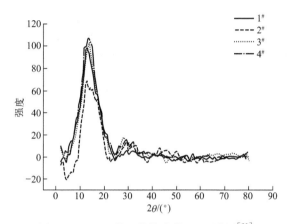

图 12-6-14　四种天然橡胶的 XRD 谱图[21]

1#—泰国产 1 号烟片；2#—马来西亚产 3 号烟片；3#—马来西亚产 1 号烟片；4#—印度尼西亚 1 号标准胶

天然橡胶只有在较低的温度（−70℃）或应变条件下才产生结晶，在常温下通常处于无定形或半结晶状态。所以，四种天然橡胶的衍射峰均较宽且强度较低。相比较而言，马来西亚产 1 号烟片和印度尼西亚 1 号标准胶具有相似的衍射峰强度，泰国产 1 号烟片次之，而马来西亚产 3 号烟片衍射峰强度最低，且峰的形状不如其他三样尖锐。这说明马来西亚产 1 号烟片和印度尼西亚 1 号标准胶的结晶程度相似，泰国产 1 号烟片的结晶程度略差，而马来西亚产 3 号烟片的结晶程度较差。

参考文献

[1] 张立群.天然橡胶及生物基弹性体.北京：化学工业出版社，2014.

[2] Mann C. Why we (still) can't live without rubber. National Geography Magazine，2015.

[3] Mark J E，Erman B，Roland C M. 橡胶科学与技术.伍一波，郭文莉，李树新，译.北京：化学工业出版社，2019.

[4] 汪传生，谢苗，王志飞.天然胶乳絮凝方法对天然橡胶性能的影响.橡胶工业，2019，66（12）：932-935.

[5] Sapkota J. Influence of clay modification on curing kinetics of natural rubber nanocomposites. Tampere University of Technology，Master of Science Thesis，2011.

[6] 尹婷，尹莉，孙建帮，等.天然橡胶胶料抗硫化返原性能的研究.橡塑技术与装备（橡胶），2020，46（19）：50-52.

[7] Beilen J B，Poirier Y. Establishment of new crops for the production of natural rubber. TRENDS in Biotechnology，2007，25（11）：522-529

[8] 赵佳.我国蒲公英橡胶商业化开发进入快车道.中国橡胶，2015（9）：29-30.

[9] 卓杨鹏，廖双泉，廖小雪，等.蒲公英橡胶草橡胶的提取及其性能研究进展.橡胶工业，2021，6（2）：154-159.

[10] 陈云汉.蒲公英橡胶草胶乳提取工艺的研究.北京：北京化工大学，2019.

[11] Salehi M，Bahmankar M，Naghavi M R，et al. Rubber and latex extraction processes for *Taraxacum kok-saghyz*. Industrial Crops & Products，2022，178：114562

[12] Sikandar S，Ujor V C，Ezeji T C，et al. *Thermomyces lanuginosus* STm：A source of thermostable hydrolytic enzymes for novel application in extraction of high-quality natural rubber from *Taraxacum kok-saghyz*（Rubber dandelion）. Ind Crops Products，2017，103：161-168.

[13] 崔树阳，张继川，张立群，等.蒲公英橡胶产业的研究现状与未来展望.中国农学通报，2020，36（10）：33-38.

[14] 张志娥，张会丰，雷根珠，等.离心浓缩天然胶乳的生产过程中组分与结构的变化.高分子通报，2018（7）：74-81.

[15] 程盛华，张先，王永周，等.不同凝固方式的天然橡胶干胶气味成分分析.广东化工，2015，42（9）：84-86.

[16] 张春梅，翟天亮，刘海腾，等.聚乳酸/接枝改性天然橡胶的制备及性能表征.塑料科技，2018，46（2）：74-78.

[17] 金林赫.天然橡胶分子链支链及端基的分析.海口：海南大学，2017.

[18] 宋帅帅，杨帆，徐云慧.热重分析法测定乳液共沉法天然橡胶复合材料的组分含量.橡胶科技，2018，16（12）：50-54.

[19] 张翠美.改性碱木质素在天然橡胶中的应用.青岛：青岛科技大学，2016.

[20] 张翠美，崔雪静，孙艳妮，等.碱木质素填充天然橡胶的特性研究.生物质化学工程，2017，51（3）：33-40.

[21] 赵婧.微观结构对天然橡胶的性能影响研究.橡塑技术与装备（橡胶），2020，46（3）：15-21.

（李淑君，任世学）

第十三篇
污染防治与装备

本 篇 编 写 人 员 名 单

主　　编　黄立新　中国林业科学研究院林产化学工业研究所
编写人员　（按姓名汉语拼音排序）
　　　　　陈玉平　中国林业科学研究院林产化学工业研究所
　　　　　黄立新　中国林业科学研究院林产化学工业研究所
　　　　　施英乔　中国林业科学研究院林产化学工业研究所
　　　　　檀俊利　中国林业科学研究院林产化学工业研究所
　　　　　王占军　中国林业科学研究院林产化学工业研究所
　　　　　谢普军　中国林业科学研究院林产化学工业研究所
　　　　　张　娜　中国林业科学研究院林产化学工业研究所

目　录

第一章　绪　论

第一节　林产化学工程污染和防治的现状

一、污染物的产生与现状

　　林产化学工程就是以森林植物中的木质和非木质资源及其副特产品为主要原料,借助物理、化学和生物化学的方法加工成服务于社会的各种现代产品的生产过程[1]。传统的林产化学加工工程主要有:a.林源提取物和分泌物的加工利用,例如松香、松节油、栲胶、单宁酸、紫胶、精油、樟脑、冷杉胶、多酚等的加工利用;b.木、竹和草的制浆造纸;c.林源植物原料的水解利用,例如糠醛、乙酰丙酸、饲料酵母、酒精、水解木素、木糖醇等的加工利用;d.木材的热解利用,例如活性炭、木炭、木焦油、木醋酸等的加工利用;e.其他林特产品的化学加工利用,例如生漆、桐油、虫白蜡、柏脂、柏油等的加工利用。随着现代技术的发展,林产化学加工正在生物质能源、生物质新材料、生物质化学品、林源生物质生物加工等方面进一步拓展。

　　林产化学工业与其他化工类产业一样,生产过程中一般也有污染物产生,其产生污染物的途径如图 13-1-1 所示。如果这些气固液废弃物和副产物不能很好地加以治理,在进入环境后其中污染物成分可改变正常环境的组分或者本身的组分毒性将对环境产生影响和破坏,最终直接或间接危害人类健康和生存,以及环境中的所有生物,包括动物、植物、微生物等。

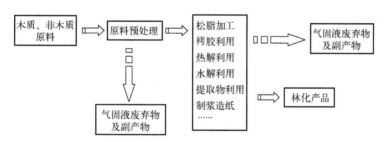

图 13-1-1　林产化学工业中废弃物的产生途径

　　很多时候,林产化学工业中产生的污染物本身依然含有很多可利用的物质。例如,制浆造纸工业中产生的黑液含有大量的木质素[2],工业木质素本身是地球上唯一能从再生资源中获得的天然芳香族有机原料。这些可利用的物质有时甚至是人和其他生物必需的营养元素,例如植物提取物残渣中含有大量的纤维素、半纤维素、糖类以及其他可以利用的药用成分等[3],如果它们没有被充分地利用而大量排放,或不加以回收和重复利用,就会变成环境中的污染物。

　　林产化学工业中利用氯化锌法生产木质活性炭[4],由于需要使用氯化锌、盐酸等化学试剂,在生产活性炭的过程中常常排放出酸性气体,对大气环境造成危害,严重时可形成酸雨。对于利用转炉生产活性炭的工艺,每吨产品污染气体的排放量可达 $3 \times 10^4 \sim 3.6 \times 10^4 \ \mathrm{m^3/t}$。在漂洗工段也会产生大量的废水,废水中的主要污染物质是残存的盐酸、氯化锌及少量 Fe^{3+}、Fe^{2+}、Ca^{2+}、Al^{3+} 和 Mg^{2+} 等的氯化物,因此,氯化锌法制备活性炭的生产中产生的废水常具有较强的酸性。

松脂加工就是将挥发性的松节油与不挥发性的松香分离、去杂质和水分的处理过程，其生产过程会产生各种有机污染物[5,6]。例如，浮油松香加工中，硫酸盐皂酸化过程常有硫化氢、甲硫醇、甲硫醚等挥发性的硫化物释放出来，释放量为 $1\sim20m^3/t$，而浮油松香加工的废水主要来自硫酸酸化硫酸盐皂所产生的含硫酸钠的酸性废水及浮油精馏过程中排出的含酚类衍生物和脂肪酸的废水。松香加工时产生的废水中含有大量的乳化松香、树脂酸、松节油、酚类及单宁等物质，导致废水可生化性差，直接生物降解困难，处理难度大。其中生产松香甘油酯产品所使用的甘油，抽真空过程中带入废水，甘油与废水以任意比例互溶，难以降解。另外，松香包装、冷却过程中也会散发出松节油的味道，使得空气中有强烈异味，在生产车间中，松节油的最高容许浓度为 $300mg/m^3$（标）。

在制浆造纸行业[7]，废水主要来自蒸煮和洗浆、碱回收、漂白等工段，废水的负荷随着制浆方法和原料、工艺和装备水平以及车间工人的操作管理等因素有所不同。同时，工艺过程中也伴随着废气的产生，据统计，采用硫酸盐法制浆，每吨化学浆会产生 $4.9m^3$ 的含硫废气，还会向大气中排放约 30kg 的粉尘。

栲胶生产工艺通常由原料粉碎、水浸提、净化、蒸发和干燥等工序组成[8,9]，其主要污染物是粉尘，主要来自原料的破碎、筛分、输送以及后期的喷雾干燥，工段中排出的废水主要来自栲胶浸提出渣冲渣废水、雾末除尘排水及蒸发工段的冷凝污水，废水量一般为 $20\sim40m^3/t$。

我国是木材水解制备糠醛的主要生产国[10]，现有约 200 家糠醛厂，年总产量在 50 万吨以上，占世界糠醛产量的 70% 以上。糠醛生产过程中，生物质原料的致密结构被破坏，原料中的半纤维素组分被催化转化为糠醛，大部分纤维素和木质素组分残留下来形成糠醛渣。由于现有工业方法生产糠醛的产率仍然较低，一般在 50% 左右，每得到 1t 糠醛将会产生 $12\sim15t$ 的糠醛渣，因此我国每年有数百万吨的糠醛渣排放量。同时生产中常有硫酸雾出现，排放的废气中还含有糠醛，在其生产车间，硫酸的允许浓度不超过 $2mg/m^3$（标），糠醛则为 $10mg/m^3$（标），废水来自蒸馏釜底部排出的废液、冷凝废水和糠醛渣的冲渣废水。木材水解生产工业酒精和饲料酵母也是典型的林产化工工艺之一，其废水主要来自酒精精馏塔塔底排出的废水，主要含有残存的醋酸、蚁酸、左旋糖醛酸等有机酸，以及丙酮、杂醇油、木质素和其他悬浮物质。

林产化学工业是林业经济的重要组成部分，林产化工企业数量众多，林产品种类多，其生产过程产生的污染物也种类繁多，成分复杂，处理难度大，尚未得到有效治理，也在一定程度上阻碍了林产化学工业的发展。

二、污染物的危害及防治现状

（一）污染物的危害

林产化学工业涵盖面十分广泛，涉及人们生活必需品的生产，与人们的日常生活息息相关，它已成为我国工业体系的重要组成部分，但其产生污染物的治理也势在必行。随着我国经济的飞速发展，环境污染已成为威胁我国国民健康的首要问题。环境污染物由于暴露途径多样，其健康效应引起人们的广泛关注。

林产化学工业产生的废水如果未经治理直接进入我国水体环境，将直接威胁我国水环境安全。例如，林产化学工业中制浆造纸会产生含有大量不溶性悬浮物的废水，这些物质如果沉积在水底，有的会形成"毒泥"，发生腐败后使水体呈厌氧状态，这些物质在水中还会阻塞鱼类的鳃，导致鱼类呼吸困难，并破坏其产卵场所。再如有些有机废水虽然污染物本身无毒，但是排入水体的有机物超过允许量时，水体也会出现厌氧腐败现象，对水体环境中的生物（动植物和微生物）造成不良的影响。

林产化学工业中产生的废气进入大气，其危害主要表现是呼吸道疾病与眼鼻等黏膜组织受到刺激从而患病，以及生理机能障碍等其他方面的危害。如果不治理而大量排放，潜在地对天气和气候也会产生影响。

林产化学工业产生的固体废弃物来源于不同的生产加工过程，其成分复杂，也受到林业资源原料和工艺过程的影响。虽然林产化学工业产生的固体废弃物不像其废水或者废气那样到处迁移、扩散，但其排放和堆积占用了大量的土地，造成固体废弃物与工农业生产以及人们居住争地的矛盾，浪费了大量土地资源。另外，林化固体废弃物还可能由于不经处理直接填埋等污染周边的大气、水体、土壤和生物环境，并最终危害人体健康。

因此，有效利用林业资源、实施清洁生产，实现林产化学工业污染物的减量化、再利用、资源化、无害化，是林化工业健康发展的重要保证。减少对环境的污染、防止突发环境事件以及确保人民生命和财产安全的意义越来越重要。污染防治需要运用科学的理论、方法和技术，在利用自然资源的同时，有计划、有系统地控制污染物的减量，控制污染物的排放，采取有效的技术实现污染物的治理，从而保护环境，预防环境恶化，促进人类与环境协调发展，提高人类生活质量，保护人类健康，造福子孙后代。

（二）污染物的防治现状

1. 废液防治现状

林产化学工业的废水特征是浓度较高，COD（化学耗氧量）高达几万至几十万，环类化合物较多，生化性能差，处理难度大。目前废水处理的传统方法主要有焚烧处理、溶剂萃取、缩聚回收、混凝处理以及光电催化等方法。除此之外，新兴的处理方法主要有活性炭吸附、树脂吸附及碳纤维吸附等，化学氧化处理方法的应用也越来越广泛。生物处理是利用微生物净化废水中苯酚及酚类化合物，一般在苯酚浓度不高时采用，否则苯酚对菌种具有毒害作用，主要处理方法有好氧活性污泥法、生物膜法、生物接触氧化法、流化床法等。生物处理具有效果较好、所需费用较低等优点，但管理要求高，对废水的含油情况必须给予密切注意。

1972 年，美国佛罗里达州奥鲁斯特松香试验室的科研人员采用废水量 0.1%～0.2% 的生石灰来处理脂松香加工废水[11]，将废水 pH 值分别调至 9、10 和 11，废水中的丹宁、草酸、一部分酚类物质、树脂物质沉淀下来，处理前废水的乙醚抽出物分别为 0.03%、0.27%、0.28% 和 0.36%，处理后分别降为 0.01%、0.09%、0.09% 和 0.08%，总有机物去除率达到 66.7%、66.7%、70.4% 和 77.8%。我国早期的松脂加工工艺普遍采用滴水法（俗称土法），但该方法安全隐患大、产品品质低，目前已被完全淘汰。目前松脂规模化加工工艺普遍采用蒸汽法[12]，该方法生产工艺简单、设备投资省、生产过程相对安全、产品质量较为可靠，但仍较为粗放，能耗、水耗较大，松香和松节油的损失也较高。根据松脂加工过程是否连续，蒸气法可分为连续式和间歇式两种，其中间歇式工艺设备维护相对简单，是目前大多数松脂加工厂采用的工艺，但无论是连续式还是间歇式，按照其主要耗水及原料损失环节，皆可大致划分为松脂输送、松脂溶解、松脂净化、松脂回收以及净制脂液蒸馏等工艺过程。

王丽香等[13]针对黄姜皂素水解废液高有机物浓度、高含盐量的特点，研究了焚烧法处理此类水解废液的特点，结果表明，焚烧后产生的含二氧化碳和水等成分的废气经处理后，其颗粒物、SO_2 和 NO_x 的平均浓度分别为 27.4mg/m³、68.5mg/m³ 和 159.7mg/m³，可达到《锅炉大气污染物排放标准》（GB 13271—2014）[14]的要求，完全杜绝了其对水环境的污染。

2. 废气防治现状

林产化学工业中废气主要以可挥发性有机废气（VOC）为主，苯环类、杂环类、醇类、酮类、醚类、酯类等废气含量较高，处理方法主要有焚烧处理、从生产源头控制等，其中焚烧处理会产生大量的含碳化合物，因此，林化行业的废气处理极具挑战。

氯化锌法木质活性炭生产中产生的废气主要含有 HCl、有机酸、水蒸气、粉尘等[15]，主要来自调节氯化锌浸泡液 pH 值所加入的盐酸，以及在活化过程中氯化锌高温分解产生的 HCl，木材干馏产生的有机废气。这些无法燃烧处理的废气一般采用廉价的碱性介质 [$Ca(OH)_2$] 来反应吸收这些酸性气体，以去除气体中的残酸及锌化合物，并将气态污染物质转移到液相，然后同废水一道处理回收利用。

木材胶黏剂生产过程中主要会排放出含有甲醛、甲醇和挥发酚类等毒性物质的废气[16]，一般燃烧法可以用来处理这类废气，即在专门的燃烧炉或动力锅炉内，采用 700～750℃ 的炉内温度，使得废气在 0.3～0.5s 内完成燃烧。也可采用 $NaSO_3$ 溶液或 NH_3 水来反应吸收废气中的有机组分，再通过废水处理来解决气态污染问题。

3. 固废防治现状

林产化工的固体废弃物来自林业资源在整个林产化工加工过程中的残余类废弃物，包括残渣、污泥、副产物等。主要由纤维素、半纤维素、淀粉、木质素、蛋白质等天然高分子聚合物，氨基酸、生物碱、单糖、脂肪酸等天然小分子化合物，丰富的 N、P、K、Ca、Mg、S 等元素，以及加工中添加的未完全利用而残留的化合物等组成。因此，传统的处理以燃烧产热、堆肥还田等方式为主。

例如，宋华等[17]发现油樟叶蒸馏后的叶渣是一种天然无污染的优质有机肥原材料，其含有大量优质的有机物、氮磷钾及各种中微量元素。他们通过选择特定条件下筛选得到的发酵腐熟剂作为油樟叶渣的发酵菌，快速高效地对油樟叶渣在较低的温度范围内进行发酵，减少了油樟叶渣中杀虫、抑菌物质的流失，进而制备得到含有大量杀虫、抑菌物质的有机肥。同时，通过针对性地调整发酵原材料及其配比，使发酵得到的肥料 pH 值不同，能适应不同酸碱性土壤的需要，具有改良土壤、刺激作物生长、改善农产品品质等功效。李梦雨等[18]指出糠醛渣除了能通过直接燃烧和热化学转化制备生物质能源外，还可以在复合材料、精细化学品和农业用品等领域得到应用。

第二节　林产化学工业污染防治趋势

污染物的防治主要是指运用技术、经济和法制相结合的手段，综合预防和治理污染物，将污染物对环境的影响降低到最低限度。目前污染物防治的发展趋势通常有污染物的减量化治理、污染物的回收利用以及自然净化等途径和方式，如图 13-1-2 所示。

一、污染物的减量化

林产化学工业中污染物的减量化是指能够利用较少的原料和能源实现既定的产品生产，或者是通过有效的方法、技术和手段尽可能减少废弃物的产生及污染排放的过程，强调由污染产生源减少废物产生量及毒性，避免或者减少后续的处理、处置的污染预防过程，包括在产生源减少废物以及再生利用的全部活动。减量化的任务是通过适宜的手段减少废弃物的数量、容量和毒性。减量化的实现包括两个层次：一是通过林化产品的工艺和工程设计，将减量化延伸到

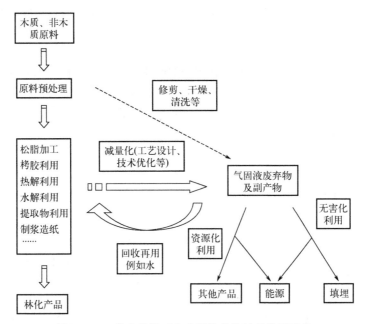

图 13-1-2　林产化学工业中污染物防治的发展趋势

气液固废弃物产生源的控制与管理，从而实现废弃物的根本减量化；二是通过处理和利用对已经生成的林产化工工程废弃物进行减量，例如固体废弃物的综合利用，生活垃圾采用焚烧法处理后，体积可减少 80%～90%，余烬便于运输和处置。

　　例如，"十三五"期间，陈玉湘等[12]针对松脂加工的连续式蒸汽法的工艺进行新技术的研发和工艺创新，特别是设计制备了松脂加工专用的高黏度松脂输送泵，研发松脂节水溶解、松脂连续溶解及多级过滤净化的松脂节水除杂，废渣及中层脂液中松脂的节水回收，净制脂液节水蒸馏等组合新技术和工艺，实现了云南松/思茅松松脂加工的耗水量为 0.76t/t，马尾松松脂加工的耗水量为 0.84t/t，比传统松脂加工企业的水耗值 3t/t 降低 70%以上，且废渣中松脂回收率超过 70%，中层脂液中松脂回收率超过 90%。

　　例如，糠醛生产废水温度达 95～99℃，醋酸高达 1.43%～2.84%，化学耗氧量（COD）10000～20000mg/L，生化耗氧量（BOD）2500～3000mg/L，BOD/COD=0.20～0.25，生物处理困难，长期以来严重困扰着糠醛生产行业的可持续发展。近年开发出多种萃取剂，回收了糠醛生产废水中 90%以上的醋酸，采用的多级逆流萃取，萃取效率高达 97%～99%。新开发的氧化钙中和-双效蒸发-精馏工艺技术，中和了废水的酸度，利用了废水的热能，废水中大量醋酸得到资源化利用，制成环保型醋酸钙镁（CMA）融雪剂，大大降低了传统 CMA 融雪剂的生产成本，解决了数十年来氯化钠融雪剂腐蚀公路设施的难题，实现了糠醛生产中废水的减量化处理，基本实现了零排放[19]。

　　制浆造纸工程中会产生大量的污泥，我国每年可产生 2000 万吨的造纸污泥，其成分极其复杂，含有大量无机质填料废物、有机废物等[20]，因此，利用其富含纤维素等有机质的特点，采用焚烧技术，可以实现污泥的无害化处理，燃烧后的残渣又可以作为建材原料使用，实现无害化的同时，又能资源化利用，可提高造纸污泥的价值。刘周恩[21]对目前用于造纸污泥的立式多段炉焚烧、滚筒焚烧、流化床焚烧、解耦焚烧炉焚烧等技术进行了综合对比分析，指出解耦焚烧炉焚烧技术是一种新颖的技术，虽然该技术还不成熟，但其是未来造纸污泥焚烧处理的一个发展趋势和热点。山东华泰股份公司通过研发高效节能的造纸污泥干化技术，以及干化污泥与废渣混合焚烧综合利用技术，实现造纸企业固体废弃物的减量化治理，建成的焚烧车间可以日处理造纸固体废弃物 700 多吨，产生的热量用于企业生产的其他工段，为企业创造了很好的社会效益和经济效益[22]。

朱性贵等[23]研制了一种糠醛渣循环流化床锅炉配套供热发电技术，解决了手烧炉、链条炉、差速床锅炉等燃烧方式的缺陷，用于糠醛渣的燃烧供热发电，结果表明：糠醛渣锅炉燃烧后废气污染物可以达标排放，其中烟尘浓度 $<5\mathrm{mg/m^3}$，SO_2 浓度 $<20\mathrm{mg/m^3}$，NO_x 浓度 $<30\mathrm{mg/m^3}$，并且连续运行下每年可提供 5.3MPa 蒸汽 50 万吨以上、发电 $7200\times10^4\mathrm{kW\cdot h}$，实现经济效益和环保效益的双丰收。

二、污染物的无害化

林化产品生产过程中污染物的无害化，是针对生产过程中已产生但又无法或暂时无法进行综合利用的污染物，对其进行对环境无害或低危害的安全处理、处置，还包括尽可能地减少其种类，降低危险废的有害浓度，减轻和消除其危险特征等，以此防止、减少或减轻废物的危害。固体废物无害化处理的基本任务就是将固体废物通过工程处理，达到不污染周围自然环境和不危害人体健康的目的。目前，废物的无害化处理工程已发展成一个由多种处理处置技术组成的有机体系，主要包括固体废物的焚烧、卫生或安全填埋、堆肥、厌氧发酵、有害废物的化学处理等。

例如，谢志建等[24]发明了一种利用银杏叶提取物残渣进行复合肥生产的专利方法，采用银杏叶提取物废渣 30%～50%、微生物菌 2%～5%、尿素 6%～12%，磷肥 5%～12%、麦饭石 10%～20%、草木灰 10%～20%，粉煤灰 10%～20%，各组分粉末混合后造粒，制成颗粒状有机复合肥后风干，含水率控制在 10% 以下，实现了银杏叶提取物废渣的无害化处理。Aranda 等[25]连续 17 年使用油橄榄果渣制成的堆肥作为油橄榄果园的有机质补充剂，发现总有机碳、总氮、可获取磷等显著提高，特别是总有机质在碳酸盐土和硅质土中分别提高了 6 倍和 8 倍。

例如，流化床污泥清洁焚烧技术被用在浙江省某造纸工业功能区的造纸污泥无害化处理中，其污泥处理量为 1500t/d，含水率为 80%。无害化处理的工艺流程为污泥浓缩池污泥（含水率 96%）送入污泥调理池，经过调理、搅拌后通过泵送入 18 台高干度板框压滤机进行深度脱水。脱水污泥（含水率 45%）通过皮带输送至污泥干化间的脱水污泥堆场。脱水污泥通过皮带送入炉前干污泥仓，通过污泥给料机送入 2 台流化床焚烧炉进行焚烧，污泥经过 850～900℃ 的高温后，其中有机物和有害物彻底分解。污泥焚烧后产生的热量进行供热发电，剩余 10% 的灰渣进行建材综合利用。

岳阳林纸股份有限公司以原厂区污水处理站产生的初沉污泥、制浆和造纸生产系统产生的废木渣/浆渣等固废为主要原料，通过原料碎解、混合配料、压制成型、压榨脱水、烘干和分切等工序建设了一套污泥纤维板生产线，实现了制浆造纸工程中固废的无害化处理。

从林化废弃物的无害化处理中可以看到：林化产品清洁生产中配套的气液固废弃物处理技术是一个多种处理技术组成的有机体系，没有一种技术可以完全解决所有废弃物问题，因此，废弃物的无害化并不是单纯的废弃物的处理和处置，在危险废弃物的源头进行分离操作也是一种有效的无害化方法。

三、污染物的资源化利用

污染物的资源化利用是指对已产生的污染废物进行回收加工、循环利用或其他再利用等，即通常所称的废物综合利用，使废物经过综合利用后直接变成产品或转化为可供再利用的二次原料，实现资源化不但减轻了固废的危害，还可以减少浪费，获得经济效益。污染物的回收利用是指收集本来要废弃的材料，分解再制成新产品，或者是收集用过的产品，加以清洁、处理之后再利用。

造纸黑液是造纸行业的碱法制浆工艺中蒸煮后产生的废水，颜色呈现黑褐色，几乎集中了制浆造纸过程90%的污染物。它含有大量的烧碱和杂质，并且含有大量木质素和半纤维素等降解产物、色素、戊糖类、残碱及其他溶出物，是一种高碱性、高COD、高木质素含量的难降解废水。因此，对造纸黑液的资源化回收利用是造纸行业的一个重要课题。最常见的资源化回收利用是碱回收利用和木质素回收利用。碱回收利用，因为碱法制浆需要利用大量的碱，该过程又让大部分的碱进入造纸黑液中，因此，实现碱的回收利用不仅降低了造纸企业的生产成本，而且能够获得良好的环境效益和社会效益。木质素的回收利用，其生产工艺一般是首先对黑液中的碱木质素进行磺化改性，然后通过蒸发浓缩、喷雾干燥得到木质素磺酸盐类添加剂和助剂产品。目前，我国市场上的木质素磺酸盐主要是以木质素磺酸钠和木质素磺酸钙为代表。工业木质素本身是地球上唯一能从再生资源中获得的天然芳香族有机原料，具有无毒、价廉、易被生物分解的独特特性，其作为原料广泛应用于农林、石油、冶金、染料、水泥和混凝土及高分子材料工业中。与碱回收法相比，同规模投资费用减少近一半，而得到的木质素产品在扣除各项治理成本费用后，每吨产品尚有一定的利润，因此，受到一些制浆造纸企业的欢迎。

黑荆树皮是丹宁生产中的一种常用原料，在提取丹宁后会产生大量的树皮废弃物，主要含有纤维素、半纤维素、木质素、残留丹宁和少量无机化合物，常被直接燃烧使用或者被用于生产颗粒燃料来产生热能。Sabrina F. Lütke 等[26]开展了将此废弃物用来制备活性炭，并用于多酚吸附的研究，研究表明：制成的活性炭具有微孔多孔结构，表面积达到 $414.97m^2/g$，最高的多酚类吸附率达到 $98.57mg/g$，可以很好地应用于含酚化合物的废水处理中。Abid 等[27]通过热解方法把油橄榄加工废弃物制成生物炭，用于吸附油橄榄加工废水中的多酚化合物，30℃时最大吸附量达到 $140.47mg/g$。

尹玉磊等[28]概括了糠醛渣的综合利用技术，介绍了糠醛渣在改良土壤、制取多孔吸附材料、培育作物、土地的复垦及其他方面的应用及其资源化利用过程中需要注意的问题。张婷婷等[29]开展了以园林绿化废弃物为原料并加入糠醛渣建立堆肥体系的研究，发现至堆肥处理结束时，堆肥中植物抑制物质降解彻底，全氮含量为1.18%，C/N为16，种子发芽指数为90%。研究结果表明：添加糠醛渣可以显著提高堆肥产品中碱解氮、速效磷、速效钾的含量，降低园林废弃物堆肥容重，提高堆肥总孔隙率和持水孔隙率，改善堆肥产品的品质，并实现了糠醛废渣的资源化利用。

王亚军等[30]发明了一种以枸杞枝条为主的发酵饲料生产方法和工艺，通过选取专用菌与常规酵母菌联合发酵枸杞枝条，并且添加麸皮、蔗糖和纤维素酶作为复配成分，制成的饲料可作为幼年反刍动物开口料使用。孙立东[31]发明了一种枸杞枝杈的生物质颗粒的制备方法，通过将林艺修枝获得的枸杞枝干、枝杈、落叶和小麦及青稞秸秆等复合配制，按照7∶3的比例备料，然后通过破碎、筛分、干燥、分离、制粒、成型、冷却、筛选等加工工艺过程，制得的枸杞枝杈生物质固体颗粒含水量为12%～18%，最大化地资源化利用枸杞枝条林艺废弃物。

第三节　气固液污染防治的有关法规和标准

一、气固液污染防治的相关法规

针对林产化学工业中可能产生的气、固、液废弃物和污染物治理没有单独的对应的法规，但是我国在总体的气、固、液污染防治方面有相关的法规，主要包括《中华人民共和国清洁生产促进法》和《中华人民共和国环境保护法》，涉及单一污染物防治的国家级法规还有《中华人民共和国大气污染防治法》《中华人民共和国固体废物污染环境防治法》《中华人民共和国水污染防治法》等。

其中《中华人民共和国清洁生产促进法》自 2012 年 7 月 1 日起施行。该法规中将清洁生产定义为：不断采取改进设计、使用清洁的能源和原料、采用先进的工艺技术与设备、改善管理、综合利用等措施，从源头削减污染，提高资源利用效率，减少或者避免生产、服务和产品使用过程中污染物的产生和排放，以减轻或者消除对人类健康和环境的危害。对于林产化学工业中的清洁生产，必须要从新技术、新工艺的创制方面来实现污染物的减量化、无害化治理，同时通过对废弃物、加工剩余物和副产物的饲料化、能源化、材料化、肥料化、药食化等综合利用关键技术的开发，实现林业资源的高效高值化综合利用。

《中华人民共和国固体废物污染环境防治法》自 2020 年 9 月 1 日起施行。这是我国针对固体废物的专项法律，详细地阐述了固体废物污染环境防治的监督管理、污染环境的防治、危险废物污染环境防治的特别规定及法律责任等。林产化学工业中的松脂加工、糠醛生产、栲胶利用、活性炭生产、制浆造纸、活性物提取等都有固体残渣或者废弃物产生，这项法规的出台实施更加有效地规范了林产化学工业中废弃物的处置和治理。

现行的《中华人民共和国水污染防治法》在修订后自 2018 年 1 月 1 日起施行，国家对重点水污染物排放实施总量控制制度，有污水产生的生产企业需要依法取得排污许可证，对于排放水污染物、超过水污染物排放标准或者超过重点水污染物排放总量控制指标排放水污染物等情况，加大了违法排污的处罚力度。

为了便于对各类工业生产中产生的气、固、液废物污染进行控制监管，国家同时制定或修订了有关气、固、液废弃物污染控制的相关标准，例如：针对废气污染物的排放，国家出台了《大气污染物综合排放标准》（GB 16297—1996）；对于工业污水的排放，国家制定了《污水综合排放标准》（GB 8978—1996）；对于一般工业废弃物，国家制定了《一般工业固体废物贮存和填埋污染控制标准》（GB 18599—2020）；对于被国家认定为危险废物的，还专门制定了《危险废物焚烧污染控制标准》（GB 18484—2020）；工业噪声也有《工业企业厂界环境噪声排放标准》（GB 12348—2008）来规范管理；对于林产化学工业中涵盖的制浆造纸行业还专门出台了《制浆造纸工业水污染物排放标准》（GB 3544—2008），用于规范制浆造纸企业生产的污染物的排放。

二、气固液污染防治的相关标准

1. 废气污染防治排放控制标准

大气污染物排放标准是为了控制污染物的排放量，使空气质量达到环境质量标准，对排入大气中的污染物数量或浓度作出规定的限制性标准，我国现行《大气污染物综合排放标准》（GB 16297—1996）还是 1996 年颁布的[32]，标准中规定了 33 种大气污染物的排放限值。林产化学工业中涉及的废气主要包含苯环类、杂环类、醇类、酮类、醚类、酯类等组分，依据上述标准，其排放的最高允许浓度汇总参见表 13-1-1，标准中还规定了污染物的最高允许排放浓度，以及在一级、二级、三级地区通过排气筒后的最高允许排放速率。在我国原有的《环境空气质量标准》（GB 3095—1996）中规定：一类区是指自然保护区、风景名胜区和其他需要特殊保护的地区；二类区是指城镇规划的居住区、商业交通居民混合区、文化区、一般工业区和农村地区，以及一、三类区不包括的地区；三类区是指特定的工业区。为贯彻《中华人民共和国环境保护法》《中华人民共和国大气污染防治法》《中华人民共和国水污染防治法》《中华人民共和国环境影响评价法》等法律法规和《大气污染防治行动计划》（国发〔2013〕37号），防治环境污染，改善环境质量，替代 GB 3095—1996 的新版《环境空气质量标准》（GB 3095—2012）只把环境空气功能区域分成了两类[33]，即一类区和二类区，内涵和上述相同。

表 13-1-1　《大气污染物综合排放标准》（GB 16297—1996）中的规定汇总

序号	污染物	最高允许排放浓度 /(mg/m³)	最高允许排放速率/(kg/h)			无组织排放监控浓度限值	
			排气筒高度 /m	二级	三级	监控点	浓度 /(mg/m³)
1	苯	12	15	0.50	0.80	周界外浓度最高点	0.40
			20	0.90	1.3		
			30	2.9	4.4		
			40	5.6	7.6		
2	甲苯	40	15	3.1	4.7	周界外浓度最高点	2.4
			20	5.2	7.9		
			30	18	27		
			40	30	46		
3	二甲苯	70	15	1.0	1.5	周界外浓度最高点	1.2
			20	1.7	2.6		
			30	5.9	8.8		
			40	10	15		
4	酚类	100	15	0.10	0.15	周界外浓度最高点	0.080
			20	0.17	0.26		
			30	0.58	0.88		
			40	1.0	1.5		
			50	1.5	2.3		
			60	2.2	3.3		
5	甲醛	25	15	0.26	0.39	周界外浓度最高点	0.20
			20	0.43	0.65		
			30	1.4	2.2		
			40	2.6	3.8		
			50	3.8	5.9		
			60	5.4	8.3		
6	乙醛	125	15	0.050	0.080	周界外浓度最高点	0.040
			20	0.090	0.13		
			30	0.29	0.44		
			40	0.50	0.77		
7	甲醇	190	15	5.1	7.8	周界外浓度最高点	12
			20	8.6	13		
			30	29	44		
			40	50	70		
			50	77	120		
			60	100	170		
8	非甲烷总烃	120 （使用溶剂汽油或其他混合烃类物质）	15	10	16	周界外浓度最高点	4.0
			20	17	27		
			30	53	83		
			40	100	150		

为促进活性炭工业生产工艺和污染治理技术的进步，环保部（现生态环境部）制定了《活性炭工业污染物排放标准（征求意见稿）》，征求意见稿对活性炭工业大气污染物排放等作了具体规定，例如大气污染物颗粒物、二氧化硫、氮氧化物排放标准分别为 $50mg/m^3$、$300mg/m^3$、$200mg/m^3$，特别排放限值为 $30mg/m^3$、$200mg/m^3$、$200mg/m^3$。

2. 固废污染防治标准

2020 年开始实施新的《中华人民共和国固体废物污染环境防治法》后，国家根据国内外固体废物处理处置污染控制可行技术，结合我国实际经济、技术发展水平，制定切实可行的污染物控制的标准，即《一般工业固体废物贮存和填埋污染控制标准》（GB 18599—2020）[34]。标准中定义一般工业固体废物是指企业在工业生产过程中产生且不属于危险废物的工业固体废物，危险废物可以通过我国 2021 年重新修订的危险废物名录认定。新标准强化了一般工业固体废物贮存、填埋全过程污染控制技术要求，加严了防渗技术规定，增加了废物入场有机质含量控制、封场后渗滤液处理及地表水、土壤自行监测等要求，并明确了充填及回填条件，增加了相应污染控制技术要求。例如，规定造纸和纸制品业、农林副食品加工业等为日常生活提供服务的活动中产生的与生活垃圾性质相近的一般工业固体废物，以及其他有机物含量超过 5% 的一般工业固体废物（煤矸石除外），不得进行充填、回填作业。

根据 2021 年我国重新修订的危险废物名录，林产化学工业中产生的一些废弃物就是危险废物，例如：林源活性提取物制备过程中作为萃取剂、溶剂或反应介质使用后废弃的有机溶剂，包括四氯化碳、二氯甲烷、苯、苯乙烯、丁醇、丙酮、正己烷、甲苯、邻二甲苯、间二甲苯、乙醇、异丙醇、乙醚、丙醚、乙酸甲酯、乙酸乙酯、乙酸丁酯、丙酸丁酯、苯酚，在使用前混合的含有一种或多种上述溶剂的混合/调和溶剂，以及这些有机溶剂再生处理过程中产生的废活性炭、废水处理浮渣和污泥；固定床气化技术生产化工合成原料气、燃料油合成原料气过程中粗煤气冷凝产生的焦油和焦油渣等。这些废弃物被认定为易燃、易爆、致毒的危险物，因此，其处置和处理必须严格按相关要求与标准执行。为此国家还专门制定了《危险废物焚烧污染控制标准》（GB 18484—2020）[35]，标准中对危险废物的焚烧炉提出了具体的技术性能要求，见表 13-1-2，并对危险废物焚烧设施烟气污染物排放浓度限值作了专门规定，其执行的主要指标见表 13-1-3。

表 13-1-2　危险废物焚烧炉的技术性能指标

指标	焚烧炉高温段温度/℃	烟气停留时间/s	延期含氧量（干烟气，烟囱取样口）	烟气一氧化碳浓度（烟囱取样口）/(mg/m³)		燃烧效率	焚毁去除率	热灼减率
限值	≥1100	≥2.0	6%～15%	1 小时	24 小时均值	≥99.9%	≥99.99%	<5%
				≤100	≤80			

表 13-1-3　危险废物焚烧设施烟气污染物排放浓度限值　　　　单位：mg/m³

序号	污染物项目	限值	取值时间
1	颗粒物	30	1 小时均值
		20	24 小时均值或日均值
2	一氧化碳（CO）	100	1 小时均值
		80	24 小时均值或日均值

续表

序号	污染物项目	限值	取值时间
3	氮氧化物（NO_x）	300	1 小时均值
		250	24 小时均值或日均值
4	二氧化硫（SO_2）	100	1 小时均值
		80	24 小时均值或日均值
5	氟化氢（HF）	4.0	1 小时均值
		2.0	24 小时均值或日均值
6	氯化氢（HCl）	60	1 小时均值
		50	24 小时均值或日均值
7	二噁英类 /（ng/m^3）	0.5	测定均值

注：表中污染物限值为基准氧含量排放浓度。

对于焚烧设施产生的焚烧残余物及其他固体废物，仍应根据《国家危险废物名录》和国家规定的危险废物鉴别标准等进行属性判定，如果属于危险废物的，其贮存和利用处置应符合国家及地方危险废物有关规定。

3. 废水污染防治标准

林产化学工业的各类生产中几乎都有废水产生，行业内除了制浆造纸工业有专门的工业水污染物排放标准外，没有专门的针对性的标准，所以，本行业内均采用国家制定的《污水综合排放标准》（GB 8978－1996)[36]。该标准适用于我国现有各单位水污染物的排放管理，自然包括林产化学工业中所有涉及水的排放管理，更有利于控制水体被污染，保护江河湖泊、水库、海洋等的地面及地下水体水质。

在《污水综合排放标准》（GB 8978－1996）中，将排放的污染物按其性质及控制方式分为两类。其中第一类污染物，不分行业和污水排放方式，也不分受纳水体的功能类别，一律在车间或车间处理设施排放口采样，其最高允许排放浓度必须达到该标准要求，具体见表 13-1-4；第二类污染物，在排污单位排放口采样，其最高允许排放浓度必须达到该标准要求，与林产化工行业相关的指标见表 13-1-5。

表 13-1-4　第一类污染物最高允许排放浓度　　　　单位：mg/L

序号	污染物	最高允许排放浓度
1	总汞	0.05
2	烷基汞	不得检出
3	总镉	0.1
4	总铬	1.5
5	六价铬	0.5
6	总砷	0.5
7	总铅	1.0
8	总镍	1.0
9	苯并[a]芘	0.00003

序号	污染物	最高允许排放浓度
10	总铍	0.005
11	总银	0.5
12	总 α 放射性	1Bq/L
13	总 β 放射性	10Bq/L

表 13-1-5　第二类污染物最高允许排放浓度　　　　单位：mg/L

序号	污染物	一级标准	二级标准	三级标准
1	pH 值	6～9	6～9	6～9
2	色度(稀释倍数)	50	80	—
3	悬浮物(SS)	70	150	400
4	五日生化需氧量(BOD$_5$)	20	30	300
5	化学需氧量(COD)	100	150	500
6	挥发酚	0.5	0.5	2.0
7	总氰化合物	0.5	0.5	1.0
8	硫化物	1.0	1.0	1.0
9	磷酸盐(以 P 计)	0.5	1.0	—
10	甲醛	1.0	2.0	5.0
11	阴离子表面活性剂 (LAS)	5.0	10	20
12	总铜	0.5	1.0	2.0
13	总锌	2.0	5.0	5.0
14	总锰	2.0	5.0	5.0

造纸工业执行《制浆造纸工业水污染物排放标准》（GB 3544－2008）[37]，新建制浆造纸企业的水污染物排放均执行本标准，主要污染物的排放限值见表 13-1-6。

根据环境保护工作的要求，在国土开发密度已经较高、环境承载力开始减弱，或水环境容量较小、生态环境脆弱，容易发生严重水环境污染问题故需要采取特别保护措施的地区，应严格控制企业的污染物排放行为，在上述地区的企业执行表 13-1-7 规定的水污染物特别排放限值。

表 13-1-6　新建制浆造纸企业主要污染物排放限值

序号	指标	制浆企业	制浆和造纸联合生产企业	造纸企业	污染物排放监控位置
1	pH 值	6～9	6～9	6～9	企业废水总排放口
2	色度(稀释倍数)	50	50	50	企业废水总排放口
3	悬浮物/(mg/L)	50	30	30	企业废水总排放口
4	五日生化需氧量(BOD$_5$)/(mg/L)	20	20	20	企业废水总排放口
5	化学需氧量(COD$_{Cr}$)/(mg/L)	100	90	80	企业废水总排放口
6	氨氮/(mg/L)	12	8	8	企业废水总排放口

序号	指标	制浆企业	制浆和造纸联合生产企业	造纸企业	污染物排放监控位置
7	总氮/(mg/L)	15	12	12	企业废水总排放口
8	总磷/(mg/L)	0.8	0.8	0.8	企业废水总排放口
9	可吸附有机卤素/(mg/L)	12	12	12	车间或生产设施废水排放口
10	二噁英/(pg TEQ/L)	30	30	30	车间或生产设施废水排放口
单位产品基准排水量/[t/t(浆)]		50	40	20	排水量计量位置与污染物排放监控位置一致

注：1.可吸附有机卤素（AOX）和二噁英指标适用于采用含氯漂白工艺的情况。

2.纸浆量以绝干浆计。

3.核定制浆和造纸联合生产企业单位产品实际排水量，以企业纸浆产量与外购商品浆数量的总和为依据。

4.企业自产废纸浆量占企业纸浆总用量的比重大于80%的，单位产品基准排水量为20t/t（浆）。

5.企业漂白非木浆产量占企业纸浆总用量的比重大于60%的，单位产品基准排水量为60t/t（浆）。

表 13-1-7　水污染物特别排放限值　　单位：mg/L（除 pH 值外）

序号	污染物	限值		监控位置
		直接排放	间接排放	
1	pH 值	6～9	6～9	企业废水总排放口
2	悬浮物	30	40	
3	化学需氧量	30	50	
4	氨氮	5	8	
5	总氮	6	10	
6	石油类	1	2	
7	总磷	1	2	
单位产品基准排水量/(m³/t)	煤质活性炭有酸洗工段	10		排放水量计量位置与污染物排放监控位置一致
	煤质活性炭无酸洗工段	5		
	木质活性炭有酸洗工段	15		
	木质活性炭无酸洗工段	10		

总之，林产化学工业是实现"森林是水库、钱库、粮库和碳库"的重要途径之一，同时，"绿水青山就是金山银山"对林产化学工业中可能产生的污染物的治理也提出了更高的要求，科技工作者需要在开展生物质利用关键技术研发的同时，更加注重伴生污染物的控制、污染物的无害化和资源化利用及评估[38]等技术与装备的研发，实现和满足人们对于美好与和谐生活的需求。

参考文献

[1] 贺近恪，李启基.林产化学工业全书.第三卷.北京：中国林业出版社，1997.

[2] 施英乔，房桂干.林产化工废水污染治理技术.北京：中国林业出版社，2016.

[3] 郝华来.林产化工废水的处理工艺及其发展趋势初探.林产工业，2019，56（11）：80-82.

[4] 姚天保.氯化锌法活性炭生产中废气污染的控制与回收.湖南林业科技，1991（1）：34-37.

[5] 康朝平，陈美娟.松脂加工废水处理流程探讨.生物质化学工程，2006（6）：34-36.

[6] 周鹏，李爱雯，胡文涛，等.电催化氧化＋混凝沉淀＋水解酸化＋MBR联合处理松脂生产废水.能源与环境，2016（2）：80-83.

[7] 李玉峰.造纸产业的未来——林产化工集成工业延伸产业链转为生物质精炼综合工厂高值化利用原料，资源化利用"三废".中华纸业，2011，32（19）：34-36.

[8] 陈静，戴咏雪，宿象泽，等.栲胶工业废水处理技术.云南环保，1991（3）：29-30.

[9] 丁绍兰，刘艳华.絮凝-Fenton氧化处理栲胶废水的研究.中国皮革，2019，48（7）：58-64.

[10] 陶鹏飞，冷一欣，黄春香，等.响应面法优化糠醛废液制备乙酰丙酸的研究.现代化工，2017，37（7）：142-144.

[11] 刘光良.林产化学工业的污染控制 第三讲 松香工业的污染控制.林化科技通讯，1987（3）：30-31.

[12] 徐士超，陈玉湘，凌鑫，等.松脂节水减排绿色加工工艺研究及生产示范.生物质化学工程，2021，55（3）：17-22.

[13] 王丽香，孙长顺，杜利劳，等.焚烧处理黄姜皂素水解废液中试研究.中国给水排水，2016，32（15）：119-121.

[14] GB 13271—2014.锅炉大气污染物排放标准.

[15] 刘光良.林产化学工业的污染控制 第六讲 氯化锌法木质活性炭生产的大气污染控制及回收.林化科技通讯，1987（6）：28-29.

[16] 刘光良.林产化学工业的污染控制 第八讲 木材胶粘剂生产的污染控制.林化科技通讯，1987（8）：28-29.

[17] 宋华，高正虎，刘江兰，等.一种油樟叶渣发酵有机肥及其制备方法：CN113480377A.2021-10-08.

[18] 李梦雨，杨鹏，常春，等.糠醛渣高值化利用的研究进展.林产化学与工业，2021（41）：117-126.

[19] 施英乔，丁来保，盘爱享，等.糠醛生产废水废渣的资源化利用研究进展.林产化学与工业，2016，36（3）：133-138.

[20] 乔军，曹衍军，刘泽华，等.制浆造纸固废资源化利用技术与生产实践.中国造纸学会第十七届学术年会论文集，2016：30-34.

[21] 刘周恩.造纸污泥焚烧无害化资源化处理技术.当代化工，2022，51（3）：707-712.

[22] 成小敏.华泰造纸污泥与废渣焚烧综合利用技术荣获东营市科技进步一等奖.中华纸业，2015，36（21）：88-89.

[23] 朱性贵，张本峰，朱迎红，等.生物质（糠醛渣）循环流化床锅炉的开发应用及优化.中氮肥，2020（1）：56-58，62.

[24] 谢志建，白培芬.银杏叶提取物废渣有机复合肥及其制备方法：CN103449923B.2014-12-24.

[25] Aranda V，Macci C，Peruzzi E，et al. Biochemical activity and chemical-structural properties of soil organic matter after 17 years of amendments with olive-mill pomace co-compost. Journal of Environmental Management，2015（147）：278-285.

[26] Lütke S F，Igansi A V，Pegoraro L，et al. Preparation of activated carbon from black wattle bark waste and its application for phenol adsorption. Journal of Environmental Chemical Engineering，2019（7）：103396.

[27] Abid N，Masmoudi M A，Megdiche M，et al. Biochar from olive mill solid waste as an eco-friendly adsorbent for the removal of polyphenols from olive mill wastewater. Chemical Engineering Research and Design，2022（181）：384-398.

[28] 尹玉磊，李爱民，毛燎原.糠醛渣综合利用技术研究进展.现代化工，2011，31（11）：22-24，26.

[29] 张婷婷，孙向阳，李雪珂，等.添加糠醛渣对园林绿化废弃物堆肥处理效果的研究.中国农学通报，2012，28（16）：305-309.

[30] 王亚军，闫志英，周青青，等.一种利用枸杞枝条制备生物饲料的工艺：CN109997954A.2019-07-12.

[31] 孙立东.一种枸杞枝杈生物质颗粒及其制备方法：CN106281542A.2017-01-04.

[32] GB 16297—1996.大气污染物综合排放标准.

[33] GB 3095—2012.环境空气质量标准.

[34] GB 18599—2020.一般工业固体废物贮存、处置场污染控制标准.

[35] GB 18484—2020.危险废物焚烧污染控制标准.

[36] GB 8978—1996.污水综合排放标准.

[37] GB 3544—2008.制浆造纸工业水污染物排放标准.

[38] 吕征宇，陈庆帅.国内外固废资源化利用及评估方法研究分析.资源再生，2021（10）：40-42.

（黄立新，施英乔）

第二章　林产化学工业废水治理

林产化学工业企业和大多数化工企业一样，在生产过程中难免会产生废水，具有一定的毒性和刺激性，生化需氧量（BOD）和化学需氧量（COD）一般较高，pH值不稳定，油污染较为普遍等。几十年来，国家在化工污染治理方面出台了强有力的政策，同时投入大量的资金，建立和完善了大批化学工业废水治理设施，使得环境质量有了明显的提高，但是对化工污染治理的脚步远远没有化学工业发展的脚步快，化工污染的治理率还比较低，化工废水治理率仅为20％左右[1]。因此，研究和开发具有良好经济性、运行方便、高效的工艺处理方法与技术对于林化废水的治理具有十分重要的现实意义。

第一节　废水分类

一般根据有机物含量不同，废水可分为高浓有机废水和低浓有机废水；根据盐分含量不同分为高盐废水和低盐废水，其中盐分超过1％以上的定义为高盐废水，小于1％的为低盐废水；根据组分不同，则分为多组分废水和单一组分废水。

对于低浓低盐废水，其处理工艺简单，利用常规的物化处理和生化处理即可达到排放要求。但对于高盐低浓废水的处理，一般都是蒸发浓缩后再进行处理，工艺也比较简单。对于单一组分废水，一般是含有有机溶剂类，都是经过车间内处理回收溶剂后再进行处理。最复杂的废水是高浓高盐有机废水，处理难度大，常规工艺很难处理，一般需要用特殊工艺处理。

浓度高是指生化需氧量（BOD）和化学需氧量（COD）高，盐量高是指废水中氯化钠含量超过1％。因对生化处理工艺产生抑制作用，高浓高盐废水主要来自化工厂及石油和天然气的采集加工等，这种废水中含有多种物质（包括盐、油、有机重金属和放射性物质）[2]。含盐废水的产生途径广泛，水量也逐年增加。去除含盐污水中的有机污染物对环境造成的影响至关重要。采用生物法进行处理[3]，高浓度的盐类物质对微生物具有抑制作用；采用物化法处理，投资大，运行费用高，且难以达到预期的净化效果。采用生物法对此类废水进行处理，仍是目前国内外研究的重点[4]。

高含盐量有机废水根据生产过程不同，所含有机物的种类及化学性质差异较大，但所含盐类物质多为 Cl^-、SO_4^{2-}、Na^+、Ca^{2+} 等盐类物质。虽然这些离子在微生物的生长过程中起着促进酶反应、维持膜平衡和调节渗透压的重要作用，都是微生物生长所必需的营养元素，但是若这些离子浓度过高，会对微生物产生抑制和毒害作用，主要表现有：盐浓度高、渗透压高、微生物细胞脱水引起细胞原生质分离；盐析作用使脱氢酶活性降低；氯离子高对细菌有毒害作用；盐浓度高，废水的密度增加，活性污泥易上浮流失，从而严重影响生物处理系统的净化效果。

高浓度多组分废水的主要特点为：a.有机物尤其是COD浓度高，高达几万毫克每升甚至更高，可生化性较差，B/C一般小于0.3；b.成分复杂，有机物种类繁多，并夹带部分无机物，盐离子浓度高，如高浓度有机化工废水中含有苯类物质、硫化物等，高浓度食品有机废水中主要有纤维素、糖类、淀粉、无机盐等；c.具有强酸强碱性；d.色度高，有异味，散发出刺鼻恶臭。

林产化学工业产生的超高浓度有机废水中，酸、碱类众多，往往具有强酸或强碱性，主要有以下三方面的危害：a.需氧性危害。由于生物降解作用，高浓度有机废水会使受纳水体缺氧甚至厌氧，多数水生物死亡，从而产生恶臭，恶化水质和环境。b.感观性污染。高浓度有机废水不但使水体失去使用价值，更严重影响水体附近人们的正常生活。c.致毒性危害。超高浓度有机废水中含有大量有毒有机物，会在水体、土壤等自然环境中不断累积、储存，最后进入人体，危害人体健康。

第二节　处理工艺

一、超临界氧化工艺

1.超临界氧化工艺概述

超临界水氧化法是 1982 年由美国麻省理工学院得克萨斯大学首次提出的，1985 年由 MODAR 公司建成 950L/d 中试装置，用于处理 10％有机物废水。1994 年 ECO-Wast 公司建成 100kg/h 的工业废水处理装置，目前国际上几大公司相继建立了 130～230L/h 的中试装置，据报道，美国和欧洲几大公司准备在德国建立一套 1300～2300L/h 的示范厂。近年来国内部分大学和研究机构建立了小试和中试装置，处理量可达 1000L/d，反应釜容积 2.2L。

国外大量研究表明，有机污染物在超临界水中可以迅速彻底地氧化分解，产物为 N_2、H_2O、CO_2 和盐类等无机小分子化合物，没有二次污染。由于该技术在处理高浓度、难降解有机废水方面表现出比其他方法更大的优势，因而受到国内外专家、学者的广泛重视。

2.超临界氧化工艺反应原理

不同的氧化剂对反应有较大的影响。常用的氧化剂有过氧化氢和氧气。氧化剂的氧化能力次序为：$KMnO_4 > Cu-H_2O_2 > Fe-H_2O_2 > MnSO_4-H_2O_2 > H_2O_2 > O_2$。

相关文献提出了自由基反应机理，认为自由基是由氧气进攻有机物分子中较弱的 C—H 键产生的。

$$RH + O_2 \longrightarrow R\cdot + HO_2\cdot$$
$$RH + HO_2\cdot \longrightarrow R\cdot + H_2O_2$$

过氧化氢进一步被分解成羟基：

$$H_2O_2 + M \longrightarrow 2HO\cdot$$

其中 M 是均质界面或非均质界面。在反应条件下，过氧化氢也能分解为羟基。羟基具有很强的亲电性，几乎能与所有的含氢化合物作用。

$$RH + HO\cdot \longrightarrow R\cdot + H_2O$$

而上述反应产生的自由基能与氧气作用生成过氧化自由基。后者能进一步获取氢原子生成过氧化物。

$$R\cdot + O_2 \longrightarrow ROO\cdot$$
$$ROO\cdot + RH \longrightarrow ROOH + R\cdot$$

过氧化物通常分解为分子量较小的化合物，这种断裂迅速进行直到生成甲酸为止，甲酸或乙酸最终也转化为二氧化碳和水。

3.超临界氧化工艺流程

超临界氧化工艺流程见图 13-2-1。这是一种连续式超临界水氧化法处理污水的方法，经预处理的污水与氧气送入超临界水反应器进行超临界氧化反应，污水中的有机污染物降解为 CO_2 和水，污水中所含无机物因在超临界水中溶解度急剧降低得以析出，从而被分离出来，其中的水成为一种高熔值水，从反应器经节流阀放出，可与用热设备一级换热器相对接，用于加热高压泵出来的污水，实现降低成本，充分利用能源的目的。

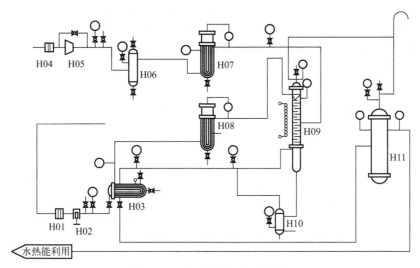

图 13-2-1　超临界氧化工艺流程

H01—过滤器；H02—高压水泵；H03——级换热器；H04—空气过滤器；H05—高压空气泵；

H06—高压缓冲罐；H07—空气加热器；H08—水加热器；H09—反应器；H10—排盐器；H11—汽液分离器

将污水泵入污水预处理池，加入生石灰，调节污水的 pH 值保持在 8 左右，使大部分的重碳酸盐沉积，降低污水相对硬度；经预处理的污水，经过滤装置，由污水泵送至污水计量槽中供系统使用。污水槽中的污水需在线分析，保持 COD 在工艺设计的使用值范围之内相对稳定，并根据实际情况设有 COD 调节系统[5-7]。

在污水计量槽中调节后的污水经高压泵加压至超临界压力以上后，进入一级换热器进行热交换。一级换热器的热量来自超临界反应器底部排盐产生的废热蒸汽，换热温度在 300℃以上。污水在一级换热器换热至 300℃左右，经水加热器加热至设定温度，从顶部进入超临界反应器。氧气通过气体压缩机加压至超临界压力，经空气加热器从反应器顶部进入超临界反应器，与污水充分接触发生氧化反应。反应后的高焓值水在反应器底部经节流阀减压，在分离器中降压至预定压力后供后续利用[8-11]。

二、膜处理工艺

膜是具有选择性分离功能的材料。利用膜的选择性分离功能实现料液中不同组分的分离、纯化、浓缩的过程称作膜分离。膜分离技术具有无相态变化、无化学变化、分离时节省能源、可连续性操作，并且易于实现自动化操作的优点。

膜分离在 20 世纪初出现，20 世纪 50 年代后获得快速发展。膜分离技术由于兼有分离、浓缩、纯化和精制的功能，又有高效、节能、环保、分子级过滤及过滤过程简单、易于控制等特征，因此，已经在海水及苦咸水淡化、纯水制备、废水处理与资源化以及一些化工分离过程等领域得到越来越广泛的应用，产生了巨大的经济效益和社会效益。

膜分离技术按膜孔径的不同，可分为微滤、超滤、纳滤和反渗透。用在林化工业废水治理方面的膜处理技术主要有超滤和反渗透。

超滤是一种加压膜分离技术，即在一定的压力下，使小分子溶质和溶剂穿过一定孔径的特制的薄膜，而使大分子溶质不能透过，留在膜的一边，从而使大分子物质得到了部分纯化。超滤是以压力为推动力的膜分离技术之一，分离大分子与小分子，膜孔径在 20～1000Å（1Å＝

10^{-10} m）之间。

反渗透是一种以压力差为推动力，从溶液中分离出溶剂的膜分离操作。对膜一侧的料液施加压力，当压力超过它的渗透压时，溶剂会逆着自然渗透的方向做反向渗透。从而在膜的低压侧得到透过的溶剂，即渗透液；高压侧得到浓缩的溶液，即浓缩液。

三、萃取工艺

萃取，又称溶剂萃取或液液萃取，亦称抽提，是利用系统中组分在溶剂中有不同的溶解度来分离混合物的单元操作。即利用物质在两种互不相溶（或微溶）的溶剂中根据溶解度或分配系数的不同，使溶质物质从一种溶剂内转移到另外一种溶剂中的方法。广泛应用于化学、冶金、食品等工业，通用于石油炼制工业。另外，将萃取后两种互不相溶的液体分开的操作叫作分液。

固-液萃取，也叫浸取，即用溶剂分离固体混合物中的组分，如：用水浸取甜菜中的糖类；用酒精浸取黄豆中的豆油以提高油产量；用水从中药中浸取有效成分以制取流浸膏，叫"渗沥"或"浸沥"。

虽然萃取经常被用在化学试验中，但它的操作过程并不造成被萃取物质化学成分的改变（或说化学反应），所以萃取操作是一个物理过程。

萃取是有机化学实验室中用来提纯和纯化化合物的手段之一。通过萃取，能从固体或液体混合物中提取出所需要的物质。

四、湿式氧化工艺

湿式氧化是指在高温（120～320℃）和高压（0.5～20MPa）的条件下，利用气态的氧气（通常为空气）作氧化剂，将水中有机物氧化成小分子有机物或无机物的过程。湿式氧化在工业废水的处理、污泥处置、有用无机盐的回收等环境领域都有广泛的应用。

湿式氧化技术（wet air oxidation，WAO）是一种新型的有机废水处理方法，最初在1944年由美国的 Zimmermann 提出，并取得了多项专利，故也称齐默尔曼法。WAO 的过程是以氧气作为氧化剂，在高温高压的液相中将有机污染物氧化成低毒或无毒物质。温度是全 WAO 过程的关键影响因素，在高温、高压条件下进行的湿式氧化反应，从原理上可分为受氧的传质控制和受反应动力学控制两个阶段。化学反应速率随温度的升高而变快。另外，温度的升高还可以增加氧气的传质速度，减小液体黏度。而高压的作用是保证液相反应，使氧的分压保持在一定的范围内，以保证液相中较高的溶解氧浓度。1958年，首次采用 WAO 处理造纸黑液，其废水COD 去除率可达90％以上。世界上目前已有 200 多套 WAO 装置应用于石化废碱液、丙烯腈生产废水、烯烃生产洗涤液及农药生产等工业废水的处理中。

尽管 WAO 处理废水效果显著，但实际应用中仍有一定的局限性，例如 WAO 反应对于低浓度大流量的废水不经济，因其需要在高温、高压下进行，反应器材料需要具有耐高温、高压及耐腐蚀的能力，设备投资较大。为了提高废水的处理效率，同时降低处理费用，20世纪70年代衍生了更高效、稳定的催化剂湿式氧化技术，即催化湿式氧化技术，简称 CWAO。

五、厌氧技术

厌氧生物处理（anaerobic process）是在厌氧条件下，通过厌氧菌和兼性菌代谢作用，形成了厌氧微生物所需要的营养条件和环境条件，对有机物进行生化降解的过程。

厌氧降解过程可以分为四个阶段，即水解阶段、发酵（或酸化）阶段、产乙酸阶段和产甲烷阶段。

1. 水解阶段

水解阶段又称为水解反应，为复杂的非溶解性的聚合物被转化为简单的溶解性单体或二聚体的过程。

由于高分子有机物分子量大，分子体积大，不能透过细胞膜，因此不能通过细胞膜被细菌直接利用。它们首先需要被细菌胞外酶分解为小分子。典型有机物质如纤维素被纤维素酶水解为纤维二糖与葡萄糖，淀粉被淀粉酶分解为麦芽糖和葡萄糖，蛋白质被蛋白质酶水解为短肽与氨基酸等。分解后小分子的水解产物能够溶解于水并透过细胞膜被细菌进一步分解利用。此过程缓慢，被认为是含高分子有机物或悬浮物废液厌氧降解的限速阶段。影响水解速度与水解程度的可能有多种因素，如温度、有机物的组成、水解产物的浓度等。水解速度可由以下动力学方程加以描述：

$$\rho = \rho_0 / (1 + k_h T) \tag{13-2-1}$$

式中　ρ——可降解的非溶解性底物浓度，g/L；

　　　ρ_0——非溶解性底物的初始浓度，g/L；

　　　k_h——水解常数，d^{-1}；

　　　T——停留时间，d。

2. 发酵阶段

发酵又称酸化，可定义为有机化合物既作为电子受体又作为电子供体的生物降解过程，在此过程中溶解性有机物被转化为以挥发性脂肪酸为主的末端产物。

此阶段，水解为小分子的化合物在发酵细菌（即酸化菌）的细胞内转化为更简单的化合物并分泌到细胞外。发酵细菌绝大多数是严格厌氧菌，但通常有约 1% 的兼性厌氧菌存在于厌氧环境中，这些兼性厌氧菌能够保护像甲烷菌这样的严格厌氧菌免受氧的损害与抑制。发酵产物的组成取决于厌氧降解的条件、底物种类和参与酸化的微生物种群等，这一阶段的产物主要有挥发性脂肪酸、醇类、乳酸、二氧化碳、氢气、氨、硫化氢等。与此同时，酸化菌也利用部分物质合成新的细胞物质。

在厌氧降解过程中，需要考虑酸化细菌对酸的耐受力。pH≤4 时酸化过程可以进行，产生甲烷，甲烷的生成和氢的消耗会随 pH 值的下降而减少，并会引起酸化末端产物组成的改变。

3. 产乙酸阶段

在产氢菌、产乙酸菌的作用下，上一阶段的产物被进一步转化为乙酸、氢气、碳酸以及新的细胞物质。

主要的反应式如下：

$$CH_3CHOHCOO^- + 2H_2O \longrightarrow CH_3COO^- + HCO_3^- + H^+ + 2H_2 \quad \Delta G_0' = -4.2kJ/mol$$

$$CH_3CH_2OH + H_2O \longrightarrow CH_3COO^- + 5H^+ \quad \Delta G_0' = 9.6kJ/mol$$

$$CH_3CH_2CH_2COO^- + 2H_2O \longrightarrow 2CH_3COO^- + H^+ + 2H_2 \quad \Delta G_0' = 48.1kJ/mol$$

$$CH_3CH_2COO^- + 3H_2O \longrightarrow CH_3COO^- + HCO_3^- + H^+ + 3H_2 \quad \Delta G_0' = 76.1kJ/mol$$

$$4CH_3OH + 2CO_2 \longrightarrow 3CH_3COO^- + 2H_2O + 3H^+ \quad \Delta G_0' = -2.9kJ/mol$$

$$2HCO_3^- + 4H_2 + H^+ \longrightarrow CH_3COO^- + 4H_2O \quad \Delta G_0' = -70.3kJ/mol$$

4. 产甲烷阶段

这一阶段，乙酸、氢气、碳酸、甲酸和甲醇被转化为甲烷、二氧化碳和新的细胞物质。

甲烷细菌将乙酸、乙酸盐、二氧化碳和氢气等转化为甲烷的过程由两种生理上不同的产甲烷菌完成，一组把氢和二氧化碳转化成甲烷，另一组由乙酸或乙酸盐脱羧产生甲烷，前者约占总量的 1/3，后者约占 2/3。

最主要的产甲烷反应有：

$$CH_3COO^- + H_2O \longrightarrow CH_4 + HCO_3^- \quad \Delta G_0' = -31.0 kJ/mol$$

$$HCO_3^- + H^+ + 4H_2 \longrightarrow CH_4 + 3H_2O \quad \Delta G_0' = -135.6 kJ/mol$$

$$4CH_3OH \longrightarrow 3CH_4 + CO_2 + 2H_2O \quad \Delta G_0' = -312 kJ/mol$$

$$4HCOO^- + 2H^+ \longrightarrow CH_4 + CO_2 + 2HCO_3^- \quad \Delta G_0' = -32.9 kJ/mol$$

在甲烷形成过程中，主要的中间产物是甲基辅酶 M（$CH_3-S-CH_2-SO_3^-$）。

需要注意的是：有些资料把厌氧消化过程分为三个阶段，第一、二阶段合为一个阶段，是在同一类细菌体内完成的，称为水解酸化阶段。此处认为四个阶段能更清楚地反映厌氧消化过程。

废水的性质会影响上述四个阶段的反应速率。前三个阶段的反应速率很快，如果用莫诺方程来模拟前三个阶段的反应速率的话，K_s（半速率常数）可以在 50mg/L 以下，μ 可以达到 5kg/kg。而第四个反应阶段通常很慢，同时也是最为重要的反应过程。例如，污染物以纤维素、半纤维素、果胶和脂类等为主的废水中，水解易成为速度限制步骤；对含简单的糖类、淀粉、氨基酸和一般蛋白质这类有机物的废水，因其均能被微生物迅速分解，易产甲烷成为限速阶段。在厌氧反应器中，四个阶段是同时进行的，并保持某种程度上的动态平衡。当 pH 值、温度、有机负荷等外加因素改变时会破坏该平衡，将使产甲烷阶段受到抑制，导致低级脂肪酸的积存和厌氧进程的异常变化，甚至导致整个反应过程停滞。

六、深井曝气技术

（一）深井曝气技术的发展与应用

起源于英国的深井曝气生物技术，用深井曝气工艺处理废水是由 ICI 公司以甲醇作原料来合成并且生产单细胞蛋白的一项研究成果的推广。

1974 年在英国 Billingham[12] 建造了处理能力为 363m³/d 的城市污水的半生产性深井曝气（$\phi 0.4m \times H 130m$）设备。当深井曝气工艺处理停留时间为 1.2h，MLSS（混合液悬浮固体浓度）为 $2 \times 10^{-6} g/L$ 时，获得了比常规工艺更好的出水效果（$BOD_5 = 15mg/L$，$SS = 18mg/L$）。

欧洲、北美和日本等地区对该深井曝气工艺的试验成功产生了兴趣。于是 1975 年西德首次引入该项技术，在 Emlicheim 建造了处理马铃薯加工工业废水的深井曝气装置（$\phi 1.0m \times H 100m$）。同年该技术在北美的发展计划即从 ICI 公司将该技术的专利转让给加拿大的 CIL 公司开始实施。CIL 公司的 ECO 技术部将 ICI 原始型深井发展为 ECO-I 型、II 型和 III 型深井，这使得在推广深井曝气工艺处理城市污水和啤酒酿造、乳制品加工等工业废水过程中，气提式深井的运转更加稳定，工艺更趋于合理，效益更为突出[13]。

1977 年日本开始深井曝气试验，其在城市污水和化工、农药、制药、造纸、印染、酿造（制酒）、洗涤、食品及粮食加工等工业废水的处理中应用较广泛[14]。在这些领域不仅采取气提深井，另外采用有水泵循环式深井技术。目前在世界各地相继建成了大规模的废水和污水处理装置，最大规模的深井曝气处理污水已达到日处理量百万吨以上，并取得了很好的经济技术效果。自 1978 年起，国内首先进行了深井曝气工艺的开发研究，并在研究的基础上，吸收国外的新成果，推出多种类型的深井曝气装置，进行了新技术的推广应用工作。我国首座气提循环式深井曝气污水处理工程，用于处理食品工业废水，其工艺运行取得了极佳的经济技术效果，并分别推广应用于食品、化工、制药、饮料、农药、印染、酿酒等工业废水处理和城市生活污水处理。处理废水的工艺运行结果表明，此技术具有占地少、能耗低、处理效果好、投资省、耐冲击负荷性能高、受气温影响小、无污泥膨胀问题、运行稳定、操作管理方便等优点[15]。总之，深井曝气工艺目前正进入多样化发展和使用阶段。

（二）深井曝气技术的结构及运行原理

深井曝气是以一口垂直于地下的井作为曝气池的高效活性污泥工艺，深井纵向被分隔为下降管和上升管两部分，在混合液沿下降管和上升管反复循环的过程中废水得到处理。其结构主要有同心圆、U形管和隔板三种形式。由于U形管结构的深井施工难度大，应用较少。不管深井采用何种形式结构，它均由上升管、下降管、顶槽三部分组成。以同心圆结构的深井为例，一般以中心管为下降管，以两管的环形部分为上升管，以上部扩大部分为顶槽，共三部分组成[15]。

1. 深井曝气处理废水的工艺流程

深井曝气法的工艺流程一般包括三部分，即预处理、深井曝气和固液分离。

为防止废水中的污物和大颗粒的泥砂等进井，需要进行预处理，包括格栅和沉砂。深井法氧化能力较强，因此处理城市污水可省掉一沉池，节约成本和空间。此外，根据废水的性质与工艺需要决定是否设置中和流量调节池。

一般直径为0.5～6.0m、深度为50～150m的深井是深井曝气工艺的核心构筑物，井的上部通常会设一断面扩大的顶槽。废水与回流污泥被引入下降管在井内循环，混合液由上升管中排出至固液分离装置，而空气注入下降管或同时注入下降管与上升管。

2. 深井曝气运转方式

深井的自身循环方式可根据井内混合液循环的不同分为两种，即气提循环式和水泵循环式。

气提循环式深井就是用压缩空气的气体扬升作用，使井内液体循环的方式。注入井内的空气既是循环的动力，又是生化的氧源。由于气提作用，液体在井内产生循环，液气的循环流速一般为0.9～1.5m/s，气泡上浮速度按0.3m/s考虑，流速大于气泡在水中的上浮速度。循环液在井底翻转，沿上升管上升的过程中逐渐释放。液位的循环就是靠上升管与下降管的空隙率（气体体积分数）总和，亦即静水压力的差值得以维持的。由于循环的深井中供给的压缩空气既作为深井的转换动力，又提供足够的溶解氧，该工艺具有能耗低、设备简单、运行管理方便的特点。因此，世界上绝大多数深井均采用气提循环式的运行方式。气提循环式深井在上升管和下降管的适当部位都装有一个曝气喷射的装置。

水泵循环式深井中生化过程所需要的空气可在下降管较浅的位置注入，而深井工艺以水泵作为井内液体循环的动力，液体循环所产生的摩阻和注入井内的空气所产生的气阻决定了水泵的扬程。

深井的上部设置一定体积的脱气池，是为了更有利于液体循环与生化反应的进行，排除井内的气体（N_2和CO_2）。

3. 深井曝气充氧原理

① 一般深度为50～150m的深井，其充氧能力大、氧的利用率高，深井的深度大，井内的静水压力高，可以提高氧传质的推动力，氧传质的推动力是常规法推动力的6～16倍。此外，深井法充氧动力效率高，注入下降管内的空气气泡可以由上升管中释放出的空气气泡所产生的扬升作用得到相当大的抵挡，故而获得高静水压力的充氧效果所花费的能量却不大。

② 井内循环所产生的紊流度高，雷诺数Re在10^4数量级以上，提高氧传质的总转移系数，促使井内气液膜的更新。

③ 深井中的气液接触时间可达一二百秒，与常规活性污泥法气泡和液体接触时间 15s 相比提高了氧的利用率。

因此，与其他生物法相比，深井法具有较高充氧性能。深井曝气法同其他工艺充氧性能的比较如表 13-2-1 所示。

表 13-2-1　各种生物法充氧性能的比较

处理方法	充氧能力/[kg/(m³·h)]	充氧动力效率/[kg/(kW·h)]	氧利用率/%
深井曝气法	0.25~3.0	3~6	70~90
普通曝气法	0.05~0.1	0.5~1.0	5~15
纯氧曝气法	0.25	1.0~1.5	90

七、蒸发处理工艺

（一）多效蒸发

多效蒸发是将前效的二次蒸汽作为下一效加热蒸汽的串联蒸发装置。在多效蒸发中，各效的操作压力、相应的加热蒸汽温度与溶液沸点依次降低。

在蒸发生产中，二次蒸汽的产量较大，且含大量的潜热，故应将其回收加以利用，若将二次蒸汽通入另一蒸发器的加热室，只要后者的操作压力和溶液沸点低于原蒸发器中的操作压力与沸点，则通入的二次蒸汽仍能起到加热作用，这种操作方式即为多效蒸发。

多效蒸发中的每一个蒸发器称为一效。凡通入新鲜加热蒸汽的蒸发器称为第一效，用第一效的二次蒸汽作为加热源的蒸发器称为第二效，以此类推。采用多效蒸发器的目的是减少新鲜加热蒸汽的消耗量。

理论上，1kg 加热蒸汽大约可蒸发 1kg 水。但由于有热量损失，而且分离室中水的汽化潜热要比加热室中的冷凝潜热大，因此，实际上蒸发 1kg 水所需要的加热蒸汽超过 1kg。根据经验，蒸汽的经济性（$U = W/D$），即 1kg 蒸汽可以蒸发出的水量，通常单效为 0.91，双效为 1.76，三效为 2.5，四效为 3.33，五效为 3.71 等。可见随着效数的增加，W/D 的增长速率逐渐下降。例如，由单效改为双效时，加热蒸汽大约可节省 50%；而四效改为五效时，加热蒸汽只节省10%。但是，随着效数的增加，传热温度差损失增大，一般蒸发器的蒸发强度大大下降，设备费用成倍增加。当效数增加到一定程度后，由增加效数而节省的蒸汽费用与所增添的设备费相比较，可能得不偿失。

工业上必须对操作费和设备费作出权衡，以决定最合理的效数。一般多效蒸发最常用的为2~3 效，最多为 6 效。

（二）MVR 蒸发技术

MVR 是机械式蒸汽再压缩技术（mechanical vapor recompression）的简称，是利用蒸发系统自身产生的二次蒸汽及其能量，将低品位的蒸汽经压缩机的机械做功提升为高品位的蒸汽热源，如此循环向蒸发系统提供热能，从而减少对外界能源需求的一项节能技术。

20 世纪 70 年代，随着人类对能源需求的日渐增加以及能源价格的飞速上涨，MVR 技术逐渐引起各国研究者的关注和研究，并成功应用于蒸发操作中。

1957 年，德国 GEA 公司针对蒸发分离操作过程耗能高的问题，开发出了商业化的 MVR 蒸发系统，应用实践表明，GEA 公司开发的 MVR 技术用于油罐车清洗工业废水浓缩时的能耗为 16.4kW·h/t，用于浓缩各类型的乳制品和乳清制品时能耗为 9.8kW·h/t，处理小麦淀粉废水时的能耗为 13.5kW·h/t。1999 年，美国通用电气公司开始对 MVR 在重油开采废水回收蒸发上的应用进行研发，该系统每蒸发 1t 水大约耗能 15~16.3kW·h，其能耗是加热蒸汽驱动的单级蒸发系统的 1/50~1/25。

2004 年，在考虑了其他 MVR 技术基础之后，美国 AGV Technologies 公司结合自身技术优势，开发了一种新的 MVR 水处理系统，定名为刮膜旋转盘系统。该系统一改传统样式各效的传热面而采用旋转盘形式，降低了系统的规模，提高了传热效率且减少了污垢的生成，系统的传热系数可达 $25kW/(m^2 \cdot ℃)$。

除此之外，瑞士的 EVATHERM、奥地利的 GIG Karasek、德国的 MAN Diesel & Turbo 等欧洲公司也对 MVR 水处理技术进行了应用研究和推广。而一些中东国家则致力于 MVR 水处理技术在海水淡化领域的应用研究。由此可见，国外水处理领域对 MVR 技术开始认可并广泛关注，尤其是在海水淡化领域的应用研究。据统计，在世界范围内热分离系统中 MVR 技术占有约 33% 的份额。

MVR 技术从 2007 年起开始从北美和欧洲进入中国市场，主要应用于食品深加工、奶制品行业、工业废水处理和饮料等行业。同时，国内不断有高校和科研院所对该技术进行开拓性研究，中国林业科学研究院南京林化所、南京航空航天大学、西安交通大学、中国科学院理化技术研究所、北京工业大学、北京航空航天大学等都对 MVR 进行了理论和实践研究。2008 年以来，随着环保节能的呼声越来越高，MVR 开始了平台的上升期，大量应用于商业实践中。

MVR 主要应用于蒸发浓缩物料，与传统的多效蒸发相比，具有节能优势，目前国内已成功应用于化工废水零排放、糖醇有机浓缩、制药中间体浓缩、精馏乏汽利用等方面。MVR 蒸发器具有独有的工艺与结构，下面具体介绍。

物料经过预热器预热以后从换热器管箱加入，并且沿着换热管内壁形成均匀的液体膜，管内液体膜在流动过程中被壳程的加热蒸汽加热，边流动边蒸发。物料中浓缩液落入管箱，二次蒸汽进入气液分离器。在气液分离器中二次蒸汽夹带的液体飞沫被去除，纯净的二次蒸汽从分离器中输送到压缩机，压缩机把二次蒸汽压缩后作为加热蒸汽输送到换热器壳程用作蒸发器热源，实现连续蒸发过程。

1. MVR 强制循环蒸发器

MVR 强制循环蒸发器主要由三部分组成，即加热器、分离器和强制循环泵。换热管外的蒸汽在换热器的换热管内将物料加热使其温度升高，同时在循环泵作用下物料上升到分离器中，物料被浓缩产生过饱和现象从而使结晶生长，蒸发产生的二次蒸汽从物料中逸出，进入强制循环泵，解除过饱和的物料在循环泵作用下进入换热器，如此循环的物料不断蒸发浓缩或浓缩结晶。经过蒸发分离器上部的分离和除沫装置净化后，蒸发分离器内的二次蒸汽输送到压缩机，二次蒸汽被压缩机压缩后输送到换热器壳程用作蒸发器加热蒸汽，实现热能循环连续蒸发利用。

2. MVR 板式蒸发器

MVR 板式蒸发器由板式换热器、分离器和物料泵等组成。物料在分布器的引导下均匀分布进入板式蒸发器的板片组，确保任何一片不存在干壁现象。蒸发器的形式可以做成升膜、降膜及强制循环的形式。

3. MVR 水平管喷淋降膜蒸发器

MVR 水平管喷淋降膜蒸发器由水平管喷淋降膜蒸发器、预热器、循环泵等组成，蒸发操作时蒸发器内维持一定液位。物料经过预热器预热后进入蒸发器底部热井，热井内物料经循环泵输送到蒸发器内进行喷淋循环，蒸发器内水平换热管表面形成一层均匀的液膜，该液膜从上至下流经各层换热管，吸收了热量从而逐渐汽化，未汽化的物料由循环泵不断进行循环操作。汽化产生的二次蒸汽经除沫器后进入蒸汽压缩机，经压缩机做功，二次蒸汽提高压力和温度后进入蒸发器换热管内充当蒸发器的热源，经过热量交换后，冷凝下来的液体即为蒸发出的蒸馏液，二次蒸汽热能则实现热能循环连续蒸发利用。

第三节　工艺设计

一、各工艺的负荷设计

（一）超临界氧化工艺设计

1. 设备材料的选择

因设备操作需要长期在高温、高压、高氧浓度、含腐蚀性离子等苛刻条件下进行，如何防止设备的腐蚀成为主要问题。当前许多的科学研究和工程技术侧重于各种各样设计方式的超临界反应器的开发，以设法解决高温高压下设备材质的腐蚀问题。结合多年的工作经验及同行的研究成果，宜选用 C-276 哈氏合金或合金 625 材质。

2. 沉积盐的分离

在超临界水氧化反应过程中，因生成的无机盐溶解度在水中非常小，反应的同时水中的无机盐析出并重力沉降，初步的设计思路是在超临界反应器中设立超临界反应区和次临界氧逸出区，即在超临界反应器底部设有温度低于 374℃ 的亚临界氧分离区、重力沉降区和排盐区，在上部设洁净水出口区。

3. 物料及热量平衡控制

根据各种有机物热值的不同，污水中有机物的含量至少要达到 2%～5% 以上，才能使反应实现热量自给，这相当于有机污水的 COD 在 80000～200000mg/L 以上，实际上大部分严重污染环境的造纸厂高浓度有机污水的 COD 也仅在 50000mg/L 左右，实际反应中的废水产生的热能不足以维持反应连续进行，这就需要对废水进行预浓缩处理、在反应中加入高浓度有机物、对反应器进行加热设计等三种可选方案，这需根据实际项目总体规划及装置运行成本情况与投资方协商决定[16]。方案暂采用反应热利用＋加热设计方案，加热器、反应器都设计有远红外加热器。

（二）膜处理工艺设计

1. 反渗透工艺设计

（1）预处理工艺

① 确定膜组件进水水质指标。用有效直径 42.7mm、平均孔径 0.45μm 的微滤膜，在 0.21MPa 压力下，测定最初 500mL 的进料液的滤过时间（t_1），在加压 15min 后，再次测定 500mL 进料液滤过时间（t_2）。建立了以污染指数 FI 作为衡量反渗透进水的综合指标。按下式计算 FI 值：

$$PI = (1 - t_1/t_2) \times 100\% \tag{13-2-2}$$

$$FI = PI/15 \tag{13-2-3}$$

不同的膜组件，进水有不同的 FI 值。卷式组件 FI 值为 5 左右；中空纤维式组件一般要求

FI 值在 3 左右；管式组件 FI 值为 15 左右[17]。

此外，也可采用低浊度 MF 法或采用 JTU 值（杰克逊浊度单位）作为反渗透进水的综合指标。

② 预处理方法

a.根据反渗透膜的使用要求，调整和控制水样的 pH 值及进水温度。

b.用混凝沉淀和精密过滤结合工艺，去除水中 $0.3 \sim 1 \mu m$ 以上的悬浮固体及胶体。用 $5 \sim 25 \mu m$ 过滤介质，去除水中悬浮固体。

c.根据有机物种类采用活性炭去除。此外，采用次氯酸钠氧化可有效地去除可溶性、胶体状和悬浮性有机物。

d.当可溶性无机物浓度超出了它们的溶解度范围后，在水中沉淀并被截留在膜面形成硬垢。在反渗透分离过程中，可溶性无机物被浓缩。要控制水的回收率，为控制水中碳酸钙及磷酸钙的形成，调整进水 pH 值范围在 $5 \sim 6$ 之间。亦可投加六偏磷酸钠防止硫酸钙沉淀，或采用石灰软化法去除水中的钙盐，去除水中可溶性锰可用接触氧化过滤法，或加入亚硫酸钠去除水中溶解氧，防止铁的氧化。

e.一般采用消毒法处理藻类、细菌、微生物及其分泌物可使膜表面产生软垢，从而抑制其生长。可用臭氧等方法处理不耐氯的膜。

f.反渗透法的前处理，可用超滤法去除水中油、胶体、微生物等物质。

（2）膜分离工艺系统　为满足不同处理对象对溶液分离的技术要求，在膜分离工艺中可采用组件的多种组合方式。一级和多级（多为二级）是常见的组件组合方式。在各个级别中又分为一段和多段。一级是指泵一次加压的膜分离过程；二级是指进料必须经过两次加压的膜分离过程。一级一段连续式、一级一段循环式、一级多段连续式、一级多段循环式、多级多段循环式等是反渗透工艺常用的组合方式。

（3）膜清洗工艺　膜分离工艺的重要环节是膜的清洗及清洗工艺。物理清洗法和化学清洗法是膜清洗工艺的两大类。

物理清洗法包括水气混合冲洗、水力清洗、海绵球清洗及逆流清洗。水气混合冲洗是借助气液与膜面发生剪切作用消除极化层。水力清洗采用减压后高流速的水力冲洗以去除膜面污染物。海绵球清洗是依靠水力冲击使直径稍大于管径的海绵球流经膜面，以去除膜表面的污染物，但此法仅限于在内压管式组件中使用。逆流清洗是在卷式或中空纤维式组件中，将反向压力施加于支撑层，引起膜透过液的反向流动，以松动和去除膜进料侧活化层表面污染物。

化学清洗法通常采用清洗溶液对膜面进行清洗。多采用 $1\% \sim 2\%$ 的柠檬酸铵水溶液去除膜面的氢氧化铁污染。去除无机沉垢通常用 HCl 将柠檬酸铵水溶液 pH 值调至 $4 \sim 5$。加酶洗剂对多糖类、蛋白质、胶体污染物有较好的清洗效果。胶体污染体系常用高浓度盐水。对于机加工企业的冷却液、羊毛加工企业的洗毛废水等乳化油废水，常利用有机溶剂对膜表面污染物的溶解作用进行清洗。

在化学清洗中，需要注意的是：a.清洗剂必须不污染和不损伤膜面；b.清洗剂必须对污染物有极好的分解或溶解能力。因此，根据不同的污染物确定其清洗工艺时，要考虑到膜所允许使用的工作温度、pH 范围，以及膜对清洗剂本身化学稳定性的影响等。

2. 超滤工艺设计

为了使超滤过程顺利进行，减少和防止超滤过程中的浓差极化倾向及膜污染的形成，一般应采取以下措施。

（1）正确选用膜材料　影响膜与溶质间相互作用的主要有膜的亲疏水性、荷电性等。一般来讲，较耐污染的膜主要有亲水性膜及膜材料电荷与溶质电荷相同的膜，因此选用的膜材料与被分离溶质的相互作用越弱越好。如何度量膜污染程度，目前还没有统一标准。主要保证在超滤过程中，膜不易被污染，即使被污染也可很容易地被清洗下来，膜的透水通量很快得到恢复。选择方法：a.通过吸附性实验来选择；b.通过超滤膜通量衰减系数（m）和通量恢复率两项膜性能参数的实验测定及能量衰减曲线来选用。

（2）膜孔径或截留分子量的选择　由于压力的作用，当待分离物质的尺寸大小与膜孔径相近时，溶剂透过膜时把粒子带向膜面，极易产生堵塞作用不利于通过膜；由于横切流作用，当膜孔径小于粒子或溶质尺寸时，它们在膜表面很难停留聚集，不易堵孔。

在工业水处理中，由于水中含有各种胶体等物质，也会有膜截留分子量选择问题。膜孔径分布或切割分子量敏锐性也对膜污染产生重大影响。对于不同分离对象，由于溶液中最小粒子及其特征不同，应当通过实验来选择最佳孔径或截留分子量的膜。

（3）膜结构选择　由于中空纤维超滤膜的双皮层膜中不同的孔径分布在内外皮层中，当使用内压时，可能在外皮层更小孔处有些大分子透过内皮层孔时被截留而产生堵孔现象，引起透水量不可逆衰减，反洗也不能恢复其性能；而外表面孔径比内表面孔径大几个数量级，对于外表面为开孔结构的单皮层中空纤维超滤膜，透过内表面孔的大分子绝不会被外表面孔截留，因而抗污染能力强，即使内表面被污染，也很容易通过反洗恢复性能。因此，选择不对称结构膜较耐污染。

（4）组件结构选择与改进　当产物在透过液中，待分离溶液中悬浮物含量较低时，用微滤可超滤分离澄清，选择组件结构余地较大。但若要高倍浓缩，截留物是产物，则要慎重选择组件结构。一般来讲，带隔网作料液流道的组件，由于固体物容易在膜面沉积、堵塞而不宜采用；但管式、毛细管式与薄流道式组件设计可以减少粒子或大分子溶质在膜表面的沉积，减小浓差极化或凝胶层形成，使料液高速流动，剪切力较大。在装置结构上，若可进行反冲洗，应尽量争取反冲洗；在膜的流道设计上，为增加流体对膜表面的冲刷效果应注意提高流体的剪切作用。

（5）正确制定运行工艺参数　超滤过程浓差极化的产生和变化关系与超滤运行工艺参数制定是否合理十分密切，通常情况下提高温度、增加工作压力，都能使膜的透水通量增加[18]。

（三）萃取工艺设计

溶剂萃取工艺过程一般由萃取、洗涤和反萃取组成。一般将有机相提取水相中溶质的过程称为萃取（extraction），水相去除负载有机相中其他溶质或者包含物的过程称为洗涤（scrubbing），水相解析有机相中溶质的过程称为反萃取（stripping）。

萃取方法的主要依据是分配定律，对不同的溶剂，物质有不同的溶解度。将某种可溶性的物质加入两种互不相溶的溶剂中，可分别溶解于两种溶剂中。在一定温度下，该化合物与这两种溶剂不发生电解、分解、溶剂化和缔合等作用时，此化合物在两液层中的浓度之比是一个定值。这一过程属于物理变化，与所加物质的量无关。用公式表示：

$$C_A/C_B = K \tag{13-2-4}$$

式中，K 是一个常数，称为"分配系数"。C_A、C_B 分别表示某物质在两种互不相溶的溶剂中的浓度。

一般情况下，有机化合物在有机溶剂中比在水中溶解度大。萃取的典型实例是用有机溶剂提取溶解于水中的化合物。萃取时，为了提高萃取效果可以利用"盐析效应"，在水溶液中加入一定量的电解质（如氯化钠），以降低有机物和萃取溶剂在水溶液中的溶解度[19]。

通常萃取一次不能把所需要的溶质从溶液中完全萃取出来，必须重复萃取数次。可以利用分配定律的关系算出经过萃取后化合物的剩余量。

设：w_0 为萃取前化合物的总量；w_1 为萃取一次后化合物的剩余量；w_2 为萃取二次后化合

物的剩余量；w_n 为萃取 n 次后化合物的剩余量；V 为原溶液的体积；S 为萃取溶液的体积。

一次萃取后原溶液中该化合物的浓度为 w_1/V；而萃取溶剂中该化合物的浓度为 $(w_0 - w_1)/S$；两者之比等于 K，即：

$$\frac{w_1/V}{(w_1 - w_2)/S} = K \tag{13-2-5}$$

$$即\ w_1 = \frac{w_0 KV}{KV + S} \tag{13-2-6}$$

同理，二次萃取后，则有：

$$\frac{w_2/V}{(w_1 - w_2)/S} = K \tag{13-2-7}$$

$$即\ w_2 = \frac{w_1 KV}{KV + S} = w_0 \left(\frac{KV}{KV + S}\right)^2 \tag{13-2-8}$$

因此，经 n 次提取后：

$$w_n = w_0 \left(\frac{KV}{KV + S}\right)^n \tag{13-2-9}$$

通常在水中的一定量的溶剂剩余量越少越好。而上式 $KV/(KV+S)$ 总是小于 1，因此 n 越大，w_n 就越小。即多次萃取把溶剂分成数次，比用全部溶剂作一次萃取效果要好很多。需要注意的是，上述公式适用于与水不相溶的溶剂如苯、四氯化碳等。而如乙醚等与水有少量互溶的溶剂，上面公式只是近似，仍可定性分析结果。

（四）湿式氧化工艺设计

湿式氧化过程比较复杂，一般认为有两个主要步骤：a. 空气中的氧气从气相向液相的传质过程；b. 溶解氧气与基质之间的化学反应。可以通过加强搅拌来消除传质过程对整体反应速率的影响。

根据研究报道，湿式氧化去除有机物所发生的氧化反应共经历诱导期、增殖期、退化期以及结束期四个阶段，主要属于自由基反应。分子态氧在诱导期和增殖期参与了各种自由基的形成。但也有学者认为只是在增殖期分子态氧才参与自由基的形成。

湿式氧化法在实际推广应用方面仍存在着一定的局限性：

① 湿式氧化的中间产物往往为有机酸，一般要求在高温高压的条件下进行，故设备材料需满足耐高温、耐高压、耐腐蚀等高要求，设备费用较大，系统的一次性投资高；

② 由于湿式氧化反应需维持在高温高压的条件下进行，对于低浓度大水量的废水来说很不经济，故更适用于小流量高浓度的废水处理；

③ 对某些有机物如小分子羧酸、多氯联苯，即使在较高的温度下去除效果也不理想，很难做到完全氧化；

④ 需要注意的是湿式氧化过程中可能会产生毒性强的中间产物。

与常规方法相比，湿式氧化法具有处理效率高、适用范围广、氧化速率快、可加收能量及有用物料、极少有二次污染等优点。

湿式氧化技术和湿式催化氧化工艺在处理活性污泥、酿酒蒸发废水、造纸黑色废水、含氰及腈废水、活性炭再生利用废水、煤氧化脱硫工艺废水、农药等工业废水等方面都有重要的用途。例如对农药废水的处理就是一个比较理想的处理工艺。农药生产过程中排放出大量浓度高、毒性大、成分复杂的废水，常用的生物法处理效果不理想，且需要大量的水稀释才能进行处理。人们对湿式氧化技术处理农药废水进行了大量的研究，发现湿式氧化技术是一种十分有效的处理方法。Ishii 等用湿式氧化技术处理含有机磷和有机硫农药的废水，在 $180\sim230\text{℃}$、$7\sim15\text{MPa}$下，使有机硫转化为硫酸、有机磷转化为磷酸。美国兰达尔曾对多种农药废水进行湿式氧化法处理，当反应温度为 $204\sim316\text{℃}$ 时，包括碳氢化合物在内的多种化合物的分解率均接近 99%。对于难氧化的氯化物，如多氯联苯、滴滴涕和五氯苯酚等，使用混合催化剂进行湿式氧化技术处理，其去除率可达 85% 以上。

（五）厌氧技术工艺设计

按浓度分，污水可分为高、中、低浓度废水，厌氧处理技术在各种高、中浓度工业废水处理中的应用已成熟。目前各国研究者的研究热点之一是低浓度废水（如城市污水）的厌氧处理技术。按污染物的形态分，污水可分为溶解性废水、部分溶解性废水和不溶性废水。不溶性废水又可分为完全干物质和高固体含量的液体。在厌氧处理领域最为广泛应用的反应器是 UASB反应器，其与厌氧流化床和厌氧滤床在设计上有一定的共同点，UASB 和厌氧滤床对于布水的要求是一致的，并且流化床和 UASB 都有三相分离器。

1. 有机负荷（容积）

均采用进水容积负荷法来确定厌氧反应器的有效容积（包括沉淀区和反应区），容积负荷值与废水的性质和浓度、反应器的温度有关。对某种特定废水，反应器的容积负荷一般应通过试验确定，也可以参考选用同类型废水处理的资料数据。

2. 经验公式

在试验基础上，美国学者杨（Young）和麦卡蒂（McCarty）建立了以下厌氧生物滤池水力停留时间与其 COD 去除率的经验公式。

$$E = 100[1 - S_k(\text{HRT})^{-m}] \tag{13-2-10}$$

式中　E——溶解性 COD 去除率，%；

　　HRT——空塔停留时间，即按滤料所占空池体积且没有回流的情况计算的 HRT，h；

　S_k，m——效率系数，取决于滤池构造及滤料特性（对波尔环滤料，$S_k=1.0$，$m=0.4$；对交叉流型滤料，$S_k=1.0$，$m=0.55$）。

同样采用经验公式，Lettinga 等人描述不同厌氧处理系统处理生活污水 HRT 与去除率之间的关系，并且对不同反应器处理生活污水的数据进行了统计，得出：

$$\text{HRT} = \left(\frac{1-E}{C_1}\right)^{c_2} \tag{13-2-11}$$

式中　E——溶解性 COD 去除率，%；

　　HRT——水力停留时间，h；

　C_1，C_2——反应常数。

3. 动力学方法

到目前为止，根据动力学公式计算方法，动力学表达式对预测在废水处理系统中有机物的去除率或对于设计一个处理系统来说的作用是有限的。通过评价所获得的实验结果的经验方法，现在仍是设计和优化厌氧消化系统唯一的选择。现有厌氧动力学理论的发展还没有使它能够在选择和设计厌氧处理系统过程中成为有力的工具。

（六）深井曝气技术的工艺设计

1. 深井曝气技术的工艺性能

废水的生化处理效果主要受有机物浓度（BOD_5）、废水的可生化性和活性生物固体浓度

（MLVSS）等因素的影响。生化反应的最终产物主要是剩余污泥和 CO_2，因此在生物处理系统中，目的就是完成有机污染物向最终产物的转化。但生物反应受两个基本传质过程所控制。当液相中可利用的溶解氧没有限制时，生物过程的效率主要取决于微生物降解和同化有机物的能力，而降解和同化有机物的速率随 MLVSS 浓度及混合搅拌强度的增加而提高。

在常规活性污泥系统中，由于供氧能力的限制，不同浓度的混合液都有一个极限的负荷率 F/M。如当 MLVSS＝3g/L 时，在不超过常规装置曝气能力的条件下，系统的运行负荷率 $F/M＞0.55$。显然好氧生物处理工艺的主要制约因素之一是曝气装置保持好氧环境的能力。深井工艺由于传氧效率高，可以在井内维持浓度高达 10mg/L 的 MLVSS，同时由于井内的液体循环速度高、紊流度高，能使生物固体和有机质间有效地混合传质，因此有机负荷 F/M 能够超过上述极限，高达 2.0，从而使曝气时间大为缩短，例如处理生活污水的时间可缩短到 30min[10,11]。

2. 深井法处理污水的工艺运行

深井处理是污水处理的最佳方法，由于其深度大，充氧能力达 $3kg/(m^3 \cdot h)$，溶解氧浓度平均高达 40~60mg/L，动力效率达 $2.3~6kg/(kW \cdot h)$，并且具有很低的污泥转化率，处理污水快速、高效。近年来，应用此技术处理废水的实际工艺运行均取得较好的经济和技术效果，主要应用于发酵液废水、食品工业废水、制糖废水、制胶废水、印染废水、啤酒废水、生活污水、化工合成药废水等行业。

作为典型废水处理工程案例，温州金狮啤酒有限公司于 1987 年设计建设了 2 套 $\phi1.4×64m$ 的深井曝气废水处理工程配合年产 3 万吨啤酒，其中相关参数为日处理废水量 $1800m^3/d$，废水 COD_{Cr} 800~1200mg/L；1996 年增加建设了一套 $\phi2.6×64m$ 的深井曝气废水处理工程来配合年产 10 万吨啤酒生产的技术改造，总计日处理废水量 $5000m^3/d$，废水 COD_{Cr} 800~1200mg/L。1997 年啤酒产量已达 15 万 t/a，废水处理工程建成投产时超过设计产量的 50%，废水进水的平均 COD_{Cr} 为 1940mg/L，BOD_5 1133mg/L，经深井曝气工艺处理废水后，处理后指标优于国家一级排放标准，水的 COD_{Cr} 平均降为 40mg/L，BOD_5 平均降为 4.22mg/L。2000 年啤酒年产量高达 20 万吨，废水经深井曝气工艺处理后仍可全年稳定达标排放，深井的容积负荷高达 $18.6kg\ COD_{Cr}/(m^3 \cdot d)$ 以上，其 COD 值保持在 50~80mg/L 范围内。此工程已经取得极佳的经济效益、环境效益、社会效益。

20 世纪 70 年代对于此项试验研究，美国建设了一批污水处理生产性试验装置，用深井曝气法处理城市污水也取得极佳的效果。之后相继建成了多座大型深井曝气污水处理厂，处理污水最大规模达 150 万 t/d。表 13-2-2 给出了一些城市污水用深井曝气法与氧化沟法处理的投资、占地等的比较。

表 13-2-2　深井曝气法与氧化沟法处理城市污水的比较

污水厂名	规模 /(m³/h)	进水 COD_Cr /(mg/L)	处理水 COD_Cr /(mg/L)	投资/万元		占地/m²		处理费用/(元/m³)	
				深井法	氧化沟法	深井法	氧化沟法	深井法	氧化沟法
浙江某厂	15 万	300	70	16000	20308	51000	117000	0.35	0.60
山东某厂	15 万	1000	120	12172	18000	41000	72000	0.31	0.60
江苏某厂	6 万	600	60	4826	8900	21000	46000	0.28	0.70

（七）蒸发处理的工艺设计

1. 多效蒸发的工艺设计

各效蒸发水量、传热面积及加热蒸汽消耗量是多效蒸发需要计算的主要内容。由于多效蒸发的计算中未知数量多，效数也多，所以较单效蒸发计算更复杂，目前多采用电子计算机进行。物料衡算、热量衡算及传热速率方程仍然是计算的基本依据和原理。计算中常出现未知参数，因此计算时一般采用试差法，其步骤如下。

① 根据物料衡算求出总蒸发量。

② 根据经验设定各效蒸发量，再估算各效溶液浓度，通常各效蒸发量可按各效蒸发量相等的原则设定，即

$$W_1 = W_2 = \cdots = W_n \tag{13-2-12}$$

并流加料的蒸发过程，由于有自蒸发现象，则可按如下比例设定：

a. 若为两效 $W_1 : W_2 = 1 : 1.1$；

b. 若为三效 $W_1 : W_2 : W_3 = 1 : 1.1 : 1.2$。

根据设定得到各效蒸发量后，即可通过物料衡算求出各完成液的浓度。

③ 设定各效操作压力以求各效溶液的沸点。通常按各效等压降原则设定，即相邻两效间的压差为：

$$\Delta p = \frac{p_1 - p_e}{n} \tag{13-2-13}$$

式中 p_1——加热蒸汽的压强，Pa；

     p_e——冷凝器中的压强，Pa；

     n——效数。

④ 应用热量衡算求出各效的加热蒸汽用量和蒸发水量。

⑤ 蒸发系统使用的蒸发器，一般各效面积相等，所以各效的有效温度差一般也按照各效传热面积相等的原则分配，并根据传热效率方程求出各效的传热面积。

⑥ 校验各效传热面积是否相等，若不等，需要重新分配各效的有效温度差，重新计算，直到相等或相近时为止。

2. MVR 蒸发技术的工艺设计

MVR 技术是所有蒸发工艺中最为节能的一种技术。MVR 蒸发工艺操作开始蒸发时要消耗相对较多的蒸汽量，当蒸发量稳定后，维持蒸发只需要补充热损失的量，因为正常蒸发过程中所需加热蒸汽主要来自压缩机压缩输送的二次蒸汽[20]。

MVR 蒸发工艺一般是单效蒸发，其工艺计算相对简单，步骤如下。

① 根据物料衡算求出蒸发量。

② 根据物料性质确定蒸发温度（无需冷却水系统）。

③ 蒸汽压缩机选型。蒸汽压缩机是 MVR 蒸发系统的核心部分。蒸汽压缩机有很多种类型，如离心式压缩机、轴流式压缩机、罗茨压缩机等，工业生产中主要采用的是单级或多级离心式压缩机。离心式压缩机功率计算式如下：

$$N_e = EW \tag{13-2-14}$$

式中 N_e——压缩机的有效功率，kW；

     E——单位蒸汽的等熵压缩功，kW/kg；

     W——蒸发量（二次蒸汽量），kg/h。

④ 应用热量衡算求出加热蒸汽用量。机械蒸汽再压缩时，通过机械驱动的压缩机将蒸发器产生的二次蒸汽压缩至较高压力，通过提高二次蒸汽的品质（温度、压力、焓值、使用效果）进入加热器循环使用。用机械蒸汽再压缩方式加热的蒸发装置操作仅需很少的热量。机械蒸汽再压缩的工作原理类似于热泵，几乎全部的二次蒸汽都通过电能进行压缩和再循环利用，系统需要冷凝的"废热"很少。另外，蒸汽压缩机也可作为热泵来工作，给蒸汽增加能量。

但 MVR 蒸发装置根据操作条件的不同，有时需要补充少量的额外蒸汽，有时又需要将剩余的二次蒸汽冷凝来保持蒸发器总体的热平衡和保证操作条件的稳定。

⑤ 传热面积计算确定。蒸发器传热面积的大小决定了蒸发水量，其工艺计算与物料性质息息相关。传热面积计算公式如下：

$$A = \frac{Q}{K_0 \Delta t_m} \tag{13-2-15}$$

式中　A——蒸发器的传热面积，m^2；

　　K_0——基于传热面的蒸发器总传热系数，$kJ/(m^2 \cdot ℃)$；

　　Δt_m——传热面传热温差，$℃$；

　　Q——蒸发器传热量，kJ/h。

二、各处理工艺参数

（一）超临界氧化工艺参数

（1）处理量　按停留时间 1min 计，单塔可处理水 600L/h。

（2）反应器　数量 1 台，尺寸 $\phi108mm \times 14mm \times 2000mm$，外带远红外加热补偿设备。

（3）其他主要设备

① 高压泵：采用国产设备即可，可保证设备加压平稳运行。

② 水质要求：需预处理过滤掉固体杂质。

③ 氧气加压泵：选用国外气驱泵，运行平稳，体积小，操作方便。型号为 5G-DD-60。

④ 非定型设备：电加热器 2 台；氧气加热器 1 台，2kW；水加热器 1 台，200kW；排盐器；分离器。

（二）膜处理工艺参数

1. 反渗透

（1）透水率（Q_p）

$$Q_p = A(\Delta p - \Delta \Pi) \tag{13-2-16}$$

式中　Q_p——膜透水率，$cm^3/(cm^2 \cdot s)$；

　　A——膜纯水透过系数，$cm^3/(cm^2 \cdot s \cdot MPa)$；

　　Δp——膜两侧压力差，MPa；

　　$\Delta \Pi$——膜两侧溶液渗透压，MPa。

（2）回收率（y）

$$y = \frac{Q_p}{Q_f} \times 100 = \frac{Q_p}{Q_p + Q_m} \times 100 \tag{13-2-17}$$

式中　Q_f，Q_m，Q_p——进水、浓水和淡水流量。

（3）浓缩倍数（C_F）

$$C_F = \frac{Q_f}{Q_m} = \frac{100}{100-y}$$ (13-2-18)

（4）盐分透过率（S_p）

① 中空纤维式：

$$S_p = \frac{c_p}{c_f} \times 100$$ (13-2-19)

② 卷式：

$$S_p = \frac{c_p}{c_f + c_m} \times 100$$ (13-2-20)

式中　c_f，c_m，c_p——进水、浓水和淡水含盐量。

（5）脱盐率（R）

$$R = \frac{Q_f c_f - Q_p c_p}{Q_f c_f}$$ (13-2-21)

式中　Q_f，Q_p——进水和淡水流量；

　　　　c_f，c_p——进水和淡水含盐量。

2. 超滤

由于水的高渗透性和高分子的低扩散性，在超滤中溶质会在膜表面积聚，同时形成从膜面到主体溶液之间的浓度梯度，这种现象称为膜的浓差极化。因为溶质在膜面的继续积聚最后会形成凝胶极化层，通常把此时相对应的压力称为临界压力。在超滤工艺中，临界压力是一个重要的设计参数[21]。

在纯水和大分子稀溶液中，膜透过量与压差 Δp 成正比，可用下式表示：

$$J_w = \frac{\Delta p}{R_m}$$ (13-2-22)

式中　J_w——透过膜的纯水通量，$cm^3/(cm^2 \cdot s)$；

　　　　Δp——膜两侧压力差，MPa；

　　　　R_m——膜阻力，$s \cdot MPa/cm$。

在高分子体系中，由于形成了膜面到主体溶液间的浓度差，溶液的透过量由下式表示：

$$J_w = \frac{D}{\delta} \ln \frac{c_m}{c_f} = k \ln \frac{c_m}{c_f}$$ (13-2-23)

式中　J_w——透过膜的溶液通量，$cm^3/(cm^2 \cdot s)$；

　　　　D——溶质扩散系数，cm^3/s；

　　　　k——传质系数，$k = D/\delta$；

　　　　δ——膜边界层（极化层）厚度，cm；

　　　　c_m——膜面溶液浓度，mg/cm^3；

　　　　c_f——主体溶液浓度，mg/cm^3。

上述公式虽然没有直接表达出压力与各变量之间的关系，但增加 Δp，势必提高水通量，膜面溶液浓度（c_m）亦随之提高，同时促使反向扩散通量增加。在稳定状态下，J_w 与 c_m 之间保持该公式所表达的关系。如果继续增大压差，当 c_m 值增大到某一浓度值 c_g 后，在膜面形成凝胶层，则上式可表达为：

$$J_w = k \ln \frac{c_g}{c_f}$$ (13-2-24)

该式表示，在给定条件下，凝胶层形成后，凝胶层浓度（c_g）值不再变化，膜水通量（J_w）达到了一极限值，不再因压差（Δp）的增加而增长。进一步增加压差（Δp），膜水通量 J_w 经过一短瞬间的增长，又恢复至稳定状态。在达到临界压力值后，膜水通量不再随 Δp 的增加而增长。同时溶液浓度及膜表面流速也会影响膜的临界压力值。在实际超滤工艺中，需要通过试验，确定体系的临界压力值，并要求控制实际运行压力低于临界压力值，或者通过提高膜表面流速来提高体系临界压力。

（三）萃取工艺的主要设计参数

要形成共存的两个液相，需要向待分离溶液（料液）中加入与之不相互溶解（或部分互溶）的萃取剂。使萃取剂与原溶剂不等地分配在两液相中，主要利用了它们对各组分的溶解度（包括经化学反应后的溶解度）的差别，例如，用四氯化碳萃取碘的水溶液，几乎所有的碘都转移到四氯化碳中，从而实现碘与水的分离。即通过两液相的分离，实现组分间的分离。

使料液与萃取剂在混合过程中密切接触，让被萃取组分通过相际界面进入萃取剂中，直到组分在两相间的分配基本达到稳定，静置沉降分离成两层液体，这是最基本的操作——单级萃取，即由萃取剂转变成的萃取液和由料液转变成的萃余液。单级萃取达到相平衡时，被萃组分 B 的相平衡比，称为分配系数 K，即：

$$K = y_B / x_B \qquad (13\text{-}2\text{-}25)$$

式中，y_B 和 x_B 分别为 B 组分在萃取液中和萃余液中的浓度。浓度的表示方法按同一化学式计算，需考虑组分的各种存在形式。

若料液中另一组分 D 也被萃取，则组分 B 的分配系数对组分 D 的分配系数的比值，即 B 对 D 的分离因子，称为选择性系数 α，即：

$$\alpha = K_B K_D = y_B x_D / (x_B y_D) \qquad (13\text{-}2\text{-}26)$$

$\alpha = 1$ 时，表明两组分在两相中的分配相同，不能用此萃取剂实现两组分的分离；$\alpha > 1$ 时，组分 B 被优先萃取。

对给定组分所能达到的萃取率（被萃组分在萃取液中的量与原料液中的初始量的比值）有较高要求时，单级萃取往往不能满足工艺要求。为了提高萃取率，可采用以下几种方法：a. 多级错流萃取。为达到较高的萃取率，可实现料液和各级萃余液与新鲜的萃取剂接触。但萃取剂用量大，萃取液平均浓度低。b. 多级逆流萃取。料液与萃取剂分别从级联（或板式塔）的两端加入，在级间做逆向流动，最后成为萃余液和萃取液，各自从另一端离去。此方法萃取率较高，料液和萃取剂经过多次萃取，这是工业萃取常用的流程，萃取液中被萃组分的浓度也较高。c. 连续逆流萃取。在微分接触式萃取塔（见萃取设备）中，常用的工业萃取方法还有料液与萃取剂在逆向流动的过程中进行接触传质。料液与萃取剂之中，密度大的称为重相，密度小的称为轻相。轻相自塔底进入，从塔顶溢出；重相自塔顶加入，从塔底导出。萃取塔操作时，连续相是一种充满全塔的液相；分散相是另一液相，通常以液滴形式分散于其中，分散相液体进塔时即进行分散，在离塔前凝聚分层后导出。料液和萃取剂两者之中以何者为分散相，须兼顾塔的操作和工艺要求来选定。此外，还有能达到更高分离程度的回流萃取和分部萃取。

（四）湿式氧化工艺的主要设计参数

湿式氧化工艺和设备是根据中试实验结果获取参数，或者根据相似组分的运行参数设计的。设计参数可以通过处理要求和出水参数优化。例如废碱渣中的碱含量、有机物种类、HS^-/S^{2-} 和 HCO_3^-/CO_3^{2-} 的平衡、pH 缓冲能力以及 H_2S 气体的分压对工艺和设备的优化尤其重要。主要工艺参数有温度、停留时间、压力、催化剂用量和气流速度。

工艺条件为：反应釜温度 200～270℃；压力 3.5～8.0MPa；停留时间 10～60min；气流速度 0.05～2.5m³（处理能力 1m³/h）或者 4～12m³（处理能力 10m³/h）。处理过程中需要定量加酸或碱。

（五）厌氧工艺的主要设计参数

1.环境因素

温度和 pH 值是厌氧污水消化最重要的影响因素，此外还有主要的营养元素和过量的有抑制性、毒性的化合物浓度。

（1）温度　与其他生化处理工艺一样，厌氧消化受温度影响很大。低温发酵，温度范围为 15～20℃；中温发酵，温度范围为 30～35℃；高温发酵，温度范围为 50～55℃。

已有许多研究者对不同温度对厌氧消化速率和程度的影响进行了研究，得出如下结论：中温厌氧消化的最优温度范围为 30～40℃；当温度低于最优下限温度时，每下降 1℃ 消化速率下降 11%。

（2）pH 值　pH 值和其稳定性对厌氧反应器来说是非常重要的。例如，产甲烷菌最适宜的 pH 值范围为 6.8～7.2。如果 pH 值低于 6.3 或高于 7.8，甲烷化速率降低。在超过甲烷菌的最佳 pH 值范围时，酸性发酵可能超过甲烷发酵，产酸菌的 pH 值范围为 7.0～7.6，反应器内最终将发生"酸化"。建立在处理系统中不同的弱酸/碱系统的离子平衡决定了厌氧反应器的 pH 值。这些弱酸/碱对系统有很大影响，特别是碳酸系统经常占主导地位，它的影响可能超过存在的其他系统，如磷酸盐、氨氮或硫化氢等系统的影响。

（3）氧化还原电位　不产甲烷阶段在厌氧发酵过程中可在兼氧条件下完成，氧化还原电位在 -100～+100mV 范围内；产甲烷阶段，最优氧化还原电位可控制为 -400～-150mV。此外，氧化还原电位还受 pH 值影响。虽然氧气可能被带入进水分配系统，但是其可能被酸化过程的有氧代谢利用。因此，进水带入的氧在厌氧反应器内不对反应器的运行发生显著影响。

（4）有毒和抑制性基础　不只是氢离子，其他多种化合物的浓度例如重金属、氯代有机物，可能影响到厌氧消化的速率，即使浓度很低也会影响消化速率。另外，厌氧发酵过程的一大特点是厌氧发酵过程中的产物和中间产物（如挥发性有机酸、氢离子浓度和 H_2S 等）也会对厌氧发酵产生抑制作用。

（5）硫酸盐和硫化物　主要发生在反应器内，含硫废水是还原硫酸盐的产物，硫化氢是甲烷细菌的必需营养物。厌氧处理可以在相当窄的硫化氢浓度范围之内运转。据统计，甲烷化活性会在 60mg S/L（以 H_2S 计）的浓度下降低 50%。目前高负荷反应器要获得满意的负荷率和处理效率，可以在 H_2S 浓度为 150～200mg S/L 时进行。一般厌氧处理系统中 H_2S 可能引起四个问题：a.部分 H_2S 转移至沼气中，引起管道及发动机或锅炉的腐蚀；b.存在于厌氧工艺出水中的 H_2S，导致净化效率的降低和引起恶臭；c.H_2S 对厌氧细菌的抑制，引起系统负荷降低或净化效率降低（直接抑制）；d.由于硫酸盐或亚硫酸盐还原消耗了有机物，从而减少了有机物降解所产生的甲烷量（竞争抑制）。

（6）所有的基本生长因子（营养物、微量元素）　以足够的浓度和可利用的形式存在于废水中的各种微生物所需的营养物及微量元素，对厌氧微生物的生长起着重要作用，例如 Zn、Ni、Co、Mo 和 Mn 等。厌氧处理的效率会在某种废水明显可能缺乏微量元素或有证据表明缺乏微量元素的情况下受到影响。供给微量元素混合液可能对 UASB 反应器的启动起到出乎意料的加强作用，所以可建议向其供给微量元素的混合液。

2.工艺条件

（1）水力停留时间　通过上升流速来表现出水力停留时间对厌氧工艺的影响。一方面，污水系统内进水区会受到高的液体流带的扰动，有利于提高去除率，增加了进水有机物与生物污泥之间的接触。传统的 UASB 系统中，为保证颗粒污泥形成，上升流速的平均值一般不超过0.5m/h。另一方面，上升流速不能超过一定的限值，可以保持系统中有足够多的污泥，反应器的高度也就受到了限制。对于低浓度污水，比有机负荷更为主要的工艺控制条件是水力停留时间。

（2）有机负荷　有机负荷是影响污泥活性、污泥增长、有机物降解的重要因素，有机负荷反映了微生物之间的供需关系。为了加快污泥增长和有机物的降解可以提高负荷，同时使反应器的容积缩小。对于厌氧消化过程，这种影响更加明显。甲烷化反应和酸化反应不平衡的问题可能出现在有机负荷过高时。对某种特定废水，容积负荷值与废水的性质和浓度、反应器的温度有关，反应器的容积负荷一般应通过试验确定。有机负荷不仅是厌氧反应器的一个重要的设计参数，也是一个重要的控制参数。它们的设计负荷对于颗粒污泥反应器和絮状污泥反应器来说是不相同的。

（3）污泥负荷　污泥负荷可以由容积负荷和反应器的污泥量等已知的常数计算。与容积负荷相比，采用污泥负荷更能从本质上反映微生物代谢同有机物的关系。由于存在甲烷化反应和酸化反应的平衡关系，厌氧反应过程采用适当的负荷可以消除超负荷引起的酸化问题。

在典型的工业废水处理中，厌氧反应速率是一般好氧工艺速率的两倍，它采用的污泥负荷率是 0.5～1.0BOD/(g 微生物·d)，好氧工艺通常运行在 0.1～0.5BOD/(g 微生物·d)。另外，厌氧容积负荷率通常比好氧工艺大 10 倍以上 [厌氧为 5～10kg/(m³·d)，好氧为 0.5～1.0kg/(m³·d)]，因此厌氧工艺中可以保持比好氧系统高 5～10 倍的 MLVSS 浓度。

（六）深井工艺的主要设计参数

① 井径：1.0～6.0m。

② 井深：50～150m。

③ 井内平均溶解氧：40～60mg/L。

④ 氧利用率：60%～90%。

⑤ 氧转移能力：1.9～3.0kg/hm³。

⑥ 动力效率：2.3～4.5kg/(kW·h)。

⑦ 污泥浓度：5.0～15g/L。

⑧ 污泥负荷：0.75～1.25kg/(kg·d)。

（七）常用蒸发处理工艺的主要设计参数

① 物料名称。

② 物料性质（主要包括：物料的热敏性；各温度、浓度下的黏度；是否结晶及结晶温度和浓度；腐蚀性；比焓；比热容等）。

③ 处理量：1～3000t/d。

④ 稀液进料温度：45～100℃。

⑤ 稀液进料浓度：1%～40%。

⑥ 浓缩液出料浓度：30%～65%。

⑦ 浓缩液出料温度：7～120℃。

⑧ 浓缩液出料量：1～2000t/d。

⑨ 额定蒸发效率：1～5.5kg/kg。

⑩ 额定蒸发水量：1～2400t/d。

⑪ 可回收蒸馏液量：1～2400t/d。

⑫ 新鲜蒸汽耗量：0.1～500t/h（3kg/cm²）。

⑬ 工业用清水温度：0～25℃。

⑭ 工业用清水平均用量：1～1000t/h（可循环利用）。

⑮ 冷却水出水温度：30～70℃。

⑯ 蒸发站采用效数：1～6 效。

第四节 工程实例

一、松脂加工废水处理案例

（一）工程概况

广西某松脂加工企业年产松香 1 万 t（含深加工生产线），生产废水排量为 41.12m³/d，生活污水排量为 7.2m³/d。处理工程设计按生产废水 60m³/d、生活污水 12m³/d、每天运行 24h 进行。出水水质执行《污水综合排放标准》（GB 8978—1996）一级标准，具体综合废水水质及排放标准见表 13-2-3。

表 13-2-3 综合废水水质及排放标准

类别	pH 值	COD/(mg/L)	SS/(mg/L)	色度/倍
综合废水水质	2～4	≤8000	≤4000	≤250
排放标准	6～9	100	70	50

（二）工艺流程及说明

设计的工艺流程见图 13-2-2。松脂生产废水首先经斜筛、隔油沉渣池后进入调节池Ⅰ调节水质、水量，调节池Ⅰ的生产废水泵入电催化氧化塔内。利用生产废水呈酸性的特点，在外加催化剂的作用下，将发生一系列氧化反应。氧化后出水自流入 pH 调节池调 pH 值至 8～9，然后自流入絮凝池进行絮凝反应，絮凝剂为 PAM（聚丙烯酰胺）和回流的活性污泥。絮凝池出水自流入沉淀池进行泥水分离，上清液自流入水解酸化池进行水解和酸化作用，至此生产废水的预处理完成。生产废水中的有机物水解酸化、分子转型，在去除部分有机物的基础上提升了 BOD/COD 的值，废水可生化性显著提高，为后续的好氧生化处理奠定了基础。

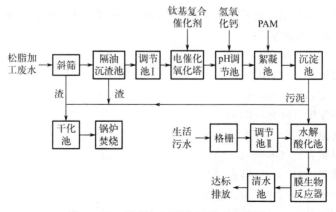

图 13-2-2 松脂加工废水处理工艺流程

经格栅和调节池Ⅱ调节水质、水量后的生活污水经水解后泵入膜生物反应器（MBR），在膜生物反应器内，混合废水中的有机物和氨氮分别进行好氧分解、硝化反应，最后经 MBR 膜分离，活性污泥留在反应器内，清液经泵抽吸至清水池待回用或排放。从斜筛分离出来的大块固形物（树皮、木屑、松针叶等）、隔油沉渣池的浮油和沉渣，定期人工清理到干化池，沉淀池的污泥依靠静压排至干化池。干化池内浮油、沉渣、污泥等除石灰渣外，基本上都是有机可燃物，经自然滤水，晒干后送锅炉焚烧。

（三）运行效果及分析

1. 斜筛和隔油沉渣处理

松脂加工废水主要来源于澄清工段排放的渣水，刚排出的渣水温度高达 80℃，含大量随原料带进的树皮、木屑、砂石、尘土等固形物。随水温的降低，废水中少量的松脂、松节油析出聚集。先采用 20 目斜筛把废水中的大块固形物从废水中隔离除去，再经过隔油池沉渣，大部分的固形物和油脂得以去除，COD 去除率约 20%。

2. 电催化氧化处理

松脂加工废水属难生化降解的高浓度有机废水，利用电催化氧化方法使之水解酸化、分子转型，在去除部分有机物的基础上提升 BOD/COD 值之后再进一步进行物化和生化处理，在催化氧化塔内 12～24V 低压直流静电场中有氧化剂和催化剂存在的条件下，使水中产生氧自由基离子（O^{2-}），继而诱发出过氧化氢（H_2O_2），再生成羟基自由基离子（·OH）。因 ·OH 具有极强的氧化性，部分有机物变成 CO_2 和 H_2O，另一部分残存有机物水解并酸化，提升 BOD/COD 值，有利于后续常规物化和生化处理顺利进行。

3. 生化处理

（1）水解酸化池　水解酸化是一种不彻底的有机物厌氧转化过程，其作用在于使复杂的不溶性高分子有机物经过水解和产酸转化为溶解性的简单低分子有机物，从而提高废水的 BOD/COD 比值，改善废水的可生化性。污泥回流比 80%，溶解氧为 0.5～1mg/L，水力停留时间为 12h，水解酸化池出水自流到 MBR 膜生物反应器。

（2）膜生物反应器　膜生物反应器为板框抽吸淹没式结构，膜组件为孔径约 0.1～0.4μm 的 PVDF（聚偏二氟乙烯）中空纤维膜。MBR 生物反应器水力停留时间为 20h，曝气量为 30～40m³/h，溶解氧为 2～2.5mg/L。随着运行时间的延长，水头损失增大，此时应对 MBR 膜进行清洗。平时通过周期性的间歇操作和空气搅拌来减少膜污染，每 6 个月进行一次离线清洗，用 0.1% 的次氯酸钠或盐酸将膜组件浸泡 24h[22]。

4. 运行结果

该工程建成试运行 1 个月后达到稳定运行。对废水的主要评价指标 COD 和色度每 5 天监测 1 次。表 13-2-4 是 10 月、11 月水质监测结果，出水水质达到了《污水综合排放标准》（GB 8978—1996）一级标准，COD 100mg/L，色度≤50 倍。

表 13-2-4　水质监测结果

取样时间	进水		出水	
	COD/(mg/L)	色度/倍	COD/(mg/L)	色度/倍
10 月 5 日	7420	215	91.2	32
10 月 10 日	7800	247	87.1	30

取样时间	进水		出水	
	COD/(mg/L)	色度/倍	COD/(mg/L)	色度/倍
10 月 15 日	7370	210	94.0	35
10 月 20 日	6980	200	92.7	33
10 月 25 日	7256	203	89.8	31
10 月 30 日	7716	234	85.6	30
11 月 5 日	6894	195	76.4	23
11 月 10 日	7624	229	83.7	25
11 月 15 日	7382	210	90.9	31
11 月 20 日	6950	198	85.0	29
11 月 25 日	7313	205	88.2	30
11 月 30 日	7324	206	84.9	25

（四）技术经济性分析

采用以电催化氧化＋水解酸化＋MBR 为核心的松脂加工废水处理工艺。设计处理规模 72m³/d。总投资 183.8 万元，运行费用（包括电费和药剂费，不含折旧费和人工费）约 4.5 元/m³。因处理规模较小，各种配套设施齐全，增加了建设和运行成本。如果放大处理规模，可相应降低成本[4]。

（五）小结

① 采用以电催化氧化＋水解酸化＋MBR 为核心的处理工艺对松脂加工废水进行处理是可行的，COD 的去除率大于 98.8%，各项指标完全达到《污水综合排放标准》（GB 8978—1996）一级标准。

② 采用电催化氧化进行预处理，在去除部分有机物的基础上提升了 BOD/COD 的值，废水可生化性显著提高。此外，药剂费比 Fe/C 微电解法或 Fenton 氧化法节约 2/3，污泥的产生量也比 Fe/C 微电解法或 Fenton 氧化法减少 2/3。

③ 好氧生化之前增加水解酸化工艺，使废水的可生化性进一步提高。

④ 将剩余污泥部分回流至絮凝池内，利用活性污泥的吸附絮凝作用，改善废水中悬浮物的沉淀性能。实践证明：强化了沉淀池的处理效果，COD 去除率提高 15%～25%，且剩余污泥作为沉淀池污泥沉淀下来，含水率低，提高了污泥的脱水性能。

⑤ 好氧处理采用膜生物反应器（MBR），膜的机械截留作用避免了活性微生物的流失，生物反应器内可保持高的活性污泥浓度，从而提高了容积负荷，降低污泥负荷，且将传统污水处理的曝气池与二沉池合二为一，大幅减少占地面积，节省土建投资。

⑥ 实际运行情况表明：系统运行可靠，操作简单，剩余污泥量少，耐冲击负荷，处理效果显著，出水水质良好。

二、活性炭生产废水治理工程案例

江苏某活性炭生产企业，主要从事高品质活性炭的制造及活性炭相关应用领域的工艺技术研究和配套设备的开发，涉及领域包括吸附黄金用活性炭、物理法颗粒糖用活性炭、水处理用活性炭、VOC 处理用活性炭、工业溶剂回收用活性炭、脱色用活性炭等。现场取水样进行监测，废水进出水水质如表 13-2-5 所示。废水经过处理，出水需要满足国家环保部门已公布的《活性炭工业污染物排放标准》（征求意见稿）[23]。

表 13-2-5　废水进出水水质

类　别	pH 值	COD/(mg/L)	SS/(mg/L)	TP/(mg/L)
冲炭水	3～5	≤400	≤300	≤3000
喷淋水	2～5	≤10000	≤800	≤300
纳管排放	6～9	≤100	≤70	≤2

1. 工艺说明

本工程采用了预处理—生化处理—深度处理的组合工艺对 600m³/d 的冲炭废水进行三级处理。混凝沉淀预处理，主要去除废水中 TP。处理后 400m³/d 水量回用于喷淋生产线，节约了水资源，提高了水的利用率，200m³/d 水量进入后续工艺段。喷淋生产线中，经过循环后，废水中 TP 的浓度增大，对此类废水，本工程采用氧化反应和混凝沉淀工艺处理后废水进入后续工艺段（图 13-2-3）。

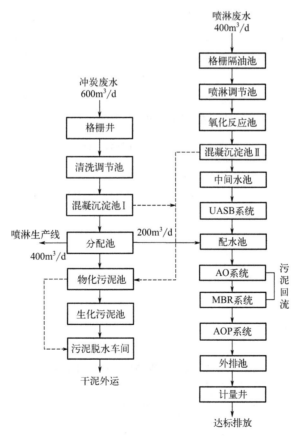

图 13-2-3　活性炭生产废水处理流程

冲炭废水和喷淋废水通过物化处理后，进入 UASB（升流式厌氧污泥床）、AO（厌氧好氧工艺）生化处理工艺，主要去除废水中 COD 和 SS。由于本废水可生化性不高，故采用了能同时降解废水中 COD 和提高废水可生化性的 UASB 工艺，为后续 AO 处理段做准备。废水从反应器底部流入，在适合的条件下，密度较小、分散性的颗粒将会上升被冲洗掉，而重的组分将会保留在反应器内，形成主要由细菌群组成的颗粒污泥，控制温度 20～40℃。而改良型 AO 生物膜工艺，池内增设填料后，可以将硝化菌及反硝化菌固定在各自的反应器内，避免抑制过程的发生，提高反应器的脱氮速率及效率。

生化处理工艺完成后，进入 MBR 和 AOP（高级氧化工艺）深度处理工艺段，进一步去除废水中 COD 和 SS。AOP 技术是以压缩空气为原料，将空气压缩干燥后制成纯度为 90% 以上的氧气，氧气输送到臭氧发生器，在高频高压作用下制取臭氧，再由接触系统将臭氧溶入水中[6]。这不仅对有机物有一定的去除效果，也可降低废水中色度、氨氮，同时对废水有杀菌消毒的作用。本工艺通过臭氧发生器现场制作臭氧，可以避免储存和运输过程中可能发生的风险，并且臭氧在一定时间内可以分解消失，不产生二次污染。

本项目采用第③组药剂组合去除废水中 TP，冲炭废水 TP 浓度较喷淋废水高，所以在药剂用量上冲炭废水的 $CaCl_2$ 和 $FeSO_4$ 的浓度高于喷淋废水。由表 13-2-6 可知，在 $CaCl_2$、$FeSO_4$、PAC（聚合氯化铝）、PAM 4 种药剂的共同作用下，TP 的去除效果最佳。废水中磷主要是无机磷，去除无机磷的药剂主要是铝盐、钙盐、铁盐，在强碱性条件下无机盐会与磷酸根形成沉淀，从而把磷去除。本工程主要考虑钙盐和铁盐的组合，钙盐的成本低，处理效果高于铝盐，但产泥量较高；铁盐在水中会水解为氢氧化铁胶体，具有吸附作用。使用钙盐除磷时，需要将 pH 值调至 10～12，铁盐除磷时 pH 值维持在 6～7。在投加药剂之后，磷酸盐会以难溶性颗粒形式析出。絮凝作用可将悬浮态的非溶性颗粒相互黏结，加快沉淀，本工程主要是加入 PAC 和助凝剂 PAM 反应进一步去除磷。组合工艺对磷的总去除率大于 99%，对 COD 的总去除率大于 80%，对 SS 的去除率大于 85%（表 13-2-7），废水 TP、COD、SS 指标均可达到《活性炭工业污染物排放标准》（征求意见稿）的间接排放标准。

表 13-2-6　不同药剂组合的去磷效果

药剂组合	水量/(m³/d)	$CaCl_2$/(mg/L)	$FeSO_4$/(mg/L)	PAC/(mg/L)	PAM/(mg/L)	TP 出水/(mg/L)	TP 去除率/%
①	600（冲炭水）	1000	—	500	20	98.0	6.0
②		—	500	500	20	99.3	2.0
③		1000	500	500	20	99.8	0.5
①	400（喷淋水）	500	—	300	10	98.0	7.0
②		—	300	300	10	99.3	2.0
③		500	300	300	10	99.8	0.5

表 13-2-7　生化处理和深度处理的效果

处理单元	COD 去除率/%	SS 去除率/%
UASB	≥70	—
AO+MBR	≥95	≥85
AOP	≥30	—

2. 小结

将污染低的冲炭废水和污染高的喷淋废水实施分类处理，冲炭清洗水经过预处理后 2/3 回用于喷淋生产线，1/3 进入喷淋废水处理线的好氧处理段，这样既大量节省了生产用水量，又让浓度较高的废水经过三级处理后，各项指标都达到《活性炭工业污染物排放标准》（征求意见稿）。

三、糠醛废水处理和资源化案例

我国是糠醛生产和出口大国，目前有糠醛生产企业 500 多家，糠醛产量和质量均居世界前列。糠醛是一种重要的有机化工溶剂和生产原料，广泛用于合成塑料、医药、农药等工业。用它直接和间接合成的化工产品有 1600 多种，包括糠醇、马来酸酐、四氯呋喃、呋喃树脂、糠酮树脂等。糠醛主要是以含多缩戊糖的纤维为原料，经水解精制而成，玉米芯、葵花籽壳、麦秸、甘蔗渣、棉籽壳、油菜壳等都是生产糠醛的好原料。糠醛生产工艺废水包括粗馏塔底废水、分醛水、精制工艺脱水、精馏塔清洗废水[24]。

（一）糠醛废水来源

糠醛生产废水主要来源于以下几个方面：一是粗馏塔塔底排出的工艺废水，水量大，污染物浓度高；二是分醛罐产生的废水，从粗馏塔出来的糠醛中含有少量的水分，经过分醛罐分层后，水层一般回流到粗馏塔；三是毛醛精制工艺中脱水塔塔顶产生的少量冷凝水，经静止分层后排出的废水。糠醛生产废水具有酸度高、浓度高、腐蚀性强等特点，根据调查糠醛生产废水水质为：pH 值 2.0～2.5，COD 10800～16000mg/L，BOD 4000～12226mg/L，SS 89～146mg/L。单一的处理方法很难达到理想的处理效果，以前多用物理化学＋生物处理组合技术处理糠醛废水，现在闭路蒸发循环利用技术是研究和工程应用的热点[25]。

（二）回收糠醛废水的探索

糠醛生产主要由粉碎、输送、配酸和拌酸、水解、蒸馏、精制等工序组成。粗馏塔底废水来自粗馏塔下废水，pH 值 2.0～4.0，含大量醋酸，约占废水总量的 2%～2.5%，还含甲基糠醛和萜烯类 0.2%～0.3%、糠醛 0.05%。粗馏塔底废水量为糠醛产量的 15～30 倍。

闭路蒸发循环利用技术，即糠醛蒸馏塔产生的废水首先进入废水暂存罐，通过进料泵将废水泵入废液蒸发器，蒸发器依靠锅炉送来的饱和蒸汽提供热源，使废液瞬间汽化、增压。产生的二次蒸汽大部分去水解工段作为水解的热源，少部分作为糠醛蒸馏塔的补充热源，换热产生的蒸汽冷凝水通过疏水阀后回锅炉软化水箱循环使用。蒸发浓缩物在蒸发器底部汇集，定期排放，或去锅炉燃烧，或用于配酸工段稀释硫酸。已有许多企业采用闭路蒸发循环利用技术处理糠醛废水，实现了废水零排放。

近年，郝文政等[26]公开了一种糠醛生产的废水回收处理装置，采用粗粒化＋细粒化＋重力分离对废水进行净化，净化率可达到 90% 以上，除油效果更好，提高了脱油效率。曹吉祥等[27]提供了一种糠醛加工的废水处理装置，该装置循环利用废水的热量，只需要补充少量的蒸汽即可满足整个糠醛加工中对高温蒸汽的需求，有效地降低了成本。废水不排放，不需要额外的化学物质来对废水进行处理，只需要对废水池的内部一年清理一次即可，进一步节省了成本。董官生等[28]提供了一种糠醛生产废水处理装置，方案是采用填充有活性炭的转筒对糠醛生产废水进行连续吸附和蒸发处理，对废水中的醋酸等成分进行分离和回收，具有废水处理能力大、效率高的优点。陈中合等[29]开发了一种糠醛生产废水综合处理利用工艺与方法，见图 13-2-4。

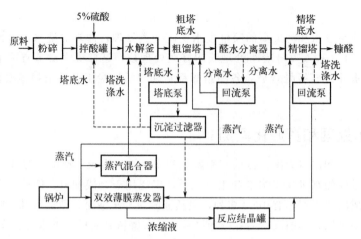

图 13-2-4　利用糠醛生产废水制取醋酸钠的技术流程

（三）各段糠醛废水的回用

1. 粗馏塔底废水处理工艺

粗馏塔底废水中含大量醋酸、甲基糠醛和糠醛等，该废水经过沉淀、过滤后，一部分返回拌酸工序用作拌酸用水，一部分返回到水解工序用作水解反应釜的补充用水，剩余部分送至薄膜蒸发器蒸发后回用到糠醛生产中。

2. 粗糠醛分离水处理工艺

从粗馏塔蒸馏出来的粗糠醛中含有少量水，由于比重不同，粗糠醛在分醛罐中醛水分层，在进入精馏塔前，需把这些分层水排放掉形成粗糠分离废水，该股废水中糠醛含量较高，所以将该股废水全部回流至粗馏塔中补充用作粗馏塔塔液循环利用。

3. 精制工艺脱水处理工艺

为精馏工艺脱水工序由水蒸气和低沸点冷凝而产生的废水，该废水全部排入到薄膜蒸发器进行蒸发后回到糠醛生产过程中循环利用。

4. 精馏塔清洗废水处理工艺

是为了保证糠醛产品质量，防止高沸点树脂状物质积累过多，被糠醛气带入到糠醛成品中，需对精馏塔进行定期清洗而产生的清洗废水，该废水全部排入到薄膜蒸发器进行蒸发，蒸汽回到糠醛生产过程中循环利用。

5. 蒸发器蒸发处理工艺

采用双效薄膜蒸发器：一效蒸发器利用生产过程中产生的高温糠醛气对废水加热，既冷却了糠醛气，又加热了废水；二效蒸发器利用一效蒸发器产生的蒸汽对废水加热。双效蒸发器根据自身的操作要求，不足的热量由锅炉蒸汽补充。双效蒸发器产生的蒸汽和锅炉蒸汽在蒸汽混合器内混合调节，达到一定的压力和温度后，供粗馏塔使用。在双效蒸发器产生的浓缩液中，加入氢氧化钠和碳酸钠，经脱色、蒸发、结晶，得到醋酸钠成品，双效蒸发器产生的蒸汽返回到废水处理系统循环处理，产生的残液也被循环利用。

本工程的特点：a. 实现糠醛生产废水全部综合利用，不产生二次污染，实现了糠醛工艺废水的零排放。b. 废水中的醋酸循环利用，实现了糠醛生产节能降耗，每生产一吨糠醛可节约 $50\sim80kg$ 硫酸用量；由于废水的循环利用，每生产一吨糠醛节约 $12\sim16t$ 新鲜水；从每吨废水中回收糠醛 16～18kg；实现了余热的综合利用。c.本废水处理装置较其他废水处理技术设备投资少，运行费用低。

四、制浆造纸废水处理和回用案例

我国造纸工业通过清洁生产、节能降耗新技术的开发与应用，降低水资源消耗，提高水资源循环利用率，减少污染物排放量。

（一）工程概况

国内某造纸企业新建林浆一体化项目，漂白化学木浆产能 30 万 t/a，造纸产能 129.8 万 t/a，废水处理站处理能力 60000m³/d，其中 42000m³/d 实现回用，回用率达到 70%，为国内领先水平。废水来自备料工段、碱回收车间、制浆车间、浆板车间、热电站、码头、化工项目、厂区及生活区生活废水等。该项目设计进水水质及排放要求如表 13-2-8 所示。

表 13-2-8　进水水质及排放要求

类　别	COD/(mg/L)	BOD/(mg/L)	SS/(mg/L)	pH 值
进水水质	1850	650	750	6～9
排放要求	≤60	≤10	≤15	6～9

（二）废水处理工艺流程

综合本项目废水水质，基于投资省、占地面积小、运行费用低、工艺可靠及操作简便等原则，项目采用预处理＋好氧生物处理＋混凝沉淀＋Fenton 氧化深度处理工艺路线。工艺流程如图 13-2-5 所示，为三级处理。一级物理处理，废水自流经过格栅进入进水井，通过进水提升泵提升至初沉池进行预处理，达到去除水中部分悬浮物、胶体以及 COD 的目的，同时也为后续好氧处理系统创造好的进水条件。二级生物处理，采用普通活性污泥工艺，经过预处理后的出水进入好氧生物处理单元，利用好氧微生物的代谢作用，达到去除废水中溶解性有机物的目的。三级深度处理，在常规 Fenton 氧化工艺基础上，增加了混凝沉淀工艺，采用混凝沉淀结合 Fenton 氧化工艺共同处理。经过 Fenton 氧化处理后废水进入三沉池进行泥水分离，上清液进入连续流砂滤池进行过滤处理，保证出水水质达到中水回用进水要求。

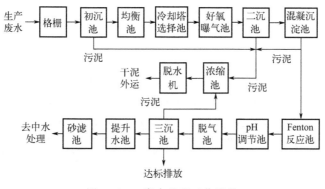

图 13-2-5　废水处理工艺流程

（三）废水处理效果

废水处理主要包括沉淀、好氧、混凝和 Fenton 单元，各单元处理效果如表 13-2-9 所示。

表 13-2-9　各单元废水处理效果

单元名称	COD		SS	
	进水/（mg/L）	去除率/%	进水/（mg/L）	去除率/%
车间排水	1850		750	
初沉池	1400	24	200	73
好氧池	300	79	50	75
混凝	180	40	35	30
Fenton	50	72	13	63

1. 预处理单元

本项目中，预处理单元包括格栅、进水井、初沉池和均衡池。初沉池采用辐流沉淀池，直径 50m，表面负荷 0.75m/h，配套周边传动刮泥机和排泥泵。根据表 13-2-9 给出的结果，预处理单元 COD 去除率达 24%，SS 去除率达 73%。

2. 好氧生物处理单元

好氧生物处理单元包括冷却塔、选择池、好氧曝气池、二沉池。好氧曝气池 BOD 污泥负荷为 0.1kg/（kg·d），停留时间 25h。

好氧曝气池采用 MTS 射流曝气系统，配套 6 台（4 用 2 备）多级离心鼓风机，单台流量 150m³/min，压力 0.1MPa，可确保曝气池良好的泥水混合和充足的氧传递。辐流式二沉池，周边传动，直径 61m，表面负荷 0.51m³/（m²·h）。效果见表 13-2-9，好氧生物处理单元 COD 去除率 79%，SS 去除率达 75%。

3. 深度处理单元

深度处理单元包括混凝沉淀池、Fenton 反应池和三沉池。辐流式混凝沉淀池，周边传动，直径 58m，表面负荷 0.57m³/（m²·h），配絮凝剂（PAC）和助凝剂（PAM）加药系统。Fenton 反应池 pH 值 3~3.5，投加 Fenton 试剂 [硫酸亚铁和过氧化氢物质的量之比 1∶1，过氧化氢∶COD 为（0.6~0.8）∶1]，反应停留时间 2h。辐流式三沉池，周边传动，直径 61m，表面负荷 0.51m³/（m²·h）。深度处理效果见表 13-2-9，出水 COD<60mg/L，SS<15mg/L。出水一部分排放，另一部分进入中水回用单元。

4. 中水回用工艺流程

中水回用量 60000m³/d，回收率≥70%。中水回用至厂区原水池，经过预处理后进入厂区各用水点，可减少原水取水量 50%。中水回用系统进水及出水水质如表 13-2-10 所示。

表 13-2-10　中水回用系统进水及出水水质

项目	COD/（mg/L）	pH 值	TDS/（mg/L）	SO_4^{2-}/（mg/L）	Cl^-/（mg/L）	总硬度/（mg/L）
进水水质	≤60	6.0~9.0	≤6000	≤3000	≤1500	≤1000
出水水质	≤10	6.0~9.0	≤180	≤60	≤50	≤5

70%中水回用率，是目前同行业的最高回用率，需解决如下技术难点。

（1）废水处理出水中残留铁离子　废水深度处理采用 Fenton 氧化工艺，出水 pH 呈弱酸性，水中残留亚铁离子，当 pH 值升高后，亚铁离子析出被氧化成铁离子，生成的沉淀造成膜组件的污堵。

（2）含盐量（TDS）偏高　制浆造纸工艺决定了废水中含盐量较高，总含盐量（TDS）高达 6000mg/L，经过反渗透处理，浓水 TDS 可达 23000mg/L。针对废水处理后出水水质特点及回用水质要求，要实现中水回用率 70%，首先需要经过软化预处理以去除水中悬浮物、钙镁硬度及残留铁离子，然后再进行超滤反渗透脱盐处理，详细工艺流程如图 13-2-6 所示。

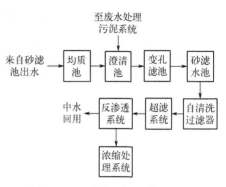

图 13-2-6　中水回用工艺流程

由图 13-2-6 可知，中水回用工艺流程主要包括预处理和超滤反渗透两个步骤。先通过在预反应池中投加氢氧化钠、碳酸钠、絮凝剂（PAC）和助凝剂（PAM）等，降低水中硬度、SS、胶体等杂质；通过各种粒径的石英砂等粒状滤料对废水进行过滤，从而达到截留水中悬浮固体和部分细菌、微生物等的目的。再依次进入超滤、反渗透单元达到脱盐的目的。

5. 中水回用单元处理效果

（1）预处理单元　预处理单元包含均质池、冷却塔、机械加速澄清池和变孔滤池。机械加速澄清池具有占地面积小、运行稳定可靠、沉淀效率高、排泥浓度大、出水水质优、可长期连续运行等优点。配套 PAC、PAM、氢氧化钠和碳酸钠投加系统，去除水中硬度、悬浮物和胶体等杂质。本项目中水回用工段，预处理单元的进水悬浮物浓度≤15mg/L，出水悬浮物浓度低于 5mg/L，去除率达 66.7%，有效降低出水悬浮物浓度。

（2）超滤系统和反渗透系统　超滤系统作为反渗透系统的前处理，运行压力为 0.2～0.3MPa。主要包括自清洗过滤器、超滤膜单元、反洗水泵和化学清洗装置。自清洗过滤器过滤精度 200μm，内置不锈钢过滤网，可有效防止异物进入超滤系统对膜元件造成损坏。超滤系统的主要特点及优势：a. 采用聚偏氟乙烯（PVDF）中空纤维膜丝，其具有高机械强度和良好的化学稳定性，从而延长膜的使用寿命；b. 超滤膜组件，采用截污量更高的外压式结构，具有更大的过滤面积，允许采用气擦洗工艺，使清洗更简便、更彻底；c. 在单元设计中预加了错流过滤模式，可以在来水水质恶化的情况下，采用错流方式，保证超滤系统稳定运行。反渗透系统运行压力为 1.1MPa，主要包括反渗透保安过滤器、反渗透膜元件、高压泵、段间增压泵和膜元件化学清洗装置。保安过滤器过滤精度为 5μm，能有效截留水中的微细杂质，保证这些颗粒不进入反渗透系统，是去除悬浮物的最后保障。反渗透单元采用一级两段式，反渗透膜选用陶氏 Cr-100 卷式膜，透水量大、脱盐率高。反渗透出水 COD≤10mg/L，TDS≤180mg/L，系统回收率 70%，脱盐率 97%。淤泥密度指数（SDI 值）是水质指标的重要参数之一，代表了水中颗粒、胶体和其他能堵塞各种水净化设备物体的含量[30]。超滤出水水质稳定，出水浊度低于 0.08NTU，SDI 值稳定在 3 以下，满足反渗透系统进水 SDI 值小于 5 的要求，为后续反渗透膜的稳定运行提供了保障。

反渗透系统出水电导率稳定在 300μS/cm 以下，系统脱盐率稳定在 97%（系统进水 TDS≤6000mg/L，出水 TDS≤180mg/L），满足企业回用脱盐率要求。反渗透系统出水 COD 稳定在 10mg/L 以下，满足企业对回用水水质的要求。在本项目中，反渗透系统进水水量 2500m³/h，出水水量稳定在 1750m³/h，系统回收率已达到 70%，为企业生产新增用水源 1512 万 m³/a，极大地缓解了企业节水任务压力。

6. 中水回用运行成本分析

中水回用单元直接运行费用包括人工工资、电费、药剂费、耗材费。中水回用运行成本详见表 13-2-11，吨水电费 0.498 元、药品材料费 1.107 元、人工费 0.028 元，合计 1.633 元/m^3。

表 13-2-11 中水回用运行成本（2019 年）

类别	明细	单价	吨废水耗用量	成本/（元/m^3）
电费		0.3981 元/（kW·h）	1.25kW·h	0.498
药品材料费	氢氧化钠	2.40 元/kg	0.14kg	0.336
	碳酸钠	2.50 元/kg	0.0412kg	0.103
	PAC	2.85 元/kg	0.024kg	0.068
	PAM	23.00 元/kg	0.001kg	0.023
	盐酸	0.70 元/kg	0.02kg	0.014
	次氯酸钠（10%）	2.00 元/kg	0.03kg	0.060
	还原剂	2.50 元/kg	0.005kg	0.013
	阻垢剂	50.00 元/kg	0.004kg	0.200
	非氧化性杀菌剂	50.00 元/kg	0.0014kg	0.07
	耗材	超滤、反渗透每五年换一次		0.22
人工费		600000 元/a	20 人[①]	0.028
吨水总运行费用				1.633

① 员工配置：主管 1 人、行政管理 1 人、技术管理 1 人、操作 12 人（四班三运转）、化验 2 人、维护 3 人，共 20 人。

（四）结论

① 预处理＋好氧生物处理＋混凝沉淀＋Fenton 氧化工艺路线处理制浆造纸废水，进水 COD＝1850mg/L，出水 COD＝50mg/L，COD 去除率达到 97.3%；进水 SS＝750mg/L，出水 SS＝13mg/L，SS 去除率达到 98.3%。处理效果良好，出水水质稳定。

② 预处理＋超滤反渗透工艺用于制浆造纸废水中水回用处理回收率高，回用效果良好。反渗透系统出水 COD 稳定在 10mg/L 以下，反渗透脱盐率稳定在 97%，达到回用水指标要求。中水回用系统进水量为 2500m^3/h，出水稳定在 1750m^3/h，回收率达到 70%，年节约用水 1512 万 m^3，极大地缓解了企业用水压力。

参考文献

[1] 秦普丰，徐志霖，孙志科，等."混凝气浮-膜生物反应器"处理林化废水工程运行调试研究.中国环境管理，2012（6）：29-33.

[2] 宋志伟.水污染控制工程.北京：中国矿业大学出版社，2013.

[3] 张自杰.环境工程手册水污染防治卷.北京：高等教育出版社，1996.

[4] 江晶.污水处理技术与设备.北京：冶金工业出版社，2014.

[5] Modell M. Using supercritical water to destroy tough waters. Chemical Week，1982（4）：21-26.

[6] Nijs Jan Duijm，Fyrank Markert. Assessment of technologies for disposing explosive waste. Journal of Hazardous Materials，2002（A90）：137-153.

［7］汪婷.DNT 废水处理方法及研究进展.轻工科技，2013（6）：39-42.

［8］廖玮，廖传华，朱廷风.超临界水氧化技术在环境治理中的应用.印染助剂，2019，36（8）：6-10.

［9］Zhao L，Ma K，Yang Z.Changes of water hydrogen bond network with different externalities.International Journal of Molecular Sciences，2015，16（4）：8454-8489.

［10］Kalinichev A G.Universality of hydrogen bond distributions inliquid and supercritical water.Journal of Molecular Liquids，2017，241：1038-1043.

［11］闫正文，廖传华，廖玮.高盐废水超临界水氧化处理过程的响应面优化.印染助剂，2018，35（4）：46-48.

［12］姚建杰，陈伟.气提式深井曝气技术在印染废水处理中的应用.中国科技信息，2009，19：154-155.

［13］应道宣.深井曝气废水处理技术的原理及其评价.探矿工程，1993，5：11-13.

［14］李志洪，张彤炬.深井曝气技术处理炼油废水工程实例.净水技术，2018，37（11）：116-119.

［15］温新品.深井曝气技术发展及探讨.化学工程与装备，2011，8：160-162.

［16］柴诚敬.化工原理.北京：高等教育出版社，2010.

［17］何志成，邵伟，焦淑清，等.化工原理.北京：中国医药科技出版社，2015，8：183.

［18］李静海，袁渭康，王静康，等.化学工程手册.北京：化学工业出版社，2019.

［19］王占军，盎爱享，周浩，等.卧式喷淋降膜蒸发站在麦草黑液蒸发中的应用.中国造纸，2004，23（11）：25-27.

［20］高丽丽，张琳，等.MVR 蒸发与多效蒸发技术的能效对比分析研究.现代化工，2012，32（10）：84-86.

［21］Hisham Ettouney.Design of single-effect mechanical vapor compression.Desalination，2006，190：1-15.

［22］周鹏，李爱雯，胡文涛，等.电催化氧化＋混凝沉淀＋水解酸化＋MBR 联合处理松脂生产废水.能源与环境，2016，2：80-83.

［23］董菲菲，徐斌，徐桢，等.磷酸法活性炭生产废水处理的工艺探讨.给水排水，2020，46（增刊）：748-750.

［24］花拉.糠醛生产企业废水处理措施.环境与发展，2014，26（3）：129-130.

［25］刘文博，王晶.关于糠醛生产废水污染治理技术的探讨.甘肃科技，2017，33（20）：23-25.

［26］郝文政，王帅.一种糠醛生产的废水回收处理装置：CN212669370U.2021-03-09.

［27］曹吉祥，侯霄飞，周国防，等.一种糠醛加工的废水处理装置：CN211688658U.2020-10-16.

［28］董官生，贾献锋，张世栋，等.一种糠醛生产废水处理装置：CN208843878U.2019-05-10.

［29］陈中合，李玉川，陈伟，等.一种糠醛生产废水综合处理利用工艺与方法：CN107129103A.2017-09-05.

［30］丁绍峰，张萌，付大勇，等.制浆造纸废水处理及中水回用工程实例.中国造纸，2019，38（12）：78-83.

（檀俊利，陈玉平，张娜）

第三章　林产化学工业废气治理

　　工业废气，是指企业厂区内燃料燃烧和生产工艺过程中产生的各种排入空气的含有污染物气体的总称。这些废气有二氧化碳、二硫化碳、硫化氢、氟化物、氮氧化物、氯、氯化氢、一氧化碳、硫酸（雾）铅汞、铍化物、烟尘及生产性粉尘，排入大气，会污染空气。这些物质通过不同的途径经呼吸道进入人的体内，有的直接产生危害，有的还有蓄积作用，不同物质有不同影响，会更加严重地危害人的健康[1]。

　　林产化学工业是以树木或其他植物的生物质为原料，进行化学加工利用的工业。在生产过程中，由于使用各种化学药剂，以及加工过程本身，将排放一定数量对人体及生物有害的废气。栲胶、松香、活性炭、紫胶、造纸等林化工厂等都产生废气。由于林化生产过程所用的原材料、产品品种及加工方法各不相同，废气等污染物特征、组成及含量亦各不相同。

第一节　废气分类

　　林化工业废气按照其所含污染物浓度的不同可以分为超高浓度废气、中等浓度废气和超低浓度废气；根据其组成成分又可分为单一组分废气和混合废气。

一、超高浓度废气

　　有机气体排放浓度≥0.5%属于超高浓度排放，主要为林产化工、石油化工、生物制药、彩印、胶带等行业生产过程中排放的超高浓度有机废气。

　　针对该排放特点，有机气体普遍具有较大的回收利用价值，因此该项投资可在一定时间通过回收溶剂所得利润收回。

　　1. 单一组分气体

　　超高浓度废气单一组分气体是指废气中只含有一种或一种类型的污染物或有机溶剂。

　　2. 混合气体

　　超高浓度废气混合气体是指废气中含有两种或两种以上类型的污染物或有机溶剂。

二、中等浓度废气

　　有机气体排放浓度在0.01%～0.2%属于中等浓度排放，该浓度范围内普遍都存在较大的排气量。

　　1. 单一组分气体

　　中等浓度废气单一组分气体是指废气中只含有一种或一种类型的污染物或有机溶剂。

　　2. 混合气体

　　中等浓度废气混合气体是指废气中含有两种或两种以上类型的污染物或有机溶剂。

三、超低浓度废气

有机气体排放浓度≤0.01%为超低浓度排放。

1. 单一组分气体

超低浓度废气单一组分气体是指废气中只含有一种或一种类型的污染物或有机溶剂。

2. 混合气体

超低浓度废气混合气体是指废气中含有两种或两种以上类型的污染物或有机溶剂。

第二节　处理工艺

一、深冷处理工艺

林产化工的各类反应主要发生在有机溶剂中，如芳烃类、酯类、醇类、氯代烃类等，所以可采用深度冷凝的方式回收排放的尾气中含有的各类溶剂。深度冷凝是指采用低温冷却或加压的方法对有机溶剂废气进行处理，使需要去除的物质达到过饱和状态从而冷凝，从气体中分离出来。

例如，甲醇在 $-12℃$ 时的蒸气压为 $1.7364kPa$，$42℃$ 时的蒸气压为 $38.804kPa$，将含甲醇的饱和气体由 $42℃$ 冷却到 $-12℃$，可回收甲醇 $448.1g/m^3$ 尾气；甲苯在 $-12℃$ 时的蒸气压为 $0.411kPa$，$42℃$ 时的蒸气压为 $8.631kPa$，将含甲苯的饱和气体由 $42℃$ 冷却到 $-12℃$，可回收甲苯 $285.6g/m^3$ 尾气。由此可见，对含有机溶剂的尾气进行深度冷凝是必要的。

二、膜处理工艺

膜分离技术的基础就是使用对有机物具有选择渗透性的聚合物膜，该膜对有机蒸气较空气更易渗透 $10\sim100$ 倍，从而实现有机物的分离。适用于高浓度、高价值有机物的回收，其设备制造费用较高。

最简单的膜分离系统为单级膜分离系统，直接使压缩气体通过膜表面，实现 VOC 的分离。单级膜因分离程度很低，难以达到分离要求，而多级膜分离系统则会大大增加设备投资，故而在这方面的技术还有很大的研究空间。

气体渗透膜法是近 20 年来发展起来的有机气体回收技术，安全稳定、操作方便。

气体渗透膜法回收有机气体的原理是利用高分子膜材料对有机气体分子和空气分子的不同选择透过性实现两者的物理分离。有机气体与空气的混合物在膜两侧压差推动下，遵循溶解扩散机理，混合气中的有机气体优先透过膜得以富集回收，而空气则被选择性地截留，从而在膜的截留侧得到脱除有机气体的洁净空气，而在膜的透过侧得到富集的有机气体，达到有机气体与空气分离的目的。

三、吸附脱附工艺

1. 活性炭吸附脱附技术

利用吸附剂（粒状活性炭和活性炭纤维）的多孔结构，将废气中的 VOC 捕获。将含 VOC 的有机废气通过活性炭床，其中的 VOC 被吸附剂吸附，废气得到净化，排入大气。

炭吸附法主要用于脂肪和芳香族碳氢化合物、大部分含氯溶剂、常用醇类、部分酮类及酯类等的回收。

当炭吸附达到饱和后，对饱和的炭床进行脱附再生。通入水蒸气加热炭层，VOC 被吹脱放出，并与水蒸气形成蒸汽混合物，一起离开炭吸附床，用冷凝器冷却蒸汽混合物，使蒸汽冷凝为液体。

对于水溶性 VOC 气体，用精馏法将液体混合物提纯；水不溶性 VOC 气体，用沉析器直接回收 VOC。比如，涂料中所用的"三苯"与水互不相溶，故可以直接回收。

炭吸附技术主要用于废气中组分比较简单、有机物回收利用价值较高的情况，适用于喷漆、印刷和黏合剂等温度不高、湿度不大、排气量较大的场合，尤其对含卤化物气体的净化回收更为有效。

2. 变压吸附技术

吸附剂在一定压力下吸附有机物。当吸附剂吸附饱和后，通过压力变换来"释放"脱附的有机物。其特点是无污染物，回收效率高，可以回收反应性有机物。但是该技术操作费用较高，吸附需要加压，脱附需要减压，环保中应用较少。

四、催化焚烧工艺

催化焚烧又叫催化燃烧焚烧、催化剂焚烧。

催化焚烧法，至今处理三废几乎全部采用氧化燃烧法（CTO），使有害废物在 900℃ 以上氧化分解为 CO_2 和 H_2O 等，从而净化了废气。因而耗能很大，极不经济。采用催化燃烧法，借助催化剂，使有机物废气中的有害物在无焰和低温下完全变为无害物（燃烧反应温度一般为 250～500℃），燃烧时热量可自给或只需补充少量热量。排出的余热可回收加以利用[2,3]。

国外早已开发使用催化焚烧工艺，我国近年来有少数研究单位进行开发研究。催化焚烧法的特点：起燃温度低，一般为 200～280℃，反应时间短，净化效率高，因而节省大量能源，仅为氧化焚烧法的 1/3。

催化剂种类有 Pt、Fe-Cr、Cu-Cr、Pt-Al_2O_3 等，使用催化焚烧炉要控制好废气的预热温度及流速，分配均匀，通常催化床反应温度不大于 600℃，保证催化剂使用寿命为 1～4 年[2,3]。

国内在丙烯腈尾气的处理上已应用催化燃烧法。实践证明，该法处理量大（20000m^3/h），彻底净化了废气，余热又可回收，经济效益显著[2,3]。

系统达到热平衡后自动关闭电加热装置，此后，催化燃烧系统就靠废气中有机溶剂燃烧时产生的热能，在无需外加能源的基础上使催化燃烧继续进行直至结束。考虑到净化装置需要维修，在过滤阻火器前设置旁路管和旁路阀[4-7]。

在使用有机溶剂的行业中，汽车涂装、印刷等行业，有机溶剂浓度低、风量大，若采用上述方法都将使用庞大的设备，耗用大量经费。目前对这类低浓度、大风量的有机废气，主要采用后面介绍的几种方法进行治理[8]。

五、直接燃烧工艺

直接燃烧法适合处理高浓度 VOCs 废气。因其运行温度通常在 800～1200℃，工艺能耗成本较高，且燃烧尾气中容易出现二噁英、NO_x 等副产物；由于废气中 VOCs 浓度一般较低，仅仅依靠反应热，一般难以维持反应所需的温度。

有机尾气在燃烧室内直接燃烧，由于 VOCs 的含量较低，燃烧反应热不足以将燃烧气体加热到如此高的温度，需要消耗大量的燃料。一般在燃烧气体出口设置废热锅炉，回收尾气中的热量。

蓄热式热氧化器（regenerative thermal oxidizer，RTO）也称蓄热燃烧氧化器，是使用陶瓷或其他热容较高的惰性材料从燃烧排出的高温气体中将热量吸收并储存起来，达到一定温度后进行切换操作，将热量传递给流入燃烧器的冷气体并使之加热到接近燃烧的温度，VOCs的热量回收率可达98%以上，远远高于废热锅炉或其他换热设备所能回收的热量[9-13]。

第三节　工程实例及设计参数

一、有机溶剂吸附脱附工程实例

1. 工程概况

江苏省某胶黏剂企业每天最大用量为1.4t胶水和4桶醋酸乙酯（有机溶剂），胶水中含醋酸乙酯按62%计，每桶醋酸乙酯按180kg计，则每天最大用量为1588kg，考虑无组织挥发等因素，预计经烟囱排放的醋酸乙酯量为1550kg。

2. 处理工艺

企业的废气为单一组分气体，气体中仅含有醋酸乙酯，考虑用活性炭吸附工艺进行吸附以去除气体中的醋酸乙酯。吸附饱和的活性炭再用热蒸汽进行解附，从而达到回收醋酸乙酯、净化废气的目的。

（1）排放气体量及浓度　排放气体量6000m³/h，则气体浓度为10700mg/m³。

（2）吸附条件和吸附量　吸附实验条件为3h，过气速度为320m³/m²，吸附量为0.92kg/100m³。

（3）再生条件　利用蒸汽再生，需蒸汽量不低于3：1。

3. 工艺流程

图13-3-1所示是醋酸乙酯吸附脱附工艺流程示意图。

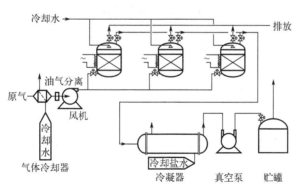

图13-3-1　醋酸乙酯吸附脱附工艺流程

4. 主要设备

表13-3-1提供了工艺流程涉及的主要设备的技术参数。

表13-3-1　主要设备技术参数

主要设备	技术参数
活性炭吸附罐	$\Phi0.5m \times 3.5m$
冷凝器	列管式，$A=20m^2$

续表

主要设备	技术参数
贮罐	$V = 25\text{m}^3, \varPhi\, 2.5\text{m} \times 5\text{m}$
风机	高速离心风机,风量 $15000\text{m}^3/\text{h},37\text{kW}$
盐水循环泵	IEJ 50-32-200 $Q = 7.5\text{m}^3/\text{h}, H = 12\text{m}, 1.1\text{kW}, 1450\text{r/min}$
真空泵	往复式真空泵,抽气速率 $50\text{L/s},5.5\text{kW}$

5. 运行情况

工程自运行以来,每天为企业回收醋酸乙酯 1000kg,吸附效率达 85.5%。

6. 应用范围

本工艺流程主要应用于林产化工生产过程中有机溶剂的回收。

二、生物柴油沸石转轮+CTO工程实例

1. 工程概况

生物柴油生产原料主要为甘油三酯和甲醇,在生产过程中甲醇易形成不凝气体,产生废气。本项目是将山东省某石油加工企业的低浓度工艺废气先由沸石转轮浓缩后再进行催化氧化(CTO),总气量小于或等于 $40000\text{m}^3/\text{h}$。

2. 项目设计基础数据

① 设计气量 $40000\text{m}^3/\text{h}$。

② 气体构成。表 13-3-2 提供了处理气体中主要的 VOCs 成分。

表 13-3-2　废气组分

VOCs 成分	成分 CAS 编号	各成分的浓度(质量分数)/%	浓度/(mg/m³)
甘油三酯	538-24-9	1	10
甲醇	67-56-1	99	990

3. 工艺流程

图 13-3-2 为生物柴油废气处理采用的沸石转轮＋CTO 的组合系统流程。

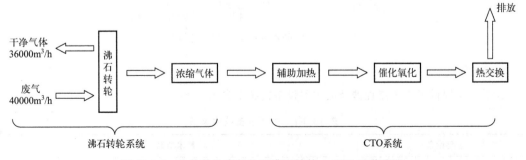

图 13-3-2　生物柴油废气处理沸石转轮＋CTO 工艺流程

（1）转轮简介　转筒上分为吸附区、脱附区、冷却区。转筒主体为一个圆筒，圆筒上装有吸附体，吸附体设计为小型块状单元，圆筒一侧设有脱附区及冷却区。工作时转筒转轮绕圆心转动，含 VOCs 的废气进入圆筒转轮一侧被吸附体吸附后经转动进入脱附区，脱附区通入少量热空气将被吸附的 VOCs 从吸附体上脱附，产生小风量高浓度的浓缩气体，进入下游的 VOCs 处理装置，经脱附再生的吸附体则在旋转冷却后继续进行吸附作业。而去除了 VOCs 成分的清洁空气则从圆筒中部排出[14]。转轮装置示意图如图 13-3-3 所示。

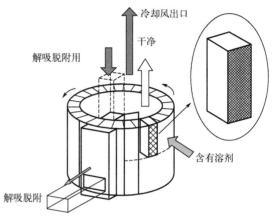

图 13-3-3　转轮装置示意图

（2）CTO 设备简介　有机废气（吸附浓缩后/未浓缩的）经过预处理后，进入催化氧化反应室，通过辅助加热装置预热，加热至催化氧化所需温度，发生催化氧化反应，将有机废气氧化为 CO_2 和 H_2O，催化后的高温气体进入换热器，经过换热降温后排至大气。

4. 设备参数

（1）CTO 参数　CTO 的主要参数见表 13-3-3。

表 13-3-3　CTO 主要参数

型号	风量/[m³(标)/min]	燃烧器容量/(kcal/h)	功率/kW	长(L)/mm	横(W)/mm	高(H)/mm
CTO-100	100	550000	30	4060	2360	3700

（2）转轮参数　转轮的主要参数见表 13-3-4。

表 13-3-4　转轮主要参数

序号	项目	参数
1	设备型号	LXⅠ-3000-筒式
2	结构形式	筒式转轮
3	转轮大小	3500mm×3200mm×2800mm
4	吸附区面积∶脱附区面积∶冷却区面积	10∶1∶1
5	分子筛参数	硅铝比约 100∶1 比表面积约 390m²/g 孔径分布 0.56~0.7 密度 500kg/m³ 孔容 0.25mL/g 烧失量(550℃,3h)<8% 结晶度 95%
6	吸附风速	2.0m/s
7	脱附风速	2.0m/s

续表

序号	项目	参数
8	冷却风速	2.0m/s
9	吸附区压降	≤850Pa
10	脱附区压降	≤800Pa
11	床层厚度	400mm
12	转轮转速	1~6r/h
13	设计处理风量	40000m³（标）/h
14	去除率	≥75%
15	浓缩比	10倍
16	脱附温度	180~200℃
17	转轮驱动电机功率	0.55kW
18	传动方式	链轮传动

5. 运行情况

从运行数据看，设备运行稳定。

转轮进气流量为40000m³/h，进气浓度为300mg/m³；出口洁净气体流量为36000m³/h，浓度低于50mg/m³；浓缩后气体流量为4000m³/h，浓度为2800mg/m³。

转轮浓缩气体再经CTO催化氧化炉后，燃烧产物为CO_2和H_2O，VOCs含量低于检出限。

6. 应用范围

该工艺适用于林产化工生产过程中低浓度多组分不凝气体的处理[15-18]。

三、RTO工程实例

1. 工程概况

江苏省某酚醛树脂生产企业将其部分工艺废气和部分无热值空气总气量小于或等于20000m³/h的气体进行焚烧，使之达标排放。

① 设计气量：20000m³/h。

② 气体构成：RTO系统按照20000m³/h风量设计，来自5路废气。

a.第一路是500m³/h，废气主要杂质是环己烷，距离RTO现场225m，另加1500m³/h包装工序无热值空气，甲方为此管路提供2000m³/h的风机。

b.第二路是150m³/h，废气主要杂质是甲苯，距离RTO现场210m，另加1500m³/h包装工序无热值空气，甲方为此管路提供2000m³/h的风机。

c.第三路是1000m³/h，废气主要杂质是甲醇和甲醛，距离RTO现场105m。现场有风机。

d.第四路是15000m³/h无热值空气，距离RTO现场105m。现场有风机。

e.第五路是来自废水的1000m³/h无热值空气，距离RTO现场250m，另加（预留）1000m³/h无热值空气。现场有风机。

③ 焚烧炉燃料：甲方已有燃料（RTO辅助燃料）（质量分数）：甲醇70%~85%，甲醛3%~5%，不明有机物（易燃）小于1%，余量为水，无颗粒。

2. 工艺流程

（1）RTO 原理　本项目采用蓄热式氧化技术（RTO），专业处理有机废气，使有机废气在高温环境里分解干净，分解率达到 99％以上，最终使废气排放符合国家环保标准。此热氧化炉使用三个固定的热交换蓄热床，热交换媒介使用的是蓄热陶瓷，来自生产线的废气经过一个热陶瓷媒介床后被加热，到炉膛后燃烧的高温气体将另一个热交换媒介床加热。热交换效率达到 95％以上，很容易利用有机废气实现氧化炉的自我维持，而不用任何燃料[19-21]。

（2）流程简述　RTO 的主要作用是将有机废气焚烧生成二氧化碳和水，实现达标排放，主要工艺过程如下。

从生产线过来的废气通过系统风机集中进入 RTO 的缓冲罐，再经过阻火器后进入提升阀，RTO 有 3 个陶瓷蓄热床，通过提升阀进行切换，先将工艺废气进行预热，经过陶瓷床预热后的温度在 500℃以上，再进入 800℃以上的炉膛进行焚烧，将有机废气焚烧成水和二氧化碳后通过蓄热床降温后从烟囱排放，达到环保要求。最终排出的废气温度在 100℃以下[22-25]。

操作人员点击触摸屏上"系统启动"按钮，RTO 开始清扫系统，清扫时间为 4min，清扫结束后燃烧器点火，然后进入升温模式，以每分钟 3℃的速率升温，升温到 700℃以上，RTO 准备好并进入待机模式；操作人员点击触摸屏上的"联机模式"，RTO 自动打开联机风门并关闭烟囱风门，系统进入联机模式；当系统需要断线时，操作人员在触摸屏上点击"离线模式"按钮，RTO 自动打开烟囱风门并关闭联机风门，系统进入待机模式；当系统需要停机时，操作人员点击触摸屏上的"系统停机"按钮，系统进入自动停机模式，当 RTO 炉膛温度低于 90℃时，系统风机和助燃风机停止，所有设备停止。

开机：当生产线需要生产时，此时 RTO 处于冷态情况，需要提前 4 小时开机，只要点击触摸屏上的"系统启动"按钮，系统会自动开机。

联机：当 RTO 炉膛温度高于 700℃时，RTO 就已"准备好"，RTO 接收到浓度信号，RTO 打开联机风门并关闭烟囱风门，这样有机废气进入 RTO，开始了正常生产模式。

断线：在正常生产过程中，当浓度检测仪没有信号时，RTO 会自动关闭联机风门并打开烟囱风门；或者当浓度检测仪因浓度高而报警时，RTO 也会自动切断联机风门并打开烟囱风门，如此可以避免大量的无溶剂气体或者浓度过高的气体进入 RTO。RTO 很多报警故障可以自己修复，除非一些紧急报警需要停机，这个概率比较低，并且即使发生了这些报警，如果维修人员在短期内能做好维护，也不会影响生产。

停机：在生产线不需要生产时，点击触摸屏上的"系统停机"按钮，RTO 便进入自动停机模式。

保温：如果生产线停机不超过 24h，RTO 可以进入保温模式，这样为 RTO 再开启节约很多时间，从保温模式进入正常生产模式的时间约为 1h，此模式比较适合开始时候的生产线调试及周末一天休息时间。如果停机时间超过 24h，建议还是进入停机模式。

3. 装置技术指标

工艺涉及的主要设备及参数见表 13-3-5。

表 13-3-5　主要技术指标

项目	单位指标
RTO 设计风量	20000m³/h
RTO 设计形式	3 塔
RTO 废气分解效率	＞99％

项目	单位指标
甲醇溶液的最大消耗量(热值 3700kcal/kg)	36kg/h
压缩空气消耗量	0.4~0.6MPa, 2m³/min
装机功率	80kW
炉膛燃烧时间	>1s
占地面积	16m×8m
燃烧温度(可根据实际排放浓度再调整)	720~820℃
排烟温度	≤100℃
排烟浓度	达到国家相关标准

4. 应用范围

该工艺适用于林产化工生产过程中高浓度多组分不凝气体的处理。

四、膜处理工程实例

1. 工程概况

某制药化工企业采用膜法来回收尾气中的二甲苯，企业生产中的初始尾气状况如下：

① 膜装置需要处理的尾气由三部分组成，分别为车间反应釜排放的反应尾气、脱溶剂过程真空机组出口的尾气及膜分离后真空富集透过侧的回收尾气。

② 车间反应釜排放的反应尾气涉及 2 个车间，其中一车间为 3 台 6.5t 反应装置及 1 台无油立式真空泵，二车间为 18 台 1.5t 反应装置。

③ 脱溶剂过程真空机组出口的尾气涉及 2 个车间，其中一车间为 1 台液环泵、3 套真空机组（包括液环泵、二级增压泵、三级增压泵），二车间为 18 套真空机组（包括液环泵、二级增压泵、三级增压泵）。

④ 尾气中以二甲苯为主，含有少量的其他挥发性有机介质，气体量 10000m³（标）/h，二甲苯浓度 0.3% 以下。

2. 膜法回收尾气中二甲苯装置工艺流程

针对集团现有生产情况提出如下尾气处理方案，工艺流程如图 13-3-4 所示。首先根据生产过程原料消耗，核算出溶剂挥发量，估算出需要膜分离的尾气总量，再将生产系统各环节排放尾气密闭集中到一个尾气冷凝器，将尾气中的部分二甲苯冷凝并回收，再将所有尾气集中到一起输送到膜装置进行分离处理，经处理后达标排放。

3. 某膜法回收尾气中二甲苯装置工程实施效果

自 2015 年 9 月至今设备一直稳定运行，膜组件性能、可靠性没有变化，上游生产车间工作环境大为改善，整个厂区环境在环保部门在线监测下一直满足要求，企业正常生产得以保证[26-29]。

4. 应用范围

该工艺适用于林产化工生产过程中超高浓度不凝气体的回收。

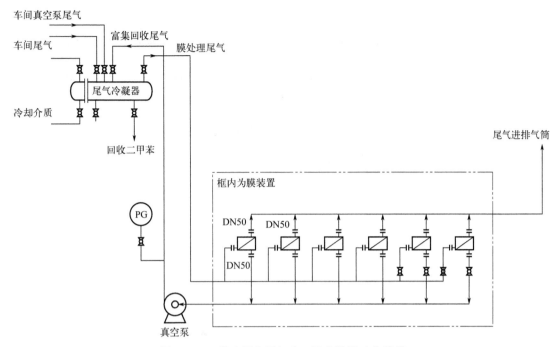

图 13-3-4　膜法回收尾气中二甲苯装置工艺流程

参考文献

[1] 吕刚.工业废气的危害及防治措施.科技创新与应用，2016（11）：160.

[2] 刘麟瑞，林彬荫.工业窑炉用耐火材料手册.北京：冶金工业出版社，2001：722-729.

[3] 赵由才，宋玉.生活垃圾处理与资源化技术手册.北京：冶金工业出版社，2007：398-429.

[4] 张兰兰.工业废气治理技术效率及其影响因素研究.化工管理，2016（15）：77-78.

[5] 沈中增.工业废气治理技术效率及其影响因素研究.环境与发展，2019（7）：1.

[6] 朱慧.工业废气处理工艺的改进研究.化工设计通讯，2020，46（1）：121-122.

[7] 狄晶.影响工业废气治理技术效率的主要因素及提升对策.决策探索（中），2020（1）：88.

[8] 李攀艺，杨静娜，曹奥臣.环境政策的工业废气治理效应及其地区差异研究——基于省级面板数据的实证分析.重庆理工大学学报（社会科学版），2020（8）.

[9] 陈全.工业废气治理技术效率及其影响因素的探讨.中国战略新兴产业（理论版），2019（9）：1.

[10] 李建军.工业废气治理技术效率及其影响因素研究.环球市场，2017（2）：283.

[11] 熊忠泉.工业废气治理技术效率及其影响因素研究.化工管理，2019（9）：122-123.

[12] 梁永辉，唐汉文.工业废气治理技术效率及其影响因素研究.有色金属文摘，2018，33（4）：181-182.

[13] 赵德龙.工业废气治理技术效率及其影响因素探讨.资源节约与环保，2019（2）：95-96.

[14] 王小军，徐校良，李兵，等.生物法净化处理工业废气的研究进展.化工进展，2014（1）：213-218.

[15] Zhang Xiaohong，Wu Liqian，Zhang Rong，et al. Evaluating the relationships among economic growth，energy consumption，air emissions and air enviromental protection investment in China. Renewable and Sustainable Energy Reviews，2013，8（2）：259-270.

[16] Li Yuheng，Chen Cong，Wang Yanfei，et al. Urban rural transformation and farml and conversion in China：The application of the Environmental Kuznets Curve. Journal of Rural Studies，2014，36：311-317.

[17] 包群，彭水军.经济增长与环境污染——环境库兹涅茨曲线假说的中国检验.财经问题研究，2006（8）：3-17.

[18] 朱平辉，袁加军，曾五一.中国工业环境库兹涅茨曲线分析——基于空间面板模型的经验研究.中国工业经济，2010（6）：65-74.

[19] 姚焕玫，唐国滔，莫创荣，等.基于环境库兹涅茨曲线的经济增长与环境质量实证研究.环境污染与防治，2010，32

（11）：74-77.

[20] 李春生.广州市环境库兹涅茨曲线分析.生态经济，2006（8）：50-52.

[21] 黄一绥，邱健斌，佘晨兴，等.福建省经济发展与工业污染水平计量模型研究.环境污染与防治，2010，32（3）：90-93.

[22] 任重，周云波.环渤海地区的经济增长与工业废气污染问题研究.中国人口·资源与环境，2009，19（2）：63-68.

[23] 张军，吴桂英，张吉鹏.中国省际物质资本存量估算.1952—2000 经济研究，2004（10）：35-44.

[24] 包群，彭水军.经济增长与环境污染：基于面板数据的联立方程估计.世界经济，2006（11）：48-58.

[25] 丁焕峰，李佩仪.中国区域污染与经济增长实证：基于面板数据联立方程.中国人口·资源与环境，2012，22（1）：49-56.

[26] 余瑞祥，杨刚强.我国工业化进程中 SO_2 污染的环境库兹涅兹曲线特征分析.煤炭经济研究，2006（7）：4-8.

[27] 石薇.外商直接投资引起的产业结构效应研究.上海：同济大学，2007.

[28] 游伟民.对外贸易对我国环境影响的区域差异研究——基于 2000—2008 年省际面板数据的分析.中国人口·资源与环境，2010，20（12）：159-163.

[29] 王志华，温宗国，闫芳，等.北京环境库兹涅兹曲线假设的验证.中国人口·资源与环境，2007，17（2）：40-47.

（檀俊利，陈玉平，张娜）

第四章 林产化学工业固废处置

第一节 固废分类

近年来，随着社会经济的发展和人们生活水平的提高，固体废物的种类和数量快速增加，固体废物污染事件时有发生，对人类健康和环境安全造成了严重影响。固体废物的处置和管理研究已经引起了世界各国的广泛重视，我国在 2018 年启动了"无废城市"试点建设，提出将绿色发展方式和绿色生活方式融入城市发展中，以创新、协调、绿色、开放、共享的新发展理念为引领，着重推进各领域固体废物的源头减量。

按照《固体废物鉴别标准 通则》（GB 34330－2017）中的定义，固体废物是指在生产、生活和其他活动中产生的丧失原有利用价值或者虽未丧失利用价值但被抛弃或者放弃的固态、半固态和置于容器中的气态的物品、物质，以及法律、行政法规规定纳入固体废物管理的物品、物质。固体废物包括：a. 丧失原有使用价值的产品；b. 在生产过程中产生的副产物；c. 环境治理过程中产生的物质；d. 其他，如被法律禁止使用的物质，被国务院环境保护行政主管部门认定为固体废物的物质。

固体废物，按组成可分为有机废物和无机废物；按形态可分为固态废物、半固态废物和液态（气态）废物；按来源可分为矿业的、工业的、城市生活的、农业的和放射性的；按其污染特性可分为危险废物和一般废物等；按毒害性可分为有毒害和无毒害的固体废物；按照《中华人民共和国固体废物污染环境防治法》（2020 年修订）分为工业固体废物、生活垃圾、建筑垃圾及农业固体废物和危险废物四类。

一、工业固体废物

工业固体废物产生于工业生产和加工过程中，包括各种废渣、污泥、粉尘等。在排放污染物申报登记、环境统计、污染源普查以及大、中城市固体废物环境防治信息发布等实际工作中，根据工作需要，制定了相应的工业固体废物分类统计。

二、生活垃圾

生活垃圾一般可分为四大类，即可回收垃圾、厨房垃圾、有害垃圾和其他垃圾。

① 可回收垃圾包括纸类、金属、塑料、玻璃。

② 厨房垃圾包括剩菜剩饭、骨头、菜根菜叶等食品类废物。

③ 有害垃圾包括废电池、废日光灯管、废水银温度计、过期药品等，这些垃圾需要特殊的安全处理。

④ 其他垃圾包括除上述几类垃圾之外的砖瓦陶瓷、渣土、卫生间废纸等难以回收的废弃物。

三、建筑垃圾及农业固体废物

建筑垃圾是指建设、施工单位或个人对各类建筑物、构筑物、管网等进行建设、铺设或拆除、修缮过程中所产生的渣土、弃土、弃料、余泥及其他废弃物。农业固体废物的主要成分是秸秆、枯枝、落叶、木屑、动物尸体、家禽家畜粪便以及农用资材废弃物（肥料袋、农用膜），林产化工利用过程中出现的剩余物和固体废弃物都属于此类固废。

四、危险废物

根据《中华人民共和国固体废物污染环境防治法》的规定，危险废物是指列入《国家危险废物名录》或者根据国家规定的鉴别标准和鉴别方法认定的具有危险特性的固体废物。具体包括：a.具有腐蚀性、毒性、易燃性、反应性或者感染性等一种或者几种危险特性的；b.不排除具有危险特性，可能对环境或者人体健康造成有害影响，需要按照危险废物进行管理的。

第二节　固废的处置

工业固体废物处理的原则是"谁污染、谁治理"，产生废物较多的企业在厂内外都建有专门的堆场，收集、运输工作由工厂负责。为了便于对固体废物进行利用、处理和处置，往往要经过预加工、处理。预处理技术是指采用物理、化学或生物方法，将固体废物转变成便于运输、储存、回收利用和处置的形态。预处理技术包括压实、破碎、分选、脱水和干燥。

一、压实、破碎和分选[1]

（一）压实

1.压实的目的

压实又称压缩，是利用机械的方法增加固体废物的聚集程度，增加容重，减小体积。其目的有：a.减小体积，增大容重，便于装卸和运输，保障运输安全与卫生，降低运输成本；b.制取高密度惰性块料，方便贮存、填埋或作建筑材料。可燃、不可燃或放射性废物都可压缩处理。

压实的优点还有：a.保护环境，在高压压缩过程中，固体废物中有机物受挤压和升温作用，COD、BOD会大大降低。b.安全造地，惰性固体废物压缩块可用于地基、填海造地，上面只需覆盖薄土层，所填场地可作其他用途。c.节省场地，压实使固体废物体积缩小，压缩处理可大大节省贮存场地。

固体废物压实后，体积减小的程度叫压缩比。废物压缩比取决于废物种类及施加压力。压缩比一般为3～5，采用破碎与压实技术可使压缩比增加至5～10。

2.压实设备

压实器主要有容器单元和压实单元。容器单元盛装废物，压实单元使废物致密化。压实器有移动式和固定式。移动式压实器装在车上，装上废物后即可压缩，再送往处置场地。固定式压实器设在废物转运站或需要压实废物的场合。压实器主要有两种：a.三向联合式，适合压实松散废物；b.回转式，适合压实金属类废物。

3.压实流程

先将固体废物装入四周围有铁丝网的容器中，再送入压缩机压缩，压力为$180\sim200\text{kgf/cm}^2$，压缩比为1/5。压块将活塞推出压缩腔，送入180～200℃沥青浸渍池10s涂浸沥青防漏，冷后运往垃圾填埋场。压缩过程产生的污水经油水分离器后送入活性污泥法处理系统，灭菌后排放。

（二）破碎

1. 破碎目的

将大块固体分裂成小块，小块固体再分裂成细粉的过程称为磨碎。固体废物经破碎和磨碎后，带来如下益处：a. 固体废物变得均匀一致，便于焚烧、热解、熔烧、压缩；b. 容量减少，便于压缩、运输、贮存、填埋，加快复土还原；c. 粉碎使原来联生在一起的矿物或联结在一起的异种材料等单体分离，可分选、拣选回收有价值的物料。

2. 破碎方法

破碎方法分两种，即物理方法和机械方法。物理方法又分冷冻破碎、超声波粉碎两种。超声波粉碎还处于实验室或半工业性试验阶段。冷冻破碎用于废塑料及其制品、废橡胶及其制品、废电线的破碎。冷冻破碎用液氮作制冷剂，但制冷液氮需耗用大量电能，故冷冻破碎仅限于常温难破碎的橡胶、塑料等。机械方法有挤压、劈裂、折断、磨剥、冲击等。对于脆硬废物，如废石和废渣等，多采用挤压、劈裂、弯曲、冲击和磨削破碎；对于柔硬性废物，如废钢铁、废汽车、废器材和废塑料等，多采用冲击和剪切破碎。

3. 破碎设备

常用的破碎机有颚式破碎机、锤式破碎机、冲击式破碎机、剪切式破碎机、辊式破碎机和球磨机等。

（三）分选

将固体废物中可回收的或不利于后续处理、处置工艺的物粒分离出来。依据废物不同的物理、化学性质，可采用筛分、重力分选、磁力分选、电力分选、光电分选、摩擦弹力分选以及浮选等方法。

筛子将细粒物料透过筛面，粗粒物料留在筛面上，完成粗、细料分离过程。影响筛分效率的因素有：a. 入筛物料的性质，含水量、含泥量和颗粒现状；b. 筛分设备的运动特征；c. 筛面结构，筛网类型、筛网有效面积和筛面倾角；d. 筛分设备使物料沿筛面均匀分布的性能；e. 筛分操作，有连续均匀给料、及时清理和维修筛面等。

根据固体废物密度差进行分选，利用不同物质颗粒的密度差异，在运动介质中受重力、介质动力和机械力作用，使颗粒群产生松散分层和迁移分离，得到不同密度产品。按介质不同，可分为重介质分选、跳汰分选、风力分选和摇床分选等。磁力分选是借助设备产生的磁场使铁磁物质组分分离的一种方法。磁选用于回收或富集黑色金属，或是排除物料中的铁质物质。

二、固化／稳定化处理

固化/稳定化处理是通过向固体废物中添加固化材料，使有害固体废物固定或包容在惰性固化基材中的一种无害化处理技术。固化产物应具有良好的抗渗透性、良好的机械特性，以及抗浸出性、抗干湿性、抗冻融性。根据固化基材的不同可以分为水泥固化、沥青固化、玻璃固化和自胶质固化等。

（一）目的

在工业生产中，会产生不同数量和状态的危险废物，对这些废物处置前必须先进行无害化处理，这就是固化/稳定化。主要目的有：a. 避免危废污染。在处置液态或污泥态的危险废物时，必须先经过稳定化过程，再填埋处置。b. 避免废渣污染。焚烧有效地破坏有机毒性物质，但会浓集某些化学成分。c. 避免土壤污染。当大量土壤受到低程度的污染时，稳定化尤为有效。

（二）固化/稳定化技术

固化/稳定化是通过化学或物理的方法，使有害物质转变成物理或化学特性更加稳定的惰性物质，降低其有害成分的浸出率，或使之具有足够的机械强度，满足再生利用或处置要求的过程。固化/稳定化的途径是：将污染物通过化学转变，引入某种稳定固体物质的晶格中去，通过物理过程把污染物直接掺和到惰性基材中。

1. 水泥固化

水泥固化是使用最为广泛的固化技术之一，适用于重金属、废酸、氧化物的处理。水泥固化是基于水泥的水合和水硬胶凝作用进行固化处理的一种方法，它将废物和普通水泥混合，形成一定强度的固化体，达到降低废物中危险成分浸出的目的。

水泥固化最早用于核工业系统处理废液产生的污泥，现发展到工业有害废物的处理上。水泥固化对高毒金属废物的处理特别有效，工艺比较简单，运行费用低。水泥固化技术已用于处理含不同金属的电镀污泥，也已用于处理含有机物的复杂废物，如含 PCBs（多氯联苯）、油脂、氯乙烯、二氯乙烯、石棉等的废物。

2. 石灰固化

石灰固化适用于处理重金属、废酸、氧化物、油类污泥和木材防腐剂等。硅酸铝、粉煤灰和水泥窑灰等可以与石灰、水泥结合形成稳定的硅酸钙、铝酸钙的水合物，或者硅铝酸钙不溶性化合物。使用石灰作为稳定剂还有提高 pH 值的作用。

3. 塑料固化

塑料固化属于有机性固化/稳定化技术，可分为热固性包容和热塑性包容两种方法。

4. 有机聚合物固化

本法多用于量少的有机化学废物的处理，不适用于处理酸性和强氧化性废物。

5. 玻璃固化

玻璃固化也称为熔融固化，适用于高危害性废物及核废料的处理。将废物与二氧化硅混合、加热到极高的温度，冷却成一种玻璃状固体。

6. 自胶结固化

自胶结固化是利用废物自身的胶结特性达到固化的目的，如处理烟道气洗涤污泥和烟道气脱硫污泥等。先将 8%～10% 的废物煅烧，加入特殊药剂与未经煅烧的废物混合，得到一种容易处理的稳定固体。

7. 药剂稳定化

药剂稳定化主要用于处理重金属。如用人工合成的高分子螯合剂捕集废物中的重金属，可避免常规方法处理后废物体积明显增大、处理费用高的弊端。

三、填埋

通过贮存固体废物并将其隔离，使其对生态环境的影响降到最低。填埋场场址必须满足地区环境保护规划，满足相关设计标准，并获得公众接受。

（一）填埋场的功能、分类与构造

1. 填埋场的功能

填埋场可贮留废物，隔断废物与外界环境的水力联系。利用自然地形或人工修筑形成一定的空间，将废物贮留在内，空间充满后再封闭，恢复这一地区的原貌。填埋场要防止废物对地下水和地面水的污染，渗滤液经收集后处理，故要求填埋场设有防渗层、渗滤液集排水系统。

2. 填埋场的分类

根据我国有关技术标准，填埋场分为以下四种类型：a.Ⅰ类工业废物填埋场，指工业废物浸出液中污染物浓度符合废水综合排放标准最高允许排放浓度，且 pH 值在 6～9 之间，这种填埋场防护要求最低；b.Ⅱ类工业废物填埋场，指工业废物浸出液中污染物浓度高于废水综合排放标准最高允许排放浓度，且 pH 值在 6～9 范围以外；c.生活垃圾填埋场，由于生活垃圾成分复杂、不稳定、有机物含量高，生活垃圾填埋场比Ⅰ类工业废物填埋场有更高的防护要求；d.危险废物填埋场，是各类填埋场中防护要求最高的一类，对入场危险废物有不同规定，根据各种危险废物的特性分区填埋，对日常维护、封场都有非常高的标准。

3. 填埋场的构造

填埋场构造分为五类：厌氧性填埋；有氧性卫生填埋；底部设渗滤液集排水管的厌氧卫生填埋；半好氧性填埋；通空气的好氧性填埋。设计的危险废物填埋场，不能在填埋层中发生任何化学和生化反应，也就没有好氧、厌氧之分。

（二）填埋场的建设施工

填埋场的设计、施工和建设是环境工程建设的百年大计，设计和施工质量关系到自然及人类的安全。因此，填埋场的设计和施工必须建立质量保证体系及相应的质量控制措施。

1. 地基层的施工

地基层是指衬层施工前的地表面，必须对地基层进行压实和修整，以保证黏土衬层 90％～95％的压实密度。如果地基层为砂土，应压实到 85％～90％的压实密度。遇到特殊的地基层，应采取相应的措施。

2. 衬层的施工

（1）黏土衬层　黏土衬层施工，控制黏土含水量是关键因素。

① 黏土含水量。最小渗透率出现在比最佳含水量高 1％～7％之间，衬层应在黏土含水量高于最佳湿度时施工。

② 压实方法。现在压实的最佳设备是羊脚碾，借助伸出的棒或脚穿透黏土，使黏土成型并可以破坏其中的土块。

③ 压实作用力。在黏土铺层上有 5～20 个车程可保衬层压实。

④ 土块大小。含水 12％，小土块（0.5cm）比大土块（2cm）渗透率低四个数量级。

⑤ 铺层的结合。平行铺层不能建在陡于 22°的斜坡上，因为陡坡上不易操作压实设备。

（2）HDPE 衬层　HDPE 土工膜全称高密度聚乙烯土工膜，其主要作用是防渗和隔离，常使用于垃圾填埋场、尾矿储存场、渠道防渗、鱼塘藕池防渗、堤坝防渗及地铁工程等。地基处理：清扫土工膜铺设面，要求基本平整、土体坚实，不能凹凸不平、裂纹等，不能有尖锐物、石块、铁丝、木棒等，防渗范围内的草皮、树根要清除，对于杂草要喷洒灭草剂。与膜接触面，铺设粒径小的砂土或黏土层作防护层，防护层厚度不宜小于 30cm。土工膜预留 10cm 左右的边，用专用热焊机焊接，土工布用缝包机缝合。HDPE 土工膜铺设场景见图 13-4-1。

图 13-4-1 HDPE 土工膜铺设场景

四、焚烧[2]

焚烧技术具有减量化和无害化程度高的特点，在固体废物处理中得到广泛的应用。处理固体废物的焚烧炉主要有固定床、多层炉床、回转窑、流化床焚烧炉和水泥窑炉等，表 13-4-1 列出了几种焚烧技术对不同类型固废的适用性。

表 13-4-1 几种焚烧技术对不同类型固废的适用性

废物种类		水泥窑	控气式焚烧炉	鼓泡床	循环床
固体	均匀粒状	适合	适合	适合	适合
	不规则、大件物	适合	适合	不适合	不适合
	低熔点	适合	适合	适合	适合
	含可熔灰分有机物	适合	可以	适合	适合
	未经预处理的大块物	适合	适合	不适合	不适合
气体	充满有机蒸气	适合	适合	适合	适合
液体	含高浓度有机物废气	适合	可以	适合	适合
	有机液体	适合	适合	适合	适合
固液	含卤代芳香化合物	可以	适合	不适合	可以
	含水有机物	适合	不适合	适合	适合

1. 工业废物的焚烧工艺

典型的焚烧处理工艺包括前处理系统、进料系统、焚烧系统、冷却系统、烟气防治系统、灰渣处理系统和废水处理系统等单元。

（1）前处理系统 前处理系统的目的是给焚烧提供合适的废物，需要废物粒径小、粒度均匀、热值高、燃烧稳定、进料稳定、对炉体无不良影响。前处理中有破碎机、过滤脱水与干燥设备、分选设备、磁选机、混合搅拌设备等。

（2）进料系统 进料系统保障固废能安全、稳定地进入焚烧系统。进料设备有螺旋进料器、重力式抓斗、废液喷注器、推送进料器和输送装置。每座焚烧炉设一进料斗，借助吊车、抓斗将废物储藏坑内的固废装进进料斗，再送入焚烧炉内。

（3）焚烧系统 是固废焚烧的关键，包括给料机、焚烧炉、助燃空气供给设备、辅助燃料供给设备、燃料供给设备、添加试剂设备、炉渣排放与处理设备等。进料斗中的固废沿进料滑槽落下，饲料器将固废推入炉排预热段，在驱动机构作用下，固废依次通过燃烧段和燃尽段，燃烧后的炉渣落入炉渣储藏坑。

（4）冷却系统 包含骤冷塔、气体热交换器和废热回收锅炉三部分。骤冷塔主要由气体冷却室、水喷射装置组成，将炉内产生的高温废气利用水喷射方式加以冷却。气体热交换器利用蒸汽冷凝时放出的潜热来加温，加温有两种形式，附有散热片的管式和不装散热片的裸管式。

（5）烟气防治系统 烟气污染物分为固态污染物和气态污染物，前者主要含重金属颗粒凝结物和气体非金属颗粒物，后者主要包括 SO_x、NO_x、HCl 等有害物。处理工艺有：袋式除尘器—催化脱硝设备—湿式反应塔；半干式反应塔—袋式除尘器—催化脱硝设备；半干式反应塔—水幕除尘器等。

（6）灰渣处理系统 从出渣口排出的炉渣即底灰，有很高的温度，须将底灰送入冷水装置冷却，冷却后的底灰经炉渣输送机进入灰渣储藏坑。灰渣处理工艺有：底灰—半湿式法—灰渣储藏坑；底灰—湿式法—灰渣储藏坑；飞灰—半湿式法—熔融固化法。

（7）废水处理系统 废水来源有固废渗滤液、卸料平台清洗水、锅炉排水、灰渣废水、淋洗和烟气冷却废水、洗车废水等。有机废水、无机废水处理工艺流程见图 13-4-2。

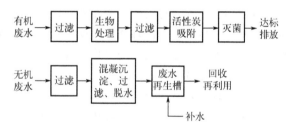

图 13-4-2 有机废水、无机废水处理工艺流程

2. 回转窑焚烧炉

回转窑焚烧炉是典型的固废焚烧炉。水平安放稍倾斜的筒体燃烧室，通过转动加强固废和燃烧空气的混合，并使固废和残渣向出料端移动。筒体燃烧室内壁设有提升和搅拌用的挡板，促使固废在炉内搅动、破碎和移动。筒体燃烧室长度和内径比（L/D）在 $2\sim10$ 之间，回转速度 $0.5\sim5r/min$，回转速度可被用来控制固废在窑内的停留时间。

按固废与气流的运动方向不同，回转窑分为顺流式和逆流式。逆流式的高温气流可预热进入的固废，有利于低可燃性固废的焚烧。回转窑排气中含未燃尽的固体可燃物和可燃气体，需进行二次焚烧处理，故回转窑后部设置有二次燃烧室。送入二次风，排气中的可燃成分在此得到充分燃烧。

回转窑一端设一至两个辅助燃烧器，有的在二次燃烧室设置一个燃烧器。采用液体燃料、气体燃料或高热值废液，点火启动焚烧炉，维持最低的燃烧温度。有的回转窑在出口端增设炉排结构，回转窑和炉排相结合，可同时焚烧工业固废和城市垃圾。回转窑焚烧炉可处理固体、液体、气体，还可以焚烧容器盛装的废物，应用广泛。

回转窑处理一般工业固废，操作温度为 $600\sim800℃$。对于有机卤素等难燃性废物，炉内温度为 $1100\sim1300℃$。回转窑的操作特性见表 13-4-2。

表 13-4-2　回转窑的操作特性

废物种类	一般工业固废,如 工厂下脚料、员工垃圾等	有害工业废物,如有机卤素等 难燃性废物(氯苯、氯酚类)
回转窑操作温度/℃	$600\sim800$	$1100\sim1600$
第二燃烧室操作温度/℃	1000	$1100\sim1300$
废气停留时间/s	1	2
窑炉转速/(r/min)	$0.25\sim3.0$	$0.2\sim0.5$
窑炉倾斜角度/(°)	$3\sim6$	$1\sim3$
固废停留时间/h	$0.5\sim1.0$	$1\sim2.5$
燃烧室热负荷/[MJ/(m^3·h)]	$300\sim400$	$40\sim250$
炉床负荷率/[kg/(m^2·h)]	$30\sim40$	$10\sim30$
过量空气系数	$1.6\sim2.0$	$1.4\sim1.6$
备注		进入锅炉前,温度700℃

五、土地耕作处置

土地耕作处置即利用现有的耕作土地，将固废分散在其间，由生物降解、植物吸收及风化作用使固废污染逐渐减弱的方法。一些矿渣、冶炼渣、粉煤灰被用作肥料或土壤改良剂；一些可生物降解的有机化工废物、制药业废物也使用土地耕作处置方法。固废中含有害重金属、不可生物降解的有害成分，则不能用土地耕作处置方法[1]。

土壤体系中存在一系列微生物种群，进入土壤的可降解固废，经过微生物的复杂的生物化学过程，被分解后一部分进入土壤底质中，另一部分转化为二氧化碳。残余碳被微生物的细胞群吸收，最终被保留在土壤中；不能生物降解组分，则永久贮存在土壤中。

1. 影响土地耕作的主要因素

（1）固废成分　固废的有机成分在土体中较易降解且能提高肥效，有些无机组分可改良土壤的结构，但过高的盐量和过多的重金属离子则难以得到处置。固废的处置总量取决于土壤的阳离子交换容量和固废中金属离子的总量。据文献报道，每千克污泥中的重金属最高含量限定为：Cd 10mg，Hg 10mg，Cu 100mg，Ni 200mg，Pb 1000mg，Zn 2000mg。

（2）土地耕作深度　由于光、水和氧的影响，上层土壤中微生物的种群和数量最多，往深处逐渐减少。表 13-4-3 列出了土壤中几种微生物在垂直深度上的分布情况。

表 13-4-3　土壤中几种微生物的分布特点　　　　　　单位：个/克

深度/cm	好氧菌	厌氧菌	放线菌	霉菌	藻类
$3\sim8$	7.8×10^6	1.95×10^6	2.08×10^6	1.19×10^5	2.5×10^4
$20\sim25$	1.8×10^6	3.79×10^5	2.45×10^5	5.0×10^4	5.0×10^3

深度/cm	好氧菌	厌氧菌	放线菌	霉菌	藻类
35～40	$4.7×10^5$	$9.8×10^4$	$4.9×10^4$	$1.4×10^4$	$5.0×10^2$
57	$1.0×10^4$	$1.0×10^3$	$5.0×10^3$	$6.0×10^3$	$1.0×10^2$
135～145	$1.0×10^3$	$4.0×10^2$	—	$3.0×10^2$	—

（3）固废的破碎程度　对固废进行破碎预处理或多次连续耕作，能增加固废和微生物接触的机会，加快微生物降解速度。

（4）气温条件　微生物生存繁殖的最佳气温在 20～30℃之间。土地耕作处置要避开冬季，利用春夏季节最适宜。

2. 场地选择

（1）选择原则　基本原则是安全、经济，要求耕作处置的土地、农作物、地下水和空气等都不会受污染，对人类有益无害。要求运输距离近，倒撒固废方便，对土壤有提高肥效、改良土壤结构的作用。

（2）场地条件　应具有如下条件：a. 无断层、塌陷区，避免渗水污染地下水或地表水源；b. 远离饮用水源150m 以上，耕作处置层距地下水位在 1.5m 以上；c. 处置土层应为细粒土壤；d. 贫瘠土壤适用于处置高有机物成分的废物，密实黏土适用于处置结构疏松的无机废物和废渣等。

3. 操作方法

（1）场地的要求　土地表面坡度应小于 5％。耕作区内或 30m 以内的井眼、洞穴都要封堵。土壤的 pH 值保持在 7～9 之间。处置场四周应设篱笆隔离。应将土壤翻松捣碎，有利于固废降解。

（2）固废铺撒　要求：a. 不能使处置区环境变为厌氧环境；b. 不在冬天施固废，除非是无机的冶炼渣；c. 固废施撒后，土壤 pH 值应在 6.5 以上；d. 保持合适的氮、磷添加量；e. 用圆盘耙或旋转碎土器反复耕翻 6 次以上。

（3）管理　为了促进生物降解，需对土地定期翻耕，定期取样分析。测定不同环境条件下微生物的降解速度，合理安排下次处置固废的时间。

第三节　固废的资源化利用

一、备料废料综合利用

造纸工业每年产生大量的植物纤维废渣，过去任其堆放，既占用土地，还污染环境。如将这些植物纤维废渣用合适的锅炉燃烧，可变废为宝，一举两得[3]。

1. 树皮热值利用

（1）树皮的热值　以东北某纸业公司为例，采用芬兰木材处理设备，木片得率为 90％～92％，树皮、锯末等废料约 5％。年产 26 万吨机制纸，产生树皮、锯末等废料 6 万立方米。据广西某纸业公司统计，年产 10 万吨木浆，产生树皮、木屑 2 万吨。针叶树树皮的发热量为4560～5660kcal/kg，阔叶树树皮的发热量为 3850～4400kcal/kg。1kg 树皮与木屑的发热量与0.4kg 标煤热值相当。树皮直接燃烧产生的蒸汽可供工厂作热源或动力之用，也可加工成树皮丸、树皮砖等成型燃料。树皮通过干馏可得到许多化工产品，树皮气化可获得木煤气等产品。

（2）燃烧技术参数

① 蒸发量：用树皮及木屑时为 50t/h；用树皮、木屑及部分煤粉时为 75t/h。

② 过热蒸汽压力：3.9MPa。

③ 过热蒸汽温度：440℃。

④ 给水温度：135℃。

⑤ 树皮等废料耗量：25000kg/h。

⑥ 煤粉耗量：5000kg/h。

⑦ 烟气温度：167℃。

⑧ 锅炉热效率：87.3%。

（3）效益

树皮废料投入锅炉使用后，可给制浆造纸企业带来如下效益：a. 变废为宝，回收热能；b. 消除树皮易燃物大量堆放于贮木场附近带来的火险隐患；c. 节省大量废料运输人员和车辆；d. 避免大量树皮废料用作取暖燃料，不能充分燃烧而造成大气污染。

2. 浆渣热值利用

山东某纸业有限公司用废纸制浆，日产几十吨浆渣。运用城市生活垃圾焚烧经验，将 10t/h 燃煤链条炉排锅炉改装成浆渣焚烧炉，可使浆渣得到有效利用[4]。

（1）浆渣的热值 从现场采集粗、细两种浆渣，称重、烘干，分拣出各组分，分别测定热值，结果见表 13-4-4。

表 13-4-4 浆渣主要特征

组分	塑料类/%	纸布类/%	玻璃金属类/%	纤维类/%	水分/%	低位发热值/(kJ/kg)
粗浆渣	25.12	12.64	7.64	—	54.6	7912.2
细浆渣	0.86	—	1.52	24.31	73.31	475.6

注：粗浆渣/细浆渣若按 75%/25%折算，混合热值为 6053.6kJ/kg（水分 59.28%）。

由表 13-4-4 可知，粗浆渣的可燃性成分主要是热值较高的膜片状塑料，加上纸布类，两者质量占比 37.76%，因而粗浆渣具有较好的可燃性；但细浆渣的可燃性成分仅 25.17%，且主要是细小纤维，由于水分高至 73.31%，细浆渣着火、引燃很难，需快速干燥后，方能正常燃烧。

（2）基本运行效果 浆渣焚烧炉燃烧稳定、炉温高，主燃室出口温度达 850℃左右，炉膛出口温度 600℃，排烟温度 180℃，烟囱无明显黑烟，浆渣焚烧量约 3t/h，锅炉压力 0.5～0.6MPa，水位正常，给水流量约 5t/h，蒸汽并入热网。

（3）减害措施 浆渣中塑料含量较多，某些含氯、氟的塑料在低温燃烧时会产生二噁英（dioxin）、呋喃等有害气体，排入大气后被人体摄入会危害健康，引起广泛关注。国家规定在温度 800℃时滞留 2s，以此控制其排放量。

（4）效益 浆渣焚烧是在城市生活垃圾焚烧基础上的拓展，浆渣焚烧炉的成功运行，为造纸业中废弃物综合利用开创了新途径。

3. 草末热值利用

单位质量的稻草或麦草等农作物秸秆的热值可达标准煤的一半。辽宁某造纸厂的草末锅炉为双管筒、纵向布置、组装水管链条炉排的层燃及悬浮燃烧锅炉，采用水平刮板除渣机及水膜除尘器辅助设备。草末锅炉把草末焚烧成灰渣，送入炉内的空气经燃烧后变为烟气，具体工艺见图 13-4-3。

含水率为 29.6%的草末，人工送上运输带，经过抛料机，被吹在链条炉排上；草末中有机

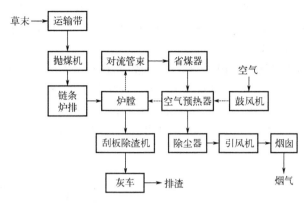

图 13-4-3　草末锅炉的工艺流程

物与氧气剧烈燃烧，部分草末在鼓风机及二次风的作用下未落下时已燃尽。烧后灰烬（约占草末质量的 13.86%）及未烧尽的炭被刮板除渣机刮到灰车里，排出灰渣的温度约为 120℃，由人工推走排渣。常温空气通过鼓风机送入空气预热器，由热的烟气加热到大约 116℃后，通过风嘴被送入炉膛与草末混合燃烧，燃烧生成的约 900℃的高温烟气从炉膛排出。热烟气加热锅炉给水和助燃的空气，热烟气温度降到 150℃，再经除尘器除去烟气中的灰分后，由引风机从烟囱排出。

二、污泥利用

　　林产化工企业大量废水处理厂的运行，会产生大量污泥。污泥是含大量废水的固体废物，过去都是脱水后填埋。填埋会带来二次污染，故污泥利用已成为污泥处置的发展方向[5]。

（一）污泥处理处置

　　污泥的处理主要包括浓缩、消化、预处理、脱水、干燥等。污泥的处置主要包括填埋、肥料农用、焚烧及资源化利用等。污泥处理在前，污泥处置在后。

　　污泥处理工艺流程见图 13-4-4，有四个处理阶段。第一步浓缩，主要目的是分离出大部分空隙水，使污泥初步减容。第二步消化，将使大部分有机污泥得到矿化。第三步调理，使用化学药剂等将大部分污泥空隙水和部分毛细水得到分离。第四步处置，干化的污泥采用某种途径予以消纳。对林产化工废水来说，由于废水性质的差异或从工艺设计角度考虑，多省去污泥消化这一步，但增加了污泥脱水费用。

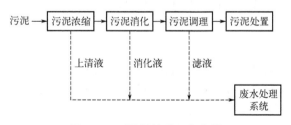

图 13-4-4　污泥处理工艺流程

污泥处理后，可实现以下四化：a. 减量化；b. 稳定化；c. 无害化；d. 资源化。

1. 污泥浓缩

污泥浓缩主要有重力浓缩法、气浮浓缩法和离心浓缩法等。

（1）重力浓缩法　重力浓缩法属于压缩沉淀。浓缩开始后，在上层颗粒的重力作用下，下层颗粒间隙水被挤出界面，颗粒之间相互挤得更加紧密。通过这种拥挤和压缩过程，污泥浓度进一步提高，从而实现污泥浓缩。

大型浓缩池采用辐流式结构（图 13-4-5），一般为直径 5～20m 的圆形钢筋混凝土构筑物，池底坡度一般为 1/100～1/12。被浓缩的污泥经刮泥机刮集到池子中心，然后经排泥管排出。在刮泥机上安装搅拌杆，随刮泥机缓慢旋转，线速度为 2～20cm/s，搅拌杆可提高浓缩效果，缩短浓缩时间 4～5h。对于小型废水处理工程，也用竖流式浓缩池，斗的锥角设计为 55°以上，便于浓污泥滑入锥斗（图 13-4-6）。

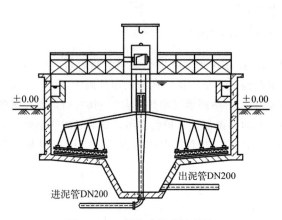

图 13-4-5　辐流式污泥浓缩池

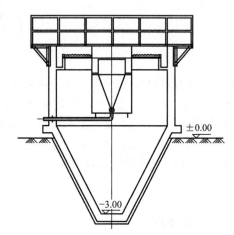

图 13-4-6　竖流式污泥浓缩池

重力浓缩法操作简便，维修管理和动力费用低，但占地面积较大。

（2）气浮浓缩法　气浮浓缩法与重力浓缩法相反，该法是依靠大量微小气泡附着于悬浮污泥颗粒上，以减小污泥颗粒的密度从而强制上浮，使污泥颗粒与水分离。

与重力浓缩法相比，气浮浓缩法具有多方面的优点，主要表现为：a. 浓缩度高，污泥中的固体物可浓缩到 5%～7%。b. 固体物质回收率高达 99% 以上。c. 停留时间短，浓缩速度快。其处理时间为重力浓缩所需时间的 1/3 左右。设备紧凑，占地面积小。d. 操作弹性大，对于污泥负荷变化及四季气候变化均能稳定运行。e. 由于污泥中混入空气，创造了好氧环境，污泥不易腐败发臭。其主要缺点是基建费用、操作费用较高，管理要求高。

（3）离心浓缩法　离心浓缩法的原理是利用污泥中水固不同的密度，造成不同的离心力进行浓缩。该法占地面积小，造价低，但运行费用与机械维修费用高，经济性较差。离心浓缩机主要有盘喷嘴式、转盘式、篮式和转筒式等。

2. 污泥的消化处理

在人工控制条件下，通过微生物的代谢作用，使污泥中的有机质稳定化的过程即污泥的消化处理。污泥的消化分为厌氧消化和好氧消化两种，通常说的污泥消化是指厌氧消化。污泥消化的主要控制因素如下。

（1）温度　根据操作温度的不同，可将厌氧消化分为：a. 低温消化（≤30℃）；b. 中温消化（30～37℃）；c. 高温消化（50～56℃）。实际上，在 35～37℃的温度范围内，是产甲烷菌大量生长繁殖的适宜条件。

（2）污泥投配率　污泥投配率系指每日加入消化池的新鲜污泥体积与消化池有效体积的比率，以百分数计。根据经验，中温消化的新鲜污泥投配率以 6%～8% 为宜。

（3）营养盐　消化池的营养盐由投配污泥供给，营养配比中最重要的是 C/N。对于污泥消化处理来说，C/N 以（10～20）：1 较合适。剩余活性污泥的 C/N 约为 5：1，但不宜单独进行消化处理。污泥的各基质含量及 C/N 值见表 13-4-5。

表 13-4-5　污泥的各基质含量及 C/N 值

基质名称	碳水化合物/%	脂肪、脂肪酸/%	蛋白质/%	C/N 值
初沉池污泥	32.0	35.0	39.0	（9.4～10.35）：1
剩余活性污泥	16.5	17.5	66.0	（4.6～5.04）：1
混合污泥	26.3	28.5	45.2	（6.80～7.5）：1

3. 污泥的调理

调理可提高污泥浓缩和脱水效率，由于有机污泥是以有机物微粒为主体的悬浮液，和水有很大的亲和力，难以过滤脱水。为了提高厌氧消化、过滤和脱水处理的有效性，以及改善污泥的卫生性能，进行调理是十分必要的。污泥调理后，有利于后续堆肥、焚烧、运输、填埋以及土地利用。

调理的方法可分为化学法、物理法和生物法。化学调理运用一种或多种化学添加剂以改变污泥的特性，添加剂如臭氧、酸、碱和酶。物理调理是运用物理方法来改变污泥性质，主要有洗涤、热处理、冻融处理，或利用机械能、高压、超声波及辐射处理等。生物调理是指好氧或厌氧消化过程。

化学调理主要使用混凝剂、助凝剂。混凝剂主要有铝系、铁系两大类。铝系化合物有硫酸铝、明矾、三氯化铝等。铁系化合物有三氯化铁、氯化绿矾、绿矾、硫酸铁等。助凝剂主要有石灰、硅藻土、酸性白土、珠光体、污泥焚烧灰、电厂粉尘、水泥窑灰等惰性物质，其本身不起混凝作用，而在于调节 pH，改变污泥的颗粒结构，破坏胶体的稳定性，提高混凝剂的混凝效果，增强絮体强度。

高分子絮凝剂的主要种类见表 13-4-6。合成高分子絮凝剂的主要产品是聚丙烯酰胺（PAM），分为阴离子型、阳离子型和两性型，合成高分子絮凝剂产品占整个絮凝剂产销量的 80％。除了 PAM 系列外，有应用价值的还有聚乙烯亚胺、聚苯乙烯磺酸、聚乙烯吡啶等絮凝剂。

表 13-4-6　高分子絮凝剂的主要种类

聚合度	分子量	离子类型	名称
低聚合度	$10^3 \sim 9 \times 10^5$	阴离子型	藻朊酸钠、羧甲基纤维素等
		阳离子型	水溶性苯胺树脂、聚硫脲、聚乙烯亚胺等
		非离子型	水溶性淀粉、水溶性尿素树脂等
		两性型	动物胶、蛋白质等
高聚合度	$10^3 \sim 2 \times 10^7$	阴离子型	水解聚丙烯酰胺、聚丙烯酸钠、聚苯乙烯磺酸等
		阳离子型	聚乙烯吡啶盐、聚乙烯亚胺等
		非离子型	聚丙烯酰胺、聚氧化乙烯等

4. 浓缩污泥的脱水

（1）自然干化　浓缩污泥的自然干化是成本较低的脱水方式，分为晒砂场干化与干化场干化两种。前者用于沉砂池沉渣的脱水，后者用于初沉池污泥、腐殖污泥、消化污泥、化学污泥及混合污泥的脱水。干化后的泥饼含水率一般为 75％～80％，体积缩小 1/10～1/2。根据废水水质情况，有些废水处理工程设计有沉砂池，对沉砂需设计晒砂场。晒砂场一般为矩形，混凝土底板，四周有围堤或围墙。底板上设排水管及砾石滤水层，砾石滤水层一般厚 800mm，砾石粒径以 50～60mm 为宜。沉砂经重力或提升排到晒砂场后，很容易晒干，渗出的水由排水管集中回流到沉砂池前与原废水合并处理。晒砂场面积根据每次排入晒砂场的沉渣厚度为 100～200mm 进行计算。

（2）机械脱水　机械脱水的方法有真空过滤式、机械压榨法、离心脱水法。几种主要过滤脱水方式的脱水效果、电耗、基建费与操作运行费比较见表 13-4-7。

表 13-4-7　几种主要过滤脱水方式的性能与能耗比较（日本）

脱水方式	基建费/(日元/t)	运转费/(日元/t)	滤饼水分/%	电耗/(kW·h/kg)
真空式	1200	11500	70～80	0.037
离心式	2300	22000	74～80	0.013
过滤压榨式	2600	21000	55～65	0.055
皮带压榨式	1200	10600	65～80	—
螺旋压榨式	—	—	30～65	

真空过滤脱水是将污泥置于多孔性过滤介质上，在介质另一侧造成真空，将污泥中的水分强行"吸入"从而实现脱水。压榨脱水系将污泥置于过滤介质上，在污泥一侧对污泥施加压力，强行使水分通过介质，使之与污泥分离，从而实现脱水。压榨脱水应用广泛，常见的设备有带式压滤机（图 13-4-7）和板框压滤机（图 3-4-8）。离心脱水系通过水分与污泥颗粒的离心力之差使之相互分离从而实现脱水，常用的设备有各种形式的离心脱水机。

图 13-4-7　带式压滤机

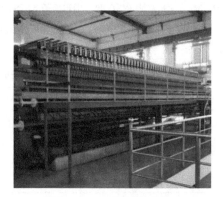
图 13-4-8　板框压滤机

5. 泥饼的干燥

浓缩污泥经过脱水后成为半干的固体形态，常称作滤饼。滤饼仍含水 55％～85％，我国很多地方已很难找到合适的填埋处，特别是人口稠密或经济发达地区，已经禁止这样的泥饼填埋。林产化工行业产生的泥饼，大多不适合农田回用。

为了对泥饼进一步处置，就需要继续降低其含水量至 40％～60％，这样就可用作燃料焚烧或进行其他资源化利用。泥饼的干燥，主要是通过传热与传质扩散过程的操作，使物料内的水分以液态形式在物料内边移动边扩散至物料表面汽化，或在物料内部直接汽化从而向表面移动与扩散，从而使泥饼得到干燥。提高干燥速度的措施有：破碎物料以增大蒸发面积，增加蒸发速度；利用高温热载体，或通过增加泥饼与热载体的温度差来提高传热推动力；通过搅拌增大传热系数，强化传热传质过程。

泥饼干燥的装置可分为 6 类，即通风干燥器、喷雾干燥器、气流干燥器、旋转干燥器、转鼓干燥器、真空干燥器。

（二）污泥制砖

污泥制砖有两种方式：一种是用干化污泥，加入水泥或黏土直接制砖；另一种是使用污泥焚烧加黏土调配制砖。

1. 直接制砖

在干化污泥中可掺入煤渣、石粉、粉煤灰黏土或水泥等进行调配。采用制革脱水污泥（含水 60％～70％），掺入煤渣、石粉、粉煤灰、水泥等，参照砖厂水泥、煤渣空心砖块生产工艺进行了批量试验，污泥/水泥配比见表 13-4-8。将物料粉碎，混合、成型，每批样制砌块 60 块。将压制成型的砌块先保养 1 个月，再码堆存放 1 个月，然后再进行各项物理性能检测，对砌块中铬的洗出液进行检测。检测结果见表 13-4-8。

表 13-4-8　砌块性能检测结果

序号	污泥/水泥	外观尺寸偏差	标号(5 块平均值≥3.5MPa)	抗冻性(5 块平均值≥3.5MPa)	抗渗性/mm	砖浸出液铬的质量浓度/(mg/L)
1	5/13	合格	3.7	2.9	Q 级	未检出
2	10/13	基本合格	0.9	0.7	—	0.018
3	15/13	不合格	0.4	0.3	—	0.074
4	20/13	不合格	1	1	—	0.088
5	5/13	合格	2.04	2.51	Q 级	0.04
6	10/13	合格	2.53	2.40	Q 级	0.170
7	5/23	合格	2.99	2.69	Q 级	未检出
8	10/23	合格	2.80	2.67	Q 级	0.110

试验表明，影响砖块强度的主要因素有污泥含量、污泥成分、水泥用量等。当污泥含量比例高于 10％时，砖块强度呈显著下降趋势。由于油脂能直接影响水泥的结合力，故污泥中含油脂和有机物多，将导致成型砌块整体强度下降。水泥用量在 20％～25％时，砖块强度较高。湖南某化工总厂污水处理厂用石灰中和酸性废水产生大量黑色、浆糊状的污泥，其含水率为 90％～91％，烘干后密度为 1.94～1.97kg/L，其化学组成如表 13-4-9 所示。

将上述干污泥粉碎，掺入黏土和水混合搅拌均匀，制坯成型并进行焙烧。试验表明，污泥比例太高时，砖块难以烧成，最适宜的污泥与黏土配比为 1∶10。表 13-4-10 所列为污泥砖块的物理性能。

表 13-4-9　污泥化学组成

成分	质量分数/%	成分	质量分数/%
挥发分	60～70	Pb	0.5
SiO_2	10	Cu	0.5
Fe	≥10	As	0.1
Al	2	Sn	0.005
Mg	2	Mo	0.0007
Bi	0.001	Ca	0.001
Ti	0.015	Ba	0.03
Ni	0.001	Be	0.0005
Co	0.0005	B	0.0015
Ca	1	Cr	0.002
Zn	1	Mn	0.05

表 13-4-10　污泥砖块的物理性能

污泥∶黏土（质量比）	平均抗压强度/MPa	抗折强度/MPa	成品率/%	鉴定标号
0.5∶10	8.036	2.058	83	75
1∶10	10.388	4.410	90	75

可见，当污泥与黏土质量比为 1∶10 时，污泥砖强度与普通红砖相当。

2. 焚烧制砖

有的污泥含有机质或油类物质较多，易对砖块造成不利影响，故将其焚烧后，用焚烧灰掺黏土制砖。焚烧灰与制砖黏土化学组成的比较见表 13-4-11。

表 13-4-11　焚烧灰与制砖黏土化学组成的比较　　　　　　　　单位:%

项目	AlO_2	Al_2O_3	Fe_2O_3	CaO	MgO	灼烧减量	其他
焚烧灰 1	13	13.7	9.6	38.0	1.5	15.1	—
焚烧灰 2	50.6	12.0	16.5	4.6	—	10.9	—
焚烧灰 3	58.0	15.0	4.8	10.6	1.6	1.6	4.8
制砖黏土	56.8～88.7	4～20.6	2～6.6	0.3～13.1	0.1～0.6	—	0～6.0

由表 13-4-11 可见，污泥的性质不同，焚烧灰的成分差别很大。污泥脱水时若加入石灰作为助凝剂，会引起焚烧灰中 CaO 含量升高。一般情况下，焚烧灰的成分与制砖黏土的成分接近。为了保证砖的质量，用污泥焚烧灰制砖时，应加入适量的黏土与硅砂，使其成分达到制砖黏土的成分标准。最适宜的配料比为：焚烧灰∶黏土∶硅砂＝100∶50∶（15～20）（质量比）。

试验表明，生石灰含量过高的焚烧灰，即使加入黏土与硅砂，烧成的砖块强度仍较低，不符合标准。砖坯的烧结温度以 1080～1100℃ 为宜。如果温度升到 1180℃，砖块表面将出现熔融现象。利用污泥制成的砖见图 13-4-9。

图 13-4-9　利用污泥制成的砖

（三）污泥制生化纤维板

活性污泥中含大量有机成分，其中粗蛋白占 30%～40%，与酶等属于球蛋白，能溶于水及稀酸、稀碱、中性盐溶液。利用蛋白质的变性作用，在碱性条件下将其加热、干燥、加压后，会发生一系列物理、化学变化，能将活性污泥制成污泥树脂（蛋白胶），使纤维胶合起来，压制成板。

1. 碱处理

在活性污泥中加入氢氧化钠，蛋白质可在其稀溶液中生成水溶液蛋白质钠盐，其反应式为：

$$H_2N—R—COOH+NaOH \longrightarrow H_2N—R—COONa+H_2O$$

这样，可以延长活性污泥树脂的活性期，破坏细胞壁，使胞腔内的核酸溶于水，以便去除由核酸引起的臭味，并洗脱污泥中的油脂。因此，反应完成后的黏液不会凝结，只有在水中蒸发后才能固化。

2. 脱臭处理

活性污泥含大量有机物，在堆放过程中，由于微生物的作用，常常散发出恶臭。为了消除恶臭，也为了进一步提高活性污泥树脂的耐水性与固化速度，可加入少量甲醛，甲醛与蛋白质反应生成氨亚甲基化合物：

$$H_2N—R—COOH+HCHO \longrightarrow COOH—R—N=CH_2+H_2O$$

活性污泥中蛋白质的变性与凝结过程是蛋白质分子逐渐交联增大的过程，在空间上形成网络结构。

3. 制纤维板工艺

生化纤维板的制造工艺可分为脱水、树脂调制、填料处理、搅拌、预压成型、热压、裁边等 7 道工序。

（1）脱水　活性污泥的含水率要求降至 85%～90%。

（2）树脂调制　将活性污泥与药品混合，装入反应器搅拌均匀，通入蒸汽加热至 90℃。反应 20min，再加入石灰保持 90℃条件下反应 40min，即成。各种药品配方如表 13-4-12 所示。

表 13-4-12　活性污泥树脂配方（质量分数）　　　单位:%

配方号	污泥干重	碳酸钠	混凝剂			水玻璃	甲醛(40%)	石灰(CaO 70%～80%)
			二氯化铁	聚合氯化铝	硫酸亚铁			
1	100	8	15	—	4	30	5.2	26
2	100	8	—	43	4	30	5.2	26
3	100	8	—	—	23	30	5.2	26

表 13-4-12 中甲醛、混凝剂、碱液的作用是改善凝胶树脂的性能，去臭，使其经久耐用并易于脱水；水玻璃的作用是增加树脂的黏度和耐水性。

（3）填料处理　填料可采用麻纺厂、印染厂、纺织厂的废纤维（下脚料）。为了提高产品质量，一般应对上述废纤维进行预处理。预处理的方法是将废纤维加碱蒸煮去油、去色，使之柔软，蒸煮时间为 4h，然后粉碎以使纤维长短一致。预处理的投料质量比为：麻:石灰:碳酸钠=1:0.15:0.05。

（4）搅拌　将活性污泥树脂（干重）与纤维按质量比 2.2:1 混合，搅拌均匀，其含水率为 75%～80%。

（5）预压成型　预压成型的装置见图 13-4-10，成品见图 13-4-11。预压时，要求在 1min 内，压力自 1.372MPa 提高至 2.058MPa，并稳定 4min 后预压成型，湿板坯的厚度为 85～90mm，含水率为 60%～65%。

| 图 13-4-10　污泥制板机 | 图 13-4-11　污泥制作的纤维生化板 |

（6）热压　采用电热升温，使上、下板温度升至 160℃，压力为 3.43～3.92MPa，稳定时间为 3～4min，然后逐渐降至 0.49MPa，让蒸汽逸出，并反复 2～3 次。如果湿板坯直接自然风干，可制成软质生化纤维板。

（7）裁边　对制成后的生化纤维板进行裁边整理，即为成品。

（8）生化纤维板的性能　生化纤维板与其他类型纤维板物理力学性能的比较见表 13-4-13。

表 13-4-13　生化纤维板与其他类型纤维板物理力学性能的比较

种　类	密度/(kg/m³)	抗折强度/MPa	吸水率/%
三级硬质纤维板	≥800	≥196	≤35
生化纤维板	1250	17.64～21.56	30
软质纤维板	<350	>1.96	50
软质生化纤维板	600	3.92	70

注：在水中浸泡 24h。

由表 13-4-13 数据可知，生化纤维板性能可达到国际标准。由上面论述可得出，利用活性污泥制生化纤维板在技术上是可行的。近年来国内造纸行业已有许多企业采用该技术进行污泥处置，污泥得到资源化利用。但在实践中，也遇到一些问题：气味，在制造加工过程中易产生臭味，板材成品也带有气味，需要采取防范措施；重金属污染与危害需作深入研究；工艺适用性，对污泥种类、工艺条件、配料、成品强度及性能需作进一步的研究。

（四）污泥制陶粒

陶粒广泛应用于建材、园艺、食品饮料、耐火保温材料、化工、石油等行业，在农业上用于改良重质泥土和作为无土栽培基料，在环保行业用作滤料和生物载体等，应用领域越来越广。

陶粒的特点：具有浑圆状外形，外壳坚硬且有一层隔水保气的栗红釉层包裹（图 13-4-12），内部多孔，呈灰黑色蜂窝状（图 13-4-13）。其松散密度为 200～1000kg/m³，具有一定的强度。通常将粒径大于 5mm 的称为"陶粒"，小于 5mm 的称为"陶砂"。

图 13-4-12　由污泥制取的栗红色陶粒　　　图 13-4-13　陶粒内部灰黑色蜂窝状

陶粒按松散密度可分为一般密度陶粒（＞400kg/m³）、超轻密度陶粒（200～400kg/m³）、特轻密度陶粒（＜200kg/m³）等 3 类。

（五）污泥热值利用

造纸污泥是造纸过程废水处理的终端产物，除含有短纤维外，还含有许多有机质和氮、磷、氯等。

1. 污泥与煤混烧

以回收废旧包装箱为主要原料，生产瓦楞纸板的造纸工艺所产生的废物包括造纸污泥和造纸废渣两部分，造纸废渣含有相当成分的木质、纸头和油墨渣等有机可燃成分，两种废物中都含有重金属、寄生虫卵和致病菌等。采用煤与废弃物混烧发电或供热是一种很好的选择。与纯烧废物相比，混烧技术能够保持燃烧稳定，提高热利用率，有利于资源回收，同时减少了焚烧炉的建设成本和投资。

（1）元素分析　利用循环流化床热态试验台进行造纸污泥和造纸废渣与煤混烧的试验。煤、造纸污泥和造纸废渣的元素分析与工业分析见表 13-4-14。

表 13-4-14　煤、造纸污泥和造纸废渣的分析数据

项目	元素分析/%					工业分析				
	C	H	O	N	S	水分/%	挥发分/%	灰分/%	固定碳/%	低位热值/(MJ/kg)
造纸污泥	7.49	1.00	8.90	0.35	0.18	74	15.45	8.27	2.28	1.17
造纸废渣	24.88	2.21	10.38	2.00	0.00	59.00	38.28	1.53	1.19	7.66
煤	57.24	3.77	8.06	1.11	1.15	3.00	38.96	25.67	32.37	23.81

（2）流化床焚烧炉　流化床焚烧炉由炉本体、启动燃烧室、送风系统、引风系统、污泥/废渣加料系统、高温旋风分离器、返料装置、尾部烟道、尾气净化系统、测量系统和操作系统等几部分组成。煤和脱硫剂经预混后由安装在密相区下部的螺旋给煤系统加入焚烧炉。造纸污泥、造纸废渣和煤的混合物采用专门设计的容积式叶片给料器由调速电动机驱动进料，以确保试验过程中加料均匀、流畅、稳定和调节方便。将废渣与污泥质量比按 2.2:1 混合好后（简称泥渣），再与烟煤混烧。脱硫剂石灰石中 CaO 质量分数为 54.29%，平均粒径为 0.687mm。

（3）二次风率对炉温和焚烧效果的影响　在总风量不变的条件下，随着二次风率的增加，密相区氧浓度降低，其燃烧气氛由氧化态向还原态转变，使得密相区燃烧份额减小，燃烧放热量变小，炉内温度降低。同时，密相区流化速度变小，扬屑夹带量减小，有使密相区燃烧份额变大、稀相区燃烧份额减小的趋势，不利于温度场的均匀分布。

2. 污泥与树皮混烧

日本 Oji 纸业公司 Tomakomai 使用循环流化床（CFB）锅炉（图 13-4-14），以造纸污泥为主燃料，以造纸原料废弃物树皮为辅助燃料。CFB 流化床锅炉为单锅筒，有自然循环和强制循环两种模式，最大连续蒸发量为 42t/h。蒸汽压力为 3.4MPa，蒸汽温度为 420℃，给水温度为 120℃，采用炉顶给料方式，给料量 250t/d。床料为石英砂，平均粒径为 0.8mm，燃料特性见表 13-4-15。

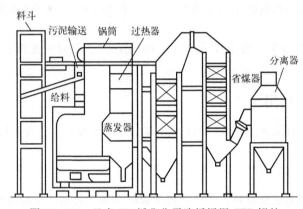

图 13-4-14　日本 Oji 纸业公司造纸污泥 CFB 锅炉

表 13-4-15　燃料特性

类别	造纸污泥	树皮	类别	造纸污泥	树皮
干基热值/(kJ/kg)	16275	7746	干基灰分/%	18.7	2.7
收到基热值/(kJ/kg)	3680	7570	含水量/%	65.0	57.1

污泥以脱水饼形式送入炉内，根据污泥性质调整树皮的给料量。当两者的热值不够维持床温时，自动加入重油助燃。点火启动时初始流化风速为 0.4m/s，运行时的流化风速控制在 1～1.5m/s，床温维持在 800～850℃。NO_x 排放浓度为 $(50～100)×10^{-6}$，负荷可降至 70% 左右。

3. 污泥与纸渣混烧

造纸工业固体废物主要有草渣（包括麦草、稻草、芦苇等各种生物质废渣）、废纸渣（废塑料皮）和制浆造纸废水处理污泥 3 大类。

（1）草渣　草渣主要由原料稻草、麦草和芦苇中的碎叶片及麦糠、稻壳等组成，这类生物质燃料密度小，一般平均相对密度为 150～200，挥发物含量为 60%～80%，发热量在 8000～10000kJ/kg 之间，其燃烧特点是着火温度低，挥发物析出速度快，挥发物的燃烧和固定碳的燃烧分两个阶段进行。

（2）废纸渣　废纸渣（废塑料皮）的主要成分是打包塑料封带及部分短纤维，一般含水量在 50%～70%，热值在 8000～10000kJ/kg。塑料皮的主要成分是聚氯乙烯和氯代苯，在燃烧过程中，当烟气中产生过多的未燃灰烬或燃烧温度不高时，会产生二噁英等有害物质。炉膛设计时必须保证炉膛温度在 850℃以上，炉要有一定的高度，使烟气在炉内有足够的停留时间。

（3）制浆造纸废水处理污泥　制浆造纸废水处理污泥包括初沉污泥、剩余污泥和化学污泥，含大量细小纤维、填料和化学品的混合物，含水量 70% 时，密度为 1200kg/m³，热值为 2300kJ/kg。与市政污水处理污泥相比，N、P 含量低，而 Ca^{2+}、Al^{3+} 等金属离子含量却很高。许多漂白化学浆废水处理污泥中含可吸附有机卤化物（AOX）、二噁英。

山东临沂某锅炉厂研制的 60t 造纸工业固体废物焚烧锅炉，包含进料系统、燃烧系统、汽水系统和烟气处理系统等。专门用于草渣、废纸渣（废塑料皮）和干污泥的焚烧，日焚烧下脚料 60t，可节煤 25t。该锅炉不但使许多造纸厂的固体废物得到减量化、无害化，还具有显著的节能效果。

（六）污泥制堆肥

堆肥是在控制条件下，使来源于生物的有机物发生生物稳定作用的过程。废物经过堆肥化处理，制得的成品叫作堆肥。堆肥处理的主要对象是城市生活垃圾和污水厂污泥，人畜粪便、农业废弃物、食品加工业废弃物等也可做堆肥，工业废弃物需慎用该技术。

1. 好氧堆肥

现代化的堆肥工艺大都是好氧堆肥，好氧堆肥系统的温度一般为 50～65℃，最高可达 80～90℃，堆肥周期短，故也称为高温快速堆肥。

堆肥过程主要参数：a. 供氧量。在 30℃ 时，需氧量 1mg/L 挥发性物质；在 45℃ 时，则为 13.6mg/L 挥发性物质。b. 含水量。允许含水量上限值 55%～60%，含水量高时，可将物料搅拌、翻堆，或加稻草、谷壳、木屑等。c. 碳氮比。C/N 为 10～25 时，有机物的降解速度最大。d. 碳磷比。堆肥原料适宜的 C/P 为 75～150。e. pH 值。在堆肥初期，pH 值降至 5.5～6.0；堆肥工程结束后，物料的 pH 值上升至 8.5～9.0。f. 腐熟度。堆肥腐熟的标准是成品温度低，呈茶褐色或黑色，具有霉臭的土壤气味，无明显的纤维。

2. 厌氧堆肥

在厌氧法堆肥系统中，发酵原料和空气隔绝，堆制温度较低，工艺较简单，堆肥中氮素保留较多，但堆制周期较长，需 3～12 个月，臭味大，分解不够充分。

影响厌氧发酵的因素主要有：a. 原料配比，C/N 在（20～30）∶1 为宜，C/N 为 35∶1 时产气量明显下降；b. 温度，较理想的厌氧温度为 30～37℃；c. pH 值，最佳 pH 值范围是 6.8～7.5；d. 搅拌，目的是使池内各处温度均匀，底质与微生物密切接触，气体迅速逸出。

第四节　危险废物的处置

一、危险废物概况

随着经济发展和工业化水平的不断提高，危险废物的产生量在逐步上升，对生态环境的危害日益突出。据统计，全球危险废物的排量每年大约为 3.3 亿吨。我国产生的危险废物也越来越多，已成为世界上最大的危险废物产生国。《中国统计年鉴》数据显示，近几年我国危险废物的产生量已经超过 3000 万吨，大部分危险废物已被综合利用和处置，但还有一部分危险废物没有得到有效处置，这部分危险废物被不恰当地处置或在环境中随意堆放，不但占用了大量土地，而且污染土壤环境和水环境，进而危害人类健康。国内外对危险废物的安全处置都越来越重视，对危险废物处置的技术和方法也在不断发展。早在 1989 年 3 月，联合国环境规划署就制定通过了《控制危险废物越境转移及其处置的巴塞尔公约》，我国于 1990 年 3 月加入了该公约。

（一）危险废物的定义

联合国环境署的定义：危险废物是指具有除了放射性以外的其他特性的废物（固体、污泥、液体和利用容器的气体），由它的化学反应性、腐蚀性、易爆性以及其他特性引起或者可能引起对人身体健康或者环境的危害。不管它是单独存在还是与其他废物混合在一起，不管它是被处置的还是产生的或正运输中的，在法律上都称为危险废物。世界卫生组织的定义："危险废物是一种具有生物特性、化学特性或者物理特性的废弃物，需要有特殊的管理跟处置过程，避免引起对人身体健康的危害或者产生其他危害环境的作用。"

根据我国《国家危险废物名录（2021年版）》，下列固体废物被列为危险废物：

① 具有毒性、腐蚀性、易燃性、反应性或者感染性等危险特性的；

② 不排除具有危险特性，可能对环境或者人体健康造成有害影响，需按照危险废物进行管理的；

③ 列入《危险废物豁免管理清单》中的危险废物，在所列的豁免环节，且满足相应的豁免条件时，可以按照豁免内容的规定实行豁免管理；

④ 危险废物与其他固体废物的混合物，以及危险废物处理后的废物的属性判定，按国家规定的危险废物鉴别标准执行。

在《国家危险废物名录（2021年版）》中，将危险固体废物分为50个大类。危险废物常具有毒性、感染性、腐蚀性、可燃性和放射性等特征，其可通过皮肤、食物、呼吸等渠道危害环境和人体健康。按照来源可以将危险废物分为工业危险废物和生活危险废物。其中工业危险废物主要包括化学工业、炼油工业、金属工业、采矿工业、机械工业以及医药行业所产生的固体危险废物。

（二）林产化工危险废物

在《国家危险废物名录（2021年版）》中，有关林产化工行业的危险废物清单见表13-4-16。

表 13-4-16　林产化工行业涉及的危险废物清单

废物类别	行业来源	废物代码	危险废物	危险特性
HW06 废有机溶剂与含有机溶剂废物	非特定行业	900-401-06	工业生产中作为清洗剂、萃取剂、溶剂或反应介质使用后废弃的四氯化碳、二氯甲烷、1,1-二氯乙烷、1,2-二氯乙烷、1,1,1-三氯乙烷、1,1,2-三氯乙烷、三氯乙烯、四氯乙烯，以及在使用前混合的含有一种或多种上述卤化溶剂的混合/调和溶剂	T,I
		900-402-06	工业生产中作为清洗剂、萃取剂、溶剂或反应介质使用后废弃的其他列入《危险化学品目录》的有机溶剂，以及在使用前混合的含有一种或多种上述溶剂的混合/调和溶剂	T,I
		900-404-06	工业生产中作为清洗剂或萃取剂使用后废弃的其他列入《危险化学品目录》的有机溶剂	T,I
		900-405-06	900-401-06、900-402-06、900-404-06中所列废有机溶剂再生处理过程中产生的废活性炭及其他过滤吸附介质	T
		900-407-06	900-401-06、900-402-06、900-404-06中所列废有机溶剂分馏再生处理过程中产生的高沸物和釜底残渣	T
		900-409-06	900-401-06、900-402-06、900-404-06中所列废有机溶剂再生处理过程中产生的废水处理浮渣和污泥（不包括废水生化处理污泥）	T

续表

废物类别	行业来源	废物代码	危险废物	危险特性
HW13 有机树脂类废物	合成材料制造	265-101-13	树脂、合成乳胶、增塑剂、胶水/胶合剂合成过程中产生的不合格产品（不包括热塑性树脂生产过程中聚合产物经脱除单体、低聚物、溶剂及其他助剂后产生的废料，以及热固性树脂固化后的固化剂）	T
		265-102-13	树脂、乳胶、增塑剂、胶水/胶合剂生产过程中合成、酯化、缩合等工序产生的废母液	T
		265-103-13	树脂（不包括水性聚氨酯乳液、水性丙烯酸乳液、水性聚氨酯丙烯酸复合乳液）、合成乳胶、增塑剂、胶水/胶合剂生产过程中精馏、分离、精制等工序产生的釜底残液、废过滤介质和残渣	T
		265-104-13	树脂（不包括水性聚氨酯乳液、水性丙烯酸乳液、水性聚氨酯丙烯酸复合乳液）、合成乳胶、增塑剂、胶水/胶合剂合成过程中产生的废水处理污泥（不包括废水生化处理污泥）	T
	非特定行业	900-014-13	废弃的黏合剂和密封剂（不包括水基型和热熔型黏合剂、密封剂）	T
		900-015-13	湿法冶金、表面处理和制药行业重金属、抗生素提取、分离过程产生的废弃离子交换树脂以及工业废水处理过程产生的废弃离子交换树脂	T
		900-016-13	使用酸、碱或有机溶剂清洗容器设备剥离下的树脂状黏稠杂物	T
		900-451-13	废覆铜板、印刷线路板、电路板破碎分选回收金属后产生的废树脂粉	T
HW14 新化学物质废物	非特定行业	900-017-14	研究、开发和教学活动中产生对人类或环境影响不明的化学物质废物	T,C,I,R
HW35 废碱	制浆造纸	221-002-35	碱法制浆过程中蒸煮制浆产生的废碱液	T,C

注：C代表腐蚀性（corrosivity），T代表毒性（toxicity），I代表易燃性（ignitability），R代表反应性（reactivity）。

（三）危险废物现状

2019年，我国196个大、中城市工业危险废物产生量达5275.7万吨，综合利用量2491.8万吨，处置量2027.8万吨，贮存量756.1万吨。工业危险废物利用量占总量的47.2%，处置、贮存分别占比38.5%和14.3%。工业危险废物利用、处置等情况见图13-4-15。

196个大、中城市中，工业危险废物产生量居前10位的城市见表13-4-17。前10名城市产生的工业危险废物总量为1409.6万吨，占全部信息发布城市产生总量的31.3%。

图13-4-15 工业危险废物利用、处置等情况

表 13-4-17　2019 年工业危险废物产生量排名前 10 的城市

序号	城市	产生量/万吨
1	山东省烟台市	294.3
2	四川省攀枝花市	200.2
3	江苏省苏州市	161.8
4	湖南省岳阳市	147.0
5	上海市	124.8
6	浙江省宁波市	119.4
7	江苏省无锡市	103.4
8	山东省日照市	91.4
9	山东省济南市	84.9
10	广西壮族自治区梧州市	82.4
合　计		1409.6

（四）危险废物的危害

危险废物对人类和环境的危害具有长期性、潜在性及滞后性特点。危险废物主要包括重金属废弃物、化学品废弃物和医疗废物等，它们对生态环境、人体健康都有很大的危害。危险固体废物的危害主要有以下几方面。

1. 对大气的影响

大量堆积的危险固体废物，其微小颗粒及粉尘进入大气环境并与其他物质发生化学反应，产生恶臭及有毒有害物质，这类物质直接污染了空气，影响人类健康和环境安全，且对建筑物会产生破坏作用，危害极为严重。

2. 对水体的影响

随意堆放的危险固体废物，其渗滤液中有毒有害成分随着天然降水、地表径流等进入地表水系统，致地表水遭到严重污染，在水中生物体内富集，间接威胁人类健康。此类有毒有害成分污染江河湖泊甚至海水，对生存在其中的水生物构成严重的威胁，影响其生态平衡。

3. 对土壤的影响

危险固体废物不科学的堆放和填埋会占用大量土地，对植被造成破坏。或影响土壤微生物生态系统平衡，破坏碳、氮循环，大大降低土壤中微生物对有毒有害物质的降解功能，最终破坏土壤的生态净化能力。危险固废渗透入土壤，能够改变土壤中的有机物构造，导致在该区域土壤中播种的作物或者含有有毒物质，或者出现变异情况，若人类食用这类作物，会对身体产生严重的危害。

4. 影响生态环境

危险废物随意排放、贮存，在雨水和地下水的长期渗透、扩散作用下，会污染水体和土壤，破坏生态环境，降低地区环境功能等级。污染地表水和地下水，恶化水文环境，影响生态环境。

5. 危害人类健康

人类吸入、吸收、接触各种危险废物，会引起中毒、三致变等危害。危险废物不仅有碍植物根系的发育和生长，而且还会在植物有机体内储存，通过食物链在人体内富集，引发各种疾病。

（五）我国对危险废物的管理

我国制定危险废物管理法律法规，经历了从空白到逐步完善的过程。1986 年政府出台的《关于处理城市垃圾改善环境卫生面貌的报告》，最早提出对生活垃圾中危险废物的治理。1990 年我国加入《巴塞尔公约》，是我国参与国际公约，与其他国家共同管理危险废物的标志。1996 年颁布《固体废物污染环境防治法》，为我国建立起危险废物管理体系。2008 年发布《国家危险废物名录》，为危险废物分门别类。2016 年新《国家危险废物名录》将危险废物调整为 46 大类别、479 种，并将 16 种危险废物列入《危险废物豁免管理清单》。2012 年《"十二五"危险废物污染防治规划》实施了危险废物的产生与堆存情况调查、处置和利用、人才建设和监管能力等三项工程。2016 年，环保部发布《危险废物鉴别工作指南（试行）》，以进一步规范危险废物鉴别流程，合理判定危险废物特性，确保危险废物安全处置。2017 年，环保部发布《"十三五"全国危险废物规范化管理督查考核工作方案》，以进一步推进危险废物环境监管能力建设，全面提升危险废物规范化管理水平。

二、危险废物控制技术

危险废物的控制技术有：a. 热解处理，主要用高温破坏的方式改变危险废物中的分子组成结构，从而使之无害化；b. 稳定化/固化技术，通过化学或物理的方法，将危险废物固定在某固化体中，消除或者降低其有害成分的渗滤特性；c. 生物处置，使微生物参与到有毒物质的分解过程中，生物分解危险废物中的有机物，做到无害化分解；d. 化学处理，通过化学反应改变危险废物的分子结构，使之有害成分被分解；e. 焚烧技术，使用高温炉让危险废物的可燃成分能充分氧化分解；f. 安全填埋，适用于不能回收利用的工业危险废物。

我国危险固体废弃物的种类复杂多样，控制及处置技术尚不成熟。随着近年来危险固体废弃物产生量的不断增加，应加快优化现有的管理、控制体系，不断深化处理处置技术，建立全国及区域数据库，覆盖从产生源收集与产生地储存、加工、运输和转化、中间加工利用与最终处理的全过程。

1. 稳定化/固化技术

通过无机凝硬性材料或化学稳定化药剂将危险废物转变成高度不溶性的稳定物质。主要有石灰固化、水泥固化、自胶结固化、有机聚合物固化、塑性材料固化、陶瓷固化、玻璃固化和化学稳定化等。稳定化/固化技术主要适用于对工业生产和其他处置废物过程中产生的废渣的处理以及对土壤的去污处理[6]。

2. 快速碳酸化技术

将危险固体废弃物充分彻底地暴露在高浓度的二氧化碳环境中可加快其反应，最初用于矿物的碳酸化处置。吴昊泽等对碳酸化处理危险固体废弃物的技术的反应机理和工艺路线等进行了深入的研究。P. J. Gunning 等运用快速碳酸化技术对 17 种工商业危险固体废弃物进行了处理，表明碳化反应可有效地降低废物中铅、钡等重金属的浸出。S. Arickx 等利用碳化后的产物为原料制备出了性能优良的建筑材料。快速碳酸化虽能大大降低重金属的流动性，但预处理过程较为烦琐，距大规模的应用还有一些难题需要解决[7-9]。

3. 等离子体气化技术

等离子体处理危险固体废弃物是采用等离子火炬或弧将废物加热至 3000～5000℃，原来的物质将被打破成为原子状态从而丧失活力，使危险废物转变为无害的物质。在此过程中，原料里的有机物被分解成可燃气体，而无机物熔化成可冷却为优质建筑材料的液态渣。等离子体气化技术与一般焚烧技术相比有着明显的优势，不会产生二噁英。

以美国一等离子体气化工厂为例[10]，建设费用约 1.5 亿美元，在工厂正常运营处理危废的同时也会产生诸如电能、灰渣等具有经济效益的附加产品，每年的回流资金约为 707 万美元，成本回收约为 21 万美元。

4. 超临界水氧化技术

超临界水氧化技术最初是由美国麻省理工学院的 Modell 学者提出的，是指有机废物在水的超临界态（温度大于 374℃、压力大于 22.1MPa）下发生深度氧化反应，分解成 CO_2、H_2O 和 N_2。徐雪松通过研究认为当超临界反应处在 420℃、24MPa、pH 值 10、COD 1000mg/L 的初始条件下时，对油性污泥 COD 的去除率高达 95%[11]。Chien 等利用超临界水氧化技术处理废弃的电路板，效果极为理想[12]。超临界水氧化法与焚烧法的技术性对比见表 13-4-18。

表 13-4-18　超临界水氧化法与焚烧法的技术性对比

指标	超临界水氧化法	焚烧法
温度/℃	400～650	1200～2000
压力/MPa	20～30	常压
热量来源	自身	外界
排出物	无色、无毒	二噁英、NO_x 等
后续处理	不需要	需要

不同处理方式的处理费用见表 13-4-19。

表 13-4-19　不同处理方式的处理费用　　　　　　　单位：元/t

处理方式	超临界水氧化法	填埋处理法	直接烘干处理法	厌氧消化法
处理费用	360～420	600～800	950～1200	750～900

超临界水氧化技术在我国已步入产业化实施阶段，新奥环保技术有限公司在河北廊坊投资了 1.2 亿元的超临界污泥处理项目已投入运营，是国内首套自主研发和建造的工业化超临界水氧化装置，处理能力达到 240t/d。当然这项技术目前仍有许多难题需要攻克，例如金属在高温、高压条件下容易被腐蚀以及反应过程中生成的无机盐易导致管道堵塞等。

5. 危险废物的固定化工艺

危险固体废物预处理技术包括分选、破碎、中和、固化等。目前国内外采用的固化方法主要有水泥固化、石灰/粉煤灰固化、塑性材料固化、药剂稳定化等，而水泥固化和药剂稳定化技术的采用与混凝土搅拌站工艺流程及工作原理的吻合度较高，经过 20 余年的发展，我国固废处置设备的工艺流程已逐步完善[13]。

近年来固废处置工艺已逐步完善（图 13-4-16）。由于水泥固化和药剂稳定化技术对不同废物所确定的工艺均须以混合与搅拌为主要工程实现手段，因此考虑通过分时段操作的方式将几种处理工艺在一条生产线上实现，即设置一套混合搅拌设备，根据废物的不同种类分别启用不同原辅料添加系统以实现各种不同的功能。

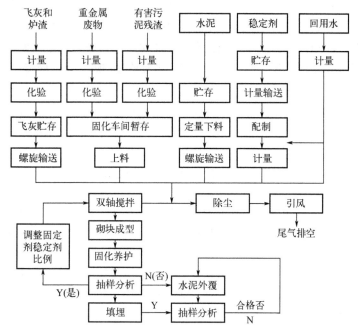

图 13-4-16　近年来发展的固废处置工艺

三、危险废物的资源化利用

林产化工是一个生产行业多、产品庞杂的工业部门，在松香、松香衍生物、栲胶、活性炭、制浆、糠醛和其他林产化工原料及产品的加工过程中，不可避免地会产生各种废物，这些废物包括林产化工生产中不合格产品（含中间产品）和副产品、失效催化剂、废溶剂、蒸馏釜残液、废添加剂，以及产品精制、分离、洗涤时排出的粉尘、过滤渣、处理污泥等工艺废物。

（一）几种危险废物的回用

从危险废物中提取有用物料，既充分利用了资源，又减轻了废物危害，一举两得，因而受到人们的重视[14]。

1. 废有机溶剂

在化工、涂料、油漆、制药等行业均需要使用大量的有机溶剂，如甲苯、二甲苯、三氯乙烯、二氯甲烷、酮、酯、醇等，其有害成分含量不低，需要采取再生技术进行回收再生。通常采用的再生技术如直接加热法、间接加热法等。从降低再生技术成本出发，高效、低资的再生方法首推蒸馏法，尤其是水蒸气蒸馏及精馏法，再组合其他处理技术即可获得高品位的有机溶剂以再次使用。用过的有机溶剂可经过蒸馏分离，去除水分后成为合格产品再次使用，精馏塔残渣则送往焚烧炉焚烧处理，溶剂蒸馏残渣经焚烧后减量，燃烧气体在废热锅炉内转变为水蒸气作为蒸馏设备的热源，废热锅炉废气则经冷却吸收塔降温并去掉气体中的氯化氢后放空，焚烧炉灰排出炉外。众多的废有机溶剂中存在一部分具有较高回收利用价值的溶剂，如三氯乙烯、二氯甲烷、异丙醇等，常用于金属表面的除油、金属配件的表面处理、玻璃的清洗等。

2. 废催化剂

催化剂中含有害的重金属，采用填埋法处理催化剂会造成土壤污染。若填埋时不进行防渗处理，废催化剂受到雨水浸蚀后，其中的镍、锌重金属被溶出，使水环境受到污染。废催化剂颗粒很小，易随风飞扬，污染大气环境。废催化剂中含大量贵金属，有回收利用价值。

催化剂在使用一段时间后，因表面结焦积炭、中毒、载体破碎等原因而失活，可通过物理化学方法，去除催化剂上的结焦，回收沉积金属，再对催化剂进行化学修饰，恢复其催化性能。

3. 废酸液

大部分废酸液来源于电化学精制、酸洗涤、酯水解等工艺，为黑色黏稠的半固体，相对密度 1.2～1.5，游离酸浓度 40%～60%，除含油 10%～30% 外，还含叠合物、磺化物、酯类、胶质、沥青质、硫化物以及氮化物等。

（1）**热解法回收硫酸**　目前国内回收硫酸多送到硫酸厂，将废酸喷入燃烧热解炉中，废酸与燃料一起在燃烧室中热解，分解成 SO_2、CO_2 和 H_2O。燃烧裂解后的气体在文丘里洗涤器中除尘后，冷却至 90℃ 左右，再通过冷却器和静电酸雾沉降器，除去酸雾和部分水分，经干燥塔除去残余水分，以防止设备腐蚀和转化器中催化剂失活，在 V_2O_5 的作用下，SO_2 在转化器中生成 SO_3，用稀酸吸收，制成浓硫酸。

（2）**废酸液浓缩**　废酸液浓缩的方法很多，目前使用比较广泛的是塔式浓缩法，此法可将 70%～80% 的废酸浓缩到 95% 以上。其缺点是生产能力小，设备腐蚀严重，检修周期短，费用高，处理 1t 废酸耗燃料油 50kg。

4. 废碱液

废碱液主要来自化工产品的碱洗精制，因被洗产品不同，废碱液的性质也有所不同，一般为具有恶臭的稀黏液，多为棕色和乳白色，也有灰黑色等，相对密度 11.1，游离碱浓度 1%～10%，含油 10%～20%，环烷酸和酚的含量一般在 10% 以上，还含有磺酸钠盐、硫化钠和高分子脂肪酸等。

（1）**液态烃碱洗废液用于造纸**　液态烃废碱液的主要组成是 Na_2S 2.7%、$NaOH$ 5%、Na_2CO_3 6%，另外还含一些酚等。造纸工业用的蒸煮液是硫化钠和烧碱的水溶液。使用废碱液造纸时，可根据碱液成分适当补充一部分硫化钠和烧碱。

（2）**硫酸中和法回收环烷酸、粗酚**　常压直馏汽、煤、柴油的废碱液中环烷酸和粗酚的含量高，可以直接采用硫酸酸化的方法回收。其过程是：先将废碱液在脱油罐中加热，静置脱油，然后在罐内加入浓度为 98% 的硫酸，控制 pH 值为 3～4，发生中和反应生成硫酸钠和环烷酸，经沉淀可将含硫酸钠的废水分离出去，将上层有机相进行多次洗涤以除去硫酸钠和中性油，即得到环烷酸产品。若用此法处理二次加工的催化汽油、柴油废碱液，即可得到粗酚产品。

（3）**二氧化碳中和法回收环烷酸、碳酸钠**　为减轻设备腐蚀和降低硫酸消耗量，可采用二氧化碳中和法回收环烷酸。此法一般是利用二氧化碳含量在 7%～11%（体积分数）的烟道气进行碳化。碳化液经沉淀分离，上层即为回收产品环烷酸，下层为碳酸钠水溶液，经喷雾干燥即得固体碳酸钠，纯度可达 90%～95%。

（4）**常压柴油废碱液作铁矿浮选剂**　采用化学精制法处理常压柴油产生的废碱液，可用加热闪蒸法生产贫赤铁矿浮选剂，用其代替一部分塔尔油和石油皂，可使原来的加药量减少 48%。

5. 可燃危险固废制替代性燃料

可燃危险固废制替代性燃料[15] 的原理主要是选择利用高热量值废弃物（如废油漆渣、蒸馏精馏残渣、储罐底泥、滤饼及废吸附性材料、废溶剂等），根据替代性燃料用户实际技术要求，对所选择废弃物进行破碎、混合、吸湿、筛选、分装等，从而生产出一种能够在一定范围和程度上替代传统燃料比如煤的燃料。表 13-4-20 列出了替代性燃料的主要指标。一种目前比较适合国情的替代性燃料生产工艺技术如下。

表 13-4-20 替代性燃料主要指标

项目	指标	试验方法
热量值/(kJ/kg)	≥15000	GB/T 384
颗粒度/mm	≤20,可根据客户需求进行多规格生产	筛孔 $\phi15\times15$mm,筛孔间距 4mm
燃点/℃	>21	GB/T 3536
闪点/℃	>55	GB/T 3536
密度/(kg/m³)	0.8	NB/T 34024—2015
水分/%	≤40	GB/T 8929
pH 值	2~10	GB/T 6920
硫含量/(mg/kg)	<1500	GB/T 11140
氯含量/(mg/kg)	<5.0	SH/T 0161
外观和气味	灰黑色或红褐色颗粒状固体,气味温和	采用感官方法测定

（1）取样检验 现场收集到的废弃物经过分类运输，到达仓库后进行检验，并分类存放。制替代性燃料的关键在于对废弃物的选择，即选择合适的废弃物用以生产替代性燃料。通过取样检验，用实验分析确定哪些废弃物适合用于替代性燃料的生产。废弃物选择有三个非常重要的标准：一是有充分高的热量值；二是废弃物所含相关排放限制性元素，比如卤族元素、重金属元素等在可控制范围内；三是经化验分析，相互混合的废弃物不会产生任何非期望、负面的化学反应。

（2）破碎 生产替代性燃料的下一个环节就是改变现有废弃物的物理状态，以适应替代性燃料用户的技术要求。这一过程主要是通过破碎机来完成。破碎机将对超过替代性燃料生产要求规格的废弃物进行破碎。

（3）标准化 经过以上过程，替代性燃料在热值方面基本达到了要求，然后可根据用户的技术要求，进一步控制替代性燃料的物理形态。这一过程将通过滚筒筛来实现。通过调节滚筒筛筛孔的直径，筛除那些不符合粒径大小要求的废弃物，从而生产具有高热值、符合环保排放标准的替代性燃料。

（4）产品检验 产品检验是质量控制的重要环节。这将根据用户的具体要求，严格控制品质标准。

（5）包装、运输 包装需要根据用户的技术要求进行，运输过程使用的容器或箱体必须是密闭防水、防渗透的，运输过程中不能淋雨。

（6）替代性燃料应用分析 替代性燃料可应用于大多数需要煤燃烧的行业，如水泥、电力、钢铁、制砖、玻璃等行业，在国外都已经得到了实践应用，其中水泥窑是发达国家处置可燃危险废物的重要设施，得到了广泛的认可和应用。

根据水泥工业对生产工艺和设备的要求，利用水泥回转窑处置危险废物具有以下特点：

① 焚烧温度高。水泥回转窑内物料温度高达 1450℃，气体温度则高达 1750℃左右，在此高温下，废物中的有机物将彻底分解，一般焚毁去除率达到 99.99% 以上，对于废物中有毒有害成分将进行彻底的"摧毁"和"解毒"。

② 停留时间长。水泥回转窑筒体长，危险废物在回转窑内高温状态下持续时间长，根据一般统计数据，物料从窑头到窑尾总的停留时间大于 3s，可以使废物长时间处于高温之下，更有利于废物的燃烧和彻底分解。

③ 焚烧状态稳定。水泥工业回转窑有一个热惯性很大、十分稳定的燃烧系统，它由回转窑金属筒体、窑内砌筑的耐火砖以及在烧成带形成的结皮和待煅烧的物料组成，不仅质量巨大，而且由于耐火材料具有隔热性能，因此，更使得系统惯性增大，不会因为废物投入量和性质的变化，造成大的温度波动。

④ 良好的湍流。水泥窑内高温气体与物料流动方向相反，湍流强烈，有利于气固相的混合、传热、传质、分解、化合、扩散。

⑤ 碱性的环境气氛。生产水泥采用的原料成分决定了在回转窑内的碱性气氛，水泥窑内的碱性物质可以和废物中的酸性物质中和为稳定的盐类，有效抑制酸性物质的排放，便于其尾气的净化，而且可以与水泥工艺过程一并进行。

⑥ 没有废渣排出。在水泥生产工艺过程中，只有生料和经过煅烧工艺所产生的熟料，没有一般焚烧炉焚烧产生炉渣的问题。

⑦ 焚烧处置点多，适应性强。水泥工业不同工艺过程的烧成系统，无论是湿法窑、半干法立波尔窑，还是预热窑和带分解炉的旋风预热窑，整个系统都有不同的高温投点，可适应各种不同性质和形态的废料。

⑧ 废气处理效果好。水泥工业烧成系统和废气处理系统，使燃烧之后的废气经过较长的路径和良好的冷却与收尘设备，有较高的吸附、沉降和收尘作用，收集的粉尘经过输送系统返回原料制备系统可以重新利用。水泥行业使用替代燃料和处置废物，回收废物中的能量和物质，符合废物管理模型，新型干法水泥窑的工艺特点决定了其技术优势，在生产合格产品的同时，利用和处置废物，避免二次污染，是产品质量和环保指标双达标、技术和经济均合理的有效途径。

（二）危险废物利用工程设计

山东某化工园 34 家企业每年产生危险废物总量约为 615776t，可收集处置危险废物量为 9900t/a，废物形态有固态、半固态、液态，固液比大致为 4∶1，主要成分为精馏残渣、有机溶剂、煤焦油、废矿物油等，热值多大于 4000×4.18kJ，可作为热能利用的原料来源。样品中酸性元素（S、Cl）含量较多，灰分含量较低。建设了危险废物处置中心一期，年处理量为 10000t 的焚烧线，采用"回转窑＋二燃室"的焚烧工艺和"SNCR＋急冷塔＋干式脱酸＋活性炭喷射＋布袋除尘＋湿法脱酸"的烟气净化工艺[16]。

1. 总体设计

以安全处置危险废物为设计指导思想，配备气、水环保设施，避免二次污染。危险废物焚烧系统总体规划见图 13-4-17。危险废物进入焚烧系统，焚烧产生的高温烟气通过余热系统回收利用，烟气经净化系统净化达到欧盟 2000 标准后排放，焚烧产生的灰渣储存在渣库，集中送到危险废物填埋场，暂存库和料坑产生的有害臭气进入除臭系统，达到 GB 14554 标准要求后排放，产生的污水经污水处理系统处理达到标准后排放或回用，除噪系统确保噪声达到 GB 12349—2008 要求。

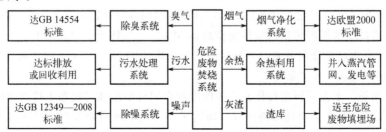

图 13-4-17　危险废物焚烧系统总体规划

2. 工艺设计

化工园区危险废物成分复杂、种类多、危害性大，针对不同类型的废物使用不同的处理方法，从安全性、经济性、技术可行性的角度出发，使危险废物达到资源化、减量化和无害化。采用"预处理系统＋进料系统＋回转窑＋二燃室＋余热锅炉（SNCR）＋急冷塔＋干式脱酸＋活性炭喷射＋布袋除尘＋湿法脱酸＋烟气再热"处置方案，工艺流程如图 13-4-18 所示。

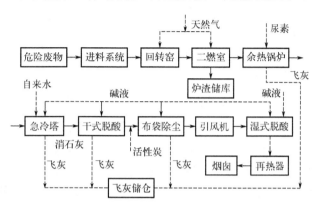

图 13-4-18　焚烧工艺流程框图

3. 焚烧工艺

被焚烧处置的危险废物有固体、半固体、液体，采用"回转窑＋二燃室"的焚烧工艺，设计的炉型对物料有广泛的适用性和灵活性，保证完全燃烧。焚烧分两步进行：首先，危险废物通过进料系统进入回转窑内，经历干燥、热解、焚烧的过程，在回转窑转动作用下，逐渐由窑头运动到窑尾，固体部分和部分热解气体在回转窑内完全焚烧，残渣从窑尾排出；其次，未完全燃烧的热解气随烟气进入二燃室，在二次风和补燃燃料的作用下，炉内温度升到 1100℃ 以上，停留 2s 以上，确保二噁英等有毒物质被完全破坏。

根据危险废物形态的差异，设计了一套上料/进料系统，保证各种类型的危险废物顺利进入焚烧系统。低热值液体废物喷入回转窑，高热值液体废物喷入二燃室进行焚烧处理。对于尺寸较大的固体废物先行破碎，散装废物和破碎后的物料储存在散料坑，通过行车及液压抓斗将废物投放到散料斗内，由链板式输送机送到集料斗，经一二级密封门，废物由推料机推入回转窑内焚烧。整个进料过程均在密闭状态下运行，无烟气外逸，不造成二次污染。为了使回转窑安全、稳定运行，必须对成分复杂、形态各异的危险废物进行配伍。配伍后使危险废物的热值尽可能接近设计热值以减少辅助燃料的用量，控制酸性污染物含量，保证焚烧系统正常运行和尾气排放达标。回转窑内温度需保持在 850~1000℃ 之间，以保证物料完全燃烧。回转窑设计参数见表 13-4-21。

表 13-4-21　回转窑设计参数

项目	参数
处理能力	30t/d,回转窑工作时间≥8000h/a,连续运行时间≥2900h/a
运行温度	850~1000℃,最高达 1100℃
炉内压力	炉内保持负压,−50Pa 左右,避免烟气外泄
物料进料方式	行车、斗提＋液压二级密封门＋推料机构进料方式,可以现场和中控室操作
出渣方式	采用"刮板＋水封"

项目	参数
回转窑转速	0.1～0.2r/min,可根据物料特性变频调速,物料停留时间1～3h
回转窑长径比	容积热负荷,回转窑 ϕ3.0m×12.5m,长径比4∶1
一次风	不预热,从料坑内抽气送入回转窑
耐火材料	厚度300mm,其中耐火层为200mm厚高铝砖砌,有高强度、抗腐蚀性、抗磨损性和抗渣性。隔热层为100mm厚轻质黏土砖砌
窑体结构	顺流式布置,由前端板、筒体、电机减速机驱动及支撑机构组成,变频调速。窑头推料有冷却风机,窑尾带风冷夹套。窑体安装倾角2.0°,单边驱动
容积热负荷	回转窑有效容积为48.5m³,容积热负荷为402×10³kJ/(m³·h)

回转窑内未完全燃烧的热解气进入二燃室,通入预热的二次风使其完全燃烧。补燃天然气或柴油,使二燃室温度升到1100℃以上,并且使烟气在该温度下停留2s以上,以完全去除二噁英等有害物质。为加强二燃室燃烧效果,绕二燃室筒体均匀设置12个喷口,喷入环形二次风,相邻喷嘴呈30°。此设计可加强二燃室内气流扰动,使燃烧更加充分,同时使二燃室内温度更加均匀。二燃室设计参数见表13-4-22。

表13-4-22 二燃室设计参数

项目	参数
运行温度	1100～1150℃,最高达1300℃
二燃室压力	保持负压,−100Pa左右,避免烟气外泄
二次风	预热150℃,且绕筒体环形喷入,喷口之间的角度为30°
二燃室尺寸	ϕ4.0m×14.0m,设防爆门和紧急排放口
容积热负荷	需补天然气85m³/h,容积热负荷为415×10³kJ/(m³·h)
烟气停留时间	3.9s
耐火材料	耐火材料500mm厚,耐火层采用230mm厚的高铝砖。保温层采用120mm厚轻质料浇注,隔热保温层为150mm厚陶瓷纤维砖。急排烟囱为50mm厚硬质陶瓷纤维砖,用50mm保温料浇注

4. 余热利用系统

焚烧过程中会产生大量高温烟气,对其热能进行回收利用可以降低能源消耗,提高经济效益。

目前常用的余热利用方式有三种,即蒸汽发电、供热、综合利用。本项目产生饱和蒸汽量为4000kg/h,压力为1.3MPa。由于该项目产生蒸汽量偏少,并且项目所在地附近无蒸汽用户,故对余热锅炉产生的蒸汽进行综合利用。其中一部分蒸汽（300kg/h）用来加热二燃室二次风,一部分蒸汽（800kg/h）用来加热烟气以消除白烟,一部分蒸汽（200kg/h）用来为废液伴热,剩余部分通过蒸汽冷凝器冷凝后回收利用。余热锅炉设计参数见表13-4-23。

表13-4-23 余热锅炉设计参数

项目	参数
锅炉结构	单锅筒＋膜式壁结构,避免发生堵塞
蒸汽参数	1.3MPa,194℃

项目	参数
蒸发量	4000kg/h
进出口烟气温度	1100℃/550℃,最高烟气进口温度1400℃
排污率	按蒸发量的5%;200kg/h
清灰方式	人工压缩空气清灰
SNCR脱硝系统	在锅炉入口段下方(800～1000℃)喷入50kg/h的尿素水
蒸汽利用方式	加热二次风、加热烟气、废液伴热,其余冷凝回收

5. 烟气净化工艺

危险废物焚烧过程中会产生粉尘、酸性气体（NO_x、SO_2、HCl、HF等）、二噁英及重金属等,烟气净化工艺的选择应充分考虑危险废物特性、种类、成分和污染物产生量,并注重采用组合工艺。该项目烟气排放设计标准为欧盟2000。对于二噁英的控制,本项目采用"燃烧控制＋急冷＋活性炭吸附"协同工艺。首先,控制回转窑温度（>850℃）,使危险废物完全燃烧,抑制二噁英的生成;其次,保证二燃室烟气的温度（>1100℃）、停留时间（≥2s）以及湍流程度,即所谓的"3T";再次,对高温烟气采取急冷处理,使烟气温度在1s内从500℃降至200℃,遏制二噁英的再生;最后,在布袋除尘器前喷入活性炭来吸附残余的二噁英,同时吸附重金属,确保达标排放。本工程采用"干法脱酸＋湿法洗涤"组合工艺,一方面可以完全去除烟气中酸性气体;另一方面可以保护布袋除尘器,使其尽量减少腐蚀。烟气净化系统设计参数见表13-4-24。

表13-4-24　烟气净化系统设计参数

项目	尺寸/m	内衬	进出口温度/℃	材质
急冷塔	$\phi2.5\times14.3$	80mm厚耐酸胶泥	550/200	Q235-A,t(厚度)=10mm
干式脱酸塔	$\phi1.6\times13.0$	50mm厚耐酸胶泥	200/180	Q235-A,t(厚度)=8mm
预冷塔	$\phi1.5\times7.5$	麻石	160/70	碳钢
洗涤塔	$\phi1.8\times8.5$	—	70/60	玻璃钢

6. 污水处理工艺

本项目污水处理系统处理的污水主要由初期雨水、车间地面冲洗水、运输车辆及容器冲洗水、化验室排水、焚烧线外排水和生活污水等组成。污水中含有大量铬、汞、铅、锌等重金属离子和COD、油类、盐分等污染物。鉴于污水水质的差异,本工程依据生产污水、生活污水、雨水分流分治的原则,生活污水与生产污水分别收集处理。采用"物化预处理＋生物接触氧化＋石英砂过滤＋活性炭过滤＋RO"组合工艺,提高系统运行的稳定性,确保出水水质达到《城市污水再生利用　城市杂用水水质》（GB/T 18920—2020）中规定的标准。

7. 除臭工艺

焚烧车间的料坑和暂存库的焚烧类库、剧毒类库会产生大量的恶臭气体。臭气的主要成分为苯类、醚类、酮类、酸性有机物等,这些气体挥发性较大,有毒,易扩散到环境中。为防止臭气对人体健康的危害,污染周边环境,必须对其进行有效遏制,以改善周边环境的空气质量。料坑及暂存库空间较大,应按规范选择换气次数,每个空间可独立控制启停,并优化集气风机、降低能耗。本项目采用活性炭吸附与化学洗涤工艺（碱洗＋水洗）相结合的组合工艺，设置一套碱洗涤滤床和一套水洗滤床，设置一套活性炭吸附设备备用，水洗滤床可根据需要调整为酸碱洗涤滤床。

8. 小结

以山东省某化工工业园为例，分析该危险废物处置中心整体规划思路及工艺设计，为后建危险废物焚烧项目提供参考和决策依据。

① 本园区设计以安全处置为核心，整体规划，优化工艺，避免二次污染。

② 产废调研是整个园区规划和工艺设计的核心，必须给予高度重视。

③ 规范的收储运系统可以降低安全风险，确保焚烧线稳定运行。收储运系统要内控与外控相结合，对外做到将废物的管理前移到废物产生单位，对内做到根据危险废物特性选择性接收、分类储存和处理。

④ 该化工园区危险废物处置中心需要建设回转窑焚烧线，并配备废物预处理系统、污水处理系统、除臭系统、余热利用系统、灰渣处置系统等设施，以满足该园区安全、集中处置危险废物的要求，避免二次污染。

⑤ 对于该规模的危险废物处置中心，盈利空间有限，需要在灰渣处置上降低成本，在余热利用（考虑发电、供热）上增加利润点，或者产废调研清楚的情况下增加物化处理系统等方式争取盈利。

第五节　工程实例

一、橄榄油加工废渣处理案例

1. 概况

近年来，橄榄油作为食用油在我国受到了很多的关注。油橄榄是欧洲地中海地区的特色作物，我国在 20 世纪 60 年代从阿尔巴尼亚引种成功，并在我国的甘肃、四川、云南、湖北等地得到推广。橄榄油的加工也从最初的三相分离技术发展为两相分离技术，如图 13-4-19 所示。两相分离技术大幅度地减少了工艺水的消耗，也减少了废水的产生，但是，榨油后的废渣依然存在，因此，油橄榄果制油后的大量固体废弃物（包含橄榄叶、枝桠、果壳、果仁渣等）的处理是很多橄榄油加工企业面临的问题。

2. 橄榄油加工废渣的处理技术

Borja 等[17] 对两相技术制取橄榄油后的果渣进行分析，结果表明果渣平均含水量 60%～70%，纤维素和半纤维素占 18%～20%，木质素占 13%～15%，残留 2.5%～3% 的橄榄油，矿物质等含量在 2.5% 左右。目前通用的处理方法有提取残油或活性成分后焚烧、部分添加蛋白质发酵制成动物饲料以及堆肥还田等，如图 13-4-20 所示。从上述组分可见前述两种方法在经济成本上并非有利，Mechri 等[18] 研究表明油橄榄果渣适合作为堆肥进行处理，多数的企业现在采用堆肥的方式来处理橄榄油加工残渣。

3. 橄榄油加工废渣堆肥工艺说明

油橄榄果渣的堆肥处理工艺流程如图 13-4-21 所示。一般包括带疏松废渣功能的发酵槽、调节影响堆肥性能的氮源补充、工艺水的补充（可以用油橄榄加工中的废水）、通气确保废渣发酵和散热冷却等。

Vlyssides 等[19] 建立一个油橄榄果渣处理能力达近百吨的堆肥处理工程，工艺流程和图 13-

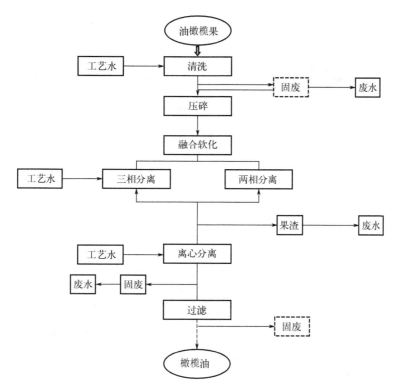

图 13-4-19　橄榄油加工中废渣和废水的产生

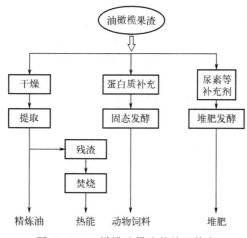

图 13-4-20　橄榄油果渣的处理技术

4-21 类似，采用了一个 18m 长、6m 宽和 2.2m 高的反应槽，有效体积达 195m³，同时投入 91.5t 的油橄榄果渣、1.6t 的尿素和 119t 油橄榄洗涤废水，废水喷洒在松堆的油橄榄果渣上，通过配置的锥形翻渣器使得果渣和配料混合均匀，控制水分含量在 40%～60%，在反应刚开始的 36h 内，果渣堆料温度会迅速地升温并超过 60℃，在反应的前 9 天内，通过控制堆料槽底部风机的进风量来维持堆料温度在 60℃，风量控制在每吨堆料 4.6～56m³ 之间，同时发酵产生的大量热量引起了大量的水分蒸发，因此，需要继续补充废水和尿素液来维持堆料 40%～60% 的水分要求。23 天后堆料的中温发酵结束，堆料温度也降至了 35℃，堆料进入第二阶段，即熟化稳定阶段，这个阶段持续约 3 个月的时间。

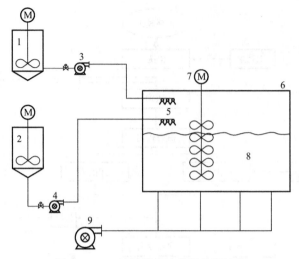

图 13-4-21　油橄榄废渣堆肥处理流程
1—尿素配料槽；2—油橄榄废液槽；3—尿素配料泵；4—废液调节泵；5—喷嘴组；
6—废渣堆槽；7—废渣搅动螺旋；8—肥料堆；9—鼓风机

完全熟化后的油橄榄果渣堆肥料是一种棕褐色带泥土气息的有机肥料产品，富含植物生长的营养成分和矿物质，也是土壤所需的腐殖质和营养。除了有机肥的功能外，Aranda 等[20]的研究表明使用油橄榄果渣堆肥可以提高有机质含量、提高土壤性质和果园的农业生态系统。

二、从活性炭生产废水污泥中回收氯化锌

对活性炭生产废水治理与回用工艺的研究，就是为了寻找一种符合清洁生产要求的废水治理技术。研究的目的主要是在活性炭生产废水能够达标排放，不污染周围环境的基础上，通过回收废水中的活性炭物料，提高水资源的综合利用能力，减少废料、污染物的生成和排放，从而达到低废或少废排放，以及节约原料，合理利用水资源的目的。对从活性炭生产废水污泥中回收氯化锌的研究，使活性炭工厂在获得环境效益的同时，还获得一定的社会效益和经济效益[21]。

1. 从污泥中回收氯化锌案例 I

废水与净化过的石灰乳充分混合反应，使 pH 值控制在 9～10，经凝聚沉淀或气浮分离，可确保排放水中锌浓度低于 5mg/L，pH 值符合排放标准，悬浮炭同时与氢氧化锌絮凝体一起被分离除去。氯化锌法木质活性炭生产废水经中和凝聚处理后，99% 以上的锌离子从废水中沉淀分离出来，分离出来的污泥含锌量高达 48%，此外还含有 8%～10% 的钙、5% 的铁、2% 左右的飘失炭和 20 余种微量元素。要回收利用污泥中有用物质，可先对污泥用盐酸处理，然后从滤液中去除钙、铁等杂质，得到较为纯净的氯化锌回收液，供浸渍木屑用。

用图 13-4-22 所示的程序从废水沉淀污泥中回收氯化锌浓度为 29.5°Bé，再浓缩至 50°Bé 循环回用，或直接作配液用。

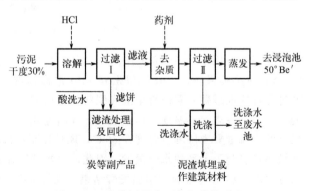

图 13-4-22　从污泥中回收氯化锌流程

回收的氯化锌溶液纯度较高，经光谱分析，钙为0.093％，铁为0.01％，镁为0.38％，铬、铜、钴、锰等重金属含量都较低。用回收液浸泡木屑，并与用新配制的氯化锌溶液进行对比，在完全相同的条件下活化、漂洗，所得的活性炭测定其亚甲基蓝吸附值、糖蜜值和灰分，结果发现，用100％废水沉淀污泥回收液循环作为活化剂，可获得优质产品，其指标与新配制的相当，且更适宜作糖用脱色炭。

2. 从污泥中回收氯化锌案例 Ⅱ

氯化锌法木质活性炭生产废水经中和絮凝处理，在锌离子沉淀去除的同时，废水中以及中和絮凝剂所带入的铁、钙、镁、铝等无机杂质也进入沉淀污泥中。光谱分析表明，污泥中有近20种无机元素。由于废水中的Fe^{2+}及Fe^{3+}在中和絮凝时几乎全部被沉淀，污泥中铁含量高达5％左右。此外，废水中夹带大量细炭粉，污泥中碳含量在2％以上。由中和絮凝剂及木屑带入的镁、铝等盐类也较高，污泥中镁含量为3％，铝含量为2％。其他10余种元素含量见表13-4-25的分析数据。

表 13-4-25　活性炭废水絮凝沉淀污泥的光谱分析

分析项目	含量/％	分析项目	含量/％
Zn	48.4	Ba	0.01
Ca	10	As	<0.01
Fe	5	V	0.005
Mg	3	Cr	0.001
Al	2	Ni	0.001
C	2.02	Cu	0.001
Mn	0.07	Zr	0.001
Sr	0.03	Pb	0.002
Ti	0.03	Be	0.0001

注：Zn、Ca、Fe、C由常规法测定。

从表13-4-25所列数据可以看出，要回收利用污泥中大量的锌，使之成为木屑活化所要求的氯化锌循环回用，必须去除其中钙、铁、镁、碳、铝等杂质。氯化锌法木质活性炭生产废水中和絮凝处理的绝干污泥量，随废水污染负荷量（主要是废水pH值、Zn^{2+}含量）、处理的工艺技术条件（控制的pH值范围、中和絮凝剂的种类与添加量）以及操作管理等不同而异。对于pH值为2～3、Zn^{2+}为600mg/L左右的废水，用800mg/L石灰处理，每立方米废水大约可产生0.75kg绝干污泥。一个年产2000t活性炭的车间，每日绝干污泥量为500kg左右。

对污泥进行资源化利用，采用图13-4-23所示的程序进行操作。将污泥的水分控制在70％左右，在耐酸反应器内加浓盐酸，反应时间为4～8h，在室温下充分反应，反应完毕后过滤，所得滤液浓度为30°Bé左右，$ZnCl_2$含量为30％左右，将此滤液进行去杂质反应，再过滤，所得滤液即为回收液，浓度为30°Bé，经蒸发将浓度提高至50°Bé左右，直接送木屑浸泡工序循环回用。过滤（Ⅰ）后的滤饼经洗涤去锌，洗涤水含锌量约为污泥含锌量的8％～10％，由于洗涤水量大，锌浓度低，该洗涤水宜回流至废水调节池循环处理。洗涤后加浓盐酸处理，以回收无机混合絮凝剂（$FeCl_3$、$AlCl_3$），剩余部分即为细炭粉，可供空气净化用。过滤（Ⅱ）所得滤饼用废水反复洗涤，可回收污泥总锌量10％左右的稀氯化锌溶液，返回至废水调节池循环处理。按本流程进行污泥利用，可供直接循环回用的$ZnCl_2$的回收率为65％左右（以污泥总含锌量计），细炭回收量为 15kg/t 产品，无机混合絮凝剂主要由 $FeCl_3$ 及 $AlCl_3$ 组成，每生产 1t 产品，可回收大约 10kg 副产品，无机混合絮凝剂可用于其他废水处理中。

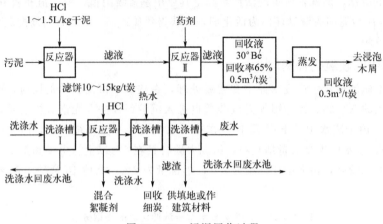

图 13-4-23　污泥回收过程

3. 从污泥中回收氯化锌案例 Ⅲ

浙江鹿山林场活性炭厂生产废水采用净化后的石灰乳及高分子絮凝剂进行中和絮凝沉淀，在适当的工艺技术条件（石灰添加量、时间及 pH 值）下，废水中残存的盐酸、氯化锌均被充分去除，污泥沉降速率及过滤速率得到改善。该厂生产废水采用图 13-4-24 所示的工艺流程进行连续处理及污泥回收，处理后的排放水符合规定的排放标准。其中 $Zn<5mg/L$，Fe 0.01～0.07mg/L，Ni 0.33～0.36mg/L，Na 5～7mg/L，Mg 2.45～8.50mg/L，Cd、Mn、Pb、Cu 等重金属未检出，仅 Ca 含量较高，为 581～1059mg/L。沉淀污泥经脱水、干燥，用光谱分析，结果如表 13-4-26 所示。污泥经浓盐酸处理、过滤，去除铁、镁、钙、锰等杂质，可得到氯化锌回收液。

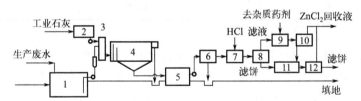

图 13-4-24　处理及回收流程

1—调节池；2—石灰净化系统；3—反应器；4—斜板沉淀槽；5—稀污泥槽；
6，8，10，12—过滤器；7，9—反应器；11—搅拌槽

表 13-4-26　活性炭废水絮凝污泥组分及含量　　　　　　　单位：%

项目	分析值	项目	分析值	项目	分析值	项目	分析值	项目	分析值
Al	2	Sr	0.03	V	0.005	C	2.02	Ti	0.03
Ca	10	Ba	0.01	Cu	0.001	Fe	5	Zr	0.001
Mg	3	Cr	0.001	Pb	0.002	As	<0.01		
Mn	0.07	Ni	0.001	Zn	48.40	Be	0.0001		

氯化锌总回收率约为 85%。回收液循环回用浸渍木屑所得活性炭的质量与用新配制的氯化锌浸渍液可比或更高，氯化锌回收液的组成见表 13-4-27。

表 13-4-27　回收液组成　　　　　　　　　　　　单位：mg/L

项目	分析值	项目	分析值	项目	分析值	项目	分析值	项目	分析值
Zn	136410	Co	2.9	La	0.47	K_2O	14	CaO	1300
Ba	4.3	Cr	3.9	Li	0.69	Na_2O	82		
Be	0.048	Cu	2.1	Mn	93.1	Al_2O_3	65		
Ce	0.95	Ca	0.93	Yb	0.031	Fe_2O_3	160		

4. 从污泥中回收氯化锌案例Ⅳ

从污泥中回收的氯化锌溶液（29.5°Bé），经光谱分析，所得结果如表 13-4-28 所示。从表 13-4-28 中数据可以看出，回收液是较纯净的氯化锌溶液。其中 $ZnCl_2$ 含量高达 22.6%（29.5°Bé）。其他杂质含量甚微，钙 0.093%，铁 0.0102%，镁 0.38%；铬、铜、钴、锰等重金属含量更微，不影响回收液的质量。从总的情况来看，回收液的质量优于从活化料得到的回收液及浸泡木屑后的回收液（俗称老水）。

为了对比这种回收液对活性炭质量的影响，将回收液浓度由 29.5°Bé 浓缩至 50°Bé，用它来浸泡木屑，并与新配制的浓度为 50°Bé 的 $ZnCl_2$ 溶液进行对比，即在相同的浸泡工艺、活化工艺及回收漂洗工艺下，对比两者所得的活性炭的质量。具体操作条件如下：锯屑一份（水分为20%），加 50°Bé $ZnCl_2$ 配制液及回收液四份（按重量计），在 60℃ 下均匀搅拌，放置 2h，将此混合物置于瓷坩埚中在马弗炉内加热活化，温度维持在（500±10）℃，保温 0.5h，冷却，加 5% 盐酸煮沸 5min，过滤，将炭洗涤至 pH 值 4 以上，烘干。按标准方法测定产品亚甲基蓝吸附值、糖蜜值、灰分，所得结果见表 13-4-29。

表 13-4-28　污泥回收液的组成（用光谱法测定）

分析项目	含量/(mg/L)	分析项目	含量/%	备注
Zn	136400	CaO	1300	Zn 是用 ZD-2 型自动电位滴定计测定
Mn	93.1	Fe_2O_3	160	
Ba	4.3	Na_2O	82	
Cr	3.9	Al_2O_3	65	
Co	2.9	K_2O	14	
Cu	2.1			
Li	0.69			
La	0.47			
Yb	0.031			

表 13-4-29　不同浸泡液所得产品质量对比

分析项目	新配制 $ZnCl_2$	回收液
亚甲基蓝吸附值	14mL	11mL
A 糖蜜值	<90%	>100%
B 糖蜜值	>100%	>100%
灰分	1.05%	1.18%

从表 13-4-29 中对比数据可以看出，用 100% 的污泥回收液作活化药剂，可获得优质的产品，其质量指标与完全用新配制的 $ZnCl_2$ 溶液所得产品可比，且更适宜作糖用炭。这可能是由于在回收液中存在着回收过程中所引入的某些微量物质，促进了木屑活化过程中的扩孔作用，

因而，使产品对大分子色素物质的吸附呈现出较强的亲和力。为了使中和絮凝处理后的排放水循环回用，用 PE-2380 型原子吸收光谱仪测定排放水中各种元素组成，结果如表 13-4-30 所示。

从表 13-4-30 的结果可以看出，石灰中和絮凝处理后的活性炭漂洗废水是较纯净的废水，除含较高的钙外，铜、镍、镉、锰、铝等重金属污染物质含量极微或未检出。显然，欲循环回用这种废水，必须去除废水中过量的钙。探索了各种物理的及化学的去钙方法（包括曝气、通二氧化碳、添加各种可溶性碳酸盐以及用 H 型磺化煤进行离子交换），对处理后排放水进行再处理，取得了较好的结果。表 13-4-31 列出了经磺化煤处理后的结果。

表 13-4-30　废水处理前后的 pH 值和元素组成　　单位：mg/L（pH 值除外）

项目	处理前废水		处理后废水	
	Ⅰ	Ⅱ	Ⅲ	Ⅳ
pH 值	1.8	3.2	7.97	8.50
Zn	456.2	500	0.67	0.75
Cu	—	—	未检出	未检出
Ni	—	—	0.33	0.36
Cd	—	—	未检出	未检出
Mn	—	—	未检出	未检出
Fe	17.5	17.0	0.10	0.12
Na	—	—	5.53	7.01
Mg	—	—	2.45	8.50
Ca	—	—	1059	581
Pb	—	—	未检出	未检出

表 13-4-31　排放水经离子交换所得的结果　　单位：mg/L（pH 值除外）

pH 值	Cu	Zn	Ni	Cd	Mn	Fe	Pb	Na	Mg	Ca
2.1	未检出	0.18	未检出	未检出	未检出	0.41	未检出	5.23	0.14	1.80

从表 13-4-31 中数据可以看出，这样的处理水无机微量元素含量甚微，宜作活性炭漂洗之用，只是处理成本还需继续降低，以适应工业生产要求。

综上研究，对于氯化锌法木质活性炭生产废水，开发了合适的处理技术，废水处理及回收过程循环系统见图 13-4-25。如此，整个生产过程只排放少量（大约为原来生产过程的 1/4）的废水和废渣。

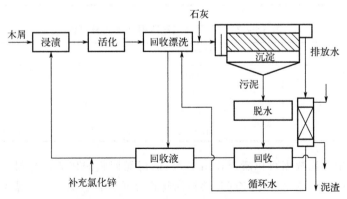

图 13-4-25　废水处理及回收过程循环系统

5. 小结

氯化锌法木质活性炭生产废水，经石灰中和絮凝沉淀，浓缩、脱水处理，可得 0.75kg/m³ 左右化学污泥。化学污泥含锌量极高，约为 48.4%。此外，还含有一些无机成分：钙含量为 8%～10% 左右，铁含量约为 5%，镁含量为 3%，铝含量为 2%，碳含量在 2% 以上，其他无机元素含量甚微。含水 70% 的污泥经加盐酸反应、过滤、滤液去杂质、再过滤、蒸发等程序处理，可得浓度为 50°Bé 的氯化锌回收液。氯化锌回收率为 65% 左右（以污泥含锌量计）。用这种回收液浸泡处理木屑，在常规条件下进行活化，与用 100% 新配制的氯化锌溶液所得产品相比，有相同甚至更优的质量。由于污泥中大量锌得到了回收，不仅消除了固体废料对环境造成的污染，也降低了产品生产成本，获得了显著的经济效益。

参考文献

[1] 杨国清. 固体废物处理工程. 北京：科学出版社，2000.

[2] 柴晓利，赵爱华，赵由才. 固体废物焚烧技术. 北京：化学工业出版社，2005.

[3] 郑家玉，张子成，郭洪梅. 先进的木浆造纸节能环保设备. 黑龙江造纸，2000（1）：28-30.

[4] 诸新启，张继明，周传宏，等. 首台浆渣焚烧炉投入运行. 锅炉技术，2001，32（9）：29-32.

[5] 施英乔，房桂干. 林产化工废水污染治理技术. 北京：中国林业出版社，2016.

[6] 耿飞，刘晓军，马俊逸，等. 危险固体废弃物无害化处置技术探讨. 环境科技，2017，30（1）：71-74.

[7] Seifritz W. CO_2 disposal by means of silicates. Nature，1990，345（6275）：486.

[8] Gunning P J，Hills C D，Carey P J. Accelerated carbonation treatment of industrial wastes. Waste management，2010，30（6）：1081-1090.

[9] Arickx S，Gerven T V，Vandecasteele C. Accelerated carbonation for treatment of MSWI bottom ash. Journal of hazardous materials，2006，137（1）：235-243.

[10] 黄革，杨华雷，雷金林，等. 等离子体技术在危险废物处理中的运用. 环境科技，2010，23（S1）：40-42.

[11] 徐雪松. 超临界水氧化处理油性污泥工艺参数优化的研究. 石河子：石河子大学，2016.

[12] Chien Y C，Wang H P，Link S，etal. Oxidation of printed circuit board wastes in supercritical water. Water research，2000，34（17）：4279-4283.

[13] 刘大勇，李耀，李娜. 危险固体废物处置设备工艺流程的完善建设. 机械技术与管理，2014（6）：128-129.

[14] 柴晓利，赵爱华，赵由才，等. 固体废物焚烧技术. 北京：化学工业出版社，2006.

[15] 陈李荔，张仲飞. 可燃危险固废资源化回收利用制替代性燃料的研究. 浙江化工，2013，44（12）：32-35.

[16] 肖诚斌，王文峰，王磊，等. 化工园区危险废物处置中心的工程设计. 工业炉，2015，37（4）：44-47.

[17] Borja R，Rincón B，Raposo F，et al. A study of anaerobic digestibility of two-phases olive mill solid waste（OMSW）at mesophilic temperature. Process biochemistry，2002（38）：733-742.

[18] Mechri B，Chehebb H，Boussadia O，et al. Effects of agronomic application of olive mill wastewater in a field of olive trees on carbohydrate profiles，chlorophyll a fluorescence and mineral nutrient content. Environmental and Experimental Botany，2011（71）：184-191.

[19] Vlyssides A G，Bouranis D L，Loizidou M，et al. Study of a demonstration plant for the cocomposting of olive-oil-processing wastewater and solid residue. Bioresource technology，1996（56）：187-193.

[20] Aranda V，Macci C，Peruzzi E，et al. Biochemical activity and chemical-structural properties of soil organic matter after 17 years of amendments with olive-mill pomace co-compost. Journal of Environmental Management，2015（147）：278-285.

[21] 施英乔，房桂干. 林产化工废水污染治理技术. 北京：中国林业出版社，2016.

（施英乔）

第五章　污染治理用装备

第一节　废气污染处理用装备

一、催化氧化装备

高浓度有机废气通过 CO 氧化室高温区使废气中的 VOCs 成分氧化分解为无害的 CO_2 和 H_2O，反应方程式：

$$C_nH_m + (n + \frac{m}{4})O_2 \xrightarrow{320℃} nCO_2 + \frac{m}{2}H_2O + 热量$$

本装置以设计风量 $3000m^3/h$ 为例，用沸石转轮脱附，进入催化装置进行处理，从催化燃烧装置排出后，一部分排空，另一部分进入转轮脱附[1]。

催化燃烧是典型的气-固相催化反应，其实质是活性氧参与的深度氧化作用。在催化燃烧过程中，催化剂的作用是降低活化能，同时催化剂表面具有吸附作用，使反应物分子富集于表面提高了反应速率，加快了反应的进行。借助催化剂可使有机废气在较低的起燃温度条件下发生无焰燃烧，并氧化分解为 CO_2 和 H_2O，同时放出大量热能，从而达到去除废气中有害物的目的。其反应过程为：

$$C_nH_m + (n + \frac{m}{4})O_2 \xrightarrow[催化剂]{200 \sim 300℃} nCO_2 + \frac{m}{2}H_2O + 热量$$

从饱和的沸石解析出来的有机气体通过脱附引风机作用送入净化装置，首先通过除尘阻火器系统，然后进入换热器，再送入加热室，通过加热装置，使气体达到燃烧反应温度，再通过催化床的作用，使有机气体分解成 CO_2 和 H_2O，再进入换热器与低温气体进行热交换，使进入的气体温度升高达到反应温度，如达不到反应温度，这样加热系统就可以通过自控系统实现补偿加热，使它完全燃烧，这样节省了能源，废气达标排放，符合国家排放标准。

本装置由主机、引风机及电控柜组成，净化装置主机由换热器、催化床、电加热元件、阻火除尘器和防爆装置等组成。阻火除尘器位于进气管道上，防爆装置设在主机的顶部。其工艺流程见图 13-5-1。

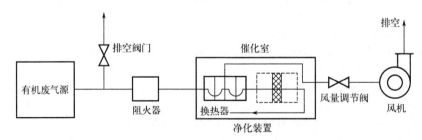

图 13-5-1　净化装置工艺流程

设备特点：

① 将贵金属钯、铂镀在蜂窝陶瓷载体上作催化剂，净化效率高，催化剂使用寿命长，气流

通畅，阻力小。

②　安全设施完备，设有阻火除尘器、泄压口、超温报警等保护设施。

③　开始工作时，预热 15～30min 全功率加热，正常工作时只消耗风机功率即可。当废气浓度较低时，自动间歇补偿加热。

CO-300 型设备技术参数如表 13-5-1 所示。

表 13-5-1　CO-300 型设备的技术参数

序号	名称	技　术　参　数	备注
1	废气量/(m³/h)	3000	
2	CO 外形尺寸/mm	1160×1260 ×2300	
3	CO 风机功率	$Q=3000m^3/h$、$H=3000Pa$、$N=5.5kW$	变频
4	装机功率/kW	72	
5	耗量/%	0～70	
6	进气温度/℃	60	
7	出气温度/℃	约 220	
8	进口管路尺寸/mm	400	
9	出口管路尺寸/mm	400	
10	安全泄压管路/mm	300	
11	空速/h⁻¹	10000～12000	
12	加热器功率/kW	72	
13	热交换器尺寸/mm	1160×1260 ×2300	

二、分子筛吸附转轮

浓缩转轮/焚烧炉系统吸附大风量低浓度挥发性有机化合物（VOCs），再把脱附后小风量高浓度废气导入焚烧炉予以分解净化。大风量低浓度的 VOCs 废气，通过一个以沸石为吸附材料的转轮，VOCs 被转轮吸附区的沸石所吸附，净化后的气体经烟囱排到大气。再于另一脱附区中用 180～200℃ 的小量热空气将 VOCs 予以脱附，如此一高浓度小风量的脱附废气再导入焚烧炉中予以分解为二氧化碳及水汽，净化后的气体经烟囱排到大气，这一浓缩工艺大大地降低了燃料费用。该系统是处理高风量低浓度有机废气最节省运转成本的技术之一，工艺废气通过前置过滤网将粉尘及粒状污染物除去，再通过含疏水性沸石的浓缩转轮予以吸附 VOCs，干净空气再排放到大气中，由于转轮慢速旋转，会通过脱附区，经由少量高温脱附空气予以脱附，脱附后的高浓度废气再导入小型直燃式焚烧炉或催化式焚烧炉将 VOCs 分解。焚烧炉中装设二次换热器可供应脱附热空气，以达到节省能源的目的[2]。吸附转轮可以从空气中吸附各种有机溶剂，含有机溶剂的空气流过转轮后，空气中的有机溶剂会被转轮吸附，空气被净化。分子筛吸附转轮示意图如图 13-5-2 所示，技术参数如表 13-5-2 所列。

含有机溶剂的气体经过一个分子筛转轮后变成洁净的空气，分子筛转轮在电机的作用下连续转动，转轮进入再生区后吸附在转轮上的有机溶剂在热空气的作用下从转轮上脱附出来。由于脱附转轮的空气流量只有经过转轮处理的空气流量的 5%～20%，经过分子筛转轮处理后，含有机溶剂的气体量只有原来量的 1/20～1/5，而浓度是原来的 5～20 倍。吸附材料吸附一定数量

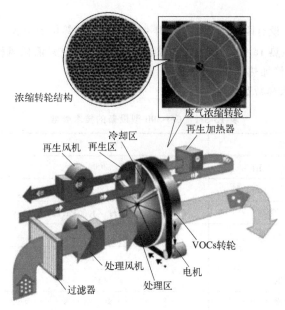

图 13-5-2　分子筛吸附转轮示意图

的有机溶剂后必须加热再生，使吸附在吸附材料上的有机溶剂解吸，恢复吸附能力。吸附材料的解吸方法是将热空气循环通过吸附材料。在吸附材料的解吸过程中会产生一定数量的含高浓度有机溶剂的废气，如果这些废气直接排放到大气中，会对环境造成污染，所以这部分废气必须由合适的技术处理成对大气没有污染的物质。

表 13-5-2　转轮技术参数

序号	名称	技术参数	备注
1	设备型号	UZU-Ⅱ-1940 V60	
2	处理风量/(m³/h)	20000～30000	
3	工作方式	连续运行	
4	VOCs去除率/%	≥95	
5	沸石转轮外形尺寸/mm	2200×1860×2450	
6	沸石转轮脱附温度/℃	200～230	可调
7	冷却后废气温度/℃	约60	
8	沸石主吸附接口/mm	1100×1100	
9	吸附风机	$Q=23000m^3/h$、$P=2380Pa$、22kW	变频控制
10	冷却管路接口/mm	$\Phi400$	
11	再生管路接口/mm	$\Phi400$	
12	转轮吸附阻力/Pa	890	
13	废气主管路/mm	800×800	

三、气体渗透膜分离技术装备

分离技术是近30年来发展起来的一种高新技术，适用于高浓度、高价值有机物的回收，但其设备制造费用目前基本上较高。

如图 13-5-3 所示，膜分离技术分为筛分型膜分离技术和溶解扩散型膜分离技术。有孔的筛分型膜依据分子大小进行分离；气体渗透膜属于无孔膜，分离效果主要取决于膜材料对要分离有机组分的选择溶解性能。依据溶解扩散分离原理，依靠有机气体和空气中各组分在膜中的溶解与扩散速度不同的性质来实现分离的新型膜分离技术，以混合物中组分分压差为分离推动力，有机气体透过膜，空气不能透过膜。

溶解扩散型膜分离技术分为液体进料分离的渗透汽化膜分离技术和气体进料的气体渗透膜分离技术，如图 13-5-4 所示。

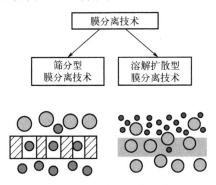

图 13-5-3 膜分离技术示意图

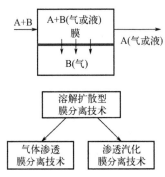

图 13-5-4 气体渗透膜分离技术示意图

（一）渗透汽化基本原理

渗透汽化是具有相变化的膜分离过程，渗透汽化过程中的传质推动力为膜两侧的浓度差或表现为两侧被渗透组分的分压差，任何能产生这种推动力的技术都可用来实现渗透汽化过程。在渗透汽化过程中，膜的上游侧压力一般维持常压，而膜的下游侧有三种方式维持组分的分压差：

① 油体混合物的渗透汽化是最常见的一种，它靠渗透侧的高真空来维持组分的分压差。

② 液体混合物渗透汽化也可以靠惰性气体吹扫透过侧，将被渗透组分带走，以维持渗透组分的分压差。

③ 采用渗透侧用冷凝器连续冷却的方式，靠温度差造成分压差。

其中真空渗透汽化的方法比较简单，一般实验室常采用，而工业上大都采用热渗透汽化法。上述三种不同形式的渗透汽化适用于不同的场合。渗透汽化（又称渗透蒸发）的基本原理可以用溶解扩散理论来解释，见图 13-5-5。该理论认为渗透汽化由以下三步组成：

① 原料混合物中各组分溶解于混合物接触的膜表层中；

② 溶解于膜表层的渗透组分以分子扩散的方式通过膜从而到达膜的另一面；

③ 在膜的另一表面，膜中的渗透组分汽化（又称渗透蒸发）解吸从而脱离膜。

（二）气体渗透膜分离技术

气体渗透膜法是近 20 年来发展起来的有机气体回收技术，安全稳定、操作方便。

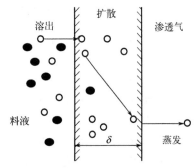

图 13-5-5 渗透膜技术分离机理

1. 气体渗透膜技术分离机理（图 13-5-6）

气体渗透膜法回收有机气体的原理是利用高分子膜材料对有机气体分子和空气分子的不同选择透过性实现两者的物理分离。有机气体与空气的混合物在膜两侧压差推动下，遵循溶解扩散机理，混合气中的有机气体优先透过膜得以富集回收，而空气则被选择性地截留，从而在膜的截留侧得到脱除有机气体的洁净空气，而在膜的透过侧得到富集的有机气体，达到有机气体与空气分离的目的。

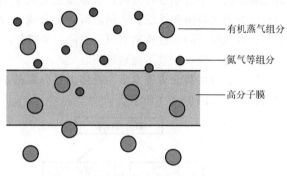

有机蒸气组分

氮气等组分

高分子膜

两种或两种以上的气体混合物通过干分子膜时，由于各种气体在膜中的溶解和扩散系数不同，气体在膜中的相对渗透速率有差异，在驱动力即膜两侧压力差的作用下，渗透率相对较快的气体先透过膜被富集，渗透较慢的气体则在膜的滞留侧被富集，从而达到混合气体分离的目的。

图 13-5-6　气体渗透膜技术分离机理

2. 气体渗透分离膜对不凝气体和烷烃气体的渗透选择性

从图 13-5-7 可以看出：烷烃的渗透选择性大于不凝气 N_2、O_2 等，特别是 C_4 以上烷烃气体，渗透选择性远远大于不凝气体，且碳原子数越大，渗透系数越大。

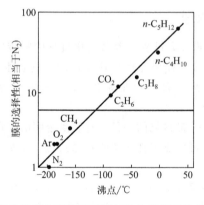

图 13-5-7　气体渗透分离膜对不凝气体和烷烃气体的渗透选择性

（三）工程应用的气体渗透膜产品

最简单的膜分离系统为单级膜分离系统，直接使压缩气体通过膜表面，实现 VOCs 的分离。单级膜因分离程度很低，难以达到分离要求，而多级膜分离系统则会大大增加设备投资，故而在这方面的技术还有很大的研究空间。

气体分离膜技术的工业化应用有膜制备、膜组件制备、膜过程和工艺。气体分离膜的基本结构如图 13-5-8 所示，一般都包含无纺布、基膜和分离膜三部分。

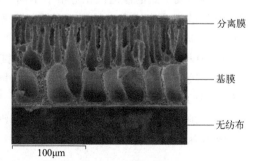

分离膜

基膜

无纺布

图 13-5-8　气体分离膜基本结构

表 13-5-3 提供了气体分离膜组件加工中必须要考虑的问题和特性要求，包括工艺设计、安全设计、密封设计等。

表 13-5-3　膜组件详情表

项目	内容	特性要求
膜组件形式	卷式膜组件	膜有效面积最大,膜组件效率最高
工艺设计	综合开发	结构形式、卷制工艺、流道设计、耐压操作
安全设计	防爆要求	有机物料爆炸气体安全操作
密封设计	系统密封及密封材料	膜组件的内外密封材料选择,耐受溶剂腐蚀

（四）膜组件的加工和制造

图 13-5-9 给出了气体分离膜组件结构简图。

（五）膜分离法回收工艺流程

采用膜分离技术作为尾气排放处理技术可将油气回收泵抽进油罐内的多余空气经膜回收装置排掉，维持油罐的压力平衡。

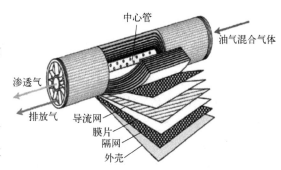

图 13-5-9　气体分离膜组件结构简图

膜分离法油气回收装置如图 13-5-10 所示。通过监测油罐的压力变化来控制回收系统的间歇式自动操作，卸油或发油时，膜分离法油气回收装置根据储油罐呼吸法压力变化，启动对应处理能力的膜组件。油气通过气液分离器后进入膜组件，在膜组件的渗透侧形成高浓度的富集油气，而在膜组件的渗余侧则会形成达标（$<10g/m^3$）的低浓度气体排放。饱和富集油气经冷凝器冷凝变为液体回到油罐。卸油结束，罐内压力平衡，真空泵停止运转，膜分离装置随之停止运行。

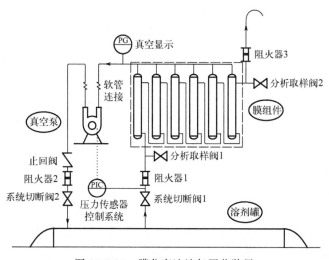

图 13-5-10　膜分离法油气回收装置

膜分离法油气回收装置的主要设备有膜组件装置、干式泵、进回油泵、冷凝器、缓冲罐、电动阀、微压变送器等。

四、喷雾吸收装备

中国是一个以煤炭资源作为燃料消耗的大国，同时由于使用煤炭等化石资源而排放二氧化硫（SO_2）造成的雾、霾、酸雨等问题也日益困扰着我们，废气不仅对人类的呼吸及神经系统等造成一定损害，而且加快了对建筑物的腐蚀速度，并导致水质酸化、土壤贫瘠化等环境问题。我国也从"七五"开始，不断地在烟气处理上投入研发资金和力度，"十三五"开始，政府更是加强了煤炭洁净燃烧的要求，并进一步优化创新 SO_2 烟气脱除技术，积极应对环境污染的防控与治理。据 2015 年的不完全统计，我国造纸及纸制品行业对于我国 SO_2 的排放贡献率约为 3%，年排放量在 55 万吨左右。

目前，世界上已实现工业化的烟气脱硫技术仅有十几种。中国脱硫市场上的湿法脱硫技术主要有石灰石-石膏法、钠碱法、双碱法、氨法、氧化镁法、海水脱硫法等；半干法主要有循环流化床法、喷雾干燥法、炉内喷钙-尾部增湿活化法等；干法主要有活性炭法、电子束法等。而我国虽然从 20 世纪 50 年代就开展烟气脱硫的研究，一直到 20 世纪 80 年代末，由西南电力设计院牵头，中国林业科学研究院林产化学工业研究所等十几家科研院所参加的国家"七五"攻关项目"火电厂烟气脱硫"才取得了成功，并于 1990 年在四川白马电厂完成中试，实现 80% 的脱硫率，每年可减排 SO_2 3300t。

1. 喷雾吸收 SO_2 原理

喷雾吸收 SO_2 的原理是将生石灰通过加水消化处理形成含固率为 15%～30% 的石灰浆液，再经由浆液泵定量送入装有雾化装置的脱硫塔内，在脱硫塔内石灰浆液经雾化器雾化成雾滴，在塔内与含有 SO_2 等的烟气接触后进行化学反应，从而吸收烟气中的有害物质，形成干粉从脱硫塔底部排出，经反应吸收处理后的烟气达标排放。其吸收化学反应如下：

$$SO_2 + Ca(OH)_2 \longrightarrow CaSO_3 + H_2O$$
$$SO_3 + Ca(OH)_2 \longrightarrow CaSO_4 + H_2O$$

2. 喷雾吸收的工艺

由我国在"七五"期间自行研制的电厂烟气脱硫的工艺流程如图 13-5-11 所示，可以看出整个喷雾吸收系统分成三个部分，即石灰浆料的制备及输送系统、喷雾及反应吸收系统、回收粉尘后的气体排放系统。石灰浆料的制备及输送系统由石灰粉仓、振动筛、计量螺旋给料机、消化罐、浆液罐、浆液泵、浆液管道和阀门等组成；喷雾及反应吸收系统由雾化器、烟气输送及分配器、脱硫反应塔、塔底排料阀门、管路、送风机等组成；回收粉尘后

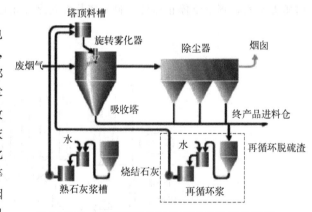

图 13-5-11　半干法喷雾吸收脱硫系统工艺流程

的气体排放系统主要由旋风分离器或者布袋除尘、管路、引风机、烟囱等组成。该工艺的主要特点是兼具了吸收反应和干燥的双重作用，最终不仅脱除了气体中的有害组分，同时得到了易于进一步处理的干产品。

3. 核心装置——雾化器

喷雾吸收工艺应该是源于浆液的喷雾干燥加工工艺，喷雾干燥就是利用雾化装置将液体分

散形成细小雾滴并与热介质接触,脱除液体中的溶剂得到干粉的干燥过程。该工艺被广泛应用于液态进料固态粉末出料的现代加工工业中,如化工、制药、食品、环保等领域,不难发现,该工艺的核心装置就是液体的分散装置,即雾化器,它自然也是喷雾脱硫工艺中的核心关键装置[3]。在喷雾干燥工艺中常见的雾化装置有离心盘式雾化器、压力式雾化器和气流雾化器,而最常见和被广泛使用的就是离心盘式雾化器,林产化学工业研究所开发的离心盘式雾化器见图 13-5-12。

在喷雾吸收脱硫中,Ca(OH)$_2$浆液被送到吸收塔顶部高速旋转(转速 10000~20000r/min)的雾化器的雾化盘内,浆液由旋转盘上部中间进入,然后扩散至旋转盘表面,形成一层薄膜,由于离心力的作用,薄膜逐渐向旋转盘外缘移动,经剪切力作用而使薄膜雾化成 10~150μm 细小且均匀的液滴,如图 13-5-13 所示。之所以称雾化器为核心关键装置,是因为雾化器雾化的好坏直接影响烟气脱硫效率,其性能好坏决定着喷雾液滴的粒径大小,喷雾液滴的粒径大小又直接影响到液滴与烟气的接触比表面积,也影响到烟气中的酸性气体与 Ca(OH)$_2$液滴的反应速度,结果就是喷雾液滴的雾化效果直接影响烟气脱硫效率,而液滴大小主要直接取决于雾化器转速和浆液量。

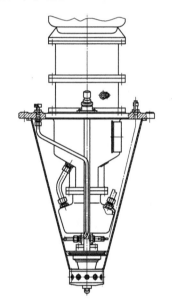

图 13-5-12　离心盘式雾化器示意图

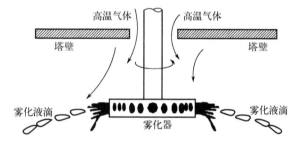

图 13-5-13　离心盘式雾化器雾化示意图

第二节　废水污染处理用装备

一、废水萃取处理装备

1. 设备简介

离心萃取器是集混合与分离于一身的多功能萃取设备,主要用于精细化工、石油化工、制药、环保、湿法冶金等行业的液液萃取、中和或水洗净化工艺。

离心萃取器与其他萃取设备相比有设备体积小、萃取效率高、适用物料处理体系范围广等优点,对提高产品质量、降低消耗、简化流程、方便操作、扩大生产能力、减少占地面积都有较好的效果。

高效 CF 系列离心萃取器是在原有产品 HL 离心萃取器基础上重新开发设计的,该设备在传动结构、密封结构、萃取混合室、液相分离通道等部分做了较大的改进，使设备的萃取效率、分离容量以及防乳化功能得到了进一步的完善与提高。

目前市场可为用户提供七种定型的 CF 系列离心萃取器，并提供与之配套的辅助设备和仪器。同时也可以根据用户的实际使用要求提供定制设备。随着业务的开拓，在不远的将来会为用户提供更多种规格、高性能的离心萃取器，满足工业化生产的需要。

2. 工作原理

CF 离心萃取器由传动部分、转鼓、外壳及机体等四部分组成。转鼓外壁与外壳下部内壁的环形空间为混合室。转鼓内腔的空间为分离室。当两相液体进入混合室后，在高速旋转的转鼓带动下与壁表面产生激烈混合，在环隙里产生了泰勒（TaYFor）涡流，两相液体在极短的时间内达到最充分的混合，高效率的混合能在两种液相间产生较大的界面面积，从而保证最大限度地传质，完成物质在两相间的传质过程。混合相再由外壳底部的折流挡板送入转鼓分离室，在强大的离心力作用下，迅速分成轻、重两相液体，并经过各自液体通道经相堰溢流到各自独立的收集室，并从收集室的出口管排出，从而完成混合与分离两个过程，达到萃取和两相分离的目的。工作原理如图 13-5-14 所示。

多级串联使用，离心萃取器之间不需要设泵输送，只需要将设备通过管路连接即可。

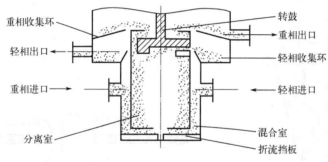

图 13-5-14　离心萃取器工作原理

3. CF 离心萃取器的特点

① 电机直联主轴；

② 处理区域无底部轴承；

③ 离心萃取器完全能够适应间歇式和连续式运转；

④ 液体停留时间短，残留量少；

⑤ 使用离心力进行高效的液相分离；

⑥ 可根据用户的使用要求进行设计，满足不同萃取要求；

⑦ 结构简洁，处理量大；

⑧ 混合彻底，萃取效率高；

⑨ 每一台离心萃取器大致相当于一个理论萃取级；

⑩ 达到平衡运转时间短；

⑪ 也可用作液/液分离机使用；

⑫ 可串联若干 CF 离心萃取器（级间无需设泵），以达到所需的串级数。

4. CF 离心萃取器对处理物料的要求

① 两相物料相对密度差适用范围：0.01～4。

② 单项物料最大黏度：单级使用——10Pa·s（10^4cP）；多级串联使用——3Pa·s（3000cP）。

5. CF 离心萃取器主要技术参数

CF 离心萃取器的主要技术参数见表 13-5-4。

表 13-5-4　CF 离心萃取器主要技术参数

设备型号	应用转速/(r/min)	最大处理量/(m³/h)	功率/kW	外形尺寸/mm	备注
CF20-G	15000	0.01	0.08	150×100×230	高速型
CF20-T	6000	0.01	0.035	150×100×230	通用型
CF50-G	8500	0.15	0.16	300×180×300	高速型
CF50-G	6000	0.12	0.15	300×180×300	通用型
CF120	2850	2.00	1.5	550×550×1200	
CF150	2850	3.00	1.5	600×600×1200	
CF200	2850	6.00	4.0	550×550×1250	
CF230	2100	10.00	4.4	780×780×1300	
CF300	2200	20.00	7.5	900×900×1800	
CF360	1800	25.00	7.5	950×950×1900	
CF400	1500	28.00	11.0	1100×1100×2000	
CF550	1000	50.00	22.0	1250×1250×2300	

6. 离心萃取器的应用

离心萃取器既可以单台使用，也可以多台串联使用，多台串联可明显地显示出离心萃取器的性能优势。多级逆流萃取与单级错流萃取相比在节约溶剂、降低能耗以及提高生产效率方面有显著的优势。而且多台串联使用时，中途停车时不破坏各级之间的物质平衡，这一点也是其他萃取设备所不具备的功能，所以离心萃取器更便于操作。

含酚废水（以对硝基酚废水为例）处理工艺流程如图 13-5-15 所示。将含酚废水放入调酸池，将废水 pH 值调到工艺要求范围；调酸后的废水经过计量进入离心萃取器，同时将萃取剂经计量也送入离心萃取器，两相液体在离心萃取器内完成传质过程和分离过程，含酚废水脱酚后其含酚量将达到≤0.5mg/kg 国家规定排放标准，可以直接排放。负载萃取剂用碱液进行反萃，反萃后的碱液进入调酸釜调酸，调酸后过滤得到粗酚产品。负载萃取剂再生后复用。调酸后的残液进入废水池重新进行处理。

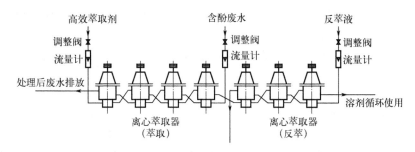

图 13-5-15　含酚废水处理工艺流程

本工艺实际上是通过萃取和反萃将含酚废水进行高度浓缩，一般可以浓缩到原体积的 1/50～1/30，将酚回收并排放含酚达标的废水。

工艺及指标：

① 原水：含酚量≤1000～50000mg/kg；固含量≤3‰；pH＝1～14。

② 处理后废水：含酚量<0.5mg/kg；COD 和 BOD 含量同时也大大下降。

③ 多级逆中和流水洗工艺。

在化工生产中，为了达到产品纯化的目的，经常采用如酸碱中和、水洗脱盐、溶剂除杂等工艺，完成这项工作通常选用的设备为搅拌釜。该设备的缺点为混合强度小、传质效率低、重力澄清时间长、不利于连续化生产，尤其对于黏性物料和两相密度差大的物料体系处理效果更差。

离心萃取器是集混合与分离两相功能于一体的高效处理设备，解决了一般设备对于两相密度差很大或黏度很大的体系不易混合、难以分离的问题。物料进入离心萃取器后在分离机的环隙处受到泰勒涡流强力混合，使两相物流得到充分混合，在极短的时间内完成传质工作。在向心叶轮的推动下混合物料进入转鼓，借助于比重力大几百倍的离心力，使混合物料在十几秒钟内完成分离工作。根据离心萃取器的特点将其串联使用，简化了流程，降低了生产成本。通过已经完成工业化项目的对比，将离心萃取器串联使用，简化了生产流程，节约了辅助设备的投资，大大地降低了物耗，减少了废水的排放，取得了显著的成果。

二、废水蒸发浓缩减量化关键装备

从国内外废水净化处理现状来看，某些生产中的废水单纯进行药剂处理使之达到排放标准，不仅处理难度大，而且处理成本非常高。采用废水蒸发浓缩减量化关键装备不仅可以降低废水处理成本，还可以回收废水中的副产品，又可以回用蒸发产生的冷凝水，因为蒸发冷凝的回用水对生产指标没有影响或者影响甚微。目前国家提倡清洁生产，提倡节能节水，严控排水量，采用废水蒸发浓缩减量化关键装备处理相应废水既符合国家产业政策，又实现了零污染排放，使工厂走上可持续发展之路。

废水蒸发浓缩减量化关键装备在环保行业中已广泛使用，比较典型的是制浆造纸黑液资源化利用项目，就是采用蒸发浓缩技术，减少了工厂 80% 以上制浆黑液的污染负荷，大幅度减轻中段废水的治理难度，中段废水采用投资较少的化学絮凝和生化二级处理方法，便能达到国家废水排放标准。制浆厂利用蒸发浓缩减量化关键装备实现了制浆黑液的资源化利用，回收了黑液中的木质素，变废为宝，即把地球上唯一能从再生资源中获得的天然芳香族有机原料工业木质素变为工农业需要的精细化工产品，这是典型的清洁生产与污染防治相结合的技术装备，既实现了生产废水的部分回用，又实现了工业废弃物无害化和资源化高效利用，具有良好的生态效益、经济效益和社会效益。

其他行业，例如酒糟滤液、味精液、发酵料液、玉米浆、淀粉废水、淀粉糖浆、木糖液、果汁、蔬菜汁、大豆乳清水、奶液、高浓度有机和化工废水等废水综合治理中也常采用废水蒸发浓缩减量化关键装备，回收废水处理过程中产生的副产品，达到清洁生产的目的。

（一）蒸发浓缩装备的分类与比较

目前，我国使用的蒸发浓缩设备达 30 余种，而且部分形式已经定型化、系列化。值得指出的是，我国在蒸发机理和蒸发传热等基础理论工作上取得了十分可喜的成果，例如：中国林科院林化所科研技术人员研制的水平管溶液循环喷淋蒸发器，具有蒸发强度大、传热温差小、传热系数高、便于除垢和维修等优点，已被许多厂商所认同，并已广泛推广利用。

1. 蒸发浓缩器的分类

随着工业技术的迅速发展，蒸发浓缩设备也在不断地改进和创新，种类繁多，结构各异。从许多可作为分类的特征中选择其中 4 个主要特征来分类。

① 根据两流体之间的接触方式可分为：a. 间接加热式蒸发器；b. 直接加热式蒸发器。

② 根据溶液循环的方法可分为：a.自然循环的蒸发器；b.强制循环的蒸发器；c.不循环的（一次通过的）蒸发器。

③ 根据通入加热蒸汽的空间可分为：a.管外加热的蒸发器；b.管内加热的蒸发器。

④ 根据结构的特点可分为：a.夹套式；b.水平管式；c.垂直管式；d.蛇管式；e.悬筐式；f.板式；g.中央循环管式；h.多程式；i.其他特殊结构的。

目前常用的蒸发器大致分为 3 种形式，即垂直管蒸发器、水平管蒸发器和板式蒸发器。这里主要就几种常用蒸发器进行评述。

2.常用蒸发浓缩器的比较

（1）水平管溶液循环喷淋蒸发器[4]

① 水平管溶液循环喷淋蒸发器的结构简图见图 13-5-16。

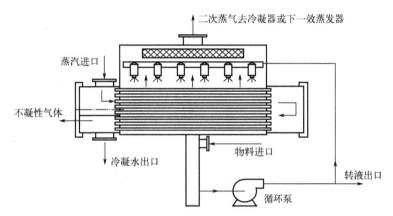

图 13-5-16　水平管溶液循环喷淋蒸发器结构简图

水平管溶液循环喷淋蒸发器的主要结构特点：a.具有所有降膜蒸发器的优点；b.溶液喷嘴孔径大，不易堵塞，喷淋均匀，喷液量大小和喷淋面积可根据要求选择，喷淋于管外表面，保证所有管表面湿润；c.传热管外紊流扰动的溶液减缓了结垢和阻止了垢的增长，在清洗中，喷淋作用有利于清洗除垢（图 13-5-17）；d.结构独特，便于维修，传热管矩形排列，管内外清洗方便，既可以用高压水枪或机械清洗，也可以用化学试剂清洗；e.采用大蒸发空间，减少了雾沫夹带和热阻。

水平管溶液循环喷淋蒸发器的主要性能优点：传热系数高、温度损失低、液膜分布均匀，它比传统的浸没式蒸发器的传热系数高 3～5 倍，比垂直管降膜蒸发器高 1 倍左右，该形式蒸发浓缩器可以在较低的温差下操作，因而可以有效利用低温位热源，有利于多效蒸发和热泵操作，从而节省能量。

② 工作原理：要浓缩的液体由进料口进入热井，然后经过循环泵进入蒸发器内，通过喷头的作用，液体如瀑布帘经过水平传热管外表面，在传热管表面形成一层均匀的液膜，液膜从上至下流经各层传热管，与此同时加热蒸汽流流经管内，管外壁液体吸收了管内气体冷凝放出的热量而逐渐汽化，未汽化的物料由循环泵不断进行循环操作。整个系统在真空下操作。

图 13-5-17　传热管外液膜流动示意图

要浓缩的液体在泵循环以及喷嘴喷洒作用下有效阻止了传热管外出现局部干壁，由于溶液循环速度快，当溶液从管束顶部落至管束底部时出现的溶液浓度增加很小，浓缩增加量在1.5%以下。另外，接近沸点的液体，由较高压力从喷嘴喷到处于真空（或较低压力）的蒸发空间时，由于蒸发空间的压力低于料液饱和温度压力，溶液中的水即时处于闪急蒸发状态，部分水急剧汽化，使水平管溶液循环喷淋蒸发器在具有较高表面蒸发效能的同时，还具有喷淋闪急蒸发的效能。

（2）浸没式水平管蒸发器　浸没式水平管蒸发器的结构如图13-5-18所示。水平传热管浸没在料液中进行加热蒸发，与卧式管壳式冷凝器类似，该形式蒸发器广泛应用于闭式盐水循环系统。优点是：蒸发器构造简单，结构紧凑，金属消耗少，制造工艺简单，造价较低，料液与传热面接触很好，不需要额外的液体分布器。缺点是：当蒸发器壳体的直径较大时，液体静压力的影响会使下部液体的蒸发温度提高，这就无形中减小了蒸发浓缩器的传热温差，蒸发温度越低，这种影响就越大，特别是对于溶液密度较大的液体，对蒸发温度的影响就更为显著，有时因为下部蒸发压力的提高，蒸发温度达不到操作要求。

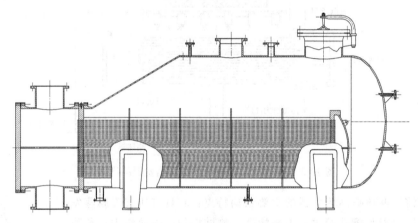

图 13-5-18　浸没式水平管蒸发器的结构

（3）垂直管式蒸发器　垂直管式蒸发器分为垂直管式降膜蒸发器和垂直管式升膜蒸发器。

① 垂直管式降膜蒸发器。垂直管式降膜蒸发器简称管式降膜蒸发器，由加热蒸发室、分配盘、气液分离室、除雾器、循环管等部分构成。管式降膜蒸发器的加热蒸发室由壳体、上管板、隔板、下管板和加热管等构成。加热蒸发室的中心为内置循环管，其余部分为均匀分布的加热管。经内置循环管预热并输送至上管板上部分配盘的溶液，由分配盘均匀地分布在管板的管桥上，再沿加热管内壁呈膜状流下，同时进行传热蒸发。此外，由于从流体物料中蒸发出的二次蒸气快速向下流动，将液膜吹得更薄，使其流速更快，使传热热阻大大降低，传热系数更高。由于是液膜蒸发，降低了传热热阻，也没有由静液位压力引起的沸点升高，故用于加热的有效温差提高，所以，管式降膜蒸发器的传热系数和热效率均高于传统的蒸发器。流体物料在管式降膜蒸发器内蒸发时，循环泵从气液分离室内将物料抽出，通过泵出口的内置循环管将物料输送到蒸发器顶部的分配盘，通过分配盘均匀分配后，溶液自加热管内壁呈膜状自由流下，加热管中流下的溶液及二次蒸气在气液分离室分离，完成一个循环蒸发过程。垂直管式降膜蒸发器（物料强制循环）见图13-5-19，垂直管式降膜蒸发器（物料自循环）见图13-5-20。

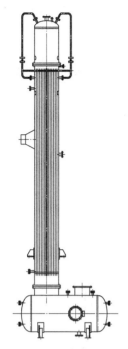

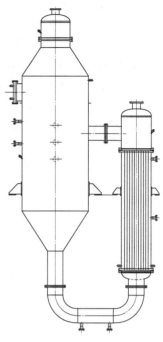

图 13-5-19　垂直管式降膜蒸发器（物料强制循环）　　图 13-5-20　垂直管式降膜蒸发器（物料自循环）

② 垂直管式升膜蒸发器。垂直管式升膜蒸发器的工作原理如图 13-5-21 所示。流体物料经预热后由蒸发器的底部进入，加热蒸汽在管外冷凝，当流体物料受热沸腾后迅速汽化，液体汽化后，体积增大千倍以上，密度剧降，在管中心形成一高速上升气流，带动未蒸发料液沿管壁呈高速流动膜向上爬升，上升的液膜因受热而继续蒸发，溶液自蒸发器底部上升至顶部的过程中逐渐被蒸发浓缩，浓溶液进入分离室与二次蒸气分离，完成一个循环蒸发过程。

（4）板式蒸发器　板式蒸发器是由许多传热板和两块端板在一个机架上组装而成的蒸发装置。板式蒸发器结构如图 13-5-22 所示。主要由座圈、筒体、加热板片、分配器、除沫器等部件组成，其中加热板片是关键部件。加热板片为波纹状平面，每一板片是由两张不锈钢薄板经模压后焊制而成。板式蒸发器采用板状加热元件，让蒸汽走板

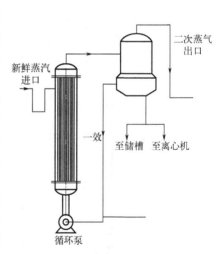

图 13-5-21　垂直管式升膜蒸发器的工作原理

腔内，流体物料自上而下在板表面形成液膜。工作时，流体物料由泵送到筒体上部的分配器，经分配器均匀地分布在加热板片上形成液膜，沿板片垂直降落到底部气液分离室，物料液膜在降落过程中被连续加热进行蒸发浓缩，最后在气液分离室底部得到浓溶液，流体物料在加热过程中蒸发出的气体不断汇集上升经除沫器由二次蒸气管排出。板式蒸发器的气液分离室可根据工艺流程需要分为二个室或三个室，每一室均可单独控制。

（5）机械刮板式蒸发器　机械刮板式蒸发器是通过旋转刮膜器强制成膜，并高速流动，热传递效率高，停留时间短（约 10～50s），可在真空条件下进行降膜蒸发的一种高效蒸发器。它由一个或多个带夹套加热的圆筒体及筒内旋转的刮膜器组成，刮膜器将进料连续地在加热面刮

成厚薄均匀的液膜并向下移动。在此过程中，低沸点的组分被蒸发，而残留物从蒸发器底部排出，如图 13-5-23 所示。它具有下列性能与特点：

① 传热系数值高，蒸发强度大，热效率高；

② 物料加热时间短，约 5s 至 10s 之间，且在真空条件下工作，对热敏性物料更为有利，保证各种成分不发生任何分解，保证产品质量；

③ 适应黏度变化范围广，高低黏度物均可以处理，物料黏度可高达 $1 \times 10^5 cP$；

④ 改变刮板沟槽旋转方向，可以调节物料在蒸发器内的打理时间；

⑤ 蒸发段筒体内壁经过精密镗削并抛光处理，表面不易产生结焦、结垢；

⑥ 操作方便，产品指标调节容易，在密闭条件下可以自控进行连续性生产；

⑦ 设备占地面积小，结构简单，维修方便，清洗容易。

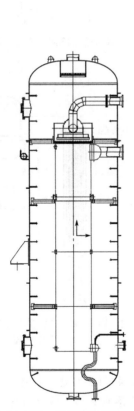

图 13-5-22　板式蒸发器的结构

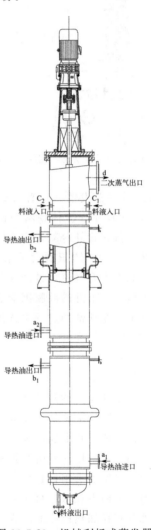

图 13-5-23　机械刮板式蒸发器

（6）特殊结构蒸发器

① 超级浓缩蒸发器的组成。超级浓缩蒸发器的基本结构见图 13-5-24。它主要由闪蒸器组和加热器组组成，该形式蒸发器可把不易结晶溶液浓缩到 75%～85%，例如木浆黑液。

② 超级浓缩蒸发器的基本特点

a.加热过程和增浓过程分开，有效解决了溶液高浓下传热元件传热效率低、能耗大、容易结垢的问题，从而实现高效、节能、超级浓缩。

b.加热器组的热源来自闪蒸器组，采用多效加热，充分利用低温位热源，从而节省能量。

c.闪蒸器组和加热器组结构简单、更换方便。

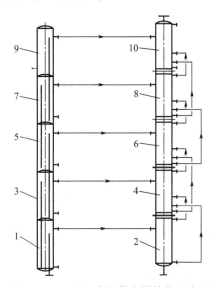

图 13-5-24　超级浓缩蒸发器结构示意图

1—闪蒸组Ⅰ；2—加热组Ⅰ；3—闪蒸组Ⅱ；4—加热组Ⅱ；5—闪蒸组Ⅲ；6—加热组Ⅲ；
7—闪蒸组Ⅳ；8—加热组Ⅳ；9—闪蒸组Ⅴ；10—加热组Ⅴ

③ 超级浓缩蒸发器的基本原理。超级浓缩蒸发器的基本原理见图 13-5-25。

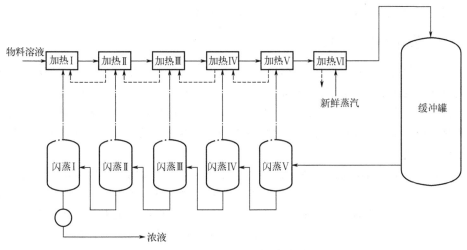

图 13-5-25　超级浓缩蒸发器的基本原理

原理说明：半浓（≤50％）物料溶液首先进入加热器Ⅰ升温，然后依次进入Ⅱ、Ⅲ、Ⅳ、Ⅴ、Ⅵ加热器加热，最后进入一个缓冲罐，然后依次进入Ⅴ、Ⅳ、Ⅲ、Ⅱ、Ⅰ闪蒸罐浓缩，最后浓液用泵排出。

本原理的特点及优点：

a.依次通过 6 个加热器加热过程中，浓度不发生变化，只有温度在不断升高，由于温度的升高，物料的黏度在不断降低，因而物料流动性也越来越好，再加上采用的是降膜式蒸发器，在≤50％浓度下，一般不易结垢，传热效率高。

b. 6个加热器中利用新鲜蒸汽的就一个，其余都利用二次蒸汽，因而比较节能。

c. 5个闪蒸罐的作用是浓缩，利用压力不同水的沸点也不同的原理，使溶液中水分不断挥发出去，逐渐提高物料浓度，其挥发出的二次蒸汽分别被相应的加热器利用。

（二）蒸发浓缩器的选型

面对种类繁多的蒸发器，选用时应考虑以下原则：

① 具有较高的传热系数；

② 温度差损失和压力损失比较小；

③ 适合流体物料的特性，如黏性、起泡性、热敏性、腐蚀性等；

④ 泡沫分离比较完善；

⑤ 不易生成管垢，或生成管垢后易于清除；

⑥ 运转可靠，操作方便，设备投资费和运行费都较低。

根据以上选型原则，结合蒸发的流体物料特性，然后再全面综合地加以考虑，具体选型原则如下：

① 对于高黏度的流体物料，不宜选择自然循环型蒸发器，应选择强制循环型、回转型或降膜式蒸发器。

② 对于热敏性流体物料，应选用停留时间短的单程型膜式蒸发器，且在真空下操作，以降低物料沸点温度。

③ 有结晶析出的物料，宜选用管外沸腾蒸发的蒸发器，如水平管溶液循环喷淋蒸发器。

④ 对于易发泡的流体物料，可采用升膜式蒸发器，高速的二次蒸汽具有破泡作用；强制循环式蒸发器对破泡有利也可采用；若起泡严重的，可适当加入消泡剂。

⑤ 对于易结垢的物料，宜选用管内流速大的强制循环蒸发器。

（三）蒸发浓缩器的设计

蒸发浓缩器的设计是根据蒸发浓缩器设计条件结合一定标准规范进行的。蒸发浓缩器的设计条件是根据蒸发浓缩器的操作条件确定的，如操作温度、操作压力、物料性质、物料量等。蒸发浓缩器设计首先要进行蒸发浓缩器的工艺计算，即通过物料及热量衡算确定蒸发器的传热面积、预热面积及相关零部件尺寸等。物料性质、工艺参数及操作要求不同，选择设计的蒸发浓缩器结构形式也不同。

例如：a. 易结垢物料蒸发浓缩器的设计，设计的蒸发浓缩器的结构应设法防止或减少垢层的生成，并使加热面易于清理；b. 当物料溶质是热敏性物质时，在高温下停留时间过长会引起变质，应设法减少流体物料在蒸发浓缩器中的停留时间；c. 腐蚀性很强的流体物料的蒸发浓缩器的设计，设计时要充分考虑结构材料、传热管使用寿命、蒸发浓缩器使用寿命和蒸发浓缩器制造费用；d. 物料溶剂蒸发汽化需吸收大量汽化热，蒸发操作是大量耗热的过程，节能是蒸发浓缩器设计时应考虑的重要问题。

1. 蒸发浓缩器的结构设计[5]

蒸发浓缩器的结构设计主要包括传热区（加热室）、汽液分离区（蒸发室）、接管的设计。

（1）传热区（加热室）

① 传热管的选择和管数。蒸发浓缩器的传热管通常选用 $\Phi25mm\times2mm$、$\Phi38mm\times2.5mm$、$\Phi45mm\times3mm$、$\Phi57mm\times3.5mm$ 等规格的无缝钢管，管长一般 $2\sim6m$。传热管长度

应根据物料结垢的难易程度、管外或管内加热方式、物料的起泡性和厂房高度等因素确定。

传热管数目 n 的计算：

$$n = \frac{A_0}{\pi d_0 l} \tag{13-5-1}$$

式中　A_0——蒸发器的传热面积，m^2；

　　　d_0——传热管外径，m；

　　　l——传热管的长度，m；

　　　n——完成传热任务所需的最少管数，管板上传热管的排列数一般不少于 n。

② 传热区尺寸及传热管排列方式。传热区尺寸大小取决于传热管规格、数目及在管板上的排列方式。传热管在管板上的排列方式有三角形排列、正方形排列、同心圆排列。目前以三角形排列居多，但考虑到除垢方便可采用正方形排列。

（2）汽液分离区（蒸发室）　汽液分离区的尺寸与二次蒸汽的体积流量及蒸发体积强度有关。

汽液分离区体积 V 的计算式为：

$$V = \frac{W}{3600 \rho U} \tag{13-5-2}$$

式中　V——汽液分离区的体积，m^3；

　　　W——蒸发器的二次蒸汽量，kg/h；

　　　ρ——蒸发器蒸发出的二次蒸汽的密度，kg/m^3；

　　　U——蒸发体积强度，即每立方米蒸发室体积每秒产生的二次蒸汽量，$m^3/(m^3 \cdot s)$，一般允许值为 $U = 1.1 \sim 1.5 \ m^3/(m^3 \cdot s)$。

对于多效蒸发，由于各效的二次蒸汽量不相同，密度也不相同，按上式计算得到的蒸发室体积也不会相同，通常末效蒸发室体积最大，但为方便起见，各效蒸发室的尺寸可取一致，蒸发室尺寸宜取其中较大者。

确定了蒸发室的体积，根据 $V = (\pi/4)D^2 H$ 关系，可确定蒸发室高度 H 和直径 D。一般蒸发室高径比 $H/D = 1 \sim 2$，高度和直径要适于施工现场安装。

（3）接管　物料流体进出口接管的内径按下式计算：

$$d = \sqrt{\frac{4V_s}{\pi u}} \tag{13-5-3}$$

式中　V_s——流体物料的体积流量，m^3/s；

　　　u——流体物料的适宜流速，m/s；

　　　d——物料流体进出口接管的内径，m。

流体物料的适宜流速 u，可参见《化工工艺设计手册》中"流体常用流速范围"。

计算出接管内径后，应从管规格表中选用相近的标准管，可参见《化工工艺设计手册》中"金属管或非金属管"。

2. 蒸发浓缩器的强度计算

蒸发浓缩器的强度计算主要包括管板厚度计算、加热室壁厚计算、汽液分离室壁厚计算。

（1）管板厚度计算　管板的厚度应考虑经济性和可靠性，管板的厚度按 GB/T 151—2014《热交换器》中的有关计算进行确定。

当管子与管板采用胀接时，应考虑胀管时对管板的刚度要求，管板的最小厚度（不包括腐蚀裕量）参见表 13-5-5。

表 13-5-5　管板的最小厚度

加热管外径(d_0)/mm	管板最小厚度($\delta_{板,min}$)/mm
≤25	$3/4d_0$
32	22
38	25
57	32

（2）加热室和气液分离室壁厚计算　计算公式如下：

$$\delta_{壁} = \frac{PD}{2[\sigma]\varphi - P} + C \tag{13-5-4}$$

式中　P——设计压力（表压），MPa；

$\quad\quad D$——加热室或分离室直径，mm；

$\quad\quad \varphi$——焊接接头系数，单面焊缝 $\varphi = 0.65$，双面焊缝 $\varphi = 0.85$；

$\quad\quad [\sigma]$——金属材料的许用应力，根据设计温度、钢板厚度、钢材牌号具体确定，可参见《机械设计手册》中"机械工程材料"；

$\quad\quad C$——腐蚀系数，根据物料腐蚀情况确定，普通碳钢取 2～6mm。

根据上式计算壁厚时，还应适当考虑安全系数、开孔强度补偿措施，可参见 GB 150—2011《压力容器》。

3. 蒸发浓缩器总传热系数的计算

传热是蒸发器设计中最重要的一个因素，其他条件相同时传热系数的大小代表蒸发器蒸发效率的高低。影响传热的因素很多，传热与材料、管子规格、加热介质、物料特性、传热温差、操作条件、蒸发器结构形式及蒸发器制造水平等因素都有关系。基于传热管外面积的蒸发器总传热系数 K_0 估算式如下：

$$K_0 = \cfrac{1}{\cfrac{1}{\alpha_i} \times \cfrac{d_0}{d_i} + R_{si}\cfrac{d_0}{d_i} + \cfrac{b}{\lambda} \times \cfrac{d_0}{d_m} + R_{s0} + \cfrac{1}{\alpha_0}} \tag{13-5-5}$$

式中　K_0——基于传热管外面积的蒸发器总传热系数，kJ/(m²·℃)；

$\quad\quad \alpha_i$——传热管内对流传热系数，kJ/(m²·℃)；

$\quad\quad d_0$——传热管外径，m；

$\quad\quad d_i$——传热管内径，m；

$\quad\quad d_m$——传热管平均直径，m；

$\quad\quad R_{si}$——传热管内壁垢层热阻，(m²·℃)/kJ；

$\quad\quad b$——传热管壁厚，m；

$\quad\quad \lambda$——传热管的热导率，kJ/(m·℃)；

$\quad\quad R_{s0}$——传热管外垢层热阻，(m²·℃)/kJ；

$\quad\quad \alpha_0$——传热管外对流传热系数，kJ/(m²·℃)。

上式中，垢层热阻值可按经验数值估算。管外侧的蒸汽冷凝传热系数可按膜状冷凝传热系数公式计算。管内侧溶液沸腾传热系数则难以精确计算，因它受多方面因素的控制，如物料溶液的性质、蒸发器类型、沸腾传热形式以及操作条件等因素。一般可以参考实验数据或经验数据选择 K 值，但应选与操作条件相近的数值，尽量使选用的 K 值合理。表 13-5-6 列出了几种常用类型蒸发器的 K 值范围，供设计参考[6]。也可参见《化工工艺设计手册》中"换热器——总传热系数推荐值"。

表 13-5-6　蒸发器总传热系数 K 的经验值[6]

蒸发器类型	总传热系数 /[W/(m²·℃)]	蒸发器类型		总传热系数 /[W/(m²·℃)]
水平管溶液循环喷淋蒸发器	2000~4500	蛇管式蒸发器		350~2300
水平管浸没蒸发器	600~2300	刮板式蒸发器	黏度 1~100cP	1500~6000
			黏度 1000~10000cP	600~1000
升膜式蒸发器	1200~6000	板式蒸发器		1500~4000
降膜式蒸发器	1200~3500	夹套锅式蒸发器		300~2000

4. 蒸发浓缩器传热温差的计算

温差是蒸发器传热的推动力，当加热侧蒸汽压力和蒸发侧二次蒸汽压力一定时，温差等于蒸发器加热侧温度 $T_汽$ 减去物料沸点温度 t：

$$\Delta t_m = T_汽 - t \tag{13-5-6}$$

不考虑温度损失时，物料沸点 t 等于蒸发器蒸发出的二次蒸汽温度 $T_{二次汽}$。

由物料溶液浓度和外部压力引起沸点升高，考虑温度损失时：

$$t = T_{二次汽} + \Delta \tag{13-5-7}$$

$$\Delta = Af \tag{13-5-8}$$

$$A = 0.38e^{0.05+0.045B} \tag{13-5-9}$$

$$f = 0.0038\frac{T^2}{r} \tag{13-5-10}$$

式中　Δ——温差损失；

　　　A——常压下物料溶液的沸点升高值，℃；

　　　B——物料溶液的百分比浓度，%；

　　　T——某压力下水的沸点，K；

　　　r——某压力下水的汽化潜热，kcal/kg；

　　　f——校正函数，无量纲。

5. 蒸发浓缩器传热量的计算

蒸发器传热量一般是指加热蒸汽放出的热量。

当冷凝水温度等于饱和温度时：

$$Q = Wr - Sc(T - t) \tag{13-5-11}$$

式中　Q——传热量，kJ/h；

　　　W——水分蒸发量，kg/h；

　　　r——蒸发出的二次蒸汽汽化潜热，kJ/kg；

　　　S——物料进料量，kg/h；

　　　c——物料比热容，kJ/(kg·℃)；

　　　T——物料进料温度，℃；

　　　t——蒸发器内料液沸点温度，℃。

6. 蒸发浓缩器传热面积的计算

蒸发器传热面积的大小决定了蒸发水量和生产能力的大小，决定了出料浓度是否满足产品质量要求。蒸发器传热面积计算公式如下：

$$A = \frac{Q}{K_0 \Delta t_m} \tag{13-5-12}$$

式中　A——蒸发器的传热面积，m^2；

　　　K_0——基于传热管外面积的蒸发器总传热系数，$kJ/(m^2 \cdot ℃)$；

　　　Δt_m——传热面传热温差，$℃$；

　　　Q——蒸发器传热量，kJ/h。

7. 蒸发浓缩器蒸发强度的计算

蒸发器的蒸发强度是指蒸发器单位传热面积上单位时间内蒸发的水量：

$$q = \frac{W}{A} \tag{13-5-13}$$

式中　q——蒸发器的蒸发强度，$kg/(m^2 \cdot h)$；

　　　A——蒸发器的传热面积，m^2；

　　　W——水分蒸发量，kg/h。

蒸发强度是评价蒸发器优劣的重要指标。对于给定的蒸发量而言，蒸发强度越大，则所需的蒸发器传热面积越小，因而蒸发设备的投资越省。

（四）废水减量化蒸发浓缩的计算[7, 8]

废水蒸发浓缩减量化过程需要计算的内容很多，有关设计资料介绍过的这里不再重复。下面重点介绍蒸发浓缩器设计计算。

例：某造纸制浆厂黑液进料量60t/h，出料量15t/h，每小时蒸发45t水，进料稀黑液浓度10%，出料浓黑液浓度40%，进料稀黑液温度60℃，加热蒸汽压力400kPa（绝压），加热蒸汽温度143℃，蒸发浓缩器形式采用水平管喷淋降膜蒸发器，蒸发工艺采用六体五效逆流进料真空蒸发，冷凝器压力22kPa（绝压），系统热损失中第Ⅰ效热损失3%，其余各效热损失1%，加热蒸汽的冷凝水在饱和温度下排出。

解：首先根据各效操作参数查询有关基础数据如下。

Ⅰ效：加热蒸汽400kPa（绝压），温度 $T_1 = 143℃$，蒸汽的焓 $H_1 = 2742kJ/kg$，汽化潜热 $r_1 = 2138kJ/kg$；减温器出口温度110℃，冷凝水的焓 $h_{1w} = 461kJ/kg$（110℃）。

二次蒸汽89kPa（绝压），蒸汽的焓 $H_1^1 = 2671kJ/kg$，汽化潜热 $r_1^1 = 2268kJ/kg$，温度 $T_1^1 = 96℃$。

出料时黑液浓度 $x_1 = 40\%$，沸点102℃（沸点升高6℃），黑液焓 $h_1 = 339kJ/kg$，比热容 $c_{1p} = 3.32kJ/(kg \cdot ℃)$。

进料时黑液浓度 $x_2 = 23.91\%$，温度90℃，黑液焓 $h_2 = 327kJ/kg$，黑液比热容 $c_{2p} = 3.63$ $kJ/(kg \cdot ℃)$。

蒸发器总传热系数为 $1.60kW/(m^2 \cdot ℃)$。

Ⅱ效：加热蒸汽89kPa（绝压），温度 $T_2 = 96℃$，蒸汽的焓 $H_2 = 2671kJ/kg$，汽化潜热 $r_2 = 2268kJ/kg$；冷凝水的焓 $h_{2w} = 403kJ/kg$。

二次蒸汽62kPa（绝压），蒸汽的焓 $H_2^1 = 2652kJ/kg$，汽化潜热 $r_2^1 = 2291kJ/kg$，温度 $T_2^1 = 86℃$。

出料时黑液浓度 $x_2 = 23.91\%$，沸点90℃（沸点升高4℃），黑液焓 $h_2 = 327kJ/kg$，比热容 $c_{2p} = 3.63kJ/(kg \cdot ℃)$。

进料时黑液浓度 $x_3 = 17.47\%$，温度80℃，黑液焓 $h_3 = 302kJ/kg$，黑液比热容 $c_{3p} =$

3.78kJ/(kg·℃)。

蒸发器总传热系数为 1.95kW/(m²·℃)。

Ⅲ效：加热蒸汽 62kPa（绝压），温度 $T_3=86℃$，蒸汽的焓 $H_3=2652kJ/kg$，汽化潜热 $r_3=2291kJ/kg$；冷凝水的焓 $h_{3w}=361kJ/kg$。

二次蒸汽 42kPa（绝压），蒸汽的焓 $H_3^1=2636kJ/kg$，汽化潜热 $r_3^1=2314kJ/kg$，温度 $T_3^1=77℃$。

出料时黑液浓度 $x_3=17.47\%$，沸点 80℃（沸点升高 3℃），黑液焓 $h_3=302kJ/kg$，比热容 $c_{3p}=3.78kJ/(kg·℃)$。

进料时黑液浓度 $x_4=13.90\%$，温度 71.5℃，黑液焓 $h_4=275kJ/kg$，黑液比热容 $c_{4p}=3.87kJ/(kg·℃)$。

蒸发器总传热系数为 1.95kW/(m²·℃)。

Ⅳ效：加热蒸汽 42kPa（绝压），温度 $T_4=77℃$，蒸汽的焓 $H_4=2636kJ/kg$，汽化潜热 $r_4=2314kJ/kg$；冷凝水的焓 $h_{4w}=322kJ/kg$。

二次蒸汽 30kPa（绝压），蒸汽的焓 $H_4^1=2622kJ/kg$，汽化潜热 $r_4^1=2333kJ/kg$，温度 $T_4^1=69℃$。

出料时黑液浓度 $x_4=13.90\%$，沸点 71.5℃（沸点升高 2.5℃），黑液焓 $h_4=275kJ/kg$，比热容 $c_{4p}=3.87kJ/(kg·℃)$。

进料时黑液浓度 $x_5=11.63\%$，温度 64℃，黑液焓 $h_5=252kJ/kg$，黑液比热容 $c_{5p}=3.93kJ/(kg·℃)$。

蒸发器总传热系数为 2.0kW/(m²·℃)。

Ⅴ效：加热蒸汽 30kPa（绝压），温度 $T_5=69℃$，蒸汽的焓 $H_5=2622kJ/kg$，汽化潜热 $r_5=2333kJ/kg$；冷凝水的焓 $h_{5w}=289kJ/kg$。

二次蒸汽 22kPa（绝压），蒸汽的焓 $H_5^1=2610kJ/kg$，汽化潜热 $r_5^1=2350kJ/kg$，温度 $T_5^1=62℃$。

出料时黑液浓度 $x_5=11.63\%$，沸点 64℃（沸点升高 2℃），黑液焓 $h_5=252kJ/kg$，比热容 $c_{5p}=3.93kJ/(kg·℃)$。

进料时黑液浓度 $x_0=10\%$，温度 60℃，黑液焓 $h_0=238kJ/kg$，黑液比热容 $c_{0p}=3.97kJ/(kg·℃)$。

蒸发器总传热系数为 2.2kW/(m²·℃)。

(1) 各效蒸发水量的计算　本设计任务总的蒸发水量为 45t/h，蒸发过程无额外蒸汽抽出时，则总的蒸发水量等于各效蒸发水量之和，即：

$$W=W_1+W_2+\cdots+W_n \tag{13-5-14}$$

式中　W——总的蒸发水量，kg/h；

W_1，W_2，…，W_n——各效蒸发水量，kg/h。

本工艺为逆流加料，系统无额外蒸汽抽出时，各效蒸发水量根据经验可按下面的比例估算。

5 效：$W_1 : W_2 : W_3 : W_4 : W_5 = 1.2 : 1.1 : 1.05 : 1 : 1$

各效蒸发水量计算如下：

$$W_1=\frac{45\times10^3}{1.2+1.1+1.05+1+1}\times1.2=10.09\times10^3(kg/h)$$

$$W_2=\frac{45\times10^3}{1.2+1.1+1.05+1+1}\times1.1=9.25\times10^3(kg/h)$$

$$W_3 = \frac{45 \times 10^3}{1.2 + 1.1 + 1.05 + 1 + 1} \times 1.05 = 8.83 \times 10^3 (\text{kg/h})$$

$$W_4 = \frac{45 \times 10^3}{1.2 + 1.1 + 1.05 + 1 + 1} \times 1 = 8.41 \times 10^3 (\text{kg/h})$$

$$W_5 = \frac{45 \times 10^3}{1.2 + 1.1 + 1.05 + 1 + 1} \times 1 = 8.41 \times 10^3 (\text{kg/h})$$

（2）各效中黑液的质量分数

$$x_5 = \frac{Fx_0}{F - W_5} = \frac{60 \times 10\%}{60 - 8.41} = 11.63\%$$

$$x_4 = \frac{Fx_0}{F - W_5 - W_4} = \frac{60 \times 10\%}{60 - 8.41 - 8.41} = 13.90\%$$

$$x_3 = \frac{Fx_0}{F - W_5 - W_4 - W_3} = \frac{60 \times 10\%}{60 - 8.41 - 8.41 - 8.83} = 17.47\%$$

$$x_2 = \frac{Fx_0}{F - W_5 - W_4 - W_3 - W_2} = \frac{60 \times 10\%}{60 - 8.41 - 8.41 - 8.83 - 9.25} = 23.90\%$$

$$x_1 = \frac{Fx_0}{F - W_1 - W_2 - W_3 - W_4 - W_5} = \frac{60 \times 10\%}{60 - 10.09 - 9.25 - 8.83 - 8.41 - 8.41} = 40\%$$

（3）各效物料流量

$$F_1 = F - W_1 - W_2 - W_3 - W_4 - W_5 = 60 - 10.09 - 9.25 - 8.83 - 8.41 - 8.41 = 15.01 (\text{t/h})$$
$$= 1.501 \times 10^4 (\text{kg/h})$$

$$F_2 = F - W_2 - W_3 - W_4 - W_5 = 60 - 9.25 - 8.83 - 8.41 - 8.41 = 25.10 (\text{t/h})$$
$$= 2.51 \times 10^4 (\text{kg/h})$$

$$F_3 = F - W_3 - W_4 - W_5 = 60 - 8.83 - 8.41 - 8.41 = 34.35 (\text{t/h}) = 3.435 \times 10^4 (\text{kg/h})$$

$$F_4 = F - W_4 - W_5 = 60 - 8.41 - 8.41 = 43.18 (\text{t/h}) = 4.318 \times 10^4 (\text{kg/h})$$

$$F_5 = F - W_5 = 60 - 8.41 = 51.59 (\text{t/h}) = 5.159 \times 10^4 (\text{kg/h})$$

上述各效蒸发水量按比例或平均分配的方法，一般先根据实际经验或试验测试结果测算，再通过热量衡算校核各效的实际蒸发水量。

（4）蒸汽耗量的计算 设计是逆流进料，加热蒸汽的冷凝液在饱和温度下排出时，各效的热量衡算如下。

① 第Ⅰ效加热蒸汽的消耗量、传热面积

a. 加热蒸汽的消耗量。第Ⅰ效生蒸汽在蒸发器蒸汽进口有一个减温过程，所以第Ⅰ效生蒸汽温度和蒸汽冷凝液温度不同，蒸汽冷凝液温度和减温器出口蒸汽温度相同。第Ⅰ效热损失按3%计算。热量衡算如下：

$$D_1 H_1 + F_2 h_2 = W_1 H_1^{\mathrm{l}} + F_1 h_1 + D_1 h_{1\mathrm{w}} + q_{1\mathrm{L}}$$

$$D_1 = \frac{W_1 H_1^{\mathrm{l}} + F_1 h_1 - F_2 h_2 + q_{1\mathrm{L}}}{H_1 - h_{1\mathrm{w}}}$$

$$= \frac{(10.09 \times 2671 + 15.01 \times 339 - 25.10 \times 327) \times 1.03}{2742 - 4.186 \times 110} \times 10^3 = 1.076 \times 10^4 (\text{kg/h})$$

b. 传热面积计算如下：

$$A_1 = \frac{Q_1}{K_1 \Delta t_{1\mathrm{m}}} = \frac{D_1 H_1 - D_1 h_{1\mathrm{w}}}{K_1 \Delta t_{1\mathrm{m}}} = \frac{10760 \times (2742 - 461)}{1.6 \times (110 - 102) \times 3.6 \times 10^3} = 533 (\text{m}^2)$$

② 第Ⅱ效加热蒸汽的消耗量、传热面积

a. 加热蒸汽的消耗量。从第Ⅱ效开始，其后各效蒸发器后一效的加热蒸汽量即为前一效蒸发出的二次蒸汽量，加热蒸汽温度和蒸汽冷凝液温度相同，因此，可仿照上式写出第Ⅱ效的热量衡算式：

$$D_2 H_2 + F_3 h_3 = W_2 H_2^1 + F_2 h_2 + D_2 h_{2w} + q_{2L}$$

$$D_2 = \frac{W_2 H_2^1 + F_2 h_2 - F_3 h_3 + q_{2L}}{r_2}$$

$$= \frac{(9.25 \times 2652 + 25.10 \times 327 - 34.35 \times 302) \times 1.01}{2268} \times 10^3 = 9.96 \times 10^3 (\text{kg/h})$$

b. 传热面积计算如下：

$$A_2 = \frac{Q_2}{K_2 \Delta t_{2m}} = \frac{D_2 r_2}{K_2 \Delta t_{2m}} = \frac{9.96 \times 10^3 \times 2268}{1.95 \times (96 - 90) \times 3.6 \times 10^3} = 536 (\text{m}^2)$$

③ 第Ⅲ效加热蒸汽的消耗量、传热面积

a. 加热蒸汽的消耗量。从第Ⅲ效开始，上一效蒸发器的冷凝水进入后一效的加热蒸汽箱，利用两效之间的压力差回收冷凝水的热量，因此，可仿照上式写出第Ⅲ效的热量衡算式：

$$D_3 H_3 + F_4 h_4 + W_2 c_{Pw}(T_2 - T_3) = W_3 H_3^1 + F_3 h_3 + D_3 h_{3w} + q_{3L}$$

$$D_3 = \frac{W_3 H_3^1 + F_3 h_3 - F_4 h_4 - W_2 (h_{2w} - h_{3w}) + q_{3L}}{r_3}$$

$$= \frac{[8.83 \times 2636 + 34.35 \times 302 - 43.18 \times 275 - 9.25 \times (403 - 361)] \times 1.01}{2291} \times 10^3$$

$$= 9.42 \times 10^3 (\text{kg/h})$$

b. 传热面积计算如下：

$$A_3 = \frac{Q_3 + Q_3^1}{K_3 \Delta t_{3m}} = \frac{D_3 r_3 + W_2 (h_{2w} - h_{3w})}{K_3 \Delta t_{3m}}$$

$$= \frac{9.42 \times 10^3 \times 2291 + 9.25 \times 10^3 \times (403 - 361)}{1.95 \times (86 - 80) \times 3.6 \times 10^3} = 522 (\text{m}^2)$$

式中　Q_3^1——第Ⅲ效回收低温位冷凝水热量，kJ/h。

④ 第Ⅳ效加热蒸汽的消耗量、传热面积

a. 加热蒸汽的消耗量。仿照第Ⅲ效写出第Ⅳ效的热量衡算式：

$$D_4 = \frac{W_4 H_4^1 + F_4 h_4 - F_5 h_5 - (W_2 + W_3)(h_{3w} - h_{4w}) + q_{4L}}{r_4}$$

$$= \frac{[8.41 \times 2622 + 43.18 \times 275 - 51.59 \times 252 - (9.25 + 8.83) \times (361 - 322)] \times 1.01}{2314} \times 10^3$$

$$= 8.84 \times 10^3 (\text{kg/h})$$

b. 传热面积计算如下：

$$A_4 = \frac{Q_4 + Q_4^1}{K_4 \Delta t_{4m}} = \frac{D_4 r_4 + (W_2 + W_3)(h_{3w} - h_{4w})}{K_4 \Delta t_{4m}}$$

$$= \frac{8.84 \times 10^3 \times 2314 + (9.25 + 8.83) \times 10^3 \times (361 - 322)}{2.0 \times (77 - 71.5) \times 3.6 \times 10^3} = 534 (\text{m}^2)$$

⑤ 第Ⅴ效加热蒸汽的消耗量、传热面积

a. 加热蒸汽的消耗量。仿照第Ⅲ效写出第Ⅴ效的热量衡算式：

$$D_5 = \frac{W_5 H_5^1 + F_5 h_5 - F h_0 - (W_2 + W_3 + W_4)(h_{4w} - h_{5w}) + q_{5L}}{r_5}$$

$$= \frac{[8.41 \times 2610 + 51.59 \times 252 - 60 \times 238 - (9.25 + 8.83 + 8.41) \times (322 - 289)] \times 1.01}{2333} \times 10^3$$

$$= 8.56 \times 10^3 (\text{kg/h})$$

b. 传热面积：

$$A_5 = \frac{Q_5 + Q_5^1}{K_5 \Delta t_{5m}} = \frac{D_5 r_5 + (W_2 + W_3 + W_4)(h_{4w} - h_{5w})}{K_5 \Delta t_{5m}}$$

$$= \frac{8.56 \times 10^3 \times 2333 + (9.25 + 8.83 + 8.41) \times 10^3 \times (322 - 289)}{2.2 \times (69 - 64) \times 3.6 \times 10^3}$$

$$= 527 (\text{m}^2)$$

（5）单位蒸汽耗量

$$e = \frac{D_1}{W} = \frac{10.76}{45} = 0.239$$

（6）黑液蒸发浓缩减量化设计过程的计算复核　黑液蒸发浓缩采用多效蒸发系统设计计算，工作量大，操作参数要不断调整，以使最后计算结果较为精确。图13-5-26所示为多效蒸发计算流程图。

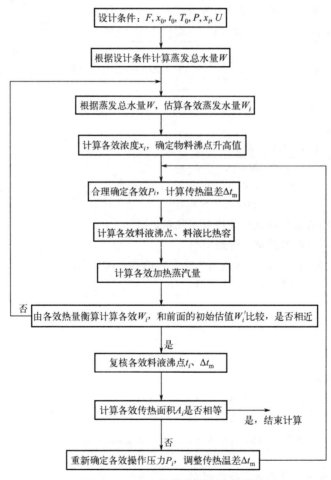

图 13-5-26　多效蒸发计算流程图

① 上述计算过程首先根据操作条件估算蒸发水量和分配温度差，因为各效蒸发水量和分配温度差确定后才能确定黑液及蒸汽的温度、比热容、焓、汽化潜热等基础参数，以便进行热量衡算，计算各效蒸汽消耗量、各效传热面积。

② 根据估算计算的各效蒸汽消耗量、各效传热面积复核各效有效温度差，对各效黑液沸点初估值进行复核，达到前后一致。

③ 蒸发系统使用的蒸发器，一般各效面积相等，如果各效传热面积不等，就需要改变操作条件，重新分配温度差，温度差重新分配后，各效内的黑液物性又会发生变化，所以要再返回最前面重复进行有关计算，直到蒸发水量与传热面积符合设计条件为止。

④ 各效计算面积近似相等，在误差允许范围内，符合设计要求。每效蒸发换热面积可定为 $540m^2$，如考虑 10% 的裕量，则：

$$A_i = 540 \times 1.1 = 594(m^2)$$

第三节 固体废物处理用装备

一、脱水设备

脱水设备种类很多，按脱水原理可分为自然脱水、真空过滤脱水、压滤脱水及离心脱水四大类。通过脱水，污泥的含水率可以降至 $60\% \sim 85\%$，具体的脱水效率还要看污泥的性质以及脱水设备的性能等。一般大中型污水处理厂污泥均采用机械脱水，即采用压滤脱水和离心脱水。常用脱水设备主要有离心脱水机[9,10]、板框压滤脱水机、带式压滤脱水机[11]。

1. 板框压滤脱水机

板框压滤脱水机如图 13-5-27 所示。它是由交替排列的滤框和滤板共同构成一组滤室。在滤板的表面构造有沟槽，凸出的部位用来支撑滤布。滤框和滤板上各有通孔，组装以后可以形成一个完整的通孔，可通入洗涤水、污泥和引出滤液。板和框的两侧各有把手支托在横梁上，由压紧装置压紧板、框。板、框之间有滤布作为过滤介质。板框压滤脱水机属于间歇操作的过滤机械。

板框压滤脱水机能够很好地过滤固相粒径超过 $5\mu m$、固相浓度在 $0.1\% \sim 60\%$ 之间的悬浮液和黏度较大的无法有效过滤的胶体状物料。板框压滤脱水机属于一种适应性较强的脱水机械，其最为突出的特征便是脱水泥饼含固率较高，泥饼含固率可超过 45%，可以回收 95% 以上的固体物质。板框压滤脱水机具有可预留滤板数量的特征，如果处理污泥量有增加，可以通过在预留处加装滤板的方式提升其处理能力。但缺点是无法实现连续处理。

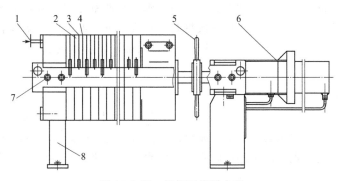

图 13-5-27 板框压滤脱水机
1—污泥进口；2—滤框；3—滤饼；4—滤板；5—压紧装置；6—电动装置；7—出液口；8—支腿

（1）板框压滤脱水机参数选用 板框压滤脱水机的型号有很多，在进行选型时必须要充分考虑污泥浓度、运行周期、机器成本以及泥饼的含水率等因素。选用时主要考虑以下参数：

① 过滤面积，m^2；

② 滤板数，块；

③ 滤室容积，L；

④ 滤饼厚度，mm；

⑤ 过滤压力，MPa；

⑥ 材质要求；

⑦ 滤饼含水率，%。

（2）板框压滤脱水机脱水工艺流程　其脱水工艺流程如图13-5-28所示。

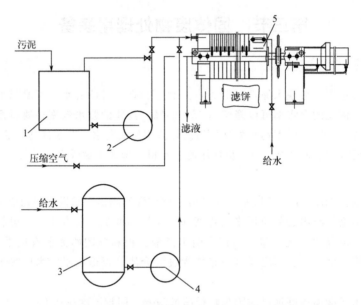

图13-5-28　板框压滤脱水机脱水工艺流程
1—污泥池；2—污泥泵；3—水罐；4—洗涤泵；5—板框脱水机

板框压滤脱水机脱水工艺流程说明：当板框压滤脱水机处于工作状态时，滤框和滤板因为压紧装置的作用而闭合，同时在滤框和滤板间构成滤室；当污泥通过泵压入滤室之后，滤液在压力作用下通过介质滤布从板间的通路排出，污泥则留在滤室之内，从而实现泥水分离；当脱水作业完成之后，压紧装置卸压，滤板依次打开让泥饼落下（如需要对滤饼清洗，打开洗涤泵清洗滤饼，然后通入压缩空气清扫洗涤水），清洗滤布，重新压紧板、框，开始下一个工作循环。

2.带式压滤脱水机[12]

带式压滤脱水机如图13-5-29所示。其脱水原理是：由上下两条张紧的滤带夹带着污泥层，经过一连串按规律排列的辊压筒呈S形弯曲前进，在前进过程中滤带本身的张紧力形成了对污泥层的压榨力和剪切力，把污泥中的空隙水和毛细水挤压出来，获得固含量较高的泥饼，从而实现污泥脱水。

带式压滤脱水机是目前使用较为广泛的污泥脱水设备，具有机械挤压、连续运转、噪声低、投资少、管理简便、污泥处理效果稳定等特点。但聚合物价格高，运行费用高，且不能用于颗粒较坚硬的污泥脱水。

（1）带式压滤脱水机参数选用　从带式压滤脱水机的脱水原理可以看出：滤带的宽度即为

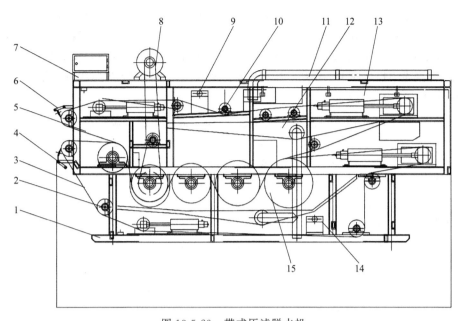

图 13-5-29 带式压滤脱水机

1—机架；2—导辊；3—下滤带；4—下卸料装置；5—上滤带；6—上卸料装置；7—控制箱；
8—主传动装置；9—上清洗装置；10—托辊；11—进料管；
12—接液盘；13—重力布液框；14—下清洗装置；15—脱水辊

污泥过滤的面积，其大小直接影响带式压滤脱水机污泥的处理量。而滤带的长度、运行速度和进料污泥的浓度则影响污泥脱水的效果，滤带越长、进料浓度越高，则污泥脱水效果相对越好，而滤带运行速度又关系到污泥脱水处理量，需衡量两者的需求，从而确定一个较为理想的参数。表 13-5-7 给出了国产 SDG-2000 型带式压滤脱水机的主要技术参数，供选用参考。

表 13-5-7 国产 SDG-2000 型带式压滤脱水机主要技术参数

项目	滤带宽度/mm	滤带最大运转速度/(m/s)	电机功率/kW	外形尺寸/mm
参数值	20000	0.011(无级调速)	1.5	5400×2580×2100

（2）带式压滤脱水机脱水工艺流程 该脱水机工艺流程如图 13-5-30 所示。

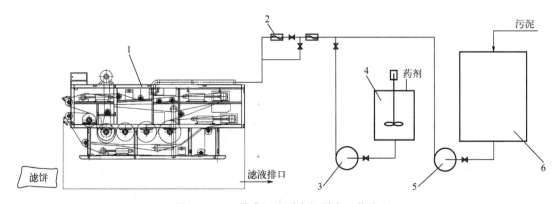

图 13-5-30 带式压滤脱水机脱水工艺流程

1—带式压滤脱水机；2—混合器；3—药剂泵；4—药剂搅拌罐；5—污泥泵；6—污泥贮罐

带式压滤脱水机脱水工艺流程说明：带式压滤污泥脱水工艺是与高分子絮凝剂用于污泥调理相结合的。工艺流程一般是湿污泥经絮凝、重力脱水、低压脱水和高压脱水后，形成含水率小于85%的泥饼。污泥通过污泥泵送至泥药混合器，经加药絮凝充分混合反应后送至带式压滤脱水机脱水，经重力楔形脱水、预压、压榨脱水成为泥饼，由卸泥装置将泥饼卸除。

3. 卧螺离心脱水机[12]

卧螺离心脱水机如图13-5-31所示。它是近20年发展起来的机械脱水设备，其分离过程主要依靠固液两相的密度差，通过离心力的作用，实现固液两相的分离。卧螺离心机主要由转子系统、进料管、机架和传动系统组成。卧螺离心机的转子是由转鼓和螺旋组成的双转子系统，转鼓是分离时的容器，而螺旋则起到推料的作用，两转子之间由差速器连接，使转鼓和螺旋产生转速差。当转子高速旋转时，污泥经空心转轴送入转筒内，在转筒高速旋转产生的离心力作用下，相对密度较大的污泥颗粒聚集于转筒内壁，而相对密度较小的液体浮在污泥的面层上，并由筒体末端流出，密度较大的污泥沿着转鼓壁并由螺旋推向泥出口排出。

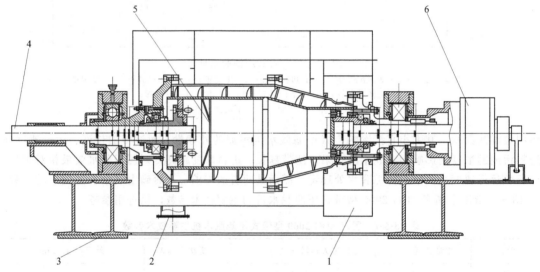

图13-5-31 卧螺离心脱水机
1—泥渣出口；2—滤液出口；3—机架；4—污泥进口；5—转子系统；6—传动系统

（1）卧螺离心脱水机参数选用 影响卧螺离心脱水机污泥脱水效果的关键因素主要有转鼓长径比（转鼓有效长度与转鼓内径的比值）、转速、差速、污泥性质及预处理调节情况等。通常来说，长径比越大、转速越高，污泥脱水效果越好。而差速的大小则影响污泥脱水干度和处理量，差速越大污泥排得越快，但干度下降，故需选择合适的差速以满足处理量和干度的要求。另外，转速越高，能耗越高，维护管理要求也越高。一般污泥脱水大都选用低速离心机。表13-5-8给出了国产LW400NY型卧螺离心脱水机的主要技术参数，供选用参考。

表13-5-8 国产LW400NY型卧螺离心脱水机主要技术参数

项目	转鼓内径 /mm	转鼓有效长度 /mm	最大转速 /(r/min)	差速 /(r/min)	电机功率 /kW	外形尺寸 /mm
参数值	400	1750	3400(无级调速)	1~16(无级调速)	33	2920×1425×925

（2）卧螺离心脱水机脱水工艺流程 其脱水工艺流程如图13-5-32所示。

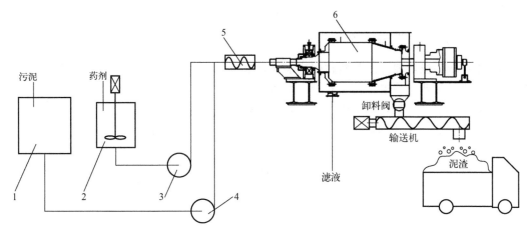

图 13-5-32 卧螺离心脱水机脱水工艺流程

1—污泥贮罐；2—药剂罐；3—药剂泵；4—污泥泵；5—混合器；6—卧螺离心脱水机

卧螺离心脱水机脱水工艺流程说明：污泥通过污泥泵送至泥药混合器，经加药絮凝充分混合反应后通过空心转轴送入转筒内，先在螺旋输送器内预加速，然后经螺旋筒体上的进料孔进入分离区，在离心加速作用下污泥颗粒被甩贴在转鼓内壁上，并被螺旋输送器推向转鼓锥端，由泥渣出口排出，经卸料阀，由螺旋输送器输送到卡车上，外运处理。

4. 污泥脱水设备的比较

常用污泥脱水设备的比较见表 13-5-9。

表 13-5-9 常用污泥脱水设备的比较

脱水设备类型	主要优点	主要缺点	适用范围
板框压滤脱水机	① 结构简单，价格便宜； ② 滤饼含固量高； ③ 固体回收率高； ④ 药品消耗少	① 只能间歇运行； ② 卫生条件差； ③ 难以实现自动化	适应性较强的脱水机，基本适合任何场合
带式压滤脱水机	① 可连续运转； ② 电耗少； ③ 可实现自控操作	① 跑泥严重； ② 污泥调质要求高，药剂价格贵，运行费用高； ③ 脱水效率不如板框压滤脱水机	① 特别适合无机性污泥的脱水； ② 有机黏性污泥脱水不适合采用
离心脱水机	① 占地面积小，投资少； ② 能全自动连续运转； ③ 不投加或少投加药剂，处理费用低	① 设备高速转运，容易磨损，维护费用高； ② 噪声大，电耗也较大； ③ 价格贵	不适用于密度差很小或液相密度大于固相的污泥脱水

二、干化设备

污泥经过自然或人工脱水后，含水率一般为 60%～85%，主要是污泥中的毛细水、吸附水和内部水。污泥干化包括热干化、太阳能干化、微波加热干化、超声波干化及热泵干化等，其中应用最广泛的为热干化技术。传统的机械热干化方式干化效率较高，但所需能耗也较高。传统的热干化所需热能耗约为 800～1000kW·h/t 水，相对地，如果加热能耗由太阳能提供，需要的部分电耗仅为 70～90kW·h/t 水，可以大大降低污泥干化成本[13]。

（一）污泥干化设备工作机理

污泥干化就是湿污泥经外部热作用，水分含量最终降为处置要求的过程。一般污泥具有较高的含水量，由于水分与颗粒结合的特性，采用机械方法脱水具有一定的限制。一般来说，采用机械脱水仅可将自由水脱除，所形成的污泥含水率约 60％～85％，具有流体性质，其后续处置难度和成本仍然较高。如需进一步减量，需要脱去污泥中间水、单分子-多分子层及内部水，如图 13-5-33 所示污泥絮体中水的结合方式。除自然风干之外，只有通过输入热量形成蒸发，才能够实现大规模减量。

（二）除湿热泵污泥干化设备

1. 除湿热泵干化原理

除湿热泵干化系统是利用除湿热泵对污泥采用热风循环冷凝除湿烘干。其中除湿热泵作为干化机的动力源，不需要增加额外的热源，实现节能的目的。而除湿热泵

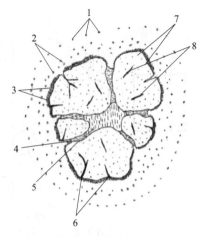

图 13-5-33　污泥絮体中水的结合方式
自由水：1—絮体中的自由水
中间水：2—黏附水；3—吸附水
单分子-多分子层：4—毛细中间水；
5—毛细虹吸水；6—微空毛细水
内部水：7—胞内水；8—内部毛细水

烘干是利用制冷系统使来自干燥室的湿空气降温脱湿，同时通过热泵原理回收水分凝结潜热，加热空气，达到干燥物料的目的。除湿热泵是除湿（去湿干燥）和热泵（能量回收）的结合，在干燥过程中实现能量循环利用。

经过初步脱水后含水率 60％左右的污泥经螺旋输送机输送到干化机进料仓，并在进料仓内进行均匀分布，然后经干化机烘干除湿后含水率降为 10％～30％的干污泥被输送到中转料仓，待打包运走。具体工艺流程如图 13-5-34 所示。

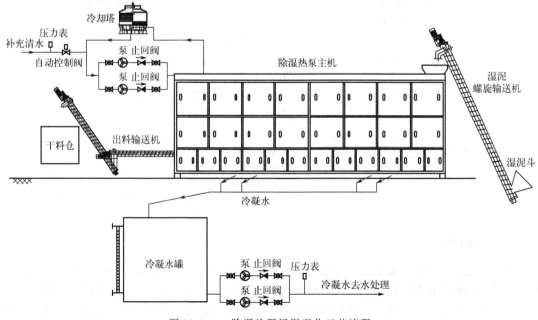

图 13-5-34　除湿热泵污泥干化工艺流程

2. 除湿热泵污泥干化的特点

（1）安全性

① 除湿热泵干化系统不影响污泥的生物特性。

② 除湿热泵干化系统满足污泥烘干的需求量并留有设计安全余量。

③ 在70℃以下低温干化，颗粒温度低于70℃，无粉尘、无爆炸危险；污泥出料温度低（<50℃），无需冷却，可直接储存。

（2）技术先进性

① 除湿热泵干化系统采用智能恒温控制。

② 采用先进的热交换工艺，效率高，运行可靠。

③ 采用先进的低温烘干除湿工艺，无废气、废尘外排。

④ 采用先进的自动控制技术，设备集中监控，可设置、调节污泥烘干后的含水率。

⑤ 在线监测烘干机运行状态、污泥输入状态。

⑥ 烘干系统、污泥输送系统设置可靠的监控报警及保护系统；通过在料斗里设置物位计来检测物料的满料、缺料，从而控制污泥输送系统的启/停，并通过触摸屏监视污泥输送设备运行状态及报警信息。

（3）经济性

① 在满足设备使用技术要求的前提下，优先选用国产品牌优质产品。

② 综合考虑设备初期投资和后期运行费用，做到综合费用最低。

③ 采用热泵热回收技术，密闭式干化模式无废热排放。

（4）智能化

① 全自动运行，节约大量人工成本。

② PLC（可编程逻辑控制器）＋触摸屏智能控制，可实现远程集中控制。

③ 出料含水率可任意调节（10％～50％）。

（5）节约

① 占地面积小，平均每吨泥占地约6m²。

② 可三层上下重叠放置，每吨泥占地3m²。

③ 无复杂的土建结构、基础建设，节约土建成本。

④ 设备安装简单，安装、调试周期短。

（6）耐用

① 采用不锈钢等耐腐材料，换热器采用电镀防腐处理，使用寿命长。

② 运行过程无机械磨损，设备使用寿命在15年以上。

③ 无易损、易耗件，使用管理方便。

3. 干化流程

利用除湿热泵为系统提供热量，在机械脱水的基础上进一步脱除污泥中的中间水、单分子-多分子层及内部水，以达到深度脱水的目的。其干化流程为：生产工艺出泥→湿料仓→螺旋输送机→烘干机→干料输送机→装袋运走。

其中，烘干机内部工艺流程是进料口→均匀布置→网带传输→出料料斗；循环风工艺流程是冷凝器→热风→污泥网带→湿风→蒸发器→干风→风机→冷凝器。

注：循环风的除湿、加热是通过热泵的原理实现的，且温度的调节通过冷却塔实现。漆渣污泥进湿料仓前，还需添加破黏剂，简单压过的漆渣进入湿料仓进行烘干。

（三）干化设备设计选型

1. 干化温度

热干化工艺按照干化温度的不同可以分为低温干化（温度在150℃以下）和高温干化（温度在150℃以上）。按照热传递形式的不同又分为直接热干化和间接热干化。

（1）低温干化　低温干化分为直接低温干化和间接低温干化两种。间接低温干化热利用率较低，设备占地面积大，故在污泥处理领域较少应用。直接低温干化由于热风直接作用于污泥上，热效率较高，而温度较低又不会使污泥中的有机物裂解和挥发，循环热风仅从污泥中带走水分。

（2）高温干化　高温干化分为直接高温干化和间接高温干化。

直接高温干化由于温度高，热媒与污泥直接接触，干化效率最高。但直接高温加热，容易裂解污泥中的有机质，增加尾气处理及热能回收难度，处理能耗及其他费用均较高。

间接高温干化是热量通过蒸汽、热油等介质传递加热器壁，从而使器壁另一侧的污泥受热，其中水分蒸发而加以去除。间接干化的热能回用较易，能耗也相对较低，但热效率较直接干化低，且容易裂解污泥中的有机质，增加尾气处理难度。

在高温热力干化过程中，污泥中部分可挥发性物质被热量分解，形成臭气。该过程形成的臭气具有污染性，需对其进行处理，达标后排放。一般工程上采用生物过滤器进行除臭或作为助燃空气直接烧掉。蒸发形成的水蒸气一般采用冷凝形式捕集，这一过程产生一定量的废水（约20～25kg）。废水中COD的浓度增加约200～4000mg/L，SS的浓度增加约20～400mg/L。废水需要进一步处理后达标排放。使用化石燃料的污泥干化设施会产生一定量的烟气，且泥质、燃料、焚烧炉型的不同，会使产生的烟气组分有较大差异。

（3）干化温度的选用　选用直接低温干化，干化温度45～60℃（回除湿热泵温度），送风温度约68℃。

2. 干化模型

方案选用密闭式除湿干化模式，无需引入外界能源（蒸汽、导热油、热风），无需尾气处理系统。图13-5-35所示为热风循环冷凝除湿烘干流程。

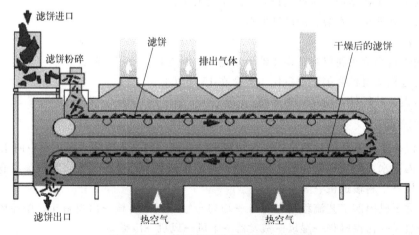

图13-5-35　热风循环冷凝除湿烘干流程

污泥除湿干化机是利用除湿热泵对污泥采用热风循环冷凝除湿烘干。污泥水分汽化潜热＝除湿热泵水蒸气冷凝潜热（能量守恒），干化过程无需接入外界热量，能源消耗为压缩机输入的电耗。

除湿热泵利用制冷系统使湿热空气降温脱湿,同时通过热泵原理回收空气中水分的凝结潜热并加热该空气。除湿热泵＝除湿(去湿干燥)＋热泵(能量回收)。除湿热泵可回收所有排风过程的潜热和显热,不向外界排放废热。

网带式干化模型干燥透气性好,可以增加热风与物料的接触面积,换热效率高;污泥静态放置,减少粉尘量及延长网带的使用寿命。

3. 冷却方式

为防止尾气外泄,采用密闭干燥模式,压缩机、风机等将电能转化为热能的余热需通过散热装置向外界散热,方案设计采用集中水冷却。

4. 干料含水率控制

网带减速机采用变频调速控制,无级变速,利于调节出料的含水率;除湿热泵采用模块式设计,可自动调节运行压缩机数量,节约运行电费。

5. 设备选型

以 5t/d 污泥干化为例,选用 1 台 RXDSL4500-68D 低温热泵干化机,其技术参数配置见表 13-5-10。

表 13-5-10　污泥干化机设备技术参数

型号	RXDSL4500-68D
标准去水量(24h)	3600kg
每小时去水量	150kg
总功率	41W(采用热泵方式)
压缩机形式	涡旋压缩机
压缩机台数	1
冷却方式	水冷
冷却水流量($\Delta t = 5℃$)	$5.6m^3/h$
制冷剂	R134a 混合高温冷媒
电源	(220V/380V)/3 相/50Hz
干燥温度	50～60℃(回风)/68℃(送风)
控制系统	触摸屏＋PLC 可编程控制器
湿泥适用范围	含水率(70％～85％)
干料含水	变频调节,含水率(10％～50％)
成型方式	切条
外形尺寸($L \times W \times H$)/mm	6000×2380×2380
结构形式	组装
质量	3.98t

三、固体废物破碎设备

破碎是固体废物处理、处置中很重要的一个环节。固体废物破碎可达到以下目的[12]:

① 原来不均匀的固体废物经过破碎后容易均匀一致，使固体废物的比表面积增加，可提高焚烧、热解、熔烧等作业的稳定性及处理效率；

② 固体废物破碎后密度减小，容量减少，便于压缩、运输、贮存和高密度填埋；

③ 防止粗大、锋利的固体废物损坏分选、焚烧或热解等设备或炉膛；

④ 为固体废物的分选提供有利条件，以便有效回收固体废物中某些有价物质或材料；

⑤ 为固体废物下一步加工和资源化做准备，例如制砖。

1. 破碎设备类型

破碎分为机械破碎和非机械破碎。机械破碎是利用破碎工具（如破碎机的齿板、锤子、球磨机的钢球等）对固体废物施力从而将其破碎。非机械破碎是利用电能、热能等对固体废物进行破碎的方法，如低温破碎、热力破碎、减压破碎及超声波破碎等。

固体废物的破碎目前广泛应用的是机械破碎，主要有压碎、劈碎、折断、磨碎及冲击破碎等。常用的破碎机械设备类型有颚式破碎机、锤式破碎机、冲击式破碎机、剪切式破碎机、辊式破碎机和球磨机等。下面介绍一种新型固体粉碎机，见图 13-5-36，图中（a）为其主结构图，（b）为其 A 部放大图，（c）为其 B 部放大图。

新型固体粉碎机[14] U 形箱 2 的顶部外表焊接底板 1，底板 1 顶部外表焊接第一竖板 4、第二竖板 7 和工作箱 19，工作箱 19 前侧外表镶嵌有观察窗，可对工作箱 19 内部进行观察。第一竖板 4 的一侧外壁安装电机 3，工作箱 19 的内部横向安装打碎箱 18，打碎箱 18 内部设置传动杆 8，传动杆 8 有三根，安装于打碎箱的上中下位置，传动杆 8 上安装打碎块 17。三根传动杆 8 的自由端贯穿打碎箱 18 和工作箱 19，并与第二竖板 7 的一侧外壁转动安装，中部的传动杆 8 上套设第一齿轮 6，上部和下部的传动杆 8 上分别套设第二齿轮 9，第一齿轮 6 与第二齿轮 9 呈啮合设置。通过电机 3、第一竖板 4、传动杆 8、第一齿轮 6 和第二齿轮 9 等结构的配合使用，可以打碎大块固废，代替人力打碎工作，减轻了人工劳动强度，提高了粉碎固废的工作效率。

新型固体粉碎机中部的传动杆 8 贯穿第二竖板 7 且与第一竖板 4 的另一侧外壁转动安装，电机 3 的输出轴通过联轴器贯穿第一竖板 4 并与中部的传动杆 8 连接。工作箱 19 的一侧内壁安装上料箱 22，工作箱 19 的另一侧开设孔洞，上料箱 22 的自由端贯穿工作箱 19 另一侧上的孔洞并延伸至工作箱 19 的外部，上料箱 22 的内部横向转动安装上料杆 21。上料杆 21 上安装螺旋送料刀片 20，上料杆 21 的一端贯穿上料箱 22、工作箱 19 和第二竖板 7 并与第一竖板 4 的一侧外壁转动安装。中部转动杆 8 和上料杆 21 上分别套设皮带轮 29，中部传动杆 8 上的皮带轮 29 通过皮带 5 与上料杆 21 上的皮带轮 29 传动连接。工作箱 19 的顶部外表面安装抽水泵 12，工作箱 19 的一侧外壁安装水箱 14，工作箱 19 顶部开设有孔洞，工作箱 19 上方设置上料斗 10。上料斗 10 内部安装挡料板，挡料板数量 2 个并呈倾斜设置，右侧挡料板位于出水管道 11 的上方，上料斗 10 罩设在工作箱 19 上孔洞并与工作箱 19 焊接，上料斗 10 的一侧开设有孔洞，抽水泵 12 的出水端安装出水管道 11。

新型固体粉碎机出水管道 11 的自由端贯穿上料斗 10 一侧上的孔洞并延伸至上料斗 10 的内部，抽水泵 12 的进水端安装进水管道 13。进水管道 13 的自由端与水箱 14 的顶部外表面焊接，通过上料斗 10、抽水泵 12、水箱 14、进水管道 13 和出水管道 11 等结构的配合使用，对进入上料斗 10 内固废加湿，以抑制固废打碎时的粉尘飞扬，避免工作人员吸入粉尘。打碎箱 18 的顶部外表面安装第一出料管道 15，第一出料管道 15 的自由端与工作箱 19 的内侧顶部焊接相连。打碎箱 18 的底部外表面安装第二出料管道 16，第二出料管道 16 的自由端与上料箱 22 顶部外表焊接相连。U 形箱 2 的内侧底部安装焚烧炉 24，焚烧炉 24 的前侧外表面安装铰接门 25，铰接门 25 的前侧外表安装把手 26，底板 1 的顶部开设有孔洞，上料箱 22 的底部外表面安装排料管道

23，排料管道 23 上设置阀门，排料管道 23 的自由端贯穿底板 1 上的孔洞并与 U 形箱 2 内部焚烧炉 24 的顶部外表面焊接。U 形箱 2 的一侧开设有孔洞，焚烧炉 24 的一侧外壁安装排气管道 27，排气管道 27 的自由端贯穿 U 形箱 2 一侧上的孔洞并延伸至 U 形箱 2 的外部，排气管道 27 的内部安装过滤块 28，过滤块 28 共三个，呈矩阵排列。U 形箱 2 的前侧外表面分别安装铰接门 25，铰接门 25 前侧外表面安装把手 26。通过上料箱 22、焚烧炉 24 和排料管道 23 等结构的配合使用，将打碎后的固废焚烧，避免了打碎后的固废直接排出，避免了二次污染，配合 U 形箱 2、排气管道 27 和过滤块 28 等结构单元的使用，对焚烧后的有毒气体进行过滤处理，避免了焚烧后有毒气体直接排出对周围环境产生污染。

运行本设备时，将固体废物倒入上料斗 10 内，启动抽水泵 12，使水箱 14 里的水通过进水管道 13 和出水管道 11 泵到上料斗 10 的内部，对输入的固废进行加湿。被加湿后的固废通过第一出料管道 15 进入打碎箱 18，启动电机 3，使中部传动杆 8 和第一齿轮 6 转动。由于第一齿轮 6 和第二齿轮 9 啮合设置，所以第二齿轮 9 和上下位置的传动杆 8 同时转动，在高速转动下的传动杆 8 配合打碎块 17，将加湿后的固废打碎，打碎后的固废通过第二出料管道 16 进入上料箱 22。由于中部传动杆 8 转动，中部传动杆 8 上的皮带轮 29 通过皮带 5 使上料杆 21 和中部传动杆 8 一起转动，上料杆 21 配合螺旋将固废送入焚烧炉 24 焚烧，焚烧产生的有毒气体通过排气管道 27 时，排气管道 27 内的过滤块 28 对其过滤，过滤后的气体最终通过排气管道 27 排出。

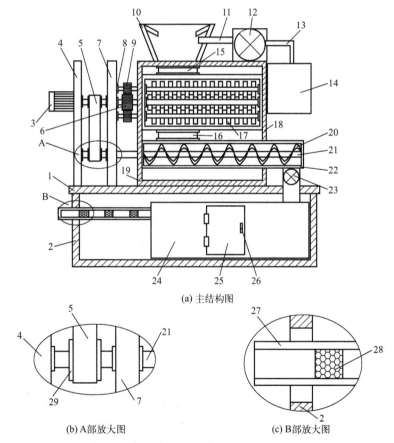

图 13-5-36　新型固体粉碎机结构

1—底板；2—U 形箱；3—电机；4—第一竖板；5—皮带；6—第一齿轮；7—第二竖板；8—传动杆；
9—第二齿轮；10—上料斗；11—出水管道；12—抽水泵；13—进水管道；14—水箱；15—第一出料管道；
16—第二出料管道；17—打碎块；18—打碎箱；19—工作箱；20—螺旋送料刀片；21—上料杆；
22—上料箱；23—排料管道；24—焚烧炉；25—铰接门；26—把手；27—排气管道；28—过滤块；29—皮带轮

2.破碎机类型的选择[15]

选择破碎机械时，需根据固体废物的机械强度及内部结构特征而定。对坚硬固体废物一般采用挤压破碎和冲击破碎十分有效；对韧性固体废物一般采用剪切破碎和冲击破碎或剪切破碎和磨碎较好；对脆性固体废物一般以劈碎、冲击破碎为宜。目前常用的破碎机械，往往同时具有多种破碎方法的联合作用。

选择破碎机类型时，必须综合考虑以下因素：

① 所需要的破碎能力；

② 固体废物的性质（如破碎特性、硬度、密度、形状、含水率等）和颗粒大小；

③ 破碎产品粒径大小、粒度组成、形状的要求；

④ 供料方式；

⑤ 安装操作场所情况等。

四、有机质固废处理设备

据统计，在固体废物中，80%以上为有机质废物。以往有机质废物都是和无机废物一块处理，既浪费资源，又污染环境。专门处理有机质固废的设备应运而生，该设备将生物质固废反应生成可燃气体，用于燃气发电机发电，燃气发电机产生的高温二氧化碳进入反应器发生催化反应，可将生物质废物重复利用，发电机产生的电能储存在电器中备用，夹套中冷凝水被燃烧室反应区和燃烧室的热量加热形成热水，并储存在水箱内供使用，实现了有机质热解、炭气化、燃气发电一体化技术，适合推广使用。

本有机质固废处理设备[16]包括反应器1和反应器1连通的净化塔2，净化塔2和碱液罐3、气体压缩机4连通，气体压缩机4和储气柜5连通，储气柜5和燃气发电机6连通，燃气发电机6排气端和反应器1连通，燃气发电机6输出端和电器7连接（图13-5-37）。

本有机质固废处理设备：反应器1包括罐体并通过两个孔板101将罐体内部分隔成粉碎区11、主反应区12和过渡区13。粉碎区11顶部一侧开有物料入口15，物料入口15上设有阀门。粉碎区11内部设有垃圾粉碎器14。粉碎区11顶部通过阀门连通催化剂罐16，主反应区12顶部一侧通过管道与燃气发电机6排气端连通。

过渡区13底部通过缩口管17连通燃烧室8，燃烧室8外侧密封连接夹套81，夹套81通过阀门连通冷凝水管83，夹套81通过管道连接水泵85，水泵85输出端连通水箱86。

缩口管17一侧通过空气管道19连通风机110，夹套81顶部通过阀门连通蒸汽管道84，蒸汽管道84一端与缩口管17连通。缩口管17一侧内壁固定连接弧形板18，弧形板18两端分别与缩口管17左右两端内壁之间存有间隙，空气管道19一端延伸至缩口管17内部且端口向上弯折处于弧形板18正下方。蒸汽管道84一端延伸至缩口管17内部且端口向下弯折处于弧形板18正上方。弧形板18顶面凸起且底面内凹。缩口管17一侧通过管道连通油泵87，油泵87输出端通过管道与主反应区12连通。燃烧室8底部一侧连通有气体输送器82，气体输送器82输出端通过管道与催化剂罐16连通。

净化塔2底部一侧通过管道与反应器1顶部一侧连通，净化塔2顶部通过管道与气体压缩机4连通，净化器2底部和储液罐21连通。碱液罐3底部通过管道和碱液泵31连通，碱液泵31输出端通过碱液管道32与净化塔2顶部一侧连通，碱液罐3一侧设有投药口33，碱液罐3顶部通过阀门和水管34连通。碱液管道32一端延伸至净化塔2内部且端口处连通有喷口向下的喷嘴35。

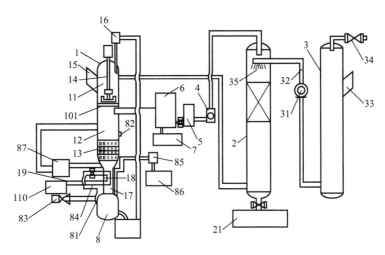

图 13-5-37　有机质固废处理设备

1—反应器；2—净化塔；3—碱液罐；4—气体压缩机；5—储气柜；6—燃气发电机；7—电器；
8—燃烧室；11—粉碎区；12—主反应区；13—过渡区；14—垃圾粉碎器；15—物料入口；
16—催化剂罐；17—缩口管；18—弧形板；19—空气管道；21—储液罐；31—碱液泵；
32—碱液管道；33—投药口；34—水管；35—喷嘴；81—连接夹套；82—气体输送器；
83—冷凝水管；84—蒸汽管道；85—水泵；86—水箱；87—油泵；101—两个孔板；110—风机

五、焚烧炉

许多固体废物含有潜在热能，可通过焚烧回收利用。有些固体废物经过焚烧，其体积可减少 80%～99%。此外，对于有害固体废物，焚烧可以破坏其组成结构或杀灭病原菌，达到解毒除害的目的。因此，可燃固体废物的燃烧处理，可实现固体废物的减量化、无害化、资源化，是一条重要的固体废物处理途径。

目前世界上应用于焚烧固体废物的焚烧炉达 200 多种，其中应用较广泛的有回转窑式焚烧炉、流化床焚烧炉、固定床焚烧炉、液体喷射炉、多层炉和马丁炉等。下面主要介绍污泥焚烧常用的回转窑式焚烧炉。回转窑适合处理具有毒性和腐蚀性的可燃物质，可同时处理固态、半固态、液态和气态废物，是大多数固体废物焚烧处理厂的首选炉型。

（一）回转窑概述

回转窑的基本结构如图 13-5-38 所示。回转窑[17]主要由壳体、进料装置、辅助燃料喷嘴、点火装置及出灰装置组成。壳体为碳素钢，壳体内第一层衬砌保温材料，第二层衬砌耐火材料。炉体内有抄板，其作用是充分翻动被焚烧物，以更新表面并提高紊流度，保证完全燃烧，同时沿轴向输送燃烧物及剩余物。窑的长径比一般为 2～10，物料含水量高时，所用窑体的长径比较大。窑体安装倾角为 1°～3°，角度大，刹车力大。全窑分为 3 段，每段占窑长的 1/3 左右。第一段主要使物料干燥、熔化、蒸发；第二段为高温燃烧段；第三段为火焰结束段，完全燃烧。通行的回转窑尺寸（直径×长度）为 1.52m×4.27m、2.13m×6.40m、2.74m×8.84m、3.66m×12.20m。窑的设计释热率为 0.3GJ/h、9.5GJ/h、26GJ/h、71GJ/h（300000Btu/h、9000000Btu/h、25000000Btu/h、67000000Btu/h）。

回转窑配有 2 条铸钢转动环，装在转动轮轴上，用齿环、主动轮、驱动轮、驱动装置和电动机驱动。回转窑在轴向的位置可由压力转动环固定，转动环固定在转动轴的近中心部位，可使转动轴受力均匀，在窑的轴向安有强制定向装置。

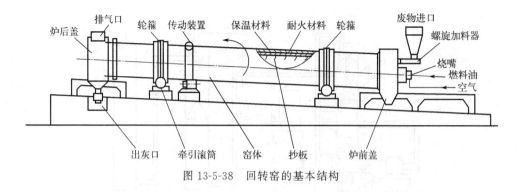

图 13-5-38　回转窑的基本结构

1. 回转窑操作参数

回转窑的操作参数见表 13-5-11。

表 13-5-11　回转窑的操作参数

操作参数	指标
转速/(r/min)	1～5
焚烧温度/℃	1200～1400
窑内烟气流速/(m/s)	1～5
热容积负荷/[GJ/(m³·h)]	0.4～0.6
热面积负荷/[GJ/(m²·h)]	6～8
废物在窑内的停留时间/h	0.5～2
烟气中剩余氧/%	1.6～2.5

2. 回转窑内窑衬的技术要求

窑衬的材质取决于可焚烧废物对炉温的要求及废物的腐蚀性和磨损性等。可选用镁质、铝质及锆质等耐火材料铺砌，以满足出干灰渣或出熔渣的条件。一般窑直径为 1.22～2.44m 时，衬里厚 15cm。窑直径大于 2.4m，衬里厚为 23cm。回转窑结构的强度以及运行所受到的变形对衬里的寿命有很大的影响。原则上，衬里的变形不得超过窑直径的 0.3%。窑在纵轴方向的挠度也影响衬里，其值一般应在窑直径的 0.2% 以内。

回转窑内各工作区对衬里的要求如下。

① 进料区。该区占整个窑长度的 1/7 左右。在该区内液态化合物和有机化合物开始蒸发，固体物尤其是塑料开始熔化，但无火焰形成。该区要求衬里能耐磨损和耐受温度变化，以选用硬质耐火砖铺砌为宜，也可采用含有氧化铝 85% 的铝质材料或铝金刚砂材料。

② 熔化区和蒸发区。该区长度为窑长的 1/7，工作温度 1100℃。可通过有机化合物和无机化合物的冷凝、渗透与凝固，并使其与衬里的成分进行反应，从而达到对窑衬里的工作要求。在该区内大部分塑料废物能熔化和蒸发。产生的烟气和蒸气量较多，并能燃尽废物表面较早燃烧的气体混合物以及大部分黏附有塑料微粒的多孔炉渣。由于该区碱蒸发量较大，宜使用含氧化铝 65% 的炉衬材料。

③ 焚烧区。该区约占窑身长度的 2/7，一般温度范围 1100～1200℃，在该区内液化炉渣的渗透作用更大，炉渣与耐火衬里成分的反应也更强烈，产生主要是由三氧化二铁、二氧化硫、碱土金属和强碱组成的低共熔混合物，在黏附高熔点的炉渣颗粒后，或多或少地形成炉渣沉积物，其中一部分形成炉皮。该区需要用氧化铝含量 85% 的石质或用镀铬金刚砂作为衬里材料，这类材料耐腐蚀性好。在此区的温度范围内，强碱不再起决定性作用，特别是凝固于衬里表面

的致密炉渣不再有渗透作用，从而减弱了强碱作用。

④ 停燃和出料区。该区占窑长的 3/7，温度达 1400℃，火焰、烟气及残渣在此区排出。此区对耐火衬里要求特别高，可用含氧化铝 85％的刚玉石，也可用镀铬金刚砂作衬里材料。

炉皮的形成对炉衬有保护作用。为了形成稳固的炉皮，要避免炉内产生过大的温度峰，可少量投入含高热值的废物，或在 1200℃下加入砂或玻璃形成稳固的黏液炉皮。

冷料进窑造成激冷激热会影响衬里，进料口不要落在炉温高的地方，进料尽可能连续且均匀。间歇式进料器在停喂时会使窑内产生负压，应尽可能使用连续式进料器，如绞笼（绞笼对纤维废物不适合，它可能会被卷缠）。驱动器应使用液压动力，以便自动连续进料。进料率是焚烧操作的重要因素，应予以调节，保持窑内物料填充系数在 15％左右，进料太多影响效率。大块物料应切碎后进料。208L（55USgal）筒装溶剂及高黏度的奶油、焦油、重油等易挥发性废物，应采取预处理措施，例如高黏度奶油等可通蒸汽使之液化后再喷入窑内。

（二）回转窑设计及选用注意事项

① 炉膛尺寸设计要满足所处理固废形状的要求，要考虑对多种固废焚烧的适应性。

② 设计应能使来自后燃烧室的温度为 1200～1400℃的烟气直接输到锅炉而不经冷却，以达到较高的效率。废热锅炉可为水管式，部分自然循环，部分强制循环；或为舱壁式，炉体内设有舱壁管笼，烟气由上向下和由下向上交替流动。

③ 除灰系统设计宜采用自动除灰设备，否则容易造成燃烧过程中的炉灰随烟气气流的扰动而上扬，增加烟气中的颗粒物浓度。

④ 出灰方式有干法和湿法之别。湿法一般含水量在 65％，其中金属易于浸出，若进行填埋还需另外处理。干法除灰应避免飞扬，其设备费用较湿法约高 1.2 倍。出灰系统的空间应为进料系统空间的 3 倍，以保障顺利且交叉地进行喂料，并使燃烧完全。

⑤ 工作方式的限制。回转窑形成的气体热稳定性较大，故不能完全燃烧，为此可在窑后设置后燃烧室，通入一定的空气，以较高的燃烧温度和足够长的烟气停留时间达到完全燃烧。后燃烧室及其燃烧器的设置应能保证从回转窑来的烟气和后燃烧室产生的气体完全混合后输入后置锅炉中。

⑥ 为了回收焚烧后废气中的热能，应设置废热锅炉。不同废物焚烧放出的热量差异很大，热负荷变化也很大，要求废热锅炉留有较大余地。锅炉设计需考虑和解决烟气成分对锅炉可能产生的污染、腐蚀、浸蚀等危害，锅炉应能承受高峰处理量的冲击。

⑦ 烟气含尘量大时可能腐蚀锅炉，故锅炉必须有一个较大的辐射散热室，使烟气在进入对流通道前冷却到 600℃左右。在此温度下，飞灰不再熔化，对锅炉不再有黏附作用和堵塞的危险。烟道气通道连接在辐射室之后，通道应有足够的宽度以防堵塞，剩余的黏附粉尘可用机械净化装置消除。例如，可将下落管和上升管与舱壁的收集器和分布器用弹性接头连接。收集器可用水力圆标慢慢提起并用重力将其打在铁砧上，以减慢和剥离颗粒的黏附。针对不同程度的黏附，可用一个由温度控制的脉冲仪自动控制其净化时间和频度。在各个烟气通道中产生的烟灰从锅炉底板或间隙吹出或吸出，也可通过烟道下的烟灰漏斗和其下方的排灰设备进行干燥并连续排出。排灰设备一般可用强力且操作简单的抓斗或链式输送机。

参考文献

［1］压力容器 GB 150—2012.

［2］热交换器 GB/T 151—2014.

［3］刘家明，等.石油化工设备设计手册.北京：中国石化出版社，2013.

［4］王占军，周浩，张华兰，等.卧式喷淋降膜蒸发器内液膜流动状态及积垢分析.中华纸业，2009（8）：46-49.

［5］陈敏恒，齐鸣斋，潘鹤林.化工原理.北京：化学工业出版社，2020.

［6］中石化上海工程有限公司.化工工艺设计手册.5版.北京：化学工业出版社，2018.

［7］刘殿宇.降膜式蒸发器设计及应用.北京：化学工业出版社，2015.

［8］刘秉钺.制浆黑液碱回收.北京：化学工业出版社，2006.

［9］李凌方.某炼化污水厂的污泥脱水处理研究与设计.青岛：中国石油大学，2017.

［10］唐受印，戴友芝，等.水处理工程师手册.北京：化学工业出版社，2000.

［11］孙学义，史文静.简论污泥脱水机的设计和选择.建材与装饰，2016，3：196-197.

［12］周德荣.带式压滤机与卧螺离心机在污泥脱水中的应用比较.石油化工技术与经济，2017，33（4）：47-51.

［13］陈成，司丹丹，李欢，等.低温干化床污泥干化特性及优化方案.四川环境，2016，35（5）：1-6.

［14］德清洁云环境技术有限公司.一种环保工程用固废处理设备：CN215901074U.2021-08-06.

［15］郑铭.环保设备.北京：化学工业出版社，2001.

［16］上海玖矢企业管理有限公司.一种有机质固废处理设备：CN 109357261A.2019-02-19.

［17］陈冠荣.化工百科全书.北京：化学工业出版社，1998.

［18］韩松，雄飞，靳虎，等.旋转喷雾干燥法烟气脱硫的工艺技术研究.中国环保产业，2021（4）：50-53.

［19］Iva Filková, Li Xin Huang, Arun S. Mujumdar, industrial spray drying systems in handbook of industrial drying (Arun S. Mujumdar Ed.). 4th edition. CRC Press，2019：191-226.

［20］黄立新，应浩，蒋剑春.制浆黑液气化综合利用技术及装备的研究进展.林产化学与工业，2010，30（3）：103-107.

（黄立新，施英乔，王占军，檀俊利，谢普军）